Josef H. Reichholf

Mein Leben für die Natur

Auf den Spuren von
Evolution und Ökologie

S. FISCHER

Erschienen bei S. FISCHER
2. Auflage Februar 2017

© 2015 S.Fischer Verlag GmbH,
Hedderichstr. 114, D-60596 Frankfurt am Main

Satz: Pinkuin Satz und Datentechnik, Berlin
Druck und Bindung: CPI books GmbH, Leck
Printed in Germany
ISBN 978-3-10-062947-0

Inhalt

Vorwort 9
Iguaçú. Zur Einführung 12

1. Kapitel: Die Anfänge 27
Ein richtiger Totenkopf 27
Andere Totenköpfe 31
Das große Paradies 38
Ziesel vom Rand der Puszta 44
Wasservögel 57
Wasserschmetterlinge 62

2. Kapitel: Südamerika 67
Nach Brasilien 67
Muscheln, Krebse, Libellenflug und Schwarze Wespen 83
Der »tote« Tejú 93
Von Ostparaguay zur Ruta Transchaco 110
Fieber und ein reitender Affe 120
Chulupí 128
In den Ausläufern der Pampa 135
Kolibris spielen Fahrstuhl 148
Medizin 160
Embaúba – Faultiere und Ameisen 169
Wunderliches in Amazonien 182
Üppige Natur auf magerer Erde 187
Millionenstädte 199
Costa Rica – ein Rückblick auf Südamerika 206

3. Kapitel: Afrika 213
Äthiopien 213

Ostafrika 247
Tansania 290
Der Mensch und Afrika 315

4. Kapitel: Inseln 359
Die verzauberten Inseln 359
Auf den Ballestas 394
Seeelefanten und Wale 406
Auf den Seychellen 432
Malediven 465
Australien und Neuseeland 473

5. Kapitel: Ökologie und Naturschutz 491
Vom Herumstreunen am Inn zur Forschung 491
Die Zoologische Staatssammlung 495
Undeutsche Biber 503
Kritische Vorlesungen 505
Entenjagd und Wasserqualität 507
Angeln im Wasservogelschutzgebiet 512
Gespinstmotten 514
Insektenforschung und Artenschutz 524
Wildkaninchen 528
Rehe 530
Veränderungen im Auwald 534
Zeitströmungen 539
Unsoziale Schwäne 544
Kormorane, Fischerei und Fischotter 554
Gülle und Botulismus 559
Brutkolonien der Lachmöwen 565
Ökologische Modellvorstellungen 569
... und ihre Anwendung 574
Artendiversität 579
Die Invasion der Türkentauben 584
Schmetterlingswanderungen 593
Die inhärente Schwäche des Naturschutzes 611

Mein Leben für die Natur – ein Resümee 617
Ein kleiner Dank für große Unterstützung 633
Literaturhinweise 635

Gewidmet meiner Frau
Miki Sakamoto-Reichholf

Vorwort

Dies ist keine Autobiographie. Der Untertitel besagt, worum es geht: Um Evolution und Ökologie, also um zwei Bereiche der biologischen Naturwissenschaften, die eng miteinander verbunden sind. Und um den Schutz der Natur, für den ich mich seit früher Jugendzeit engagiere. Das damit verbundene Persönliche erweckt verständlicherweise den Eindruck, es ginge mir um eine Autobiographie. Das ist nicht so. Die Menschen, die mein Leben begleiteten, die auf mich einwirkten und denen ich umfassend Dank schulde, bleiben ausgeblendet – weitestgehend, denn einige waren im Zusammenhang mit den wissenschaftlichen Fragestellungen unbedingt zu nennen. Wir stehen nicht nur in den Wissenschaften auf den Schultern von Riesen, wie es das geflügelte Wort sehr treffend ausdrückt, und bilden uns dabei ein, weiter als sie schauen zu können. Wir werden ebenso von vielen Menschen getragen, mit denen wir verbunden sind oder waren; auch solchen, die andere Meinungen vertraten. Daran schärften wir die eigene. Das Buch zeigt zunächst, wie mein aus kindlich-jugendlicher Begeisterung heraus entstandenes Interesse an der Natur Gestalt annahm und gestaltet wurde, besonders auch von der Umgebung, in der ich lebte und mich bewegte. Ich hatte das Glück, in einer Gegend mit besonderem Naturreichtum aufgewachsen zu sein. Zwar ging auch dort, im niederbayerischen Inntal, bereits die Zeit der Fülle zu Ende. Aber ich erlebte sie noch, die Wiesen voller bunter Blumen und Schmetterlinge, den Lerchengesang frühmorgens und die Rufe der Rebhühner am Abend, nicht eingeschränkt von Naturschutzbestimmungen, die in der Folgezeit zunehmend die nähere Beschäftigung mit Tieren und Pflanzen beeinträchtigten. Es war eine Zeit des Staunens und Entdeckens, in der man uns, der Jugend, noch nicht mit diesem oder jenem Weltuntergang drohte, die Zukunft schlechtredete und die Menschen selbst noch schlechter.

Der Rückblick zeigt, wie sehr man als Kind und Jugendlicher von Erlebnissen geprägt wird, die für sich genommen wenig bedeutsam erscheinen. Sie wirken nach; sie beeinflussen den weiteren Lebensweg über eine Vielzahl von Entscheidungen, die auch anders hätten ausfallen können. Auf die Ökologie und die Evolution bezogen, kommt in meinem Fall zum Ausdruck, wie vorhandene Konzepte bereits vorab den Blick auf die Natur lenken und in die Interpretation der Befunde eingehen. Wir sehen nur, was wir kennen, heißt es ganz zutreffend. Dieses Vor-Wissen führt zu Vor-Urteilen, nicht zu jenen sachlichen Urteilen, distanziert von der eigenen Überzeugung, die in den Naturwissenschaften selbstverständlich sein sollten und ihren Erfolg ausmachen. Meine Rückschau soll daher auch darlegen, wie sich aus einer Vielzahl zunächst voneinander unabhängiger Eindrücke allmählich Fragestellungen entwickeln, aus denen neue Konzepte hervorgehen. Auch sie sind nur vorläufiges Wissen, das sich bewähren muss, keine letztgültigen Erklärungen.

Nach dem einführenden Überblick über die Anfänge enthält das Großkapitel über Südamerika eine anekdotische Zusammenstellung von Erlebnissen. Sie drücken mein Staunen über all das Neue aus, das ich dort kennenlernte. Im zweiten Hauptkapitel, das Afrika betrifft, rücken aber bereits Themen wie die Evolution des Menschen und das Zustandekommen der Artenvielfalt, der tropischen insbesondere, sowie kritische Überlegungen zu den gängigen Konzepten der Ökologie in den Vordergrund. Aus der erlebten und gesammelten Fülle kamen interessante Querverbindungen zustande. Bilder begannen sich abzuzeichnen. Unstimmigkeiten in den bisherigen Betrachtungsweisen wurden deutlich. Im folgenden Abschnitt über die Inseln vertiefen die Darlegungen den Kontrast zwischen der viel zu statisch betriebenen, von Erdgeschichte und Evolution weitestgehend getrennten Ökologie und den unablässigen Veränderungen in der Natur. Die dabei behandelten, zunächst scheinbar wenig Zusammenhang ergebenden Einzelbeispiele fließen jedoch zu mehreren Hauptsträngen meines Interesses zusammen, die ich im letzten Großkapitel über die Vielfalt meiner eigenen ökologischen Untersuchungen an den Stauseen und in den

Flussauen am unteren Inn ausbreite. Sie stellen die Verbindung zum Naturschutz her. Zusammen mit den globalen Erfahrungen begründen sie meine in manchen Bereichen heftige Kritik an der Art und Weise, wie Naturschutz bei uns betrieben wird. Er ist zu einem in Gesetzen und Verordnungen erstarrten System gemacht worden, das der Natur nicht gerecht wird und die interessierten Menschen, vor allem Kinder und Jugendliche, von der näheren Beschäftigung mit Tieren und Pflanzen durch unnütze Verbote abhält. Der einst gutgemeinte, nach wie vor auch notwendige Schutz hat uns Natur genehmigungspflichtig gemacht. Das hatte ich wirklich nicht gewollt, als ich mich ab den späten 1960er Jahren so intensiv für den Naturschutz einsetzte. Mit gutem Gewissen kann ich betonen, dass ich seit einem Vierteljahrhundert gegen die Fehler und Mängel anzukämpfen versuche, die in unserem Naturschutz enthalten sind, die seine Wirksamkeit so sehr einschränken – und die Naturfreunde noch mehr.

Es geht mir schließlich auch darum aufzuzeigen, wie aus einer missdeuteten wissenschaftlichen Ökologie eine Öko-Religion geworden ist, die jenen Totalitätsanspruch erhebt, der viele Religionen kennzeichnet und so gefährlich macht. Sie beherrscht längst die Medien und entspricht mit ihrem morbiden Charme dem Kulturbild Oswald Spenglers vom Untergang des Abendlandes. Unter dem Deckmantel von Ökologie und mit dem Anspruch, »grün« zu sein, übt sie eine Meinungsdiktatur aus, die weder von der Ökologie als Wissenschaft gedeckt noch in der Lage ist, tatsächlich wünschenswerte Änderungen in der Gesellschaft zum Wohle aller herbeizuführen. Wer aber den Menschen durch Verbote die Freude an der Natur nimmt, wer diese zur unantastbaren Kulisse degradiert, wird sich vergeblich um die Erhaltung von Naturschönheiten und der Vielfalt des Lebens bemühen. Und wer die Zeit festhalten will auf einem Status quo, hat die Zukunft bereits verloren. Denn Ökologie und Evolution besagen, dass es in der Natur keinen festen Zustand gibt. Beständigkeit ist ein Wunschbild der Menschen. Doch alles verändert sich, ist in Bewegung, in Entwicklung. Alles hat Geschichte, Naturgeschichte. In diese tauchte ich ein wenig ein mit meinem *Leben für die Natur*.

Josef H. Reichholf, im Juli 2015

Iguaçú

Zur Einführung

Die Szenerie ist atemberaubend. Mit ohrenbetäubendem Getöse stürzen die Wassermassen des Iguaçú in die Schlucht. Gischt steigt in Wolken auf. Sie hüllen alles ein in triefende Nässe. Ein Regenbogen steht über dem ›Teufelsschlund‹, der Hauptschlucht, in die der Fluss zu verschwinden scheint. Von schmalen Uferpfaden und von Stegen aus kann man auf sie hinabschauen: Die Wasserfälle des Iguaçú sind die wohl schönsten überhaupt. Iguaçú bedeutet ›Großes Wasser‹ in der Sprache der Guaraní-Indianer, die einst hier im südostbrasilianischen Bergland lebten. »Groß« ist dieses Wasser wirklich. In der Regenzeit des Südsommers stürzen gut 5000, bei starkem Hochwasser über 7000 Kubikmeter pro Sekunde in die Tiefe. Diese Menge entspricht, kommt mir in den Sinn, den stärksten Hochwässern des Inns, an dem ich aufgewachsen bin. Im Winter führt dieser wasserreichste Alpenfluss allerdings viel weniger Wasser als der Iguaçú. Vergleichbar ist er ohnehin nicht. Es fehlt ihm die Tropennatur.

Daher verdränge ich den albernen Gedanken an den heimatlichen Inn auch gleich wieder. Der Iguaçú bietet Natur der Extraklasse, auch für tropische Verhältnisse. Über fast drei Kilometer Breite erstrecken sich die Wasserfälle. Flach, hufeisenförmig, zerteilt von zahlreichen Inseln, greifen sie um die Schlucht herum, in die dieser Nebenfluss des noch viel gewaltigeren Paraná hinabstürzt. Palmen ragen von den Felswänden auf, Bambusgebüsch und anderes frisches Grün stehen im steten Sprühregen. Über den Fällen kreisen große Vögel; schwarze, breitflügelige Raben- und dunkelbraune, langflügelige Truthahngeier. Papageien kreischen, wenn sie zu Paaren oder in kleinen Gruppen vorüberfliegen. Bunte Tukane schwingen sich in Bögen an den von Lianen behangenen Rändern von Wald und Buschwerk entlang. Ihr Flug wirkt wie zu sehr belastet

Iguaçú. Zur Einführung 13

von den übergroßen Schnäbeln. Die hochstehende Sonne erzeugt auf dem wirbelnden Wasser ein geradezu verwirrendes Spiel von Lichtern und beständig schwankendem Glitzern. Wie heller Milchkaffee, der sahnig aufschäumt, ergießen sich die Fluten über die Felskanten. Sie bilden beiderseits der Hauptschlucht Wasservorhänge unterschiedlicher Breite, die gleichfalls im Teufelsschlund, so genannt von den Brasilianern und Argentiniern, deren Länder sich an den Iguaçú-Fällen treffen, verschwinden.

Wie verweht von der Gischt des Wassers, gleitet ein über handtellergroßer blauer Schmetterling vorüber. Ein Morpho ist es, einer jener berühmten, unfassbar schönen Schmetterlinge der mittel- und südamerikanischen Tropen.

Man macht Fotos, weiß nicht, wo man hinschauen soll, und versucht unablässig, die Kamera vor der Nässe zu schützen. Die Szenerien wechseln fast mit jedem Schritt auf den schlüpfrigen Stegen. Manche überspannen auf der argentinischen Seite kleine Wasserfälle, die dort wie Schleier an den Felswänden hängen. Einzigartig! Wundervoll! Welche Superlative passen zu diesem Naturwunder?

Als ich 1970 an den Iguaçú-Fällen stand und wie berauscht vom zu Schauenden versuchte, die Eindrücke aufzunehmen, herrschte noch kein touristischer Hochbetrieb, der weiterschiebt, wo man verweilen möchte. Ein einfaches Stahlseil sicherte den glitschigen Weg. Manche Stege überflutete gerade das leichte Hochwasser. Wer den Zug des Wassers an bloßen Füßen verspüren wollte, konnte barfuß weitergehen. Obwohl warm, kühlte es bei den subtropischen Lufttemperaturen.

Allmählich wurde es Abend. Unmerklich zunächst, weil die Sonne hier auf 26 Grad südlicher Breite, also nur wenig südlich des Wendekreises des Steinbocks, sehr steile Bögen macht. Dann aber sank sie tropenschnell. Die Gischt über der Schlucht flammte golden auf. Neben dem großen Regenbogen über den Hauptfällen entstanden an den Seiten mehrere kleine. Und da geschah es: Ein schlanker Vogel, schwarz und etwas größer als eine unserer Schwalben, löste sich aus der milchig-goldenen Gischtwolke, schoss geradewegs auf die Wasserwand vor mir zu, und weg war er. Das ging so schnell, dass ich nicht folgen konnte. Er tauchte nicht wieder auf. Weggerissen von der Strömung und zerschmettert in der Tiefe – dachte ich. Es kreisten ja beständig Raben- und Truthahngeier über dem schäumenden Wasser am Fuß der Fälle. Den kleinen Vogelkadaver würden sie aber wohl nicht beachten. Ihre Suche galt den großen Fischen, die vom Sog erfasst worden waren und sich nicht mehr daraus befreien konnten. Zu weiteren Überlegungen kam ich nicht, denn nun sausten Dutzende, Hunderte der schwarzen Vögel heran, und als ob sie Massenselbstmord begehen wollten, verschwanden sie in den Wasservorhängen. Da es so viele waren, die angeflogen kamen, konnte ich durchs Fernglas erkennen, dass es Segler waren. Greisensegler ist ihr deutscher Name. Er nimmt Bezug auf ihre wissenschaftliche Bezeichnung *Cypseloides senex*. Der Artname *senex* bezieht sich auf den grauen Kopf, der jedoch nur deutlich wird, wenn man die rasend schnell fliegenden Verwandten unserer Mauersegler aus der Nähe betrachten kann. Oder ein Präparat davon in einer wissenschaftlichen Vogelsammlung in Händen hält. Mit »alt« oder gar »greisenhaft« hat das, wie ihre Flugkünste zeigen, nichts zu tun. Vielleicht brauchen diese Segler, die von den Brasilianern *Andorinhas da cachoeira**, »Schwalben der Wasserfälle«, genannt werden, diesen hellgrauen Kopf bei ihrer äußerst ungewöhnlichen Nistweise. Denn was ich an jenem Abend, fast starr vor Staunen, erlebte, ist Teil ihrer (für sie) ganz normalen Lebensweise.

Was sie taten, war nichts anderes, als ihren Schlafplatz anzufliegen, nämlich die Felswand hinter den Wasserfällen. Dort klammern sie sich mit ihren kleinen, sichelförmigen Krallen der kurzen Füße an die Felsen und verbringen dicht an dicht, und ohne sich zu rühren, die zwölf Nachtstunden bis zum nächsten Morgen. Dann lösen sie sich aus der Starre. Sie fahren die im Schlaf gesenkte Körpertemperatur wieder auf normale Leistung hoch, schütteln sich vielleicht kurz und werfen sich hinein in die Wasservorhänge. Diese reißen sie zwar ein Stück in die Tiefe, aber nach Bruchteilen einer Sekunde kommen sie wohlbehalten wieder frei und fliegen hinaus zur Jagd nach Fluginsekten über den Wäldern und Savannen.

* Die genaue Bezeichnung ist eigentlich *Andorinhão-velho-da-cascata*; die Vergrößerungsform *Andorinhão* bezeichnet im Brasilianischen die Segler als die »großen Schwalben«, was nicht immer passt, weil manche Segler kleiner als große Schwalben sind. Beide Vogelgruppen sind jedoch nicht näher miteinander verwandt.

Ist dieses Nächtigen hinter den Wasserfällen schon staunenswert genug, so geschieht schier Unglaubliches bei der Fortpflanzung. Die Greisensegler bauen nämlich auch ihre Nester in die Felsnischen hinter den Wasservorhängen, bebrüten darin ihre Gelege und ziehen die Jungen groß. Dann heißt es, täglich vielfach das Wasser zu durchfliegen, um die mit Speichel zu Bällchen geformten Kleininsekten, die sie aus dem sogenannten Luftplankton erbeutet haben, an die hungrigen Jungen zu verfüttern. Sind diese ausgewachsen und zum Ausfliegen bereit, müssen sie sich zu ihrer ersten richtig aktiven Lebenstätigkeit vom Nest mit Schwung ins Wasser stürzen und danach sogleich versuchen, Luft unter die Schwingen zu bekommen. Das ist ihr Jungfernflug. Was für eine Lebensweise, stellt man nicht nur als Biologe bewundernd fest. Und es drängt sich die viel größere Frage auf, wie denn so eine Lebensweise zustande kommen konnte. Was in aller Welt mag eine Vogelart, die als Angehörige der Segler ausgeprägter als alle anderen Vögel »in der Luft lebt« und sich im Flug sogar paart, dazu veranlasst haben, ausgerechnet die Felsnischen hinter den tropisch-südamerikanischen Wasserfällen zum Nisten und zum Nächtigen zu benutzen?

Ich war eigentlich nicht hierher an die Iguaçú-Fälle ins Grenzgebiet zwischen Brasilien, Argentinien und Paraguay gekommen, um solche Fragen zu klären. Damals hatte ich nicht einmal gewusst, dass es dieses Phänomen überhaupt gibt. Es ist auch nur eines der unzähligen Beispiele ungewöhnlichster Formen des Lebens in den Tropen. Man muss sicherlich kein Biologe sein, um über die Wunder der Tropenwelt zu staunen. Aber was besagen sie? Was bedeuten sie für die Menschen? Auch für uns, die wir in den klimatisch gemäßigten Breiten leben und den Wohlstand genießen? Sind sie für daran Interessierte etwas dem Besuch eines Zoos, eines botanischen Gartens Vergleichbares, das man auf einer »Studienreise« genießt? Und in welchem Verhältnis stehen sie zur Natur bei uns? Bilden sie lediglich einen exotischen Kontrast dazu?

Um die Tropennatur, um ihre Fülle zu erleben, reiste ich direkt nach Abschluss meines Biologiestudiums nach Südamerika. Schon als Kind hatte ich Naturforscher werden und nach Brasilien, an den Amazonas, gehen wollen. Meine Mutter sagte dies in weinerlichem Ton jedem, der danach fragte, als ich tatsächlich dort war. Zwischen dem Träumen von den Tropen in früher Jugendzeit und meiner Ankunft in Brasilien im Januar 1970 waren zwar etwa ein Dutzend Jahre vergangen, aber in der Rückschau sind dies eigentlich gar nicht so viele. Wann sich die Wunschbilder von den Tropen in mir aufbauten, kann ich anhand eines Buches zeitlich ziemlich genau eingrenzen. Es handelte von der Reise Alexander von Humboldts in die südamerikanischen Tropen und hieß passend für jugendliche Leser *Draußen wartet das Abenteuer*. Ich verschlang es, wie man ein Buch nur verschlingen kann. 1957, spätestens 1958, muss das gewesen sein, denn ein weiteres Buch aus dieser Zeit wirkte nachhaltig über die Bilder: *Die Welt in der wir leben*, die deutsche Fassung des amerikanischen *The World We Live In*, dessen drucktechnisch billigere Volksausgabe ich nach langem Sparen erworben hatte. Es zeigte in großen bunten Bildtafeln auch die Fülle des Lebens im Tropischen Regenwald Südamerikas. Ich saugte die Bilder und die Texte ein wie ein Lebenselixier; auch alles, was darin über die Evolution des Lebendigen enthalten war.

Wahrscheinlich baute sich über diese beiden Bücher der naive Wunsch auf, dies selbst zu erleben, auch wenn das nicht nur im frühjugendlichen Sinne damals unerreichbar schien. Nie würde ich die Mittel dazu haben, wie Alexander von Humboldt in die Äquinoktialgegenden der Neuen Welt zu reisen. Und doch wurde dieses »nie« bereits gut ein Jahrzehnt nach den ersten Phantasien davon, als Naturforscher nach Brasilien zu reisen, Wirklichkeit.

Natürlich dachte ich an die mir damals schon so weit zurückliegend vorkommende frühe Jugendzeit, als ich Seglern zuschaute, die sich in die Wasserfälle stürzten. Sie währte nur kurz, diese Rückschau, wenn ich mich recht erinnere, denn zu viel gab es zu sehen, zu hören, zu erleben an diesem wundervollen Ort. Mit fünfundzwanzig Jahren war ich bestimmt viel zu jung für eine wirklich kontemplative Rückschau auf den noch kurzen Lebensweg, der mich so geradlinig von den Ufern des Inns und dem kleinen Dorf im niederbayerischen Inntal, in dem ich aufgewachsen war, hierher an den Iguaçú und seine unendlich größere Naturschönheit geführt hatte. Der Drang, einzutauchen in die Wunder der Tropenwelt, erfüllte mich voll und ganz. Das Studium lag gerade hinter mir. Ich hatte in Zoologie promoviert und genau den Berufsweg einschlagen können, den ich mir als Naturforscher vorgestellt hatte. Ein für meine finanziellen Verhältnisse sehr großzügiges und für die damalige Zeit gewiss ganz besonderes Stipendium der Studienstiftung des Deutschen Volkes ermöglichte mir die einjährige Südamerikareise ohne Auflagen und Verpflichtungen. Diese Auszeichnung überstieg an nachwirkender Bedeutung wohl auch den Doktortitel. Sie wurde prägend für mein weiteres Leben, insbesondere für die berufliche Entwicklung. Wenn ich jetzt in einer dem Alter angemessenen Rückschau bewerten sollte, welche Ereignisse den Weg, den ich eingeschlagen hatte, eröffneten und welche Erlebnisse die Wahl meiner Forschungsthemen und auch meine allgemeinen Interessen entscheidend beeinflussten, so gebührt dem Jahr in Südamerika sicherlich eine zentrale Position. Es ermöglichte mir, uneingeschränkt von Zeitdruck und Konkurrenz, das freie Sammeln von Eindrücken. Mitzubringen hatte ich nichts von dieser ersten Reise in die Tropenwelt. Mitgebracht habe ich eine Fülle, die zum Quell sich nicht erschöpfender Erfahrungen und Anregungen wurde. Sie bewahrte mich davor, einen Brotberuf zu wählen, der in die Spezialisierung geführt hätte.

Der Reichhaltigkeit der Natur Südamerikas fühlte ich mich anfänglich aber geradezu hilflos ausgeliefert. Ihre Fülle ist erdrückend. Die Segler, die hinter den Wasserfällen schlafen und nisten, hoben sich als einzelnes Erlebnis zwar ab von der Flut des Neuen. Aber sie machten auch Lust auf mehr. Zusammen mit vielen anderen Besonderheiten, die sich Tag für Tag ansammelten, wurden sie zu kleinen Schlüsseln zum Verständnis des großen Ganzen – oder zumindest von dem, was man im Lauf der Zeit aus der Summe der eigenen Erfahrungen dafür hält. Einen umfassenden Einblick gewinnen kann nie gelingen; es übersteigt unsere individuellen Möglichkeiten. Mit der Zeit wird man zu der Einsicht gezwungen zu akzeptieren, dass relativ mehr zwar ein großer Gewinn ist, aber gewiss nicht der Weisheit letzter Schluss. Was jedoch stetig mit ansteigt, ist das Vergnügen, das beim Eindringen in die sogenannten Geheimnisse der Natur aufkommt. Es hält die forschende Begeisterung in Schwung.

Südamerika war für mich damals, 1970, kein vorgefertigter Lehrstoff, wenngleich ich viel gelesen hatte über die Natur dieses Kontinents, auch als Vorbereitung auf die Prüfung in Botanik, zu der ich den Tropischen Regenwald als spezielles Prüfungsthema hatte wählen dürfen. Die eigene Erfahrung übertrifft jedoch meistens doch alles Angelesene – oder rückt es zurecht, wenn im Geschriebenen aus Effekthascherei allzu arg übertrieben worden war. Ich hatte das Privileg, mich mit dem befassen zu können, was ich gerade interessant fand. Reisestrecken und Aufenthaltsdauern brauchte ich nicht zu rechtfertigen. Die Studienstiftung hatte mir nicht nur die Mittel für das Jahr in Südamerika gegeben, sondern mir Freiheit dazu geschenkt. Dass es eine schöpferische Zeit würde, hatte man bei der Vergabe des Stipendiums wohl gehofft. Tatsächlich hatte ich nicht einmal einen konkreten Reiseplan. Die traumhaft schönen Wasserfälle des Iguaçú standen weder am Anfang meines Herumschweifens in Südamerika, noch gehörten sie zu den Hauptzielen, die zu erreichen ich mir vorgenommen hatte. Es waren dies Gebiete mit für die damalige Zeit noch geheimnisvollem Klang: Mato Grosso, Gran Chaco, das Pantanal, der Rio das Mortes (einer der südlichen Quellflüsse des Amazonas mit eher besorgniserregendem Namen). In den Tagen an den Iguaçú-Fällen und im daran anschließenden Nationalpark war ich der Studienstiftung einfach zutiefst dankbar und bin das immer noch. Damals befand ich mich in einer Art Orientierungsphase, in der ich aufzunehmen versuchte aus der Fülle der Tropen- und Subtropennatur Südamerikas, so viel ich zu fassen vermochte und festhalten konnte in meinen Notizbüchern. Vieles entzog sich mir wieder, kaum dass ich es sah oder hörte, weil ich keine geeigneten Bücher zum Bestimmen der Tiere und Pflanzen hatte. Die damals verfügbaren verwirrten eher, als dass sie Klärung brachten. Und das dokumentierende Fotografieren mit Dia-Filmen war teuer und dem Risiko ausgesetzt, dass die Filme in der tropischen Hitze und Schwüle verderben. Jedes Bild wollte genau überlegt sein, ob es wert war, gemacht zu werden. Der Bleibeutel voller unbelichteter Filme war ein Schatz, den ich hüten musste wie meinen Reisepass.

Umso mehr vertiefte ich mich auf der Reise in ein Buch, das bezogen auf Südbrasilien, Paraguay und Ostbolivien für mich das Buch der Bücher über die Natur war: *Zwischen Anden und Atlantik* von Hans Krieg, erschienen 1948, aber entstanden auf Expeditionen in der Zeit zwischen den beiden Weltkriegen. Für mich sollten sich daraus bemerkenswerte Verknüpfungen und Nachwirkungen ergeben. Davon ahnte ich nichts, als ich versuchte herauszubekommen, um welche Vogelart es sich bei den selbstmörderischen Seglern an den Wasserfällen handelt. Die Angabe im Buch von Hans Krieg konnte nämlich nicht stimmen. Er hatte darin von weißbäuchigen Seglern geschrieben, die an der senkrechten Felswand ihre Nester haben. Die Greisensegler sind aber bis auf den grau aufgehellten Kopf ganz dunkelbraun-schwärzlich, auch auf der Bauchseite. Von ihrem Flug durch die Wasservorhänge schrieb Hans Krieg nichts. Dass mich ausgerechnet meine Bibel hier im Stich ließ, beunruhigte mich. Immer wieder vergewisserte ich mich, dass die Segler nicht weißbäuchig waren und dass es auch keine solchen unter den Seglerschwärmen an den Felswänden der Iguaçú-Schlucht gab. Einen Irrtum – er könnte sie verwechselt haben mit den hier vereinzelt, in Paaren oder kleinen Gruppen herumfliegenden Graubrustschwalben *Progne chalybea* – wollte ich dem großen Kenner Südamerikas nicht unterstellen. Diese langsam fliegenden, verglichen mit den Greisenseglern sogar deutlich größeren und auf der Rückenseite blaugrün schimmernden Schwalben kannte ich ganz gut von anderen Orten Südbrasiliens. Auch am Hotel in der Nähe der Wasserfälle kamen sie vor. Erst nach der Rückkehr nach Deutschland konnte ich schließlich klären, worum es sich bei den Seglern gehandelt hatte. Hans Krieg war tatsächlich eine Verwechslung unterlaufen, die möglicherweise mit dem umgangssprachlichen *andorinha* (Schwalbe) in Brasilien zusammenhing. Es war offenbar alles andere als leicht, in die Natur Südamerikas einzudringen, wenn es selbst zu so Spektakulärem Fehldeutungen gab.

Nun wird man nicht einfach Naturforscher und kommt gleich nach der Promotion nach Brasilien. Eine derartige Tropenreise war vor einem halben Jahrhundert ungleich schwieriger als heutzutage, wo schon Jugendliche als Touristen fast überallhin fahren können. Rückblickend mögen die zwölf Jahre vom ersten Aufkeimen der Vorstellung, nach Brasilien zu gehen, bis zur Verwirklichung gleich nach dem Studium wie ein glatter Weg aussehen, dem man einem starken Willen und/oder einer gezielten Förderung zuschreiben könnte. Zu betonen, dass dem nicht so war, gebietet mir die Ehrlichkeit. Wie es tatsächlich war, das ist ein umfassenderes Stück Lebensgeschichte. Warum es so kam, wie es gekommen ist, mag zwar wie geplant aussehen, tatsächlich aber wirkte viel zusammen, was nicht planbar war, sondern sich aus günstigen Umständen heraus ergab.

Die Ähnlichkeiten solch individueller Lebensläufe mit Evolutionsvorgängen sind frappierend. Deutlich werden sie jedoch erst in der Rückschau. Geht man mit der gebotenen Distanz zu sich selbst darauf ein, machen sie vielleicht eher verständlich, warum sich Evolution nicht im strengen Sinne kausal erklären lässt, weil sie kontingent verläuft und nicht kausal in der Art, wie wir gewohnt sind vorauszudenken: »um zu«. Was das bedeutet, wurde mir Jahre später allmählich bewusst, als ich in Afrika an der Wiege der Menschheit stand und darüber nachsann, warum gerade hier und nicht in Südamerika oder Asien, weshalb in den Tropen und nicht in den für uns doch angenehmeren, klimatisch gemäßigten Breiten die Menschen als biologische Gattung und Art entstanden sind. Was unterschied Afrika von Südamerika so tiefgreifend und auch vom tropischen Asien? Warum leben weit mehr Menschen außerhalb der Tropenzone als in dieser? Hier in Brasilien bekam ich einen ersten Eindruck. Mich zog es ins Innere, wo die Natur so vielfältig ist. Aber die Menschen konzentrieren sich auf den Küstenbereich. Ins damals abwertend als *interior* von den Brasilianern bezeichnete Innere hinein nahm die Bevölkerung stark ab, dünnte aus und ging über in das Land der Indios, die nach damals verbreiteter Ansicht wie die *bichos do mato*, Viecher des Waldes, lebten. Ihre entfernten Verwandten an der Südspitze Südamerikas, die Feuerländer, hatte Charles Darwin mit seiner für jene Zeit sogar recht wohlwollenden, gegen die Sklaverei gerichteten Sicht noch für lebende Übergänge zum Menschengeschlecht gehalten. Zweifellos waren die Indios in Amazonien zumindest in entlegenen Gebieten weit weniger losgelöst von der Natur als die Europäer, die sie immer tiefer in den Urwald abdrängten. Ob die Indios deswegen im Einklang mit der Natur lebten, galt zumindest bei nicht allzu voreingenommenen Völkerkundlern als nicht mehr so sicher, wie das bis heute viele romantisierende Naturschützer annehmen. Und ich sah auch, wie schon 1970 Tropenwälder gerodet wurden, um Viehweiden daraus zu machen und Soja anzubauen für den Export nach Europa. Brasilien, Amazonien, sie waren keine entlegene Welt, sondern längst, seit Jahrhunderten, global vernetzt und von Nordamerika und Europa massiv beeinflusst. Die Globalisierung hat vor einem halben Jahrtausend mit Kolumbus und Magellan begonnen, beileibe nicht erst in unserer Zeit.

Wohin immer ich kam in Südamerika, stets überformte das Tun und Wirken der Menschen die Natur. Selbst zur größten Tropenfülle gehörten die Menschen und meistens auch das, was sie mitgebracht hatten an Nutzpflanzen und Vieh. In die Wüste an der Westküste Südamerikas waren Scharrbilder gegraben, die von vergangenen, vorkolumbianischen Kulturen zeugten. Das Urvertrauen aller Tiere, die den Menschen nicht als Feind oder Gefahr einstufen und auf sein Auftreten nicht gleich mit Scheu und Flucht reagieren, ließ sich nicht in den amazonischen Wäldern, sondern erst tausend Kilometer westlich des südamerikanischen Kontinents auf den einsamen Galapagosinseln erleben. Einzigartig in dieser Intensität! Früh formten sich für mich daher die drei Kernbereiche, um die sich mein Sammeln von Daten und Fakten konzentrierte: Ökologie, Evolution und Naturschutz. Die Ökologie versucht zu verstehen, wie das Leben lebt und wie die lebendige Natur funktioniert. Die Evolutionsforschung will den Weg des Lebens durch die Zeiten und Räume ergründen. Und wer auch nur ein wenig gesehen hat von der Fülle des Lebens, wird sich aus tiefster Überzeugung für Schutz und Erhaltung der Natur einsetzen.

In der Beobachtung der Segler, die zum Schlafen durch die Wasservorhänge der Iguaçú-Fälle flogen, vereinigten sich für mich ganz unmittelbar diese drei großen Fragen zur Ökologie (Wie leben diese Vögel mit so besonderen Anpassungen?), zur Evolution (Wie mag diese außergewöhnliche Lebensweise zustande gekommen sein und warum?) und zum Schutz (Werden die Segler überleben, und werden diese einzigartigen Wasserfälle erhalten bleiben?). Die Sorge, die sich in letzterer Frage ausdrückte, war sehr berechtigt, denn andere, der Wassermasse nach viel gewaltigere Wasserfälle, die kaum zweihundert Kilometer nördlich davon am Paraná-Fluss gelegenen »Sieben Fälle« (*sete quedas*), waren gerade erst einem gigantischen Staudamm zum Opfer gefallen: dem damals größten Flusskraftwerk der Welt. Bald würden mich, was ich am Iguaçú noch nicht ahnte, ähnliche Befürchtungen beunruhigen im Hinblick auf die Xavante-Indios jenseits des Todesflusses *Rio das Mortes*, die ich noch nicht kurz erleben konnte. Und viele weitere Probleme von Ökologie, Evolution und Naturschutz auch, die sich zu einem

Geflecht zusammenfügten, das in schier unlösbarer Weise die Lage unserer Zeit und die weitere Entwicklung in die Zukunft charakterisiert. Ratlos, mutlos oder wütend machen die Erfahrungen, weil die »Krone der Schöpfung«, insbesondere in ihrer Version der sogenannten westlichen Zivilisation, offenbar nicht lernfähig oder, wie viele mit Bezug auf die biblische Erbsünde meinen, von Grund auf verdorben ist. Der Klimawandel wäre ja eine vergleichsweise harmlose Folge des westlichen Umgangs mit der Erde, wenn er nicht, wie bisher alle großen Veränderungen, den anderen, den größeren Teil der Menschheit viel schlimmer träfe. Dieses Verdikt gilt auch dann, wenn die Modelle zur Projektion der klimatischen Entwicklung gar nicht stimmen sollten. Der eingeschlagene Weg, auch jener, der vorgibt, die globale Erwärmung des Klimas auf zwei Grad Celsius zu begrenzen, wird zwangsläufig einen Großteil dessen vernichten, was das Leben auf der Erde, auch das menschliche Leben, kennzeichnet: Vielfalt. Südamerika ist hierfür ein Modell für die ganze Erde.

Vielfalt der indigenen Kulturen, Vielfalt der Arten, Vielfalt der Lebensräume – die gesamte Mannigfaltigkeit schwindet dahin. Alles wird vereinheitlicht, gleichgeschaltet, auf schnellstmögliche, höchstmögliche Leistung getrimmt. Wer sich gegenwärtig um die Verhältnisse im Jahr 2100 sorgt, verdrängt, was hier und jetzt abläuft. Die zu große Überwachung der Privatsphäre wird beklagt und mit dem Ausdruck weitgehender Hilflosigkeit bekämpft, während doch eine viel umfassendere Überwachung überfällig wäre, um die Übel unserer Zeit an der Wurzel packen zu können. Für die Zukunft ist es reichlich bedeutungslos, wer mit wem telefoniert oder per E-Mail korrespondiert. Entscheidend ist, was gemacht wird, wie eingegriffen wird in die Abläufe in der Natur, wo welche Veränderungen in welchem Umfang vollzogen werden. Das grüne Streben nach Gleichgewichten ist nichts weiter als die Illusion, den Lauf der Zeit anhalten zu können. Alles geschieht in der Natur wie in der Menschenwelt aus Ungleichgewichten heraus. Unsere Konzepte von Ökologie und Umweltschutz müssen grundlegend überdacht und in den entscheidenden Grundlagen überarbeitet werden. Kein Status quo lässt sich aufrechterhalten, möge er noch so wünschenswert erscheinen. Alles Wirken der Menschen gehört auch zu den Prozessen der Evolution. Sie gibt von sich aus keine Richtung vor. Die von Zivilisationen gewählte Entwicklung entspringt fast immer dem persönlichen Egoismus weniger Menschen. Dem Wohl der Menschheit dient sie nicht.

Die Vorgänge in der menschlichen Geschichte unterscheiden sich, genauer betrachtet, offenbar nicht wirklich von der allgemeinen Geschichte der Natur und dem Gang des Lebens auf der Erde. Menschengeschichte ist ein Seitenzweig der allgemeinen Lebensgeschichte, der biologischen Evolution, so wie auch die Naturgeschichte der Lebewesen ein Spross der Erdgeschichte ist. Seit Darwin 1859 sein epochales Werk über den *Ursprung der Arten* veröffentlicht hat, kennen wir das Grundprinzip, das er von Herbert Spencer übernahm: *Survival of the fittest* – Überleben der Tauglichsten. Die Menschheit praktiziert dieses Prinzip in geradezu ungeheuerlicher Konsequenz allen Warnungen besonnener, sozial gesinnter und verantwortungsbewusster Menschen zum Trotz. Die heutige Globalisierung meint die Verdrängung der Schwächeren, der weniger Fitten genauso wie das dominant gewordene politische System. Den politisch Verantwortlichen von heute dienen in die ferne Zukunft projizierte Ängste als höchst willkommene Ablenkung von den hier und jetzt zu lösenden Problemen. Mit vorgeschobenem Engagement und teurem Aktionismus entziehen sie sich der Verantwortung für die Missstände der Gegenwart. Das Ziel ist ebenso klar, wie es geschickt verschleiert wird: Weitermachen wie bisher und neue Steuern eintreiben für unnütze oder schädliche Investitionen.

Doch geklagt wurde bekanntlich über die Zeit und ihre Fehler zu allen Zeiten und mit den unterschiedlichsten Begründungen. Darum geht es mir in diesem Buch nicht. Es hat andere Zielsetzungen. Sie entsprechen den drei Kernthemen. Das erste ist die Kritik an der viel zu statischen Ökologie, die durch eine dynamischere, der Wirklichkeit angemessenere Sicht der Natur abgelöst werden sollte und die das möglich macht, was angeblich angestrebt wird, nämlich die nachhaltige Entwicklung (*sustainable development*). Die zweite hat die Hinführung zu der Erkenntnis zum Ziel, dass Evolution immer und überall wirkt, auch in menschlichen Gesellschaften. Und dass daher der alten Weisheit endlich zum Durchbruch verholfen werden sollte, dass nichts so bleiben kann und bleiben wird, wie es einmal war oder gerade ist. Drittens schließlich geht es darum, dass sich der Naturschutz von seiner Orientierung daran, wie es einmal war, löst und neue Visionen für die Erhaltung der Lebensvielfalt in einer sich unablässig wandelnden Welt entwickelt. Wer nur am Alten hängt, wird es verlieren.

Es liegt in der Natur einer Rückschau, dass persönliche Entwicklungen und Erfahrungen die Leitlinie bilden auf den Gängen durch die Räume der Ökologie in die Zeiten der Evolution. Eine Autobiographie kommt dadurch nicht zustande, und das Buch soll auch keine werden. Gleichwohl mögen die Schilderungen aber ein Beispiel dafür abgeben, wie viel mit dem jeweils ganz persönlichen Lebensweg verbunden ist. Das sich wandelnde Denken beeinflusst jeden Lebenslauf vergleichbar intensiv wie die äußeren Änderungen von Landschaft, Umwelt und insbesondere die Erfahrungen, die man auf anderen Kontinenten und in fremden Kulturen gewinnt. Im Endeffekt ist alles persönlich. Die Ausführungen können daher nur in ihrem Verhältnis zur Sicht anderer Menschen aufgenommen werden. Optimallösungen sind herrlich einfach denkbar, aber so gut wie nie zu realisieren. Nachvollziehbar werden könnte allenfalls die Begeisterung, die mit der Naturforschung verbunden ist. Sie wird heutzutage den Kindern und Jugendlichen, auch den naturinteressierten Erwachsenen dermaßen erschwert, wenn nicht nahezu gänzlich unmöglich gemacht, dass vieles in meiner Rückschau auch Erinnerung an schönere Zeiten ist, in denen die Natur noch zugänglich und nicht – angeblich zu ihrem Schutz – durch Verordnungen, Gesetze und Zäune versperrt war. Dieser unerträgliche Zustand ließe sich ändern, ganz unabhängig davon, wie es weitergeht mit der großen Welt. Die Entfremdung von der Natur, die sich am deutlichsten ausdrückt in ihrer zunehmenden Pseudorepräsentanz in der virtuellen Welt der Medien, ist im übersatten, verglichen mit dem großen Rest der Welt unvorstellbar reichen Europa und Nordamerika das eigentliche Problem. Je wirkungsvoller die Menschen von der Natur abgehalten werden, desto weniger Widerstand setzen sie den ausbeuterischen Veränderungen entgegen. Wen interessiert, wie lange das zauberhafte Lied des Uirapurú, des Flageolett-Zaunkönigs, im Dämmerlicht amazonischer Regenwälder erklingen wird, wenn man schon bei uns keine Lerchen mehr singen hört, weil Mais, Raps und Windräder »grün & gut« sind, auch wenn sie alles vernichten, was auf unseren Fluren an Restnatur leben könnte? Insofern ist dieser Rückblick auf den eigenen, sehr vielfältigen Weg in die Natur der Versuch, auszudrücken, welche Erlebniswerte in ihr stecken. Alles Menschengemachte lässt sich wiederherstellen. Alles Erlebte ist Erinnerung. Wie ärmlich und wie stark vereinheitlicht sie ausfällt, entscheidet sich in den Entwicklungen unserer Zeit. Es macht mich zutiefst betrübt, dass ausgerechnet der Naturschutz die Menschen am meisten davon abhält, Natur zu erleben.

Daher bin ich dem Leben dankbar für den großen Schatz an Erinnerungen, den ich bei meiner Betätigung in der Natur gewinnen konnte. Sie sind einzigartig und nicht wiederholbar. Das gilt für alles, was dem Lauf der Zeit unterworfen ist. Um Wiederholbarkeit kann es niemals gehen. Umso mehr aber darum, dass die Möglichkeiten zum Naturerlebnis erhalten bleiben. Die Menschen unserer Zeit sollten dies den nachfolgenden Generationen gegenüber als Bringschuld empfinden. Lebendige Natur lässt sich nicht wie Menschenwerk museal magazinieren und bei Bedarf wiederherstellen. Sie braucht die Räume für ihre eigenständige Entfaltung. Und die Bereitschaft, das andere, das nichtmenschliche Leben auch leben zu lassen. Daran mangelt es in unserer Gesellschaft mehr denn je.

Was ich für die nachfolgenden Texte auswählte, ist das, was mir wichtig erschien und was ich in Notizbüchern festgehalten hatte – nicht, was ich aus der Rückschau über mehr als ein halbes Jahrhundert für bedeutsam halten würde. Rote Fäden werden so gut wie immer nachträglich konstruiert. Mitunter sind sie vorhanden, ohne dass man sie bemerkt. Zufälle ergeben neue Notwendigkeiten; vermeintlich Wichtiges verliert an Bedeutung. Wie im Prozess der Evolution! Beurteilt werden kann immer erst vom vorläufigen Ende her. Denn alles ist Zwischenbilanz im Fluss der Zeit. Kaum etwas fällt uns aber so schwer, wie die Vorläufigkeit dessen zu akzeptieren, von dem wir gerade zutiefst überzeugt sind. Mehrfach musste ich meine feste Meinung ändern, weil neue, bessere Befunde dagegenstanden. Und, noch häufiger, Positionen relativieren, die an einem Ort zu bestimmter Zeit ihre Berechtigung gehabt haben mochten, jedoch keineswegs deshalb allgemeine Gültigkeit beanspruchen konnten. Skepsis wurde nötig. Sie ist nötiger denn je, seit große Teile der Gesellschaft geneigt sind, den Computermodellen mehr zu glauben als der Wirklichkeit. Wer glauben will, verwirft die Skepsis. Das ist der gläubigen Menschen gutes Recht, widerspricht aber dem Grundprinzip der Naturwissenschaft. Skeptisch zu sein ist nicht sonderlich schwer, gleichwohl nicht günstig, wenn es um Forschungsgelder geht. Viel schwieriger ist eine vernünftige Abwägung der Befunde und der möglichen Schlussfolgerungen. Vereinfachungen scheitern immer wieder an der Komplexität der Wirklichkeit. Kontrollierte Experimente wie auch Modelle, die uns die Wirklichkeit abbilden sollen, verdienen besondere Skepsis. Modellgläubig wird, wer die Vielfalt ausblendet, bewusst oder unbeabsichtigt. Insofern könnten die nachfolgenden Ausführungen hilfreich dafür sein, nicht allzu schnell über allzu einfache Modelle die Lösung zu suchen oder gar gefunden zu haben zu glauben. Die Mannigfaltigkeit von Natur, Menschheit und Kulturen ist für jegliche Vereinfachung zu groß. Weil diese Vielfalt das Leben selbst und seine Entfaltung repräsentiert, ist sie das höchste Gut.

1. Kapitel

Die Anfänge

Ein richtiger Totenkopf

Ein Totenkopf, ein echter Menschenschädel, bildete das beste Stück des kleinen Laboratoriums, das ich mir daheim in einer engen Dachbodenmansarde in meiner frühen Jugendzeit einrichten durfte. Der Raum war so schmal, dass sich die Tür, die hineinführte, nicht ganz öffnen ließ. In schräger Haltung musste ich ein paar Schritte weitergehen, bis ich in mein verborgenes Reich kam. An der Decke gab es eine Glühbirne. Ein Glasziegel ließ Tageslicht herein. Genau darunter stand mein Labortisch. Er war etwa einen Meter breit. Darauf machte ich verschiedene chemische Experimente oder pflückte die Schädel von Wühlmäusen aus Gewöllen von Eulen. Auch ein Mikroskop zählte zu meinen Schätzen. Es diente mehr der Verzierung des Arbeitsplatzes als echten mikroskopischen Studien, denn seine Leistung war miserabel. Dennoch freute es mich unsäglich, ein mit bestimmten chemischen Stoffen eingefärbtes und durch ein tiefblaues Kobaltglas angestrahltes Präparat unter dem Mikroskop aufleuchten zu sehen. Viel lieber aber schaute ich mir mit einer kleinen Lupe die Mäuseschädel an, weil der Blick durchs Mikroskop die Augen zu sehr anstrengte. Irgendwann fand ich draußen im Wald einen Hasenschädel. Der war handlicher, und er ließ sich auch besser mit den gezeichneten Vorlagen vergleichen als die kleinen Schädel der Mäuse.

Den Menschenschädel erhielt ich auf ziemlich ungewöhnliche Weise. Ich war gerade 14 Jahre alt geworden, und das Leben im Dorf hatte sich Ende der 1950er Jahre wieder weitgehend normalisiert. Zahlreiche Fremde waren in den Dörfern in Niederbayern als Heimatvertriebene gestrandet. Unter ihnen war ein Zahnarzt. Niemand wusste so recht, woher er stammte, außer dass er Russe war. Er bekam kaum Patienten. Eine Freundin meiner Mutter hatte ihn am Kriegsende aufgenommen. Dort blieb er, ohne eine richtige Praxis zu eröffnen. Vielleicht war er zu schwach dafür nach den langen Kriegsjahren, unter denen er offenbar schwer gelitten hatte. Diesen Eindruck machte er, wenn man ihn, was selten genug der Fall war, auf der Straße zu sehen bekam. Eines Tages kam die Freundin zu meiner Mutter und erzählte ihr, dass ihr Gast gestorben sei. Er habe keine Angehörigen, wie er ihr noch vor seinem Tode gesagt hatte. Das wenige, was er besitze, könne und solle sie behalten und damit machen, was sie wolle. Unter diesem wenigen war ein Totenkopf; ein richtiger Menschenschädel.

Der Freundin meiner Mutter war so ein Erbstück in höchstem Maße unheimlich. Wer der einstige Träger dieses ganz gut erhaltenen Schädels gewesen sein mochte, darüber wollte sie lieber nicht nachdenken müssen. Deshalb könne ich ihn haben, wenn ich den Schädel wolle. Auf diese Weise erhielt ich den Totenkopf. Mit einem Federzug ließ sich der Unterkiefer, dem ein paar Schneidezähne fehlten, auf- und zuklappen. Die Augenhöhlen waren recht düster geworden. Den Gehirnschädel überzog aber ein feiner bernsteinfarbener Schimmer. Der Totenkopf war auch meiner Mutter ziemlich unheimlich.

Da der Zahnarzt aus Russland stammte, dürfte der Mensch, dessen Schädel ich nun in Händen hielt, wohl ein Russe gewesen sein. Vielleicht stammte er aus noch östlicheren Gebieten, aus Sibirien. Auf der Krim und im Kaukasus war mein Vater im Krieg gewesen. Was er von dort meiner Mutter beim Heimaturlaub erzählte, war stets Gutes über die Russen. Mag sein, dass sie deswegen einverstanden war, dass ich den Schädel annahm, für mein wissenschaftliches Interesse, wie sie mit kaum verborgenem Stolz zu ihrer Freundin meinte. So wurde ich im Alter von vierzehn Jahren Besitzer eines Menschenschädels. Oft hielt ich ihn in Händen, strich über seine Rundungen, unter denen das Gehirn gewesen war, oder sah mir Munddach und Rachen an. Gedanken darüber, was für ein Mensch das gewesen sein mochte, wenn ich dem Schädel in seine leeren Augenhöhlen schaute, machte ich mir wahrscheinlich nie. Die Nasenöffnung sah am wenigsten gut aus. Sie wirkte beschädigt, war aber, wie ich später bemerkte, ganz in Ordnung. Dass einige Zähne fehlten, störte am wenigsten bei meinen Betrachtungen, wie so ein

Menschenschädel gebaut ist und wie stark der Gehirnschädel die Gesamtform bestimmt. Ganz anders sahen die Schädel von Mäusen und Hasen aus, die ich schon recht gut kannte; fast ganz Schnauze waren sie, mit wenig Gehirnschädel. Beim Menschenschädel verhalten sich die Anteile genau umgekehrt. Sogar die größte Öffnung, der Mund, scheint nicht so stark nach vorn gerichtet zu sein wie die beiden Augenhöhlen. Diese verleihen dem Kopf weit mehr Gesicht als der Schnauzenteil, der andere Säugetiere so sehr prägt. Und noch etwas fiel mir auf und blieb verhaftet in der Erinnerung: Der Menschenschädel hat seinen Ansatz zum Körper nach unten zu und nicht nach hinten! Brachte ich meine Hasen- oder Mäuseschädel so in Position, dass sich das Hinterhauptsloch mitten auf meiner Handfläche befand, ragten sie mit den Kiefern steil nach oben. Der Menschenschädel lag mir zugewandt in der Hand. Wir Menschen tragen den Kopf oben, wie mir dieser Schädel deutlich machte, und nicht vorn, wie das bei den Säugetieren üblich ist.

Das Hinterhauptsbein, das Occipitale, wie ich es zu benennen lernte, als ich die Knochen studierte, aus denen der Menschenschädel zusammengesetzt ist, wölbt sich ähnlich stark nach hinten und unten wie bei den Vögeln, die auch den Kopf oben haben. Nach vorn bestimmt der Stirnbereich das Aussehen. Unter diesem befindet sich, wie ich gleichfalls bald erfuhr, jene Bildung unseres Gehirns, der Neocortex, dem wir die geistige Leistungsfähigkeit verdanken. Mund und Kiefer werden davon überwölbt. Natürlich kann man all dies auch am Kopf des lebenden Menschen sehen. Aber es ist etwas anderes, einen richtigen Menschenschädel in der Hand zu haben und diesen in aller Ruhe und immer, wenn's beliebt, herumzudrehen und zu betrachten. Für mich machte es später einen gewaltigen Unterschied, eine noch so gute Nachbildung des gesamten menschlichen Skeletts mitsamt Schädel nur als Plastikpräparat anzuschauen oder echte Knochen in Händen zu haben. Vielleicht interessierten mich Entstehung und Entwicklung des menschlichen Schädels weit mehr als der Rest des Skeletts, obgleich insbesondere Beine und Füße Eigenschaften aufweisen, die zum Verständnis unserer Evolution maßgeblich sind.

Der Schädel kam ins Wandregal neben meinem Arbeitstischchen. Machte ich chemische Experimente, entfernte ich ihn vorsorglich, um ihn auf keinen Fall zu gefährden! Da in mein verborgenes Labor unterm Dach kaum jemals jemand kam, waren Erklärungen zu Herkunft und Bedeutung dieses Totenkopfes nicht nötig. Meine Mutter gewöhnte sich daran wie an andere Merkwürdigkeiten auch, die ihr anfänglich suspekt vorkamen. Als ich fünf Jahre später mit dem Biologiestudium anfing und dabei auch über den Menschen etwas lernen sollte, war mir das wenige, das dazu in der Zoologie geboten wurde, schon bestens vertraut. Meine Kommilitonen wunderten sich manchmal über meine speziellen Kenntnisse zum Bau des menschlichen Schädels. Sie fragten aber nicht nach der Herkunft dieses Wissens. Lieber vertieften sie sich weiter in die Zuchten von Taufliegen (*Drosophila*), mit denen wir experimentierten, um Genetik zu lernen. Die kleinen Fliegen waren damals das beherrschende Modell der Biologie. In der »Vergleichenden Anatomie der Wirbeltiere« bearbeiteten wir nur die Ratte als Vertreterin der Säugetiere und die Taube für die Vögel. Den Körperbau der Reptilien hatten wir an Landschildkröten mehrerer unterschiedlicher Arten zu studieren. Die Mengen, die dafür an lebenden Schildkröten bereitgestellt wurden, machten mich sehr betroffen, zumal im Praktikum nahezu niemand an der Anatomie der Schildkröten erkennbar interessiert war. Als die Lurche an der Reihe waren, stand der Frosch zur Verfügung. Letzterem mussten oder durften wir – je nach Gemüt fiel die Beurteilung dazu ganz anders aus – »decapitieren«. So hieß das Kopfabschneiden am lebendigen Frosch. Das kannte und konnte ich längst, da ich es, angeleitet durch ein Buch für das zoologische Praktikum, bereits in meiner Schulzeit ausprobiert hatte. Als vielfältiger erwies sich lediglich der Praktikumsteil über die Fische. Hierzu bekamen wir die Köpfe großer Meeresfische in den benötigten Mengen vom Fischmarkt. Aus Eimern konnten wir nach Lust und Laune herausholen, welchen Fischkopf wir zerlegen wollten. An seinen zahlreichen, nur lose zusammenhängenden Knochen verzweifelten viele. Letztlich blieb für mich mein echter Totenkopf das entscheidende Stück, an dem ich unseren Schädelbau während des Zoologiestudiums kennenlernte.

Seine Wirkung verspürte ich zwei Jahrzehnte später wieder, als ich mich mit der Evolution des Menschen befasste. Natürlich ahnte ich das als Jugendlicher und als Student nicht. Aber offenbar hatte der Menschenschädel mein Interesse damals schon so erregt, dass ich gar nicht merkte, wie er weiterhin präsent blieb. Er beeinflusste auch die Wahl meines Lesestoffs. So fing ich schon vor dem Biologiestudium an, mich mit dem großartigen Buch des Biologen Bernhard Rensch *Homo sapiens – vom Tier zum Halbgott* intensiv zu beschäftigen. Ich las auch alle verfügbaren Werke von Adolf Portmann und arbeitete mich durch seine *Vergleichende Morphologie der Wirbeltiere*. Vielleicht verdanke ich es diesem Totenkopf, dass ich an der Universität München im 3. Semester im Kurs »Vergleichende Anatomie der Wirbeltiere« als Hilfsassistent mitwirken durfte. Ich war anscheinend durch meine ungewöhnlichen Kenntnisse der Knochen aufgefallen. Frühere Klassenkameraden aus dem Gymnasium bekamen mich, nachdem sie ihren Militärdienst abgeleistet hatten, nun zu ihrer Überraschung und zu unserer gemeinsamen Freude im Praktikum als Hilfsassistent zugeteilt.

Andere Totenköpfe

In den ersten Jahren, in denen ich mich des Besitzes eines echten Menschenschädels erfreute, rückten andere Totenköpfe zeitweise in den Vordergrund. Sie wurden mir gebracht, nachdem ich einmal einen solchen in der Nachbarschaft herumgezeigt hatte. Bei der Kartoffelernte fand ich auf dem Feld glänzend mahagonifarbene Puppen von der Größe eines kleinen Würstchens. Damals, es war in den Jahren 1958 bis 1960, wurden im niederbayerischen Inntal die Kartoffeln noch mit einem einfachen Pflug ausgeackert. Ein Pferd zog langsam Furche für Furche. Die Kartoffeln wurden mit den Händen vollends ausgegraben, in Drahtkörben gesammelt und auf einen Brückenwagen verladen. Kinder und Jugendliche mussten bei der Kartoffelernte helfen. Dabei fand ich die Puppe in unserem Acker in einer vom Pflug nur angerissenen, aber nicht zerstörten Erdhöhle. Sie lag direkt neben großen Kartoffeln. Offenbar war sie unverletzt und lebendig, denn sie zuckte so heftig mit dem Hinterleib, dass ich sie beim ersten Anfassen gleich wieder fallen ließ. Das passierte mir aber nur einmal, dann wusste ich Bescheid. In einer Naturzeitschrift, dem *Kosmos* oder dem *Orion*, hatte ich über den Totenkopfschwärmer gelesen. In jenen Jahren, besonders im sehr warmen Sommer 1959, flogen sie recht regelmäßig und offenbar auch in großen Mengen über die Alpen nach Mittel- und Nordeuropa. Die Totenkopfweibchen legten ihre Eier am jungen Kartoffelkraut ab. Die Abbildungen im Heft zeigten die riesigen gelben Raupen mit ihren bläulichen Schrägstrichen an den Seiten und dem geschwungenen, nicht richtig spitz auslaufenden Horn am Körperende. Gesehen hatte ich noch keine. Wie die Puppen aussehen, wusste ich aus diesen Zeitschriften. Nun hielt ich eine solche in Händen!

Wahrscheinlich war ich an dem Tag, an dem ich die erste Totenkopf-Puppe fand, nicht mehr ganz so tüchtig bei der Kartoffelernte. Sie beschäftigte mich. Ich trug sie in einer Tasche meines Hemdes an der Brust und achtete darauf, sie ja nicht zu drücken oder sonst wie zu beschädigen. Daheim gab ich sie in ein Glas, das mir meine Mutter zur Verfügung stellte – nicht gern, weil Einweckgläser mit Glasdeckel damals noch eine kleine Kostbarkeit waren. Aber meiner Puppe durfte nichts geschehen. Sie wurde auf Torfmull gelagert, den ich immer wieder leicht mit Wasser besprühte. Das Glas stellte ich in der Küche ans Fensterbrett. Anfang Oktober hatten wir die Kartoffeln geerntet. Eines Abends um die Mitte des Monats passierte das Erhoffte: Die Puppe zuckte, platzte auf und ein Totenkopfschwärmer kroch langsam daraus hervor. Anscheinend war er ganz in Ordnung. Auf dem Rücken zeigte sich die kleine gelblich-helle Zeichnung, die allerdings nur mit viel morbider Phantasie an einen Totenkopf erinnert. Zu tun hat sie damit natürlich nichts. Mit dieser »Deutung« verhält es sich ähnlich wie mit den Sternbildern. Die Menschen wollen ein Bild sehen, auch wenn keines existiert. Dann erst können sie das Geschaute benennen. Auf diese Weise erkannte man den Totenkopf auf dem großen Schwärmer schon im Mittelalter. Sogleich erhielt er die Aura des Furchterregenden und Bösen. Vielleicht kam noch etwas anderes hinzu. Der Totenkopfschwärmer dringt in Bienenstöcke ein. Mit seinem kurzen, kräftigen Rüssel saugt er Honig aus den Waben. Ein solcher Diebstahl war in jenen Zeiten, in denen der Honig die einzige Süße lieferte, natürlich eine schlimme Tat. Auch wenn sich der Schmetterling dabei höchstens ein paar Tropfen Honig holte, galt er als Schädling. Zudem trug er das Zeichen!

Doch zurück zum ersten geschlüpften Totenkopf: Seine Flügel sahen noch recht zerdrückt und geschrumpft aus. Ich bemerkte rechtzeitig, dass er zu ihrer Entfaltung in die Höhe kriechen können musste. Am glatten Glas gelang das nicht. Also ließ ich ihn auf meinen Finger und von diesem an die Gardine klettern. Nach etwa einem Meter hielt er inne, pumpte mit dem Hinterleib und streckte sich. Die Flügel wurden immer länger. Ihre feine Zeichnung wurde deutlich. Ein paar Stunden mag es wohl gedauert haben, bis die Streckung vollendet war. Dann gab er einen dicken Tropfen milchiger Flüssigkeit ab, das Meconium. Darin ist alles angesammelt, was sich an Abfallstoffen während der Entwicklung von der Raupe zum Falter in der Puppe angesammelt hat und nicht ausgeschieden werden kann. Eingedickt als breiige Harnflüssigkeit, vermindert das Meconium den Wasserverlust während der Umwandlung, der Metamorphose, zum Schmetterling.

Draußen war inzwischen das Wetter schlecht geworden. Kein goldener Oktober stellte sich ein. An ein Freilassen war also nicht zu denken; der Totenkopfschwärmer hätte niemals den Flug über die Alpen geschafft. Auch wusste ich, dass dies ohnehin nur außerordentlich selten einmal gelingt – wenn überhaupt! So las ich es. Warum diese riesigen Schwärmer dennoch über die Alpen fliegen, schien mir unverständlich und rätselhaft. Jedenfalls tötete ich ihn mit Äther und präparierte ihn mit schön gespannten Flügeln für meine Sammlung, die diese Bezeichnung gewiss nicht verdiente, war sie doch mehr ein Sammelsurium von all dem, was irgendwie mein Interesse erregt hatte. Es gab darin einige Käfer, andere Insekten, leere Häuschen von gebänderten Schnecken und auch Steine, die mir gefielen. Richtige, dicht genug schließende Insektenkästen waren damals für mich unerschwinglich teuer. Daher benutzte ich andere Kästen und Schachteln als Ersatz. Ein Sammler wurde ich dennoch nicht, weil es stets nur Stücke der Natur waren, denen mein Interesse galt. Sie hatten mehr die Bedeutung von Belegstücken, als dass sie Teile einer wohlgeordneten, auf Vollständigkeit bedachten Sammlung werden sollten. Der Totenkopfschwärmer wurde darin das Prachtstück. Tatsächlich zeigte ich ihn gelegentlich her, so stolz war ich auf ihn, und entsprechender Bewunderung konnte ich sicher sein. Deshalb erhielt ich von verschiedenen Leuten im nächsten Herbst weitere bei der Kartoffelernte gefundene Puppen zum Züchten. Das klappte so vorzüglich, dass ich mich darüber wundere, warum offenbar keine Puppe von Parasiten befallen war. Eine einzige, die tatsächlich nicht ausschlüpfte, erwies sich später als innerlich vertrocknet, jedoch nicht von Schlupfwespen oder anderen Parasiten befallen. Einer der bei mir geschlüpften Totenköpfe trug ein stark abweichendes Zeichnungsmuster auf einem der beiden Vorderflügel; vielleicht die Wirkung eines verfrühten leichten Nachtfrostes.

Jenes Jahr 1959 war nicht nur ergiebiger dank der Bekannten, die mitsuchten, sondern auch weit wärmer verlaufen als das vorausgegangene. Und es gab nach kurzem Kaltlufteinbruch einen schönen Oktober. Deshalb ließ ich eine ganze Anzahl der gezüchteten Totenkopfschwärmer frei, als sie die entsprechende Kondition erreicht hatten. Ein paar von ihnen saugten bei mir vorher begierig etwas verdünnten Honig. Im dicken Rohr des Rüssels verschwanden schnell ganze Tropfen. Störte ich sie unbeabsichtigt, hoben die Schwärmer abwehrend ihre wie mit flauschigem Samt besetzten Pfötchen. Manchmal wurden sie so gierig, dass ich sie vorsichtig mit zwei Fingern fassen und anheben konnte, ehe sie das Saugen unterbrachen. Dann zeigten sie zur Abschreckung die gelben, von schwarzen Querbinden durchzogenen Hinterflügel, die sie blitzschnell durch Wegziehen der deckenden Vorderflügel mitsamt dem gelb und blauschwarz geringelten, dicken Hinterleib hochschnellen ließen. Das sieht sehr eindrucksvoll aus.

Wie gut es wirkt, demonstrierte ungewollt ein eben geschlüpfter Totenkopf, der seine Flügel ausgestreckt und gestärkt hatte. Als er trocken war, kletterte er noch ein Stückchen weiter die Gardine hoch. Diese Bewegung sah meine Katze. Sie hatte auf dem Sofa darunter gelegen und vor sich hin gedöst, wie meistens am Abend zu dieser Zeit im Herbst, wenn für Katzen draußen nichts mehr los ist. Sie richtete sich auf, streckte sich zur Gardine empor, fasste mit den ausgefahrenen Krallen einer Vorderpfote Halt am Stoff und wollte den großen Schmetterling gerade mit der Nase anstupsen, als ihr dieser mit einem schrillen Quietschton seine Gelb-Schwarz-Zeichnung auf Hinterflügeln und Hinterleib entgegenschnellte. Vor Schreck fiel die Katze aufs Sofa und sogar bis zum Boden hinunter, von wo aus sie, offenbar ziemlich verwirrt, nach oben schaute – und von uns ausgelacht wurde! Die Wirkung dieser »Schrecktracht« war in der Tat ein richtiger Schreck, wie es ein Experiment nicht deutlicher hätte zeigen können. Die Katze, sonst nicht feige in ihrem Verhalten – konnte sie doch sogar den Schäferhund der Nachbarn mit, wie es schien, souveräner Würde auf Abstand halten –, machte keinen zweiten Versuch. Wenn ich sie zu einem Totenkopfschwärmer hinschob, wehrte sie sich und wollte weg, als dieser zu Piepsen anfing.

Offenbar wirkt der hauptsächlich im Ultraschallbereich liegende Ton viel stärker, als wir mitbekommen, weil wir zu wenig davon hören. Es handelt sich sogar um einen der höchst seltenen Fälle aktiver Tonerzeugung bei einem Schmetterling. Ein Kehlkopfdeckel erzeugt im Schlund den schrillen Ton, nicht etwa das Reiben von Hartteilen am Körper wie bei Heuschrecken und anderen Insekten. Für die hochempfindlichen Ohren der Katze wirkte das Quietschen des Schmetterlings weit besser als sein Präsentieren des Farbmusters, weil Katzen direkt vor ihrer Schnauze ja fast nichts sehen können. Sie ertasten sich diesen Nahbereich mit ihren Schnurrhaaren (Vibrissen). Bei einem Vogel zählt hingegen sicherlich weit mehr – wenn nicht sogar ausschließlich – das warnende Farbmuster aus Gelb und Schwarz. Ein so großer und massiger Schmetterling wie der Totenkopfschwärmer, der manchen Kleinvogel an Spannweite der Flügel übertrifft und schwerer wird als kleine Kolibris, würde für Insektenjäger eine attraktive Beute darstellen. Er kann nicht sofort starten, wenn während seiner Ruhestellung Gefahr droht. Seine Flugmuskulatur muss sich warmzittern, um auf die Betriebstemperatur von 35 °C und mehr zu kommen. Dann erst ist der Schwärmer schnell genug, um einem Vogel davonfliegen zu können. Die großen Schwärmer haben wohl auch Fledermäuse kaum zu fürchten, denn diese sind zu langsam, um sie im Flug zu fangen.

Warum aber quietscht dann der Totenkopf, wenn der schrille Ton die Vögel kaum stört und er den Fledermäusen ohnehin davonfliegt? Vielleicht hängt es mit seiner tropisch-afrikanischen Herkunft zusammen. Dort suchen in der Dämmerung, bevor die großen Falter starten, Schleichkatzen und kleine, affenartige Säugetiere, die Galagos, intensiv nach großen, ungiftigen Insekten. Das Gehör dieser Tiere ist empfindlich genug und dem der Katze vergleichbar. Die wildlebenden Vorfahren unserer Hauskatze, die Falbkatzen, stammten aus dem subtropisch-mediterranen Bereich Nordafrikas und nicht wie die mit ihnen sehr nahe verwandten heimischen Wildkatzen aus den europäischen Wäldern.

Wies vielleicht das Erschrecken meiner Katze auf alte Zusammenhänge zwischen katzenartigen Jägern und diesen großen Insekten im fernen Afrika hin? Und ist der kurze, dicke Saugrüssel tatsächlich eine Anpassung zum Saugen von Honig, was mein Totenkopf so begierig praktizierte? Unsere Honigbienen stammen auch aus seiner Heimat. Aus wildlebenden Bienen waren sie vor Jahrtausenden im Nordosten von Afrika zum Haustier gemacht worden. Zur selben Zeit übrigens geschah dies, in der aus der nordafrikanischen Falbkatze unsere Hauskatze entstand.

Der kurze Rüssel des Totenkopfschwärmers taugt gewiss nicht sonderlich gut zum Saugen von Blütennektar, zumal aus dem anstrengenden Schwirrflug heraus. Holte sich der große Schwärmer damit seit jeher Honig von Wildbienen? Hängt sein Piepsen mit dieser Besonderheit der Nahrungssuche zusammen? Wie verhindert er, dass ihn die Bienen gleich totstechen, wenn er in einen Stock eingedrungen ist? Manchmal passiert das zwar, aber der eigentliche Grund mag dann gewesen sein, dass er sich zu voll gesaugt hatte und nicht mehr aus dem engen Einflugloch des künstlichen Bienenstocks herauskommen konnte. In freier Natur lebende Bienen haben meist nicht so extrem enge Einfluglöcher. Beruhigt das Schwirren seiner Flügel die Bienen, weil er damit ihren Eigengeruch verbreitet und vielleicht ihr Summen nachahmt? Verbreitete er sich in historischer Zeit mit der Imkerei nordwärts? Oder war es tatsächlich die amerikanische Kartoffel, die sein Kommen ermöglichte, als sie vor dreihundert Jahren recht plötzlich auf großen Flächen nördlich der Alpen reichlich Raupennahrung bot? Der Bittersüße Nachtschatten *Solanum dulcamara*, dessen Blätter als Futterpflanzen für die Raupen des Totenkopfschwärmers in Frage kommen, ist eigentlich viel zu selten für eine regelmäßige Nutzung als Nahrungsquelle und den doch so aufwendigen Fernflug über die Alpen. Lag es an der Kartoffel, müssten zu weit geflogene Falter diese neue Nahrung zufällig entdeckt haben. Fragen über Fragen warfen diese »meine« Totenköpfe auf. Die meisten von ihnen sind auch heute noch ungelöst.

Deshalb faszinieren mich diese Schwärmer immer wieder. Heute können ihnen Mini-Funksender auf ihre Wanderflüge über die Alpen mitgegeben werden, um die Geheimnisse ihrer Flugwege zu enträtseln. Doch verhindern die Artenschutzgesetze eine nähere

Beschäftigung mit ihnen. Vor vierzig Jahren ging das Züchten von Totenkopfschwärmern noch ohne Genehmigung. Den interessierten Jugendlichen von heute nimmt der von den Naturschützern zuwege gebrachte Artenschutz die Möglichkeiten, frühzeitig an solch spannende Themen des Lebens heranzukommen. Den Totenkopfschwärmern hat das sicherlich nichts gebracht, vernichten doch nicht die jugendlichen Naturforscher ihre Puppen, sondern die vollautomatischen Kartoffelerntemaschinen. Diese dürfen das, während es jungen Menschen verwehrt ist, sich mit den geschützten Schwärmern zu befassen. Nach wie vor wissen wir nicht einmal sicher genug, ob es die im Herbst geschlüpften Falter schaffen, zurück über die Alpen zu kommen. Ansonsten wären ihre Vorstöße nordwärts nichts weiter gewesen als Sackgassen, die seit der Einführung der Kartoffel aus Südamerika lediglich weit aufgetan wurden, aber zu nichts führen. Wie dem auch sei, Totenkopfschwärmer und Kartoffel bilden ein Beispiel für eine wahrlich globale Vernetzung einer ehedem fremden Pflanze aus einem weit entfernten Kontinent und einem in der Antike schon bekannten Großschmetterling aus Afrika im neuen Lebensraum der Ackerfluren von Europa.

Die wenigen als Futterpflanzen geeigneten einheimischen Verwandten der Kartoffeln (Familie der Nachtschattengewächse) sind viel zu selten und könnten höchstens ersatzweise einmal diesen großen Wanderern dienlich sein. Ob das ausgereicht hätte, vor einem halben Jahrtausend oder noch früher die dazu nötigen Wanderflüge über die Alpen, vergleichbar dem Zug der Zugvögel, auszulösen? Jedenfalls prägten auch diese Totenköpfe mein Interesse an Schmetterlingen und speziell an Wanderfaltern auf ähnliche Weise, wie der echte Totenschädel zum Wegbereiter meiner Beschäftigung mit der Evolution des Menschen geworden war. Bemerkt habe ich dies allerdings im Fall des Totenkopfschwärmers weit früher, weil Schmetterlinge, genauer die Wasserschmetterlinge, Thema meiner Doktorarbeit wurden.

Das große Paradies

Ziel einer meiner ersten größeren Reise während des Biologiestudiums war der Gran-Paradiso-Nationalpark in den Westalpen. Ein Sommersemester an der Universität München näherte sich dem Ende, als mich ein Studienkollege fragte, ob ich Lust hätte, eine mehrwöchige Fahrt in die Camargue, in das wilde Mündungsdelta der Rhône, und zum Gran Paradiso in die norditalienischen Alpen mitzumachen. In seinem VW Käfer sei noch Platz für einen vierten Teilnehmer. Die Fahrtkosten ließen sich dann günstiger aufteilen. Bei den knappen Geldmitteln müsse allerdings gezeltet werden. Ob ich denn ein Zelt hätte. Das hatte ich. Nämlich eines, das gerade für mich reichte und daher auch nicht viel Platz in Anspruch nahm. Das Gepäck musste ohnehin oben aufs Auto geladen und dort festgezurrt werden, weil der VW Käfer keinen Kofferraum hatte. Innen wurde es dennoch eng, und der Juli war sehr heiß. In der Camargue ließ sich die feuchte Hitze kaum ertragen. Als wir alles gesehen und gefunden hatten, die rosaroten Flamingos, die weißen Pferde, die schwarzen Stiere, die Seidenreiher, den Steinsperling am Pont du Gard und die faszinierende Perleidechse in der steinigen Halbwüste der Crau, wandten wir uns von der Hitze ab und den kühleren Bergen zu. Mir machte die Temperatur an sich nicht allzu viel aus. Ich genoss die riesigen und überaus saftigen Pfirsiche, die man fast geschenkt bekam. Wir lachten viel über ein sprachliches Missgeschick. Ich konnte kein Wort Französisch und benutzte daher bei den gelegentlichen, nicht ganz zu vermeidenden Einkäufen Zeichensprache. Immer wieder erstaunte es mich, wie gut sie funktionierte. Als ich aber an einem kleinen Laden über dem Eingang *Ici* las und zur Linderung der Hitze ein Eis wirklich ersehnte, trug mir die Anwendung dieses Worte lediglich ein fragendes Gesicht bei der Verkäuferin ein, das sich nach meiner mehrmaligen Wiederholung von *Ici* in Ratlosigkeit verwandelte. Schließlich entdeckte ich das Gesuchte selbst, griff die Zeichensprache wieder auf und wurde nach dieser erfolgreichen Verständigung im Laden gar nicht einmal ausgelacht. Nachher dafür umso mehr – und da begriff ich, dass ans Englische zu denken nicht immer die beste Lösung bei Verständigungsproblemen ist. Weitere Lehrstücke dazu bekam ich ein paar Jahre später in Südamerika …

Der durch die Julihitze nötig gewordene Eiskonsum zur inneren Kühlung gab den letzten Anstoß zur vorzeitigen Abfahrt in die Berge, zehrte er doch zu stark an unserer knappen Reisekasse. Also fuhren wir nach Italien hinüber und das Aostatal hinauf. Nachmittags erreichten wir den Ausgangspunkt für den Aufstieg zu jener Berghütte, die uns vom Bayerischen Alpenverein empfohlen worden war. Dort, so hieß es, würden Studenten immer ein Lager bekommen! Mir fiel der Aufstieg ziemlich schwer, war ich doch im Berggehen völlig ungeübt. Offenbar wirkte die subtropische Hitze der Camargue noch nach. Gepäck hatte ich nicht viel im Rucksack, und deshalb ging es gerade so. Der Weg schien mir zwar unheimlich steil, und ich sah wenig von der faszinierenden Landschaft des Gran Paradiso. Aber einer aus unserer Gruppe, der Fahrer, blutete heftig aus der Nase. Der zu rasche Aufstieg auf über zweitausend Meter Höhe machte ihm zu schaffen. An der Hütte angekommen, trug uns dieses Nasenbluten nach einigem Palaver schließlich die Erlaubnis ein, die Nacht über bleiben zu dürfen. Eigentlich sei die Unterkunft voll – und das war sie auch! Dass wir aus *Monaco* kamen, erwies sich zusätzlich als hilfreich, auch wenn wir anfänglich beteuerten, wir kämen aus München, aus *Munich*. Das sei Monaco auf Italienisch, wurden wir belehrt, und das war uns schließlich auch recht, in der Verfassung, in der wir uns befanden.

Die Aussicht auf eine Nacht unter einem Dach erweckte nach den Wochen im zu kleinen, stickig heißen Zelt neue Kräfte. Noch im Abendlicht begab ich mich hinaus, um endlich das Bergpanorama genießen zu können. Es hätte an diesem Juliabend kaum schöner sein können. Die Pfade, welche die Hänge hinaufführten, waren hier oben bei weitem nicht mehr so steil wie der Weg beim Aufstieg. Sogleich hörte ich die Pfiffe von Murmeltieren, entdeckte sie kurz darauf am grasigen Hang und schaute ihnen lange mit dem Fernglas zu, bis irgendetwas am äußersten Rand des Blickfeldes meine Aufmerksamkeit ablenkte. Im selben Moment sah ich, was zu erleben wir erhofft hatten: Ein prächtiger Steinbock zog langsam aus einer Mulde heraus. Es waren die Spitzen seiner Hörner gewesen, die sich als Halbkreise an der Kante des Kares abzeichneten, als ich den Murmeltieren zuschaute.

Ich ging in volle Deckung nieder. Hinter einem Felsblock versteckt, gewahrte ich, dass der Steinbock, der inzwischen in halber Größe zu sehen war, offenbar hangwärts einer größeren grasigen Fläche zustrebte. Wenn es mir gelang, von ihm unbemerkt in die Rinne vor mir hinabzukommen, konnte ich mich gut gedeckt durch diese dem Bock beträchtlich nähern. Das ging leichter als gedacht. Die Polster aus Gras und Kräutern dämpften meine Schritte bis zur Unhörbarkeit. Der Wind hätte nicht besser stehen können. So tastete ich mich vorwärts, die kleine Kodak-Instamatic-Kamera in der Hand, mit der sich nichts weiter machen ließ, als abzudrücken. Denn sie hatte nur eine Einstellung, machte beim Auslösen ein knacksendes Geräusch und ergab kleine quadratische Dias. Der Kodak-Film war an sich aber recht gut. Beim nächsten vorsichtigen Blick über den Rand drückte ich auch gleich ab, um wenigstens ein Dokumentarfoto gemacht zu haben. Den Steinbock schien das nicht zu stören. Mit fortschreitender Annäherung seinerseits kam meinerseits eine Serie von Bildern zustande, in welcher der Bock von anfänglicher Mückengröße allmählich erkennbar wurde und schließlich ganz gut und eindeutig zu sehen war: Formatfüllend mit Landschaft!

Kaum wagte ich noch zu atmen. Nur noch fünfzehn bis zwanzig Meter trennten uns, und er bekam immer noch nichts von mir mit. Auch das Geräusch der Kamera erreichte ihn anscheinend nicht. Da er immer langsamer und der Film langsam voll wurde, nutzte ich die Pausen, um ihn mit dem Fernglas zu betrachten. In dessen Blickfeld war er nun wirklich bildfüllend. Imponierend! Faszinierend! Ich war hingerissen. In aller Deutlichkeit sah ich, was er abrupfte und genüsslich mit schrägen Kaubewegungen des Unterkiefers verzehrte: Edelweiß! Edelweiß um Edelweiß, so dass die silberfilzigen Blütenblätter manchmal wie Fetzen abfielen. Für Sekunden ragten einmal gleich drei dieser so berühmten, so viel besungenen weißen Sterne aus seinem Mund, ehe sie darin verschwanden. Welch ein Frevel, ging es mir durch den Kopf, ist doch das Edelweiß die unantastbarste unter allen geschützten Alpenpflanzen und das Höchste, das Erhabenste in der Flora der alpinen Bergwelt! Dutzende davon fraß dieser Steinbock vor mir gerade so, als ob ihm Edelweiß besonders gut schmecken würde. Hemmungslos!

Ich vergaß zu fotografieren, wollte aber noch ein Bild machen, um gerade dieses unglaubliche Geschehen festzuhalten. Da traf mich fast der Schlag. Forschen Schrittes mit knallroten Kniestrümpfen kam ein Bergwanderer des Weges und ging offenbar direkt auf den Steinbock zu. Weitere Wanderer folgten im Abstand von vielleicht vierzig bis fünfzig Schritten. Eine ganze Gruppe wanderte talwärts in Richtung Schutzhütte. Anscheinend achtete niemand auf den Steinbock. Alle folgten einfach einem der zahlreichen Pfade. Sie näherten sich dem ahnungslos äsenden Tier von hinten. Sicher explodiert der Steinbock, dachte ich. Jeden Augenblick wird er auf mich zustürmen, mich erkennen, schrecken und hangwärts davonpreschen. Vielleicht wird er in Panik geraten. Ich war im Nationalpark und fühlte mich schuldig, weil ich vom Hauptweg abgewichen war, um mich an den Bock anzuschleichen. Näher sehen wollte ich ihn und auch fotografieren.

Eben hatte ich noch darüber sinniert, dass der Steinbock das Edelweiß auffraß und sich dabei eigentlich eines Naturschutzvergehens schuldig machte – und nun fühlte ich mich als der Schuldige, der ihm den Fluchtweg versperrte. Kalter Schweiß brach mir aus. Ich rührte mich nicht. Der Bock auch nicht. Überhaupt nicht. Als ob er nichts weiter als eine weidende Ziege wäre, ignorierte er die Menschen, die nun für mich schon gut hörbar schwatzend kaum zwanzig Meter entfernt von ihm vorübergingen. Er beachtete auch mich nicht, obwohl ich nun aufgerichtet am Rand der Rinne stand, um ja nicht den Eindruck heimlichen Anschleichens zu erwecken. Er war ganz Nase, suchte sich weiter Edelweiß und andere würzige Alpenkräuter, kaute daran herum und schritt dann würdevoll, wie mir schien, von dannen in Richtung eines Gebüsches aus Alpenrosen und Knieholz.

Jetzt bemerkte ich, dass im Talkessel verteilt weitere Steinböcke ästen und Wanderer zwischen sich bergab vorübergehen ließen, ohne dass auch nur ein einziger den Kopf hob und sicherte. Steingeißen mit Kitzen waren etwas höher am Hang dabei und mehrere prächtige alte Böcke. Nun begriff ich erst: Die Steinböcke waren vertraut. Sie flüchteten nicht vor den Menschen. Dennoch waren sie nicht zahm, nicht Haustier, sondern Wildtier. Wild, das nicht wild ist, sondern vertraut, weil Menschen keine Gefahr sind. Unglaublich!

Wie meist in solch spannenden Situationen war der Film voll.

Das letzte Bild zeigte den Steinbock ganz gut erkennbar, aber dass in seiner Nähe Menschen vorübergingen, das konnte ich nicht mehr dokumentieren. Später erfuhr ich, dass das auch gar nicht nötig gewesen wäre, denn man wusste, dass die Steinböcke im Gran Paradiso die Menschen nicht fürchten und nicht vor ihnen fliehen. Ganz im Gegensatz zu den Gämsen, nach denen ich bei der ersten Exkursion zum Kennenlernen der Natur der Berge am Risserkogel rund fünfzig Kilometer südlich von München ein paar Wochen zuvor vergeblich Ausschau gehalten hatte. Als Ergänzung zur Vorlesung »Tierwelt der Alpen« hatte der Münchner Professor Walter Hellmich diese Exkursion angeboten und der Gruppe von Studierenden zwar glänzend schwarze Alpensalamander und auch eine mattschwarze Kreuzotter dabei vorführen können, aber keine Gämsen, keine Murmeltiere und auch nicht den von mir so erhofften Steinadler. Selbst Kolkraben gab es damals, Mitte der 1960er Jahre, an diesem schönen Berg am bayerischen Alpenrand nicht zu sehen. Sie waren alle viel zu scheu oder zu selten, wie die großen Raben und die noch größeren Adler, weil sie bis in die jüngste Vergangenheit oder immer noch intensiv bejagt worden waren. So demonstrierten mir die Steinböcke im Gran Paradiso erstmals jenen paradiesischen Zustand, in dem der Mensch nicht die größte aller Gefahren ist und mit seinem Erscheinen sogleich panische Flucht auslöst; ein Eindruck, der mich prägte und nicht mehr losgelassen hat! Dieses Schutzgebiet war ein echtes Schutzgebiet, nicht eines auf dem Papier, das nichts weiter bedeutet, als dass Naturfreunden der Zugang zur Natur versperrt und das Naturerlebnis erschwert wird, während die Jäger und andere Nutzer uneingeschränkt, weil von den Naturfreunden ungestört, in ihrem Tun weitermachen können und so die widernatürliche Scheu aller größeren Tiere aufrechterhalten bleibt.

Später, viel später wurde mir klar, dass in Deutschland viele Arten der scheuen Tiere dort am besten leben können, wo man sie am wenigsten vermuten würde, nämlich in den Großstädten! Ich machte keine weiteren Fotos am Gran Paradiso, weil ich keinen Film mehr hatte und an den Berghütten das recht teure Fotomaterial nicht zu bekommen war. Umso mehr genoss ich am nächsten Tag die Beobachtung der Steinböcke, die Flugspiele der Bergdohlen, das wachsame Treiben der Murmeltiere und die unglaubliche

Vielfalt der Bergblumen. Die Hänge waren so voller Edelweiß, dass die Steinböcke mit ihrem Frevel keine erkennbaren Spuren hinterließen. Nicht wenige Italiener nahmen sich auch Sträuße davon mit. Mir fiel es nicht leicht, der Versuchung zu widerstehen, ein vom Steinbock abgebissenes Edelweiß ins Notizbuch zu legen. Aber ich blieb hart, weil ich noch zu sehr an die hohen Ziele und Notwendigkeiten des Naturschutzes glaubte. Zu verklärt waren meine Vorstellungen, und zu wenig Erfahrung hatte ich mit der Wirklichkeit.

Daheim gab es zwei Edelweißblüten an einem Foto meines Vaters. Er hatte sie meiner Mutter während des Krieges aus dem Kaukasus geschickt. Sie wurden Bestandteil des Bildes, mit dem ich mir meinen Vater verkörpern musste, weil er dem Krieg zum Opfer gefallen war. Eines der beiden Edelweiße sieht wie unseres aus, das andere ist kleiner und gelb.

Wie die meisten Arten von Tieren und Pflanzen der Hochgebirge kommt das Edelweiß in den Alpen lediglich in randlichen Resten eines viel größeren, weit nach Asien hineinreichenden Areals vor. Der Filz schützt die Blüten vor der in der Höhe so starken Strahlung, speziell vor der Ultraviolettstrahlung. Ähnlich wirkt der schwarze Farbstoff, das Melanin, als Schutz vor Strahlungsschäden beim Alpensalamander oder bei der schwarzen Kreuzotter und auch bei uns, wenn uns die Sonne bräunt.

Damals erfuhr ich, dass die Steinböcke genau das Gegenteil davon machen, was wir normalerweise erwarten: Zu Beginn des Winters steigen sie höher die Felswände hinauf und nicht etwa hinab in die Täler. Dort oben in den Hochlagen kämpfen die Böcke um die Gunst der Weibchen. Dann, und nicht im Sommer, findet die Paarung statt und fordert den vollen Einsatz der Kräfte. Nicht verkehrt ist das, sondern ganz richtig, denn im Winter gibt es in den Hochlagen über den tiefer liegenden Wolken tags Sonne und Wärme. Dort fegt der Wind Hangstellen schneefrei, so dass die immergrüne Vegetation, die Knospen der Zwergsträucher oder die an Nährstoffen gehaltvollen Wurzeln erreichbar bleiben, während unten in den Tälern hoher Schnee den Zugang zur Nahrung erschwert oder unmöglich macht. Im Winter ist und bleibt die Luft in der Höhe trocken. Kein Regen oder Feuchtschnee nässt das Fell. Nässe entzieht dem Körper weitaus wirkungsvoller Wärme als trocken-kalte Luft.

Schneehühnern, Schneemäusen, Schneehasen und Schneefinken kommt der Schnee zugute und bildet für sie nicht etwa die große winterliche Bedrohung. All das sollte in einem ganz anderen Zusammenhang erst richtig aufschlussreich werden, als es nämlich um die Lebensbedingungen während der Eiszeit ging, mit denen sich unsere fernen Vorfahren auseinandersetzen mussten, nachdem sie die tropisch-afrikanische Urheimat des Menschen verlassen und das eiszeitliche Eurasien besiedelt hatten. War die Eiszeit die schlechte oder die bessere Zeit für den Menschen? Um diese Kernfrage dreht sich so gut wie alles, was in der Evolution unserer Gattung außerhalb Afrikas bedeutsam ist. Wir stammen von Vorfahren ab, die in den Tropen gelebt hatten. Unser innerer Stoffwechsel verläuft nach wie vor ganz ähnlich wie bei einer tropischen Säugetierart. Doch die weitaus meisten Menschen leben außerhalb der Tropen und dort in offenbar günstigeren Verhältnissen als in unserer Urheimat. Und warum zieht es, so die naheliegende Frage, die meine ersten Bergtouren aufwarfen, eigentlich so viele Menschen in unserer Zeit in die Berge? Ich war im weitestgehend flachen Tal des unteren Inns aufgewachsen. Von dort aus sieht man die Randketten der Alpen nur bei Föhn als blaue Silhouette. Immerhin. Wird man auf die Ebene, auf die Weite des Horizonts, ähnlich von Kindheit an geprägt wie auf die Berge mit ihrer so nahen Schwererreichbarkeit? Was sagte mir der heiße Wind, der aus der Sahara übers Mittelmeer in die Camargue wehte und uns fliehen ließ? Die Ökologie hat zu tun mit Lebensräumen und Lebensbedingungen. Es gibt das verbreitete Phänomen der Habitatprägung. Sie bezeichnet die oft festzustellende bevorzugte Wahl jenes Typs von Lebensraum, in dem die betreffenden Lebewesen aufgewachsen sind.

Ziesel vom Rand der Puszta

Den Seewinkel östlich des Neusiedler Sees, den letzten Ausläufer der pannonischen Steppe, lernte ich noch im nachkriegszeitlichen Zustand Anfang der 1960er Jahre kennen. Entfernte Verwandte lebten in Frauenkirchen, das damals das Zentrum der Dörfer im Seewinkel war. Der Zug, mit dem ich aus Wien gekommen war, endete in Neusiedl. Dort musste ich in die Pusztabahn umsteigen, die eine andere Spurweite hatte. Die Lokomotive schien sich mit den beiden Wagen auf der völlig ebenen Fläche bei fast geradlinig verlaufender Strecke ziemlich quälen zu müssen, denn unter lautem Stöhnen stieß sie viel schwarzen Rauch aus. Da nur wenige Leute im Zug waren, hatte ich keine Mühe, einen Fensterplatz zu bekommen, um erste Eindrücke von der östlichen Steppenlandschaft zu sammeln, über der jetzt, zur Zeit der Sommerferien, die Augusthitze flimmerte. Viel sah ich nicht. Die Luft waberte zu stark an jenem Nachmittag Anfang August 1962. Es gab Weingärten, solange die Bahn dem Rand der Lößplatte folgte. In deren Hängen sollte es sogar, wie ich gelesen hatte, an einigen Stellen kleine Kolonien des Bienenfressers geben. Der See lag wie geschmolzenes Blei und verlor sich im Dunst der Ferne. Kein einziges Segel hob sich ab. Bald verschwand er aus dem Gesichtsfeld. Nur gelegentlich ließ eine niedrig über der Flur dahinschaukelnde Rohrweihe *Circus aeruginosus* erahnen, dass die Sumpfgebiete vorhanden waren. Dann kamen Felder, riesige Felder mit reifen Sonnenblumen, die all ihre Blütenscheiben ostwärts zur Morgensonne ausgerichtet hatten. Auch Hirsefelder konnte ich erkennen sowie die mir aus dem niederbayerischen Inntal vertrauten Krautäcker. Nichts schien mir attraktiv, und ich zweifelte, ob es eine gute Idee gewesen war, ausgerechnet in den für die Naturbeobachtungen so wertvollen Sommerferien diese Fahrt gemacht zu haben. Da hätte ich daheim am unteren Inn, an den Stauseen, in den Auen und in den Wäldern am Talrand, sicherlich mehr gesehen. Die großartige Vorstellung von der Weite der Steppe mit dem hohen Himmel verlor immer mehr an Reiz, als sich die Felder bis zum Horizont ausdehnten, über denen die Luft anscheinend drückend schwer lastete. Welche Monotonie, verglichen mit der abwechslungsreichen Landschaft, die entlang der Donau von Linz bis Wien zu sehen war! Selbst das kurze Stück von Wien bis Neusiedl am See schien mir interessanter.

So traf ich reichlich enttäuscht in Frauenkirchen ein. Die alte Mutter meines angeheirateten Verwandten nahm mich dafür umso freundlicher und liebevoller auf. Sie trug solche schwarze Kleidung mit weitem, bis zu den Knöcheln hinabreichendem Rock wie die Flüchtlinge, die nach dem Krieg aus dem Osten in mein niederbayerisches Heimatdorf gekommen waren. Ihren Dialekt zu verstehen lernte ich rasch. Die ungarischen Ausdrücke, die sie benutzte, beschäftigten mich besonders, kam mir mit ihnen doch im gesprochenen Wort zu Ohren, was ich vorher in Büchern über den Neusiedler See gelesen hatte.

Am ersten Abend tat die alte Frau etwas Seltsames. Bevor es zu dämmern anfing, stellte sie ein etwa zwanzig Zentimeter hohes Brett in die Haustür und machte mich darauf aufmerksam, dass dieses nun bis zum Morgen so stehen bleiben müsse. Sonst könne sie nachts die Türe nicht offen lassen. Ich muss wohl etwas ratlos ausgesehen haben, denn sie fuhr fort zu erklären: »Gegen die Krottn, gegen die Krottn!« Ich begriff noch immer nicht. Sie meinte, sie würde mir die Krottn dann schon zeigen, wenn sie kommen. Und sie kamen! In solchen Mengen, dass ich beim Gang auf den Hof in der späten Dämmerung sehr aufpassen musste, keine zu zertreten. Das Brett sollte verhindern, dass sie ins Haus hineinhüpfen. Und wie nötig es tatsächlich war, wurde mir rasch klar. Hunderte füllten den Hof; noch viel mehr gab es auf der Straße draußen, die noch nicht geteert, sondern der einfach festgestampfte Steppenboden war. Viele der Kröten waren noch recht klein; Hüpferlinge heißen sie treffend. Aber welcher Art von Kröten sie angehörten, ließ sich erst bei genauerer Betrachtung bei Tageslicht feststellen: Es waren Wechselkröten *Bufo viridis*; ganz kleine Jungtiere, aber auch viele erwachsene Kröten mit ihrem hübschen, grün-weißen Marmormuster auf der Rückenseite und vielen kleinen roten Punkten darauf. Sie ließen sich in die Hand nehmen und betrachten, ohne danach in Panik davonzuhüpfen. Als es dunkler wurde, kamen große dicke Erdkröten dazu, deren goldglänzende Augen im schwachen Licht schimmerten, das von der Straßenlaterne in den Hof drang.

Draußen auf der Straße schien sich die ganze Oberfläche zu bewegen. Wären hier Autos durchgefahren, was für ein Gemetzel hätte das gegeben! Aber es gab noch fast keine Autos in jener Zeit. Die Dorfbewohner achteten darauf, nicht auf Kröten zu treten. Weil das Unglück bringt, erklärten mir die Leute. Unter der Straßenlaterne entdeckte ich an der Wand auch einen Frosch; einen Laubfrosch. Er schnappte gelegentlich nach einem Insekt, das vom Licht angelockt worden war. Das taten auch die Kröten, die sich im Lichtkegel am Boden sammelten. Eine Fledermaus flog vorüber, eine weitere folgte, und dann waren es viele. So viele, dass ich keine Vorstellung von der Menge mehr zustande brachte, denn die Fledermäuse kreuzten und zickzackten hin und her. Es wimmelte nur so von Insekten in der Abendluft!

Daher hatte ich Hoffnung auf die Bienenfresser, die im nur wenige Kilometer entfernten Gols in einer Lehmwand brüten sollten. Doch ich wurde enttäuscht. Nur die Röhren fand ich; die Kolonie war jetzt im August bereits verlassen. Ich war zu spät gekommen. Irgendwo im Seewinkel meinte ich ein paar Tage danach eine Gruppe von Bienenfressern in der Ferne fliegen gesehen zu haben. Einen bleibenden Eindruck hinterließen sie nicht.

Wechselkröten fand ich jedoch allüberall. In jedem Ziehbrunnenschacht hockten sie, und wenn es bei meinen Ausflügen mit dem Fahrrad spät wurde, musste ich darauf achten, keine zu überfahren.

Tagsüber huschten Ziesel über die staubigen Fuhrwege wie zu dick geratene Wiesel. An der anderen Seite angekommen, machten sie Männchen, schauten mich an und verschwanden blitzschnell. Ich sah dicke Hamster und viele Hasen. Sie schienen mir weniger scheu als im heimatlichen niederbayerischen Inntal. Offenbar waren sie mehr damit beschäftigt, den Himmel abzusuchen, als auf Menschen zu achten. Dafür boten die vielen Greifvögel gute Gründe. Rohrweihen schaukelten tagsüber fast immer über den Fluren. Nur knapp über dem Boden hielten sie sich in der Luft. Wenn sich höher oben ein mächtiges Flugbild abzeichnete, reichte mein schwaches (und schlechtes) Fernglas nicht aus für eine genaue Bestimmung. Kaiseradler waren sicher vorhanden. Großtrappen suchte ich vergeblich, weil jetzt überall im Seewinkel geerntet wurde. Wahrscheinlich waren sie nach Ungarn hinübergeflogen, wo sich hinter dem von düsteren Wachtürmen überragten Grenzzaun Niemandsland ausbreitete, das den großen Vögeln zur Ernte- wie auch zur Jagdzeit Schutz bot. Der Eiserne Vorhang wirkte wie ein riesiges Naturschutzgebiet, zu dem alles Verfolgte Zugang hatte und Schutz fand, was nicht wie ein Mensch aussah. Der tat als einziges Lebewesen gut daran, die Sperrzone zu meiden. Und so wurde der Eiserne Vorhang zu einer Naturoase ersten Ranges. Als Grünes Band sollte er drei Jahrzehnte später die Natur von Ost und West verbinden und diese erhalten, als die von Menschen gemachte politische Trennung aufgehoben war. Auf den Straßen, die kaum mehr waren als ein breites Band tiefer Furchen, die von den Rädern der Fuhrwerke in den Steppenboden eingeschnitten und von Pferdehufen wieder zerstampft worden waren, Dutzende Kilometer mit dem Fahrrad zu fahren kostete oft mehr Kraft, als zu Fuß zu wandern. Beides beschränkte meine Reichweite so sehr, dass ich bei diesem ersten Besuch am Neusiedler See in die wirklich interessanten Gebiete gar nicht kam. Das wären die Salzlacken im Herz des Seewinkels gewesen. Auf meiner längsten Tour erreichte ich den Darscho. Diese Lacke zu finden fiel deshalb leicht, weil die Rosalienkapelle den kleinen Hügel neben diesem flachen See krönt. Sie ist weithin sichtbar. Dort gab es Ziesel in Mengen; dort fand ich gleich neben dem Kirchlein in einem stachelstarrenden, kugelartig gewachsenen Busch von Feld-Mannstreu meine erste Gottesanbeterin *Mantis religiosa*. Auf der angrenzenden, weitflächigen Xixseesteppe weideten Rinder mit großen Hörnern, die einen so wilden Eindruck machten, dass ich ihnen lieber nicht zu nahe kam. Doch am Spätnachmittag führte ein vielleicht zehnjähriger Hütejunge die hörnerstarrende Herde an den Darscho zum Trinken. Da schämte ich mich.

Doch vorerst hatte ich andere Sorgen. Der Steppenwind trocknete mich viel stärker aus, als ich erwartet hatte, und zum Trinken hatte ich nichts mitgenommen. Das grautrübe Wasser des Darscho war bestimmt nicht genießbar. Was der Eimer aus dem Ziehbrunnen heraufbeförderte, sah in jeder Hinsicht mikrobiologisch interessant aus, war aber zum Löschen des Durstes gänzlich ungeeignet. Ein Bauer, der mit seinem Ochsengespann des Weges kam, brachte Hilfe. Er sah mich das Fahrrad schieben. Ob ich mitfahren wolle, auf dem Wagen sei genug Platz. Und ob ich Trauben möchte. Frischgeerntete, süße Trauben; so süß, dass die Finger schnell klebrig wurden. Ich wollte beides und trank dann, wieder zurück im Dorf, viel zu viel Wasser. Die Folgen des damit eingeleiteten Gärungsprozesses der Trauben schränkten in den nächsten Tagen meine Ausflüge stark ein. Der gute Rat der Oma kam zu spät und wäre wohl auch gar nicht so gut gewesen: Ich hätte Wein trinken sollen anstatt Wasser. Das wäre viel gescheiter – meinte sie.

Vor den niedrigen, in geschlossenen Reihen gebauten Häusern, welche die breiten Straßen säumten, gab es Alleen von Nussbäumen. Die ersten Walnüsse reiften gerade. In diesem Zustand lässt sich ihr Kern gut schälen. Die Nuss schmeckt dann nicht bitter, sondern süß. Vom Baum gefallene Nüsse konnte jeder mitnehmen. Zu meinen Ausflügen stopfte ich mir eine Hosentasche voll. Beim Sammeln der Nüsse fielen mir unter den Dächern fingerlange, dicke Gespinste von brauner bis rotbrauner Tönung auf, die in den Winkel zwischen Hauswand und Dachansatz eingefügt waren. Kein Zweifel: Das mussten die Kokons des Wiener Nachtpfauenauges *Saturnia pyri* sein, des größten Schmetterlings, der in Mitteleuropa vorkommt. Von dieser Rarität hingen hier Hunderte praller Kokons unter den Dächern! Zwei konnte ich erreichen und vorsichtig ablösen. Beide schlüpften ein Dreivierteljahr später und ergaben daheim die erhofften prächtigen Falter, die ganz tropisch aussehen und deren Verwandtschaft tatsächlich der Tropenwelt angehört. Die frischen Triebe und Blätter des Walnussbaumes *Juglans regia* dienen den Raupen dieses eindrucksvollen Pfauenspinners als Nahrung. Umfangreiche Anpflanzungen von Nussbaumalleen in den Dörfern am Neusiedler See und auch im angrenzenden Niederösterreich bis Wien erweiterten diesem großen Nachtpfauenauge die Lebensmöglichkeiten so sehr, dass es sogar den umgangssprachlichen Namen »Wiener Nachtpfauenauge« erhielt.

Beschrieben worden war die Art nach einer ganz anderen Futterpflanze seiner Raupen. Diese steckt im wissenschaftlichen Artnamen *pyri* und stammt von *Pyrus*, der Birne. Denn Birn- und Mandelbäume, an denen die Raupen in früheren Jahrhunderten sogar als Schädlinge auftraten, bildeten ursprünglich den Hauptteil der Nahrung. Heimisch im unmittelbaren Sinn war dieser Schmetterling also gar nicht gewesen. Er breitete sich, wohl zeitlich stark nachhinkend, mit den Obstbäumen bis an die Ränder Mitteleuropas aus, wo es für das Wiener Nachtpfauenauge aus klimatischen Gründen gerade noch möglich ist, zu existieren. Dass die Puppen mitunter zwei oder drei Jahre überliegen müssen, ehe sie schlüpfen, drückt ebenfalls dieses Leben an der Grenze aus. Wie eindrucksvoll es sein müsse, die Riesenschmetterlinge in der Dämmerung fliegen zu sehen, sinnierte ich. Erlebt habe ich es fast genau vierzig Jahre später an warmen Maiabenden auf Istrien. Wie Fledermäuse geisterten die Falter durchs Dämmerlicht. Gerieten sie in den Lichtschein einer Lampe, taumelten sie davon und entzogen sich den Blicken.

Vom Neusiedler See verschwanden sie inzwischen weitgehend. Der Exot von früher steht unter strengstem Artenschutz! Pflanzenschutzmittel, Herbizide, so meinen Fachbücher, würden ihn nachhaltig schädigen. Wahrscheinlich hat der Rückgang aber mehr zu tun mit den für den Tourismus frisch gemachten Hausfassaden, mit flutender Lichtfülle die ganze Nacht hindurch sowie mit der Entfernung der Walnussalleen, um Raum für Autos an den Straßen zu gewinnen. Anfang der 1960er Jahre war das noch nicht so.

Geändert hatte sich im Vergleich dazu wenig, als ich einige Jahre später, 1965 und 1966, mit Freunden vom Zoologie-Studium an der Universität München erneut zum Neusiedler See fahren konnte. Noch ging die alte Zeit weiter, auch wenn jetzt die Hauptstraßen schon geteert waren. Wichtiger für uns war, dass die Natur zugänglich und nicht aus Naturschutzgründen abgesperrt worden war.

Die Umstände der ersten Autoreise hätten kaum widriger sein können. Wir machten sie zu Ostern. Das Sommersemester hatte noch nicht angefangen. So durfte das Frühjahr in die Ferne locken mit Trappenbalz und Steppenblüten – wie wir meinten. Aus typischem Aprilwetter des bayerischen Voralpenlandes wurde aber, je weiter wir nach Osten kamen, anhaltender Starkregen. Ein Adriatief war um die Ostalpen herumgezogen und brachte genau das, was die Qualität der pannonischen Steppen und des östlichen Weins später ausmachen würde: Regenfluten als Ausgleich für die geringen Schneefälle des Winters und den austrocknenden Steppenwind des Sommers. Gerechnet hatten wir mit so einem Wetter überhaupt nicht, denn derartige Themen gab es damals nicht im Lehrplan des Geographiestudiums in München. Da erfuhren wir mehr über die Jahreszeiten von El Salvador und Nicaragua als von Europas klimatischer Vielfalt. Die Botanik hatte im Studium viel Spannendes zu Chile und anderen südamerikanischen Regionen, jedoch nichts über die pannonische Flora geboten. Von der Zoologie ganz zu schweigen: Tiergeographie fand nur an einem einzigen Vorlesungstag für Geographiestudierende eine kurze Erwähnung, und das höchst schwach und wiederum über Mittelamerika.

Hätte ein externer Spezialist für Kriechtiere und Lurche, der

Herpetologe Prof. Walter Hellmich von der Zoologischen Staatssammlung in München, nicht wenigstens eine Vorlesung über die »Tierwelt der Alpen« und dazu eine eintägige Exkursion auf den Risserkogel angeboten, hätten wir nichts über die heimische Tier- und Pflanzenwelt im Biologiestudium erfahren. Wir, die wir jetzt an den Neusiedler See fuhren, wussten also recht viel über Fernliegendes, aber so gut wie nichts über den Nahbereich, die mitteleuropäische Natur.

Mit in der Gruppe war ein sehr kenntnisreicher Botaniker unseres Semesters, der später ein international bekannter Geobotaniker wurde. Seinem Wissen aus vorstudentischer Zeit verdankten wir auf unserer Fahrt das meiste über die Pflanzenwelt der pannonischen Tiefebene, die am Neusiedler See ihre Westgrenze erreicht. Trotz des Regens, der nicht aufhören wollte, kam er zu seinem ganz starken Erlebnis, als wir auf den Steppen, die es damals noch in recht großen Flächen gab, die aufgeblühten Zwergschwertlilien *Iris pumila* fanden. Dunkelviolett, fleischrot und gelb, vereinzelt auch fast weiß, so ragten die kleinen Irisblüten eine Handbreit hoch über den Steppenboden und bildeten mit ihren Reihen oder Gruppen leuchtende Flecke in der regentrüben, braungrau getönten Landschaft. Unser Botaniker zog den Hut, bis ihm das Wasser in den Hals lief. Wir meinten vor Ehrfurcht, doch er versuchte bloß, jeglichen Schatten zu vermeiden, um zum Fotografieren so viel Licht wie möglich zu bekommen.

Der Regen war eine Plage. Nach Tagen ohne Regenpause fing er an, unerträglich zu werden. Vom Leithagebirge und den Ruster Hügeln strömte das Wasser die Fuhrwege hinab zum See. An manchen Stellen bildeten sich über hundert Meter breite Wasserbänder. Sie trafen sich auf der Teerstraße, die von Ortschaft zu Ortschaft das ganze Westufer entlangführte und ließen diese wie einen kanalisierten Fluss aussehen, von dem seewärts Bäche abzweigten. Wir fanden auf dieser Wasserstraße viele große, glänzend schwarze Wasserkäfer, die herumzappelten und nicht wieder wegkamen, weil das Wasser zu flach war. Zehntausende der Großen Kolbenwasserkäfer *Hydrous piceus* hatten den See verlassen, der bis in die ufernahen Weingärten angestiegen war.

Über seine Lebensweise hatten wir in der Vorlesung »Biologie der Insekten« gestaunt. Das Weibchen dieses mit vier bis fünf Zentimetern Länge eindrucksvoll großen Käfers baut ein schwimmendes »Schiffchen« von gut drei Zentimeter Länge für sein Eigelege, das halb ins Wasser einsinkt und über einen etwa drei Zentimeter hohen Schnorchel Luft bekommt. Gesehen hatte diesen Käfer noch niemand von uns. Wie viele der in den Vorlesungen behandelten Insekten sind die Kolbenwasserkäfer längst Seltenheiten. Die Erforschung ihrer Biologie lag mehr als ein halbes Jahrhundert zurück. Die große Zeit der Feldbiologie herrschte in Europa im 19. Jahrhundert. In die Lehrbücher waren die Arten aufgenommen worden, als ihre Vorkommen draußen in der Natur anfingen einzugehen. Inzwischen steht der Kolbenwasserkäfer in den »Roten Listen der gefährdeten Arten« und gilt weithin als ausgestorben. Vieles, was ein Jahrhundert früher noch ganz gewöhnlich war, erwies sich schon in den 1960er Jahren als selten oder nicht mehr vorhanden. Und nun weisen manchmal nur noch die Namen darauf hin, wie gemein im Sinne von allgemein vorkommend die betreffende Art früher gewesen war.

Was uns aufgrund des Dauerregens verborgen blieb, das waren die von uns eigentlich gesuchten Tiere, die wärmeliebenden Arten von Insekten und die typischen Frühlingsblumen der Steppe. Der nächste Besuch, ein Jahr später zur Pfingstzeit, glich dann aus, was uns bei der ersten Exkursion entging. Die großen Trappen, der kleine Strauß Europas, hielten anscheinend wie wir nichts von dem Regenwetter und balzten nicht nur nicht, sondern ließen sich überhaupt nicht blicken. Außer Feldhasen mit nassem Fell und einigen Reihern, die fern der Wirtschaftswege an Mäuselöchern lauerten oder nach Fröschen jagten und die viel zu scheu waren, als dass man sie hätte gut beobachten könnten, bot der bei Ornithologen vielgerühmte große Sumpf, der *Hanság*, wenig. Auffällig waren lediglich die unablässig bei ihren Balzflügen »grittää, grittää« rufenden Uferschnepfen und das Trillern der Großen Brachvögel. Diesen Küsten- und Tundravögeln schien das Wetter nicht allzu viel auszumachen, auch wenn ihre Steppe, auf der sie brüteten, der *Xixsee*, voller Wasserlachen stand und fast wie in früherer Zeit zum See geworden war. Den langbeinigen Limikolen, so die wissenschaftliche Bezeichnung der Watvögel, die diese Grenzzonen von Wasser und Land bewohnen, hielt das Regenwetter sogar ihre Hauptfeinde fern, die Rohr- und die Wiesenweihen. Sonst schaukeln sie tagsüber unablässig im Wind über der Puszta, wie das kurzrasige Grasland nach ihrer ungarischen Bezeichnung auch heute noch genannt wird, und suchen nach brütenden Vögeln, deren Jungen oder nach den Kleinsäugern, die sie überraschen können, weil sie so niedrig fliegen und den toten Sichtwinkel nutzen.

Wir sammelten indessen in der kalten Nässe am Boden erstarrte Bockkäfer, die anders als ihre Verwandtschaft nicht an Bäumen oder Gebüsch leben und als Käfer in der Dämmerung umherfliegen, sondern zu richtigen Bodenbewohnern und Fußgängern geworden sind. Erdböcke wird diese Unterfamilie der Bockkäfer genannt. Von zwei verschiedenen Arten, nämlich vom dunkel glänzenden, entlang der Rückenmitte durch einen feinen weißen Doppelstrich gekennzeichneten »Fußgänger-Erdbock«, wie sein wissenschaftlicher Name *Dorcadion pedestre* übersetzt lautet, und vom *Dorcadion fulvum* mit rotbraunen Flügeldecken, fanden wir sehr viele Exemplare auf der nassen Steppe. Diese Käfer erfreuten uns, aber gute Stimmung mochte im Dauerregen dennoch nicht so recht aufkommen.

Das änderte sich schlagartig, als ich ein totes Tier fand, das zusammengekrümmt am Rande einer Pfütze lag. Bei näherer Betrachtung stellte sich heraus, dass es ein Ziesel *Citellus citellus* war. Diese Art von Erdhörnchen hatte ich bei meinem früheren Besuch am Neusiedler See immer wieder einmal über die Straße huschen oder an trockenen, etwas erhöhten Feldrändern aufgerichtet, wie ein Wiesel Männchen machend, gesehen. Doch die kleinen Ziesel waren scheu und sehr schnell. In der Hitze des Augusts hatten sie sich tagsüber in die Kühle ihrer Erdbaue zurückgezogen.

Der tote Körper fühlte sich in der Hand nass und kalt an, als ich ihn zur näheren Betrachtung hochhob. Noch mehr als im Leben beeindruckten mich die großen, glänzend schwarzen Augen. Den zarten Pfötchen an den Vorderbeinen würde man kaum zutrauen, dass sie metertiefe Löcher in die Steppenerde graben und geräumige Wohnkessel anlegen können. Nachdem wir im Wintersemester in der »Vergleichenden Anatomie der Wirbeltiere« eine Ratte als Vertreter der Säugetiere seziert hatten, entschloss ich mich sofort, das tote Ziesel für die Zoologische Sammlung des Münchner Instituts mitzunehmen. Ich steckte es, so wie es war, in die eine große Außentasche meines alten und schon ziemlich durchnässten

Armee-Anoraks. Kurz darauf fand ich ein zweites, das deutlich größer war. Beide waren Männchen, wie sich leicht feststellen ließ, weil sich die toten Körper nicht mehr gegen die Untersuchung der Bauchseite wehrten. Nun bemerkten wir, dass an vielen Stellen tote Ziesel auf der Steppe lagen. Ganz offensichtlich waren sie ertrunken, als das Wasser nach dem tagelangen Regen in ihre Baue eingedrungen war, wo sie noch Winterschlaf hielten. Oder sie erfroren, als sie versuchten, nach dem Aufwachen dem Wasser zu entgehen. Ein paar Dutzend hätten wir mitnehmen können. Die beiden in den Anoraktaschen sollten genügen, um Schwierigkeiten zu vermeiden, die es eventuell bei der Kontrolle an der österreichisch-bayerischen Grenze hätte geben können. Zwar war ich der Meinung, dass (tote) Ziesel nicht geschützt seien, aber sicher konnte ich das nicht behaupten und nachweisen schon gar nicht. Vielleicht würde man uns dreihundertfünfzig Kilometer weiter westlich an der Grenze die Geschichte mit dem Dauerregen gar nicht glauben.

Die toten Ziesel drückten unsere Stimmung erneut, und so beschlossen wir, uns einen warmen Abend in der Gaststube des in Kreisen von Naturfreunden damals schon berühmten Gasthauses Central in Illmitz zu genehmigen. Auch wir hatten Wärme nötig. Der alte Wirt empfing uns freundlich und fing an, vor dem herrliche Wärme spendenden Kachelofen von alten Zeiten zu plaudern. Wie alles so war während des letzten Krieges und in der schwierigen Zeit danach, als die neue Grenze den Seewinkel von Ungarn abtrennte und einen Schnitt durch das seit Jahrhunderten Gemeinsame machte. Er erzählte von der früheren Jagd auf die Silberreiher, deren Schmuckfedern in Kreisen der Wiener Hofdamen höchst begehrt waren, von den Flügen der Großtrappen oder den Scharen von Wildgänsen, die zu Tausenden im Herbst zum See kamen und blieben, bis der Frost die Lacken zufrieren ließ. Geschichten wusste er vom Fang der Ziesel, der »Zeisel«, wie er sie in der im Seewinkel üblichen Weise nannte. – Und da flitzen plötzlich zwei in seiner Gaststube herum!

Die beiden Totgeglaubten waren nahe dem Ofen wieder lebendig geworden, hatten die Taschen verlassen und sausten unter den Tischen von einem dunklen Eck zum nächsten, als ob ihnen nichts gefehlt hätte. Und wir mussten sie nun wieder einzufangen versuchen. Unser Botaniker tat einen guten Griff, packte eines, ließ es aber sofort wieder los, weil er gebissen wurde. Ein feiner Blutstrahl schoss aus der Wunde in der Hand. Ohne dicke Lederhandschuhe war da nichts zu machen. Solche hatte ich im Anorak. Genau daneben in der Außentasche hatten sich die Ziesel, bevor sie die Flucht ergriffen, noch ihres Darminhaltes entledigt. Es nützt nichts; die Handschuhe waren das einzige Mittel, ihrer wieder habhaft zu werden. Zum Glück gab es außer uns und dem Wirt nur zwei oder drei Einheimische als Gäste. Denen gefiel das alles so sehr, dass sie sich vor Lachen schüttelten. Die vom alten Wirt gepriesene Fangtechnik war anscheinend doch nur im Gelände, nicht aber für Ziesel in einer Gaststube tauglich. Schließlich hatte ich dank der Lederhandschuhe Erfolg. Ich konnte die beiden Ausreißer greifen und wieder in die Anoraktaschen stecken. Dort fühlten sie sich nach der Verfolgungsjagd anscheinend sicher. Sie versuchten nicht, sich hindurchzunagen, was für Zieselzähne sicherlich kein Problem gewesen wäre. Einige Sicherheitsnadeln sicherten die Klappe. Zurück blieb eine Zieselgeschichte, die im Wirtshaus über viele Jahre immer wieder erzählt wurde.

Die beiden Ziesel waren nun zwar wieder lebendig, aber da es draußen weiter regnete, zweifelten wir, ob es gut und richtig sei, die ausgerechnet zu Ostern vom Tode Auferstandenen wieder freizulassen, wo wir sie gefunden hatten. Eine zweite Auferstehung würde sie wohl überfordern. So nahmen wir die Ziesel mit. Sechs Jahre lebten sie in einem sehr geräumigen Käfig, blieben munter und gesund, wurden aber kein bisschen zahm. Sogar Leckerbissen, nicht nur das gewöhnliche Futter, entrissen sie den Fingern bei der Fütterung mit heftigem Zähnerattern. Einen Meter Abstand mussten Menschen halten, um toleriert zu werden. Das größere Männchen blieb erwartungsgemäß dem kleineren gegenüber dominant. Dieses kam damit ganz gut zurecht, bis es als vorjähriges Jungtier entsprechend herangewachsen war. Dann mussten die beiden wegen zu häufiger Kämpfe getrennt werden. Die Käfighaltung ergab nichts Besonderes zu ihrer Lebensweise; ganz im Gegensatz zu den Umständen, unter denen sie aufgegriffen worden waren. Denn diese zeigten uns eine bei manchen Säugetieren noch vorhandene Fähigkeit zu extrem starker Absenkung des Stoffwechsels auf eine Rate, die so niedrig liegt, dass sie sich damit gerade noch am Leben erhalten können.

Winterschläfer wie Igel, Hamster, Murmeltiere, Fledermäuse und auch die Ziesel nutzen diese Fähigkeit zum Überdauern ungünstiger Zeiten und Witterungsverhältnisse. Der Rückfall in den Zustand des Winterschlafs hatte die völlig durchnässten und ausgekühlten Ziesel gerettet. Sie mussten aus ihren Erdbauen heraus, weil die Steppe überflutet und das Wasser in ihre Wohnkessel eingedrungen war. Sie hätten gewiss mehrere Tage Dauerregen auf diese Weise überstanden, wenn wenigstens eine kleine Erhebung in der Nähe vorhanden gewesen wäre; ein Hügel, der zwar nass wird wie alles andere in der Umgebung auch, aber nicht überflutet! Deshalb gab (und gibt) es an der Rosalienkapelle besonders viele Ziesel, schloss ich aus diesem Erlebnis. Auch die zum Hügel ausgeworfene Erde an den Erdbauen kann im Fall von Überflutungen »gut« sein, obwohl sie sichtbar macht, dass sich unter der Erdoberfläche ein bewohnter Bau befindet. Doch wer wie Greifvögel auf Sicht aus der Höhe jagt, gräbt nicht nach den Zieseln oder den viel größeren Steppenmurmeltieren, den Bobaks, weiter im Osten und den Pfeifhasen der asiatischen Felssteppen. Adler, Weihen und Falkenbussarde suchen aus dem Flug heraus ihre Chance, Beute zu machen. Der Steppeniltis als Hauptfeind der Ziesel oder auch starke Hermeline haben hingegen keinen Überblick, denn sie jagen der Nase nach direkt über dem Boden. Zum Eindringen in die Baue sind sie meistens zu groß, und die Ziesel haben Notausgänge. Also werden sie selten nur deswegen ausgegraben, weil Erdhaufen den Eingang zum Bau markieren. Diese können sie hingegen sehr gut nutzen, um sich zu sonnen und zu trocknen, wenn die Steppe morgens noch taufeucht ist oder wenn starker Regen weitflächige Überschwemmungen verursacht hat. Wenn die Regenfluten niedergehen, fliegt auch kein Greifvogel.

Als ich ein paar Jahre später Siebenschläferjunge großzog und bei einem von ihnen das Phänomen des Winterschlafes richtig kennenlernte, erinnerte ich mich immer wieder an die ertrunkenen Ziesel. Vor allem wenn ich den schlafenden Siebenschläfer in die Hand nahm, um ihn zu wiegen, weil ich verfolgen wollte, wie er im Winterschlaf sein Herbstfett abbaut, war ich immer wieder erstaunt darüber, wie kalt sich so ein Tierchen anfühlt. Im Winterschlaf liegt seine Körperwärme niedriger als Kühlschranktemperatur. Der Schläfer hat sie auf zwei bis drei Grad Celsius über

Null abgesenkt. Die Erdböcke hatten wir damals der Ziesel wegen vergessen, und so entging mir, ob diese Käfer der trockenwarmen Steppen die anhaltenden Regenfluten überstanden oder nicht.

Wasservögel

Mein Hauptinteresse galt in den 1960er Jahren den Wasservögeln an den Stauseen am unteren Inn, der näheren Umgebung meiner Heimat. Nehme ich meine Aufzeichnungen von damals zur Hand, beschwören sie Bilder herauf, die aus dem Nebel der Vergangenheit hervortreten, an Schärfe gewinnen und dann doch fast unwirklich wirken. Die Notizbücher enthalten viele Zahlen. Ich zählte fast immer und so gut es ging. Was bei den Mengen an Vögeln mitunter kaum zu machen war, denn wenn ich schon mehrere tausend durchgezählt und gerade ein Drittel oder die Hälfte der Wasserfläche erreicht hatte, kam es nicht selten vor, dass eine Störung das Auffliegen verursachte. Alles wirbelte durcheinander. Und ich musste von vorn anfangen, nachdem sich die Vögel beruhigt hatten. Allerdings kam mir zugute, dass seltenere oder auf große Entfernung auch im Fernrohr kaum zu erkennende Strand- und Wasserläufer dadurch sichtbar, vor allem aber hörbar wurden. Ihre arttypischen Rufe lenkten meine Blicke durchs Fernglas. So sah ich erst, dass, abgedeckt von den Enten, die vor den Sandbänken in dichten Massen lagerten, Dutzende oder Hunderte Sichel- oder Alpenstrandläufer auf Nahrungssuche waren. Im Flug ließen sie sich leichter bestimmen, weil sie fast immer nach Arten getrennte Schwärme bildeten. Schwenkten diese entsprechend, wurde sichtbar, ob der Bürzel, der Ansatzbereich des Schwanzes am Hinterrücken, ungeteilt weiß (Sichelstrandläufer) oder durch einen dicken schwarzen Strich getrennt war (Alpenstrandläufer). Bei Gold- *Pluvialis apricaria* und Kiebitzregenpfeifer *Pluvials squatarola* kam es darauf an, zu erkennen, ob die Achseln einen schwarzen Fleck trugen (Kiebitzregenpfeifer) oder nicht (Goldregenpfeifer). Im Herbst und auf größere Entfernung sind diese beiden knapp kiebitzgroßen Regenpfeifer aus der (hoch)arktischen Tundra viel schwieriger zu unterscheiden als im vollen, sehr prächtigen Brutkleid im Frühjahr.

Solche Bestimmungen waren noch vergleichsweise einfach. Zudem signalisierten zumeist bereits die Flugrufe, worum es sich handelte. Viel schwieriger wurde es, auf Kilometerdistanz die beiden kleinen Entenarten Krick- und Knäkente im Spätsommer und Frühherbst zu unterscheiden. Oder Zwerg- *Calidris minuta* und Temminckstrandläufer *Calidris temminckii*. Das bloße Bestimmen, das allzu leicht in eine Jagd nach Raritäten übergeht, war es aber nicht, was mich an den Wasservögeln fesselte. Aus der erhöhten Position von den Dämmen aus, die das Zählen erleichterte, formten sich Bilder der Verteilung all der verschiedenen Vogelarten über die unterschiedlichen Tiefenzonen. Sie nutzten die Stauseen offensichtlich auf ihre Weise, Art für Art. Die groben, auch in den Bestimmungsbüchern zu findenden Kategorien wie Tauchenten und Schwimm- oder Gründelenten bekamen konkreten Bezug zum Lebensraum und dessen Feinstruktur. Zu diesen räumlichen Mustern fügten sich zeitliche hinzu. So fiel mir auf, dass im Herbst die Sichelstrandläufer früher eintrafen als die Alpenstrandläufer, und ich machte mir Gedanken darüber, warum das so ist. Denn die Verbreitungskarten in den Bestimmungsbüchern wiesen die Sichelstrandläufer als hochnordisch, also (viel) weiter entfernt als die Alpenstrandläufer aus. Sie wären also später zu erwarten gewesen als die aus geringerer Entfernung zufliegenden Alpenstrandläufer. Ich kam zum richtigen Schluss, wie ich bald erfuhr, dass der Sommer im hohen Norden früher endet und daher die Sichelstrandläufer dazu zwingt, Wochen vor den südlicher lebenden Alpenstrandläufern den Flug in die Winterquartiere zu beginnen. Auch bei Kiebitz- und Goldregenpfeifer passte diese Abhängigkeit von der Lage der Hauptbrutgebiete. Aber wie sollte ich verstehen, dass sich auf dem Herbstzug am unteren Inn die Tafelenten massierten, im Frühjahr aber die Reiherenten? Für beide lagen die Brutgebiete ähnlich, zumindest gemäß den groben Darstellungen in sehr kleinen Verbreitungskarten in den Vogelbestimmungsbüchern. Die Mengen – Zehntausende – waren für beide Tauchentenarten im Herbst bzw. Frühjahr recht ähnlich. Bei den Strand- und Wasserläufern hingegen übertrafen die Zahlen, die ich für den Herbstzug ermittelte, bei weitem die Frühjahrsmengen. Und dann kam die Überwinterung der Wasservögel noch hinzu. Die nordischen Schellenten, deren klingelndes Fluggeräusch mich immer wieder begeisterte, hielten sich offensichtlich nicht an den kalendarischen oder dem Verlauf der Witterung entsprechenden Winter, sondern kamen in geringer Zahl im Dezember zu den Stauseen. Im Januar stiegen ihre Mengen deutlich an, aber erst im Februar, wenn der Winter schon wieder weitgehend vorüber und das Eis auf den Stauseen gebrochen war, erreichten ihre Zahlen die Höchstwerte. Sie stiegen über die Jahre stark an. In den frühen 1970er Jahren waren die Stauseen am unteren Inn neben Genfersee und Bodensee der bedeutendste Überwinterungsplatz der Schellenten im mitteleuropäischen Binnenland. Dass es dazu kommen würde, ließ sich natürlich in den 1960er Jahren nicht absehen. Mir ging es damals darum zu verstehen, warum sich so viele oder auch so wenige Vögel der verschiedenen Arten von Wasservögeln an meinen Stauseen einfanden. Das war rückblickend die erste richtig ökologische Fragestellung, die mich bewegte. Nach der Rückkehr aus Brasilien formulierte ich sie für einen Forschungsantrag an die Deutsche Forschungsgemeinschaft (DFG). Das Vorhaben überzeugte die Gutachter. Ohne nennenswerte Wartezeit erhielt ich das Forschungsstipendium zur Untersuchung der Ökologie der Wasservögel am unteren Inn. Die vielen Zählungen, die ich seit 1960 kontinuierlich, meistens mit nur wenigen Tagen Abstand vornahm, erwiesen sich nun als die entscheidende Datengrundlage für das zunächst für zwei Jahre und dann um ein weiteres Jahr verlängerte Forschungsprojekt. Es entwickelte sich zum zentralen Thema für meine Arbeiten am unteren Inn, weil schnell klar wurde, dass keineswegs die verfügbare Nahrung und die für die verschiedenen Arten passenden Strukturen des Lebensraumes allein die Mengen der Vögel bestimmten, sondern auch, zeitweise viel stärker als die Nahrung, das direkte und indirekte Wirken der Menschen über Jagd und Störungen. Doch alles, was vor Ort zu erkennen und über die Forschungen zu erfassen war, blieb in nicht wenigen Fällen unzureichend, weil die Häufigkeit der betreffenden Arten nur in geringem Maße davon abhing. Selbstverständlich entschieden auch die jeweiligen Verhältnisse in den Brutgebieten der Wasservögel, die auf dem Durchzug oder zur Überwinterung an den unteren Inn geflogen kamen, über deren Häufigkeit. Die Stauseen waren mit der Tundra und den Seen im Norden und Nordosten verbunden. Die Verbindungen gingen weiter nach Afrika und zu Inseln im Indischen Ozean. Vögel kamen aus dem südöstlichen und südlichen Europa im Frühjahr und Frühsommer oder auch im Herbst, wenn sie aus irgendwelchen Gründen ihre Zugrichtung anstatt nach Südost auf Nordwest verlegten. Sie wurden von atlantischen Stürmen tief ins Binnenland verfrachtet. Und so manche Besonderheit war aus der Vogelhaltung entkommen. Oder war dieser fälschlicherweise zugeordnet, wie sich nach Jahrzehnten herausstellte. So sah ich die ersten Brandenten *Tadorna tadorna*, die als typische Bewohner von Meeresküsten gelten, bereits in den 1960er Jahren an den Innstauseen. Man hielt sie damals für Flüchtlinge aus zoologischen Gärten oder entsprechender Ziervogelhaltung. Dass sie sehr gut fliegen konnten und sich scheu wie Wildvögel verhielten, nahm man bei diesen bunten Enten so tief im Binnenland nicht zur Kenntnis. Sie mussten einfach aus der Vogelhaltung stammen, so deplatziert waren sie tausend Kilometer von der Küste entfernt. Dass sie gut dreißig Jahre später zu den häufigsten Entenarten zählen würden, die am unteren Inn brüten und ihre Jungen großziehen, entzog sich der Vorstellungskraft der Ornithologen in jener Zeit. Immerhin notierte ich sie und all die anderen Zooflüchtlinge genauso wie die offiziell heimischen Arten. Ihre Ansiedlung als Brutvogel und die Entwicklung ihrer Bestände kann ich daher recht genau nachvollziehen. Es war ein Tasten, ein sich Orientieren, das meine frühe Beschäftigung mit den Wasservögeln kennzeichnete. Aber von Anfang an waren sie mit den Stauseen selbst, mit ihrem Lebensraum vor Ort, für mich verbunden.

Davon gingen auch die intensivsten Eindrücke und Naturerlebnisse aus, die mich nachhaltig prägten. Da kamen sie an, Staffel für Staffel, die Hunderte und Aberhunderte von Enten, die durch die Jagd an einem der Stauseen am späten Nachmittag oder frühen Abend aufgescheucht worden waren und nun Zuflucht auf der Insel suchten, die sich mitten in meinem speziellen Stausee gebildet hatte. Mit fast einem halben Kilometer Abstand von den Ufern und auf der Grenze zwischen Österreich und Bayern gelegen, bot sie am meisten Sicherheit vor der Bejagung der Wasservögel. Bald waren die Inselränder »schwarz« vor Enten. Unter ihr erregtes Geschnatter mischten sich die flötenden Rufe der Brachvögel und die feinen Stimmen der Strandläufer. Schwalben schwärmten in solchen Herbsttagen zu vielen Tausenden über dem Wasser und fingen Zuckmücken und kleine Eintagsfliegen, die zu Myriaden schwärmten. Als es dunkelte, zerrissen die kehlig-rauen Rufe der Reiher die Stille, die eingetreten war, weil sich die Wasservögel beruhigt hatten. Die Reiher wagten erst jetzt auszufliegen auf die Suche nach Nahrung. Sie wurden intensiv verfolgt, weil man ihnen die Fische nicht gönnte, von denen sie ihrer Natur nach leben müssen. Zeichneten sich einzelne Silhouetten der großen Reiher gegen den noch hellen Horizont ab, konnte ihr Flugbild erneut Panik unter den Enten auslösen. Dann war die Luft über dem Stausee voller Vogelschwingen.

Im Winter waren es dann die um die Eislöcher versammelten Enten, die mich staunen ließen, wie ihre Füße das Stehen auf dem Eis aushielten. Im extrem kalten Winter 1962/63, der von Ende November bis Anfang März fast ununterbrochen Frost gebracht hatte und Minustemperaturen, die alles offene Wasser gefrieren ließen, überlebten dennoch Hunderte von Enten auf dem Eis. Rückblickend kann ich es mir nur so erklären, dass damals die Stauseen besonders nahrungsreich gewesen waren. Die Enten hatten ausreichende Fettreserven gebildet, von denen sie in den Wochen von schier nicht enden wollender Kälte zehrten. Am Nahrungsreichtum der Schlickufer Anfang der 1960er Jahre besteht kein Zweifel. Noch ein Jahrzehnt später war dieser so hoch, dass pro Quadratmeter mehr als ein Kilogramm Kleintierbiomasse an Larven von Zuckmücken und Schlammröhrenwürmern vorhanden war; eine geradezu legendär gewordene Menge. Gegenwärtig könnten die Enten solche Eiswinter nicht mehr überstehen bei dem so geringen Nahrungsangebot von höchstens wenigen Gramm pro Quadratmeter. Vielleicht lag es an der Dynamik, die ich bei meinen frühen Forschungen an den Wasservögeln erlebte, dass es mir leichtfiel, mich mit Veränderungen zu befassen. Die Wiederkehr derselben Verhältnisse suggeriert Beständigkeit und verführt dazu, Statik in der Natur, Zustände des Gleichgewichts anzunehmen, wenn die dennoch auftretenden Veränderungen in unmerklich geringer Weise stattfinden. Die Wasservögel konfrontierten mich bereits vor Beginn des Studiums mit dynamischen Veränderungen und Prozessen, die unübersehbar natürlich waren. Auch mit Hochwasser und seinen Wirkungen, mit Inseln, die entstanden und wuchsen oder von den Fluten wieder weggerissen wurden. Tatsächlich brauchte ich länger, die Veränderungen, die draußen auf den Fluren stattfanden, zu realisieren als das Geschehen am Fluss, das irgendwie immer und buchstäblich in Fluss war, gleichgültig, ob ich die Vögel, die Insekten oder die Muscheln untersuchte. Über den Feldern sangen im Frühjahr die Lerchen. In der Morgen- und Abenddämmerung ertönte das »kirrek, kirrek« der Rebhühner. Hasen liefen umher und verfolgten einander im März und April, während über ihnen die Kiebitze schaukelten und »kiiewitt« riefen. Im Herbst zogen Goldammern und Feldsperlinge in Schwärmen über den abgeernteten Fluren umher. Im Winter fand ich die Rehe in Rudeln beisammen an den mir bekannten Plätzen. Und wenn ich wollte, konnte ich im nächsten Frühjahr wieder die Stellen aufsuchen, von denen ich wusste, dass dort die Grauammer *Emberiza calandra* ihr unverkennbares »zick, zick, zick, schnirrrps« sang. So ging das Jahr für Jahr – noch. Denn mit der Flurbereinigung änderten sich die Verhältnisse grundlegend. In den (frühen) 1960er Jahren hatte ich bei meinen Exkursionen auf den Fluren im niederbayerischen Inntal keine Überraschungen zu erwarten. Am Inn war (und ist) das anders. Da war und bin ich stets auf das Besondere, das Unerwartete gefasst. Keine Exkursion gleicht der anderen. Kein Jahr könnte im Verlauf als typisch herausgehoben werden. Es gilt der alte Spruch: Beständig ist nur der Wandel.

Wasserschmetterlinge

Mit dem Sommersemester 1969 ging mein Zoologiestudium, das ich im Sommersemester 1964/65 angefangen hatte, zu Ende. Auch mit der Doktorarbeit war ich so weit fertig, dass ich meine Untersuchungen zusammenfassen und niederschreiben konnte. Drei Sommer lang, von 1967 bis 1969, hatte ich mich in die spannenden Lebensläufe von »Wasserschmetterlingen« vertieft, um zu erforschen, wie sie unter Wasser atmen, wie die Raupen überwintern, sich später im Wasser verpuppen und sich beim Schlüpfen mit der Restluft wie mit einem Luftballon an die Oberfläche tragen lassen. Ich hatte herausbekommen, welche Unterschiede in der Feinstruktur der Haut dafür verantwortlich sind, dass die ersten Raupenstadien vom Wasser benetzt werden, während die großen Raupen eine das Wasser abweisende Oberfläche entwickeln und Luft atmen in ihren Köchern, die sie aus Blattstückchen von Wasserpflanzen fertigen. Atmung, Nahrung, Konkurrenten und Feinde prägen das Leben dieser wissenschaftlich so poetisch als ›Wassernymphchen‹ (*Nymphula*) bezeichneten Kleinschmetterlinge. Ihrem Charme erlag ich, kaum dass ich meine Untersuchungen an ihnen begonnen hatte. Die ersten ihrer Vorkommen fand ich nicht in der sogenannten freien Natur, sondern in Wasserpflanzenbecken des Botanischen Gartens in München. Dort hatte ich mich genauer über die verschiedenen Arten von Schwimmblattpflanzen informieren wollen, an denen die Raupen fressen, wie ich den spärlichen Angaben in der Fachliteratur entnahm. Ich fand dort, in den nach Art von Hochbeeten angelegten Becken, auf die man, ohne sich bücken zu müssen, schauen kann, um die Wasserpflanzen zu betrachten, nicht nur die in freier Natur sehr seltene Seekanne *Nymphoides peltata*, deren Blätter wie Miniaturausgaben von Seerosenblättern aussehen und deren Bau der gelben Blüten sie als Angehörige der Enziangewächse ausweisen, sondern auch das Schwimmende Laichkraut *Potamogeton natans* und den Wasserknöterich *Polygonum amphibium*. Beide Wasserpflanzen waren mir aus den Innauen vertraut. Und an allen dreien gab es die unverkennbaren Ausschnitte aus den Blatträndern von ovaler Form und eineinhalb bis zwei Zentimetern Länge. Aus diesen Stücken fertigen die Raupen ihre Köcher, in denen sie auf der Oberfläche treiben und durch Herausstrecken des (benetzbaren) Kopfes die Schwimmblätter befressen. Die Köcher enthalten Luft. Der Hauptteil des Raupenkörpers ist nicht benetzbar. In diesem Entwicklungsstadium atmen sie normal wie andere Raupen Luft, die sie über seitliche Atemöffnungen, Stigmen genannt, aufnehmen. Die kleinen Raupen sind hingegen benetzbar. Sie entnehmen den Sauerstoff, den sie brauchen, dem Wasser, das sie umgibt, einfach über die Haut der ganzen Körperoberfläche. Da ich das Wasserschmetterlingsvorkommen im Botanischen Garten gefunden hatte, war die entscheidende Voraussetzung für die Wahl des Themas für die Doktorarbeit erfüllt. Von den Gärtnern, die mein besonderes Interesse schnell bemerkten, erfuhr ich, dass sie mit diesen »Viechern« so ihre Probleme hatten, weil sie mitunter die Blätter der Seekannen und auch der großen Seerosen total zerfressen. In ihren Augen waren diese Schmetterlinge Schädlinge.

Ich solle sie nur genauer erforschen, dann könne man sie vielleicht besser bekämpfen. Diese mir angetragene Wendung meiner Arbeit behagte mir nicht. Schädlingsbekämpfer wollte ich nicht werden, auch wenn ich irgendwie einsah, dass botanische Gärten nicht dazu da sind, den Besuchern das komplexe Naturgeschehen zu vermitteln. Im Vordergrund, buchstäblich, steht das Schöne. Es ist die kombinierte Ästhetik von Pflanzenschönheit und Ensemble im Garten, die wirken (soll). Meine Wasserschmetterlinge, als die ich sie nun schon betrachtete, passten nicht zum Botanischen Garten. Das war einzusehen. Aber da ich auch Material für physiologische und anatomische Untersuchungen nötig haben würde, kam mir das Vorkommen im Botanischen Garten ganz gelegen. Die Gärtner würden die Raupen ohnehin töten, die ich für meine Forschungen an der Feinstruktur ihrer Haut brauchte. Hier konnte ich mir holen, wie viele ich auch immer benötigte. Genehmigungsfrei!

Die Fraßbilder der Raupen kannte ich nun, die Wasserpflanzen, an denen sie vorkommen könnten, waren mir bereits vertraut, und so machte ich mich auf die Suche nach Vorkommen in meinen heimatlichen Innauen. Auch dort wurde ich rasch fündig. Ist der Blick erst einmal für das Gesuchte geschärft, findet man es fast mühelos an Stellen, an denen man es vorher einfach übersah. In den Vorlesungen zur Verhaltensforschung hatte ich davon gehört, dass Vögel, Krähen zum Beispiel, an denen das speziell erforscht worden war, sogenannte Suchbilder entwickeln. Mit ihrer Hilfe finden sie Nahrung, weil sie gezielt schauen können. Es amüsierte mich, dass ich bei meiner Suche nach Raupen von Wasserschmetterlingen auch ein solches Suchbild verwendet hatte, und das mit Erfolg. Beim ersten Blick auf die Teppiche aus Schwimmblättern, die das Schwimmende Laichkraut auf kleinen Tümpeln in den Innauen gebildet hatte, erkannte ich die Fraßbilder der Raupen. Nach einigen Tagen, an denen ich alle Kleingewässer absuchte, hatte ich ein Dutzend Einzelvorkommen gefunden. Die für meine Untersuchungen günstigsten gab es sogar in ganz leicht zugänglichen, weil direkt neben Straßen gelegenen Kiesgruben ganz in der Nähe meines Heimatdorfes. Ich musste nicht einmal die Auen aufsuchen, um die kleinen Nymphen zu studieren. Die Schmetterlinge flogen am Uferbewuchs der Gruben, und ich konnte mich zu ihnen setzen und sie beobachten. Manchmal kam ich mir wie ein Angler vor, wie ich so dasaß und aufs Wasser starrte. Nicht den großen Fisch fing ich, sondern ein Ereignis, das mich vor Staunen erstarren ließ, als ich es zum ersten Mal erlebte. Eine Luftblase von der Größe einer Murmel zwängte sich zwischen den Schwimmblättern des Laichkrautes zur Oberfläche des Wassers durch, platzte auf und entließ einen langbeinigen, wie in feinsten weißen Samt gehüllten Schmetterling. Noch ungelenk stakste er zum Rand des nächsten Blattes, streckte den Körper in die Waagerechte und verharrte. Beim genauen Hinsehen war nun zu erkennen, wie sich die Flügel fast unmerklich langsam streckten, ausbreiteten und die richtige Position schräg seitlich am Körper einnahmen. Sie erhärteten. Dann trugen sie mit dem ersten Flug den Schmetterling, die kleine Nymphe, zum Ufer, wo er sich kopfunter in schräger Körperhaltung mit dachförmiger Flügelstellung festsetzte.

Bei einem großen Vorkommen von Wasserschmetterlingen war es nicht allzu schwer, die Ankunft an der Wasseroberfläche abzuwarten. Doch für die genauere Beobachtung des Vorgangs musste ich die Raupen in kleinen Aquarien halten, zur Verpuppung bringen und abwarten, bis es Zeit zum Schlüpfen der Falter war. Das wurde eine große Geduldsprobe, denn meistens kam ich zu spät, oder ich saß viel zu früh vor den Gläsern, um das Ereignis zu beobachten. Ein Foto glückte mir denn auch nie. Die Fototechnik mit den Rollfilmen und den Makroobjektiven, dem Blitzgerät, das synchronisiert werden musste, und der Trübung der Bilder, die unweigerlich zustande kam, weil Marmeladengläser nicht die erforderliche optische Qualität haben, vereitelten meine Versuche. Ich konnte schon froh sein, von den Raupen, den Puppenköchern unter Wasser und den Schmetterlingen am Ufer Dias gemacht zu haben, die vorzeigbar waren, um die groben Züge des Lebens der Wasserschmetterlinge zu illustrieren. Den Beginn des Schlüpfvorgangs der Schmetterlinge bekam ich nicht mit. Wenn ich bemerkte, dass es so weit war, dann war die Anfangsphase schon vorüber. Bei dieser muss sich irgendwie der Köcher an der Spitze öffnen, in den sich die ausgewachsene Raupe unter Wasser zur Umwandlung in die Puppe eingesponnen hatte. Solche Köcher, die Puppen enthalten, fand ich zwar hauptsächlich an den Stängeln der Pflanzen, an deren Schwimmblättern die Raupen gefressen hatten, aber auch auf der Unterseite noch unbeschädigter Schwimmblätter. Im Aquarium befestigten die Raupen die Köcher zur Verpuppung auch ans Glas. Das war ein Glücksfall, denn so konnte ich mühelos zusehen, wie sich die Puppe aus der letzten Raupenhaut entfernte, wie sie diese zusammendrückte, und auch erkennen, dass die Raupe vor der Verpuppung Löcher in das Gespinst gebissen hatte, mit dem sie den Köcher an der Unterlage befestigte. In der Natur führt dies dazu, dass die luftführenden Gefäße in den Stängeln der Wasserpflanzen auf diese Weise angezapft werden. Das verbessert den nötigen Gasaustausch in der Lufthülle, in der die Puppe eingeschlossen ist, bis der Schmetterling daraus herausschlüpft und an die Oberfläche hochsteigt. Über die Löcher, die den Anschluss zum luftführenden Gewebe der Wasserpflanzen herstellen, erhält die Puppe Sauerstoff. Das abgeschiedene Kohlendioxid geht ganz von selbst ins Wasser über, das die Puppenköcher umgibt. Der Unterdruck, der dadurch entsteht, setzt wie eine Miniatur-Saugpumpe an den luftführenden Gefäßen der Wasserpflanzen an. Es war geradezu euphorisch stimmend: Solch spannende Einblicke boten sich bei der genauen Betrachtung der Lebensweise eines äußerlich eher unauffälligen Kleinschmetterlings, der, wenn überhaupt, lediglich durch ruheloses Umhergeistern über den Schwimmblattpflanzen und an den Uferrändern von Kleingewässern in der Abenddämmerung auffällt. Drei Sommer lang vertiefte ich mich in die Geheimnisse meiner Kleinen Nymphe, dann hatte ich so viel gefunden, dass es leicht reichte für die Ausarbeitung der Dissertation. Sie wurde umgehend und ungekürzt in der *Internationalen Revue der gesamten Hydrobiologie und Hydrographie* veröffentlicht. Wann immer ich seither darüber erzähle, schwingt die große Begeisterung mit, die mich durch Studium und Dissertation getragen hatte. Die Studentenjahre waren eine Zeit der Wunder.

2. Kapitel

Südamerika

Nach Brasilien

Als nun die Doktorarbeit abgeschlossen, abgegeben und beurteilt war, sah ich mich einem besonderen Problem gegenüber: Die Studienstiftung des Deutschen Volkes hatte für mich ein Doktorandenstipendium nach Abschluss der normalen Studienzeit vorgesehen. Was man damit nun machen solle, war die Frage, da ich doch mit beidem fertig sei, mit Studium und Promotion. Ich hielt die Frage für ein rhetorisches Lob und meinte halb scherzhaft, ich könnte doch mit dem bereitgestellten Geld in die Tropen reisen nach Brasilien.

Das war seit meiner frühen Jugend ein Wunschtraum, der aber außerhalb von Reichweite und Wirklichkeit lag, obgleich ich an Vorlesungen alles anhörte und an Kursen mitmachte, was zur Vorbereitung auf die Tropenwelt geeignet erschien; sogar zwei Semester Tropenmedizin. Anders als im Zoologiestudium ging es darin um die üblen Seiten des Lebens mit Parasiten und anderen Krankheitserregern. Tropenkrankheiten gehören zu den großen Geißeln der Menschheit. Die Lebensläufe der Parasiten faszinierten mich, und ich war verwundert, wie wenig die Ökologie in die Tropenmedizin einbezogen worden war. Oft blieben die Angaben zu den Lebensumständen der Übertragerarten, der Vektoren, sehr vage oder auf Vermutungen beschränkt. Die in den Büchern von Reiseschriftstellern und Biologen, die selbst in den Tropen geforscht hatten, stets angeführten Gefahren der Dschungelwelt wie Giftschlangen, Spinnen, Skorpione oder Fische, die tödliche oder lähmende Stromstöße im trüben Flachwasser austeilen können, kamen in der Tropenmedizin überhaupt nicht vor. Es gab auch keinerlei Erklärungen dafür, weshalb bestimmte Regionen besonders gefährlich und krankheitsträchtig sind, andere jedoch wenig oder so gut wie gar nicht. Das Praktikum zur Vorlesung wurde privatissime beim Professor zu Hause abgehalten, weil wir anfangs nur zu fünft und später zu dritt gekommen waren – außer mir als Zoologen nur zwei Mediziner. Dabei wurde mir klar, warum ich in der Vorlesung im Semester davor nahezu nichts über die Lebensumstände der Vektoren in der Tropenwelt erfahren hatte, denn die Arbeit im Praktikum bestand aus Mikroskopieren, Zeichnungen und vergleichenden Bestimmungsübungen. Tropenmedizin war, so wie ich sie damals kennenlernte, Labor- und nicht Feldarbeit. Daraus ließ sich unschwer ableiten, dass die Gegenmaßnahmen im Wesentlichen in rein medizinischer Behandlung der Patienten bestanden. Wenn prophylaktisch im Gelände vorgegangen werden sollte, dann griff man zu Radikalkuren wie etwa dem Versprühen des in jener Zeit noch üblichen und als Wundermittel geschätzten DDT, möglichst gleich vom Flugzeug aus oder zumindest mit Handsprühgeräten nach Art von Feuerlöschern. Natürlich waren die Wirkungen solcher Maßnahmen katastrophal für die Natur und häufig ohne nachhaltigen Erfolg für die Menschen. Einen ersten konkreten Fall dieser einfach auf die freie Natur übertragenen Labortechnik erlebte ich selbst schon wenige Monate später in Brasilien.

Denn mein Vorschlag einer Tropenreise war ernst genommen worden und konnte umgesetzt werden. Im Spätsommer 1969 erhielt ich von der Studienstiftung die Nachricht, das Stipendium sei genehmigt und ich könne nach Brasilien reisen und das nächste Jahr ganz nach meinen Wünschen und Vorstellungen dort verbringen: in der Tropenwelt, in meinem Traumland Brasilien. Anfang Januar 1970 ging es per Schiff von Genua aus quer über den Südatlantik nach Brasilien. Abgesehen von einer kurzen Fahrt von Cuxhaven nach Helgoland war dies meine erste Seereise. Sie fing gleich so stürmisch an im Golf von Genua, dass sie zur harten Prüfung nicht nur meiner Seefestigkeit, sondern aller mehr als tausend Passagiere wurde. Der Sturm dauerte, bis das Schiff Barcelona erreichte. Die meisten Passagiere hatten sich wiederholt übergeben, aber mit stark abnehmenden Mengen, weil die italienischen Köche streikten und es folglich nahezu nichts zu essen gab. In Barcelona nahm die Reederei neue Köche an Bord. Diese waren wohl nicht so ganz vertraut mit der italienischen Kochweise, so dass die Überfahrt zu einer Schlankheitskur geriet. Mir machte dies nicht allzu viel aus, denn ich genoss die Weite des Meeres. So gut es ging, versuchte ich, die Seevögel zu bestimmen und zu zählen, die bei meinen Rundgängen an Deck mit dem Fernglas erkennbar waren. Manche, vor allem Möwen, aber auch Wellenläufer, kamen nahe an das Schiff, um den über Bord geworfenen Müll nach Fressbarem abzusuchen oder vom Kleingetier zu profitieren, das von den Schiffsschrauben an die Oberfläche gewirbelt wurde. Spannend wurde die Annäherung an Madeira, die jedoch größtenteils in die Nacht fiel. Aber ein kurzer Gang auf die Insel des ewigen Frühlings war während des Aufenthaltes in Funchal möglich. Mich entzückte die Pracht der Bougainvilleen, aber ich wunderte mich ein wenig, dass bei so vielen Blüten, die überall in diesem Städtchen blühten, fast keine Insekten zu sehen waren.

Nach Madeira fing der langweilige Teil der Fahrt über den Südatlantik an. Oft stand ich stundenlang an der Reling, die Sonne im Rücken, um nicht geblendet zu werden vom gleißenden Licht auf den vom Wind nur schwach gekräuselten Wellen, ohne einen Seevogel zu sehen. Erhob sich ein kleiner Schwarm Fliegender Fische vor der Bugwelle, war dies eine willkommene, die Eintönigkeit des blauen Ozeans unterbrechende Abwechslung, die mich bei jedem Mal wieder hoffen ließ, nun Delphine zu sehen. Doch als auch die kleinen Wellen schwanden und der Südatlantik spiegelglatt wurde, war er für meine Beobachtungen zur ereignislosen Vollwüste geworden.

In der jugendlich-naiven Meinung, schießen zu können sei wichtig, wenn man nach Brasilien in den Urwald geht, fing ich an mit Tontaubenschießen. Das war auf dem Schiff angeboten worden, offenbar weil unter den Passagieren nicht nur Auswanderer nach Argentinien waren, die mit Kind und Kegel die untersten Kabinen bevölkerten, sondern auch rückreisende Südamerikaner, die über Weihnachten und Neujahr Heimatbesuch bzw. Europaurlaub gemacht hatten. Sie brauchten offenbar das Schießen und taten dies ausgiebig auf die Tontauben. Als ich diese nach kurzer Zeit fast fehlerfrei aus der Hüfte abschießen konnte, weil die Flugbahn so gleichförmig verlief, verlor ich das Interesse daran und vertiefte mich lieber in die mitgenommenen Bücher über die Natur Südamerikas. Oder ich spielte Karten mit einer Gruppe von Missionaren, die auf dem Rückweg nach Mato Grosso waren und mich als Spielpartner begeistert aufgenommen hatten, weil ich Bayerischen Schafkopf konnte, und das nicht schlecht, hatte ich doch als Fahrschüler in der Bahn jahrelang mit den Mitschülern eifrig geübt und viele Feinheiten dabei erlernt. Diese Begegnung sollte für mich höchst bedeutsame Folgen haben. Davon später mehr.

Als die Küste Südamerikas näher kam, wurde es für mich aber wieder spannend, aufs Meer zu schauen. Die ersten der für mich noch Besonderheiten darstellenden Seevögel kamen in Sicht: Braune Tölpel *Sula leucogaster* mit weißem Bauch, die wie Geschosse flogen und beim Fischfang wie Raketen ins Meer eintauchten. Bald auch Fregattvögel; schwarze, mit schmalen, stark gewinkelten Flügeln ungemein geschickt fliegende Vögel, deren Spannweite zwei Meter beträchtlich übersteigt und die nach Art von Raubrittern die Tölpel in der Luft überfallen und sie dazu bringen, den erbeuteten Fisch zu erbrechen. Die Fregattvögel fangen ihn, noch bevor er die Wasseroberfläche erreicht. Mit ihrem langen, tief gegabelten Schwanz steuernd, können sie die unglaublichsten Flugmanöver durchführen. Um welche der Fregattvogelarten es sich handelte, konnte ich zunächst nicht sicher bestimmen. Ich versuchte, mir Kennzeichen zu notieren für die Nachbestimmung, und war hingerissen von diesen Vögeln. Beinahe übersah ich, dass wir nun Delphine am Schiff hatten. In Scharen umspielten sie es. Dabei vollführten sie Sprünge, die wie Kunststücke aussahen, die sie in Delfinarien lernen. Das Schiff aber war viel zu groß, um sie genauer beobachten zu können.

Zu schnell kam für mich die Nacht, obwohl die Tageslänge auf zwölf Stunden angestiegen war. Das Schiff war in die äquatoriale Zone eingefahren. Unmerklich hatte die Dauer der Tageshelligkeit bei dieser Fahrt nach Süden und Westen aus dem winterlichen Kurztag heraus hin zu den Tropen zugenommen. Viel stärker spürbar hingegen war der Anstieg der Temperatur. Brauchte ich an der portugiesischen Küste bei der Zwischenlandung in Lissabon noch den Anorak, um mich gegen den kalten Wind zu schützen, genoss ich seit Tagen in dünnem Hemd die Wärme der Tropenluft über dem Ozean. Nahe der brasilianischen Küste war es richtig heiß geworden. Ich maß 32 Grad Celsius Lufttemperatur und verlor um die Mittagszeit mitunter kurzfristig die Orientierung, weil die

Sonne so hoch stand. Nach wie vor war sie aber deutlich genug im Süden, auch als nahe der Amazonasmündung der Äquator überquert wurde. Vergeblich hielt ich nachts Ausschau nach dem »Kreuz des Südens«, weil die Wolken sich immer stärker verdichteten. Von Zeit zu Zeit gingen Regenschauer nieder. Sie fühlten sich in der Brise an Deck wie eine warme Dusche an. Das Meerwasser war plötzlich trüb geworden, wahrscheinlich weil ein Schwall des Amazonaswassers so weit ins Meer hinausreichte. Und da gab es nun nicht nur Tölpel und Fregattvögel, sondern auch Seeschwalben und Möwen. Eine Gruppe der schlanken, spitzflügeligen Seeschwalben kam mir recht bekannt vor. Ziemlich sicher waren es Flussseeschwalben *Sterna hirundo* und damit vielleicht sogar Vögel aus Mitteleuropa, die zum Überwintern die schier unglaublich weite Strecke in den Südatlantik fliegen und die an Kleinfischen so reichen Gewässer des Südpolarmeeres aufsuchen. Es berührte mich seltsam, vom Schiff aus bei der Anfahrt auf Rio Vögel zu erblicken, die von meinen Stauseen am unteren Inn hätten kommen können, wo sie in einer kleinen Kolonie brüteten.

Als ich über ein Jahr später meine Seevogelbeobachtungen auf der Fahrt nach Südamerika sichtete und für eine kleine Veröffentlichung zusammenstellte (die kaum jemand gelesen haben dürfte), fiel mir erst auf, wie wenige Vögel dies gewesen waren. Ein kleiner Ausflug nach Helgoland hätte nach Artenzahl und Seevogelmenge sicherlich mehr gebracht als die Überquerung des Südatlantiks. Wie treffend war doch die Charakterisierung, dass Blau die Wüstenfarbe des Meeres ist. Schade, dass mir der Wintersturm am Beginn der Seefahrt die Möglichkeit genommen hatte, auch im Mittelmeer nach Seevögeln Ausschau zu halten. Was mich beruhigte, mitunter sogar in eine fast euphorische Stimmung versetzte, wenn das große Schiff wieder so sehr zu schlingern anfing, dass zahlreiche Passagiere seekrank wurden, war meine Seefestigkeit. Kein einziges Mal hatte ich mich übergeben müssen, wenngleich das Gefühl im Magen nicht so gut war, als wir im Mittelmeer durch den Sturm fuhren und fast alle Passagiere fast überallhin spuckten. Seefestigkeit hat mit dem Aufwachsen am Meer wenig zu tun; vielleicht auch gar nichts. Mit dem Magen bekam ich tatsächlich nie Probleme, auch keine mit Schwindel oder Höhenangst. Die gut zehntägige Fahrt nach Südamerika war allerdings keine größere Herausforderung.

Der Sturm im westlichen Mittelmeer war bald vergessen; das Essen blieb miserabel, selbst für mich, der ich Jahre des Essens in der Universitätsmensa hinter mir hatte und dabei wahrlich nicht verwöhnt worden war. Dass ich in dieser Hinsicht geradezu ins Paradies reiste, war mir nicht bewusst. Im Gegenteil. Ich war darauf eingerichtet, mich über weite Strecken mit Reis und Schwarzen Bohnen zu ernähren, und hatte als Ergänzung Vitaminpillen mitgenommen. Ansonsten machte ich mir in Bezug auf das Essen keine Gedanken.

Die Sonne ging gerade unter, als das Schiff in die Bucht von Rio einfuhr. Es hätte kaum einen günstigeren Zeitpunkt geben können, den Zauber dieser Bucht zu erleben, der sich im Gegenlicht zwischen Zuckerhut, Corcovado und den Bergen des Orgelgebirges am westlichen Horizont entfaltete. Ob die Zeit der Ankunft in Rio absichtlich so gewählt war, weiß ich nicht. Jedenfalls war sie für mich nun gleich die schönste Stadt der Welt, obwohl ich von der Welt noch kaum etwas gesehen hatte. Den Zauber von Rio, das mit schwindender Tageshelligkeit wie ein Lichtertraum zu erstrahlen begann, konnte ich genießen, weil das Schiff die halbe Nacht über im Hafen blieb und erst gegen Morgen nach Santos weiterfuhr. Santos erwies sich als harter Kontrast zu Rio, der in meiner Erinnerung nichts hinterließ, außer dass dort für mich Südamerika nun unmittelbar begann. Der Passage durch den Zoll hatte ich ganz unnötig entgegengezittert. Auch sonst erwies sich das Reisen in Brasilien als unproblematisch.

Das Stipendium der Studienstiftung ermöglichte es mir, mich da aufzuhalten und dort zu forschen, wo die Umstände günstig und das Gelände interessant war. Neues sollte wirken können. Nicht das Abarbeiten eines vorgefassten Zeit- und Arbeitsplanes war das Ziel. Kein fixer Auftrag lag zugrunde, sondern das Neue vor mir konnte ich nach dem Prinzip, die Gunst von Zeit und Stunde zu nutzen, aufgreifen: Goldene Zeiten für einen jungen Forscher, der noch nicht wusste, worum es geht, der aber offen war für alles Spannende – und damit auch prägbar für sein zukünftiges Forschen! Keine durch Diplom- oder Doktorarbeit vorgegebene Forschungsrichtung diktierte, was zu tun war.

Anfangs stürzte ich mich gleichsam auf alles. Ich sammelte Eindrücke, notierte und versuchte, mich in der Vielfalt zurechtzufinden. Was vorher höchst staunenswert in Büchern zu lesen war, offenbarte sich mir nun Tag für Tag in seiner Lebenswirklichkeit. Die Blattschneiderameisen etwa, von denen es hieß, sie könnten in einer Nacht eine ganze Pflanzung ruinieren. Wenige Tage nach der Ankunft in Südbrasilien erlebte ich bei einem deutschstämmigen Siedler, der noch sein heimatliches Schwäbisch sprach, diese Ameisen wie in einem großen Naturexperiment. Sie hatten seine aus Deutschland mitgebrachten Brombeeren angegriffen und manche Büsche schon weitgehend entlaubt. Mich faszinierte sogleich das Vorgehen der Ameisen. In Kolonnen bewegten sie sich auf Straßen, die, auf Ameisengröße bezogen, den mehrspurigen Avenidas der südamerikanischen Riesenstädte gleichgesetzt werden könnten. Die Ameisen benutzten sie (unfallfrei) auf zehn bis fünfzehn Spuren. Doch anders als bei unseren Autobahnen führen die Mittelspuren in die eine Richtung – zurück zum Nest, die Außenspuren aber in die andere Richtung – zu den Nahrungsquellen. An diesen Außenspuren wachen Soldatinnen über den Ameisenverkehr. Sie beeindrucken sogar die Menschen mit ihren mächtigen, zangenartigen Kiefern und ihrer bulligen Körpermasse. Diese sterilen Weibchen sind wie Kampfmaschinen entwickelt. Sie können sich selbst nicht mehr ernähren, sondern müssen von darauf spezialisierten Arbeiterinnen gefüttert werden. Die Hauptmasse des Gewimmels bilden diese normalen Arbeiterinnen, deren Größe jedoch auch verschieden sein kann. Die Großen unter ihnen mochten unserer Großen Roten Waldameise entsprechen; die Kleinen den kleineren Ameisenarten Mitteleuropas. Ganz besonders winzige ließen sich oben auf den Blattstücken mittragen, die von den Arbeiterinnen wie aufgestellte, zackige grüne Segel in endlosen Kolonnen zum unterirdischen Nest transportiert wurden. Dabei verging sichtlich die saftig grüne Schönheit der Brombeerpflanzung des freundlichen Gastgebers, dem es nicht leichtfiel, meine Begeisterung über dieses Zerstörungswerk meiner wissenschaftlichen Neugier und völligen Unerfahrenheit gutzuschreiben. Den Eingang des im Boden wohl in gewaltigen Dimensionen ausgebauten Nestes zu finden war ganz leicht. Man musste nur den großen Ameisenstraßen folgen und wurde so zum Lebenszentrum der Riesenkolonie geführt. Als fast vegetationsfreier Erdhügel erhob es sich flach gerundet über die Umgebung. Das Nest fiel mir sogleich durch seine rotbraune Tönung auf, die vom tropischen Roterdeboden stammt. Es erstreckte sich über mehrere Quadratmeter Fläche, die fein säuberlich von Blättern und anderem pflanzlichen Abfall freigehalten wurde. Hunderttausende von Blattschneiderameisen, in großen Nestern bis über eine Million, können in so einem Bau leben. Darin züchten sie in einem metertief in den Boden reichenden, verzweigten System von Kammern die Pilze, deren Fruchtkörper ihre alleinige Nahrung darstellen.

Denn die Blattschneiderameisen *Atta sp.* verwerten die Blattstücke, die sie so kunstgerecht schneiden, nicht direkt als Futter. Vielmehr zerkauen sie diese zunächst zu einem Brei und verfüttern ihn an ihre Pilzkulturen. Für die unterirdischen Pilzgärten regulieren sie Wärme und Feuchte so, dass die Bildung von Fruchtkörpern kontinuierlich erfolgt. Von diesen Miniatur-Champignons leben die Blattschneiderameisen. Auch ihre Brut versorgen sie mit Pilzkost. In höchstem Maße umständlich schien mir so eine Ernährung. Sie zu verstehen, dafür fehlte es mir noch an Kenntnis der Zusammenhänge. Dass sich darin eine der wesentlichsten Eigenschaften des Tropischen Regenwaldes äußerte, war damals möglicherweise noch niemandem so recht bewusst. Aber ohne dass ich dies ahnen konnte, bahnte sich am Amazonas eine neue Sichtweise der Natur des Tropischen Regenwaldes bei Forschern an, die vom Max-Planck-Institut für Limnologie, Abteilung Tropenökologie, nach Amazonien gekommen waren und dort seit Mitte der 1960er Jahre in Zusammenarbeit mit dem Brasilianischen Amazonasforschungsinstitut in Manaus tätig waren.

Bei mir in Südbrasilien schlug das Staunen über die Blattschneiderameisen in jene Verwunderung um, die den Keim für die späteren Fragen und tiefergehendes Nachforschen legte: Warum haben ausgerechnet jene Insekten, die in den Tropen und Subtropen Südamerikas so besonders häufig vorkommen, zu ihrer Ernährung den Umweg über die Pilze auf sich genommen? Was ich direkt sah, das war ihre Bevorzugung europäischer Pflanzen, von Brombeeren und anderen. Die Blattschneiderameisen schwärmten auf ihren Straßen weit aus und machten beträchtliche Umwege zu den Pflanzungen, während überall Grün in Mengen vorhanden war. Der Siedler, bei dem ich zu Gast war, versuchte, sich auf moderne Weise zur Wehr zu setzen. Eine große deutsche Pharmafirma hatte nämlich ein Präparat entwickelt, welches auf die zu schützenden Pflanzen gesprüht werden sollte, damit es die Ameisen mit den Blattstückchen in den Bau eintragen. Erst in den unterirdischen Pilzgärten würde der Stoff, den dieses Mittel enthielt, wirksam werden und die Pilze daran hindern, Fruchtkörper auszubilden. Die Ameisen müssten somit nach und nach verhungern oder eben auf solcherart chemisch nicht geschützte Pflanzen ausweichen.

In den pharmazeutischen Labors war dies sicherlich gut gedacht gewesen und als Durchbruch in der Bekämpfung der Blattschneiderameisen vielleicht schon vorab gefeiert worden. Denn wo unter Laborbedingungen die Kolonie der Blattschneiderameisen gar keine andere Wahl hat, wird sie das so raffiniert vergiftete Gemüse wohl oder übel in der beabsichtigten Weise verwerten und sich selbst damit aushungern. Nicht so hier in Brasilien. Mein Gastgeber wusste es bereits und genoss es sichtlich – bei seinem verständlichen Zorn auf die Ameisen –, mir vorzuführen, wie weit Laborerfolg und Wirklichkeit auseinanderliegen. Er ging in der empfohlenen Weise vor, besprühte die Brombeeren und amüsierte sich über meine Versuche zwischendurch, die Ameisen durch künstlich immer weiter ausgebuchtete Straßen in einen Kreisverkehr zu zwingen. Sie drehten die unnötigen Runden nur ein paarmal, bemerkten den Irrweg und kürzten wieder ab. Sie legten neue Spurstoffe, besserten ihre Straße aus, und der Verkehr floss alsbald wie gehabt weiter.

Am nächsten Morgen lag das Ergebnis des »Vergiftungsexperiments« bestens sichtbar vor, nämlich in Form der vor den Bau geworfenen Reste der Pilzkolonien, die mit dem Gift in Berührung gekommen waren. Einen Tag lang räumten die Ameisen weiter, und es rührte sich wenig. Inzwischen regnete es wiederholt in der tropenüblichen Weise. Die Blattschneiderameisen kletterten nun an Bäumen am Waldrand hoch. Die Rückkehrer brachten neue Nahrung für die Pilzkolonien mit: Stücke aus den Blüten dieses Baumes. Ein paar Tage später bestanden die Brombeeren offenbar den Test auf Giftfreiheit dank der Regenwaschungen wieder. Die Blattschneider machten an ihnen weiter, bis die Pflanzung zerstört war. Der Besitzer schien davon nicht sonderlich erschüttert. Er sah sich lediglich in seiner Erfahrung bestätigt, dass so etwas »Chemisches« nichts hilft. Vor ein paar Jahren, erzählte er, hatten sie die Nester der Blattschneiderameisen mit Dynamit in die Luft gesprengt. Dieses Vorgehen vervielfachte lediglich die Zahl der Nester, bewog die

Ameisen aber nicht zum Wegziehen oder Aufgeben. Es kann daher nur angebaut werden, was sie nicht mögen – und allzu sehr hat sich die Lage bis heute anscheinend nicht verändert! Europäische Pflanzen ziehen die Ameisen vor, weil sie im Vergleich zu den tropisch-amerikanischen so gut wie keine Abwehrstoffe (Pflanzengifte) enthalten und sehr weich sind, also leicht zu schneiden.

Der Kampf mit den Blattschneiderameisen war ein erstes Beispiel dafür, was ich in den beiden Semestern Tropenmedizin gelernt hatte, aber nicht so recht glauben wollte: Es sind die kleinen Quälgeister und Schädlinge, die in den Tropen den Menschen das Leben schwermachen. Sie sind ungleich gefährlicher als Jaguar und Lanzenotter, Kaiman und Vogelspinnen. So plagten mich beim Erstkontakt mit Brasiliens Natur die unerhört stechlustigen Kriebelmücken an den Bächen im Bergwald des Küstengebirges, der Serra do Mar, weit mehr als die Hitze des Südsommers, die ich eher als angenehm empfand. Schlimm wirkten die *Trombicula*-Milben, die sich am Knöchel und an den Waden in die Haut einbohrten und unerträglichen Juckreiz verursachten. Bei der Suche nach Wasserschmetterlingen, von denen hier in den Kleingewässern verschiedene Arten vorkamen, die vielleicht noch nicht einmal wissenschaftlich erfasst und mit einem eindeutigen Namen benannt waren, bedrohten mich weder Raubtiere noch Giftschlangen. Es war ein Stier, vor dem ich einmal ziemlich unehrenhaft den Rückzug antrat, weil ich auf seine Weide geraten war, ohne es zu bemerken. Als er mit gesenktem Kopf und eindeutigen Bewegungen eines Vorderhufes auf mich zukam, gab ich als der Klügere selbstverständlich nach. Am Abend warnte man mich vor diesem Stier, der nur vom Pferd aus angegangen und getrieben werden könne. Es war ein für meine Begriffe riesiger kalkweißer Zebu-Bulle. Den größten Schreck jagte mir jedoch in diesen eingezäunten, aber bewaldeten Weideflächen mit vielen kleinen Tümpeln das Geschrei eines völlig harmlosen Frosches ein. Es ging mir, wie man zu sagen pflegt, durch Mark und Bein. In Südbrasilien wird dieser Frosch recht treffend »Kindergeschrei-Frosch« genannt. Er hört sich an, als ob ein Kind in Todesangst schreien würde. Sich daran zu gewöhnen bedurfte einiger Übung. Die in Büchern meistens so eindrucksvoll geschilderten Chöre von Brüllaffen, die an akustischer Wucht sogar den Löwen übertreffen sollen, vernahm ich nur aus großer Ferne. In den Wäldern des Küstengebirges im Bereich der brasilianischen Bundesstaaten Paraná und Santa Catarina waren sie bereits zu selten geworden.

Nach einigen Wochen war es an der Zeit, die dichtbesiedelte und weithin kultivierte Küste zu verlassen und tiefer ins Binnenland vorzudringen, wo die Natur noch Natur sein würde. Doch der Weg in die »Natur« war in Brasilien des Jahres 1970, wie sich rasch herausstellte, bereits sehr weit. Palmen, Bromelien und feurige Sonnenuntergänge täuschten Tropennatur vor, die seit Jahrhunderten kultiviert war. Einen Vorgeschmack auf die richtige Wildnis Brasiliens, so wie ich sie erhoffte, boten die Iguaçú-Fälle. In einem Halbrund von nahezu drei Kilometer Länge erstrecken sie sich um eine gewaltige Schlucht, die auch alles verschlingt, was der große Fluss mit sich führt. Im Teufelsschlund zerstäuben große Mengen des Wassers, bevor sie im nun tief eingeschnittenen Flussbett verschwinden. An diesen großartigen Wasserfällen treffen Brasilien und Argentinien aufeinander, und wenige Kilometer flussabwärts grenzt auch Paraguay an dieses einzigartige Naturschauspiel. Palmen und Riesenbambus gestalten die feuchttropische Szenerie dieser Wasserfälle. Stege von verwegener Einfachheit führten damals über den Rand der Felskante hinaus bis unmittelbar an die Hauptschlucht, von der unablässig ein Sprühregen aufsteigt, in dem sich Regenbögen ausbilden. Gewiss gehören sie zu den schönsten Wasserfällen der Erde. Meiner persönlichen Wertung nach stehen sie an der Spitze, und ich stehe damit gewiss nicht allein, auch wenn ich die Niagarafälle nur von Bildern kenne.

Am nächsten Morgen verfolgte ich das Hervorkommen der Segler. Sie schüttelten sich nach dem Flug durch das Wasser auf den ersten Metern im freien Luftraum nur kurz in der Luft. Das reichte offenbar, um die Tropfen abzuschütteln, die am Gefieder hängengeblieben waren. Dann zogen sie wie ein sich ausdünnender Rauchwirbel in die Höhe und strebten in Richtung Wälder davon. Da die Brutzeit vorüber war, kehrten sie bis zum Abend nicht wieder. Mich trieb nun die Frage um, wie diese Segler darauf gekommen sein mochten, zur Wand hinter den Fällen durch das herabstürzende Wasser zu fliegen. Wie konnten sie wissen, dass es dahinter genügend Freiraum in feuchter und kühler Höhlung gibt, um sich an die glitschigen, von den Wasserstäubchen besprühten Felsen klammern und sogar die Nester daran befestigen zu können? Segler gehören zudem nicht gerade zu Vögeln, die sich durch gesteigerte Intelligenz auszeichnen. Praktisch alles an ihnen ist auf Flug im freien Luftraum ausgerichtet. Das Fliegen brauchen sie nicht zu lernen. Die Jungen, flügge geworden, können es ohne jegliche Übung. Sicherlich bedrohen die Segler in den Tropen mehr Feinde als etwa die Mauersegler in Europa, wo ihnen allenfalls die nicht minder schnellen Baumfalken gefährlich werden können. In ihren Spalten und Nischen unter Dächern oder an Türmen – deshalb war der Mauersegler früher bei uns Turmschwalbe genannt worden – leiden sie eher unter Hitze und Kälte oder unter Parasiten, die den Jungen im Nest Blut abzapfen, als unter Feinden. Anfang der 1960er Jahre fand ich während meiner Schulzeit einmal vor dem Gymnasium zwei Mauersegler, die wie siamesische Zwillinge an der Brust zusammengewachsen schienen und auf dem Boden lagen. Als im nahen Krankenhaus eine Röntgenaufnahme gemacht werden sollte, ergab sich des Rätsels Lösung von selbst. In der einsetzenden Todesstarre löste sich eine der sichelförmigen Krallen nach der anderen aus dem Brustmuskel, in den sie sich so tief eingegraben hatten, dass die beiden Vögel wie zusammengewachsen aussahen. Zwei Männchen waren es; Opfer eines Luftkampfes zur Paarungszeit. Der Chefarzt des Krankenhauses und unser Schuldirektor staunten nicht schlecht über dieses Ergebnis. Die Röntgenaufnahme musste nicht mehr gemacht werden; der Unterricht konnte weitergehen.

Sollten die Verwandten der Mauersegler in Brasilien nicht besser auch in Felsspalten, in hohlen Stämmen von Palmen und anderen Bäumen oder Häusern aus Stein brüten? Gebäude gibt es immerhin schon seit Jahrhunderten im tropischen Südamerika. Wie schnell sich Segler von der Natur auf von Menschen Gemachtes umstellen und neue Möglichkeiten finden, dort zu nisten oder zu nächtigen, ließ sich am Beispiel der bekannten, in großen Teilen Amerikas vorkommenden Kaminsegler *Chaetura andrei* gut nachvollziehen. Ich erlebte diese rauchschwarzen Segler vielerorts in Südbrasilien. Sie nutzen Schornsteine zum Schlafen und Nisten wie hohle Baumstämme. Bei Sonnenuntergang kamen sie von irgendwoher angeflogen, kreisten über den Häusern und stürzten sich genauso plötzlich in einen Kamin wie die Greisensegler in die Wasserfälle. Bei bis zu

Hunderten anfliegender Segler sah das aus, als ob der Schornstein seinen Rauch wieder einziehen würde, um ihn am nächsten Morgen, beim Abflug der Segler, wieder auszupusten. Manche Leute bauten extra für die Segler einen eigenen, toten Kamin, um den richtigen, falls nötig, benutzen zu können. Die Notwendigkeit ergab sich, wenn mit dem Südwind wieder einmal antarktische Kälte bis an den Tropenrand vorstieß. Dann fallen im südbrasilianischen Hochland mitunter kurzzeitig so viele Schneeflocken, dass für Stunden oder für ein paar Tage Schnee liegt. Von weit her kommen bei solch seltenen Ereignissen Brasilianer, um die kalte weiße Pracht zu bestaunen. Unter diesen Umständen werden die Kamine angeheizt. Die Segler bauen in ungenutzten Schornsteinen ihre Nester und ziehen darin ihre Jungen groß. Das natürliche Vorbild hierfür gibt es in Form hohler Stämme von Palmen, denen Tropenstürme ihre Schöpfe weggerissen haben. Auch Blitzschlag kann den Tod der Palmen verursacht haben oder Befall mit bestimmten Käfern, deren Larven das Mark ausfressen. In derartigen »Baumkaminen« brüten viele Kaminsegler, wahrscheinlich sogar die überwiegende Mehrheit des Bestandes der Art im innertropischen Bereich, wo die Menschen keine Schornsteine bauen. Die verbreitete Nutzung dieser im hohlen Innendurchmesser gut passenden künstlichen Nistplätze ist leicht zu verstehen, wenn hohle Palmstämme rar (geworden) sind. Große Ara-Papageien beziehen in der freien Natur solche Stämme zum Nisten. Gegen diese mächtigen Vögel haben die Segler keine Chance.

Was aber mag ihre Verwandten, die Greisensegler, hinter die Wasserfälle gebracht haben? Es gibt vergleichsweise nur wenige Katarakte, deren Wände steil genug sind. Stromschnellen reichen nicht aus. Sie sind zu niedrig, und es gibt darin keine ausreichend großen Höhlungen zwischen Wasser und Felsen. Die brasilianische Landbevölkerung kennt die besonderen Wasserfälle, die von den Seglern bewohnt werden, und nennt sie *Cachoeiras das Andorinhas*, also Wasserfälle der Schwalben. Nirgendwo sonst brüten und nächtigen diese Segler! Als ein starker Tropenregen über den Wasserfällen niederprasselte, kamen Zweifel, ob die schmale, glatte Flut der Fälle oder die Regenflut, die über viele Kilometer hinweg wie ein Wolkenbruch niederging, die größere Herausforderung für einen Segler darstellt. Solche und sicherlich auch noch gewaltigere

Wolkenbrüche, deren Heftigkeit hier so gewöhnlich wie sie außerhalb der Tropen selten ist, müssen die Jungsegler draußen im Freiflug auch meistern. Denn die Türme der tropischen Gewitter reichen oft bis in Höhen von mehr als zehn Kilometer. In Europa jagen die Mauersegler besonders gern direkt vor den Gewitterfronten, weil die Aufwinde Kleininsekten in die Höhe reißen. Von diesem Luftplankton leben die Segler, und damit versorgen sie auch ihre Jungen. Tauchen sie in spitzem Winkel in die Wasserfälle, so mindert das den Aufprall. Das Wasser trägt sie ein paar Meter tiefer, aber das macht nichts, wenn die Fälle hoch genug sind. Vermieden werden muss nur der Aufprall auf den Felsen am Fuß des Wasserfalls. Nur dort könnten sie zerschmettert werden wie so mancher Fisch, der sich der Saugströmung oberhalb der Absturzkante nicht mehr rechtzeitig hat entziehen können. Nach den Überresten solcher Verunglückten suchen tagsüber fast unablässig die Truthahngeier in kreisendem Suchflug über der Gischt der Schlucht, wo vor ihrer Vernichtung durch die Menschen sicherlich auch die Kaimane auf Opfer warteten, wie das in Afrika an vergleichbaren Wasserfällen heute noch die Krokodile tun.

Auf eine plausible Lösung des Rätsels der Segler kam ich Jahrzehnte später. Während meines Jahres in Brasilien herrschte noch die Ansicht, die tropischen Regenwälder habe es etwa so wie zu Beginn ihrer Vernichtung in den letzten Jahrhunderten schon seit Jahrmillionen unverändert durch die Eiszeiten hindurch gegeben. Wegen dieser Beständigkeit der Tropennatur konnten sich die Lebewesen so vielfältig entwickeln und bestens überleben. Alles nur erdenklich Mögliche und manch schier Unmögliches probierte die Evolution in den vielen Jahrmillionen andauernder Beständigkeit aus. Zustande kam, was wir an der Tropenwelt so bewundern: die immense Artenvielfalt.

Heute wissen wir, dass die Eiszeiten keineswegs nur die außertropischen Breiten massivst beeinflussten, sondern auch in die Tropen hineinwirkten. Rückten in den Kaltzeiten des Eiszeitalters die Gletscher vor und überdeckten weite Teile der Nordhalbkugel, gab es in den Tropen Trockenzeiten. In diesen schrumpften die Wälder inselartig zusammen, auch weil der Spiegel der Meere um über 100 Meter abgesunken war. So große Wassermengen saßen fest in den Eispanzern, die sich von der Polarregion bis tief in die mittleren Breiten der nördlichen Kontinente ausgedehnt hatten. Die als Eis gebundene Wassermenge minderte in den Tropen die Niederschläge und die Wasserführung der Flüsse. Lange Trockenperioden, vergleichbar denen im ostafrikanischen Hochland, muss es im Jahreslauf gegeben haben. In diesen nisteten die Greisensegler an und nahe bei den dünn gewordenen Wasservorhängen der Fälle im Schutz der Steilwand, die auch bei anhaltender Trockenheit feucht blieb von den Mengen an Restwasser. Die Segler hatten viele Jahrtausende Zeit, sich auf die nach und nach wieder zunehmenden Wassermengen einzustellen. Sicher blieben die Schluchten mit wasserführenden Flüssen auch reicher an Kleininsekten als die offenen, trockenen Campos mit ihren abgestorbenen Palmstämmen oder den aus der Landschaft aufragenden Felsklippen.

Auf diese Weise können wir uns eine Vorstellung davon machen, wie Nächtigen und Nisten hinter den Wasserfällen einst zustande kam. Denn alles, was wir hier und jetzt feststellen, ist Ergebnis einer mehr oder weniger langen Geschichte. Wir blicken auf sie in unserer Gegenwart wie auf einen kurzen Zeitschnitt durch einen äonenlang laufenden Prozess und betrachten dabei gleichsam das Leben auf einer Bühne, auf der das evolutionäre Spiel mit immer wieder neuen Rahmenbedingungen weiterläuft. Viele Bühnen hatte es in der Vergangenheit gegeben. Die gegenwärtige wird nicht die letzte sein – außer, wir machen sie dazu.

Damals, 1970, fing in den südamerikanischen Tropen die große Vernichtung der Wälder an. In wenigen Jahrzehnten fielen riesige Flächen des Regenwaldes den neuen, benzingetriebenen Kettensägen zum Opfer. In nicht einmal zwei Jahrzehnten wurden allein in Brasilien Regenwaldflächen in der Größe von ganz Deutschland gerodet. Vierzig Prozent machen die globalen Verluste an tropischen Regenwäldern gegenwärtig (2015) aus! Die erste Rodungswelle hatte im tropischen Südamerika schon vor 500 Jahren mit der Ankunft der Europäer angefangen. Sie betraf zunächst die küstennahen Wälder und die weniger dicht bewachsenen »Campos«. Als die Spanier und die Portugiesen die neue Tropenwelt erreichten, waren noch Tapire die größten Landtiere Amazoniens und der angrenzenden wechselfeuchten Waldgebiete gewesen. Sie sind kaum Mittelklasse nach afrikanischen oder asiatischen Größenstandards, diese merkwürdigen Säugetiere mit der rüsselartig verlängerten

Nase. Damit kann der in Amazonien verbreitete Flachlandtapir *Tapirus terrestris* im Flachwasser von Flüssen und Lagunen wie durch einen Schnorchel atmend ausharren, bis der Jaguar vorübergezogen ist. Mit den Rindern und Pferden aus Europa, später mit Wasserbüffeln änderten sich die Verhältnisse grundlegend. Der Kontinent der kleinen Tiere erhielt recht plötzlich wieder große Tiere. Pferde hatte Südamerika schon einmal bekommen, als vulkanische Inseln von Mexiko und Guatemala her vor etwa drei Millionen Jahren über das heutige Costa Rica und Panama eine Landbrücke nach Südamerika schufen. Nordamerikanische Pferde wanderten damals unmittelbar vor Beginn des Eiszeitalters nach Südamerika ein und entwickelten dort (mindestens) eine eigene Pferdeform, das *Hippidion*. Auch echte Pferde der Gattung *Equus* erreichten vor rund zwei Millionen Jahren über die Landbrücke Südamerika. Sie starben aber noch während des Eiszeitalters wieder aus. Rinder hingegen hatte es niemals natürlicherweise in Südamerika gegeben. 1970 war der Kontinent aber bereits ein »Kontinent der Rinder«. Es wurden erste Anzeichen dafür erkennbar, wie sehr diese neuen Großtiere aus Europa die Natur Südamerikas verändern; viel stärker, als die Indianer das seit zehntausend Jahren taten!

Was von der beginnenden Veränderung zu sehen war, prägte jedoch bereits die Landschaft zu beiden Seiten der Straße nach Iguaçú: Krüppelwüchsige, kaum mehr als mannshohe Bäume mit verkohlten Stämmen. Spuren der Feuer, die regelmäßig in der Trockenzeit gelegt wurden, um den Graswuchs für die Rinder anzuregen, die wie lebende Gerippe dazwischen scheinbar ziellos umherirrten. Weil fast nichts wuchs, von dem sie hätten zehren können. Geschundenes, ruiniertes Land dehnte sich entlang der Fernstraßen bis zum Horizont aus! Das Hinterland der Küstenregion auf dem Weg nach Iguaçú war nicht das Brasilien meiner Träume. Hier gab es die lebensvolle Tropenwelt nicht mehr, die ich erwartet hatte, sondern ein Land klapperdürrer, buckliger Rinder, über das kaum einmal ein Raben- oder Truthahngeier flog, wie ich auf viele Stunden langen Busfahrten feststellen musste. Die Wildnis war schon Hunderte Kilometer tief in das Landesinnere zurückgedrängt worden. Dorthin zu reisen erschien mir vorerst zu früh, denn der Höhepunkt der winterlichen Trockenzeit stand noch bevor. Erst mit den Niederschlägen der neuen Regenzeit würde das Innere interessanter werden. Eines meiner Ziele war ja Mato Grosso, der »Raue Wald«, wie die Bezeichnung übersetzt lautet. Die Küstenregion hatte vorher mehr zu bieten und auch der Gran Chaco, die wildeste Wildnis im Innern des Kontinents. Er gehörte zu einem meiner angestrebten Ziele, aber zunächst ging es an die Küste, an den Südatlantik.

Muscheln, Krebse, Libellenflug und Schwarze Wespen

Weithin leer und traumhaft schön waren die Strände am Südatlantik. Der schier unablässig wehende Passat warf Welle um Welle ans Ufer. In stetem Gleichmaß folgte auf acht kleinere die eine große, die sich überschlug und am Strand aufrauschte. Rabengeier *Coragyps atratus*, in Brasilien Urubú genannt, schwebten im Wind über dem Strand; bereit, jeden Fisch, jedes tote Tier auszuspähen und sofort zu verschlingen, sobald es die Wellen ans Ufer geworfen hatten. Anscheinend lohnte sich diese Aassuche hier, denn es gab viele von den schwarzen Geiern. Dass der Sand sehr sauber war, lag aber daran, dass in kürzester Zeit all das, was für die Rabengeier zu klein war, von Geisterkrabben verwertet wurde. Übrig blieben nur die vom Sand abgeschliffenen Muscheln. Die Häuschen der kleinen Meeresschnecken fanden bei besonderen Sammlern größtes Interesse, die zwar jeweils nur eines haben wollten, dieses aber von Zeit zu Zeit tauschten. Plötzlich lief dann ein Schneckenhaus davon. Zu schnell, viel zu schnell für eine Schnecke: Einsiedlerkrebse steckten in diesen Gehäusen. Mit Verbreiterungen an einer der beiden Scheren decken sie in ziemlich perfekter Weise den Eingang ab, wenn man so ein flinkes Haus aufhebt.

Hier am Strand von Santa Catarina in Südostbrasilien gab es nicht viele Einsiedler, so dass sich eine nähere Untersuchung nicht zu lohnen schien. Ein Trugschluss leider; wie das so oft passiert, wenn man noch zu wenig Bescheid weiß. Als ich über ein Jahrzehnt später eine winzige Insel der Malediven von solchen Krebschen der Gattung *Coenobita* (= Einsiedler) dicht besiedelt fand, hätte ich die Vergleichswerte aus Brasilien sehr gut gebrauchen können. Auch die Renn- oder Geisterkrabben *Ocypode sp.* waren mir hier am Strand für eine genauere Betrachtung ihrer Häufigkeit zu selten. Ich registrierte sie lediglich als vorhanden, aber mit der Offenheit eines begeisterten jungen Biologen, der gerade in die Wunderwelt der Tropen eintauchte und unterzugehen drohte in ihrer Fülle. Ich sammelte, was das Meer anspülte und hinterließ. Kalkskelette von Sanddollar-Seeigeln, bizarr flach ausgebildet und mit deutlichem Vorder- und Hinterende. Sie sahen aus wie eine missratene Abart der Strahlen- oder Radiärsymmetrie, die Seeigel auszeichnet. Zu finden waren auch Muschelschalen der verschiedensten Arten, insbesondere solche von brasilianischen Herzmuscheln, die, weil sie nicht mehr so ganz herzförmig aussehen, wissenschaftlich als »anormale Herzmuscheln« bezeichnet worden waren: *Anomalocardia brasiliana*. Beide Aufsammlungen hatten ihre Reize. Die Seeigel, weil ich mir an ihnen später in München klarmachen konnte, dass mit dem Wachsen dieser Sanddollars ein bezeichnender und biologisch spannender Wechsel vollzogen wird. Aus der anfänglichen Radiärsymmetrie mit fünf gleichberechtigten Armen entsteht eine zweiseitige, aus unserer Menschensicht also normale Symmetrie. Beim Kriechen im Sand braucht man als Seeigel offenbar auch ein Vorn und Hinten. Das Phänomen als solches war natürlich längst bekannt, nur den üblichen zoologischen Lehrbüchern nicht einfach so zu entnehmen, so dass für mich damit ein neuer Einblick in die Prozesse der Formbildung bei Tieren zustande kam.

Die ausgewachsenen, fünfzehn und mehr Zentimeter im Durchmesser großen Sanddollars der Art *Encope emarginata* bewegen sich vorwärts durch den Sand mit einem Führungsarm. Dabei entstehen ein deutliches Vorderende und ein verkürztes, abgeflachtes Hinterende. So haben diese Seeigel nun ein Vorn und Hinten anstelle der fünfstrahligen Halbkugelform, die streng genommen nur die Unterscheidung von oben und unten zulässt. Es machte mir viel Mühe, die zerbrechlichen Sanddollars monatelang im Reisegepäck zu transportieren und fast ein Jahr nach ihrer Aufsammlung heil nach Deutschland mitzubringen. Allerdings hatten sie einen großen Vorteil: Sie waren nach ihrem Tode von Kleinstlebewesen so außerordentlich sauber gemacht worden, dass sie nicht einmal die Spur eines unangenehmen Geruchs verbreiteten. Das qualifizierte sie für die vor Stößen am besten geschützte Stelle im Koffer, nämlich zwischen Hemden und Unterwäsche. Sanddollars in der Unterwäsche – diese versteckten Dollars hätte der Zoll nicht beanstandet. Aber damals, 1970, war es ohnehin kein Problem, solche Souvenirs aus der Natur mitzunehmen. Sie schützten eher davor, intensiver durchsucht zu werden. Als Zoologe genoss man so etwas wie Narrenfreiheit. Noch gab es den Anfangsverdacht von Biopiraterie nicht.

Die genaueren Messungen an den Sanddollars ließen sich erst einige Jahre später in München durchführen, wo die reichhaltige Zoologische Sammlung auch die Bestimmung der Art ermöglichte. Denn Sanddollars gibt es an den warmen und temperierten Stränden Amerikas in einer Anzahl verschiedener Arten. Meine Art gehörte ungünstigerweise zu den größten, und so musste die mitgenommene Stichprobe entsprechend klein gehalten werden. Hätte ich eine der nur handtellerkleinen Arten vorgefunden, würde ich viel mehr Belegstücke mitgenommen haben. Mir ging es um den biologisch faszinierenden Übergang von der Radiär- zur Bilateralsymmetric während des Wachstums der Sanddollars. Dafür reichte meine Aufsammlung gerade aus. Niemals hätte die bloße Feststellung, dass das so ist, das eigene Erlebnis ersetzen können. Normalerweise nimmt man an, dass die Symmetrie des Körpers vorgegeben ist und damit ein für alle Mal im Leben einer Tierform bestehen bleibt.

Die andere Aufsammlung, die ich am Strand vornahm, konnte ich schon in Brasilien einer ersten Auswertung unterziehen, denn ich fand die offensichtlich artgleichen Herzmuscheln, die es an den Stränden in riesigen Mengen gab, an mehreren Stellen entlang der Küste auch in den großen Muschelhaufen aus vorkolumbianischer Zeit. *Sambaquí* werden sie von den Brasilianern genannt. Entstanden sind sie als angehäufter Abfall der Muschelsuche von Indianern, also ganz ähnlich wie die Kökkenmöddinger (Küchenabfälle), so die dänische Bezeichnung für die Muschelhaufen an den skandinavischen Küsten. Hier an der brasilianischen Atlantikküste hatten Indios vor mehr als tausend Jahren diese kleinen, schiefen Herzmuscheln in solchen Mengen angehäuft, dass die Brasilianer im 19. und frühen 20. Jahrhundert einfach ganze Sambaquís zu Straßenbelägen schredderten, um festigenden Kalk der nach Regenfällen schlüpfrigen Fahrbahn zuzuführen. Auch zu Kalkdünger für die Felder wurden viele Muschelhaufen in der Küstenregion verarbeitet. Kalk ist außerordentlich rar in weiten Regionen Brasiliens. Hätte man in den Sambaquís nicht auch Steinbeile und andere steinzeitliche Werkzeuge gefunden, wäre wahrscheinlich nichts mehr von ihnen übrig geblieben.

Ein schönes, recht schweres und wunderbar glattgeschliffenes Steinbeil fiel mir im Museum in Joinville auf, weil es irgendwie falsch in der Hand lag, als ich es erfasste. Ich konnte es drehen und wenden, wie ich wollte, es ließ sich nicht richtig greifen. Das lag nicht am Steinbeil, sondern an mir, der ich ausgeprägter Rechtshänder bin. Es war offensichtlich von einem Linkshänder gefertigt worden. In die linke Hand genommen, passte es sogleich bestens!

Aus der Unmenge brasilianischer Herzmuscheln, *Berbigão* genannt, die der Sambaquí von Joinville enthielt, entnahm ich 74 unbeschädigte Exemplare als Probe und verglich sie mit 85 frischen vom Strand aus nur wenigen Kilometern Entfernung. Die Herzmuscheln aus dem Sambaquí waren mindestens 1000 Jahre alt. Das Ergebnis fiel eindeutig aus: Die gegenwärtigen Herzmuscheln unterscheiden sich weder in der Form noch in Größe und Gewicht von den subfossilen aus dem Sambaquí. Diese Beständigkeit über die Zeitspanne von rund einem Jahrtausend wunderte mich. Denn inzwischen hatten die Menschen europäischer und afrikanischer Herkunft mit landwirtschaftlichen Nutzungen und ihren Einflüssen auf die Küste die Lebensbedingungen der Muscheln gewiss beträchtlich verändert. Zudem glaubte ich, dass Prozesse der Evolution in so einer randtropischen Umwelt viel schneller und weit besser erkennbar ablaufen würden als in kälteren Regionen. Diese Diskrepanz zwischen meiner Erwartung und den Gegebenheiten schrieb ich meinem Unwissen zu. Noch hatte ich keine Ahnung davon, dass das Zustandekommen der tropischen Artenvielfalt wissenschaftlich alles andere als verstanden und geklärt war. Darwin hatte mit Mutation, Selektion und Isolation zwar den Mechanismus für die Veränderung der Arten über die natürliche Auslese (*natural selection*) gefunden, aber es musste etwas hinzukommen, das bestimmte Variation begünstigt und ungünstige benachteiligt. Der Wettbewerb braucht eine Richtung, sonst könnte Selektion nichts weiter bewirken als das Vorhandene zu stabilisieren, indem sie immer wieder, von Generation zu Generation, alle Abweicher entfernt. Diese stabilisierende Selektion war längst bekannt und akzeptiert. Offen blieb, wie die Richtung zustande kommt. Das war ein grundlegendes Problem. Wie konnte Evolution ohne Ziel zu Neuerungen gelangen, wenn sie nach übereinstimmender Meinung der Evolutionsbiologen zukunfts- und damit auch zielblind ist? Noch hielt ich die tropische Fülle für den Ausdruck von Artbildungsprozessen in einer dauerhaft günstigen Umwelt, so wie ich das im Studium gelernt hatte. Weit mehr Fakten und Erfahrungen musste ich sammeln und durcharbeiten, bis ein anderes, in sich schlüssigeres Konzept zur Entstehung der besonderen Artenvielfalt in den Tropen Konturen annahm.

Am Strand von Santa Catarina in Südostbrasilien faszinierte mich vorerst ein weiteres typisches Krebstier tropischer Strände, die kleine Winkerkrabbe *Uca leptodactyla*. Kolonien davon gab es in großer Zahl. Schnell wurde mir klar, dass sie mit Sicherheit dort zu finden waren, wo Bäche aus der Küstenniederung oder die von Huminsäuren braungefärbten Ausflüsse aus der Mangrove ins Meer mündeten. An solchen Stellen wimmelte es zur Zeit der Ebbe nur so von Winkerkrabben. Die Art, die ich vorfand, war wohl wegen der Schlankheit der Winkerschere der Männchen *leptodactyla* (Schlankfinger) genannt worden. Die stark vergrößerte linke Schere der Männchen übertraf allein bereits die Körpergröße der Weibchen, und mit 27 mm Länge erreichte sie fast die Breite des Körpers der Männchen. Winkten diese mit der auf ihre Kleinheit bezogenen Riesenschere, sah das irgendwie komisch aus.

Diese Krabben kommen aus ihren Löchern im Sandstrand hervor, sobald bei einsetzender Ebbe das Wasser zurückgewichen ist. Die kleineren Weibchen tragen keine vergrößerte Schere. Das unterscheidet sie von den Männchen. Sie beginnen unverzüglich, Sand aufzunehmen und mit den Mundwerkzeugen durchzukauen. Dabei formen sie ihn zu kleinen Kügelchen, die sie anschließend ganz ordentlich nebeneinander ablegen. So kommen auffällige, geometrisch erstaunlich präzise Kugelreihen zustande. Diese Gebilde sehen die Winkerkrabben selbst jedoch nicht. Es reicht auch, dass mehrere Kügelchen nebeneinanderliegen, um anderen Artgenossen zu zeigen, dass die Stelle besetzt ist. Die Männchen halten sich meistens nahe dem Loch auf, aus dem sie hervorgekommen sind. Schier unablässig winken sie heftig mit ihrer vergrößerten

Schere. Das ist ihr Werbungsritual. Es richtet sich an die unauffällig graugefärbten Weibchen. Der Schatten eines vorüberfliegenden Rabengeiers veranlasst die ganze Gesellschaft dazu, blitzschnell zu verschwinden. Meist dauert es nicht lange, dann kommen alle wieder hervor. Dass die Männchen mit ihrem Winken um Weibchen werben, wusste ich von meinem Zoologiestudium. Ein eindrucksvoller Film war uns dazu vorgeführt worden. Seither waren knapp zwei Jahre vergangen. Nun lag ich selbst vor so einer Winkerkrabben-Kolonie und fühlte mich beim Beobachten sehr gut! Das ganze Verhalten lief genau so ab, wie es der Film gezeigt hatte. Aber hier in der Wirklichkeit war weit mehr zu sehen als auf den Filmausschnitten. Die Männchen winkten in dichten Kolonien viel intensiver als in solchen, die nur locker besetzt waren. Warum, das war nicht einfach zu verstehen. Es hätte umgekehrt sein können, nämlich dass die Männchen umso mehr winken, je weiter weg die möglichen Partnerinnen sind, um auf sich aufmerksam zu machen. Ähnliches kannte ich aus unserer Vogelwelt. Männchen, die außerhalb zusammenhängender Brutvorkommen ihrer Art keine Partnerin gefunden haben, singen besonders anhaltend und intensiv. Das war plausibel. Denn wenn niemand in der Nähe ist, muss man sich mehr anstrengen, um auf sich aufmerksam zu machen. Die verschiedenen Kolonien der Winkerkrabben umfassten hier meinen Zählungen zufolge zwischen 610 und mehr als 3000 Tiere. Pro Quadratmeter stellte ich eine Siedlungsdichte von 30, 46, 104 und 180 Krabben fest; die größte Häufigkeit reichte also bis zum Sechsfachen der geringsten Siedlungsdichte. Wo es sehr viele gab, lagen natürlich auch die Kügelchen viel dichter gereiht als auf den locker besiedelten Stellen.

Die Lösung fand ich, als ich die Menge an organischem Feinmaterial im Sand ermittelte. Sie schwankte sehr stark. Die am dichtesten besiedelte Kolonie wies im Vergleich zur lockersten den zehnfachen Gehalt an organischen Reststoffen auf. Die Siedlungsdichte nahm, wie ich den Zählungen aber auch entnahm, nicht annähernd so stark zu wie der Gehalt an organischen Stoffen, von denen die Winkerkrabben leben. Mit dem Winken locken die Männchen also nicht nur paarungsbereite Weibchen an, sondern erhalten damit auch die nötige Minimaldistanz zueinander. Eine erstaunliche Ähnlichkeit mit dem Gesang der Singvögel, stellte ich fest. Dieser dient ja auch nicht allein dazu, ein Weibchen ins Revier des Männchens zu locken, sondern er wirkt auch abweisend auf andere Männchen. Auf diese Weise werden die Territorien viel größer, als es für die Versorgung der Jungen nötig wäre. Hier bei den Winkerkrabben bemerkte ich zum ersten Mal, was mich später immer wieder beschäftigte: die Abhängigkeit des Sozialverhaltens von den Umweltbedingungen. Tierisches Verhalten läuft nicht nach starren Vorgaben ab. Es ist ein zumeist sehr flexibles System, das sich an den aktuellen Bedingungen ausrichtet. Die kleinen Winkerkrabben gaben mir in die räumliche Struktur ihrer Kolonien einen bequemen Einblick von oben, den man bei den Vögeln nie hat.

Denn das ganze aktive Leben dieser Krabben spielt sich frei und offen auf dem Sand wie auf einem Präsentierteller ab, während sich die Vögel in vielfältiger Weise zurückziehen und verbergen können. Auch hinsichtlich des Nahrungsangebotes lässt sich kaum Einfacheres vorstellen. Es reicht aus, den organischen Anteil in wenigen Millimetern der obersten Sandschichten festzustellen, um die Qualität der Fläche für Winkerkrabben zu ermitteln. Niemand war aber bislang in der Lage, auch nur grob die Menge an Insektennahrung zu erfassen, die draußen im Wald in Singvogelrevieren vorhanden und von diesen nutzbar ist und wie sie sich die Brutzeit über ändert.

Mein Interesse an dieser Wechselwirkung war geweckt. Also vertiefte ich mich weiter in das kleine Leben an diesen großen Stränden, auf die zumeist nur moderate Wellen des Südatlantiks liefen. Sie machten das Studium der Natur in dieser Übergangszone vom Meer zum Land weit angenehmer als an vielen anderen Küsten, wo die Brecher der Brandung ein kontinuierliches Arbeiten oft buchstäblich zerschlagen. So sah ich schnell, dass der Männchenanteil mit 62 % erheblich von einem ausgeglichenen Geschlechterverhältnis abwich. Wo so ein Männchenüberschuss herrscht, konkurrieren die Männchen zwangsläufig besonders heftig miteinander. Die Konkurrenz wurde verstärkt durch das unterschiedliche Alter der Weibchen. Während genau 60 % der Männchen voll ausgewachsen waren, galt das nur für 25 % der Weibchen. Drei Viertel von ihnen waren noch zu klein und mussten erst bis zur Fortpflanzungsreife heranwachsen. Das Verhältnis großer Männchen zu reifen Weibchen betrug also fast 2,5 zu 1. Die kleinen, noch nicht ausgewachsenen Weibchen, die weit in der Überzahl waren, widmeten sich fast ausschließlich der Nahrungsaufnahme. Das förderte ihr Wachstum. Die Männchen winkten, wann immer es ging. Sie wendeten weit weniger Zeit für die Nahrungsaufnahme auf. Zehn Jahre später fand ich auf den Seychellen ähnliche Verhältnisse vor, die wie die brasilianische Küste kontinental und von Granitgestein geprägt sind. Nahrung ist an solchen Stränden knapp, verglichen mit den Verhältnissen auf vulkanischen Inseln und ihren Küsten. Die Winkerkrabbenkolonien siedeln sich an den Mündungen der Bäche und Flüsse an und nicht einfach frei auf dem Sandstrand. Dort wäre zu wenig zu holen gewesen. Die Kolonien hätten bei so dünn verteilter Nahrung keinen Zusammenhalt mehr zustande gebracht.

Während ich da lag und den Winkerkrabben zuschaute, huschten Schatten vorüber. Sie sahen aus wie winzige Segelflugzeuge, aber mit schnellen, häufig stoßartigen Wendungen im Kurs. Die hochstehende Sonne zeichnete ihre Konturen scharf auf den weißen Sand. Allein an ihnen ließ sich erkennen, dass es Libellen waren. Solche hatte ich bislang am Strand noch nicht gesehen, weil es keine entsprechenden Süßwasserlagunen gab wie weiter im Süden, in Rio Grande do Sul. Im Meerwasser können die Larven von Libellen nicht leben. Die schwarzbraunes Wasser führenden Bäche schienen mir auch nicht gerade für ein Massenschlüpfen von Libellen in Frage zu kommen. Und Massen waren es in der Tat, die geflogen kamen. Es wurden immer mehr. Schließlich jagten sie zu Tausenden, zu vielen Tausenden in unablässigem Strom vor dem Wind über dem Strand entlang. Eine richtige Massenwanderung von Libellen hatte eingesetzt! So stellte ich mir Heuschreckenschwärme vor. Manche Flieger wichen erst im letzten Moment aus, um nicht an meinen Kopf zu stoßen. Andere flogen dicht an dicht, dass die Flügelspitzen einander fast berührten. Ich musste unbedingt Belegstücke bekommen, um die Art bestimmen zu können. Denn dass es sich um eine einzige Art aus der Verwandtschaft der Segellibellen handelte, daran konnte kein Zweifel sein. Es war keine von den eher zarten Formen und langsamen Fliegern, die ich von den Seen, Teichen und Waldbächen am Fuß des brasilianischen Küstengebirges, der Serra do Mar, her schon kannte.

Ich eilte zu dem Häuschen zurück, das für einige Tage mein Stützpunkt war, um das Insektennetz zu holen. Man hatte es etwa dreißig Meter landeinwärts gebaut, also außerhalb der Reichweite der Wellen der Winterstürme. Noch im Laufen entfaltete ich das Netz und richtete es schlagbereit auf, um möglichst auf festem Untergrund schon vor dem weichen Sandstrand einige Libellen zu fangen zu können. Da durchzuckte mich ein heftiger Schmerz, dem sofort vier oder fünf weitere folgten. Auf meinem Rücken saßen riesige Schwarze Wespen. Durch das dünne Baumwollhemd stachen sie zu. Die Stiche schwollen zu einem brennenden Schmerz an, der meinen ganzen Körper erfasste und mich bewegungslos erstarren ließ. Ich hörte zwar, wie man mir zurief »lauf, lauf«, konnte mich aber nicht mehr bewegen. Ich war wie gelähmt. Wie lange die Starre anhielt, weiß ich nicht mehr. Irgendwann, nach Minuten vielleicht, fing der Körper an, sich aus dem Schmerzschock zu lösen. Nun rannte ich los, hin zum Strand, zum Meer, warf das Netz beiseite und stürzte mich ins Wasser, tauchte durch die große Strandwelle, die sich normalerweise kaum bewältigen ließ, weil der Passat mit Macht das Meer gegen das Land drückt, und kraulte hinaus. Eine halbe Stunde lang etwa schwamm und schwamm ich wie von Sinnen. Dann drehte ich um und kam zur Erleichterung der draußen schreienden und bangenden Menschen durch die Brandungswelle zurück; gestählt wie mir schien und durchdrungen von unbändiger Kraft! Mühelos griff ich das Netz und fing einige Libellen, die immer noch in riesigen Mengen vorbeizogen. Die Wespenstiche mussten einen Adrenalinstoß verursacht haben. Nach diesem Gewaltschwimmen verspürte ich nicht nur keine Schmerzen mehr, sondern empfand ein regelrechtes Hochgefühl. Man sagte mir, ich sei mit dem Netz an das Nest der Schwarzen Wespen gestoßen, das sie unter dem Dach des Strandhauses gebaut hatten. Das war der Grund für ihren Angriff. Das Nest hatte ich gekannt, in meinem Eifer aber nicht beachtet.

Bei den Libellen handelte es sich um die als tropische Wanderlibelle bekannte *Pantala flavescens*. Es müssen Millionen gewesen sein, die diesen Wanderflug die Küste entlang gemacht hatten. Fast hundert Jahre früher hatte der britische Naturforscher W. H. Hudson eine Massenwanderung dieser Libelle in der nordargentinischen Pampa nahe dem Gran Chaco erlebt und in seinem großartigen Buch *Als Naturforscher am La Plata* geschildert. Die Art bestimmte mir nach der Rückkehr der Libellenspezialist Alois Bilek an der Zoologischen Staatssammlung in München. Er war international anerkannter Libellenspezialist und gerade noch einen Monat lang als technischer Angestellter im Dienst, als ich selbst im Februar 1974 dorthin kam. Mein Bericht über die Wanderung von *Pantala flavescens* wurde eine der ersten Veröffentlichungen in der damals neugegründeten internationalen Zeitschrift für Libellenforschung *Odonatologica*.

Die Schwarzen Wespen hatten auf denkbar schmerzhafte Weise mein Interesse an Wespen und Hornissen geweckt. Über 30 Jahre später konnte ich nachweisen, dass in Jahren mit hoher Hornissen-Häufigkeit die üblichen sommerlichen Vermehrungen von gewöhnlichen Wespen ziemlich wirkungsvoll unterdrückt werden. Die Hornissen fangen und verarbeiten auch Wespen als Beute, wenn solche im Einzugsbereich ihrer Nester vorkommen. Fühlt sich eine Hornisse bedroht, warnt sie zuerst deutlich. Sie sticht nicht einfach und schon gar nicht so grundlos, wie das manche Wespen offenbar tun. Leider musste ich mit diesen Ergebnissen aber auch die Feststellung verbinden, dass die Häufigkeit der Hornissen seit Jahrzehnten mehr oder weniger kontinuierlich zurückgeht, obwohl sie längst unter Artenschutz stehen. Dieser nützt ihnen nichts, wenn ihre Nester im Siedlungsbereich der Menschen nicht geduldet werden. Ein riesiges Nest von Hornissen hatte ich einmal am Haus direkt über dem Pferdestall. Die Hornissen bezogen einen leeren Eulenkasten, den leider keine Käuze angenommen hatten, und richteten sich darin wohnlich ein. Ihr Nest wuchs und wuchs, bis es aus dem an sich recht großen Nistkasten herausquoll. Entsprechend dichtgestaffelt verlief der An- und Abflugverkehr der Hornissen. Bei der Überquerung des Hofes hielten sie sich zumeist an feste Flugbahnen. Doch wenn sie genau gegen die tiefstehende Sonne zum Nistkasten flogen, passierte es gelegentlich, dass sie gegen ein Hindernis knallten, weil ein solches unversehens in ihre Bahn geraten war. Das konnte ein Pferd oder auch ein Mensch sein. Niemals nahmen sie das übel, und es gab keinen einzigen Stich. Man hätte meinen können, die Hornissen kannten uns und die übrige lebendig-bewegliche Umwelt ganz genau. Sie ließen sich von Hand mit etwas Hackfleisch füttern, und es störte sie auch nicht, wenn sich die Katze, einen komplizierten Aufstiegsweg in Kauf nehmend, der über mehrere Dächer führte, auf das Dach des Hornissenkastens legte und laut schnurrend das unablässige Summen unter ihr genoss. Stundenlang! Man hätte meinen können, sie tat das sogar mit verträumtem Gesicht. Die so schmerzhaften Stiche der Schwarzen Wespen Brasiliens hatten bei mir also keine Abneigung hinterlassen. Sie blieben in Brasilien der einzige »Unfall« mit gefährlichen Tieren.

Der »tote« Tejú

Um die Jahresmitte erreichte die winterliche Trockenheit im Süden Zentralbrasiliens wie üblich ihren Höhepunkt. Bleigrauer Himmel lastete über dem vor Hitze flimmernden, ausgedörrten Land. Ein gutes Jahrzehnt später erlebte ich, wie es zu dieser Jahreszeit Asche in großen Flocken aus dem wolkenlosen Himmel regnete, weil Tausende von Savannenbränden in Mato Grosso, Gojas, Rondônia und sogar in den Randbereichen des amazonischen Regenwaldes tobten. 1970 fing die großflächige Zerstörung der wechselfeuchten Tropen Brasiliens gerade an. Den Amazonas-Regenwald hatten die Rodungen, von kleinen Flächen bei Manaus abgesehen, praktisch noch nicht erreicht.

Die Trockenheit machte es möglich, Pisten zu benutzen, die während der heftigen Regenfälle in der feuchten Jahreszeit unpassierbar sind. Aus dem Hauptsitz der Salesianer-Missionen in Mato Grosso, in Campo Grande im Süden des damals noch ungeteilten Staates, war zu erfahren, dass der Missionar, mit dem ich auf dem Schiff von Europa nach Südamerika Bayerischen Schafkopf gespielt hatte, gerade auf dem Weg zu den Außenposten der Mission unterwegs war, zum Rand der Zivilisation, an den Rio das Mortes, den Fluss der Toten. Sein langsamer, aber geländegängiger Lastwagen der Mission sollte bei der Länge der zurückzulegenden Strecken mit den in Richtung Cuiabá verkehrenden, schnellen Bussen leicht einzuholen sein, meinte man in der Mission. Also hinein in so einen Überlandbus, der die etwa 500 km lange Strecke von Campo Grande nordwärts nach Rondonopolis normalerweise in knapp einem Tag schaffte. Auf der dortigen Missionsstation würde ›Pater Rodolfo‹ anzutreffen sein. Das war er nicht, wie sich am Abend herausstellte, denn kurz vorher hatte er sich entschieden, gleich bis zum Goldgräber- und Diamantensuchernest Poxoreu weiterzufahren. Denn auch er war gut vorangekommen auf der staubtrockenen Piste. Kein einziger Fluss, der vom Hochland von Mato Grosso der riesigen Sumpfniederung des Pantanal zuströmt, führte noch Wasser, und so brauchten die Fahrzeuge nicht die stets zweifelhaften, höchst problematischen Brücken benutzen, sondern konnten einfach durch das trockene Bachbett fahren.

Doch die neue Regenzeit stand bevor. Das zeigten bereits die herrlich goldgelben Trichterblüten des noch gänzlich blattlosen *Ipé amarelho* (*Tecoma chrysotricha*) an. In großen Büscheln waren sie aus den Zweigspitzen der krummen, von den Buschfeuern geschwärzten Bäume hervorgekommen, die den Winter über wie dürr und tot in der lichten Savanne, dem Cerrado, stehen. Das düstere Graubraun der Landschaft erfüllten sie nun mit leuchtenden Farbflecken. Besonders viele gab es in Senken und Bachtälern. Auf den trockeneren Hängen und Kämmen der Hügel fing ihr Blühen erst vereinzelt an. Sie ließen die Blüten sprießen, als ob sie die Regenfälle bereits verspürten, die bald kommen würden.

Wie nah der Regen tatsächlich schon war, zeigte sich bei der Abfahrt des Busses in Rondonopolis. Von Campo Grande aus war die Straße fast genau nach Norden gerichtet, und von dort rückte der Regen heran. Der erste Guss, der sich aus einem heftigen Tropengewitter regelrecht erbrach, so dass das Wasser wie in einem Wasserfall herabstürzte, veranlasste den Busfahrer, das offenbar seit Monaten offen stehende Seitenfenster zu schließen. Doch es klemmte. Das Fenster ließ sich nicht bewegen, so sehr er auch zog und drückte. Da schob er lässig die Zigarette in den rechten Mundwinkel, streckte sich auf seinem Fahrersitz, so weit es ging, nach hinten und gab dem Fenster einen kräftigen Tritt auf den Schiebegriff. Es gab dennoch nicht nach. Das Fenster bewegte sich nicht. Aber die Säule des Fahrersitzes brach ab. Mitsamt diesem kippte der Busfahrer, bis ihn die Zwischenwand zur Fahrgastkabine unsanft abfing. Mit einer Serie von Flüchen, die sich einer Übersetzung entzogen, versuchte er, den Sitz in Position zu bekommen, irgendwie. Was natürlich nicht gelang. Es ging auch nicht mit Hilfe des stets anwesenden kleinen Helfers, eines Jungen von vielleicht acht Jahren mit fröhlich-rundem Gesicht. Also schickte er diesen durch den nach wie vor anhaltenden Wolkenbruch in das Städtchen zurück, um einen Ersatzautobus zu holen. Der Junge, der außer einer kurzen, recht zerschlissenen Hose nichts am Körper trug, genoss den Regen offenbar sehr, denn fröhlich hüpfend lief er davon. Nach etwa zwei Stunden tuckerte ein noch klapprigerer Bus heran. Der Fahrer hatte den lenkenden Jungen auf dem Schoß. Bei seiner Ankunft wurde er von allen Passagieren sehr gelobt. Die Wartezeit hatte man als Schicksal gelassen hingenommen. Das Wasser, das in Strömen beim offenen Fenster hereinfloss, fand natürliche Ausgänge in Löchern am Boden des Fahrzeugs, so dass nie mehr als knapp knöchelhoch davon im Wagen stand. Als dann alle in den deutlich kleineren Bus umgestiegen waren, heizten sich die dichtgedrängten Menschenkörper in der allseitig triefenden Nässe wie in einer regelrechten Dampf-Sauna auf. Da mittlerweile der Regen nachließ, sorgte der Fahrtwind in die Nacht hinein bei abgekühlten 25 Grad für Frische und Lüftung. So erreichte der Linienbus nicht am Abend, sondern erst etwa um Mitternacht die Goldgräbersiedlung Poxoreu. Dort hätte man meinen können, ein Fest sei im Gang. Denn an den Straßen hingen Lichterketten, deren Glühbirnen aus Taschenlampen entnommen worden sein mussten, so winzig waren diese Funzeln. Doch das war, wie sich herausstellte, die normale Straßenbeleuchtung.

An der kleinen Missionsstation bereitete die Ankunft um Mitternacht keine Probleme. Die Aufnahme war sehr freundlich und entgegenkommend; offenbar auch deshalb, weil Pater Rodolfo sich hier großer Wertschätzung erfreute. Er war – wie nicht anders zu erwarten – wiederum ohne Aufenthalt weitergefahren, um noch vor den Regenfällen die eigentlichen Missionsstationen Meruri, San Marco und Sangradoro bei den Indios am Rio das Mortes zu erreichen. Aber ein anderer Pater sei auf dem Weg hierher, hieß es. Er sollte eigentlich schon da sein und werde sicherlich bald kommen. Mit ihm könne es weitergehen.

Dieser Pater traf tatsächlich am nächsten Tag ein. Er hatte sich verspätet, weil er unterwegs noch irgendjemandem Zähne ziehen musste. Auf seinem Lastwagen war zwar genug Platz, aber kein gepolsterter Sitz. Und nachdem das, was von Rondonopolis her die Bezeichnung Straße getragen hatte, nun nicht mehr weiterführte, sondern in eine Piste überging, die nur ein Querwaldeinweg über Wurzeln, Bachläufe und durch Sumpflöcher war, führte dies zu einer der rohesten Behandlungen, die mein Rücken und mein Hinterteil je zu überstehen hatten. Von meinem von der Fahrtrichtung abgewandten Sitz konnte ich keine einzige der schier unendlich vielen Wurzeln und Steine erahnen. Ich bekam sie zu spüren, wenn ich wieder auf der Holzbank landete. Da Fotoapparat und einige andere stoßempfindliche Utensilien im Rucksack steckten, hielt ich diesen auf den Knien am Bauch umklammert und ließ ihn immer so weich wie möglich auf mir landen. Für die Kamera reichte dies, denn sie funktionierte weiterhin. Für mich bedeutete die wieder mehr als einen Tag dauernde Fahrt durchs wilde Mato Grosso einen Härtetest, den ich mit stark verkrümmter Körperhaltung zu überstehen hatte. Danach unterschied ich mich eine Zeitlang sehr unvorteilhaft von den aufrechten, kraftstrotzenden Indios vom Stamm der noch als wild eingestuften Xavante. Weit mehr, als mir das lieb war, ähnelte ich mancher kaputten, dem Schnaps verfallenen Gestalt der zivilisierten Indianer.

Doch noch war ich nicht bei den Indios am Rio das Mortes, sondern hing im Kleinlastwagen in der Fahrerkabine fest, die keine Frontscheibe hatte. Der größere Rest des Wagens war auf einer Brücke, die nur aus zwei über die Bachschlucht gelegten Baumstämmen bestand, abgerutscht, weil die Reifen kein Profil hatten und die Balken zu rund waren. Einer der Indios, der hinten neben mir auf der Ladefläche gesessen hatte, musste nun zur noch ziemlich weit entfernten Missionsstation laufen, um Hilfe zu holen, während der Pater versuchte, das weitere Abrutschen des Wagen in die Schlucht zu verhindern. Mein Sitzen in der Fahrerkabine hatte den Zweck, als Gegengewicht die Schieflage des Wagens in der Balance zu halten.

Von diesem ungemütlichen Beobachtungsplatz aus konnte ich in der hereinbrechenden Dämmerung die akrobatischen Flüge großer Nachtschwalben bewundern. Sie bewegten sich mit einer so geisterhaften Leichtigkeit, als würden sie von unsichtbaren Wellen getragen. Sie waren Vorboten für das Geschehen, das sich anbahnte und das in den nächsten Nächten voll zum Ausbruch kommen würde: das Massenschwärmen der Termiten. An diesem Abend wusste ich das noch nicht, und auch das Spiel einzelner Leuchtkäfer über dem noch trockenen Bächlein konnte mich nicht so recht begeistern in meiner prekären Lage, die zunehmend schiefer zu werden drohte.

Endlich kam ein geländegängiger Wagen. Sein Scheinwerferpaar zitterte und leuchtete die zumeist krummen Stämme der Bäume bis weit seitlich der Piste an. Offenbar hatten sie sich nach den vielen Stößen so verschoben. Mit einer Seilwinde wurde unser abgerutschter Wagen stabilisiert. Bei Tageslicht sollte er dann vollends geborgen werden. Nach gut einer Stunde und überraschend bequemer Fahrt durch den staubigen, aber eher lichten Wald, bei der es nichts zu sehen gab außer einigen Gürteltieren, die auf ihre eigenartig krumme Weise erstaunlich schnell über die Fahrspur wechselten, erreichten wir Meruri. Wieder war es Mitternacht! Pater Rodolfo hatte noch Licht in seiner Hütte, wusste aber nichts von unserem Kommen. Als träfe ich aus einer anderen Welt ein, staunte er nicht schlecht, als ich zur Begrüßung sagte, ich sei nun hier, um das auf dem Schiff unterbrochene Schafkopfspiel weiterzuführen. Ein halbes Jahr war seither vergangen. Es sei doch an der Zeit, meinte ich.

Draußen sah es im schwachen Lichtschein, der aus den Hütten drang, so aus, als ob es heftig zu schneien angefangen hätte. Bei 30 Grad um Mitternacht! Das flimmernde und glänzende Gestöber erzeugten die Flügel der Termiten, die von überall her geflogen kamen und überallhin krochen. Nicht einmal die Ohren waren vor ihnen sicher. Sie stachen nicht, sie rochen nicht, zumindest nicht stärker als völlig verschwitzte Menschen, und sie taten auch sonst nichts, als zu schwärmen und zu laufen. Abgestoßene Flügel wirbelten durch die stickige Luft. Zum Glück lockte sie das Licht an, so dass man dort, wo es dunkel genug blieb, von ihnen einigermaßen verschont blieb.

An Schlafen war nicht zu denken, weil die kriechenden Termiten und ihre Flügel überall kitzelten. Es dauerte bis in die frühen Morgenstunden, erst dann fing die Lage an sich zu bessern. Die Übermüdung sorgte nun für einen Tiefschlaf in der Hängematte. Gut, dass es hier noch keine Moskitos gab. Beide zusammen, Termiten und Stechmücken, hätten die Menschen wahrscheinlich in den Wahnsinn getrieben.

Warum wollte ich eigentlich hierher? War es die Faszination, die Grenze zur letzten Wildnis zu überschreiten? War es der Wunschtraum, wirkliche Indianer zu erleben? Oder war es einfach Abenteuerlust nach einem halben Jahr in Südamerika? Sicher von allem etwas. Doch bis hierher, bis an den letzten Rand der Zivilisation, gab es längst schon keine »unberührte Natur« im tropischen Wunderland Brasilien mehr. Der Osten Brasiliens war keine Wildnis, sondern seit Jahrhunderten genutztes Kulturland, das sich die ganze Atlantikküste entlang bis weit ins Hinterland ausgedehnt hatte. Deutlich früher als Nordamerika war Brasilien von den Europäern besiedelt und großflächig in Kultur genommen worden. Sogar im größten Sumpfgebiet, dem Pantanal im Süden von Mato Grosso, dominierte das Vieh, nicht Kaimane und Jaguare. Die eigentliche Wildnis fing erst jenseits des Rio das Mortes an. Dorthin wollte ich gelangen! Das Ziel war der Zustand hinter der Zivilisation, die Verlockung der Wildnis, das Wunschbild davon.

Der Tag war nicht mehr ganz jung, als ich in meiner Hängematte erwachte. Am Boden glitzerten überall Myriaden von zarthäutigen Flügeln in der Sonne. Nach ihrem nächtlichen Paarungsflug hatten sie die geflügelten Geschlechtstiere der Termiten abgestoßen. Jetzt versuchten sie, flügellos und den Ameisen nicht mehr ganz unähnlich, durch alle möglichen Ritzen und Löcher in den Boden einzudringen, um neue Kolonien zu begründen. In den nächsten Abenden verstärkten sich die Schwärmflüge sogar noch, weil leichte Regenschauer die Luftfeuchte ansteigen ließen und ideale Bedingungen erzeugten. In der Dämmerung schienen die knie- bis hüfthohen Termitenbauten Rauch auszustoßen. Am fünften Abend nahm das Geschehen merklich ab, und danach war es vorbei. Es war also genau der Höhepunkt des Schwärmens der Termiten gewesen, in den ich hineingeraten war. Was ich dabei zunächst als so lästig empfand, wandelte sich zu heller Begeisterung. Denn der Massenflug zog besondere Tiere an. Sie kamen aus großen Entfernungen.

Es begann mit dem Flug der Nachtschwalben in der Dämmerung. Sie gaukelten gleich zu Hunderten und in mehreren verschiedenen Arten herum. Unter ihnen war die wundervolle Scherenschwanz-Nachtschwalbe *Hydropsalis brasiliana*. Die Männchen dieser Art, von der noch in einem Vogelbuch der 1990er Jahre geschrieben steht: »doch ist über die Lebensweise dieser Art nichts bekannt«, tragen stark verlängerte äußere Schwanzfedern, die innenseitig weiß gesäumt sind und im Flug wie eine riesige Schere auf- und zugehen.

Bei den Weibchen sind diese Schwanzfedern nur wenig vergrößert, so dass sie im allgemeinen Taumel der Nachtschwalben nicht so auffielen und weit kleiner als die Männchen wirkten. Die Scherenschwanz-Nachtschwalbe soll »nachts niedrig über dem Boden nach Insekten jagen«; eine Charakterisierung, die nichts anderes als die Kurzbeschreibung der allgemein üblichen Lebensweise von Nachtschwalben darstellt. Die verlängerten Schwanzfedern spielen bei der Balz eine Rolle. Im Flug geben die Männchen ein hohes »tsig« von sich, das dann schwer zu hören ist, wenn Zikaden und Heuschrecken singen. Beim Abflug äußern sie eine Serie von dumpfen »buh, buh«-Rufen. Da sie offenbar gern auch auf den Pfaden und Pisten ruhen, ließen sie sich immer wieder zum Auffliegen bewegen, auch wenn es noch nicht dunkel genug für den Jagdflug war. Mit mehreren anderen im Fluge normal aussehenden Nachtschwalbenarten nutzten sie gemeinsam das plötzliche Massenangebot von Termiten. In den wenigen Abenden hier im Zentrum von Mato Grosso konnte ich weit mehr Nachtschwalben als im ganzen übrigen Rest des Jahres in Brasilien beobachten; die über den Flüssen und Lagunen schon am späteren Nachmittag oder auch zu anderen Tagesstunden jagenden großen und sehr auffälligen Weißbauch-Nachtschwalben *Podager nacunda* eingeschlossen.

Das Massenschlüpfen der Termiten lockte ein ganz anderes Tier herbei, das in der freien Natur zu erleben zu den glücklichen Momenten zählte: Ein Mähnenwolf *Chrysocyon brachyurus* trottete eines Abends die Fahrspur der Piste zwischen den Missionsstationen entlang von Termitenhügel zu Termitenhügel und ließ sich eine ganze Weile schön beobachten, ehe er mit einem großen Satz im Buschwald verschwand. Wie ein Fuchs auf Stelzen sieht er aus. Was sofort auffällt, ist sein merkwürdiges Laufen im Passgang. Beim Sichern sieht sein ohnehin schmales Gesicht noch spitzer aus. Häufig schlenkert er ein wenig mit dem Schwanz, der für seine Größe zu kurz geraten scheint. Sein Verhalten wirkt gar nicht wölfisch. Einzelgängerisch streift er durch die weiten Savannen, den brasilianischen Cerrado oder über das Grasland der Ebenen des Pantanal und der nördlichen Pampa Argentiniens. Zwar jagt und fängt er auch kleine Echsen, nutzt die Gelege und Jungen von Bodenvögeln als Zwischenkost oder schnappt sich manch ein Nagetier, aber der größere Teil seiner Nahrung besteht aus Pflanzen. In manchen Monaten machen die grünen Früchte eines mit der Kartoffel verwandten Nachtschattengewächses (*Solanum lycocarpum*) den Hauptteil seiner Ernährung aus. In Zentralbrasilien wurden bei Analysen seiner Nahrung 57,6 % davon festgestellt! Ein Wolf, der grüne Tomaten frisst – das ist der Mähnenwolf! Termiten schätzt er aber ganz besonders, und so folgt er den ersten Regenfällen, die am Ende der Trockenzeit das Schwärmen auslösen. Während meines Jahres in Südamerika blieb das die einzige Beobachtung des so rar gewordenen Tieres. Ich verdankte sie den Termiten.

Mit diesen hing auch ein besonderes Erlebnis mit den Indios zusammen. An einem dieser Termiten-Tage ging es mit dem Geländewagen querwaldein zum Rio das Mortes. Eine kleine Gruppe Indios durfte mit und hockte wie Frachtgut dicht zusammengedrängt auf der Ladefläche. Mit Hilfe einer einfachen, aber wirkungsvollen Seilzugfähre wurde der Fluss überquert. Auf der anderen Seite fing damals das richtige Indianerland an. Der Pater musste nun irgendwo zwischen den locker stehenden, krüppelwüchsigen Bäumen weiterfahren, denn jetzt gab es keine Piste mehr. Die Stelle der Flussfähre nannten die Indios *Toricoéje*, was brillantglänzender Stein bedeutet. Welche Begehrlichkeiten so eine Bezeichnung wohl wecken wird, dachte ich ... Die Gold- und Diamantsucher, die *Garimpeiros*, waren nicht mehr fern. Alle unsere Indios, Xavante und Bororós, trugen alte Flinten und einige auch Messer. Sie hofften auf Kamphirsche, ein Wild, das man jagen konnte, wenn nach den Regenfällen das erste frische Grün sprießte. Das lockte diese kleinen Hirsche aus dem undurchdringlichen Dickicht an den Bächen und Flüssen hervor. Aber es war wohl noch zu früh, denn wir sahen den ganzen Vormittag über keinen einzigen dieser nur etwa rehgroßen Hirsche. Die Indios stimmte das nicht gerade fröhlich. Aber sie klagten nicht.

Auf der Rückfahrt lag in unserer Wagenspur eine große Echse. Mit ihrem dicken Kopf, dem massigen Vorder- und dem schlanken Hinterkörper, der in einen langen kräftigen Schwanz überging, sah sie ziemlich unproportioniert aus. Vor allem der Kopf schien einfach zu groß. Wir hielten vielleicht zehn Meter vor dem rund einen Meter langen Reptil. Es war eine Schienenechse *Tupinambis teguixin*, brasilianisch nach ihrer indianischen Bezeichnung Tejú genannt. Ich machte ein paar Fotos. Dabei sah ich durch das Teleobjektiv, als ich genau auf den Kopf scharf stellte, dass sie blinzelte. Ein weiterer Blick durchs Fernglas bestätigte meinen Eindruck. Entsprechend vorsichtig näherte ich mich, um sie gut bildfüllend fotografieren zu können. Die Indios ließen mich gewähren und rührten sich nicht. Auf meinen Hinweis murmelten sie auf Portugiesisch: *morto*, tot! Und eine tote Echse isst man als Xavante nicht. Meine Entgegnung, der Tejú sei am Leben, quittierten sie mit *no, no* und mit ihrem seltsamen Kopfschütteln. Nun, da zeigte ich es ihnen.

Ich ging auf den Tejú zu, machte noch ein letztes Bild, das fast ein Porträt wurde, und im selben Moment stürmte er blitzschnell los und verschwand im Dickicht. Die Indios sprangen heulend hinterher, dass es aus dem Unterholz nur so rauschte und knackte. Als einige Minuten später alle wieder mit hängenden Köpfen zurück waren, lachte sie der Pater aus. Sie hatten dem Fremdling nicht geglaubt und sich blamiert. Gebratener Tejú sei eine Delikatesse, erfuhr ich vom Pater. *Si, muito bom*, ja, sehr gut, fügte ein Indio hinzu und fragte den Pater, warum der Fremde erkennen konnte, dass dieser Tcjú gar nicht so tot war, wie er aussah. Ob der Indio mit der Erklärung, ich sei ein *Naturalista*, ein Naturforscher, etwas anfangen konnte, bekam ich nicht heraus. Jedenfalls änderte sich das bislang freundliche Nichtbeachtetwerden schlagartig zu bewundernden Blicken auf alles, was ich tat; vor allem, was ich mit meinem Fernglas anstellte.

Der Tejú hatte sich in der Nacht wahrscheinlich an Termiten vollgefressen und war dabei, sich nach der morgendlichen Kühle in der vom Dunstschleier gemilderten Sonne aufzuwärmen. Die Bewegung der weißen Nickhaut zeigte mir seine Lebendigkeit. Kein noch so scharfäugiger Indianer hätte dies auf eine Entfernung von über zehn Meter erkennen können. Ein Fernglas und seine Leistung kannten sie nicht.

Es verwirrte sie vollends, als mich im Dorf der Xavante nach einiger Zeit, in der man mich genau beobachtet hatte, ein kleiner Junge darum bat, auch durchs Fernglas schauen zu dürfen. Ich benutzte das Glas ausgiebig, weil im Dorf und darum herum viel mehr zu sehen war an Vögeln oder großen Schmetterlingen als draußen im noch immer wie tot wirkenden Buschwald. Papageien und Sittiche flogen vorüber, Schwalben und Segler auch. Die erwachsenen Indios taten zwar so, als gehe sie das gar nichts an, aber die Kinder wurden neugierig. Schließlich fasste ein Junge den Mut, mir deutlich zu machen, dass er durchschauen möchte. Ich bog das Glas auf den kleinsten Augenabstand zusammen und gab es ihm. Kaum schaute er hinein, fing er an zu lachen, schaute wieder, hüpfte und lachte, bis er sich auf den Boden legte und das Lachen kaum mehr aufhören konnte. Die übrigen Kinder standen sprach- und ratlos um ihn herum.

Da begriff ich den Grund seines Lachens: Er hatte verkehrt herum ins Glas geschaut und seine Gefährten nicht vergrößert, sondern stark verkleinert! Die solcherart geschrumpften Knaben und Mädchen verstanden das natürlich nicht. Als ich ihm zeigte, wie er richtig schauen sollte, fand er das überhaupt nicht spannend, sondern drehte das Fernglas gleich wieder um, zeigte auf den nächststehenden großen Jungen und hüpfte vor Begeisterung, weil aus diesem ein Zwerg geworden war. Jetzt wollten natürlich alle dieses Wunder der Verkleinerung erleben. Das Fernglas wanderte durch alle Hände. Als ein Kleiner beim Blick ins Glas zurückschreckte, wusste ich sofort, dass er versehentlich richtig geschaut hatte. Die Vergrößerung ängstigte die Kinder; die Verkleinerung fanden sie lustig.

Nach diesem Spaß mit den Kindern forderten mich mehrere Männer auf, in ihre Hütten zu kommen. Die mit Palmstroh gedeckten länglichen Hütten erwiesen sich, sobald sich das Auge an das Halbdunkel darin gewöhnt hatte, als recht geräumig und außerordentlich sauber. Flöhe hätten sich sicherlich sehr schwergetan, darin zu überleben. Flöhe bekam ich in den Autobussen, nicht in der Wildnis von Mato Grosso. Die Indios sahen sehr gesund und muskulös aus. Verletzungen gab es offenbar so gut wie keine, auch wenn kleine Kinder mit scharfen Messern, die das Format kleiner Haumesser (Macheten) haben konnten, ihre Pfeile schnitzten. Ihre Haut glänzte. Immer wieder wurden Kleinkinder gewaschen und eingeölt. Sauber war auch der ganze Dorfplatz. Keine Schlange hätte am Tag darüberkriechen können, ohne gesehen zu werden, und auch kein Skorpion in der Dämmerung. Die Dorfgemeinschaft schien Lebenskraft zu verströmen. Noch lag die Zivilisation weit genug entfernt, und die tragische Ermordung des Paters wenige Jahre später war nicht abzusehen. Er hatte versucht, mit dem geltenden Recht, dem zufolge das Gebiet den Indianern gehörte, das

Vordringen der Rinderfarmer zu verhindern. Damals war das Land der Xavante am Rio das Mortes bereits als Reservat ausgewiesen. Noch öffneten keine mit Mitteln des Internationalen Währungsfonds gebauten Überlandstraßen den Zugang zum Indianerland von Zentral-Mato Grosso und weiter hinein in die endlosen Wälder Amazoniens. Die Indios galten als *bixos do mato* (Ungeziefer des Waldes), weil sie in der Wildnis lebten, wo man nach Ansicht der Zivilisierten eigentlich gar nicht leben konnte. Der Wald war doch der größte Feind der Menschen! *Matar o mato*, den Wald töten, war die Parole und das Gebot für die Siedler der damaligen Zeit. Um als Abkömmling der Europäer im *Interior*, im fernen Innern Brasiliens, weitab von der Zivilisation der Küste und vom süßen Leben in Rio, der schönsten Stadt der Welt, überleben zu können, musste man den Wald roden und vernichten. Die Indios waren für die Kolonisation lästige Hindernisse. Zudem töteten sie mit der Treffsicherheit ihrer Hartholzbögen das Vieh der Siedler. Magere Kühe waren viel leichter zu jagen als die scheuen und recht seltenen kleinen Hirsche. Kam Vieh ins Indianerland, war die Jagd darauf eigentlich gutes Recht der Indios.

Doch was Recht ist und was nicht, was unter verschiedenen Blickwinkeln für gut oder schlecht gehalten wird, wussten die Indios jenseits der Grenze noch nicht. Die im »Diesseits«, im Gebiet der Siedler lebenden Indianer belehrte das Feuerwasser, der Zuckerrohrschnaps (*Caxaça*), dem sie in kürzester Zeit verfielen. Als ich von den Bororó einen großen Kopfschmuck aus prächtigen Federn von Aras und anderen Papageien kaufen wollte, was damals völlig legal war, bot mir der Häuptling drei Möglichkeiten zu bezahlen: hundert Dollar (US-$), eine Frau oder eine Flasche Zuckerrohrschnaps. Als das Geschäft unter diesen Bedingungen nicht zustande kam, sondern seine Abwicklung dem Pater übertragen werden musste, zeigte sich der Häuptling sehr betrübt und meinte, er könne als Gegengabe zur Flasche Schnaps seine Frau anbieten.

Mittlerweile häuften sich in Zentral-Mato Grosso die Gewitter. Die täglichen Regengüsse wurden heftiger. Es war an der Zeit, weiter in den Süden auszuweichen, bevor die Pisten unpassierbar sein würden. Kühle Nächte wurden seltener. Die Regenzeit rückte auf das Zentrum des Kontinents vor. Knapp 1000 Kilometer weiter südlich würde es noch einige Wochen dauern, bis auch dort die Regenfälle ankamen. Im Pantanal sollten Wasservögel und Kaimane an den Wasserlöchern versammelt sein, die während der trockenen Monate stark zusammengeschrumpft waren. Das südliche Pantanal wurde also das nächste Ziel und zugleich Anschlussstück hinüber nach Bolivien an den Fuß der Anden.

Zwei Wochen später blickte ich an der Kaimauer von Corumbá über den einen der beiden Hauptströme des Rio de la Plata, des »Silberflusses« der Spanier. Träge und recht klar floss er dahin, der mächtige Paraguay-Strom. Dickschnäblige, sehr wuchtig und wie Möwen wirkende Seeschwalben, die Großschnabel-Seeschwalben *Phaetusa simplex*, kreuzten über den Fluten, schwarze Kormorane glitten ins Wasser hinab, ohne beim Tauchen Wellen zu erzeugen, und Scherenschnäbel *Rynchops niger* zerschnitten mit der Spitze des nach unten geklappten Unterschnabels die glänzende Oberfläche. Dann und wann schlugen sie mit dem Oberschnabel mit einer leichten Kopfbeugung nach unten zu und schnappten einen Fisch, der ihr Kommen nicht hatte sehen können, weil sich diese Scherenschnäbel die Totalreflexion zunutze machen. Diese blendet für die Augen der Fische unter der Wasseroberfläche alle Lichtstrahlen aus, die zu schräg ankommen. Sie sehen nur wie durch einen Trichter in den Luftraum hinauf. Zwischen diesem Trichter und der waagerechten Oberfläche vollzieht sich der Fangflug der Scherenschnäbel. Der deutlich verlängerte, keilförmig-schmale Unterschnabel verhilft dazu, die richtige Nähe zur Wasseroberfläche zu halten. Das Geräusch, das sie beim »Schneiden« des Wassers verursachen, gleicht dem, was etwa ein in der Strömung steckender Ast erzeugen würde. Der schwingende Flug dieser langflügeligen Verwandten der Seeschwalben hat seinen besonderen Reiz, zumal sie meistens in Gruppen fliegen und fischen.

Eine Beratung auf der Polizeistation führte dazu, dass die Stadtverwaltung einen Lastwagen bereitstellte für die Fahrt weit hinaus ins baumlose Pantanal zu einer Farm (*Façenda*). In der Gegend bilden sich nach dem Verschwinden der Hochwasserfluten große, stets fast kreisrunde Lagunen. Der Besitzer der Farm sei Arzt in São Paulo und sicher einverstanden, den Besuch einfach so zugeteilt zu bekommen, meinte man. Er würde irgendwann ohnehin per Kleinflugzeug oder mit einem schönen Toyota-Geländewagen kommen. Auf der Fahrt zu seiner Farm über die völlig ebenen Weiten, die an die Pampa erinnerten, gab es viele Nandus zu sehen. Diese südamerikanischen Pampa-Strauße werden auf dem Gelände der Farm nicht gejagt, sagte der Fahrer des Lastwagens sinnierend, wohl weil er nicht verstand, warum man sie schonte. Manche liefen wie zum Spaß neben dem Fahrzeug eine Weile mit bei Tempo 40 km/h, überholten uns dann anscheinend mühelos und eilten querab davon, bis sie sich in der flimmernden Luft verloren. Stundenlang gab es keine einzige Erhebung. Erst gegen Abend zeichneten sich in der dunstblauen Ferne Hügel ab. Sie hatten die Form umgedrehter, übergroßer Blumentöpfe. »Hut-Berg« (*Morro de chapéu*) nannte man sie, und sie sahen nicht nur sehr eindrucksvoll stumpf-kegelförmig aus, sondern es lagen auch große Teile des Gesteins bloß, aus dem sie bestanden. Ein paar handliche kleine Stücke nahm ich mit. Sie wogen schwer und sahen stumpf rotbraun aus mit violettem Stich.

Als ich die Proben fast ein Jahr später endlich wenigstens grob chemisch analysieren konnte, zeigte sich, dass sie zu einem großen Teil aus Manganerz bestanden. Über zwanzig Jahre nach diesem Fund las ich in einem internationalen Journal, dass in Brasilien nahe der Grenze zu Paraguay und Bolivien an ganz isolierten, zuckerhutförmigen Bergen eines der größten Manganvorkommen der Erde entdeckt worden sei. Ich war zu früh und in dieser Hinsicht falsch ausgebildet dorthin gekommen. Das nahm ich gelassen zur Kenntnis. Ein anderes Ereignis an diesen Manganbergen blieb viel stärker in Erinnerung. Es hatte ein gewaltiges Gewitter mit einem Staubsturm gegeben, der wie ein Orkan wütete. Die Gauchos der Farm hatten größte Mühe, die ansonsten so willigen und braven Pferde dazu zu bewegen, die Herden in die Corrals zusammenzutreiben, bevor das Inferno losging. Das musste sein, denn die Gefahr, dass die Rinder bei dem erwarteten Sturm in Panik gerieten und ausbrechen würden, war zu groß. Am zähesten sind die Maultiere und für solche Aufgaben am besten geeignet. Ein besonders kräftiges und extrem störrisch auskeilendes Tier führte ein Gaucho so an eine Palme, dass es sich bei den Ausweichversuchen mit den Zügeln so weit am Stamm aufwickelte, bis ihm die eigene Kraft das Maul gegen den Stamm presste. Dann erst gelang es dem Gaucho, hinauf in den Sattel zu kommen. Kaum waren die Zügel gelockert, sprengte die Mula los, als würde sie explodieren. Nach fast einer Stunde Kampf mit Reiter, Sturm und Regen war sie immer noch nicht erschöpft, sondern kampfbereit wie zuvor, während die Pferde ganz kaputt hinter den Männern hertrotteten und sich absatteln und in den Pferdecorral führen ließen.

Dem Sturm, der Staub haushoch in erstickend finsterer Schicht heranpeitschte, folgte ein Gewitter, bei dem Blitz auf Blitz so rasch folgte, dass es vielleicht eine halbe Stunde lang überhaupt nicht dunkel wurde. Der Regen kam als Wolkenbruch mit ungeheuerer Wucht. Als alles vorüber war, zeigte mein Thermometer einen Temperatursturz um fast 40 °C. Vom Höchstwert 43 °C hatte es auf 5 °C abgekühlt. Ich meinte, es würde nun anfangen zu schneien. Aber die Temperatur stieg rasch wieder um gut zehn Grad an, was immer noch kalt genug war, um zu zittern. Der Morgen danach war frisch wie in unseren Mittelgebirgen im Herbst, wenn sich die Nebel gelichtet haben und die Sonne zu wärmen beginnt. Doch nun war der Boden durchweicht. Noch ein paar solcher Gewitter, und es würde auch hier nicht mehr möglich sein zu fahren. Zu Pferde weiterkommen zu wollen erschien zu abenteuerlich bei den Entfernungen, die zurückzulegen waren. Meine Zeit war zwar nicht eng begrenzt, aber auch nicht unbegrenzt.

Bei der Rückfahrt mit dem Besitzer der Farm, der gern weiteren Aufenthalt angeboten hätte, passierten wir gegen Abend erneut die Mangan-Hügel. Doch nun schienen sie lebendig geworden zu sein. So weit man sehen konnte, staksten mehr als handgroße, flache Tiere langsam, zwischendurch immer wieder verharrend, von den Buschdickichten an den Felsen weg aufs Land hinaus. Die Szene hätte einem Horrorfilm entnommen sein können. Hunderte und Aberhunderte von Vogelspinnen hatte der Regen aktiviert. Sie bewegten sich wie die Krabben-Invasionen auf manchen tropischen Inseln, nur langsamer. Um Fotos (ohne Blitzlicht, das schon lange nicht mehr funktionierte, weil es der Tropenfeuchte zum Opfer gefallen war) machen zu können, gab es nicht mehr genug Licht. Der Besitzer der Farm meinte dazu, die Vogelspinnen kämen jedes Jahr so hervor, wenn der Regen einsetzt. Was sie dann machen und wohin sie sich verteilen, das wisse er nicht.

Klar war mir allerdings, dass die Ansammlungen mit den monatelangen Überflutungen des Pantanal zusammenhängen müssen. Die kleinen Berge werden dann zu rettenden Inseln, wenn die Fluten aus den Bergen von Mato Grosso kommen und die weite Ebene vor dem Paraguay-Fluss auf rund 600 km Länge und bis mehr als 100 km Breite überschwemmen. Offensichtlich ziehen sich die Vogelspinnen an die Hügel auch zurück, wenn die Trockenzeit zu hart wird; wohl weil sie an den Bergen irgendwelche Spalten und Höhlungen finden können. In so ein Loch mit vielleicht Hunderten großer, haariger Vogelspinnen hineinzugeraten gehört selbst für einen unerschrockenen Zoologen nicht gerade zu den Wunschvorstellungen. Die jetzige Art des Zusammentreffens beim Ausschwärmen aufs Land, das die ersten Regen befeuchtet hatten, fand ich da viel interessanter. Eine Vogelspinne nahm ich lebend mit, um sie dem »Schlangen-Institut« Butantan in São Paulo zu bringen. Darin erforschte man nicht nur die Schlangen-, sondern auch die Spinnengifte. Als ich dort eine kleine Korallenschlange abgegeben hatte, zeigte man mir stolz die erste Nachzucht der größten brasilianischen Giftschlange, der Buschmeister *Lachesis mutus*. Ein Knäuel sehr kleiner Junger, die die Mutter vor wenigen Tagen erst geboren hatte, lag zusammengerollt bei ihr im hintersten Winkel des vorn mit einem schrägen Glasdeckel verschlossenen Käfigs. Ein Mitarbeiter hob den Deckel und wies auf die Schlange. Im selben Moment schlug diese zu. Ich erschrak – und wurde gleich ausgelacht. Denn die Schlange kannte die Entfernung zum Glas und hielt diese genau ein. Sie hatte sich schon oft daran gestoßen, und ich war noch weit genug davon weg. Ich überwand meinen Schreck und beschloss, mir nichts anmerken zu lassen, sondern weiterhin Schlangen und Giftspinnen ins Butantan zu bringen. Zoologenehre! Meine kleine Korallenotter, die ich mitgebracht hatte, wurde sehr gelobt. Sie sei sehr selten und besonders schwer von ihren ungiftigen oder mäßig giftigen Nachahmern zu unterscheiden. Diese bilden gleich zwei Gruppen unterschiedlicher Herkunft. Die einen sind gänzlich ungiftig. Die perfekte Nachahmung des schwarz-gelb-roten Ringelmusters der tödlich giftigen Vorbilder schützt die harmlosen Nattern. Aber wie soll das gehen? Wenn die Korallenottern beißen, haben die tödlich Betroffenen keine Chance zu lernen und die Giftigen zu meiden. Die zweite Gruppe enthält wahrscheinlich die Lösung dieses Problems. Es sind dies die mäßig giftigen Arten. Sie haben vielleicht für beide, für die harmlosen wie für die sehr giftigen Nachahmer, das Vorbild abgegeben. Sie sind auch häufiger; zumindest häufiger zu sehen als die Korallenottern und die ganz ungiftigen Nattern, die deren Zeichnung tragen. So ganz überzeugend geklärt ist dieses komplexe Mimikry-System aber noch nicht. Zu wenig weiß man über die Häufigkeit der Schlangen mit der Färbung und Zeichnung der Korallenottern in der Natur und vor allem auch über ihre Feinde.

Bei Betrachtung des Gewimmels von Vogelspinnen drängten sich Vergleiche mit Inseln auf. Es gibt solche in den Tropen, auf denen nicht Vögel und Säugetiere die dominierenden Tiere sind, sondern Krebse (Landkrabben). Hier an diesen Inselbergen in den ganz und gar steinlosen Schwemmebenen fast inmitten des südamerikanischen Kontinents mag es sich, zumindest zeitweise, so mit den Vogelspinnen verhalten haben. Denn ansonsten erweckten diese Berge den Eindruck von Ödnis und Lebensfeindlichkeit. Wahrscheinlich gab es in der Trockenzeit monatelang überhaupt kein Süßwasser.

Die restliche Strecke der Rückfahrt bot während der Dunkelheit so gut wie nichts mehr. Ein paar Tage später fuhr ich mit dem Zug durch Ostbolivien nach Santa Cruz de la Sierra, um von diesem damals wunderschönen alten Städtchen, das den Charme der Bauwerke vergangener Jahrhunderte aus den Zeiten nach der Konquista erhalten hatte, weiter hinauf in die Anden zu reisen. Dazu kam es nicht. Bolivien hatte – wieder einmal – Revolution. In drei Tagen wechselten sich fünf Präsidenten ab, was selbst für bolivianische Verhältnisse zu viel war. Das Volk, das sich auf dem Hauptplatz versammelt hatte, von wo aus ein Teil der Revolution ausgegangen war, lachte die Politiker und die Militärs einfach aus. Letztere fühlten sich dadurch beleidigt. Sie ließen Tränengasgranaten in die Menge werfen, was die Menschen, die zwar kleine Bäche weinten, nicht am Lachen hindern konnte. Vielleicht fehlt gerade dieser Gesichtsausdruck noch in der ansonsten so umfassenden und in jener Zeit erstellten Dokumentation des menschlichen Ausdrucksverhaltens durch Irenäus Eibl-Eibesfeldt: Gesichter, die überströmt von Tränen lachen, lachen und weiterlachen!

All das ärgerte die Machthaber so sehr, dass sie die Bahn-, Bus- und Flugverbindungen von Santa Cruz aus einstellen ließen und anordneten, die Ausländer müssten mit einem Flugzeug umgehend das Land verlassen und nach Brasilien fliegen. So ging es, wenige Tage nach der Ankunft, gleich wieder zurück. Wenigstens passte die Richtung. Auf den Altiplano, ins Hochland der Anden, und auf die Pässe, die in größerer Höhe als die höchsten Alpengipfel Sättel bilden zwischen den Bergen, musste ich noch mehr als ein Jahrzehnt warten. Wie auch auf den Amazonas selbst, der damals von Süden her praktisch noch nicht zu erreichen gewesen wäre. Vom Flugzeug aus war das riesige Sumpfgebiet des Pantanals zu sehen. Noch deutlicher als unten am Boden hoben sich die kreisrunden Lagunen vom Braungrau des trockenen Landes ab. Wie sie wohl entstehen, diese runden Lagunen, fragte ich mich. Und habe in all den seither vergangenen Jahren keine Antwort gefunden.

Die Durchquerung Ostboliviens per Bahn hatte mich aber neugierig gemacht auf einen ganz anderen Typ von Wildnis, auf den Gran Chaco, das »große Jagdgebiet« der Indios von Paraguay und Nordargentinien. 1970 war es gerade 40 Jahre her, dass Hans Krieg diesen Gran Chaco erstmals von den Anden bis zum Paraguay-Fluss mit zwei weiteren Münchner Kollegen zu Pferde durchquert hatte. Seine Gran-Chaco-Expedition begleitete mich in Form seines Buches *Zwischen Anden und Atlantik*, das ich als einziges immer im Rucksack hatte, obwohl es nicht direkt der Bestimmung von Tieren und Pflanzen galt. Die Bestimmungsbücher jener Zeit taugten allesamt nicht sehr viel! Hans Kriegs wunderbares Buch konnte ich aufschlagen und an Ort und Stelle praktisch all das selbst sehen, was er darin beschrieben hatte. Schon in Südbrasilien bewegte ich mich teilweise auf Routen, die auch Hans Krieg bereist hatte. Aber dort waren die vierzig Jahre Zeitunterschied nicht spurlos an Land und Leuten vorübergegangen. Im Gran Chaco sollte sich das anders darstellen.

Ich wusste allerdings nicht, dass zur selben Zeit, als ich im Chaco mit seinem Buch in Händen unterwegs war, in München die Grabrede für Hans Krieg gehalten wurde. Er war erster Direktor der Zoologischen Staatssammlung und damit Vorvorgänger von Wolfgang Engelhardt gewesen, der in seiner Ansprache darauf hinwies, dass ich derzeit gerade auf den Spuren des Verstorbenen in Südamerika forschend unterwegs sei. So erfuhr Hans Krieg auch nicht mehr, dass ich im Gran Chaco auf alte Indianer traf, die sich noch an die deutsche Reitergruppe erinnerten, die ein Grammophon und Schallplatten mit dabeihatten. Einige der Lieder, die ihnen vorgespielt wurden, hatten sie sich eingeprägt, und Teile daraus konnten sie noch erkennbar anstimmen, als ich bei ihnen war. Über ein Jahrzehnt nach seinem Tode las ich die Autobiographie von Hans Krieg. Sie beginnt mit dem Satz: »Ich habe versucht, aus meinem Leben ein Kunstwerk zu machen.« Dass ein Zoologe so etwas schreiben kann, beeindruckte und irritierte mich.

Von Ostparaguay zur Ruta Transchaco

Das riesige Trockenwaldgebiet des Gran Chaco dehnt sich vom Ostrand der Anden bis zum oberen Paraguay-Fluss. Über Hunderte von Quadratkilometern sind die wuscheligen Köpfe der *Copernicia*-Palmen die höchsten Erhebungen in der schier endlosen Ebene. Von den Palmen herab blicken frühmorgens die Truthahngeier missmutig, so der Eindruck, den sie mit ihren leicht abwärts hängenden, schmutzig-fleischroten Köpfen machen, über das in der Nacht recht kühl gewordene lichte Waldland. Sie warten, bis die steil aufsteigende Sonne die Luft zum Wabern und den Wind zum Wehen gebracht hat. Dann erst schaukeln sie sich hinein in den Tag, der Monat für Monat wie jeder andere auch verläuft. Auf die staubtrockene Tageshitze folgt ein schwüler Abend, in dem die Moskitos sirren, wenn sie nicht vom Qualm stark rauchender Lagerfeuer vertrieben werden. Oft lastet feinster Staub schwer in der Luft, den der Wind aufgewirbelt hat. Er trocknet die Kehle aus und weckt die Gier nach Bier, das irgendwie selbst in die entlegensten Winkel gelangt – auf Schmugglerpfaden in der Regel. Die einzige Straße, die es 1970 hinein in den Chaco von Paraguay gab, zielte einfach quer durch den vor Dornen starrenden Buschwald hinauf zur fernen Grenze nach Bolivien. Sie war damals noch recht neu und in sehr rohem Zustand, die *Ruta Transchaco*, der Trans Chaco Highway. Vor der bolivianischen Grenze durchquerte sie, plötzlich in Kurven verlaufend, die entlegene Kolonie der Mennoniten. Sie bestand aus drei Siedlungen, die, so der Eindruck, einander ferner waren als das wirklich weit entfernte Asunción, die Hauptstadt von Paraguay. Den Bolivianern war dieser nördliche Teil des Chaco vor einem Menschenalter in einem der merkwürdigsten Kriege abgenommen worden. Die Paraguayer gewannen ihn, so sagte man, weil sich die aus dem Hochland von Bolivien gekommenen Truppen der bolivianischen Armee in der die Kehlen zuschnürenden Hitze und Trockenheit des Chacos den klimatischen Unbilden geschlagen geben mussten. Viel Feindberührung gab es anscheinend gar nicht, weil die Kämpfer einander nicht fanden oder nicht finden wollten. Umso herrlichere Siegeslieder singen seither die Paraguayer zu den Klängen ihrer Gitarren und Harfen.

Die paraguayische Harfe gehörte auch zu den ersten regionstypischen Klängen, die ich nach den eher melancholischen Liedern und den Sambarhythmen Brasiliens in Ostparaguay zu hören bekam. Der Weg in den Westen, in die große Wildnis, war noch weit.

Von den Iguaçú-Fällen kommend, gelangt man ziemlich direkt zur Hauptstadt des großen südamerikanischen Binnenlandes von der fast doppelten Größe Deutschlands, aber mit damals nur zwei Millionen Einwohnern. Das entsprach etwa der Einwohnerzahl des Großraums München. Davon lebte ein gutes Viertel in Asunción, ein weiteres in den unmittelbaren Randbereichen und die restliche knappe Hälfte der Bevölkerung verteilte sich auf das waldreiche und fruchtbare Ostparaguay, wo auch die Deutschstämmigen am gewaltigen Paraná-Fluss ihre Kolonien hatten.

Die Kontakte zur nordargentinischen Urwaldprovinz Misiones auf der anderen, der östlichen Seite des Paraná waren weit intensiver als die von Asunción über den Paraguay-Fluss hinweg in den eigenen paraguayischen Chaco. In dieser Wildnis lebten, abgesehen von der Insel der Mennoniten-Kolonie und einigen winzigen Missionsstationen, nur versprengte Indiogruppen und Viehdiebe. In Ostparaguay hingegen schlug das wirtschaftliche Herz eines Landes, das damals – und dies schon seit langem – einen deutschstämmigen Diktator als Staatschef hatte, den General Stroessner. Dass ich ihm mehrere Wochen nach der Ankunft im Chaco verdanken würde, nicht monatelang in einer der entlegensten Ecken Südamerikas hängengeblieben zu sein, konnte ich nicht einmal ahnen, als ich an der anderen Seite des Landes, nahe der Grenze zu Argentinien, einem höchst absonderlichen Verhör unterzogen wurde. Der Allgewaltige, dem ich Rede und Antwort zu stehen hatte, war gewiss strenger als die Professoren, bei denen ich ein knappes halbes Jahr vorher meine Doktorprüfung abgelegt hatte. Er war das Oberhaupt einer deutschstämmigen Gemeinschaft von

Kolonisten. Gewaltig sah er in der Tat aus bei seiner Größe und Leibesfülle. Und furchterregend für Fremde sicher auch, weil er mit zwei großkalibrigen Revolvern bewaffnet war, die er nach Art der Helden oder Gangster in amerikanischen Wildwestfilmen stets griffbereit, flankiert von gekreuzten Patronengurten, an jeder Hüftseite trug. Als er einen davon aus Gründen der Bequemlichkeit neben sich auf einen Tisch gelegt hatte, erschrak die anwesende junge Frau, seine Tochter, weil die kleine Enkelin des großen Chefs damit herumzuspielen anfing. Mit geübtem Griff nahm sie den Revolver weg und schalt das Kind: »Du weißt doch, dass Opas Revolver geladen sind!« Nach diesem Vorspiel, bei dem ich noch ganz unbeteiligt war, wandte sich der Alte an mich und meinte mit drohend klingender Bassstimme: »So, so, ein Zoologe! Nach was für Viechern sucht man denn als Zoologe hier bei uns? Nach Flöhen und Wanzen sicher nicht, denn die haben wir im Griff!« Dabei betonte er »Wanzen« und »Griff« in fast höhnisch klingender Weise.

Nun, Wasserschmetterlinge anzuführen, nach denen ich tatsächlich auch forschte, das schien mir unter diesen Umständen nicht passend. Sie hätten der Kategorie Wanzen zugeordnet werden können. Wasservögel, denen hier und später im Chaco mein Hauptinteresse gelten würde, hielt ich für besser. Das war dem Alten nicht genau genug. Welche Wasservögel, warum hier und warum überhaupt? Jetzt tat ich mich leicht mit den Antworten, zumal die Fragen immer hilfreicher wurden. Ich wollte ja ermitteln, warum es hier am südlichen Rand der amerikanischen Tropen kaum Enten gibt, obgleich die Flüsse so groß, so wasserreich und von so ausgedehnten Feuchtgebieten begleitet sind. Hier in Ostparaguay suchte ich einen besonderen Wasservogel, den Dunkelsäger *Mergus octosetaceus*. Als einzige Art seiner sonst nur auf der Nordhalbkugel verbreiteten und in kalten bis kühl-gemäßigten Gegenden lebenden Verwandtschaft kommt dieser entenartige Vogel ausgerechnet hier in Ostparaguay (und regional im südostbrasilianischen Hochland) vor; Tausende von Kilometern fern der übrigen Verwandtschaft. Dunkelsäger gibt es weder weiter im Süden an Paraná und Paraguay noch im riesigen Gewässernetz Amazoniens. Er fehlt auf den Seen der Hochflächen der Anden und an den großen Küstenlagunen von Südbrasilien und dem nördlichen Uruguay. Nur im südostbrasilianischen und ostparaguayischen Bergland soll er vorkommen, dieser unauffällige Vogel von der Größe einer gewöhnlichen Ente. Anders als seine Verwandtschaft entwickeln die Männchen dieser Art auch kein richtiges Prachtkleid. Sein Kopfgefieder schimmert grünlich. Am Hinterkopf trägt der Dunkelsäger einen schmalen, sichelförmig herabhängenden Schopf. Das übrige Gefieder ist, wie der Name besagt, dunkel(grau). In den Flügeln bilden weiße Federn einen im Flug sichtbar werdenden Spiegel, der fast nicht zu sehen ist, wenn der Vogel schwimmt. Er liegt wie alle Säger ziemlich tief im Wasser, taucht lang und gut, fliegt aber ungern. Nach dem wenigen, was über seine Lebensweise bekannt war, sollte es ihn ausschließlich oberhalb der Wasserfälle geben. Sein Vorkommen bzw. Fehlen muss irgendwie mit den Wasserfällen zusammenhängen.

Der Alte kannte diesen besonderen und sehr seltenen Schwimmvogel. Er wusste, dass er, ähnlich wie die weitaus häufigeren schwarzen Kormorane, die hier Bigá genannten Brasilscharben *Phalacrocorax brasilianus*, unter Wasser Fische fängt und an den Waldflüssen nur oberhalb der Wasserfälle vorkommt. Und er lieferte mir gleich die offenbar richtige Begründung dafür, wie sich später herausstellte. Die Dunkelsäger leben an den Waldflüssen oberhalb der Wasserfälle, weil ihre Jungen wie bei allen Entenvögeln Nestflüchter sind. Schon kurz nach dem Schlüpfen aus dem Ei werden sie von der Mutter aufs Wasser hinausgeführt, wo sie selbständig Wasserinsekten und Kleinfische fangen müssen. Die Mutter begleitet die Jungenschar, warnt sie, wenn Gefahr droht, und hudert sie, wenn die Kleinen Wärme brauchen oder trocknen müssen, füttert sie aber nicht. Das ist bei den Dunkelsägern in Südbrasilien und Ostparaguay nicht anders als bei den Gänsesägern in Europa. Im Flachwasser tauchen können die Kleinen schon nach wenigen Tagen recht gut.

Das klingt nach Vorteil, ist aber in der zu bewältigenden Wirklichkeit problematisch. Denn wo Säger Fische fangen, gibt es Raubfische. Manches Entlein verschwindet auch bei uns im Maul eines Hechts. Die Säger erbrüten nicht ohne Grund Gelege mit zehn und mehr Eiern. Die Verluste fallen bei den kleinen Jungen sehr hoch aus. Führt bei uns in Mitteleuropa ein Gänsesägerweibchen zehn Junge, so bleiben, bis sie flügge sind, im Durchschnitt kaum mehr als drei übrig. Die Gänsesäger investieren bei dieser hohen Verlustrate in die Eier und machen die Gelege so groß wie möglich. Für das anschließende Führen der Jungenschar spielt die Kopfzahl keine allzu große Rolle, weil die Kleinen eben nicht gefüttert, sondern nur bewacht und bei Bedarf gewärmt werden müssen. Es reicht, wenn im Durchschnitt nach dem ersten Winter etwa zwei Junge pro Brut überlebt haben, um den Bestand zu halten. Aber unter diesen Mindestwert darf der Bruterfolg nicht fallen. Wo aber große Mengen an Raubfischen vorhanden sind, bleiben kaum Junge übrig. Die Gewässer Amazoniens sind mit ihren Schwärmen von Raubfischen für Säger nicht geeignet. Auch in den anderen Flusssystemen Südamerikas gibt es viele große Raubfische. In Paraná und Paraguay kommen die lachsartigen Dourados vor. Sie ziehen in lockeren Gruppen umher. Doch die Wasserfälle bilden für sie eine nicht überwindbare Barriere. Sie sind zu hoch. Und da die Dourados oberhalb der Fälle fehlen, können die Dunkelsäger dort leben. Das Wasser der Flüsse, die aus dem geologisch so bezeichneten Brasilianischen Schild kommen, ist klar, und es gibt darin verhältnismäßig viele Fische. Denn riesige Lavaergüsse, die sich flächenhaft ausgebreitet hatten, bilden den Untergrund. Für tropische Verhältnisse macht das die Böden und die Gewässer verhältnismäßig nährstoffreich und produktiv. Die meisten Flüsse aus diesem zudem recht niederschlagsreichen Gebiet stürzen an den Rändern des Schildes in mehr oder minder großen Fällen in die Tiefe. Somit erzeugte diese erdgeschichtliche Besonderheit regional für die Dunkelsäger eine ähnliche Lage wie für die Segler, die hinter den Wasserfällen nisten. Irgendwann während der Eiszeit müssen die Vorfahren der Dunkelsäger, vielleicht weil sie das Gebiet zum Überwintern aufgesucht hatten, nach Südostbrasilien gekommen sein. Sie siedelten sich im Winterquartier an und wurden durch die starke Erwärmung des Klimas nach der letzten Eiszeit von den früheren Artgenossen isoliert. Die Besonderheit der Wasserfälle schützt und erhält den kleinen Bestand an Dunkelsägern in Südamerika. Vergleichbares geschah in unserer Zeit, im frühen 20. Jahrhundert, bei europäischen Störchen, die weit jenseits des Äquators in Südafrika überwintern. Eine Gruppe von ihnen blieb im Winterquartier, das europäische Züge angenommen hatte, seit die Europäer das südliche Afrika kolonisierten, und fing dort an zu brüten. Mit Erfolg. Seither gibt es ein Brutvorkommen europäischer Weißstörche in Südafrika.

Mit solchen und weiteren zoologischen Kenntnissen überzeugte ich den Alten von meinen Absichten. Ich war kein verdeckter Nazijäger, das glaubte man mir nun. Dank bestandener Prüfung erhielt ich volle Bewegungsfreiheit im Gebiet. Sogar ein Boot bekam ich, mit dem ich auf dem Paraná fahren konnte und jederzeit nach Argentinien hätte verschwinden können. Als Spion wurde ich nicht mehr eingestuft. Irgendwie kam ich mir wie die Provinzausgabe des wirklichen James Bond vor, der in der Zeit von Kaltem Krieg und Kubakrise als Ornithologe dennoch Zugang zu entlegenen Karibikinseln in militärisch hochsensiblen Bereichen erhalten hatte. Der Ornithologe James Bond brachte Ian Fleming auf die Idee, den Geheimagenten 007 zu entwickeln, nachdem er mit ihm in der Karibik zusammengetroffen war und seine Geschichten zu hören bekommen hatte. Ein gutes Jahrzehnt später ging es mir wieder ähnlich in Peru, als uns die Polizei an der Panamericana nördlich von Lima festnahm, weil sie uns für Grabräuber und Schmuggler hielt. Die besonderen Kenntnisse zur Vogelwelt Perus ersparten uns den durchaus wahrscheinlichen Weg in ein gewiss höchst unangenehmes Gefängnis.

Nach der Überprüfung durch den Koloniechef der Deutschen in Ostparaguay war der Weg frei in die Wälder und in die noch viel stärker lockende Wildnis des Gran Chaco. Die Prüfung hatte wahrscheinlich auch die spätere Hilfe des paraguayischen Militärs sichergestellt, als es darum ging, den Chaco rechtzeitig wieder zu verlassen, bevor die Pisten durch den einsetzenden Regen auf Wochen und vielleicht Monate unpassierbar wurden. Ein halbes Jahrhundert früher hatten sich Hans Krieg und seine Gefährten Michael Kiefer und Eugen Schumacher zu Pferde durch den Chaco gekämpft. Mir verhalf das Kartenspiel auf viel einfachere Weise dazu, weil tief im Chaco ein Missionar die Chance nutzen wollte, die ihm, wie er meinte, der Himmel geboten hatte, mit dem Zoologen aus Deutschland nächtelang zu spielen. Seine Lebensweise gehörte zum Wunderlichsten, was ich in Südamerika erlebte. Ernährte er sich doch Tag für Tag von Rindfleisch und Radieschen. Rindfleisch gelangte meistens geschmuggelt von Argentinien her über die Grenze, denn die kleine Herde auf dem Gebiet der Missionsstation reichte gewiss nicht aus für tägliches Frischfleisch. Geschlachtet wurde nach Bedarf und auf jeden Fall schneller, als

Kälber nachwachsen konnten. Radieschen zogen die Indios unermüdlich für ihren Padre in kleinen, recht gepflegten Gärtchen heran. Tag für Tag gossen sie die Beete mehrfach mit Wasser aus dem träge dahinsickernden Flüsschen namens Pilcomayo und trotzten damit der Hitze und Trockenheit des Chaco die frischen Vitamine ab, die der Pater bei seiner höchst einseitigen Rindfleischkost brauchte. Der Matetee reichte dafür nicht.

Die löchrigen Gießkannen, mit denen das Wasser geholt wurde, erzeugten einen dauerhaft feuchten Streifen vom Flussufer ins Dorf, und auf diesen verkehrten nachts die riesigen Agakröten *Bufo marinus*. Auf dem feuchten Streifen fingen sie die herumgeisternden Insekten, die wie oben in Mato Grosso auch hier vom schwachen Licht der Siedlung stark angelockt wurden. Denn es gab keine weitere Lichtkonkurrenz zum Mond.

Zusammengetroffen war ich mit dem Missionar in der Mennonitensiedlung. Man gelangte über die neue Trans-Chaco-Straße dorthin. Diese begann jenseits der Hauptstadt Asunción auf der rechten, der westlichen Seite des Paraguay-Flusses und schwenkte nach kurz kurviger Strecke in eine Gerade ein, die in der Ferne in einem Loch im Horizont verschwand. Der Chaco-Wald beiderseits der Straße war eine gleichförmige Abfolge von Algarrobo-Bäumen (Gattung *Prosopis*), die in ihrer Wuchsform an die Schirmakazien Afrikas erinnern, von Hainen der *Copernicia*-Palmen, Palmare genannt, und von einer Mischung aus baumhohen Kandelaberkakteen und Flaschenbäumen. Letztere bezeichneten die Paraguayer recht treffend als *Palo borracho*, was besoffener Baum bedeutet. So krumm und »voll« standen viele mit ihren aufgetriebenen, viel zu dick wirkenden Stämmen, in denen sie Wasser für die monatelange Zeit staubtrockener Dürre speichern.

Der kleine Bus fuhr langsam auf jenes ferne, nicht näher rückende Loch im Horizont zu. Kein Vergleich mit den Überlandbussen in Brasilien, die jedes Mal wieder einen neuen Geschwindigkeitsrekord aufzustellen versuchten. Mir ging es auf der Trans-Chaco-Straße aus zwei Gründen dennoch viel zu schnell. Erstens war der vorderste Sitzplatz, der freie Aussicht durch die Frontscheibe bot, nicht der beste Platz. Denn der rechte Vorderreifen hatte nach vielen Tausenden von Kilometern Pistenfahrt durch hochgeschleuderte Steine ein faustgroßes Loch in den Boden geschlagen. Ich musste es mit einem Fuß beständig abdecken, sonst hätte es eine genau auf den ersten Sitzplatz gerichtete Staubfontäne gegeben. Das war anfangs nicht allzu schwer, entwickelte sich mit zunehmender Fahrzeit aber zu einer kaum auszuhaltenden Qual. Der zweite Grund waren die unglaublich vielen Vögel, die es entlang der Straße zu sehen gab. Das erste Drittel der Strecke zogen sich wegen der Nähe zum Fluss zu beiden Seiten mit Wasser gefüllte, mehrere Meter breite Gräben entlang. An diesen wimmelte es von Wasservögeln, vor allem von Reihern, aber auch von schwarzen Schneckenweihen *Rosthramus sociabilis*, die darauf spezialisiert sind, mit ihrem besonders langen Hakenschnabel die Weichkörper der großen Apfelschnecken (*Ampullaria sp.*) aus den Gehäusen zu ziehen. In langsamem Rüttelflug griffen sie sich mit weit vorgestreckten Fängen die offenbar in Massen in diesen Gräben lebenden, kinderfaustgroßen Schnecken und flogen damit auf den nächsten Pfosten. Dort legten sie sich die Gehäuse so zurecht, dass sie mit der stark gebogenen Hakenspitze des Schnabels den Weichkörper tief in der Schale zu fassen bekamen, den befestigenden Muskel durchschnitten und die Schnecke verzehren konnten.

Hunderte und Aberhunderte solcher leerer Gehäuse von Apfelschnecken sammelten sich unter diesen Fraßplätzen an. Sehr häufig vorhanden war auch der hell rotbraune Fischbussard *Busarellus nigricollis* mit fast weißem Kopf und schwarzem Band zwischen Kehle und Vorderbrust, so dass es an Fischen passender Größe in diesen Gräben nur so wimmeln musste. Nirgendwo sonst sah ich auch so viele der merkwürdigen Rallenkraniche *Aramus guarauna* so nahe an der Piste. Sie leben ebenfalls von den großen Wasserschnecken. Die Kombination von festem Zuhalten des Lochs am Boden und angestrengtem Zählen der Vögel erforderte eine hohe Konzentration. Bei der Ankunft in der Mennonitenkolonie zu Beginn der Nacht fühlte ich mich nach dieser Tagesfahrt von fast genau zwölf Stunden völlig erschlagen.

Aber kein anderer Tag brachte in dem ganzen Jahr in Südamerika jemals wieder so viele Greif- und Wasservögel in solcher Artenvielfalt. Dass diese Ansammlungen in schärfstem Kontrast zur ansonsten flächigen Kargheit des Gran Chaco standen, zeigte sich erst in den folgenden Tagen und Wochen im Gelände. Der Straßenbau hatte diese immense Vielfalt in den Dornbuschwald getragen, der für sich genommen zwar sehr artenreich ist, aber auf die Fläche bezogen nur geringe Mengen an Vögeln hat. Umgekehrt dürfen Vielfalt und Menge der Wasservögel als typisch für den großen Fluss, den Paraguay, gelten. Dieser griff gleichsam mit den künstlichen Gräben am Straßenrand viele Kilometer tief in den Trockenwald des Chaco hinein und erzeugte so die Kombination von Artenvielfalt und Häufigkeit der Vögel. Dazu trugen auch die Greifvögel in faszinierender Artenzahl und Häufigkeit sowie die Schwärme von Sittichen bei, die immer wieder in größeren Scharen lärmend die Straße überquerten. Es handelte sich, wie an den großen Gemeinschaftsnestern in Bäumen zu sehen war, um Mönchssittiche *Myiopsitta monachus*. Einzelne dieser über einen Meter im Durchmesser großen Nester beherbergen bis über 20 Paare des sehr sozialen Sittichs. Die gleichfalls häufigen, deutlich größeren und dunkelköpfigen Nandaysittiche *Nandayus nenday* flogen dagegen meist paarweise oder in kleinen Gruppen.

Leicht zu übersehen gewesen wären bei den Mengen der großen Vögel so ungewöhnliche kleine wie die sperlingsgroße, schneeweiße Witwenmonjita *Xolmis irupero* mit schwarzer Endbinde am Schwanz und schwarzen Hand- und Armschwingen im Flügel. *Viudita*, Kleine Witwe, nennen die Paraguayer und Argentinier dieses Vögelchen aus der Familie der Tyrannen, zu dem der verwandte Rubintyrann *Pyrocephalus rubinus* mit leuchtend rotem Gefieder auf der gesamten Bauchseite und am Oberkopf den denkbar stärksten Kontrast bildete. Auch der Rubintyrann saß immer wieder irgendwo am Ufer dieser langgezogenen Straßenrandlagunen, die umso mehr voller Wasserpflanzen waren, je tiefer hinein in den Chaco es ging. Teppiche aus Wasserfarn *Salvinia natans* bedeckten nun die Gräben, an denen wie Stämme kleiner Bäume, die in Verwitterung übergegangen waren, meterlange Kaimane lagen. Sie ließen den Kleinbus unbeeindruckt passieren.

Über diese schwimmenden Matten schritten mit eindrucksvoller Eleganz und unglaublich langen Zehen Blatthühnchen der südamerikanischen Art *Jacana jacana*. Die braun-weißen, an den Kopfseiten dunkelgestreiften Jungvögel dieses Blatthühnchens schienen gar nicht zu den Altvögeln zu passen, die überall dort, wo die Jungen weißes Gefieder tragen, kräftig schwarz gefiedert sind. Knallig rote Hautlappen an Stirn und Schnabelwurzel zeichnen die alten

Blatthühnchen zudem aus. Wenn sie aufflogen, boten während der kurzen Gleitflugstrecken ihre gefächerten, zart samtgrünen Hand- und Armschwingen einen zauberhaften Anblick. Kaum vorstellbar, dass die Weibchen dieser feinen, leichten Vögelchen auf das heftigste miteinander unter Einsatz von einem kräftigen Dorn am Flügelbug kämpfen, um sich bis zu drei Männchen als Partner zu sichern. Mitunter zerstört ein Weibchen dabei sogar die Gelege der Konkurrentinnen und versucht, sich sofort mit deren Männchen zu paaren.

All das rauschte wie in einem Film vorüber und weckte Erwartungen für den zentralen Chaco. Doch die Umgebung der Mennonitenkolonie erwies sich im Hinblick auf die Vogelwelt als enttäuschend. Es gab Vieh und Gauchos, zerlumpte Indios und Staub über Staub, jedoch selbst an den künstlichen Wasserstellen so gut wie keine Vögel. Einem Kugelgürteltier zuzusehen, wie es sich unangreifbar für die Zähne eines Hundes zu einer fußballgroßen Kugel zusammenrollt und sich über den offenen, staubtrockenen Boden davonkugeln lässt, gehörte zu den wenigen Abwechslungen in dieser abgeschiedenen Welt, die mir wie eine Zeitreise in vergangene Jahrhunderte vorkam. Lebten doch die Mennoniten nicht nur so wie in längst vergangenen Zeiten, sondern sie benutzten auch ein altertümliches Deutsch, das so ganz anders klang als alle gewohnten Dialekte. Noch befremdlicher wurde die Lage, als sich Indios unterschiedlicher Stämme aus dem Chaco untereinander in jenem mir kaum verständlichen Deutsch unterhielten, weil das ihre *lingua franca* geworden war. Sie starrten verständnislos, als ich mit meinem bruchstückhaftem Spanisch die Verständigung mit ihnen suchte, weil mir dieses geläufiger war als das alte Deutsch der Mennoniten. Ihnen nicht! Sie hatten als Gelegenheitsarbeiter bei den Mennoniten mehr von deren Sprache gelernt als von der offiziellen Landessprache Paraguays oder vom dort weitverbreiteten Guaraní der östlichen Waldindianer. Toba, Lengua, Chamacoco und Ayureos (Moros) redeten in altem Plattdeutsch miteinander, wenn sie sich mit ihrer Stammessprache nicht verständigen konnten. Natürlich beeinträchtige dieses Sprachproblem auch die Kommunikation mit den Mennoniten. Es war für mich schwer, ihren Lebensstil zu verstehen. Den Indianern erging es sicher ähnlich. Wie sollten sie begreifen, dass sich die Mitglieder der drei Einzelkolonien voneinander ferner als von den Menschen ihres Gastlandes hielten, in das sie in jener Zeit, etwa ein halbes Jahrhundert nach ihrer Ankunft im Chaco, noch keineswegs richtig integriert waren. Sie hatten ihr eigenes Geld in Form von Papierzetteln, die wie Bezugsscheine benutzt wurden, ihre eigene Gerichtsbarkeit und ein von deutscher Entwicklungshilfe gebautes Krankenhaus, in dem sich die Mitglieder der drei Kolonien aber möglichst auch voneinander separierten, wenn sie schon einmal hineinmussten. Was sie dazu bewogen hatte, sich so voneinander abzuschließen, dass sogar Heirat über die »Koloniegrenze« hinweg höchst unerwünscht, ja gleichsam für sittenwidrig gehalten wurde, ließ sich nicht so ohne weiteres von außen erkennen. Für mich drängte sich der Eindruck auf, die drei Kolonien konkurrierten auf das heftigste miteinander, anstatt zu kooperieren. Sie verhielten sich wie »Gründerpopulationen« in fremder Umwelt, wie ich das im Studium zu Populationsgenetik und Evolution gelernt hatte. Dass diese meine biologisierende Sicht nicht so ganz danebenlag, bekam ich durch einen aus der Langeweile heraus geborenen Besuch im Krankenhaus bekräftigt.

Fieber und ein reitender Affe

Im Chaco entwickelte sich die winterliche Trockenheit zum Höhepunkt. Fast täglich trieb der auffrischende Südwind Wolken von Staub über den Buschwald. Manchmal verdichteten sie sich zu einem sehr unangenehmen Staubsturm. Sand gibt es kaum im zentralen Chaco, Steine überhaupt keine. Was die Flüsse in Jahrmillionen aus den Anden in die Chaco-Senke hinausgetragen und was wohl auch die Winde in den trockenen Jahrtausenden des Eiszeitalters von Süden her aus der Pampa eingeweht haben, baute viele Meter dicke Schichten aus feinsten Lehmteilchen auf, die sich entweder betonhart verdichteten oder vom Wind zu Pulver zerrieben wurden. Bleiernes Sonnenlicht lag in diesen Tagen über dem Chaco. Die Nächte wurden kalt. Manchmal sank die Temperatur fast bis zum Gefrierpunkt, während die Tage über 30 °C Hitze brachten. Die Lebensbedingungen sind hart im Chaco. Kein

Wunder, dass er vor Eintreffen der Europäer nur in geringem Maße von umherschweifenden Indianergruppen bewohnt war. »Großes Jagdgebiet« bedeutet seine Bezeichnung, und »große Jäger« kamen auch 1970, um im Chaco »El Tigre« zu jagen. Der Tiger genannte Jaguar war längst nahezu ausgerottet, weil er sich, wie im brasilianischen und bolivianischen Pantanal weiter im Norden, mehr zum Vieh hingezogen fühlte als zu den seltenen, scheuen und schnellen Hirschen des Chaco oder zu den in wehrhaften, auch für einen Jaguar gefährlichen Rotten herumstreifenden Wildschweinen, den Pekaris. Es erging ihm nicht anders als dem kleineren, im Meiden von Menschen etwas geschickteren Puma, den man »Leon«, Löwe, nannte. Wo immer die beiden Raubkatzen unter dem Vieh Beute machten, wurden sie gnadenlos verfolgt. Und weil die früher an Hirschen ergiebigsten Jagdgründe das beste Weideland für das Vieh abgaben, vernichtete die sich ausbreitende Weidewirtschaft die Bestände der Spieß- und Sumpfhirsche weitgehend. Nirgendwo in ganz Südamerika gab es Großtiere von Natur aus ähnlich häufig wie in den Savannen, Steppen und lichten Wäldern Afrikas. Die Streifgebiete der Jaguare und Pumas waren um das Zehn- bis Fünfzigfache größer als die Jagdgebiete von Löwen oder Leoparden in Afrika. Die Viehherden der europäischen Siedler vergrößerten daher für diese Raubkatzen die Menge der für sie passenden Beutetiere um ein Mehrfaches, verglichen mit dem Naturzustand. In Afrika oder Südasien hingegen, wo das Vieh nur einen Teil der natürlichen Vielfalt und Häufigkeit der Großtiere ersetzt, blieb die Beute der Großraubtiere weitgehend erhalten. Diese unterschiedlichen Verhältnisse brachten es mit sich, dass Jaguar und Puma in Südamerika von Beginn der europäischen Besiedlung an ungleich stärker verfolgt worden waren als die Großkatzen in Afrika und Südasien. Die »Tiger-Safaris« von Jägern mit großkalibrigen Gewehren und noch größeren Brieftaschen hieß man daher nicht nur in der Mennonitensiedlung willkommen. Man hielt sie für etwas den Diensten der Kammerjäger Vergleichbares, weil sie das Land von gefährlichem Ungeziefer befreiten. Bei dieser Lage bewirkte der umfassende Schutz so gut wie nichts, den Jaguare und Pumas nach Inkrafttreten des Washingtoner Artenschutzübereinkommens seit 1973 international genießen sollten. Die Bestände beider amerikanischer Großkatzen nahmen weiter ab. Den Leoparden hingegen rettete dieses internationale Artenschutzübereinkommen. In nur gut zwei Jahrzehnten nahm seine Häufigkeit in Afrika kontinuierlich bis zu einer inzwischen weitgehend normalen, das heißt den Bestandsgrößen seiner Beutetiere entsprechenden Häufigkeit zu. Schutzgebiete für Jaguare, das zeichnete sich für mich damals im Chaco deutlich genug ab, müssten das mindestens Zwanzigfache der Größe afrikanischer Schutzgebiete für Großkatzen haben, damit diese in langfristig gesicherten Beständen überleben können. Was Jaguar und Puma damals noch am Leben erhielt, war ihr unstetes Umherstreifen über weite Strecken. Es überlebten diejenigen, die schon wieder verschwunden waren und in nächster Zeit nicht zurückkehrten, als ihre Untaten in Form von getötetem Vieh entdeckt wurden. Die amerikanischen »Tiger-Hunters« trugen sicherlich ihren Teil dazu bei, diesen prekären Zustand weiter zu verschärfen. Aber auch europäische (insbesondere deutsche) Großwildjäger, die sich sogar im WWF engagiert gehabt hatten, jagten Jaguare am tropischen Nordrand des Chaco und im Pantanal Boliviens nahe der brasilianischen Grenze, wo eben mit WWF-Spendenmitteln versucht worden war, ein Schutzgebiet für Jaguare aufzubauen.

Das Auftauchen der mit modernsten Geländefahrzeugen ausgerüsteten und selbstverständlich auch mit elektrisch betriebenen Eisboxen versehenen »Tiger-Hunters« hob nicht gerade die Stimmung in dieser drückenden Jahreszeit, die gleichsam vor dem Explodieren der Regenzeit stand. Die Spannung in der Luft stieg von Tag zu Tag an. Ausritte in den Dornbuschwald lockten nicht mehr, weil die vor Dornen starrenden Pfade nur mit massiven und schweren Lederschurzen für Reiter und Pferd passierbar gewesen wären. Jeder Hufschlag wirbelte feinsten Staub auf, der nicht nur die Kehle austrocknete und die Nase verstopfte, sondern auch für Fernglas und Fotoapparat zu einer ernsten, im Hinblick auf die weiteren Unternehmungen des noch nicht einmal zur Hälfte abgelaufenen Jahres sogar unverantwortlichen Belastung geworden wäre. So suchte ich das Krankenhaus auf, um mit dem dortigen Arzt zu sprechen, dessen Deutsch für mich normal klang. Er war wohl auch erst seit einigen Jahren in der Kolonie. Von den zahlreichen Dingen, die wir durchsprachen, und von den Befunden, in die ich Einblick erhielt, interessierten mich am meisten die typischen

Tropenkrankheiten. Malaria, so erklärte mir der Arzt, sei gegenwärtig kein Problem mehr. Wie es früher war, wisse er nicht. Gelbfieber ja, weil es dafür nach wie vor ein beträchtliches Reservoir an nichtmenschlichen Virusträgern in Form der Affen, vor allem der Kapuzineraffen, gab. Dagegen war ich natürlich geimpft, und ich vertraute auf den ein ganzes Jahrzehnt anhaltenden Impfschutz. Durchfallerkrankungen, aber auch Tetanus, seien bedeutender. Gegen Typhus, Cholera und Tetanus war ich »versorgt«. Am wenigsten umzugehen, so der Arzt, wisse man mit der Chagas-Krankheit. Sie ähnelt sehr stark der afrikanischen Schlafkrankheit, und sie wird von ähnlichen Erregern, von Trypanosomen, verursacht. Hauptüberträger sei nach wie vor eine Raubwanze, *Barbeiro* in Brasilien genannt, weil ihre Stiche im Gesicht an Verletzungen erinnern, wie sie bei der Nassrasur mit einem nicht genügend scharfen Rasiermesser (beim Barbier) auftreten können. Das Gespräch war in der Tat ergiebig und erstmals für mich so etwas wie die Konfrontation mit der Praxis und der Wirklichkeit nach der Theorie des Studiums und den Impfungen und Schutzmaßnahmen, die ich im eigenen Interesse ergriffen hatte. Doch dann bekam das Gespräch eine überraschende Wendung. Ich fragte, eher beiläufig, nach den Blutgruppen der Mennoniten, denn sie sollten gemäß ihrer ursprünglichen Herkunft aus Nordwestdeutschland hauptsächlich Blutgruppe A haben. Im Studium an der Universität München waren die menschlichen Blutgruppen beispielhaft für einen innerartlichen Polymorphismus in der Populationsgenetik behandelt und an ihnen das Wirken der natürlichen Selektion dargelegt worden. Was wir in den Krankenakten fanden, überraschte nicht nur mich, sondern auch den Arzt, der sich dessen offenbar gar nicht bewusst gewesen war, obgleich er Dutzende von Blutgruppenfeststellungen durchgeführt hatte. Die im Krankenhaus erfassten Mennoniten wiesen fast ausschließlich die Blutgruppe 0 auf, wie auch die Indios, bei denen es, soweit die Blutgruppe überhaupt festgestellt worden waren, nichts anderes als 0 gab. Auf meinen Hinweis, die Mennoniten sollten doch wenigstens in etwa derselben Häufigkeit wie 0 auch A haben, meinte er mit deutlich verärgertem Unterton, mit den Indianern hätten sie sich sicherlich nicht vermischt. Diese Klarstellung löste aber das Problem nicht, denn selbst wenn es in beträchtlichem Umfang zu einer Vermischung der Mennoniten mit den Indios gekommen wäre, hätte A nicht einfach so selten werden können, dass es in den damaligen Krankenkarten nahezu nicht verzeichnet war. Da vertraute ich doch ganz fest auf die Populationsgenetik und das »Hardy-Weinberg-Gleichgewicht«, das wir für die Prüfungen beherrschen mussten. Es besagt, dass sich am Mengenverhältnis der Erbanlagen zueinander, genauer der Allele, nichts ändert, wenn über die Generationen hinweg kein Selektionsdruck gegen bestimmte Anlagen (Eigenschaften) gegeben ist. Abweichungen können zustande kommen, wenn es bevorzugte Heiraten zwischen bestimmten Teilgruppen gibt, im englischen Fachausdruck *assortative mating* genannt.

Nun sollten aber gerade die Mennoniten mit ihrer Abgeschlossenheit nach außen und ihrem gruppeninternen Heiraten am ehesten dem statistischen Ideal einer gleichmäßigen Durchmischung entsprochen haben. Sicherlich traf für sie zu, was der Arzt so nachdrücklich betonte, nämlich dass sie sich nicht mit den Indios vermischten. Wo waren dann die entsprechenden Anteile der Blutgruppe A geblieben? Zurück aus Südamerika, stieß ich beim erneuten Durcharbeiten der Bücher und Expeditionsberichte von Hans Krieg auf die wahrscheinliche Lösung: Die Mennoniten waren in den ersten Jahren nach ihrer Ankunft im Chaco von schweren Fieberepidemien heimgesucht und dezimiert worden. Nun ist aber seit langem bekannt, dass die Blutgruppe 0, die am verhältnismäßig besten vor Fiebererkrankungen schützt, bei den amerikanischen Indios ausschließlich vorkommt. Die Fieberepidemien, denen die Mennoniten im Gran Chaco in den ersten Jahren ihrer Kolonisation ausgesetzt waren, trafen daher die Träger von Blutgruppe A höchstwahrscheinlich am stärksten. Sie verschoben die Anteile der Blutgruppen in der kleinen Bevölkerungsgruppe europäischen Ursprungs und glichen sie weitgehend denen der Indios an. So lieferten mir die Einblicke in die Krankenkarten der Mennoniten ein Jahr nach Ende meines Studiums so etwas wie ein Musterbeispiel für einen biologischen Gründereffekt (*founder principle* in der Populationsgenetik genannt oder »Sewall-Wright-Effekt« nach den Entdeckern), wenn dieser einer scharfen natürlichen Selektion unterworfen worden ist, wie sie epidemische Krankheiten verursachen. »Genfrequenzen« fingen an, eine Rolle zu spielen, wo vorher noch ziemlich unbeholfen mit Anpassungen argumentiert worden war, die für komplexe Organismen jedoch niemand hinreichend quantifizieren konnte. Die ökologische Genetik steckte als Forschungsrichtung noch in den Kinderschuhen. Ihr Paradebeispiel, der sogenannte Industriemelanismus, war zwar in die Lehrbücher eingegangen, aber der einzige große Fall geblieben, weil andere Fälle, wie die Bänderung bei Schnirkelschnecken, einfach kein vergleichbares Interesse erweckten. Beim Industriemelanismus von Schmetterlingen ging es um ohnehin aus ganz anderen Gründen höchst kritisch betrachtete Vorgänge, um Luftverschmutzung, Gesundheit und allmähliche Verbesserung der Hygiene. Die qualmenden Schornsteine der Industriegebiete Englands und des Ruhrgebiets hatten im 19. Jahrhundert Luft und Landschaft so sehr mit Ruß verschmutzt, dass an den Baumstämmen die Flechten verschwanden und sich an ihrer Stelle schmutzig-schwarzgraue Beläge bildeten. Als Folge davon nahm die seltene schwarze Mutante des weißgrauen Birkenspanners *Biston betularia* stark zu und ersetzte die normale Form nach und nach fast ganz. Die Schmetterlingssammler, deren es vor allem in England seit dem 18. Jahrhundert viele gab, dokumentierten diese Veränderung mit den Belegen in ihren Sammlungen und mit entsprechenden Aufzeichnungen. Der Grund war offensichtlich und ließ sich im Experiment bestätigen. Vögel fanden die auf den rußigen Baumstämmen ruhenden schwarzen Mutanten weit weniger leicht als die sich davon geradezu ins Auge springend abhebende helle Normalform. Diese war ursprünglich durch den grauen Flechtenbewuchs die besser getarnte Form gewesen.

Mit der nach und nach wieder verbesserten Qualität der Luft durch Verminderung der Rußfreisetzung in den britischen und westdeutschen Industriegebieten stieg die Häufigkeit der Normalform jedoch wieder an, und die schwarzen Mutanten wurden seltener oder verschwanden. Solche Schwärzlinge hatte ich selbst in Einzelstücken mit Lichtfallen im niederbayerischen Inntal gefangen und als Beispiel für unmittelbar erlebbare Evolution bewundert. Dort war der Hauptverursacher des Flechtensterbens, das Aluminiumwerk in Ranshofen bei Braunau, sehr wohl bekannt und noch in Betrieb. Die Wiedererholung der Flechtenvorkommen an den Baumstämmen erlebte ich dann in den folgenden Jahrzehnten und sah den Effekt auch in der Zunahme anderer Schmetterlinge, deren Raupen von Flechten leben, der sogenannten Flechtenbären. Die Befunde zu den Blutgruppen der Mennoniten beeindruckten mich selbstverständlich viel mehr als das Schmetterlingsbeispiel. Die Blutgruppenhäufigkeit drückte aus, was ein Kurzbesuch nie erkennen würde. Evolution findet statt, auch wenn sich äußerlich sichtbar nichts verändert. Die Änderungen im Innenleben, die sie verursacht, sind fast immer viel bedeutender als das Äußere, auf das wir Biologen immer noch zu stark achten, wobei wir nicht bemerken, dass wir uns dabei oberflächlich verhalten.

Mancher Spaziergang erwies sich im Nachhinein als höchst ergiebig. Ein junges Entwicklungshelferpaar, das bei den Mennoniten tätig war, hatte einen völlig zahmen Kapuzineraffen *Cebus apella* und einen Dackel. Dieser war bei Spaziergängen immer mit dabei, und auch der Kapuziner schätzte kürzere Ausflüge. Aber zu lange durften sie nicht werden und nicht zu weit vom Haus wegführen. Dann wurde er müde, unsicher oder mochte einfach nicht mehr, und sein ansonsten vergnügtes Verhalten änderte sich recht plötzlich. Er fing an, nach dem Dackel zu schielen. Dieser versuchte nun seinerseits, den Affen im Blick zu behalten. Aber das nützte in aller Regel nichts. Urplötzlich sprang der Kapuziner auf den Rücken des Dackels und umklammerte dessen Kopf so, dass sich der Hund nicht mehr wehren konnte. Und wollte der Dackel dennoch nicht wahrhaben, dass er das tun musste, was er immer zu tun hatte, griff der Kapuziner nach hinten an die Schwanzwurzel, packte und drehte diese wie einen Joystick, bis der Dackel nachgab und leise jaulend mit dem Affen als Reiter auf dem Rücken nach Hause trottete. Dort angekommen, schwang sich der Kapuziner in den Mangobaum und entließ den zum Reittier degradierten Dackel, der so schnell er konnte zu den Menschen zurückrannte und mit intensivem Streicheln und Loben beruhigt werden musste. Wie der Affe darauf kam, den Dackel zu reiten, und ob er von Anfang an seine Sitzhaltung so perfekt anpasste, dass der Dackel keine Chance hatte, sich gegen diese Art von Missbrauch zu wehren, ließ sich nicht genauer erkunden. Die Präzision des Aufspringens und die Reithaltung verblüfften jedenfalls. Man bekam unweigerlich auch den Eindruck, der Affe zeigte mit äffischem Grinsen seine Freude darüber, dass es ihm doch wieder gelungen war, den Dackel zu übertölpeln.

Fieber und ein reitender Affe 127

Mich beeindruckte die Intelligenz der sogenannten Neuweltaffen, die sich auch in diesem Fall äußerte. Einige Monate vorher hatte ich in einem miserablen brasilianischen Kleinzoo gesehen, wie mehrere Kapuzineraffen, die harte Nüsse von den Besuchern bekommen hatten, diese so ganz nebenbei mit einem Stein von der Größe einer kleinen Menschenfaust aufschlugen. Sogar bei den extrem harten Paranüssen brauchten sie meistens nur einen einzigen Schlag. Sie beherrschten ihre Werkzeuge perfekt. Bei Erdnüssen schlugen sie nur leicht mit dem Stein zu. Erhielten sie eine Paranuss, schimpften sie zuerst darüber, da sie die einfach zu öffnenden Erdnüsse lieber hatten, schlugen sie aber doch jedes Mal wieder auf. Sie machten dies mit großer Selbstverständlichkeit. Würden Menschen plötzlich vor die Aufgabe gestellt, ohne Übung mit einem einfachen Stein eine Paranuss aufzuschlagen, hätten die allermeisten gewiss ziemliche Schwierigkeiten. Paranüsse sind selbst für Nussknacker harte Nüsse. Die Geschicktheit der Kapuzineraffen forderte natürlich den Vergleich mit Schimpansen heraus. Zwar wusste ich über sie nicht viel mehr, als ich bei Jane Goodall gelesen hatte, aber da sie als Knöchelgeher ihre Hände beim Gehen benutzen und viel größer als Kapuziner sind, beherrschen sie die Feinmotorik vielleicht naturgemäß nicht so gut. Die Besonderheiten neotropischer Primaten hatte schon Adolf Portmann hervorgehoben und festgestellt, dass im relativen Ausmaß der Gehirnentwicklung (bezogen auf das Körpergewicht), also in der sogenannten Zerebralisation, nicht die Schimpansen dem Menschen am nächsten stehen, sondern die neuweltlichen Kapuzineraffen. Unsere Voreingenommenheit zugunsten unserer tatsächlichen Nächstverwandten unter den Primaten lässt sich also keineswegs in jeder Hinsicht rechtfertigen. Der reitende Kapuziner und seine Werkzeuge gebrauchenden Artgenossen hatten Lehrstücke gegen eine zu eingeengte afrozentrische Sichtweise geboten. Ihre Tragweite begriff ich noch nicht, weil mir die entsprechenden Erfahrungen mit Afrika fehlten. Die Stücke, die man braucht, um sie mosaikartig zu einem aussagekräftigen Bild zusammenzufügen, kommen bekanntlich nicht der Reihe nach. Man muss warten können und Erfahrungen sammeln. Dieses Sammeln ist oft viel wichtiger als das Experiment. Denn gute, aufschlussreiche Experimente setzen ein entsprechendes Vorwissen voraus, aus dem sich die genaue Fragestellung ableiten lässt. Gleich mit Experimenten anzufangen heißt in aller Regel, am schon Bekannten weiterzumachen. Man nennt dies die Kenntnisse präzisieren oder vertiefen. Diese Vorgehensweise ist reizvoll, zweifellos. Aber ich behaupte, bei weitem nicht so reizvoll wie das Eintauchen in die Vielfalt, in die Fülle des Lebens.

Chulupí

Jeder schien zu wissen, dass er kommen würde, aber niemand wusste, wann. Plötzlich war er da, der Missionar, der im wirklichen Leben des Chaco mehr als Arzt denn als Seelsorger tätig war. Irgendwo hatte er einen Zahn gezogen, Kranke besucht und vielleicht auch Kontakte nach Bolivien gepflegt. Denn das Vieh und die Pesos, die auf seiner Missionsstation mitten im Chaco an der Grenze zwischen Paraguay und Argentinien Zwischenrast machten, sollten an ihren Bestimmungsort gelangen. *Contrabando*, als Schmuggelgut. Es gab damals nur drei Formen menschlicher Lebensweise im Chaco Paraguayo. Die elende der Indios, die hingebungsvoll-mühselige der Mennoniten und die nicht so ganz gesetzestreue der Schmuggler. Diese war sicherlich die beste von allen dreien. Paraguay, so hieß es allenthalben, könne nur vom Schmuggel leben. Der Kaffee, den es offiziell exportierte, wuchs nicht im Land, sondern in Brasilien. Die Kaimanhäute und Tierfelle, die am helllichten Tag von Schwarzhändlern auf Schwarzmärkten feilgeboten wurden, stammten überwiegend aus Bolivien, die meisten Rinder aus Argentinien, Elektro-, Fernsehgeräte und Fotoapparate aus Japan, die Waffen kamen von überall her. Der Schmuggel stabilisierte das Land. Und sogar seine Währung, den Guaraní. Das war höchst überraschend für mich. In den Monaten meiner Anwesenheit in Brasilien war der alte Kreuzer (*Cruçeiro*) vom neuen, dem *Cruçeiro Novo*, ersetzt worden, obgleich die Brasilianer selbst noch in den noch älteren *Milreis* rechneten. Diese waren durch Streichung dreier Nullen aus dem noch früheren *Reis* hervorgegangen, der sich längst hoch in die Tausender (*Mil*) bewegt hatte. Man tauschte daher US-Dollar oder DM kurzfristig nach Bedarf, denn was man dafür bekam, war nach kurzer Zeit viel weniger wert. Um den argentinischen Peso stand es gar noch schlimmer als um den brasilianischen Cruçeiro. Das bekam ich rein figürlich zu sehen auf der Missionsstation des Paters, mit dem ich aus der Mennonitenkolonie an den Pilcomayo gelangte. Der Aussicht auf nächtelange Kartenspiele war es zu verdanken, dass mich der Pater mitnahm. Obwohl der Beifahrersitz unter seinem heißen Plastikbezug irgendwie gepolstert war, brauchte ich dennoch rund einen Tag zur körperlichen Erholung nach der Tagesfahrt über das ungemein staubige Stück der Trans-Chaco-Straße und eine noch holprigere, kaum erkennbare Buschpiste, die zum Pilcomayo führte, dem Grenzfluss zu Argentinien. Dort standen die Lehmziegelgebäude der Missionsstation Escalante am Rand der gleichnamigen, wundervollen Lagune. Die mit Palmstroh gedeckten Häuschen umgab eine Ansammlung von Hütten der Chulupí-Indios. Ihre rundlichen Windschirme, die nur von wenigen Palmwedeln oder Tierfellen und Fladen zerbröselnden Lehms bedeckt waren, und die länglichen Hütten dürften in der Qualität der Bauausführung altsteinzeitlichen Lagerplätzen entsprochen haben, sofern diese nicht sogar besser gemacht worden waren. Die Indios selbst befanden sich in einem so erbärmlichen, schmutzigen und verkommenen Zustand, dass ich mich an die Schilderungen der Feuerland-Indios von Charles Darwin erinnert fühlte. Am schrecklichsten waren die Lumpen anzusehen, die die Indios als Kleidung trugen. Sie stellten wohl die missionarisch-zivilisatorische Errungenschaft dar, um die Scham zu bedecken. Ihrer Nacktheit beim Baden in der Lagune brauchten sie sich demgegenüber gar nicht zu schämen, denn so, wie ihre Körper aussahen, litten sie keinen Hunger. In der Lagune wimmelte es von Fischen. Zu dieser Feststellung gelangte ich nach einer Woche Rindfleisch und Radieschen. Sie hatte die fast zwanghafte Vorstellung ausgelöst, nun doch etwas anderes essen zu müssen. Fische ließen sich ganz leicht und in ausgezeichneter Qualität fangen. Rindfleisch hatte die Station mehr als genug, weil bei den Verschiebungen von Vieh über die Grenze offenbar immer einige Tiere zurückblieben, für die kein gutes Weideland benötigt wurde. So war die körperliche Kondition der Chulupí ganz gut, abgesehen von den älteren und alten Frauen, deren Körper durch zu viele Schwangerschaften ausgemergelt waren. Größere Knaben und Jugendliche waren so fit, dass sie mit kleinen

Wurfschleudern, die sie sich zwischen Daumen und Mittelfinger spannten, und an der Sonne getrockneten und gehärteten Lehmkugeln von der Größe einer Murmel durchaus erfolgreich Enten erlegten. Es gab an der Lagune sehr viele der kleinen Silberenten *Anas versicolor* und der noch kleineren, nur gut fünfunddreißig Zentimeter langen Rotschulterenten *Callonetta leucophrys*. Zwar gründelten sie in kleinen Schwärmen beisammen am Ufer, flogen bei Störung aber paarweise zusammenhaltend auf und kreisten oft wieder zum Ausgangsort zurück. Das nutzten die kleinen Jäger, um mit den Schleudern nach ihnen zu schießen. Mit erstaunlich gutem Erfolg! Weniger ergiebig verlief die Jagd auf die Gelben Baumenten *Dendrocygna bicolor* und Herbstenten *Dendrocygna autumnalis*, die in Schwärmen zu Hunderten an der Lagune einfielen, weil diese auch Pfeifgänse genannten Baumenten schon auf Entfernungen, die außerhalb der Wurfweite der Knaben lagen, lange Hälse machten, trillerten und auf und davon flogen.

Die Schleudern waren recht stabil gemacht. Sie bestanden aus bis zur Starre überdrehten Agavenfasern. Das breite Mittelstück des Bandes konnte für geschickte Knaben drei Kugeln aufnehmen, die durch ihr Auseinanderfliegen beim Wurf wie ganz grober Schrot die Trefferhäufigkeit verbesserten. Meine Versuche, mit ihren Fingerschleudern Kugeln zu werfen, trugen mir großes Gelächter der Kinder ein. Einmal hätte ich fast meine eigenen Zehen getroffen. Diese Ungeschicklichkeit wurde rasch vergessen. Denn ich erntete große Bewunderung, als ich mich von einem etwa zehn Zentimeter großen Hornfrosch (*Ceratophrys*) nicht einschüchtern ließ, der mich nahe dem Ufer der Lagune in der Abenddämmerung ansprang und zu beißen versuchte. Die Indios hielten ihn für äußerst giftig, was er aber nicht ist. Der tagsüber verborgene, weil meist im Boden eingegrabene Frosch mit dem riesigen Maul, den spitzen Hörnern über den Augen und der surrealistischen Flecken- und Bänderzeichnung sieht in der Tat recht beeindruckend aus, wenn er auf einen losspringt. Ich packte ihn und zeigte den Kindern, dass er nur ein großes Maul hat und nicht mehr. Danach befreite ich einen Kleinen Ameisenbären *Tamandua tetradactyla* aus seiner Verschnürung und trug ihn in den Busch, wo ich ihn laufen ließ. Für ein paar Guaraní hatte ich das schrecklich zur Kugel gefesselte Tier den Indianern abgekauft. Dass er mir mit seinen sichelförmig gebogenen, sehr scharfen Krallen keinen Kratzer zufügte, betrachteten die Kinder als besondere Leistung. Dabei war das Tier einfach viel zu geschwächt, um sich noch wehren zu können. Während der Zeit meiner Anwesenheit wagten die Indios nicht mehr, ihn zu fangen, aber da mir eine Verständigung in ihrer Sprache nicht möglich war, weil ich außer *(h)aitsch* (= ja) und *ampa* (als »nein« oder »nichts« verwendet) nichts verstand, meine moralischen Vorstellungen zum Umgang mit Tieren offensichtlich aber auch vom Pater nicht so recht geteilt wurden, zweifle ich nicht am Misserfolg meines Bemühens, ein Vorbild abzugeben. Dafür gab es nach anfänglicher Verneinung doch eine ganze Menge schöner *fajas*, die aus groben Pflanzenfasern gemacht worden waren. Sie enthielten sehr stark an Ornamente der Inkas erinnernde Muster aus eckigen Spiralen und geometrischen Figuren. Ihr Name kommt aus dem Spanischen wie auch Poncho und war mir aus meiner Kindheit in Niederbayern wohlvertraut. Da hießen Binden noch Fasch(e)n; Wickelkinder nannte man Faschnkinder und die Bündel aus dünnen Weidenruten, mit denen die Ufer an Bächen und Flüssen befestigt worden waren, Faschinen. Die klare, ordentliche Art der Ausführung von Binden und Mustern stand in krassem Gegensatz zu den Lumpen und Kleidungsfetzen, mit denen sie sich selbst behängten. Ponchos, bekam ich zu hören, hätten sie keine. Es sei auch warm genug, meinte der Pater erklärend. Man brauche sich nicht in einen Poncho zu hüllen und wenn doch, gebe es weit bessere aus Argentinien.

In einen braunen Riesenponcho gehüllt, der auch das Pferd bis zur Hinterhand abdeckte, war am übernächsten Tag nach meiner Ankunft jener geheimnisvolle korpulente Reiter eingetroffen, der die Nacht auf der Station verbrachte. Am Morgen gesellten sich drei weitere Reiter dazu, die wohl irgendwo im Busch geschlafen hatten. Von ihren wilden Bärten abgesehen, wirkten sie ganz normal, während ihr Gefährte mit einer für Gauchos ungewöhnlichen Leibesfülle spätabends angekommen war. Beim Frühstück – Rindfleisch mit Radieschen – sah er, was seinen Bauch betrifft, jedoch wieder ganz normal aus. Was ihn so verschlankte, müssen wohl die abgelegten Unmengen argentinischer Peso-Scheine gewesen sein. Welch weiteren Weg diese in der Nacht genommen hatten, behandelte der Pater vermutlich so wie ein Beichtgeheimnis. Jedenfalls zog die kleine Gruppe recht frisch und fröhlich am Vormittag weiter. Bei der Verabschiedung gab es sogar für mich mehrere kräftige Umarmungen, wohl weil ich in kennerhafter Weise und mit wenigen Brocken Spanisch die Qualität ihrer wirklich ausgezeichneten Pferde bewundert und gelobt hatte. Manche dieser Criollo-Pferde hätten es mit Vollblütern aufnehmen können. Wenngleich den Gauchopferden in aller Regel beim Zureiten jeder Widerstand gebrochen worden war und sie bedingungslos jeden noch so kleinen Befehl des Reiters ausführten, schienen sie mir dennoch mit ihren Reitern geradezu verbunden. Sie spitzen die Ohren, schnaubten sacht durch die Nüstern und rieben sich den Kopf an den Hüften der Männer, ohne zu etwas aufgefordert worden zu sein. Ein kaum hörbares Zungenschnalzen genügte, um sie in Bewegung zu setzen. Mit lose hängenden Zügeln suchten sie sich selbst den besten Weg. Wieder einmal war ich hingerissen von diesen Pferden, mit denen ich in Mato Grosso und in der Pampa von Rio Grande do Sul ins Gelände geritten war. Sie liefen nicht davon, wenn ihnen die Zügel über den Kopf nach vorn auf den Boden geworfen worden waren, sondern achteten darauf, sich beim Grasen darin nicht mit ihren Hufen zu verfangen. Als einmal eines in gestrecktem Galopp mit dem rechten Vorderhuf in ein Gürteltierloch einbrach, flog ich nicht in hohem Boden davon, sondern das Pferd fing sich und mich durch ebenso schnelle Gewichtsverlagerung und galoppierte weiter über die Pampa, als ob gar nichts geschehen wäre. Setzte ich mich in den Schatten, um Notizen zu machen, kam das Pferd neugierig herbei, roch am Buch und schnaubte hinein. In solchen Ritten kam für kurze Zeiten das Gefühl auf, mit dem Pferd eine geländetaugliche Einheit zu bilden. Das Pferd achtete auf den Weg, während ich nach den Vögeln schaute und mit dem Fernglas versuchte, früh genug zu erkennen, was sich in der Ferne bewegte und dann doch meist viel zu schnell flüchtig wurde. Denn von wenigen Gebieten ausgenommen waren alle größeren Tiere extrem scheu.

Für Ausritte ins Gelände war es kein Ersatz, aber es reizte dennoch, mit dem Aluminiumboot des Diktators Stroessner auf die Lagune hinauszufahren. Das Boot müsse am Ufer immer bereitliegen, erklärte der Pater, für den Fall, dass der General ganz schnell einmal einen geheimen Staatsbesuch auf der menschenleeren argentinischen Seite zu machen habe. Gelegentlich kämen er und seine Generäle auch zum Fischen an die Lagune. Mit dem Flugzeug natürlich, und dafür gab es tatsächlich einen glatten kleinen Landestreifen. Neben der Versorgung der Radieschenbeete mit Wasser gehörte es zur wichtigsten Aufgabe der Indios, die Piste so weit so sauber zu halten, dass stets kleine Propellerflugzeuge landen und starten konnten. Mit den Tagen quälte mich jedoch das einseitige Essen von Rindfleisch und Radieschen, wozu es abwechselnd Reis oder nichts gab. Doch da in meinem Säckchen mit überlebenswichtigen Utensilien auch ein paar Angelschnüre und Haken steckten, hielt ich nach knapp zwei Wochen den Überlebensfall für eingetreten. Reichlichst mit Rindfleisch ausgestattet, das für mehrere Portionen Gulasch gereicht hätte, stakte ich das Boot des Staatspräsidenten auf die Lagune hinaus und fing zu fischen an. Der Ausflug währte nur sehr kurz. Kaum hatte ich ausgeworfen, hing ein Fisch am Haken. Doch das Geräusch, das seine Zähne machten, als er versuchte, den Stahlhaken durchzubeißen, verursachte ein gewisses Gruseln. Hereingeholt ins Boot, bestätigte sich der Verdacht. An der Angel hing ein kapitaler Piranha, und ich hatte keine Ahnung, wie ich das zähnestarrende, die Augen auf mich verdrehende und wenigstens 25 Zentimeter lange Fischungeheuer davon abhalten konnte, mich auch außerhalb des Wassers zu beißen. Die Versuche, ihn mit Schlägen der Machete zu köpfen, gingen fehl und richteten den armen Fisch furchtbar zu. Schließlich gelang es mir irgendwie, ihn mit der Spitze des Buschmessers hinter dem Kopf aufzuspießen, was zwar den großen Rest seines Körpers handhabbar machte, nicht aber den Haken aus seinem Maul herausbrachte. Also blieb er vorerst am Ort, und der nächste Haken kam an die Reihe. Mit demselben Ergebnis, bis alle fünf Haken in mehr oder weniger abgetrennten Köpfen von Piranhas steckten und ich das mitgenommene, nicht mehr benötigte Fleisch den Fischen ohne List und Tücke einfach direkt übergeben konnte. Ein Piranha-Wasserwirbel war die Folge. Bei meiner Rückkehr wunderten sich die Indios gleich doppelt. Erstens, warum ich überhaupt Piranhas gefangen hatte, die doch so voller Gräten und schwierig zuzubereiten sind, und zweitens, warum ich die Haken in den Mäulern hatte stecken lassen. Als ich, eine sichere Entfernung einhaltend, mit dem Finger auf die Zähne deutete, verstanden sie und holten mir die Haken heraus. Warum ich Piranhas fing, verstanden sie dennoch nicht. Wo es doch so viele gute Fische in der Lagune gibt. Man fischt dort nicht, wo sich auf einen ersten ins Wasser geworfenen Fleischbrocken gleich Piranhas stürzen, klärte mich der Pater auf und beschrieb bessere Fischgründe. Bei dem nun folgenden Zweitversuch ging alles ähnlich schnell und gut, nur dass dieses Mal große, lachsartige Fische angebissen hatten. Sie enthielten wenige Gräten und schmeckten, am Feuer gebraten, ausgezeichnet.

Der Abschied kam so jäh wie das Gewitter, mit dem der Höhepunkt der Trockenheit beendet und die kommende Regenzeit mit heftigem Donner angekündigt wurde. Nach wenigen, sehr kräftigen Regengüssen verwandelte sich die Piste in haltlosen Schlamm. An ein Fahren mit dem Wagen des Missionars war nicht mehr zu denken. Seine Lösung war ganz einfach: Per Funk rief er den Staatspräsidenten an, schilderte die übliche missliche Lage, und dieser sandte im Gegenzug zwei Kleinflugzeuge des paraguayischen Militärs. Als zwischen den Regengüssen ein paar Stunden Ruhe eintrat, trocknete die Sonne die Landepiste, und die Mini-Flugzeuge konnten landen. Es gab nur einen Sitzplatz neben dem Piloten, und mein großer Speer aus rotem Eisenholz von den Moro-Indios aus dem nördlichen Chaco machte Schwierigkeiten. Der Pilot begutachtete die Waffe und stellte fest, dass die lange, schwere Eisenspitze gerade so über die Länge des Speers ausgewogen war, dass man diesen genau in der Mitte zum Werfen fassen konnte. Dann schleuderte er ihn über die Landepiste, brummte etwas offenbar Zustimmendes und verkeilte ihn dann sicher im Flugzeug.

Der Flug wurde phantastisch. Kurz nach dem Ende der Lagune versickert der Pilcomayo in der Chacoerde und verschwindet. Kilometer danach tritt ein Teil seines Wassers an mehreren Stellen in einem Rieselsumpf wieder aus. Der hier entspringende Fluss trägt nun den recht kennzeichnenden Namen Rio Confuso. An der Lagune, in den Sümpfen und auf den Palmenwäldchen gab es große Kolonien von Reihern und riesige Nester der gewaltigen Jabirú-Störche *Jabiru mycteria*, die mit ihrem schwarzgefärbten, aufgeblähten nackten Hals und dem breiten roten Band darüber sehr merkwürdig aussehen. Wir flogen nur wenig höher als die Gipfel der Palmen. Dieser Tiefflug bot eine tolle Sicht über die Chaco-Wildnis. Doch als ich in meiner Begeisterung dem Piloten ins Ohr brüllte, dies sei mein erster Flug, vergaß er fast zu fliegen. Ungläubig schaute er zu mir, und ich betonte nochmals, mein erster Flug. Nun wollte er mir unbedingt zeigen, was Fliegen ist und was er kann. Er zog die Maschine hoch, bis ich den Horizont unter mir verloren hatte, gab noch mehr Gas und drehte ein Looping! Ich weiß nicht, wie knapp über den Baumwipfeln er die Maschine wieder fing, er flog noch ein paar scharfe Kurven, sah dann aber, dass sich das breite Silberband des Paraguayflusses bereits recht deutlich abzeichnete. Am jenseitigen Ufer lag die Hauptstadt, und dort musste er auch landen. Er stieg höher auf, nahm nun erkennbar den richtigen Kurs ein und steuerte auf die große blaugraue Landepiste zu. Doch zu meinem Entsetzen ging er davor auf einer holprigen Wiese runter. Was ich im ersten Moment für eine Notlandung hielt, stellte sich als Militärflugplatz heraus. Das vermeintliche Ziel wäre der zivile Verkehrsflughafen von Asunción gewesen. Dort hätte die Militärmaschine gar nicht landen dürfen. Nach diesem in jeder Hinsicht eindrucksvollen Jungfernflug war ich gefeit vor jeglicher Flugangst und hatte keine Schwierigkeiten, mit ausgehängter Türe etwa über der Pampa von Nazca in Peru Steilkurven zu fliegen, um die rätselhaften Linien und Figuren zu fotografieren, die dort in der Steinwüste von der untergegangenen Nazca-Kultur angelegt worden waren. Eine kräftige Umarmung des Piloten, der damit seine Begeisterung ausdrückte, beendete diesen unvergesslichen und zudem gänzlich kostenlosen Rettungsflug. Zoologen haben es mitunter leicht. Fast immer eigentlich draußen in der sogenannten Wildnis, in der das Leben oft zivilisierter zugeht als in den Großstädten.

In den Ausläufern der Pampa

Ein rundlicher Eulenkopf ohne Federohren schob sich mit einem Ruck aus dem Loch am Boden. Im nächsten Moment stand der kleine Kauz auf dem Hügelchen gleich hinter der Höhle. Er streckte sich, wie um sich nach der Enge der Röhre, die in den Boden hinabführte, zu entspannen, drehte den Kopf mit seinen leuchtend gelben Augen nach allen Seiten, nach hinten und dann wieder nach vorn und schaute mich an. Als er wie höflich einen Knicks machte, kam das zweite Käuzchen aus dem Loch. Nun standen sie nebeneinander und reckten sich, so gut es ging, auf ihren langen Beinen in die Höhe. Kanincheneulen *Speotyto cunicularia* waren es. Man hätte sie für ein Pärchen europäischer Steinkäuze halten können. Tatsächlich sind diese Käuzchen mit dem Steinkauz verwandt. Hier in der Pampa von Rio Grande do Sul, dem südlichsten Bundesstaat von Brasilien, der an Uruguay im Süden und an die argentinische Provinz Misiones im Westen grenzt, gab es sie überall. Sie leben in Erdhöhlen. Es gibt sie von den südlichen Teilen der kanadischen Prärieprovinzen Nordamerikas bis weit hinab in die Pampa von Argentinien, also überall, wo in Amerika kurzrasiges Grasland vorhanden ist, und sogar auf Rasenflächen an Farmhäusern. Mit ihrem koboldhaften Verhalten und ihrer für Eulen eher untypischen Aktivität am Tage gehören die Kaninchenkäuze sicherlich zu den nettesten Vögeln. Viele Menschen halten sie für komisch, weil sie die Augen, wie alle Eulen, nicht direkt drehen können. Sie ändern ihre Blickrichtung ruckartig mit dem ganzen Kopf und prüfen knicksend die Entfernungen, etwa wenn sie einen Käfer fangen wollen oder sich nähernde Kühe und Menschen fixieren. Denn ihr Lebensraum ist das beweidete Grasland. Nur die Beweidung hält es kurz genug, dass die kleinen, knapp fünfundzwanzig Zentimeter großen Käuze die Übersicht haben, die sie brauchen, um Beute und Feinde zu lokalisieren. Vor Kühen und Pferden zeigen sie keine Scheu. Können sie diese mit ihrem Knicksen und ihrem Gesicht, das viel größer wirkt, als sie tatsächlich sind, nicht davon abhalten, sich ihrem Bau weiter zu nähern, tauchen sie darin unter oder fliegen mit purrenden Flügelschlägen ein paar Meter davon. Sobald die grasenden Großtiere weitergezogen sind, kehren sie zurück. Häufig stammt ihr Erdbau von Löchern, die Gürteltiere gegraben haben. In Nordamerika benutzen die Käuzchen verlassene Baue von Präriehunden. Recht ist ihnen aber jedes tief genug hinabreichende Erdloch, das sie selbst nach Bezug nicht mehr allzu sehr vergrößern und ausbauen müssen. Im unterirdischen Wohnkessel brüten die Kaninchenkäuze. Sind die Jungen groß genug, kommen sie aus dem Bau hervor. Mitunter schaut die ganze Familie am Eingang aufgereiht in die Runde. Wenn sie dann alle, zu fünft oder zu sechst, ihre Knickse machen, sieht das wirklich sehr komisch aus.

Dass die Kaninchenkäuze mitunter Stücke noch ziemlich frischer Kuhfladen mit dem Schnabel erfassten und damit den Eingang zu ihrem unterirdischen Bau zu verschließen trachteten, schien mir ein reichlich seltsames Verhalten, das ich nicht verstand, als ich es erstmals sah. Überhaupt empfand ich es als merkwürdig, dass die Vorkommen von Kaninchenkäuzen so eng an das Weidevieh gebunden waren. Nur dort, wo Rinder und Pferde grasten, lebten Kaninchenkäuze. Sie verhielten sich als echt amerikanische Vogelart durchaus ähnlich wie die europäischen Haussperlinge *Passer domesticus*, die es auch nur dort gab, wo sich europäische Siedler niedergelassen hatten. Bei Indianerhütten, den *Aldeias dos Indios*, traf ich Spatzen nie an. Sie schienen mir an der Küste sogar schon in den Siedlungen dunkelhäutiger Brasilianer, die afrikanischer Herkunft waren, viel seltener, wenn sie nicht ganz fehlten. Bei Europäern reichte es hingegen, dass eine größere Farm (*Façenda*) vorhanden war. Dann gab es praktisch mit Sicherheit Haussperlinge.

An diese Beobachtungen, die sich in den Monaten des Herumreisens in Südostbrasilien ergeben hatten, fühlte ich mich angesichts der Kaninchenkäuze erinnert. Sie lebten ganz offensichtlich in enger Verbindung mit dem aus Europa eingeführten Vieh. Im Gran Chaco, wo es an einigen Stellen durchaus größere Flächen mit Graswuchs zwischen den Palmenhainen (*Palmare*) und dem Dornbuschwald der Algarrobos gegeben hatte, konnte ich zwar Gürteltiere und die beiden Arten der merkwürdigen Schlangenstörche, die Seriema *Cariama cristata* und die Chunga *Chunga burmeisteri*, beobachten. Diese an Trappenweibchen erinnernden Vögel durchstreifen gemessenen Schrittes mit ihren langen Beinen das Grasland auf der Suche nach Schlangen und anderen Reptilien. Aber Kaninchenkäuze gab es dort nicht. Wie konnte es zu dieser Verbindung mit dem Weidevieh gekommen sein? Dieses war erst vor knapp 500 Jahren nach Südamerika gebracht worden und auf die Pampas gelangt. Hatte es dort vorher keine Kaninchenkäuze gegeben? Und wenn doch, wo lebten sie?

Für Nordamerika stellt sich diese Frage nicht, denn Millionen Indianerbüffel, die Bisons *Bison bison*, zogen über die Prärien, bevor die Europäer kamen. Nachdem diese die Bisons fast bis zur Ausrottung abgeschlachtet hatten, ersetzten sie sie durch ihr Vieh. Inzwischen gibt es in Nordamerika mit etwa 120 Millionen Rindern rund doppelt so viele große Wiederkäuer, wie Bisons zu ihren besten Zeiten dort gelebt hatten. Die Kaninchenkäuze brauchten also ihre Lebensweise nicht wesentlich umzustellen, nachdem Rindvieh die Büffel ersetzt hatte. Eher wurden die Bauten der Präriehunde knapp, weil nach der Umwandlung von freier Prärie in Weideland für Rinder deren Häufigkeit stark abnahm. In Südamerika hingegen hatte es keine Büffel oder andere Wildrinder und auch keine Pferde in der Zeit vorm Eintreffen der Europäer gegeben. Womit lebten die Kaninchenkäuze damals zusammen? Oder breiteten sie sich ähnlich wie die Spatzen mit den aus Europa gekommenen Menschen und ihrem Vieh aus? Solche Fragen gingen mir durch den Kopf, als ich vor den Kaninchenkäuzen flach auf dem Boden lag, hinnahm, dass Ameisen in meine Hosenbeine krochen und vielleicht auch Käfer, weil ich damit für die Stiere praktisch unsichtbar blieb, die ihre Kuhherden argwöhnisch begleiteten.

Ein unrühmlich schneller Rückzug vor einem ärgerlich gewordenen Stier, wie im Hochland von Santa Catarina kurz nach Beginn der Südamerikareise, kam hier in der weiten, offenen Pampa nicht in Frage. Da gab es keinen rettenden Zaun in der Nähe oder Baumgruppen, hinter denen ich mich hätte verstecken können. Als mich damals der Stier, dessen Nähe ich nicht bemerkt hatte, mit zornig scharrendem Vorderfuß herausforderte, reichte es ihm, dass ich mich schleunigst über den Stacheldrahtzaun entfernte. Die Flucht hinterließ einige gut sichtbare Zeichen an den Hosenbeinen. Den zurückgelassenen Rucksack ignorierte der Stier zum Glück; vielleicht weil er dieses Häufchen als unwürdig für einen Kampf empfunden haben mochte. Ich zitterte darum, denn er enthielt Proben von Wasserschmetterlingsraupen und den Fotoapparat sowie andere nicht ganz unwichtige Sachen. Stunden später erschlich ich mir den Rucksack wieder. Und war gewarnt, dass in Südamerika ein Rind, das wie ein Bulle aussieht, meistens kein durch operative Eingriffe mild gestimmter Ochse ist.

Mit dem Pferd war ich allein unterwegs auf diesem flachen Grasland. Nur in der Ferne im Süden zeichnete sich das Röhricht ab, das am Ufer der großen Lagune, der Lagoa dos Patos, wächst. Das Pferd genoss meine Begeisterung für die Kaninchenkäuze sichtlich und graste ruhig vor sich hin. Es würde sich nicht davonmachen, hatte mir der Besitzer der Farm versichert. Also konnte ich die

Käuzchen vor mir in aller Ruhe und Gelassenheit beobachten, während die Gedanken um die Frage kreisten, wie es sich denn mit ihnen vor der Zeit der europäischen Rinder verhalten haben mochte. Die Schar schwarzer Geier, die ein paar hundert Meter weiter wie übergroße Hühner auf der Pampa hockten und offenbar die Reste von einem toten Rind verdauten, passte zu meinen Überlegungen. Auch sie, die Rabengeier *Coragyps atratus*, leben nach Geierart in beträchtlichem Umfang von den Rindern und anderen von den Europäern eingeführten Tieren, wenngleich nicht von den lebenden, sondern von den toten. Mit ihnen verbunden sind die mir inzwischen recht vertraut gewordenen Kuckucksvögel, die Guiras und Anis. *Anu branco*, Weißer Ani, nennen die Brasilianer den struppig gefiederten, hellbraunen und markant trillernden Guira-Kuckuck *Guira guira* und *Anu preto*, Schwarzer Ani, den schwarz gefiederten, dickschnäbligen *Crotophaga ani*. Vor allem von diesem behaupten sie, er würde dem Vieh die Zecken vom Körper picken. Doch das war damals noch nicht genauer untersucht worden. Selbst jetzt, ein Dritteljahrhundert danach, scheint immer noch nicht so recht geklärt zu sein, ob diese Kuckucke wirklich hautpsächlich Zeckenfresser sind oder nur die Nähe des Viehs aufsuchen und auf den Rindern landen, um die aufgestöberten Insekten zu fangen. Das tun zwei ganz unterschiedliche Vogelarten auf ihre Weise auch: die schwarzen Viehstärlinge *Molothrus bonariensis* und die kleinen, fast weißen Kuhreiher *Bubulcus ibis*. Beide setzen sich durchaus häufig auf das weidende Vieh, um besseren Ausguck zu gewinnen. Die Kuhreiher kamen um 1925 auf eigenen Schwingen von Afrika nach Südamerika, wohl getragen von den Passatwinden. An der Mündung des Amazonas fand die kleine Gruppe weißer Reiher nun Tiere vor, mit denen sie seit Urzeiten in Südasien auf das engste verbunden sind und von denen nahe Verwandte in Afrika leben, die sie gleichfalls auf ihre Weise nutzen, die Wasserbüffel *Bubalus bubalis*. Ein paar Jahrzehnte vor dem Eintreffen der Kuhreiher in Südamerika waren Wasserbüffel auf der riesigen Insel Marajó im Mündungsdelta des Amazonas angesiedelt worden, weil sie die Überschwemmungen viel besser vertragen als das Rindvieh europäischer Herkunft. Sicherlich verdrifteten bereits in früheren Zeiten Kuhreiher immer wieder einmal mit dem Passat von Westafrika nach Südamerika. Aber sie fanden dort keine Büffel und Rinder vor, mit denen sie sich wie in ihrer afrikanischen Heimat hätten vergesellschaften können. Wenige Jahre nach ihrer Ankunft und nunmehr erfolgreichen Ansiedlung erreichten die Kuhreiher die Guyanas, wo sie 1930 brütend festgestellt wurden. Elf Jahre danach erschienen die ersten in Nordamerika, in Florida, sowie viel weiter im Süden, in Südbrasilien. Die Eroberung Amerikas durch diesen kleinen Reiher war nun nicht mehr aufzuhalten. Gegen Ende der zweiten Hälfte des 20. Jahrhunderts waren die Kuhreiher die häufigsten Reiher Amerikas. Und das, obgleich es auf diesem Doppelkontinent an Reiherarten nicht gerade mangelt: Vierundzwanzig verschiedene Arten der Reiherfamilie (Ardeidae) gibt es zwischen Kanada und Feuerland; wenigstens sechs davon hätten eine direkte Konkurrenz für den Kuhreiher darstellen sollen. Und dennoch wurde dieser in einem halben Jahrhundert zum häufigsten Reiher Amerikas. Der Erfolg wäre nicht vorstellbar ohne die Verbindung mit dem Vieh. In Nord- und Südamerika leben gegenwärtig etwa 450 Millionen Rinder. Das ist ein Drittel des Weltbestandes. Wenn es stimmt, dass die Bisons im 15. und 16. Jahrhundert rund 60 Millionen Stück zählten, hätte der damalige Höchstbestand der Wildrinder Amerikas kaum ein Siebtel des heutigen Bestandes ausgemacht. Doch die Bisons gab es nur auf den nordamerikanischen Prärien. In Südamerika kamen sie nicht vor. Nach Nordamerika wehen aber keine Winde vom tropischen Westafrika her. Und so hätten die Kuhreiher vor der Einführung der europäischen Hausrinder nach Südamerika keine Chance gehabt, sich jenseits des Atlantiks zu etablieren. Ihre mehrere hunderttausend Brutpaare umfassenden amerikanischen Bestände übertreffen inzwischen wohl den afrikanischen Herkunftsbestand ganz erheblich; dank der riesigen Viehherden, die Amerika »kuhreihergerecht« gestaltet haben.

Ist es also möglich, dass sich bei den Kaninchenkäuzen im Laufe der Jahrhunderte eine ähnliche Ausbreitung vollzogen hat? Sie hätte von Nordamerika über die mittelamerikanische, auch von Viehweiden durchsetzte Landbrücke nach Südamerika hinein vollzogen werden müssen. Über die Hochflächen der Anden wäre die Verbindung in den Süden gegeben. Von Argentinien hätten sie sich auf der atlantischen Seite des Kontinents wieder nordwärts vorarbeiten und Brasilien erreichen können, das nach Indien weitaus größte Rinderland. Ähnlich wie die große Straße, die Panamericana, dachte ich. Doch meine Überlegung scheiterte an biologischen Gegebenheiten: Für die Kaninchenkäuze sind fast 20 verschiedene Unterarten beschrieben und voneinander abgegrenzt worden. Selbst wenn nicht alle ihre Berechtigung haben sollten und die genauere Nachprüfung mit den heutigen molekulargenetischen Methoden ergeben wird, dass sie sich nicht aufrechterhalten lassen, so kann doch nicht bezweifelt werden, dass dieser Verwandte des Steinkauzes in eine ganze Reihe von Unterarten aufzutrennen ist. Ein paar Jahrhunderte sind für die Entwicklung der entsprechenden Unterschiede aber eine viel zu kurze Zeit. Also müssen die Kaninchenkäuze lange vor der Einführung des europäischen Viehs in Südamerika gewesen sein; auf den grasigen Hochflächen der Anden und in der Pampa, an deren nördlichstem Ausläufer ich lag und den drolligen Käuzchen zuschaute. Das Gleiche gilt für die Ani-Kuckucke und für die Kuhstärlinge sowie für eine ganze Reihe weiterer Arten des Graslandes, die sich mit dem Weidevieh mehr oder weniger intensiv vergesellschaften. Zu diesen Tierarten des beweideten Graslandes zu rechnen sind auch die hier fast überall anzutreffenden Kiebitze. In Brasilien nennt man sie *Quero-Quero* und im nahen Argentinien, Uruguay und Paraguay ganz ähnlich *Tero-Tero*. Diese Bronzekiebitze *Vanellus chilensis* sind Verwandte unseres Kiebitzes. Sie leben fast stets nur paarweise in ihren Revieren. Dafür reichen ihnen schon kleine Rasenflächen. Anders als ihr europäischer Vetter ziehen sie aber nicht zwischen Brutgebieten und Winterquartieren hin und her. Sie sind Standvögel und wenig geneigt, ihren einmal gewählten Platz zu verlassen. In Nordamerika gibt es sie nicht und auch sonst keine Kiebitzart. Als Vogel der Viehweiden können diese Bronzekiebitze also nicht von Nordamerika gekommen sein, wo es vor Ankunft der Europäer schon Vieh in Form der Bisons gegeben hatte. Die Herkunft dieser großen, den europäischen Wisenten *Bison bonasus* nahe verwandten Wildrinder lässt sich bis in die Eiszeit zurückverfolgen. In den Zeiten starker Vereisung, den Glazialen, gab der absinkende Meeresspiegel eine breite Landbrücke frei, die Nordostasien mit Alaska verband und damit die Verbindung nach Europa und zu den hiesigen Wisenten herstellte. Da auch der europäische Steinkauz *Athene noctua* in den nördlicheren Teilen seines großen natürlichen Verbreitungsgebietes, das von Südwesteuropa und Nordwestafrika quer durch Zentralasien bis nach Nordostchina und in das Amur-Ussuri-Gebiet reicht, eine durchaus enge Anbindung an Weidevieh zeigt, ist es vorstellbar, dass Abkömmlinge von ihm damals nach Nordamerika gelangten. Wie zahlreiche andere Lebewesen auch.

Ein solch geringer zeitlicher Abstand zur Gegenwart reichte aus, um aus östlichen Steinkäuzen aus Asien in Amerika die Kaninchenkäuze entstehen zu lassen. Die umgekehrte Möglichkeit, nämlich dass Abkömmlinge der Kaninchenkäuze etwa mit den Pferden aus Nordamerika nach Asien gelangt wären und sich dort in den Steinkauz sowie in die beiden anderen Gattungsverwandten, den indischen Brahmakauz *Athene brama* und den vielleicht inzwischen ausgestorbenen Blewittkauz *Athene blewitti* entwickelt hätten, ist weniger wahrscheinlich. Denn der Kaninchenkauz stellt zweifellos die stärker spezialisierte Art in der Gattung *Athene* dar. Deswegen war er bis vor kurzem sogar in eine eigene Gattung (*Speotyta*) gestellt worden. Erst die molekulargenetischen Befunde wiesen seine enge Verwandtschaft mit dem Steinkauz nach.

Wie der Bronzekiebitz ist der Kaninchenkauz für die Überquerung des Atlantischen Ozeans von Nordwestafrika her ein zu schwacher Flieger. Die schwarzen Seiden-Kuhstärlinge *Molothrus bonariensis* Mittel- und Südamerikas haben in Nordamerika mit dem Braunkopf-Kuhstärling *Molothrus ater* und dem Rotaugen-Kuhstärling *M. badius* nahe Verwandte, von denen nur einer, der Braunkopf, das frühere Gesamtgebiet der Bisons besiedelt hatte. Die »Kuhvögel« (*cowbirds*), wie sie in Nordamerika genannt werden, müssen also auch einst wie die Bronzekiebitze ohne Kühe in Südamerika gelebt haben können. Natürliches Grasland gab es vor Ankunft der Europäer auf riesigen Flächen vom randtropischen Bolivien und Brasilien südwärts bis Patagonien, auf den Hochebenen der Anden und in den Llanos im Orinoco-Gebiet Venezuelas. Die argentinisch-uruguayische Pampa wurde an Ausdehnung einzig von den Prärien Nordamerikas übertroffen. Doch es gab auf ihr keine großen Weidetiere vom Typ der Rinder und Schafe (Wiederkäuer, Bovidae). Lediglich die Guanakos *Lama guanacoe* spielten ökologisch eine vergleichbare Rolle. Diese kleinen Wildkamele waren früher in der Pampa bis Patagonien weit verbreitet. Sie stammten aus den Anden und hatten auch das tieferliegende Grasland der Pampa genutzt. Ursprünglich entstanden waren sie aber wie die modernen Pferde in Nordamerika. Dort überlebten sie nicht, sondern in zwei Arten auf den südamerikanischen Anden, dem Guanako *Lama guanacoe* und dem noch zierlicheren, durch eine besonders feine Wolle ausgezeichneten Vikunja *Vicugna vicugna*. In die Grasländer östlich des Paraguay-Parana-Stromes gelangten sie nicht, und so bleibt es ein Rätsel, welche größeren Weidetiere die Voraussetzungen für Bronzekiebitz und Kuhstärling, für Ani-Kuckucke und Kanincheneulen geschaffen haben könnten. An die riesenhaften, bärengroßen Bodenfaultiere (*Glossotherium*) und die noch größeren Riesengürteltiere (*Glyptodonten*) mag man als Großtiere früherer Zeiten, denen diese Vögel folgten, kaum glauben, sind doch selbst deren kleinere Nachfahren viel zu langsam, um als Aufstöberer von Insekten in Frage zu kommen. Den Guira-Kuckuck gibt es sogar nur im östlichen Südamerika von Nordostbrasilien bis Nordargentinien, wo es ursprünglich entweder gar keine Guanakos gegeben hatte, im weitaus größten Teil seines Verbreitungsgebietes nämlich, oder nur wenige ganz am südlichen Rand in Nordwestargentinien. Dorthin kamen die Guiras aber vielleicht erst in historischer Zeit. Sie bevorzugen ganz klar die recht trockenen Gebiete im Innern des Kontinents. Geraten sie in einen Regenschauer, sehen sie bald sehr schäbig, weil völlig durchnässt aus. Sie müssen sich dann in die Sonne setzen und trocknen. Die Schwarzen Anis sind in dieser Hinsicht weniger anfällig. Im feuchten, randtropischen Küstentiefland Südostbrasiliens und in den feuchten Flusstälern stellten sie 90 Prozent der Kuckucke beider Arten. Im zentralen Mato Grosso und im waldreichen Ostparaguay machten sie noch 75 bzw. 66 Prozent aus, während ihr Anteil in den Pampas von Rio Grande do Sul und in Ostbolivien auf 15 bzw. 13 Prozent zurückging. Im trockenen Gran Chaco von Paraguay waren nur Guiras anzutreffen.

Auch die Lebensweise dieser Vieh-Kuckucke gibt wenig Anhaltspunkte zu ihrer Herkunft und mit welchen Großtieren sie früher zusammengelebt hatten. Wie die Schwarzen Anis auch, leben sie in Großfamilien mit einem dominanten Paar, dessen Nachkommen den großen Rest der Gruppe bilden. Gemeinsam streifen sie umher, und abends schließen sie sich zu Schlafreihen zusammen, in denen sie so dicht an dicht sitzen, dass man nur an der Zahl der

Schwänze, die herausragen, erkennt, um wie viele Vögel es sich handelt. Für über hundert Gruppen Schwarzer Anis, die ich notierte, ergab sich ein Durchschnitt von acht Vögeln, aber die Familienverbände umfaßten bis zu zwanzig. Beim Guira-Kuckuck verhielt es sich ähnlich mit bis zu 18 Vögeln in einem Schwarm. Aber die Unterschiede waren groß. Fünf bis neun Vögel enthielt nicht einmal die Hälfte der Schwärme. Da diese Kuckucke ein gemeinsames Nest bauen und benutzen, in das alle Weibchen des Schwarms Eier ablegen, so sie solche erzeugen, weist die breite Streuung auf sehr unterschiedliche Erfolge der Gruppen hin. Denn nur die oberste Schicht der Eier wird bebrütet, und diese stammen hauptsächlich vom dominanten Weibchen. Die geschlüpften Jungen füttern alle gemeinsam. Große Gruppen von zehn bis zwanzig Vögeln bedeuten daher nicht einfach gute Bruterfolge. Sie können entstanden sein, weil mehrere Generationen beisammen blieben. Daher weist ihr kommunales Brüten auf die grundsätzlichen Schwierigkeiten hin, die diese Kuckucke mit der Beschaffung geeigneter Nahrung als Futter für die Jungen haben.

Fast alle Kuckucksvögel befinden sich in einer ähnlichen Lage. Fünfzig der knapp hundertvierzig Arten von Kuckucksvögeln betätigen sich als Brutparasiten bei anderen Vögeln. Unter den übrigen selbstbrütenden Kuckucken gibt es viele, die wie die Ani-Kuckucke Südamerikas in Gruppen leben. Dicke Mistkäfer oder gepanzerte Heuschrecken, die vom Weidevieh aufgestöbert werden, lassen sich nun mal nicht an kleine Junge verfüttern. Die Kaninchenkäuze meistern diese Nahrungsproblematik nach Eulenart mit großem, sich stark weitendem Schlund und dem Wiederauswürgen der unverdaulichen Bestandteile der Nahrung als Gewölle. Wenn sie die Käfer fangen, die sich an den Kuhfladen zu schaffen machen, brauchen sie diese nur mit einem Schnabelbiss zu töten, dann können sie auch dicke Käfer, zumal deren Hinterleiber, an kleine Jungeulen verfüttern. Bei den Kuckucken geht das nicht; sie müssen genauer suchen, um geeignete Insekten ausfindig zu machen. Helfen alle im Großfamilienverband zusammen, finden sie genug. Ansonsten bleibt nur die andere Möglichkeit, die Eier in fremde Nester zu legen und den Zieheltern die Fütterung zu überlassen. Je kleiner diese sind, desto besser eignet sich die Nahrung, die diese für die eigenen Jungen sammeln, auch für die Jungkuckucke. Unser europäischer Kuckuck brachte es darin besonders weit mit der Ausnutzung kleiner, nur gute Insekten sammelnder Singvögel als Zieheltern für die eigenen Jungen. Die Vieh-Kuckucke Mittel- und Südamerikas hingegen müssen zusammenarbeiten, um gemeinsam wenigstens einige Junge pro Brut durchzubringen. Gerade deshalb ist für sie das Abzwicken von mit Blut vollgesogenen Zecken eine attraktive Ergänzung des Speisezettels. Tatsächlich bekommt das Weidevieh außerordentlich viele Zecken und noch dazu die Larven von Dasselfliegen, die sich in die Haut bohren und darunter minieren. Bei meinem Aufenthalt in der Pampa von Rio Grande do Sul begann man gerade damit, das Vieh von Zecken und Dasselfliegen mit chemischen Mitteln zu befreien.

Dazu wird die Herde zusammengeholt und durch eine enge Furt getrieben. Das Wasser darin enthält die Mittel gegen Zecken und Dasselfliegen. Natürlich wollen die Kühe nicht hindurch und die Stiere schon gar nicht. Immer wenn eine solche Aktion notwendig ist, müssen alle Gauchos zusammen helfen. Gemeinsam treiben sie in wilden Ritten die Herden herbei und zwingen sie ins Bad. Lassos und Bolas fliegen, Hunde bellen, und die Gauchos selbst schreien oder jagen, wenn nötig, auch schon einmal eine Kugel aus dem Revolver in die Luft, um das Vieh gefügig zu machen. Sicherlich riechen die Rinder die dem Wasser hinzugefügten Gifte und wehren sich gegen die Prozedur.

An den Kaninchenkäuzen hatte ich mich längst noch nicht sattgesehen, als es wieder so weit war, die Rinder durchs Zeckenbad zu treiben. Dabei sollte auch ich als Hilfsgaucho mitmachen. Reiten könne ich ja, meinte der deutschstämmige Besitzer der Farm. Alles Weitere weiß und macht das Pferd. Es wird das Ausbrechen der Rinder verhindern und versprengte Einzelstücke zur Herde treiben. Ich könne ihm einfach freien Lauf lassen.

Vorerst stand mein Pferd eine ganze Weile nur untätig herum, und ich genoss das Schauspiel, das die Gauchos boten. In wildem Galopp standen sie in den Steigbügeln und jagten lassoschwingend um die Herde herum, die sich immer dichter zusammenballte. Die Hunde spielten offenbar keine Rolle dabei. Ihnen kam nur die Aufgabe zu, jüngere Ausbrecher zurückzutreiben. Das weite Grasland, an dessen Horizont noch kein Zaun zu erkennen war, leerte sich bis auf wenige Einzeltiere. Der Wind der Pampa stellte die Kreise der Lassos leicht schräg. Das machte sie besonders gut sichtbar. Die Herde war schließlich zu einem Oval zusammengedrückt, und die Spitze bewegte sich ganz von selbst auf die Furt zu, durch die die Rinder hindurchmussten. Als es den führenden Gauchos gelungen war, die ersten Kühe hineinzutreiben, spritzte das Wasser hoch auf. Ein vielkehliges Brüllen setzte ein. Die Herausgekommenen rissen wie ein Sog die anderen hinter sich her, während die Gauchos an den Seiten dafür sorgten, dass kein Rind um die Furt herum auswich.

Noch waren nicht alle durch, da setzte sich mein Pferd ganz von selbst in Bewegung. Aus anfangs verhaltenem Schritt wechselte es nach kurzem Trab in gestreckten Galopp und steuerte offensichtlich auf ein ganz bestimmtes Ziel zu. Kaum hatte ich mich ein wenig gefasst und meinen Sitz gefestigt, erkannte ich das Ziel. Ein riesiger Zebu-Stier war es, der schon drohend den Kopf senkte. Mit Stößen eines Vorderfußes zeigte er an, dass er nicht gewillt war, einfach den Platz zu räumen. Das Pferd aber galoppierte auf ihn zu, wie in voller Absicht, diesen Koloss aus Knochen und Muskeln zu rammen. Seine Hörner kamen mir gewaltig vor. Was sich dann in nur ein paar Sekunden oder Bruchteilen davon abspielte, lief für mich wie in Zeitlupe ab. Ich sah das Weiß in den verdrehten Augen des Stieres, seine gesenkten Hörner und den hoch aufragenden Buckel. Doch nichts geschah. Der Gewaltige drehte sich um und trottete brav wie eine junge Kuh vor mir her in genau der richtigen Richtung, die ihm mein Pferd vorgab. Und ich tat, überrascht, dass ich noch immer im Sattel saß, genau das, was ich vorhin bei den Gauchos gesehen hatte. Ich schrie irgendetwas aus Leibeskräften und tat so, als ob ich ein Lasso schwingen würde, obgleich ich gar keines hatte. Der Stier war das letzte Stück Vieh, das durch die Furt musste. »So macht er das immer, dieser Stier«, meinte der Besitzer und lachte. Das Pferd wisse es, und ein Gaucho fällt nie vom Pferd. Daher versucht es selbst möglichst zu verhindern, dass der Reiter abstürzt, denn danach würde es schlecht behandelt. Schon für die kleinen Knaben der Gauchos gebe es nichts Schlimmeres, als vom Pferd zu fallen. Für die Väter sei das furchtbar und für die Mütter höchst peinlich, solche Versager geboren zu haben. Ich war sehr froh, ohne diese Schande davongekommen zu sein. Das Schicksal wollte ich allerdings nicht noch einmal in ähnlicher Form herausfordern. Später meinte der Besitzer bei Spießbraten und argentinischem Rotwein, dass meine Körpergröße den Stier wohl besonders beeindruckt haben müsse, weil er sich noch nie so brav hatte treiben lassen. Die Gauchos seien doch meistens erheblich kleiner, und sie würden beim Reiten nicht annähernd so hoch über das Pferd hinausragen. Nun hat das aber auch viel mit dem Reitstil zu tun, und dieser war durch meine steife Unerfahrenheit so geraten, wie ich gewirkt hatte: gut auf den Stier, ziemlich miserabel aber aus der Sicht eines rechten Reiters.

Einmal mehr wurde mir aber klar, welche Einheit Reiter und Pferd bilden können. Ohne die zähen, wendigen Pferde iberischer Abstammung, die gerade hier im mittleren und südlichen Südamerika im Laufe der Jahrhunderte zu einer besonderen Form, den *Criollos*, gezüchtet worden sind, hätte Südamerika kein Kontinent der Rinder werden können. Die millionenköpfigen Rinderbestände bedürfen der gemeinsamen Arbeit von Reitern und Pferden in einer Art und Weise, die im biologischen Sinne durchaus einer Symbiose vergleichbar ist. Die Faszination, der ich bei den kleinen Käuzen erlegen war, drehte ihre Kreise, die sich mehr und mehr vergrößerten. Es begann mit dem Stück Dung, das ein Käuzchen mit dem Schnabel packte und das, wie man jetzt annimmt, durch den Geruch Schlangen abwehrt, wenn sie in die Höhlen hineinschnüffeln, um festzustellen, ob darin etwas zu holen ist. Dafür wird das Stück Kuhfladen in den Höhleneingang gelegt. Zudem rattern die Kaninchenkäuze so, dass es ähnlich wie eine Klapperschlange klingt, wenn sich ein Eindringling an ihrem Höhleneingang zu schaffen macht. Faszinierend, dachte ich und staunte weiter über die vielfältigen Folgen, die sich auftaten. Dazu gehörte die Feststellung, dass es hier auf der Pampa vor Käfern und anderen Insekten nur so wimmelte, die den Dung des Weideviehs weiterverwerten und aufarbeiten. Daher kam es in Südamerika nicht wie in Australien dazu, dass das, was die Millionen Schafe und Rinder in dieser für sie ganz neuen Welt hinterließen, biologisch nicht weiter aufgearbeitet wurde. Die Exkremente bildeten eine zunehmend dichtere Schicht auf dem Boden, weil es an Insekten mangelte, die diese verwerten. Die Australier mussten dafür geeignete Käfer aus Südamerika und Südafrika importieren. Wer hatte je darüber nachgedacht, wie merkwürdig dies eigentlich war? In Südamerika gab es Käfer, die den Viehdung zersetzen, obgleich keine Rinder und Rinderverwandte vorher dort gelebt hatten. Von solchen Insekten ernähren sich auch die kleinen Kaninchenkäuze mit großem Erfolg. Überall waren sie zu sehen. Nicht Afrika mit seinem Reichtum an Rinderartigen hatte beide Kontinente auch mit Dungkäfern versorgen müssen noch Indien, woher zumindest der (süd)östliche Zweig der domestizierten Rinder stammt, sondern Südamerika.

Eine nächste Weitung der Zusammenhänge ergriff die mit dem Vieh verbundenen Vögel; die Bronzekiebitze und die Kuhstärlinge, die Guira- und die Ani-Kuckucke. Profitiert hatten von den Rindern sogar die Termiten, weil sie sich überall dort, wo vordem kein richtiges Grasland war, aber Viehweiden angelegt wurden, in Massen ausbreiten und vermehren konnten; so stark, dass sie inzwischen ähnlich viel Methan aus ihrer eigenen Verdauung in die Atmosphäre entlassen wie die Gärkammern in den Mägen der Wiederkäuer selbst. Ein paar Jahrhunderte reichten aus, um so große Zusammenhänge globaler Dimensionen herzustellen. Der Naturhaushalt konnte gar nicht fest gefügt oder gar festgelegt sein, wie man das insbesondere in Kreisen der Naturschützer annahm. Die Ökologie der Pampa war und ist ohne die biogeographischen und erdgeschichtlichen Zusammenhänge einerseits und das Wirken der Menschen andererseits nicht zu verstehen. Was gegenwärtig ist, stellt offenbar keinen fertigen, endgültigen Zustand dar. Überall finden Veränderungen statt. Natur ist im Werden. Was wir hier und jetzt feststellen, repräsentiert Gewordenes, das mit früheren Zeiten und anderen Verhältnissen in Verbindung steht. Damals in der Pampa fing ich an, anders – und vor allem viel distanzierter und kritischer – zu betrachten, was bei Ökologen und Naturschützern unter Naturhaushalt verstanden wurde. Und ich war auch aus dem Gleichgewicht gekommen mit dem Gleichgewicht des Naturhaushaltes.

Kolibris spielen Fahrstuhl

»Brrrt« machte es, aber zu sehen war nichts. »Brrt, brrt«, dann ein Summen. Am Baumstamm vor mir bewegte sich etwas auf eine sehr ungewöhnliche Art und Weise. Mit einem Schritt zur Seite konnte ich es besser sehen in diesem nasskalten, von Nebelwolken durchzogenen Bergwald im südostbrasilianischen Küstengebirge der *Serra do Mar*. Damals, im Jahre 1970, gab es ihn noch, den Bergregenwald an der Atlantikküste. Nur an wenigen Stellen hatte man ihn mit Rodungen durchbrochen. Als dunkelgrünes Band hob sich die *Mata Atlantica* vom Meer her betrachtet ab vom helleren Grün des Küstenstreifens mit den Bananen- und anderen Pflanzungen. Verschiedentlich dehnte sich der Wald weiter auf das dahinterliegende Hochland aus, das sich in der südwinterlichen Trockenzeit braun und dunstig am Horizont verlor. Die meisten Berge waren bis zu den Gipfeln von dieser atlantischen (Wald-)Matte eingehüllt. Die Wolken, die der Südostpassat unablässig vom Atlantik her dagegen anbranden ließ, regneten sich an den Hängen ab, zerfaserten in ihrer vorher kompakten Struktur und lösten sich am Gipfelkamm in Nichts auf. Als kühler und feuchter Wind wehte der Passat darüber hinweg, geriet in niedrigere Höhenlagen, wurde wärmer und trocknete das Land aus. Es würde nun leicht brennen, wenn Feuer gelegt wird. Zu den großen Bränden im Innern kam es aber erst ein gutes Jahrzehnt später. Noch blieb die winterlich trockene Luft klar und frisch. Auf den höchsten Erhebungen des flachwelligen Hochlandes gleich hinter den Bergen in der Nähe des Städtchen Lajes konnten nachts Schneeflocken so dicht fallen, dass sich eine geschlossene Decke bildete. Unirdisch glänzte sie in der Morgensonne. Von weit her kamen die Menschen aus Südbrasilien, um das Naturschauspiel Schnee zu erleben. Der höchste Berg ragt dort immerhin über 1800 Meter hoch. Ein paar Berggipfel weiter entfernt, mitten im Staat Santa Catarina gelegen, erreichte der von den Deutschstämmigen »Spitzkopf« genannte Berg nur knapp die 1000-Meter-Höhengrenze, und so zog sich der Bergwald daran hoch und darüber hinweg in fast unangetasteter Geschlossenheit, als ich ihn aufsuchte. Hier stand ich auf gut 800 Meter Höhe über dem Meer und bestaunte, was sich vor mir tat. Ein Kolibri flog an Baumstämmen auf und ab. Weitere nebenan machten dasselbe. Immer wieder; unablässig! Zwei, drei Meter ging es im Schwirrflug dicht vor den Stämmen in die Höhe und wieder nach unten. Die kleinen grünen Kolibris gehörten mehreren Arten an, die sich in der nebligen Düsternis des Waldes nicht so einfach bestimmen ließen. Diese Winzlinge flogen für mich zu schnell. Noch hatte ich kaum Erfahrungen mit Kolibris im Wald. Ich hörte meistens nur ihr Brummen, bemerkte ein Huschen oder sah einen grünlichen Lichtfleck aufblitzen, der im selben Moment wieder verschwand. Ich war, wie man treffend sagt, noch nicht eingeschaut. Doch was machten die Kolibris hier? Überall im Wald schwirrten sie auf und nieder, wo es Bäume mit geraden Stämme und großen schwarzen Flecken auf der Rinde gab. Daran flog noch mehr herum: Wespen verschiedener Arten, Bienen und zahlreiche Fliegen. Ich war in diesem winterlichen Bergwald mitten in ein Insektengebiet geraten. Aber die Kolibris interessierten sich offenbar nicht für Fliegen als Beute. Sie verjagten diese wie auch die Wespen und die Bienen und verteidigten ihren Stamm gegen Artgenossen, gegen andere Kolibriarten und gegen die größeren Insekten sehr hartnäckig. Das musste einen Grund haben.

Kolibris sind im Allgemeinen nicht sonderlich scheu. Sie gewöhnten sich auch schnell an meine hinreichend distanzierte Anwesenheit. So wagte ich, mich näher an das Geschehen heranzumachen. Was ich sah, erbrachte eine erste Klärung. Haarfeine weißliche Röhrchen ragten fünf bis zehn Zentimeter weit aus der Rinde. An ihrer Spitze bildete sich ein glasiger Tropfen. Die Röhrchen bogen sich, bis das Tröpfchen abfiel, wenn kein Kolibri kam und ihn aufsog. Manche großen Wespen versuchten dies zwar auch, aber fast immer erfolglos, weil sie sich an den dünnen Röhrchen nicht festhalten konnten. Sie kletterten daher mehr auf dem schwarzen Belag herum, der offenbar durch den abgetropften Saft auf der Baumrinde entstanden war. Dort bissen sie hinein oder leckten daran. Eine Probe mit der Fingerspitze ergab, dass es sich um Zuckersaft handelte, der aus den Röhrchen austrat. Dass dieser giftig sein könnte, war bei dem Andrang, der hier herrschte, nicht zu erwarten. Die Tropfen erneuerten sich in wenigen Minuten und fielen ab, wenn niemand kam und sie ableckte.

Mit dem Taschenmesser schnitt ich um die Austrittsstelle des Röhrchens ein Stück Rinde aus. Nun sah ich, wer der Urheber des Saftflusses war. Als rosiger, seitlich etwas eingedellter Klumpen saß eine Schildlaus unter der Rinde. Sie war etwa einen Millimeter dick und saugte mit ihrem gut erkennbaren Rüssel Saft. Dieser besteht zwar vor allem aus Wasser, enthält Zucker, aber nur sehr wenig Aminosäuren. Die Schildlaus braucht diese für ihr Wachstum. Um genug zu bekommen, muss sie Zuckerwasser im Überschuss aufnehmen und durch ihren Körper schleusen. Dabei entnimmt sie die gelösten Aminosäuren sowie etwas Zucker. Den größten Teil des Saftes scheidet sie über das lange Wachsröhrchen aus. Nutznießer sind Kolibris, Wespen, Bienen und Fliegen, vielleicht auch die Schildläuse selbst, weil sie ihr eigenes Nest, in dem sie sitzen, nicht mit Zuckerwasser beschmutzen. Die Bakterien, die sich trotzdem stark genug entwickelten und den schwärzlichen Rindenbelag bildeten, könnten ihnen ansonsten gefährlich werden. Diese Möglichkeit zog ich in Betracht, weil die Stämme dieses Baumes, die nicht von Schildläusen befallen waren, ganz anders aussahen. Ihre Rinde ist weißlichgrau und glatt. Später konnte ich im Botanischen Garten in Rio die Baumart bestimmen. Es handelt sich um *Mimosa bracaatinga*, also um eine Akazienverwandte. Tatsächlich erinnerte mich der Honigtaugeschmack entfernt an den Duft von Mimosen. Im Gran Chaco hatten sie gerade angefangen zu blühen und die Luft mit ihren Düften erfüllt. *Bracaatinga*, der Artname, stammt aus der Sprache der Guaraní-Indianer und bedeutet »weißer Stamm«. *Tinga* heißt weiß, und in *Braca* steckt *ca(a)*, die Bezeichnung für Holz. Im Nordosten von Brasilien wird eine besondere, sehr weitläufige und durch häufige Trockenheit geprägte Landschaftsformation mit dem indianischen Namen *Caatinga* benannt und vom krüppelwüchsigen, südwärts anschließenden *Cerrado* abgegrenzt. Dieser niedrige Trockenwald schiebt sich zwischen den Küsten(regen)wald und den großen amazonischen Regenwald. Vom Dornbuschwald des Chaco im Süden reicht er bis zur *Caatinga* im Nordosten. Sein Name kommt nicht aus einer Indiosprache, sondern leitet sich vom portugiesischen Wort *cerrado* ab, das »eingeschlossen« oder »unwirtlich-trübe« bedeutet. Inzwischen hat diese Bezeichnung einen geradezu ironischen Beiklang, durchziehen doch den Cerrado schier endlos lange Zäune, welche die riesigen Viehherden einschließen. Aus den eingezäunten Weideflächen steigt beißender Rauch auf, wenn das weite Land in der winterlichen Trockenzeit abgebrannt wird, um neuen Graswuchs zu stimulieren. Nicht nur die Arten des brasilianischen Bergregenwaldes sind gegenwärtig besonders gefährdet, sondern auch die Tiere und Pflanzen des Cerrado.

Davon war bei meinem Aufenthalt in der Region noch nichts

zu bemerken. Die Wälder überzogen das Gebirge an der brasilianischen Ostküste bis weit über Rio hinaus nach Norden. Die Bracaatinga sei als Baumart nicht selten, erfuhr ich im Botanischen Garten. Von schwarzen anstatt den namensgebend weißen Stämmen wusste man nichts. Mehr als ein Jahr nach meiner Rückkehr aus Brasilien vernahm ich, dass der Bonner Zoologe Friedemann Köster etwa zur selben Zeit in Kolumbien solche Schildläuse gefunden und untersucht hatte. Kolibris als Nutzer des Honigtaus waren ihm nicht aufgefallen. Vielleicht lag das dran, dass es dort nicht die richtige Jahreszeit gewesen war. Wahrscheinlicher ist allerdings, dass sich die Kolibris speziell in Südostbrasilien diese Winternahrung erschlossen hatten. Denn jenseits des Äquators in Kolumbien gibt es keinen solcherart vergleichbaren Winter. Hier im Süden fand ich in dieser Höhe von 800 Meter während der Wintermonate im Wald so gut wie keine Blüten mehr, von denen Kolibris Nektar hätten holen können. Die meisten waren aus den Bergwäldern in die Täler und zur tropisch warmen Küste hinunter gewandert. Dort sah ich sie in großer Zahl und beeindruckender Vielfalt an Arten. Manche hielten sich nicht an die Theorie, dass die Schnabellänge der Kolibris der Tiefe der Blütenkelche entspreche, die sie nutzen. Sicher trifft es zu, dass Langschnäbel in entsprechend lange Blüten hineinkommen. Aber es geht auch anders. Kolibris mit kurzem Schnabel nahmen an geschlossenen Hibiskusblüten, aus denen nur die Narbe herausragte, einfach einen kräftigen Anlauf in der Luft und schossen mit direkt nach vorn gerichtetem Schnabel auf die Blüte zu – so als wollten sie diese aufspießen. Das taten sie auch! Mit dieser Methode stachen sie von der Seite an der passenden Stelle ein Loch und holten sich so auf kurzem, aber aus der Sicht der Blüte verbotenem Weg den Nektar heraus. Langschnäbel hin oder her.

Verständlicherweise begeisterten mich diese Kolibribeobachtungen sehr. Die Winzlinge waren als Vögel sehr leistungsfähig. Sie mussten sich nicht an ein starres Schema aus angeborenen Verhaltensweisen halten, von denen ich ein paar Jahre vorher noch von Konrad Lorenz in seiner Vorlesung an der Münchner Universität gehört hatte. Lorenz ging von arttypischen und die Art erhaltenden Verhaltensweisen aus, die es zu einem »Ethogramm« zusammenzufassen gelte. Trotz seines langen Lebens und wissenschaftlich höchst erfolgreichen Wirkens, das mit dem Nobelpreis gekrönt wurde, reichte es Lorenz gerade noch zu einem Ethogramm der Graugans. Bereits das Gänseverhalten erwies sich als zu komplex, um in der Lebenszeit eines Menschen vollständig erfasst zu werden – zum Glück für die nachfolgenden Gänseforscherinnen und -forscher. Je länger die Studien seither währen, desto unwahrscheinlicher wird es, jemals auch für nur eine einzige Vogel- oder Säugetierart das ganze mögliche Verhalten zu erfassen. Zu viel situationsbezogen Erlerntes mischt sich hinzu, und zu mannigfaltig sind die Bedingungen, unter denen die Arten leben können.

Meine Gedanken begleiteten Gefühle von Freude und ein wenig Stolz, mit den eigenen Beobachtungen etwas Neues »entdeckt« zu haben. Neu war für mich jungen Zoologen der Postdoc-Zeit in Brasilien so gut wie alles. Ob einzelne Feststellungen und Untersuchungen auch für andere Neues bieten würden, ließ sich, wenn überhaupt, oft erst nach langwierigen und mühseligen Literaturstudien klären. Vieles, das war mir klar, würde auch in Portugiesisch oder Spanisch veröffentlich sein und nicht nur in Englisch oder gar auf Deutsch. Dabei schätzte ich mich glücklich, mit den Büchern und Fachveröffentlichungen von Hans Krieg und zahlreichen weiteren deutschstämmigen Naturkundlern in Südamerika ein gutes Fundament zur Verfügung zu haben. Im Chaco setzte ich mich immer wieder hin, nahm *Zwischen Anden und Atlantik* aus dem Rucksack und las nach, was es über die Gegend enthielt, in der ich mich gerade aufhielt. Wie verblüfft war ich mitunter, wenn ich feststellte, dass sich in den rund vierzig Jahren fast nichts verändert hatte, die seit Kriegs Südamerika-Expeditionen vergangen waren. Aber es war nur das Land zwischen Anden und Paraguayfluss, das vorerst von ähnlich starken Veränderungen verschont blieb, die in Brasilien, auf der atlantischen Seite, bereits in Gang gekommen waren. Die Zeichen zu deuten verstand ich nicht, weil mir Vergleiche fehlten. Die gigantischen Maschinen, die einfach die Bäume wegschoben, wenn Straßen durchs brasilianische Küstengebirge gebaut wurden, gleichgültig ob es sich um dünnstämmige Ameisenbäume mit ihren großen handartigen Blattfiedern oder um massige Urwaldriesen voller Lianen und Epiphyten handelte, betrachtete ich in meiner jugendlichen Unerfahrenheit mit Bewunderung und einer gewissen Zufriedenheit darüber, dass es nun bald möglich sein würde, auf einer besseren Straße zu fahren. Die Ochsenkarren mit ihren Riesenrädern und dem Schneckentempo gehörten einer vergangenen Zeit an. Dass manchem Ochsen Blut in breiten Streifen von der Schulter lief, wo es aus einer faustartigen Knolle hervorsickerte, hielt ich für Zeichen des unglaublich brutalen Umgangs der Ochsenführer mit den durch die Verschneidung fügsam gemachten Kolossen. Später kam ich dahinter, dass dies Bisse von Vampirfledermäusen waren, die nachts Ochsenblut geleckt hatten und mit ihrem Speichel bewirkten, dass das nachsickernde Blut lange nicht gerinnen konnte.

Es war zudem sehr bequem, von der Veranda eines hübschen Bungalows am Waldrand mit dem vierzigfachen Fernrohr in die Kronen der Bäume am gegenüberliegenden Hang zu schauen, wo Kapuzineraffen herumturnten und Nasenbären immer schnüffelnd alles inspizierten. Über dem Wald schaukelten Greifvögel im Aufwind, der die Wolkenfetzen gipfelwärts schob. Schwarzweiß mit extrem tief gegabeltem Schwanz, sahen sie wie ins Riesenhafte vergrößerte Schwalben aus. Damit waren sie im Gegensatz zu manch anderer Greifvogelart in Südamerika leicht als Schwalbenweihen *Elanoides forficatus* zu bestimmen. Ihr Dahingleiten beachteten die Affen genauso wenig wie das der schwärzlichen, auf weit ausladenden und breiten Schwingen flach v-förmig dahinsegelnden Truthahngeier. Was diese Aasgeier über den dichten Wäldern wohl suchten, fragte ich mich. Noch war ihr ausgezeichnetes Geruchsvermögen nicht bekannt, mit dem sie aus dem Flug über den Baumwipfeln das tote Tier unten auf dem Waldboden entdecken, auch wenn sie rein gar nichts davon sehen. Ganz konkret führte Jahre später ein buntköpfiger Königsgeier *Sarcorhamphus papa* dieses Können über dem Urwald am Ucayali am Fuß der Anden vor. Er hatte durch das dichte Blätterdach hindurch gerochen, dass wir Spießbraten von einem Stück Rindfleisch unter dem Dach der Küchenhütte der Koepcke'schen Urwaldstation *Panguana* zubereiteten. Seine Flugkurven, die er drehte, machten den Eindruck, er würde zum Essen kommen, was er sich dann aber doch nicht traute.

Am Abend vollführten Segler, ferne Verwandte der Kolibris, ein geradezu unheimlich anmutendes Schauspiel. Sie kamen kurz vor Beginn der Dämmerung von den Berghöhen herabgeflogen, wo sie tagsüber Insekten über den Baumwipfeln gejagt hatten, und stürzten sich, ohne ihren reißenden Flug nennenswert abzubremsen, in einen der beiden Kamine des Hauses. Das war ihr Schlafplatz. Am nächsten Morgen »rauchten« sie wieder aus. Das Schauspiel an den Iguaçú-Wasserfällen war zwar erheblich beeindruckender als das, was allabendlich die Grauschwanz-Kaminsegler *Chaetura andrei* boten, aber im Grunde glichen sich die Schlafplatzflüge. Die Segler brauchen sichere Schlaf- und Brutplätze. Wenn sie nicht fliegen, sind sie hilflos. Mit den langen, sichelförmigen Handschwingen erzeugen sie hohe Fluggeschwindigkeiten. Bei den meisten Kolibris sind diese viel kürzer. Das macht ihre Flügel in der Hand beweglicher. Der Armteil des Flügels ist bei beiden eng miteinander verwandten Vogelfamilien ähnlich kurz und als Tragfläche unbedeutend. Segler wie Kolibris fliegen fast nur mit der Hand. So kann man ihre Flugweise charakterisieren. Das kostet Kraft, sehr viel Kraft. Woher sie diese nehmen, ist bei den Kolibris offensichtlich, wenn sie Nektar trinken. Der darin gelöste Zucker liefert die Energie für ihren höchst aufwendigen Flug. Er stellt ihr Flugbenzin dar. Bei den Seglern sieht man nicht sogleich, woher sie ihre Energie beziehen. Sie jagen, oft schrill schreiend, mit irrwitzigem Tempo in den Lüften umher. Sicherlich fliegen sie dabei viel zu schnell, um gezielt Beute machen zu können. Bei Flugtempo 100 saust eine in den Lüften schwebende Mücke eben auch mit Tempo 100 am Schnabel vorbei. Die Segler legen es meistens aber gar nicht darauf an, gezielt nach den Kleininsekten in der Luft zu schnappen. Sie fangen dieses Luftplankton einfach mit weit geöffnetem Schnabel. Borsten an der Mundspalte halten wie eine Reuse die sonst vom Gegendruck herausgeschleuderten Insektchen fest. Deshalb ist es für die Segler wichtig, in Luftschichten zu kommen, die dichte Schwärme dieser hochgewirbelten Kleininsekten tragen. Sie jagen in Gruppen, weil keiner dem anderen dabei etwas wegschnappt. Sie selbst können aber von noch schnelleren Falken nicht so leicht angepeilt werden, wenn sie zu mehreren in der Luft unterwegs sind. Das Fett, das in den Insekten vorhanden ist, liefert ihnen den Brennstoff für den Flug. Es ist guter Stoff! Pro Gramm ergibt er die beste Ausbeute an Energie. Zudem wird das Fett im Stoffwechsel rückstandsfrei verbrannt. Nur Wasser und Kohlendioxid entstehen daraus. Ist Fett knapp in der Beute, muss entsprechend mehr Eiweiß in Energie umgesetzt werden. Das schafft Rückstände, vor allem Harnsäure. Diese löst sich in Wasser kaum und kann nur schlecht über die Nieren ausgeschieden werden, wenn es an Wasser mangelt. Es ergeht den Seglern daher ganz ähnlich wie unseren Schwalben, die auch von den Insekten des Luftraumes leben. Bei sonnigem und trockenem Wetter kommen sie im Tiefflug ans Wasser, um zu trinken. Mit stark v-förmigen und für Sekundenbruchteile steif gehaltenen Flügeln gleiten sie über die Wasseroberfläche und ziehen mit dem Unterschnabel eine Spur durchs Wasser. In den Tropen trinken die Segler sicherlich auch oben in den Wolken im Flug.

Mit Wassermangel zu kämpfen haben ihre kleinen Verwandten, die Kolibris, in der Regel nicht. Ganz im Gegenteil: Nektar besteht zu neunzig Prozent und mehr aus Wasser. Kolibris können mit diesem Überfluss an Wasser ihre Körperchen vor Überhitzung schützen, wenn sie im Schwirrflug vor den Blüten stehen und zehnmal mehr Energie verbrauchen als andere Kleinvögel bei normalem Flug. Dennoch haben sie dafür besonders leistungsfähige Nieren nötig, um das überschüssige Wasser rasch wieder loszuwerden. Alle zwanzig bis dreißig Minuten setzen sie sich oben im Bergwald irgendwo ins Gezweig, um sich, wie es den Anschein erweckte, auszuruhen. Doch eine halbe Stunde Flug stellt für einen Kolibri noch keine besondere Leistung dar. Ihre nordamerikanische Verwandtschaft wird da ganz anders gefordert, wenn sie auf dem Zug nach Südamerika den Golf von Mexiko überfliegen muss. Manchmal sah ich, warum die Kolibris nach so kurzen Flügen rasteten. Von ihnen tröpfelte es. Sie gaben das überflüssige Wasser ab.

Kolibris und Segler. Die einen machen den extrem aufwendigen Schwirrflug. Die anderen haben die Fluggeschwindigkeit auf das Tempo von Sportwagen gesteigert. Das Fliegen kennzeichnet beide Vogelfamilien. Die Lösungen ihrer Probleme fielen unterschiedlich aus. Welche Probleme? Diese beschäftigten mich, als ich den zum Schlafplatz im Kamin zurückkehrenden Seglern zusah. Bis fast auf die Minute genau waren sie den ganzen tropischen Zwölf-Stunden-Tag über herumgeflogen, um hoch über den Wäldern Insekten zu jagen. Das Fett, das sie dabei für den aufwendigen Flug aufgenommen hatten, war aber in Eiweiß und unverdauliches Chitin verpackt. Die Rückstände der Insekten würgen sie als Speiballen wieder aus, das Fett stand als Treibstoff zur Verfügung und das Eiweiß kam als Gewinn dazu. Die Weibchen konnten daraus zur Brutzeit Eier erzeugen. Zusammen genommen ergibt das Sinn. Der Aufwand des schnellen, weiträumigen Umherfliegens rechnet sich über den zusätzlichen Ertrag an weiter verwertbarem Eiweiß. Wie verhielt es sich aber bei den Kolibris? Stundenlang flogen sie »Fahrstuhl« und waren dazu sogar bergwärts und nicht ins warme, blütenreiche Vorland hinausgezogen. Was sie aufnahmen, enthielt nur wenig Zucker, der als Treibstoff wieder dem Fluge dient. Wozu also der ganze Aufwand? Es kann doch nicht sein, dass Kolibris Nektar trinken, damit ihren aberwitzig aufwendigen Flug ermöglichen, um gleich wieder zur nächsten Nektarquelle fliegen zu müssen. Da würde sich der Flieger eigentlich nur selbst verfolgen! Ganz stimmt das natürlich nicht, denn ein beträchtlicher Teil des Brennstoffs geht auch in die Heizkosten ein. Der Vogelzwerg muss sich innerlich heiß halten, um zu überleben. Nur unter besonderen Bedingungen können es sich Kolibris leisten, die Körpertemperatur von ihren rund 40 Grad Celsius stark abzusenken und in Starre (Torpor) zu verfallen. Dann allerdings sind sie steif und hilflos der Gunst der Stelle ausgeliefert, an der sie in den Torpor verfallen. Segler können dies auch, sogar unsere Mauersegler bei schlechtem Wetter. Also erklärt sich daraus nicht einfach ihr Schwirrflug, der den Kolibris so hohe Energiekosten eingetragen hat. Tanken sie den Honigtau der Bracaatinga-Schildläuse auch deshalb, weil sie sich selbst warm halten müssen? Das wirkliche Leben ist kein Laborversuch unter kontrollierten Bedingungen. Es muss mit den unterschiedlichsten, oft gleichzeitig wirkenden Umweltfaktoren zurechtkommen.

Ich zog die Windjacke dichter an den Körper, weil es auf der Veranda nach Sonnenuntergang anfing kühl zu werden. Weiter oben, in 800 Meter Höhe, würde es in der Nacht deutlich kälter werden. Zu meiner Annahme, dass der Nektar zum Heizen des Kolibrikörpers getrunken wird, gesellten sich Zweifel. Warum sollten die Kolibris in die kalten Höhen hinauffliegen, wenn für sie dort die Heizkosten steigen? Für die Vogelzwerge ist es keinesfalls gleichgültig, ob sie zwanzig, dreißig oder mehr als fünfunddreißig Grad Temperaturunterschied zwischen innen und außen durch Stoffwechselwärme auszugleichen haben.

Da fiel mir die Lösung ein. Ich erinnerte mich an den oberbayerischen Kolibrispezialisten Walter Scheithauer. Ihm war es gelungen, Kolibris im Zimmerkäfig zu halten und zum Brüten zu bringen. Erfolgreich mit ausgeflogenen, lebenstüchtigen Jungen! Dazu verholfen hatten ihm nicht etwa die köstlichen Nektarmischungen aus tropischen Honigsorten, mit denen er versuchte, bestmögliche Haltungsbedingungen zu schaffen. Davon ernährten sich seine Kolibris gern, und sie blieben fit. Aber sie brüteten nicht. Der Erfolg stellte sich erst ein, als er sie zusätzlich mit Taufliegen (*Drosophila*) fütterte, die wir zu Tausenden im Zoologischen Institut gezüchtet hatten. Eine Mutante mit hochgedrehten Flügeln (*curled*) erwies sich geradezu als ideal für diesen Zweck, weil die Taufliegen wegen der verkrümmten Flügel nicht davonfliegen konnten. Die Kolibris pickten sie aus dem Schwirrflug heraus weg und kamen alsbald in die richtige Brutstimmung. Also war die Sachlage klar: Aus Zuckerwasser lassen sich keine Eier machen; auch Kolibriweibchen könnten diese wunderbare Verwandlung nicht zustande bringen. Sie brauchen für die Eier Eiweiß. Dieses Eiweiß pflücken sie in Form der winzigen Luftinsekten mit dem Schwirrflug von den Blüten oder direkt aus der Luft, wo es als Luftplankton unterwegs ist. Der Blütennektar zieht auch diese Kleininsekten an. Der Schwirrflug ermöglicht das ganz präzise Zupacken, das die Segler nicht mehr können, sobald sie in der Luft sind. Wo es an Nektar, also an Brennstoff, nicht mangelt, wird das Sammeln der Miniportionen von Insekten auch bei erhöhtem Energieaufwand einträglich. Gewiss, manche Blüten sondern Aminosäuren in den Nektar ab. Sie können sich diese kleine Zugabe leisten. Für die Fortpflanzung reicht die Menge aber oft nicht einmal in Insektenkreisen. Wir kennen den Zusammenhang von den Ameisen. Wenn sie im Wald oben in den Bäumen die Blattläuse melken, erhalten sie fast nur Brennstoff. Dieser erlaubt es ihnen, so geschäftig und meistens ziemlich sinnlos herumzuwuseln. Eier können die an sich weiblichen Ameisen davon nicht ausbilden. Das geht erst, wenn ein entsprechend hoher Anteil an Insektenbeute hinzukommt, der das nötige Eiweiß enthält.

Für meine Fahrstuhl spielenden Kolibris hatte ich damit eine mich überzeugende, die Einwände ausräumende Lösung gefunden: Nicht die Energie war knapp, und nicht um sie ging es, sondern um das rare Eiweiß der ungiftigen Kleinstinsekten. Diese lohnen den Aufwand, wenn die Nieren das Übermaß an Wasser abzugeben schaffen, da der Zucker aus dem Nektar ohne Abfallprobleme im Stoffwechsel verbrannt werden kann. Die Ausscheidungen der Bracaatinga-Schildläuse lockten ja, wie ich richtig beobachtet hatte, viele Insekten an. Den auffälligen und stets irgendwie auch gefährlich aussehenden Wespen und Bienen wird natürlich gleich weitaus mehr Aufmerksamkeit zuteil als den großen, dicken Fliegen. Die kleinen Insekten, die Winzlinge unter ihnen, hätte ich übersehen, wären nicht manche am zuckrigen Untergrund wie an einer Leimrute zum Fliegenfang festgeklebt gewesen. Die Kolibris hatten also nicht nur Treibstoff getankt und diesen sinnlos mit ihren Fahrstuhl-Flügen immer wieder ausgegeben. Sie hatten sicherlich dort Kleininsekten gefangen und aus ihnen Proteinvorräte für die kommende Brutzeit angelegt. Dass diese andere Form von Ernährung nicht so leicht auffällt, ist bei der Winzigkeit der Kolibris kein Wunder.

Erstmals aber hatte ich damit im richtigen Leben die in den Vorlesungen zur Ernährungsphysiologie gelernte Unterscheidung von Betriebsstoffwechsel und Aufbaustoffwechsel wahrgenommen. Mag sein, dass ich während des Studiums nicht wirklich begriffen hatte, worum es ging, aber vielleicht war den damaligen Assistenten des Physiologen und Institutsdirektors Hansjochem Autrum die Bedeutung des Unterschieds selbst nicht klar gewesen. Der Betriebsstoffwechsel kommt im Wesentlichen mit Energie aus; nur der Verschleiß an Material im Körper ist dabei auszugleichen. Solcher findet statt, weil der Körper lebt. Aber der Bedarf für Ersatz ist recht gering, verglichen mit Wachstum, Entwicklung und Fortpflanzung im Aufbaustoffwechsel. Ein Körper, der wächst, ein Baby zu versorgen oder Eier zu erzeugen hat, braucht Eiweiß. Er benötigt mehr Eiweiß als schlussendlich beim Wachsen im Körper festgelegt oder in den Nachwuchs übergeben wird, weil die eiweißhaltige Nahrung nie die genau benötigte Zusammensetzung haben wird. Der Betriebsstoffwechsel hingegen, der bei den dauerhaft warmblütigen Säugetieren und Vögeln so aufwendig ist, setzt Energie um. Den Bedarf hierfür können solche Nahrungsquellen am besten decken, die möglichst abfallarm Energie gespeichert enthalten, also Fette und einfache Zucker (am besten Traubenzucker). Der Schwirrflug der Kolibris wäre wohl ohne diese grundsätzliche

Trennung beider Formen des Stoffwechsels nie entstanden, weil er, müsste er mit der Verbrennung von Eiweiß betrieben werden, viel zu kostspielig wäre. Wie um meine Schlussfolgerung zu bekräftigen, fingen nun die Mücken zu stechen an. Nicht, um zu quälen, was sie unserem Empfinden nach in der Tat tun, sondern um sich aus meinem Blut das Eiweiß zu holen, das die Weibchen zur Bildung ihrer Eier brauchen. Die Kolibris aber schliefen jetzt oben im Bergwald, gut geschützt im Blattgewirr.

Medizin

Mit den Stech- und Kriebelmücken kam ich ganz gut zurecht. Stechmücken mögen mich anscheinend nicht sonderlich. Auch die bei uns heimischen Bremsen fliegen mich nicht nennenswert an. Entzündete Stiche blieben mir erspart, die so viele Menschen quälen, die erstmals Tropen besuchen. Sandflöhe, die sich unter die Zehennägel einbohren, und Dasselfliegenlarven, die dies in der Kopfhaut tun können, verschonten mich gänzlich. Unangenehmer wurden die Grasmilben (*Trombicula sp.*), die an den Beinen in die Haut eindringen und ziemlich jucken. Richtig heimgesucht wurde ich allerdings von Flöhen. Offenbar stieg bei jeder Fahrt, die ich in einem öffentlichen Bus machte, mindestens einer um und setzte mit seinen Probebohrungen bei mir an. Bis zum 52. Flohstich zählte ich anfangs noch mit, dann gab ich auf. Flöhe bekam ich mit einer einzigen Ausnahme überall: In den Großstädten wie Rio und São Paulo, in den schmucken Städtchen und Dörfern der deutschstämmigen Siedler in Südbrasilien, in den klimatisierten Überlandbussen, deren Fahrer größten Wert darauf legten, ein Durchschnittstempo von mindestens 100 Kilometer pro Stunde zu erzielen, im Zug nach Brasilia und in den Sammeltaxis, den *Colectivos*. Die einzige Ausnahme war das blitzsaubere Dorf der Chavante-Indios am Rio das Mortes in Mato Grosso. Die nackten Indios, die ihre Palmstrohhütten auf völlig glatt und sauber gemachtem Dorfplatz gebaut hatten und in Hängematten schliefen oder ruhten, boten den Flöhen nichts zum Leben. Eingerieben mit Palmöl oder bedeckt mit roter Farbe (*Urucú*), blieb ihre Haut von den in den Tropen allgegenwärtigen und besonders in feuchten Gegenden auch sehr gefährlichen Hautpilzen verschont. Ganz im Gegensatz zu den heruntergekommenen und zerlumpten, aber als zivilisiert geltenden Indios aus dem Gran Chaco sahen sie gesund und kräftig aus. Wie viele Verheerungen mochten die christlichen Missionare angerichtet haben, als sie die Indios in die Kleidungsfetzen zwangen, fragte ich mich. Infektionskrankheiten aus der Alten Welt, Kleider und Schnaps waren die Gaben, die einst Missionare unter dem Deckmantel der Christenheit mitbrachten. Die Europäer hätten sich um ihr eigenes Seelenheil sorgen sollen, anstatt dieses »den Wilden« aufzuzwingen.

Doch wie weit war ich da voreingenommen? Wirkte in mir das romantische Bild vom »Edlen Wilden«, der im Namen Gottes mit Gewalt der Eroberer zum »Elenden Halbwilden« gemacht worden war? Die eigenen Eindrücke, wie ich sie 1970 noch uneingeschränkt sammeln konnte, als man sich vielerorts in Brasilien und Paraguay nicht scheute, die Indios als »Ungeziefer des Waldes« (*bixos do mato*) zu bezeichnen, bestätigten mir das Vorgehen der Europäer in den Wäldern: *matar o mato* hieß es damals ohne Scheu. Es galt, den Wald (*mato*) zu töten (*matar*), zu vernichten. Erst dann würde Kultur entstehen können und sich zudem das leidige Indianerproblem ganz von selbst lösen. Die Rinderzüchter schreckten nicht einmal davor zurück, den Salesianerpater zu töten, mit dem ich Schafkopf gespielt hatte, weil er die Indianer gegen sie, gegen ihr illegales Eindringen ins staatlich ausgewiesene Indianergebiet verteidigte. Das geschah bereits zwei Jahre nach meinem Aufenthalt. *Buger* war ein Schimpfwort in Südbrasilien, das ich oft zu hören bekam. Es meinte ursprünglich die allerdings bereits ausgerotteten *Bugres*, wie die Stammesgruppe von Indios hieß, die einst dort gelebt hatte.

Die Chavante-Indios schossen schon mal das eine oder das andere Stück Vieh der Rinderzüchter ab, das in ihr Land, ins Indianerreservat, eingedrungen war, um es als willkommenes Fleisch zu verzehren. Im Gegenzug wurden sie selbst abgeschossen wie die Jaguare und die Pumas, die Rinder töteten, um zu überleben. Denn Wild ist knapp, sehr knapp in den Savannen und Wäldern Zentralbrasiliens. Warum das so ist, wusste ich zwar noch nicht, aber ich fing an, es zu erahnen. Einige Gründe bekam ich am eigenen

Körper zu spüren. Es gab so viele, zu viele Blutsauger, und alles Organische verschwand in kürzester Zeit, wohin immer es draußen in der Natur gelangte. Die Indios hatten bei ihren Dörfern in Mato Grosso praktisch keine Latrinen nötig. Sie gingen in den Busch. Dass ich beim Herumstreifen auf der Suche nach Vögeln dennoch nicht besonders darauf achten musste, lag daran, dass die Exkremente unglaublich schnell von Tieren unterschiedlichster Art aufgearbeitet wurden. Die bei uns so ärgerliche Verschmutzung von Straßen und Parkanlagen mit Hundekot fiele unter den Lebensbedingungen im Tropischen Regenwald nicht auf. Organische Stoffe, auch wenn es sich nur um Reste der Verdauung handelt, sind dort höchst attraktive Mangelware. Später erlebte ich dies näher und besonders detailliert in Amazonien bei der Beschäftigung mit den merkwürdigen Faultieren.

Zu Blutsaugern entwickelt hatten sich in Südamerika sogar Fledermäuse, die Vampire *Desmodus rotundus*. Erste Spuren ihres nächtlichen Blutzapfens waren mir bei der Betrachtung der Ochsenkarren in Ostparaguay und in den Wäldern Südbrasiliens aufgefallen. Weiter im Innern, in Mato Grosso, konnte es sein, dass man beim abendlichen Aufsuchen der Hängematte über sich im Palmstroh das Rascheln der auskriechenden und davonfliegenden Vampire hörte. Nun galt es, darauf zu achten, dass das Moskitonetz weit genug vom Körper entfernt ausgespannt war, damit man für die Rückkehrer nicht zur im eigenen Haus servierten Mahlzeit würde. Auch dies blieb mir erspart und damit die Befürchtung, der Vampirbiss hätte die Tollwut übertragen. Blut, Menschenblut oder das von anderen Säugetieren, wurde offenbar immer rarer, je weiter man sich ins grüne Zentrum Südamerikas hineinbewegte. Am Rio Negro konnte man sich völlig ungeschützt ins offene Boot legen, ohne in den angenehm warmen Nächten auch nur von einer einzigen Mücke gestochen zu werden. Dementsprechend waren dort auch weder Malaria noch andere Arten von Fieber zu befürchten, und gegen den Erreger des Gelbfiebers, einen Virus, schützte sehr wirkungsvoll die Impfung. Ein volles Jahrzehnt würde, so die Meinung der Tropenmediziner, eine Gelbfieberimpfung auf jeden Fall anhalten. Mit Malaria und all den anderen unangenehmen oder gefährlichen Infektionen, die man sich in den südamerikanischen Tropen zuziehen konnte, war in den Städten und insbesondere an der Küste zu rechnen, wo sich die menschliche Bevölkerung zusammenballte und ein reiches Angebot an warmem Blut für die Blutsauger darstellte. Affen aber, die in den Weiten Amazoniens die Infektionsträger für das Gelbfiebervirus sind, waren in den kultivierten Bereichen weitestgehend oder ganz ausgerottet.

Mit der Drift des Passats könnten die Vorfahren der Gelbfiebermücken der Gattung *Aedes* aus Afrika ins tropische Südamerika gelangt sein. Wahrscheinlicher ist es jedoch, dass sie mit dem Südäquatorialstrom auf Treibholz verdriftet wurden, als die Flüsse Niger und Senegal während der Feuchtzeiten des Eiszeitalters weit größere Wassermassen in den Atlantik schickten als in der Gegenwart. Was jetzt der Amazonas gegen den Wind und die starke Meeresströmung, die von Afrika herüberkommt, in den Südatlantik hinausträgt, ist eindrucksvoll genug und macht es vorstellbar, dass in feuchteren Zeiten in der anderen Richtung, nach Westen, die immer für Wind und Wasser die richtige Richtung gewesen war, unvergleichlich viel mehr gekommen sein muss. Wie dem auch gewesen sein mag, das Gelbfiebervirus ist im tropischen Mittel- und Südamerika dem afrikanischen Muttervirus noch so ähnlich, dass in beiden Kontinenten die Schutzimpfung für die Menschen sicher genug immunisierend wirkt. Mit den Neuweltaffen, den Breitnasen (*Platyrrhini*), kam das Gelbfiebervirus jedenfalls bestens zu Rande, oder sie mit diesem, je nachdem, wie man die Wechselwirkungen zwischen Virus und Wirt betrachtet. Da die Breitnasenaffen als artenreiche und vielgestaltige Primatengruppe schon seit vielen Jahrmillionen im tropischen Amerika leben, ergibt sich im Zusammenhang mit Herkunft und Verbreitung von Gelbfieber kein Problem. Die geeigneten Wirte waren vorhanden, wo immer sich für die übertragenden *Aedes*-Mücken Lebensmöglichkeiten geboten hatten. Eiszeitliche Ausbreitungen von Säugetieren, speziell von Primaten, brauchen wir nicht wie im Falle von Süd- und Südostasien als Vehikel der Krankheitserreger in Betracht ziehen, denn das ging nur in den Kaltzeiten und nur über die Beringstraße. Doch so weit außerhalb der Tropen hätten die Gelbfiebermücken nicht leben können. Für die Ausbreitung des Gelbfiebers nach Süd- und Südostasien spielt das keine Rolle, denn der Landweg für die Säugetiere und die Lebensbedingungen für die Mücken blieben im tropischen Bereich. Dass Australien von beidem nicht erreicht wurde, drückt die starke Isolationswirkung aus, die von den westwärts gerichteten Luft- und Wasserströmungen im äquatorialen Bereich zwischen Nord und Süd verursacht wird.

Daher beschäftigten mich diese, mir aus den beiden Studiensemestern Tropenmedizin vertrauten Gegebenheiten in Bezug auf das Gelbfieber nicht sonderlich. Obgleich im Detail längst nicht alles verstanden ist, was mit der Verbreitung des Gelbfiebers zusammenhängt, schien mir das Grundsätzliche doch klar. Schwieriger wird es, das ursprüngliche Fehlen von Malaria in den amerikanischen Tropen zu erklären, zumal – wie wir heute besser als vor dreißig Jahren wissen – andere Malariaerreger (Plasmodien), wie etwa die Formen von Vogelmalaria *Plasmodium praecox* und Nagetiermalaria *P. berghei*, ungleich weiter verbreitet sind als die drei bis vier für den Menschen gefährlichen Formen *Plasmodium vivax* und *P. ovale* (= Malaria tertiana), *P. malariae* (= Malaria quartana) und *M. falciparum* (Malaria tropica). Die Evolution dieser Blutparasiten war in meiner Zeit in Brasilien in Ermangelung geeigneter vergleichender Untersuchungsmethoden, wie sie erst von der Molekulargenetik geboten wurden, noch reichlich spekulativ. Primaten als Reservoir für Malariaerreger, die den Menschen befallen können, gab es ja, wie für das Gelbfiebervirus festgestellt.

Noch rätselhafter fand ich eine andere, im weiteren Sinne der Malaria ähnliche Erkrankung, die es nur in Südamerika gibt, nämlich das Chagas-Fieber. Charles Darwin hatte sich auf seiner Reise mit der Beagle um die Erde damit in Südamerika infiziert. Das wird jedenfalls vermutet. Denn viele Äußerungen seiner langen, chronischen Krankheit weisen darauf hin oder stimmen am besten mit der Chagas-Krankheit überein. Sie ähnelt in mehreren Eigenschaften der afrikanischen Schlafkrankheit, und wie diese wird sie von Einzellern verursacht, die ähnlich wie Geißeltierchen gebaut sind. Man stellt die Chagas-Erreger sogar in dieselbe Gattung *Trypanosoma*. Aber während die afrikanischen Erreger der Schlafkrankheit in speziellen Formen (»Arten«) bei Menschen und Säugetieren, insbesondere bei den großen Wildtieren der Savannen und lichteren Waldgebiete vorkommen, gab es für die amerikanische Verwandtschaft, für *Trypanosoma cruzi*, kein entsprechendes Reservoir. Woher kam dieses Fieber? Wie gelangte der Erreger ins tropische Amerika und zu einem so ganz anders gearteten Überträger? In Afrika sind es die blutsaugenden Tsetsefliegen der Gattung *Glossina*, von denen die Übertragungen auf Mensch und Wildtiere oder Vieh ausgehen. In Südamerika aber tun dies Raubwanzen der Gattung *Triatoma*. Da sie schlafende Menschen vornehmlich ins Gesicht stechen und durch den einsetzenden Juckreiz, der zum Kratzen verleitet, blutige Stellen wie Spuren einer schlechten Nassrasur auftreten, nennt man sie in Brasilien *Barbeiro* (= Bader, Bartschneider). Die Hauptvorkommen der Raubwanzen erstrecken sich über jenes mehr oder weniger trockene Übergangsland zwischen der feuchten Atlantikküste und Amazonien beziehungsweise den Regenwäldern am Ostabhang der Anden, in denen heute hauptsächlich das von den Europäern mitgebrachte Weidevieh lebt. Es würde zu den afrikanischen Verhältnissen mit Schlafkrankheit und ihrem Gegenstück beim Vieh, der Nagana-Seuche, bestens passen – wenn es vor Ankunft der Europäer, also vor dem Jahr 1492, in diesem Savannenland entsprechende warmblütige, größere oder große Säugetiere gegeben hätte. Was immer noch die Frage aufwürfe, wie die Trypanosomen in diese gekommen sind. Die Chagas-Krankheit ist eine richtige Savannenkrankheit, und die *Triatoma*-Raubwanzen leben in ganz ähnlich wechselfeuchtem Klima wie die Tsetsefliegen, von denen sie aber in der Welt der Insekten Welten trennen. So dreht die Chagas-Krankheit den Kreis der Überlegungen zurück zu den Kaninchenkäuzen, den Vieh-Kuckucken und den Mistkäfern, die vorhanden waren, obgleich es früher keine Rinder gab. Früher, das ist lediglich die Zeitspanne von einem halben Jahrtausend, in der die Neue Welt so grundlegend umgeändert wurde.

Trotz allem präsentierte sich die Neue Welt der Alten als eine weithin reine Welt, in der es kaum Ungeziefer und nur sehr wenige Krankheiten gab, verglichen mit dem, was die Eroberer als verderbliche Geschenke mitgebracht hatten. Es gab in Südamerika nicht einmal Raubtiere, vor denen sich Europäer wirklich hätten fürchten müssen. Die Jaguare, weit stärker zwar als die Leoparden Afrikas, mieden die Menschen; den Puma muss man schon arg reizen oder in Bedrängnis bringen, bis er angreift, und der große, hochbeinige Wolf der Savannen erwies sich als scheuer Hund, der lieber von Termiten und grünen Tomaten als von wolfstypischer Beute (oder gar von kleinen Kindern) lebt. Auch mir wurde sehr schnell bewusst, dass die größten Gefahren von den Kleinen und

Kleinsten, von den Blutsaugern und Krankheitserregern ausgehen und nicht von Raubtieren oder von Giftschlangen. Da ich nicht mit dem Buschmesser am Boden herumschlug, um Auflichtungen zu erzeugen, bekam ich so gut wie keine Schlangen zu Gesicht. Ein ganzes Jahr in Südamerika ergab ziemlich genau jenes gute Dutzend, das ich später in Nordindien wie auch auf Ceylon jeweils in wenigen Stunden fand. Sogar im Wald entlang der Isar am Alpenrand traf ich im Jahresdurchschnitt mehr Schlangen als in Brasilien. Mir fiel dort aber eine Merkwürdigkeit besonders auf, nämlich dass es in den tropisch-südamerikanischen Savannen Klapperschlangen gibt, die nach Art der Klapperschlangen mit einem durchdringenden Geräusch ihrer Schwanzrassel warnen, obgleich nicht ersichtlich ist, gegen wen dieses Rasseln eigentlich (ursprünglich) gerichtet war. Vom langsam ankommenden Weidevieh zieht sich die *Cascavel*, wie die tropische Klapperschlange *Crotalus durissus* in Brasilien genannt wird, rechtzeitig zurück, und die auf das Warnen höchst sensitiv reagierenden Pferde waren, wie das Weidevieh, erst mit den Europäern auf diesen Kontinent gekommen. So blieb auch das Rasseln einer Klapperschlange das Einzige, was ich von ihr mitbekam, weil das Pferd sogleich auswich und mir keine Chance ließ, näher nachzusehen. Zum Anhalten und Absteigen fehlte mir der Mut.

Mehr als dreißig Jahre danach, zu Anfang des neuen Jahrtausends, fand ich eine Lösung und kam zu einer Erklärung, die ich nirgendwo sonst bisher las. Doch dazu bedurfte es weit umfangreicherer Studien und Geländeerfahrung in Grasländern aller Kontinente. Erst dann ergab für mich die »Warnung auf Amerikanisch« einen Sinn (s. S. 425 f.). Mein getrocknetes Schlangenserum, das ich gegen alle Giftschlangen Südamerikas mit Ausnahme der bunten, äußerst giftigen, aber auch ganz friedlichen Korallenschlangen der Gattung *Micrurus* immer mit dabeihatte, kam nie zum Einsatz und vergammelte mit der Zeit.

Mittel gegen die üblichen Infektionskrankheiten der Tropen brauchte ich gleichfalls nicht, wohl weil ich erstens in der Kindheit auf dem Dorf aufgewachsen war und dabei das Immunsystem gut trainiert hatte, zweitens aber ganz konsequent Salat, nicht Abgekochtes oder nicht ganz Durchgebratenes mied. Stets hatte ich ein unzerbrechliches Fläschchen mit ausreichender Menge an Desinfektionsalkohol mit. Was ich an weiteren Mitteln gegen Infektionen im Rucksack dabeihatte, erwies sich einmal als Wundermittel. Diese Erfahrung brauchte ich zum Glück nicht an mir selbst zu machen. Ein schwarzer Arbeiter, Maneca hieß er, hatte sich oben in den Bergwäldern von Santa Catarina mit dem Buschmesser, der Machete, in den Fuß geschlagen und diesen von kurz unterhalb des Knöchels in Richtung Ferse so gespalten, dass an der tiefsten Stelle die Fußknochen zu sehen waren. Den Schnitt füllte er mit Kaffeepulver auf, um das Bluten und die Schmerzen zu stillen. Als ich ihn sah, waren der ganze Fuß und der untere Teil des Beines blauschwarz und zum Platzen angeschwollen. Eine Blutvergiftung schien bereits eingesetzt zu haben. Mir fiel die Ampulle mit einem zu spritzenden Antibiotikum (Erythromyzin) ein, die ich in meiner Reiseapotheke hatte. Weitab von jedem Arzt, meinte ich sogleich handeln zu müssen. Ich sterilisierte noch die Nadel der Spritze über der Flamme eines Zündholzes, was wohl bei der Schwere der vorhandenen Infektion im Fuß ziemlich unnötig war, verabreichte Maneca die volle Dosis und verordnete ihm die Hängematte und längere Abstinenz vom Zuckerrohrschnaps. Was immer er von den beiden Anweisungen gehalten haben mochte und in die Tat umsetzte, blieb mir verborgen. Nicht aber das Ergebnis meiner Behandlung: Drei Wochen später kam ich wieder in die Gegend, suchte nach ihm und fand ihn fröhlich und gesundet vor. Den Fuß zeigte er mir ganz stolz. Eine zeigefingerlange und fast zwei Zentimeter breite Narbe war übrig geblieben. Keine Schmerzen, keine Beeinträchtigungen! Sogar das Kaffeepulver, das ich vor der Verabreichung der Spritze mit dem Taschenmesser aus der Wunde herauszukratzen versuchte, bis das Fleisch kam, hatte anscheinend keine Spuren hinterlassen. Die Binde, mit der ich seinen Fuß, so gut das ging, umwickelt hatte, gab er mir dankbar und grob gewaschen wieder zurück. Beim Gehen war ihm nichts anzumerken. Er hatte Glück gehabt, dass das Haumesser keine Sehnen oder Bänder durchtrennt hatte. Der große Maneca, verglichen mit mir ein Riese, umarmte mich und nötigte mir das Versprechen ab, ihn unbedingt wieder zu besuchen. Aber ich sah ihn nicht wieder. In meiner Erinnerung blieb sein strahlendes Gesicht zurück mit den schwarzen, angefaulten Zähnen, wie ich sie überall in der armen brasilianischen Landbevölkerung sehen musste. Nicht aus Mitleid, sondern sehr real tat mir gerade zu dieser Zeit ein Backenzahn weh. Er war der erste der Zähne, die Brasilien zum Opfer fielen. Ein zweiter folgte, und zurück blieben Probleme bis weit in die nächsten beiden Jahrzehnte hinein. Denn so passend ich in (tropen)medizinischer Hinsicht auch ausgerüstet war, so wenig hatte ich den entscheidenden Mangel vorab bemerkt und auch nicht gelehrt bekommen – den an Mineralstoffen. Dem Wasser, das ich zu trinken hatte, den Früchten und eigentlich der ganzen täglichen Nahrung, wenn es nicht gerade Fleisch in Fülle gab, fehlten Mineralstoffe. Ganz besonders rar war Kalzium. In den meisten brasilianischen Flüssen gab es wahrscheinlich mehr Gold als Kalk. Das hatte Folgen. Auch bei mir, wie ich an meinen Zähnen erkennen musste. Sie bekamen am Zahnfleischansatz Spalten, und an einer Stelle konnte ich mit der Zungenspitze verfolgen, wie das sich bildende Loch größer und größer wurde. Da sich im Landesinnern die Zahnbehandlung auf das Zahnziehen beschränkte, musste ich warten, bis es so weit war. Dann packte der Zahnarzt, der wahrscheinlich dem Bader früherer Zeiten in Bayern entsprach, den kaputten Zahn und zog ihn schnell und schmerzhaft. Die Betäubungsspritze, die er mir gab, wirkte erst danach. Heute würde ich mir so eine Spritze sicherlich nicht mehr geben lassen. Es dauerte etwa eine Woche, bis ich zur Überzeugung kam, dass dennoch alles gutgegangen war. Das war in Mato Grosso in einem Goldsucherstädchen. Die faulenden Zähne der Indios und vor allem der Mischlinge, der Caboclos, betrachtete ich danach mit anderen Augen. Hohe Zuckergehalte in der Nahrung, das Kauen von rohem Zuckerrohr und extremer Kalziummangel schädigten in Verbindung mit einem Zähneputzen, das kaum mehr als ein Reiben mit den Fingern außen an den Schneidezähnen war, die Gebisse. Da taten die Kinder der Indios in Mato Grosso mehr für ihre Zähne, wenn sie diese mit Flusssand rieben und mitunter kurz an einem Seifenstück aus der Missionsstation leckten, so dass ihr Mund wie bei Tollwut schäumte. Nicht ohne guten Grund feilten sich manche amazonischen Indios die Zähne ab oder brachen sie ganz heraus. Die Infektionen, die von kariösen Zähnen ausgehen, oder die bakteriellen Rückstände zwischen den Zähnen waren für sie sicherlich weit bedeutsamer gewesen als der Nachteil, dass ohne Zähne nur noch weiche Nahrung zu verwerten war. Ich hätte Mineralstofftabletten mitnehmen sollen, und zwar für jede Woche eine volle Packung, um die Verluste auszugleichen, die ich unweigerlich erlitt. Wenigstens die Vitamintabletten, die ich dabeihatte, erwiesen sich als nützlich, um den Mangel zu bekämpfen. Denn es gab längst nicht überall frische Früchte. Nach solchen Erfahrungen war klar, warum die großen Aras und andere Papageien zu bestimmten Lehmwänden an Flüssen am Fuß der Anden von weit her fliegen, um an diesen sogenannten Colpas Erde zu fressen. Sogar Jaguare hat man dabei beobachtet. Im Kleinen sah ich dies ja vielfach bei Schmetterlingen, wenn sie sich auf frisch vom Wasser freigegebenen Sandbänken zu Hunderten oder Tausenden niederließen, um Mineralstoffe mit dem Rüssel aufzusaugen. Die eindrucksvollsten Ansammlungen gibt es in solchen Gebieten, in denen besonders extremer Mineralstoffmangel herrscht. Viel später erst fügten sich weitere wichtige Mosaiksteine zusammen zur neuen Sicht des amazonischen Regenwaldes, der gar nicht so üppig und paradiesisch ist.

Embaúba – Faultiere und Ameisen

Das Wasser stand hoch im Wald, wie immer zu dieser Jahreszeit, wenn die Fluten aus den Anden ins amazonische Tiefland hinausdrängen. Die Grenze zwischen Wald und Fluss löste sich dabei auf. Saftig grüne Wiesen konnten höchst trügerisch sein, weil es sich meistens um schwimmende Teppiche aus Wasserkohl *Pistia stratiotes* oder Wasserfarnen *Salvinia natans* handelte. Die Blatthühnchen, die leichtfüßig darauf herumliefen, wiegen nur 70 bis 160 Gramm. Sie verteilen ihr Gewicht auf sehr lange Zehen. Bei normaler Haltung belasten sie die Schwimmpflanzen mit weniger als einem Gramm pro Quadratzentimeter. Nur wenn sie nach einem kurzen Flug, bei dem ihre zartgrün schimmernden Schwingen aufleuchten, auf den grünen Matten landen, drückt dieser Impuls die grüne Schicht merklich ins Wasser. Es machte Spaß, ihrem stets geschäftigen Treiben zuzuschauen, bei dem die kräftigeren Weibchen dominieren. Sie werden fast doppelt so schwer wie die Männchen. Beinahe übersehen hätte ich den hellgelben Pfeifreiher *Syrigma sibilatrix*, der wie ausgestopft an einem Busch stand, von dem offenbar nur die Krone aus dem Wasser ragte. Etwas weiter weg, an der großen Lagune, riefen Baumenten mit hohen Trillern. Etwa dreißig Witwenenten *Dendrocygna viduata* flogen vorüber und verschwanden mit klingelnden Rufen hinter der Flussbiegung. Auch sie, diese schlanken Enten mit dem weißen Gesicht und der Neigung, möglichst auf Ästen von Bäumen zu landen, kamen einst von Afrika nach Südamerika. Ihre Verwandtschaft lebt noch dort. Mit dem Hochwasser, das den Wald überflutet und stellenweise nur die Kronen der Bäume daraus hervorragen lässt, finden sich diese Baumenten gut zurecht. Ein Paar massiger, glänzend schwarzgrüner Moschusenten *Cairina moschata* nahte mit schwerem Flügelschlag. Beim Männchen leuchtet dabei ein großes, beim Weibchen ein kleineres weißes Feld im Flügel auf. Diese in ihrer domestizierten Form Türkenenten genannten Enten sind weit schwerer als die Witwenenten. Wie diese bevorzugen sie die Waldufer der Flüsse. Nun schwirrte noch ein großer Eisvogel vorüber und vervollständigte die Ausbeute des Nachmittags an Wasservögeln. Es gibt nur wenige Enten und dergleichen hier in Oberamazonien am Ucayali. Warum?, fragte ich mich, denn die Natur sah hier völlig unberührt und ungestört aus. Nichts wies auf die Anwesenheit von Menschen hin, so weit das Auge reichte. Ursprünglicher konnte die Flussnatur doch gar nicht sein. Schwimmende Inseln, die in voller Blüte standen, glitten in der Strömung vorüber. Wasserhyazinthen *Eichhornia crassipes* waren es, die so prächtig blühten und mit der Form ihrer hell blauvioletten Blüten an Orchideen erinnerten.

Weiter draußen in der Hauptströmung trieben Baumstämme. Sie wälzten sich im lehmig braunen Wasser, erzeugten selber kleine Wirbel, wurden in große Strudel hineingezogen, darin für Sekunden verschlungen und weiter flussabwärts wieder ausgespuckt. Sie zeigten damit an, dass die Hauptströmung, so glatt wie sie schien, tatsächlich recht schnell, nämlich mit mehreren Metern pro Sekunde, vorüberzog, obgleich das Gelände hier im fernen Westen Amazoniens nahezu kein Gefälle mehr aufweist. Der Höhenunterschied zum Meeresspiegel macht kaum noch 200 Meter aus. Aber bis zur Mündung des Amazonas sind es noch mehr als 3000 Kilometer. Das Gefälle der Landschaft ergab also nur etwa sechs Zentimeter pro Kilometer. Das Wasser sollte demzufolge eher stehen, wie in den Lagunen hinter dem Hauptstrom, und nicht mit der Fließgeschwindigkeit von Bergbächen dahinströmen. Der weitverbreitete, auch in den Vorlesungen zur Limnologie, die ich hörte, noch gelehrte Irrtum, das Gefälle der Landschaft würde die Fließgeschwindigkeit bestimmen, widerlegten hier der Ucayali als einer der Hauptquellflüsse des Amazonas und dieser selbst nach seiner Vereinigung mit dem Rio Negro bei Manaus im Zentrum Amazoniens. Das Problem der missverstandenen oder absichtlich falsch dargestellten Fließgeschwindigkeit hatte mich schon im heimatlichen Bayern beschäftigt, als ich mich mit der Entwicklung der Stauseen am unteren Inn befasste. Sie waren von Naturschützern als »stehend« eingestuft und als »Tod des Flusses« apostrophiert worden. Dass in den Stauseen das Wasser tatsächlich in Bewegung war und im Mittel sogar der natürlichen Fließgeschwindigkeit entsprach, wurde nicht zur Kenntnis genommen. Hier am Ucayali, im äquatorialen Bereich des Kontinents, versuchte ich, die ökologischen Bedingungen für Vorkommen und Häufigkeit bzw. Seltenheit der Wasservögel im tropisch-subtropischen Südamerika zu verstehen. Mir fiel auf, dass es hier weniger Enten gab als an den Ufern des Paraná zwischen Ostparaguay und Nordargentinien. Weiter flussabwärts, am mittleren Amazonas, machten sich Enten noch rarer. Dort suchten wenigstens kleine, unseren europäischen Seidenreihern recht ähnlich sehende Schmuckreiher *Egretta thula* und die großen Silberreiher *Egretta alba* in lockeren Gruppen nach Fischen. Die Silberreiher gehören zur selben Art wie ihre eurasiatischen Verwandten, die ich zuerst am Neusiedler See gesehen hatte. Am Rio Negro fehlten die Reiher fast ganz. Stundenlang konnte ich dort vom Boot aus die Ufer absuchen, ohne auch nur einen einzigen Wasservogel zu entdecken. Und das, obgleich sich die Ufer völlig im Naturzustand befanden! Die Wasservogelarmut Zentralamazoniens war so auffallend, dass man hätte meinen können, alle Enten und Reiher wären abgeschossen worden. Dem war aber nicht so. Diese Seltenheit der Wasservögel beschäftigte mich, weil mir vom unteren Inn das Gegenteil geläufig war. Dort hatte ich in den 1960er Jahren an vielen Tagen auf einem einzigen Stausee mit dreißig- bis vierzigtausend Wasservögeln nicht nur der Menge nach weitaus mehr Vögel gezählt als an Hunderten von Kilometern Ufer der amazonischen Flüsse, sondern die Wasservögel kamen auch in größerer Artenvielfalt vor. Von den knapp fünfzig Wasservogelarten, die in ganz Amazonien als Brutvögel oder Gäste auftreten, hatte ich etwa dreißig Arten in den verschiedenen Teilgebieten gesehen. Am unteren Inn gab es über hundert Wasservogelarten im Jahreslauf. Schon der Tagesdurchschnitt lag bei rund dreißig Arten. Die allgemeine Zunahme des Artenreichtums zu den Tropen hin findet somit bei den Wasservögeln nicht statt. Die geringen Mengen, in denen Enten in Amazonien vorkommen, erwecken den Eindruck, dass es sie dort gar nicht gibt. Was ich für die Wasservögel großräumig feststellte, passte nicht ins gängige Konzept von tropischer Artenfülle. So erstaunlich und so enttäuschend das in gewisser Weise für mich war, es blieb mir die Einsicht nicht erspart, dass ich am unteren Inn einen viel höheren Wasservogelreichtum hatte als in Amazonien. Und das, obwohl hier der Artenreichtum der Vögel den höchsten Wert erreicht. Warum wichen die Wasservögel so sehr davon ab? Was bedeutete ihr Fehlen?

Im Wasser selbst, in den Bächen, Flüssen und Lagunen Amazoniens, da herrschte der tropentypische Artenreichtum in der Fischwelt. Man rechnete mit wenigstens 2500 verschiedenen Fischarten im Amazonasbecken. In Bayern gab es nur 70 Arten, und von diesen waren am unteren Inn 28 nachgewiesen. Amazoniens Gewässer sind also um mindestens das Fünfunddreißigfache reicher an Fischarten als Bayern und wenigstens zehnmal diverser als die Binnengewässer von ganz Europa bis zum Ural und zum Kaspischen Meer. Da die europäische Fischwelt aber ungleich besser bekannt und bearbeitet ist als die amazonische, ist eher von einem Faktor 20 als Unterschied auszugehen. Somit entsprechen die Fische dem allgemeinen, globalen Trend des Artenreichtums mit starkem Anstieg zu den Tropen hin, nicht aber die Wasservögel. An der Vogelwelt selbst kann das auch nicht liegen, denn Amazonien bringt es auf 1500 verschiedene Vogelarten oder mehr, Europa aber nur auf 350 bis 400, je nach geographischer Abgrenzung von Asien. Am unteren Inn haben wir gut 110 verschiedene Brutvogelarten, und weitere 100 bis 120 kommen als regelmäßige Durchzügler oder Gäste hinzu. Auf eine entsprechend große (kleine) Fläche bezogen, hat Amazonien etwa das Doppelte an Brutvogelarten. Verglichen mit den Fischen, den Fröschen oder gar den Insekten liegt der Artenreichtum der Vögel überraschenderweise nicht besonders hoch. Eindrucksvoll genug fällt er dennoch aus, etwa wenn man das kleine Costa Rica mit dem fast doppelt so großen Bayern vergleicht. Die Checkliste für Costa Rica enthält über 820 Arten, die für Bayern knapp 400 Vogelarten, davon aber nur rund die Hälfte als Brutvögel. Wer versucht, sich auf einer (Urlaubs-)Reise in die Vogelwelt von Costa Rica einzuarbeiten, wird die Problematik der tropischen Artenfülle sofort zu spüren bekommen. Meine Bootsfahrten auf dem Ucayali, auf dem Amazonas und dem Rio Negro ergaben zudem ganz erhebliche Unterschiede in Vorkommen und Häufigkeit der Arten. An kleinen Flüssen außerhalb der südamerikanischen Tropenzone stellte ich, für mich überraschend, einen erheblich größeren Artenreichtum an Vögeln, vor allem an Schwimmvögeln fest. Einzig Fischjäger wie Reiher und Rohrdommeln machten eine Ausnahme. Ihr Artenspektrum folgte der »Tropenregel«: Von ihnen gibt es in Amazonien mehr Arten als in den klimatisch gemäßigten Breiten Südamerikas. Bei der Artenfülle der Fische wunderte mich dies zunächst nicht, obgleich ich hätte bemerken müssen, dass innerhalb der ökologischen Gruppierung der Wasservögel, die sich mehr oder weniger ausschließlich von Fisch ernähren, nicht die »Taucher« dominierten. Dabei hätten diese die Fischgründe aller Wassertiefen nutzen können. Am häufigsten waren hingegen die geduldig am Ufer wartenden Reiher und Rohrdommeln. Im Aufwand für die Fischjagd unterscheiden sich diese beiden Gruppen stark. Arten vom Reihertyp warten und lauern. Das kostet sie kaum mehr als die Aufrechterhaltung des Grundumsatzes an Energie. Selbst das blitzschnelle Zustoßen erfordert ungleich weniger Krafteinsatz als das Tauchen zur Unterwasserjagd nach Fischen. Die »Taucher« müssen vorab schon ziemlich viel Energie einsetzen, um überhaupt Beute machen zu können. In der Bilanz muss sich dieser Einsatz lohnen, d. h. mehr bringen, als der Kraftaufwand zur Unterwasserjagd an Energie kostet. Die Strategien der »Taucher« und der »Reiher« stellen ein Kontrastprogramm dar, das in Amazonien ganz eindeutig zugunsten der »Reiher« mit ihrer Anwartetaktik verschoben ist. Bei uns verhält es sich an Flüssen und Seen umgekehrt. Haubentaucher *Podiceps cristatus*, Kormoran *Phalacrocorax carbo* und Gänsesäger *Mergus merganser* übertreffen als »Taucher« den Typ der Reiher meistens ganz beträchtlich an Häufigkeit; auf den in dieser Hinsicht ganz typischen Stauseen am unteren Inn um das Dreifache. Für den Brutbestand ergibt sich für die »Taucher« im gewässerreichen Bayern etwa die gleiche Bestandsgröße wie für die »Reiher«. Im Winterhalbjahr kommen allerdings weit mehr »Taucher« als Durchzügler und Wintergäste hinzu. Zwei bis drei Reiherarten stehen in Bayern im Jahreslauf sechs Arten von »Tauchern« gegenüber. Je weiter im Norden oder auf der Südhalbkugel gelegen, desto mehr dominieren an den Gewässern die »Taucher«, während äquatorwärts die »Reiher« an Artenvielfalt und Dominanz an den Binnengewässern zunehmen. Was sich am unteren Inn und in Bayern in kleinem Maßstab zeigte, entspricht also dem globalen Muster und ist kein Produkt von Eingriffen der Menschen etwa durch selektive Bejagung.

Einen ersten Ansatz zur Lösung dieses mich beschäftigenden Problems vermittelten die dunklen Kugeln in den Uferbäumen des Ucayali. Vom Boot aus waren sie ziemlich leicht auszumachen. Alle paar hundert Meter gab es mindestens eine solch graugrüne Kugel in den Cecropien. Das sind Bäume, die mit ihren hellen, oft fast waagerecht seitwärts gerichteten Ästen und den riesigen, unterseits silbrig glänzenden Blättern, die wie Finger einer Hand gespalten sind, sofort auffallen. Entlang der Flüsse sind die Cecropien überaus häufig. Ich kannte sie aus Südbrasilien, wo sie *Embaúba* heißen.

Dem Indio vom Stamm der Campa, der mich mit seinem Einbaum in dieser paradiesisch anmutenden Wald- und Wasserlandschaft herumfuhr, gab ich zu verstehen, dass ich so eine Kugel genauer anschauen wollte. Also steuerte er auf eine zu, die nur eineinhalb Meter über dem Wasserspiegel hing. Beim Blick durchs Fernglas hatte ich erkannt, dass die Kugeln zusammengerollt ruhende Faultiere waren. Eines hing selten günstig zum Fotografieren am Baum. Nach ein paar Übersichtsfotos und weil sich das Faultier überhaupt nicht rührte, wollte ich näher hin. Der Campa zögerte und schaute mich fragend an. Ich deutete auf das Faultier und sagte *Ai*, in der Hoffnung, dass er mein Kreuzworträtselindianisch verstehen würde. Vermutlich sagte dem Campa meine Geste mehr als das Wort, denn er nickte und schob das Boot langsam direkt an den Baum heran. Mit übergroßer Vorsicht, wie es mir schien. Daher suchte ich den Baum nach Schlangen oder einer sonst möglichen Gefahr ab, fand aber nichts. Der Indio hatte den gut vier Meter langen Einbaum mit einer Bambusstange geschoben. Er stand dabei vorn kurz hinter dem Bug, während ich hinten saß und ein wenig mitruderte, wo mir das angebracht schien. So waren wir ganz gut vorangekommen. Da ich in meiner Jugendzeit schwere Holzboote, Zillen genannt, auf dem Inn gestakt und gerudert hatte, klappte das gemeinsame Einbaumfahren ganz gut auch ohne Verständigung mit Worten. Das Faultier konnte ich nun fast bildfüllend fotografieren. Mich darauf konzentrierend, entgingen mit eine Zeitlang die Zuckungen, die bei dem Indio auf Armen und Rücken einsetzen. Als er schließlich mit den Armen herumfuchtelte, wurde ich auf seine unindianische Unruhe aufmerksam, weil sie mir die Fotos zu verwackeln drohte. Da erkannte ich den Grund. Kleine helle Ameisen liefen über seinen Körper und verursachten offenbar ziemlich schmerzhafte Bisse oder Stiche. Die Haut fing bereits an manchen Stellen an sich zu röten. In meiner Kindheit hatte ich zwar oft zu hören bekommen »ein Indianer kennt keinen Schmerz«, wenn wir uns zu wehleidig gaben, aber das war Karl-May-Romantik. Dieser Indio litt. Das war offensichtlich. Er handelte selbst, bevor ich klarkam mit meinen Betrachtungen. Mit der Bambusstange stupste er das Faultier an, das seine Griffe mit den Krallenfingern sogleich lockerte und ins Wasser fiel. Als es nach wenigen Sekunden wieder auftauchte, fing es mit langsamen Greifbewegungen seiner Vorderbeine, die jetzt noch mehr als am Baum wie Arme aussahen, zu schwimmen an. Die Nase reckte es eine knappe Handbreit übers Wasser hinaus, während ein Großteil des Körpers nach unten sackte und ab etwa der Rückenmitte im Wasser verschwand. In dieser Haltung sah es aus, als ob es auf einem Stuhl sitzend zu schwimmen versuchte. Mit schnellem Griff packte es der Campa und hob es ins Boot. Erst jetzt sah ich, dass kleine hellrötliche Ameisen überall auf dem Faultier herumliefen. Es waren genau die Ameisen, die meinen Indio so zugesetzt hatten. Er sammelte sie vom Fell ab und warf ins Wasser hinaus, was er erwischen konnte, während ich ein Porträt dieses höchst unglücklich aussehenden »Koalabärchens« mit den langen, sichelförmigen Krallen zu machen versuchte. Als es dann auch noch stöhnte, gab ich mich mit den schon gemachten Fotos zufrieden und half mit, das Faultier wieder an den Stamm der Cecropie zu setzen, von dem es heruntergeholt worden war. Ungemein langsam kletterte es hoch, griff wie blind nach einem noch zu hohen Querast, schob sich ein Stück höher, erreichte diesen und machte es sich in der Gabelung sogleich bequem. Mit teilweise nassem Fell sah die Faultierkugel nun fast wie ein Baumstachelschwein aus. Unmengen von Ameisen quollen indessen aus nagelkopfgroßen Löchern nahe den Knoten an den Ästen der Cecropie hervor und wuselten auf und ab. Der Indio hatte schon von sich aus den Einbaum ein Stück vom Baum weggeschoben und wartete nun darauf, von mir zu erfahren, wie es weitergehen soll. Dass ich jetzt nicht einmal mehr das Faultier, sondern den Stamm und die Äste der Cecropie durchs Fernglas gründlich betrachtete, dürfte ihm sehr befremdlich vorgekommen sein.

Als sich das Ameisengewimmel wieder beruhigte und ich die beweglichen rötlichen Striche, die sie auf dem grauen Untergrund der Cecropie bildeten, nicht mehr sehen konnte, bedeutete ich ihm, am Ufer entlangzufahren, bis die Sonne hinter den hohen Urwaldbäumen verschwand. Siebzehn weitere Faultiere zählte ich und einige Arassari-Tukane sowie mehrere Gruppen kleiner grüner Sittiche, die kreischend über die Lagune flogen. Gelegentlich tauchte da und dort, geräuschlos und ohne eine Welle auszulösen, der Kopf eines Kaimans weg. Als der Vollmond in ungewohntem Weiß aufstieg, bedeutet ich dem Indio, zum Lager zu rudern. Der Nachmittag auf dem Fluss und auf der Lagune war sehr eindrucksvoll und in der Dürftigkeit der Feststellungen, was die Wasservögel betraf, tatsächlich besonders ergiebig gewesen. Denn mein erster Eindruck hatte sich bestätigt, dass es hier kaum Wasservögel gab und dass sich die Vögel insgesamt eher unauffällig verhalten und nur in geringer Zahl vorkommen. Auch wimmelte es keineswegs von Affen an den Lianen. Der Wald wirkte vom Boot aus regelrecht tierleer. Er bildete die Uferkulisse. Einen größeren Kontrast zu den Seen und Flussufern Ostafrikas hätte ich mir gar nicht vorstellen können. Dort, von Südäthiopien bis zum Manyara-See in Tansania, wusste ich oft nicht, wie ich die Fülle der Arten bestimmen und die Menge der Vögel feststellen konnte. Mit einer Zähluhr in jeder Hand schaffte ich nach einiger Übung ein gleichzeitiges Zählen dreier verschiedener Arten, eine davon im Kopf. Hier konnte ich mich auf die fünf oder sechs verschiedenen Wasservogelarten konzentrieren, ohne eine Zähluhr benutzen zu müssen, so wenige waren es.

Das Faultier im Boot wirkte lange nach. Warum war so ein Lebensstil überhaupt möglich, und wie kam es, dass er sich über Jahrmillionen erhielt? Allmählich braute sich die Annahme zusammen, dass die Seltenheit der Wasservögel etwas mit dem Faultierleben zu tun haben könnte. Aber was und warum?

Ein wenig verärgert darüber, dass ich auf Faultiere gar nicht richtig vorbereitet war, bemerkte ich eine eigenartige Randerscheinung. Als wir das Faultier packten, lief noch etwas anderes als Ameisen durch sein Fell. Wenigstens zwei Motten flogen daraus hervor. Ich hatte sie nicht fangen können. Am Abend, als ich genauere Notizen machte, fiel mir ein, was das gewesen war: Faultiermotten! Diese Schmetterlinge leben im Fell des Faultiers. Die Raupen ernähren sich von den mikroskopisch kleinen Algen, die an den Haaren wachsen, vor allem in den Rillen, die sich an diesen entlangziehen. Ansonsten verhalten sie sich, soweit man das weiß, ganz normal wie andere Kleinschmetterlinge auch. Die Räupchen wachsen heran, häuten sich mehrfach und verpuppen sich. Die geschlüpften Schmetterlinge laufen wie Motten im Fell umher. Es ist merkwürdig genug, dass ein solcher Lebensstil – Algen fressen im Fell eines Säugetiers – überhaupt existiert. Aber noch seltsamer mutet dieses Mottenleben an, wenn man bedenkt, dass die Faultiere im wuchernden Grün des amazonischen Regenwaldes leben. Warum hatte es ein Kleinschmetterling nötig, sich so extrem zu spezialisieren? Auch wenn ich hier an der Lagune wenigstens zwanzig Faultiere in den Cecropienbäumen sah, waren deren winzige Algen im Fell doch ein Nichts im Vergleich zur Biomasse der Blätter des Regenwaldes. Wenigstens tausend Tonnen Wald stocken hier auf jedem Hektar. Und in so einer Pflanzenfülle spezialisierte sich ein Kleinschmetterling auf das Milligramm Algen im Fell von Faultieren. Wie konnte ein Milliardstel der Biomasse dieser Pflanzenwelt attraktiv genug sein als Raupennahrung eines Schmetterlings? *Bradypodicola hahneli*, so der wissenschaftliche Name dieses Schmetterlings, ist nicht einmal die am stärksten spezialisierte Art der Faultierschmetterlinge. Einen noch extremeren Lebensstil pflegen andere Arten dieser zu den Zünslern (Pyralidae) gehörigen Kleinschmetterlinge. Deren Weibchen, die befruchtete Eier tragen, warten im Fell, bis das Faultier nach Tagen, vielleicht erst nach einer Woche wieder einmal mühsam zu Boden steigt, um an einem bestimmten Platz, seiner Latrine, Kot abzusetzen. Dann fliegen sie los und legen die Eier auf das frische Kothäufchen. Die Raupen fressen davon, verpuppen sich, und wenn es so weit ist, fliegen die geschlüpften Schmetterlinge in die Baumkrone hinauf zu ihrem Faultier. Oder sie besteigen dieses, wenn es gerade zur günstigen Zeit wieder an die Latrine muss.

Wenn Schmetterlingsraupen von Algen im Fell oder von Kothäufchen der Faultiere leben, muss verwertbare Nahrung schon sehr knapp sein. Und wenn solche Milliardstel oder noch geringfügigere Anteile an der gesamten lebenden Pflanzenmasse des amazonischen Tropenwaldes dennoch attraktiv genug waren, dass sich Schmetterlinge mit ihren Raupen darauf spezialisieren, muss dies im Umkehrschluss bedeuten, dass sich die Hauptmasse der Pflanzen nicht so recht als Futter für Tiere eignet.

Fast zur selben Zeit, als ich diese Beobachtungen in Amazonien machte und Überlegungen dazu anstellte, ermittelten brasilianische und deutsche Forscher bei Manaus in Zentralbrasilien die ungefähren Mengenverhältnisse von Pflanzen zu Tieren. Ergebnis: Auf rund 1000 Tonnen pflanzlicher Biomasse kommen nur 150 bis 180 Kilogramm tierisches Leben, von dem die Hälfte oder ein noch größerer Anteil von Termiten und Ameisen gestellt wird. Das Verhältnis des Lebendgewichts von Tieren zu Pflanzen liegt somit in der Größenordnung von 1 zu 6000. Daraus geht ganz klar hervor, dass meine Eindrücke von der Tierarmut der amazonischen Wälder ganz richtig waren und dass es nicht an meiner Unerfahrenheit oder Unkenntnis lag, wenn ich außer Ameisen und Termiten kaum andere Tiere zu Gesicht bekam. Im tropischen Grasland von Ostafrika, in der Serengeti, gibt es ganz andere Mengenverhältnisse. Dort nutzen Großtiere im Lebendgewicht von über 20 Tonnen die rund 50 Tonnen an oberirdischem Pflanzenwuchs pro Quadratkilometer. Die Pflanzenmasse macht also nur das etwa Zweieinhalbfache der Lebendmasse der Tiere aus, in Amazonien aber mindestens das Sechstausendfache. Die Tierwelt der Serengeti ist vielfältig und gewichtig. Die Amazoniens ist zwar auch artenreich, aber nur an Insekten und anderen Kleintieren. Sie verschwinden regelrecht in der Pflanzenmasse. Die Gnus und Zebras der ostafrikanischen, unter dem Äquator gelegenen Savannen sind nicht zu übersehen, die Schmetterlinge, Käfer und Kolibris amazonischer

Wälder, ebenfalls unter dem Äquator, muss man mit viel Aufwand und Geduld suchen. »Tropen« konnten also sowohl Tierleben in großer Menge wie auch extreme Seltenheit von Tieren bedeuten. Die Temperatur allein erklärt zu wenig, um nicht zu sagen, fast nichts. Sie ist kein Faktor, kein »Macher« (was Faktor als Begriff bedeuten würde!), sondern eine Rahmenbedingung. Für die Entfaltung von Lebensfülle sind echte Faktoren verantwortlich. Worum es sich dabei handelt, dämmerte mir allmählich.

Die Cecropien am Fluss wachsen schnell. Schnellwüchsige Bäume bilden zumeist wenig oder keine wirksamen Abwehrstoffe gegen Tierfraß aus. Deshalb wären Cecropienblätter sicherlich eine attraktive Nahrung für viele Insekten oder deren Entwicklungsstadien. Die Ameisen, die in den hohlen Stämmen und Ästen der Cecropien leben, verhindern aber weitestgehend die Nutzung durch andere Tiere. Sie greifen alles an, was sich bewegt und nicht wie die Cecropien riecht oder schmeckt. Die Faultiere kommen unbehelligt davon, wahrscheinlich weil sie zu langsam sind, um von den Ameisen bemerkt zu werden. Und weil sie die Geruchsstoffe der Cecropien tragen. Vielleicht müssen sich Faultiere, die zum ersten Mal eine Cecropie erklettern, zum Schutz vor den wütenden Ameisen zur starren Kugel zusammenrollen, bis sie vergessen werden. Jedenfalls können sie auch gut von Blättern anderer Bäume leben. Dutzende verschiedener Pflanzenarten hat man als Faultiernahrung festgestellt. Die Cecropien belohnen übrigens ihre Ameisen mit der Bildung von knöpfchenartigen Ausscheidungen am Ansatz der Blattstiele. Diese enthalten alles, was die Ameisen zum Leben brauchen. Baum und Ameisen leben in Symbiose. Die Faultiere schieben sich dennoch erfolgreich dazwischen.

In einer weiteren Eigenheit sind sie als Säugetiere sehr bemerkenswert. Ihr Stoffwechsel läuft nicht auf säugetiertypischen Touren. Sie bringen es im Grundumsatz nicht einmal auf die Hälfte des normalen Energieumsatzes von Säugetieren ihrer Gewichtsklasse. Kein Wunder, dass sie so langsam sind, möchte man meinen. Was aber so direkt nun auch wieder nicht stimmt, denn bei ihrer näheren Verwandtschaft, den Gürteltieren und den Ameisenbären, liegt die Stoffwechselrate ähnlich niedrig, obgleich sie durchaus schnell und beweglich sein können. Ein Borstengürteltier schafft es im Buschwald, dem Verfolger davonzulaufen, weil sein Hautpanzer vor den Dornen und Stacheln schützt. Manche Gürteltiere graben sich unglaublich schnell in den Boden ein, so als brauchten sie darin nur unterzutauchen. Faultiere, Gürteltiere und Ameisenbären sind als Säugetiere typische Südamerikaner. Es gibt sie von Natur aus sonst nirgendwo auf der Erde.

Als ich mir, um vergleichen zu können, die Werte für den Grundumsatz anderer südamerikanischer Säugetiere näher ansah, stellte ich zu meiner Verblüffung fest, dass dieser bei fast allen deutlich unter dem altweltlichen Durchschnitt liegt. Die Beuteltiere, die meisten Fledermäuse, die Kleinbären und sogar die so flinken und geschickten Neuweltaffen bringen es nur auf siebzig bis neunzig Prozent des Umsatzes, der ihrer Körpergröße entsprechen würde. Lediglich die Pekaris liegen auf dem Altweltniveau. Sie stammen aber aus Nordamerika und repräsentieren keine typischen »Südamerikaner« unter den Säugetieren. Eine Verminderung des energetisch sehr aufwendigen Grundumsatzes um zehn, zwanzig oder gar fünfzig Prozent kommt Einsparungen gleich, wie sie von modernen Heizungssystemen mit sehr guter Wärmedämmung erwartet werden. Warum aber sollten in der Wärme des riesigen tropischen Amazonien die Säugetiere sparen müssen in ihrem Energieumsatz? Warum sind sie so selten, und weshalb gibt es in den amerikanischen Tropen keine Großformen, wie wir sie von Afrika, Asien und Nordamerika kennen? Die größten Landsäugetiere Südamerikas, die Tapire, bekam ich im Freien überhaupt nicht zu Gesicht, so selten sind sie. Unter eurasiatischen und afrikanischen Großsäugern würden sie in der untersten Größenklasse rangieren. Europäische Rinder von mittlerer Größe übertreffen Tapire beträchtlich an Gewicht.

So baute sich ein immer größerer und offensichtlich zusammenhängender Komplex von zoologischen Problemen auf. Die Faultiere, die Seltenheit der Wasservögel und zahlreiche andere Besonderheiten mussten irgendwie mit der Natur des Tropischen Regenwaldes im Allgemeinen und mit Amazonien im Speziellen verbunden sein. Aber wie?

Ausdrücke wie »Grüne Hölle« und »Grünes Paradies« fielen mir ein. Warum manche Reiseschriftsteller in reißerischer Weise vom Weg in die grüne Hölle (oder durch sie hindurch) geschrieben hatten, konnte ich nach Monaten in Südamerika im Prinzip nachvollziehen. Man kann sich nicht einfach sein Essen schießen, wenn die mitgenommenen Nahrungsmittel ausgegangen sind. Es gibt zu wenig Wild! Essbar sind wenige Arten von Früchten. Bananen, Mangos und Orangen stammen aus anderen Tropenregionen. Sie sind erst in den letzten Jahrhunderten in Südamerika eingeführt worden. Tatsächlich ist man mit Giften und der Giftigkeit der Pflanzen in den amazonischen Wäldern beständig konfrontiert. Die blutsaugenden Insekten betrachten die Menschen als hochwillkommene Beute, weil es so wenig natürliche Blutquellen gibt. Sicherlich sind die Vampirfledermäuse um ein Vielfaches häufiger geworden seit der Einführung der europäischen Rinder und Pferde.

Als »Grünes Paradies« und Zukunftsraum für die Menschheit sah Alexander von Humboldt die amerikanischen Tropen an, so sehr hatten ihn die Fülle der Pflanzen und die Artenvielfalt der Insekten, der Schmetterlinge vor allem, beeindruckt. Er meinte, wo Bäume auf riesigen Stämmen und gestützt von scheunentorgroßen Brettwurzeln fünfzig Meter und mehr in die Höhe wachsen, muss fruchtbarster Boden vorhanden sein. Die Böden, auf denen die Urwaldriesen standen, untersuchte er nicht. Die Fülle des Neuen, des bizarren und kaum glaubhaft erscheinenden Tierlebens beeindruckte auch nach Humboldt die Forscher und lenkte ihr Denken. Sie bemerkten nicht, dass der Naturtourismus bereits andere Wege nahm; nach Afrika, nach Südasien oder auch in die wilden Landschaften Nordamerikas mit Büffeln und Elchen, mit Dickhornschafen und Seeadlern, die sich neben gewaltigen Bären fette Lachse aus den Flüssen holen. Amazonien war da anders, ganz anders, und ich spürte, den Weg gefunden zu haben, um hinter dieses Geheimnis zu kommen. Entscheidend wurde hierfür das Zusammentreffen mit einem der besten Kenner amazonischer Flussnatur, mit Ernst Josef Fittkau. Er hatte mit eigenen Forschungen in Amazonien eine ökologische Grundgliederung erarbeitet und mit Messwerten untermauert, den Mangel an Mineralstoffen in den Gewässern als Hauptmerkmal erkannt und die Betrachtungsweise tropischer Regenwälder von Grund auf geändert.

Wunderliches in Amazonien

Den ersten Morpho-Falter sah ich in den Straßenschluchten von Rio de Janeiro. Im starken Licht der hochstehenden Sonne wirkte sein Blau jedoch nicht annähernd so überirdisch wie in Schmetterlingssammlungen. Seiner Größe gemäß flog er ziemlich langsam dahin, überquerte den Strom der Autos in sicherer Höhe und verschwand zwischen den Häusern. Irgendwie kam er mir fehl am Platze vor. Dass sein Blau eine Tarnung sein könnte, wäre mir weder bei der Betrachtung von Sammlungen noch in dieser ersten Begegnung in den Sinn gekommen. Zu auffällig, zu plakativ wirkte es. Kurz darauf kam ich nach Blumenau. Diese Siedlung von Deutschen im Staate Santa Catarina in Südbrasilien war im 19. Jahrhundert von einem Dr. Blumenau gegründet worden. 1970 wirkte sie immer noch sehr deutsch, auch wenn sich die Bewohner dieses schmucken Städtchens längst als echte Brasilianer fühlten. Deutsche Gebräuche kultivierten sie weiterhin. Dabei kamen höchst komische Kombinationen zustande, etwa wenn bei einem Volksfest ein ebenholzschwarzer Brasilianer in Lederhosen »Das ist die Berliner Luft, Luft, Luft ...« sang und mit Blasmusik begleitet wurde. In Blumenau sah ich dann auch das erste Exemplar eines Schmetterlings, der biologisch gesehen noch berühmter war als die Morphos. Tänzelnd langsam flog der samtschwarze Falter. Ein großes karminrotes Feld auf jedem Vorderflügel fiel unübersehbar auf. Das war ein Passionsblumenfalter, ein *Heliconius erato*. Ich freute mich riesig darüber. Denn er galt als das klassische Beispiel einer Mimikry, die im 19. Jahrhundert von dem Deutschen Fritz Müller entdeckt worden war. Dieser hatte lange in Blumenau und der Umgebung gelebt und geforscht. Seine sehr sorgfältigen Beobachtungen teilte er in vielen Briefen seinem Bruder Hermann Müller nach Deutschland mit. Auch mit Charles Darwin stand er in regem brieflichen Austausch. Fritz Müller war aufgefallen, dass in der südamerikanischen Tropenwelt viele giftige oder durch schlechten Geschmack geschützte Insekten einander so sehr gleichen, dass sie verwechselt werden könnten. Offensichtlich ahmen nicht nur ungiftige, schutzbedürftige Insekten giftige Vorbilder nach, sondern die giftigen selbst tun das untereinander auch. Auf diese Weise vergrößert sich ihre Gesamtzahl, und es gehen weniger an Feinde verloren, die noch nicht wissen, dass sie solch auffällig gefärbte und gezeichnete Insekten tunlichst meiden sollten. Heute wissen wir, dass von dieser Angleichung giftiger Vorbilder aneinander sogar ungiftige Nachahmer profitieren, weil sie häufiger werden können. Prinzipiell muss ja der Nachahmer stets erheblich seltener als das Vorbild bleiben, damit es sich für die Feinde nicht lohnt, einfach auszuprobieren, welcher Falter gut schmeckt oder giftig ist. Fritz Müller hatte diese wechselseitigen Verhältnisse in der zweiten Hälfte des 19. Jahrhunderts deshalb erkannt und begriffen, worum es ging, weil er nicht wie sein Vorgänger Henry W. Bates in Amazonien Schmetterlinge und andere Insekten einfach sammelte und nach Europa schickte, sondern alles ausgiebig in der Natur beobachtete. Bates erkannte bei seiner großen Sammelreise nach Amazonien 1862 zunächst nur die nach ihm benannte Bates'sche Mimikry, also die einfache Kopie einer giftigen Art (das Vorbild) durch ungiftige Nachahmer. Darwin selbst hatte trotz der langen Dauer seiner Reise auf der Beagle um die Erde keine Zeit und vielleicht auch nicht die Muße gehabt, die Schmetterlinge zu beobachten. Er sammelte – und sammeln bedeutete töten! Daran hat sich bis heute wenig geändert. Vieles was in den Sammlungen, auch in den wissenschaftlichen von Forschungsmuseen steckt, lässt sich daher gar nicht genauer interpretieren, weil die Insekten losgelöst von der Natur und ihrem Lebenszusammenhang gemäß ihrer verwandtschaftlichen Zusammengehörigkeit eingeordnet werden. Die Art der Präparation zerstört bei gespannten Faltern zudem das Muster, das die Flügel in natürlicher Haltung bilden. Die Farben wirken gleichfalls anders. Auch wie die Schmetterlinge beim Ruhen ihre Flügel halten oder, wenn Gefahr droht, Augenflecken oder warnfarbene Muster präsentieren, lässt sich ohne Erfahrung mit den Lebenden an den Toten nicht erkennen. Kurz, die Umweltbezogenheit der Lebewesen geht mit dem Sammeln unweigerlich verloren. Wer sammelt, muss noch mehr beobachten, um seine Objekte als Lebewesen zu verstehen.

Der Morpho zwischen den Wolkenkratzern von Rio klärte mich darüber gleich zu Beginn meiner Tropenzeit in Brasilien auf: Der herrliche Blauschiller fällt nur außerhalb seines Lebensraumes so sehr auf. Im Wald tarnt das Blau. Und das bekam ich unweit von Rio in den Bergregenwäldern zu sehen. Ein Morpho, wohl von derselben Art wie jener in Rio, saß mit hochgeklappten Flügeln rindenbraun und nahezu unsichtbar am Boden und saugte am Exkrement eines Hundes, der wohl gerade vorher an diesem Pfad sein Geschäft gemacht hatte. Mein Nahen veranlasste den großen Schmetterling zum Auffliegen. Er geriet dabei aus dem tiefen Schatten plötzlich in einen Lichtstrahl, der durch die Kronen der hohen Bäume zum Boden reichte. In diesem Moment leuchtete er auf wie ein blaues Blitzlicht und verschwand sogleich wieder, weil er in den Schatten geriet. Ein Bentevie *Pitangus sulphuratus* bemerkte den langsam dahingleitenden großen Falter und verfolgte ihn nach Art der Fliegenschnäpper. Mehrfach hörte ich das Schnappen seines Schnabels. Aber der gut starengroße, gelbbrüstige Vogel aus der Familie der Tyrannen, den eine markante Schwarzweißzeichnung am Kopf prägt, bekam den großen Falter nicht zu fassen. Er schaffte es nicht, in diesem Wechsel von grellem Licht und dunklem Schatten das immer wieder aufblitzende Blau rechtzeitig zu lokalisieren. Mit den schrillen Rufen, nach denen er umgangssprachlich benannt ist, kehrte er zu seiner Sitzwarte zurück. »Ich seh' dich gut«, lautet ins Deutsche übersetzt sein brasilianischer Name. Der Morpho verschwand wie ein Irrlicht irgendwo, weil er landete, die Flügel hochklappte und in dieser Stellung auch von mir mit dem Fernglas nicht mehr auszumachen war.

Den schwarz-roten Passionsblumenfalter *Heliconius erato*, der gemächlich hinterhertaumelte, beachtete der Bentevie wohl aus Erfahrung nicht. Das Gift aus der Futterpflanze der Raupen, den Blättern der Passionsblumenranken, schützt diesen Falter sehr gut vor dem Gefressenwerden. Vielleicht zwingt es ihn zu seiner langsamen Flugweise. Denn das starke Gift darf sich im Körper des Falters nicht ausbreiten, um lebenswichtige Abläufe nicht zu beeinträchtigen. Gifte können ganz unterschiedlich wirken. In vielen Fällen ist es so, dass warmblütige Organismen, Vögel und Säugetiere also, anfällig sind für einen Giftstoff, der in Wechselwarmen (»Kaltblütern«) nichts bewirkt. So sind die meisten, wenn nicht so gut wie alle Insekten, die sehr schnell und langanhaltend fliegen, nicht giftig: Die Schwärmer unter den Schmetterlingen, die Hummeln, Bienen und Fliegen sowie die Libellen, auch wenn nicht wenige Vertreter dieser Insektengruppen recht auffällig gefärbt und gezeichnet sind. In aller Regel handelt es sich dabei um die

Nachahmung wirklich giftiger Vorbilder. Viele giftige Formen gibt es bei Wanzen und Käfern, besonders aber bei den langsam fliegenden Schmetterlingen aus der Verwandtschaft der Widderchen (*Zygaenidae*), Bärenspinner (*Arctiidae*) und Weißlinge (*Pieridae*) sowie der Heliconier. Ähnlich verhält es sich mit den grellbunten, plakativ gefärbten und gezeichneten Giftfröschen, die ihre Giftigkeit verlieren, wenn sie längere Zeit nur mit ungiftigen Insekten gefüttert werden.

Alles, was nicht giftig ist, tarnt sich in der Tropenwelt, und das auf mitunter bizarrste Art und Weise. So gibt es große, schlanke, aber sehr träge Libellen, die ganz und gar nicht wie viele andere ihrer Libellenverwandtschaft in reißendem Flug unterwegs sind, sondern langsam durch den Wald gleiten und schweben. Ihre Flügel sind glasklar durchsichtig. Doch an den Flügelspitzen tragen sie leuchtende Flecke wie aus Neonfarbe aufgetragen. In der Düsternis des Waldes, wo zum Bodenbereich weniger als ein Prozent des Sonnenlichts durchkommt, das oben auf die Baumkronen strahlt, sieht so eine Libelle wie ein Paar Irrlichter aus. Die Vielfalt der Tarnungen und der damit verbundenen Verhaltensweisen ist so groß, dass allein die bekannten Fälle zusammengefasst viele Bände von Fachliteratur füllen würden. Sie ergänzen, was sich in anderer Weise bei den Schmetterlingen, die auf Faultieren leben, an Sonderbarem geäußert hatte: Die tropische Insektenwelt ist voller Spezialanpassungen. Das Gewöhnliche, das uns Geläufige, ist dort die Ausnahme; die Ausnahmen in unserer Natur sind das Normale in den Tropen. In Massen treten lediglich zwei Insektengruppen auf, die in sich jedoch auch wieder recht vielfältig sind. Die allgegenwärtigen Ameisen nämlich und die im Verborgenen wirkenden, nichtsdestotrotz aber höchst wirkungsvollen Termiten. Beide Großgruppen sind durch ein äußerst komplexes Sozialverhalten gekennzeichnet, das zu Recht, mit Königin oder Königspaar und Massen von Arbeiter(innen) unterschiedlicher Funktionen (Kasten), als Staat aufgefasst wird. In unangenehmen Massen treten stellenweise Blutsauger auf, doch dies ist meist eine Folge der vom Menschen geänderten Verhältnisse. Wenn sonstige Massen von Insekten vorkommen, wie erlebt beim Wanderflug der Libellen an der Küste von Santa Catarina oder beim gleichzeitigen Schlüpfen von Zikaden im Regenwald, so handelt es sich in aller Regel um

Ausnahmefälle oder um periodische Vorgänge mit vielen Jahren Abstand zwischen den einzelnen Massenvorkommen. Auf plötzliche Mengen, auf das unerwartete Überangebot, können sich die Nutzer nicht spezialisieren.

Es fiel daher Fritz Müller in den 1870er Jahren viel leichter, ein Dutzend oder mehr verschiedene Arten von Schmetterlingen in seiner südbrasilianischen Wahlheimat festzustellen als ein Dutzend Vertreter derselben Art. Genau so hatte das Henry Bates vor ihm aus Zentralamazonien 1862 beschrieben. Und so verhielt es sich, wo immer ich versuchte, mit den stark beschränkten Möglichkeiten der Bestimmung im Freiland Artenreichtum und Häufigkeit der Schmetterlinge zu ermitteln. Leider fangen auch gegenwärtig die allermeisten Schmetterlingssammler genauso selektiv wie ihre Vorgänger im 19. Jahrhundert, wenn sie mit modernen Lichtfanggeräten in den Tropen arbeiten. Man sucht die Raritäten und die eventuell »neuen Arten«, vernachlässigt aber mit der Begründung, dass dies einfach viel zu viele wären, die anderen, die bekannten Arten. Tropische Artenvielfalt, das war mir nach wenigen Monaten in Brasilien klargeworden, verbindet sich so gut wie immer mit Seltenheit. Der einzelne Lichtfang kann zwar einen Massenanflug einer Art bringen, aber das bleibt nicht so das Jahr über. Insgesamt sind die meisten Arten mäßig häufig, selten oder sehr rar. Wie es sich in den verschiedenen Tropengebieten tatsächlich verhält, lässt sich auch zu Beginn des 21. Jahrhunderts bloß grob vermuten. Die Forschungen im Kronenraum der Tropenbäume, angestoßen von den Untersuchungen des Amerikaners Terry Erwin in den frühen 1980er Jahren, zwangen jedenfalls zu einer grundsätzlichen Revision unserer Vorstellungen vom Artenreichtum der Erde. Nicht das Doppelte der damals gut 1,5 Millionen bekannten Arten von Tieren und Pflanzen dürfte es global geben, sondern ein Vielfaches davon. Die Diversität im Kronenraum der Tropenwälder war ganz unerwartet hoch ausgefallen. Die Schätzungen und Spekulationen schnellten in die Höhe auf 30, 50 oder gar 100 Millionen verschiedener Arten. Damit verbunden stiegen die Vermutungen zum Aussterben von Arten in unserer Zeit entsprechend stark an. Zwischen 4000 und 16 000 Arten würde die Erde gegenwärtig pro Jahr verlieren und das größte Artensterben seit dem Ende der Dinosaurier vor 65 Millionen Jahren finde statt, in Gang gesetzt vom Menschen.

Wie es sich wirklich verhält, wissen wir nicht, denn wenn tatsächlich viele Arten ausgestorben sein sollten, weil die Tropenwälder in solchem Ausmaß in den letzten dreißig Jahren vernichtet wurden, könnten wir diese Toten nicht mehr kennenlernen. Sie müssten als angenommene statistische Leichen geführt werden. Umfassende Stichproben, verteilt über größere Gebiete, die alles enthalten, was dort vorkommt, stehen zur nachträglichen Auswertung nicht zur Verfügung. Den Raritäten wurde – und wird nach wie vor – der Vorzug gegeben. Offen blieb die viel grundsätzlichere Frage, warum die Tropenwelt im Allgemeinen und die amazonischen Tropen im Speziellen so außerordentlich artenreich sind. Meine Erfahrungen mit den Wasservögeln in Europa und in Südamerika, ergänzt durch gezielte Untersuchungen dazu in Afrika, Südasien und Nordaustralien trugen dazu bei, das Problem der Artenvielfalt in den Tropen anders zu betrachten, als das in den ökologischen Lehrbüchern und in Kreisen der Naturschützer üblich war. Meine Befunde fügten sich in anfänglich auch für mich höchst überraschender, kaum glaubhafter Weise zusammen. Es war an der Zeit, mich mit Ernst Josef Fittkau auszutauschen. Zu Beginn der 1980er Jahre fuhren wir gemeinsam nach Südamerika und an den Amazonas.

Üppige Natur auf magerer Erde

Ein *Bat Detector* ist ein Gerät, das auf technisch raffinierte Weise Töne des Ultraschallbereichs hörbar macht. Die Frequenzen von zehntausend bis hunderttausend Hertz setzt so ein Detektor nicht nur in graphische Bilder von Schwingungen um, die man ansehen und mit anderen vergleichen kann, sondern sie werden auch in den für das menschliche Ohr hörbaren Bereich transformiert. Aus dem Lautsprecher kommen die Tonfolgen, wie sie im Ultraschall von solchen Tieren gehört werden, die dafür aufnahmefähige Hörorgane besitzen. Wer zum ersten Mal mit einem *Bat Detector* in die Welt der sonst unhörbaren Töne hineingelauscht hat, wird erstaunt und fasziniert davon sein, welche Fülle von Lauten, auch von Musik, uns umgibt, ohne dass wir etwas davon vernehmen oder auch nur erahnen.

Anfang der 1980er Jahre gab es bereits kleine Handgeräte mit einfachen Kopfhörern, die sich zum Hineinschnuppern in die für uns ansonsten unhörbare Welt hochfrequenter Töne und damit übertragener Botschaften ganz gut eigneten. Bessere Geräte, die aufzeichnen, in Schaubildern oder Sonagrammen darstellen, wie die Tonfolgen aufgebaut sind, welche Frequenzbereiche sie einnehmen und zu welchen Sequenzen (Strophen) sie sich zusammenfügen, waren dagegen noch recht unhandlich. Sie ähnelten einem UKW-Radio. Doch was sie, eingeschaltet, von sich gaben, klang stets sehr geheimnisvoll. Und da niemand wissen kann, welche Fülle von Ultraschalllauten vorhanden ist, war es jedes Mal wieder überraschend, was das Gerät von sich gab.

Mit einem solchen wissenschaftlichen *Bat Detector* im Handgepäck waren Ernst Josef Fittkau und ich nach Südamerika geflogen, um das Gerät einer Doktorandin zu bringen, die in der ziemlich abgelegenen Wildnis am Ucayali am Fuß der Anden in Peru an Fledermäusen arbeitete. Ihre Arbeitsstätte, die mit Palmstroh bedeckten, allseitig offenen Hütten, gehörte ihr. Panguana, so der Name dieser Station, war das Vermächtnis ihrer Eltern und Teil ihres damit verbundenen, höchst tragischen und doch auch wieder großartigen Schicksals.

Die Eltern Julianes waren die deutschen Biologen Maria und Wilhelm Koepcke. Sie hatten am Nationalmuseum von Peru in Lima gearbeitet, das Stück Urwald am entlegenen Flüsschen Lluyapichis, der zum Ucayali strömt, erworben und die Hütten als »Biologische Station Panguana« aufgebaut. In den 1970er Jahren war das nichts weiter als ein auf irgendwelchen offiziellen Karten abgestecktes, von Urwald bedecktes Stück Land, zu dem man per Boot und zu Fuß nur schwer gelangen konnte. Für die Forschungen in unberührten Regenwäldern, durch die gleichwohl seit Urzeiten Indios gezogen waren, eignete sich Panguana sicherlich, und es war auch, wie es lange Zeit schien, weit genug entfernt von den Einflussbereichen der Dschungelkämpfer des »Leuchtenden Pfades« (*Sendero Luminoso*), der viele Jahre lang unter der geistigen Lenkung von Che Guevara die Andenregionen terrorisierte. Da der Kokastrauch hier nicht wächst, war das Land in der Umgebung von Panguana für die Guerilleros uninteressant. Das passte bestens zu den Vorstellungen der Koepckes, ein Stück Urwald ihr Eigen nennen zu können, in dem sie nach Herzenslust alles erforschen konnten, was sie interessierte. Und das war im Falle Wilhelm Koepckes eigentlich alles, während sich seine Frau mehr auf die reichhaltige Vogelwelt Oberamazoniens, der Anden und der Umgebung von Lima konzentrierte. Weihnachten 1976 wollten sie auf ihrer Station im Urwald verbringen. Mutter und Tochter Juliane flogen über die Anden. Das Ziel war das peruanische Städtchen Pucallpa am Ucayali. Von dort sollte es über Land und zu Wasser weitergehen zur Station. Vater Koepcke hatte noch zu tun und wollte wenig später nachkommen, weil es, wie so oft damals in Peru, Schwierigkeiten mit den Flugverbindungen über die Anden gab. Doch jenseits der Anden, wo die dampfenden Wälder Amazoniens beginnen, geriet das Flugzeug in schwere Turbulenzen und stürzte ab. Juliane überlebte als Einzige. Sie war mitsamt ihrem Sitz aus dem zerbrechenden Flugzeug geflogen und irgendwie so günstig in Baumkronen gefallen, dass sie fast unversehrt zu Boden kam. Um sie herum, in weitem Umkreis, gab es nur Trümmer und Leichen. Auch ihre Mutter war tot. Allein schlug sich das junge Mädchen zum Fluss durch, den sie von den früheren Aufenthalten in Panguana und den Fahrten dorthin kannte, gelangte zu einer kleinen Ansiedlung, berichtete, was geschehen war, wurde nach Pucallpa und von dort nach Lima zu ihrem Vater gebracht. Dieser konnte mit dem Unglück nicht zurechtkommen, weil er den Tod seiner Frau nicht verwand, obgleich ihm das Geschenk des Überlebens der Tochter zuteilgeworden war. Nie mehr ging er nach Panguana. Aber die Tochter kehrte zurück. In ihr pulsierte offenbar das geistige Erbe der Eltern, und sie wählte genau jenes Gebiet für ihre Forschungen an Tagfaltern und nachtaktiven Fledermäusen, das ihrer Mutter den Tod gebracht und ihr ein zweites Mal das Leben geschenkt hatte. In Panguana sammelte sie die Schmetterlinge für ihre Diplomarbeit. In Panguana stellte sie die haarfeinen Japannetze auf, um Fledermäuse für ihre Doktorarbeit zu fangen. Der *Bat Detector* sollte es ihr mit neuester Technik erleichtern festzustellen, welche Arten von Fledermäusen wo im Wald nach Insekten oder Fischen jagen. Denn Juliane Koepcke war zuerst Diplomandin, dann Doktorandin bei Ernst Josef Fittkau geworden. Der Doktorvater war auf dem Weg zu ihr, und ich begleitete ihn, im Gepäck den ominösen *Bat Detector*.

Verschiedene Umstände verlängerten unsere Anreise ganz beträchtlich. Wir flogen von Frankfurt am Main nach Bogotá in Kolumbien, von dort aber nicht nach Lima, sondern weiter nach La Paz, wo es galt, einen früheren Schüler von Ernst Josef Fittkau aufzusuchen, der beim Deutschen Entwicklungsdienst in Bolivien arbeitete. Der Flughafen von La Paz liegt in mehr als 4000 Meter Höhe. Beim Verlassen des Flugzeugs war mir nicht ganz wohl. Der Kopf schmerzte, das Herz pochte, und die Glieder fühlten sich sehr schwer an. Ernst Josef Fittkau schien das überhaupt nichts auszumachen. Im Gegenteil; er fühlte sich wieder daheim in seinem geliebten Südamerika, wo er schon Jahre verbracht hatte.

Beim Weiterflug über die Anden zogen die Gipfel der Kordilleren vorüber, und ich freute mich darauf, aus der Höhe einen Blick auf die reizende Stadt Santa Cruz de la Sierra werfen zu können, in der ich beim ersten Südamerikaaufenthalt eine so lustige Revolution mit viel Tränengas und einen kabarettreifen Wechsel von Präsidenten erlebt hatte. *Revolución* war damals fast gleichbedeutend mit Volksfest, weil erstens jede Arbeit ausfiel und zweitens immer etwas los war. Verletzte oder gar Tote waren nicht zu befürchten. Die Polizei ließ mich sogar ohne weiteres zum gesperrten Postamt durch, weil ich als Deutscher nachsehen wollte, ob für mich Post eingetroffen war. Ansonsten bemühten sich die Schwerbewaffneten um finstere Mienen zwischen den zahlreichen Schwätzchen, die sie mit allen möglichen Leuten hielten. Wer jetzt Präsident sei, wissen sie auch nicht, taten sie kund. Aber das würde sich schon noch herausstellen.

Ein gutes Jahrzehnt später war die Beschaulichkeit von Santa Cruz de la Sierra Vergangenheit. Amerikanische Ölkonzerne hatten in der Umgebung erfolgreich gebohrt. Die Stadt fing an, aus allen Nähten zu platzen. Das Flugzeug durfte bei der Zwischenlandung nicht verlassen werden. Die wenigen bolivianischen Maschinen verloren sich unter den ausländischen, vor allem den amerikanischen Flugzeugen aller Größen und Typen. Mir fiel ein, dass ich damals in Santa Cruz de la Sierra eine Gruppe junger Soldaten nach dem Weg gefragt hatte. Man antwortete mir nicht. Aber ich verstand, dass einer der Kadetten einem anderen sagte, sprich du mit dem Gringo, du kannst doch Englisch. Da mischte ich mich ein und stellte klar, dass ich ein Deutscher aus Deutschland bin

Üppige Natur auf magerer Erde 191

und kein Nordamerikaner. Das änderte ihre Haltung schlagartig. Ich wurde sogleich sehr freundlich behandelt, erhielt alle Informationen, die sich als völlig zutreffend erwiesen, und ich hätte gleich den Abend mit der Gruppe verbringen können. Ein Deutscher aus Deutschland, das wirkte in Südamerika 1970 noch wie ein Zauberwort, das Türen öffnete und die Menschen zugänglich machte.

Solche nostalgischen Erinnerungen halfen mir ein paar Stunden später nicht weiter. Wir waren in São Paulo gelandet, aber stark verspätet, weil ein Gewitter über dem Hauptflughafen der Riesenstadt tobte. Das Flugzeug kreiste schier endlos um das mit Wolkenkratzern dicht besetzte Stadtzentrum, bis es endlich die Landeerlaubnis erhielt. Es war die letzte Maschine des Tages. Nun standen wir mit unserem Gepäck an der Zollkontrolle.

Fittkau kam unbesehen durch. Bei mir leuchtete das Signal »Rot« auf. Das hätte mich nicht weiter irritiert, denn was ich dabeihatte, war alles persönliches Reisegepäck und gewiss in Ordnung. Aber da war im Handgepäck eben noch der *Bat Detector*. Das stand außen auf dem kofferradioähnlichen Gehäuse. Dafür hatte ich weder deutsche Ausfuhr- noch brasilianische Einfuhrpapiere. Es gehörte mir nicht einmal. Es sollte auch nicht in Brasilien bleiben, wo wir an einem Kongress teilnehmen und danach an den Amazonas fahren wollten. Es war für Fräulein Koepcke in Peru bestimmt. Wie kann man das einem brasilianischen Zollbeamten mehrere tausend Kilometer vom Bestimmungsort des Gerätes verständlich machen? Sage ich ihm, worum es sich handelt, hält er dies gewiss für eine solche Frechheit, wie er sie noch nie erlebt hat. Ihn für so dumm verkaufen zu wollen! Geradezu zwangläufig logisch schien mir, dass er mich daraufhin vorsorglich einsperren lassen würde. Allein die Vorstellung, ich könnte in ein brasilianisches Gefängnis kommen, dürfte mich ziemlich blass gemacht haben. Zudem funktionierte das Gerät. Würde es der Zollbeamte einschalten lassen, kämen irgendwelche geheimnisvollen Töne heraus, zu denen ich nichts sagen könnte, außer dass sie Ultraschall sind, der in den hörbaren Bereich versetzt wurde. Aber zu weiteren Überlegungen kam ich nicht mehr.

Mein Pass wurde kontrolliert. Darin enthalten waren in zeitlich gesehen dichter Folge die Ein- und Ausreisestempel von Kolumbien und Bolivien. Dazwischen solche Äthiopiens, weiterer afrikanischer

Länder und der Sowjetunion. Das passte doch alles wunderbar zu diesem geheimnisvollen Gerät. Was man in Sekundenschnelle alles denken kann, stellte ich nachher fest, als alles wider Erwarten bestens gelaufen war. Denn der Zollbeamte fragte nach dem Grund meines Brasilienbesuches. Ich erklärte kurz den internationalen Kongress an der Universität und die Weiterreise an den Amazonas und fügte hinzu, wie sehr ich mich freue, endlich wieder in Brasilien zu sein. Diese Bemerkung bot Anlass zu einer längeren Unterhaltung, die ich erst mit dem Hinweis, draußen würde mein Kollege warten, zu Ende bringen konnte. Wir bekamen noch ein ordentliches Hotel genannt und die besten Wünsche mit auf den Weg. Das gesamte Gepäck blieb unkontrolliert. Auch bei zwei weiteren Grenzübertritten war das so. Niemand sah nach im Handgepäck. Der *Bat Detector* gelangte wohlbehalten zu Juliane Koepcke in den Urwald von Panguana. Dort schaltete ich gleich nach unserer Ankunft das unauffällige Kleingerät ein, das ich ebenfalls mitgebracht hatte, um zu hören, ob es etwas zu hören gebe. Das gab es in der Tat: Eine Gruppe von Totenkopfäffchen *Saimiri sciureus*, die mit ihrem gut hörbaren vogelartigen Gezwitscher in den Bäumen am Flussufer unterwegs war, entfaltete offenbar im Ultraschallbereich eine besonders rege und höchst vielfältige Konversation. Gute Aussichten also für den eigentlichen *Bat Detector*. Doch dieser gab schon nach wenigen Tagen nicht mehr den leisesten Ton oder irgendein Zeichen auf der Sonagrammtrommel von sich. Das Gerät war wohl zu kompliziert gebaut. Es vertrug die hohe Luftfeuchtigkeit nicht. Juliane Koepcke musste ohne dieses neue Hilfsmittel mit den Fledermäusen weiterarbeiten. Der ganze Aufwand und mein Zittern am Zoll waren umsonst gewesen.

Der weite Bogen von den Anden nach Südostbrasilien und von dort zum Amazonas, diesen flussaufwärts bis Iquitos und Pucallpa und schließlich mit Kleinflugzeug zu einer Landepiste auf einer Viehweide, von wo aus es zu Fuß nach Panguana weiterging, eröffnete den Blick auf Amazonien wie eine Vivisektion. Beim Anflug auf Manaus waren die ungeheuren Dimensionen dieses Flusses der Flüsse deutlich geworden. Weithin war der Wald überschwemmt. Ufer ließen sich nicht mehr ausmachen. Den Karten nach dürfte das Wasser sich beiderseits des Hauptstromes auf etwa hundert Kilometer Breite ausgedehnt haben. Riesenhafte Wolkentürme stiegen über dem Wald auf und regneten sich in Schauern größter Heftigkeit wieder ab. Wald und Wasser waren praktisch eins geworden. Wo die weißgrauen Fluten des Amazonas auf die schwarzen des Rio Negro stießen, trieben die Wirbel beider Riesenströme viele Kilometer weiter, ohne sich zu vermischen. Als wir mit dem Schnellboot aus Aluminium des brasilianischen Amazonasforschungsinstitutes unterwegs waren, schüttete es so heftig, dass wir unter Regenmantel und Schirm nicht trocken bleiben konnten. Dann aber stiegen wieder die Wolkentürme auf, bestrahlt von der Nachmittagssonne, weiß und riesig. Gruppen kleiner Schmuck- und großer Silberreiher fischten aus dem Flug heraus, denn es gab außer Baumkronen nirgendwo etwas, auf dem sie hätten landen können. Amazonasdelphine spielten um das Boot herum. Mit der Strömung schoss das schnittige Boot pfeilschnell dahin. Gegen sie musste es sich mit heulendem Motor mühsam vorankämpfen, so dass wir einen weiten Zickzackkurs einschlugen, um gegen die Strömung zu kreuzen und nicht voll gegen sie halten zu müssen.

Einige Tage später fuhren wir auf dem wie Öl dahingleitenden Rio Negro flussaufwärts zu einer Außenstation des Amazonasforschungsinstituts in der Inselwelt der Anavilhanas. Da gab es keine Mücken. Die Ufer waren vogelleer und so still, dass die Ruhe mitunter fast unheimlich wirkte. Die Häuschen der Station waren auf einem Floß errichtet, das an gewaltigen Bäumen am Ufer mit Stahltauen festgemacht war. Das kaffeebraune Wasser glitt darunter hinweg und lockte zum Schwimmen. Das sei völlig ungefährlich, erklärten mir die brasilianischen Kollegen, und das 28 Grad warme Wasser sei angenehm. Aber ich solle immer nur gegen den Strom schwimmen, dann würde ich wieder zurückgetragen, sobald ich müde werde. Nun, gegen den Strom schwamm ich auch, und zwar mit aller Kraft. Doch zu Erheiterung der Kollegen kam ich keinen Meter vorwärts. Ich war froh, wenigstens nicht abgetrieben worden zu sein. Das Boot, das mich wieder herausfischen sollte, sei schon bereit gewesen, lachten die Kollegen. Die Stärke der Strömung hatte ich unterschätzt. Und ich sah nach diesem Schwimmen aus, als ob ich stundenlang in zu heißem Badewasser gelegen hätte, so verschrumpelt war meine Haut. Das Wasser hatte in kürzester Zeit allen Schweiß, das damit ausgeschiedene Salz und alles Fett aus der Haut gelöst. Fittkau aber zeigte mir dann die Waldbäche, aus denen sich die Wasser des Rio Negro ansammeln. An Mineralsalzen reiner als Regenwasser fließen sie aus dem Wald. Das Antippen von Seife genügt für eine lange und schäumende Waschung. Jede ungeschützte lebendige Zelle wird von so einem Wasser völlig ausgelaugt. Daher legen viele Frösche Schaumnester am feuchten Waldboden an und ziehen diesen Ersatz für die Entwicklung ihrer Kaulquappen dem Schwarzwasser der Bäche oder Tümpel vor. Sogar die Blatttrichter der Bromelien hoch oben in den Baumkronen taugen als Miniaquarien für die Entwicklung der Kaulquappen besser, weil das Regenwasser, das sich darin sammelt, mehr Ionen enthält als die Waldbäche. Fittkau zeigte mir nun auch den Boden dieses zentralamazonischen Regenwaldes: Die neue Straße, die von Manaus nach Norden in Richtung Venezuela gebaut wurde, hatte vielerorts die Erde freigelegt. Sie bestand fast ausschließlich aus einem weißgrauen Material, Kaolinit, oder aus Sand. Wo noch die Wurzeln der Bäume am Rand der Straße zu sehen waren, lagen diese flach ausgebreitet, ohne nennenswert in den Boden einzudringen. Die Humusschicht oder das, was man dafür hätte halten können, war kaum fingerdick. An anderen Stellen war der Boden rotbraun, also typisch tropischer Laterit. Die chemischen Analysen, die ich im Forschungsinstitut und später in Deutschland studierte, zeigten genau das, was Ernst Josef Fittkau bereits ausführlich erläutert hatte. Es fehlen die für das Pflanzenwachstum entscheidend wichtigen Mineralstoffe Kalium und Phosphat nahezu ganz. Auch Kalzium ist entweder gar nicht oder nur in ökologisch unbedeutenden Spuren vorhanden. Entsprechendes gilt für die meisten der anderen Pflanzennährstoffe. Im Übermaß vorhanden sind Aluminiumoxid (Kaolinit) oder Eisenoxid (Laterit) sowie Siliziumoxid (Quarzsand), doch diese Mineralstoffe wirken eher giftig, als dass sie für das Pflanzenwachstum förderlich sind. Der Wald könne, so Fittkau, hier den Boden nur als Standort benutzen. Nährstoffe gibt er keine her. Folglich müsse alles, was der Wald zum Wachsen und Gedeihen braucht, im Kreislauf bleiben. Möglichst nichts sollte verlorengehen. Das Wurzelwerk der Urwaldbäume fängt alle Mineralstoffe wieder auf, die mit den Blättern, dem Astwerk oder auch den Exkrementen von Tieren auf den Boden gelangen. Symbiosen mit Wurzelpilzen helfen dabei und stellen die Wasser- und Mineralstoffversorgung sicher, während die

Pilze im Gegenzug Zucker und andere Produkte der Photosynthese der Bäume aus deren Wurzeln erhalten.

Auch ohne so genaue Messungen, wie sie die Arbeitsgruppe für Tropenökologie des Max-Planck-Instituts für Limnologie in Plön in Zusammenarbeit mit dem brasilianischen Amazonasforschungsinstitut bereits vorgenommen hatte, ließ sich hier in Zentralamazonien direkt sehen, auf welch kargem Boden der Regenwald steht. Wenn das Wasser, das als Regenwasser auf die Baumkronen niedergegangen war, den Wald über die Bäche reiner verließ, als es oben ankam, wurde deutlich, wie wirkungsvoll der Regenwald seine Stoffe im Kreislauf hält. Doch ganz ohne Verluste kann auch das beste Regenwaldsystem nicht funktionieren. Ein *perpetuum mobile* ist in ökologischen Kreisläufen genauso unmöglich wie überall sonst. Irgendwie müssen die geringen, aber unvermeidlichen Verluste ausgeglichen werden. Um wie viel es dabei geht, lässt sich aus den Mineralstofffrachten gelöster Stoffe an der Amazonasmündung abschätzen. Würden sie nicht ersetzt, gäbe es den amazonischen Regenwald längst nicht mehr.

Auf die Lösung des amazonischen Nährstoffproblems brachte mich ein Wetterphänomen in München. Saharastaub war wieder einmal bis ins nördliche Alpenvorland verweht worden und hatte hier viele Autos gelbbraun umgefärbt. Die Wetterkarten zeigten, dass der Staub aus der Sahara zunächst nach Westen getragen, dann von einem kräftigen Azorenhoch erfasst und mit südwestlicher Höhenströmung nach Mitteleuropa transportiert worden war. Maß man die vom Staub zurückgelegte Strecke aus, fehlte nicht mehr viel, und es hätte bis nach Südamerika hinüber gereicht. Meine intensive Datensuche ergab nach Monaten einen schlüssigen Befund: Es ist die Sahara, die auf dem Luftweg mit den Passatwinden den amazonischen Regenwald ernährt. Das veröffentlichte ich auf Englisch in einer internationalen Zeitschrift. Etwa ein Jahrzehnt später erschien dieselbe Schlussfolgerung, ausgestattet mit neueren Messwerten, in einer amerikanischen Zeitschrift als Neuentdeckung. Seither gilt der Nährstofftransfer aus der Sahara als bestätigt. Wo immer ich in Vorträgen darüber berichtete, löste die Vorstellung, dass die Sahara den amazonischen Regenwald ernährt, größtes Erstaunen aus. Verständlicherweise.

Eigentlich hätte man dies alles ganz einfach am flachen, oberflächlich verlaufenden Wurzelwerk der Bäume und der Masse der Aufsitzerpflanzen, der Epiphyten, sehen können. Bromelien, Orchideen und Farne oder Flechten wachsen oben in den Baumkronen gebietsweise in solchen Mengen, dass sie an Biomasse (Frischgewicht) das Blattwerk der Bäume selbst übertreffen. Dort oben können sie ihre Nährstoffe aber nicht vom Boden beziehen. Alles, nicht nur das gasförmige Kohlendioxid und das Regenwasser, sondern auch die Mineralstoffe, die sie zum Wachsen, zum Blühen und zur Bildung von Samen oder Sporen benötigen, muss auf dem Luftweg zu ihnen gelangen. Die Ernährung aus der Luft zeigt sich daher an den Epiphyten besonders augenfällig. Außerdem wachsen die Regenwaldbäume für tropische Verhältnisse sehr langsam, obwohl es keine winterbedingte Wachstumsruhe gibt und Wärme und Wasser jahraus, jahrein zur Verfügung stehen. Zahlreiche Bäume entwickeln jedoch Harthölzer. Manche sind so schwer, dass sie im Wasser nicht schwimmen, sondern untergehen. Eisenholz, Mahagoni, Teak und andere tropische Edelhölzer wären nicht so edel und unverwertbar für die Termiten, wenn sie nicht so langsam wachsen und so viel härtendes Material in ihre Stämme einlagern würden. Es sind die unseren Weidenbäumen ökologisch etwa vergleichbaren *Embaúbas*, die Ameisenbäume oder Cecropien, die schnell wachsen, und ganz besonders trifft dies auf das korkartig leichte Balsaholz zu. Auch die unverholzten Riesenblätter der Bananenstauden entfalten tropische Üppigkeit, aber nur dort, wo der Boden genügend Mineralstoffe enthält. Die großen Bananenpflanzungen wurden auf den vulkanischen Böden Mittelamerikas angelegt. Dort, nicht in Amazonien, werden die Bananen für die Welt produziert. Was in der Wald- und Wasserlandschaft Amazoniens gedeiht, wird als minderwertig und vor allem wenig ertragreich eingestuft.

Fittkaus ökologische Gliederung Amazoniens vermittelt darüber hinaus eine plausible Begründung dafür, warum sich die indianischen Hochkulturen nicht im angenehm feuchtwarmen, immergrünen Amazonien entwickelt hatten, sondern auf den kalten, zeitweise eisigen Hochflächen der Anden. Dort oben reicht der Ertrag der Böden für passable Ernten an Kartoffeln oder Mais, mit denen Vorratswirtschaft betrieben werden kann. In Amazonien müssen die Indios viel ausgeprägter von den Flüssen und ihren Fischen leben als vom Land, das kaum Wild ernährt und tierisches Eiweiß zur hochbegehrten Rarität macht. Genau deshalb zerstören die Rinderfarmen, die sich nach Amazonien hineinfressen, auch so viel, weil riesige Flächen benötigt werden, um genügend Gras für die Kühe wachsen zu lassen. Tausend Tonnen Wald werden pro Hektar durch die Rodungen für Weideland nur in ein paar Kilo Kuhfleisch veredelt. Ungeschützt den Tropenregen preisgegeben, verlieren die Böden auf den entwaldeten Flächen rasch die geringen Mengen an pflanzenverwertbaren Mineralstoffen. Sie laugen aus und werden unfruchtbar. Die Indios und die in ihrer Nachbarschaft lebenden Caboclos wussten dies sehr wohl. Sie betrieben den Wanderfeldbau. Nach einigen Jahren der Nutzung, wenn die kleine Pflanzung angefangen hatte, unergiebig zu werden, überließen sie diese wieder dem Urwald, zogen weiter und legten neue Rodungen an. Flächenmäßig blieben diese unbedeutend; der Wald verlor seinen Zusammenhalt nicht. Weiterhin konnten seine immergrünen Kronen wie ein gigantischer Schwamm die mit dem Regen niedergehenden und vom Wind aus der Ferne herantransportierten Mineralstoffe aufnehmen. Überschüsse erzeugt er dabei nicht. Ausgewachsene Tropenwälder verbrauchen für die darin ablaufenden Abbauprozesse genau so viel Sauerstoff, wie sie über die Photosynthese freisetzen. Die Speicherung in den Hölzern, in der Biomasse des Waldes, wirkt als Zeitverzögerung bei der Freisetzung des gebundenen Kohlendioxids. Die Verbrennung der Wälder öffnet diesen Speicher schlagartig und nimmt ihm, umgewandelt in Viehweide oder Sojafelder, jede weitere Möglichkeit, speichernd zu wirken.

So beeinträchtigt die großflächige Vernichtung der Tropenwälder in doppelter Weise die Zukunft der Erde: Sie vermindert die vorhandene Artenvielfalt, die Biodiversität, und sie beeinflusst das Klima zumindest die Jahrhunderte hindurch, die nötig wären, bis sich die Regenwälder der Tropen wieder regenerieren und die unfruchtbar gewordenen Flächen zurückerobern.

Auf diese Erkenntnisse hin setzte, ausgehend von Deutschland und rasch gefolgt von den USA, eine weltweite Kampagne für die Erhaltung der Tropenwälder ein. Sie gipfelte mit der Deklaration von Rio 1992, in welcher die Staatengemeinschaft der Erde die Erhaltung der Biodiversität zu einem ihrer obersten Zukunftsziele machte. Die Umsetzung ließ und lässt weiterhin auf sich warten. Erfolge gab es nur in den Reaktionen der Bevölkerung. Der Tropische Regenwald erschien als Spitzenthema in allen Medien. Vorträge, die ich an deutschen Universitäten hielt, waren überfüllt. In einem Fall musste der Hörsaal dreimal gewechselt werden bis hin zum Auditorium Maximum, so groß war der Andrang. Doch die Politiker verstanden es, die Flut des Regenwaldengagements auszusitzen. Sie brachten weder ein deutsches Tropenforschungszentrum als Großforschungseinrichtung zustande, noch hielt man es für nötig, wenigstens das eigene Entwicklungsministerium anzuweisen, keine Projekte mehr zu fördern, die mit der Vernichtung von Tropenwaldflächen verbunden sind. In der Zeit unmittelbar um den »Erdgipfel von Rio« und in den Jahren danach zeigten die Satellitenaufnahmen, dass allein Brasilien 128 000 Quadratkilometer des Tropischen Regenwalds rodete und niederbrannte. Das Stallvieh in Deutschland und anderen Ländern der EU frisst nach wie vor Tropenwälder auf, weil die Futtermittel für die viel zu großen Bestände, die hier gehalten werden, importiert werden müssen. Das Medieninteresse am Tropischen Regenwald fällt jedoch mittlerweile so schwach aus, dass davon kein nennenswerter politischer Druck mehr ausgeht. Die Bevölkerung wurde zu oft getäuscht von den schlimmen Prognosen der Natur- und Umweltschützer. Kaum jemand glaubt noch ihren Kassandrarufen; sie selbst vielleicht auch nicht. So sollte bis zum Jahr 2000 der deutsche Wald gestorben sein, hieß es. Doch zu diesem Zeitpunkt stand er üppiger und wüchsiger da als in den zwei oder drei Jahrzehnten davor, in denen er sterbenskrank und bereits totgesagt worden war. An Fläche und Holzvorrat hat er sogar deutlich zugelegt, während die Tropenwälder unvermindert weiter vernichtet werden. Sie sind zu fern. Auch wir Wissenschaftler mussten unsere Lektionen lernen. Der internationale Naturschutz und seine nationalen Ableger verlagerten ihre Kampagnen lieber auf Klimaänderungen und ihre Folgen in ferner Zukunft. Die damit verbundenen Prognosen lassen sich nicht mehr nachprüfen und somit auch nicht als unzutreffend und maßlos übertrieben entlarven wie im Fall des Waldsterbens. Auch die Wirksamkeit der Gegenmaßnahmen kann ungeprüft bleiben, weil sie sich in der Ferne der Zukunft verlieren und längst Geschichte sein werden, wenn der Offenbarungseid fällig wäre. Uninteressante Geschichte werden sie dann sein, wie etwa die Frage nach den Kosten, die das Waldsterben für die Steuerzahler verursacht hat! Welchem Forscher sollte es da übelgenommen werden, wenn er sich lieber spannenden Themen zuwendet, die nur ihn interessieren, für die Gesellschaft aber ohne Belang sind. Von Zeit zu Zeit kann man diese Elfenbeintürmler beschimpfen, während die seriöse Forschung, die sich ihrer gesellschaftlichen Verantwortung keineswegs entziehen will, einfach totgeschwiegen wird, wenn ihre Befunde nicht ins Erwartungsbild der Zeit passen und nach neuester Auffassung der Meinungsführer politisch nicht korrekt sind.

Als junger Biologe und Ökologe ist man zu naiv, die geringe Bedeutung der unabhängigen Grundlagenforschung zu erkennen. Man hält die eigenen Forschungen für wichtig und meint, gut gesicherte Befunde müssten zwingend entsprechende Maßnahmen nach sich ziehen. Dass dies im globalen Maßstab mehr als naiv ist, war nicht weiter verwunderlich, aber dass es auch im heimischen Rahmen hoffnungslos war, auf die Überzeugungskraft der Forschungsergebnisse zu bauen, wirkte mit der Zeit doch sehr ernüchternd. Am deutlichsten drückte sich dies in der auf den Naturschutz bezogenen Forschung aus. Die größten Widerstände kamen aus dem Naturschutz selbst.

Millionenstädte

Der erste Eindruck von Rio war grandios. Als das Schiff in die Bucht von Guanabara einlief, stand die Sonne schon tief. Der Zuckerhut glänzte weißgolden auf. Im Hafen gingen wenige Minuten danach die Lichter an. Die Dämmerung ist kurz in den Tropen. Zum Gipfel des Corcovado schwebte eine kleine weiße Wolke hoch und schien von den weit ausgestreckten Armen der riesigen Christusstatue aufgefangen zu werden. In der Bucht selbst wimmelte es von Schiffen. Fähren zogen ihre weißgeränderten, spitzkeilförmigen Bahnen hinüber nach Niteroi, der fast unbekannten Zwillingsstadt von Rio auf der anderen Seite der Bucht. Vom Meer her wehte eine sanfte, die Schwüle des Südsommertages etwas kühlende Brise. Rabengeier ließen sich von ihr zu den Schlafplätzen tragen. Auch die Fregattvögel, die das Schiff begleitet hatten, zogen sich zurück. Nichts wies in dieser Szenerie auf das Elend der Millionen von Menschen hin, die mindestens die Hälfte der Bevölkerung von Rio, der schönsten Stadt der Welt, ausmachten. Das noch größere São Paulo hatte weniger Arme und eine Betriebsamkeit, die Rio im Vergleich dazu richtig gemütlich wirken ließ. Im Stadtzentrum schoben sich die Menschen in solchen Massen über Bürgersteige von der Breite mehrerer Fahrbahnen, dass sie jeden mitnahmen, der hineingeriet, auch wenn das nicht die beabsichtigte Richtung war. Es hieß, dass die auf der einen Seite der Straße Geborenen niemals auf die andere kommen würden. München, wo ich die viereinhalb Jahre meines Studiums verbracht hatte, wirkte im Vergleich zu São Paulo wie eine Kleinstadt. Noch aber waren die Riesenstädte der damals so bezeichneten Dritten Welt voll im Wachstum. Die Hochrechnungen gingen von zwanzig bis dreißig Millionen Menschen aus, die im Jahr 2000 darin leben würden. Das Schlagwort der Bevölkerungsexplosion griff gerade auch um sich. In dreißig Jahren würde die Erde die Masse der Menschen nicht mehr ernähren können, die sich wie eine Flutwelle in den Entwicklungsländern aufbaut und in die Erste Welt überschwappt. Ich zweifelte nicht daran, dass es so kommen wird, nachdem ich am brasilianischen Nationalfeiertag die Umzüge von Schulklassen aller Altersstufen gesehen hatte. Der Eindruck war überwältigend, weil die Kolonnen der in Schulkleidung wie Kompanien vorbeidefilierenden Schüler kein Ende nahmen. Provinzstädtchen wie das hübsche Blumenau im kleinen Südstaat Santa Catarina hatten bei nur etwas mehr als 100 000 Einwohnern über 20 000 Schulkinder aufzubieten. Wie zu einem Kreuzzug bereit, zog der Kinderstrom Kilometer um Kilometer durch die Straßen. 1970 hatte Brasilien Deutschland an Menschenzahl gerade überholt, und es war klar, dass es nur gut 20 Jahre dauern würde, bis sich die Bevölkerung erneut verdoppelt hätte. Gegenwärtig (2015) sind es bereits mehr als 205 Millionen Menschen. Die Generation, die diesen Zuwachs zustande bringen würde, war bereits vorhanden und augenscheinlich in bester Kondition. Raum gab es hier in Brasilien genug für die Menschen der kommenden Generationen. Das ergab sich aus der Größe des Landes! Dass die Wirklichkeit anders war als eine errechnete Kopfzahl pro Quadratkilometer, drückte sich in den Armenvierteln am Rand der Superstädte aus. Die *Favelas* kletterten wie ein zäher, die Schwerkraft überwindender Brei an den steilen Berghängen hinter Rio hoch. In São Paulo wirkten sie aus der Distanz wie der Müll der Wolkenkratzer, den man vom Stadtkern nach draußen weggeschoben hatte. Auch in der neuen Hauptstadt Brasilia ließen sich die Elendsquartiere nicht vermeiden, obgleich man alles versucht hatte, um zu verhindern, dass *Favelas* überhaupt entstehen. So sah man an den Riesenstädten in aller Deutlichkeit, dass nicht das Land, das weite, offene und unerschlossene Land für die Menschen Brasiliens attraktiv war, sondern die Städte mit ihrem Elend, mit den Straßenschluchten zwischen den Wolkenkratzern und mit einer Luft, die zum Atmen nicht mehr taugte, aber zum daran Sterben nicht schlecht genug war. Das so stark wachsende, so junge Brasilien drängte sich an die Küste und verdichtete sich in buchstäblich atemberaubender Art in der Megalopolis, anstatt nach Alexander von Humboldts Annahme von paradiesischer Tropennatur ein beschaulich-glückliches Leben, ausgebreitet im weithin unbesiedelten Hinterland, zu führen. Der große Naturforscher, den viele für das letzte Universalgenie halten, hatte nicht sehen können, auf welch kargen Böden sich die tropische Fülle entfaltet. Sein Trugschluss, dem so viele nach ihm erlagen, weil sie in viel zu schwärmerischer Weise Artenvielfalt mit Produktivität gleichgesetzt hatten, trieb gerade wieder ein neues, ganz gigantisches Erschließungsprogramm Amazoniens voran. Eine Straße ins grüne Paradies sollte den Zugang schaffen zu den ungehobenen, ungenutzten Schätzen des größten und reichhaltigsten Tropenwaldes der Erde, die *Transamazonica*. Sie sollte den Siedlern das unendlich weite Grün erschließen, die Elendsviertel der Küstenstädte leeren und Brasilien eine (grün)goldene Zukunft bescheren. Was sie tatsächlich brachte, waren Vernichtung von Wald und Tod vieler Siedler, bitterste Enttäuschungen und Scharen entwurzelter Menschen, die immer weiter herumziehen mussten, um sich das nackte Überleben zu sichern. Sie brannten den Tropenwald nieder, sie töteten ganze Stämme von Indios, und die Straße verführte die Ärmsten der Glücksritter dazu, mit Kanistern voller Quecksilber in Flusssanden und Gruben nach Gold zu schürfen. Das Quecksilber diente dazu, den feinen Goldstaub aufzunehmen und herauszulösen. Die amazonischen Wälder wurden nun weithin für das Vieh gerodet, für Zeburinder vor allem, und nicht für die Menschen, die Land gebraucht hätten. Aber Land, von dem sie hätten leben können! Von den Rändern her und entlang der neuen Straße fing Amazonien zu brennen an. Jahr für Jahr wurde mehr Wald gerodet, wurden die Brände größer und zahlreicher. Die Weltbank soll die Mittel bereitgestellt haben zum Bau der *Transamazonica* und anderer Straßen zur Erschließung Amazoniens. Doch das Wunschbild des grünen Paradieses wandelte sich für die hoffnungsvollen Menschen rasch wieder zur nüchternen, seit Jahrhunderten schon so genannten grünen Hölle. In den Elendsvierteln von Rio lebte es sich leichter als auf den Landstückchen im amazonischen Urwald, die den Siedlern zugeteilt worden waren. Und Brasiliens Nachbarn machten mit bei der neuen Erschließungswelle, die 1970 anfing. Allein die Furcht vor dem übergroßen Brasilien zwang sie auf den gleichen Weg hinein in ihren Anteil an den amazonischen Wäldern. Es ging um die Sicherung der Grenzen, an denen niemand außer Indianern lebte, die sich ohnehin nicht an Staatsgrenzen hielten. Zudem zeichneten sich Funde von Erdöl am Fuß der Anden ab. Allein die Vorstellung, es könnten ergiebige Ölquellen sein, löste zwischen Peru und Ecuador schwere Spannungen im amazonischen Tiefland aus, die sogar in einer kriegerischen Auseinandersetzung eskalierten.

Am anhaltend starken Wachstum der Küstenstädte änderte die Erschließung Amazoniens nichts. Zwar zogen Hunderttausende ins Innere, aber in den Bevölkerungszentren an der Küste wuchsen Millionen nach. In den 1980er Jahren bescheinigte die neue Chaostheorie den Riesenstädten, seltsame Attraktoren (*strange attractors*) zu sein. Die Bezeichnung klang sehr treffend, löste jedoch die Probleme nicht. Zu den Ursachen der Überverdichtung bot sie keine Erklärung. Dabei war doch klar, dass in den vor Menschen überquellenden Städten die jungen Menschen zur Ressource geworden waren, die sich wie autokatalytisch selbst vermehrte. Diese Ressource schwand nicht mit der Nutzung. Sie wurde nicht verbraucht, sondern regenerierte sich. Draußen in den Weiten der tropischen Savannen und der Regenwaldrodungen gingen indessen die Ressourcen an Boden und Fruchtbarkeit schneller verloren, als sie durch neue Rodungen freigelegt werden konnten.

Gut zwei Jahrzehnte vor dem »Erdgipfel von Rio«, auf dem 1992 die Erhaltung der biologischen Vielfalt und die nachhaltige Entwicklung (*sustainable development*) proklamiert wurden, lief in Brasilien das genaue Gegenteil davon ab, ohne dass die eigentliche Ursache der Problematik erkannt wurde. Sie steckte in der »ökologischen Benachteiligung der Tropen«, wie es im Jahre 1977 der Freiburger Geograph Wolfgang Weischet ausgedrückt und in seinem gleichnamigen Buch ausführlich begründet hatte. Er zerstörte damit, gestützt auf die Fülle der inzwischen vorhandenen Daten und Messungen, die romantische Verklärung der Tropenfülle und machte klar, dass es über alle historischen, politischen und sozialen Entwicklungen hinaus einen naturgegeben grundlegenden Unterschied zwischen der reichen Ersten und der so bitter armen Dritten Welt gibt. Mit Politik und Abkommen wird sich dieser Unterschied nicht aufheben lassen. Die ökologische Benachteiligung der Tropen bleibt bestehen. Die europäische Landwirtschaft hatte längst erkannt, dass den Möglichkeiten zur Bodenverbesserung recht enge Grenzen gesetzt sind, auch wenn die Hilfsstoffe und Energien dafür sogar im Übermaß zur Verfügung stehen – weil sich aus magerem Sandboden einfach kein ertragreicher Löß machen lässt. Seit langem gibt es das System der Bodengütebewertung (Bonität). Die Bonitätsunterschiede fallen bei den Böden Deutschlands aber geradezu geringfügig aus, verglichen mit den Verhältnissen in den Tropen. Doch politisch getan wurde so, als ob das alles nichts bedeuten würde und die Wälder der Tropen nur gerodet werden müssten, um neues fruchtbares Land für die wachsende Weltbevölkerung zu gewinnen. Amerikanische Milliardäre wie Henry Ford und der legendäre Ludwig mit seinem Jarí-Projekt zur Erzeugung von Zellulose für die Zeitungen der Welt setzten aus diesem Irrglauben heraus gigantische Mengen an US-Dollars buchstäblich in den Sand. Gelernt wurde aus dem Scheitern dieser Mega-Projekte dennoch nichts. Geklagt darüber dafür umso mehr. Auch dass Jahr für Jahr in den Tropen eine Fläche von der Gesamtgröße Australiens brennt und die Erde zur Zeit des Südwinters, der Trockenzeit in den subtropischen Regionen, zum flambierten Planeten macht, bewegt nicht einmal unsere ansonsten in den Medien so aktiven, düsterste Szenarien verbreitenden Naturschutzverbände. Jedes Jahr wird mit diesen Bränden eine Energiemenge freigesetzt und in entsprechender Abgasmenge in die Atmosphäre geschickt, die dem gesamten Energieumsatz von Deutschland entspricht oder diesen sogar übertrifft, nämlich 500 Millionen Tonnen Steinkohleeinheiten. Das ist keine Nachricht in den Medien wert, weil die Dritte Welt, der Süden, die gute Welt ist. Die andere, der euroamerikanische, atlantische Norden, hat die schlechte zu sein. Das so wichtige, für die vielzitierte Nachhaltigkeit zukunftsweisende Buch von Wolfgang Weischet blieb weitgehend unbeachtet. Es nützt nichts, ökologisch korrekt zu sein, wenn die Befunde für politisch nicht korrekt gehalten werden. Auch das »Imperium der Rinder«, wie es Jeremy Rifkin mit einem anderen, Wolfgang Weischet ergänzenden Ansatz nannte, dehnt sich ungebremst aus. Die Landwirtschaft bestimmt, wie es weitergeht mit dem »Planeten der Rinder«, zu dem sie die Erde gemacht hat.

Wehe uns, die wir in den gemäßigten oder kalten Regionen unseres Globus geboren wurden und aufgewachsen sind. Wir allein sind die Bösen, die die Erde mit ihrem ökologischen Fußabdruck belasten. Doch nicht hier, sondern in den Tropen und Subtropen wurden seit den 1970er Jahren Entwicklungen in Gang gesetzt, welche die Natur der Erde global am meisten beeinträchtigen. Dort entstand ein globaler Neo-Kolonialismus, der sein noch national gebundenes Vorbild aus dem 19. Jahrhundert mit umfangreicherer und dauerhafterer Vernichtung von Lebensgrundlagen weit übertrifft. Die große Zerstörung der Tropenwälder setzte ein mit der Umstellung der Weide- auf Stallviehhaltung in Europa. Sie ist auf den Import von Futtermitteln aus Übersee angewiesen. Und das zunehmend, seit bei uns mit der zweiten großen Umstellung auf erneuerbare Energien anstelle von Nahrungsmitteln Biomasse zur Energiegewinnung erzeugt wird. Was ich in Brasilien seit 1970 erlebte, stellte den Anfang dar. Mitte der 1980er Jahre brannte bereits Mato Grosso, brannten die Tropen weltweit! Nicht um »Brot für die Welt« zu erzeugen, sondern Soja für hochgradig mit Steuermitteln subventioniertes Stallvieh. Lamentiert wurde jedoch weit mehr über die gigantischen Stauseen, die Brasilien (und China) bauten, und über die größte Eisenerzmine *Grande Carajás* oder die Goldgruben, in denen Menschen am Ende des 20. Jahrhunderts genauso sklavisch schufteten wie einst im Silberberg von Potosí in Bolivien zur Zeit der spanischen Eroberung und der Ausbeutung der Gold-

und Silberschätze der Anden. Nadelstiche waren und sind das im Vergleich zur neuen Massenvernichtung der Tropenwälder durch den euro-amerikanischem Kolonialismus, der mit Fug und Recht als Öko-Kolonialismus gebrandmarkt wird. Doch nicht einmal der internationale Naturschutz wollte sich da einmischen. Man pflegte, wie in Deutschland der nationale, lieber die alten Feindbilder von Industrie, Verkehr, Straßenbau und Siedlungstätigkeit. Weil hier wie überall in der Welt das Land als grün und gut gilt, die Stadt aber als schlecht, gleich einem »Krebsgeschwür«, wie es Konrad Lorenz ausgedrückt hatte in seinem Spätwerk *Acht Todsünden der zivilisierten Menschheit*. Man konnte da nicht nur anderer Meinung sein; man musste zu einer anderen Meinung kommen, wenn man verfolgte, wie sich die Landwirtschaft global und in Deutschland entwickelte.

Die Vermehrung der Menschen, die Bevölkerungsexplosion in der Dritten Welt, war wirklich nicht das alleinige Übel, das die Erde heimgesucht hatte. Auch das Auto ist nicht an allem schuld, was Erde und Klima belastet. Gegenwärtig gibt es weit mehr Rinder auf dem Blauen Planeten als Autos. Und während die Autos nicht immer fahren, geben die Rinder beständig »Gas« von sich, nämlich Methan. Doch darum sollte es nicht einmal auf dem »Erdgipfel von Rio« 1992 gehen. Die Problematik der Nutztiere, ihre Auswirkung auf den gesamten Naturhaushalt der Erde, blieb ausgespart. Nur so konnte der scharfe Kontrast zwischen dem reichen Norden, der die Zukunft der Erde gefährdet, und dem guten, aber armen Süden, dem damit die Zukunft genommen wird, dem Klischee entsprechend plakativ aufgebaut werden. Australiens Rinder und Schafe blieben ebenso wie die von Südamerika unberücksichtigt in den Klimaprotokollen und Vereinbarungen. Aus gutem Grund (aus dortiger Sicht) stieg Australien aus dem Kioto-Protokoll aus und schlug sich auf die Seite der USA, während die Freistellung von Schwellenländern wie Indien, China und Brasilien zwangsläufig zu einem umso schnelleren Ressourcenverbrauch und anhaltend starken Anstieg der Kohlendioxidkonzentration in der Atmosphäre führte. Wer je im Winter in Nordindiens Städten war oder sein musste, denn der Gesundheit ist dies sicherlich abträglich, weiß, wie man dort, auch in China, mit der Energie und der Luftverschmutzung umgeht. Man musste die Verhältnisse selbst erlebt haben, um die extreme Einseitigkeit zu erkennen, mit der bei uns berichtet und politisch argumentiert wird. Vor allem die Medien sind mit ihrer höchst selektiven, vom vorgegebenen Zeitgeist geprägten Berichterstattung längst alles andere als objektiv. Sie bedienen Klischees, fördern bestimmte, von ihnen ganz offensichtlich favorisierte Positionen und liefern damit oft ein krass verzerrtes Bild der Wirklichkeit. So wichtig die Pressefreiheit auch ist, eine hinreichend objektive Berichterstattung wäre nicht minder wichtig.

Costa Rica – ein Rückblick auf Südamerika

Neue Konzepte werden allzu rasch zu Dogmen, hat man sie erst einmal akzeptiert und den bisherigen, die sie ablösten, als klar überlegen erachtet. Die Erfolge meiner Vorträge und Bücher über den Tropischen Regenwald und die vielen Diskussionen, die darüber geführt wurden, verfestigten und verfeinerten das Bild vom tropischen Mangel, der Vielfalt erzeugt und begünstigt. Amazonien war extrem, das wurde schnell deutlich. Dennoch ließen sich die Befunde offenbar ohne Schwierigkeiten auch auf die anderen Tropenregionen, auf Afrika und Südostasien, übertragen. In den äquatorialen Regenwäldern Afrikas herrscht bei weitem kein so großer Mangel an mineralischen Nährstoffen wie in Südamerika. Die beiden Hauptgründe sind offensichtlich: die nahe Sahara, von der südwärts gerichtete Winde auf kurze Distanzen ungleich größere Mengen an Feinstaub zu den afrikanischen Regenwäldern wehen als über den Ozean hinüber nach Südamerika, und die riesigen Vulkane im Osten des Kongobeckens. Auch vom Südosten her transportiert der Passat Stäube aus den Trockengebieten von Angola und dem südöstlichen Kongogebiet zu den zentralen Wäldern. Zu dieser ungleich besseren Versorgung der afrikanischen Regenwälder mit mineralischen Nährstoffen passte ihr reiches Tierleben mit zahlreichen Großtieren, sogar Elefanten. Dass Letztere sowohl an Massigkeit ihrer Körper als insbesondere auch der ihrer Stoßzähne im Vergleich zu den Savannenelefanten Ostafrikas deutlich kleiner ausfielen, entsprach ebenso der neuen Sicht wie viele andere vergleichbare Befunde. Dagegen sprach nichts; auch nicht die Verhältnisse im erheblich komplexeren südostasiatischen Regenwald. Die dortigen geologischen und erdgeschichtlichen Verhältnisse forderten geradezu den Vergleich mit Amazonien heraus. Davon mehr in anderem Zusammenhang. Hier mag genügen festzustellen, dass auch die südostasiatischen Tropen der neuen Sicht entsprechen. Und nicht nur sie, sondern sogar die außertropischen Gegebenheiten bis hin zu den land- und forstwirtschaftlichen Nutzflächen und die Verhältnisse im Meer fügen sich nahtlos in das Konzept von Mangel und Fülle. Die sehr produktiven, an Nährstoffen reichen Aufquellzonen der Meere sind viel ärmer an Arten als die wenig produktiven tropisch-warmen Ozeane. Die Korallenriffe entsprechen als Lebensräume im Meer den Regenwäldern, gerade auch in der Vielfalt der Arten und der Komplexität der Beziehungen zwischen diesen. Im Lauf der Jahre hatte ich unterschiedlichste Erfahrungen dazu gesammelt und mich bestätigt gefühlt. Und mich auch manchmal zugegebenermaßen mit leicht abfälligem Ton darüber geäußert, dass man in der amerikanischen Tropenökologie den Zusammenhang von Diversität und Mangel immer noch nicht erkannt hatte. Auch die Verfasser der Lehrbücher gingen weiterhin von der Gunst der tropischen Lebensbedingungen aus, die amerikanisch-internationalen wie auch die meisten in Europa erschienenen, die einfach die amerikanische Sicht übernahmen. Warum hielt sich diese so zäh? Meine übliche Antwort hierauf war: weil die Amerikaner keine nichtamerikanischen Veröffentlichungen lesen. Die Frage wurde ja oft nach Vorträgen und Veranstaltungen zum Tropischen Regenwald gestellt.

Aber allmählich kam ein anderer Verdacht hinzu. Die Zentren der amerikanischen Tropenforschung lagen in Mittelamerika, auf Puerto Rico, in Costa Rica und Panama. Puerto Rico gehört praktisch zu den USA, die Kanalzone in Panama auch, und das kleine Land Costa Rica wäre ohne die USA kaum in der Lage zu existieren, vor allem seit es das Militär abgeschafft hat. Was ist das Gemeinsame dieser Forschungsgebiete, fragte ich mich. Auf die Zusammenhänge mit dem Mineralstoffreichtum im Boden bezogen, ergab sich eine erhellende Antwort: Das sind alles Gebiete mit junger erdgeschichtlicher Vergangenheit und vulkanischen oder vulkanisch geprägten, mineralstoffreichen Böden. Auch ist ihre Landesnatur recht vielgestaltig. Sie reicht von tropisch schwüler Küste mit Mangroven und vorgelagerten Korallenriffen über Niederungen mit kalkhaltigen Schichten bis zu hohen, aktiven Vulkanbergen, Leelagen von Hängen und Küstenvorland auf der pazifischen Seite und tektonischer Unruhe mit häufigen Erdbeben. Tropenstürme fegen darüber hinweg. Große Landmassen grenzen an, zu denen die mittelamerikanische Landbrücke die Verbindung erst seit Beginn des Eiszeitalters hergestellt hat. Amazonien ist im Vergleich dazu eine riesige flache, von gewaltigen Flüssen durchzogene Schüssel, deren gliedernde Hauptbesonderheit das unterschiedliche Wasser der Zuflüsse des Amazonas ist. Extrem mineralstoffarmes Schwarzwasser kommt aus dem Zentrum und einem Großteil des Rio-Negro-Flusssystems, Weißwasser stammt von den Anden und Klarwasser von den uralten Gebirgen der nördlichen und südlichen Randgebiete. Eine derart extreme Einheitlichkeit ist natürlich weder in Panama noch im unmittelbar angrenzenden Costa Rica oder auf der Antilleninsel Puerto Rico möglich. Sie sind sowohl zu klein als auch strukturell zu vielfältig. Dass diese Andersartigkeit Konsequenzen haben musste, ging aus der Beschäftigung mit der südostasiatischen Inselwelt ebenso hervor wie aus dem Vergleich des Inhalts der beiden einflussreichsten biologischen Bücher des 19. Jahrhunderts über die Tropen, nämlich *Ein Naturforscher am Amazonenstrom* von Henry Bates und *Der Malayische Archipel* von Alfred Russel Wallace. Und als ich dann *The Naturalist in Nicaragua* von Thomas Belt las, war ich mir sicher, dass ich auf der richtigen Spur war. Nun empfahl es sich aber gegen Ende des 20. Jahrhunderts nicht unbedingt, sich nach Nicaragua auf die Spuren von Thomas Belt zu begeben. Die politischen Verhältnisse waren zu riskant. Aber das nahe Costa Rica bot ganz Ähnliches auf die angenehmste Weise, die man sich für eine Tropenreise vorstellen kann. Also nutzte ich die Möglichkeit, mit einer Gruppe Interessierter kreuz und quer durch Costa Rica zu reisen. Zwei Wochen nur, aber es wurden zwei höchst gehaltvolle. In diesen erlebten wir das Tropenparadies, so wie man es sich in Wunschvorstellungen zurechtlegt: Artenreichtum und Fülle. Geradeso, wie sie oft in Büchern auf gemalten Tafeln zusammengestellt sind. Der Kontrast zu Amazonien hätte kaum größer sein können. Wo man dort fast verzweifelt nach Tieren, zumal nach attraktiven größeren

Arten und nicht nur nach Ameisen Ausschau hält, gab es sie hier in Hülle und Fülle. Beispielsweise hatte ich den Reiseteilnehmern erzählt, dass es hier »Jesus-Christus-Echsen« gibt, die übers Wasser laufen können ohne einzusinken. Gleich am nächsten Gewässer ließen sich solche wie auf Bestellung vorführen, die Helmbasilisken *Basiliscus basiliscus*, noch dazu in smaragdgrüner Farbvariante und mit einem hohen, helmartigen Hautkamm auf dem Kopf. Sie flitzten mit den Hinterbeinen wassertretend und mit dem langen Schwanz heftig seitwärts ausschlagend über das ruhige Wasser einer kleinen Bucht an einem Flüsschen und sprangen, ohne ins Wasser einzusinken, am anderen Ufer ins Dickicht. Dort fanden wir nach kurzer Suche buntgefärbte Baumsteigerfrösche, zu denen die berühmt-berüchtigten Pfeilgiftfrösche gehören, auch Faultiere, Grüne Leguane *Iguana iguana* und so viele Vögel, dass die Versuche, sie alle zu bestimmen, an der verfügbaren Zeit scheiterten. Der edelste der Vögel nach Ansicht der Azteken, der glänzend smaragdgrün gefiederte Quetzal *Pharomachrus mocinno* mit rotem Bauch und fast meterlangen Schwanzfedern, ließ sich oben im Bergregenwald vorführen. Als ich unter einem Wasserfall badete und die Abkühlung genoss, kam ein kleiner Kolibri geflogen und ließ sich fast in Armreichweite über mir im Schwirrflug von der Gischt berieseln. Er schüttelte sich, wenn allzu viele Tropfen sein Körperchen trafen, und genoss dieses Duschbad sichtlich. Dann flog er fort, ein Stück rückwärts zuerst, drehte ab und verschwand als grünlicher Lichtblitz nach irgendwohin. Und, und, und ... Wir bekamen beim Besuch der Plantagen Einblick in die Bananenproduktion, aßen frisch gemachtes Eis mit herrlichem Annona-Geschmack und riesige Ananas-Erdbeeren, die trotz ihrer Größe vorzüglich schmeckten. Vögel gab es überall von früh bis spät, Schmetterlinge ebenso und Bromelien, Orchideen, Baumfarne wie in gutgeführten Gewächshäusern botanischer Gärten. Dass unter solchen Verhältnissen auch die Menschen – Kinder, Erwachsene, Alte – fröhlich waren, nahm man fast als naturgegeben hin. Zu verführerisch war der Eindruck vom paradiesischen Leben in diesem Ländchen, das nur gut zwei Drittel der Größe Bayerns hat, aber viermal so viele Vogelarten. Die Fülle der Insekten sprengt den Vergleichsrahmen. Sie ist tropisch in Costa Rica, aber höchst dürftig in Bayern, insbesondere was eindrucksvolle Großformen oder die Häufigkeit, etwa von Tagfaltern, betrifft. Doch als uns der örtliche, sehr kenntnisreiche Führer zeigte, wie stark das letzte Erdbeben vor ein paar Wochen das Haus seiner Eltern an der Karibikküste verschoben hatte, wurde auch klar, dass es fehlerlose Paradiese nicht gibt. Aber ich verstand nun die amerikanischen Kollegen. Wer unter solchen Bedingungen an der Tropennatur forscht, merkt nichts vom Mangel, aus dem die Vielfalt geboren wurde. Zwangsläufig rücken die Mechanismen in den Vordergrund, die es den vielen verschiedenen Arten ermöglichen, miteinander zu leben. Die Fülle, unter der die tropische Artenvielfalt Costa Ricas gedeiht, macht auch kleine Schutzgebiete wirkungsvoll. Denn wenn sich schon auf wenigen Quadratkilometern eine hinreichend große Population halten kann, lässt sich diese, unter Schutz gestellt, auf absehbare Zeit erhalten. Private Naturschutzgebiete haben daher auf Costa Rica viel zu bieten, speziell für die an der Natur interessierten Touristen. Sie florieren, weil die Natur selbst floriert. Gerodetes, in Viehweiden umgewandeltes Gelände erobert der Wald sehr rasch wieder zurück. Die Bäume haben das Ausbreitungspotential dafür, und die mineralreichen Böden lassen rasches Wachstum zu. Oder auch eine anhaltende, über viele Jahrhunderte an Erträgen nicht abnehmende landwirtschaftliche Nutzung, wie etwa bei den Reiskulturen Javas, einer der mittelamerikanischen Fruchtbarkeit vergleichbaren Tropeninsel Indonesiens. Letztlich wird aus diesen geologisch-bodenkundlichen Gegebenheiten auch verständlich, weshalb sich die Mayakultur auf der mit tropischer Waldvegetation bedeckten mexikanischen Halbinsel Yukatan entwickeln konnte und warum es offenbar nichts Vergleichbares in Amazonien gegeben hat. Nutzbare Überschüsse werden nur produziert, wo die Böden die dafür nötigen Nährstoffe enthalten. Die Kreislaufwirtschaft, das mehr oder weniger perfekte Recycling, gibt keine Überschüsse her. Die theoretische Ökologie war keine graue Theorie. Sie stimmte mit den Fakten überein. Die Missdeutungen stammten aus der im Naturschutz angewandten, ideologisch durchsetzten Ökologie.

Costa Rica bezauberte mich. Meine Erinnerungen mögen daher zu rosig wirken, wenngleich ich der Rückschau natürlich auch meine Notizen zugrunde gelegt habe. Dennoch mag man mir eine Tendenz unterstellen, das Positive stärker hervorzuheben. Diese Gefahr ist immer gegeben. Objektiv im strengen Sinne kann man nicht sein. Dazu ist man selbst zu sehr Subjekt. Doch bei Costa Rica gab es für mich einen besonderen Grund, subjektiv zu sein. Wir waren im Süden des Landes an der Pazifikküste angekommen, hatten eine eindrucksvolle Bootsfahrt zu einer Vogelinsel voller dort nistender Fregattvögel gemacht, begleitet von Braunen Meerespelikanen *Pelecanus occidentalis*, und waren in entsprechend guter Stimmung. Denn auch das Meer war ruhig. Die Wellen rollten so langsam gegen die Küste, dass wir vom Boot aus gut fotografieren konnten. Nun ging die Fahrt über eine Bucht von einer vorspringenden Halbinsel, auf der wir, direkt am Rand des Regenwaldes, die letzten Tage verbracht hatten. Wegen der Enge des Bootes und der Kürze des Aufenthaltes durften wir nur das allernötigste Gepäck, wenn möglich in einem Rucksack, mitnehmen, um beim Landen ins Wasser im Moment der zurückweichenden Welle springen und sogleich die flache Düne hochlaufen zu können. Das war nicht weiter schwer, wenn man den richtigen Augenblick abpasste und das Gleichgewicht nicht verlor. Am besten ging es paarweise; eine Person rechts, die andere links vom Bug, so dass auch das Boot im Gleichgewicht blieb. Als schon fast alle sicher zum Strand hochgekommen waren, passierte es. Ein junges Paar verlor irgendwie die Balance. Die Frau fiel ins Wasser. Ihr Mann, der sie noch halten wollte, verlor auch das Gleichgewicht und rutschte nach. Beide kamen sogleich auf die Beine und eilten zum Strand hoch; pitschnass und geschockt, aber ansonsten unversehrt. Anderntags mussten sie ihre Dollars und die Pässe auf einer Wäscheleine trocknen. Da sie auf der einen Bootsseite ins Meer fielen, kippte das Boot so sehr auf die andere, dass ich als Letzter, der außer dem Bootsmann am Steuer des langsam laufenden Außenbordmotors noch an Bord war, mich auch nicht mehr halten konnte und rückwärts ins Wasser fiel. In diesem Moment erreichte uns aber eine besonders große Welle, die berüchtigte siebte. Sie rollte mich mehrfach über den (Sand-)Boden, bis ich mich so weit gefangen hatte und aufzutauchen und zu schwimmen versuchte. Der Rucksack war dabei ziemlich hinderlich, aber im Wasser bei weitem nicht so schwer wie an Land. Nach ein paar Schwimmstößen mit den Beinen bekamen diese Bodenkontakt. Die Welle wich zurück. Ich tauchte vollends auf und stapfte ziemlich niedergeschlagen die Düne hoch. Dass ich tropfnass war, hätte sich ertragen lassen. Aber der Fotoapparat, die Filme, alles Wichtige für die Reise steckte im Rucksack. Das war der Schock. Ein solches Missgeschick war mir noch nie passiert. Wenigstens froh zu sein, dass auch mir nichts fehlte, kam mir nicht in den Sinn. Ich schleppte mich an den anderen vorbei die Düne hoch, um mir in der Lagune, die, wie ich vermutete, dahinter zu finden sein würde, das Salz aus der Kleidung und vom Körper zu waschen. Das Wasser war sehr warm und bräunlich, also vom Land her stark ausgesüßt. Ich legte mich hinein und schüttelte mich, als ob ich mich selbst ausschwenken wollte. Im Hemd spürte ich die Geldbörse mit dem Reisepass. Beide sowie ein kleines Etui für die Kreditkarten hatte ich vorsorglich in eine wasserdichte Plastiktüte gesteckt und in der Brusttasche getragen. Sie waren deshalb in Ordnung. Das munterte mich ein wenig auf. Als ich nun den Rucksack öffnete, traf mich fast der Schlag. Alles, absolut alles war trocken. Er hatte dicht gehalten. Nur da, wo ich als Schutz gegen das Eindringen von Staub durch den Reißverschluss ein kleines Handtuch untergelegt hatte, war ganz wenig Meerwasser eingedrungen. Das Handtuch hatte es aufgenommen und nicht weiter durchsickern lassen. Ich holte mir ein frisches Hemd und Shorts heraus, zog mich um und marschierte strahlend wie Phönix aus der Asche zurück zu meiner Gruppe auf die andere Seite der Düne. Sie hatte im Schatten eines großen Baumes auf mich gewartet. Jetzt war es an ihnen, nichts mehr zu verstehen. Vor wenigen Minuten erst war ich triefend nass und sichtlich angeschlagen von dem Schock aus dem Meer gekommen, und nun kehrte ich frisch und munter zurück, als ob nichts geschehen wäre. Als sie mich bestaunten und wissen wollten, wie diese wundersame Verwandlung möglich war, teilten ich ihnen mit: »Das ist heute mein Geburtstag!« Sie nahmen an, dass das metaphorisch gemeint war. Aber tatsächlich hatte ich Geburtstag. Wir feierten am Abend in gebührender Weise.

3. Kapitel

Afrika

Äthiopien

Von meinem Fensterplatz aus starrte ich auf den Horizont. Exotische Düfte erfüllten eben die Maschine der Ethiopian Airlines auf dem Flug von Kairo nach Addis Abeba. Sie stiegen auf von den dampfend heißen Gesichtstüchern, die an die Passagiere verteilt wurden. Aus dem noch nachtdunklen Blau am Horizont löste sich ein Streifen orangegelben Lichts. Rasch wurde er größer. Sonnenaufgang über Afrika; unspektakulär in der wolkenfreien, dünnen Luft. Bei den Reiseflughöhen um die zehntausend Meter fehlt außerdem der Bezug zum Land, zum Kontinent darunter. Die Sonne erschien. Ihr Licht blendete auf, als ob es angeschaltet worden wäre. Die Helle zwang meine Blicke nach unten, wo noch Nacht über der Wüste lag. Einzelne Konturen fingen gerade an, sich als Säume abzuzeichnen. Minuten später röteten sie sich. Und mit einem Mal erglänzte das Silberband des Nils. An seinem Verlauf konnte ich nun ganz gut erkennen, wo das Flugzeug gerade flog: über Nubien, im Abschnitt zwischen Abu Hamed und Berber, denn von Südosten näherte sich ein weiteres Silberband und vereinigte sich mit dem Nil. Das war der Atbara-Fluss, auch Schwarzer Nil genannt. Wie der größere Blaue Nil noch weiter im Süden kommt er aus dem äthiopischen Hochland. Doch kaum war die Mündung des Atbara überflogen, verschwand die vom neuen Tag erhellte Landschaft unter einer dichten, von oben weißen Wolkendecke. Gerade noch hatten Flüsse und Wüste klar wie ein Sandkastenmodell ausgesehen. Bis zur Landung in Addis Abeba blieb die Bewölkung geschlossen. Ich döste wieder. Die Nacht war mir durch die Zwischenlandung in Kairo viel zu kurz geworden. Außerdem war ich unruhig. Afrika, Äthiopien, das war jetzt ein ganz anderes Unternehmen als Brasilien. Südamerika hielt ich für zivilisiert. Mit Afrika war das anders. Das Klischee vom schwarzen Kontinent prägte meine Vorstellungen. Safaribilder aus den Nationalparks hatten aber auch große Erwartungen aufgebaut. An die Verständigungsschwierigkeiten wagte ich gar nicht zu denken. Die englischen Durchsagen im Flugzeug klangen zwar verständlich, aber sie waren sicher nicht repräsentativ dafür, wie es draußen im Gelände sein würde. So einfach wie in Südamerika sicher nicht, wo ich mit meinen Bruchstücken von brasilianischem Portugiesisch und ›Castillano‹-Spanisch problemlos weitergekommen war. Englisch konnte ich gerade in Äthiopien nicht erwarten, da das Land keine koloniale Vergangenheit und daher auch keine europäische Fremdsprache als übergeordnete Landessprache im Wirrwarr der regionalen Idiome hatte. Warum musste ich auch mit einem der (damals) schwierigsten Länder Afrikas beginnen, fragte ich mich. Es stand seit 1974 unter einer kommunistischen Diktatur von Generälen, die den vordem allmächtigen Kaiser Haile Selassie verjagt und das zerklüftete, schwer zugängliche Gebirgsland im Nordosten Afrikas politisch der Sowjetunion angenähert hatten. Die Reisegruppe, mit der ich unterwegs war, bestand aus einem Dutzend Ornithologen. Wir gehörten zu den Ersten, die wieder Zugang zum Land bekommen hatten. Die Verlockung war zu groß gewesen, um ihr zu widerstehen, gibt es doch in Äthiopien besonders viele Vogelarten, die nur dort vorkommen, also endemisch sind. Solche Besonderheiten reizen ›Bird Watcher‹, weil sie die Liste der gesehenen Vogelarten bereichern. Solche ›birder‹ genannte Ornithologen führen ihre ›life lists‹ und versuchen, diese möglichst umfangreich werden zu lassen. Bei rund 10 000 Vogelarten, die es global gibt, sind schon Listen mit über 2000 Arten beneidenswert gut, weil viele seltene Vögel nur an schwer zugänglichen Orten vorkommen.

Auf ein Sammeln von gesehenen und damit abgehakten Vogelarten war ich nicht aus. Vielmehr wollte ich Vergleiche mit Südamerika anstellen. Die Tropen und Subtropen Südamerikas beherbergen die artenreichste Vogelwelt. Sie war in den 1970er Jahren wissenschaftlich bereits ziemlich vollständig erfasst. Neue, bislang unbekannte Vogelarten entdeckte man zwar in der Folgezeit dort immer wieder, wie auch in Südostasien und anderen entlegenen Regionen, aber in insgesamt geringer Zahl. Die Neuzugänge änderten nichts am seit dem 19. Jahrhundert bekannten Befund, dass Südamerika der an Vögeln artenreichste Kontinent ist. Doch nicht nur die Vogelwelt ist dort, in der sogenannten Neotropis, besonders reichhaltig, sondern auch die Insekten sind es. Bei diesen waren und sind jedoch nach wie vor die Kenntnisse so unzureichend, dass sich der Gesamtumfang ihrer Vielfalt nicht abschätzen lässt. Nicht einmal für meine kleine Teilgruppe der Schmetterlinge, die Wasserschmetterlinge, schaffte ich die vollständige Erfassung des in Südamerika vorkommenden Artenspektrums. Doch da sich mit Wasserschmetterlingen außer mir kaum jemand befasste, war das nicht weiter verwunderlich. Mein Interesse konzentrierte sich daher auf die wohlbekannten Vögel und die Säugetiere. Weshalb blieb meine Ausbeute an sicher erkannten Arten nach fast einem Jahr in Südamerika so bescheiden, obwohl ich mich in der reichhaltigsten Vogelwelt der Erde bewegt hatte? Weniger als 300 Vogelarten in einem Jahr Südamerika waren kaum besser als das, was ich im ornithologischen Beobachtungsgebiet meiner Jugend am unteren Inn erzielte. Meine von dort stammende Liste zählte mehr als 260 Arten, und das ganz ohne Tropenparadies und entlegene Wildnis, sondern allein mit den Flussstauseen mit Auwäldern und dem Kulturland davor. War ich zu schlecht beim Erkennen der südamerikanischen Vögel und zu wenig gründlich vorbereitet? Was deren Stimmen betraf, sicherlich. Ohne gute Kenntnis der Stimmen ist es kaum möglich, die Vögel zu erfassen, die sich in Deckung der Baumkronen halten. Die Vielzahl der Rufe und Gesänge, die ich in manchen südamerikanischen Wäldern vernahm, verwirrte in der Tat. Manchmal war ich nicht einmal sicher, ob der Ruf, den ich hörte, von einem Vogel oder von einem Frosch kam. Viel besser ging die Erfassung der Wasser- und Greifvögel. Dessen konnte ich mir sicher sein, auch wenn die eine oder andere Fehlbestimmung bei den Greifvögeln dabei gewesen sein mag, weil das einzige Bestimmungsbuch, das ich im Gelände benutzen konnte, der ›Führer zu den Vögeln Argentiniens‹ (*Las Aves Argentinas. Una Guia de Campo*) von Claes C. Olrog aus dem Jahr 1969 war. Die Abbildungen darin waren winzige, unzureichend handkolorierte Bildchen. Für die Bestimmung schwieriger Arten eigneten sie sich nicht. Das Buch tat dennoch gute Dienste. Für mich war es bei allen Unzulänglichkeiten einfach unentbehrlich. Bei den Wasservögeln, Greifvögeln und einigen anderen Gruppen großer, auffälliger Vogelarten kam ich damit auf einen hohen Erfassungsgrad. Wie hoch dieser ausfiel, ließ sich an den im Buch enthaltenen, jedoch auch sehr kleinen Verbreitungskarten gut genug feststellen. Die Großvögel sind Fernglasvögel, also Arten, die sich mit einigermaßen brauchbarer Optik aus einer Entfernung beobachten lassen, bei der man sie nicht stört oder gar verscheucht. Dass fast alle Vögel in Südamerika (sehr) scheu sind, gehörte zu meinen ersten Erfahrungen. Einzig die als Kadaververwerter geschätzten Neuweltgeier, die schwarzen Raben- und die bräunlicheren, längerflügeligen Truthahngeier, fallen durch geringe Scheu vor den Menschen auf. Meine feldornithologischen Befunde waren von diesen Gegebenheiten sicherlich mehr oder weniger stark beeinflusst. Auch die Enten, die Reiher und andere Wasservögel waren viel scheuer als ihre in Mitteleuropa vorkommende Verwandtschaft.

Anders verhielt es sich mit den Säugetieren. Bei ihnen spielten meine persönlichen Vorkenntnisse oder Bestimmungsschwierigkeiten keine Rolle. Von den nördlichen Ausläufern der Pampa in Argentinien und Südbrasilien, vom Gran Chaco in Paraguay und Ostbolivien über Mato Grosso und durch die Weiten des brasilianischen Cerrado-Gebietes hatte ich an größeren Säugetieren praktisch nur die von den Europäern nach Südamerika gebrachten Rinder und Pferde gesehen, kaum aber ursprünglich südamerikanische Arten. Einige Ameisenbären, Gürteltiere und Faultiere, Nasenbären, Beutelratten und sogar ein Mähnenwolf befanden sich zwar auf meiner Liste und ein paar kleine Arten dazu, von denen viele, insbesondere solche vom ›Mäusetyp‹, schwer zu bestimmen sind – wie auch bei uns die Bestimmung von Mäusen und Fledermäusen Spezialkenntnisse erfordert. Von solchen Kleinsäugern abgesehen, waren meine Befunde eindeutig: Rar, sehr rar, sind freilebende Säugetiere in Südamerika. Lediglich Capybaras kamen an den für sie geeigneten Stellen, sumpfigen Flussufern und Lagunenrändern, häufig vor. Auf Deutsch heißen sie so unpassend Wasserschweine. Mit Schweinen haben sie überhaupt nichts zu tun. Sie sind die größten lebenden Nagetiere und gehören in die weitere Verwandtschaft der Meerschweinchen. Mit bis zu fünfzig Kilogramm Gewicht werden sie deutlich größer und beträchtlich schwerer als Biber. Sumpf- und Spießhirsche, die weit verbreitet in

Südamerika vorkommen sollten, ließen sich jedoch fast nicht entdecken. Ebenfalls vorenthalten blieb mir auf meiner ersten großen Südamerikareise das größte der ursprünglichen südamerikanischen Landtiere, der merkwürdige Tapir.

Dass der Tapir das größte heimische Säugetier Südamerikas ist, wirft ein weiteres Problem auf, das nichts mit der Dürftigkeit meiner Freilandbefunde zu tun hat, nämlich die Frage, warum es auf diesem so enorm artenreichen und mit unterschiedlichen Lebensräumen ausgestatteten Kontinent keine richtig großen Säugetiere gab. Die beiden Tapirarten, die einander recht ähnlich sind, erreichen mit Höchstgewichten von 250 bis 300 Kilogramm verglichen mit der afrikanischen Fauna kaum Mittelklasse. Auch außerhalb der tropischen Regionen kommen in Südamerika keine großen Säugetiere vor. Die Guanakos der Pampa gehören zu den Kleinkamelen. Ihre 120 Kilogramm maximales Körpergewicht übertrifft ein europäischer Rothirsch ohne weiteres. Bezogen auf die Steppen- und Savannentiere Afrikas sind die Guanakos nicht einmal untere Mittelklasse. Woran liegt es, dass der ganze südamerikanische Kontinent von Natur aus nur so kleine Säugetiere hat? Auch die Affen sind mit kleinen Arten vertreten, während Afrika Riesen hat wie die Gorillas und sehr wehrhafte Affenarten wie die Paviane. Solche Fragen hatten mich schon in Südamerika beschäftigt, ohne dass ich zu einer Erklärung kam.

Gleiche äquatoriale Lage und eine sehr ähnliche Ausstattung mit Großlebensräumen bedingten für Südamerika und Afrika keineswegs große Ähnlichkeiten, sondern eine frappierend unterschiedliche Ausstattung mit Säugetieren und Vögeln. Auf beiden Kontinenten gibt es ausgedehnte tropische Regenwälder, wechselfeuchte und saisonale Wälder sowie verschiedene Formen von Trockenwäldern, Savannen und Graslandern. Südamerika und Afrika haben Bergländer und Hochgebirge, gewaltige Flüsse und große Lagunen. Lediglich im Reichtum an Seen übertrifft Afrika ganz klar seinen Schwesterkontinent Südamerika. Die Tatsache, dass gleichartige Großlebensräume so ungleich ausgestattet sein können mit Tieren, bereitete meinem an der Universität geschulten Denken über die ökologischen Zusammenhänge beträchtliche Schwierigkeiten. Erste tiefe Zweifel kamen, was Anpassung und ökologische Einpassung im Sinne von Darwins Evolution betrifft.

Noch weniger verständlich war aus der Sicht der Landschaftsökologie, dass Rinder, Pferde und andere Säugetiere, die aus der Alten Welt stammten, in Südamerika sogleich bestens gediehen, als sie von den Europäern dorthin gebracht wurden, und rasch auch verwilderten. Im Jahre 1970 war Südamerika bereits ein »Kontinent der Rinder«, deren Kopfzahl von Brasilien bis Argentinien die Zahl der Menschen übertraf. Und auch Pferden ging und geht es prächtig, gleichgültig ob sie als Reittiere gehalten werden oder verwildert leben. Seit vor einem halben Jahrtausend Südamerika von Europäern besiedelt worden ist, veränderten diese eingeführten Großtiere die Natur dieses Kontinents weit mehr als alle Auswirkungen der Urbevölkerung in den Jahrtausenden davor. Hasen, Hirsche und Biber wurden im tiefen Süden, in Patagonien, zu übermächtigen Konkurrenten der heimischen Tierwelt. Die Pampa ist längst Inbegriff des Rinderlandes, wo das Vieh frei auf der Weide lebt und dabei aus der Sicht menschlicher Nutzungsansprüche hervorragendes Rindfleisch erzeugt. Asiatische Wasserbüffel wurden mit großem Erfolg im Mündungsdelta des Amazonas eingeführt. Die Natur Südamerikas kann also nicht grundsätzlich untauglich für größere und große Säugetiere gewesen sein. Aber solche waren nicht vorhanden. Afrika, wohin es jetzt ging, hat sie hingegen in größter Fülle. Dort taten sich umgekehrt die aus Vorderasien stammenden Hausrinder und die Pferde der Europäer schwer, obwohl es von Natur aus jede Menge Wildrinder und Wildpferde (Zebras) in Afrika gibt.

Solche Fragen beschäftigten mich während des Fluges. Hinter ihnen standen weitere, gewichtigere. Noch brachte ich sie nicht so recht auf die Reihe, weil viele der bislang nur wie Mosaiksteine entstandenen eigenen Befunde und die Fachliteratur kein plausibles, zusammenpassendes Bild ergaben. Ein solches würde, sobald es sich abzeichnete, gewiss Ansätze für Erklärungen bieten. Davon ging ich aus. Denn jedes Bild der Natur, das wir uns machen, ist ein Konstrukt, ein zusammengesetztes Sortiment aus Facetten der mehr oder weniger erfassten Wirklichkeit. Bei den weiteren, sich im Hintergrund allmählich herauskristallisierenden Fragen ging es um die Menschen und ihre Kulturen. Für Südamerika waren die historischen Gegebenheiten und Entwicklungen recht klar. Hochkulturen mit weit ausgreifenden Flächenstaaten waren im Hochland der Anden entstanden, während vor der Ankunft der Europäer im tropischen und außertropischen Tiefland ein buntes Gemisch unterschiedlichster Kleinkulturen existierte. Die indianischen Ethnien wurden schnell und weitgehend vernichtet. Am schlimmsten wirkten die eingeschleppten Krankheiten. Die Neuankömmlinge aus der Alten Welt besiedelten Südamerika jedoch ganz anders als die Indianer. Sie ließen sich an den Küsten und im küstennahen Hinterland nieder, wo es vorher lediglich kleine Muschelsammler-Kulturen in vorkolumbianischer Zeit gegeben hatte. »Muschelberge«, die Sambaquís Südostbrasiliens, zeugen davon. Ich hatte mich in Südbrasilien ein wenig mit ihnen beschäftigt. Die Indianer, die sie als Abfallhaufen zurückgelassen hatten, sind ausgestorben oder in der brasilianischen Mischbevölkerung aufgegangen. In starkem Kontrast zum Tiefland blieb die europäische Durchdringung der Hochlandindianer gering. Sie stellen nach wie vor, wenig gemischt, in zumeist sogar stark wachsenden Bevölkerungen den Hauptteil der andinen Besiedelung. Abgesehen von der Ausbeutung von Bodenschätzen, insbesondere der Silbergruben im Andenhochland, hinterließ der Einfluss der Europäer dort kaum ethnisch-kulturelle Spuren. Die aus der Eroberungszeit, der Konquista, stammenden, von Gold und Edelsteinen überquellenden Kirchen bekamen ihren katholischen Hintergrund stark indianisch überlagert und tiefgreifend verändert. Bauwerke aus der Kolonialzeit wirken in den Städten im Andenhochland wie kulturelle Relikte, die mit der gegenwärtigen indianischen Bevölkerung nicht zusammenpassen. Europäisch und europäisiert sind jedoch die Küstenstädte. Die Diskrepanz zwischen Lage und Ausprägung der indianischen und europäischen Bevölkerungs- und Wirtschaftszentren ist so extrem, dass man meinen könnte, man müsse es mit zwei verschiedenen Arten von Menschen zu tun haben, die sich durch unterschiedliche Lebensraumbevorzugungen, fachwissenschaftlich Habitattrennung genannt, voneinander weitgehend fernhalten. Die Indios hatten unter den Inkas und schon vorher in vorinkaisch-andinen Zivilisationen kulturelle Höchstleistungen vollbracht; also dort, wo uns die Hochflächen der Anden physisch abweisend, schier unzumutbar kalt und viel zu hoch gelegen vorkommen, während die Indios im angenehmeren Klima des amazonischen Tieflandes mit seiner Überfülle an Wasser und Wäldern lediglich kleine Regionalkulturen entwickelten. Amazonien und das Orinoco-Becken waren und blieben Rückzugsraum für indianische Klein- und Splittergruppen. Die indianische Urbevölkerung verhielt sich also ganz konträr zu dem, was die Europäer aus Südamerika machten. In den fünfhundert Jahren Europäisierung Südamerikas kam ein gänzlich anderes, nunmehr auf die Küsten bezogenes Muster der Besiedlung zustande. Die neuen Zentren, die so ungemein rasch zu Megalopolen heranwuchsen, reihen sich um die Ränder des Kontinents. Wo jetzt Belém, Rio de Janeiro, São Paulo, Porto Alegre, Montevideo und Buenos Aires wie auch Santiago de Chile, Valparaíso, Antofagasta, Lima und Guayaquil liegen, hatten kaum Indianer gelebt. Die indianische Bevölkerung bildet gänzlich unbedeutende Anteile an den Menschenmassen dieser neuen Riesenstädte, ganz im Gegensatz zu La Paz, Cusco, Quito und Bogotá mit ihren hohen bis sehr hohen Prozentsätzen indianischer Bevölkerung.

Im Detail sind die so unterschiedlichen Muster oftmals noch klarer zu erkennen. Vor Ankunft der Europäer, als im Hochland der Anden die Inkas ihre Monumentalbauten schufen und ihre Herrscher vergleichbar den altägyptischen Pharaonen vergötterten, jagten in Zentralamazonien die ihnen ethnisch durchaus recht nahe verwandten Indianer weitestgehend nackt mit Pfeil und Bogen. Manche dieser Urwaldstämme überlebten, beständig vom Aussterben bedroht, in (fast) diesem Zustand bis heute, weil sie sich wie Urmenschen in die Unzugänglichkeit der Wälder zurückziehen konnten. Ihr Aussterben vollzieht sich langsam sowohl auf ethnischem als auch auf kulturellem Niveau. Nichts deutet derzeit auf ein bevorstehendes Wiedererstarken der amazonischen Stämme hin. Die andinen Indianer hatten dagegen gewaltige Verluste durch Versklavung und Infektionskrankheiten, die von den Europäern eingeschleppt worden waren, zu verkraften, vermehrten sich aber wieder und stellen gegenwärtig die Hauptteile der Gesamtbevölkerung der Andenstaaten. Im riesigen Brasilien mit derzeit gut 200 Millionen Einwohnern machen die Indios dagegen einen winzigen Rest aus, ohne mengenmäßige Bedeutung. In Argentinien wie auch in Chile sind die indigenen Völker weitgehend ausgestorben bzw. ausgerottet. All das lässt sich offenbar nicht einfach auf die Ökologie beziehen. Manche Fragen gehören offenbar

zusammen: Warum gab es in Südamerika vor dem Eintreffen der Europäer keine großen Säugetiere, und weshalb lagen die Hochkulturen im kalten, eher als ertragsschwach anzusehenden Hochland und nicht dort, wo inzwischen längst die Korn- und Fleischkammern des Kontinents sind? Oder, noch allgemeiner: Warum scheint unsere Ökologie nicht mit der von Südamerika zusammenzupassen?
Meine Überlegungen wichen nur scheinbar vom Kurs des Flugzeugs ab. Irgendwie hatte ich das Gefühl, dass der Schlüssel zum Verständnis der so eigenartigen Verhältnisse in Südamerika in seinem Zwilling Afrika liegen musste. Als die Maschine zur Landung am Flughafen von Addis Abeba ansetzte, hörte das Sinnieren recht plötzlich auf, weil ich vom Fenster aus als ersten afrikanischen Vogel einen Milan sah. Mit eleganten Flugwendungen wich er dem niedergehenden Riesenvogel mühelos aus, als dessen eine Tragfläche nur ein paar Meter unter ihm vorüberglitt. Der Milan, ein Schmarotzermilan *Milvus migrans parasitus*, hätte in eine der Düsen des Jets geraten können, schoss es mir durch den Kopf. Dass dies weitaus weniger wahrscheinlich ist als etwa für Möwen, die an europäischen Küstenflughäfen vorkommen, wurde mir klar, je mehr ich diese Milane und ihre Flugkünste beobachtete. Sie kennen sich aus im flugtechnischen Umgang mit den Flugzeugen. Dass es die afrikanische Unterart *parasitus* des europäischen Schwarzmilans war, erkannte ich an seinem gelben Schnabel. So nahe war er dem Flugzeug. Die Frage, die mich eigentlich hätte beschäftigen sollen bei der Landung, wäre meinem Vorhaben viel angemessener gewesen: Wenn doch der Mensch aus Afrika stammt und wir alle über unsere ferneren Vorfahren Afrikaner sind, worauf sämtliche verfügbaren Fossilfunde zur Entstehungsgeschichte unserer Gattung und Art verweisen, warum blieb dann Afrika bis vor zweihundert Jahren der geheimnisvolle dunkle Kontinent und immer noch der am wenigsten entwickelte?
Wiederum schob sich Südamerika in meine Gedanken. In Afrika lebten in vorkolonialer Zeit ungleich mehr Menschen als in Südamerika. Berücksichtigt man, dass die Sahara nur in wenigen Oasen dauerhaft von Menschen besiedelt werden konnte, fallen die bewohnbaren Flächen beider Kontinente ziemlich gleich groß aus. Doch in Afrika gab es mindestens zehnmal mehr Menschen

als in Südamerika; auch im Kongogebiet, dem *Herz der Finsternis*, wie es Joseph Conrad in seinem berühmten Roman genannt hatte. Jedenfalls waren es viel mehr als in Amazonien. Als die Europäer etwa zur selben Zeit, in der sie Südamerika eroberten, anfingen, ins Innere Afrikas einzudringen, fanden sie dort keine Hochkulturen, die denen der Mayas, Inkas oder Azteken vergleichbar gewesen wären. Dennoch war Afrika dichter, das äthiopische Hochland sogar besonders dicht besiedelt; pro Quadratkilometer lebten beträchtlich mehr Menschen als auf den Hochflächen der Anden. Aus Schwarzafrika holten sich die Araber schon Jahrhunderte vor den Europäern Sklaven. Die arabische Bezeichnung *abid* bedeutete Neger und Sklave zugleich. Die Araber schafften für die Europäer auch den weitaus größten Teil der schwarzen Sklaven herbei, die dann zu Millionen nach Mittel-, Nord- und Südamerika verschifft wurden. Bemerkenswerterweise war das eine Einbahnstraße. Indianer kamen nicht nach Afrika, um dort auf den Farmen der Europäer zu arbeiten. Das Verhältnis beider Kontinente zueinander wird also noch viel merkwürdiger, wenn wir auch die Menschen in die vergleichende Betrachtung einbeziehen.

Die Maschine setzte auf dem nicht besonders glatt aussehenden, mit vielen Pfützen bedeckten Rollfeld des Flughafens von Addis Abeba recht sanft auf. Als sich die Wolke aus zerstäubtem Wasser legte, sah ich, dass über den Eukalyptusbäumen am Rand des Flugplatzes Schmarotzermilane zu Dutzenden herumschaukelten. Noch mehr saßen wie Trauergestalten im Geäst der Bäume. Nach diesem ersten Eindruck, dem die Heiterkeit und Unbeschwertheit südamerikanischer Flughäfen gänzlich fehlte, begann die Prozedur des Aussteigens mit Gepäck-, Pass- und Zollkontrolle. Alles ging aber überraschend schnell. Plötzlich hörte ich, wie über Lautsprecher nach der Gruppe gerufen wurde, die den Anschlussflug nach Bahar Dar gebucht hatte. Es dauerte, bis ich begriff, dass wir gemeint waren, obwohl wir doch zuerst eine längere Autotour durch das Rift Valley nach Süden vor uns hatten, bevor es nach Osten und in den Norden zum Tana-See ging. Ein mürrischer Schalterbeamter nahm unsere Tickets entgegen und behielt sie auch gleich. Wir würden sie vor dem Abflug nach Bahar Dar wiederbekommen, erklärte er uns und dem inzwischen eingetroffenen Führer, der unsere Gruppe begleiten sollte. Er hieß Ephraim Negeri. Sein Familienname hörte sich an wie die Betonung des Unterschieds zu den Amharen, dem äthiopischen Staatsvolk, dem er nicht angehörte. Er stammte aus dem fernen Westen Äthiopiens, aus der Provinz, die direkt an den Sudan grenzt. Sein Englisch war mühelos zu verstehen. Mit seiner klaren Sprechweise flößte er sogleich Vertrauen ein. Zudem hatte er die Idealfigur eines kompromisslosen Bodyguards. Das versprach Sicherheit. Und sogar Auto fahren konnte er, wie wir in den nächsten Tagen sehr erfreut feststellten. Bei späteren Touren in Kenia und Tansania war es keineswegs selbstverständlich, dass die Fahrer in geländetauglicher Weise fahren konnten. Dann dachte ich oft an die ebenso flotte wie beruhigend sichere Art von Ephraim Negeri und an seine Umsicht insgesamt. Sehr bald fing ich auch an, seine hervorragenden ornithologischen Kenntnisse zu schätzen. Er war damals, 1977, sicherlich einer der besten afrikanischen Ornithologen. Ganz im Gegensatz dazu hatte ich in Südamerika keinen nur annähernd so qualifizierten einheimischen Kenner der Vogelwelt getroffen. Die südamerikanischen Spitzenornithologen waren der deutsche Helmut Sick in Brasilien, der Schwede Claes Olrog in Tucuman in Argentinien und die Deutsche Maria Koepcke in Lima. Aus der Tour durch Äthiopien konnte also etwas werden. Meine geringen Kenntnisse der afrikanischen Vögel würden nun kein Manko sein. Was kann man sich zu Beginn einer Reise in ein damals vom deutschen Außenministerium warnend als problematisch eingestuftes Land mehr wünschen?!

Die Ankunft in Addis und die ersten Tage dort konfrontierten mich mit der Tatsache, dass Afrika nicht unbedingt ein warmer Kontinent ist und geographische Tropenlage nicht gleichgesetzt werden darf mit tropischen Temperaturen. Viel häufiger als in Südamerika fror ich in Afrika. Wir Menschen sind Kinder der Tropen, heißt es, weil unsere fernen Vorfahren in Afrika entstanden waren. Große Teile der östlichen Seite Afrikas liegen allerdings in Höhen von beträchtlich mehr als 1000 Meter über dem Meer; in Äthiopien auch über 2000 Meter. Starke Sonne bei geringer oder fehlender Bewölkung und große Schwankungen der Temperaturen zwischen Tag und Nacht kennzeichnen das Tagesklima. Mit diesem markanten Unterschied zum Innern von Brasilien musste ich nun zurechtkommen. Doch wir waren genügend vorbereitet auf Exkursionen in die Höhenlagen und den kalten Regen, den es im äthiopischen Hochland jederzeit und ziemlich unabhängig von den Jahreszeiten geben kann. Gleich in der Nähe des Hotels, im dem wir untergebracht worden waren, gab es einen großen Eukalyptusbaum. Unter diesem war der Boden fast wie in nicht gereinigten Hühnerställen mit Vogelexkrementen bedeckt. Sogar die schmalen, leicht sichelförmig gekrümmten Blätter, die, wie bei Eukalypten üblich, ziemlich senkrecht nach unten hingen, klebten voller Vogelkot. Auch heftige Regenfälle hatten die Verkotung offenbar nicht abspülen können. Eukalypten sind hart im Nehmen. Dass sie diese extreme Verkotung aushalten, schien mir dennoch bemerkenswert. Die Verursacher trafen später am Nachmittag ein. Zum Abend hin wurden es immer mehr. In der Dämmerung schätzte ich ein paar tausend: Der Baum war Schlafplatz der Schmarotzermilane. Sicher war er nicht der einzige in der großen Stadt, aber der dem Nobelhotel nächste, so dass wir, zum Erstaunen der übrigen, vorwiegend aus der Sowjetunion stammenden Gäste mit unseren Ferngläsern den total verschmutzten Baum durchmusterten, bis es zu dunkel dafür wurde. Wenn, was in der damaligen Situation ziemlich wahrscheinlich war, Agenten des KGB und des äthiopischen Geheimdienstes die Gäste im Ausländerhotel überwachten, so dürfte ihnen unser Interesse an der Schlafgesellschaft der Schmarotzermilane die Harmlosigkeit unserer Anwesenheit überzeugend bewiesen haben. Vielleicht waren sie aber auch besonders irritiert.

Anderntags galt es, Vorräte für die Busfahrt in den Süden zu besorgen. Auch eine Stadtrundfahrt stand auf dem Programm. In Erinnerung von Addis blieb mir der Markt. Den Rest der Stadtbesichtigung vergaß ich. Die Eindrücke vom Markt überdeckten einfach alles. Dieser bestand aus einer so unglaublichen Ansammlung von Schmutz und jämmerlichen Menschengestalten, dass wir zwischen Entsetzen und verständnislosem Staunen hin- und hergerissen waren. Unser Fahrer hatte dringend angeraten, die Fenster geschlossen zu halten, um den Händen der Bettler kein Eindringen zu ermöglichen. Sie würden sich an den Bus hängen und nicht mehr loslassen. Auch sollten wir auf keinen Fall Fotos zu machen versuchen, weil sonst der ganze Bus gesteinigt würde. In diese Agonie hinein, während wir kaum durch die Scheiben hinauszuschauen wagte, sagte einer von uns: »Da möchte ich eine Ratte sein!« Lachen konnten wird darüber allerdings erst, nachdem wir den Markt verlassen hatten und den befreienden Ausblick auf das weithin entwaldete, von Erosionsfurchen durchzogene Land genossen, auch wenn der Genuss nichts weiter als die Erleichterung war, die wir nach dem auf dem Markt Gesehenen nötig hatten. Denn in der ruinierten Natur der Umgebung von Addis gab es für uns eigentlich nichts zu schauen. Die in Gruppen zurückkehrenden Menschen, zumeist Frauen in körperlich total ausgemergeltem Zustand, aber mit riesigen Bündeln geschlagener Baumäste auf dem Rücken, drückten das Elend Afrikas aus. Einzelne hohe Eukalypten, fremde Bäume auf dem an sich so fruchtbaren Land, unterstrichen die Trostlosigkeit. Wo immer kleine Gruppen von in bunte Fetzen gehüllten Kindern zu sehen waren, verschlimmerte der Blick in ihre Gesichter diese massive Konfrontation mit dem Elend. Dass Strohschuber an den Hängen der Hügel tatsächlich Häuser, Hütten dieser Bevölkerung waren, mochte man kaum glauben, wären da nicht die davor ausgelegten Tücher und die Menschen selbst gewesen. Über die Frage, woher dieser Zustand stammt, wer ihn verursacht hat, das gestürzte Regime des Kaisers oder das unfähige Folgeregime der Militärjunta, ließ sich weder diskutieren noch spekulieren. Wir kannten den Zustand in den Zeiten davor nicht, und unser Führer hatte wohl noch nicht genug Vertrauen zu uns gefasst, um seine Meinung dazu zu äußern. Vorerst hatten wir nur den Wunsch, möglichst schnell wegzukommen von hier, hinab ins wärmere Tiefland des Rift Valley. Ich hätte mir hier und jetzt nicht vorstellen können, die Kinder durchs Fernglas schauen zu lassen wie bei den Xavante-Indianern in Mato Grosso, wo alles so sauber, geradezu in einem paradiesisch anmutenden Zustand gewesen war. Dort, bei den Indios, musste ich mich ernsthaft fragen, ob ich die Kinder mit irgendetwas anstecken könnte, das ihre Gesundheit gefährdet. Selbst die Elendsviertel der südamerikanischen Großstädte, wie die Favelas von Rio, waren viel sauberer als das, was ich am ersten Tag in Äthiopien zu sehen bekam.

Unser Reiseführer haderte selbst mit den Verhältnissen, die er dem kommunistischen Regime anlastete. Das merkten wir bald, obgleich er in dieser Hinsicht sehr zurückhaltend blieb. Doch so manche seiner Äußerungen an verschiedenen Orten im Süden, im Rift Valley, am Rand der glühend heißen Danakil-Senke im Osten und in verschiedenen Bergregionen im Norden wies darauf hin. Dennoch versuchte er, sein Bestes zu geben. Die Äthiopien-Tour sollte für uns ein Erfolg werden. Er gehörte als Schwarzer von der Grenze zum Sudan nicht zum staatstragenden Volk der Amharen, die sich stets so sichtlich erhaben über die anderen Völker und Stämme Äthiopiens gaben. Ephraims Hauptsorge war, Benzin zu bekommen. Er tankte bei jeder sich bietenden Möglichkeit unabhängig vom Füllungsgrad des Tanks, auch wenn das mitunter unangenehme Zeitverluste verursachte. Denn an den Tankstellen war im Hinblick auf die Vogelwelt wenig bis nichts los. Am liebsten waren ihm ganz offensichtlich die Halte irgendwo fern von Menschen, die wir erbaten, weil wir irgendwelche interessanten Vögel sahen oder zu sehen glaubten. An der An- oder Abwesenheit von Menschen lag es jedoch nicht, ob es Vögel zu sehen gab, sondern an der Intensität der Naturnutzung. Die Vögel genossen in Äthiopien einen beeindruckend umfassenden Schutz. Niemand verfolgte sie. Sie waren menschenvertraut, gleichwohl nicht (futter)zahm, denn abzugeben hatten die Menschen wahrlich nichts. An einem der ersten Seen im Rift Valley sahen wir einen Schreiseeadler *Haliaeetus vocifer*, der, flankiert von mehreren Frauen, die am Seeufer Wäsche wuschen, irgendetwas untersuchte, ohne sich um die jeweils nur wenige Meter von ihm entfernten Menschen zu kümmern. Er hob seinen bis zu den Schultern hinab weißbefiederten Kopf von Zeit zu Zeit und schaute aufs Wasser hinaus, wohl um zu überprüfen, ob dort Artgenossen flogen, und widmete sich dann wieder dem, was er am Boden untersuchte. Das war offenbar ein Fischskelett, von dem er letzte verwertbare Stückchen abzupfte. Sein kastanienbrauner Bauch leuchtete rotgolden auf, als ihn die tiefstehende Sonne traf. In der Nähe, ebenfalls unbeeindruckt von den Wäscherinnen, staksten gelbschnäblige Nimmersattstörche *Mycteria ibis* an der Wasserkante entlang. Einer griff sich einen Krebs. Wir waren im besseren Teil Äthiopiens angekommen. Leider krümmte sich, auf dem Rücken am Boden liegend, einer von uns unter heftigsten Bauchschmerzen. Er hatte am Abend in Addis noch an einem traditionellen Essen teilgenommen und dieses offenbar nicht vertragen. Seine ernsthafte Anweisung, wir sollten ihn hier sterben lassen und uns nicht weiter um ihn kümmern, drückte stark auf die von der Vertrautheit der Vögel an dem wunderschönen See aufgekommene, fast euphorische Stimmung. Das grauschwarze, wie aus dünnem Schaumgummi gefertigt aussehende Brot, das im Hotel allen Teilnehmern der Reisegruppe angeboten worden war, hatte ich von vornherein für nicht vertrauenswürdig eingestuft und meinem Magen vorenthalten. Es war zwar höchstwahrscheinlich nicht der Verursacher der schweren Kolik, aber symptomatisch für unsere Konfrontation mit einer so gänzlich unvertrauten afrikanischen Lebens- und Ernährungsweise, bei der Konflikte unausweichlich schienen. Sie blieben uns allen Befürchtungen zum Trotz dann doch erspart, nachdem sich der gleich zu Beginn der Reise so schwer betroffene Kollege wieder erholt hatte. Recht schnell ging es ihm besser, nachdem er mehrere Kohletabletten hinabgewürgt hatte, die zu nehmen ich ihm dringend anriet. Er wurde dann im Lauf der Reise deutlich magerer, weil er sich mit dem Essen zurückhielt, dafür aber beträchtlich munterer, und er steuerte exzellente Vogelbeobachtungen zu unserer Liste bei, die wir zu führen begonnen hatten.

Und diese Liste, die wir Abend für Abend zusammenstellten, wuchs und wuchs.

Aber nur bei den Vögeln. Größere Säugetiere sahen wir nicht. Lief irgendwo etwas Gazellenähnliches herum, so ergab der Blick durchs Fernglas, dass es doch Ziegen waren. Wir waren, so der Eindruck, in einer Welt der Vögel unterwegs. Nicht einmal Rinder gab es in auffälligeren Mengen. Auf Menschen mit Eseln trafen wir selten. Den kleinen Eseln war dann meistens Brennholz oder Stroh aufgeladen. Aber die klangvollen, entfernt an das Jauchzen der Silbermöwen erinnernden Rufe der Schreiseeadler begleiteten uns überall an den Seeufern. »Die Stimme Afrikas« werden sie genannt, was hier in besonderem Maße zutraf. Stumm hingegen glitten Staffeln von Rosa Pelikanen vorüber. Kreisten sie in der Thermik an den Hängen des Grabenbruchs, musterten wir sie durch unsere Ferngläser, weil es Geier oder seltene Adler hätten sein können.

Die eindrucksvollsten der Geier, die Bartgeier *Gypaetus barbatus*, erlebten wir an einer Lodge direkt an der Oberkante einer Schlucht, deren Wände Hunderte Meter nahezu senkrecht abfallen. An diesem Steilabfall zogen sie ihre Kreise, unter uns oder auf Augenhöhe mit uns, die wir an der Kante standen, das Rauschen ihrer Flügel hörten und einen Luftzug davon zu spüren bekamen. Den unter uns dicht an der Wand segelnden Geiern schauten wir auf den Rücken und die Oberseite ihrer über drei Meter spannenden Flügel. Glitten sie auf Augenhöhe an uns vorüber, drehten sie den Kopf zu uns und blickten uns mit ihrem rot aufblitzenden Auge an. Der pinselquastenähnliche Bart am Schnabelgrund wirkte dabei fast komisch an ihrem Gesicht.

Ephraim Negeri erzählte, dass die Bartgeier auf den kahlen Hochflächen Schildkröten aufsammeln und dann an den Schluchten in die Tiefe werfen. Der Panzer zerschellt dabei, und sie können den Inhalt verzehren. Mir schien so ein Verhalten plausibel, da es bei der geringen Zahl von Nutztieren, die zu sehen waren, für die Bartgeier schwierig sein musste, genügend markhaltige Knochen toter Tiere zu bekommen, von denen speziell sich diese Geierart ernährt. Für gewöhnliches Aas wie tote Hunde oder Schlachtabfälle, die weggeworfen werden (müssen), sind die sehr schnellen, im Flug ungemein wendigen Schmarotzermilane und auch die für Äthiopien typischen Erzraben *Corvus crassirostris* sofort zur Stelle. Diese großen, etwa den Kolkraben vergleichbaren Raben tragen am Nacken einen kennzeichnend runden, glänzend weißen Fleck und einen kammartigen Schnabelaufsatz, der ihnen ein unverwechselbares Gesicht verleiht. Sicher verschaffen sie sich mit ihrer Größe, dem Eindruck, den der Schnabel macht, und ihrer rabentypischen Intelligenz genügend Respekt unter den anderen Aasfressern, auch unter den großen Adlern, die wie die Raub- *Aquila rapax* und Steppenadler *Aquila nipalensis* hier lieber von bereits Totem zehren, als selbst für sie nicht ganz ungefährliche Beutetiere zu schlagen.

Rasch füllten sich unsere Vogellisten. Entsprechend stieg die Stimmung. Denn je weiter wir im Rift Valley nach Süden kamen, desto ursprünglicher schien uns die Natur. Es gab auch immer weniger Menschen. Bei einem Abstecher zu einem savannenartigen Gelände mit der Bezeichnung »Weißes Gras« (*White Grass Sanctuary*) bekamen wir nun – endlich – auch einige für Afrika typische Säugetiere zu Gesicht. Der Weg durchs Weiße Gras, den wir zu nehmen hatten, um an die seltenen Sömmerings-Gazellen *Gazella soemmeringi* und an die Beisa-Oryx *Oryx gazella beisa* heranzukommen, trug uns jedoch Zecken in einer solchen Menge ein, dass einem angst und bang werden konnte. Tausende hatten wir an der Kleidung, Hunderte am Körper. Doch sie ließen sich fast wie Pulver abstreifen und beim abendlichen Duschen wegspülen, zumal wenn gründlich genug eingeseift wurde. Da hier kein Mangel an Wasser herrschte, ging dies leicht. Die Zecken saßen in dichten Trauben an den Spitzen der brusthohen Gräser, so dass diese aussahen, als wären sie mit bräunlich-rötlichen Keulen besetzt. Die Zecken drängten sich dort so dicht, dass sie in mehreren Lagen übereinandersaßen. Niemand bekam zum Glück etwas Unangenehmes von ihnen ab; bei den Hunderten, die angefangen hatten zu saugen, wäre die rein statistische Wahrscheinlichkeit, irgendwelche Erreger zu übertragen, groß genug gewesen. So aber konnte ich trotz des Unbehagens, das die Zecken verursachten, von White Grass etwas mitnehmen, das mich viele Jahre später wieder intensiv beschäftigte: ein Foto, das eine Beisa-Oryx so genau von der Seite getroffen zeigt, dass ihre beiden langen, schmalen und sehr spitzen Hörner scheinbar zu einem Einhorn verschmelzen. Nur an der äußersten Spitze weichen sie gerade noch erkennbar ein wenig voneinander ab. An Ort und Stelle bemerkte ich das nicht; ich sah erst zu Hause, nachdem die Dias entwickelt waren, dass ein »Einhorn« abgebildet war. In White Grass konzentrierte sich meine Aufmerksamkeit auf die Zecken, denn so einen Befall kannte ich von Südamerika nicht. Zecken gab es dort wohl, aus der Sicht der Menschen sicherlich mehr als genug. Das Vieh, das ja nicht in Ställen stand, sondern frei auf dem Grasland weidete, war stark befallen. Wie stark, das drückte sich an Kuckucksvögeln aus, die in Südamerika nahezu allgegenwärtig waren, den schwarzen Ani-Kuckucken und den hellen, struppig gefiederten Guira-Kuckucken. Mit ihnen hatte ich mich in Südamerika näher beschäftigt, wegen ihrer so engen Bindung an das Weidevieh. Diese Symbiose war dort nur ein paar Jahrhunderte alt, also eigentlich etwas neu Entstandenes. Die Zecken und die Huftiere hier gehörten seit Urzeiten zusammen.

Dennoch verwirrte mich die erste Konfrontation mit den Zecken, den Huftieren und den Zecken fressenden Vögeln auf White Grass noch mehr, als sie klärte. An den afrikanischen Großtieren leben nicht Kuckucke, sondern Madenhacker als Spezialisten für Zecken und anderes Ungeziefer, das sie, wie Spechte an Bäumen, an den Tieren herumkletternd, überall ablesen. Von Antilopen bis zu Elefanten kennen alle afrikanischen Großsäuger diesen Service, der ihnen insgesamt sicherlich zugutkommt, auch wenn die Madenhacker mitunter recht direkt ins Fleisch offener Wunden hacken. Besonders spechtartig wirken sie, wenn sie den langen, hoch aufgereckten Hals von Giraffen erklimmen und dann am Kopf die Ansätze der Ohren absuchen. Häufig umklettern sie auch den Afterbereich der Tiere, der stets höchst attraktiv für Fliegen ist. In zwei Arten, die sich sehr wenig voneinander unterscheiden, den Rotschnabel- *Buphagus erythrorhynchus* und den Gelbschnabel-Madenhacker *Buphagus africanus*, kommen sie in Afrika vor. Die Welt der afrikanischen Großtiere ist ihr Leben. So weit, so wenig klärend. Denn erstens sind die Madenhacker Angehörige der Singvögel. Sie stammen aus der weiteren Verwandtschaft der Stare. Die süd- und mittelamerikanischen Madenkuckucke hingegen sind Kuckucke, also Angehörige einer ganz anderen Vogelordnung. Zweitens sind die Unterschiede zwischen den beiden Arten der afrikanischen Madenhacker so gering, dass man sie durchaus für Formen einer Art halten könnte. Von den Madenkuckucken (Unterfamilie *Crotophaginae*) gibt es aber gleich vier Arten in zwei ganz klar voneinander getrennten Gattungen. Die einer davon zugehörigen drei schwarzen Ani-Kuckucksarten zeichnen sich durch verschieden geformte Schnäbel aus. Als Arten unterscheiden sie sich gewiss stärker voneinander als die beiden afrikanischen Madenhacker. Diese schwelgen nicht nur in der artenreichsten Großtierwelt der Erde in den Savannen südlich der Sahara, sondern sie haben diese bereits seit Millionen von Jahren als Lebensgrundlage. Sogar das Vieh der Menschen gibt es in Afrika nicht erst seit vier bis fünf Jahrhunderten als Zeckenquelle, sondern schon seit mehreren Jahrtausenden. Dass sich die Vorkommen von Rotschnabel- und Gelbschnabel-Madenhackern geographisch teilweise überdecken, liegt vielleicht daran, dass mit den Rindern der Viehhirten und ihren Wanderungen ihre einstigen Arealgrenzen aufgelöst worden waren, die beide Formen/Arten von Madenhackern getrennt gehalten hatten. Denn die Kernareale der Gelbschnabel-Madenhacker liegen in der Sahel-Zone am Südrand der Sahara, die der Rotschnabel-Madenhacker erstrecken sich hingegen auf der Ostseite des Kontinents von Nordost- bis Südafrika. Die Madenhacker nutzen das Weidevieh genauso wie die Wildtiere zur Suche nach Zecken und zum Abzwicken von Fleisch oder der Aufnahme von Blut. Am engsten scheinen sie mit den Büffeln verbunden zu sein. Diese sind von den afrikanischen Huftieren den domestizierten Rindern am nächsten verwandt. An einer ursprünglich geographischen Differenzierung der beiden Madenhacker-Arten ist nicht zu zweifeln. Dass diese durch Weidevieh, also durch Zutun der Menschen, teilweise aufgehoben wurde, liegt allerdings auch schon Jahrtausende zurück und nicht erst ein paar Jahrhunderte, wie im Fall der Madenkuckucke in Südamerika.

Der Merkwürdigkeiten noch nicht genug: Verglichen mit den afrikanischen Madenhackern sind die südamerikanischen Madenkuckucke beträchtlich häufiger und als Arten stärker differenziert. Sie kommen zudem in Lebensräumen vor, in denen es in Afrika keine Madenhacker gibt. Nach Häufigkeit und Unterschiedlichkeit der Arten würden die Madenkuckucke daher weitaus besser als die Madenhacker zu den afrikanischen Verhältnissen passen. Ihr Leben in Südamerika muss sich mit der Einführung der Rinder durch die Europäer entscheidend geändert haben. Die Madenkuckucke nutzen das Vieh nicht nur direkt durch das Abpicken der Zecken, sondern in noch weitaus bedeutenderem Maße indirekt, weil sie Insekten, wie Heuschrecken und Käfer, die von den Rindern beim Weiden aufgescheucht werden, und auch kleine Reptilien erbeuten. Die Ani- und Guirakuckucke leben hauptsächlich davon. Die Menschen wirkten also auf die beiden Gruppen von »Zeckenvögeln« ganz unterschiedlich ein. Den Kuckucken Südamerikas schufen sie mit den eingeführten Rindern eine neue Nahrungsquelle und eine Art Futterautomat. Denn das Weidevieh stöbert mehr oder weniger beständig Insekten und andere Kleintiere auf, die von den wenig fluggewandten Kuckucken leicht erbeutet werden können. Dadurch nahm ihre Häufigkeit immens zu.

Allein für den Schwarzen Ani (Glattschnabelani *Crotophaga ani*) wird ein südamerikanischer Bestand von 20 Millionen angenommen. Zehnmal mehr Rinder, über 200 Millionen, gibt es jedoch allein in Brasilien. Für sie wurden, wie auch in all den anderen Ländern im tropisch-subtropischen Südamerika, riesige Waldflächen gerodet und in Weideland umgewandelt. Das schuf gänzlich neuartige Lebensbedingungen für die Madenkuckucke. In Afrika hingegen hatte die Ausbreitung der von Menschen gehaltenen Rinder keine substantielle Erhöhung von Häufigkeit und Verbreitung der Huftiere zur Folge. Die Hausrinder (und Ziegen) kompensierten lediglich, was an Wildtieren durch die Weideviehhaltung dezimiert wurde. Nur die geographische Verbreitung der beiden Madenhackerarten kam etwas durcheinander. Ob sie sich auf die Häufigkeit der Zecken auswirkten, ist fraglich. Zweifel an ihrer Wirksamkeit als Zeckenbekämpfer kamen uns, als wir bei unserem Streifzug durch das hohe Gras von White Grass so sehr von Zecken befallen wurden. Die Gräser waren, wie geschildert, voll mit den sogenannten Zecken-Nymphen. Das sind die noch sechsbeinigen Entwicklungsstadien (drei Beinpaare, wie bei Insekten; das vierte, für Spinnentiere typische Beinpaar entsteht erst bei der letzten Häutung zur ausgewachsenen, zur Fortpflanzung fähigen Zecke!). Die Madenhacker, englisch recht bezeichnend ›oxpecker‹ genannt, dezimierten die Zecken offenbar nicht wesentlich. Darin stimmten sie mit den Madenkuckucken überein, die Zecken nicht hauptsächlich, sondern als zusätzliche Nahrung nutzen. Ihr Tun schützt das Vieh in Südamerika keineswegs vor exzessivem Befall mit Zecken oder Dasselfliegenlarven. Wie bedeutungsvoll diese mit Blut gefüllte Zukost dennoch für die Madenkuckucke war, kam zutage, als das Vieh regelmäßig durch Zeckenbäder geschickt wurde. In diesen wie Furten angelegten Engpässen steht zwischen Holz- oder Betonwänden das Wasser so hoch, dass die Rinder mit erhobenem Kopf zwar gut durchkommen, ohne Bodenhalt zu verlieren, aber ihr übriger Körper dem im Wasser aufgelösten Anti-Zecken-Mittel ausgesetzt ist. Es sind dies speziell auf Zecken und Hautparasiten wirkende Insektizide. Damit regelmäßig behandelte Rinder haben dann wenig bis keine Zecken und Dasselfliegen mehr und so auch keine Löcher im Leder, das aus ihren Häuten hergestellt wird. Die Häufigkeit der Madenkuckucke ging in den Regionen mit dieser Rinderbehandlung stark zurück, obwohl das Vieh unverändert Insekten beim Weiden aufstöbert.

Trotz einiger Ähnlichkeiten ergab die genauere Betrachtung von Madenhackern und Madenkuckucken beträchtliche, ökologisch allein nicht erklärbare Unterschiede. Der direkte oder indirekte Einfluss der Menschen überlagert die örtliche/regionale Ökologie so sehr, dass sich die Verhältnisse in der Natur ohne Berücksichtigung des Faktors Mensch nicht verstehen lassen. Hier in Südäthiopien deutete sich darüber hinaus an, dass auch das scheinbar wilde Afrika längst keine Wildnis mehr war, sondern Menschenwerk, nur eben nicht geformt von Europäern, sondern von Menschen mit erheblich anderem kulturellen Hintergrund. Die Seltenheit größerer Säugetiere in Südäthiopiens Wildnisgebieten war von Menschen verursacht wie die exorbitante Häufigkeit der Rinder in Brasilien. Aber gerade hier in Südäthiopien drängte Südamerika immer wieder hinein in meine Überlegungen. Irgendwie war nicht einzusehen, dass die südamerikanischen Kuckucksvögel so schnell neue Anpassungen geschafft haben sollten. Und dass in nur wenigen Jahrhunderten aus einem Kontinent ohne Großtiere ein Erdteil der Rinder werden konnte. In Mato Grosso ersetzte das Weidevieh die für Afrika typischen Großtiere. Doch »ersetzen« war der falsche Ausdruck, denn es hatte solche Tiere ja vorher nicht gegeben. Dieses Problem verschärfte sich, als ich in den Folgejahren mehrfach in die wirklich wildreichen ostafrikanischen Nationalparks kam. Damals lebten allein auf der Serengeti, also auf nicht einmal 20 000 Quadratkilometern Fläche, über eine Million Großtiere. Ihre Herden dehnten sich bis zum Horizont. Wie riesige Heere von Fußsoldaten bewegten sie sich über das Grasland, ohne dass Löwen und andere Raubtiere ihre Mengen erkennbar dezimierten. Eindrücke dieser Art sind es, die man nie vergisst. Doch sie lagen noch in der Zukunft. Die äthiopische Gegenwart faszinierte und verwirrte mich weiter.

Wir hatten nun fast die ganze Folge von Seen im äthiopischen Teil des großen afrikanischen Grabenbruchs besucht und waren an unser südlichstes Ziel, den Chamo-See gelangt. Zwei flache Metallboote mit Außenbordmotor trugen uns hinaus zu einer kleinen Insel, die einst besiedelt, seit geraumer Zeit jedoch verlassen war. Wie lange keine Menschen mehr auf der Insel lebten, wussten weder Ephraim Negeri noch die beiden lokalen Bootsfahrer. Was wir auf der Insel sollten, war auch nicht näher festgelegt. Sie stand auf dem Reiseprogramm. Und so schlenderten wir darauf herum, beschlichen einen großen, mehr als eineinhalb Meter langen Nilwaran *Varanus niloticus*, um ihn fotografieren zu können, und beobachteten ein paar Kleinvögel. Der am Körper gelbe, schmal schwarz gestreifte Waran entzog sich den Annäherungsversuchen auf eine geradezu einsichtig wirkende Weise, indem er so über die Kante des Felsens kroch, der steil zum Wasser abfiel, dass wir ihn nicht mehr sehen konnten, ohne zu riskieren, ins Wasser zu fallen.

Er selbst saß dabei anscheinend ganz bequem. Weder von der einen noch von der anderen Seite war ihm beizukommen. Er behielt seine Ruhe, und wir ließen sie ihm.

Bei der Fotopirsch auf den Waran fand ich einen schweren bronzenen Fußring, in den geometrische Zeichen graviert waren. Was mag aus der Frau geworden sein, die ihn getragen hatte? War sie getötet worden? Wie verlor sie den Fußring? Ephraim nannte den Namen des Stammes, von dem er meinte, dass der Ring stammen konnte. Aber bei den späteren Nachforschungen fand ich keine entsprechende Bezeichnung in der Literatur. Das Gelände machte den Eindruck, dass die Ansiedlung auf der Insel gewaltsam zerstört worden war. Vor längerer Zeit schon oder erst vor kurzem. Während wir auf der Insel herumschlenderten, geschah gerade jenseits der Bergrücken westlich von uns etwas Besonderes. Dort, im Tal des Omo-Flusses, wurde nach fossilen Überresten von Früh- und Vormenschen gegraben. Spektakuläre Funde kamen zutage, die unsere Vorstellungen von der Evolution der Gattung Mensch ganz erheblich beeinflussten. Wenn es auch zeitlich nicht ganz genau übereinstimmt, so amüsierte mich später die Vorstellung, dass höchst aufschlussreiche Funde zur Geschichte der Menschheit drüben im Omotal gemacht wurden, während ich mit der Schuhspitze in den Überresten der Siedlung eines Afrikanerstammes stocherte und die kurze Entdeckerfreude genoss, als ich auf den Bronzering stieß.

Die Rückfahrt grub sich durch ein ganz anderes Ereignis ins Gedächtnis ein. Die beiden Boote glitten langsam, fast unmerklich auf einen breiten Saum von Papyrus-Röhricht zu, wo es den Bootsführern zufolge Krokodile geben würde. Ein großes Nilkrokodil der eindrucksvollen Länge von vielleicht vier Metern hatten wir bei der Anfahrt zur Insel schon gesehen. Es lag am Ufer und verschwand nahezu wellenlos im Wasser, als wir näher kamen. Nun sollten wir mehr Krokodile zu sehen bekommen und noch größere Exemplare, hieß es. Zur Verwunderung der Bootsführer gerieten wir darob nicht in besondere Verzückung oder äußerten entsprechende Ängste wegen der Gefahr, sondern suchten stattdessen mit den Ferngläsern den Rand des Papyrusbestandes ab, weil wir dort, richtigerweise, kleine, knallig bunte Eisvögel, die Zwerghaubenfischer *Ispidina picta*, vermuteten. Zudem kamen Vogelgesänge aus dem Röhricht. Die Außenbordmotoren wurden abgestellt, damit wir besser beobachten und nicht beeinträchtigt vom Zittern des Bootes fotografieren konnten. Plötzlich schoss ein doppelter Wasserstrahl mit prustendem Geräusch nur wenige Meter von einem der beiden Boote entfernt in die Höhe. Sekundenbruchteile danach kam der Kopf eines Nilpferds aus dem Wasser hervor. Weitere Köpfe folgten. Im Nu waren wir umringt von den unförmigen Gebilden mit pferdeartigen Ohren, knollenartig sich heraushebenden Augenpaaren und aufgeblähten Nüstern. Ein Dutzend Nilpferde mochten es gewesen sein, vielleicht auch mehr. Ich richtete mein Teleobjektiv darauf und erblickte im Sucher ein wahrlich bildfüllendes Nilpferdporträt. Es wurde nicht scharf, sosehr ich mich auch bemühte zu fokussieren. Der Kopf war zu nahe. Als ich überlegte, ob ich doch schnell wechseln sollte auf das kleinere Tele, sah ich, dass neben mir unser guter Ephraim am ganzen Körper zitterte wie bei einem Malariaanfall. Sein stets fröhlich wirkendes, glänzend schwarzes Gesicht war aschgrau geworden. Ich merkte, dass er etwas sagen wollte, aber seine Stimme versagte ihm. Sofort gab ich unserem Bootsführer das Zeichen zum Wegfahren. Erst als wir vielleicht hundert Meter von der Nilpferdherde entfernt waren, fand Ephraim die Fassung wieder. Er entschuldigte sich für seine Angst und erklärte, dass Nilpferde sehr gefährlich, viel gefährlicher als Löwen seien. Die großen Krokodile fürchte er nicht, wenn diese im Wasser sind, aber panische Angst packt ihn vor den Nilpferden. Auf meinen zarten Einwand, die würden doch keine Menschen fressen, kam der eigentliche Grund seiner Panik heraus. Er konnte nicht schwimmen. Nun verstand ich, warum er sich die ganze, recht ruhige Fahrt mit beiden Händen am Bootsrand festgehalten hatte und nie durchs Fernglas schaute, auch wenn offensichtlich Interessantes gesichtet worden war.

Was das Schwimmen betrifft, war er kein Sonderfall. Viele Afrikaner können es nicht. Das erfuhren wir immer wieder. Angeblich gebe es auch kaum Schwimmer unter solchen Jugendlichen und Erwachsenen, die mit ihren schmalen Einbäumen zum Fischfang auf die Seen hinausfahren. Wie zuverlässig solche Behauptungen waren, ließ sich natürlich nicht beurteilen. Es fiel mir später wiederholt auf, dass Kinder und Jugendliche in Afrika zwar mit großer Begeisterung im Flachwasser herumplanschen, richtig schwimmen sah ich sie aber nie. Wieder erinnerte ich mich an Südamerika. Da waren die Kinder der Indianer, die ich als noch recht wenig von der europäisch-brasilianischen oder der peruanischen Lebensweise beeinflusst erlebt hatte, wahre Wasserratten. Sie planschten nicht nur, sie schwammen und tauchten oder sprangen von Ästen der Uferbäume hoch über dem Fluss ins tiefe Wasser. Gewiss sind dies recht persönliche und für sich genommen vielleicht auch wenig repräsentative Eindrücke. Doch was bedeuten sie, wenn es um solche Ansichten wie die Theorie des »Wasseraffenstadiums« geht, das die Menschen angeblich durchgemacht haben sollen, bevor sie Zweibeiner und richtige Menschen wurden. Wird da nicht unkritisch vom heute üblichen westlichen Zustand auf die Urzeiten geschlossen? Die Schwarzafrikaner meiden aus guten Gründen den allzu direkten Kontakt mit Wasser, weil es so viele Gefahren enthält. Krokodile, zumal die großen afrikanischen Nilkrokodile, sind zweifellos sehr gefährlich, auch für Menschen und ganz besonders für Kinder. Noch viel Schlimmeres droht aber vom Unsichtbaren, von den parasitischen Würmern, die sich in die Haut einbohren und Bilharziose verursachen. Die Flussblindheit ist eine Geißel der afrikanischen Tropengewässer. Die Süßwasser dieses Kontinents, insbesondere wo sie flache Ufer haben, leicht begehbar und zu flach sind für große, schwere Krokodile, gehören zu den Hauptbrutstätten von Stechmücken mit ihrem Potential an Krankheitserregern. Wenig bis ungefährlich sind lediglich die Salzwasserseen, die Sodaseen. Aber deren Wasser können die Menschen nicht trinken.

An den südamerikanischen Tropengewässern hingegen ging es den Indianern zumindest bis vor Eintreffen der Europäer recht gut. Es gab weder Malaria noch Flussblindheit oder Bilharziose. Die Kaimane ernährten sich von Fischen. Menschen griffen sie, wenn überhaupt, höchst selten an. Nicht allzu gefährlich waren Riesenschlangen, obwohl gerade in Südamerika die größte von allen, die Anakonda, vorkommt. Wann und ob Piranhas Menschen angreifen und skelettieren, hing vom Zustand der betreffenden Gewässer ab. Die an den Flüssen und Lagunen lebenden Indianer wussten, welche Zeiten und Verhältnisse an den Altwassern riskant waren, etwa weil der Wasserstand stark geschrumpft war und dabei die Piranhas auf Restpfützen zusammengedrängt hatte, wo sie sich gegenseitig aggressiv machten. Im riesigen Rio Negro, der Wasserführung nach viel größer als der Nil, schwamm ich, ohne irgendwelche Bedenken haben zu müssen. Da gab es nicht einmal die sonst von den Europäern und Afrikanern überall in die südamerikanischen Tropen eingeschleppte Malaria. Auch hier, in Südäthiopien, taten wir gut daran, auf den Anflug von Stechmücken zu achten, um Fiebermücken zu erkennen und keine Malaria zu bekommen. An den Süßwasserseen mit ihren flachen, sumpfigen Ufern sind die blutsaugenden Mücken häufig. Wenn an den Sodaseen Mücken wie Rauchsäulen aufsteigen, handelt es sich hingegen um die völlig harmlosen, weil nicht stechenden Zuckmücken, die auch in unseren (nährstoffreichen) Gewässern stark vertreten sind. Sie war und ist also gefährlich, die paradiesisch aussehende Natur an den afrikanischen Süßwasserseen. Es mag allemal ausreichend gewesen sein, sich an den gekenterten Einbaum wie an einen Baumstamm zu klammern und damit das rettende Ufer zu erreichen zu versuchen, als selbständig schwimmen zu lernen, wenn das Wasser so voller Gefahren ist.

Wiederum stelle ich jetzt während des Schreibens fest, dass sich aus solchen Erlebnissen Ansätze gebildet hatten, die mich später zu richtig spannenden Themen führten. Welche Rolle spielten die Blutsauger in der Evolution des Menschen? Wie kamen wir zu unserer nackten Haut, die attraktiver nicht sein könnte für Mücken, Stechfliegen, Flöhe, Wanzen und Zecken und all die Erreger von Krankheiten, die sie übertragen können? Wer so offen zarthäutig durchs Leben läuft, trägt im buchstäblichen Sinn des alten Spruchs seine Haut zu Markte. Und eine der heikelsten Fragen, die mehr als alles andere mit Rassismus verbunden ist, wirft die Hautfarbe auf. Warum leben hier in Ostafrika, in ganz Afrika südlich der Sahara und auch in kleinen, weit voneinander entfernten Gebieten um den Indischen Ozean Menschen mit schwarzer Hautfarbe bis über den tropischen Bereich hinaus; in Australien und Tasmanien mit den Aborigines sogar bis in die kühl gemäßigten Breiten? In den amerikanischen Tropen kommen dagegen die Menschen mit kaum nennenswert verdunkelter Haut zurecht, die sich nur wenig von der eines gebräunten Südeuropäers unterscheidet. Die amazonischen Indianer leb(t)en genauso nackt ohne jeglichen Hautschutz durch Kleidung wie die mahagonischwarzen Afrikaner in den Nilsümpfen, im südlichen Sudan oder am Kongo. Als Hirten führen manche Stämme der Schwarzafrikaner dabei ein nach europäischen Maßstäben fortschrittlicheres Leben als die »Steinzeitmenschen« in

Amazonien, jedoch bei gleicher Nacktheit, aber erheblich anderem Geruch, wie ich insbesondere auf dieser Äthiopienreise wiederholt und naserümpfend feststellen musste. Wir trafen Hirtennomaden, die fast ohne Bekleidung meterweit gegen den Wind stanken, wie man zu sagen pflegt. Unerträglich mitunter. Solchen Körpergeruch kannte ich von den Indianern Amazoniens überhaupt nicht. Auch die bettelarmen Siedler von mehr oder weniger europäischer Abstammung, die sich, als Caboclos bezeichnet, vornehmlich an den Flussufern niedergelassen hatten und dort oft so etwas wie die Vorposten der Indianer waren, verbreiteten keine unangenehmen Gerüche, mochte ihre Kleidung auch noch so zerlumpt sein. Aus den berüchtigten Elendsvierteln der brasilianischen Großstädte, den Favelas, kamen abends, insbesondere zum Karneval, junge Frauen wie Prinzessinnen, die diese Bezeichnung wahrlich verdienten. Gestank verbreitete sich in den Straßen, wenn es ein paar Tage nicht geregnet hatte, nur deshalb, weil es keine Kanalisation gab. Aber dass auf freier, sauberer Landschaft hier in Äthiopien offensichtlich völlig gesunde Menschen, die nur mit einer locker übergeworfenen Toga bekleidet und mit einem Speer bewaffnet waren, einen Geruch verbreiteten, der nicht zum Aushalten war, passte weder zu meinen brasilianischen Erfahrungen noch zu den Vorstellungen vom (guten) Leben in der freien Natur der sogenannten Naturvölker, wie sie seit Ende des 18. Jahrhunderts eine naturschwärmerische Romantik verbreitet. Zu meiner und unser aller Beruhigung, als Europäer nicht etwa überempfindlich zu reagieren, weil wir mit intensiven Naturgerüchen nicht mehr vertraut sind, schnupperte Ephraim ganz vorsichtig und mit dem Ausdruck tiefer Skepsis im Gesicht an dem schön gearbeiteten Messer, das wir von einem solchen Wanderhirten am Rand der Danakil-Wüste eingehandelt hatten. Zu einem aus unserer Sicht durchaus fairen Preis, den wir für ein ähnliches Produkt im Laden daheim wohl auch zu bezahlen gehabt hätten. Des Messers Griff, dessen Aroma Ephraim sichtlich missfiel, aus welchen Gründen auch immer, und seine Schneide ließen sich mit dem Alkohol desinfizieren, den ich damals in einer Viertelliterflasche (im Flugzeughandgepäck!) immer mit dabeihatte. Danach war der spezifische Geruch weitgehend verschwunden, und das gesäuberte Messer hätte für die auf Exkursionen üblichen Zwecke benutzt werden können.

Dass der Gestank »against the flies« sein sollte, wie Ephraim erklärte, wollte ich allerdings nicht so recht glauben, denn die Kinder verbreiteten nicht minder starke Gerüche, hatten aber Augen- und Mundränder voller Fliegen. Vielleicht wäre die Frage zu präzisieren gewesen, um welche Fliegen es geht, denn auch bei uns gibt es Dungfliegen, die vielleicht auf ähnliche Duftstoffe positiv reagieren, wie sie die Körper der Hirtennomaden verbreiteten. Irgendwo las ich, dass mit dieser Angleichung der Geruchsnote an das Vieh die Löwen und Leoparden nicht bemerken würden, dass Menschen als Wächter dabei sind. Besonders überzeugend fand ich diese Erklärung auch nicht. Stark anzunehmen ist auf jeden Fall, dass man die Geruchsaura nicht mehr wahrnimmt, die einen umgibt, weil sich unser Geruchssystem daran gewöhnt und die davon ausgehenden Signale gleichsam abschaltet. In typisch europäischer Voreingenommenheit verurteilten wir den Gestank der Menschen, die wir direkt an den Ufern des Blauen Nils trafen, als wir auf der Nordroute das Hochland bereisten. Denn dort gab es, anders als unten in der Wüste, Wasser zum Waschen in Überfülle. Mangel an Wasser konnte folglich kein Argument sein. Aber das war eben ein typisch europäisches Denken. Unter den örtlichen Verhältnissen bedurfte es keiner Rechtfertigung, denn es gehörte sich einfach so.

Zum Glück für uns wehte dort, unweit des riesigen Tana-Sees, ausreichend Wind, so dass uns allenfalls Geruchsfetzen in die Nasen drangen, als wir an den faszinierenden Wasserfällen des Blauen Nils, den Tissisat-Fällen, standen. Man könnte sie für die perfekten Wasserfälle halten, so stürzen sie, fast wie geplant, über die Schwelle des Gesteins in den obersten Hals der Schlucht, durch die der Blaue Nil das regenreiche Hochland verlässt und zunächst den Weg in Richtung auf das Innere Afrikas nimmt, bis er den langgezogenen Bogen geschafft hat und sich mit dem mehr oder weniger direkt aus dem Süden kommenden Weißen Nil vereinigt. Die Schlucht ist eine der größten und am schwersten zugänglichen aller Schluchten; einer der zahlreichen Canyons Äthiopiens, die das Hochland, meist noch schmaler ausgebildet als die des Blauen Nils, durchziehen. Als wir mit einem uralten Propellerflugzeug, einer DC 3, die noch die Bombenabwurfklappen in der Mitte des Rumpfes hatte und an deren Seitensitzen wir uns an Jutestricken festhalten mussten, über solche Schluchten flogen, fühlte sich das an, als ob die Maschine Stufe für Stufe über eine Treppe rutschen und dabei Stück für Stück fallen würde. Wahrscheinlich war der ganze Flug so skurril, dass dadurch keine Angst aufkam. Nicht einmal als die Propeller sehr unregelmäßig dröhnten, weil sie sich, gut sichtbar, nicht gleichmäßig drehten. Die Bewährungsprobe, die noch bevorstand, sahen wir nicht kommen, weil wir seit unserer Ankunft in Äthiopien keine internationalen Zeitungen zu lesen bekommen hatten und der Informationsfluss per Handy noch in weiter Ferne lag.

Die Nordroute war kulturell ausgerichtet; sie musste das sein, so der Reiseveranstalter, damit die Genehmigung für diese Studienreise überhaupt erteilt wurde. Wie ungewöhnlich das damals war, führte uns die Tatsache vor Augen, dass wir keiner weiteren Reisegruppe begegneten. Auf der Südroute hatte uns dies nicht gewundert, denn wir waren ja als Ornithologen zu Zielen unterwegs, die ohne Swimmingpool und Zebrasteak am abendlichen Lagerfeuer nicht gerade der Afrikaromantik des Massentourismus in die ostafrikanischen Nationalparks entsprachen. Wie schon erwähnt, hätten wir mit der Alternative Omo-Tal die Forscher treffen können, die nach den versteinerten Überresten von Ur- und Frühmenschen und deren Werkzeugen suchten und dabei den Boden mit Pinseln kehrten und musterten, als ob sie auf der Suche nach Gold wären.

So aber ging es nun auf der Nordtour zu Klöstern und Kirchen der koptischen Christen, zu den weltberühmten Felsenkirchen von Lalibella. In den porösen Stein sind sie gehauen, und das so geschickt auf nahezu ebenem Grund, dass man ihre Existenz erst bemerkt, wenn man schon unmittelbar davorsteht. Wie durch enge Schützengräben ging es hinein in diese Bodenkirchen. Das Stroh, das darin ausgebreitet war, enthielt Massen von Flöhen, wie wir alsbald feststellen mussten. Anfangs lustig, dann aber mehr als lästig waren die Kinder, die uns gleich bei der Ankunft umringten und vorgaben, uns begleiten zu wollen. Einer aus unserer Gruppe hatte im Nu eine ganze Schar um sich; an jedem Finger beider Hände einen Knirps von drei bis fünf oder sechs Jahren Alter. Sie alle riefen ihm nahezu ununterbrochen zu, aber erstaunlicherweise fast immer einer nach dem anderen: »You are my father! You are my father!« Das amüsierte uns, denn der solcherart mit einem Mal zehnfach Vater Gewordene war Junggeselle.

Die Kinder wurden rasch mehr, ihr Drängen und Betteln allmählich unerträglich. Die Priester, die offensichtlich auch auf (Opfer-)Geld warteten, schienen die Großausgabe der Kleinen zu sein, jedoch ohne deren tränende Augen und aufgetriebene, zweifellos wurmerfüllte Bäuche. Bei den Priestern verhüllte natürlich ihr Ornat den körperlichen Zustand. Mager schienen sie uns nicht. Vom koptischen Christentum hatte ich damals so gut wie keine Ahnung. Gegenwärtig sind meine Kenntnisse auch nicht viel besser, aber immerhin so weit gediehen, dass das in Äthiopien Erlebte ein wenig Sinn ergibt. Etwa, was es mit dem immer wieder diskutierten verschwundenen Stamm Israels und der Königin von Saba auf sich hat oder wohin die Bundeslade der Juden gekommen war. Dies auszubreiten ist hier nicht der passende Ort und ich bin gewiss nicht geeignet dafür. Dass dennoch ein Zusammenhang mit Ereignissen auf unserer Reise bestand, erlebten wir schon in den nächsten Tagen in Asmara, der damaligen Provinzhauptstadt von Eritrea.

Von Asmara aus war der Rückflug nach Frankfurt am Main vorgesehen. Kaum trafen wir aber in der Stadt ein, die so ganz anders aussah als Addis und die anderen äthiopischen Städte, in die wir gekommen waren, sahen wir uns mit der Tatsache konfrontiert, dass Asmara von Truppen der für die Ablösung und das Selbständigwerden der Provinz kämpfenden Eritrea-Rebellen nahezu eingekesselt war. Am Hotel, in das wir gebracht wurden, waren der Eingang und alle Fenster mit Sandsäcken verbarrikadiert. Und man teilte uns zudem mit, dass die für den Rückflug vorgesehene Maschine ausfallen würde. Wann es eine Möglichkeit gebe, aus Asmara herauszukommen, lasse sich vorerst nicht sagen. In unserer Unbekümmertheit als Ornithologen hatten wir so gut wie nichts mitbekommen von den sich zuspitzenden politischen Ereignissen. Und nun saßen wir fest. Im Rückblick wundere ich mich darüber, wie gelassen wir die Lage aufnahmen, weder resignierend noch irgendwie übererregt oder gar in Panik verfallen. Damals traf die Annahme ja tatsächlich noch zu, dass die Konfliktparteien mit uns, Touristen aus Deutschland, die nach den Vögeln schauen, nichts zu tun haben wollten. Wie anders wäre dies heute, noch dazu in dieser Region und vor dem eigentlichen Hintergrund der Auseinandersetzung. Denn es handelte sich nicht einfach um das Bestreben einer Provinz, selbständig zu werden. Der Konflikt saß viel tiefer und war eines der zahlreichen »Vorspiele« zur großen Konfrontation, dem Kampf zweier Weltkulturen. In Eritrea rückte der Islam vor. Äthiopien war seit weit über einem Jahrtausend eine Festung der »Ungläubigen«, um die herum die Anhänger Mohammeds alle lokalen, nichtarabischen Bevölkerungen fest im Griff hatten. Von Zeit zu Zeit versuchten sie, in das koptische, hauptsächlich von den Amharen bewohnte Hochland vorzudringen. Die Schwäche der Militärjunta nach dem Sturz des ›Löwen von Juda‹, des Kaisers Haile Selassie, nutzten insbesondere die islamischen Randprovinzen zu Abspaltungsversuchen. Die Konflikte entwickelten sich entlang der uralten Bruchlinien zwischen den Großreligionen. Vom Dschihad war das christliche Äthiopien historisch nur verschont geblieben, weil die Äthiopier noch zu Lebzeiten Mohammeds einer Gruppe seiner flüchtigen Anhänger Asyl gewährt hatten. Mohammed soll daher dieses Land als einziges vom Dschihad ausgenommen haben. Eritrea gehörte nicht dazu, zumindest nicht im ursprünglichen Sinn, war die Provinz doch erst 1961 von Haile Selassie dem äthiopischen Kaiserreich eingegliedert worden, nachdem sie ein paar Jahre Kolonie Italiens und über drei Jahrhunderte Teil des Osmanischen Reichs gewesen war. Die Unabhängigkeit Eritreas kam erst 1993 zustande. Als wir 1977 im Hotel in Asmara festsaßen, schien diese bereits nahe, lag aber tatsächlich noch in der Ferne. Auch ein Grund war wohl, dass die muslimische Bevölkerung, die gut die Hälfte der Gesamtbevölkerung Eritreas ausmacht, vornehmlich im (heißen) Tiefland lebte, während die Christen, die in den 1970er Jahren der Zahl nach den Muslimen nur wenig nachstanden, im Hochland um und in Asmara konzentriert waren. Von alldem wusste ich nichts, wie auch die übrigen Angehörigen der Reisegruppe. Afrika war insgesamt im Umbruch. Es gärte seit Jahrzehnten, seit die meisten früheren Kolonialgebiete von den Europäern aufgegeben und politisch selbständig geworden waren. Nur im Süden des Kontinents hatte das Apartheidregime die Macht noch recht fest in Händen. Äthiopien stand nie unter Kolonialherrschaft. Entsprechende Ressentiments gegen Europäer waren nicht vorhanden bzw. für uns nicht spürbar. Und so warteten wir und harrten der Dinge, die da kommen sollten. Sie holten uns recht schnell mit der höchst erfreulichen Nachricht ein, dass eine Alitalia-Maschine den Flug von den Seychellen nach Rom in Asmara unterbrechen und uns aufnehmen würde, da noch Platz sei. Das geschah – und die Welt schien für uns wieder in Ordnung. Ein Tag Verzögerung war alles andere als eine Katastrophe. Von Rom aus würden wir leicht weiterkommen. Dass wir dort, nach einer Fahrt durch eine regnerische Nacht zu einem Hotel in Ostia, nicht nach Deutschland telefonieren und den Angehörigen Bescheid geben konnten, weil angeblich keine Verbindung herzustellen war, löste nunmehr einige Wut aus. Da sitzt man in einem Hotel in Rom, der Nachtportier telefoniert mit seiner Freundin schier ununterbrochen und bringt keine Verbindung nach Deutschland zustande, wo die Angehörigen um unser Leben zittern. Niemand wusste ja, dass wir Asmara unversehrt verlassen hatten und in Rom gelandet waren.

Eigentlich waren die Sandsäcke am Hoteleingang und an den Fenstern das einzige Zeichen des Krieges in der Provinz Eritrea. Kontrollposten mit martialisch aussehenden Militärs, die mit ihren Maschinengewehren herumfuchtelten, hatten wir mehrfach passiert. Problemlos, und dies auch bei der Fahrt nach Asmara, also durch eritreisches Rebellengebiet. Aber die Empfindungen, die sich dabei unwillkürlich einstellten, waren anders, wie ich zugeben muss, als damals in Bolivien bei der »Revolución« in der ostbolivianischen Ölstadt Santa Cruz de la Sierra. Sie glich trotz des Einsatzes von Tränengas und umherlaufenden schwerbewaffneten Soldaten eher der Inszenierung für einen Film als ernster Wirklichkeit. Die auf den Hauptplatz gelaufene Bevölkerung lachte Tränen, weil das Tränengas wirkte, aber die Gesichter drückten den Spaß an der Revolution aus. Ob es den Militärposten hier in Äthiopien und auf dem Weg nach Asmara ernst war oder nicht, ließ sich ihren Mienen für mich nicht entnehmen. Vielleicht versuchten sie nur, ihre Hilflosigkeit zu verbergen, da sie nicht so recht wussten, wie sie mit einem Fahrzeug voller europäischer Touristen umgehen sollten.

Daheim ärgerte ich mich über die Berichterstattung der Zeitungen darüber, was für schwere Kämpfe es in Asmara und auf dem dortigen Flughafen gegeben hätte. Mit der selbsterlebten Wirklichkeit stimmten die Meldungen ebenso wenig überein wie jene im Jahre 1970, als das brasilianische Militär angeblich zur Bekämpfung von Terroristen die Bergregenwälder des Küstengebirges entlaubt und Napalmbomben abgeworfen haben sollte. In diesen

Bergregenwäldern sah ich den Fahrstuhl spielenden Kolibris zu, hörte aber kein Flugzeug, und es gab auch keine entsprechenden Nachrichten in der vielfältigen, politisch keinesfalls gleichgeschalteten südostbrasilianischen Presse. Jung und unerfahren, war ich bisher viel zu nachrichtengläubig gewesen. Nun fing die nötige Skepsis an sich zu entwickeln. Übertreibungen gehören offenbar naturgemäß zu den Äußerungen der Menschen, zumal wenn diese an einen größeren, mehr oder weniger anonymen Kreis gerichtet sind und die Nachprüfbarkeit schwierig oder nicht durchführbar ist.

Was hatte ich mitgenommen von diesem kurzen Blick auf Afrika? Gleich nach der Reise hätte ich auf eine entsprechende Frage kaum antworten können, außer mit den bekannten Klischees und Banalitäten. Gewiss, die äthiopische Vogelwelt beeindruckte mich. Doch was ist ein »Eindruck« ohne Vergleich, ohne eine Bezugsbasis? Die Armut und das Elend der Menschen erschreckten mich. Dass in Äthiopien in seinen damaligen Grenzen ähnlich viele Menschen wie im zur gleichen Zeit noch nicht wiedervereinigten Deutschland lebten, besagte viel und wenig, ganz nach Betrachtungsweise. Denn selbst wenn wir die gegenwärtige Bevölkerungszahl von knapp 100 Millionen Menschen in Äthiopien zugrunde legen, ergibt sie nur ein Drittel der Bevölkerungsdichte, die in Deutschland herrscht. Äthiopien hat im Gegensatz zum größten Teil von Afrika überwiegend gute bis sehr gute Böden und reichlich Niederschläge. Hunger und Elend müssten nicht sein, besagt die Vergleichsstatistik aufgrund reiner Zahlen. Die Lage der Bevölkerung war durch den kommunistischen Machtwechsel nicht erkennbar verbessert worden. Dem Zustand vieler Gebäude und der meisten Straßen zufolge hatte er sich stark verschlechtert. Um dies festzustellen, musste man kein Spezialist sein. Viele Gebäude und die Infrastruktur hatten bessere Zeiten erlebt. Wie sehr Vergangenes weiterhin nachwirkte, drückte eine Kleinigkeit aus, die mich als an der Grenze zu Österreich Aufgewachsener staunen ließ. In dieser fernen afrikanischen Welt wurden immer noch Maria-Theresia-Taler als Zahlungsmittel akzeptiert. Und dass so manche Szene, die sich geboten hatte, an biblische Zeiten erinnerte, war sicherlich nicht nur den naiven Bildern geschuldet, mit denen biblische Texte in meiner Kindheit ausstaffiert waren. Wahrscheinlich lag es daran, dass in Äthiopien und andernorts in der Großregion vom Sudan und Ägypten über den Sinai und Palästina bis zur Türkei solche Szenerien unverändert lebendige Wirklichkeit waren. Die Illustratoren brauchten nichts zu erfinden aufgrund von alten, schwer zu deutenden Bibeltexten. Sie hatten die Bilder vor sich, etwa wenn koptische Geistliche auf einem Esel einen Saumpfad entlanggeritten kamen. Jedenfalls war der Zustand der Bevölkerung erheblich anders als alles, was ich aus Südamerika kannte, auch aus den Armenvierteln und ganz entlegenen Gebieten. Wenn dies Afrika war, oder zumindest ein repräsentativer Teil des Schwarzen Kontinents, so war das wirklich eine eigene Welt. Merkwürdig – oder auch nicht? Für die Tierwelt und andere Aspekte der Natur gilt doch ganz Ähnliches! Steckt also mehr, viel mehr in der Geographie, als in ökologischen Betrachtungen berücksichtigt wird und in den wissenschaftlichen Konzepten zum Ausdruck kommt?

Mehr Afrika war sicherlich nötig. Was ich auch über Äthiopien las, und es gibt viele Bücher, die meisten davon über weite Strecken wenig schmeichelhaft geschrieben, über dieses geheimnisvolle Land, bekräftigte stets seine Besonderheit. Als riesiger Gebirgskomplex von über einer Million Quadratkilometer Fläche hebt es sich aus der Sahara, über das Rote Meer und die jenseits davon liegende Arabische Halbinsel. Auch von Südosten und Süden her steigt die äthiopische Bergwelt stark in die Höhe und setzt sich ab vom ostafrikanischen Hochland. Das Verbindende mit Ostafrika ist der Große Grabenbruch, der schon mit dem Jordangraben beginnt und sich neben der Sinaihalbinsel zum Roten Meer vergrößert, dann ohne äußerlich sichtbaren Grund nicht einfach über die Meerenge bei Djibuti am Horn von Afrika vorbei in den Indischen Ozean hinein ausläuft, sondern in der Danakil-Senke rechtwinklig davon nach Südwesten abzweigt und das äthiopische Hochland fast genau in zwei Hälften teilt. Von hier aus entsteht der eigentliche ostafrikanische Grabenbruch, das Rift Valley. Wo dieser Äthiopien verlässt, verläuft er in Richtung Süden, scheint aber kurz südlich des Äquators an innerer Kraft verloren zu haben, weil sich weiter westlich davon ein zweiter Graben aufgetan hat und riesige, sehr tiefe Seen wie den Tanganjika-See enthält. Mit dem Njassa-See vereinigen sich beide Gräben wieder und erreichen mit der

Mündung des Sambesi den Indischen Ozean. Kein Zweifel: Afrika bricht auseinander. Zentimeter um Zentimeter Jahr für Jahr. Ein neuer Ozean entsteht dazwischen, und es wird eine sehr lange Insel geben, die ein Vielfaches größer ist als das auf ähnliche Weise vor vielen Jahrmillionen von Afrika abgespaltene Madagaskar. In dieser Hinsicht unterscheiden sich Afrika und Südamerika grundlegend, obwohl beide Kontinente vor über 100 Millionen Jahren eine Einheit gebildet hatten. Sie waren das Kernstück des riesigen Südkontinents Gondwana. Dem deutschen Klimatologen Alfred Wegener war Anfang des 20. Jahrhunderts das Zusammenpassen der Konturen Westafrikas und des östlichen Südamerikas aufgefallen. Er hatte daraufhin die Theorie vom Auseinanderbrechen und der Drift der Kontinente entwickelt – und war verlacht worden für so eine schrullige Idee, die feste Erde für beweglich zu halten. War es für den gesunden Menschenverstand schon schwer genug zu akzeptieren, dass sich die Erde mit rasender Geschwindigkeit um sich selbst und im Jahreslauf um die Sonne dreht, obwohl wir auf festem, allenfalls regional und in großen Zeitabständen durch Erdbeben erschüttertem Grund zu stehen meinen, so schien es geradezu absurd, dass die Kontinente, das Festland, wie Eisstücke im Wasser auf dem glutflüssigen Ozean des Erdmantels schwimmen sollten. Und dass dabei das westwärts driftende Südamerika wie eine Stauwelle einen gewaltigen Gebirgszug, die Anden, emportürmt. Schlimmer noch, dass Afrika gegen Europa drückt, die Alpen auffaltete und die Becken des Mittelmeeres einbrechen ließ. Kurz: Dass die Erde Geschichte hat, und zwar eine sehr bewegte!

Wir waren in Äthiopien an einer der Hauptstellen des erdgeschichtlichen Geschehens im afrikanischen Grabenbruch gewesen, hatten riesige, weitestgehend vegetationslose Lavafelder gesehen und idyllische Seen bestaunt. Bis auf den leicht alkalischen, sehr flachen Abijatta-See, den Flamingos aufsuchen, sind es Süßwasserseen. Hoher Salzgehalt in zunehmender Konzentration von Norden nach Süden kennzeichnet schließlich den Turkana-See (Rudolfsee), bis zu dessen Nordzipfel mit der Mündung des Omo-Flusses das äthiopische Staatsgebiet noch reicht. Mit dem Turkana-See beginnt Ostafrika, das zeigt ein Blick auf den Atlas mit der Geographie Afrikas. Nirgendwo leben mehr Wildtiere in vergleichbarer Vielfalt als dort in den Nationalparks und Wildschutzgebieten Ostafrikas.

Ostafrika

Anders als beim Flug nach Äthiopien hegte ich recht klare Vorstellungen zu Kenia. Die verschiedenen Nationalparks waren bestens beschrieben. Exzellente Bestimmungsbücher für die Vögel und die Säugetiere waren zur Hand und die Routen vielfach erprobt von Touristen aus aller Welt. Mit meiner wiederum aus Ornithologen zusammengesetzten Reisegruppe würde ich mich also auf bekannten, durch und durch gebahnten Pfaden bewegen, einem festen Programm folgen (müssen) und lediglich auf gutes Wetter zu hoffen haben. Fotografierwetter! Ostafrikasafari bedeutet Fotoshooting. Mein 640-mm-Novoflex-Teleobjektiv erweckte mit seinem Schnellschussgriff den Eindruck einer gefährlichen Waffe, wenn man es nicht kannte. Da ich die ganze Fotoausrüstung und die im Bleibeutel verstauten Filme nicht dem Koffer anvertrauen wollte, der ja irgendwohin geflogen werden konnte, sondern ins Handgepäck nahm, erregte die Kanone unweigerlich den Argwohn der Sicherheitsdienste an den Flughäfen. Bei der Tansaniareise dauerte die Überprüfung meines Schnellschussgeräts auf dem Flughafen von Arusha ziemlich lange. Erst als ich, umgeben von Polizei mit Maschinenpistolen, die vorderen Linsen abgeschraubt hatte, so dass die Kontrolleure frei durchschauen konnten, wurde akzeptiert, dass dies ein harmloses Fotogerät war. Und ein sperriges zum Herumschleppen; von den Schwierigkeiten der Scharfstellung mit dem Pistolengriff ganz zu schweigen. Jedes scharf gewordene Bild bot Grund zur Freude, denn die Diafilme waren teuer. Es galt, damit sehr zurückhaltend umzugehen, um nicht plötzlich das Bild des Lebens vor sich zu haben, aber keinen Film mehr dafür. Kurz: Ich reihte mich mit Ausrüstung und Reiseprogramm unter den Fototouristen ein. Das war nicht schlecht, denn dank meiner langen Kanone hielt der Fahrer des Safaribusses bei jedem kleinen Piepmatz, den wir nun mit den Ferngläsern studieren und bestimmen konnten, und nicht nur bei den Löwen, Elefanten, Nashörnern und Büffeln.

Die Fahrt vom Flughafen Nairobi in die Stadt hinein bescherte gleich einen besonderen Höhepunkt. Der Fahrer sah den Gepard, der eine Gazelle anschlich, die davon jedoch noch nichts bemerkte. Er hielt, und wir konnten das Geschehen aus nur dreißig bis vierzig Meter Distanz mitverfolgen. Der Gepard glitt durchs Gras, das gelb wie der Grundton seines Fells war, ohne in diesem erkennbare Bewegungen zu verursachen. Meistens erkannten wir darin nur den oberen Teil seines Kopfes. Die Gazelle, ein kräftiger Grant-Gazellenbock mit weißem Hinterteil, über das sich der Schwanz wie in gespannter Erregung bewegte, dabei aber nur Fliegen abwehrte, wirkte wie ein Standbild. Anders als wir meinten, hatte der Bock den anschleichenden Gepard mit seinen weit seitlich am Kopf sitzenden Augen offenbar sehr wohl im Blick, denn als dieser wie von einer Schleuder abgeschossen auf ihn losstürmte, explodierte der Bock förmlich mit einem gewaltigen Luftsprung und stürmte davon. Der Gepard holte aber schnell auf. Zwar schirmten Akazienbüsche und das hohe Gras immer wieder den Verlauf der Jagd für Bruchteile von Sekunden ab, aber wir konnten dennoch folgen. Nach gut hundert, höchstens hundertfünfzig Meter endete die Jagd abrupt. Der Gepard blieb einfach stehen. Er atmete so heftig, dass wir uns hätten einbilden können, sein Keuchen durch den Wind zu vernehmen, der über die Dornbuschsavanne strich. Sein Maul war weit geöffnet. Nur zwei oder drei Gepardenlängen weiter stand der gleichfalls schwer atmende Bock mit heraushängender Zunge und zuckenden Flanken. Nach einer kleinen Ewigkeit, die diese Pattsituation zwischen Jäger und Gejagtem andauerte, stakste der Bock langsam davon, so als ob ihn der Gepard nichts mehr angehen würde. Dieser tat sich nieder und entschwand damit im hohen Gras unseren Blicken. Was für ein dramatisches Geschehen! Vor wenigen Minuten erst waren wir vom Flughafen abgefahren und auf dem Weg nach Nairobi. Wir durchquerten dabei den stadtnahen Nairobi-Nationalpark, von dem wir uns, gerade wegen der Stadtnähe, nichts erwartet hatten. In der Ferne ließen sich bereits Hochhäuser erkennen. Die Straße war geteert und in gutem Zustand, die Luft, die durch die offenen Fenster einströmte, angenehm warm und gar nicht schwül oder stickig. Jemand wies, nachdem wir wieder weiterfuhren, auf einen Augurbussard *Buteo augur* am Straßenrand hin. Eine kleine Trappe überquerte die Straße. Sie zu bestimmen ging nicht, denn der Verkehr nahm zu. Es gibt mehrere Arten kleiner Trappen in Ostafrika. Deren Weibchen oder Jungvögel sind nicht ganz leicht voneinander zu unterscheiden. Ein Fragezeichen gleich zu Beginn der Tour störte uns jetzt nicht. Die

Jagd des Gepards war zu eindrucksvoll. Sie beschäftigte uns. Wahrscheinlich nicht alle so wie mich, weil manchen aus der Gruppe das Erlebnis als solches genügte. Was sollte man darüber hinaus auch wissen wollen? Die Gazelle war schnell genug gewesen, die lebensrettende Distanz zum schnellsten Raubtier der Erde zu halten. Der Jäger war nicht schnell genug. Oder nicht dicht genug herangekommen. Also misslang sein Sprint. So weit, so gut, so klar. – War es das wirklich?

Mir gingen Fragen dazu nicht aus dem Kopf. Einige hätten sich vielleicht von selbst geklärt, wenn ich die Jagd hätte filmen können. Die wenigen Fotos, die mir tatsächlich gelungen waren, gaben keinen Aufschluss, ob, und wenn ja, wann die Gazelle den anschleichenden Geparden bemerkt hatte. Warum ließ sie ihn so nahe kommen? Woran merkte der Gepard bei seinem irrwitzig hohen Tempo, dass er aufgeben musste? Die geringste Distanz, die er zum Bock erreicht hatte, betrug vielleicht zwei Meter, eher etwas weniger. Wie erkannte dieser, dass es kein Täuschungsmanöver des Geparden war, als dieser stehen blieb, sondern dass es das Ende der Jagd bedeutete? Auch der Bock sprintete mit Höchstgeschwindigkeit und musste dabei Dornbüschen ausweichen und durchs hohe Gras vorankommen. Erleben solche Tiere den für uns Beobachter viel zu schnellen Ablauf wie in Zeitlupe? Mit jeder weiteren Überlegung geriet ich immer tiefer in das Problem des Wettlaufes zwischen Jägern und Gejagten. In diesem evolutionären Wettlauf muss der Jäger jeden noch so kleinen Zugewinn der Beute an Schnelligkeit ausgleichen, ansonsten würde er verhungern. Schnelle Räuber machen der Beute schnelle Beine und umgekehrt, heißt es in der Evolutionsbiologie. Ein Regelkreis sei das, der seit Jahrmillionen läuft und beide erhält, die Beute und den Jäger. Die Keniatour fing also gleich mit einem Lehrstück in Ökologie (Räuber-Beute-Beziehung) und Evolutionsbiologie (Anpassungen und »survival of the fittest«) an. Was für mich bisher theoretisches Beispiel aus Lehrbüchern war, erlebten wir hier neben der Straße. Sogar ganz gemäß der Erwartung war die Jagd verlaufen, denn in einem System von Räuber und Beute, in dem sich beide über lange Evolutionszeiten immer besser an die wechselseitigen Herausforderungen anpassen, sollte ja die Patt-Situation das häufigste Ergebnis sein. Wäre die Jagd erfolgreich gewesen, hätte dies weniger besagt, weil der Bock möglicherweise krank oder irgendwie behindert war. Ähnlich hätte es um den Geparden stehen können, wenn ihm die Gazelle mühelos davongelaufen wäre. Erfolg und Misserfolg bilden gleichsam den Abfall im grundsätzlich ausgewogenen System zwischen Jäger und Gejagtem. In den meisten Fällen zu erwarten ist das Patt. Beide sind dann gleich gut. Wäre der Gepard in der Bilanz beständig auch nur etwas besser, hätte er die Gazellen längst ausgerottet. Umgekehrt wären die Geparde ausgestorben. Es war nicht so ganz leicht, sich in dieses System tiefer hineinzudenken, gleichwohl aber notwendig, um das schnellste Säugetier zu verstehen. Im Sprint mehr als hundert Kilometer pro Stunde Geschwindigkeit zu erreichen muss eine geradezu unglaubliche evolutionäre Anstrengung gewesen sein. Die Gazellen haben es besser. Sie brauchen nur zu laufen, schnell und lange genug, um den Geparden außer Atem geraten zu lassen. Zuschlagen mit Pfoten, die solche Geschwindigkeiten ermöglichen, und Zubeißen zum Töten sind zusätzliche Herausforderungen für den Jäger. Der Gazellenseite bleiben sie erspart. Nur der Gepard hat sie zu meistern. Also muss er tatsächlich schneller als die Gazellen sein. Diese ungleichen Anforderungen erklären, weshalb beide nicht ungefähr die gleichen Spitzengeschwindigkeiten erzielen. Der Gepard ist um 10 bis 20 Stundenkilometer schneller. Sobald man die Verhältnisse genauer betrachtet, werden die Details rasch komplizierter.

Und es tauchen neue, für die so einleuchtende Theorie ziemlich unangenehme Fragen auf. Warum sollte sich überhaupt eine Spirale hochschrauben? Wenn eine Pattsituation erreicht ist, kann dieser Zustand doch hinreichend stabil sein. Die fitten Gazellen entziehen sich häufig genug den Angriffen der Geparden, die Schwächeren fallen ihnen zum Opfer. Die Geparde werden dadurch nicht schneller, zumindest nicht notwendigerweise. Sie müssen einfach mit dem Anteil an schwächeren, alt gewordenen oder noch zu jungen Gazellen zurechtkommen – wie jedes andere Tier auch, das Beute macht, und die von Pflanzen lebenden Arten letztlich ebenfalls. Nie ist es möglich, die Beute, oder ganz allgemein ausgedrückt: die Nahrungsquelle vollständig zu nutzen. Anderenfalls würden die Nutzer zugrunde gehen, bevor es so weit ist, weil die zunehmende Verknappung den Aufwand nicht mehr lohnte. Seltenheit sollte wie Schnelligkeit wirken. Beide setzen dem Aufwand, sie zu überwinden, grundsätzlich gleiche Grenzen, nämlich für den Einsatz von Energie. Wie ließe sich dieses Dilemma lösen? Bei dieser zentralen Frage war ich angelangt, als wir an der Reiseagentur in Nairobi ankamen und in die Safari-Busse wechselten, die für die nächsten Wochen unser Transportmittel wurden. Die Fahrer erwarteten gleich vorab ein großzügiges Trinkgeld. Das gaben sie uns deutlich zu erkennen. Wer bei der Äthiopientour mit dabei war, dachte sogleich zurück an den feinfühligen Ephraim Negeri. Der Unterschied erwies sich tatsächlich als sehr beträchtlich. Die Fahrer fuhren nun schlecht und landeten viel zu oft in Schlammlöchern oder blieben im Sand stecken, weil sie das Gaspedal durchtraten, wo vorsichtiges Gasgeben angebracht gewesen wäre. Es passte ihnen nicht, wegen irgendeinem Vögelchen ihre rasende, gewaltige Staubfontänen aufwirbelnde Fahrweise durch einen plötzlichen Halt unterbrechen zu müssen, zumal uns damit der Staub einholte. Die kleinen Vögel kannten sie ohnehin nicht, und sie wollten nicht verstehen, dass unser Hauptziel nicht das Einkreisen von Löwen war. Sie eilten von Lodge zu Lodge, weil sie sich dort mit ihren Freunden, den anderen Fahrern, zum Palavern trafen. Aber sie hielten unaufgefordert, wo immer am Straßenrand irgendwelche billigen und meistens auch schlecht gemachten Souvenirs verkauft wurden. Die ersten Fahrtstrecken waren zum Glück nicht sehr lang. Auf dem Weg zum Amboseli-Nationalpark am Fuß des Kilimandscharo und dann auf der Fahrt nach Massai Mara, dem kenianischen Nordteil der Serengeti, schliffen sich die einander anfänglich widerstrebenden Zielsetzungen und Vorstellungen nach und nach ab, so dass wir schließlich, unterstützt durch weiteres Trinkgeld, ganz gut miteinander auskamen. Es wurde mehr Zeit für die Fahrten zwischen den Zielgebieten einkalkuliert und manche Ansammlung von Safaribussen gemieden, die Löwen oder andere für die Pauschaltouristen attraktive Tiere umstellt hatten. Das gab uns Zeit für subtilere Beobachtungen, so wie wir sie machen wollten. Abends war es mitunter schlimm genug, von den Nachbartischen abstruse und nervige Gespräche anhören zu müssen, während draußen vor der Veranda Gnus vorbeizogen, Giraffen ihre Hälse reckten, an denen Madenhacker kletterten, und fernes Löwengebrüll das Kommen der afrikanischen Nacht andeutete. Da wird man schnell zum Touristenfeind.

Unser wirkliches Interesse an der Natur ergriff allmählich auch die Fahrer. Bald konnten sie mit ihren guten Augen sehr wohl Vögel ausmachen und auf unscheinbare Wildtiere hinweisen, langsamer fahren und beobachtungsgerecht halten, was ja nicht automatisch bedeutet, möglichst nahe an das betreffende Tier heranzukommen. Unsere anfängliche Skepsis wich der morgendlichen Freude, wieder starten zu können, ohne durch die Landschaft hetzen zu müssen. Der Leopard wurde dann eben nicht einen halben Tag lang gesucht. Dafür sahen wir Dutzende spannender Vögel, konnten diese mit viel mehr Zeit beobachten und uns über das Gesehene vor Ort austauschen. Und das erwies sich alsbald als sehr wichtig. Denn die Artenlisten der Tag für Tag gesehenen Vögel wuchsen in einem Tempo, das mich trotz großer Vorerwartungen überraschte. Nach wenigen Tagen war für mich der Unterschied zu Südamerika und auch zu den Ergebnissen der Äthiopienreise unübersehbar. Hier in Kenia gab es an jedem Ort, den wir erreichten, neue Arten. Das Anwachsen unserer Vogellisten vollzog sich gerade so, als ob wir von einer Insel zur nächsten und übernächsten gefahren wären. Auf jeder gab es ein eigenes, für sie inseltypisches Artenspektrum. In Äthiopien hatte sich dies zwar angedeutet, aber so recht überzeugend war es noch nicht. Hier in Kenia ließ sich der Wechsel insbesondere bei den Kleinvogelarten nicht übersehen. Die Tagesstrecken waren nicht anders, als würde man, in München startend, nach und nach über Nürnberg nach Frankfurt, Berlin und Hamburg fahren. Doch während man auf so einer Fahrt in jeder Stadt die gleichen Arten antrifft, und das auch in den Wäldern, an den Gewässern und sogar in den Naturschutzgebieten, kamen in Kenia mit jedem Ortswechsel viele neue Arten dazu. Dieses Phänomen, das ich nicht erwartet hatte, faszinierte mich. Und zwar aus folgendem Grund: Zwei amerikanische Ökologen, Robert H. MacArthur und Edward O. Wilson, hatten im Jahre 1967 bei ihren umfassenden Untersuchungen zum Artenreichtum den Zusammenhang zwischen der Zahl der vorhandenen Arten und der Größe der Insel entdeckt und diesen in eine einfache mathematische Formel gefasst. Sie wurde als »Arten-Areal-Beziehung« bekannt und wichtig, um Artenvielfalt zu verstehen oder diese in Schutzgebieten ausreichender Größe zu erhalten zu versuchen. Die Beziehung besagt nämlich, dass mit dem Schrumpfen von Lebensraum, etwa weil Wälder zum Teil gerodet und in Viehweiden oder Ackerland umgewandelt werden, zwangsläufig durch die Verminderung der Fläche ein Verlust an Arten verbunden ist. Dieser fällt umso größer aus, je kleiner die verbliebenen Flächen sind. Das war alarmierend, denn anders als etwa in Nordamerika oder auch hier in Ostafrika mit den großen Nationalparks waren unsere damaligen westdeutschen Naturschutzgebiete geradezu winzig geraten. Die Durchschnittsgröße erreichte nicht einmal einen Quadratkilometer. Der Formel gemäß sollten sie überhaupt nicht in der Lage sein, den Artenreichtum, den sie schützen sollten, mittel- und langfristig zu erhalten.

Die Abhängigkeit der (überlebensfähigen) Artenzahl von der Flächengröße drückte aber noch mehr aus. MacArthur und Wilson hatten dies bereits erkannt und ihre berühmte Formel in zwei Versionen aufgeteilt: Unter flächig kontinentalen (geographischen) Verhältnissen steigt oder fällt der Artenreichtum mit zu- oder abnehmender Flächengröße nur halb so stark wie auf Inseln. Bei diesen spielen die Größe und die Entfernung zu anderen Inseln oder zum nächsten Kontinent (als Artenquelle) eine beträchtlich größere Rolle als für Biotope auf zusammenhängenden Landflächen. Jede Flächenverkleinerung von zu Inseln gewordenen Biotopen verursacht rund doppelt so starke Artenverluste wie der gleiche Flächenverlust auf großen, zusammenhängenden Landflächen wie Wäldern. Dieser ökologisch ebenso spannende wie naturschützerisch beunruhigende Zusammenhang fing damals gerade an, in Kreisen von Ökologen und Naturschützern auch in Deutschland bekanntzuwerden. Viele, nämlich die allermeisten unserer westdeutschen Naturschutzgebiete mussten als viel zu klein geraten eingestuft werden. Diese fachliche Erkenntnis vergrößerte sie allerdings bis heute nicht. Sie wurden vielmehr weiteren Beeinträchtigungen ausgesetzt durch Ausnahmen, die das deutsche Naturschutzgesetz den Naturnutzern auf großzügigste Weise gewährt. Damals glaubte ich noch an die Überlegenheit der soliden Fachargumentation, wie man dies in jugendlicher Begeisterung und der damit verbundenen Unerfahrenheit eben tut. Dass die besseren, die zwingenden Befunde nur dann etwas nützen, wenn sie politisch passen, erschien mir in den späten 1970er und frühen 1980er Jahren einfach undenkbar. Mit der Realität der Politik, nicht nur der

Naturschutzpolitik, musste ich mich erst noch vertraut machen, um die Hoffnungslosigkeit einer solchen Denkweise zu begreifen. Hier in Kenia war mein Denken noch nicht durch die Erfahrungen, wie Politik und Gesellschaft mit wissenschaftlichen Befunden umgehen, beeinträchtigt. Mein Forschungsinteresse schwebte noch im reinen Raum der Wissenschaft. Und in dieser ging es zunächst gar nicht um die angewandte Seite der Befunde zur Abhängigkeit des Artenreichtums von der Flächengröße, sondern um das unmittelbare Verständnis dafür, wie Artenvielfalt zustande kommt und wie sie sich erhält, wenn die Rahmenbedingungen dies zulassen. Die neuen Tatsachen, dass beträchtliche Wechsel im Artenspektrum hier in Kenia unter dem Äquator in einer Intensität vorkommen, wie man sie sonst nur von Inseln kennt, die weit genug voneinander entfernt liegen, drückte zumindest etwas klar aus: Dies war ein wichtiger Grund für das Zustandekommen der viel größeren Artenvielfalt in den Tropen, verglichen mit außertropischen Gebieten. Zahlreiche Arten leben hier trotz kontinental zusammenhängender Flächen wie auf Inseln. Ihre Zusammenfassung zur »Vogelwelt von Kenia« steigerte allein durch diesen Effekt die Artenzahl auf mehr als das Doppelte, verglichen mit einer ähnlich großen Fläche in Mitteleuropa (580000 Quadratkilometer, also Deutschland + Österreich + Tschechien + Beneluxländer). Aber Kenia ist ein Flächenstaat, keine Ansammlung von Inseln. Das Muster quasiinselartiger Verbreitung zahlreicher Vogelarten blieb zudem erhalten, als ein Jahr später die Befunde für Tansania dazugekommen waren. Ab dem ersten Beobachtungstag im Gelände stiegen bei diesen Exkursionen die Artenzahlen mit der für Inseln und Archipele typischen Geschwindigkeit und erreichten schon nach drei Wochen Endwerte (weil die Reise zu Ende war) von 300 bis 350 Arten. Es dürfte so gut wie unmöglich sein, bei einer zwei- bis dreiwöchigen Tour durch Mitteleuropa so viele Vogelarten zu sehen. Was war der Grund? Warum fiel es in Kenia so leicht, in so kurzer Zeit so viele Vogelarten anzutreffen – eineinhalbmal so viele Arten, wie ich in einem Jahr in Südamerika zusammenbrachte?! Dabei ist die Vogelwelt Brasiliens rund doppelt so reichhaltig wie die ostafrikanische. Ohne die Mitwirkung von einem Dutzend qualifizierter Ornithologen wäre die Ausbeute selbstverständlich deutlich geringer ausgefallen. Jedoch nur um allerhöchstens zwanzig

Prozent, wahrscheinlich um nicht mehr als zehn Prozent. Denn die Vögel ließen sich in Ostafrika so leicht beobachten und bestimmen. Viele Kleinvögel und mittelgroße Arten wie Tokos, Bartvögel und Eulen hielten sich sogar bevorzugt an den Lodges auf und besuchten die Tische, bauten ihre Nester (Webervögel) an den Bäumen der Safarianlagen oder hielten sich an den Gewässern auf, wenn solche künstlich angelegt worden waren, um das Beobachten von Vögeln und zur Tränke kommenden Säugetieren bequem zu machen. Im Hinblick auf Scheu und Vertrautheit herrschten hier ganz andere Verhältnisse, als ich sie vom tropischen Südamerika kannte. Offensichtlich hatten die Menschen auf beiden Kontinenten alles durcheinandergebracht; in Südamerika durch die starke Verfolgung auch der Kleinvögel und hier in Ostafrika durch die Anfütterung für die Touristen. Die von Menschen unbeeinflusste Wirklichkeit musste irgendwo dazwischen gelegen haben. Doch es gab sie nicht mehr.

Immerhin war ein Vergleich mit den Großstädten in Deutschland zulässig, wo die kleinen und mittelgroßen Vögel auch nicht verfolgt und zumindest im Winter eifrig gefüttert werden. Die meisten Arten, auch von größeren und großen Vögeln, die in den Städten leben, sind menschenvertraut. Vielleicht nicht ganz so stark wie in Ostafrika an den Lodges, aber immerhin fliehen sie nicht, wenn Menschen kommen. Den entscheidenden Punkt erklärt die Vertrautheit der Vögel aber nicht, nämlich dass sich die Artenzahlen von Lodge zu Lodge in Ostafrika in so starkem Ausmaß addieren, dass sie steigen, als ob es sich um Inselvorkommen handelte, während sich bei uns in Mitteleuropa von Großstadt zu Großstadt nahezu nichts verändert. Die bei uns so extrem intensiv landwirtschaftlich genutzten Fluren dazwischen, die mehr als die Hälfte der Landfläche Deutschlands ausmachen, sollten dabei noch stärker isolierend wirken als das afrikanische Land zwischen den Schutzgebieten. Tatsächlich erwies sich dieses auch nicht annähernd so verarmt an Vogelarten wie die deutschen Fluren, wie wir bei vielen Stopps unterwegs immer wieder feststellten. Die Inselähnlichkeit der Verbreitungsmuster vieler Vogelarten in Ostafrika musste also andere Ursachen haben, und die Gleichartigkeit der Vogelartenspektren in den mitteleuropäischen Großstädten war auch keine Folge der inselartigen Lage. Denn tatsächlich übertreffen bei uns die Städte an (Vogel-)Artenreichtum gleich große Flächen ihres

Umlandes in aller Regel ganz beträchtlich. Von Verarmung durch schrumpfende Flächen konnte in den Städten keineswegs die Rede sein. Zumindest nicht beim Stand der Verhältnisse in den 1970er und 1980er Jahren vor Beginn der neuen, nachdrücklich auch von Naturschützern propagierten Nachverdichtung der Großstädte, um deren Wachstum zu bremsen, da sie angeblich das gute Land zu fressen drohten. Tatsächlich stieg der Artenreichtum in den Städten noch weiter an, bis sich grün gebende Politik vielen Grünflächen in den Städten den Garaus machte. Die Gründe, welche den Artenreichtum bestimmen, blieben obskur. Es sah nach den Erfahrungen in Ostafrika sogar eher danach aus, dass Südamerika, Afrika und Europa kaum etwas gemein haben würden. Wenn dem aber so sein sollte, müssten wir für jede Großregion, auch für weitere, noch gar nicht berücksichtigte, jeweils eine eigene Ökologie entwickeln. Für die Ökologie als Naturwissenschaft wäre dies gewiss keine gute Perspektive. Standen ihre Konzepte auf wackeligen Füßen?

Die vielen neuen Eindrücke, die es tagtäglich gab, ließen die allgemeinen Gesichtspunkte natürlich immer wieder in den Hintergrund treten. Hier in Kenia ging die kleine Regenzeit ihrem Ende entgegen. Immer wieder brauten sich mächtige Wolkentürme zusammen. Aus ihnen entluden sich eindrucksvoll starke Gewitter. Wenn der Regen niederprasselte, sahen die afrikanischen Wildtiere irgendwie traurig aus. Anubispaviane *Papio cynocephalus* und Grüne Meerkatzen *Cercopithecus aethiops* konnten sogar herzerweichende Figuren abgeben, wie sie die Wassermassen über sich ergehen ließen. Ihre Dreistigkeit war dahin; sie sahen aus wie irgendwo hingesetzte Häufchen Elend. Ein Zustand, der allerdings kaum länger als der Regenguss dauerte. Gleich danach wurden sie frech wie immer, und wir taten gut daran, auf sie zu achten. Eine Szene mit Pavian als Hauptdarsteller und einer (älteren) sehr britischen Lady wäre in unserer Zeit der Handyfilme gewiss um die Welt gegangen. Damals konnten wir sie nur im Gedächtnis festhalten. Es geschah auf der Baumlodge »Treetops«, die im Wald an den Aberdare-Bergen aufgestelzt auf massiven Holzpfeilern an einem großen Baum direkt an einer Wasserstelle errichtet worden war und einen legendären Ruf genoss.

Jene Dame, die sich so »very british« gab und dies wohl auch war, konnte sich partout nicht von ihrer Handtasche trennen. Mit festem Griff hielt sie diese mit einer Hand, zwischendurch auch mit beiden. Ein Boy der Lodge machte sie, sehr höflich, darauf aufmerksam, dass eine Handtasche zu tragen nicht gut sei, der Paviane wegen. Solche saßen, wie Wachposten verteilt, an verschiedenen Ecken des Geländers der Veranda. Man hätte bei ihren sphinxartigen Gesichtern meinen können, sie philosophierten. Das taten sie mitnichten. Ihre Augen hatten das Geschehen um sie herum fest im Blick, mochten sie auch, auf ihre große, hundeartig vorspringende Schnauze bezogen, fast zu klein geraten wirken. Wir alle waren darauf hingewiesen worden, auf die Fotoapparate zu achten und die Paviane auf keinen Fall zu füttern. Auch nichts zu essen sollte mit auf die Veranda genommen werden, um keine Begehrlichkeiten bei den Affen zu erregen. Die Paviane seien auf jeden Fall viel schneller, als wir denken.

Die Aufmerksamkeit eines der Paviane konzentrierte sich plötzlich auf die britische Dame. Im nächsten Moment sprang er sie an und riss ihr wie ein äußerst dreister Dieb die Tasche aus den Händen. Sie war starr vor Schreck und wehrte sich glücklicherweise nicht. Sonst wäre sie wahrscheinlich gebissen worden. Mit seiner Beute schritt der Pavian sodann ganz gelassen auf dem breiten Geländer der Veranda ein paar Meter weiter, öffnete die Tasche, so als ob er dies täglich täte, durchmusterte den Inhalt, beroch ihn und schüttete dann alles auf den von rotbraunem Schlamm bedeckten Boden hinab. Die leere Tasche warf er hinterher. Die herbeigeeilten Boys fingen die Dame auf, die in Ohnmacht zu fallen drohte. Beruhigend redeten sie auf sie ein. Man würde ihr morgen früh alles wieder zusammensuchen, ihren Ausweis, ihre Make-up-Utensilien, Taschentücher und so fort, soweit es zu finden sei. Denn nachts ziehen viele Tiere mit scharfen Hufen darüber hinweg. Diese Aussichten dürften der Armen nicht gerade einen ruhigen Schlaf beschert haben. Es wurde am anderen Morgen dann zwar viel wieder gefunden, aber von dem Kleinzeug anscheinend doch nicht alles. Unter den geretteten Teilen waren, nur leicht verschmutzt, der Reisepass sowie die Geldbörse (ungeöffnet) und eine Brille mit etwas eingedrücktem Etui. Keiner der weiterhin anwesenden Paviane ließ erkennen, ob er der Täter war; für mich sahen sie alle ziemlich gleich aus. Aber ein Foto von ihm habe ich. Darauf schaut er ganz unbeteiligt in die Ferne.

Schon in der frühen Dämmerung kamen die scheuen Tiere aus dem Bergwald. Buschböcke und Warzenschweine machten den Anfang. Ein großer Kaffernbüffel stand bereits seit dem Nachmittag im Schlamm. Später in der Nacht seien Leoparden, Bongos, Pinselohr- und Riesenwaldschweine, oft auch Elefanten und manchmal Nashörner zu erwarten, teilte uns das Personal mit. An das Flutlicht, das die Wasserstelle beleuchtete, hatten sich die Tiere gewöhnt. Sie war, obwohl nichts weiter als eine flache, offene Schlammpfütze mit rotbraunem Wasser, so attraktiv, weil die Wasserstelle ursprünglich eine Salzquelle war. Sie wurde seit langem durch regelmäßige Salzzugaben verstärkt. Büffel hielten sich tagsüber fast immer an ihr auf. Sie urinierten hinein, so dass zart besaitete Gemüter das Schlimmste für die Wildtiere befürchteten. Kaum war aber in der Dämmerung das Flutlicht eingeschaltet, schien der Wald, der das Oval der Lichtung von Treetops umgab, lebendig geworden zu sein. Aus verborgenen Wechseln kamen weitere Büffel, Schirrantilopen *Tragelaphus scriptus* und Warzenschweine hervor. Sie näherten sich mit abnehmender Vorsicht dem Schlammloch. Turbulent wurde es, als eine Gruppe Elefanten anrückte. Die Büffel, auch kapitale Burschen, wichen zur Seite und ließen die grauen Riesen vorbei, die vor dem nachtdunklen Wald im Flutlicht noch gewaltiger wirkten. Am einen Ende der Wasserstelle behauptete ein besonders großer Kaffernbüffel seinen Platz. Die Elefanten forderten ihn nicht heraus. Er sah sich jedoch plötzlich mit einem Nashorn konfrontiert, das ziemlich direkt auf ihn zukam. Den Kopf halb gesenkt, schien der große Büffel das noch größere Nashorn kampfbereit zu erwarten. Dieses schritt fast gemessen weiter auf ihn zu – und in kaum einem Meter Entfernung an ihm vorbei, so als ob es den schwarzen Riesen mit seinen weit ausladenden, spitzen Hörnern gar nicht bemerkt hätte. Am Wasser angekommen, spitzte es die Oberlippe, dass der Mund rosa aufschimmerte. Es neigte langsam den Kopf und sog, die Lippen an der Oberfläche haltend, in tiefen Zügen das schlammige Wasser in sich hinein. Gleich darauf urinierte es anhaltend. Man hätte meinen können, das Wasser wäre vorn hinein- und hinten gleich wieder herausgekommen. Dann zog es sich ein paar Schritte zurück und blieb einfach stehen. Um das Nashorn herum gingen nun immer mehr Warzenschweine auf die Knie und kauten in ihrer unnachahmlich komischen Haltung den Schlamm durch.

Man muss Warzenschweine schon sehr mögen, um sie schön finden zu können. Oder eine große Raubkatze sein.

Nach gut einer Stunde Flutlichtbeobachtung gab es im Baumhotel Abendessen mit viel gegrilltem Wildfleisch und Safariatmosphäre. Die Jagdvergangenheit und ihre partiell nach wie vor vorhandene Gegenwart waren überall zu spüren. Anschließend hatte jeder, der das wollte, die Möglichkeit, bis tief in die Nacht hinein auf die vom Flutlicht erhellte Tränke zu starren oder sich schlafen zu legen. Es lohnte, weil gegen Mitternacht Bongos *Tragelaphus euryceros*, die scheuen großen dunkelrotbraunen Waldantilopen mit senkrechter weißer Streifung, kamen und auch die beiden anderen Wildschweinarten, das wie angemalt bunt aussehende Pinselohrschwein *Potamochoerus porcus* in gleich zwei Großfamilien und mehrere einzelne Riesenwaldschweine *Phacochoerus aethiops*, die unsere Wildschweine an Größe beträchtlich übertreffen. Jemand erzählte am anderen Morgen, dass tatsächlich ein Leopard gekommen sei. Da hatte ich jedoch bereits im Bett gelegen und versuchte, mich warm zu halten, weil es wieder einmal empfindlich kalt geworden war. Die letzte Beobachtung, die ich gemacht hatte, war ein Hase. Er sah wie Hasen bei uns aus und wurde damals auch als zur gleichen Art Feldhase gehörig betrachtet. Der afrikanische Kaphase, so seine Bezeichnung, galt lediglich als Unterart des europäisch-asiatischen Feldhasen, und es war nicht ganz klar, ob nun dieser unser Hase wissenschaftlich auch *Lepus capensis*, also Kaphase, genannt werden sollte oder die afrikanischen Kaphasen *Lepus europaeus*, was in beiden Fällen nicht minder unpassend klingt. Es gab also auch bei den Säugetieren durchaus vergleichbare Schwierigkeiten mit der Einordnung in Arten und Unterarten wie bei den Vögeln. Die Unsicherheiten waren besonders groß, wenn es um Unterarten (Subspezies) ging. Manche der kleinen bis mittelgroßen Waldantilopen, der Ducker, wurden entweder als eigenständige Arten oder nur als Unterarten eingestuft. War das bei denjenigen Säugetieren noch einzusehen, die sich fast immer in guter Deckung des Waldes hielten und keine ausgedehnten Wanderungen machten, sich also stark ortsgebunden verhielten, so ließ sich das für große Säugetiere offener Savannen nicht mehr so leicht nachvollziehen. Umstritten im Status waren die Oryxantilopen, von denen ich die nördliche Form, die Beisa-

Oryx, in Äthiopien bereits gesehen und als »Einhorn« fotografiert hatte. Aber die Unsicherheiten betrafen auch die Zebras. Worum handelte es sich bei ihnen? Um eine einzige, geographisch sehr variable Art? Um drei Arten, von denen es zwei hier in Kenia gab, das nördliche, sehr eng gestreifte Grevy-Zebra mit seinem eher eselartigen Kopfprofil, und das breit gestreifte, pferdeähnlichere Steppenzebra in seiner Unterart des Grant-Zebras? Die dritte Art, das Bergzebra, kommt, wiederum in unterschiedlichen Formen, im südlichen Afrika und keineswegs nur im Bergland vor. Oder war jede in Streifenmuster und Körperform von uns Menschen erkennbare Form eine eigene Zebraart? Eindeutige Kriterien, was eine Art ist und wie sie von anderen abgegrenzt werden muss, gibt es nicht; bis heute nicht, auch wenn moderne genetische Methoden immer mehr Klarheit bringen. Sie stiften auch neue Verwirrung. Hier in Ostafrika hatten die vorkommenden Arten einfach eigene Namen. Sie waren geographisch definiert durch ihr Vorkommen oder verbunden mit dem Entdeckernamen. Daher »Grant«- und »Thomson«-Gazellen, »Rothschild«-Giraffe und dergleichen. Die Namensgebung spiegelte Eitelkeiten und tut dies bis heute. Viele wissenschaftliche Namen zeichnen sich dadurch aus, dass sie mehr über die Menschen aussagen, die sie festlegten, als über die Tiere, die den Namen verpasst bekommen haben. Die Zebra-Geschichte beschäftigte mich später ziemlich intensiv. In Kenia war sie noch nicht wirklich virulent. Anderes ließ sich gerade hier auf Treetops genießen. Der Besuch einer Ginsterkatze *Genetta genetta* zum Beispiel. Es war schon ziemlich spät in der Nacht, als sie scheinbar aus dem Nichts auftauchte und mit unglaublicher Leichtfüßigkeit auf dem Geländer der Veranda eine Runde drehte. Nicht allein wegen ihres langen, runden und schwarzgeringelten Schwanzes, sondern in ihrer ganzen Körperform und Bewegungsweise machte diese Schleichkatze einen geradezu schlangenartigen Eindruck. Es gibt sie auch in Südwesteuropa, in Frankreich sogar bis an die Grenze zu Deutschland. Aber zu sehen bekommt man die ›Genette‹ bei ihrer nächtlich-heimlichen Lebensweise kaum jemals – außer sie gerät in Fallen, die Jäger aufgestellt haben. Ihre Augen glühten, weil eine Spezialschicht des Augenhintergrundes das Licht reflektiert. Mit diesem Mechanismus sieht die Schleichkatze sehr gut in der für unsere Augen schon stockdunklen Nacht. Die geisterhaft fließende

Bewegung des Körpers macht das aufleuchtende Augenpaar noch unheimlicher für uns, die wir Tagwesen sind und die Dunkelheit fürchten; Tagtiere, wie die allermeisten Primaten unserer tierischen Verwandtschaft. Auch die dreisten Paviane schliefen in der Stunde der Ginsterkatze längst in der Sicherheit der Baumkronen, und zwar an Stellen, die der viel schwerere Leopard, ihr größter Feind, nicht erklettern kann. Ein solcher kam indessen nicht, während ich beobachtete. Leoparden waren damals noch sehr rar. Ihre Felle trugen afrikanische Häuptlinge und eitle Damen der euro-amerikanischen Gesellschaft. Erst als die Leopardenmäntel verpönt und aus Fellen anderer gefleckter Katzen gefertigte Pelzmäntel nicht mehr öffentlich zu tragen waren, ging es den Leoparden allmählich wieder besser. Aber nur den Leoparden in Afrika. Die Änderung der öffentlichen Wahrnehmung kam merkwürdigerweise den Jaguaren und Ozelots aus Südamerika nicht zugute. Was wieder eine der vielen Diskrepanzen zwischen den beiden Kontinenten aufzeigte.

Wenig bewirkte der Schutz in Asien, wo Leoparden mit mehreren deutlich unterscheidbaren Unterarten von Persien und dem Kaukasusgebiet über Indien und Südostasien bis in den Fernen Osten von Sibirien, ins Ussuri- und Amurgebiet, vorkommen. Oder auch nicht mehr existieren in diesen ihren früheren Verbreitungsgebieten, weil sie ausgerottet worden sind. Gut erholte sich der Leopard nur in Afrika, nicht in Asien. Dabei hatten sich während des Eiszeitalters und in den ersten Jahrtausenden danach zahlreiche afrikanische Großtiere nach Asien ausgebreitet. Löwen gab es bis in historische Zeit in Griechenland und dessen unmittelbarer südosteuropäisch-vorderasiatischer Umgebung. Ihr Areal reichte über große Teile Asiens bis in den Fernen Osten und sogar darüber hinaus bis Alaska. Übrig blieb von den Asiatischen Löwen lediglich ein winziges Restvorkommen Indischer Löwen im Grenzgebiet zu Pakistan, im Ghir-Wald. Ungleich größer als gegenwärtig war auch das Areal der Leoparden. Sie überlebten jedoch nur gut, recht gut sogar, in Afrika südlich der Sahara. Ob dies bereits in früheren, ferneren Zeiten mit den Menschen zu tun hatte? Diese Frage stellte sich mir umso deutlicher, je mehr ich von der afrikanischen Großtierwelt zu sehen bekam. Sie ist eine Großtierwelt, eine ›Megafauna‹; die einzige noch in (fast) ursprünglicher Vielfalt existierende. Überall sonst auf der Erde starben die Großtiere am Ende der letzten Eiszeit aus oder blieben nur in kleinen Resten übrig. Für jeden Menschen, der die Tierwelt (Ost-)Afrikas erlebt, muss sich daher eigentlich die Frage stellen: Warum gibt es dort nach wie vor Elefanten und Nashörner, Giraffen und Nilpferde, Löwen und all die vielen anderen Wildtiere, manche davon in riesigen Herden, wie die Gnus und Zebras auf der Serengeti und Antilopen im südöstlichen Afrika? Sogar in dichten Wäldern, wie hier an den Aberdare-Bergen und drüben am Fuß des Mount Kenia, leben Elefanten und Büffel, Großantilopen wie die Bongos und gleich drei verschiedene Arten recht großer Wildschweine. Woran es ihnen allenfalls mangelt, ist Salz. Deshalb kommen sie hierher an die Salzstelle und lassen sich nicht einmal vom Flutlicht abschrecken, das mit weithin dröhnenden Diesel-Generatoren erzeugt wird. Am nahe liegenden Mount Elgon gruben Elefanten tiefe Höhlen in den Hang des Berges, um salzhaltige Schichten auszunutzen. Salz ist gesucht. Salz wird benötigt, insbesondere von Tieren, die sehr viel Pflanzenkost zu sich nehmen müssen. Mit Salz kann man auch bei uns Wildtiere anlocken. Viele Jäger tun das mit Salzlecken für Reh und Hirsch oder auch für Wildschweine. Salzbergbau und Salinen machten Geschichte. Salz galt über viele Jahrhunderte als das Weiße Gold, und wer viel davon hatte bzw. herstellen und verkaufen konnte, wurde reich.

Salz spielt keineswegs nur für die Menschen, sondern auch für Säugetiere und Vögel eine wichtige Rolle. Dass der Salzbedarf der Menschen besonders groß ist, wird ein Punkt werden, der sich als aufschlussreich herausstellen wird. Den Weg zum Salz weisen bereits die großen Wildtiere. Und hier, in Kenia, vor allem bestimmte Vögel. Ihretwegen suchten wir den wohl berühmtesten Vogelsee auf, den Nakurusee.

Der Blick, der sich bei der Anfahrt von den Höhenzügen her bot, war überwältigend. Der ganze See schimmerte rosa; ein Rosa, das sich in Ufernähe zu einem flammend roten Band verdichtete. Von Zeit zu Zeit lösten sich aus der wabernden Luft über dem See Feuerzungen, schlugen um in helles Rot und schienen vom See urplötzlich wieder aufgesogen zu werden. Millionen Flamingos erzeugten dieses Schauspiel. Millionen der besonders intensiv rot gefärbten Zwergflamingos und Tausende, vielleicht mehrere Zehntausende der auch an salzigen Küstenlagunen am Mittelmeer vorkommenden, deutlich größeren Rosa Flamingos. Von der Camargue kannte ich sie, die Flammenvögel, die rosafarbenen, im Vergleich zu den Zwergflamingos blass wirkenden südeuropäischen Vettern. Die Flüge aus Dutzenden und die Gruppen aus Hunderten von Rosa Flamingos über dem Rhônedelta waren jedoch allenfalls eine schwache Vorschau zu dem Schauspiel, das der Nakurusee bot. Langsam fuhren wir näher bis an das Seeufer und hielten uns auf der Piste, die befahren werden darf, weil das die Flamingos nicht stört. Zwei weißköpfige Schreiseeadler mit rotbraunem Körper nutzten anscheinend unsere beiden Safaribusse, um näher an die Flamingos heranzukommen. Sie flogen, so der Eindruck, im Sichtschatten der Fahrzeuge und lösten sich plötzlich aus diesem, als wir zum Fotografieren anhielten. Im Tiefflug glitten sie auf die Flamingos zu, die sich mit ohrenbetäubendem Geschnatter zu Tausenden erhoben und damit die Sicht auf die Massen schmutziggrauer Jungvögel freigaben, die verdeckt bei ihnen waren und sich merklich schwerfälliger erhoben. Deren Flugvermögen war deutlich schlechter als das der Altvögel. Zahlreiche Kadaver junger Flamingos am Ufer zeugten vom Erfolg solcher Jagdflüge der Schreiseeadler. Meistens war nur der Brustmuskel herausgelöst und verzehrt. Mit den langen, staksigen Flamingobeinen können die Adler nichts anfangen. Kopf und Hals geben ebenfalls kaum etwas her. Hyänen betätigten sich danach als Resteverwerter, wie die Spuren, die sie im Schlamm hinterließen, bewiesen. Es gab aber auch voll erwachsene, rosafarbene Flamingos unter den Erbeuteten. Deren rote, in manchen Gefiederpartien auch blutrote Federn durften von einer Missionsstation am See zu Federblumen verarbeitet werden. Broschen aus Flamingofedern fanden guten Absatz. Die Schreiseeadler arbeiteten der Mission zu. Vielleicht waren diese Adler wegen ihrer Jagdweise hier am Nakurusee den Menschen gegenüber noch vertrauter als an anderen ostafrikanischen Seen. Allerdings hatten wir schon am Naivasha-See begeistert zugeschaut, wie sie nach typischer Seeadlerart im schrägen Stoßflug Fische an der Wasseroberfläche fingen, und ihren weithin schallenden Rufen gelauscht. Noch mehr als in Äthiopien waren sie hier die Stimme Afrikas.

Eine Schar Rosa Pelikane erschien in größerer Flughöhe über dem See und segelte minutenlang ohne Flügelschlag auf perfekter Gleitbahn zum Wasser hinab. Wo sie landeten, hielten sich keine

Flamingos auf. Es war dies die Stelle, an der ein kleiner Bach in den See mündet. Er bringt Süßwasser. Für den Nakurusee, einen Salzsee, ist dies ein schlechtes Wasser, weil es die Natronkonzentration verdünnt. Am Salz liegt es aber, dass der Nakurusee eines der Großzentren der Flamingos in Afrika ist; in vielen Jahren war er das bedeutendste überhaupt gewesen. Die alkalische Soda-Konzentration ermöglicht die Massenvermehrung von Mikroorganismen, hauptsächlich von *Spirulina*-Blaualgen (Cyanobakterien, keine Algen!). Diese bilden eine grünliche Suppe, und von ihr ernähren sich die Flamingos. Die Zwergflamingos tragen in ihren Schnäbeln so feine Lamellen, dass sie damit die *Spirulina* herausfiltern können. Die größeren Rosa Flamingos nutzen mehr die ebenfalls von *Spirulina* lebenden Salinenkrebschen *Artemia salina*, die auch an den Lagunen am Mittelmeer die Hauptnahrung der Flamingos sind. Der rund vierzig Quadratkilometer große Nakurusee ist sehr flach. Ein Großteil ist nur einen halben Meter tief. Das ist ideal für die höchstens bis zum Bauch im Wasser stehenden und mit dem Schnabel die Spirulinas herauspumpenden Flamingos. In Tiefen von mehr als einem Meter müssen sie schwimmen. Das macht ihre Nahrungssuche nicht so ergiebig. Die zentralen Seeteile sind bis zu zwei Meter tief. Also können die Flamingos fast die ganzen vierzig Quadratkilometer nutzen; ein einzigartiger Zustand. An anderen Seen wie dem Bogoriasee (der damals noch nach seiner britischen Benennung Lake Hannington hieß) eignen sich nur mehr oder weniger schmale Zonen zur Nahrungssuche für die Flamingos. Oder sie sind so flach wie der über tausend Quadratkilometer große Natronsee in Nordtansania an der Grenze zu Kenia, dass die Salzkonzentration darin unter der intensiven Sonneneinstrahlung bei starker Wasserverdunstung oft zu hoch wird. Dann können sich an den Beinen der Flamingos ringförmige Salzkrusten bilden, die sich nur bei anschließendem Aufenthalt in Süßwasser wieder ablösen. Für noch nicht flugfähige junge Flamingos sind solche Salzsocken tödlich.

Die ökologischen Besonderheiten des Nakurusees wurden damals in umfangreichen Untersuchungen geklärt. Maßgeblich beteiligt war der Münchner Ökologe Professor Jürgen Jacobs, bei dem ich im Sommer 1969 einen Teil meiner Doktorprüfung abgelegt hatte. Mit seinem Team stellte er fest, dass die Flamingos den

See sogar produktiver machten, als er dies ohne sie wäre. In der Sodalake vermehren sich die *Spirulina*-Blaualgen nämlich so stark, dass die in den obersten Wasserschichten lebenden denen unter ihnen zu viel Licht nehmen. Dadurch, dass die Flamingos gerade in den obersten Wasserschichten die zu dick gewordene grüne Suppe immer wieder ausdünnen, fördern sie die Durchmischung und die Produktivität. Auch den Kleinkrebschen kommt dies zugute sowie Kleinfischen, so dass dank der Millionen Flamingos weitere Wasservögel, nicht nur ihre großen, auf die Salinenkrebschen angewiesenen Vettern, die Rosa Flamingos, dort leben können. Das ökologische System, das sich dabei entwickelt, stellt nach Artenreichtum eine auf die Spitze gestellte Pyramide dar, bezogen auf die Produktivität aber die normale Nahrungspyramide mit einer sehr großen Basis pflanzlicher Primärproduktion. Diese liefern jedoch nicht echte Pflanzen, sondern eine Art von Vorstufe dazu, die Cyanobakterien. In jenen Jahren, in denen Jürgen Jacobs mit seiner Gruppe am Nakurusee forschte, verdichteten sich die Befunde, die zu einer neuen Sicht der Entstehung der Pflanzen führten. Zwar hatten deutsche Biologen bereits im 19. Jahrhundert die Ansicht entwickelt, die Pflanzenzelle sei durch Symbiose verschiedener, ursprünglich voneinander unabhängig und frei lebender Mikroben entstanden, wobei die Blaugrünen Algen, deren Bakteriennatur damals noch nicht so ganz sicher bekannt gewesen war, zu den grünen Körperchen in der Pflanzenzelle wurden, den Chloroplasten, in denen die Photosynthese abläuft. Die neuen, viel besseren Untersuchungsmethoden erhärteten diese Ansicht. Mit Elektronenmikroskopen und biochemischen Feinanalysen wurde die Übereinstimmung von Chloroplasten (auch Plastiden genannt, die Träger des Blattgrüns Chlorophyll) und Cyanobakterien bekräftigt.

Der Nakurusee stellt also eine Art von Ursee dar, in dem Blaugrüne Algen, die Spirulinen, massenhaft direkt organische Substanz produzieren und dabei Sauerstoff abgeben, ohne dass höhere Pflanzen beteiligt sind. Es gibt solche nicht einmal in diesem Salzsee. Modern ist aber die Nutzung dieser besonderen Produktivität mit Kleinkrebsen, Kleinfischen und den unterschiedlichsten Wasservögeln, die zusammen mit über dreißig Arten die Vielfalt der Nutzungsmöglichkeiten einer sehr einförmigen Ausgangsproduktion spiegeln – wie den Fortschritt des Lebens von den Urzeiten bis in die Gegenwart. Ohne diese Nutzer würde sich, wie schon angedeutet, die *Spirulina*-Produktion selbst ersticken, zumindest aber stark einschränken. Als Ökosystem bestünde es nur zur Hälfte, nämlich aus den Ausgangsstoffen im Wasser, der Sodalösung mit ihren Beimengungen anorganischer Natur und dem für die Photosynthese notwendigen Sonnenlicht. Beide Ressourcen, im Wasser gelöste Mineralstoffe und Lichtenergie, nutzt *Spirulina* zu Wachstum und Vermehrung, bis die Stoffe so knapp werden, dass keine Überschüsse mehr zu erzeugen sind und schließlich gar nicht mehr weiter produziert werden kann. Dem so zusammengesetzten ökologischen System würde die Rückführung, das Recycling, fehlen. Dieses bewirken hauptsächlich die Flamingos; in Nebenrollen auch die anderen Wasservögel. Mit ihnen und ihren Exkrementen schließt sich der Kreis. Das anfänglich unvollständige System »Mineralstoffe + Energie → Primärproduktion« wird über die Konsumenten und die Abbauvorgänge, die mit der Nutzung verbunden sind, zum kompletten Kreislauf. Und damit auch zu einem Regelkreis. Denn die Konsumenten beeinflussen die *Spirulina*-Produktion durch Ausdünnung, so dass diese nachhaltig weiterlaufen kann, jahraus jahrein.

Dass dem nicht so sein muss und ausgezeichnete Forschungsergebnisse nicht einfach für alle Zeiten Bestand haben, zeigte sich in den folgenden Jahren ebenso rasch wie drastisch. Eigentlich hatte man es gewusst: Die Flamingos halten sich nicht immer in den gleichen Mengen am Nakurusee auf. Sie schweifen in manchen Jahren weit umher. Sogar aus Afrika hinaus zu den vorder- und südwestasiatischen Salzseen fliegen sie, wie zum Beispiel zum Rann of Kutch in Gujarat in Südwestindien an der Grenze zu Pakistan. Oder zu den großen Salzlagunen im südlichen Afrika (Makgadikgadi-Pfanne in Botswana und Etoscha-Pfanne in Namibia). Sie machen diese über Tausende von Kilometern sich erstreckende Weitflüge, weil die Salzkonzentration im Nakurusee nicht mehr stimmt. Zwei ganz unterschiedliche Gründe können die Abwanderung veranlassen, nämlich Aussüßung durch zu viel Regen und zu hohe Salzkonzentration mit Schrumpfung von Wasserfläche in anhaltend niederschlagsarmen Perioden. Oder auch, neuerdings, durch Einleitung von Abwässern in den See, welche die *Spirulina*-Bestände schädigen.

Was wie ein perfekt geregeltes, von komplexer Nutzervielfalt stabilisiertes Ökosystem ausgesehen hatte, erwies sich als besonders anfällig für Schwankungen der äußeren Gegebenheiten wie den Niederschlag. Und zudem stark beeinflussbar durch Eingriffe seitens der Menschen, die sich Fischfang erhofften durch die Einführung von Fischarten, die im Nakurusee aufgrund der Wasserverhältnisse leben können, mit den Flamingos aber nichts zu tun haben – scheinbar. Auch eingeführte Fische veränderten die Verhältnisse und drohten, das einzigartige Schauspiel der Millionen Flamingos zu vernichten. Der Ertrag an Fischen wäre ungleich geringer ausgefallen als die Erlöse aus dem Naturtourismus. Für Kenia jedenfalls, aber nicht für die örtliche Bevölkerung. Diese musste gleichsam den althergebrachten Zustand akzeptieren, weil er für das Land Kenia und für die an Naturschauspielen Interessierten in der ganzen Welt Vorrang hat. Unsozial? Gerechtfertigt?

Es ist leicht, aus der Distanz des natürlich auch von den Millionen Flamingos faszinierten Besuchers zu urteilen: Das ist ein Welterbe und muss als solches erhalten bleiben! Aus guten Gründen sehen die UNESCO-Statuten dies vor. Aber halten wir uns daran? Wir, hier in Deutschland, in der Europäischen Union? Wir bauen das Wattenmeer an der Nordsee mit Windrädern zu und halten dies für einen großen Fortschritt, weil es sich um die Nutzung einer regenerativen Energiequelle handelt. Dass das Wattenmeer eine globale Bedeutung als Zwischenrast- und Überwinterungsgebiet für Millionen von Wat- und Wasservögel aus dem nordwestlichen Eurasien hat und internationale Abkommen uns eigentlich zu umfassendem Schutz dieser ziehenden Vögel verpflichten, kümmert die Genehmigungsbehörden nicht. Auch führende Natur- und Umweltschutzverbände nehmen die Schäden an den Vögeln und ihre Vernichtung durch die Rotoren billigend in Kauf, weil sie sich politisch auf die Energiewende festgelegt haben. Viel schlimmer sieht es auf der regionalen und örtlichen Ebene aus, also dem, was mit dem Nakurusee direkt vergleichbar wäre. Da wird in Schutzgebieten für Wasservögel weiterhin gejagt, Angler haben zu Tausenden freien Zugang. Ausgesperrt bleiben die Naturfreunde. Afrika bietet ungleich bessere Beispiele für wirkungsvollen Schutz, als wir sie hierzulande vorweisen können. Wir sind im Naturschutz ein extrem unterentwickeltes Entwicklungsland. Das ist einer der

Gründe, weshalb so viele Menschen nach Afrika reisen und die aufwendigen Flüge in Kauf nehmen, wenn sie wirklich geschützte Natur erleben möchten. In afrikanischen Schutzgebieten achteten Ranger darauf, dass die Bestimmungen eingehalten werden. An den Fahrspuren im Uferschlick des Nakurusees war deutlich zu sehen, dass sich die Fahrer der Safaribusse an die vorgeschriebenen Pisten gehalten hatten. Die Vertrautheit der Giraffen, die in einer besonderen Form im Bereich des Nakurusees vorkommen (Rothschild-Giraffe), der Buschböcke und vor allem der Vögel, die in immenser Vielfalt am Seeufer anzutreffen waren, bestätigte, dass der Schutz funktionierte. Es sollte sogar noch besser kommen im Massai-Mara-Schutzgebiet und in der Serengeti. Abgesehen von all den spannenden biologischen und ökologischen Fragen und den Eindrücken, die sich ergaben, wurde überall deutlich, von welch hoher Qualität der Naturschutz ist verglichen mit unserem in Deutschland. Sogar am Verhalten von Zugvögeln ließ sich dies ablesen. Wintergäste aus Mitteleuropa zeigten viel weniger Scheu als bei uns. – Doch zurück zu den Flamingos und den natürlichen Schwankungen ihrer Vorkommen. Menschliche Eingriffe sind es nicht allein, die so plötzliche Änderungen verursachen können, dass die Flamingos den Nakurusee verlassen, der ohne sie merkwürdig leer aussieht. Hauptgrund sind die Regenfälle, die in manchen Jahren besonders reichlich ausfallen und die Salzseen zu sehr verdünnen (aussüßen). Beteiligt ist ein globales Wetterphänomen im Pazifik, El Niño genannt, dessen Wirkungen wir im Norden Kenias zu spüren bekamen.

Auf der Fahrt dorthin besuchten wir einen weiteren Flamingosee. Offiziell hieß er bereits Bogoriasee, war aber noch unter seinem kolonial-englischen Namen Lake Hannington bekannt. Er gehört auch zu den Sodaseen, ist aber insgesamt weniger salzhaltig als der Nakurusee. Seine Besonderheit hängt mit der Lage direkt an einer Bruchkante des großen ostafrikanischen Grabens, des Rift Valley, zusammen. Sie bildet die Ostseite des Sees und steigt als rotbraune, nahezu gänzlich unbewachsene Felswand aus dem See in die Höhe. Die Westseite ist flacher und buchtenreich. Aus dem sehr steinigen, nur schütter bewachsen Ufer treten an verschiedenen Stellen heiße Quellen aus. Ihr extrem mineralhaltiges Wasser fließt in den See. Wir konnten zu ihnen hingehen und sehen, wie beim Austritt des

Thermalwassers Mineralstoffe abgelagert werden. Sie wachsen zu bizarren, an Stalagmiten von Tropfsteinhöhlen erinnernden Gebilden heran. Das Wasser ist heiß. Mehr als 60 °C maß ich, wo ich noch hinkam. Da der See im trockenen, halbwüstenhaften Norden Kenias liegt, war auch die Luft im Tal sehr heiß, fast 40 °C. Dort, wo sich die Abflüsse der Quellen in den See ergossen, vollzog sich ein eindrucksvoll rhythmisches Schauspiel. Tausende Flamingos wogten in einem flach halbkreisförmigen Band hin und her, vor und zurück. Wurde es denen an vorderster Front zu heiß, erhoben sie sich mit wie taub nach unten hängenden Beinen und schwangen sich mit schweren Flügelschlägen die fünfzig bis hundert Meter über das Flamingoband hinweg, um gleich dahinter wieder zu wassern. Dort mussten sie schwimmen, weil das Wasser schon zu tief war. Die neuen Vordersten durchschnatterten das Uferwasser ganz hektisch, um alsbald gegen die nachdrängenden Massen zurückzuweichen. Da diese nicht nachgaben, mussten auch sie darüber zurückfliegen. So entstand ein pulsierendes Hin und Her. Offensichtlich lag die Konzentration der Nahrung in den besonders heißen Zonen viel höher als weiter draußen auf dem See. Der Bogoriasee ist ein puls-stabiles Ökosystem, heißt es wissenschaftlich. Die andauernden Nährstoffimpulse aus dem mineralstofffreichen Thermalwasser ergießen sich in den See und werden darin, wohl auch von den Winden, die durch das Tal über den See hinwegwehen, über Strömungen verbreitet und verdünnt. Nicht die Flamingos dünnen hier aus, wie im Nakurusee, sondern die Seeströmungen. Daher gibt es am Bogoriasee viel weniger Flamingos als am Nakurusee, aber sie kommen in beständigeren Mengen vor. Selten einmal treten Verhältnisse ein, die besonders günstig für die Flamingos sind; also genau umgekehrt wie beim Nakurusee. Jeder der zahlreichen Salzseen in Afrika hat seine Eigenheiten, von der Etoscha-Pfanne im fernen Südwesten durch das Rift Valley bis über Afrika hinaus an die Lagunen des Mittelmeeres und nach Zentral- und Südwestasien. Betrachtet man den chinesischen Phönix, den *Feng Huang*, und seine Charakteristika, so drängt sich die Vermutung auf, es müssen auch Charakteristika des Flamingos in die Figur dieses mythischen Vogels mit eingegangen sein. Vielleicht stammen sie aus Zeiten, in denen es Salzseen bis zur chinesischen Wüste Gobi gab, deren Salzkonzentration die Massenentwicklung von Nährorganismen für die Flamingos ermöglichte. Wenn in unserer Zeit Zwergflamingos gelegentlich aus Afrika bis in den Rann of Kutch fliegen, sollte dies früher für Rosa Flamingos auch bis China möglich gewesen sein.

Die aus größerer Höhe am Bogoriasee ankommenden Flamingos hatten sicher einen weiteren Flug als nur vom Nakurusee hinter sich. Der Flugrichtung von Norden her zufolge könnten sie vom Turkana-See gekommen sein, vielleicht aber auch nur von einer Bucht am schwach alkalischen Baringosee. Sein braunes, stark getrübtes Wasser schien mir jedoch nicht im passenden Zustand für Flamingos zu sein. Sicherlich war es aufgrund der starken Regenfälle der letzten Wochen zu sehr ausgesüßt. Diese hatten große Teile der Landschaft entlang der Strecke vom Nakuru- zum Baringosee unter Wasser gesetzt. Hochwasser in der nordkenianischen Halbwüste war das Letzte, was wir erwartet hatten. Streckenweise fuhren wir auf einer Straße, die wie ein Damm einen schier endlosen Flachsee zu durchschneiden schien. Das Wasser war lehmrot, stellenweise fast ziegelrot. Die Fluren rissen den Boden auf und schwemmten ihn fort. Tiefe Gullys entstanden. Eine davon frisch geformte, bereits trocken gewordene Erosionsrinne ging mir bis zum Bauch, war also über 80 Zentimeter tief. Die Bodenverluste waren erschreckend, gleichwohl bezeichnend, denn das ganze Land war hoffnungslos überweidet. Ziegen und örtlich auch Kamele hatten bis auf die härtesten Büsche der Flötendornakazien alles abgebissen. Nur den Überschwemmungstälern der Trockenflüsse kam die Flut mit ihrer Fracht an fruchtbarem Boden zugute. Sie konzentrierte Nährstoffe entlang dieser oft viele Jahre völlig trockenen Flussläufe. Dem Umland im Einzugsgebiet waren sie flächig entzogen. Dass der Baringosee lehmbraun war, beruhte also auf den zugeströmten Fluten des Hochwassers. Ein paar Tage gab es nun Wasser im Überfluss. Danach trocknete das Land wieder aus. Aus dem Schlamm wurde eine in der Sonne gebackene Schicht, die in Schollen zersplitterte.

Und doch überlebten hier Menschen und Wildtiere. Wir trafen die Samburu. Als Hirtennomaden leben sie ähnlich wie die viel bekannteren Massai, mit denen sie genetisch wie kulturell nahe verwandt sind. Ihre Körper entsprechen ziemlich genau dem Ideal der menschlichen Gestalt: Hochgewachsen, schlank und wohl proportioniert. Dazu Gesichter mit offenen Mienen, stolz wirkend aufgrund ihrer überragenden Größe und elegant in ihren Bewegungen. So kann man sich die Menschen vorstellen, wie sie von Natur aus sein sollten: Homo sapiens in bestmöglicher Physis, geformt von den Kräften der Natur, nicht verformt von Sesshaftigkeit und Zivilisationsschäden. In romantische Schwärmereien könnte man verfallen, so sehr entsprechen sie dem Urbild des edlen Wilden, wie ihn sich Rousseau und seine Geistesgenossen vorstellten. Die Indianer vom Stamm der Xavante, die ich im Innern von Mato Grosso ein gutes Jahrzehnt vorher erlebt hatte, sahen ihnen durchaus ähnlich, waren aber viel muskulöser, kräftiger und beträchtlich kleiner. Die meisten Männer erreichten nicht meine Körpergröße von 183 Zentimeter. Die Samburu hingegen überragten mich wie die Massai in der Mehrzahl deutlich. Ich erreichte bei ihnen nur knapp Frauengröße. Wer kam dem Naturzustand menschlicher Proportionen am nächsten, die ostafrikanischen Hirtennomaden des niloto-hamitischen Typs oder die Indianer von Mato Grosso? Gab es überhaupt jemals einen einheitlichen Typ? Dass die Samburu wie die Xavante unter tropischen Trockenbedingungen leben, die einen in Afrika, die anderen im südöstlichen Amazonien, und wenig bis kaum etwas von der europäisch geprägten Zivilisation übernommen hatten, besagte offenbar weniger als die Unterschiede in der Ernährungsweise. Die Samburu und die Massai sind Hirten. Ihre Lebensgrundlage ist das Vieh mit der Milch, das es gibt, und dem Blut, das sie zapfen können. Die Xavante haben kein Vieh. Tierische Proteine bildeten zwar für die Xavante und die anderen Indianer von Mato Grosso als Jagdbeute einen unverzichtbaren Bestandteil ihrer Ernährung. Aber Eiweiß war immer rar oder nur zeitweise in größeren Mengen verfügbar. Zum Jagen musste das Sammeln hinzukommen; die Suche nach stärkereicher Pflanzenkost. Die Frauen taten dies vornehmlich. Die Samburu und die Massai ernähren sich dagegen nahezu ausschließlich von tierischen Proteinen. Allerdings enthält die Milch auch Milchzucker. Sie sind ihrem Körperbau zufolge sehr viel ausgeprägtere Geher und Läufer als die Amazonasindianer. Ist dies eine Spezialanpassung oder eine Eigenschaft aus der Zeit, als die Menschen in Afrika noch keinen Ackerbau kannten? Die Hadza im benachbarten Tansania bestärken, wie auch die San-Gruppen im südlichen Afrika, früher

Buschmänner genannt, diesen Eindruck, den die Hirtennomaden machen. Auch sie sind in ihren Körperproportionen Läufer, nur in kleinerer Ausgabe als die Samburu und Massai, jedoch in der Hautfarbe viel heller als diese, eher bronzefarben. Der Unterschied in der Intensität der Hautpigmentierung ist beträchtlich.

Die kleinen San wirken geradezu hellhäutig, verglichen mit den tiefschwarzen, erheblich anders proportionierten Bantuvölkern und den ebenholzschwarzen Massai und Samburu. Unter den Amazonasindianern wären diese kleinen Menschen in der Hautfarbe weniger auffällig als in Schwarzafrika. Beim Zusammentreffen mit den Samburu wurde zudem augenfällig, dass die indigenen Menschen Afrikas weit stärker voneinander verschieden sind als alle Europäer. Dennoch lassen sie sich in zwei Großgruppen gliedern: die Sesshaften und die nomadisch Lebenden. Die Sesshaftigkeit hat die Menschen zweifellos am stärksten verändert. Ästhetisch nicht zum Besseren, so mein Eindruck, was gewiss nicht allein meine Meinung ist. Dem griechischen Schönheitsideal, das bis in unsere Zeit in der westlichen Kultur wirkt, entspricht die Physis der Hirtennomaden zweifellos bis ins Detail. Hatten der Sport und die Leibesübungen im Gymnasium, das ursprünglich ja die Stätte für diese Übungen gewesen war (worauf das Fremdwort Gymnastik verweist), im klassischen Altertum Griechenlands vielleicht deswegen die so herausragende Bedeutung, weil Sklaven all die Arbeiten verrichteten, die mit der Sesshaftigkeit verbunden sind und die Bürger daher dem Schönheitsideal der Läufer und Athleten nachzueifern trachteten? Krönung bei den Olympischen Spielen war der Marathonlauf. Bis heute gilt er als die Königsdisziplin. Es ist kein Zufall, dass Kenianer und Äthiopier vom Läufertyp der Hirtennomaden immer wieder Sieger bei den Marathonläufen werden. Sie sind einfach die besten Läufer.

Es war heiß geworden im Samburu-Nationalpark beim Treffen mit den Samburus, nach denen er benannt worden ist. Uns jedenfalls, ihnen wohl nicht unter ihrer leichten Toga. Sie schwitzten nicht erkennbar. Ihr hochwüchsig-schlanker Körper gibt mit der im Verhältnis zur Körpermasse (Gewicht) größeren Oberfläche die überschüssige Wärme besser ab als ein kompakter, untersetzt gebauter. Unsere ziemlich eng anliegende, längst stark verschwitzte Kleidung behindert zusätzlich die Wärmeabgabe. Die an den Seiten offen getragene Toga lässt hingegen die Luft direkt über die Haut hinwegstreichen. Auch wenn sie fast 40 Grad hat, kommt dennoch eine Kühlwirkung zustande. Günstige Laufproportionen und relativ große Körperoberfläche passen zueinander. Nicht eine von beiden Eigenschaften allein unterliegt der Selektion. Im Sprint zählt die Geschwindigkeit, die erreicht werden kann; im Langlauf ist es die Ausdauer. Beide Formen des Laufens kosten Kraft und erfordern eine dafür geeignete Muskulatur und entsprechende energetische Reserven. Die bei anhaltend hoher Leistung schnell einsetzende innere Überhitzung muss wirkungsvoll weggekühlt werden. Ein günstiges Verhältnis zwischen Körpermasse und Körperoberfläche ist die Voraussetzung. Aber die eigentliche Kühlwirkung bringt das Schwitzen. Wir Menschen sind einzigartig in dieser Fähigkeit. Ein Mehrfaches, im Extremfall mehr als das Fünffache, des energetischen Grundumsatzes unseres Körpers kann mit Schwitzen neutralisiert werden. Unmengen von Schweißdrüsen auf fast der ganzen Körperoberfläche geben das Wasser ab, das auf der Haut den Kühleffekt durch Verdunstung erzeugt. Zur Wärmeabstrahlung über die große Körperoberfläche kommt also die noch wirkungsvollere »Wasserkühlung« hinzu. Sie ermöglicht dem einigermaßen trainierten menschlichen Körper das Laufen bis hin zu Marathondistanzen und noch größeren Strecken. Und zwar nicht nur unter kalten arktischen Bedingungen, unter denen auch Schlittenhunde solche Distanzen schaffen, sondern im tropischen afrikanischen Hochland und fast überall sonst auf der Erde, ob in Stadtmarathons oder bei Wüstenläufen. Kein anderes Säugetier ist dazu in der Lage. Keines könnte im Dauerlauf mit Menschen mithalten. Der Mensch ist der beste Läufer. Diese Feststellung traf auf jeden Fall für die Samburus zu, die sich leichtfüßig zurückzogen, nachdem wir weiter hinein ins gleichnamige Reservat fuhren. Ihr schlendernder Lauf drückte Eleganz aus, nicht bloße Kraft, und Ausdauer. Wir dagegen schwitzten elendiglich und hatten Durst.

Das Schwitzen hat seinen Preis. Wasser kommt nicht einfach von selbst aus der Haut und bewirkt die Verdunstungskühlung. Das in winzigen Kristallen zurückbleibende Salz deutet den zugrundeliegenden physiologischen Mechanismus an. Für die Abscheidung von Schwitzwasser ist Salz nötig. Wer läuft oder wer schwer körperlich arbeiten muss, verliert auf diese Weise beides in beträchtlichen Mengen, Wasser und Salz. Sie müssen ergänzt werden. Brennender Durst erinnert uns nachdrücklichst daran, wenn wir zu viel Wasser verloren haben. Ein paar Liter können dies sein. Bei rund 70 Prozent Wassergehalt unseres Körpers mag so ein Verlust von fünf Prozent geringfügig wirken, aber tatsächlich wäre das bereits zu viel. Der Körper dehydriert. Wichtige Funktionen drohen zusammenzubrechen. Hunger lässt sich bekanntlich ungleich länger ertragen als Durst. Je nach Ausmaß kann das Wasserdefizit schon nach einem Tag tödlich sein. Im Wasserhaushalt unseres Körpers löst ein halbes Prozent Mangel bereits heftigen Durst aus. Der Mensch enthält also nicht nur viel Wasser, bei kleinen Kindern bis zu 79 Prozent, bei erwachsenen Männern 60 bis 65 Prozent und bei Frauen etwas weniger, weil diese einen höheren Anteil an Körperfett in sich tragen, sondern wir haben einen außerordentlich hohen Wasserbedarf und -umsatz. Allein durch die Harnabgabe verlieren wir je nach Körpergewicht einen bis eineinhalb Liter oder mehr pro Tag. Diese Menge muss unverzüglich ersetzt werden. Kommt Wasserverlust durch Schwitzen hinzu, ist umso mehr vonnöten. Auch unsere Nieren sind auf diesen Umsatz eingestellt. Wird ihnen zu wenig Durchsatz an Wasser geboten, führt dies zu Schäden. Wir nehmen all dies als (natur)gegeben hin. In der ostafrikanischen trockenen Hitze angesichts von Menschen, die unter diesen Bedingungen leben und sich daran angepasst haben, wird erst so richtig klar, dass es sich um Besonderheiten handelt. Es sind dies Eigenschaften, die uns Menschen auszeichnen. Müssen sie so sein? Ginge es nicht auch anders? Spätestens wenn der Durst anfängt quälend und die Hitze erdrückend zu werden, erlangen solche Fragen nicht nur akademische Bedeutung.

Die biologische Antwort besagt, dass die Lebensweise der Menschen grundsätzlich auf permanente Verfügbarkeit von Wasser und ausreichende Nachlieferung von Salz eingestellt ist. Wasser und Salz sind Lebenselemente für den Menschen. Sie gehören unverzichtbar zu seiner Natur. Warum wir aber im Lauf der Entstehung des Menschen einen so aufwendigen Wasserhaushalt entwickelt haben, erklärt diese Feststellung nicht. Unsere nächsten Verwandten, die Schimpansen, und auch die anderen Arten der Menschenaffen kommen mit weniger Wasser und Salz zurecht. Sie setzen sich allerdings weit weniger den schweißtreibenden Temperaturen aus als etwa die auch hier, im Hitzegebiet Ostafrikas, vorkommenden Paviane. Sie alle tragen das primatentypische Fell, während wir als nackte Affen durchs Leben gehen und uns ersatzweise anziehen oder auch nicht. Der viel bessere Umgang mit Wasser ließ sich im Samburu-Nationalpark an einem ziemlich großen und seiner Körperform nach sehr schönen Tier bewundern, während uns der Durst plagte und das mitgebrachte, zu warm gewordene Wasser diesen nicht mehr so recht zu löschen vermochte. Wir hatten Oryxantilopen gefunden. Das sind fast rindergroße, fahlgraue Antilopen mit langen, sehr spitzen Hörnern und einer maskenartig schwarzen Gesichtszeichnung. Eine solche hatte ich, wie schon beschrieben, in Äthiopien als »Einhorn« fotografiert. Mit ihren meterlangen Spießen, die ihnen in Südafrika die Bezeichnung Spießbock eingetragen haben, verteidigen sie sich sogar gegen Löwen erfolgreich. Sie sind schnell, laufen elegant und ausdauernd und galoppieren in der Art von Rennpferden. Mit ihren hellgrauen Körpern verschwinden sie optisch in der wabernden Luft der Tageshitze, wenn sie draußen in der fast baumfreien Halbwüste scheinbar ungenießbar dürre Pflanzenreste verzehren. Ähnlich wie Ziegen kommen sie damit zurecht, aber anders als diese müssen sie nicht trinken; lange Zeit nicht, auch wenn sie sich bei günstiger Gelegenheit durchaus an der Tränke laben. Unter Bedingungen, unter denen uns der Durst in wenigen Tagen umgebracht hätte, geht es ihnen durchaus prächtig. Denn sie können aus der Nahrung so viel sogenanntes Stoffwechselwasser entnehmen, dass sie wenig Nachschub nötig haben. Ihre Wasserverluste sind minimal bei der Abgabe von Harn wie auch beim Ausatmen. Dennoch laufen sie Löwen und anderen Raubtieren lieber davon, als dass sie ihre langen Hörner zur Wehr einsetzen. Ihre massigen, jedoch seitlich stark abgeflachten Körper geben wirkungsvoll Wärmestrahlung ab, schwitzen aber nicht und vermeiden den damit verbundenen Wasserverlust. Oft reicht ihnen Tau oder das, was aus wasserhaltigen Wurzeln und Knollen zu entnehmen ist, um den Bedarf zu ergänzen. Dabei sind die Oryxantilopen gut dreimal so schwer wie Menschen. Sie sollten also einen beträchtlich höheren Wasserbedarf haben als wir. Stattdessen entziehen sie sich auch menschlicher Verfolgung dadurch, dass sie in die wasserlose Wüste oder auf die flimmernde Hitze der Salzpfannen hinauslaufen. Wasser zu sparen, mit dem kostbaren Nass haushälterisch umzugehen ist also durchaus möglich, wie die Oryxantilopen beweisen. Nun sind Menschen natürlich etwas anderes als Antilopen. Aber der Punkt ist, dass die Urahnen der Menschen im selben Lebensraum wie sie entstanden sind. Warum leisteten sie sich Nacktheit und extremen Wasserverbrauch in der afrikanischen Hitze? Der Mensch weicht in dieser Hinsicht ganz extrem von allen übrigen dort lebenden Säugetieren ab. Sogar große Zweibeiner wie die Afrikanischen Strauße schützen sich mit isolierender Luft, die ihre flauschigen Federn über dem Körper halten, vor dem Eindringen der Hitze in ihre Körper. Nur ihre Oberschenkel sind weitgehend nackt. Die dortige Muskulatur erzeugt bei schnellem Lauf die meiste Wärme. Und Strauße sind schnell; viel schneller als Menschen. Sie erreichen an die 70 Stundenkilometer, also etwa das Doppelte an Höchstgeschwindigkeit als Sprinter im kurzen 100-Meter-Lauf. Sie kommen mit ihrem zweibeinigen Lauf durchaus den Höchstleistungen der Gazellen nahe. Diese haben, wie auch ihr schnellster Verfolger, der Gepard, an keiner Stelle ihres Körpers das Fell reduziert. In irgendeiner Weise müssen sich die Menschen bei ihrer Menschwerdung also grundsätzlich von den anderen Säugetieren ihres Ursprungsgebietes unterschieden haben. Der Weg der Menschwerdung ist so eigenständig und so seltsam, dass er nicht so recht in die afrikanische Natur zu passen scheint.

Der Abstecher zum Samburu-Nationalpark war nach den Eindrücken in den Bergwäldern des Aberdare-Gebirges mit *Treetops* und ähnlichen Lodges an der *Ark* am Fuß des Mount Kenia, wohin eine weitere Reise führte, eine grundlegende Änderung der Szenerie. Es gibt dort im trockenen Norden Kenias Palmen, die ganz untypisch gegabelte Stämme ausbilden. Doum-Palmen werden sie genannt. Ihre sich im Kronenbereich wiederholende Gabelung (dichotome Verzweigung) kennzeichnet die Gattung *Hyphaene* dieser an sehr trockene Lebensräume angepassten Palmen. Sie kommen von den arabischen und ägyptischen Wüsten(oasen) über die wüstenhaften Ränder Äthiopiens und von Somalia bis Nordkenia vor. Worin der Vorteil dieses gegabelten Wuchses, bei dem sich jede Teilung zur vorausgehenden Achse um 90 Grad dreht, liegen soll, ist weder offensichtlich noch den gängigen Handbüchern über Palmen zu entnehmen. Andere wie die Dattelpalmen gedeihen ohne solche Verzweigungen auf massivem Stamm mit sehr großen Blättern in Nordafrika und Arabien unter gleichartigen Lebensbedingungen. Möglicherweise müssen die Dattelpalmen das Grundwasser besser als die oft weitab von Trockenflussbetten oder an deren erhöhten Ufern wachsenden Doum-Palmen erreichen können. Deren Gabelungen erweitern den Gesamtraum der Kronen auf ein Mehrfaches der dichten Dattelpalmenschöpfe. Das könnte die Transpiration erhöhen und die Saugkraft der tiefreichenden Wurzeln dieser Palmen verstärken. Bei Sandsturm bieten sie zudem weniger Angriffsfläche. Wie so oft war es schwierig oder unmöglich, für offensichtliche Besonderheiten Erklärungen zu finden. Wir sind nach wie vor weit entfernt, die Vielfalt der Natur zu verstehen. Dass es sich bei derart markantem Wuchs lediglich um eine sogenannte Laune der Natur handelt, will man nicht glauben. Am Baringo- und am Bogoriasee hatten wir als anderes Beispiel für eine Anpassung an heiße Trockengebiete viele Wüstenrosen-Bäumchen gesehen, die auf die Regenfälle hin gerade blühten und damit ihrer Benennung vollauf gerecht wurden. Sie speichern in ihren nahe der Bodenoberfläche dick angeschwollenen Stämmen Wasser für die Zeiten der Dürre und blühen, sobald es ausreichend geregnet hat. *Adenium obesum* heißen sie wissenschaftlich, und das *obesum*, die scheinbare Fettleibigkeit, ist die Eigenschaft, die ihr Überleben sichert. Notwendige Anpassungen von Pflanzen an oftmals prekäre Verfügbarkeit von Wasser gab es allenthalben zu sehen. Und auch Kamele, Dromedare, bei den Samburus.

Auf geographisch geringe Distanzen kam somit der Kontrast zustande zwischen dem Wasserreichtum an den Bergen, deren Gipfel auch bei ansonsten schönstem Wetter meistens in Wolken gehüllt sind, und den wüstenartigen Landstrichen, die sich ohne deutliche Grenzen über Nordkenia bis Somalia ausdehnten. Dass sie den mehr oder weniger nomadisch lebenden Somalis keine Grenze waren, sondern diese Linie nichts weiter als eine künstliche aus der britischen Kolonialzeit ist, stimmt nachdenklich angesichts der schier endlosen kriegerischen Auseinandersetzungen, die dadurch verursacht worden sind. Mit vielen Grenzen verhält es sich so in Afrika. Die künstlich geschaffenen Staaten entsprechen weder Gegebenheiten der Natur noch den ethnischen Verhältnissen der Bewohner. Das machte sie von vornherein konfliktträchtig. Warum wurden die Kolonialgebiete in ihrer künstlichen Abgrenzung in die Selbständigkeit entlassen, fragt man sich. Auch vor Ort bekamen wir dies indirekt zu spüren, wenn wir, die Position der weitgehend unbeteiligten Beobachter einnehmend, das Verhalten betrachteten, das sich beim Zusammentreffen von Schwarzafrikanern unterschiedlicher ethnischer Herkunft ausdrückte. Da blickten die freien Hirtennomaden auf die sesshaften, Ackerbau betreibenden Kikuyu und andere Stämme herab; in der Wirkung verstärkt durch die Unterschiede in der Körpergröße. Sesshaft zu sein wurde von den Freien sichtlich verachtet und keinesfalls als fortschrittlich betrachtet.

Vielleicht hielten die Nomaden auch uns, die Besucher, die wir aus einer so ganz anderen Welt kamen, eher für Nomaden und damit ihnen ähnlicher als das Staatsvolk, dem sie sich zu fügen hatten. Sie erkundigten sich nach den Zielen der Reise, nach den Routen, während uns sesshafte Afrikaner zumeist danach fragten, wie viele Kinder wir haben und ob diese denn allein zu Hause gelassen wurden. Manchmal kam die Frage an die Frauen ganz direkt: *No children?* – wohl weil man annahm, dass nur Frauen ohne Kinder solche Reisen machen können. Gelegentlich entwickelte sich ein gewisses Unbehagen, wenn wir in typischer Manier der Fremden das Örtliche und damit auch die Menschen am Ort bestaunten, also der interessierten Neugier frönten, während wir selbst als die Fremden mit sichtlicher Scheu betrachtet wurden. Oder auch mit ungläubigem Staunen, das eine Kindergruppe erfasste und minutenlang wie versteinert festhielt, als eine Dame der Gruppe mal musste und sich dazu in ein vermeintlich schützendes Buschwerk begab. Das entblößte weiße Hinterteil hatte bei den Kindern, die sich dort in den Schatten zurückgezogen hatten, so etwas wie eine Schreckstarre ausgelöst. Sie verdrückten sich, ohne zu lachen, und sichtlich verwirrt. Es war alles andere als einfach, sich gegenüber den Menschen an und in den Nationalparks angemessen zu verhalten. Was wäre angemessen? Man konnte sie nicht einfach als vorhanden hinnehmen. War man sich selbst gegenüber ehrlich, so musste man zugeben, dass die Neigung bestand, sie eher wie einen zoologischen Bestandteil der Nationalparks zu empfinden. Tatsächlich wurden sie zumeist auch wie Wildtiere hemmungslos fotografiert. Wollten die unfreiwillig Fotografierten dafür bezahlt werden oder wehrten sie rechtzeitig ab, so löste dies bei den Touristen häufig Unverständnis oder Verärgerung aus. Die Pauschalreise war ja schließlich nicht billig, und die Menschen vor Ort erachtete man wie selbstverständlich als inklusive. Waren sie das nicht auch? Diese Frage bewegte nicht nur mich. Auch andere in unserer Gruppe warfen sie auf. Gerade weil wir keine Menschen fotografierten. Doch wie sollte man sie sehen? Losgelöst von der Welt, in der sie leben und der sie ihre kulturellen Besonderheiten verdanken? Bleiben sie als Menschen isoliert und ihrer Umwelt fremd? Wie verhält es sich bei uns? Werden Trachten nicht auch getragen, um zu zeigen, wer man ist und wozu man gehört? Warum verkleiden sich beim Münchner Oktoberfest so viele Gäste aus aller Welt mit Lederhosen und Dirndln? Gewiss nicht, weil sie nicht wahrgenommen werden wollen! Posieren hier in Ostafrika die Massai und die Samburu nicht auch wegen der Touristen?! Natürlich ist es lästig, dauernd angebettelt zu werden. Wie für die andere Seite auch, sich zum Bettler erniedrigen zu müssen, um Touristengeld zu bekommen, ohne eine Leistung dafür zu erbringen.

Tatsächlich sind beide Seiten einander fremd – und wollen dies auch bleiben. Die spannendere Frage, die dahinter steht, ist die Frage, warum die Menschen überhaupt eine so extrem starke Neigung entwickelt haben, sich gruppenweise voneinander abzugrenzen. Die Menschheit verhält sich, als ob sie das Ziel hätte, sich in eine Vielzahl unterschiedlicher Menschenarten aufzuspalten. Die Wegbereiter für diese Trennung sind Kultur und Sprache. Eine Einheitskultur, so wie gegenwärtig die amerikanische, wird sogar von den Partnern, die sich dem Westen zugehörig fühlen, als Albtraum empfunden. Je mehr Englisch als Weltsprache die globale Verständigung, auch über das Internet, dominiert, desto stärker werden die regionalen Tendenzen, Dialekte und althergebrachte Kulturen, mögen sie im Detail auch noch so unzeitgemäß und lächerlich sein, wiederzubeleben oder Neues zu erfinden, das sich als Subkultur abgrenzt. Kontraste, wie man sie in Afrika erlebt, sind nur scheinbar stärker als die allgemein üblichen, also solche nicht mehr beachteten Abgrenzungen. Sie beginnen mit den Zwängen der Mode in der Schule und den Gruppeneigenheiten der sprachlichen Ausdrucksweise, werden massiv verstärkt über die Doktrinen des Nationalismus und der Religionen und äußern sich schließlich in den unterschiedlichsten Intensitäten von Fremdenfeindlichkeit. Mit dieser fortschreitenden Trennung von »Wir« und »die anderen« gerät das zugrundeliegende System der Differenzierung in die gefährlich extreme Schieflage. Die eigene Position wird massiv erhöht (Wir sind die Besseren!), während die anderen entsprechend abgestuft, nicht selten sogar entmenschlicht werden. Aus dem Einander-Fremdsein ist das qualitative Anderssein geworden. Wir sind nun anders (und selbstverständlich besser) als die anderen.

Nirgendwo tritt diese Spaltung stärker zutage als in Afrika. Die Vernunft sollte die Ausgrenzung der anderen in Schach halten. Sie scheitert an den Gefühlen. Was bringt es wirklich, dass sie uns sagt, dass alle Menschen sind, auch wenn sie so unterschiedlich aussehen? Die unbewussten Reaktionen, die Vorurteile, sind stärker; beiderseits. Wie ganz verschiedene Arten von Menschen stehen sich die Touristen und die Afrikaner gegenüber. Als Ausstellungsstücke für die Touristen sollen die Einheimischen nicht gelten, denn das verletzte ihre Menschenwürde. Obgleich sie fotografiert werden möchten um des Geldes willen. Doch ein zufälliges, unbeschwertes Zusammentreffen kann es auch nicht sein. Woher kommt die Befangenheit? Es scheint lächerlich und buchstäblich zu oberflächlich, sie allein der Hautfarbe zuzuschreiben. Eine derart ausgrenzende Reaktion wäre nicht einmal bei Hunden der unterschiedlichsten Zuchtrassen zu erwarten, geschweige denn bei normalen Wildtieren. Kleine Kinder können noch ganz unbefangen miteinander umgehen, auch wenn sie anders aussehen. Daraus zu folgern, dass Ablehnung der Fremden lediglich kulturell anerzogen ist und durch Umerziehung aus der Welt geschafft werden könne, dürfte jedoch ein brandgefährlicher Irrtum sein. Einen wichtigen Hinweis, dass es so einfach nicht ist, vermittelt das sogenannte Fremdeln. Es tritt auf, wenn der Säugling zum Kleinkind heranwächst. Auf das anfänglich umfassende Urvertrauen folgt recht plötzlich und oft auch ziemlich heftig die emotionale Ablehnung der Fremden, der Unbekannten. Das Kind fremdelt, obgleich es die Mutter und die engsten Bezugspersonen beschwichtigen. Ist die Phase des Fremdelns vorüber, normalisiert sich das Verhalten, aber eine vollkommene Unbefangenheit den anderen gegenüber gibt es fortan nicht mehr. Ein neuer Schub von Bereitschaft der Ablehnung von Fremden kommt in der Pubertät und verstärkt sich in den darauffolgenden Jahren. In diesen wird über Abgrenzung eine neue Gruppenidentität intensiv angestrebt. Viele, wenn nicht alle Religionen gehen mit ihren Ritualen darauf ein. Zur rechten Zeit versuchen sie, sich prägend in die Entwicklung der Menschen einzuklinken. Über die Kernfamilie hinaus sind sie die am stärksten wirksamen Kräfte, die zur Unterscheidung der anderen, den nicht uns Zugehörigen, führen. Religionen und Ideologien könnten dies nicht, gäbe es nicht die grundsätzliche Ausrichtung des menschlichen Verhaltens auf die Bildung ausgrenzender Gruppen. Entscheidend sind dabei die beiden höchst wirksamen Systeme der Identifizierung, das Aussehen der Menschen und ihre Sprache. Das Aussehen erzeugt den ersten Eindruck, auf den sofort und automatisch reagiert wird. Die Sprache verstärkt ihn oder korrigiert nötigenfalls. Nicht mit langatmigem Schwadronieren, sondern mit Formeln der Kennung, die mehr oder weniger stark ritualisiert ausgesprochen werden. Und es schwingt stets auch der im Kindesalter beim Spracherwerb eingeprägte Unterton des Dialekts mit. Wo das Aussehen nicht allein die eindeutige Information zur Zugehörigkeit liefert, klärt die Sprache darüber auf, wer zu uns gehört und wer nicht. Wenn wir also, speziell hier in Afrika, nicht auf den ersten Blick erkennen können, wer zu welchem Stamm und zu welcher Kultur gehört, so drückt dies nicht etwa verminderte Aufmerksamkeit oder gar Geringschätzung aus, die mit der Hautfarbe zusammenhängt, sondern es liegt an der Vorsortierung unserer Wahrnehmung, die kategorisch sagt, dass dies ganz klar andere sind. Umso mehr lernt man daraufhin die Bedeutung einer übergreifenden Sprache schätzen, die als *lingua franca* die Verständigung ermöglicht und Trennendes zu überbrücken hilft. Selbst ein paar Brocken Englisch werden sehr hilfreich.

Dass es solche grundsätzlichen Schwierigkeiten sind, die kein unbefangenes Eingehen auf die Menschen in den afrikanischen Nationalparks gestatten, die von den Touristen ob ihrer Lebensform bestaunt werden, nehme ich stark an. Und halte die Problematik für unlösbar. Die allgemein als positiv erachtete Neugier auf andere Lebensformen stößt hier an ihre ethischen Grenzen, zumal wenn es sich um Kulturen handelt, die sehr stark von der eigenen abweichen. Wer meint, dabei keine Probleme zu haben, täuscht sich mit den rationalen Zwängen, die selbstauferlegt sind und durchaus Kraft kosten. So bin ich mir alles andere als sicher, ob die erwachsenen Xavante-Indios in Mato Grosso diese Kraft hatten, dem Fremden gegenüber einfach gelassen zu bleiben, oder nur vorzutäuschen versuchten, dass sie an mir kein sonderliches Interesse hatten, als ich in ihr Dorf gekommen war. Die Kinder fanden den plötzlich angekommenen Exoten sichtlich interessant und zeigten dies ganz offen. Als sich ihre Neugier auf ein gemeinsames Interesse richten konnte, das außen in der Natur lag, wich die Spannung, und es kam ein ungezwungener Umgang miteinander zustande. Sie schauten durch mein Fernglas, zwar verkehrt herum, wie schon geschildert (s. S. 101 f.), aber in gemeinsamem Tun. Deshalb vermute ich, dass bei der Äthiopienreise mit Ephraim Negeri so schnell ein so angenehm freundschaftliches und Zusammengehörigkeit ausdrückendes Verhältnis zustande kam, weil wir tatsächlich gemeinsam nach den Vögeln schauten und neue Arten zu finden versuchten.

Was helfen solche Erwägungen aber beim Umgang mit dem Problem, dass in Afrika die Afrikaner häufig als Bestandteil der Wildschutzgebiete angesehen werden? Geschieht dies unabsichtlich, weil unbewusst, so vergrößert das die Problematik womöglich noch stärker als bei Einbeziehung dieser Menschen in die Natur, in der sie leben. Sie tun dies bereits ungleich länger als die Kulturen Europas oder sonst wo auf der Welt, lediglich Australien mit den Aborigines ausgenommen. In Europa sind alle Menschen grundsätzlich naturfremd. Der Mensch ist nicht in Europa entstanden, sondern dorthin erst vor ein paar Jahrzehntausenden zugewandert. Unser Umgang mit der Natur war von Anfang an ausbeuterisch, zerstörerisch. Die meisten freilebenden Großtiere wurden schon von unseren Vor-Vorfahren umgebracht, die Wälder gerodet, die Sümpfe trockengelegt und die Flüsse begradigt. Was an Natur übrig blieb, ist den Umständen zuzuschreiben, dass die technisch-energetischen Möglichkeiten nicht ausgereicht hatten, noch mehr und noch tiefer gehende Veränderungen herbeizuführen. Wenn wir, seit kaum einem Jahrhundert, da und dort winzige Flecken Natur um ihrer selbst willen schützen und erhalten möchten, so geschieht dies museal und aus Rücksicht der uninteressierten Allgemeinheit auf die Minderheit der Naturschützer, jedoch fast immer gegen heftige Widerstände von Jägern, Anglern, Landwirten und anderen Naturnutzern. Dass in Nordamerika vergleichsweise riesige Nationalparks im Lauf des vergangenen Jahrhunderts geschaffen wurden, die wir bewundern, war möglich, weil die Gebiete nicht von Weißen besiedelt, aber vorher indianerfrei gemacht worden waren. Ganz anders verhält es sich mit Afrika. Die Schutzgebiete, die großartigen Nationalparks, sie wurden nicht gemacht. Sie waren vorhanden, als sie administrativ festgelegt wurden. Sie existierten bereits in etwa dem Zustand, in dem wir sie als Besucher vorfinden. Gewiss, es hat Veränderungen gegeben, und durchaus auch bedeutungsvolle. Doch ändern sie nichts daran, dass in allen heutigen Schutzgebieten Menschen auf ihre althergebrachte Weise leben. Dennoch blieben weite Gebiete so erhalten, dass sie an Großtieren und freier Natur bei weitem alles übertrafen, was es auf anderen Kontinenten gibt. Lediglich die extremen Nordregionen Eurasiens und Nordamerikas sowie die Antarktis blieben aus naheliegenden Gründen vergleichbar natürlich. Gehören nicht allein schon deswegen die Menschen zur Natur der afrikanischen Nationalparks? In ganz positivem Sinne von außen betrachtet. Diese Sicht würde bedeuten, dass Natur und Menschen nicht getrennt wären. Sollten wir vielleicht auch die davon betroffenen Menschen besser zu verstehen versuchen, wenn wir hierzulande Natur schützen wollen? Wie kam überhaupt unser Bild von Natur zustande? Unseres in Europa, die Wildnisvorstellungen von Nordamerika und unsere Wünsche, wie die afrikanischen Nationalparks sein sollen? Sie sind nicht einfach große Landschaftszoos, obwohl sie mancherorts dazu gemacht worden sind. Eingezäunte Natur lernte ich erst viele Jahre später im südlichen Afrika kennen. Sie hat ihre Berechtigung, denn ohne Zäune ließen sich weit weniger Wildtiere erleben als mit, wenn es sie überhaupt noch gäbe.

Als Zoologe war es mir geläufig, die Tiere und die Natur, in der sie leben, aus dem Blickwinkel der Ökologie zu betrachten und zu verstehen zu versuchen. An ökologischen Fragestellungen hatte ich schon ziemlich viel geforscht, bevor ich nach Afrika kam. Aber die Menschen waren für die Wasservögel der Innstauseen Störfaktoren. Durchaus zu Recht wurden sie als Störung eingestuft, weil sie nachweislich Vorkommen und Häufigkeit und damit die ökologische Wirkung der Wasservögel negativ beeinflussten. Waren die

Menschen hier, die Samburu, die Massai und andere, auch solche Störfaktoren, deren Wirkung lediglich ihre Exotik verschleierte? Wurden sie akzeptiert, weil die Touristen sie fotografierten? Oder waren sie besser, vielleicht sogar richtig naturgerecht integriert in die ostafrikanische Natur? War das Töten von Löwen mit dem bloßen Speer als Mutnachweis für die jungen Massaimänner gleichzusetzen mit dem mutwilligen Tun der Großwildjäger, die sich des weitreichenden, treffsicheren Gewehrs bedienten und bei ihrer Jagd den Tod nicht riskierten? Welche Wirkung hatte dies auf die Löwen? Die Jäger machen das Wild scheu. Furcht vor dem Menschen liegt nicht in der Urnatur der Wildtiere. Die afrikanischen und auch andere Nationalparks beweisen, wie schnell die scheu gemachten Arten wieder vertraut werden, wenn man sie nicht mehr bejagt. Und dass sie ohne Jagd weit weniger gefährlich sind für Menschen und das Vieh.

Ein kleines Erlebnis in der Serengeti unterstrich dies. Safaribusse standen zu mehreren bei einer Gruppe von Löwen, die mit prall vollen Bäuchen und teilweise nach oben gereckten Pfoten herumlagen und sich dabei nach Möglichkeit den Schatten eines kleinen Akazienbusches gesucht hatten. Auf einem kaum als solchen erkennbaren Pfad kamen zwei Massaimädchen. Der Weg führte beinahe durch das Löwenrudel. Die beiden Mädchen hatten jeweils nur einen Stock dabei. Sie sahen die Löwen und hätten diese wegen der Safaribusse auch gar nicht übersehen können. Keine Löwin hob den Kopf, als sie vorübergingen, kaum mehr als zehn Meter entfernt von den nächstliegenden Raubkatzen. Wie hätten die Massai und all die anderen Menschen in der afrikanischen Wildnis überleben können, wenn die Löwen tatsächlich so gefährlich gewesen wären, wie die Großwildjäger das weismachen wollen? Ein paar Tage später wurde ich selbst von einer Löwin heftig angefaucht, als ich zusammen mit einem Kollegen unseren im Schlamm der Piste feststeckenden Wagen anschieben musste, weil wir dringend weiter mussten. Der Fahrer hatte, wie meistens, viel zu viel Gas gegeben und war, anstatt vorwärtszukommen, immer tiefer eingesunken. Grund des Halts war eine Löwenpaarung, die sich, wie bei Löwen üblich, ziemlich lange hinzog. Der Zeitpunkt, an dem das Parktor geschlossen wird, rückte bedrohlich näher, und wir hatten noch ein gutes Stück zu fahren. Also mussten zwei

Freiwillige raus und anschieben, um das Auto wieder flott zu bekommen. Löwen stört man, wie andere Lebewesen, bei ihrem so intimen Zusammensein nicht gern. Dass es eine Störung war, tat die Löwin mit peitschendem Schwanz und grollendem Fauchen kund. Der große, mit mächtiger Mähne ausgestattete Löwenmann flehmte lediglich mit einer Grimasse, die ihn komisch aussehen ließ, und versuchte gleich weiterzukopulieren, nachdem wir wieder flott waren und ins Auto steigen konnten. Das trug ihm jedoch einen kräftigen Prankenschlag der Löwin ein. Wie es weiterging, sahen wir nicht mehr.

Löwen gelten unter der afrikanischen Bevölkerung, die in den noch vorhandenen Löwengebieten lebt, nicht als die große Bedrohung für Leib und Leben. Zigtausende Jahre überlebten die Menschen zusammen mit den Löwen. Das einander mehr oder weniger respektierende Verhältnis geriet erst aus dem Lot, als die ängstlichen Europäer mit ihren Schusswaffen eintrafen. Weshalb es vorher, seit Urzeiten, ohne Gewehr ging, stellte sich als Frage für die Großwildjäger nicht. Dass es seit Jahrzehnten wieder möglich ist, ohne Jäger auszukommen, weil sie, wenn überhaupt, nur selten einmal gebraucht werden, um einen tatsächlich gefährlich gewordenen Löwen zu erlegen, wird nicht gern eingestanden. Dabei hat sich die Lebenslage sehr zuungunsten der Löwen und der anderen Wildtiere entwickelt, weil sie in den Nationalparks und Schutzgebieten wie auf Inseln sitzen und nicht wagen dürfen, diese zu verlassen. Je weniger Wildtiere und je mehr Haustiere es aber gibt, desto gefährlicher können Löwe & Co. werden. Wegen Nahrungsmangel und wegen der Übergriffe auf das leichter zu erbeutende Vieh.

Die Massai, Samburu und andere Hirtennomaden waren seit Jahrtausenden mit ihrem Vieh überall dort unterwegs, wo die Wildtiere leben und wo es Löwen und andere Raubtiere gibt. Diese dezimierten weder die Menschen noch ihre Rinder und Ziegen, obwohl sie zweifellos leichter als schnelle Gazellen und ausdauernde Antilopen zu erbeuten wären. Die Großraubtiere und die großen Wildtiere überlebten in eindrucksvoller Fülle und fast ohne Verluste an Artenvielfalt, bis die Europäer nach Afrika kamen. Die Koexistenz von Wildtieren, Rindern und Ziegen der Menschen war in Afrika jahrtausendelang möglich, in Südamerika hingegen unter vergleichbaren tropisch-subtropischen Verhältnissen jedoch nicht. Dort hatten die Indianer im Tiefland keine Weidetiere. Sie versuchten die Weidewirtschaft auch nicht, nachdem die Europäer Südamerika erobert hatten. Ganz im Gegensatz zu Afrika wurde die Rinderhaltung, wie schon erwähnt, in den südamerikanischen Savannen zur tödlichen Gefahr für die Indianer. Liegt es also doch hauptsächlich an den Menschen, wie sich die Natur auf den verschiedenen Kontinenten erhalten hat und wie es mit ihr weiterging? Mensch und Wildtiere kamen in Afrika bei weitem am besten miteinander zurecht. Mit großem Abstand, aber immer noch mit beeindruckendem Artenreichtum, der überlebte, folgten Süd- und Südostasien. Beträchtlich schlechter stand es um die Großtiere Nordamerikas, wenngleich dort in den ersten Jahrhunderten der Anwesenheit der Weißen noch gewaltige Büffelherden über die Prärien zogen. Am schlechtesten schneiden Südamerika und (West-) Europa ab. Mit der rein ökologischen Natur dieser Kontinente bzw. Großräume können die Unterschiede gewiss nicht erklärt werden. Die Menschen müssen überall außer in Afrika ganz maßgeblich auf die Großtiere eingewirkt haben. Einen Zustand wie bei den Massai hatte es nicht einmal bei den vielfach so idealisierten nordamerikanischen Prärieindianern gegeben, deren Kultur auf das engste mit den Bisons, den Indianerbüffeln, verbunden war. Denn es ist ein großer Unterschied, ob man als Indianer ohne Pferd nur mit Pfeil und Bogen Büffel jagt oder mit Rinderherden im Büffelgebiet unterwegs ist.

Wie man es auch drehen und wenden mochte, die Unterschiede sind so beträchtlich zwischen den Kontinenten, dass man die Verschiedenheiten nicht allein der Natur zuschreiben kann. Ohne Berücksichtigung des Zutuns der Menschen bliebe die Ökologie unverständlich. Und die Menschen einfach als Menschen einzustufen und sie im Wesentlichen für gleich zu halten führte ebenso ganz gewiss zu falschen Einschätzungen. Die Menschen müssen mehr als anderswo speziell in Ostafrika als integraler Bestandteil der Natur betrachtet werden. Das würdigt sie keineswegs auf Wildnisniveau herab, sondern es wird ihrem Naturbezug eher gerecht. Umgekehrt wird ja das Naturzerstörerische der Europäer und ihrer global verteilten Abkömmlinge zu Recht seit den 1970er Jahren immer wieder angeprangert. Waren, sind die Afrikaner anders?

Was meinen wir eigentlich mit unseren Vorstellungen vom Leben im Einklang mit der Natur? Zugegeben, die an vielen Lodges servierte Lagerfeuerromantik unter dem sternenreichen afrikanischen Himmel beflügelt solche Überlegungen. Bei der Nachbearbeitung der Feldnotizen kamen sie wieder auf. Der Tagesablauf hingegen war bei jeder der Reisen nach Kenia und Tansania von den aktuellen Geschehnissen erfüllt. Sie haben natürlich ihren Reiz. Etwa das Erlebnis, wie eine Gruppe Afrikanischer Grauwürger *Lanius excubitorides*, die unseren europäischen Raubwürgern, einer Singvogelart, die auf die greifvogelartige Jagd nach kleinen Singvögeln und Mäusen spezialisiert ist, zum Verwechseln ähnlich sehen, eine grüne Schlange im gepflegten Garten einer Lodge angriff und tötete. Die sechs etwa amselgroßen, langschwänzigen, schwarz und grauweiß gefiederten Vögel flogen zu zweit oder zu dritt die Schlange an und hackten gleichzeitig mit ihren Schnäbeln auf sie ein. Es bereitete ihnen keine Mühe, den Beißversuchen der Schlange auszuweichen. Als diese tot war, sah ich sie mir näher an und öffnete ihr Maul. Die Giftzähne im hinteren Gaumen wiesen sie als Östliche Grüne Mamba *Dendroaspis angusticeps* aus. Ob das Töten geschah, weil die sehr gut kletternde Schlange, deren Hauptbeute Vögel und deren Nestjunge sind, dem Nest der Grauwürger zu nahe gekommen war, oder ob sie sie einfach als Beute betrachteten, die sich zerstückeln ließ, nachdem sie getötet war, konnte ich nicht feststellen, weil die nächste Ausfahrt ins Gelände auf dem Programm stand. Nach der Rückkehr war von der Mamba nichts mehr zu sehen. Die übrigen Gäste bemerkten anscheinend nichts von diesem Geschehen. Sie dürften die tödlich giftige Mamba auch nicht als solche erkannt haben. Die gemeinschaftliche Aktion der Grauwürger war beeindruckend, da jeder einzelne Vogel mit seinen nur gut fünfzig Gramm Gewicht und fünfundzwanzig Zentimeter Körperlänge der über einen Meter langen Schlange hoffnungslos unterlegen gewesen wäre. Zusammen erledigten sie den Feind. Diese Würgerart lebt anders als der europäische Raubwürger sozial in Gruppen, die bis zu zwanzig Vögel umfassen können. Meistens sind es die Jungen der vorausgegangenen Bruten, die beim Elternpaar geblieben sind. Afrikanische Grauwürger ernähren sich von Heuschrecken, Käfern und anderen Insekten. Auf den regelmäßig frischgeschorenen Rasenflächen an den Lodges finden sie diese leichter, zumal zahlreiche Insekten durch die künstliche Bewässerung geradezu angelockt werden. Daher kommen die Grauwürger oft an den Lodges vor und lassen sich leicht beobachten. Dennoch gehört es zu den Glücksfällen, die Tötung einer Grünen Mamba erlebt zu haben. Ein eher alltägliches Geschehen belustigte auf einer Zeltlodge. Darin schlafen zu können bietet das unvergessliche Erlebnis der nächtlichen Tierstimmenvielfalt. Sie reicht vom Brüllen der Löwen bis zum Pfeifen der Frösche und zum Schrillen von Grillen und Heuschrecken. Spät in der Nacht oder noch so früh am Morgen, dass es stockfinster ist, auf die Toilette zu müssen kann spannend werden, zumal der kleine Lichtkegel einer Taschenlampe eventuelle Begegnungen eher dramatisiert. Doch wenn im ersten Morgengrauen, dem dann allzu schnell der Tagesanbruch folgt, der Morgentee gebracht wird, ist die Welt gleich wieder in Ordnung. Und man genießt das Frühstück in der Morgenkühle unter den schirmartig ausladenden, vor Dornen starrenden Ästen einer Akazie. Vielleicht hängen die Kugelbeutel von Webervogelnestern an den Zweigen. Dann setzt mit Tagesanbruch eine hohe Aktivität mit Gesang oder Fütterung der Jungen ein. Und da mich diese faszinierten und mich zum Fernglas greifen ließen, bemerkte ich die Grüne Meerkatze zu spät, die fast geräuschlos auf den Tisch gesprungen war. Sie griff sich die Zuckerdose, öffnete den Deckel, probierte den Zucker, fand ihn gut und turnte sofort mitsamt der Dose in die Krone der Akazie hinauf. Dort leckte sie unter hohen Verlusten des herabrieselnden Zuckers die Dose leer. Dann ließ sie diese einfach fallen. Ich holte sie und brachte sie dem Personal mit der Bitte um Ersatz. Meine kurze Schilderung quittierte man mit wissendem Lächeln und der Bemerkung, das machten die Meerkatzen immer so, aber es gelingt ihnen nicht jedes Mal, wenn die Gäste aufmerksam sind. Ich verstand den Hinweis und gelobte mehr Aufmerksamkeit. Da uns ein paar Tage davor andere Grüne Meerkatzen an einem Straßenmarkt außerhalb der Nationalparks, wo wir uns Früchte kauften, eine ganze Cache Bananen aus dem Auto klauten, obwohl nur ein Fenster zwei Handbreit offen war, hätten wir vorgewarnt sein sollen. Das Treiben der Affen begeisterte uns aber einfach so sehr, dass wir nicht immer die gebotene Vorsicht einhielten. Ich hatte, als die Bananen aus dem Auto geholt wurden, eine Affenmutter mit ihrem Kind im Arm am Baum neben der Straße fotografiert. So einem reizenden Motiv kann man nicht widerstehen. Der Schnelligkeit und Intelligenz der Grünen Meerkatzen oder Paviane allerdings auch nicht. Überhaupt nicht hatten wir damit gerechnet, dass sogar Vögel so schnell und dreist wie Affen sein können. Vögel mit viel geringerem Hirnanteil an ihrer Körpermasse als Primaten, Greifvögel nämlich, die etwa so wenig wie Hühner in ihren Köpfen haben. Geschehen ist es im Ngorongoro-Krater in Tansania. Für die Tagesfahrt im Krater, der groß genug ist, um mehrere Tage darin herumfahren zu können, ohne an die gleichen Stellen zu kommen, hatte es Lunchpakete gegeben. Hauptbestandteile waren dreieckige, sehr weiche Weißbrotschnitten und gebratene Hühnerbeine, die wie zum Ausgleich umso zäher waren. Beim Verzehr setzten sie eine konzentrierte Bearbeitung mit den Zähnen oder dem Taschenmesser voraus. Am idyllisch gelegenen Picknickplatz unter einem großen, die mittags senkrecht stehende Sonne abschirmenden Baum waren wir von unserem Fahrer darauf hingewiesen worden, auf die *kites* zu achten. Gemeint waren damit nicht Drachen, die man steigen lässt, sondern die Milane; hier speziell die afrikanischen Schmarotzermilane. Wir hatten sie mehrfach gesehen bei der Rundfahrt im Krater, aber nicht als sonderlich interessant empfunden, sehen sie doch nahezu genauso aus wie unsere Schwarzen Milane. Tatsächlich sind sie mit diesen auch sehr eng verwandt.

Einer unserer Gruppe mit großem Vollbart führte gerade ohne Hast ein Hühnerbein zum Mund. Er kam damit nicht an, obwohl es schon fast unter der Nase war. Einer der Milane hatte es ihm mit einem äußerst geschickten Stoßflug unmittelbar vor dem Mund aus den Fingern genommen. Jetzt erst bemerkten wir richtig, dass mehrere Milane um uns herumflogen und uns beobachteten. An der Unterlippe des Betroffenen traten ein paar Blutstropfen aus. Eine der Krallen hatte sie leicht aufgeschlitzt, als der Milan das Hühnerbein packte. Schnaps entsprechend hoher Konzentration zum Desinfizieren hatten wir nicht mit, aber mein 70-prozentiger Alkohol erledigte dies glücklicherweise ohne jegliche Nachwirkungen. Da die Krallen der Milane wie bei allen Greifvögeln nicht gerade sauber sind, bestand das Risiko eines Wundstarrkrampfes. Was folgte, war sicherlich ein höchst skurriles Picknickbild. Wir hüllten uns in die Anoraks ein und verzehrten darunter in weitgehender Finsternis Hühnerbeine und Weißbrotecken, soweit wir meinten, dass unsere Mägen dies wirklich nötig hätten. Die Reste übergaben wir den Milanen, was natürlich ganz verkehrt war, weil sie damit für ihre gefährlichen Angriffe belohnt wurden. Die nadelspitzen Krallen hätten ins Auge gehen können.

Tansania

Die Grenze zwischen Kenia und Tansania verläuft, wie ein Blick in den Atlas zeigt, vom Indischen Ozean südlich vom kenianischen Mombasa bis zum Viktoriasee größtenteils schnurgerade nach Westnordwesten. Nur am Kilimandscharo macht sie einen auffälligen Knick, wodurch Afrikas höchster Berg als Massiv weitgehend und mit dem Kibo, dem Hauptgipfel, vollständig dem Staatsgebiet von Tansania einverleibt wird. Zum Leidwesen der Massai, für die der Kilimandscharo ein besonderer, europäischer Begrifflichkeit zufolge ein heiliger Berg ist. Er erhebt sich mitten aus ihrem Gebiet. Die Grenze zwischen Kenia und Tansania zerteilt das Stammesgebiet der Massai, weil diese vor nur etwa eineinhalb Jahrhunderten von den beiden europäischen Kolonialmächten England und Deutschland so gezogen worden war. Der Kilimandscharo sollte nämlich der höchste Berg Deutschlands sein. So wurde er ein paar Jahrzehnte lang bis zum Zusammenbruch des Kaiserreichs genannt. Die Briten, denen nach dem Ersten Weltkrieg Tanganjika übertragen und verwaltungsmäßig ihrer Kenia-Kolonie angeschlossen wurde, sahen sich offenbar nicht in der Lage oder waren nicht willens, mehr Rücksicht auf die Siedlungsverhältnisse der einheimischen Bevölkerung zu nehmen, und behielten die Trennlinie bei. Sie blieb nach dem Selbständigwerden von Kenia und Tansania, das sich so umbenannte, wider alle Vernunft und entgegen den Gegebenheiten der Bevölkerung erhalten. Wenigstens halten – und hielten damals in den frühen 1980er Jahren, als die ruinöse Politik des tansanischen Präsidenten Julius Nyerere das Land verarmen ließ – nur Schlagbäume an den Straßen die Trennung aufrecht. Die Wildtiere konnten und können frei darüber hinweg wechseln, also das tun, was den Massai verwehrt ist durch die Aufteilung in zwei Staaten. Für diese hatte es kein vorkoloniales Vorbild gegeben. Seither können sie ihr Nomadenleben nicht mehr frei führen. Gerade noch rechtzeitig war es in den 1950/60er Jahren gelungen, die größte noch existierende saisonale Wanderung von Großtieren zu erhalten. Sie findet statt in der tansanischen Serengeti und reicht bis in das nördlich daran anschließende Massai-Mara-Schutzgebiet in Kenia. *The great migration*, die große Wanderung, wird sie genannt. Eineinhalb bis zwei Millionen Wildtiere beteiligen sich daran, die meisten davon sind Gnus und Zebras.

Ich war noch ein Jugendlicher, als ich den Film *Serengeti darf nicht sterben* von Bernhard und Michael Grzimek sah. 1959 war er in die Kinos gekommen. Es war wohl 1960 oder 1961, als ich ihn in einem Gasthaussaal eines Städtchens in der Nähe meines Heimatortes erlebte. Ein mit transportablem Kinofilmgerät umherziehender Schausteller hatte ihn mitgebracht. Soweit ich mich erinnere, war der Film nicht sonderlich gut besucht, obwohl die Aufnahmen in der Frühzeit des Fernsehens allein durch die Projektionsgröße ungeheuer beeindruckten. Zebras liefen gleichsam in Lebensgröße im Bild, Löwen kam man optisch näher als im Tierpark, und auch die Massai waren in ihrer Fremdartigkeit faszinierend. Rückblickend wundert es mich, dass ich danach Brasilien und den Amazonas als Ziel dennoch nicht zugunsten Afrikas aufgegeben hatte, obwohl mir dieser Film die Wildtiere des schwarzen Kontinents doch ungleich näher gebracht haben sollte als das, was ich im Jugendbuch zur Reise Alexander von Humboldts über Südamerika gelesen hatte. Das war aber schon Jahre vorher und hatte vermutlich eine sensiblere Entwicklungsphase getroffen. Weiter gewirkt hat *Serengeti darf nicht sterben* dennoch. Ich vergaß den Film der Grzimeks nicht. Nur hatte ich mir einfach nicht vorstellen können, selbst dorthin zu kommen. Als die Möglichkeiten dazu realistischer wurden, weil der Naturtourismus nach Ostafrika in Schwung gekommen war, hinderte mich das Vorurteil daran, mich auch wie ein Tourist auf Safari zu begeben. Fast nur vom Auto aus beobachten und fotografieren zu können, dabei mit vielleicht unsympathischen Menschen zusammen sein zu müssen und alles vorgeschrieben zu bekommen, was man tun oder nicht machen darf, schreckte mich einfach ab. In Südamerika gab es keine Einschränkungen. Es herrschte die große Freiheit, sobald das Innere erreicht war und kein Besitzer der Flächen gefragt werden musste, ob man sein Land betreten darf. Wo dies doch wünschenswert war, erhielt ich stets nicht nur die Genehmigung, sondern auch Unterstützung wie etwa ein Pferd oder kostenlose Unterkunft. Natürlich musste man auf sich selbst achten. Niemand übernahm Verantwortung dafür, dass man sich dumm oder leichtsinnig verhalten hatte. Mittlerweile kommt man sich in Deutschland wie ein unselbständiges Kind vor, so sehr beansprucht Vater Staat die Vorsorge. In Südamerika ist eine derartige Unreife erwachsener Menschen unbegreiflich. Schon kleine Kinder genießen mehr Freiheit und Selbständigkeit als Erwachsene bei uns hierzulande.

Daher befürchtete ich, als Safaritourist die Serengeti und die anderen großartigen Nationalparks letztlich ähnlich wie im Film vorgeführt zu bekommen; von den Fenstern der Fahrzeuge aus und damit zwar richtig dreidimensional, nicht leinwandflach, aber eben doch durchs Fenster. Die Dose des Fernsehapparates, in die hinein man schaut, um Naturfilme zu sehen, würde gleichsam umgedreht sein. Man sitzt darin und blickt aus der ähnlichen Dose Auto nach draußen. Diese Beschränkung hat aber nicht allein den Sinn, Menschen, die für das Gelände des wilden Afrikas untauglich sind, vor den tatsächlich vorhandenen Gefahren zu schützen, sondern auch das Umgekehrte ist immens wichtig: Die Wildtiere und die Natur, in der sie leben, müssen vor den Menschen dieses Massentourismus geschützt werden. Denn was die alles anstellen können, ist unvorstellbar. Die Erfahrungen der zoologischen Gärten unterstreichen alle Bedenken auf das Nachdrücklichste. Es war daher durchaus gut und richtig, dass wir in Kenia und Tansania nicht wie in Äthiopien überall nach Belieben aussteigen, beobachten und fotografieren konnten, sondern uns den Vorschriften zu beugen hatten, die für die Nationalparks notwendig sind. Und da sich alle an die Beschränkungen halten müssen, wirken sie auch. Ausgenommen sind lediglich die Ranger der Nationalparks und, wo vorhanden, die wenigen Wissenschaftler, die ihre Forschungen jedoch meistens abseits der Touristenrouten betreiben. Dadurch kommt in den Nationalparks die Situation, wie sie in unseren Naturschutzgebieten typischerweise herrscht, nicht zustande, nämlich dass die an der Natur Interessierten großen Beschränkungen unterworfen sind, die

Naturnutzer aber davon ausgenommen bleiben. Ornithologen dürfen in Schutzgebiete für Wasservögel mit Fernrohren von draußen schauen, während Angler mit Booten frei herumfahren oder die Ufer bevölkern, welche die Vögel zum Nisten brauchen würden, und Jäger die vorgeblich geschützten Tiere abschießen oder mit ihrer Bejagung auf das heftigste stören.

Die afrikanischen Nationalparks wären nichts wert und keine Devisenbringer, herrschten darin solche Verhältnisse wie in Naturschutzgebieten bei uns. Sie wären allenfalls landschaftlich reizvolle Kulissen, vergleichbar etwa dem deutschen Nationalpark Berchtesgaden, der nicht einmal nach der Szenerie benannt ist, die ihn auszeichnet, den Königssee mit Deutschlands eindrucksvollstem Berg, dem Watzmann. Wie wenig attraktiv wäre der Amboseli-Nationalpark in Kenia, würde er nur die schneebedeckte, stumpfe Kuppel des Kilimandscharo bieten, aber keine Elefanten und Löwen, keine Giraffen und Nashörner; oder selbst der Körpergröße nach unseren Hirschen vergleichbare Impalaantilopen, weil diese entweder weggeschossen oder durch beständige Bejagung so scheu gemacht würden, dass man sie nicht zu sehen bekäme! Doch genau dies ist der Zustand des Wildes in unseren Nationalparks. Damit die Besucher dennoch etwas davon sehen, werden typische Wildtiere in Gehegezonen wie im Zoo ausgestellt.

Klar, dass Bernhard Grzimek keinen Sinn darin sah und nach kurzer Zeit unter Bundeskanzler Willy Brandt als Bundesbeauftragter für Naturschutz zurücktrat. Naturschutz war in Afrika ungleich besser umzusetzen als in Deutschland. Serengeti starb nicht. Das Opfer, das sein Sohn Michael brachte, als er mit dem zum Filmen eingesetzten Kleinflugzeug am Ngorongorokrater abstürzte und dabei ums Leben kam, war nicht vergebens. Eineinhalb Jahrzehnte nachdem er, wie auf seinem Grabmal am Rand des Kraters steht,»alles gegeben hat, sogar sein Leben, um die Wildtiere Afrikas zu retten«, lebten auf der Serengeti nicht etwa eine Viertelmillion Gnus und Zebras, sondern es waren bereits mehr als eineinhalb Millionen geworden. Der Schutz wirkte. Nahezu alle Wildtiere nahmen zu oder erholten sich aus ihren stark dezimierten Restvorkommen. Einzig die Nashörner blieben Sorgenkinder. Ihre Gefährdung stieg, seit Wilderer über eigene Flugzeuge und moderne Waffen sowie Orientierungsgeräte verfügen. Die Nashörner werden getötet, um ihre Hörner zu bekommen. Diese erzielen auf dem Schwarzmarkt märchenhafte Preise, für die die Wilderer ihr Leben riskieren. Ostasiaten zahlen dafür in der vermeintlichen, an mittelalterlichen Zauber erinnernden Annahme, das pulverisierte Horn würde die männliche Potenz steigern. Anscheinend ist Viagra zu billig und wird, trotz ungleich größerer Wirksamkeit, nicht so ernst genommen wie das sündhaft teuere, aber wirkungslose Nashornpulver! Im Jemen genießen Nashörner als Scheiden für Dolche ein entsprechend hoch bezahltes Ansehen. Dass Nashörner sogar in Zoos für diese Zwecke gewildert werden, drückt die Übermacht solcher Sitten aus, die letztlich vom internationalen Naturschutz geduldet und indirekt gerechtfertigt werden, weil die indigene, kulturelle Nutzung geschützter Arten von den internationalen Übereinkommen ausgenommen worden war. Zum Lebensunterhalt für indigene Völker sind die bedrohten Wildtiere aber ebenso unnötig wie bei uns das Angeln und Jagen als Freizeitbeschäftigung, die beide gesellschaftlich sanktioniert bleiben, weil sie sich auf Traditionen berufen. Man hat es immer schon so gemacht! Auch beim Singvogelfang in Südeuropa trotz EU-Vogelschutzrichtlinie.

Was für ein großartiger Erfolg war es in der prekären Lage des Naturschutzes, dass in Afrika die Große Wanderung erhalten blieb und die Serengeti nicht sterben musste! Bernhard Grzimek ist dies zu verdanken, dem bedeutendsten Naturschützer des 20. Jahrhunderts. Er hatte in Tansania und Kenia das Vertrauen der Afrikaner gewonnen. Und es gelang ihm dort – was bei uns unmöglich gewesen wäre –, fast 20 000 Quadratkilometer zusammenhängendes Schutzgebiet zu schaffen. Der Ngorongoro-Krater mit seiner einzigartigen Tierwelt blieb mit der Serengeti verbunden, und auch die Schlucht, die mehr Fossilfunde und Zeugnisse zur Menschwerdung freigegeben hat als jeder andere Ort der Erde, die Olduvai-Schlucht. Auf Bernhard Grzimek geht das afrikanische Nationalparksystem maßgeblich zurück, das es Millionen und Abermillionen Menschen ermöglichte, Afrikas Tierwelt zu erleben. Und dies unter Bedingungen, die naturnäher sind als in den meisten anderen Nationalparks. Nur solche, die aus klimatischen Gründen schwer zugänglich und in Bezug auf Großtiere wenig reizvoll sind, bieten ähnlich viel Natur. Bernhard Grzimek hatte auch mich für den Naturschutz geprägt, obwohl unsere gemeinsamen Aktivitäten in den 1970er

Jahren in der ›Gruppe Ökologie‹ nur kurz währten. Umso mehr wirkte er nach. Meine Vorurteile über den Landschaftszootourismus revidierte ich von Grund auf, als ich seine Serengeti selbst erlebte. Vom Safaribus aus. Und dennoch ganz begeistert war! Eine schwarze Linie zog sich fast perlenschnurartig über das Grün der flachwelligen Ebene, aus der nur ganz vereinzelt kleine Akazienbüsche aufragten. Als wir nahe genug gekommen waren, erkannten wir, dass es Büffel waren, Kaffernbüffel, an die tausend. Sie zu zählen vergaß ich unter dem Eindruck dieser Phalanx aus so massigen, anthrazitfarbenen Tierkörpern, obwohl ich ansonsten fast automatisch die Mengen zu erfassen oder wenigstens zu schätzen versuche. Ökologische Freilandforschung benötigt wie die Laborexperimente das Quantitative, um Ergebnisse beurteilen zu können. Doch was bedeuteten hier tausend Büffel auf dem sich bis zum Horizont erstreckenden Grasland, in dem von nahem betrachtet zahllose weiße Blümchen blühten, die an Gänseblümchen erinnerten?! Durchs Fernglas ließ sich erkennen, dass viele weitere Tiere vor und hinter den Büffeln verteilt waren, umherstanden oder grasten. Gruppen von Thomsongazellen, hell rehbraun und rehartig auch in der Körpergröße, aber mit breitem schwarzen Schrägstreifen seitlich entlang des Bauches, einzelne Topi-Antilopen, vornehmlich Böcke mit bläulich-dunklen Oberschenkeln der Hinterbeine und bezeichnend schräg aufgerichteter Körperhaltung, da und dort auch eine Zebragruppe. Sie alle bildeten eine unzählbare Menge. Fast inmitten dieser locker verteilten Tiere lag eine Gruppe Löwen; ein Dutzend vielleicht, soweit dies auf die Entfernung an den flach ausgestreckten, leicht gekrümmt ruhenden Körpern auszumachen war. Die Gazellen bewegten sich langsam weiter mit den Büffeln, als wollten sie in deren Schatten bleiben. Nichts Besonderes war zu erwarten. Wir setzten die Fahrt fort. Doch nach wenigen Kilometern änderte sich die Szenerie. Das helle Grün sah aus wie von einem dunkelgrauen Brei überzogen, der fließende Fronten bildete, einer gigantischen Amöbe gleich, vorgewölbt und eingebuchtet. Wir fuhren, das wurde nun deutlich, der Hauptmasse der Gnus entgegen. Mehr als eine Million dieser irgendwie bizarr aussehenden Antilopen bewegte sich in stetem Fluss über das Grasland. Dass es mehr als eine Million sein mussten, wussten wir aus den vorausgegangenen und bereits veröffentlichten Zählungen der

Wildhüter und der Ökologen, die gerade das Phänomen der Gnuwanderung intensiv erforschten. Von einer kleinen Anhöhe aus versuchten wir, das Geschehen zu überblicken. Gnu an Gnu, so weit die Ferngläser reichten. Ihr beständiges, fast nerviges Blöken, das entfernt an den Namen erinnerte, der ihnen gegeben wurde, bewegte sich als Geräuschkulisse mit ihnen. Betrachtete man die einzelnen Tiere, so trotteten sie wie ihrem Schicksal ergeben mit hängenden Köpfen auf ein fernes Ziel zu, das ihnen irgendwie vorgegeben war. Auf der weiten Ebene hielten sie gerade so viel Abstand zueinander, dass sich ihre Körper nicht berührten. Wo aber kleine Eintiefungen zu überqueren waren, die in der großen Regenzeit von den Wassermassen in den schwarzen, weichen Untergrund der Serengeti gekerbt werden, drängelten sich die Gnus dicht an dicht, Schulter an Schulter. Das große Hindernis, der Mara-Fluss an der Grenze zu Kenia, zum Massai-Mara-Schutzgebiet, wird später vielen von ihnen das Leben kosten, wenn sie von den nachrückenden Massen gezwungen werden, von den steilen Uferabbrüchen metertief in den Fluss hinabzuspringen. Anfangs packen die dort wartenden Krokodile die Gnus und versuchen, sie zu töten. Sobald die Masse anrückt, geschieht dies von selbst, weil immer mehr auf die schon im Wasser liegenden Tiere springen und sie hinabdrücken in die braune Flut. Doch Hunderte, Tausende Tote, die das Überqueren des Mara und weiterer Engstellen fordert, machen sich in der Gesamtzahl der Gnus so gut wie nicht bemerkbar. Legt man ein Durchschnittsgewicht von 200 Kilogramm pro Gnu zugrunde, so hatten wir etwa eine Viertelmillion Tonnen Lebendgewicht dieser Tiere vor uns. Ihre Wanderung, ein großer Schleifenzug, folgt den äquatorialen Regenfällen, die hier, fast direkt unter dem Äquator, in zwei getrennten Regenzeiten auftreten. Die kleine setzt nach dem Sonnenhöchststand im Herbst dann im November/Dezember ein. Eine weit ergiebigere gibt es nach der Tag-und-Nacht-Gleiche im Frühjahr von Ende März bis in den Mai hinein. Jede Regenzeit lässt das Gras sprießen und die Büsche ergrünen. Es hängt von der Ergiebigkeit der Niederschläge ab, wie üppig alles wächst. Die Dauer der sommerlichen Trockenzeit bestimmt sodann, was an Tieren, die vom Gras leben, überlebt. Denn fünf bis sechs Monate kann die Dürre andauern, jedoch vom einen oder anderen Gewitter unterbrochen werden. Die Regelmäßigkeit der Regen- und Trockenzeiten bleibt trotz Variationen erhalten. Sie bedingt das Muster von Wachstum und Nutzung des weiten Graslandes vom Südrand der Serengeti und der Umgebung des Ngorongoro-Kraters bis zu ihrem nördlichen, weitgehend natürlichen Abschluss im Massai-Mara-Gebiet in Kenia. Diesem ziemlich festen Jahresrhythmus folgen auch Paarung und Kalben der Gnus. Die Kälbchen werden, wenn alles mit der Witterung normal verläuft, zur besten Zeit im Frühling geboren. Fast gleichzeitig geschieht dies und in einem ziemlich eng begrenzten Abschnitt der großen Wanderschleife der Gnus. Dort überschwemmen die Gnumütter mit ihren Kälbern die natürlichen Feinde. Löwen, Hyänen und Leoparden oder Hyänenhunde töten und verzehren einen vergleichsweise geringen, für das Wachstum der Gnubestände unerheblichen Anteil. In dieser Zeit des Überflusses liegen die Löwen mit dick aufgetriebenen Bäuchen herum. Sie sehen aus, als ob sie Milzbrand bekommen hätten und ihre Gedärme gleich explodieren würden. Sie streiten sich nicht mehr mit den Hyänen um die Reste ihrer Beute, und sie lassen auch die Geparden in Frieden, wenn diese in der Nähe erfolgreich eine Gazelle oder ein kleines Gnukalb erbeutet haben.

Doch mit für viele tödlicher Sicherheit folgt auf die Fülle der Mangel. Der Regen endet, die Gewitterwolken werden spärlicher und steigen schließlich gar nicht mehr auf. Die Gnukälbchen sind gut zu Fuß und folgen ihren Müttern, die von der neuen Unruhe erfasst worden sind und zu wandern anfangen. Die Scharen formieren sich zu großen Gruppen, zu Herden und schließlich zu jener Masse, die wie ein lebendiger, vielbeiniger Brei über das Grasland fließt. Nach und nach verblasst dessen sattes Grün und wechselt in fahles Braun. Die Trockenzeit hat angefangen. Währenddessen sprießen weiter im Norden die Gräser, weil dort der Regen niedergegangen ist. Die Gnus sind zwar langsamer als der Gang der Sonne, aber das ist gut so. Denn das Gras braucht Zeit, um zu wachsen. Würde es abgeweidet, kaum dass die neuen grünen Spitzen über die Bodenoberfläche hinausgekommen sind, ergäbe dies eine ungleich geringere Produktivität. Das Gras muss lange genug wachsen können. Dann wird für die Gnus und ihre Begleiter, die Zebras, die in ihre Mägen eingebrachte Ernte ergiebig. Gnus, Zebras, Antilopen und Gazellen nutzen das Grasland auf eine insgesamt gut aufeinander abgestimmte Weise. Jeder Nutzer hat seinen Anteil, wenngleich nicht den maximal möglichen, aber doch, wie man aus menschlicher Sicht feststellen könnte, ein faires Stück des ganzen Graskuchens. Wenn also, wie das eben bei der Massierung der Gnus bestens zu sehen war, die Zebras zu vielen Tausenden der Million Gnus nachfolgen, bleibt für sie nicht etwa nur ein kläglicher Rest übrig, sondern ein rohfaserreicher Anteil, mit dem sie als Pferde gut auskommen. Ihre Verdauung läuft anders als die der Gnus. Diese verfügen über den typischen Rindermagen mit Pansen. Hier wird das Gras vorbearbeitet und zur Gärung aufbereitet. Zum Wiederkäuen muss es in den Mund zurück. Dann geht es weiter in besondere Magenkammern, die sodann eine sehr wirkungsvolle Ausnutzung des Nahrungsbreis ermöglichen, wenn dieser in den Dünndarm gelangt. Mikrobeneiweiß aus dem Pansen stellt dabei einen wesentlichen Teil der Eiweißbestandteile (Aminosäuren). Es hebt die Nahrung qualitativ auf eine Mittelstufe verglichen mit der Fleischnahrung der Raubtiere.

Anders verläuft die Verdauung bei den Zebras, wenngleich mit durchaus ähnlichem Endergebnis. Zebras haben als Pferde keinen Pansen, sondern einen verhältnismäßig einfach gebauten Magen. Sie käuen die Nahrung nicht wieder wie die Rinderartigen. Bei ihnen spielt sich der bedeutendere Teil der Nahrungsverwertung im Gedärm ab; in den langen und voluminösen Blinddärmen. In diesen zerlegen besondere Bakterien die Zellulose und andere ansonsten unverdauliche Pflanzenstoffe. Insbesondere an Energie reiche Fettsäuren kommen so der Ernährung der Pferde zugute, aber auch Bakterieneiweiß. Die Pferde können aufgrund dieses Unterschieds viel größere und länger anhaltende Leistungen vollbringen als Rinder. Sie sind schnell im Laufen; fast so schnell wie die beträchtlich kleineren Antilopen und Gazellen. Dabei sehen in der Natur viele Zebras immer eher wie hochschwanger aus. Die prallen Bäuche sind aber lediglich die Folge ihrer besonderen Verdauung. Für diese brauchen sie keine Ruhezeiten wie die Rinder, weil sie nicht wiederkäuen müssen. Zebras beweiden daher die Grasländer Afrikas auch zu Tageszeiten, in denen die Gnus oder die Büffel zum Wiederkäuen ruhen. Dabei müssen sie häufig große Hitze aushalten, wenn sie sich zur Mittagszeit nicht in den Schatten zurückziehen können. Noch mehr als die Gnus brauchen sie Wasser. Zebras können nicht, wie die Oryx und einige andere Antilopen und Gazellen, tage- oder gar wochenlang ohne Wasser auskommen. Deshalb suchen sie ganz regelmäßig die Wasserstellen auf. Dort aber liegen Löwen auf der Lauer. Auf weite Wanderungen sind sie nicht so sehr angewiesen wie die Gnus. Ihnen reichen die übrig gebliebenen Reste des Grases. Recht vorsichtig überqueren sie Flüsse, in denen Krokodile lauern könnten. Sie lassen sich dabei nicht so sehr drängen. Wenn sie zu größeren Herden vereint sind, bleiben ihre Familiengruppen dennoch erhalten. Dies bedeutet jedoch auch, dass sie untereinander nicht so verträglich sind. Zebras wirken in ihrem Verhalten individueller als die Gnus. Genaue Untersuchungen mit kenntlich gemachten Zebras bestätigten diesen Eindruck.

Zebras sind Pferde, die untereinander soziale Beziehungen pflegen. Diese reichen über das Mutter-Kind-Verhältnis hinaus, in dem sich die Sozialbeziehung der Gnus weitgehend erschöpft. Und so ist es erstaunlich, dass sich die Zebras trotzdem ganz gut mit den viel zahlreicheren Gnus arrangieren. Das muss jedoch nicht so sein. Es gibt weite Bereiche Afrikas, in denen Zebras ohne Gnus vorkommen. Das Zusammenleben von Pferden und Rindern ist keine naturgegebene Notwendigkcit, wie das die lehrbuchhaft schöne Nutzungsgemeinschaft von Büffeln, Gnus, Zebras, Antilopen und Gazellen in der Serengeti nahelegen würde. Sie funktioniert dort; aber dass es so ist, bedeutet nicht, dass es so sein müsste. Die Vergesellschaftung mit den Gnus ist eine Möglichkeit, aber nicht die einzige. Das zu akzeptieren fällt vielen Ökologen und Naturschützern schwer. Sie meinen, weil es (gerade) so ist, müsse es so sein und bleiben. Das ist ein Fehlschluss. Aus dem So-Sein darf kein Müssen abgeleitet werden. Was sich auf der gegenwärtigen Bühne der Ökologie in einer Landschaft wie der Serengeti abspielt, muss nicht seit Urzeiten so gewesen sein. Der Rückblick auf *Serengeti darf nicht sterben* führt vor, wie schnell sich die Gegebenheiten ändern können. Als Bernhard Grzimek und sein Sohn Michael die Serengeti kennenlernten und ihren berühmten Film drehten, gab es weit weniger Gnus als in den 1980er Jahren oder gegenwärtig. Die Grzimeks mochten den Grund gekannt haben, zumal Bernhard ausgebildeter Tierarzt war, aber berücksichtigt wurde er offenbar in ihren Überlegungen und Schlussfolgerungen nicht. Hausrinder, solche der Massai höchstwahrscheinlich, hatten die Rinderpest in die Serengeti eingeschleppt. Sie dezimierte die dafür empfänglichen Paarhufer, insbesondere die Gnus. Die Zebras waren zur Zeit der Grzimeks im Verhältnis zu den Gnus weit häufiger. Zwischen Gnus und Zebras herrschte kein ausgewogenes Verhältnis. Als die Bestände der Gnus stark zunahmen, hätte man befürchten können, diese würden durch Konkurrenz die Zebras verdrängen. Was sie nicht taten.

Ähnlich problematisch ist die Beurteilung des Einflusses der Löwen auf die Bestände ihrer Beutetiere. Wie hoch sollte/darf der Anteil sein, den die Löwen entnehmen? Welchen Einfluss haben Erkrankungen auf die Häufigkeit der Raubtiere? Ist die Seltenheit der Afrikanischen Wildhunde (Hyänenhunde *Lycaon pictus*) normal? Sie sind sehr effiziente Jäger, aber viel seltener als Löwen. Oder sind sie so selten, weil sie Staupe bekamen, die sie dezimierte? Diese war von den Haushunden auf die Hyänenhunde übertragen worden. Einen bestimmten Zustand der Serengeti in den letzten hundert Jahren kann niemand als den richtigen Zustand festlegen. Dieses einzigartige Naturschutzgebiet wird einen solchen auch niemals erreichen, wenn die Tiere darin sich selbst überlassen blieben. Das lehrten zuerst die Elefanten. Mit der Errichtung von Nationalparks zum Schutz der Großtiere ist es nicht getan. Die Elefanten veränderten bereits nach wenigen Jahrzehnten ganz massiv die Natur in den Schutzgebieten. Sie zerstörten Bäume, übernutzten ihre Nahrungsgrundlage und fingen an, sich immer mehr von außen zu holen, aus den Pflanzungen der Menschen. Im Kulturland verursachten sie große Schäden. Für die Schutzgebiete wurden sie zur Belastung. Das Elefantenproblem ist bis heute nicht gelöst. Eher ist es größer geworden. Auch Nationalparks von 20 000 oder 50 000 Quadratkilometern Fläche reichen nicht aus, um den Großtieren eine halbwegs natürliche, von Menschen unbeeinflusste Bestandsdynamik zu ermöglichen. Gab es eine solche überhaupt jemals? Menschen jagten seit Zehntausenden von Jahren von den Tropenwäldern bis an den Eisrand der Arktis. Alaska war keine unberührte Wildnis, als der Denali-Nationalpark an Nordamerikas höchstem Berg, dem früheren Mt. McKinley, geschaffen wurde. Auch Sibirien war es nicht. Überall jagten Menschen seit Jahrtausenden. Einigermaßen natürlich könnte die Dynamik der Großtierbestände in Afrika südlich der Sahara gewesen sein, bevor die Europäer kamen. Doch

Jahrhunderte vor ihnen beuteten die Araber schon den Osten Afrikas aus. Die Ausbreitung der Bantu-Stämme war in Gang. Diese erreichten den tiefen Süden Afrikas erst kurz vor der Ankunft der Buren am Kap. Die Bantuwanderung traf die San (Buschleute) besonders stark. Sie wurden abgedrängt in die unwirtliche Kalahari. Mit ihrer steinzeitlichen Verhältnissen entsprechenden Lebensweise schafften sie es zu überleben. In Ostafrika ging es ihren ähnlich kleinwüchsigen Verwandten, den Hadza, weniger gut. Sie überlebten nur in kleinen Restgruppen. Die Ackerbauer und Viehzüchter der schwarzafrikanischen Bevölkerung hatten die Großtierwelt Afrikas ganz erheblich beeinflusst. Sich selbst überlassen war die Tierwelt seit jener fernen Vergangenheit nicht mehr, in der vor rund zwei Millionen Jahren die Gattung Mensch (*Homo*) in Afrika entstanden war. Seither griffen die Frühmenschen in ihrer besonderen Art als Jäger in die Wildtierbestände ein.

Das schöne, in sich so schlüssige Bild der Ökologie der Serengeti mit den Großtierwanderungen als ihrem Zentralstück löst sich im Nebel der Vergangenheit auf, sobald man nach einem dauerhaft stabilen Zustand sucht. Es hatte ja auch enorme klimatische Veränderungen gegeben. In Afrika drückten sich die Wechsel der Kalt- und Warmzeiten des Eiszeitalters mehr in den Niederschlägen aus als in den Temperaturen. Vom Regen hängt es aber ab, wie produktiv die Savannen sind und ob die Wälder wachsen oder schrumpfen. Was die große Wanderung der Gnus und Zebras gegenwärtig vor Augen führt, ist winzig, verglichen mit den klimatischen Schwankungen vergangener Jahrtausende. Könnte man diese wie heutige Satellitenbilder Afrikas in einem Film zusammenfassen, würde der Kontinent in einem ziemlich regelmäßigen Rhythmus atmen. Das Grün der üppigen Vegetation würde sich ausbreiten, in die Sahara hineinfließen und diese bis auf kleine Wüstenreste erfüllen. Ein paar Jahrtausende später würde es sich zurückziehen, gerade so, als ob der Kontinent austrocknete. Er tat es immer wieder, und er trocknet gegenwärtig weiter aus. Die Wälder ziehen sich ins zentrale Kongobecken zurück, werden zu inselartigen Flecken in lichten Savannen, deren vorherrschende Gelbtöne dann großflächig den Farben der Wüsten weichen, die von sandfarbenem Graubraun über roten Ocker und changierende Felsformationen ohne Bewuchs wechseln.

Nachklänge davon treten in derzeit unregelmäßiger werdenden Abständen auf, wenn die als El-Niño-Flut in Nordkenia schon kurz behandelte globale Klimaoszillation Afrika erfasst. Ausgelöst wird sie von Meeresströmungen im Pazifik. Diese erhielten die Bezeichnung ENSO als Abkürzung zweier Phänomene, die miteinander verbunden sind. Das eine ist wohlbekannt und an der Westküste Südamerikas gefürchtet. Dort erhielt es den spanischen Namen *el niño* (das Christkind, weil dieses Wetterphänomen vornehmlich zur Weihnachtszeit auftritt). Sein Partner wurde erst in neuerer Zeit über Messungen der Meeresströmungen und ihrer Temperaturen im südlichen Pazifik entdeckt und daher *southern oscillation* (südliche Schwankung) genannt. Die vier Anfangsbuchstaben ergeben das Akronym ENSO. Ein starker El Niño bringt weit übernormale Niederschläge in den unterschiedlichsten Regionen, darunter auch im tropischen Ostafrika. Das Phänomen tritt in Abständen von drei bis sieben Jahren auf – oder auch nicht. Die Rhythmik folgte, zumindest in den letzten Jahrzehnten, weniger deutlich dem früheren (typischen?) Muster. Es kann in Zusammenhang mit den etwa elfjährigen Zyklen der Sonnenaktivität stehen und sich in Zeitspannen von Jahrzehnten aufschaukeln zu Super-El-Niños. Dann wird es auf den indonesischen Inseln brütend heiß und trocken, so dass die Wälder brennen. Australien verdorrt weithin, und Ostafrika wird von Wassermassen überflutet, so sehr, dass der Nil blutrot durch den Sudan und Ägypten zum Mittelmeer strömt. Für kurze Zeit gibt es daraufhin in ansonsten sehr trockenen Gebieten Ostafrikas üppiges Grün. Es werden dies zwar keine sieben fette Jahre, aber sie entsprechen der Siebenzahl-Symbolik, die keine ursprünglich genaue Zählung meinte. Umso härter schlägt danach die Dürre zu. Jahr für Jahr wächst die Wüste wieder, breiten sich die Trockensavannen aus und darben die Wälder, weil den Bäumen Wasser fehlt. Viele Flüsse werden zu Wadis, zu Trockenflussbetten. Auch das zentrale Hochland Ostafrikas ist dieser Niederschlagsdynamik unterworfen. Sie reicht südwärts mindestens bis zum Sambesi und nordwärts bis Äthiopien und westwärts in die Sahelzone. Die dortigen, von Jahr zu Jahr stark wechselnden Mengen an Niederschlägen erzeugen einen zweiten Rhythmus, der sich im zeitgerafften Satellitenbild wie ein keuchendes Atmen der Wüste ausnehmen würde. Die Sahara dehnt sich aus und zieht sich zusammen. An ihrem Südrand, der Sahel-Zone, geschieht dies weit stärker als am Nordrand, weil dieser durch das Mittelmeer begrenzt wird. Wir merken das Schrumpfen und Wachsen des Sahel-Gürtels durch bestimmte Zugvogelarten, die dort überwintern. Ihre mitteleuropäischen Brutbestände brachen während der großen Sahel-Dürre in den 1970er und 1980er Jahren zusammen. Unter den bekannten Vogelarten waren die Dorngrasmücke und der Gartenrotschwanz betroffen, aber auch Drosselrohrsänger, Teichrohrsänger und andere Arten. Aus der Dorngrasmücke, deren wissenschaftlicher Artname *communis* lautet, wurde eine rare, fast nicht mehr festzustellende Vogelart. Sie erholte sich seither nur geringfügig, weil auch bei uns die Lebensbedingungen für sie stark verschlechtert wurden.

Die Menschen in der Sahelzone berührte das Schicksal einer in Europa brütenden kleinen Singvogelart nicht. Sie hatten andere, ungleich schlimmere Sorgen. Mit dem Schwinden der Niederschläge sanken die Erträge der Weidegebiete für ihr Vieh, deren Bestände dank der von der internationalen Entwicklungshilfe gefertigten Brunnen stark angestiegen waren. Weniger Gras und mehr Vieh trieben die Menschen der Sahelzone in eine Spirale der Selbstvernichtung. Katastrophale Hungersnöte waren die Folge. Die einzig gute Seite der Entwicklung lag in der Abnahme der Heuschreckenplage, weil auch die Wanderheuschrecken zu wenig Grünzeug für ihre Massenvermehrungen hatten. Als es in den ersten Jahren des dritten Jahrtausends unserer Zeitrechnung wieder reichlicher regnete, traten erneut Heuschreckenschwärme auf. Der europäische Hitzesommer 2003 bescherte der Sahelzone besonders ausgiebige Niederschläge. Die Heuschrecken gediehen. Anders als die Vögel und die hinsichtlich ihrer Vermehrung noch viel langsameren großen Säugetiere reagierten sie schnell und effizient. In gewaltigen Flügen wanderten sie westwärts, bis die Schwärme den Rand der Westsahara erreichten. Dort erfasste sie der Passat und trug sie hinüber zu den Kanarischen Inseln. Ein starkes Hochdruckgebiet bei den Azoren übernahm sie und drehte sie zurück, aber gemäß dem Verlauf der Winde abgelenkt nach Nordosten. Gegen Weihnachten kamen sie in Portugal an. Dort war Winter. Dieser bereitete den Wanderheuschrecken das Ende. Und da auf den Sommer 2003 wieder normale Sommerwitterung folgte, blieb der Super-Sommer ohne Nachwirkung. Auch in der Sahelzone. Die verstärkten Niederschläge wiederholten sich nicht. Das Wettersystem pendelte erneut zurück in eine trockenere Phase. Und dann gab es vor wenigen Jahren wieder mehr Regen und so fort. Am deutlichsten können wir in Mitteleuropa nördlich der Alpen mitbekommen, was am Südrand der Sahara geschieht, wenn sich aufgrund reichlicher Niederschläge eine bestimmte Art von Schmetterlingen massenhaft vermehrt, die Sahara, das Mittelmeer und die Alpen überfliegt oder um sie herum zu Millionen und Abermillionen über das nördliche Alpenvorland wandert. Es sind dies die Distelfalter *Vanessa cardui*, die auffälligsten Wanderfalter der Alten Welt. Über die Alpenpässe und dann den nordwärts gerichteten Flusstälern folgend eilen sie in Menschenhöhe über dem Boden dahin, sammeln sich an manchen Stellen zu Zigtausenden und verschwinden mit fortschreitendem Sommer, so dass man annehmen könnte, sie hätten sich einfach zu Tode geflogen. Aber in einer großen Schleife wandern ihre Nachkommen auf meist mehr östlichen Flugrouten und weit höher in der Luft zurück nach Afrika, wo sich mit neuen Faltergenerationen der Kreislauf schließt. Davon mehr ab Seite 600.

Wenn wir sogar in Mittel- und Nordeuropa Ausläufer jener Naturdynamik mitbekommen, die südlich der Sahara abläuft, um wie viel stärker muss sie dann in Afrika selbst wirken?! Eine ihrer Auswirkungen betrifft tatsächlich viele Menschen und Haustiere im tropischen Afrika. Denn das Wechselspiel der Niederschläge im Rhythmus von ENSO begünstigt oder benachteiligt eine Fliege, die Bernhard Grzimek den bedeutendsten Naturschützer Afrikas genannt hatte, die Tsetsefliege. Er hatte mit ihr direkt zu tun und versuchte, seine Fahrzeuge und das Kleinflugzeug durch einen passenden Anstrich gegen sie zu tarnen. Umfangreiche Feldforschungen galten ihr vor allem im südöstlichen Afrika. Massenhaft wurden Wildtiere getötet, um die Tsetsefliegen zu bekämpfen. Als ich auf die ersten, die mich zu stechen versuchten, mit der flachen Hand schlug, flogen sie davon, als ob nichts gewesen wäre. Ein Schlag, der jede normale Fliege töten würde, macht ihnen nichts aus. Erst wenn es einem selbst weh tut, wirkt das Zuschlagen – so die Regel. Zumindest so stark, dass die Tsetsefliege zu Boden taumelt. Diese Fliege hat es in sich. Wie bei so manchen Stechmücken geht es bei den Tsetses nicht wirklich um den Blutverlust, auch wenn dieser bei einer mehr als stubenfliegengroßen Fliege mit einem Hinterleib, der ballonförmig anschwillt, wenn er voll Blut ist, deutlich größer ausfällt als bei den zarten Mücken. Weitaus bedeutsamer ist, dass die Tsetsefliegen beim Blutsaugen Parasiten, ähnlich denen der Malaria, übertragen können. Beim Menschen verursachen sie die Schlafkrankheit, bei Rindern und Pferden die kaum weniger gefürchtete Naganaseuche. Beide sind dem Typ der Erreger nach etwas verschieden, in der Wirkung auf den betroffenen Organismus aber sehr ähnlich. Die Bezeichnung Schlafkrankheit weist schon darauf hin. Die Massenvermehrung der Trypanosom genannten Erreger schwächt den Körper langsam, aber anhaltend, bis die Erschöpfung zum Tod führt. Den Körper der Afrikaner trifft das genauso wie den von Europäern oder Indern, die ins Tsetse-Gebiet gekommen sind. Mensch ist da Mensch, und es gibt nicht einmal besondere Mutanten wie die Sichelzellen-Anämie, die in Afrika in den Malariagebieten regional verbreitet ist und die Träger dieser eigentlich eine Erkrankung darstellenden Veränderung der roten Blutkörperchen vor dem Eindringen der Malariaerreger schützt. Gegen die Trypanosomen der Schlafkrankheit haben die Menschen bislang keine natürliche Resistenz entwickelt. Auch Medikamente helfen nicht allzu gut.

Anders ist die Lage bei den größeren und großen Säugetieren, die von den Tsetsefliegen als Quelle von Blut angezapft werden. Die Wildtiere afrikanischer Herkunft, vom Büffel bis zur kleinen Gazelle, vom Elefanten bis zum Löwen und Warzenschwein, sind immun, die europäisch-vorderasiatischen Haustiere aber nicht. Die Rinder der Hirtennomaden können von der Naganaseuche befallen werden, die europäischen Rinderrassen ohnehin und auch die Pferde. Merkwürdigerweise machen die in Afrika heimischen Pferde, die Zebras, nur bedingt eine Ausnahme. Sie gehören weder zu den unempfindlichen wie alle anderen afrikanischen Säugetiere noch zu den stark gefährdeten wie die Haustiere nichtafrikanischen Ursprungs. Und deswegen erwiesen sich die Zebras als besonders interessant. Dabei geht es um ihre Streifung.

Sie ist ja das Merkwürdigste, was es an Musterbildung bei Säugetieren gibt. Präzise in der Ausführung, die schwarzen Streifen mit scharfer Grenze zum Weiß, als Muster bei nur geringer Variation am Kopf, im Gesicht, sehr einheitlich, aber auch wieder so unterschiedlich von Region zu Region, dass an der Streifung eine ganze Anzahl verschiedener Arten und Unterarten von Zebras vermeintlich erkannt und wissenschaftlich festgelegt worden ist. Dennoch waren sich die Zoologen, die sich mit den Zebras befassten, nicht einig geworden, um wie viele verschiedene Arten es sich eigentlich handelt. Lediglich das eng gestreifte Grevy-Zebra galt unzweifelhaft als eigenständig. Darauf wies ich bereits hin. Nun aber geht es um die Frage, was die Streifung bewirken soll. Sie ist ganz klar anders angelegt als etwa beim Tiger, so dass die früher übliche deutsche Bezeichnung Tigerpferde wirklich nicht passt. Beim Tiger tarnt die Streifung. Er jagt aus der Deckung. Sie ergibt sich aus senkrechten und schräg gewachsenen Stämmen oder Stämmchen von Bäumen und Buschwerk im Lichtgeflimmer der süd- und südostasiatischen Dschungel. Vor allem hohe Gräser und Bambus eignen sich für Tiger bestens, zumal sich die Bewegungen, die sie beim Anpirschen von Beute darin verursachen, ins Rauschen einfügen, das vom Wind kommt. Tiger sind groß und schwer. Sie können keine längeren Hetzjagden machen. Ihre Chancen liegen in der Überraschung der Beutetiere.

Für die Zebras ergibt sich jedoch überhaupt kein halbwegs entsprechender Zusammenhang, auch wenn in *Grzimeks Tierleben* zu lesen ist, dass ihre Streifung als Tarnung gegen Löwen und andere Raubtiere wirken würde. Wer Zebras in der freien Natur Afrikas beobachtet, wird dies nicht verstehen. Zwei Feststellungen halten klar dagegen. Erstens werden sie oft schon auf größere Entfernung sichtbar als Antilopen oder Gazellen mit ungestreift bräunlichem oder grauem Fell. Zweitens kontrastiert die Zebrastreifung sowohl gegen das Grün der Vegetation während und nach der Regenzeit als auch gegen das Braun und Graubraun der Trockenzeit. Löwen sehen zwar gut, aber was Sicht in die Ferne und tiefenscharfes Formensehen betrifft, sind wir Menschen besser. Dennoch ist dies kein entscheidender Umstand, denn Löwen jagen auf kurze Distanzen. Sie sind keine Hetzjäger. Längere Verfolgung halten sie nicht durch. Auf Löwenentfernung ist es noch weniger vorstellbar, dass die Streifung tarnen sollte. Am häufigsten jagen Löwen zudem in der Dämmerung oder nachts, wenn die Beutetiere an die Tränke kommen. Zebras müssen das regelmäßig tun, weil sie für ihre Verdauung Wasser benötigen. Für die Löwen sind sie die Hauptbeute.

Wenn örtliche Besonderheiten Abweichungen verursachen, hat dies keine langfristige oder gar evolutionäre Bedeutung. Hinzu kommt, dass es im Süden Afrikas eine Zebraform, das Quagga, gegeben hatte, das nur am Kopf und ein wenig am Hinterteil angedeutet eine bräunliche Streifung trug, ansonsten aber, insbesondere auf größere Distanz, ungestreift aussah. Doch auch das Quagga-Gebiet war Löwen-Gebiet. Die Verbreitung der Löwen reichte historisch, also bis vor zwei bis zweieinhalb Jahrtausenden, sogar weit über Afrika hinaus nach Eurasien. Auch darauf wies ich bereits hin. Die gegenwärtig weitgehende Übereinstimmung von Löwengebiet und Zebravorkommen entspricht den früheren Verhältnissen ganz und gar nicht. Dennoch blieben die Pferde in Europa und Asien und die Halbesel und Esel im früheren Löwengebiet ungestreift. Nur in Afrika südlich der Sahara, jedoch nicht bis zum Kap, gab und gibt es die gestreiften Pferde, die Zebras.

Da auch alle anderen den Zebras und Pferden gefährlich werdenden Raubtiere einst ähnlich wie die Löwen weit über Afrika hinaus in Eurasien verbreitet waren, lassen sie sich als Verursacher des Streifenmusters klar ausschließen. Woher kommt es dann? Es ist so auffällig und zudem so stabil, dass ein sehr stark wirksamer Selektionsfaktor angenommen werden muss. Einer, der immer noch wirkt und den es sonst nirgendwo gibt, auch nicht in vergleichbar tropisch-subtropischer Lage anderer Kontinente. Daher scheidet ein Effekt als Ursache aus, der sicherlich eine gewisse Bedeutung erlangte, als sich die Streifung ausgebildet hatte, und der auch messbar ist, nämlich dass durch den Wechsel von Wärmestrahlung aufnehmendem Schwarz und diese stärker reflektierendem Weiß eine etwas intensivere Lüftung direkt an der Oberfläche des Fells der Zebras zustande kommt. Bei intensiver Sonneneinstrahlung um die Mittagszeit heizen sich die Zebras nicht so stark auf, wie sie dies täten, wären sie einfarbig schwarz. Aber schneidet sehr helles, fast weißes Fell nicht noch besser ab? In der Hitze des schattenlosen Rhônedeltas leben weitgehend frei die Weißen Pferde der Camargue. Die in Amerika und Australien verwilderten Pferde entwickelten zwar Scheckungen, aber absolut nichts, was auch nur andeutungsweise einer Streifung ähnlich käme. Treten an Beinen und Hals bei Hauspferden unscharfe Streifen auf, so wird dies als Rückschlag (Atavismus) gedeutet. Zebras ließen sich daraus nicht züchten. Wenn nun aber im klimatisch ähnlichen Südamerika die freilebenden Criollo-Pferde und in der australischen Hitze die dort Brumbies genannten verwilderten Hauspferde sehr wohl gedeihen, ohne ein Streifenmuster haben zu müssen, ist stark anzunehmen, dass die gemessenen thermischen Eigenschaften ein Sekundäreffekt und nicht die Ursache für die Streifung sind. Außerdem sind alle übrigen afrikanischen Wildtiere, die in recht unterschiedlichen Körpergrößen im Zebragebiet leben, ungestreift geblieben. Manche entwickelten aber sehr auffällige schwarze Streifen im Gesicht und am Hinterteil aus. Die Gesichtsstreifen verdecken die Augen, die Streifen am Hinterteil scheinen eher dieses hervorzuheben. Vergleichbare Musterbildungen gibt es auch außerhalb Afrikas, sogar in klimatisch gemäßigten Breiten. Mit Raubtieren oder der Regelung der Körpertemperatur haben sie, wie das schwarzweiße Gesicht des nahezu ausschließlich nachts aktiven Dachses, nichts zu tun.

Die nach »Schutz vor Löwen« und »Verbesserung der Thermoregulation« dritte vorgebrachte Erklärung der Zebrastreifung bezieht sich auf das Sozialverhalten. Die in Gruppen lebenden Zebras sollen sich am Streifenmuster individuell erkennen (können). Das ist sicher richtig, aber sehr wahrscheinlich auch nur eine Folge und nicht die Ursache der Entwicklung des Streifenmusters. Denn andere Pferde haben diese Möglichkeit offenbar nicht nötig, leben dennoch in entsprechenden Gruppen und verständigen sich untereinander. Das Quagga als südlichste Zebraform konnte auf Streifung verzichten, obgleich es Quaggas in riesigen Herden gab, als die Buren ankamen und mit ihrer Ausrottung begannen. Keine dieser drei Erklärungen ist daher schlüssig. Und was wir Menschen mit der Zebrastreifung verbinden, macht sie insgesamt noch rätselhafter. Im Straßenverkehr dient sie zweifellos nicht dazu, die Fußgänger zu tarnen, und die frühere gestreifte Häftlingskleidung sollte das Gegenteil gewährleisten, nämlich möglichst stark aufzufallen. Machen sich Zebras also auffällig?

Einen anscheinend nicht erkannten Hinweis zur Lösung des Zebraproblems lieferte *Serengeti darf nicht sterben*. Die Grzimeks hatten ihr Kleinflugzeug, die D-Ente, und auch die Autos, die sie benutzten, ähnlich gestreift angemalt. Natürlich erhöhte dies ihre Auffälligkeit, etwa wenn das Flugzeug gesucht werden sollte, das irgendwo auf der Serengeti gelandet war. Aber ein anderer Effekt war den Grzimeks wichtiger: Dank der Streifung wurden Flugzeug und Autos weniger von Tsetsefliegen heimgesucht. Für das Flugzeug war dies besonders wichtig, da Michael bei seinen Tiefflügen über den Tierherden nicht mit den ihn stechenden Fliegen zu kämpfen haben sollte. Heute ist die Tsetseabwehr bei klimatisierten Safarifahrzeugen einfacher. Allein die kältere Luft hält sie ab. Aber wichtiger ist, dass die Fenster nicht dauernd zur Lüftung des Wageninneren geöffnet sein müssen, wenn die Safaribusse zur Tsetsezeit im Gelände unterwegs sind. Tsetsefliegen gibt es nicht immer. Ihre Hauptflugzeit setzt mit den Regenfällen ein. In den Monaten der Trockenzeit kommen sie kaum oder gar nicht vor. Das liegt an ihrer besonderen Lebensweise: Die Fliegenweibchen saugen zwar Blut von Säugetieren und Menschen, das sie für ihren Nachwuchs brauchen, legen aber keine Eier ab. Die Larve entwickelt sich bereits im Körper der Mutter, und zwar so weit, bis sie fertig ist zu Verpuppung und Umwandlung in die Fliege. Unmittelbar davor wird sie am feuchten Boden an Bächen und Flüssen oder in sumpfigen Waldstücken abgesetzt, gleichsam geboren. Bei den Tsetsefliegen fehlt ein freies Larvenstadium. Die Mutter muss mit dem Blut, das sie saugt, alles bieten, was die Larve zur Entwicklung benötigt. Gegen das Vertrocknen in der afrikanischen Hitze kann sie jedoch nicht schützen. Einzige Möglichkeit, das Überleben der Larve zu sichern, ist die Wahl der rechten Zeit, wenn der Regen die nötige Feuchte gebracht hat. Im Prinzip ist das nicht anders als bei uns in Mitteleuropa. Feuchtschwüle Sommer und Hochwässer begünstigen die Stechmücken und Bremsen, trockenheiße schützen vor diesen Blutsaugern.

Mit den Tsetsefliegen zeichnet sich nun eine ganz andere Lösung des Zebra-Problems ab. Es beinhaltet nämlich noch eine weitere Besonderheit. Diese wurde deutlich, als ein britischer Tiermediziner umfangreiche Forschungen durchführte, bei denen es darum ging, den Befall der afrikanischen Wildtiere mit Trypanosomen festzustellen, die von den Tsetsefliegen übertragen werden. Vom südöstlichen Afrika, vom Okavangodelta im Norden von Botswana, bis Sambia, dem damaligen Nordrhodesien, sollte geklärt werden, in welchem Ausmaß die Wildtiere vernichtet werden müssten, um sie als Reservoir der Erreger der Naganaseuche auszuschließen. Jeffrey Waage nahm Blutproben von Elefanten und

Büffeln bis zu Löwen und Kleinantilopen. Das Ergebnis war, dass alle Wildtiere mehr oder minder stark befallen waren, aber es verblüffte in einem Punkt: Für Zebras war nur ein sehr geringer, oft gar kein Befall festzustellen. Gut für die Zebras bei der drohenden Massenvernichtung des Wildes! Sie unterblieb, weil das Reservoir in den Wildtieren einfach zu groß war. Alle sind sie ja resistent, sie erkranken nicht wie die nicht aus Afrika stammenden Haus- und Nutztiere. Mit den Zebras hatte es aber eine besondere Bewandtnis. Dr. Waage führte nun eine Reihe von Tests durch, deren Ziel es war festzustellen, wie denn die Tsetsefliegen die Wildtiere anfliegen. Das Ergebnis fiel wiederum sehr klar aus. Den Anflug löst eine sich dunkel abhebende Form aus, die sich langsam über den Horizont bewegt, den das Fliegenauge erfasst. Die Form muss gar nicht tierartig sein. Ein einfaches dunkles Quadrat oder Viereck reicht aus. Wichtig ist lediglich ein genügender Kontrast zum hellen Horizont, denn die Tsetsefliegen warten an den Büschen und Bäumen der Flussufer oder an Trockenflussbetten mit Wasserstellen. Sie orientieren sich optisch, weil sie tagaktiv sind und selbst warm genug geworden sein müssen nach der Frische der Nacht für den Flug hinaus zu den Wildtieren. Der Geruch der Tiere würde sie dabei schlecht leiten, denn er wird in der sich aufwärmenden Luft über der Savanne rasch verwirbelt. Eine genauere Ausrichtung auf eine Säugetierform wäre entsprechend wenig hilfreich, weil die wabernde Luft das Bild verzerrt. Der ganz einfache Schlüsselreiz, der von der dunkle(re)n Silhouette gegen den hellen Hintergrund ausgeht, reicht aus. Normalerweise. Aber beim Anflug an Zebras funktioniert er nicht so recht. Deren Körperform löst sich für das Fliegenauge in Streifen auf, je näher es kommt. Generell sind die aus vielen Einzelaugen zusammengesetzten Komplexaugen der Insekten und Krebstiere viel weniger gut geeignet, Formen zu erkennen, als die Kameraaugen der Wirbeltiere. Dafür erfassen Komplexaugen die Bewegungen weit besser.

Nun sollte ein solcherart vor den Fliegen schützendes Streifenmuster für die anderen afrikanischen Wildtiere ebenfalls vorteilhaft (gewesen) sein und nicht nur für die Zebras. Sogar, wie man schließen könnte, für die Menschen. Diese Überlegung erübrigt sich jedoch, was die afrikanischen Wildtiere betrifft, denn sie sind, wie bereits festgestellt, gegen die Trypanosomen und ihre Wirkungen immun. Nicht jedoch die Menschen. Und wie verhält es sich mit den Zebras? Konnten sie nicht immun werden, und brauchten sie daher das Streifenmuster? Das Zebraproblem lösten die Befunde von Jeffrey Waage also auch nicht. Aus ihnen geht zwar hervor, dass die Streifung aller Wahrscheinlichkeit nach vor den Tsetsefliegen schützt; nicht absolut, aber verhältnismäßig gut, denn es fanden sich wenige Trypanosomen im Zebrablut. Aber warum wurden die Zebras nicht auch immun, wie die Gnus, mit denen sie hier auf der Serengeti unterwegs sind, oder die Büffel, die Antilopen, die Gazellen? Sogar die Löwen kommen mit den Trypanosomen zurecht. Zebras und Menschen nicht. Gibt es etwas, das diese beiden Organismen von allen anderen unterscheidet? Und wenn ja, warum dann gestreift und nicht gestreift? Die Zebrafrage muss offenbar weiter zurückgreifen in die Evolution der Zebras und der Menschen.

Zunächst der entscheidende Unterschied: Die Pferde entstanden, wie wir aus einer Vielzahl von Fossilfunden wissen, ursprünglich in Nordamerika. Von dort wanderten verschiedene Pferdearten über die für lange Zeit immer wieder trockengefallene, zur Landbrücke gewordene Beringstraße nach Asien. Abkömmlinge asiatischer Wildpferde erreichten auch Afrika und breiteten sich fast über den ganzen Kontinent aus. Nicht geeignet für Pferde waren lediglich die dichten Wälder des Kongobeckens und hohe Berge. In Afrika südlich der Sahara und nicht bereits in Asien kam die Streifung zustande. Aus den zugewanderten Pferden wurden dadurch Zebras. Der Grund lässt sich nun nachvollziehen: Tsetsefliegen. Wie schlimm sich die von ihnen übertragenen Erreger, die Trypanosomen, auf die Kondition auswirken, zeigte sich an Pferden, welche die Europäer ins tropische Afrika mitgebracht hatten. Sie konnten es nicht aushalten in den Tsetsegebieten. Ein Verwildern wie in Amerika und Australien kam dort nicht in Frage. Anders der Mensch. Als Gattung und Art entstanden die Menschen in Afrika, und zwar in Ostafrika. In mindestens drei Hauptwellen verließen unterschiedliche Menschenarten Afrika; zuletzt auch die Vorfahren der heutigen Menschen, die biologisch recht umständlich als »anatomisch moderne Menschen« bezeichnet werden, um sie von Neandertalern und anderen Menschenarten abzugrenzen. Wie im Gegenzug zu den Pferden wanderten Abkömmlinge der anatomisch modernen Menschen über die Beringstraße nach Amerika, doch das geschah erst vor etwa 15 000 Jahren. Da gab es in Afrika längst Zebras und auch Menschen unserer Art. Offenbar decken sich die Zeiten des Auswanderns der verschiedenen Menschenarten aus Afrika aber weitgehend mit denen des Einwanderns verschiedener Pferdearten aus Nordamerika nach Asien. Das waren die Zeiten, in denen die Sahara weitgehend grün geworden war und sich das Grasland als Steppe fast kontinuierlich von Nordafrika über Vorderasien bis ins heutige Nordchina ausdehnte. Pferde und Menschen hatten also gleiche, jedoch geographisch gegenläufige Möglichkeiten, sich auszubreiten. Daraus ergibt sich die Frage, welche Rahmenbedingungen es waren, die sowohl die Entstehung der Zebras in Afrika ermöglichten als auch die Ausbreitung von Menschen aus Afrika nach Asien. Sie betreffen zahlreiche andere Lebewesen wie die Löwen, Leoparden, Hyänen und andere. Afrika und Asien hatten in erdgeschichtlichen Zeiten weit stärkere natürliche Verbindungen als gegenwärtig, da Wüsten trennend wirken. Während großer Teile des Eiszeitalters lebten Menschen mit Löwen und Hyänen, Elefanten und Nashörnern in Europa und Asien in ähnlicher Weise wie derzeit nur noch in Afrika südlich der Sahara.

Die eigentliche Besonderheit steckt in den Pferden. Bei ihnen wirkt die Milz als ein Speicherorgan für Blut. Sie bringen damit besondere Laufleistungen zustande. Bei den Rinderartigen hingegen ist die Milz hauptsächlich als Entgiftungsorgan in den Blutkreislauf eingebunden. Pferde sind schnell, Rinder langsam. Pferde eignen sich als Reittiere. Blutspeicher ist die Milz auch beim Menschen. Das spüren wir, wenn Seitenstechen einsetzt. Dass wir die besten Läufer von allen Säugetieren sind, habe ich bereits betont. Auch das hängt mit unserer Milz zusammen. Und es gibt weitere Parallelen zu den Pferden. Sie können, wie jeder weiß, der ein Pferd scharf geritten hat, geradezu schäumend schwitzen. Eine Kuh kann das nicht. Pferde verfügen also über eine ähnliche Körperkühlung wie Menschen, allerdings ohne nackte Haut, die das Schwitzen noch viel effizienter macht.

Damit passen die Fakten zusammen. Die Zebrastreifung wird durch abwechselnd stark pigmentiere (= schwarze) und nicht pigmentierte (= weiße) Haare erzeugt. Nicht die Haut ist schwarz-weiß gestreift, wie sie das beim Menschen sein müsste, sollte er eine Zebrastreifung zum Schutz gegen blutsaugende Fliegen entwickeln.

Muster von Färbungen und Zeichnungen werden bei Säugetieren und Vögeln in Hautgebilden angelegt, in Haaren oder Federn. Beide Hautprodukte unterliegen dem (jahres)zeitlichen Wechsel, der Haarung bei Säugetieren und der Mauser bei Vögeln. Haare können ausfallen und nachgebildet werden; ihre Pigmentierung kann mit dem Alter wechseln. Das ist uns von unseren eigenen Haaren geläufig. Von den Pferden ist bekannt, dass Schimmel nicht als solche geboren werden, sondern als Rappen. Aber die Fohlen der Zebras kommen als Zebras zur Welt. Daraus lässt sich schließen, dass der Selektionsdruck, der dieses Muster hervorgerufen hat, so stark ist, dass eine nachgeburtliche Anpassung des Fells, wie bei den als schwarze Fohlen geborenen weißen Camarguepferden, nicht ausreicht als Schutz. Die stärksten äußeren Selektionsfaktoren sind aber in aller Regel nicht die Raubtiere, sondern die Krankheitserreger. An erster Stelle steht das innere Funktionieren der Körper. Dafür brauchen sie ausreichende und passend zusammengesetzte Nahrung. Die nächstwichtige Wirkung geht von Krankheiten aus. Nicht einmal die innerartliche Konkurrenz erreicht eine ähnliche Bedeutung. Die Auseinandersetzung mit den Krankheitserregern ist so wichtig, dass ein besonderes Abwehrsystem entwickelt worden ist, das Immunsystem. Viel weniger bedeutsam sind die Verluste, die von natürlichen Feinden verursacht werden. Auch das ist uns vom Menschen geläufig! Die Zahl der von Löwen, Tigern oder Wölfen Getöteten ist verschwindend gering, geradezu vernachlässigbar klein, verglichen mit den Opferzahlen, die Kriege und Überfälle von anderen Menschen verursachten.

Unter diesem Blickwinkel wird sofort klar, warum sich die Zebrastreifung beim Quagga im südlichen Afrika, da außerhalb des Tsetsegebietes vorkommend, wieder auflösen durfte, obwohl dort Löwen in gewiss nicht geringerer Häufigkeit vorkamen als in der Serengeti und anderen Gebieten Afrikas. Ebenso erklärt der Zusammenhang mit den Krankheitserregern, weshalb es in Amerika und Australien trotz tropischer und subtropischer Hitze zu keiner Streifenbildung kam. Und auch nicht im gesamten klimatisch gemäßigten eurasiatischen Großraum. Es gibt die Tsetses eben nur im tropischen und randtropischen Afrika. Ihre Wirkung lässt sich sogar noch feiner darlegen. Pferde, also auch die Zebras, weiden natürlicherweise einen Großteil des Tages. Wenn es in den Trockenzeiten nur noch dürftige Reste von verwertbaren Pflanzen gibt, müssen sie dies auch über die heißen Mittagsstunden tun. In diesen können sich die Rinderartigen aber zum Wiederkäuen in den Schatten zurückziehen. Abgesehen von kurzen Spurts, wenn sie von Löwen, Wildhunden oder Geparden gejagt werden, müssen Rinder, Gnus und Antilopen oder Gazellen nicht anhaltend laufen können. Noch viel mehr als die Wiederkäuer liegen Löwen und andere Raubtiere faul herum. Solche Ruhezeiten erleichtern die Abwehr der giftigen Stoffwechselprodukte der Blutparasiten oder die Bekämpfung von deren Vermehrung durch das Immunsystem. Wer hingegen wie die Pferde anhaltend körperlich stark gefordert ist, hat die Ruhe dazu nicht. Auch das kennen wir von uns selbst. Haben wir uns eine Infektionskrankheit zugezogen, ist (Bett-)Ruhe besonders wichtig und heilsam. Die Pferde hatten also ihrer Natur nach nicht gleiche oder ähnliche Möglichkeiten wie die übrigen afrikanischen Wildtiere, sich erfolgreich mit den von den Tsetsefliegen übertragenen Blutparasiten auseinanderzusetzen. Und die Menschen? Als ich durch den oberen Teil der Olduvai-Schlucht schlenderte, mich auf einen Felsblock setzte und meine Blicke träumerisch über »die Wiege der Menschheit« schweifen ließ, verdrängte eine ganz große Frage alle anderen: Warum hier? Warum gerade hier?

Warum fand in Ostafrika das Werden der Menschen statt und nicht andernorts in den klimatisch gemäßigten oder subtropischen Regionen, wo bessere, uns viel zuträglichere Lebensbedingungen gegeben sind? Das zeigt sich doch klar in der Siedlungsdichte der Menschen. Die Millionen und Abermillionen Menschen von heute leben nicht an der Olduvai-Schlucht oder konzentriert in Ostafrika. Ganz im Gegenteil. Die Menschen führen in den klimatisch gemäßigten Breiten ohne jeden Zweifel ein besseres Leben. Aber ausgerechnet hier im Ursprungsgebiet unserer Gattung und wahrscheinlich auch der Art Mensch lässt die Natur, lässt insbesondere die Tierwelt am wenigsten vom Menschen und seinen Wirkungen erkennen. Hier könnten Menschen tatsächlich immer noch Teil der Natur sein und im paradiesischen Urzustand leben. So mancher Safaritourist wird die Massai wohl auch so betrachten, aber dennoch nicht so leben wollen wie sie. Mit ihnen überlebten aber Elefanten und Nashörner, Löwen und Leoparden. Und das gesamte, nahezu vollständig erhalten gebliebene Spektrum von Großtierarten, die es gegeben hat, als vor Jahrmillionen die Gattung Mensch entstand. Was ausstarb und nur noch in Form versteinerter Knochen nachweisbar ist, mag den Klimaschwankungen des Eiszeitalters zum Opfer gefallen sein. Im Wesentlichen blieb die afrikanische Megafauna erhalten. Ebenso wie die physische Natur, die verglichen mit anderen Kontinenten hier extrem wenige Veränderungen erkennen lässt, die den Menschen angelastet werden könnten. Afrika wurde von den Europäern als tiefste Wildnis empfunden, als sie im späten 18. Jahrhundert diesen eigentlich nächstliegenden Kontinent kennenlernten. Die Europäer wussten in historischen Zeiten weniger von Afrika als vom fernen China. *Aethiops*, Menschen mit den »verbrannten Gesichtern« nannten die alten Griechen die Schwarzafrikaner. Am Nordrand Afrikas hatte es in der Antike nach damaligen Verhältnissen Weltstädte gegeben, etwa Karthago. Eine der ältesten Hochzivilisationen entwickelte sich am Unterlauf des Nils und beeinflusste die Mittelmeerkulturen nachhaltig. Doch auch damals, vor über 5000 Jahren, war es schon nicht gelungen, weiter ins Herz von Afrika vorzudringen. Die große Wüste, die Sahara, bildete die unüberwindliche Grenze. Wo sie der lebensspendende Nil durchschnitt, war es das riesige Sumpfgebiet des Sudd, das sich nicht überwinden ließ. Sogar das zuletzt entdeckte, von Europa so weit entfernt liegende Australien war Mitte des 19. Jahrhunderts bereits besser bekannt als der Nachbarkontinent Afrika. Und nun sagen uns die Molekularbiologen, dass wir alle Afrikaner sind, nämlich Abkömmlinge von Menschen aus Afrika, die vor etwa 40 000 Jahren Europa erreichten und besiedelten. Deutlich früher schon hatten Menschen aus Afrika den Indischen Ozean entlang seiner Küsten umrundet und Australien erreicht. Den Ursprung des Menschen in Afrika belegt eine Fülle von Befunden. An guten Gründen für den (mehrfachen) Exodus mangelt es jedoch.

Der Mensch und Afrika

Nicht nur die Samburu und Massai, wir alle sind vom Körperbau her Läufer. Wenn wir uns mit den nächsten Verwandten unter den Primaten anatomisch vergleichen, mit den Menschenaffen, fällt keineswegs zuerst das für uns so bedeutungsvoll große Gehirn auf. Die markantesten Unterschiede bestehen in der aufgerichteten Körperhaltung mit zweibeiniger Fortbewegung und in der Behaarung des Körpers. Die Proportionen von Beinen, Armen, Brust- und Bauchteil des Körpers weichen klar von denen der Schimpansen, Gorillas und Orang-Utans ab. Sie kennzeichnen uns biologisch viel mehr als die Kopfgröße. Sehen wir uns unsere Füße an, so wird ein wichtiger Unterschied deutlich. Die große Zehe ist nicht mehr abspreizbar. Sie kann keinen Griff mit den vier anderen Zehen machen, mit dem sich der Fuß wie die Hand an einem Ast festhalten könnte. Auf die flach bogenförmige Brücke des Mittelfußes folgt die klar abgesetzte Ferse. Der den Boden berührende Außenrand des Fußes gibt Standsicherheit. Er bleibt im Fußabdruck bei schnellem Gehen und leichtem Lauf erhalten. Unbeschuhte Fußabdrücke des Menschen lassen sich mit keinen anderen Fährten verwechseln, auch nicht mit denen von Bären, die Sohlengänger sind wie wir. Sie setzen ihre Füße flach auf und müssen daher bei der Vorwärtsbewegung deutliche Bögen mit den Beinen machen. Das menschentypisch parallele Abrollen der Füße gelingt ihnen nicht. Im Verhältnis zur Beinlänge sind unsere Arme beträchtlich kürzer; bei den Menschenaffen verhält es sich umgekehrt. Und da ihrer Wirbelsäule die leicht s-förmige Krümmung fehlt, die unsere auszeichnet, bleibt der Schwerpunkt ihres Körpers vor der Auflagefläche der Füße, wenn sie sich in die Senkrechte aufrichten. Zudem setzt das Hinterhauptsloch bei den Menschenaffenschädeln nicht so weit unten an wie bei uns. Daher hängt ihr Kopf stets etwas nach vorn und lässt sich nicht richtig auf der Senkrechten der Wirbelsäule balancieren. Dass zudem der Brustkorb der Menschenaffen nicht menschenartig flach, sondern in der Mitte nach vorn gewölbt (»spitzbrüstig«) entwickelt ist, fügt sich in das Spektrum der Eigenschaften, die uns Menschen anatomisch von den Menschenaffen trennen. Zusammen genommen, unterscheiden sie uns Menschen viel stärker von den Menschenaffen, als es die genetischen Befunde mit nur etwas mehr als einem Prozent Unterschied erwarten ließen. Rein genetisch betrachtet, müssten wir zoologisch als dritte Art von Schimpansen eingeordnet werden. Vergleichend anatomisch drückt sich hingegen die Sonderung des Menschen unanfechtbar aus. Von unserer Einzigartigkeit bleiben wir natürlich auch dann überzeugt, wenn wir Schimpansen und ihre Zwillingsart, die Bonobos, wegen ihrer Intelligenz und der sozialen Fähigkeiten bewundern. Sie sind uns unvergleichlich fremder als Menschen der bizarrsten, exotischsten Kultur. Afrikanische Pygmäen, australische Aborigines, Hochlandtibeter und amazonische Indianer erkennen die jeweils anderen und sogar Wallstreet Broker als Menschen. Niemand aber hält Schimpansen für Menschen. Von diesen und allen anderen Primaten, ja von fast allen übrigen Säugetieren unterscheiden wir uns zudem durch eine Eigenheit, die merkwürdigerweise in den meisten Kulturen wieder verborgen wird, obwohl sie zum Menschsein gehört. Das ist unsere Nacktheit. Dass sie die Kühlwirkung des Schwitzens besonders unterstützt, betonte ich bereits. Was jedoch wiederum nicht erklärt, weshalb wir so viel schwitzen können sollten, dass wir der »nackte Affe« geworden sind. Wie bei der Diskussion der Zebrastreifung muss darauf geachtet werden, evolutionäre Ursachen nicht mit später günstigen Folgen zu verwechseln oder gar die Sekundärvorteile als Erklärung für ihr Zustandekommen zu verwenden. Dass wir außergewöhnlich gut schwitzen können, ist klar. Dass wir uns deshalb für die Durchführung schweißtreibender Arbeit besonders gut eignen, mag nachdenklich stimmen. Zumal wenn es sich um Arbeit handelt, die uns von Mächtigeren oder über soziale Zwänge aufgebürdet wird. Arbeitssklave zu werden stand ganz sicher nicht am Anfang unseres Evolutionsweges, bei dem schon ferne Vorfahren von uns das primatenübliche Fell einbüßten und die Schweißdrüsen sich so enorm vermehrten. Aufgerichtete zweibeinige Fortbewegung und Nacktheit benötigen eine andere Begründung für ihr Zustandekommen. Wie auch die zugehörige Frage, warum unsere Nächstverwandten Menschenaffen geblieben sind, wenn es doch so vorteilhaft war, Mensch zu werden. Dieser Herausforderung sieht man sich nirgends so sehr gegenüber wie in Afrika.

Fügen wir das dritte anatomische Hauptmerkmal des Menschen hinzu, den großen Kopf mit dem übergroßen Gehirn, können wir an unserem Körper eine interessante Aufteilung vornehmen: Bruststück und Arme mit den Greifhänden bilden unser bei weitem ältestes Bauteil. In ähnlicher Ausführung gab es dieses schon vor mehr als zehn Millionen Jahren bei verschiedenen Primaten und nicht nur in Afrika. Funktionell-anatomisch gehört es zur Bewegungsweise des hangelnden Kletterns im Geäst von Bäumen. Knapp halb so alt, etwa sechs Millionen Jahre, sind Beine und Becken. Beide charakterisieren uns, also *Homo sapiens*, den »anatomisch modernen Menschen«, als Läufer. So gebaut waren aber bereits alle weiteren, inzwischen längst ausgestorbenen Angehörigen der Gattung Mensch *Homo* und sogar ihre Vorgänger, die hier vereinfachend als die Australopithecinen (was eingedeutscht Süd-Affen heißt) zusammengefasst werden. Sie hatten die Aufrichtung des Körpers in die Senkrechte mit einem Becken, das die inneren Organe und bei Frauen das sich entwickelnde Baby bis zur Geburt trägt, und mit Füßen, die zum Laufen tauglich sind, in einer mehrere Millionen Jahre anhaltenden Entwicklung zustande gebracht. In Afrika! Dass bei den Australopithecinen Beine und Becken noch nicht so perfektioniert wie bei uns Menschen entwickelt waren, tut nichts zur Sache. Entscheidend ist, dass sie sich häufig genug auf dem Boden fortbewegten, auch wenn sie oft auf Bäume kletterten und dies dank ihres Körperbaus noch ganz gut konnten. Wesentlich für die Rückschau sind nämlich die Zeitabstände. Denn erst vor gut zwei Millionen Jahren, also mit Beginn des Eiszeitalters, setzte die Vergrößerung des Gehirns ein. Bei den zweibeinigen Australopithecinen entsprach es noch weitgehend der Schimpansengröße bzw. der für die gesamte Stammeslinie der Menschenaffen normalen Abhängigkeit der Gehirngröße von der Körpermasse. Die Gehirnvergrößerung fand also nicht gemeinsam mit der Entwicklung des aufrechten Gangs statt. Sie setzte erst mit mehreren Millionen Jahren Verzögerung ein, nachdem die Klimaschaukel der Eiszeit in Gang gekommen war. Die relativ größten Gehirne entwickelten sodann unsere entfernten Vettern, die Neandertaler, nicht wir, schon gar nicht wir Zivilisierten. Mit dem Sesshaftwerden schrumpfte das Gehirn wieder deutlich um zehn bis dreizehn Prozent. Zivilisiert zu sein heißt nicht, ein besonders großes Gehirn zu haben. Wann die Nacktheit zustande kam, wissen wir nicht. Aus verschiedenen Überlegungen lässt sich aber folgern, dass sie mit der Größenzunahme des Gehirns verbunden war. Denn nur sehr selten und sehr unvollständig treten sogenannte Rückschläge (Atavismen) auf, die dazu führen, dass die davon betroffenen Menschen wieder eine mehr oder minder komplette Körperbehaarung entwickeln. Allerdings wird diese nicht annähernd so dicht, dass sie dem Fell von Menschenaffen gleichkäme. Die Rückbildung des Fells muss daher schon vor sehr langer Zeit erfolgt sein, nicht erst vor einigen zehntausend Jahren.

So weit in groben Zügen die Fakten, wie sie aus den Fossilfunden hervorgehen. Von den afrikanischen Menschenaffen trennen uns also sechs Millionen Jahre oder etwas mehr. Deshalb dürfen wir nicht annehmen, sie würden mit ihrem gegenwärtigen So-Sein das direkte Vorbild für die Suche nach dem gemeinsamen Urahn abgeben. Sicherlich stehen sie diesem näher als wir, weil sie viele anatomische Eigenschaften bewahrt haben, die wir auf unserem Evolutionsweg im Zusammenhang mit der zweibeinigen Fortbewegungsweise und der aufrechten Körperhaltung neu entwickelten. Es musste also Gründe gegeben haben, die dazu führten, dass sich einerseits die Menschenaffen weniger weit vom gemeinsamen Urahn als die Menschen entfernten, andererseits die Vormenschen aber eine höchst eigene, geradezu eigenartige Evolution durchmachten. Sie ist zu bedenken, weil sich leicht überzeugende Szenarien entwerfen lassen, die für eine bestimmte Entwicklung gelten sollen, aber eben nur für diese, während andere, die unter den gleichen Bedingungen abliefen, davon nicht betroffen gewesen sein sollten. Diesen Einwand hatte ich bei den Zebras mehrfach betont, als es um die thermische Erklärung ihres Streifenmusters oder dessen Bedeutung im Sozialverhalten oder die mögliche Tarnung gegen Löwen ging. Sobald der Betrachtungsrahmen auf die nähere und weitere tierische Umgebung der Zebras ausgedehnt wurde, funktionierten solche Erklärungen nicht mehr.

Wie sieht es dann aus mit der Plausibilität der üblichen Erklärung für die Evolution des Menschen, wenn wir sie unter dieser unbedingt nötigen, kritischen Distanz betrachten? In der Regel lautet sie etwa so: Gegen Ende des Tertiärs, des großen, mehr als 60 Millionen Jahre langen Zeitalters zwischen dem Ende der Dinosaurier und dem Beginn der Eiszeit, wurde das Klima zunehmend trockener. In Afrika schrumpften die Wälder. Die darin lebenden Vorfahren der Menschenlinie wurden dadurch gezwungen, die immer kleiner werdenden Wälder zu verlassen und sich hinauszubegeben in die gefährlichen, von Raubtieren bevölkerten Savannen. Sie entwickelten den aufrechten Gang und wurden über verschiedene Formen von Frühmenschen schließlich zum Menschen.

Vom Schrumpfen der Wälder genauso betroffene Primaten habe ich gerade vor mir hier am Rand der Olduvai-Schlucht, wo mir die Frage nach den tieferen Ursachen der Menschwerdung noch reichlich diffus, aber deutlich genug, um mich zu verunsichern, durch den Kopf ging. Paviane waren es. Ein ziemlich großer Trupp von fünfzig oder mehr suchte das felsige Gelände ab. Er umfasste alle Altersstufen, von kleinen Kindern, die sich noch so eng an den Bauch der Mutter klammerten, dass man ihre so reizend menschenähnlich wirkenden Köpfchen kaum erkannte, über munter umherhüpfende Halbwüchsige, die miteinander rangelten, bis zu würdig aussehenden Männern, von denen zwei oder drei beständig Ausschau hielten, ob Gefahr drohte. Es waren nur ein paar Akazien in der Nähe, aber steile Felsklippen der Schlucht, auf denen sie sicherlich schneller und geschickter fliehen, als die Leoparden klettern konnten. Von Wald war jedenfalls weit und breit nichts zu sehen. Aber viel vom Affenleben. Fast wie im Zoo an Affenfelsen, vor denen sich fast immer Menschen ansammeln. Die Kinder sehen dem Treiben belustigt, manchmal auch mit fragenden Mienen zu, weil sie manche tabuisierten Vorgänge gern näher erklärt bekämen. Viele Erwachsene tun dagegen mit steifer Mimik, so als ob sie nicht sehen würden, was die Affen machen. Die rot angeschwollenen, mitunter sichtlich lasziv präsentierten Hinterteile der in Hitze gekommenen Weibchen irritieren Menschenfrauen und erregen das Schamgefühl. In der freien afrikanischen Natur, in der tagtäglich die Herausforderung des Überlebens gegeben ist, rückt das Sexuelle nicht so auffällig in den Vordergrund wie im Zoo. Dort trennt nur ein Graben oder eine massive Glasscheibe die sich zivilisiert gebenden Primaten von ihrer Verwandtschaft aus der Wildnis. Ich war hier an der Olduvai-Schlucht und sicher, dass sich die Paviane recht wohl fühlten, auch wenn einige von ihnen stets aufmerksam blieben. Dafür bestand neben den eher in der Dämmerung und nachts gefährlich werdenden Leoparden ein anderer triftiger Grund, nämlich ein Angriff großer Adler, die im Sturzflug kommen und einen kleinen Pavian schlagen könnten. Kampfadler *Polemaetus bellicosus* werden den großen Pavianen kaum noch gefährlich. An die noch größeren Schimpansen würden sich diese stärksten der afrikanischen Greifvögel nicht mehr wagen. Und an Vormenschen wie den Australopithecus? Einzelfälle mag es gelegentlich gegeben haben. Sie könnten ein kleines Kind betroffen haben. Doch solche Verluste blieben für die Vormenschen unerheblich. Viel häufiger kam es gewiss in jenen Urzeiten der Menschwerdung zu Beinbrüchen oder sonstigen schweren Verletzungen und sicherlich auch zu Krankheiten. Hunger und Konflikte mit den Artgenossen können, wie wir von den Forschungen an Schimpansen wissen, sehr wohl tödlich ausgehen. Das Ausmaß der Wirkung sogenannter natürlicher Feinde muss massiv in Frage gestellt werden. Die bloße Vermutung, sie könnten den Gang der Evolution des Menschen beeinflusst haben, weil diejenigen, die den Einfluss von Raubtieren auf den Verlauf der Menschwerdung annehmen, selbst Angst vor der Wildnis haben, reicht wirklich nicht. Viel wahrscheinlicher ist, dass die Furcht vor den Raubtieren erst entstand, als die Menschen diese dezimiert oder großräumig ausgerottet hatten. Die Annahme, es wäre große Gefahr von diesen Tieren ausgegangen, riecht nach Rechtfertigung.

Sehen wir uns die Paviane an. Trotz der Gefahren, die angeblich beim Verlassen des Waldes drohen, setzen sie sich diesen recht unbeschwert aus. Sie beweisen, dass es sehr wohl möglich ist, als Primat frei in der afrikanischen Savanne zu leben, ohne gleich von Raubtieren aufgefressen zu werden. In Indien leben silbergraue Affen mit schwarzen Gesichtern, die Hanuman-Languren *Semnopithecus entellus*, in Nordafrika Berberaffen *Macaca sylvanus* und im Fernen Osten Japans Makaken, die durch ihr winterliches Baden in heißen Quellen bekanntgewordenen Schneeaffen *Macaca sylvata*. Schimpansen streifen in Westafrika ziemlich ausgiebig in den Savannen umher. Sie alle wurden weder nackt noch Mensch, obgleich die Wälder auch für sie schrumpften. Ausgewachsene Schimpansen sind stärker als Menschen. Ihr Gebiss beeindruckt. Man sollte weder von ihnen noch von anderen Affen gebissen werden. Warum wurden dann die Vormenschen so schwach, dass sie nicht mehr ausreichend zubeißen konnten, wenn ihnen doch Gefahr in der Savanne drohte? Weshalb durfte unser Eckzahn auf das Niveau der Schneide- und Vorbackenzähne schrumpfen, wenn er bei den anderen Primaten gute Dienste tut als Drohmittel (Zähne zeigen) und nötigenfalls auch beim Zubeißen? Und warum sollten die fernen Vorfahren der Menschen Läufer werden, wenn sie bis heute höchstens halb so schnell laufen können wie Schimpansen

und Paviane, wenn es darauf ankommt, vor einem Raubtier zu fliehen?
Die schrumpfenden Wälder erklären nichts. Dabei stimmt es: Die Wälder schrumpften allmählich in den letzten Jahrmillionen vor Beginn des Eiszeitalters. Sie taten dies allerdings nicht nur in Afrika, sondern auch in Indien, Südostasien und Südamerika. Sie wurden überall kleiner, wo es feuchttropische Wälder gab, weil die Niederschläge global zurückgingen und das Klima trockener wurde. Die Menschwerdung hätte damit auch von den Vorfahren der Orang-Utans in Südostasien ausgehen können, deren Name malaiisch Waldmensch bedeutet. Oder die globale Schrumpfung der Tropenwälder hätte in Südamerika die cleveren Kapuzineraffen zu noch höherer Intelligenz treiben und zu Zweibeinern machen können. Wenn das Argument aber weder für die Tropenwälder allgemein noch für Afrika speziell zutrifft, weil dort nur eine Stammeslinie von mehreren verschiedenen Waldprimaten zum Menschen führte, keine zwei oder drei, obwohl sie alle betroffen waren von der Waldschrumpfung, taugt es offenbar nicht allzu viel. Wir geraten tatsächlich in dieselbe Situation wie bei der Zebrastreifung. Sie gibt es eben nur bei den Pferden in Afrika südlich der Sahara und nicht bei Pferden allgemein oder bei allen afrikanischen Tierarten vergleichbarer Körpergröße. Die erweiterte Betrachtung, dass sich die aus Eurasien nach Afrika während des Eiszeitalters eingewanderten Pferde von allen übrigen afrikanischen Huftieren durch eine andersartige Verdauung und Milzfunktion unterscheiden, eröffnete den Zugang zu einer viel besseren Erklärung. Sie ist besser, weil sie alle Einwände gegen die üblichen Sondererklärungen für die Zebrastreifung ausräumen kann bzw. solche Annahmen gar nicht nötig hat. Bei ihrer Erörterung hatte ich nachdrücklich darauf hingewiesen, dass sich Menschen und Pferde in zwei Eigenschaften ähneln, die beide mit ihrem besonderen Laufvermögen zu tun haben: mit der Milz als Blutspeicher und dem Schwitzen zu Kühlung des Körpers bei und nach anhaltenden Laufleistungen. Wie wichtig diese Fähigkeit ist, hatte das Erlebnis mit dem jagenden Gepard im Nairobi-Nationalpark gezeigt. Er konnte nicht mehr, obwohl er eigentlich der Schnellere war. Greifen wir daher erneut zurück auf die Tsetsefliegen. Sie belästigten mich hier nicht an meinem Aussichtsplatz. Wie ausgeführt, sprechen die Untersuchungen dafür, dass die

Zebrastreifung ein Täuschungsmittel gegen die Tsetsefliegen ist. Es wäre kaum vorstellbar, da kein entsprechender Fall und auch kein entsprechender Mechanismus bekannt ist, dass sich so ein Streifenmuster auf nackter, praktisch haarloser Haut (die winzigen, tatsächlich vorhandenen Härchen beim Menschen zählen hier nicht) ausbilden ließe. Die Menschen sind aber noch weit mehr von den Blutsaugern betroffen als die Zebras. Unsere Haut ist dünn, nicht ledrig derb, und wegen des Schwitzens bis dicht unter die Oberhaut (Epidermis) reichlich durchblutet. Insekten können uns viel leichter Blut abzapfen als jedem anderen Säugetier. Und das auf praktisch der ganzen Körperoberfläche; auch auf dem Rücken, auf den wir uns mit der eigenen Hand nicht gezielt schlagen können. Die von den Tsetsefliegen übertragenen Blutparasiten schwächen die Menschen. Die Tsetsefliegen fliegen auf bewegte dunkle Körper. Die Schwarzafrikaner sind sehr dunkel. Erheblich heller, fast bronzefarben, sind die San, die »Buschleute«. Gegenwärtig leben sie außerhalb des Tsetsegürtels in der trockenen bis wüstenhaften Kalahari und ihren Randgebieten. Das ist kein Tsetseland. Aber es gibt reichlich große Wildtiere in der Kalahari.

Die Afrikaner sollten daher südlich der Sahara in weiten Bereichen des wildreichen Savannengürtels eigentlich gar nicht vorkommen können. Wie kommen sie mit der Schlafkrankheit zurecht? Sie weichen ihr aus mit weiten Wanderungen! Bernhard Grzimek hatte, wie schon angeführt, die Tsetsefliege als besten Naturschützer Afrikas bezeichnet. Ihr ist es zu verdanken, dass die einzigartige Großtierwelt Ostafrikas fast im Naturzustand erhalten geblieben ist. Sie zwang die Menschen zum saisonalen Nomadismus. Das natürliche Leben der Menschen pulsierte im Rhythmus der Niederschläge und damit auch im Rhythmus von Vermehrung und Verschwinden der Tsetsefliegen. Ein Daueraufenthalt im Tsetsegebiet war riskant, vor allem wenn er zu vielen Stichen führte. Nicht jede Fliege überträgt Trypanosomen. Nur solche, die vorher an infizierten Wildtieren Blut gezapft hatten, können die Infektion weitertragen. Insofern verhält es sich ähnlich wie bei der Malaria. Die Fiebermücken der Gattung *Anopheles* leben auch bei uns, und mancherorts in Europa gibt es sie bis an den Polarkreis. Malaria kam in den Auen am Oberrhein noch bis ins frühe 20. Jahrhundert vor. An den nordbayerischen Weihern mit ihren sumpfigen Ufern konnten sich die Menschen im späten 19. Jahrhundert Malaria holen. Es gab sie bei Rom und vielerorts im ganzen Mittelmeerraum; auch in Holland, und dort sogar während der kalten Jahrhunderte der Kleinen Eiszeit. Seit die Malaria einigermaßen behandelt werden kann und sich die Mücken nicht mehr mit den Erregern infizieren, ist sie aus Europa (vorerst) verschwunden. Ganz ähnlich verhält es sich mit der Schlafkrankheit. Nicht alle Regionen Afrikas sind gleichermaßen betroffen. Die resistenten Großtiere waren jedoch stets ihr Hauptreservoir. Wo es im tropisch wechselfeuchten Afrika viele davon gab, war das Infektionsrisiko für Menschen und ihr Vieh entsprechend hoch. Deshalb hatten die Briten in der Endzeit ihres Kolonialismus in Südostafrika allen Ernstes erwogen, die Großtiere so extrem auszudünnen, dass sie nicht mehr als Reservoir für die Trypanosomen wirken konnten. Ein aberwitziges Unternehmen! Doch nicht weniger Aberwitziges versuchten die Jäger bei uns, als sie mit der Dezimierung der Füchse die Tollwut ausrotten wollten. Bekanntlich ohne Erfolg. Die Jäger scheiterten kläglich; den Füchsen ging es elendiglich. Die Dachse wurden fast ausgerottet, und was das in die Baue eingeführte Giftgas alles sonst noch anrichtete, blieb ungeprüft. Den vollen Erfolg brachte dann die sogenannte Schluckimpfung der Füchse mit Hühnerköpfen, die Tollwuterreger enthielten, die nicht mehr in der Lage waren, die Krankheit auszulösen, und vom Flugzeug aus großflächig verteilt abgeworfen wurden. Sie bewirkten die Immunisierung des Fuchsbestandes und das Verschwinden der Tollwut.

Mit den Tsetsefliegen ging so etwas nicht. Naganaseuche und Schlafkrankheit sind keine Viruskrankheiten. Die Trypanosomen, die sie verursachen, entziehen sich ähnlich wie die Malariaerreger der Immunisierung, wie sie bei von Viren (Tollwut) oder von Bakterien ausgelösten Erkrankungen möglich ist. Bestimmte von den Tsetsefliegen besonders betroffene Gebiete ließen sich einfach nicht für die Haltung von europäischem oder aus Asien stammendem Vieh nutzen. Den Wildtieren kam das zugute. Bis heute. Tsetsefliegen sind nach wie vor die wirkungsvollsten Naturschützer Afrikas. Ob das so bleiben wird? Wahrscheinlich nicht. Die medizinische Forschung wird Mittel und Wege finden, auch diese Krankheiten in Schach zu halten oder auszurotten. Und mit ihnen die Wildtiere, die im Schutz dieser Blutparasiten überlebten.

Seit langem ist aber bekannt, dass der Tsetsegürtel abhängig von der Ergiebigkeit der Regenfälle pendelt. In starken El-Niño-Jahren weitet er sich aus, je nach Ausmaß der Niederschläge ganz beträchtlich, in den Dürreperioden schrumpft er. Die Dynamik ähnelt jener in der Sahelzone am Südrand der Sahara mit ihren Wanderheuschrecken und wandernden Schmetterlingen. Was gegenwärtig in zwar beträchtlichem, auf ganz Afrika bezogen aber lediglich regionalem Ausmaß geschieht, muss im Wechsel der Feucht- und Trockenzeiten des Eiszeitalters kontinentweit wirksam gewesen sein. Die Feuchtsavannen dehnten sich bis weit in die heutige Sahara und in den Süden Afrikas aus, wenn warme Zwischeneiszeiten das globale Großklima bestimmten, und sie schrumpften noch stärker als gegenwärtig während der Kaltzeiten, der Trockenzeiten der Tropen. Die Ausbreitung der Tsetsefliegen muss dieser eiszeitlichen Klimaschaukel mit Tausenden von Jahren Dauer gefolgt sein.

Legen wir dieses Modell des klimatischen Geschehens der Evolutionsgeschichte der Menschen zugrunde, erhalten wir einen Mechanismus, der die Menschen sehr wohl hinaustreiben konnte bis nach Asien hinein. Aber er wirkt ganz anders, als es der herkömmlichen Sicht nach die schrumpfenden Wälder taten. Denn in den feuchtwarmen Zwischeneiszeiten wird das tropische Afrika größtenteils kaum für Menschen bewohnbar gewesen sein, weil sich die Tsetsezone entsprechend weit ausgedehnt hatte. Sie trieb die Menschen hinaus zu den außertropischen Rändern. Im Süden Afrikas gerieten sie in eine Sackgasse und starben beinahe aus, aber in Nord- und Nordostafrika stand großflächig Ausweichraum offen, der sich, nur von wenig bedeutsamen Hindernissen unterbrochen, nahezu kontinuierlich hinein nach Vorder- und Zentralasien erstreckte. Noch in frühhistorischen Zeiten, der sehr warmen Anfangszeit unserer Nacheiszeit (dem frühen Holozän), reichte die Savanne in Afrika viel weiter nach Norden, und große Teile der Sahara waren grün. Als in Vorderasien im Bereich des Fruchtbaren Halbmondes der Ackerbau entstand, wurden an Felsen der Bergmassive in der Sahara von Steinzeitkünstlern Wildtiere abgebildet, die es gegenwärtig erst viel weiter südlich gibt. An einigen Stellen aber überlebten, seit Jahrtausenden isoliert, Krokodile in den Restgewässern der Gebirgsmassive in der zentralen Sahara. Wir müssen unsere Vorstellungen von der klimatischen Beständigkeit früherer

Jahrtausende und Jahrzehntausende revidieren. Damals fanden dramatischere klimatische Veränderungen statt als in unserer Zeit.

Zu solchen Schlussfolgerungen zwingen auch ganz andere Befunde, die zunächst scheinbar rein gar nichts mit den Menschen und seiner Entstehungsgeschichte zu tun haben. Mit der Betrachtung des Artenreichtums der Kleinvogelarten hätte ich das Problem bereits angehen können. Viele Singvogelarten sind im tropischen Afrika geographisch so merkwürdig verbreitet, dass ihre Muster aussehen, als ob es sich um die Vögel einer Inselwelt handeln würde. Das hatte ich mit der einfachen Methode der Erstellung täglicher Artenlisten auf den Reisen durch Kenia und Tansania festgestellt. Noch deutlicher sichtbar wurde diese inselartige Verbreitung, als Museumsornithologen die Orte der Herkunft der Belegstücke in den wissenschaftlichen Vogelsammlungen kartierten und zu einem Verbreitungsatlas der afrikanischen Vögel zusammenstellten. Jürgen Haffer, ein deutscher Ornithologe, der viele Jahre im Rahmen der Prospektion von Erdölvorkommen in Südamerika und Vorderasien unterwegs und dort in die entlegensten Gebiete gekommen war, bearbeitete die Vorkommen noch viel genauer. Dabei entdeckte er eine ganze Anzahl sogenannter Kontaktzonen, an denen sich zwei einander sehr ähnliche, aber doch gut genug unterscheidbare Vogelarten treffen, sich aber nicht oder nur geringfügig vermischen. Der Schluss, den er daraus zog, passt für den Wald Amazoniens wie für die Wüsten Vorderasiens und für die Verhältnisse in Afrika gleichermaßen. Die Arten lebten während der Kaltzeiten des Eiszeitalters im subtropisch-tropischen Bereich der Kontinente wie auf Inseln und differenzierten sich dabei so, dass sie sich voneinander unterscheiden, ökologisch, d. h. in ihrer Lebensweise, aber (noch) nicht so miteinander vertragen, dass sie im selben Lebensraum vorkommen könnten. Zustande gekommen ist durch diese eiszeitliche Artenpumpe, wie Jürgen Haffer den Vorgang nannte, ein Mosaik von Artarealen, das sehr stark dem von Arten auf Inselgruppen ähnelt und bei flächig-kontinentaler Verbreitung, wie wir das von unseren Kleinvogelarten kennen, nicht auftreten dürfte. Die eiszeitliche Klimaschaukel war Auslöser und Antrieb für die Artbildung. Die zu Waldinseln geschrumpften Tropenwälder kamen mitsamt ihren Arten erst wieder in Kontakt miteinander, wenn eine neue Zwischeneiszeit als feuchte Warmzeit einsetzte. Auf diese Weise entstanden die Kontaktzonen. Viele der Arten, die Zehntausende von Jahren in den Waldinseln isoliert waren, verhielten sich nun wie einander fremd gewordene Konkurrenten. Aufgrund ihrer großen Ähnlichkeit waren sie aber nicht stark genug, einander zu verdrängen. Übrig blieb das inselartige Verbreitungsmuster, das insgesamt eine besonders hohe Artenzahl erzeugt, aber eben nur, wenn größere geographische Räume betrachtet werden. Und es sind keineswegs nur die kleinen Vögel, die von der eiszeitlichen Klimaschaukel betroffen und zur Artbildung gedrängt wurden, sondern auch viele Säugetiere wie die Zebras, Antilopen und Gazellen mit ihren Arten und geographischen Rassen, die sich so schwer einordnen lassen in das Schema guter Arten.

Jeder Tag in der Natur Ostafrikas geriet daher zum Lehrstück für Tiergeographie. Er führte die drei Grundtypen der Verbreitung von Arten vor Augen, nämlich die weit voneinander getrennten Vorkommen (Fachausdruck: allopatrische Verbreitung), gemeinsames Vorkommen im selben Gebiet (sympatrische Verbreitung), aber auch die besonders aufschlussreichen Vorkommen, die direkt aneinandergrenzen, sich aber nicht überlagern (parapatrische Verbreitung). Diese Typen verraten auf Anhieb, wie Arten aus einem gemeinsamen Grundstock entstehen und ob einander ähnliche Arten auch miteinander zurechtkommen. Die Verträglichkeit (Kompatibilität) erforscht die Ökologie, denn es geht um das mögliche oder nicht mögliche Zusammenleben hier und jetzt. Der Ursprung der Arten gehört in die Domäne der Evolutionsforschung. Und da Evolution ein Prozess ist, der unablässig weiterläuft, wenngleich nicht immer in gleicher Intensität, können wir gar nicht erwarten, dass alle gegenwärtig existierenden Arten so schön und gut voneinander getrennt sind, dass sie sich stets eindeutig benennen und zuordnen lassen, wie es sich für gute Arten gehört. Manche Webervogelart hier in Ostafrika, aber auch mancher Tukan in Amazonien, wo Jürgen Haffer diese großschnäbligen Vögel und ihre kleineren Verwandten, die Arassaris, besonders intensiv erforschte, entziehen sich der eindeutigen Zuordnung, weil sie offensichtlich noch nicht so weit sind, eine eigene gute Art zu repräsentieren, aber weit genug, um nicht mehr einfach ihrer Ausgangsart zu entsprechen. Das mag unerheblich, ja haarspalterisch wirken. Doch das gleiche Problem stellt sich beim Menschen, und zwar sowohl in der Gegenwart, wenn es um Rassen geht, als auch für die Vergangenheit, etwa wenn entschieden werden soll, ob die Neandertaler als Menschen zu uns, zu *Homo sapiens*, gehörten oder eine eigene Art waren, *Homo neanderthalensis*. Von der Zuordnung zu Art und Rasse hängt es auch ab, wie der Weg zum Menschen rückblickend beurteilt wird. Hatte es mehrere Arten von Menschen gegeben oder nur eine, die sich lediglich in verschiedene geographische Rassen aufgespaltet hatte?

Mit den Zebras, die durch den Ngorongorokrater zogen oder über die Serengeti wanderten, und den Tsetsefliegen, die mit der Wirkung der von ihnen übertragenen Blutparasiten ganz klar anzeigten, wer urheimischer Afrikaner war und wer zuwanderte, bot sich ein Mechanismus dafür an, die mehrfache Auswanderung von, nennen wir sie vorsichtig zurückhaltend, mehreren Menschenformen aus Afrika zu erklären. Derselbe Mechanismus taugt auch als Begründung dafür, dass sich unterschiedliche Menschen innerhalb Afrikas herausbildeten. Ich entsinne mich noch gut der Erregung, die mich erfasste, als ich diesen Gedanken weiterdachte: Hängt vielleicht auch unsere Zweibeinigkeit damit zusammen? Es musste ja einen wirklich triftigen Grund gegeben haben, dass schon die Vormenschen Zweibeiner wurden. Und dabei eine nackte Haut entwickelten und dann ein extrem großes Gehirn. Die entscheidende Umstellung vom menschenaffenähnlichen Zustand der vierbeinigen, der quadrupeden Fortbewegungsweise zur Ausrichtung des Körpers auf die bipede fand statt, wie die Fossilfunde übereinstimmend belegen, als die eiszeitliche Klimaschaukel einsetzte. Das Eiszeitalter (Pleistozän) begann zur selben Zeit wie die Menschwerdung. Das konnte doch kein Zufall sein! Die Menschwerdung fand in Afrika statt, wiederum dokumentiert durch eine Fülle von Fossilien. Dort hatte die Klimaschaukel aufgrund der Höhenlage großer Teile der Ostseite des Kontinents besonders starke Auswirkungen auf Feucht- und Trockenzeiten. Was ließ sich Afrikas Wildnis dazu an konkreten Hinweisen entnehmen? Ich sah nun bereits eine Handvoll brauchbarer Einzelteile ausgebreitet vor mir: (1.) Die einzigartige Fülle der großen Säugetiere, die so krass mit Amazonien kontrastiert. (2.) Die ausgeprägt inselartigen Vorkommen vieler Arten, auch in Amazonien, obwohl es sich gar nicht um Inseln, sondern um zwei sehr große, alte Kontinente handelt, die einst sogar beisammen waren. (3.) Zahlreiche Arten, die offensichtlich jung sind und sich nicht so recht einordnen lassen, ob es noch Unterarten (Rassen, Subspezies) oder schon vollständig differenzierte Arten (Spezies) sind. (4.) Eine besondere Klimadynamik, deren Rhythmus dem Zustand dieser »noch nicht ganz oder doch schon eigenen Arten« entspricht, und (5.) Blutparasiten, die von Insekten übertragen werden, die sehr stark von dieser Klimadynamik in ihrer Verbreitung und Häufigkeit abhängen.

Drei oder vier verschiedene Arten/Formen von Menschen hatten Afrika während dieser eiszeitlichen Klimaschaukel verlassen und waren nach Asien gewandert. Trieb sie dieser geschilderte Mechanismus? Dies schien mir sehr plausibel. Oder verlief die Ausbreitung im Sinne Darwins ganz langsam, kontinuierlich, bis irgendwann und ohne äußeren Grund der Übergang nach Asien erreicht war und der größte aller Kontinente von Angehörigen unserer Gattung besiedelt werden konnte? Eines ist sicher, da es die Fossilfunde zweifelsfrei belegen: Zweibeiner waren unsere fernen Vorfahren bereits, als die Klimaschaukel des Eiszeitalters vor zweieinhalb Millionen Jahren einsetzte. Damals standen die Vormenschen schon auf zum längeren Gehen tauglichen Beinen. Doch ihr Gehirn war noch kaum größer als das der Schimpansen. Die bislang erfassten Teile reichten also noch nicht, um das Puzzle zu einem schlüssigen Bild zusammenzusetzen. Ich steckte offenbar in den Mechanismen fest. Sie sind die aktuell wirkenden Faktoren, nicht aber die eigentlichen Ursachen. Wieder schweiften meine Blicke über die phantastische Szenerie der ostafrikanischen Wildnis, über die Gruppen der Zebras, die lockeren Herden der Gnus, Büffel, Antilopen und Gazellen bis hin zu den Elefanten, die im Schatten mehrerer großer Schirmakazien standen und mit ihren riesigen Ohren fächelten. Eine Staffel Weißrückengeier glitt in ihrem gänzlich mühelos erscheinenden Segelflug in mehreren hundert Metern Höhe vorüber. Sie erinnerten mich daran, wie wir vor wenigen Tagen zu einer Löwin gekommen waren, die gerade eine Thomsongazelle erbeutet hatte. Keuchend lag sie etwa acht Meter von der toten Gazelle entfernt im schwachen Schatten einer kleinen Akazie, während Geier um Geier einkreiste und neben dem Kadaver landete. Wir fanden die Stelle aus etwa eineinhalb Kilometer Entfernung, weil wir das Niedergehen der Geier bemerkt hatten. Löwin und

Gazelle lagen ganz in der Nähe einer genehmigten, aber offenbar kaum jemals befahrenen Piste. Es war leicht, den Geiern zu folgen. Die Übersichtlichkeit der hier sehr offenen Savanne erlaubte es, sie im Blick zu behalten, auch wenn Umwege zu fahren waren. Eine Weile ereignete sich nichts weiter, als dass sich nach und nach etwa ein Dutzend Weißrückengeier *Gyps africanus* sammelten und wie komisch gefiederte Truthähne einen lockeren Kreis um das tote Tier bildeten. Einmal wagte sich einer vor und zog am Schwanz der Gazelle, ließ aber gleich wieder davon ab, als noch ein Bein zu zucken schien. Es mochten an die zehn Minuten vergangen sein, bis sich die Löwin erhob und zur Beute ging. Sie fasste diese am Hals und schleppte sie zur Akazie, wo sie sich wieder niederließ. Die Geiergruppe blieb an der alten Stelle und wartete. Geier können warten; sie müssen warten können, denn sie sind zu schwach dazu, ein frisch totes Tier, zumal ein größeres, selbst zu öffnen. Eher könnte ein Marabu, der große Storch mit dem riesigen, keilförmigen Schnabel, ein Loch in den Bauch schlagen und die Innereien zugänglich machen. Ein solcher war aber noch nicht eingetroffen. Marabus können sehr gut segeln. Aber sie patrouillieren nicht annähernd so effizient über den afrikanischen Landschaften wie die Geier. Wahrscheinlich brauchen sie bei ihrer Körpergestalt und ihren extrem großen, breiten Storchenflügeln eine besondere Thermik, um ohne allzu großen Kraftaufwand in den Lüften dahingetragen zu werden. Sie orientieren sich mehr an den Geiern, als selbst nach Kadavern zu suchen. Was Marabus können, können die Menschen auch. Nicht nur unser Fahrer. Wer einmal gesehen hat, wie Geier einkreisen, wird keine Mühe haben, durch Beobachtung ihres Niedergehens Großtierkadaver zu finden. Bei halbwegs normalen Augen braucht man dazu nicht einmal ein Fernglas. Wir sind optisch sogar auf Fernsicht eingestellt. Kurzsichtigkeit schafft Probleme und bedarf der Korrektur durch entsprechende Brillen. In die Ferne schweifen können unsere Augen ohne Anstrengung. Eigentlich ist das eine Besonderheit; zumindest ist es nicht selbstverständlich. Denn häufig müssen wir uns im Nahbereich anstrengen, all das genau zu sehen, was wir mit unseren Fingern tun. Details sind uns wichtig. Warum sind unsere Augen dann nicht optisch so eingestellt? Warum meinen wir, Übersicht gewinnen, den Überblick behalten und vorausschauend sein zu müssen? Drückt die

Sprache darin aus, was wirklich wichtig war? Die Begrifflichkeit geht in diese Richtung weiter. Menschen, die Wichtiges vollbracht haben, nennen wir Größen, Aristokraten die hervorragenden Herrscher. Wer (zu) klein geraten ist, hat unter diesem körperlichen Handicap zu leiden, unabhängig davon, wie leistungsfähig er tatsächlich ist. Drei Eigenschaften des Menschen, die ihn klar von den Schimpansen unterscheiden, können wir miteinander in Beziehung setzen: Körperhöhe in aufgerichteter Haltung (Größe), Fähigkeit zur präzisen Sicht in die Ferne mit Abschätzung der Distanz und das Laufen auf zwei Beinen. Zwei davon lassen sich gemeinsam auch anders benennen: Richtige Deutung des in der Ferne Gesehenen, also Distanzorientierung und Zielfindung. Doch wozu? Die Antwort bot die Löwin mit ihrer Beute. Die Gazelle stellte einen Happen von 40 bis 50 Kilogramm dar; ein Großteil davon Fleisch, tierische Proteine. Hätte sie ein Gepard getötet, wäre es für Menschen ein Leichtes, ihm die Beute wegzunehmen. Bei der Löwin ist mehr Vorsicht angebracht. Doch so erschöpft, wie sie gleich nach der Jagd war, hätte sie die Beute nicht verteidigen können, zumal wenn mit faustgroßen Steinen auf sie geworfen wird oder man sie mit einem brennenden Holzstück in der Hand angeht. 50 Kilogramm Protein; dafür müssten Schimpansen schier endlos lange Termiten angeln. Sie tun es mit Ausdauer und geben sich auch mit den geringen Mengen zufrieden, bis der Hunger nach Proteinen zu groß wird. Dann ändert sich ihr ansonsten so friedliches Verhalten, und sie werden zu reißenden Bestien. Geschickt jagen sie kleinere Affen, Kleinantilopen und manchmal sogar Artgenossen. Sie zerreißen die Opfer wie im Blutrausch. Jane Goodall war entsetzt, als sie im Gombe-Reservat in Tansania nach langer Zeit der Beobachtung ihrer Schimpansen erstmals eine solche Jagd erlebte. So ein Verhalten drückt aus, was bei Betrachtung der Zusammensetzung der Nahrung eigentlich klar sein müsste, nämlich dass die Pflanzenkost im Tropenwald zu arm an Proteinen ist. Sogleich wird man einwenden, dass sich doch die Millionen Gnus und Hunderttausende von Zebras auch von Pflanzen, sogar von ziemlich proteinarmen und schon weitgehend dürren Gräsern, ernähren. Das ist richtig, aber zugleich die Lösung des Problems. Wie schon ausgeführt, verfügen sie über eine komplizierte Verdauung, bei der im Fall der Wiederkäuer Mikroben im Pansen die dürftige Pflanzenkost aufbessern, im Fall der Zebras, also der Pferde, die Blinddarmbakterien. Über solcherart ausgeprägte Mithelfer (Symbionten) bei der Nahrungsverwertung und -aufbesserung verfügen die Primaten nicht. Auch der Mensch muss mit einem einfachen Verdauungssystem zurechtkommen. Dieses ist, wie so vieles, Teil seines Primatenerbes. Wenn nun aber Proteine der Engpass in der Ernährung sind, wird sofort verständlich, warum der Weg aus dem Wald in die Savanne lohnte. Dort läuft tierisches Protein in großer Zahl und in riesigen Mengen umher, an dem es im Wald so sehr mangelt. Der Unterschied macht mindestens den Faktor 100 aus. Während im Tropenwald schon 200 Kilogramm tierische Lebendbiomasse pro Quadratkilometer ziemlich viel sind, sind es auf der an Großtieren reichen Savanne 20 Tonnen, also das Hundertfache.

Es ist daher absolut verständlich, dass die großen Raubtiere vornehmlich die Savanne als Jagdgebiet nutzen, die Löwen und Hyänen, die Leoparden, Geparde und Hyänenhunde. Sie jagen mit Schnelligkeit und Ausdauer oder aus der Lauer heraus an den Wasserstellen. Im Wald würden schnelle Beine keinen Sinn machen. Auch nicht, wenn es darum allein gegangen wäre, beim Wechsel hinaus in die Savanne vor den Raubtieren fliehen zu können. Da wäre es allemal besser gewesen, gleich im Wald zu bleiben oder, wie es die Schimpansen und Paviane praktizieren, in der Gruppe gemeinsam stark und wehrfähig zu sein. Die besondere Häufigkeit von tierischem Protein, das im Wald so rar ist, lohnt hingegen den evolutionären Weg in die Savanne. Evolutionär nicht nur für das individuelle Überleben. Denn Proteine sind nicht allein für die direkte Ernährung wichtig, sondern noch viel wichtiger, wenn es darum geht, Nachwuchs zu bekommen. Nicht Kohlenhydrate (Zucker) machen Babys, sondern Proteine. Mütter, die viel davon bekommen, können mehr Kinder und diese in einer besseren Kondition zur Welt bringen als solche, denen es an Proteinen mangelt. Eiweißmangel wirkt wie ein Empfängnisverhütungsmittel. Ganz unmittelbar. Gute Versorgung hingegen zahlt sich langfristig aus durch mehr Kinder in besserer Kondition, die selbst wieder mehr Nachwuchs bekommen können.

Nun ist aber der Nachwuchs die eigentliche »Währung der Evolution«. Der evolutionäre Erfolg bemisst sich an ihm. Dabei zählt weniger die Zahl der Kinder als solche, sondern wie viele

Der Mensch und Afrika 333

so lange überleben, bis sie selbst wieder Kinder bekommen. Zur bloßen Zahl kommt also auch die Zeit dazu. Zusammen ergibt sich daraus die Leistung. Vergleichen wir die Leistung der Schimpansinnen mit den Menschenfrauen, so wird sofort klar, warum wir die großen Gewinner (geworden) sind und nicht die körperlich starken und durchaus intelligenten Schimpansen. Denn die Menschenfrau bringt die bis zu fünffache Leistung zustande. Diese setzt sich zusammen aus einer mehr als doppelt so großen Kinderzahl und einer nochmals gut doppelt so langen, sehr intensiven Betreuungszeit der Kinder. Möglich ist dies nur bei einer entsprechend proteinreichen Ernährung. Diese muss aber auch verhältnismäßig viel pflanzliche Stärke (Kohlenhydrate) und/oder Fette enthalten. Die beiden letzteren Hauptgruppen von Nahrungsstoffen liefern die Energie, die der Mensch in so besonderem Maße braucht. Die Proteine aber sind die Voraussetzung für gesunde Babys und anhaltende, im Naturzustand sich pro Baby über zweieinhalb bis drei Jahre erstreckende Milchproduktion der Mutter. Die Milch versorgt die Kleinkinder zudem mit ungewöhnlich viel Milchzucker, so dass mit dessen Energiegehalt der hohe Energiebedarf des Gehirns bei seiner raschen Entwicklung gedeckt werden kann. Doch dies ist der Zustand, so wie er für uns normal ist. Zu Beginn der Menschwerdung dürften andere Verhältnisse geherrscht haben. Da das Gehirn in seiner Größe noch dem der Schimpansen ähnlich war, wie die Funde von zweibeinig gehenden Australopithecinen belegen, ging es in der Anfangszeit der Menschwerdung nicht so sehr um eine besondere Gehirnversorgung, sondern zweifellos um die Proteine.

Um an solche zu kommen, lohnte nichts mehr als der Sprint hin zu den frisch toten Kadavern, die ja nicht nur von kleinen Gazellen stammen, sondern in der Größe von Antilopen, über Zebras und Büffel bis zu Elefanten reichen. Das sind richtige Fleischberge. Sie selbständig erjagen oder in riskanter Weise den Löwen und anderen Raubkatzen abjagen zu müssen war nur eine der tatsächlich gegebenen Optionen. Die zweite boten die Kadaver der bei ihren Wanderungen auf der Strecke gebliebenen Großtiere. Den Beweis, dass es deren viel mehr gegeben hat als von Raubtieren getötete, liefern wiederum die Geier, die so hilfreich sind, wenn es darum geht, ein totes Großtier zu finden. Sie leben ausschließlich von toten oder getöteten Großtieren. Selbst jagen sie nichts. Der Überfluss, den sie nutzen, ist sogar so groß, dass sich die Geier in unterschiedlicher Weise auf Teile der Kadaver spezialisierten. Ihr Artenspektrum reicht in Afrika von den kleinen Schmutzgeiern bis zu den riesigen Ohrengeiern und den der Flügelspannweite nach Größten, den hauptsächlich von Knochen lebenden Bartgeiern. Als Kadavernutzer kommen die schon genannten Marabus und die Milane dazu, die uns das Picknick im Ngorongorokrater zu einem unvergesslichen Erlebnis machten. Auch Schakale beteiligen sich an der Großtierverwertung. Diese Art von Nahrung ist nicht erst in der Gegenwart oder in jüngerer Vergangenheit entstanden. Sie existiert seit Millionen von Jahren. So lange mindestens, wie die Geier als eigenständige Arten existieren. Wie lange das ist, lässt sich mit molekulargenetischen Methoden abschätzen. Den Befunden zufolge stimmen die Evolution der Geier und der Menschen zeitlich bestens überein. Geier sind älter als Menschen. Sie betätigten sich als Kadavernutzer, seit es die Großtiere Afrikas gibt. Sie entstanden nicht nach den Vormenschen: sie waren schon vor diesen da.

Damit haben wir das Herzstück des Puzzles, um das herum sich die anderen, schon vorhandenen Bauteile zusammenfügen lassen. Sie ergeben ein gutes Bild vom Werden des Menschen, von Afrikas Tierwelt und all den Besonderheiten, die bisher behandelt wurden, weil sie draußen im Gelände auffallen. Dort muss man es selbst erlebt haben, um auf die passenden Fragestellungen zu kommen. Lediglich etwas fehlt noch, und das ist eigentlich das Wichtigste. Warum haben wir ein so großes Gehirn? Ein Gehirn, das so enorm aufwendig und bei der Geburt bereits lebensgefährlich groß ist. Schimpansen und Paviane sind clever genug, möchte man meinen. Mit ihrer Intelligenz hätten sie das Sagen, gäbe es uns Menschen nicht. Wir allein drängen sie immer weiter zurück. Nicht die Leoparden, wir sind der Paviane und Schimpansen größter Feind. Sie könnten leicht ausgerottet werden, wenn wir das wollten. Bei den Schimpansen und Gorillas ist es beinahe schon dazu gekommen. Ihr Schicksal liegt in unserer Hand. Wir stecken sie in Zoos und in Käfige, aus denen sie nach Futter betteln. All ihre Fähigkeiten und Vorzüge nützen ihnen uns gegenüber nichts. Sie sind uns hoffnungslos unterlegen. Einer älteren Dame die Handtasche zu entreißen oder Bananen aus dem Auto zu klauen belustigt die nicht unmittelbar Betroffenen. Werden sie zu frech, werden die Affen getötet. Der größte Widersacher der cleveren Affen wurde unser übergroßes Gehirn. Doch am Anfang der Menschwerdung war dieses noch nicht größer als das der Schimpansen.

Eine lockere Gruppe Schwalben fliegt über mich hinweg. Es sind keine afrikanischen Schwalben, sondern Rauchschwalben aus Europa, vielleicht aus der Gegend, aus der ich selbst gekommen bin. Die ihnen ähnlichen afrikanischen Rotkappenschwalben *Hirundo smithii* tragen längere, noch dünnere Spieße als äußere Schwanzfedern, die ihnen im Englischen den Namen *wire-tailed swallow*, Drahtschwanzschwalbe, eingetragen haben. Anders als bei unserer Rauchschwalbe, die nur eine rostfarbene Kehle hat, ist bei ihnen der ganze Oberkopf so gefärbt. Ansonsten sind sich die beiden Schwalbenarten sehr ähnlich; auch in der Nistweise. Die Rauchschwalben aus Europa sind hier Wintergäste. Sie verbreiten sich zum Überwintern über die afrikanischen Savannen bis weit in den Süden Afrikas. Wo es weidende Großtiere gibt, kommen auch unsere Schwalben vor. Mit vertrautem Gezwitscher waren sie über mich hinweggeflogen, nur ein paar Meter entfernt. Sie lenken meine Überlegungen kurzzeitig auf eine andere Bahn, nämlich auf die Fragen, die mit dem Vogelzug, seiner Entstehung und den Vor- und Nachteilen zusammenhängen. Auch wenn man all das wissenschaftlich für weitgehend geklärt hält, ist manches offengeblieben. So zum Beispiel, was für einen Einfluss die Millionen europäischer Rauchschwalben auf die in Ost- und Südafrika heimischen, ihnen recht ähnlichen Schwalbenarten haben. Ihr europäischer Brutbestand war damals auf 13 bis 33 Millionen Brutpaare geschätzt worden (inzwischen deutlich weniger!). Zusammen mit dem Nachwuchs zweier Bruten pro Jahr überschwemmten also rund 100 Millionen Rauchschwalben ihre Verwandtschaft in Afrika, wenn sie zum Überwintern ankamen. Wie reagieren die Rotkappenschwalben als die ihnen ähnlichste afrikanische Art? Und die anderen Schwalbenarten? Sind sie dieser Menge von Zuwanderern auf Zeit nicht hoffnungslos unterlegen? Die örtliche Seltenheit der Rotkappenschwalben, von denen wir stets nur einzelne Paare oder kleine Gruppen antrafen, mag Ausdruck der Übermacht ihrer europäischen Verwandtschaft gewesen sein. Sie, die afrikanischen

Schwalben, machen keine kontinentweiten, gefährlichen Fernwanderungen und sind trotzdem die Selteneren. Worin liegt der Vorteil des Wanderns? Bei den Gnus, deren große Wanderung wir ein paar Tage lang erlebt hatten, lagen die Gründe klar. Die Wechsel der Regen- und der Trockenzeiten bedingen eine qualitativ wie mengenmäßig sehr unterschiedliche Verfügbarkeit von Nahrung. Sie folgen mit ihrer Wanderung dem neuen Grün und nutzen dieses damit erheblich wirkungsvoller, als wenn sie an Ort und Stelle blieben. Die nicht wandernden, von Gräsern und anderen Bodenpflanzen sich ernährenden Arten von Huftieren sind viel seltener als die Wanderer. Das Mengenverhältnis mag in Ostafrika bei 100 zu 1 oder noch extremer liegen. Wie bei den Schwalben!? Die Übereinstimmung in den Größenordnungen der Unterschiede empfand ich sogleich als frappierend. Und da fiel mir ein anderes Erlebnis in Afrika ein, das mir nun die Lösung brachte.

In der Serengeti herrschte Trockenzeit; staubtrockene Dürre. Wildtiere waren kaum zu sehen. Die wenigen Antilopen, Topis vor allem, und an den etwas feuchteren Stellen, die am Marafluss noch übrig geblieben waren, die Wasserböcke, ließen sich kaum ausmachen. Geier stiegen hoch in der flimmernden, bodennah aber von »Staubteufeln« als kleinen Tornados durchzogenen Luft und verloren sich in nur von ihnen überschaubare Fernen. Da erblickten wir einen Löwen. Er schleppte sich höchst mühsam über die fahlbraune, weithin leere Ebene. Die Rippen zeichneten sich ab. Sein Kopf hing fast bis zum Boden, so als ob er ihn nicht mehr tragen könnte. Später fanden wir das Rudel, zu dem der Löwe, ein vielleicht dreijähriges Männchen, gehörte. Die sieben Löwinnen, ähnlich schwach und vom Hunger gezeichnet, hatten nur noch zwei halbwüchsige Junge bei sich. Diese konnten sich kaum auf den Beinen halten. Eines maunzte beständig leise vor sich hin. Lausfliegen krochen wie Wanzen über die Gesichter der Löwen. Das Löwenrudel litt ähnlich stark unter dem Mangel, der sich eingestellt hatte, wie es Monate vorher in der Fülle geschwelgt hatte, in der sie mit vollen Bäuchen ihre Beine in die Luft streckten und die Massaimädchen ohne Regung in der Nähe vorbeigehen ließen. Dass sie von der Substanz lebten, war offensichtlich. Ob die Reserven reichten, hing davon ab, wie bald die Herden zurückkehrten. Doch könnten sie normal kräftige Gnus oder Zebras überhaupt noch töten? Mit letzter Kraft vielleicht. Und wird dann von der Beute genug für die Jungen übrig gelassen, wenn der Hunger bei den Erwachsenen so groß geworden ist? Wenn sie Glück haben, bleiben von der Wanderung geschwächte Tiere auf der Strecke, und sie müssen gar nicht mehr töten. Die Wanderung, die große Migration! Sie ist der Schlüssel! Das erkannte ich nun ganz deutlich. Die Löwen können den Herden nicht folgen. Sie sind dafür zu schlecht zu Fuß. Ihre schweren Körper sind auf die Lauerjagd und kurze Distanzen bei der Verfolgung eingestellt. Lange Hetzjagden halten sie nicht durch. Auch die Geparde nicht. Am ehesten eignen sich die Hyänenhunde dafür. Sie können ausdauernd laufen und über Kilometer das ausgewählte Tier verfolgen. Und es gemeinsam zu Fall bringen und töten. Nomaden sind sie dennoch nicht. Auch sie bleiben an ihre großen Streifgebiete gebunden. Sie müssen zurück zu ihren Jungen, die sie in unterirdischen Bauen oder sonstig geeigneten Verstecken, wie von Buschwerk geschützten Halbhöhlen an den wie zyklopische Steinhaufen aus der Savanne aufragenden Kopjes, abgelegt haben. Den Herden folgen und gleichzeitig Junge großziehen, das geht bei keinem Raubtier. Besonders schlecht geeignet sind dafür die Großkatzen und die Hyänen. Sie müssen nach den Zeiten des Überflusses solche des Mangels überwinden. Den Engpass setzt der Mangel. Die Fülle bedeutet leichtes Leben im Überfluss, aber sie lässt sich nicht entsprechend in Fortpflanzungserfolg umsetzen. Das ginge nur, könnten sie den wandernden Herden folgen. Oder auf entsprechende Weise mit den domestizierten Tieren umherziehen; dorthin, wo die Regenfälle das Gras sprießen ließen. Wie es die Samburu und Massai und all die anderen Hirtenvölker tun, seit dafür geeignete Tiere domestiziert sind. Und davor? Waren da die Menschen in Afrika nicht auch Nomaden, die den wandernden Tieren folgten und damit eine ungleich beständigere Quelle von Proteinen hatten als die an Ort und Stelle verbleibenden?

Wie in *Serengeti darf nicht sterben* sah ich nun die Szenen vor mir: Hunderttausende, Millionen und Abermillionen Großtiere waren unterwegs auf ihren Wanderungen in den wechselfeuchten Savannen Afrikas. Wie ein lockerer Tross von Marketendern, die den Heerzügen in der Zeit vor der Motorisierung folgten, zogen die werdenden Menschen mit. Ermöglicht wurde ihnen dieses

Mitwandern durch die drei Neuerungen, die den Menschenaffen und allen übrigen Säugetieren fehlen: aufrechter, zweibeiniger und energiesparender Gang mit Sicht in die Weite der Savanne, nackte Haut, mit der ihre Körper durch Schwitzen wirkungsvoll gekühlt werden, und die dritte, einzigartige Fähigkeit, der Clou: die zum Tragen der Babys und Kleinkinder freien Arme. So weit die Füße tragen, so weit tragen auch die Arme und Hände das zum Überleben Wichtigste überhaupt, die Kleinen. Und je ausdauernder die werdenden Menschen folgen konnten, desto mehr wurden sie mit dem Überleben der Kinder belohnt. Diese mussten nicht in einem Lager wegsterben wie die aus der kurzzeitigen Fülle als Mehrlinge geborenen Löwenbabys. Die immer bessere Versorgung mit Proteinen machte es möglich, den Kindern außerordentlich lange nahrhafte Milch zu bieten; Muttermilch mit allem, was für eine gute körperliche Entwicklung nötig ist, Proteine darin für die Entwicklung des Gehirns. Denn es nimmt beim Baby und Kleinkind bis zur Hälfte des gesamten Umsatzes an Energie in Anspruch. Beim Erwachsenen kostet es immer noch etwa 20 Prozent des täglichen Umsatzes.

So fügte sich hier draußen in der wilden Natur Afrikas alles sinnvoll zusammen. Auch die ansonsten so rätselhaft schwere Geburt. Denn der Kopf des Neugeborenen muss durch die Enge des Knochenrings, den das Becken bildet. Dieser ist knapp groß genug dafür. Und dem Köpfchen, das bei der Geburt den Mutterkörper zuerst verlassen soll, folgt ein noch sehr unentwickelter Körper. Dieser würde überhaupt keine Schwierigkeiten bei der Geburt machen, wäre das Köpfchen nicht so groß. Die Größe der Geburtsöffnung und die Weitung der Scheide entsprechen bei Säugetieren normalerweise der Gesamtgröße des Neugeborenen. Wir hatten es erlebt, mehrfach sogar, als die Gnus kalbten. Die Mutter presste stehend. Es war ihr anzusehen, dass das Gebären anstrengt. Aber es dauerte nicht lange, nicht annähernd so lang wie beim Menschen, dann kam das Kälbchen, rutschte heraus und fiel zu Boden. Tiere »werfen«, sagt der Volksmund zu diesem Vorgang, mit dem früher die meisten Menschen vertraut waren. Bei den nicht so extrem hochgezüchteten Rindern und den auch von vielen Nichtlandwirten gehaltenen Ziegen war das Gebären normal und nichts Besonderes, zu dem der Tierarzt hätte geholt werden müssen. Es dauerte nicht lange, bis sich das von der Mutter mehr oder weniger trockengeleckte Gnukälbchen auf die eigenen Beine aufrichtete und zittrig, aber stehen bleibend, nach der Quelle der Muttermilch suchte. Stunden danach, spätestens am nächsten Tag, musste es bereits in der Lage sein, der Mutter und mit ihr der Herde zu folgen. Laufjunge werden solche sehr weit entwickelt geborene Junge bei den Säugetieren genannt. Das Gegenstück dazu bilden die Lagerjungen, die im Lager bleiben müssen. Sie werden so schwach und unfertig geboren, dass sie wie die Nesthocker unter den Vögeln von der Versorgung der Mutter oder der Eltern abhängig sind. Diese kleine Abschweifung soll das Besondere beim Menschen unterstreichen. Wir sind als Neugeborene extreme Lagerjunge. Die Babys wären völlig unfähig, der Mutter oder der Gruppe am nächsten Tag oder wenige Tage später zu Fuß zu folgen. Wir alle kommen in einer speziellen Form von Frühgeburt zur Welt. Unsere Entwicklung im Mutterleib sollte mindestens doppelt so lange dauern; nicht neun, sondern zwanzig Monate und mehr. Erst dann wäre ein Geburtszustand erreicht wie bei den Babys von Schimpansen und anderen Menschenaffen.

Unsere sehr frühe Geburt ist nötig, weil ansonsten das Köpfchen nicht mehr durch den Engpass des Beckenrings käme. Als Frühchen geboren zu werden hat den besonderen Vorteil, dass nach der Geburt ein weiteres starkes Wachstum des Gehirns stattfinden kann. Es entwickelt sich weiter zu etwa der dreifachen Größe, die unserer Körpermasse angemessen wäre. Mit dieser Gehirnvergrößerung ragen wir aus der Reihe der Primaten hervor. Nur Delphine kommen unserer Gehirnentwicklung einigermaßen nahe, wenngleich sie deutlich unter unserem Niveau bleiben. Was sie auszeichnet ist, dass sie mit den Fischen, die sie fangen, eine besonders proteinreiche Nahrung zu sich nehmen. Diese enthält beides, Eiweiß für das Wachstum und bestimmte Fettsäuren, die der Gehirnentwicklung zugutekommen. Es ist daher durchaus verständlich, dass viele Menschen, insbesondere solche, die Delphine in ihrer natürlichen Umwelt erlebt haben, in ihnen die Intelligenz im Meer sehen (wollen). Zudem gibt es bei Delphinen etwas, das bei uns Menschen wohl in allen Kulturen vorhanden ist, nämlich dass bei der Geburt Hilfestellung von Artgenossen geleistet wird. Im Meer ist dies für Säugetiere verständlicherweise notwendig, denn das

Neugeborene muss an die Luft kommen, um den ersten Atemzug machen zu können. Dass aber beim Menschen generell zumindest die Erstgebärenden der Geburtshilfe bedürfen, drückt aus, wie sehr die Gehirnentwicklung an die Grenzen des Möglichen gegangen ist. Kein anderes lebendgebärendes Wesen hat eine so schwierige Geburt zu meistern wie die Menschenfrauen.

Wäre doch einfach der Knochenring größer, ginge es leichter, ließe sich einwenden. Nicht nur die Gnus bringen ohne Hilfe sehr weit entwickelte Laufjunge mit langen Beinen zur Welt, sondern auch die Giraffen, bei denen gleich zwei Komplikationen dazukommen, nämlich die außerordentlich langen Beine und die Fallhöhe bei der Geburt. Elefanten bringen große Kälber zur Welt, die gleichfalls kurz danach in der Lage sind, aufzustehen und an die Milchquelle zu kommen. Breite Hüften bei Menschenfrauen signalisieren, dass für sie das Gebären weniger riskant ist als bei besonders Schmalhüftigen. Doch der Unterschied in der Knochenringgröße bleibt gering; zu gering, um durchgängig eine leichte Geburt zu ermöglichen. Die Geburtsstellung verrät, wo das Kernproblem liegt. Die Gnus gebären wie die Giraffen oder die Büffelkühe im Stehen bei fast waagerecht gehaltenem Körper. Nur die Hinterbeine werden weit gespreizt. Bequem auf der Seite liegend bringen Katzen und Hunde ihre recht kleinen Lagerjungen zur Welt. Je kleiner, desto leichter ist die Geburt. Je größer, desto schwieriger. Die Kleinheit des Menschenbabys reicht dennoch nicht aus für eine einfache Geburt. Das liegt auch am Bau des Beckens, das bei uns Menschen flach schüsselförmig ausgebildet ist. Es muss ja die Last der inneren Organe, letztlich fast des ganzen Körpers tragen, weil wir aufgerichtet in die Senkrechte durchs Leben gehen. Die Vierfüßer bewegen sich mehr oder weniger in der Horizontalen. Die inneren Organe drücken daher nicht auf den Beckenboden. Wenn sie halbwegs normal entwickelt sind, gibt es keinen Organvorfall in diesem Bereich. Die Bauchdecke und die zugehörige Muskulatur tragen das zusätzliche Gewicht des sich im mütterlichen Körper entwickelnden Nachwuchses. Beim Menschen wäre demgegenüber eine Vergrößerung des Beckenrings in doppelter Weise problematisch. Sie würde den weichen Beckenboden zu sehr belasten und durch Weitung der Beinstellung das Gehen und Laufen beeinträchtigen. All diese menschlichen Besonderheiten sind ganz eng mit der Fortbewegungsweise verknüpft, mit dem nomadischen Leben. Dass wir diese Lebensweise seit ein paar Jahrtausenden nicht mehr führen, stellt eine so junge Neuerung dar, dass sie in der Evolutionsgeschichte unserer Gattung und Art noch gänzlich bedeutungslos ist. Denn in größerem Umfang sesshaft ist die Menschheit erst seit etwa zehntausend Jahren. Das sind lediglich fünf Prozent der Zeitspanne, die unsere Art schon existiert, und weniger als ein halbes Prozent in der Entwicklungsgeschichte unserer Gattung.

Ist damit wirklich alles gelöst, was sich an biologischen Besonderheiten mit uns Menschen verbindet? Immer wieder muss man die erzielten Erklärungen hinterfragen. Wofür war (und ist) dieses große, solche Geburtsschwierigkeiten verursachende und mit so hohem Energiebedarf verbundene Gehirn eigentlich nötig? Dass es sich mit Beginn des Eiszeitalters herausgebildet hat, belegen die Fossilfunde. Dass es mit dem (Mit-)Wandern verbunden war, geht aus den obigen Argumentationen, wie ich meine, in nachvollziehbarer Weise hervor. Das Mitwandern mit den Herden der Großtiere und die damit zustande gekommene anhaltende Verbesserung der Versorgung mit Proteinen ermöglichten die Gehirnvergrößerung. Dass sie nicht auch bei Löwe & Co. in vergleichbarer Weise einsetzte, ergab sich aus deren Unfähigkeit, den Großtierherden zu folgen. Interessante Anmerkung dazu: Die Delphine folgen auch ihrer Beute, den Fischzügen. Sie müssen nicht wie die Robben, deren Junge an Land geboren werden, immer wieder zu ihrem Nachwuchs zurück. Dass bei der Menschwerdung der Wechsel aus den Wäldern in die Savanne nicht ausreichte, die entscheidenden Veränderungen hervorzurufen und ihre Evolution zu begründen, ging aus dem Vergleich mit Schimpansen und den in großen Verbänden lebenden Pavianen hervor. Es fehlt beiden Primaten die Aufrichtung auf die Hinterbeine und die damit verbundene Fähigkeit zum langen Wandern. Die Australopithecinen waren gleichsam auf dem richtigen Weg. Was ihnen noch fehlte, war die Ausdauer. Dazu bedurfte es der Verminderung des primatentypischen Fells bis zur Nacktheit und eine entsprechende Vermehrung von Schweißdrüsen mit verbesserter Wirksamkeit. Eine Entwicklungslinie der Australopithecinen schaffte diesen Übergang, als das Klima stark saisonal wurde und die Tierherden dadurch zu immer weiträumigeren Wanderungen zwang. Sie wurden die Vorfahren der Gattung Mensch. Mehrere

Millionen Jahre lang hatten ihre kleinen, aber für Menschenaffen normal großen Gehirne offensichtlich voll und ganz ausgereicht, das Leben und Überleben zu sichern. Als Gattung existierten die Australopithecinen sogar länger als alles, was unter unserer Gattung Mensch geführt wird. Doch erst diese schaffte den Fortschritt der Gehirnvergrößerung. Das ist durch zahlreiche Fossilfunde belegt. Dass es dazu kam, liegt sehr wahrscheinlich am Verfolgen der Großtierherden. Warum sonst sollte sich bis in unsere Zeit die Problematik erhalten haben, dass der Geburtskanal zu eng ist für den Kopf des Babys, obwohl dieser nachgeburtlich so sehr wächst und jene Intelligenz entwickelt, dank deren wir uns für die Krone der Schöpfung halten? Klar, dass die Frage, wozu das immer größer werdende Gehirn eigentlich gut war und so sehr ins Extrem geriet, nun über allem schwebte. Auch hier über der afrikanischen Savanne mit den Wildtieren und den Zugvögeln aus Europa. Es galt, einen Zirkelschluss unter allen Umständen zu vermeiden. Zu viele »um zu«-Erklärungen gibt es nach wie vor in der Evolutionsbiologie.

Der Zusammenhang von aufrechtem Gang, Nacktheit und dem wandernden Umherschweifen war überdeutlich. Darin drückt sich zudem aus, dass es keiner lebensgefährlichen Raubtiere bedurfte, vor denen man fliehen musste, um das Laufen zu lernen. Die leichtfüßig dahingaloppierenden Gnus, die Hufe der Zebras, die hart auf den Boden schlagen und gefährliche Schläge austeilen können, die staksigen Beine der neugeborenen Gazellen und Antilopen, sie alle und auch die schnittigen Flügel der Schwalben, mit denen diese schnell und wendig fliegen können, verunsicherten mich immer mehr, auch wenn sie zu den Lieblingserklärungen von Evolutionsbiologen gehören. Beim Erlebnis eines jagenden Gepards gleich am ersten Tag in Kenia hatte ich es angedeutet. War es wirklich so, dass schnelle Feinde schnelle Beine bzw. Flügel schaffen? Trieben Löwen, Geparde und Wildhunde die Evolution der schlanken Beine voran, die zu immer schnellerem Lauf befähigten? Lag es an den Falken, bei uns etwa den Baumfalken, die Schwalben jagen, dass deren Flügel immer schnittiger wurden? Warum überlebte dann hier in Ostafrika eine viel reichhaltigere Vogelwelt in unterschiedlichster Flugfähigkeit, obgleich das Artenspektrum der Greifvögel beträchtlich größer ist als in Europa? Immer mehr verstärkte sich der Eindruck, dass das evolutionsbiologische Räuber-Beute-Modell zu vereinfacht und zu einseitig war. Es betrifft, so fing ich an zu vermuten, nur die Oberfläche des Geschehens, nicht den eigentlichen Grund. Ein Sonderfall lud geradezu ein, ihn genauer zu betrachten. Das waren die Geier. Sie hatten mir gezeigt, wie leicht es ist, sich an ihnen zu orientieren, wenn man ein sterbendes oder frisch totes Tier suchen möchte. Ihr Beispiel bot eines der stärksten Argumente zur Lösung des Rätsels der Menschwerdung. Sie stammen von ursprünglich selbst jagenden, adlerartigen Greifvögeln ab. Hier in Afrika und auch in Europa und Asien, überall, wo Geier vorkommen. In Amerika aber kam es zu einer Parallelentwicklung. Die nächsten Verwandten der Neuweltgeier sind Störche. In Afrika waren die Greifvögel auf dem Weg zum Typ des Geiers als reinem Kadavernutzer offenbar schneller als die Störche. Die zu den Störchen gehörenden Marabus bilden in Afrika allenfalls Begleiter der Geier an den Großtierkadavern, nicht die Erst- oder Hauptnutzer. Womit wir wieder einen Unterschied zwischen beiden Kontinenten antreffen und auch gleich erklären können; zumindest ansatzweise. Denn Afrika hat viel mehr Großtiere als Südamerika, und dort gab es zudem keine großräumigen Wanderungen von Säugetieren. Es war hingegen auffällig und bezeichnend, dass die dortigen Geier, die Rabengeier und Kondore, zeitweise auch die Truthahngeier, die Küsten aufsuchten und den Seewind zum Suchflug nutzten. Wahrscheinlich gab es an den südamerikanischen Küsten auch in der ferneren Vergangenheit des Eiszeitalters mehr Kadaver von Meeressäugetieren als an Land weitab vom Meer. Der immer wieder auffällige Unterschied zu Südamerika wird noch weitere gewichtige Fragen aufwerfen. Die afrikanischen Geier bieten in diesem Zusammenhang noch mehr. Ihre Abstammung von adlerartigen Vorfahren betonte ich bereits. Sie ist im ganzen Körperbau sichtbar. Lediglich die Schwäche der Greifer, der Zehen mit ihren Krallen, die nicht mehr zum aktiven Beutemachen taugen, macht einen wichtigen Unterschied, so man sie nahe genug betrachten kann. Deutlich wird dies, wenn Geier zum Kadaver hin hüpfen und dabei wie zu groß geratene Hühner aussehen und auch wie diese darum herumsitzen, bis sie mit der Kadaververwertung beginnen können. Dann wird deutlich, dass ihre Füße besser zum Stehen als zum Zupacken geeignet sind, insbesondere wenn sie einen Fuß wie eine Pfote drohend erheben.

Aus ihrer völligen Aufgabe des aktiven Jagens ist zu folgern, dass die Anfangsvorteile zum Beginn der Kadavernutzung entsprechend groß gewesen sind. Die werdenden Geier mussten sich die frühere Möglichkeit, sich selbst Beute zu greifen, nicht mehr offenhalten. Und wichtiger noch: Die Vorteile der Nutzung von Großtierkadavern dauerten ununterbrochen an. Es kann niemals eine ernsthafte Verknappung gegeben haben. Sonst hätten die Geier nicht überlebt. Daraus folgt, dass es in Afrika all die Jahrmillionen seit Ende des Tertiärs und das ganze Eiszeitalter hindurch bis in die Gegenwart stets Großtiere in Mengen gegeben hat, die das Überleben der Geier sicherten und ihnen sogar die Spezialisierung auf bestimmte Teile und Zustände der toten Tiere ermöglichten. Anfangsvorteile und Dauerhaftigkeit sind aber die beiden entscheidenden Rahmenbedingungen dafür, dass in der Evolution etwas Neues entstehen, sich durchsetzen und erhalten kann. Die Geier bekräftigen daher, dass es sich am Beginn der Entwicklungen, die zum Menschen führten, bereits gelohnt haben musste, nach frisch toten Großtieren Ausschau zu halten und diese als Proteinquelle zu nutzen. Und dass solche immer vorhanden waren, und zwar reichhaltiger als in unserer Zeit, in der nur noch ein Teil der früheren Megafauna lebt. Sie blieb in Afrika in ihrem Artenspektrum und weithin auch in eindrucksvollen Mengen erhalten, die ausreichten für die Geier, bis sie von den Menschen stark dezimiert wurden. In Indien und Südeuropa hingegen sind die dortigen Geier weitgehend bis völlig abhängig von toten Haustieren.

Dieses Prinzip von Anfangsvorteilen und deren Dauerhaftigkeit gilt es zu berücksichtigen, wenn nach Erklärungen für evolutionäre Entwicklungen gesucht wurde. Das Angebot nimmt Einfluss auf die Nachfrage. Diese Gegebenheit ist uns aus der Wirtschaft vertraut. In der Natur verhält es sich nicht anders. Ohne ein entsprechend großes, für die Nutzung attraktives Angebot wird sich kaum eine Nachfrage einstellen; zumindest keine neuartige. Und wiederum wie in der Wirtschaft gilt, wer zuerst die neuen Möglichkeiten entdeckt und zu nutzen beginnt, der hat entscheidende Vorteile. Auch wenn es besser geeignete Nutzer geben könnte. So wäre es vorstellbar, dass auch in Afrika aus dem vielfältigen Spektrum der Störche Vögel hätten entstehen können, die den Geiern der Neuen Welt entsprechen. Deren Vorzug liegt in ihrem viel besseren Riechvermögen, als es die Altweltgeier und die Adler haben. Königsgeier erriechen aus dem Suchflug über den dichten Baumkronen der südamerikanischen Tropenwälder am Boden liegende tote Tiere, die sie nicht sehen können. Das Riechvermögen ist in der Welt der Vögel sehr ungleich entwickelt. Vermutlich verfügen auch die Storchenvögel Afrikas, Europas und Asiens über ein ziemlich gutes, denn manche Arten stochern mit ihren langen Schnäbeln in Müll oder Schlamm und finden Verwertbares, das sie nicht sehen konnten. Aber die Adler waren in der Alten Welt schneller als die Störche und ihre Abkömmlinge, die echten Geier, besser im Auffinden der Kadaver dank günstigerer Proportionen von Halslänge, Schnabelgröße und Beinlänge, die bei den Neuweltgeiern aus den Storchenproportionen erst geierartig werden mussten, um zu dieser Lebensweise zu passen. In Südamerika gibt es keine Adler. Also war auch keine Vogelgruppe vorhanden, die von Anfang an günstigere Voraussetzungen mitgebracht hätte für die Entwicklung des Typs großer Kadaververwerter.

Wiederum lassen sich solche Überlegungen und Befunde auf die Evolution des Menschen übertragen. In Südamerika gab es zwar Primaten, aber allesamt waren sie ziemlich kleine und typische Waldbewohner mit spezifischen Anpassungen an das Klettern im Geäst. Die auffälligste und am meisten beeindruckende ist der Greifschwanz, den mehrere der größeren Neuweltaffen als fünfte Hand benutzen. Sie können sich mit diesem wie mit einem Arm festhalten. Dieser Klammerschwanz ermöglicht ihnen eine stabile Verankerung im Astwerk an drei verschiedenen Stellen, nämlich mit den beiden Hinterbeinen und dem Greifschwanz. So werden die beiden Arme frei zum Absuchen von Blättern und Zweigen und zum gezielten Zupacken mit den Händen. Wer in Bäumen herumkletterte und mit beiden freien Händen etwas greifen wollte, weiß, wie schwer es ist, sich nur mit den Beinen festzuhalten. Neuweltaffen können sich mit ihrer fünften Hand sogar frei hängend festhalten und alle vier echten Extremitäten zum Greifen benutzen, die Hände und die handartig ausgebildeten Füße! Die südamerikanischen Tropenwälder erfordern vorsichtiges Klettern, denn dort tragen viele Bäume lange, sehr spitze Dornen oder Stacheln an Stamm und Ästen. Wollten Affen in den Kronen solcher Bäume herumtollen wie Grüne Meerkatzen und Paviane in Afrika, zögen sie sich allzu schnell gefährliche Verletzungen zu. Zu Boden gegangen sind keine Primaten in Südamerika. Es gab dort zu wenig zu holen, außer stellenweise mineralstoffreiche Erde zur Nahrungsergänzung. Der Typ der Paviane fehlt bei den Neuweltaffen völlig. Menschenaffen gibt es dort ohnehin nicht. Zum Angebot gehört die Nachfrage. Doch wie sie ausfällt und ob sie überhaupt zustande kommt, hängt auch davon ab, was schon vorhanden ist. In Südamerika können große Primaten durchaus leben. Die Menschen, die diesen Kontinent seit sicher mehr als zehntausend Jahren besiedelten und die wir Indios oder Indianer zu nennen pflegen, bewiesen dies, lange bevor die Europäer die für sie Neue Welt entdeckten. Es lag an Gegebenheiten und Entwicklungen der Erdgeschichte, dass große Primaten erst so spät nach Südamerika gelangten. An Besonderheiten der Erdgeschichte lag es auch, dass Menschen in Afrika entstanden und von dort aus, mehrfach sogar, die angrenzende, zu Fuß erreichbare Welt besiedelten. Angebot und Nachfrage liefern daher nicht allein alle Erklärungen für das Werden und So-Sein von Lebewesen und der Natur. Alle Lebewesen haben wie auch die Menschen Geschichte, Naturgeschichte.

Werfen wir einen letzten Blick auf die Geier. In Afrika bot sich ihren adlerartigen Vorfahren die Möglichkeit, sich auf tote Großtiere als Ernährungsgrundlage zu spezialisieren. Kadaver nutzende Störche blieben Randfiguren, mitunter buchstäblich, wenn sie zusammen mit den Geiern an einem toten Großtier stehen. Adler überlebten dennoch auch. Die ursprüngliche Lebensweise der Jagd nach lebenden Tieren passender Größe war nicht plötzlich untauglich geworden, weil sich Abkömmlinge ihrer Gruppe den Kadavern zuwandten. Vormenschen und Frühmenschen als Nutzer von Großtierkadavern waren möglich, weil so viele davon in Afrika, und dort insbesondere in den Savannen, anfielen. Wie die Geier genossen die Vormenschen die Anfangsvorteile der Kadaverfleischnutzung. Sie hielten an. Die Großtiere blieben über die Jahrmillionen hinweg erhalten, auch wenn es klimatisch bedingte Zu- und Abnahmen gegeben hatte und Ausbreitungen und Schrumpfungen der Areale von wechselfeuchten Savannen das ganze Eiszeitalter hindurch stattfanden. Und wie die Adler bei den Geiern, so blieben auch bei den Menschenaffen die Schimpansen als ursprünglichere

Formen übrig und entwickelten nur im Detail einige Eigenheiten, ohne sich aber in ihrer Lebensweise ähnlich stark zu verändern wie es bei der Entwicklung der Australopithecinen zum Menschen der Fall war. Dass auf diesem Weg zum Menschen die Mithilfe der Raubtiere wahrscheinlich ziemlich bald nicht mehr nötig wurde, liegt daran, dass die Vor- und Frühmenschen mit ihren geschickten Händen auch Werkzeuge einzusetzen verstanden. Aus Steinen zum Werfen, um andere an der Beute Interessierte fernzuhalten, wurden Faustkeile und Schaber oder Schneider zur Bearbeitung von Fleisch und Knochen. Letztere waren besonders bedeutsam, wie wiederum Geier zeigen, denn große Säugetierknochen enthalten im Mark Nahrhafteres und leichter Verdauliches als Fleisch. Sie mit einem Stein aufzuschlagen und auszuschlürfen erfordert keine besondere Geschicklichkeit. Wie viel von den Resten übrig blieb oder ob so gut wie alle Rückstände alsdann den Weg durch die Mägen von Hyänen nahmen, lässt sich nicht abschätzen. Denn auch Hyänen nutzen umfangreich Knochen und Knochenmark. Ihr außerordentlich kräftiges, brechscherenartiges Gebiss wird der Knochennutzung zugeschrieben.

Schließlich können wir mit ziemlicher Sicherheit davon ausgehen, dass ein frisch totes, noch nicht in Verwesung übergegangenes Großtier eine so attraktive Beute darstellte, dass sie von der Vormenschen-Gruppe, die sie entdeckte, gegen andere Gruppen heftig verteidigt wurde. Löwen tun dies auch. Warum hätten Vor- und Frühmenschen nicht gleichermaßen reagieren sollen, wenn es um so einen frischen Fleischberg ging? Kooperation in der Gruppe ist da jedem Einzelgänger, auch übermächtigen, überlegen. Dies führen die Wolfsrudel an erbeuteten oder tot aufgefundenen Großtieren vor. Grundlegende Gegebenheiten unseres menschentypischen Sozialverhaltens passen sogar bestens zu dieser ursprünglichen Strategie der Ernährung, weniger etwa das vergleichsweise friedliche, wenig spannungsgeladene Verhalten der Bonobo-Schimpansen im äquatorial-afrikanischen Regenwaldgebiet. In ihrem Lebensraum ist die überwiegend bis nahezu ausschließlich pflanzliche Nahrung, von der sie leben, so gleichförmig dünn verteilt, dass es sich nicht lohnen würde, irgendeinen Fleck davon speziell als Besitz zu beanspruchen und zu verteidigen. Die Paviane, denen ich zwischendurch immer wieder zusah, wie sie alle Nischen und Winkel am

Boden absuchten und Steine umdrehten, sind in derselben Lage. Keine Stelle würde lohnen verteidigt zu werden. Paviane leben von der Hand in den Mund. Das Teilen wird erst wichtig, wenn das erbeutete Stück so groß und so ergiebig ist, dass es dem einzelnen (Menschen-)Affen zu viel ist, für die anderen aber attraktiv wird. Schimpansen praktizieren das Teilen und machen sich mit dem Geben auch Freunde. Die Ähnlichkeiten mit den Geiern und ihrem Verhalten an den Großtierkadavern waren daher nur anfänglich da. Sie könnten kein totes Tier gegen Artgenossen oder andere Aasverwerter verteidigen und besitzen wollen. Dazu haben sie einfach nicht die Möglichkeiten. Bei den Menschen und ihren entwicklungsgeschichtlichen Vorstufen wirkte das enorme Angebot an lebenswichtigen Proteinen hingegen weiter hinein in ihr Sozialverhalten und gestaltete es zunehmend, bis der Zustand nomadischer Jäger und Sammler erreicht war. Dieser blieb tauglich zum Überleben bis in unsere Zeit. In Afrika lebten bis fast in die Gegenwart die kleinwüchsigen San wie in Urzeiten in diesem Stil. Aber auch zahlreiche andere Ethnien, von Amazonien bis zum nördlichen Polarkreis, praktizierten dieses Jäger-und-Sammler-Leben, bis die Europäer kamen und in ihrer überheblichen Art die »Primitiven« zivilisieren wollten. Sie haben sie dabei weitgehend vernichtet. Jäger-und-Sammler-Kulturen wurden von den Europäern zu einem Naturphänomen degradiert und ihre Reste wie lebende Fossilien in eigens dafür vorgesehene Reservate gezwungen. Den Hadza war nicht einmal ein solches vergönnt, da sie nicht, wie die Massai und Samburu als Hirtennomaden, so etwas wie traditionell genutzten Landbesitz geltend machen konnten. In einer längst umfassend aufgeteilten Welt hat das ungebundene Wandern keinen Platz und keine Zukunft mehr. Umso mehr fließen jetzt die Warenströme, ist man geneigt, aus evolutionsbiologischer Sicht hinzuzufügen.

Und auch die Touristen, wie ich zugeben muss, der ich selbst zusammen mit den Freunden touristisch unterwegs bin, um unkompliziert die Natur Ostafrikas erleben zu können. Die globale Gesamtmenge der Touristen übertrifft inzwischen jedes Jahr die größten historischen Völkerwanderungen. Ein unerklärlicher Drang erfasst die Menschen in großer Regelmäßigkeit, sobald sie es sich wirtschaftlich leisten können. Sie wollen, sie müssen weg, um etwas anderes zu sehen und zu erleben, so eine der häufigsten

Begründungen. Was sie treibt, ist Neugier. Was sie erfasst, ist eine Unruhe, wie sie sich im Wort bereits ausdrückt; die Unfähigkeit zu ruhen. Wanderlust steckt uns im Blut, heißt es ganz zutreffend. Wir alle sind Nachkommen von Nomaden! Das ist es, was sich daraus schließen lässt. Und dass sich dieser innere Drang nunmehr virtuell geradezu grenzenlos umsetzen, dennoch nie vollständig befriedigen lässt, davon hinterlassen wir unsere Spuren im Internet, in dem zunehmend mehr Menschen die neue große Freiheit finden.

All die eben dargelegten, umfangreichen Begründungen geben jedoch keine Antwort auf die Frage, warum unser Gehirn so groß werden musste. Sie bekräftigen nur die Feststellung, dass der Mensch von Natur aus Nomade und mit seinem Nomadismus in den heißen Regionen Afrikas nackter Affe geworden ist und der ausdauerndste Läufer dazu. Aber wozu das übergroße Gehirn gebraucht wird, das mit solchen Kosten und Schwierigkeiten bei der Geburt verbunden ist, lässt sich daraus nicht ableiten. Lediglich die »um zu...«-Erklärung ist vermieden worden. War die Gehirnvergrößerung ein Selbstläufer, wie manche meinen, d. h. eine Entwicklung, die einen guten Anfangsgrund gehabt hatte, dann aber einfach weiter- und davonlief (im Fachjargon *runaway selection* genannt)? Oder wurde es so groß, weil Palavern und witzige Bemerkungen zu machen sexy sei, wofür andere Forscher vehement plädieren? Brauchten unsere fernen Vorfahren die Gehirnvergrößerung, um sich mehr Personen merken und zu diesen Erinnerungsdossiers anlegen zu können, weil die Gruppengröße, die anfangs noch überschaubar großfamiliär klein war, zu groß geriet? Diese soziale, insbesondere von Robin Dunbar verfochtene Hypothese verbindet großes Gehirn mit Entwicklung der Sprache, die er als Erweiterung des Graulens (*grooming*) zur Kontakt- und Freundschaftspflege betrachtet. Oder kam sie, zumal die Grammatik, die alle Sprachen nachvollziehbar strukturiert, vom Tanz – eine Ansicht, die Wolfgang Steinig in Ausweitung der Vorstellungen von Robin Dunbar favorisiert? Wenn man in Afrika, zumal draußen in der Natur, die mit Klicklauten durchsetzte Sprache der San-Gruppen hört und mit der Vielzahl von sehr unterschiedlichen Sprachen und Dialekten konfrontiert ist, fällt vor allem etwas schwer, nämlich einen einheitlichen Ursprung der Sprache anzunehmen. Sollte es jemals eine Ursprache gegeben haben, war so gut wie nichts von ihr übrig geblieben. Darüber hier und jetzt unter der Sonne Afrikas nachzusinnen, gab ich auf. Es war angenehmer, der Vielfältigkeit der Stimmen zu lauschen, die Vögel, Säugetiere, abends und nachts auch Frösche und die Vielzahl von Insekten von sich geben. Dass akustische Signale höchst wichtig sind, steht außer Frage. Sprachen sind sie jedoch nicht! In keinem Fall.

Die Entstehung so unterschiedlicher Sprachen wird noch rätselhafter, wenn wir erleben, wie gut eigentlich die nichtsprachliche Kommunikation funktioniert. Ob bei den Indios in Mato Grosso oder bei Afrikanern hier weitab von den Touristengebieten, in denen ja einfaches Englisch verstanden wird, mit Händen, Körperhaltung sowie Mimik ist fast mühelos die geeignete Basis für den Kontakt gegeben. Wir merken oft gar nicht, wie viel von der Ausdrucksweise unseres Körpers und vom Gestikulieren in das mit hineinfließt, was wir mit Worten und Schilderungen zu vermitteln versuchen. Noch viel präziser kann die Gebärdensprache der Taubstummen ins Detail gehen, ohne dass auch nur ein einziges Wort gesprochen wird. Umgekehrt ist Sprechen aber sehr hilfreich, wenn Tiere angesprochen und beruhigt werden sollen oder Befehle erhalten. Pferde verstehen sie, Hunde ganz besonders gut. Sie begreifen, was mit dem Hinweisen auf etwas, auch auf etwas Fernes, gemeint ist, und reagieren darauf, während sich Schimpansen damit schwertun oder Zeigegesten überhaupt nicht verstehen. Jeder Versuch, mit den Menschen zu kommunizieren, die wir antreffen und denen wir etwas mitteilen oder die wir fragen möchten, wird begleitet von diesem merkwürdigen Gefühl, dass mehr und vielleicht sogar Falsches verstanden werden könnte, als man selbst ausdrücken möchte, oder aber auch zu wenig. Warum haben wir solche Kommunikationsschwierigkeiten mit der oder trotz der Sprachfähigkeit? Warum hat sich keine Universalsprache erhalten? Gab es sie jemals? Wenn Gehirngröße und Sprache zusammenhängen, weshalb trennten sie sich dann in die Vielzahl von Sprachen? Das kuriose Erlebnis im zentralen Gran Chaco kam mir wieder in den Sinn, wo sich die Indianer, die aus verschiedenen Stämmen gekommen waren, um bei den Mennoniten zu arbeiten, in altem Plattdeutsch unterhielten. Sprachen folgen offenbar ganz ähnlichen Entwicklungen wie Evolutionsprozesse. Dass sie nicht nur zur Verständigung dienen, sondern in ganz starkem Maße auch ausgrenzen, ist nicht zu übersehen. Die Menschheit, als Ganzes betrachtet, gliederte sich dem Aussehen nach in unterschiedliche größere und kleinere Gruppen, wie sie sich auch unüberhörbar in Sprachgruppen aufteilte, die sich nach Art von Stammbäumen aufbauten und klassifizieren lassen. Hier in Afrika überlagerten sich in den letzten beiden Jahrhunderten mindestens fünf große Idiome, nämlich die in der schwarzafrikanischen Gesamtbevölkerung dominanten Bantusprachen, die niloto-hamitischen der Hirtenvölker, die arabischen Sprachen und die indo-europäischen sowie die nur noch in Resten übrig gebliebenen Khoisan-Sprachen mit ihren für uns besonders fremdartig klingenden Klicklauten. Sie waren der Bantu-Expansion fast zur Gänze zum Opfer gefallen, bevor die Europäer nach Afrika kamen. Wieder liegt alldem zugrunde, dass auch in Afrika die Bevölkerungen bis in die Gegenwart in Bewegung waren, Ausbreitungen durchführten oder zurückgedrängt wurden. Es gab und gibt für Afrika genauso wenig einen richtigen Zustand, wie für Europa, geschweige denn einen gerechten!

Aber ich greife jetzt zu weit vor. In den Jahren der Exkursionen nach Ostafrika beschäftigte mich das Problem der Sprachen eher am Rande dergestalt, dass ich dankbar war, das einfache, geländetaugliche Englisch benutzen zu können, gleichwohl den Verhältnissen in Südamerika ein wenig nachtrauerte, wo es mit den beiden großen Sprachen Spanisch (Castillano) und (brasilianisches) Portugiesisch so angenehm einfach war, sich mit der Bevölkerung zu verständigen. Nicht einmal mein häufiges Durcheinander von Spanisch und Portugiesisch verursachte dort nennenswerte Probleme. Dass die indianischen Sprachen ganz anders klingen, war am stärksten im Andenhochland in der Region der Quechua-Sprache zu bemerken. Doch deren Sprecher hatten keine Mühe, sich auf Spanisch zu verständigen. Die tatsächliche Vielfalt der Sprachen der südamerikanischen Indios bekam ich erst mit, als ich mich daheim ein wenig näher mit deren in völkerkundlichen Forschungen dokumentierten Lebensweise befasste. Da fiel mir auf, dass eine Sprachenkarte Brasiliens ein ähnlich buntes Bild (denn die Regionen der verschiedenen Sprachen waren zur besseren Verdeutlichung in unterschiedlichen Farben dargestellt) ergab wie eine der Vorkommen vieler Vogelarten: mehr oder weniger große Inseln im weiten, weitgehend geschlossenen Waldmeer Amazoniens. Dass sich die Flächen der Stämme mit bestimmten Sprachen nicht mit denen von Vögeln deckten, ließ sich leicht nachvollziehen. Viele Indianerstämme waren erst in jüngerer Vergangenheit, insbesondere in den Jahrhunderten nach Eintreffen der Europäer, in ihre heutigen Gebiete abgedrängt, zum Teil auch dorthin aktiv umgesiedelt worden. So trafen am oberen Xingú Sprecher ganz unterschiedlicher Sprachen zusammen, weil dort für die indigenen Völker ein eigenes großes Reservat geschaffen worden war. Dass die Verbreitung von Cariben, Tupí oder Guaraní und anderen Ethnien der amazonischen Indios nicht mehr ihrer ursprünglichen entsprach, war längst klar und kein völkerkundliches oder linguistisches Problem. Ob es überhaupt einmal eine ursprüngliche Verbreitung gegeben hat, war im Hinblick auf die Bemühungen, die Indianer zu schützen, offenbar gar nicht erst näher diskutiert worden. Und für mich, da ich davon nichts verstand, war das auch bedeutungslos. Am allgemeinen Befund, dass die Indianerstämme nicht nur in Amazonien, sondern in ganz Südamerika im Prinzip ähnlich verteilt waren wie viele Vogel- und Säugetierarten, nämlich inselartig und nicht großflächig-einheitlich, änderten diese historischen Details nichts.

Offenbar sah es hier in Afrika ganz ähnlich aus. Das war der für mich spannende Aspekt. Und ein politisch höchst brisanter dazu, wie sich rasch zeigte, nachdem die meisten künstlichen Staatsgebilde Afrikas die Selbständigkeit erlangt hatten. Fast überall und mitunter in schier unfassbarer Brutalität taten sich die ethnischen Unterschiede auf und führten zu blutigen Bürgerkriegen, die diese Bezeichnung gar nicht verdienen, denn die Beteiligten waren längst noch keine Staatsbürger. Sie waren, frei von der ebenso ordnenden wie unterdrückenden Hand der Kolonialherren, in den vorkolonialen Zustand zurückgefallen. Jedoch mit dem gewaltigen Unterschied, dass sie nun über Schnellfeuergewehre, Granaten und sonstiges verheerendes Kriegsgerät verfügten, das ihnen von einschlägigen Händlern und Organisationen bereitwillig verkauft wurde. Gegen Blutdiamanten und anderes oder weil die Ost-West-Konfrontation des Kalten Krieges zwischen der Sowjetunion mit ihrem kommunistischen System der zugehörigen Trabanten und dem Westen mit seiner Wirtschaftmacht ein ideales Lavieren ermöglichte, aus dem sich jede Menge Vorteile ziehen ließen. Es war

Der Mensch und Afrika 353

daher für mich auch nicht möglich, in den nahen und mit seinem Regenwald so interessanten, politisch aber in einem mörderischen Chaos versinkenden Kongo zu gelangen, um den direkten Vergleich zu Amazonien zu bekommen. Überall ließ sich beobachten, wie sehr die verschiedenen Afrikaner einander verachteten, weil sich jeder Stamm edler dünkte als der andere. Dieser innerafrikanische Rassismus kam uns, den Besuchern aus Europa, umso fremdartiger vor, als wir damals an das aus Amerika gekommene *black is beautiful* gewöhnt waren und selber große Mühe hatten, jene Unterschiede zwischen den Afrikanern zu erkennen, die für sie so konfliktträchtig waren. In Brasilien war das ganz anders gewesen. Die Schwarzen fühlten sich durchaus als Brasilianer, und die Unterschiede in Herkunft und Aussehen gingen graduell ineinander über.

An der Hautfarbe allein lag es sicherlich nicht, so der Eindruck, der zunehmend neue Nahrung über weitere Erlebnisse erhielt, dass sich innerhalb der Art Mensch solche Spannungen aufbauten, dass für Außenstehende der Eindruck entstehen musste, fremde Arten bekämpfen einander. Doch nichts, was ich aus dem Tierreich kannte, kam in der Intensität den innerartlichen Konflikten der Menschenwelt gleich. Aus der Sicht der Zoologie hätte man tiefe Zweifel daran haben müssen, dass der Mensch tatsächlich eine Art sein soll. Wenig später eskalierte bereits der ethnische Konflikt zwischen den Hutu und Tutsi in Ruanda; einem kleinen zentralafrikanischen Land, das einige Jahre zuvor noch als die Schweiz Afrikas gegolten hatte. Diesem Völkermord fielen nach unterschiedlichen Schätzungen zwischen mindestens einer halben Million und über einer Million Menschen in kurzer Zeit zum Opfer. Man konnte kaum glauben, dass dort letzte Gruppen von Berggorillas überlebten. Die Reisen in die Nationalparks vermittelten eine schöne Illusion vom Zustand Afrikas. Und meine Überlegungen, ob denn nun die Afrikaner insgesamt oder vor allem solche wie die Massai und Samburu bessere Naturschützer als die Europäer oder der Rest der Menschheit seien, wurden zu dem, was sie wohl auch waren: Wunschvorstellungen, geboren aus der Begeisterung über die Fülle der Wildtiere in großartigen Landschaften. Längst lief das Drama der afrikanischen Wirklichkeit im Kongo, in Angola, im Sudan, im nahen Uganda des Idi Amin, in Mosambik und alsbald auch im Musterland Kenia, wo Touristenbusse überfallen und Europäer verschleppt wurden. Stabil gehalten wurde nur noch Südafrika mit der eisernen Faust der Apartheid, deren Ende abzusehen war.

Was hatte ich mitgenommen aus Afrika? Eine Fülle von Erlebnissen, Anregungen, speziellen Fragen und großen Problemen. Ein Problem überlagerte alle, auch die spannendsten, die sich in der Vogelwelt und bei den Säugetieren für mich aufgetan hatten. Es war dies das Problem des Menschen. Wie wir geworden sind, wie wir sind. Und warum so? In Afrika fand die Menschwerdung statt. Nur unter Berücksichtigung der Herkunft aus Afrika fügten sich die einzelnen Teile des Puzzles zu einem schlüssigen Bild zusammen. Aus Afrika kamen in der Folgezeit in stetem Strom neue Fossilfunde zum Ursprung des Menschen. Manche präzisierten das bereits Bekannte, andere ließen sich schwer oder zunächst gar nicht so recht einordnen. Bei jedem Neufund waren die daran Beteiligten selbstverständlich davon überzeugt, dass nun die Geschichte der Menschheit neu geschrieben werden müsse. Und alle strotzten nur so von Eitelkeiten und persönlichem Rangstreben. Die gängigen Theorien zur Menschwerdung erhielten Zuwachs durch ganz absonderliche Vorstellungen wie die als »Wasseraffentheorie« popularisierte Annahme eines Übergangsstadiums, in welchem die werdenden Menschen mehr oder minder ausgeprägt im Wasser lebten und dabei nackt geworden waren. Weshalb die im Wasser dümpelnden Frauen große, in die Höhe ragende Brüste bekamen, damit die Babys und Kleinkinder daran während des Schwimmens trinken konnten. Dass diese Ansicht von einer Frau zum Besten gegeben wurde, gab Anlass zu Häme seitens der Männer, und zwar nicht nur aus der unmittelbaren Umgebung der Fachwissenschaftler, sondern darüber hinaus. Andere Theorien gewannen rasch Freunde, weil sie weitverbreitete, romantische Wunschvorstellungen bedienten wie das Palavern am Lagerfeuer, das die Menschwerdung so sehr befördert haben sollte, dass dabei sogar das Gehirn wuchs und wuchs. Oder die Umverteilung von Stoffen und Energien zum Aufbau des Körpers vom Darm ins Gehirn, weil die Verdauung (tatsächlich) auch sehr viel Energieaufwand mit sich bringt und ein kürzerer Darm daher ein größeres Gehirn möglich macht. Warum Schimpansen nicht auch auf Darmverkürzung gesetzt hatten, blieb dabei ebenso ausgeblendet wie die geradezu absurde Konsequenz, dass die extrem schwere Geburt des Menschen dann auch eine Folge seines kürzeren Darms gewesen wäre. Was sich im Lauf der Jahre so anhäufte, verwirrte mehr, als es die verschlungenen Wege der Menschwerdung klärte. Warum unser Gehirn so groß wurde, verstand ich noch immer nicht. Dass kleinere Gehirne wie die der Frauen geringere Intelligenz bedeuten würden, wie im 19. Jahrhundert von Männern angenommen wurde, war auf dem Müll der Geschichte gelandet. Die Spannweite der Gehirngrößen ist beim Menschen so groß, dass sie sich jeglicher Größenerklärung zu entziehen scheint. Ob gut ein Kilogramm oder zwei, spielt anscheinend keine wesentliche Rolle. Wie kann es sein, dass ein Organ so weit variieren darf? Später, erst in den letzten Jahren, machte ich mir einen Reim darauf, dass die Gehirngröße tatsächlich viel mit dem Speichern zu tun hatte, aber mit dem Speichern von Bildern als Eindrücken, die insbesondere beim Wandern nötig waren. Sie ermöglichten ein Elefantengedächtnis. Als die Symbolsprache entwickelt und die Schrift als externer Speicher von Informationen verfügbar war, mussten weit weniger detaillierte Bilder gespeichert werden, die viel Speicherkapazität kosten. Je logischer die Verknüpfungen, je stärker die Abstraktionen, umso mehr blieb frei im Gehirn für Assoziationen, für Lernen in Worten und Begriffen. Aber vielleicht ist dieses Bild, das ich mir vom Ursprung der Sprache und der Bedeutung des großen Gehirns mache, schon wieder zu sehr beeinflusst von einem zeitbedingten Umstand, dem Computer mit seinen Speicherkapazitäten und Algorithmen.

Wissenschaftlicher Fortschritt, so die unausweichliche Schlussfolgerung, ist kein geradliniges Aufwärts. Eines der größten Hindernisse bildet dummerweise die wichtigste Errungenschaft des Menschen, die Sprache. Als ich mir alte Bücher über Evolution im Allgemeinen und Entstehung des Menschen im Speziellen vornahm, auf Deutsch geschriebene, sehr gut bebilderte und hervorragend recherchierte, was den damaligen Stand der Kenntnisse betrifft, nämlich Ende des 19. und zu Beginn des 20. Jahrhunderts, erschrak ich darüber, wie wenig davon Eingang gefunden hatte in die modernen Werke. Auch in meinem eigenen Buch *Das Rätsel der Menschwerdung* hatte ich darauf keinen Bezug genommen. Zu sehr hing auch ich an der angloamerikanischen Literatur, außer der, wie man den Eindruck haben musste, es nichts gab, was es wert gewesen wäre, zur Kenntnis genommen zu werden. Vieles war hingegen längst bekannt, manches Detail viel besser und anders begründet als das nach dem Zweiten Weltkrieg angeblich Neuentdeckte, und allein die Tatsache, dass es in der damals führenden Wissenschaftssprache Deutsch veröffentlich worden war, garantierte in der neuen Zeit des Englischen die totale Missachtung. Das galt und gilt natürlich auch fürs Französische und für andere Sprachen. Überrascht stellte ich fest, dass sich das Dilemma der Sprachenvielfalt auch in die Naturwissenschaft hinein fortsetzte. Es war für mich sehr mühsam, mich mit meinem mehr als bescheidenen Nachkriegsenglisch in die englischsprachige Fachliteratur einzulesen. Der Unterricht im Gymnasium hatte dazu überhaupt keine Grundlage vermittelt. Französisch konnte ich mangels einer Lehrkraft in der Schule nicht lernen. Umso dankbarer war ich dem Latein, denn es fiel mir damit leicht, all die wissenschaftlichen Namen und Fachbegriffe zu lernen. Die meisten ließen sich mit den Lateinkenntnissen auf Anhieb verstehen bzw. nach und nach ergänzen, wenn sie griechischen Ursprungs waren. Latein half sehr in Südamerika; mangelnde Französischkenntnisse hielten mich dagegen vom frankophonen Teil Afrikas ab. Englisch nur ausnahmsweise benützen zu müssen erwies sich in Südamerika als ganz großes Plus, denn so blieb mir erspart, gleich als US-amerikanischer Gringo eingestuft zu werden.

Bei der Durcharbeitung meiner Notizen und Eindrücke aus Südamerika und Afrika wurde zunehmend deutlich, wie hoffnungslos es ist, alle vorhandene Fachliteratur auswerten zu wollen. Es gab einfach zu viel. Das Spezialistentum hat einen riesigen Vorteil, weil es einen durch die Enge der Themenwahl in die Lage versetzt, praktisch alles Veröffentlichte in die eigene Forschung einbeziehen und darin verwerten zu können. Der bekannte Kalauer, dass der Spezialist immer mehr von immer weniger weiß, hat sehr wohl seinen tieferen Sinn. Und wenn ich im Überschwang der Begeisterung für meine Forschungen nicht nur da und dort, sondern vielfach feststellte, das man dies oder das in den neuen Veröffentlichungen nicht berücksichtigt hatte, obwohl es Veröffentlichungen dazu gab, so zwang mich die Vertiefung und Verbreiterung meiner eigenen Kenntnisse stets wieder zur Bescheidenheit. Vieles, was ich zunächst für neu gehalten hatte, war längst bekannt. Insbesondere zur Lebensweise von Insekten, damals »die Biologie« genannt, aber auch über die Vögel, ließ sich in den gründlichen Veröffentlichungen des 19. Jahrhunderts viel finden und nachlesen. Was hingegen fehlte oder höchstens ansatzweise versucht worden war, das war die Zusammenschau, die Ursachenforschung. Das Sammeln von Befunden hatte eine unüberschaubare Fülle von Material ergeben, das offensichtlich erklärungsbedürftig war. Beschreibungen liefern den Zustand, aber keine Begründung dafür, warum es so ist, wie es ist. Beim Lesen von Darwins *Ursprung der Arten* und anderen Klassikern des 19. und frühen 20. Jahrhunderts entstand der gleiche Eindruck. Es war eine Fülle von Material aufgearbeitet worden, aber naturwissenschaftliche Begründungen fehlten oder fielen dürftig aus. Darwin ist geradezu ein Musterbeispiel dafür. Seine natürliche Auslese (*natural selection*) nennt nur den Mechanismus, der zu Anpassungen und zur Bildung neuer Arten führen kann oder den vorhandenen Zustand stabilisiert, weil alles, was zu stark abweicht, von der Selektion ausgemerzt wird. Eine Begründung, weshalb Neues entsteht und sich durchsetzt, gibt der Mechanismus nicht. Das Unbehagen von Darwins Gegnern oder die kategorische Ablehnung der zufallsbedingten natürlichen Auslese ist daher durchaus verständlich, auch wenn der Mechanismus der Selektion zweifellos wirkt. Noch deutlicher kam für mich die Problematik in Bezug auf die Anpassung nach dem Darwin'schen (von Herbert Spencer übernommenen) *survival of the fittest*, dem Überleben der Tauglichsten, zutage, als sich Darwin ein Dutzend Jahre nach der Veröffentlichung des *Ursprungs der Arten* dazu gezwungen sah, mit der sexuellen Selektion einen weiteren Mechanismus einzuführen. Dieser führt über Bevorzugungen, die bei der Partnerwahl von einem Geschlecht, zumeist vom weiblichen, ausgehen, zur Entwicklung hinderlicher, eigentlich gegen die Zwänge der Anpassung und der natürlichen Selektion gerichteter Bildungen wie der Schwanzschleppe des Pfaus, des extrem auffälligen Gefieders von Paradiesvogel- und Entenmännchen oder der Geweihe von Hirschen. Und so wie es aussah, ließ sich aus der Fülle der Einzelbefunde fast beliebig herausgreifen, was zu diesen Mechanismen passte. Anpassung diente als Erklärung für alles, was an irgendwelchen Organismen auffiel, und wenn das Auffallende hinderlich schien, wurde es der sexuellen Selektion, der Weibchenwahl, zugeschrieben.

All das passte scheinbar bestens zur Ökologie, die in den 1970er Jahren eine enge Verbindung mit dem neuen Natur- und Umweltschutz einging und ganz im Gegensatz zu Darwins Werden der Natur ein So-Sein und So-Sein-Müssen setzte. Das Haus der Natur, das Ernst Haeckel mit dem griechischen Wort *oikos* für Haus belegt und zum Fachbegriff für die Wissenschaft von den Beziehungen der Organismen zu ihrer Umwelt gemacht hatte, wurde ein festgefügtes Gebäude mit Etagen (trophische Ebenen) und vielen Nischen (die ökologischen Positionen der Arten) sowie zahlreichen, bestens geregelten Verbindungen und Abhängigkeiten aller Bewohner dieses *oikos*. Dass der Regler fehlt, der alles im Griff hat, übersah man geflissentlich, denn diesen Überblick besaßen ja nun die Natur- und Umweltschützer selbst, die wussten, wie das Haus der Natur gestaltet sein müsste und wie es funktionieren sollte. Kurz: Ökologie und Evolution wurden mit der neuen Ökologiebewegung de facto voneinander getrennt. Ökologie sollte, ja musste, in der Gegenwart stabil sein. Das Haus der Natur durfte auf keinen Fall in Fluss geraten, denn dabei würde es (= der Naturhaushalt) zusammenbrechen, auf jeden Fall aber geschädigt oder belastet werden. Evolution war etwas für die großen Zeiträume der Jahrmillionen. Sie gehörte der Vergangenheit an und war Gegenstand der Forschung der Paläontologen, die Fossilien studieren. Ein Jahrhundert nachdem Darwin die Natur in Fluss gebracht hatte, wurde sie wieder statisch gemacht. Ausgegliedert blieb zudem, nicht ganz, aber ziemlich weitgehend, die Biogeographie, die mit ihren Befunden doch so große und gewichtige Fragen aufgeworfen hatte. Sie beschäftigten mich, wie bereits wiederholt ausgeführt, wenn ich Südamerika mit Afrika zu vergleichen trachtete und die enormen Unterschiede zwischen beiden Schwesterkontinenten zu verstehen versuchte. Sie betrafen die Streifen der Zebras und den Ursprung der Menschen, den Vogelzug und vieles mehr. Am deutlichsten wurden die Diskrepanzen auf Inseln. Und zu solchen zog es mich hin. Zwischendurch und immer wieder.

4. Kapitel

Inseln

Die verzauberten Inseln

Der kleine schwarze Drache rührte sich nicht, als ich mich zu ihm beugte, um ihn zu fotografieren. Wie ein Überbleibsel aus grauer Vorzeit saß er auf seinem Felsblock am Pfad. Plötzlich nieste er. Ich fuhr zurück, mehr verwundert als überrascht von dieser Lebensäußerung. Mit der für andere unhörbar leise gemurmelten Bemerkung »ich geh' ja schon!« machte ich einige Ausweichschritte um die meterlange Echse herum. Ein paar Meter weiter kam das nächste Hindernis. Zwei große Seevögel mit spitzem Schnabel und graubraun schuppigem Gefieder standen einander gegenüber mitten auf dem Weg. Beide hielten den Schwanz schräg nach oben gereckt und hoben und senkten wie einem unhörbaren Wechseltakt folgend ihre hellblauen Füße, ohne sich von der Stelle zu bewegen. Aus dem Gebüsch dahinter, das frisch hellgrüne Blätter getrieben hatte, leuchtete ein flammendrotes Gebilde, das wie ein prall aufgeblasener Luftballon aussah. Darüber bewegte sich, begleitet von gutturalem, hölzernem Rollen, ein langer schwarzer Schnabel mit Hakenspitze. Ähnliche Bälle gab es in lockerer Reihung das ganze Gebüsch entlang. Lange schwarze Flügel wurden von Zeit zu Zeit hektisch dazu bewegt. Ein Vögelchen von Spatzengröße kam herbeigeflogen, hielt sich sichtlich mühsam rüttelnd knapp einem Meter vor meinem Gesicht in der Luft und machte Anstalten, auf meinem Hut zu landen. Eine Gruppe ähnlicher »Spatzen« schwirrte vorüber, und der mich betrachtende Vogel folgte ihnen hinab zum Strand, von dem ich gerade gekommen war. Dort fing die Schar an, die direkte Umgebung schlanker brauner oder semmelgelber Tonnen zu untersuchen, die dort herumlagen. Sie hüpften auch auf diese, bis sich eine seitwärts drehte und sich mit den Krallen ihres

Flossenfußes kratzte. Das spatzenähnliche Vögelchen machte nur einen Luftsprung und landete wieder auf dem großen Tierkörper. Draußen vor den Brandungswellen tauchten weitere stumpf-kegelförmige Köpfe auf und verschwanden gleich wieder im Wasser.

So wie hier geschildert oder in ähnlicher Weise erlebt jeder die Galapagosinseln beim ersten Landgang. Sie heißen so nach den Riesenschildkröten, die auf einigen der Inseln nach wie vor in großer Zahl vorkommen, in Strandnähe meistens aber nicht zu sehen sind. Die spanischen Entdecker nannten die Inselgruppe, die sich rund tausend Kilometer westlich von Ecuador aus der schier endlosen Wasserwüste des Pazifiks erhebt, *Las islas encantadas*, die verzauberten Inseln. Tatsächlich kommt man sich wie in einer verzauberten Welt vor, kaum dass man eine dieser Inseln betreten hat. Bei der Anlandung wirken sie wenig einladend mit ihren rissigen, oftmals bizarren Felsen aus dunkel-rostbrauner oder schwarzer Lava. Wie Drachen liegen grauschwarze Meerechsen auf den Klippen herum. Große Männchen sehen mit ihren Zackenkämmen auf Kopf und Hals aus, als ob sie eine Krone tragen würden. Zugegeben, ihre Größe ist es nicht, die beeindruckt. Es ist ihr Aussehen, das dem entspricht, was wir von Dinosauriern aus Kinderbüchern und aus Filmen wie *Jurassic Park* im Kopf haben. Ihr Gesicht ist uns fremd. Das macht sie bedrohlich, obgleich es sich um gänzlich harmlose Pflanzenfresser handelt. Zum Weiden von Algen tauchen sie ins Meer oder tun sich bei Ebbe am Bewuchs gütlich, der die Felsen bedeckt. Diese meterlangen, massigen Echsen erwecken den Eindruck, in eine längst vergangene Welt oder Erdzeit geraten zu sein. Wo sie sich in großer Zahl, zu Hunderten ansammeln, sieht das schon recht seltsam aus. Und noch mehr, wenn sie einander heftig zunicken, was keine Zustimmung ausdrückt.

Auf andere Weise höchst ungewöhnlich wirkten auch die balzenden Tölpel. Sie sind eine der drei verschiedenen Arten dieser großen Seevögel, die auf Galapagos leben. Wie sie heißen, ist zweien davon an den Füßen, der dritten am Gesicht anzusehen. Die beiden auf dem Pfad balzenden waren Blaufußtölpel. Sie nisten am Boden. Nicht weit davon entfernt saßen Rotfußtölpel, die einfache Nester auf dichtem Buschwerk bauen. Ihre Füße, insbesondere die Schwimmhäute, sind vergleichbar intensiv rot wie die der Blaufußtölpel blau. Die Maskentölpel, die dritte Art, machen sich offenbar nichts aus auffällig gefärbten Füßen. Bei ihnen zählt Gesichtskosmetik bei der Arterkennung. Und die knallroten Luftballons gehörten den Männchen von Fregattvögeln. Sie blasen bei der Balz ihre federlosen, rotgefärbten Kehlsäcke auf. Damit machen sie auf sich aufmerksam, begleitet von irrem Geklapper mit dem Schnabel und Verdrehungen des Kopfes. Ihre Schau gilt den Weibchen, die sich Dutzende Meter hoch über den roten Kugeln der Kehlsäcke balzender Männchen vom Wind tragen lassen und ganz uninteressiert tun. Ihre Blicke sind aufs Meer hinaus gerichtet. Sie hängen in der Luft und warten ab, ob Tölpel zur Insel zurückfliegen und mit schwererer Flugweise andeuten, dass sie Fische gefangen haben. Dann eilen ihnen diese Luftpiraten entgegen und überfallen sie, wie einst die Korvetten der Seeräuber, die eine spanische Handelsgaleone ausgespäht hatten, unter vollen Segeln zum Kapern anrückten. Die Spatzen aber waren keine Sperlinge, sondern Darwinfinken. Fast jedes Lehrbuch über Evolution führt sie als Musterbeispiel dafür an, wie die natürliche Auslese wirkt. Dass sie Darwin selbst bei seinem kurzen Aufenthalt auf den Galapagosinseln im Jahre 1835 nicht wirklich aufgefallen waren, wird meistens nicht oder nur am Rande erwähnt. Er hatte Belegstücke dieser kleinen Finken gesammelt, mit nach England genommen und sogar einige vertauscht, weil ihm die einzelnen Inselvorkommen nicht so bedeutsam erschienen waren. Zu Darwinfinken machte nicht er sie, sondern die Bearbeiter seiner Aufsammlung und Notizen. Längst sind diese Vögelchen so gut bearbeitet, dass nichts Neues mehr zu erwarten war bei weiteren Forschungen. An ihren Schnabelgrößen und -formen lässt sich gleichsam mit einem Blick ablesen, wie sich aus einer kleinen Ausgangsgruppe von Finken, die irgendwann die Inseln erreichte, eine Reihe unterschiedlicher Arten entwickelte, die sich mit ihren jeweiligen Schnabelstärken oder Schnabelformen auf verschiedene Weise ernähren und dadurch im Lauf der Zeit zu eigenständigen Arten geworden sind. Bei meinen Galapagosbesuchen wusste ich noch nichts von neuen Forschungen, die den lebenden Beständen dieser Finken galten und sich nicht mehr nur auf das in Museen deponierte Material stützten, auch solches, das sich in der Sammlung befindet, für die ich seit 1974 zuständig war. Die von den amerikanischen Evolutionsbiologen Peter und

Rosemary Grant geleiteten, in großen Teilen selbst durchgeführten Forschungen belegten, dass sich die Formen und Größen der Schnäbel der Darwinfinken nicht nur in den langen Zeiträumen der Evolution veränderten und speziellen ökologischen Funktionen anpassten, sondern dass sie das sehr schnell und kurzzeitig tun, wenn Jahre mit sehr reichlichem Regen die Inseln ergrünen und andere mit (zu) wenig die Vegetation großflächig verdorren lassen. Das Tempo der Evolution kann also an den Schnäbeln der Darwinfinken gemessen werden, und es war anders, viel schneller, als vordem angenommen worden war. Die Touristen, die Galapagos besuchen, bekamen nichts mit von diesen laufenden Forschungen. Sie hofften, wie ich auch, auf günstige Bedingungen für die kurze Zeit ihres teueren Aufenthaltes auf den Inseln. Ich hatte das Glück, Galapagos in drei sehr verschiedenen Phasen zu erleben, nämlich im Winter, wenn Nebel tage- oder wochenlang an den Inseln hängen, das Licht dimmen und die Luft verhältnismäßig kühl halten; im Sommer, wenn die Nebel vertrieben sind und sich Sonne und Regenschauer ablösen, wobei es ziemlich heiß werden kann; und schließlich eine seltene Phase nach einer besonders langen Regenzeit, weil sich die Meeresströmungen im Pazifik verändert hatten. Davon später mehr, an besser passender Stelle. Dass Galapagos zudem ein wichtiges Stück zur Zusammensetzung des Bildes liefern würde, das wir uns von der Entstehung des Menschen machen, und speziell für Afrika von eminenter Bedeutung ist, ahnte ich bei den ersten Galapagosreisen nicht. Denn wie immer beim Kennenlernen von etwas ganz Neuem stand am Anfang das Staunen. Und zu bestaunen gab es dort mehr als genug.

Von den ersten Schritten an, die man auf Galapagos macht, erfasst einen die Verwunderung darüber, dass die Tiere überhaupt keine Scheu vor Menschen haben. Mochte man bei den Meerechsen noch meinen, das sei eben so bei stumpfsinnigen Reptilien, deren Gesichtsausdruck ja nicht gerade auf Intelligenz schließen lässt, was selbstverständlich nichts weiter als ein typisches Vorurteil ist, weil wir uns einbilden zu wissen, wie Intelligenz aussehen sollte, so wundert man sich umso mehr über die Tölpel und andere Vögel, die sich um Menschen nicht kümmern. Zu diesen anderen Vögeln gehören auch solche wie die Galapagos-Bussarde *Buteo galapagoenis*. Sie sehen unseren europäischen Mäusebussarden

Buteo buteo so ähnlich, dass es spezieller ornithologischer Kenntnisse bedarf, um die Unterschiede zu bemerken. Unsere Bussarde tun gut daran, ausreichend große Abstände zu den Menschen zu halten, weil sie nach wie vor von Jägern als vermeintliche Räuber abgeschossen werden. Mit Autos, Autobahnen und ihren Gefahren kommen die Bussarde besser zurecht als mit jener winzigen Minderheit, die ihre Jagdleidenschaft zum Maß dafür macht, was Tiere tun dürfen oder nicht und welche ein Lebensrecht haben. Auf Galapagos ist das anders; ganz anders. Da setzt sich schon mal ein Bussard auf den Rucksack eines Touristen, als ob es sich dabei um den Panzer einer Riesenschildkröte handelte. Oder er wird von Fotografen umringt, die ihn aus nächster Nähe porträtieren möchten. Nachdem der Vogel ein paarmal die Linsen der auf ihn gerichteten Objektive beäugt hat, schaut er in den Himmel nach Artgenossen und kümmert sich nicht weiter um die Menschen vor ihm. Für mich aber war die mit Abstand eindrucksvollste Äußerung des Urvertrauens, das die Tiere auf diesen Inseln noch haben, als ich zu einer gerade gebärenden Seelöwin kam. Ohne das geringste Zeichen von Irritation brachte sie wenige Meter vor mir ihr Kind zur Welt, leckte es trocken, verzehrte die Nachgeburt, bevor Möwen diese erreichten, und führte ihr Baby mit vorsichtigen Kopfbewegungen zur Milchquelle für die ersten Schlucke von Muttermilch. Ich war so nahe, dass ich mich in den großen dunklen Augen der Seelöwin spiegelte. Diese Unbefangenheit, mit der auf Galapagos die Tiere den Menschen begegnen, berührt die allermeisten Besucher zutiefst. Oft erlebte ich, dass ganze Gruppen in ehrfurchtsvollem Schweigen vor dem Wunder standen, das sich ihnen bot. Am natürlichsten reagierten Kinder. Saßen sie am Strand und warteten in der Nähe des Landungsbootes, weil sie den langen Gänsemarsch über die Insel mit der Gruppe Erwachsener nicht mitmachen wollten, konnte es geschehen, dass kleine Seelöwen auf sie zurobbten und die Menschenkinder zum Spielen aufforderten. Die alte Seelöwin, die wie eine Kindergartentante die Schar der Kleinen bewachte, unternahm nichts dagegen. Meistens rückte auch sie neugierig näher, offenbar weil sie das lustige Treiben der Menschen interessierte. Einmal kam ich gerade dazu, wie die kleinen Seelöwen die Fußsohlen der Kinder, die auf von den Wellen angenehm glattgeschliffenen Lavablöcken am Strand saßen, mit ihren langen

Schnurrbarthaaren kitzelten, dass diese kicherten und schließlich davonhüpften. Ein andermal kauerte ich am Strand, um im Schutz meines Anoraks einen neuen Film in die Kamera einzulegen. Da rückten mit ziemlich eindeutigen Lautäußerungen junge Seelöwenweibchen an mich so nahe heran, dass ich mich genötigt sah, meine Arbeit zu unterbrechen. Ich zog mich zurück, nicht aus Angst, ganz und gar nicht. Ich war mit Seelöwen und Seebären bereits im Meer geschwommen, getaucht und hatte es genossen, von diesen ungemein eleganten Schwimmern im Wasser neugierig umspielt zu werden. Der Rückzug war Vorschrift, denn es sollte unbedingt vermieden werden, dass Menschen durch den Kontakt mit Seelöwen Viruserkrankungen auf diese übertragen. Mit einem Staupevirus war dies einige Jahre davor geschehen. Es hatte vielen Seelöwen das Leben gekostet. Abstand zu halten war und ist natürlich weiterhin nötig zum Schutz der so vertrauten Tiere. Ihr Urvertrauen darf ihnen nicht zum Verhängnis werden.

Es stand anfänglich ohnehin nicht gut um Galapagos, nachdem die Spanier im 16. Jahrhundert die Inseln entdeckt hatten. Die Konquistadoren kamen aus einem Land, in dem man Tieren kein Mitgefühl schenkte. Die zahmen Tiere, die sie auf den so weit vom neuen Kontinent entfernt gelegenen Inseln antrafen, müssen ihnen höchst seltsam vorgekommen sein. Kein Wunder, dass sie diese für verzaubert, für verhext hielten. Ein normales, gesundes Tier flieht vor den Menschen. Wenn nicht, ist es krank oder vom Teufel besessen. Von solchen Vorstellungen gehen offenbar die meisten Jäger bis heute aus. Nur für verhext halten sie vertraute Tiere nicht mehr. Für sie hat das Wild scheu und flüchtig zu sein. Im Ausdruck »Wildtiere« schleppen wir die seit Jahrhunderten andauernde Verfolgung in unserer Sprache mit, die alle größeren Tiere wild werden ließ. Der Mensch als das mit Abstand schlimmste Raubtier hat ihnen den Stempel der Wildheit aufgedrückt. Längst wird nicht mehr gejagt, um von der Beute zu leben, sondern weil Töten Spaß macht und jene Leidenschaft erregt, die von den Jägern Passion genannt wird. Begründet wird sie mit der Notwendigkeit, Wildbestände regulieren zu müssen. Damit soll den in der Bevölkerung zu mehr als 95 Prozent vertretenden nicht jagenden Menschen nachvollziehbar gemacht werden, warum das archaische Jagen weitergehen müsse. Mit beträchtlichem Erfolg wirken die Jäger damit auf die ahnungs-

und für die (Wild-)Tiere harmlose große Mehrheit der Menschen ein. Hier auf Galapagos kann jeder erleben, wie Tiere von Natur aus wirklich sind oder wie sie sein könnten, wenn sie nicht länger verfolgt würden. Ein paar Jahrhunderte Seeräuber und einige Siedler, die auf diesen abgelegenen Inseln ihr Glück zu machen versuchten, beeinträchtigten das Urvertrauen noch nicht. Ein halbes Jahrhundert intensiver Schutz ließ in unserer Zeit die Anfänge von Scheu wieder schwinden, die sich bereits angedeutet hatten. Einzig die von den Seeräubern eingeführten Ziegen und Schweine, beide verwildert, wurden durch anhaltende Verfolgung scheu gemacht. Sie bleiben daher für die Zigtausende von Galapagosbesuchern so gut wie unsichtbar. Würden die Führer der Nationalparkverwaltung die Menschen nicht darauf hinweisen, dass diese oder jene Bäume, die in knapp Mannshöhe auf der Unterseite ihrer Kronen wie mit einer Kettensäge glattgeschnitten aussehen, ihre markante Form von den Ziegen erhielten, die mit ihren Mäulern gerade so hoch kommen und alles abbeißen, fiele das den wenigsten auf. Die Ziegen halten sich unsichtbar, so gut das geht. Wie bei uns Rehe und Hirsche oder auch die Wildschweine – außer in den großen Städten, in denen sie in fast althergebrachter Weise den Schutz des Burgfriedens genießen.

Ausrotten lassen sich die Ziegen auf Galapagos nicht mehr. Dazu sind die Inseln zu groß und vielerorts zu schwer zugänglich. Es spricht für die Qualität des Horns der Ziegenhufe, dass sich dieses auf dem glasharten Lavaboden nicht schneller abnutzt, als es nachwachsen kann. Die paar Stunden Inselausflüge, die die Touristen pro Tag von den Schiffen aus machen dürfen, reichen bei zwei Wochen Galapagosrundfahrt aus, um die Schuhsohlen gefährlich abzuarbeiten, wenn kein für solches Gelände taugliches Schuhwerk getragen wird. Gasblasen, die in der flüssigen Lava enthalten waren und bei der Abkühlung platzten, wirken mit ihren scharfen Rändern wie Glasscherben. Einigermaßen abgeschliffen ist das Gestein nur im Einflussbereich der Brandung am Meer. Dort wimmelt es an vielen Stellen von großen roten Krabben. Sie sind größer als eine Hand mit ausgestreckten Fingern. Mit ihrer karmin- bis beinahe blutroten Färbung kontrastieren sie zu den grauen und schwarzen Felsen. Wissenschaftlich heißen sie *Grapsus grapsus*, wie die Führer der Nationalparkverwaltung den Touristengruppen erklären und damit bei manchen ziemliche Heiterkeit auslösen. Das klingt ja nach Veräppelung. Gut, dass nicht alle wissenschaftlichen Tier- und Pflanzennamen von allen verstanden werden. Hauptsache, sie stellen sicher, worum es sich bei den verschiedenen Arten handelt. Was die Guides meistens nicht ansprechen, ist das für Biologen und biologisch Interessierte eigentlich Spannende an diesen Krabben. Sie fangen ihr Leben nämlich nicht rot an, sondern grauschwarz oder cremig dunkelbraun, olivgrau und leicht gepunktet, also ähnlich gefärbt wie die Lava, an der sie leben. Kaum jemand bemerkt daher die vielen tatsächlich vorhandenen jungen Krabben. Diese verschwinden bei jeder Bewegung, die sie mit ihren gestielten Augen wahrnehmen, in der nächsten Spalte oder im Brandungswasser. Rot werden sie erst, wenn sie groß genug sind. Dann zieht sich bei der komplizierten Häutung aus dem zu klein gewordenen alten Außenskelett ein neuer prächtig roter Körper. Die Farbe wird beim Aushärten der Körperhülle noch intensiver. Und die Scheren an den Beinen sind nun kräftig genug für schmerzhaftes Zwicken oder um sich gegen Artgenossen zu verteidigen. Diese sind der Kleinen größte Feinde. Sie packen sie und verspeisen sie, wenn sie die viel Schwächeren zu fassen bekommen. Hauptsächlich ernähren sie sich aber vom Algenaufwuchs in der Spritzwasserzone der Felsküste und von Aas, auch von toten Robben, an denen sie lange fressen können. Die ausgewachsenen Krabben haben kaum Feinde, sind aber dennoch wachsam und schnell. Den Jungkrabben hingegen stellen Reiher nach; hier auf Galapagos vor allem Krabbenreiher *Nycticorax violacea*, aber auch die viel größeren, unseren Graureihern ähnlichen Kanadareiher *Ardea herodias*. Diese Reiherart kommt in einer kleinen, beständig auf den Galapagosinseln lebenden Population vor. Reiher sind wie alle Vögel in ihrem Sehvermögen farbtüchtig. Sie können Rot sehr gut erkennen und die Krabben von der dunklen Lava unterscheiden, was vielen Säugetieren nicht gelingt, weil sie Rot nicht als eigene Farbe wahrnehmen. Rote Klippenkrabben sind für die Reiher aber zumeist schon zu groß und zu wehrhaft, um als Beute in Frage zu kommen. Und wenn doch, wiegt so ein Verlust weniger schwer als der Vorteil, von den Artgenossen gleicher oder sehr ähnlicher Größe als etwa gleich stark erkannt zu werden. Denn sie sind als Konkurrenten und Feinde bedeutsamer. Daher kommen die roten

Klippenkrabben häufig in Schwärmen von nahezu gleich großen Individuen vor. Gibt es Kämpfe bei der Paarung, können beschädigte oder abgetrennte Beine wieder nachwachsen. Das Verhalten der Roten Klippenkrabben drückt aus, dass ihre Färbung für sie eine Signalfärbung ist. Wo aber spezialisierte Krabbenjäger auftreten wie die Reiherläufer *Dromas ardeola*, Strandvögel am Roten Meer, tun Krabben gut daran, tarnfarben zu bleiben, auch wenn sie mit zunehmendem Alter größer geworden und weniger gefährdet sind. Signalfarben und Muster tragen sie unter den Bedingungen anhaltenden Feinddruckes auf der sonst nicht sichtbaren Unterseite von Scheren oder Beinen. Diese zeigen sie nur bei der Balz oder im Kampf mit Artgenossen. Aus Verteilung und Häufigkeit der Roten Krabben lässt sich ablesen, an welchen Küstenabschnitten das Meer besonders viel Nahrung mit seinen Strömungen und Wellen liefert. Dort wimmelt es von ihnen an den Felsen der Brandungszone. Doch warum klettern sie an den Lavafelsen empor, an denen offensichtlich nichts zu holen ist? Da wachsen keine Algen. Dennoch gehen sie die Wände hoch. Was suchen sie außerhalb des Wassers? Schutz vor Feinden ganz anderer Art? Im Meer davor sieht man häufig stumpf-kegelförmige Köpfe vor den Felsen aus dem aufschäumenden Wasser hochkommen. Pelzrobben sind es, die Galapagos-Seebären *Arctocephalus galapagoensis*. Sie tauchen zum Atmen auf. Bevorzugt fischen sie hier, wo es von roten Krabben an den Felsen wimmelt. Vielleicht sind sie der Krabben größter Feind? Sollten sie, wie die echten Hunde als Landraubtiere, Rot als Farbe nicht erkennen können? Die Guides der Nationalparkverwaltung wussten auf diese Frage keine Antwort. Oder haben die Krabben das Bedürfnis, sich nach der Nahrungssuche im kalten Wasser an den Felswänden aufzuwärmen? Auch darauf erhielt ich keine Antwort. Die Seebären brauchen keine Erwärmung nach ihren Tauchgängen im Meer. Sie legen sich vielmehr in schattige Nischen, wenn sie genug Beute gefangen haben. Ohne Messungen, ohne genau Untersuchungen lässt sich viel vermuten.

Jedenfalls ist das Wasser kalt hier; sehr kalt für äquatoriale Verhältnisse. Nordseekalt! Deshalb müssen die Meerechsen, die von den Besuchern der Galapagosinseln als Überbleibsel aus der Ära der Dinosaurier angesehen werden, nach kurzem Tauchen im Meer wieder auf die Klippen hinauf, um sich aufzuwärmen. Anders als die Seebären, die als Säugetiere eine geregelt hohe Körperinnentemperatur haben und diese bei ihrer Unterwasserjagd nach Fischen aufrechterhalten, kühlen sie als Reptilien schnell aus. Die Meerechse, die mich angeniest hatte, war wohl gerade erst aus dem Wasser geklettert. Es wäre ihr schwergefallen, weiter fortzukriechen. Aber da ihr die Menschen nichts tun, bestand kein Anlass zur Flucht. Meerechsen werden schnell futterzahm. Sie mögen Bananen und Papaya lieber als ihre ansonsten einzige natürliche Nahrung, den Meersalat (eine grüne Alge der Gattung *Ulva*). Rasch stellen sie sich auf feste Fütterungszeiten ein. Sie kriechen auf die Veranda oder an den Ort, wo die Fütterung stattfindet, warten, bis jemand mit dem so attraktiven Futter naht, und achten darauf, wer es bringt, dem sie die Früchte aus der Hand nehmen. Rasch lernen sie die einzelnen Menschen zu unterscheiden. Sie beißen nicht und werden auch nicht lästig. Nur stubenrein bekommt man sie nicht. Dazu haben sie in ihrem Lebensraum an den Küsten von Galapagos keine Veranlassung. Dort gibt es beständig Wasserspülung. Die Seebären und die Seelöwen, die an den Stränden von Galapagos viel weiter verbreitet und häufiger sind, hinterlassen ebenfalls ihre Exkremente, wo sie sich gerade aufhalten. Die im Kot enthaltenen Reststoffe düngen den Strand. Geraten sie in die Ritzen und Schründe der Felsen, sprießt kleines Buschwerk aus der sonst völlig vegetationslosen rissigen Lavafläche oberhalb der Spritzwasserzone. Wie gepflanzt sieht das aus.

Die ersten Stunden und Tage auf Galapagos weiß man nicht, wohin man schauen soll. Die im Dienst der Nationalparkverwaltung stehenden und am Charles-Darwin-Forschungszentrum ausgebildeten Führer – nicht selten sind dies Studenten aus Deutschland, die hier praktizieren – erklären viel und zumeist auch sehr gut. Sie achten darauf, dass niemand vom Weg abweicht oder irgendetwas mitnimmt. Das strikte Gebot, auf den Pfaden zu bleiben, ist sinnvoll. Man sieht gut und vor allem rechtzeitig, worauf man treten könnte. Etwa auf das Ei eines Blaufußtölpels. Als Bodenbrüter nisten diese Tölpel bevorzugt auf den Pfaden, weil da der Boden so schön glattgetreten worden ist und keine für die Schwimmhäute an den Tölpelfüßen unangenehmen Kaktusstacheln oder Dornen herumliegen. Kommt man ihnen zu nahe, drohen sie unmissverständlich. Also bleibt nichts anderes übrig, als um sie herumzugehen. Was man bei so viel Unerschrockenheit des Vogels gern tut. An steil zum Meer abfallenden Klippen stehen Möwen mit bläulich dunklem Kopf und schmalem roten Ring ums Auge. Zumeist trifft man sie paarweise an. Gabelschwanzmöwen *Creagrus furcatus* sind es; eine Möwenart, die nur auf den Galapagos vorkommt. Am Schnabelansatz an der Stirn tragen sie einen kleinen weißen Fleck. Die Beine sind rötlich, der Rücken taubenblaugrau. Wenn sie fliegen, zeigt sich, dass ihr rein weißer Schwanz in der Mitte deutlich eingekerbt ist (gegabelt). Die ausgebreiteten Schwingen tragen ein auffällig weißes, dreieckig geformtes Feld, dessen Spitze der Flügelbug bildet. Rücken und Schultern bilden als Gegenstück dazu ein dunkles Dreieck. Über dieses hinaus ragt der noch dunklere Kopf ohne scharfe Begrenzung zum Körper. Das Flugbild ist so bezeichnend, dass Ornithologen diese Möwe mit keiner anderen Art verwechseln. Weniger bezeichnend ist das Jugendkleid. Es ähnelt dem anderer Jungmöwen. Doch auf Galapagos gibt es nur noch eine weitere Möwenart, die Lavamöwe *Larus fuliginosus*. Im Jugendkleid ist sie fast einheitlich dunkelbraun gefiedert. Im Alterskleid entwickelt sie am sehr dunklen Kopf einen weißen Ring ums Auge. Über der Schnabelwurzel gibt es keinen weißen Fleck. Der ganze übrige Körper ist dunkelgrau. Mit diesem düsteren Gefieder passen sie zum Hintergrund der finsteren Lavaklippen. Auch die Lavamöwe kommt nahezu ausschließlich auf den Galapagosinseln vor. Beide Möwenarten sind dort, so der Fachausdruck, endemisch.

Somit ist zu erwarten, dass das Leben auf diesen Inseln besondere Anforderungen stellt. Im Verhalten dieser Möwen drückt sich aus, worin diese bestehen. So sitzen die Gabelschwanzmöwen tagsüber an den Klippen, als ob sie sich total erschöpft von einer weiten Reise ausruhen müssten. Da sie sich, wie fast alle Vögel auf den Galapagosinseln, vor den Menschen nicht fürchten, kommt man ziemlich nahe an sie heran. Beim Fotografieren durchs Teleobjektiv bemerkt man, dass ihnen die Augen zufallen oder sie diese geschlossen halten. Auch ihre Jungen, so sie welche haben, ruhen oder schlafen. Ganz anders die dunklen Lavamöwen. Sie verhalten sich nach Möwenart ziemlich normal, wenngleich nicht gerade hektisch, und sie lärmen auch nicht. Dafür wären es ihrer wohl auch zu wenige. Denn insgesamt kommen die Möwen an den Galapagosinseln in nur recht geringer Zahl vor. Da Seevögel unterschiedlichster Arten aber reichlich vertreten sind, fällt das weitgehende Fehlen von Möwen allen ornithologisch Interessierten auf. Selbst wenn irgendwo am Strand ein toter Seelöwe liegt oder sich ein verletzter zum Sterben zwischen die Klippen zurückgezogen hat, kommen nur wenige Möwen. An der Nordsee würde es wimmeln von Silbermöwen, doch hier auf Galapagos begleiten Meeresvögel nicht einmal die umherkreuzenden Schiffe in nennenswerter Zahl. Woran mag das liegen? Das Meer um die Galapagosinseln ist sehr fischreich. Dass es so sein muss, zeigt das Vorkommen von Seelöwen und Seebären. Die meisten Möwen leben auch von Fisch, jedoch nicht von selbstgefangenem, wie die ihnen nahe verwandten Seeschwalben, sondern mehr von sterbenden oder toten Fischen und anderen Meerestieren. Aktive Jäger gibt es unter den echten Möwen nicht, nur Tendenzen in diese Richtung. Vor allem Großmöwen verhalten sich mitunter räuberisch und holen sich Eier und kleine Junge aus Brutkolonien von Seeschwalben. Richtige Jäger sind die in den Polarregionen verbreiteten Raubmöwen. Sie verfolgen hauptsächlich andere Seevögel so lange, bis diese ausspeien, was sie an Fisch, Tintenfisch oder Meeresnacktschnecken im Magen haben. Solche Piraterie betreiben hier die Fregattvögel, deren Balzverhalten mit dem zum Ballon aufgeblähten roten Kehlsack gleich zu Beginn so skurril wirkte. Dieser kleine Überblick über die Möwen mag helfen, die Besonderheit der Gabelschwanzmöwe zu verstehen. Sie schläft am Tag und fliegt nachts los auf Fischfang, wobei nicht nur kleine Fische, sondern auch nachts an die Oberfläche kommende Weichtiere der Hochsee, kleine Kalmare und Nacktschnecken, in Frage kommen. Bei Mondlicht fischen die Gabelschwanzmöwen am intensivsten. Schwaches Licht genügt ihnen, weil sie sich an den Leuchtspuren von Meereskleingetier orientieren können. Solches kommt in den Gewässern um die Galapagos häufig vor. Meeresleuchten als Licht für die nächtliche Lebensweise einer Möwe, das ist schon etwas ganz Besonderes! Um darüber ins Staunen zu kommen, muss man kein Ornithologe sein. Das Meeresleuchten ist für viele Menschen so etwas wie ein Wunder, auf jeden Fall etwas Geheimnisvolles.

Wie mag die Gabelschwanzmöwe dazu gekommen sein, so zu leben? Das für Möwen untypisch dunkelbraune Gefieder der Lavamöwen hilft bei den Überlegungen weiter. Möwen tragen zumeist ein helles Gefieder, das den Lichtverhältnissen an den Meeresküsten entspricht. Mit weißer, zumindest heller Unterseite der Flügel und des Körpers heben sie sich vom Meer her gesehen wenig ab vom Himmel, und mit mehr oder weniger grauer Oberseite passen sie entsprechend zum Meer. Horizontal gesehen, fallen sie aber über dem Wasser auf große Distanzen auf. So können sie leichter in lockeren Schwärmen zusammenhalten und die Meeresoberfläche absuchen. Wird irgendwo eine nahrungsreiche Stelle entdeckt, eilen entferntere Artgenossen sogleich dazu. Die meisten Seevögel sind in Schwärmen unterwegs, weil nirgendwo die Nahrung so gleichmäßig verteilt ist, dass es sich lohnen würde, wie in Wäldern Reviere zu beanspruchen und gegen Artgenossen zu verteidigen. Sogar andere Arten können mit ihrer Jagdtechnik den Fangerfolg einer Artengemeinschaft verbessern. Die dunklen Lavamöwen passen allerdings weder zur Helle des Himmels noch zum Graublau der Meeresoberfläche, aber dafür umso besser zu den düster braunen bis schwärzlichen Lavaklippen, an denen sie rasten und nisten. Erstaunlicherweise sind sie als Möwen mit der dunklen Färbung ihres Gefieders Galapagos angepasst, nicht dem Meer. Viel typischer Möwe sind dagegen die gleichfalls an den Klippen rastenden und nistenden Gabelschwanzmöwen. Aber sie ruhen dort und rühren sich tagsüber kaum. Sie haben sich nicht wie die Lavamöwen den besonderen Lebensbedingungen dieser Inseln mit ihrem Gefieder angepasst, sondern über ihr Verhalten. Dass sie tagsüber ruhen und nachts auf Fischfang fliegen, schützt sie vor den Fregattvögeln. Alle anderen Meeresvögel leiden unter deren Angriffen, wenn sie vom Meer zurückkommen. Am meisten betroffen sind die im Flug wenig wendigen Tölpel. Die Fregattvögel packen sie am Schwanz, wenn sie die gefangenen Fische nicht gleich zu Beginn des Angriffs ausspeien. Bei einzelnen, direkt an der Küste nach Nahrung suchenden Möwen lohnen Angriffe der Fregattvögel weniger, weil sie als Verwerter von Abfällen und Kleinzeug oft nichts so Kompaktes wie einen ganzen Fisch ausspucken. Aber wenn die Möwen Fische fangen und Fregattvögel in der Nähe dies sehen, werden auch sie verfolgt und gepeinigt. Das dunkle, sich vom Hintergrund der Lavafelsen kaum abhebende Gefieder schützt die Lavamöwen vor stärkerer Verfolgung durch die Fregattvögel. Die Gabelschwanzmöwen entzogen sich ihren Angriffen durch Verlagerung ihrer

Nahrungssuche in die Nacht. Da schlafen die Luftpiraten, und sie müssen dies, weil sie für ihre sehr gewagten Flugmanöver gute Sicht brauchen. Daher ist es gut möglich, dass bei den Gabelschwanzmöwen das so markant weiße (Doppel-)Dreieck auf den Flügeln während ihrer nächtlichen Nahrungssuchflüge den Partnern zeigt, wo sie sich gerade über dem nachtschwarzen Meer befinden und Beute gefunden haben. Beide Möwenarten der Galapagosinseln sind also auf ihre Weise etwas Besonderes. Umso erstaunlicher ist es, dass sie diese Inseln besiedelten und sich dabei zu so eigenständigen Arten entwickelten. Ihre Vorfahren müssen schon vor sehr langer Zeit die Galapagos erreicht und dort, nicht etwa bereits an der Küste Südamerikas, ihre Evolution zu eigenen Arten durchgemacht haben. Warum lohnte sich das? Wie fügen sich die beiden Möwenarten von Galapagos ein in das globale Muster der Möwenverbreitung?

Möwen sind Vögel kalter Meere. Die meisten Arten gibt es rund um den arktischen Ozean und an den Gewässern der Kontinentränder von Eurasien und Nordamerika. Da auf der Südhalbkugel nur das spitz auslaufende Endstück von Südamerika bis in diese Zone ragt, kommen im antarktischen Bereich auch weniger Möwenarten als um die Arktis vor. Doch da es Möwen in mehreren Arten und größerer Häufigkeit auch mancherorts bis in den tropischen Bereich gibt, trifft ihre Einstufung als Vögel kalter Meere nicht zu. Was sie brauchen, sind nahrungsreiche, d. h. fischreiche Küstengewässer. Daher folgen sie den kalten Meeresströmungen an den Westküsten der Südkontinente äquatorwärts, an denen kaltes Wasser nordwärts strömt oder nährstoffreiches Tiefenwasser aufquillt. An der Westküste von Afrika und besonders ausgeprägt an der von Südamerika gibt es solche kalten Meeresgebiete mit großem Fischreichtum. Die Möwenvorkommen von Galapagos gehören zur Fortsetzung des Humboldt-Stroms, der als sehr kalte Meeresströmung aus den Gewässern vor der Antarktis kommt, der Westküste Südamerikas fast bis zum Äquator entlangströmt und dabei von Wasser verstärkt wird, das aus dem Tiefseegraben vor der Küste von Chile und Peru aufquillt. Nur wenig südlich des Äquators biegt der Humboldtstrom von der Küste links ab und fließt als Südäquatorialstrom westwärts in den Pazifik hinaus. Nach etwa tausend Kilometern trifft er auf die Galapagosinseln.

Nicht alle ihre Ufer umspült er gleichermaßen stark. Aber wo er direkt an ihnen entlangzieht, bleibt das Wasser kalt. Die Temperatur liegt weit unter den sonst üblichen Werten tropischer Ozeane. Als ich an einigen Stellen darin schwamm, empfand ich das Wasser kälter als den heimatlichen Inn, in dem ich das Schwimmen gelernt habe. Dieser wird im Sommer kaum mehr als 15 Grad Celsius warm. Das Meer ist um die Galapagos zwar ein paar Grad wärmer, aber der Gegensatz zur tropischen Luft wirkt krasser. Dieses kalte, trübe Meerwasser ist weitaus lebensvoller (produktiver) als das so schön blaue warmer Ozeane. Blau ist die Wüstenfarbe des Meeres. Wo das Wasser kalt und grünlich trübe ist, gibt es viele Fische und sonstiges Leben in Fülle. Zum Baden und Schwimmen ist es jedoch für Menschen ungemütlich. Galapagos ist kein Südseeparadies. Es ist ein Paradies der anderen Art; ein uns fremdartiges.

Das nährstoffreiche Wasser aus dem Südpolarmeer und der Tiefsee vor Chile und Peru ist der Hauptgrund dafür, dass es an den Galapagosinseln so viele Meerestiere in großer Reichhaltigkeit an Arten gibt. Die bereits genannten Seebären waren ein gutes Beispiel, zu dem die aus nördlichen Küstengewässern stammenden (Kalifornischen) Seelöwen *Zalophus wollebaeki* hinzukommen. Auch die Massen der Roten Krabben drücken den Nahrungsreichtum der Galapagosküsten aus. Noch mehr aber zwei Vogelarten, die überhaupt nicht unter den Äquator passen, wenn man die Verbreitung ihrer Verwandtschaft betrachtet: die Galapagos-Pinguine *Spheniscus mendiculus* und der Wellenalbatros *Diomedea irrorata*. Die Pinguine, grauschwarz und hell gemustert, sind typische Pinguine, wenn man sie erblickt, so wie sie in Felsnischen knapp über dem Wasserspiegel wie Männchen stehen und mit hängenden Flügeln ruhen. Bei der Jagd nach Fischen fliegen sie aber durchs Wasser. Sie bewegen beim Tauchen ihre Flügel so, als ob sie in der Luft im Flug wären. Das macht sie schnell, viel schneller als Kormorane, die nur mit den Füßen Vortrieb erzeugen. Hier unter der Äquatorsonne scheinen sich die kleinen Pinguine aber nicht so ganz wohl zu fühlen. Sie suchen schattige Plätze auf, wo man sie gar nicht so leicht entdeckt. Ein Kommentar, den ich zu hören bekam, als wir mit einem kleinen Boot die Stelle passierten, an der sich die Pinguine bevorzugt aufhalten, drückte deutlich aus, welchen Eindruck sie machten: »Wie traurig die dasitzen!« Die Randzone, in der Meer und Eis rund um die Antarktis zusammentreffen, ist ihre Welt. Dass ihre Vorfahren irgendwann vor langer Zeit diesen Lebensraum verließen, muss Gründe gehabt haben. Die Zwischenstation kannte ich bereits von den Vogelinseln vor der Küste Perus, wo eine verwandte, gleichfalls recht kleine Pinguinart lebt. Ihr Areal entlang der südamerikanischen Westküste vermittelt zu den Vorkommen der anderen Pinguinarten im tiefen Süden. Die Galapagospinguine sind daher nicht wirklich isoliert von der Pinguinwelt, sondern nur die am weitesten in den tropischen Klimabereich hinein vorgedrungene Art. Aber mit der Tropensonne haben sie ihre Schwierigkeiten. Sie meiden es, ihr allzu stark ausgesetzt zu sein. Weniger von der Sonne beeinflusst, dafür aber viel stärker abhängig vom Wind und den Strömungen an der Meeresoberfläche ist die andere ursprünglich aus antarktischen Gewässern stammende Seevogelart, der Wellenalbatros. Dieser riesige Segler mit zwei Metern Flügelspannweite ist der einzige Albatros, der nur in der Tropenzone vorkommt und darin ausschließlich auf der Insel »Klein Spanien«, *Española*, der südöstlichsten (und ältesten) Insel von Galapagos, brütet. Er taucht nicht nach Fischen wie die Pinguine, sondern streift mit weit ausgespannten Flügeln dicht über dem Meer umher, um kleine Meerestiere, die an der Oberfläche treiben, aufzunehmen. Das kalte Wasser überlagert für diese Albatrosse die tropische Lage. Die Inseln wirken noch weniger tropisch, wenn Nebel über ihnen hängen. Es ist dies die Garua-Zeit. Da bildet sich eine dicke Nebelschicht über dem kalten Wasser aus. Sie mindert die Kraft der Sonneneinstrahlung und erzeugt eine fast bedrückende, an Nordmeerverhältnisse erinnernde Stille. In dieser Jahreszeit ist der Zustrom des kalten Wassers am stärksten. Mit ihm kommen Fische und andere Meerestiere in größeren Mengen als in der von tropischem Sonnenwetter durchsetzen Regenzeit, die dem Sommer entspricht. Da fallen mitunter sehr heftige, ausgiebige Schauer. Gleich darauf brennt die Sonne durch die frischgewaschene Atmosphäre. Die Garua-Zeit, die Nebelzeit, gilt als Winter. Dann tauchen die zahlreichen kleinen Inseln, die es um die größeren und großen gibt, schemenhaft aus dem Dunst auf und verschwinden wieder. Die großen Inseln verändern ihr Aussehen, weil der tief hängende Nebel nur Sicht auf die Küstenbereiche frei gibt, die mittleren Höhen und die Gipfel aber verdeckt. Sicher verstärkte der Nebel den Eindruck,

Die verzauberten Inseln 375

dass es sich um verzauberte Inseln handeln müsste. Denn mit den einfachen Mitteln des Navigierens, die den Spaniern zur Verfügung standen, wenn sie mit ihren Galeonen den in der gesamten Großregion der südamerikanischen Westküste von Peru bis Panama tatsächlich stillen Ozean befuhren, trafen sie auf diese Inseln oder fanden sie nicht wieder, so als ob sie verschwunden wären. Es segelte sich schlecht in der Garua-Zeit, da monatelang kaum Wind weht, die Meeresströmung aber umso stärker westwärts zieht. Für die kleineren, wendigeren und mit anderer Takelage ausgestatteten Schiffe der vorwiegend britischen Seeräuber hingegen eigneten sich die Galapagosinseln als ideale Verstecke. Dort gab es etwas, das ihnen monatelanges Ausharren in der Deckung ermöglichte: Schildkröten mit Hunderten Kilogramm Lebendgewicht. Sie, diese Riesenschildkröten, wurden schließlich namensgebend für die Galapagos. *Galápago* bedeutet im Spanischen große Schildkröte. Dasselbe Wort bezeichnet aber auch besondere Dachziegel und gegossene Metallbarren. Ob die Silberbarren, die die Seeräuber von den spanischen Transportschiffen erbeuteten, im Namenswechsel auch mitwirkten, oder die Dachziegelform der Panzer der Schildkröten allein ausschlaggebend war, muss offenbleiben. Jedenfalls erhielten jede der größeren Inseln in der Seeräuberzeit einen englischen Namen, unter dem sie mitunter gegenwärtig noch geführt werden, obwohl sie längst zu dem Staat gehören, der ihnen an der südamerikanischen Küste am nächsten liegt, zu Ecuador. Die Galapagosinseln erheben sich gut tausend Kilometer westlich davon aus dem Ozean. Eine Landverbindung gab es nie. Sie sind vulkanischen Ursprungs wie die meisten Inseln im Pazifik.

Der kurze Ausblick auf die Entdeckungsgeschichte der Galapagosinseln und ihre beiden Jahreszeiten sollte zwei Gegebenheiten hervorheben. Erstens die Art und Weise, wie die Inseln von Menschen entdeckt wurden. Dies geschah, weil das Schiff von Tomás de Berlanga, dem damaligen Bischof von Panama, auf der Fahrt von Lima von der starken nach Westen gerichteten Meeresströmung erfasst wurde und am 10. März 1535 an einer Insel der damals noch völlig unbekannten Gruppe strandete. Die Besatzung suchte zunächst vergeblich an den rauen Lavastränden nach Trinkwasser, so dass Pferde und auch zwei Spanier verdursteten, bis genügend Süßwasser für die Rückfahrt nach Panama gefunden war. Diese

Spanier waren wohl auch die Ersten, die die überall vorhandenen Riesenschildkröten erschlugen und verzehrten. Dieses historisch gut verbürgte und dokumentierte Ereignis bewies zugleich, dass es ziemlich einfach ist, mit der Meeresströmung nach Galapagos getragen zu werden. Aber die Anfahrt per Schiff aus der Gegenrichtung ist dafür umso schwieriger bzw. war für Auslegerboote nicht möglich, mit denen Jahrhunderte früher die Polynesier im Pazifik unterwegs waren und fast alle Inseln, sogar die extrem entlegene Osterinsel westlich von Chile, besiedelten. Zu den Galapagos gelangten sie nicht. Dabei liegt die Osterinsel über viertausend Kilometer von Tahiti und gut zweitausend Kilometer von der nächstgelegenen, Pitcairn, entfernt, also doppelt so weit weg wie Galapagos von Südamerika. Dies zu betonen ist wichtig, um zu verstehen, warum die Tier- und Pflanzenwelt von Galapagos so merkwürdig zusammengesetzt ist.

Die bereits kurz betrachteten Tierarten wie die Seebären, Seelöwen, Pinguine, Möwen und Albatrosse gehören ökologisch zum kalten Wasser des Humboldtstroms, der sich, wie ausgeführt, am Äquator westwärts wendet und in den Pazifik hinausfließt, wo er ausdünnt und schließlich in dessen riesigen Wassermassen verschwindet. Also bietet dieser Weg eine plausible Erklärung dafür, wie die Vorfahren der Tiere, die vom Nahrungsreichtum dieses Meeresstroms leben, zu den Galapagos gelangt sind. Doch so schön einfach liegen die Dinge nicht, wie ich beim Vergleich mit den Arten, die auch an der südamerikanischen Westküste am Humboldtstrom vorkommen, erkennen musste. Von den dortigen Seebären, deren Männchen riesig werden verglichen mit ihren Weibchen, unterscheiden sich die Galapagos-Seebären viel stärker als die Galapagos-Seelöwen von ihren sehr nahen Verwandten, den Kalifornischen Seelöwen der nordamerikanischen Westküste. Kamen die Vorfahren der Seebären vielleicht schon viel früher nach Galapagos als die der Seelöwen? Und falls ja, warum? Auch die beiden Arten von Möwen der Galapagosinseln unterscheiden sich erstaunlich stark von den am Humboldtstrom lebenden Möwen. Und auf Galapagos gibt es zudem einen Kormoran, der etwas ganz Besonderes darstellt. Er ist der größte von allen zweiunddreißig global vorkommenden Kormoranarten; viel größer und massiger als die zu Millionen an der südamerikanischen Westküste lebenden

Guano-Scharben *Phalacrocorax bougainvillei* und die schlankeren, nicht so häufigen Buntscharben *Phalacrocorax gaimardi*. Das Besondere des Galapagos-Kormorans ist die Verkümmerung seiner Flügel zu Stummeln. Zum Fliegen taugen sie nicht mehr. Wegen dieses und einiger anderer Merkmale ist ihm eine eigene Gattung zugeteilt worden namens *Nannopterum*, was Zwergflügel bedeutet. Der Gesamtbestand des flugunfähigen Galapagos-Kormorans umfasst nur um die tausend Brutpaare. Diese leben lediglich auf Fernandina und Isabela, den westlichsten und erdgeschichtlich jüngsten Inseln der Galapagos-Gruppe.

Es kommt zwar nicht allzu selten vor, dass Vögel, die irgendwann auf entlegene Inseln gerieten, im Lauf der Zeiten dort flugunfähig wurden. Recht häufig ist dieses Phänomen in der Vogelfamilie der Rallen. Doch dies sind Vögel, die am Boden leben, durchs Unterholz oder Röhricht schlüpfen und sich so gut wie immer in Deckung zu halten versuchen. Fehlt, wie auf tropischen Inseln, der Zwang, rechtzeitig vor Beginn des Winters in wärmere Gefilde zu ziehen, bringt für sie das Fliegen keine Vorteile mehr, wohl aber Aufwand für die Entwicklung und Instandhaltung der Flügel und deren Federn, insbesondere aber der mächtigen Brustmuskulatur. Nun ist aber ausgerechnet die auf Galapagos vorkommende Ralle *Laterallus spilonotus* nicht flugunfähig wie zahlreiche andere mehr oder weniger nahe verwandte Rallen der pazifischen Inseln, wenngleich sie kaum jemals fliegt, sondern nach in typischer Rallenart fast nur läuft. Für kurze Flüge taugen die Flügel im Notfall dennoch. Weshalb gab dann aber der Galapagos-Kormoran die Flugfähigkeit auf, wo doch Seevögel im Allgemeinen darauf besonders angewiesen sind? Er ist nicht die einzige flugunfähige Art unter den Seevögeln auf Galapagos. Bei der anderen erwarten wir gleichsam von Natur aus gar nicht, dass sie fliegen können sollte. Es ist dies der bereits vorgestellte kleine Galapagos-Pinguin. Seine Vorkommen an den Galapagosinseln decken sich weitestgehend mit denen der flugunfähigen Kormorane. Das lässt einen Zusammenhang vermuten. Beide Arten brauchen offenbar Küstenzonen mit besonders kaltem Wasser und großem Fischreichtum. An den beiden westlichsten Galapagosinseln kommt zum an sich schon kalten Meeresstrom noch kälteres Auftriebswasser aus der Tiefe dazu. Dieses nahrungsreiche Wasser nutzen die Planktonorganismen, von denen sich die kleinen Fische ernähren, die ihrerseits von größeren verzehrt werden. Die von Fischen lebenden Seevögel verlängern diese Nahrungskette jeweils auf ihre spezielle Weise, nämlich mit besonderen Techniken des Fischfangs. Die Tölpel sind Stoßtaucher. Von den Touristenschiffen aus lässt sich sehr gut beobachten, wie sie aus dem waagerechten Suchflug heraus plötzlich abkippen, die Flügel an den Körper legen und wie Raketen ins Wasser schießen. Sie untertauchen dabei zumeist die Fische und versuchen erst beim Auftauchen einen davon mit ihrem langen, spitzen Schnabel zu packen. Die drei auf Galapagos vorkommenden Tölpelarten teilen sich dabei die Gewässerzonen an den Inseln untereinander deutlich erkennbar auf. Anders die Kormorane. Aus dem Schwimmen heraus sichten sie Fische, tauchen ab und versuchen, sie mit möglichst hoher Schwimmgeschwindigkeit einzuholen und mit ihrem Hakenschnabel zu packen. Die für den Fischfang nötige Beschleunigung unter Wasser müssen sie dabei mit eigener Muskelkraft erzeugen, während sich die stoßtauchenden Tölpel die Schwerkraft zunutze machen. Dem Schwimmen unter Wasser wirkt aber nicht nur der Widerstand des Wassers entgegen, sondern auch der Auftrieb, dem der leichte Vogelkörper ausgesetzt ist. Aus guten Gründen setzen die Beine der Tauchvögel weit hinten am Körper an, so dass die Kraft, die sie in Vortrieb umzusetzen versuchen, entsprechend gut zur Wirkung kommt. Wie viel der aufgewendeten Kraft zum Ausgleich des Auftriebs verlorengeht, hängt nun aber davon ab, wie stark sich das Gewicht des Vogelkörpers von dem des Wassers unterscheidet. Je näher er mit seinem spezifischen Gewicht dem des Wassers kommt, desto geringer werden Auftrieb und Energieverlust zu dessen Überwindung. Der Widerstand des Wassers beim Vorwärtskommen ist geringer, wenn der (Vogel-)Körper kompakter gebaut ist. Die günstigste Lösung des Vortriebs-Auftriebs-Problems ist die Fischform. Die besten Unterwasserjäger haben sie optimiert. Unter den Säugetieren sind dies die Delphine und die Robben. Die Optimierung der Fischform zwingt die Delphine jedoch zu einem dauernden Leben im Meer ohne Landphase. Eine solche behielten die Robben bei. Zum Gebären der Jungen, zur Paarung und einfach auch um sich auszuruhen oder aufzuwärmen, kommen sie an Land, an dafür geeignete Strände. Davon später mehr.

Die Abschweifung zu den Meeressäugetieren ermöglicht es uns nun, die Seevögel von Galapagos besser zu verstehen, so wie wir sie unter den besonderen Gegebenheiten dieser Inseln auch ausgiebig beobachten können. Die besten Taucher unter ihnen sind die kleinen Pinguine. Ist das Meer einigermaßen ruhig, kann man ihnen von den Klippen aus zusehen, wie sie unter Wasser geradezu herumfliegen. Sie bewegen ihre paddelartigen Flügel tatsächlich so, als ob sie fliegen würden. Damit erzeugen sie einen sehr guten Vortrieb. Sie werden so schnell, dass sie sich mit Schwung aufs Ufer schnellen können; gleichsam an den Strand hüpfen, auch wenn das kein Sandstrand ist. Die Paddelflügel der Pinguine taugen nun aber überhaupt nicht mehr zum Fliegen. Deren Funktion wechselte im Lauf der Entstehung der Pinguine zum Flug unter Wasser. An Land sind sie Fußgänger. Sehr aufrechte sogar, so dass sie den männchenartigen Eindruck bei uns Menschen machen, der sie liebenswürdig erscheinen lässt. Verstärkt wird dies durch ihre Gegenfärbung von Ober- und Unterseite. Die Oberseite ist bei den meisten Seevogelarten mehr oder weniger dunkel bis schwarz, so dass sie aus der Luft gegen das ähnlich dunkel wirkende Wasser des Meeres rund um die Antarktis schwer zu sehen sind, während ihre weiße bis hellgraue Unterseite sie von unten her, aus der Tiefe des Wassers betrachtet, wenig von der hellen Wasseroberfläche abhebt. Die Jagd nach Fischen und Krebstieren entsprechender Größe, insbesondere nach Krill *Euphausis sp.* in den antarktischen Gewässern, erfordert im sehr kalten Wasser jedoch auch eine besondere Isolation ihrer Körper. Diese bewirkt eine ölige Fettschicht unter der Haut zusammen mit dem schuppenartigen, eine zusätzlich wärmende Luftschicht einschließenden Federkleid. Beide würden dennoch nicht ausreichen, die Wärmverluste auszugleichen, liefe der innere Stoffwechsel des Pinguinkörpers nicht auf Hochtouren. Erzeugung von sehr viel Wärme im Körper, von isolierender Fettschicht und dem Flug unter Wasser kosten Energie; Energie, die aus der erbeuteten Nahrung stammt. Nur wenn diese ergiebig genug ist, können Pinguine leben und sich erfolgreich fortpflanzen. In nahrungsarmen, tropischen und subtropischen Meeren reicht die nutzbare Nahrung dafür bei weitem nicht aus. Dass sich Galapagos-Pinguine bis in Gewässer direkt am Äquator ausbreiten konnten, hängt mit den bereits mehrfach angeführten kalten Meeresströmungen zusammen, die darin den Kleinfischen so günstige Lebensbedingungen bieten. Und all den Seevögeln und Meeressäugern, die sie nutzen.

Wie aber passen die Galapagos-Kormorane mit ihrer Flugunfähigkeit zu den tauchfliegenden Pinguinen und stoßtauchenden Tölpeln und all den anderen Meeresvögeln an den Galapagosinseln? Um die Lage wirklich beurteilen zu können, müssten wir hinüberblicken an die Westküste Südamerikas, wo die größte Ansammlung von Seevögeln außerhalb der Antarktis lebt und die dortigen beiden Kormoranarten darin eine zentrale Rolle spielen. Doch soll hier den Erlebnissen auf den Chincha- und Ballestas-Inseln vor Südperu nicht vorgegriffen werden. Sie sind eine gesonderte, vertiefte Betrachtung wert. Es reicht zunächst, die Verhältnisse an den Galapagosinseln für sich allein zu betrachten. Hier sind die schon wiederholt angeführten Tölpel als Fischjäger unterwegs, auch die Braunen Meerespelikane *Pelecanus occidentalis* als Stoßtaucher, die kleinen Pinguine und die viel größeren Seebären und Seelöwen als Unterwasserjäger, zu denen natürlich auch noch Fische und Haie hinzukommen, die der Kleinfischreichtum anlockt. Für Kormorane müsste es eigentlich da zu eng sein, um mithalten zu können. Doch sie bringen eine Eigenschaft mit, die den meisten anderen Seevögeln fehlt bzw. fehlen muss: Das Gefieder der Kormorane wird beim Tauchen großenteils durchnässt. Es ist nicht wasserdicht eingefettet, wie bei Möwen und Tölpeln, Seetauchern und auch bei den Pinguinen. Die Kormorane werden auf diese Weise beinahe so schwer wie das Wasser, das ihr Körper beim Tauchen verdrängt. Damit können sie fast die ganze zur Unterwasserjagd nach Fischen eingesetzte Energie in Vortrieb und Geschwindigkeit umsetzen. Ähnlich wie Robben und andere Meeressäuger. Der Preis ist eine eher schwache, mit erhöhtem Energieaufwand verbundene Flugfähigkeit. Die schweren Kormorane haben pro Flugstunde weit mehr Energie aufzuwenden als etwa Möwen, die deshalb aber auch nicht tauchen können. Die Galapagos-Kormorane optimierten nun im Lauf ihrer Evolution die Effizienz des Tauchens ganz auf Kosten der Flugfähigkeit. Sie büßten diese vollständig ein. Wann dies geschah, wissen wir nicht. Aber anders als bei Rallen können wir davon ausgehen, dass dies nicht schnell, nach ein paar tausend Generationen des Lebens auf Inseln, geschehen ist, sondern viel längere Zeiträume umfasste. Wie lange diese Zeitspanne des Flugunfähigwerdens tatsächlich dauerte, wäre eine besonders spannende Frage, wie gleich zu sehen sein wird. Denn der gegenwärtige Zustand lässt sich schwerlich dafür direkt verantwortlich machen; auch nicht für die Galapagos-Pinguine. Zwar liegt deren Bestand mit bis zu 15 000 Exemplaren um etwa das Zehnfache höher als der der Galapagos-Kormorane, aber die immer wieder auftretenden, sehr ungünstigen Jahre mit zu warmem Wasser, die El-Niño-Jahre, dezimieren die Bestände beider Arten auf Galapagos dermaßen, dass sie vom Aussterben bedroht sind. Die Galapagos-Pinguine sollten daher immer wieder auch auf Nachschub von Südamerika her, von den Humboldt-Pinguinen an der Westküste, angewiesen gewesen sein. Sie hätten damit allenfalls eine Unterart von diesen werden können, keine eigenständige, davon klar verschiedene Art. Und dass die flugunfähigen Kormorane sogar so eigenständig wurden, dass sie von allen anderen Kormoranarten als eigene Gattung abgetrennt werden, passt noch weniger zu den gegenwärtigen Verhältnissen. Ihre Artbildung und Einpassung in das marine Leben an den Galapagosinseln muss viel weiter zurückreichen in die Vergangenheit. Gegenwärtig kann man lediglich feststellen, dass sic als Unterwasserjäger ökologisch an die Galapagos-Pinguine anschließen und sich von diesen mit ihrer gut doppelt so großen Körpermasse in ausreichendem Maße unterscheiden. Viel Freiraum bleibt ihnen allerdings nicht, weil die viel größeren Seebären und Seelöwen unter Wasser noch viel erfolgreicher jagen. Andere Inseln mit vielleicht saisonal günstigeren Fischbeständen an den Küsten erreichen sie nicht, weil sie nicht (mehr) fliegen können. Sicher sind ihnen die Meeressäuger, was die Ausdauer des Schwimmens betrifft, hochgradig überlegen. Flugunfähig, wie sie geworden sind, müssen diese Kormorane allein mit dem zurechtkommen, was die Gewässer um Isabela und Fernandina bieten.

Die Galapagos werfen Fragen um Fragen auf, sobald man sich ein wenig mehr mit den Arten befasst, die auf diesen merkwürdigen Inseln leben und sich ihren Bedingungen angepasst haben. Das gilt ganz besonders für das tierische Wahrzeichen der Inseln, die so urzeitlich aussehenden Meerechsen. Denn ihre nächsten Verwandten, die Landleguane, leben ziemlich normal für ihre Familie (*Iguanidae*) auf verschiedenen Inseln des Galapagos-Archipels, wenngleich unter durchaus erschwerten Bedingungen.

Ein ziemlich hungriger Landleguan führte uns mit seinem Verhalten vor, weshalb die Lebensbedingungen wirklich als erschwert zu bezeichnen sind. Es war ein ziemlich großes, intensiv schmutziggelbes Exemplar, das versuchte, eine verhältnismäßig tiefsitzende Blüte von der stachelstarrenden, auf Galapagos baumartig wachsenden Opuntie (Feigenkaktus) abzubeißen, die er aber nicht erreichte. Die strikten Bestimmungen der Nationalparkverwaltung missachtend, erbarmte sich jemand und pflückte die gelbe Blüte. Der Leguan fraß sie sogleich wie darauf dressiert aus der Hand. Der mit der Formierung des Landgangs beschäftigte Guide hatte das Geschehen übersehen. Der große Leguan kroch anschließend ohne die geringste Scheu über die beschuhten Füße eines anderen Teilnehmers des Landgangs und zog sich ins stachelige Dickicht zurück. Man konnte sich kaum vorstellen, dass die Landleguane unter derart schwierigen Bedingungen leben, geschweige denn langfristig überleben. Die Küstenstreifen, auf denen sie vorkommen, sind sehr trocken, sehr dornig und voller scharfkantiger Lavarisse.

Die Opuntien, deren Verwandte im mediterranen Klima Südeuropas so gut gediehen, dass man diese Amerikaner dort längst für urheimisch halten könnte, bilden hier auf Galapagos massive Stämme, so dass sie wie Bäume aussehen. Mit Blick auf die Opuntien wurde verständlich, weshalb es unten am Strand auf den Felsen der Brandungszone geradezu wimmelte vor den grauschwarzen Mini-Drachen, den Meerechsen, die Landleguane aber selten und unauffällig waren. Die Meerechsen hatten sich die Algen der Meeresküste, insbesondere den attraktiv hellgrün aussehenden Meersalat, als Nahrung erschlossen. Um diesen abzuweiden, müssen sie allerdings zumindest zeitweise ins kalte Wasser. Und es ist unbedingt notwendig, dass sie das überschüssige Salz über Salzdrüsen ausscheiden, sonst würde es sich zu rasch im Körper anreichern. Mit der erfolgreichen Anpassung an diese besondere Art der Ernährung wurden die Meerechsen häufig.

Doch keine andere Art der Echsen machte oder schaffte eine ähnliche Anpassung; auch ihr Nächstverwandter, der Galapagos-Landleguan, nicht. Er lebt wie in einer Wüste. Merkwürdigerweise gibt es den nächsten Verwandten beider Arten nicht im vergleichsweise nahen Südamerika, sondern auf den fernen Fidschi-Inseln. Doch nicht dort oder irgendwo sonst in der Südsee liegt die Heimat der Leguane, sondern tatsächlich in Südamerika. Und auch die der Schildkröten, aus denen sich die Riesenschildkröten von Galapagos entwickelt haben. Die ihnen nächst vergleichbaren Formen, ebenfalls Riesenschildkröten, aber anderer Gattung zugehörig, kommen den halben Globusumfang entfernt auf dem Aldabra-Atoll im Indischen Ozean vor. Auch auf einigen der Aldabra nahen Inseln der Seychellen gab es sie, weshalb sie Seychellen-Riesenschildkröten genannt werden. Die Übereinstimmungen in Größe und Lebensweise sind bei beiden Formen von Riesenschildkröten so groß, dass es schwerfällt hinzunehmen, dass sie gar nicht näher miteinander verwandt sein sollen. Ihr Riesenwuchs sei zufällig in gleicher Weise zustande gekommen, weil sie auf isolierten Inseln ohne Feinde leben. Solche Inseln gibt es allerdings viele.

Die fachlich sogenannte konvergente Evolution zu einem sehr ähnlichen Zustand aus unterschiedlicher Herkunft und Verwandtschaft heraus ist tatsächlich ein sehr wichtiges Phänomen, um frappierende Übereinstimmungen zu verstehen, die immer wieder in der Natur anzutreffen sind, obgleich die verwandtschaftlichen Verhältnisse zeigen, dass sie unabhängig voneinander zustande gekommen sein müssen. So sind Delphine und Wale eben keine Fische, auch wenn Letztere umgangssprachlich immer noch und wider besseres Wissen als Walfische bezeichnet werden. Die Fischform ergibt sich aus den Zwängen, die das Wasser als Lebensraum ausübt. Fledermäuse, ein anderes Beispiel, sind keine fliegenden Mäuse, und sie stammen auch nicht von Mäusen ab. Und Vögel sind sie ohnehin nicht, auch wenn sie Flügel haben. Doch so leicht haben wir es bei den Riesenschildkröten nicht, die, gänzlich unbeeindruckt von den Besuchern, wie im künstlichen Zeitlupentempo durchs Gestrüpp der Galapagosinseln staksen. Gelegentlich machen sie den Hals lang, um irgendetwas von den zumeist dornigen Pflanzen abzuzwicken. Sie sind echte Schildkröten, wie die Seychellen-Riesenschildkröten auch, und nur mit Spezialkenntnissen in vergleichender Anatomie von diesen als Angehörige unterschiedlicher Gattungen zu unterscheiden. Zwar bedeutet dies, dass keine direkte, keine engere Verwandtschaft zwischen beiden Riesenschildkröten gegeben ist, aber eine weiter in der Erdgeschichte zurückliegende schließt das nicht aus; keineswegs. Tatsächlich gibt es auch Fossilfunde von anderen, längst ausgestorbenen Riesenschildkröten, über die der größere Zusammenhang hergestellt werden kann. Einen solchen ergaben denn auch die neuen molekulargenetischen Untersuchungen. Ihr Ergebnis: Die Riesenschildkröten von Galapagos und den Seychellen/Aldabra sind sehr wohl miteinander verwandt. Nur reicht die Verwandtschaft tief in die Erdgeschichte zurück.

Nun verwundert es nicht mehr ganz so sehr, dass bei den auffälligsten Tieren von Galapagos die nächstverwandten Arten nicht einfach direkt an der Westküste von Südamerika zu finden sind. Dort möchte man sie zwar erwarten, und das aus zweifachem Grund. Erstens aufgrund der Lage. Südamerika ist der den Galapagos nächstliegende Kontinent. Zweitens, von der dortigen Westküste kommt der Meeresstrom, der die Galapagosinseln umspült und daher Wasserfracht in Form von Treibholz mitbringen kann. Doch ausgerechnet von Südamerikas Westküste passten zu wenig Tiere und Pflanzen zu denen der Galapagosinseln. Der Meeresstrom fließt zudem ziemlich kontinuierlich Jahr für Jahr. Also sollten mit ihm im Lauf der Zeit immer wieder neue Arten zu den Inseln gekommen sein. Wäre dies so, gäbe es ein breites Spektrum von alten Ankömmlingen zu jüngeren und jüngsten. Die neuesten Tiere und Pflanzen brachte aber nicht der Meeresstrom. Sie kamen mit den Menschen, und die meisten wurden sogar absichtlich hingebracht, wie die Ziegen, Esel und Schweine, die verwilderten, aber auch viele Pflanzen.

Klammert man diese Neuansiedlungen und Einschleppungen aus, so bleiben nur wenige Tierarten, von denen anzunehmen ist, dass sie erst in jüngerer Vergangenheit die Inseln erreichten. So gibt es auf Galapagos einen auffällig rot gefiederten Kleinvogel mit dunklem Rücken und Flügeln, der in gleicher Art auch in Südamerika vorkommt, der Rubintyrann. Seine noch nicht voll erwachsenen Jungvögel erinnern etwas an unsere Rotkehlchen. Was auffällt, ist die geringe Scheu, die Rubintyrannen der Galapagos-Unterart *Pyrocephalus rubinus nanus* auszeichnet. Ansonsten fällt es Nichtspezialisten schwer, Unterschiede zu ihren Artgenossen in Südamerika auszumachen. Dort kommen Rubintyrannen fast auf dem ganzen Kontinent vor mit Ausnahme der Hochgebirgslagen. Ihr Areal reicht über Mittelamerika bis ins südliche Nordamerika. Ähnlich verhält es sich mit einer Eulenart, die sogar in Deutschland in geringer Zahl brütet, mit der Sumpfohreule *Asio flammeus*. Sie ist eine der Vogelarten mit der global ausgedehntesten Verbreitung. Irgendwie, irgendwann erreichte sie auch die Galapagosinseln. Wer sie auf Galapagos fotografiert, wo dies wiederum aufgrund der geringen Scheu dieser Eule leicht möglich ist, könnte behaupten, das in Deutschland getan zu haben, wenn der Hintergrund nicht deutlich genug sichtbar ist, so wenig unterscheidet sie sich von unseren Sumpfohreulen. Schließlich ist die Galapagos-Spottdrossel in diesem Zusammenhang zu nennen. Sie stellt zwar ohne Zweifel eine eigenständige Art dar, der sogar der Status einer eigenen Gattung (*Nesomimus*) zugebilligt worden ist, aber in Aussehen und Verhalten sind die Galapagos-Spottdrosseln ihrer südamerikanischen Verwandtschaft sehr ähnlich. Bei den auffälligsten Kleinvögeln von Galapagos, den Darwinfinken, gibt es hingegen Schwierigkeiten mit der Feststellung ihrer Verwandtschaft. Solche lebt in Südamerika, steht den Darwinfinken aber offenbar nicht besonders nahe. Das gute Dutzend Arten von Galapagosfinken entwickelte sich also nicht erst in der jüngeren Vergangenheit; die Vögelchen, aus denen die Darwinfinken entstanden, müssen viel früher als die Vorfahren des Rubintyranns auf die Inseln gelangt scin. Artbildung braucht Zcit. Doch dass alle Darwinfinkcn aus einem gemeinsamen Ursprung hervorgegangen sind, daran gibt es keinen Zweifel.

Und so geht es wieder und wieder um die Zeit. Was irgendwann in der Vergangenheit geschah, ist wichtig, um zu verstehen, warum Galapagos etwas so Besonderes ist. Aus den bisherigen Ausführungen geht hervor, dass die Besiedelung dieser Inselgruppe kein kontinuierlicher Prozess war, bei dem von Zeit zu Zeit Arten von Südamerika herüberkamen. Die gegenwärtigen Verhältnisse lassen sich offenbar nicht einfach zurückprojizieren in die Vergangenheit. Die Inseln wirken sehr rau, ja unwirtlich, wenn man an der Küste ankommt. Dort aber müssen die allermeisten Lebewesen eingetroffen sein, denn die Inseln hatten nie eine Landverbindung mit Südamerika oder zu einer anderen Landmasse. Sie sind echte ozeanische Inseln, entstanden durch Vulkanismus und aufgetaucht aus dem Meer. Die Vulkane von Isabela bekräftigen dies auch in unserer Zeit mit wiederholten Ausbrüchen.

Es gab nur zwei Möglichkeiten, die Galapagos zu erreichen, bevor Menschen einen mehr oder weniger regelmäßigen Schiffsverkehr dorthin aufbauten, nämlich verdriftet übers Meer mit Treibholz aus Südamerika oder getragen vom Wind, der gleichfalls von Südamerika her weht. Die Winddrift erklärt sicherlich viel, zumal was das Kommen von Kleininsekten, dem sogenannten Luftplankton, und was Pflanzensamen betrifft, die sich für die Windverbreitung eignen. Auch Vögel können auf eigenen Schwingen mit Unterstützung durch den Wind die Inseln erreichen. Fernwanderer wie Sichelstrandläufer oder Pfuhlschnepfen aus der Arktis und andere Wat- und Wasservögel bilden eine eigene Kategorie, weil sie mit eigener Kraft die abgelegenen Inseln erreichen. Doch nicht sie oder von ihnen abgeleiteten Arten prägen mit Vorkommen und Häufigkeit die Vogelwelt von Galapagos, sondern solche nicht besonders gut flugfähigen Vögel wie die Darwinfinken und die Spottdrosseln. Kamen sie mit Treibholz, das die Südäquatorialströmung in Richtung Galapagos verdriftete? Transportierten solche Vehikel die Vorfahren der Meerechsen, der Landleguane und der viel kleineren, überall häufigen Lavaechsen der Gattung *Tropidurus*, von denen sieben Arten (oder mehr) unterschieden werden? Diese können, wie auch die Galapagos-Nattern und der Landleguan, keinesfalls schwimmend die Inseln erreicht haben. Für die Meerechse ist dies trotz ihrer meerbezogenen Lebensweise höchst unwahrscheinlich, weil sie diese Anpassung erst auf Galapagos entwickelte und nicht bereits von Südamerika mitbrachte. Es fällt daher schwer, die Besiedlung der Galapagosinseln und die Artbildung auf diesem Archipel aufgrund der heutigen Verhältnisse zu erklären. Unter Zugrundelegung der aktuellen Verhältnisse ist es unmöglich, die vielen Besonderheiten zu verstehen.

Erschwerend kommt das geringe erdgeschichtliche Alter der Inseln hinzu. Die westlichste und größte Insel, Isabela, ist nur etwa 700 000 Jahre alt; die älteste im Südosten des Archipels bringt es zwar auf etwa das Zehnfache davon, aber sieben Millionen Jahre sind keine große Spanne in der Erdgeschichte. Sie reichen – und jetzt wurde es für mich richtig spannend, als ich in dieser Richtung nachdachte – gerade in die Zeit zurück, als die fernen Vorfahren der Menschen, die Australopithecinen, anfingen, die zweibeinige Fortbewegungsweise und die damit verbundene aufrechte Körperhaltung zu entwickeln. War das Zufall, begünstigt von der Unschärfe großer Zahlen, oder sollten die Vorgänge auf Galapagos tatsächlich etwas mit jenen von Afrika zu tun gehabt haben? Was ist in diesen rund sieben Jahrmillionen geschehen, dass auf Galapagos einzigartige Besonderheiten entstanden und in Afrika der Start zur Menschwerdung eingeleitet wurde? Beim Nachdenken darüber überstürzen sich für mich die Befunde geradezu. Wie ein Haufen höchst prägnanter Teilbilder lagen sie da und harrten des Sortierens und Zusammenfügens. Die Ökologie, so der unabweisbare Befund, lässt uns im Stich, wenn wir verstehen wollen, wie die gegenwärtigen Verhältnisse zustande gekommen sind. Sie deckt das Naturgeschehen mit der Momentaufnahme, die wir vorfinden, nur höchst unzureichend ab. Nicht weil es heute so ist oder vor kurzem, vor einem größeren Eingriff seitens des Menschen so war, sollte, ja muss es so ein, wie es ist oder gewesen war. Die Gegenwart ist lediglich eine von vielen Möglichkeiten im Spiel des Lebens. Stets steckt in ihr auch Vergangenheit. Alles hat Geschichte.

Galapagos zwingt dazu, die Vergangenheit zu berücksichtigen. Kaum ein anderer Ort der Erde bietet so gut Einblick in die Evolution wie diese verzauberten Inseln. Sie sind ein weit geöffnetes Fenster in die Vergangenheit. Sogar das jüngste Tun des Menschen lässt sich auf diesen Inseln in aller Deutlichkeit betrachten. Und wenn man will, auch bewerten.

Ich saß auf einem Lavablock am Strand einer der Inseln, umringt von neugierigen Seelöwendamen und gelegentlich angeflogen von Darwinfinken, und ließ meine Blicke ziellos hinausschweifen auf den Pazifik. Ein großer Passagierdampfer zog in der Ferne vorüber. Er hinterließ seine Wellenspur auf dem an diesem Tag ungewöhnlich glatten Meer. Sicherlich steuerte das Schiff, voll mit Touristen, eine weitere Insel an. Die Vertrautheit der Tiere, die im Menschen keinen Feind sehen, wird die meisten Besucher beeindrucken wie auch die Kargheit der Inseln im Küstenbereich. Vielleicht erhalten sie später zum Abendessen Fisch, gefangen von der Besatzung, während die Touristen an Land waren. Die Sonne neigte sich genau im Westen bedenklich schnell zum Horizont. Auch ich musste zurück zum letzten Landungsboot, um zum Schiff gebracht zu werden, mit dem wir in kleiner Gruppe unterwegs waren. Ich konfrontierte die Freunde mit der Zusammenfassung des bisher Gesehenen in den folgenden, etwa wörtlich wiedergegebenen Sätzen: »Die für Galapagos typischen Arten sind eigentlich zu alt für diese jungen Inseln!

Woher können sie gekommen sein, wenn es nahe Verwandte an der südamerikanischen Westküste gar nicht gibt?« Hinzufügen hätte ich sollen: »heute nicht mehr«, denn in der ferneren Vergangenheit kann es ja anders gewesen sein. Und es war anders, ganz anders. Darüber wussten Geologen und Paläontologen Bescheid, seit sich die These Alfred Wegeners zur Verschiebung der Kontinente durchgesetzt hatte und zur Theorie der Plattentektonik weiterentwickelt worden war. Dass sich einer der Vulkane auf Isabela gerade wieder rührte, gab gleichsam das Zeichen. Die Befunde zu Galapagos und dem damit verbundenen Geschehen in Mittelamerika ergaben ein in sich schlüssiges Bild. Eine kleine Platte, die sich, eingekeilt zwischen viel größeren, im Pazifik in Richtung Südamerika bewegt, die Nasca-Platte, nimmt die Schlüsselposition ein. Ihrer Drift verdanken die Galapagosinseln die Entstehung. Die verhältnismäßig dünne Platte aus schwerer ozeanischer Erdkruste gleitet über einen sogenannten Hotspot hinweg, der von Zeit zu Zeit die Platte mit Lavamassen durchstößt und darüber jeweils eine neue Insel bildet. Die älteste ist die am weitesten im Südosten gelegene Insel Española (*Hood* der britischen Seeräuber), die jüngste und derzeit größte im Westen Isabela mit gleich fünf Einzelvulkanen. Wie schon angeführt, beträgt das Alter von Española sieben bis knapp acht Millionen Jahre, während Isabela nur 700 000 Jahre alt ist. Weitere, noch ältere Inseln sind jedoch längst im Meer versunken. Das gegenwärtige Alter besagt daher wenig zur Frage, wann bestimmte Arten die Inseln erreichten. Die Entwicklung der ganzen Gruppe, auch der nicht mehr sichtbaren Inseln, ist wichtiger.

Das wäre jedoch noch nichts Besonderes. Die Hawaii-Inseln gehen ebenfalls auf so einen Hotspot im Pazifik zurück und, näher an Europa und als Urlaubsinseln geschätzt, die Kanarischen Inseln vor der Küste Westafrikas. Galapagos hängt mit weitaus bedeutenderen Geschehnissen zusammen. So floss der Amazonas im Tertiärzeitalter nach Westen und mündete bei der heutigen ecuadorianischen Hafenstadt Guayaquil in den Pazifik, also genau gegenüber der draußen im Pazifik liegenden Galapagosinseln. Das sogenannte Tor von Guayaquil, das Dutzende Millionen von Jahren die Nord- von den Südanden getrennt und dem größten Fluss der Erde den Abfluss in den Pazifik offengehalten hatte, schloss sich nach recht grober Schätzung vor etwa zehn Millionen Jahren. Der Grund dafür

Die verzauberten Inseln 389

war die anhaltende Drift Südamerikas nach Westen. Dabei schieben sich die Anden wie ein angestauter Wall in die Höhe, während die schwerere, aber dünnere Pazifikplatte darunter versinkt und direkt vor der südamerikanischen Westküste einen Tiefseegraben bildet. Der nördliche Teil Südamerikas war aber durch die andrückende Nasca- und die ihr nördlich vorgelagerte Cocos-Platte gedreht worden, so dass die Nordanden eben nicht wie die Südanden direkt in Nord-Süd-Richtung aufgetürmt wurden, sondern geographisch schräg stehen und zudem in mehrere Teile zergliedert (zerbrochen) sind. Deshalb blieb das Tor von Guayaquil auch so lange offen für den Durchfluss des Amazonas. Wann es sich genau geschlossen und den Amazonas zu einem gigantischen Binnensee östlich der Anden zurückgestaut hatte, ist anscheinend noch nicht näher datiert. Jedenfalls kann es durchaus sein, dass die ersten, inzwischen wieder im Meer versunkenen Galapagosinseln direkt von Wassermassen angespült worden waren, die der Amazonas in den Pazifik ergossen hatte. Und da dieser Flussriese auch gegenwärtig schwimmende Inseln in großer Zahl nach Osten in den Atlantik verfrachtet, wo sie allerdings durch die Gegenströmung der von Osten kommenden Seewinde und der an der Küste Brasiliens entlangziehenden Meeresströmung nicht weiter hinaus in den offenen Ozean gelangen, sondern wieder gegen die Nordostküste Südamerikas gedrückt werden, ist die Lage dort ganz verschieden von den Verhältnissen, als der Amazonas noch nach Westen floss. Riesige schwimmende Inseln hatten sicherlich wochen-, wenn nicht monatelang in den Pazifik hinaustreiben können, zumal während der Regenzeiten, die genügend Frischwasser von oben brachten.

Eine noch folgenreichere Entwicklung kam im heutigen Mittelamerika hinzu. Dort driftete die Cocos-Platte in die Engstelle zwischen Nord- und Südamerika. Dabei entstand die Landbrücke, die wir für gegeben halten. Zustande kam sie vor etwa drei Millionen Jahren durch die Bildung von Panama und Costa Rica. Die Folge waren der Golfstrom und der Beginn des Eiszeitalters (Pleistozän) mit seiner Klimaschaukel. Denn anders als in den vielen Jahrmillionen davor kann das warme, vom Äquatorialstrom und den Passatwinden von Afrika her in Richtung Südamerika getriebene Wasser des tropischen Atlantiks nicht mehr am nördlichen Südamerika vorbei in den Pazifik fließen und weiter durch die damals nicht so dicht ausgebildete indonesische Inselwelt bis in den Indischen Ozean. Es wurde nun über den Golf von Mexiko nach Nordosten umgeleitet und gelangt seither als Golfstrom nach Nordwesteuropa und bis ins arktische Meer. Mit dieser globalen Veränderung des Wärmetransports über die großen Meeresströmungen kam die Eiszeit zustande mit ihren starken Wechseln zwischen Kalt- und Warmzeiten. Die Folgen ihrer Dynamik wurden bereits im Teil über Afrika behandelt, nicht aber der Grund ihres Zustandekommens. Auch auf die kleinen Schwankungen wies ich hin, die mit der Bezeichnung *El Niño – Southern Oscillations* (ENSO) charakterisiert werden und in mehr oder weniger regelmäßigen Zeitabständen die Niederschlagsmuster global verändern. Sie alle sind die Folge der großen, wahrlich globalen Umstellung, die von der neuen Landverbindung zwischen Süd- und Nordamerika verursacht worden war.

Vor drei Millionen Jahren hatte es aber auf jeden Fall schon einige der Galapagosinseln gegeben. Nur die jüngsten im Westen waren noch nicht vorhanden. Folglich bekamen die alten Inseln des Archipels Ausläufer der Wassermassen mit, die zwischen Nord- und Südamerika von Ozean zu Ozean flossen, als die Landverbindung noch nicht existierte. Zudem muss die Strömung damals viel stärker gewesen sein als die gegenwärtige, die sich, vom Wind getrieben, der als Nordost- oder Südostpassat von Südamerika her weht, und unter dem Schub der Ausläufer des Humboldtstroms an der südamerikanischen Westküste in Richtung Galapagos knapp südlich des Äquators westwärts in den Pazifik bewegt und darin auflöst. Denn der ganze Druck des atlantischen Äquatorialstroms von der südamerikanischen Nordküste her kam dazu und vereinigte sich mit den pazifischen Küstenströmen. Es ist anzunehmen, dass diese alte, noch der Tertiärzeit zugehörige Meeresströmung deutlich, vielleicht sogar ein Mehrfaches stärker und schneller war als die gegenwärtige. Sie lief über 50 Millionen Jahre lang. Mit ihr konnten jene Erstsiedler Galapagos erreichen, deren Nachkommen uns so fremdartig und urzeitlich anmuten. Um den Einflussbereich dieser größten und stärksten Meeresströmung verteilen sich auch die Fossilfunde von Riesenschildkröten. Sie reichen von der Karibik bis Südostchina und in den Indischen Ozean hinein. Pflanzen folgten diesem Ausbreitungsmuster gleichfalls; so die als Aufsitzerpflanzen (Epiphyten) entwickelten, durch herabhängende Sprosse gekennzeichneten Kakteen der Gattung *Rhipsalis*. Diese auch als Zimmerpflanzen beliebten Kakteen haben ihre Heimat im nordöstlichen Südamerika, also östlich der nördlichen Anden. Abkömmlinge von ihnen erreichten Ceylon (Sri Lanka) und Madagaskar im fernen Indischen Ozean. Bei den gegenwärtigen geographischen Verhältnissen wäre es unmöglich, dass *Rhipsalis*-Kakteen mit Meeresströmungen dorthin gelangten. Bevor sich die Landverbindung zwischen Nord- und Südamerika aber schloss, transportierte die extrem starke Strömung sicherlich immer wieder Schwemmgut hinaus in den Pazifik. Mit diesem konnten Schlangen wie die Grubenottern (Crotalidae) aus Südamerika in die indonesische Inselwelt gelangen, und eine Art von Alligatoren, *Alligator chinensis*, erreichte Südchina.

Nun wird klar, warum die Vorfahren der Meerechsen und der Landleguane von Galapagos nicht an der südamerikanischen Westküste, sondern in der Karibik zu finden sind. Auch die Herkunft der Vorfahren der Darwinfinken verliert ihre Rätselhaftigkeit. Schließlich ergibt sich aus diesen erdgeschichtlich fernen Geschehnissen, dass die Galapagosinseln ursprünglich nicht von so kaltem Wasser umspült wurden wie gegenwärtig. Dieser Zustand stellte sich erst nach der Blockade des großen warmen Meeresstroms aus dem Atlantik durch die neue Landbrücke zwischen den beiden amerikanischen Kontinenten ein. Die Tierarten des Kaltwasserzustandes sind daher »jung«, verglichen mit den alten Arten aus der Tertiärzeit mit Ursprung Karibik oder Ur-Amazonas. Umspülten aber einst wärmere Mischwassermengen die alten Inseln der Galapagosgruppe, können deren Küsten auch nicht so abweisend trocken und vegetationsarm bzw. -frei gewesen sein wie gegenwärtig. Floreana, die Insel, auf der deutschstämmige Siedler im frühen 20. Jahrhundert ihr Glück im paradiesisch freien Leben gesucht hatten, aber scheiterten, gibt vermutlich ein passenderes Bild vom früheren Zustand ab mit nicht so kaltem Wasser. Also ist anzunehmen, dass Galapagos-Pinguin, flugunfähiger Kormoran, Wellenalbatros und Galapagos-Seebär sowie zahlreiche weitere von kaltem Wasser abhängige Arten erst nach der Blockade des warmen Äquatorialstroms aus der Karibik mit dem nun verstärkt aus dem Humboldtstrom der südamerikanischen Westküste fließenden kalten Meeresstrom zu den Galapagosinseln gelangten.

Die letzten drei Millionen Jahre, also weniger als die Hälfte der Existenzzeit der Inselgruppe, gehören der Kaltwasserzeit an. Die Zeit davor war ganz anders und auf jeden Fall mit viel wärmeren und nahrungsärmeren Wassermassen verbunden. Die Querverbindung zu Afrika und zur Menschwerdung liegt nun auf der Hand. Die zeitlichen Parallelen haben gemeinsame Gründe. Das wichtigste Ereignis war die Entstehung der Landbrücke zwischen Nord- und Südamerika und die damit in Gang gekommene Klimaschaukel des Eiszeitalters. In den letzten beiden Jahrmillionen wurde sie besonders ausgeprägt. Das war genau die Zeit, in der sich in Afrika die Weiterentwicklung der noch sehr den Menschenaffen ähnlichen Vormenschen der Gattung *Australopithecus* zur Gattung Mensch, *Homo*, vollzog. Das Geschehen im fernen Amerika und im Pazifik davor gab also den geologischen Anstoß zur Menschwerdung.

Schlagartig formte sich nun für mich auch die Erklärung für ein ganz anderes Phänomen, das damals erst ansatzweise bekannt und wissenschaftlich wenig belegt war. Es betrifft Australien. Warum war dieser gegenwärtig trockenste aller Kontinente in der Tertiärzeit gut bewaldet und eine grüne Welt? Warum entstanden auf Australien die Singvögel, die von dort aus ihre große und so erfolgreiche Ausbreitung über alle Kontinente und Inseln starteten? Für Australiens einstigen Schwesterkontinent Südamerika war die Lage klar. Dort fand die Evolution der anderen Version der Sperlingsvögel (Passeriformes) statt, zusammenfassend Schreivögel genannt (wissenschaftlich: suboscine Sperlingsvögel). Die großen, vielfältigen und von der Gebirgsbildung der Anden gegliederten Wälder Südamerikas boten den Raum und die Möglichkeiten für die Entwicklung dieser Parallele zu den Singvögeln. Aber Australien ist ein im Vergleich dazu fast waldleerer Kontinent. Weshalb sollte dieser Erdteil die noch erfolgreicheren echten Singvögel hervorgebracht haben? Aus heutiger Sicht wäre dieses Paradox geradezu eine Absurdität. Nicht aber, wenn wir den großen Strom im Meer berücksichtigen, der von den tropischen Gewässern des Atlantiks durch den ganzen Pazifik bis tief in den Indischen Ozean reichte. Er trug Australien die Niederschläge zu, die für die Entwicklung reichhaltiger Wälder nötig sind. Dass dies keine bloß schöne Vorstellung ist, zeigt sich in mehr oder weniger langen Zeitabständen, wenn sich ein besonders starker El Niño entwickelt und Australien mit Regenfluten heimsucht. Doch wie bereits für Afrika angemerkt, ist dies ein schwacher Nachklang zu den einstigen Verhältnissen, unter denen Australien ein üppig bewaldeter Kontinent mit warmgemäßigtem Klima gewesen war. Die Austrocknung setzte ein, als der Zustrom von Warmwasser aus dem Pazifik immer schwächer wurde und sich die subtropische Hochdruck- und Trockenzone über Australien schob. Der Prozess der Austrocknung begann nicht schlagartig, als sich die Landverbindung zwischen Nord- und Südamerika vollends schloss, sondern allmählich, weil die sich aufbauende Schwelle immer höher wurde und immer weniger Wasser aus der Karibik in den Pazifik strömen ließ. Der Aufbau der Schwelle von Nicaragua und Costa Rica bis Panama dauerte Jahrmillionen, bis die geschlossene Landbrücke vollends fertig war.

In Australien war ich bereits gewesen, als auf den Galapagosinseln die ersten Überlegungen hierzu für mich anfingen, Form und Überzeugungskraft zu gewinnen. Dort konnte ich mich nur über den Reichtum an Vogelarten insgesamt wundern. Jetzt aber hatte ich auch eine schlüssige Begründung dafür, weshalb Australien und Südamerika so viele unterschiedliche Arten und Anpassungsformen von Papageien haben, und zwar jeweils gleich viele, während Papageien in Afrika und Südasien trotz sehr ähnlicher Typen von Lebensräumen vergleichsweise rar und dort nichts Besonderes sind. Es lag also nicht allein an der Tatsache, dass beide Kontinente in noch fernerer Vergangenheit über die damals noch nicht mit Eis bedeckte Antarktis zusammenhingen, diese aber von Afrika schon durch einen breiten Südozean getrennt waren. Sondern ganz entscheidend lag es daran, dass Australien die Tertiärzeit hindurch ungleich üppiger bewaldet und viel regenreicher als gegenwärtig gewesen war. Der heutige Zustand der australischen Vogelwelt, ja seiner gesamten Tier- und Pflanzenwelt ist ohne die erdgeschichtlichen Gegebenheiten und Veränderungen nicht zu verstehen. Immer stärker wurde mir bewusst, wie wichtig die Vergangenheit, die Geschichte ist. Früher hießen die biologische und biogeographische Forschung ganz zutreffend Naturgeschichte. In der geschichtslos sich gebärdenden Zeit, in der wir leben, ist so eine Bezeichnung verpönt. Die Gegenwart hat man als scheinbar zeitlos allein verbindlich gemacht. Sie muss unter allen Umständen erhalten werden, weil jede Änderung schlecht ist und Global Change, wenn schon nicht mehr zu verhindern, so doch abgemildert werden muss, um den Status quo oder den gerade verflossenen Status quo ante im naturverträglichen Rahmen zu halten. Eine zutiefst ideologisierte Ökologie wird hierfür als pseudowissenschaftliche Begründung herangezogen. Angeblich gehe aus ihr hervor, dass das Gleichgewicht in der Natur nicht gestört, auf keinen Fall nachhaltig verändert werden dürfe. Die Überheblichkeit von Besserwissern drückt sich in solchen Vorstellungen der Natur aus.

Der Wind strich angenehm warm über das Deck des Segelschiffes, auf dem ich lag, die Sterne betrachtete und irgendwann einschlief. Morgen würde eine andere Insel besucht werden, das Schwimmen mit Seelöwen oder umgeben von harmlosen, aber eindrucksvollen Haien an der »Dornenkrone«, einem kleinen, gerade die Meeresoberfläche überragenden Krater auf dem Programm stehen. Galapagos war zum Träumen. Das Erlebte erregte unablässig Staunen, und es warf Fragen über Fragen auf. Ein Besuch reicht nicht; erst mit einem nächsten und weiteren wird man in der Lage sein, einigermaßen zu erahnen, was diese verzauberten Inseln bieten.

Auf den Ballestas

Aus dem nahezu spiegelglatten Meer tauchte wie eine Fata Morgana eine flache Schneekuppe auf. Da keine Wolken vorhandenen waren, gab es keine Spiegelung davon über dem Horizont. Allmählich erhielt die weiße Kappe Unterbau in schattenhaftem Graublau. Ein Schneeberg? Nicht möglich so nahe am Äquator und draußen auf dem Meer. Mit seiner Ruhe entsprach dieses dem ihm vor einem halben Jahrtausend gegebenen Namen »Stiller Ozean«. Natürlich wussten wir, dass das kleine Boot mit dem Außenbordmotor auf keinen mit Schnee bedeckten Inselberg zufuhr, sondern zu einer Inselgruppe namens Chincha und Ballestas vor der Küste von Peru. Auf ihnen gibt es die global größten Seevogelkolonien. Was auf die Entfernung wie Schnee aussah, waren in Wirklichkeit die Massen von Exkrementen dieser Seevögel. Die darin enthaltene Harnsäure erzeugte mit Myriaden feinster Kristalle den schneeigen Eindruck. Guano heißt der Vogelkot auf Spanisch, und dieser ursprünglich indianische Name bürgerte sich auch in anderen Sprachen ein. Als Dünger ist Guano hoch geschätzt. Über ein Jahrhundert lang wurde er intensiv abgebaut, bis ihm Kunstdünger seine Position und den hohen Wert nahm. Dass er dennoch weiterhin genutzt wird, liegt an einer Eigenschaft, die den Stickstoff-Verbindungen im Kunstdünger fehlt. Der Vogelkot enthält sie in Form von Harnsäure, nicht als Nitrat, wie der Kunstdünger. Nitrat löst sich leicht in Wasser. Wo es reichliche Niederschläge gibt, wird es schnell ausgewaschen. Es landet im Grundwasser anstatt in den Pflanzen, für deren Wachstum die Düngung vorgesehen ist. Anders die Harnsäure. Sie ist schwer löslich, weshalb die Vögel keinen flüssigen Harn erzeugen, sondern einen schmierigen Brei von sich geben, der meistens gleich mit den Ausscheidungen des Darms gemischt wird. Bei den Vögeln münden Harnweg und Darm in ein gemeinsames Endstück, Kloake genannt. Da es heutzutage kaum noch Hühnerhöfe mit freilaufenden Hühnern gibt, kennen das immer weniger Menschen. Dabei wäre es gut und wichtig, um diese Besonderheit zu wissen und sie bei der Düngung zu beachten. Die Nitratbelastung unseres Grundwassers bliebe erheblich geringer, würde anstelle der leicht wasserlöslichen Nitrate und des für den Urin von Säugetieren typischen Harnstoffs mit Harnsäure gedüngt. Aber diese wäre chemisch-technisch viel aufwendiger in der Herstellung.

Der Guanogeruch wurde immer stärker, je mehr sich das Boot den Vogelinseln näherte. Über die Jahrhunderte und Jahrtausende hatten sich viele Meter dicke Schichten davon aufgehäuft, weil es auf diesen Inseln fast nie regnet. Und wenn doch einmal, läuft das Regenwasser ab, als wäre der Boden mit einem Schutzlack versiegelt. Es muss eine mörderisch harte Arbeit gewesen sein, als im 19. Jahrhundert die Guanoschichten noch mit Spitzhacken aufgeschlagen und die mehr oder weniger festen Bruchstücke in Säcke geschaufelt und auf die Schiffe verladen wurden, die sie an Land zum Hafen brachten, wo sie richtig zerkleinert für den Weltmarkt abgefüllt wurden. Die Guanoindustrie brachte Peru und Chile, wo es vor der Nordküste des so langgestreckten Küstenlandes gleichfalls Vogelkolonien gibt, die Guano hinterlassen, ganz erhebliche Einkünfte.

Etwa die Hälfte der Fahrtstrecke hinaus zu den Vogelinseln war die Luft klar gewesen. Warum die vom Guano geweißte Kuppe der ersten Insel, die sich beim Näherkommen über den Horizont erhob, so frei zu schweben schien, wurde mit jedem Kilometer, den wir näher kamen, immer deutlicher. Über dem Meer, über dem kalten Wasser des Humboldtstroms, lag eine ziemlich massive Schicht aus grauem Nebel. Da kein Lufthauch zu spüren war, näherten wir uns diesem Nebel wie einer Wand. Als wir ihn erreichten, fing der Gestank richtig an. Guanogestank. Wer ihn als (teuren) Pflanzendünger für den Garten oder die Blumentöpfe kauft, bekommt eine ganz schwache Ahnung davon, wie Guano riecht. Eine Mundschutz-Atemmaske wäre jetzt hilfreich, dachte ich, hatte aber keine dabei. Der Nebel hielt den Gestank fest.

Er wurde wieder schwächer, als das Schiff den Nahbereich der einen Insel verließ und auf eine andere zufuhr. Torbogenartig durchbrochene Felsen an steilen Uferklippen kennzeichnen sie. Je näher wir ihr kamen, desto stärker roch auch sie nach Guano. Aber ihre Oberfläche sah anders aus. Über den grauweißen Grund der leicht geneigten Oberfläche der Insel breitete sich eine schwarze Masse aus. Sie sah aus wie eine riesige Amöbe. Breite Zungen, die wie Teer vom schwarzen Zentrum auf das Weiß hinausgeflossen waren, grenzten an körnig graue Flächen. Wie das Schwarz waren auch diese in Bewegung. Das ruhige Meer erlaubte trotz der vom Motor des Schiffes ausgehenden Vibrationen die Benutzung des Fernglases. Was ich damit sah, verschlug mir auf andere Weise als der beißend gewordene Guanogestank den Atem. Die schwarze Masse, die den bei weitem größten Teil der Insel bedeckte, bestand aus Kormoranen. Mehrere Millionen Vögel umfasste sie allein. Viele Tausende Tölpel schlossen sich außen herum an und erzeugten das fleckige Grau, das die zentrale schwarze Fläche umgab. Und an den steil zum Meer abfallenden Felsen saßen Tausende Pelikane und eine nicht näher abschätzbare Menge von Seeschwalben. Die Bestimmung der Arten dieser Vögel fiel leicht, zumal sie alle als Guanovögel bekannt sind: Schwarze Guano-Kormorane *Phalacrocorax bougainvillei*, weiße Guano-Tölpel *Sula variegata*, mit braunem Rücken und Flügeln, die die fleckig grauen Flächen bildeten, welche die Insel bedeckten, dann die an Kopf und Hals fast harlekinartig weiß, schwarz und gelblich gefärbten, am Rücken silbrig gestreiften Chile-Pelikane *Pelecanus thagus*, die größten der hier anwesenden Seevögel, und die vielen kleinen rauchschwarzen Inka-Seeschwalben *Larosterna inca* mit rotem Schnabel, roten Beinen und einer halbkreisförmig geschwungenen, schmalen weißen Backenzeichung, die ihnen ein ganz reizendes Aussehen verleiht. Die auch an den Felsen sitzenden rotfüßigen Buntscharben *Phalacrocorax gaimardi* waren weniger leicht zu finden, aber gleichfalls in größerer Anzahl vorhanden, wie das genaue Durchmustern der Felswände ergab. Ihr Körpergefieder ist im Grundton grau mit heller Tropenfleckung auf den Flügeln und einem länglichen weißen Fleck beiderseits am Hals. Damit weichen sie stark vom üblichen Typ der Kormorane ab, die entweder mehr oder weniger dunkelbraun bis schwärzlich oder ausgeprägt schwarz (Oberseite) und weiß (Bauchseite) sind. In offenbar geringer Zahl vorhanden waren auch Humboldt-Pinguine *Spheniscus humboldti*, die aber schwer zu finden waren, so wie sie sich an die Felsen drückten. Viel besser sehen konnte man sie, wenn sie neben dem Boot tauchten, weil das Wasser so ruhig war. Dann ließ sich ihr Unterwasserflug höchst eindrucksvoll beobachten.

Über einen Aufzug ging es hinauf auf die Hochfläche mit den nistenden Vogelmassen. Die Kormorane standen dicht an dicht, die Tölpel mit etwas größerem Abstand; gerade so weit, dass sie einander bei nachbarschaftlichen Streitigkeiten, die vor allem durch Raub von Nistmaterial ausgelöst wurden, mit ihren kräftigen, spitzen Schnäbeln nicht mit voller Wucht schlagen konnten. Die Masse der Vögel war beständig in Bewegung, denn unablässig starteten und landeten welche. Die Anwesenden wurden beim Brüten abgelöst durch die Ankommenden. Oder diese brachten Fisch für die Jungen. Dass sie beim Anflug stets den richtigen Fleck im schwarzen oder grauen Gewimmel treffen, auf dem sich ihr Partner mit Gelege oder Jungen befindet, ist gewiss eine Meisterleistung an Orientierung. Wir müssten ein Navi halbmetergenau einstellen, könnten uns aber trotzdem in der Masse gleichartiger Vögel nicht zurechtfinden. Schon die Landung erfordert eine extreme Präzision. Sie muss punktgenau an der richtigen Stelle stattfinden. Dies gelingt am besten, wenn die Kolonie nicht gestört wird, und jedes Vogelpaar seinen Brutplatz hat. Größere Störungen zur Brutzeit verursachen Chaos, insbesondere wenn Arbeiter, die Guano abbauen, in die Kolonien eindringen. Die Brutkolonien mussten fast zusammenbrechen, bis eingesehen wurde, dass es nicht geht, mit der Nutzung des Guanos schon während der Brutzeit zu beginnen. Das 19. Jahrhundert war das Jahrhundert gewissenlos extremer Ausbeutung, auch der Ressourcen des Meeres. Wer weiß, wie es weitergegangen wäre, hätte es nicht die großen Zäsuren durch die beiden Weltkriege gegeben. Das Umdenken setzte erst danach ein und keineswegs gleich, sondern nach mühsamen Verhandlungen und bereits eingetretenen Zusammenbrüchen der übernutzten Vogelbestände. Das Schicksal der Wale wurde mitgeschrieben in jenen Zeiten der Ausbeutung der Guanoinseln und der teilweisen Vernichtung der Vogelkolonien, die den wertvollen Dünger erzeugten. Noch wusste ich nicht, das mich die Wale schon bald auch beschäftigen würden, und zwar am selben Ozean, aber nördlich des Äquators und nicht südlich davon wie hier. Wahrscheinlich hätte ich unter den gegebenen Umständen gar nicht daran denken können, zu viel gab es zu sehen und aufzunehmen. Dabei umschwammen Delphine gruppenweise das Boot, ohne sich für die Menschen darin zu interessieren. Tauchten sie, spritzte es unweit davon silbrig auf, als ob unter Wasser etwas explodiert wäre, weil Tausende kleiner Fische emporsprangen. Die Delphine waren auf der Jagd. Da nahmen sie sich keine Zeit zum Herumspielen oder zum Besichtigen des Bootes.

Nach kurzem Besuch einer der Ballestas-Inseln, wo es oben in der sonnigen Höhe nicht mehr so arg stank wie im Nebel unten über dem Wasser, machte unser Boot einen weiten Bogen um die Inseln und fuhr nicht direkt zur Küste zurück. Ich nahm an, der Skipper würde auf diese Weise die Zeit der Abwesenheit ausdehnen, um einen längeren Inselaufenthalt vorzutäuschen. Er hatte aber anderes im Sinn. Das merkten wir erst nach gut einer Stunde Fahrt über das immer noch fast unbewegt ruhige Meer. Riesige Quallen mit Durchmessern von gewiss mehr als einem Dreiviertelmeter glitten am Boot vorbei. Das Wasser schimmerte grünlich trübe. Im Nebelgrau zeichnete sich die Sonne lediglich als weiße Scheibe ab, die ein sehr großer Lichthof umgab. Ich hatte Mühe, unter der fast senkrecht stehenden Sonne die Orientierung zu behalten. Von Land und Inseln war nichts mehr zu sehen. Auffälliger wurden die langen Ketten und Staffeln von Kormoranen, die offenbar zielstrebig in dieselbe Richtung flogen, die das Boot eingenommen hatte. Und dann sahen wir es: Das Meer schien zu kochen. Schwarz zu kochen. Abertausende Kormorane tauchten in dichter Masse ab und auf, Chile-Pelikane flankierten sie wie ein über dem Wasser schwebendes, lebendiges Hufeisen. In dessen weite Öffnung stießen Schwärme von Guano-Tölpeln wie Geschosse ins Meer, dass es nur so spritzte und aufschäumte. Die große Jagd der Guanovögel auf Sardellen *Engraulis ringens* fand hier statt. Die Vögel hatten einen großen Schwarm davon entdeckt. Die Fischchen ähneln den Sardinen der europäischen Küstenmeere. Die gemeinsame Jagd war ein schier unfassbares Naturschauspiel. Die Kormorane trieben schwimmend und tauchend die kleinen Fische vor sich her. Die Tölpel stürzten sich von oben auf die ankommende Front der Fische und hinderten sie am Ausbrechen aus dem Halbring und an der Aufteilung in viele kleine Schwärme. Und was den Kormoranen seitlich zu entkommen versuchte, holten sich die Pelikane. Sie beherrschen die Technik des Stoßtauchens wie ihre nahen Verwandten, die Braunen Meerespelikane, die in geringer Zahl auch an den Galapagosinseln vorkommen. Es reicht aber bei weitem nicht so tief wie bei den torpedoförmigen Tölpeln. Mit drei unterschiedlichen Fangtechniken nutzen die drei Hauptarten der Guanovögel die Masse der Sardellen. Die übrigen Seevogelarten bleiben im Vergleich mit ihnen Statisten am Rande des Geschehens. Vielleicht waren es die Delphine gewesen, die mit ihrer Jagd nach größeren Fischen die Sardellen in Unruhe versetzten, springen ließen und so das Signal für die Seevögel setzten, wo sich der große Kleinfischschwarm gerade befand. Doch es sind so gut wie immer kleine Gruppen von Guanovögeln über dem Meer unterwegs auf der Suche nach den Fischschwärmen. Wie groß und wie produktiv diese insgesamt sind, ließ sich nur erahnen, bis moderne Technik die genaue Erfassung ermöglichte. Jedenfalls waren es so viele Fische, dass die Millionen Tonnen, welche die chilenischen und peruanischen Fangflotten aus dem Humboldtstrom holten, jahrzehntelang keine Auswirkungen auf die Bestände hatten. Und die Abermillionen Vögel auch nicht auf die Sardellen.

Ungleich stärker, geradezu vernichtend, wirken hingegen die regelmäßig wiederkehrenden El-Niño-Ereignisse. In Umkehrung der üblichen Strömungsverhältnisse an der Westküste Südamerikas dringt dabei warmes Wasser aus dem Golf von Panama nach Süden vor, und verdrängt das kalte Wasser des Humboldtstroms und überlagert das noch kältere Auftriebswasser aus dem Tiefseegraben vor der Küste. Damit bricht die Produktion der Planktonalgen und der sie nutzenden Kleinkrebse und der Sardellen zusammen. Die Fischschwärme verziehen sich hinaus in die Weiten des Pazifiks. Viele Fische gehen an Nahrungsmangel zugrunde. Dieses Schicksal ereilt nun auch die Seevögel, die von den Sardellen leben und mit diesen ihre Jungen großziehen. Sie können sich nicht wie die Delphine und andere Wale einfach aufmachen in günstigere Gewässer. Betroffen vom plötzlichen Mangel an Kleinfischen sind nicht nur die Seevögel, sondern auch die Pelzrobben an der Küste, weil sie keine ausgedehnten Wanderungen durch die Ozeanweiten machen können. Viele verenden. Ihre Kadaver treiben zum Ufer hin, wo schon Tausende toter Seevögel liegen. Sie ziehen nun das Interesse der Kondore auf sich. Diese größten der Neuweltgeier suchen in solchen El-Niño-Zeiten insbesondere bei der Halbinsel Paracas in Peru (südlich von Lima) die Küste nach Kadavern von Meeressäugern ab. Im Spülsaum des Meeres bei Paracas fand ich die so markanten Schädel der Pelikane mit ihren langen, schmalen Schnabelknochen in solchen Massen, dass sie wie gebleichte Hölzer den Strandanwurf durchsetzen. Über hundert zählte ich auf nur fünf Metern Strand; wie viele Tausende Pelikane mögen dem damals letzten großen El Niño in den 1980er Jahren zum Opfer gefallen sein? Von manchen Stellen am Rand der großen Felsklippe von Paracas ließ sich den kreisenden Kondoren auf den Rücken schauen, wie sie die Küste absuchten. Dort sind sie oft besser zu beobachten und vor allem viel sicherer zu finden als oben in den Anden, von denen sie heruntergesegelt waren. Dass sie mit den an den Küsten Südamerikas fast allgegenwärtigen Rabengeiern verwandt sind, zeigten die Kondore am Strand ganz deutlich. Beide Arten von Neuweltgeiern haben nichts Adlerartiges an sich.

Bei dieser Fülle spannender Details drohte der Überblick verlorenzugehen. Hier gab es die größten Vögel und die größten Quallen, die größten Vogelkolonien und Fischschwärme – und gleich nebenan die trockenste Wüste. Was für ein Kontrast zwischen dem an Lebensfülle geradezu überquellenden Meer und der Atacama.

Sie ist eine der lebensfeindlichsten Wüsten der Erde. Das Meer davor hingegen ist ungeheuer produktiv. Sein Nahrungsreichtum ist so groß, dass in Nordchile sogar eine Möwenart existiert, die auf einem der extremsten Abschnitte der (salpeterhaltigen) Wüste brütet, wohin kaum jemals ein natürlicher Feind gelangt und nur höchst selten Menschen hinkommen. Der dauernde Pendelflug aus der Wüste zum Meer und wieder zurück lohnt offenbar das Brüten im Sand. Gern hätte ich die Kolonie der Graumöwen *Larus modestus* in der Atacama aufgesucht, aber die Jahreszeit passte nicht. Ihrem Aussehen nach hielt ich die Graumöwe für die nächste Verwandte der Lavamöwe von Galapagos. Die Verbindungen der Seevögel von Galapagos zu denen, die an der Westküste Südamerikas vorkommen, waren unübersehbar. Typisch tropische Arten wie die zauberhaften Feenseeschwalben fehlen hier.

Was konnte ich diesem Gegensatz von Wüste und Meer an der Südküste von Peru entnehmen? In Bezug auf die Wüste, wie unentbehrlich Wasser für das Leben ist. Doch so eine banale Feststellung brauchte weder betont noch gründlich diskutiert zu werden. Sie gälte genauso, wenn das Meer vor der Atacama tropisch blau wäre. Dann würde es jedoch nicht wimmeln von Fischen und wirbeln von Seevögeln über dem Wasser. Der entscheidende Unterschied lag im Meer vor der südamerikanischen Westküste. Woher stammte der Fischreichtum des Humboldtstroms? Warum drifteten am Boot Quallen vorbei, die im Vergleich zu denen von Mittelmeer oder Nordsee wahre Riesen waren? Weshalb gab es hier knapp 14 Grad südlich des Äquators, also noch mitten in der Tropenzone, bullige Seebären wie in antarktischen Gewässern? Die Kälte des Wassers allein macht es nicht aus. Wärme wäre dem Leben allemal förderlich. Und Licht ist hier einen wesentlichen Teil des Jahres, untypisch für die Tropen, nur stark gedämpft vorhanden, weil beständig Nebel über dem kalten Wasser hängen. Um den tieferen Grund zu verstehen, müsste man jedoch in die Tiefe schauen können. In die Tiefe des Meeresgrabens vor der Küste und in die Strömungsverhältnisse von den antarktischen Gewässern bis hierher und weiter hinaus in den offenen Ozean bis zu den Galapagosinseln. Das kalte Wasser des Humboldtstroms und das noch kältere, das aus fast acht Kilometern Tiefe vor der Küste aufquillt, enthalten eine für Ozeanwasser außergewöhnlich große Menge an mineralischen Pflanzennährstoffen. Wie bereits ausgeführt, baut sich darauf eine äußerst ergiebige Nahrungskette auf, trotz der Kälte. Und das ist das Entscheidende. Die Produktivität, die Zuwachsleistung der Pflanzen pro Saison, hängt viel weniger von der Temperatur ab, als wir geneigt sind anzunehmen, nur weil wir selbst in diesen Gewässern nach kürzester Zeit frieren würden. Die Verfügbarkeit der Pflanzennährstoffe bestimmt die Höhe der Produktivität, solange Licht in ausreichender Menge verfügbar ist. Licht gibt es in den Gewässern um Galapagos erheblich mehr als unter den Nebeln im Humboldtstrom, aber die Nährstoffe, die das kalte Wasser enthält, sind bereits großenteils aufgebraucht, wenn es dorthin kommt. Die wärmeren, stärker durchlichteten Gewässer um die Galapagosinseln produzieren tatsächlich erheblich weniger als die direkt vor der Küste Südamerikas gelegenen Zonen. Millionen Seevögel wären auf Galapagos unmöglich. Sie würden die Nahrung nicht finden, die sie brauchen. Nur an einem kleinen Bereich, an den westlichen Küsten der beiden westlichsten Inseln Fernandina und Isabela, zieht die an Galapagos vorbeikommende Strömung zusätzlich größere Mengen Tiefenwasser an die Oberfläche. Es macht das Meer kälter und fischreicher. Deswegen leben die flugunfähigen Kormorane und die Galapagospinguine dort und nicht an den viel wärmeren, teilweise auch von schönen Sandstränden gerahmten Inseln wie Floreana. In Häufigkeit und der Zusammensetzung des Artenspektrums spiegeln die Seevögel die meeresökologischen Verhältnisse.

Mich beschäftigte ein weiterer Aspekt, sosehr mich die Seevögel mit ihren Mengen und Besonderheiten auch fesselten. In der wissenschaftlichen Ökologie wird klar getrennt zwischen »Produktion« und »Produktivität«. Die Produktion sehen wir in der »stehenden Ernte«. Sie ist einfach die vorhandene Biomasse. Im amazonischen Regenwald jenseits der Anden war sie gerade mit gut tausend Tonnen pro Hektar ermittelt worden. So viel wiegen die Bäume mit ihrem Blattwerk, den Lianen und Epiphyten einschließlich ihres lebendigen Wurzelwerks. So eine Pflanzenbiomasse (Phytomasse) ist zweifellos enorm und höchst eindrucksvoll, wenn man wie ein Zwerg unter den Baumriesen steht und durch die braune und grüne Masse nach oben blickt, die kaum einen Sonnenstrahl bis zum

Boden durchkommen lässt. Viele Jahre, in aller Regel Jahrhunderte pflanzlicher Produktion haben diese »stehende Ernte« gebildet. Sie scheint geradezu auf Nutzung zu warten, verträgt eine solche aber ganz und gar nicht. Die Bäume wehren mit einer Vielzahl komplexer und auf Tiere meist giftig wirkender Substanzen alles ab, was von ihnen zehren könnte, auch holzzerstörende Pilze, solange das geht. Sie lagern Kieselsäure ein, die das Holz mancher Baumarten steinhart und so schwer macht, dass es im Wasser untergeht. Bäume wachsen auf langjährige Beständigkeit hin. Das gilt generell, ganz besonders aber in den Tropenwäldern. Tropenholz ist wegen der besonderen Dauerhaftigkeit so geschätzt. Die Böden, auf denen die tropischen Harthölzer heranwachsen und so gigantische Größen erreichen, sind jedoch alles andere als fruchtbar. Die Bäume sind darauf angewiesen, möglichst alle Mineralstoffe wieder zu nutzen, die mit Blättern oder Ästen zu Boden fallen oder aus Tierexkrementen stammen. Mit direkt unter der Bodenoberfläche besonders dicht ausgebildetem Wurzelwerk nehmen sie, zumeist unterstützt von Pilzen, mit denen die Wurzeln in Symbiose leben, alle frei werdenden Mineralstoffe wieder auf und schleusen sie zurück über den Stamm hinauf zu den Blättern. Es war dieser so außerordentlich gut geschlossene Kreislauf der Mineralstoffe, der die Forscher in den 1970er Jahren beeindruckte, als sie den Nährstoffhaushalt im amazonischen Tropenwald studierten. Das perfekte Recycling gibt es aber nicht und kann es auch nicht geben, weil bei allen Vorgängen in der Natur, bei denen unter Einsatz von Energie etwas umgesetzt wird, unweigerlich Verluste entstehen. Was die amazonischen Regenwälder an Mineralstoffen verlieren und über die Nebenflüsse zum Amazonas und von diesem in den Atlantik transportiert wird, ersetzen, wie schon dargelegt, die mineralstoffhaltigen Stäube aus der Sahara. Amazoniens Regenwälder sind fremdversorgt – wie der Fischreichtum im Humboldtstrom auch. Um diese Gegebenheit geht es.

Denn beide ökologischen Systeme funktionieren ganz anders. Wie anders, geht aus der Unterscheidung von »Produktion« und »Produktivität« hervor. Im amazonischen Regenwald ist die Produktion hoch, die Produktivität aber (sehr) gering. Produktivität meint nämlich den mit jedem Produktionszyklus erzeugten Überschuss. Die Bäume und all die vielen anderen Pflanzen im Regenwald wehren sich chemisch intensiv gegen das Genutztwerden. Die mikroskopisch kleinen Algen im Humboldtstrom tun das ganz und gar nicht. Intensive Nutzung fördert sie. Das hatte ich für die Flamingos und ihre Nutzung der Blaugrünalgen des Nakurusees in Afrika erläutert. Die Produktivität der Algen ist hoch; so hoch, dass sie das (Über-)Angebot an Pflanzennährstoffen gar nicht wirklich ausnutzen können, das ihnen im kalten Wasser des Humboldtstroms zur Verfügung steht. Entsprechendes gilt für die Massen der Kleinfische. Den Beständen der Sardellen schadet es nicht, dass sie von Seevögeln, von anderen Fischen, von Quallen und von Meeressäugern in riesigen Mengen verzehrt werden. Die Produktivität ihrer Bestände gleicht die Verluste leicht aus. Erst die über das natürliche Maß weit hinausgehenden Nutzungen durch moderne Fabrikschiffe dezimierten die Sardellen und schwächten die Produktivität ihrer Bestände. Das ökologische Nutzungssystem im und am Humboldtstrom ist auf raschen, höchst intensiven Umsatz ausgerichtet, nicht auf langsame, anhaltende Nutzung. Nicht zuletzt verhindert das in mehr oder weniger regelmäßigen Zeitabständen von Norden her einbrechende Warmwasser die Entwicklung einer Beständigkeit in der Nutzung. Die El-Niño-Ereignisse geben dem System immer wieder einmal einen heftigen Anstoß, von dem es sich über mehrere Jahre hinweg erholen muss. Die Produktivität der Lebewesen im Humboldtstrom steigt und fällt, aber nicht regelmäßig und auch nicht chaotisch. Gute Jahre treten in mehr oder weniger langen Serien auf. Unterbrochen werden sie von regelrechten Katastrophen. Die Skelette der den El-Niño-Ereignissen zum Opfer gefallenen Seevögel und Pelzrobben zeugen davon im Spülsaum der Küste.

Extremer könnte der Unterschied in der Natur beiderseits der Anden im äquatorialen Bereich gar nicht sein. In den Wäldern Amazoniens herrscht eine auf menschliche Lebenszeitspannen bezogen phänomenale Beständigkeit, jenseits der Anden im Meer aber ein heftiges Auf und Ab, das lediglich über Jahrzehnte oder Jahrhunderte so etwas wie einen halbwegs stabilen Mittelwert ergibt. Für die Betroffenen hat diese rein rechnerische Dauerhaftigkeit aber keine Bedeutung. Der amazonische Regenwald reagiert höchst empfindlich auf Nutzungen, wie sie die Europäer anstreben. Werden größere Flächen gerodet, degradieren sie schnell. Ihre Wiedererholung dauert sehr lange und erreicht wahrscheinlich auch nach Jahrhunderten den Ausgangszustand nicht wieder. In das hochproduktive System des Humboldtstromes hingegen lässt sich geradezu grob eingreifen, ohne dass seine Produktivität geschmälert oder gar von Grund auf beeinträchtigt würde. Nach Zeiten der Überfischung reichen wenige Jahre für die Wiedererholung. Warum das so ist, hängt mit der Herkunft und dem weiteren Verbleib der Nährstoffe zusammen. Der Tropische Regenwald geht, wie wiederholt betont, damit sehr haushälterisch um. Der Tropenregen wäscht unweigerlich aus, was die Wurzeln aus dem Gestein freilegen und chemisch aufschließen. Zurück bleiben nicht weiter nutzbare mineralische Reste. Ins Minimum geraten über kurz oder lang genau die Mineralstoffe, die von den Pflanzen zum Wachstum benötigt werden: Phosphate, Stickstoffverbindungen und Kalium in erster Linie. Sie sind leicht wasserlöslich und werden daher ausgeschwemmt. Folglich stellt sich in den Böden der feuchten Tropen Mangel ein. Der Mangel wird für die ökologischen Abläufe bestimmend. An der Seltenheit der Tiere im amazonischen Regenwald kommt er zum Ausdruck; enttäuschend für naturinteressierte Besucher, die Fülle erwartet hatten, weil der Regenwald so artenreich ist. Auch ich musste mich daran gewöhnen, in Amazonien wenig zu sehen zu bekommen.

Was aber die Flüsse in Jahrmillionen ausgewaschen und dem Meer zugeführt hatten, gelangt an wenigen Stellen wieder zur Oberfläche, wenn entsprechende Meeresströmungen vorhanden sind oder sich ausbilden. Wie an der südamerikanischen Westküste. Dort quellen die den Böden an Land verlorengegangenen mineralischen Nährstoffe wieder auf. Und ermöglichen mit ihrer feinen Verteilung im Meerwasser und über den beständigen Nachschub, der von unten kommt, die phänomenal hohe Produktivität. Wir können die Verhältnisse auch so sehen: Was im Wald langsam, in Zeitspannen von Jahrhunderten abläuft, vollzieht sich dort in Tagen und Wochen. Die Grundvorgänge sind aber die gleichen. Überall auf den Kontinenten verhielte es sich so, gäbe es nicht auch den Vulkanismus und die geotektonischen Kräfte. Über den Vulkanismus gelangen neue, von Pflanzen verwertbare Mineralstoffe an die Oberfläche und durch tektonische Veränderungen, insbesondere Hebungen und Gebirgsauffaltungen, reichhaltige

Sedimente aus dem Meer. Es liegt also auch am vulkanischen Ursprung der Galapagosinseln, dass sie es trotz ihrer geringen Größe den Tier- und Pflanzenarten ermöglichten, starke, gut überlebensfähige Bestände zu entwickeln, wenn sie erst einmal Fuß auf ihnen gefasst hatten. Die Vielfalt der Natur von Galapagos ist trotz der Einförmigkeit der Lavaklippen und Vulkankegel die Folge der guten Verfügbarkeit lebenswichtiger Nährstoffe. Mir fielen bei diesen Überlegungen am Humboldtstrom wieder die Meerechsen mit ihren stumpfen Schnauzen und dem urweltlichen Aussehen ein. Sie können sich von Meersalat ernähren! Meersalat gehört zu den Algen. Ihre Vorfahren überlebten, als sie anfingen, diese Nahrung zu nutzen. Es gibt reichlich davon, weil die mineralstoffreichen Lavafelsen üppiges Wachstum ermöglichen. Für den Meersalat lohnte es nicht, besondere Gift- oder schwerverdauliche Schleimstoffe als Abwehr von Fressfeinden zu entwickeln, wie sie in anderen Algen vorkommen. Was die Meerechsen abweiden, ersetzt der Meersalat schnell durch weiteres Wachstum. Die Strandbereiche der Galapagosinseln, an denen es viele Meerechsen gab, sahen dementsprechend gar nicht überweidet aus. Das ändert sich, wenn das wärmere Wasser kommt. Sicherlich vermindern starke El-Niño-Ereignisse die Häufigkeit der Meerechsen, weil dabei auch die Algen nicht mehr so gut wachsen.

Seeelefanten und Wale

Bei den Bootsfahrten zu den Ballestas und um die Galapagosinseln sah ich keine Wale, sosehr ich auch nach ihnen Ausschau hielt, wo es mir aussichtsreich erschien. In den späten 1970er und frühen 1980er Jahren waren die Bestände der meisten Großwale noch so dezimiert vom Walfang, dass es fast einem Treffer im Lotto gleichkam, in den Weiten der Ozeane welche zu erblicken. Die besten Plätze zum Walbeobachten lagen zudem in kalten und zumeist auch stürmischen Gewässern, wo es eines doppelten Glücks bedurfte, Wale zu sehen, und das ohne schweren Seegang aus der Nähe. Die einzige Ausnahme waren die Grauwale an der nordamerikanischen Westküste. Diese Wale halten sich fast immer küstennah, und sie genossen damals bereits wirkungsvollen Schutz. Die Ausweitung der Souveränitätszonen an den Küsten und die günstige Tatsache, dass nur drei Staaten übereinkommen mussten, die noch verbliebenen Grauwale zu schonen, nämlich Kanada, die USA und Mexiko, bewirkte, dass sich der Bestand allmählich, aber anhaltend wieder erholte. Aus den einstigen Todeslagunen, in denen die Walfänger die hilflosen Grauwale zu Tausenden abschlachteten, wurden Schutzgebiete mit strenger Regelung der Befahrbarkeit zu den Zeiten der Anwesenheit der Wale. In diesen Lagunen, und nur in ihnen, am Finger Kaliforniens, der Halbinsel Baja California, überwintern sie, bringen die Weibchen ihre Jungen zur Welt, und dort findet auch die Paarung statt. Den Sommer verbringen die Grauwale in den Flachgewässern bei Alaska. Dort ernähren sie sich von unterschiedlichstem Bodengetier, das sie wie riesige, schrägliegende Staubsauger aufnehmen. Die vier bis fünf Monate in den nahrungsreichen arktischen Gewässern müssen reichen, um all die Reserven anzulegen, die für die Tausende Kilometer lange Wanderung entlang der nordamerikanischen Westküste von Alaska bis zu den Lagunen Niederkaliforniens, für die dortige Überwinterung, für das Säugen der Jungen, für den Energieaufwand bei der Paarung und für die Rückwanderung im Frühjahr vonnöten sind. Denn sobald sie die Nahrungsgründe bei Alaska verlassen haben, nehmen die Grauwale keine Nahrung mehr zu sich.

Bei ihrer Wanderung entlang der Küste werden sie von vielen Menschen beobachtet und so genau wie möglich auch gezählt. In den drei Lagunen, die ihre Hauptquartiere im Winter sind, lassen sie sich nicht mehr so recht erfassen, weil das Durcheinander rasch zu groß wird, wenn Tausende in den flachen Buchten versammelt sind, auftauchen, prusten, wieder abtauchen oder sich auf die gekrümmte Schwanzflosse stellen und den Kopf aus dem Wasser recken. Turbulent wird es, wenn die weiblichen Wale wieder paarungsbereit sind. Da tut man gut daran, mit den Schlauchbooten Distanz zu halten, mit denen man in den Lagunen auf Walbeobachtung fahren darf. *Whale watching* fing gerade an, ein richtiges Geschäft zu werden, als mich eine Tour dorthin führte. Für mich verbinden sich unvergessliche Erlebnisse mit den Lagunen der Wale.

Die Anreise verlief ziemlich ungewöhnlich und ganz anders als erwartet. Als die Boeing 747, der legendäre Jumbo-Jet, schon etwas vor der offiziellen Ankunftszeit am Flughafen von Los Angeles landete, regnete es leicht. Beim Anflug war aber zu sehen, dass vom Pazifik her viele massige Wolken heranrückten, deren Konturen nicht gerade ruhiges Wetter versprachen. Auf der Fahrt zum Hotel fing es kräftig zu regnen an. Die Schauer wurden stärker, als es weiterging in den Süden, nach San Diego, von wo aus die Tour zur Walbeobachtung startete. Regen in Südkalifornien!? Gab es da nicht einen Song, in dem es hieß: *It never rains in southern California*? Kurz vor San Diego hörten die Schauer auf, und alles schien wieder normal, obwohl weiter dickes Gewölk über dem Ozean stand. Auf dieses zu ging es dann mit einem flachkieligen Küstenboot. Erstes Ziel waren Inseln im Golf von Kalifornien. Cedros, die größte, sah aus als ob sie aus der stürmischen Nordsee aufsteigen würde. Lange Wellen klatschten gegen den Boden des von ihrem Rhythmus bestimmten Bootes. Es war nicht nur gut, einen Anorak zu tragen. Er war notwendig. Bei den San Benitos wurde der Wellengang noch stärker. Die Brecher klatschten gegen die Felsen und jagten als Gischt landeinwärts. Doch in der Bucht, in die das Schiff einlief, um die Gruppe an Land zu bringen, war das Wasser dank der geschützten Lage ruhig genug, um an der Brücke anlegen zu können.

Das Erste, was mir auffiel, waren die Mengen handspannengroßer Seeohr(*Haliotis*)-Schalen, besser bekannt unter der Bezeichnung Abalone. Sie lagen überall. Ihr Perlmutt, mit dem sie innen in dicker Schicht ausgekleidet sind, schimmerte trotz des trüben Wetters in allen Farben des Spektrums, vor allem aber blau und blaugrün. Die Außenseite bedeckte ein zumeist dichter Bewuchs von sehr kleinen Seepocken, die so dicht an dicht saßen, dass kaum etwas von der eigentlichen Außenhaut der Schale zu sehen war. Ich nahm mir einige der besonders großen und schönen Exemplare mit, säuberte ihre glänzende Innenseite, dass sie wie Schmuckstücke aussahen, und steckte sie in mein Reisegepäck. Nach einigen Tagen fingen sie zu stinken an, denn in den Seepocken auf der Außenseite steckten die Körperchen dieser Krebstiere. Erst eine gründliche Behandlung mit 70-prozentigem Alkohol minderte den Gestank auf ein erträgliches Maß. In dichtschließende Plastiktüten mussten sie dennoch gesteckt werden. Die Abalone-Schalen sahen so schön aus, weil sie erst vor kurzem aus dem Meer geholt worden waren. Ihr Fleisch gilt als Delikatesse. An den Inseln im Golf von Kalifornien gibt es eine bedeutende Abalone-Fischerei, weil das Wasser dort verhältnismäßig kalt und recht sauber ist. Ähnlich wie am Humboldtstrom fließt es mit einem Meeresstrom vom Nordpolarmeer an der amerikanischen Westküste südwärts und wird vor Kalifornien, aber weiter draußen auf dem Meer, von kaltem Auftriebswasser verstärkt. So entsteht auch hier ein Meeresgebiet mit erhöhter Produktivität. Aber der Fischreichtum ist viel geringer als im Humboldtstrom.

Dafür gibt es ein besonders reiches Bodenleben, weil das Meer vor Kalifornien über weite Strecken verhältnismäßig flachgründig ist. Meeressäuger können hier besser nach Nahrung suchen als über sehr großen Tiefen. Einen Strand aufzusuchen, an dem sich die riesigen Seeelefanten ausruhen, war das Ziel dieses Abstechers zu den Inseln im Golf von Kalifornien auf der Fahrt zu den Grauwalen.

Ein schmaler Fußpfad führte von der Anlandestelle über felsiges Gelände zu einer weiteren, aber Wind und Wellen ausgesetzten Bucht. Ein Fischadler landete auf seinem großen Horst, der frei auf einer exponierten Felsnase erbaut war. Auf dem Foto, das ich machte, sieht er aus wie irgendwo an der Küste Schottlands oder Norwegens aufgenommen. Der Regen hatte aufgehört. Der Wind trieb aber Nebel heran, der auch recht unangenehme Nässe hinterließ. Unten am Sandstrand, der sich vor den Felsen flach sichelförmig ausbreitete, wurden hellgraue bis silbrige Tonnen erkennbar. Ein kleiner Hund, der sich uns angeschlossen hatte, strebte auf die nächstliegende zu, baute sich davor auf und fing heftig zu kläffen an. Es dauerte mehrere Minuten, bis das wirkte. Die Tonne hob den Kopf, drehte eines der großen dunklen Augen auf das Hündchen, stieß einen schnaubenden Ton aus, der an einen tiefen Seufzer erinnerte, wobei sich die rüsselartig verlängerte Nase kurz aufblähte, und ließ den Kopf wieder zurücksinken auf den Sand. Wir waren bei den Seeelefanten *Mirounga latirostris* angelangt. In lockerer Gruppe lagen Dutzende junger Bullen, *Bachelors* wie der Guide erläuterte, auf dem Sand und schliefen. Sie drehten dabei ihre Nasenröhre in skurriler Weise seitlich so hin, dass beim Atmen kein Sand hineingelangte. Vielleicht fünfzig Meter von den Junggesellen entfernt begann die eigentliche Ansammlung von Seeelefanten. Diese lagen nun dicht an dicht und sahen von der Brandung länglichen, glattgeschliffenen Felsblöcken täuschend ähnlich. Die deutlich kleineren schwarzgrauen waren sehr rund, die helleren länglicheren auffällig schlanker. Im Meer vor ihnen prusteten zwei Köpfe mit besonders großen Rüsselnasen einander zu. Das war nicht friedlich gemeint. Die Bullen bewachten vielmehr ihren am Strand liegenden Harem, der jeweils etwa ein Dutzend weiblicher Seeelefanten und deren Junge umfasste, gegen die Nebenbuhler. Sie sind gewaltige Tiere. Für kräftige, viereinhalb Meter lange Bullen wird ein Gewicht bis über 2600 Kilogramm angegeben. Die Junggesellen mochten zwei Drittel davon erreicht haben, was noch zu wenig ist, um die Großen mit Aussicht auf Erfolg herauszufordern. Die Weibchen bleiben erheblich kleiner. Sie wiegen zwischen 700 und 900 Kilogramm, je nachdem, ob sie gerade ein Junges geboren haben oder bloß erneut wieder schwanger sind. Der Gewichtsunterschied ist also enorm. Nicht selten kommt es vor, dass bei der Paarung, die am Strand zu einer Zeit vollzogen wird, in der die Jungen noch gesäugt werden, das Weibchen oder ihr Junges vom drei- bis viermal schwereren Bullen erdrückt wird. Die Kleinen sind mit ihren 50 bis 100 Kilogramm und der tonnenförmigen Gestalt weit weniger beweglich als die schlankeren Mütter, die Fische, kleine Haie und Tintenfische zur Ernährung und zur Bildung der dicken, sehr nahrhaften Milch fangen müssen.

Diese ist so reich an Proteinen und Fett, dass die Jungen pro Tag bis zu neun Kilogramm Gewicht zulegen. Eine solche Kraftnahrung versetzt die Jungtiere in die Lage, so viel Eigenwärme im Stoffwechsel zu erzeugen, dass ihnen die Kälte am Strand nichts anhaben kann. Es ist erstaunlich, wie erfolgreich die Seeelefanten bei ihrer Tauchjagd nach Beute sind. Sie fangen die Fische und Tintenfische bis in Tiefen von dreihundert Metern, dem rund Sechsfachen der üblichen Tauchtiefe von Robben. Dort unten herrschen sicherlich keine guten Sichtverhältnisse mehr. Solche haben sie im Gegensatz zu den Seelöwen anscheinend auch nicht nötig. Denn sie jagen ihre Beute nahe dem Meeresboden und nachts. Damit ist auch klar, weshalb ihre nahen Verwandten, die Südlichen Seeelefanten, nicht auch an der südamerikanischen Westküste am Humboldtstrom vorkommen. Das Meer ist dort viel zu tief. Vor Kalifornien hingegen gibt es einen ausgedehnten Kontinentalsockel mit Tiefen bis zu dreihundert Metern. Wo dieser im südlichen Südamerika vorhanden ist und sich auf der atlantischen Seite sogar bis zu den Falklandinseln ausweitet, leben tatsächlich ihre nahen Verwandten, die viel zahlreicheren Südlichen Seeelefanten *Mirounga leonina*. Äußerlich unterscheiden sie sich von den nordostpazifischen Vettern so wenig, dass anzunehmen ist, die beiden Arten hätten Kontakt zueinander während der Kaltzeiten des Eiszeitalters gehabt. Die nacheiszeitliche Warmzeit oder schon die noch ausgeprägtere letzte Warmzeit vor etwa 120 000 Jahren dürfte sie getrennt und die jeweils eigenständige Weiterentwicklung veranlasst haben, so dass die Teilung in zwei verschiedene Arten gerechtfertigt ist.

Zeit, nachzudenken über die Seeelefanten und ihre Lebensweise, gab es reichlich, denn sie taten einfach nichts, sondern schliefen weiter, ohne sich um die Menschen zu kümmern, die vor ihnen standen, sie fotografierten und sich unterhielten. Der kleine Hund hatte es aufgegeben, die Riesentiere anzubellen. Weiter draußen an einem Ausläufer der Klippen standen, unbeweglich dem Wind zugeneigt, fast hühnergroße schwarze Vögel mit langem, rotem Schnabel: Schwarze Austernfischer *Haematopus bachmani*. Sie kommen nur an den felsigen Inseln und Küstenbereichen der nordamerikanischen Westküste von den Aleuten bis Baja California vor. Ihre nahen Verwandten der Ostküste Amerikas und Europas haben eine weiße Bauchseite. Als ich sie im Fernglas betrachtete, fiel mir ein weiterer für die Westküste typischer Küstenvogel auf, der wegen seiner geringeren Größe noch schwieriger als die Austernfischer auszumachen war: ein Schwarzer Steinwälzer *Arenaria melanocephala*, zu Deutsch wegen seines wissenschaftlichen Namens eher verwirrend Schwarzkopf-Steinwälzer genannt. Der Schwarze Austernfischer heißt offiziell Klippenausternfischer, um ihn von den anderen Schwarzen Austernfischern zu unterscheiden. Solche gibt es an der südafrikanischen Westküste im Bereich des Benguela-Stromes (Schwarzer Austernfischer *Haematopus moquini*), an den Kanarischen Inseln (Kanarischer Austernfischer *Haematopus meadewaldoi*), an der südamerikanischen Westküste (Südamerikanischer Austernfischer *Haematopus ater*) sowie als Ruß-Austernfischer *Haematopus fuliginosus* an den Küsten Australiens. An Neuseeland kommt eine weitere Art vor, der Neuseeländische Austernfischer *Haematopus unicolor*, mit einer ganz schwarzen und einer weißbäuchigen Variante. Es liegt nahe anzunehmen, dass all diese Vögel eine ursprünglich südliche Verbreitung an Küsten mit kaltem Wasser hatten. Der nordamerikanische Vertreter dieser schwarzgefiederten Austernfischer wäre demnach ein Abkömmling wahrscheinlich des »Südamerikanischen«, der als ganz schwarze Art geographisch am nächsten vorkommt. Wie es sich genetisch wirklich verhält, können die neuen molekulargenetischen Methoden klären. Dass es sich äußerlich so verhält, ist eine verbreitungsgeographische Gegebenheit. Diese im Zusammenhang mit kalten Küstenwasserströmungen zu erklären liegt gleichfalls nahe. Aber wozu es gut bzw. besser sein soll, ganz schwarzgefiedert zu sein, lässt sich daraus nicht ableiten. Oder umgekehrt, weshalb leben unsere Austernfischer an der gewiss nicht warmen Nordseeküste mit dem weißen Bauch besser? Und dann gibt es im äußersten Süden Südamerikas auch noch den Magellan-Austernfischer *Haematopus leucopodus*. Ausgerechnet dieser ist schwarzweiß und sieht unserem eurasiatischen *Haematopodus ostralegus* und dem amerikanischen *H. palliatus* sehr ähnlich. Solche Details zu einer Gattung von Küstenvögeln, die auf die Nutzung von kleineren Muscheln spezialisiert sind, mögen reichlich unbedeutend wirken und allenfalls für Ornithologen interessant erscheinen. Die Sichtweise würde sich jedoch stark ändern, wenn wir uns vorstellen, alle elf Arten der Austernfischer lägen ohne Gefieder und mit verblasster Schnabel- und Beinfärbung vor uns. Wie sollte man sie dann auseinanderhalten? Sie könnten gut und gern alle zur selben Art gehören. Zudem leben sie alle ganz ähnlich an den Küsten. Reicht ein weißgefiederter Bauch eigentlich aus, um die Träger dieses Merkmals von anderen Austernfischern mit dunkelgefiedertem Bauch zu trennen? Welchen Anpassungswert haben die verschiedenen Varianten in Färbung und Zeichnung, wenn sie Vögel umhüllen, deren Körper praktisch gleichartig funktioniert? Ist in solchen Fällen, wie bei den Austernfischern, die Geschichte ihrer Ausbreitung an die Küsten nicht doch viel wichtiger als die ökologische Anpassung an die jeweiligen Sonderbedingungen, falls solche überhaupt gegeben sind? Mögen sich die elf Arten der Austernfischer noch so sehr in Details von Stimme oder Balz unterscheiden, so ist dennoch nicht einzusehen, weshalb diese Unterschiede Anpassungswert haben sollten. Die zunächst so verlockend einfache Erklärung, das einheitlich dunkle Gefieder sei eine Anpassung an Kaltwasserküsten, lässt sich nicht aufrechterhalten. Das nicht ganz so dunkle, für Möwen dennoch untypische Gefieder der Lavamöwen von Galapagos als Schutz vor der Verfolgung durch Fregattvögel anzusehen wirkt plausibel. Ein Nachweis, dass es tatsächlich so ist, geht aus einer solch bloß guten Erklärung aber nicht hervor. Neun der elf Arten von Austernfischern kommen an Küsten und Inseln der Südkontinente vor. Etwa gleich viele davon entfallen auf die Regionen von Australien und Südamerika. Daraus darf man schließen, dass dort, vielleicht sogar an der inzwischen längst dick mit Eis bedeckten Küste der Antarktis, die bis ins tertiärzeitliche Eozän mit Australien verbunden war, das Entstehungszentrum der Austernfischer gelegen hatte und Afrika von dorther als Nächstes besiedelt wurde. Die europäisch-westasiatische Art, unser Austernfischer, wäre dieser Überlegung zufolge der letzte Spross der Gattung gewesen. Er könnte vom nordostamerikanischen Zweig des an den Küsten von Süd- und Nordamerika verbreiteten Amerikanischen Austernfischers abstammen, denn von diesem leben Populationen auch im tropischen und subtropischen Küstenbereich der Karibik. Sie müssen allein aufgrund dieser ihrer extrem weiten Verbreitung über alle amerikanischen Klimazonen vom kalten Süden bis in die Tropen und darüber hinaus entlang des vom Golfstrom beeinflussten Ostküstenverlaufs von Nordamerika ökologisch weit toleranter sein als die auf echte Kaltwasserzonen begrenzten Arten ihrer Gattung. Diese größere Toleranz würde sie zu geeigneten Siedlern in neuen Lebensräumen prädestinieren. Und die Dominanz von Herkunft und Geschichte über die Ökologie bekräftigen. Was wiederum bedeutet, dass wir ohne Kenntnis der Geschichte, ohne Evolution, die Gegenwart nicht verstehen können. Dass dies nicht nur für den Naturschutz gewichtige Konsequenzen hat, liegt auf der Hand. Denn wenn wir aufgrund von ökologischen Befunden schließen, dass diese oder jene Faktoren der Umwelt die ökologische Nische einer Art bestimmen, so kann das zutreffen, wenn wir Glück haben, aber auch ziemlich danebenliegen, zumal wenn Herkunft und Ausbreitungsgeschichte der betreffenden Art nicht bekannt sind. Was auch – natürlich – für uns Menschen gilt. Ist bei uns die Hautfarbe eine notwendige Anpassung und daher qualifizierendes Merkmal zur Abgrenzung oder Attribut des historischen Werdegangs ohne besonderen Anpassungswert? Die so exotische »Austernfischerfrage« ist eines von vielen Beispielen, bei denen vorschnell Anpassungen als Erklärung der Unterschiede herangezogen werden, obwohl es sich lediglich um Äußerlichkeiten handelt, die auf die Umwelt bezogen keineswegs so sein müssen, wie sie sind.

All diese Überlegungen, die sich angesichts der am Strand schlafenden Seeelefanten und der Schwarzen Austernfischer auf den Felsen davor eingestellt hatten, mussten nun aber den Herausforderungen der Gegenwart weichen. Sie bestanden darin, dass die Fahrt mit dem Schiff weiter nach Süden zu den Lagunen der Wale fortzusetzen war, der Wind sich aber zum Sturm verstärkte. Bei einem kleinen Küstenschiff mit flachem Boden, den es haben muss, um in die Lagunen hineinfahren zu können, bedeutete dies ein Schlingern, das sich zu einem höchst strapaziösen Tanz auf den Wellen aufschaukelte. »Every seven years or so«, bemerkte der Kapitän wortkarg, und ich wusste nicht, ob dies seine Art ist oder ob ihm tatsächlich so übel war, wie sein Gesicht aussah. Die Bedeutung dieses Satzbruchstücks war mir klar seit der Abfahrt von San Diego. Da hatte sich das Meer auf mehreren Kilometern Breite vor der Küste braun gefärbt, weil das Wasser der Regenstürme fast flächig die Hänge an der Küste herunterkam. Es regnete wie selten einmal in Südkalifornien. Ich musste an John Steinbecks Erzählung *Der fremde Gott* denken, in der geschildert wird, wie sich nach Jahren verheerender Dürre dann plötzlich und, wie es die Dramatik der Schilderung will, gerade nach der verzweifelten Selbstopferung des von der Dürre auf das schwerste betroffenen Farmers, die Regenfluten aus den Wolken ergossen und das Land überschwemmten. Und fruchtbaren Boden fortrissen, weil die schützende Hülle der Vegetation fehlte. Das verhungernde Vieh hatte vorher alles abgefressen. »Alle sieben Jahre etwa« – das stimmt. Ungefähr und unzuverlässig. Denn Ursache ist der Wechsel in den Meeresströmungen vor den Küsten beider Amerikas, das El-Niño-Phänomen. Dauert es zu lange, nicht drei bis fünf Jahre wie meistens, bis es wieder eintritt, schaukelt sich die Dürre in Kalifornien und weiten Teilen des südwestlichen Nordamerika auf. Nach drei bis vier ziemlich normalen und entsprechend schwach ausgeprägten kleinen Zyklen entsteht sodann ein großer El Niño nach etwa elf Jahren. Es können nur neun oder zehn, ausnahmsweise auch mehr Jahre sein, bis warmes Wasser aus dem Pazifik, das in Richtung Nordamerika zurückströmt, das kalte verdrängt, das normalerweise die Küste südwärts zieht, bis es sich nach der Südspitze der Halbinsel Kalifornien allmählich im Ozean verliert. Dann ziehen gewaltige Regenstürme in die Trockengebiete von Südkalifornien und ins mexikanische Kalifornien, beenden die lange Dürre und führen zu Überschwemmungen. Ein solches großes El-Niño-Ereignis lief gerade ab. Den damit verbundenen Stürmen war das Boot ausgesetzt. Aus Gründen, die sich wohl nur mit dem Hinweis erklären lassen, dass die Menschen sehr unterschiedlich empfindlich sind, nahm mein Magen das höllische Schlingern hin, ohne wirklich zu rebellieren. Meine Empfindungen bewegten sich zwischen leichtem Unbehagen und Ärger über das stürmische Meer, vor allem aber über die trotz des Sturms so ekligen Gerüche, die sich auf dem Schiff ausbreiteten. Als sich die Zoologieprofessorin Magdalena von Dehn, bei der ich vor fast zwanzig Jahren im Kurs »Vergleichende Anatomie der Wirbeltiere« als Hilfsassistent tätig gewesen war, die steile Treppe hoch aufs Deck herausschleppte, wo ich gerade stand, und mir in die Arme sank, weil eine besonders schlimme Welle das Boot erfasst hatte, schwand das flaue Gefühl im Magen urplötzlich. Denn die alte Dame erschreckte mich mit ihrem gestöhnten »Ich möchte sterben«. Nach einer kurzen Pause für ein paar Atemzüge, die sie dringend nötig hatte, fügte sie hinzu: »Aber dass Sie das mitbekommen müssen, ärgert mich!« Damit wusste ich, dass sie nicht verloren war, sondern sich nur sterbenselend fühlte.

Irgendwie verging die Nacht, und mit der Morgenhelle ließ der Sturm nach. Nicht wirklich, denn die Fronten rasten weiter auf das Festland zu. Aber das Schiff war nun weit genug nach Süden vorangekommen und hatte die Sturmzone verlassen. Selten schien uns ein Sonnenaufgang so schön. Über das Meer liefen nur noch kleine Wellen, und aus diesen stiegen da und dort und immer mehr weiße Fontänen auf: Blas von Walen. Wir hatten den Nahbereich der Lagune erreicht. Das Walbeobachten konnte beginnen. Einige wagten sogar, ein trockenes Sandwich zu essen, um ihren Magen vollends zu beruhigen. Meine sterbende Professorin entschuldigte sich für das Ungemach, das sie meinte mir bereitet zu haben. Dabei war ich so froh, dass es nur Seekrankheit war und nichts anderes. Über ihren Ausspruch, an den ich sie erinnerte, konnte sie nun herzlich lachen. Die Anfahrt zu den Walen war eine Meerfahrt, wie sie alle sieben, elf Jahre vorkommt oder irgendwann eben, wenn es wieder einen starken El Niño gibt. Was ich nicht wissen konnte und auch erst nach einer ganzen Reihe von Jahren intensiver Forschung herauskam, war die Auswirkung dieser besonders stark ausgeprägten Witterungsanomalie. Sie beeinflusste auf Galapagos gerade die Schnäbel der Finken. Die Evolutionsbiologen Peter und Rosmary Grant, die in dieser Zeit dort mit ihren Doktoranden und Studenten forschten, bekamen durch den Super-El-Niño das Naturexperiment geliefert, das direkt und messbar bewies, dass sich die Schnabelgrößen und -dicken bei den Darwinfinken in Abhängigkeit von der Nahrung verändern. Evolution ist zwar vorwiegend ein Langzeitprozess, der sich rückblickend erschließen, aber aufgrund der Länge der Zeiträume nicht experimentell wiederholen lässt. Aber manchmal gibt es Situationen, in denen gleichsam im Zeitraffer das wieder vollzogen wird, was in Zehntausenden oder Hunderttausenden von Jahren abgelaufen war. Der Sturm vor Kalifornien, den wir auszuhalten hatten, war für die Grants auf Galapagos ein Geschenk des Himmels. Vorerst freuten sich aber alle, die zum *Whale Watching* gekommen waren und bei der Anfahrt so gelitten hatten, auf die bevorstehenden, herrlichen Frühlingstage unter Hunderten von Grauwalen in der Lagune. Das Wetter war so prächtig geworden, als hätte es den Sturm gar nicht gegeben.

Die erste große Herausforderung bestand darin, beim Fotografieren den richtigen Augenblick zu wählen, um entweder den Kopf, am besten während der Wal bläst, oder bei Abtauchen die große Schwanzflosse, die Fluke, aufs Bild zu bekommen. Bei der damaligen Fototechnik war dies alles andere als einfach, trotz der Größe der Wale. Die zweite Schwierigkeit ergab sich durch die ganz unterschiedliche Entfernung. Denn plötzlich tauchten Wale so nahe am Schiff auf, dass sie nicht mehr ins Format des kleinen Tele (135 mm) passten. Dummerweise hatte ich kein Normalobjektiv mit, weil ich dieses zu selten brauchte, sondern außer den Teles nur ein 28-mm-Weitwinkel. Das verzerrte mir im Nahbereich zu viel. Das Vernünftigste fiel am schwersten, nämlich die Wale einfach zu genießen, ohne sich aufs Fotografieren zu konzentrieren.

Mit der Zeit zwangen sie uns dazu, denn es waren so viele und immer wieder dieselben Motive auftauchender Walköpfe oder beim Abtauchen sichtbarer Fluken. Ein US-Amerikaner, der sich ähnlich wie ich mit dem Fotografieren abmühte, meinte seufzend: »That's boring!« Er hatte recht, und bei mir gewann die Vernunft die Oberhand. Ich genoss das Beobachten der Wale.

In der Bucht ankerte das Schiff an dafür offenbar vorgesehener Stelle. Von hier aus ging es mit den Zodiaks, großen Schlauchbooten mit Außenbordmotor, zum Beobachten. Nach mehr oder weniger langen Fahrtstrecken, die sich aus der Verteilung der Grauwale in der Lagune ergaben, wurde der Motor auf die niedrigste Stufe gestellt, so dass sich das Boot kaum noch bewegte. Einige Wale kamen nun recht nahe; so nahe, dass das manchen im Schlauchboot nicht mehr so ganz geheuer war. Denn nun wirkte ihre Größe, auch wenn die zehn bis vierzehn Meter Länge nie ganz zu sehen waren. Deutlich ließen sich die Kolonien gelblicher, grau umrandeter Kolonien von Seepocken erkennen, die vornehmlich im Kopfbereich auf der Haut der Wale saßen. Und manche Kerbe oder Scharte auch, die die Körper irgendwie abbekommen hatten. Als sich in ein paar hundert Metern Distanz ein auffälliger Wasserwirbel zeigte, fuhr unser Skipper dorthin. Bald erkannten wir, dass sich mehrere Wale umeinanderdrehten. Zwei Bullen bemühten sich offenbar um eine paarungsbereite Walkuh. Ein dritter näherte sich und wurde sogleich von einem der beiden Begleiter mit einer heftigen Körperdrehung weggeschoben. Brustflossen ragten plötzlich in die Höhe, dann wieder Schwanzflossen, ganze Drittel eines Walkörpers, und danach war für Minuten außer großen Wirbeln an der Wasseroberfläche nichts mehr zu sehen. Der Skipper erzählte, dass ein vom Wal sicher gar nicht beabsichtigter Schlag mit der Brustflosse unlängst einem Kameramann den Arm gebrochen hatte. Er war zusammen mit anderen bei den Walen im Wasser, um die Paarung zu filmen. Da geht es eben turbulent zu. Die Bullen achten auf nichts mehr, außer auf Rivalen. Als plötzlich ein riesiger, leicht gebogener Penis für Sekundenbruchteile aus dem Wasser ragte, zweifelte wohl niemand auf dem Schlauchboot an den dramatischen Schilderungen des Skippers.

Die ersten Stunden Walbeobachtung vom Schlauchboot aus waren natürlich spannend. Aber je häufiger sich die gleichen Szenen wiederholten, desto mehr nahm das Interesse ab. Da ich wie immer das Fernglas dabeihatte, was die Amerikaner sehr belustigte, weil sie meinten, die Wale seien doch groß genug, fiel mir auf, dass es an den flachen, ein wenig von Mangrovengebüsch durchsetzen Ufern der Lagune nur so wimmelte von Strandläufern. Mit einigen weiteren ornithologisch Interessierten ließ ich mich hinüberfahren, um dort mehr beobachten zu können. Das lohnte sich, und wie! In weniger als einer Stunde hatten wir einen Großteil des sehr vielfältigen Artenspektrums der nordamerikanischen Strandläufer gesehen und andere Arten von Strandvögeln (Limikolen) dazu. Für Ornithologen aus Europa hatten sie klangvolle Namen, weil manche von ihnen gelegentlich als Irrgäste über den Atlantik geraten und dabei auch an Gewässer tief im Binnenland verschlagen werden. So etwa Graubrust-Strandläufer, die es hier in Scharen gab. Einen hatte ich vor über zwanzig Jahren im damals noch fast unbewachsenen, schlick- und sandbankreichen Delta der Salzachmündung zusammen mit Freunden gesehen. Das war eine Sensation. Hier liefen nun aber auch solche Strandläufer umher, die ich aus der Pampa von Rio Grande do Sul, von den südbrasilianischen Küsten und aus dem Pantanal in Südamerika kannte. Sie überwintern dort. Hier rasten sie kurz auf dem Durchzug zu ihren arktischen Brutgebieten. Weißbürzel-Strandläufer *Calidris fuscicollis* und Baird-Strandläufer *Calidris bairdii* waren es damals im Süden Südamerikas, mit deren Bestimmung ich mich herumschlug, weil das Buch, das ich dafür zur Verfügung hatte, einfach zu wenig Sicherheit bot. Mit den ausgezeichneten nordamerikanischen Feldführern war das jetzt anders und geradezu ein Vergnügen hier, wo die Strandläufer nur ein paar Meter vor den Füßen herumliefen.

Manche Vögel stellten sich einfach hin, richteten sich nach dem Wind aus, der nur als leichte Brise kam, und fingen zu schlafen an. Sie waren müde nach dem langen Flug von Südamerika herauf. Mindestens dreitausend weitere Kilometer, vielleicht bis fast viertausend werden sie fliegen müssen, um ihre hocharktischen Brutgebiete in Nordkanada und Alaska zu erreichen. Vögelchen von Starengröße! Wie hatten wir über die schier unglaubliche Nachricht gestaunt, die ein Freund und Mitarbeiter vor etwa fünfzehn Jahren erhalten hatte, als wir an einem der Stauseen am unteren Inn Strandläufer fingen, um sie mit Ringen der Vogelwarte Radolfzell zu beringen. Dabei gingen auch Sichelstrandläufer *Calidris ferruginea* ins Netz. Sie trugen bereits Ringe, und zwar schwedische. Am Spätnachmittag des Vortages waren sie in der Nähe von Stockholm an der Küste beringt worden. Nonstop müssen sie die Nacht durchgeflogen sein. 1200 km weiter südlich landeten sie, um an den Schlickbänken am unteren Inn aufzutanken. Dabei waren sie uns ins Fangnetz geraten. Falls sie fünfzehn Stunden ununterbrochen geflogen wären, hätten sie eine mittlere Geschwindigkeit von 80 Stundenkilometer durchgehalten; also etwa so viel, wie bei den damaligen Straßenverhältnissen der Durchschnitt für eine ähnlich lange Autofahrstrecke gewesen wäre. Mit hellen »tjirrip, tjirrip«-Rufen schwirrten sie nach der Ablesung der Ringe und der Feststellung ihres Gewichts wieder davon, wahrscheinlich vorbei an den Alpen mit Kurs Südwest und möglicherweise mit der nächsten Zwischenlandung in der Camargue, dem Mündungsdelta der Rhône.

Abgelenkt durch diese Gedanken, schlenderte ich auf die jetzt bei Ebbe frei auf dem Schlick stehenden Mangroven zu, um von diesen merkwürdigen Bäumen mit ihren Stelzwurzeln Fotos zu machen. Da fiel mir eine Ansammlung von Muschelschalen auf. Es waren Schalen großer, entfernt an Herzmuscheln erinnernder Muscheln. Sie lagen aufgeschichtet als flacher Haufen, also gewiss nicht von den in der Lagune ohnehin nur sehr kleinen Wellen so angeschwemmt. Vielen war, wie ich sogleich sah, der bauchige Teil einseitig abgeschlagen worden. Glatt und gekonnt zweifellos, also war das Menschenwerk. Doch die Muscheln waren nicht frisch. Sie lagen gewiss bereits viele Jahre, wenn nicht Jahrhunderte. Und ich fand gleich weitere solcher Muschelhaufen. Hier war also systematisch nach Muscheln gesucht worden, die ohne Zweifel auch gegessen wurden. Die aufgeschlagenen Schalen bestätigten dies. Ich nahm mir Belegstücke mit, um die Muschelart zu bestimmen und vielleicht irgendwann mehr darüber zu erfahren, wer an den Lagunen von Baja California Muscheln sammelte. Es handelte sich um *Macoma secta*, an der nordamerikanischen Westküste *white sand clam* genannt, die als *excellent food* gilt. Dass sie höchstwahrscheinlich mit einem faustkeilartigen Stein aufgeschlagen wurden, deutet auf Indianer und die Zeit vor Ankunft der Europäer hin. Erst mit den Spaniern kamen Metallwerkzeuge nach (Nieder-)Kalifornien. Diese um die acht Zentimeter großen Muscheln waren ungleich ergiebiger, was den Gehalt an Muschelfleisch betrifft, als die kleinen Brasilianischen Herzmuscheln, die ich in Südbrasilien ein wenig untersucht hatte. Wie bereits beschrieben, unterschieden sich die von den präkolumbianischen Indianern genutzten Muscheln nicht von den gegenwärtig lebenden. Der Verzehr von Muscheln war also keine Besonderheit Südbrasiliens, sondern einst auch hier praktiziert worden. Wie vielleicht an allen Küsten, die in dieser Hinsicht ergiebig waren. Oder verwies die Muschelnutzung auf die ursprünglich Besiedlung Amerikas durch Menschen, die aus Nordostasien über Beringia und Alaska gekommen waren; auf »Nordländer« also, die wie die früheren Skandinavier die Muschelnutzung umfänglich praktizierten? Die Muscheln kalter Gewässer sind im Allgemeinen gut essbar und ergiebig, nicht giftig oder schwierig zu sammeln. Es war ein aufregender Gedanke, sich vorzustellen, dass es einen direkten Zusammenhang zwischen den Muschelhaufen an den skandinavischen Küsten und denen in Südbrasilien geben könnte und der Verzehr von Muscheln nicht bloß mehrfach und unabhängig voneinander entstanden war.

Da ich ein paar Meter tiefer in der Mangrove einen noch größeren Muschelhaufen bemerkte, der mehrere Quadratmeter Schlickfläche bedeckte und dessen Ausdehnung in die Tiefe aufgrund der Zähigkeit des Schlicks ohne Grabgerät nicht weiter feststellbar war, streifte ich mehrfach Mangrovenzweige. Einige fielen dabei ab. Es waren junge, bereits gekeimte Mangroven mit einer noch nicht entwickelten, kompakten und stumpfspitzigen Wurzel. Aus dieser kam eine Mini-Mangrove mit mehreren grünen Blättern hervor. Stieß ich zu heftig an solche Gebilde, die noch am Mutterbaum hingen, fielen sie ab und blieben fast senkrecht im Schlick darunter stecken. In Form und Funktion wirkten sie ähnlich wie große, in die Länge gezogene Dartpfeile, nur eben mit stumpfer Spitze. Ich hatte ohne Absicht neue Mangrovenbüsche gepflanzt. Wellenschlag und Winterstürme lösen ansonsten das Fallen der Brutpflänzchen von den Mutterbäumen aus. Das Meer trägt sie fort wie die viel größeren Kokosnüsse. Irgendwo werden sie angespült. Ist der Strand schlickig, bohrt sich die schwere Keimwurzel tief in den Sand. Rasch wächst eine richtige Wurzel und verankert sich. In der verdickten, stumpfen Spitze sind ähnlich wie in den Ko-

kosnüssen Nährstoffe und Wasser gespeichert. Jetzt erst bemerkte ich, dass überall auf den Schlickrändern der Bucht solche kleinen Mangrovenschösslinge saßen. Sie sahen aus, als ob vor kurzem ein ganzer Schwarm Junge von den Elternbäumen entlassen worden wäre. Manche standen gerade, andere waren schief, weil sie sich noch nicht vollends hatten aufrichten können. Aber die Entfaltung des Schopfes ledrig glänzender Blätter war bei allen ähnlich weit gediehen. Ob das mit der Flut zusammenhing, die stärker als sonst auf die Mangrovenbestände gewirkt hatte, weil die so weit in den Süden gezogenen Frühjahrsstürme das Wasser des Ozeans in die Lagune drückten? Auf unserem Schiff wusste niemand eine Antwort auf meine Fragen zur Mangrove und zu den Indianern, die hier an der Halbinsel Kalifornien lange Zeit vor der Ankunft der Spanier und dem Aufbau der Jesuitenmissionen Muscheln gesammelt hatten.

Der Zeitpunkt, dies nachzufragen, war auch denkbar ungünstig, denn alle, die Schiffsbesatzung mit eingeschlossen, bestaunten gerade ein rätselhaftes Verhalten der Grauwale. Kurz vor Sonnenuntergang schoben sich ihre langen, massigen Köpfe aus dem Wasser und verharrten minutenlang unbeweglich. Was nicht zu sehen war, erläuterte man uns später beim Abendessen, weil dazu Studien unter Wasser vorlagen. Die Grauwale stellen sich auf die umgeschlagene Schwanzflosse und versuchen, mit den Brustflossen eine ruhige, ganz aufrechte Position zu halten. Die Köpfe sind auf den Sonnenuntergang gerichtet. Warum, das wusste niemand. Wale, die den Sonnenuntergang betrachten! Kaum zu glauben, wenn es nicht leicht zu beobachten und dank der ruhigen Position, die die Wale dabei einnehmen, auch zu fotografieren wäre. Was mag dabei in ihrem Gehirn vorgehen, das so viel größer ist als unseres? Alle anderen ihrer beobachtbaren Verhaltensweisen gaben keine Rätsel auf, weder die Paarung, bei der sich offenbar oft zwei Bullen beteiligen, vielleicht, um den Körper des Weibchens im Wasser zu stabilisieren, noch beim Springen aus dem Wasser. Dass sie dies absichtlich nicht elegant machen, sondern mit großer Wucht und Aufschlag mit Breitseite, geht aus der Wirkung hervor. Dabei reißt es nämlich die lästigen Kolonien der Seepocken vom Körper, die sie sich ja nicht wegkratzen können. Diese sind ihnen lästig. Dass sie es genießen, die Seepockenkolonien entfernt zu bekommen, erlebte ich am letzten Tag bei der letzten Ausfahrt mit dem Schlauchboot. Nur noch ein paar Leute waren mitgekommen, weil außer auf- und abtauchenden Walen nichts mehr zu erwarten war. Das hatten wir die letzten Tage wirklich zur Genüge gesehen. Wir waren aber nur ein paar Minuten draußen auf der Lagune, als eine Walkuh mit ihrem Jungen auftauchte. Das Junge reckte immer wieder seinen glänzend schwarzen, ziemlich unförmigen Kopf aus dem Wasser. Der Skipper ließ das Zodiak langsam in Richtung auf die beiden gleiten und stellte den Motor auf niedrigste Drehzahl. Wir mochten vielleicht noch zehn bis fünfzehn Meter von der Walmutter entfernt gewesen sein, da schwamm das Junge auf uns zu und inspizierte die Schraube des Außenbordmotors. Dank des abgesenkten Schutzes hätte es sich daran nicht verletzen können. Der kleine, aber bereits mehrere Meter lange Wal war dabei zum Greifen nahe, aber niemand wagte es, das Jungtier anzufassen. Alle betrachteten es einfach staunend, wie es sich für das Boot interessierte. Plötzlich tauchte daneben der riesige Kopf der Mutter aus dem Wasser. Sie war unbemerkt abgetaucht, unter das Boot geschwommen und stieg nun an der anderen Seite mehrere Meter weit in die Höhe. Ich hatte das Glück, auf der richtigen Seite zu sein. Die Walkuh stellte sich offenbar auch auf die umgebogene Schwanzflosse, denn sie verharrte sekundenlang ganz still und blickte uns mit ihrem faustgroßen Auge an. Verblüfft und zutiefst berührt von diesem Geschehen, sah ich mich darin gespiegelt. Alle im Boot waren starr und stumm. Niemand war darauf gefasst gewesen, von einem Wal betrachtet, geradezu begutachtet zu werden, wie es den Eindruck machte. Nachdem sie uns ausgiebig gesichtet hatte, glitt sie zurück ins Wasser, ohne dabei eine Welle zu verursachen, legte sich längsparallel zum Boot und ließ sich von verschiedenen Stellen ihres Vorderkörpers die Kolonien von Seepocken abzupfen. Dabei liefen Zuckungen über ihre Haut wie elektrische Entladungen. Das Kleine wurde nun auch von den Menschen im Boot getätschelt. Seine Haut wirkte gummiartig, aber nicht tot, sondern fühlbar lebendig, weil ebenfalls Zuckungen spürbar wurden. Immer wieder reckte der kleine Wal seinen Kopf heraus, um uns anzusehen. Die Mutter wechselte die Seite. Sie glitt unter dem Boot hindurch und kam, wiederum ohne erkennbare Wasserbewegungen zu verursachen und ohne den Boden des Bootes zu berühren, mit der anderen, vorher nicht zu erreichenden Körperseite hoch, von der ihr nun auch Seepocken entfernt wurden. Das ging eine ganze Weile so, doch niemand achtete auf die Zeit. Vielleicht nach zwanzig Minuten beschloss die Walmutter, dass es genug sei. Sie drehte sich zu ihrem Jungen, hob es mit einer Brustflosse leicht an und schwamm mit ihm ein paar Meter weit weg. Danach drehte sie sich zur Seite und gab dem Kleinen Milch. Diese trübte das Wasser um den Kopf des Jungen. Es waren wohl nur ein paar Milchstöße, dann schwammen die beiden ganz ruhig weiter hinaus auf die Bucht, wo sich viele andere Wale aufhielten.

Wir kehrten zurück zum Schiff, von wo aus die anderen der *Whale watching*-Gruppe das Geschehen sicherlich voller Neid mitverfolgt hatten. Diese wenngleich nur kurze Kontaktaufnahme zwischen den beiden so extrem unterschiedlichen Wesen Wal und Mensch entzieht sich einer angemessenen Beschreibung. Denn der weitaus größte Teil spielte sich in der Domäne der Empfindungen ab. Den Wal, der diesen Kontakt offenbar suchte, zu berühren, das Zucken seiner lebendigen Haut zu spüren, ihm ins Auge zu schauen, das sind Eindrücke, die man nie vergisst. In ihnen drückt sich das Urvertrauen von Tieren noch ergreifender aus als auf den Galapagosinseln. Diese Walmutter betrachtete das Boot und die Menschen, deren Lebendigkeit ihr sicherlich bewusst war, mit dem Interesse, so wie es ein Wal äußern kann. Es war eine Bezugnahme zum Menschen. Nicht wir hatten uns aufgedrängt; die Wale waren von sich aus herbeigeschwommen. Bei Seelöwen und anderen Robben nehmen wir so ein Verhalten als gegeben hin. Vielfach wird es in zoologischen Gärten und Meerestierschauen ausgenutzt, um das Publikum zu begeistern. Warum sollten Wale nicht ähnlich empfinden, nur weil ihre Körper viel größer und in der Form weniger geeignet sind, mit Menschen herumzuspielen? Was in ihren Gehirnen vorgeht, können wir nicht einmal erahnen. Diese unsere Unfähigkeit darf aber auf keinen Fall dazu benutzt werden, ihnen und anderen Tieren Bewusstsein abzusprechen. Nichtwissen heißt auf keinen Fall Nichtexistenz. Die bei Großwalen so stark beschränkte Möglichkeit, mit dem Körper etwas auszudrücken, das von anderen Lebewesen wie den Menschen verstanden wird, ist das eigentliche

Problem. Wenn uns der Hund anschaut oder Affen zeigen, was sie wollen, brauchen wir das Hilfsmittel der Sprache nicht. Auch sie haben es nicht nötig. Sie verstehen sehr wohl, was wir auf nichtsprachliche Weise ausdrücken. Es gibt überhaupt keinen Grund, entsprechende Fähigkeiten, unser Verhalten zu deuten, den Walen nicht auch zuzubilligen. Die Zeit hat gerade erst begonnen, seit sie Kontakt mit Menschen aufnehmen können. Das Urvertrauen wird wieder zustande kommen. Das unsägliche Abschlachten der Wale, insbesondere der Grauwale an der nordamerikanischen Westküste, ist beendet. Vorerst jedenfalls. Dieser neue Zustand wird umso sicherer von Dauer sein, je mehr Menschen in ähnlicher Weise die Wale direkt und buchstäblich hautnah erleben. Aus einem kleinen Restbestand, der eher aufgrund von Zufälligkeiten Ende des 19. und zu Beginn des 20. Jahrhunderts überlebt hatte, entwickelte sich eine neue Population von Grauwalen in einer ihr nun wohlgesinnten Umwelt. In den 1980er Jahren wurde der Bestand auf etwa 20 000 Exemplare geschätzt mit weiterhin leichter Zunahmetendenz. Ganz ähnlich entwickelten sich auch die Nördlichen Seeelefanten aus wenigen Überlebenden auf mehrere zehntausend nach Beendigung des großen Schlachtens, das bis in das 20. Jahrhundert angedauert hatte. Sie können an den Inseln, an denen sie an Land robben, die sie bewundernden Besucher mit ihren großen, auf das Sehen unter Wasser eingestellten Augen betrachten, ohne in Panik geraten zu müssen. Das hatten wir bereits bei unserem Besuch auf den Benitos so eindrucksvoll erlebt. Aber irgendwie ähneln auch Seeelefanten mit ihren Köpfen und ihrem Blick noch den uns vertrauten Hunden, mit denen sie als Robben tatsächlich verwandt sind. Wenn ihre kleineren, wendigeren Verwandten, die Seelöwen, in Schauaquarien, Delphinarien oder Ozeanarien ihre Kunststücke vorführen, wirken sie wie smarte Schwimmhunde. Bei Walen, zumal bei den Großwalen, ist das anders. Sie könnten Lebewesen von einem anderen Stern sein, so unähnlich sind sie uns. Und doch wird man beim Blick in ihr Auge von einer tiefen Empathie erfasst. Die fremde Intelligenz im Meer hat sich in diesem Moment mit unserer eigenen in Verbindung gesetzt und die unüberwindlich erscheinende Grenze überbrückt. Sie sind Säugetiere wie wir, und sie verfügen grundsätzlich über eine ähnliche Empfindungsfähigkeit.

Die wenigen Begleiter, die dies miterlebt hatten, blieben danach an Bord recht schweigsam. Niemand brüstete sich, nun nicht bloß ein *whale watcher*, sondern sogar ein *whale toucher* zu sein. Die Rückfahrt wurde auch nicht mehr ganz so stürmisch. Im mexikanischen Ensenada legte das Schiff an, um Formalitäten zu erledigen. In einer Hafenkneipe wurden die anwesenden Mexikaner gleich große *amigos*, als sie vernahmen, dass wir keine Gringos, sondern Alemanos waren. Es war derselbe Umschwung in der Stimmung, den ich vielerorts in Südamerika erlebt hatte. Vielleicht sogar noch ausgeprägter, herzlicher. Das stimmte nachdenklich, sind die USA hier doch so nahe. Drücken sich die Unterschiede gerade wegen der Nähe so stark aus? Merkwürdig ist sie auf jeden Fall, diese Ähnlichkeit mit der sogenannten Kontrastverstärkung. Zu finden ist sie in der Natur, wo zwei einander sehr ähnliche Arten zusammenkommen. Im Grenzgebiet unterscheiden sie sich stärker als weiter entfernt voneinander. Die Unterschiede werden betont, wo sie aufeinandertreffen, die Gemeinsamkeiten zurückgedrängt. Beim Menschen geschieht dies vor allem mittels Sprache und Kultur. Die lateinamerikanische und die angloamerikanische Welt stießen hier zusammen und grenzten sich gegeneinander ab, wie man das in der sich ihrer Freiheit rühmenden Neuen Welt zuletzt vermuten würde. Doch ein kurzes Stück Küste nördlich von Ensenada, was spanisch Kleine Bucht bedeutet, beginnt für die Mexikaner eine andere Welt. Die räumlich und historisch ihnen viel ferneren Besucher aus Europa sind ihnen hier nun näher und willkommener als die direkten Nachbarn. Es steckt doch weit mehr Biologie in den Menschen, als Human- und Geisteswissenschaftler bereit sind zu akzeptieren.

Dieses Mosaiksteinchen musste noch für längere Zeit ruhen. Weitere waren nötig, wie ich rückblickend erkenne, um den groben Umriss eines Bildes zu bekommen, dessen Inhalt und Botschaft ich mir einbildete zu erahnen. Ein anderes Stück passte bereits besser zu Problemen, die mit der Evolution des Menschen zu tun haben, wenngleich eher am Rande. Es hat mit Schlangen zu tun, genauer mit Klapperschlangen. In Südamerika war ich vor zwei Schlangen gewarnt worden, und ich hatte sogar ein kombiniertes Serum gegen einen Biss immer dabei: vor den Lanzenottern (Gattung *Bothrops*), in Brasilien Jararacas genannt, und vor der Cascavel, der südamerikanischen Klapperschlange *Crotalus durissimus*, die in mehreren Unterarten vor allem in den trockeneren Gebieten (Cerrado, Sertão, Gran Chaco) verbreitet ist. Beide Giftschlangen fehlen in Chile und im südlichen Küstenstreifen von Peru. Beide Schlangentypen unterscheiden sich stark in ihrer Bereitschaft anzugreifen. Den Lanzenottern wird nachgesagt, dass sie das ohne Vorwarnung tun und sogleich zuschlagen. Die Klapperschlangen hingegen warnen mit ihrem bekannten durchdringenden Rasseln. Dieses wirkt offenbar bei vielen Menschen so, dass sie vor Schreck stehen bleiben und sich nicht rühren, wobei sie eine Gänsehaut bekommen, an die sie sich lange erinnern. Deshalb kommt es, so die Auskunft aus dem Schlangeninstitut Butantan von São Paulo, weitaus seltener zu Klapperschlangen- als zu Lanzenotterbissen. Da beide Schlangen in etwa gleich (nämlich tödlich) giftig sind, überrascht das so unterschiedliche Verhalten, zumal sie zur selben Unterfamilie der Vipern, den Grubenottern (Crotalinae), gehören.

Immer wieder einmal überlegte ich, warum die Lanzenottern angreifen, die Klapperschlangen aber warnen, wenn ich in Südamerika in Gebieten herumstreifte, in denen sie vorkommen. Anzunehmen, die Klapperschlangen würden speziell die Menschen warnen, wäre schlichtweg absurd, existierten die Rattler doch schon viele Millionen Jahre, bevor Menschen nach Nord- und Südamerika gelangten. In Nordamerika sind die Klapperschlangen sogar die Giftschlangen schlechthin. In einem ganzen Schwarm unterschiedlicher Arten und Unterarten kommen sie nahezu überall auf dem Kontinent vor, wo die klimatischen Gegebenheiten dies zulassen. Aber es gibt eine Ausnahme: Die Klapperschlange *Crotalus catalinensis*, die auf der kleinen Insel Santa Catalina lebt, trägt keine Rassel an der Schwanzspitze. Santa Catalina liegt im Golf von Mexiko zwischen der langgestreckten Halbinsel Baja California und dem Festland. Abgesehen von ihrer rassellosen Klapperschlange bietet die grasig-felsige Insel wenig Besonderes. Beim Besuch der Wale in der Lagune dachte ich einmal kurz an diese Klapperschlange, die keine Rassel hat. Das Inselchen war nicht weit entfernt. Grund hatte ich, weil ich in Mato Grosso einmal beinahe vom Pferd geflogen wäre, als dieses urplötzlich einen Luftsprung zur Seite machte, weil vor ihm eine Klapperschlange rasselte. Dieses Scheuen war so unnormal wie bezeichnend. Unnormal, weil die Pferde der Gauchos in aller Regel zu vermeiden versuchen, dass ihr Reiter herunterfällt. Bezeichnend, weil die Reaktion des Pferdes so automatisch kam wie ein Reflex. Aus dem Schlangeninstitut Butantan wusste ich, dass Pferde zur Herstellung des Schlangenserums verwendet werden. Sie reagieren besonders heftig auf die kleinen, für sie nicht lebensgefährlichen Dosen Gift, die ihnen gespritzt werden, so dass nach entsprechender Reaktionszeit ihres Immunsystems das Serum gewonnen werden kann.

Da war ich nun in der Nähe von Santa Catalina, hatte eigentlich den Kopf mit Walbeobachtungen voll, und befand mich plötzlich in Gedanken auf der Suche nach einer Verbindung zu Afrika, den Zebras und der Menschwerdung. Die kleine Insel im Golf von Kalifornien wirkte wie ein Zauberschlüssel. Denn als ich jetzt über die rassellose Klapperschlange nachdachte, zweifelte ich nicht daran, dass es auf Santa Catalina niemals Pferde gegeben hat. Die Insel war bereits vom Festland getrennt, als die Evolution der Pferde, die ja hauptsächlich in Nordamerika ablief, in die entscheidende Phase kam. Im letzten Drittel des Tertiärs entwickelten sich dort Formen, die den heutigen Pferden schon weitgehend ähneln – mit harten Hufen und auf die Nutzung von kieselsäurehaltigen Gräsern spezialisiertem Gebiss. Dazu müssen sie viel unterwegs und zu größeren Wanderungen befähigt gewesen sein. Harte Hufe, Schnelligkeit und Ausdauer sind physische Merkmale der Pferde. Blinddarmverdauung mit speziellen Mikroben ist, wie bei der Betrachtung der Zebras ausgeführt, die innere Besonderheit. In den frühen Prärien Nordamerikas, auf denen es Millionen von Jahre lang noch keine Konkurrenz mit rinder- und antilopenartigen Huftieren (Paarhufern) gegeben hatte, entwickelten die Pferde ihre speziellen Fähigkeiten.

Für die Schlangen waren sie mit ihren harten Hufen und dem Galopp höchst gefährlich. Das Rasseln ist, wie wir aus dem Pferdeverhalten wissen, eine sehr wirkungsvolle Warnung, nicht zu nahe zu kommen. Die Evolution der Klapperschlangen passt zur Evolution der Pferde. Und auch die weiteren Entwicklungen. So wanderten Abkömmlinge früheiszeitlicher Pferde über die vor etwa drei Millionen Jahren entstandene Landbrücke nach Südamerika. Später, im Hauptteil des Eiszeitalters, zogen die Vorfahren der eurasiatischen Wildpferde und damit auch der Zebras über Alaska und das Beringland hinüber nach Nordostasien und breiteten sich über die Grasländer Eurasiens bis nach Afrika hinein aus. Von der Gegenrichtung kamen die ersten Angehörigen unserer Gattung nach Eurasien. Paarhufer wie die Bisons, also Rinderverwandte, gelangten auf dieser Route nach Nordamerika. In dieser Zeit waren aber die Klapperschlangen längst Klapperschlangen, also ausgestattet mit Rasseln, mit denen sie die Träger der nahenden, für sie als ziemlich langsame Schlangen sehr gefährlichen Hufe warnen konnten. Bisons und Rinder ziehen langsam grasend dahin. Wo sie natürlicherweise vorkommen und sich normal verhalten können, brechen sie höchst selten einmal zu einer Stampede auf, gegen die kein warnendes Rasseln helfen würde. Pferde sind anders, leichtfüßiger, unsteter. Sie steigen auch auf von Felsen durchsetztem Gelände herum. Das sind aber genau die von Klapperschlangen bevorzugten Stellen. Draußen auf der Prärie sind es solche, wo Präriehunde ihre Baue angelegt haben. Präriehunde, entfernt an Murmeltiere erinnernde, aber erheblich kleinere Nager, gehören zur Hauptbeute großer Klapperschlangen. Präriemäuse passen für alle Größen dieser Giftschlangen als Beute. Als an die Pferde gerichtete Warnung ergibt das Rasseln der Klapperschlangen also einen klaren biologischen Sinn. Warum aber warnen dann nicht auch Schlangen in Asien und Afrika auf diese oder ähnliche Weise? Nun, Pferde sind erst während der Eiszeit in die Alte Welt gekommen, Australien ausgenommen, das sie erst mit den Siedlern aus Europa erreichten. Doch in den trockenen Grasländern Asiens und in den Halbwüsten Nordafrikas entwickelten die dort heimischen Vipern einen Ersatz für das Rasseln, auf das die Pferde so stark reagieren. So warnt die Sandrasselotter *Echis carinatus* mit durchaus ähnlichem, mit dem ganzen Körper erzeugtem Geräusch.

Die kleine Santa-Catalina-Klapperschlange hat aber noch mehr zu bieten. Sie ist mit der in Nordamerika weitverbreiteten Roten Diamant-Klapperschlange *Crotalus ruber* nahe verwandt und stammt wahrscheinlich von ihr ab. Denn diese Klapperschlange kommt auf dem ganzen Finger von Baja California vor. Offenbar gab es dort wie auch im ganzen übrigen kontinentalen Nordamerika mit Ausnahme der subarktischen und arktischen Gebiete nach dem Aussterben der Pferde anhaltend genug Grund, das Rasseln beizubehalten. Gabelböcke (Pronghorn-Antilopen), Bergziegen und Wildschafe sowie die Bisons hatten während der Eiszeit die Pferde weitgehend ökologisch ersetzt. Als diese von den Spaniern wieder nach Nordamerika gebracht wurden, regte sich in ihnen der alte Automatismus, wenn die Klapperschlangen rasselten. Wie auch in Südamerika, wo ein eiszeitliches Pferd nur ein vergleichsweise kurzes Gastspiel gegeben hatte. Die angreifenden und zubeißenden Lanzenottern waren dort im Vorteil. Die südamerikanischen Klapperschlangen sind zwar weit verbreitet, aber bei weitem nicht so vielfältig entwickelt und in Arten und Unterarten differenziert wie die Lanzenottern. Vielleicht entstand das so bezeichnende Drohen der Kobras in Südasien und Nord(ost)afrika ebenfalls unter der anhaltenden Bedrohung durch die Huftiere, denn die merkwürdigste und für Menschen gefährlichste Form der Warnung kam dort zustande, wo die Huftiere die größte Häufigkeit und Artenvielfalt erreichten: im östlichen Afrika und südlichen Asien. Dort schleudern Arten der echten Kobras ihr Gift zielgerichtet auf die Augen von sich bedrohlich nähernden Großtieren. Die Speikobra *Haemachatus haemachatus* ist auf diese Abwehr spezialisiert. Das Giftspritzen lässt sich als verfrühtes Zusammenziehen der Muskulatur verstehen, die normalerweise erst Sekundenbruchteile nach dem Biss das Gift hinausdrückt. Da die Schlange das Gift aber keineswegs nur zum Töten von Beute benötigt, sondern auch als Verdauungshilfe, vergibt sie sich mit dem Ausschleudern mehr als etwa die Klapperschlange mit ihrem Rasseln. Dieses entsteht, weil Reste der Haut bei der regelmäßig stattfindenden Häutung an der Schwanzspitze haften, vertrocknen, dabei aber etwas beweglich bleiben und durch Reibung beim leicht aufgerichteten Schütteln der Schwanzspitze das bezeichnend durchdringende Geräusch erzeugen. Als Warnmechanismus ist das Rasseln daher sicherlich die bessere Lösung als das Giftspritzen oder auch als die Drohung der Kobras mit verbreitertem Oberhals durch Abspreizen der Rippen. Denn diese muss gesehen, also mit den Augen direkt wahrgenommen werden. Das Rasseln wirkt umfassender; oft schon, wenn die Klapperschlange selbst nicht erblickt wird.

Ich gebe zu, dass das, was ich hier zusammengefasst habe, Ergebnis der jahrelangen Beschäftigung mit der Frage des Ursprungs der Klapperschlangen ist. Beteiligt waren Erlebnisse mit Kobras und Schlangenbeschwörern in Indien. Ich hatte die Schlangenfurcht zu berücksichtigen, die im australischen Busch angebracht ist, weil die dortigen, in manchen Arten extrem giftigen Schlangen nicht warnen. Auch die Grünen Mambas warnen nicht. Als Baumschlangen haben sie dies nicht nötig. Und wir Menschen? Woher rührt unsere Schlangenfurcht? Wer einen Pavian erlebt, der in größtem Schrecken davonspringt, wenn er plötzlich mit einer Schlange konfrontiert wird, und sei es eine aus Plastik, die gut genug nachgemacht wurde, wird nicht daran zweifeln, dass diese Reaktionen tief sitzen. Was bedeutet, dass Schlangenfurcht aus der ferneren Vergangenheit stammt und sich entsprechende (Schreck-)Reaktionen als förderlich für das Überleben erwiesen haben. Für die Reaktion auf Schlangen braucht man keine tiefenpsychologisch begründete, verborgen-sexuelle Erklärung zu konstruieren. Wiederholt erlebte ich, dass unser Hund einen Satz machte, als wir einer Ringel- oder Schlingnatter zu nahe kamen und er die Schlange erst im letzten Moment bemerkte. Die Schlangenfurcht lässt sich vermindern gerade da, wo Giftschlangen und auch Bisse häufig sind. Die Menschen haben sich darauf eingestellt und sich sogar Schlangen als Helfer geholt, wie die Mussurana *Clelia clelia* in Brasilien. Sie gehört zwar zu den giftigen Schlangen, lernt aber ziemlich schnell, was die Menschen tun, die sie in die Hütte geholt haben, und dass dieses Tun für sie harmlos ist. An diesem der Mussurana zugewiesenen Domizil gibt es Giftschlangen, die sie umschlingt und auffrisst, weil die Nahrungsmittel und Abfälle der Menschen Mäuse und Ratten anlocken, hinter denen die Giftschlangen her sind. Eine Mussurana in oder zumindest an der Hütte gilt daher als bester Schutz gegen die gefährlichen Lanzenottern, deren Gift dieser Schlange nichts anhaben kann. Und wenn keine Lanzenottern nahen sollten, begnügt sie sich zum Stillen ihres Hungers auch mit kleinen Echsen, angeblich sogar mit Würmern. Und dass Menschen, nicht nur Schlangenbeschwörer, sondern in früheren Zeiten auch Ärzte, die sich den Stab des Asklepios mit der Schlange daran zum äußeren Zeichen ihrer Kunst gewählt haben, von Schlangen profitieren, ist wohlbekannt.

Wieder zurück zu den Inseln nach dieser Abschweifung zu den (kontinentalen) Schlangen. Die Vorgänge in der Natur lassen sich nie so schablonenhaft fassen, wie es Fachgrenzen vorgeben. Jedenfalls gilt, dass Inseln häufig besonders reich an Schlangen sind. Warum das so ist, hängt mit der Lebensweise vieler Schlangen und insbesondere mit deren Giftigkeit zusammen. Sie brauchen nur selten Beute zu machen, um zu überleben. Schier unglaublich lange können sie hungern. Und sich dennoch rasch vermehren, wenn die Lebensbedingungen günstig sind. Sie sind bei kühler Witterung langsam, weil sie keine Beine haben und auf dem Bauch kriechen müssen. Sie sind wärmebedürftig, weil sie zu den von der Umgebungstemperatur oder Aufwärmung durch die Sonne abhängigen wechselwarmen Wirbeltieren gehören. Und es stellen ihnen erstaunlich viele Feinde nach: Säugetiere wie die Mungos (Schleichkatzen), die schneller sind als die schnellsten Schlangen, oder solche, wie Wildschweine, Igel und andere, die sie erbeuten, wenn der Schlangenkörper nicht warm genug ist für Flucht oder Abwehr. Störche, Reiher, Greifvögel und mehrere andere Vogelarten erbeuten Schlangen. Es gibt sogar regelrecht auf Schlangenjagd spezialisierte Vögel. In den afrikanischen Savannen ist dies der zu den Greifvögeln gehörende Sekretär *Sagittarius sagittarius*, in den Grasländern Südamerikas die Seriema *Cariama cristata*. Selbst in Südeuropa findet der Schlangenadler *Circaetus gallicus* gebietsweise noch genügend Schlangen, um sich und seine Brut damit zu einem wesentlichen Teil zu versorgen. Allein aus diesen Andeutungen ergibt sich, dass es Schlangen auf kleineren und kleinen Inseln bessergehen sollte als auf großen und auf den Kontinenten, weil es umso weniger Feinde gibt, je kleiner die Inseln sind. Und so ist es auch in der Regel! Inseln unterscheiden sich in mehreren wichtigen Eigenschaften von Kontinenten. Fast immer sind die Größe der Inseln und die Entfernungen zum nächstliegenden Kontinent bedeutsam. Fast immer, aber nicht immer. Die Geschichte der Insel ist wichtig. Inseln können sehr jung oder auch sehr alt sein. Neben Größe und Entfernung zum Festland kommt dem Inselalter eine mindestens gleichrangige Bedeutung zu. Den besten Vergleich bieten Inseln im Indischen Ozean, die in mancherlei Hinsicht Gegenstücke zu Galapagos sind. Aber auch extrem davon verschieden.

Auf den Seychellen

Außer Wolkentürmen und Meer war nichts zu sehen, als der Pilot die Landung ankündigte, auch nicht, als die Maschine die ersten Wolken durchstoßen hatte und die offenbar nur von kleineren Wellen gekräuselte Oberfläche des Indischen Ozeans sichtbar wurde. Ich wähnte mich an der falschen Seite sitzend, strengte mich aber dennoch an, den eventuell ersten Blick auf die Seychellen nicht zu versäumen. Es dauerte eine Weile, bis sich ein unregelmäßiges Gebilde vom Blau des Wassers deutlich genug abhob. Bald war es wieder verschwunden. Tatsächlich war ich auf der falschen Seite. Die andere bot aber kaum bessere Aussicht, denn die Insel, die angeflogen wurde, die Hauptinsel Mahé, ließ sich von keiner Seite so recht erblicken, weil das Flugzeug genau darauf ausgerichtet niederging. Es kam von Ostafrika. Eine Schleife zu fliegen, bei der man Mahé hätte gut sehen können, war bei der vorgegebenen Anflugroute nicht nötig. Erst als die Maschine das Fahrgestell ausfuhr, ließ sich erkennen, dass ein mehrfach gezackter, offenbar mit Wald oder Buschwerk bedeckter Bergrücken an der linken Seite aufstieg. Die Landung verlief weich, dank des beständigen Passats geringer Stärke. Nur dass die Piste vom Meer zum Meer verlief, erzeugte beim Blick aus dem Fenster ein gewisses Unbehagen, wenngleich ein Hinausschießen über das Ende der Bahn mit Wasserung weit weniger gefährlich gewesen wäre als eine Bruchlandung an Land. Als sich die Tür des Flugzeugs öffnete, strömte Tropenluft vom Feinsten (wie ich es empfand) herein. Sie hatte knapp 30 Grad, die im Seewind genau das erzeugten, was beim Menschen den angenehmen Thermoneutralzustand hervorruft, nämlich eine leichte Abkühlung der Körperoberfläche auf 27 Grad Celsius. Bei dieser Temperatur erzeugt unser Körper gerade so viel Wärme im Innern, wie ohne Schwitzen nach außen abgeführt wird. Das perfekte Wohlgefühl entsteht dabei in leichter Kleidung. Am Zoll interessierte sich, anders als in Afrika, niemand für mein großes Teleobjektiv mit Schnellschussgriff und die sonstige Ausrüstung. Mit der Hotelbuchung hatte ebenfalls alles reibungslos geklappt.

Die Winzlinge namens Seychellen liegen im Indischen Ozean in einer Zone, in die kaum jemals Tropenstürme gelangen. Weht der Südostpassat, kommt er aus den Weiten dieses Ozeans wie aus dem

Nichts. Sein Gegenstück, der Nordwestmonsun, bringt den Inseln reichlich Regen und schwüles Wetter. Ausgeprägte Meeresströmungen treffen nicht auf diese Inseln in Äquatornähe. Sie gehören daher zu den besonders abgeschiedenen Inseln, zumindest im Indischen Ozean. Als sie zu Beginn des 16. Jahrhundert entdeckt wurden, gab es keine Menschen auf den Seychellen. Die Besiedlung setzte erst um 1750 ein, als Frankreich sie annektierte. Anfang des 19. Jahrhunderts rissen die Briten die Seychellen an sich. Deren Kolonialherrschaft dauerte bis über die Mitte des 20. Jahrhunderts. 1976 wurden die Seychellen eine selbständige Republik. Die war noch recht jung und fröhlich gestimmt, als ich erstmals auf die Inseln kam. Von den 266 Quadratkilometern Landfläche, welche die mehr als 100 Inseln zusammen ergeben, nimmt die Hauptinsel Mahé mehr als die Hälfte ein (154 Quadratkilometer). Die Seychellen sind also nur wenig größer als das Stadtgebiet von Frankfurt am Main. Ihre Kleinheit ist ein bedeutender Unterschied zu den Galapagos, die mit 8010 Quadratkilometer Landfläche ziemlich genau dreißigmal so groß sind. In der Entfernung vom nächsten Kontinent gleichen sie jedoch einander. 1100 Kilometer ist es von Madagaskar bis zu den Seychellen, 1200 von Ostafrika her. Beide Distanzen entsprechen der Entfernung zwischen Galapagos und Südamerika. Madagaskar ist zwar selbst eine Insel, aber Teilstück des großen afrikanischen Kontinents und wie dieser eine mögliche Quelle von Arten zur Besiedelung von Inseln in der näheren und ferneren Umgebung. Doch wenn keine beständigen Meeresströmungen oder kräftigen Winde auf die betreffenden Inseln gerichtet sind, nimmt die Wahrscheinlichkeit, dass Arten hingelangen, um Größenordnungen ab.

Auf die Seychellen war ich gut vorbereitet. Ein Vortrag mit Dias hatte mich Jahre vorher für diese Inseln begeistert, da sie auf den Bildern zumindest den Vorstellungen von Südseeparadiesen zu entsprechen schienen. Wer würde, zumal in jungen Jahren, so einem Zauber nicht verfallen? Das Büchlein zur Bestimmung der auf den Seychellen vorkommenden Vögel war klein und sehr gut. Man brauchte ja keine Sondergenehmigungen oder speziell organisierte Reisen, um dorthin zu gelangen. Längst waren sie als Trauminseln fest im internationalen Tourismus integriert. Kaum eine Stunde nach der Ankunft und dem problemlos schnellen Einchecken im

Hotel saß ich am Strand unter Palmen. Dort sah ich mit großer Begeisterung den vielleicht merkwürdigsten Fischen zu, die es gibt. *Periophthalmus* heißt ihre Gattung, »Rundherumschauer« frei übersetzt. Schlammspringer lautet der deutsche Name. Beide beziehen sich auf Besonderheiten dieser Fische, die sich so gar nicht fischgemäß benehmen. Sie schnellen sich mit einigen seitwärts gerichteten Schlägen ihrer Schwanzflosse aus den Pfützen heraus, die von der ablaufenden Flut zurückgelassen werden, stützen sich ein wenig auf die Vorderflossen, als ob dies Arme wären, und schauen mit fast kugelrund hervorquellenden Augen wie philosophierend umher. Ihr stumpfer Kopf wirkt dabei höchst komisch. Von diesem nach hinten zu wird der Körper immer schlanker bis zum Ende, wo aber eine fächerförmige Schwanzflosse sitzt. Zehn bis fünfzehn Zentimeter lang sind diese Fischchen. Die Sprünge, die sie machen, möchte man nicht für möglich halten. Da sitzt einer auf dem noch feuchten Trockenen. Plötzlich schnellt er sich ohne ersichtlichen Grund mehrere Handbreit in die Höhe und landet auf dem verdickten Stammansatz einer Kokospalme. Dort fächert er die Rückenflosse hoch, anscheinend um damit Signale an Artgenossen zu geben. Als ich mich zum Fotografieren zu sehr näherte, hüpften alle zurück ins schlammige Wasser, auch die, die ich noch gar nicht bemerkt hatte, weil ihr braun-oliv-grau marmorierter Körper perfekt zum feuchten Boden passt. Viel Geduld braucht man nicht.

Die Schlammspringer kommen gleich wieder. Ich war hingerissen. Erst als Stechmücken anfingen, sich für mich zu interessieren, merkte ich, dass es Abend zu werden begonnen hatte. Die Schlammspringer zu beobachten war wie ein Blick zurück in jene ferne Erdzeit, in der Fische anfingen, erste zögerliche Ausflüge aufs Land zu machen. Die Lehrbücher thematisierten die enormen, schier unüberwindlichen Schwierigkeiten des Landgangs von noch recht fischähnlichen Tieren, die schon so etwas wie Lurche, Amphibien, waren. Was die Schlammspringer zu diesen Vorstellungen vom Landgang sagen würden? So wie sie sich verhielten, so selbstverständlich wie sie aus dem Wasser der Pfützen an Land und sogar an die Baumstämme hüpften, schien das Wechseln ein Spiel und keine besondere Herausforderung zu sein. Sie mussten nur von Zeit zu Zeit Wasser durch ihre Kiemen aufnehmen, die gut geschützt in verborgenen Taschen hinter den Kiefern sitzen. Dazu hüpften sie zurück. Ansonsten hielten sie Ausschau nach Fliegen und suchten den schlammigen Boden ab. Die Männchen hoben und senkten ihre Rückenflosse als Signal für andere Männchen, Abstand zu halten. Für die Weibchen bedeutete es, näher zu kommen. Das Geschehen hatte etwas von einem Kinderspielplatz an sich: viel Geschäftigkeit, aber wenig erkennbarer Zweck. Und so zahlreich, wie die Schlammspringer waren, konnte das Leben hier am Tropenstrand unter Kokospalmen auch nicht allzu hart sein. Offenbar lernten sie schnell, dass ich harmlos war. Denn je länger ich blieb und je ruhiger ich mich bewegte, desto vertrauter wurden sie. Lediglich das große, auf sie gerichtete Teleobjektiv irritierte sie, wahrscheinlich wegen der Spiegelung ihrer eigenen Bewegungen. Fasziniert, wie ich war, übersah ich sicher eine ganze Weile die schmutzig rötlichbraunen Krabben, die überall herumkletterten. Verglichen mit der Quirligkeit der Schlammspringer wirkten sie bedächtig, jedenfalls vorsichtiger. Draußen auf dem wegen einsetzender Ebbe immer breiter werdenden, deutlich abfallenden Sandstrand liefen andere Krabben, und zwar so schnell, dass ich anfangs nur die Bewegung als solche bemerkte. Ich musste das Fernglas benutzen, um die Tiere selbst zu erkennen, da sie genau den Farbton und die Helligkeit des Sandes hatten. Rennkrabben waren es, auch Strandreiterkrabben oder, besonders treffend, Geisterkrabben (Gattung *Ocypode*) genannt. Überall hatten sie ihre bis zu faustgroßen Löcher im Sand, vor allem in der Nähe der Kokospalmen am oberen Ende des Sandstrandes. In solchen verschwanden sie, wenn sie irgendetwas irritierte, wie zum Beispiel die Badegäste, die umherschlenderten. In für diese wohl ziemlich lächerlich wirkender Weise postierte ich mich, mit einem breitkrempigen Hut auf dem Kopf, um mich vor der Sonne zu schützen, wie ich meinte strategisch günstig und zielte mit meinem großen Teleobjektiv auf so ein Loch. Wie eine Katze vor dem Mauseloch mochte das ausgesehen haben. Das war ein hoffnungsloses Vorhaben, denn kam die Bewohnerin des angepeilten Loches, so geschah dies viel zu schnell, als dass ich im richtigen Sekundenbruchteil den Auslöser drücken konnte. Es war besser, der Krabbe dort aufzulauern, wo sie mit der Nahrungsaufnahme beschäftigt war, also nahe dem Spülsaum der zurückweichenden Wellen. Was jedoch bei manchen Badegästen den Eindruck gemacht haben dürfte, ich zielte mit meiner Fotokanone auf sie – ich legte mich deshalb flach auf den Strand, damit das nicht so auffiel. Rasch stellte sich das Gegenteil der Gefühle ein, die beim geradezu kontemplativen Betrachten der Schlammspringer aufgekommen waren. Mir wurde unbehaglich, und mein Interesse an den Geisterkrabben schwand. Nachdem ich mich auf eine Palme zurückgezogen hatte, die dafür ideal flach geneigt zum Strand hinauswuchs, nahm meine Begeisterung für die Krabben wieder zu. Denn aus der Distanz, aus der ich nun den kompletten Ablauf bestens überblicken konnte, ließ sich erst richtig erkennen, was diese Renner auszeichnet, nämlich ihre geradezu unglaubliche Orientierung auf der ebenen Fläche des Strandes.

Die Krabbe kommt aus ihrem Loch, reckt ihre beiden Augenstiele in die Höhe, hält Ausschau, ob eine Gefahr in der Nähe ist, und saust dann plötzlich in irgendeiner Richtung schnurgerade los. Nach fünf, zehn oder mehr Metern hält sie inne, blickt erneut in die Runde, läuft vielleicht ein Stück in eine andere Richtung und beginnt an einer völlig unauffälligen Stelle zu fressen. Mit ihren kleinen Scheren fasst sie Sandklümpchen um Sandklümpchen. Organische Reststoffe, die von der Flut zurückgelassen wurden, holt sie daraus und verzehrt sie. Zurück bleibt gereinigter Sand. Je nachdem, wie ergiebig der Sand ist, frisst sie länger oder kürzer und wechselt öfters die Stelle. Wo immer sie dabei hingelangt ist, spielt keine Rolle, wenn es darauf ankommt, zu ihrem Loch zurückzulaufen. Der Schatten eines Seevogels genügt, und sie flitzt zurück. Menschen, die langsam an der Wasserlinie entlangschlendern, weichen die Geisterkrabben oftmals seitlich aus, ohne zum Loch zurückzueilen, in dem sie leben und die Zeit der Flut verbringen. Doch wenn es darauf ankommt, finden sie von jedem Ort am Strand auf der Direktlinie dorthin. Und dies geschieht in Höchstgeschwindigkeit, ohne zu zögern, ohne zwischendurch Ausschau zu halten, wo sie sich befinden. Es ist unmöglich, dass sie ihr Wohnloch im Auge behalten. Dazu sind sie selbst zu niedrig. Auf der glatten Fläche des Strandes wird es nach wenigen Metern Entfernung unsichtbar. Nur selten geschieht es, dass eine Geisterkrabbe ein falsches Loch wählt. Da muss sie sich schon in höchster Gefahr wähnen. Ist der rechtmäßige Besitzer darin, kommt sie auch gleich wieder daraus hervor. Doch der Moment ihres Verschwindens mag lebensrettend gewesen sein.

Und was machte ich? Ein spontanes Experiment! Nachdem sich eine Geisterkrabbe von ihrem Loch weit genug entfernt hatte, schüttete ich dieses schnell mit einer Handvoll Sand zu und glättete die Stelle, so dass für mich nichts mehr darauf hinwies. Als die Krabbe zurückkam, stutzte sie kurz vor dem richtigen Ort, fing aber sofort an, ihre Wohnröhre wieder freizugraben, dass der Sand nur so wegflog. Sie hatte die Stelle gefunden, obgleich äußerlich sichtbar kein Loch mehr vorhanden war. Das beeindruckte mich sehr. Da fiel mir ein, dass natürlich jede Flut die Krabbenlöcher mehr oder weniger komplett zuschwemmt. Sie müssen mit dem Verschwinden ihrer Löcher zurechtkommen. Gut, aber da sind die Bewohner unten in ihren Röhren und nicht draußen am Strand unterwegs. Das war etwas anderes. Meine Bewunderung der Leistung dieser Krabbe nahm dennoch gleich wieder deutlich ab, als ich mich an frühere Experimente erinnerte, die ich mit Sandbienen machte. Da hatte ich noch keine Universitätsvorlesungen über die Orientierung der Tiere besucht, sondern ging ins Gymnasium, hatte aber *Wo die Bienenwölfe jagen* von Niko Tinbergen gelesen und über die Orientierungsleistungen von Insekten gestaunt. Mein Experiment war ganz einfach. Auf den Dämmen an den Stauseen am unteren Inn gab es im Frühjahr große Kolonien von Sandbienen, vor allem der schwarzen, an der Brust weißpelzigen Weiden-Sandbienen *Andrena vaga*. Zu Hunderten oder Tausenden bauten die Weibchen ihre Nester in den Boden. Dieser war lehmig-sandig und fest genug, so dass die traubenartig verzweigten Gebilde stabil blieben, die die Bienen in dreißig bis fünfzig Zentimeter Tiefe erbauten. Ein Gang führt hinab. Bevor er endet, zweigen davon kurze Seitengänge ab, an deren Ende weintraubenförmige Kammern gebaut sind. Jede wird mit einer Kugel aus Pollen und Nektar gefüllt, auf der die Biene jeweils ein Ei ablegt. Die geschlüpfte Bienenlarve ernährt sich davon. Der Vorrat muss groß genug sein für den gesamten Bedarf bis zur Verpuppung. Jede Brutröhre enthält mindestens ein Dutzend solcher Kammern.

Oben auf der Bodenoberfläche hinterlässt die Biene, die so eine unterirdische Nistanlage gebaut hat, einen kleinen Sandkegel, der aussieht wie ein Minaturvulkan mit Krater. Eine große Kolonie der Weidensandbienen umfasst mehrere tausend solcher Kegel. Dass die Bienen genau ihre Stelle, ihren Kegel, wiederfinden, wenn sie mit vollen Höschen von den blühenden Weidenkätzchen zurückkommen, war offensichtlich. Denn jede landete offenbar zielsicher und zögerte nicht, sogleich in die Röhre hinabzukriechen, auch wenn diese mit lockeren Sandkörnern etwas gefüllt gewesen war. Das »offenbar« überprüfte ich, indem ich wieder auskriechende Bienen mit einem Muster aus Nagellackpünktchen markierte. Meine Mitschülerinnen stellten mir dazu mit sichtlichem Vergnügen Nagellackfläschchen in deutlich unterschiedlichen Farben zur Verfügung. Die Markierung funktionierte prächtig. Ich konnte nicht nur ganz einfach bestätigt finden, dass jede Biene nur in ihre eigene unterirdische Brutkammer kroch, sondern diese eigene auch fand, wenn ich die Niststelle glattgestrichen hatte. Das war es, woran ich mich nun erinnerte. Die Biene grub an der richtigen Stelle ihren Nesteingang wieder frei und traf ihn, wie ich, knapp einen halben Meter davor auf dem Boden liegend, ganz deutlich sehen konnte, ohne nennenswerte Abweichung ganz genau.

Zu diesem Experiment war ich angeregt worden, weil Radfahrer und Fußgänger die kleinen Sandkegel über den Nesteingängen immer wieder plattmachten und ich die Bienen öfters sah, wie sie, bereits mit Höschen voll gelber Pollen von den blühenden Weidenkätzchen, danach gruben. Also war ich ziemlich sicher, mit meinem Versuch keinen größeren Schaden zu verursachen. Was die Füße und Räder der Menschen machten, konnte auch von Tieren wie Rindern oder Schafen verursacht werden. Schafe wurden in den 1960er Jahren in großen Herden im Frühjahr und wieder im Herbst langsam die Dämme entlanggetrieben, die sie dabei beweideten. Damals wusste ich nicht, dass dies ein Teil einer althergebrachten, weitläufigen Wanderung war, die die Schafherden durch viele Länder führte und den ungewöhnlichen Namen Transmigration bekommen hatte. Nachdem die Bienen in meinen kleinen Experimenten alle wieder ihre Nesteingänge gefunden hatten, war ich dennoch beruhigt. Wie auch hier und jetzt am Tropenstrand beim entsprechenden Experiment mit der Geisterkrabbe. Sie hatte meine Prüfung bestanden, mich beeindruckt und an die bereits zwanzig Jahre zurückliegenden Schülerexperimente mit den Sandbienen erinnert. Was diese im Vergleich zu den handspannengroßen Krabben konnten, war dann als Orientierungsleistung nicht mehr so besonders. Nicht im Vergleich zwischen Krebstier und Insekt, aber als Leistung dennoch nicht minder beeindruckend. Dass die Schwingungsebene des Lichts, die Polarisation, bei der Orientierung eine wichtige Rolle spielt, wurde, glaube ich, erst nach meinen Erlebnissen mit den Geisterkrabben wissenschaftlich nachgewiesen. Sie reicht nicht aus als alleinige Orientierung, weil sie zwar die Richtung bestimmbar macht, nicht aber die Entfernung. Diese muss irgendwie gespeichert und verrechnet werden über die Laufleistung der Beine nach dem Verlassen der Wohnröhre. Kinästhetik wird diese »Bewegungsempfindung« genannt, was sie nicht weniger rätselhaft macht. Man stellt sich das so vor, dass im Nervensystem kurzfristig, solange der Ausflug aus der Wohnröhre dauert, alle Bewegungen nach Dauer und Richtung gespeichert werden. Zusammen mit der präzisen Richtungsbestimmung über die Schwingungsebene des polarisierten Lichtes im tageszeitlichen Gang der Sonne versetzt dieses Speicherung die Krabbe in die Lage, den direkten Weg zurück zu bestimmen, obgleich sie den Eingang zu ihrer Wohnröhre nicht sehen kann. Wem dies nicht verständlich und nachvollziehbar klingt, mag sich damit zufriedengeben, dass Ähnliches andauernd bei der Nutzung des Internets geschieht. Die daran Interessierten, und deren gibt es (zu) viele, haben keine technischen Probleme, unsere Wege im Internet mitzuverfolgen und für ihre nicht immer ganz edlen Zwecke zu nutzen.

Mir recht vertraut klingende Vogelrufe lenkten mich kurz ab von meinen Betrachtungen an den Rennkrabben. Das gereihte »bi, bi, bi ...« aus der Ferne war ebenso eindeutig wie das nachfolgende »tjirrip, tjirrip« aus der Nähe. Der entferntere Rufer kam näher. Auf einem größeren Felsblock, der aus dem Sandstrand ragte, landete er. Ein Regenbrachvogel *Numenius phaeopus* war es, ein Wintergast aus der Arktis. Der braungefiederte Vogel mit dem langen, deutlich gebogenen Schnabel war so nahe, dass ich durchs Fernglas auch den schmalen schwarzen Streifen über dem Auge sehen konnte. Im Vergleich zum größeren, im mitteleuropäischen Binnenland auf Feuchtwiesen da und dort noch brütenden Großen Brachvogel *Numenius arquata* sind seine Beine und der Schnabel deutlich kürzer. Ein zweiter gesellte sich zu ihm. Die beiden standen nun, gegen den Wind gerichtet, unbeweglich wie Präparate auf dem Felsen. Vielleicht waren sie müde nach dem langen Flug übers Meer. Die nächsten nördlichen Küsten, von denen aus sie gestartet sein könnten, gab es zweitausend Kilometer entfernt am Horn von Afrika. Während ich die Regenbrachvögel durchs Fernglas betrachtete, wurden die »tjirrips« hinter mir häufiger und lauter. Ich blickte mich um und konnte es kaum fassen. Eine Gruppe von knapp zwanzig Sichelstrandläufern *Calidris ferruginea* lief auf dem Rasen unter den Kokospalmen herum, als ob dies ein Schlickstrand wäre, und stocherte zwischen den breiten, kurz gemähten Gräsern herum. Denn der Palmenhain gehörte zur Hotelanlage und war entsprechend gepflegt. Die etwa starengroßen grauen Sichelstrandläufer mit dem deutlich nach unten gebogenen Schnabel, auf den sich ihr deutscher Namen bezieht, kannte ich gut von den Stauseen am unteren Inn. Sie kommen dort auf dem Durchzug vor, insbesondere während des Herbstzuges. Die ersten, meistens Altvögel mit Resten des rostbraunen Brutkleides, treffen bereits im August ein. Höhepunkt des Durchzuges ist der September. Im Lauf des Oktobers verschwinden die letzten. Dann haben sie aufgetankt für den Weiterflug an die tropischen Küsten und darüber hinaus zu Stränden der Südhalbkugel der Erde. Im Frühjahr treffen sie spät ein, oft erst im Mai, denn ihre hochnordischen Brutgebiete rund um das Eismeer müssen von Schnee und Eis frei sein, bevor sie mit dem Brüten beginnen können. Sichelstrandläufer sind Weltenwanderer. Es gibt kaum eine Küste oder Insel, an der sie nicht Rast machen und sich eine Weile aufhalten. Doch auf Rasen unter Palmen hätte ich sie nicht erwartet. Das gehört nicht zu der ihnen zugeordneten ökologischen Nische – in der Theorie. Die Wirklichkeit sieht, wie so oft, anders aus. Wenn ich die ökologische Nische des Sichelstrandläufers charakterisieren sollte, müsste ich unterscheiden, ob das Brutgebiet, die Durchzugs- oder die Überwinterungsgebiete gemeint sind. Im Brutgebiet der hocharktischen Tundra ist der Sichelstrandläufer ein Wiesenvogel, kein Strandläufer. Zu diesem wird er an den Rastplätzen an der Küste oder im Binnenland und vielerorts auch dort, wo diese Vögel die Winterzeit verbringen. Das kann aber durchaus der Südsommer sein, weil Sichelstrandläufer über den Äquator hinaus auf die Südhemisphäre ziehen. Bei Betrachtung des gesamten Jahreslebensraumes verliert sich die scheinbare Präzision der ökologischen Einnischung nach Schnabel- und Beinlänge, die bei der Nahrungssuche an flachen Stränden natürlich bedeutsam sind. Wo das Wasser zu tief ist, können die Sichelstrandläufer nicht hinkommen, wohl aber Wasserläufer mit längeren Beinen. Ist dies aber eine Einnischung? Was bedeutet sie? In der Ökologie beruht viel auf Beschreibungen lokal beobachteter Zustände. Dass es da oder dort so ist, heißt aber nicht, dass es so sein muss und sich woanders nicht anders verhalten kann.

Die kleine Gruppe von Sichelstrandläufern vor mir hat die riesige Strecke vom Nordrand Sibiriens bis zum Äquator hinter sich. Vielleicht war sie im vergangenen Herbst bis an die Strände von Mosambik oder Südafrika geflogen und hatte dort oder an den Flachgewässern und Salzpfannen im Inland die Monate von Dezember bis Februar verbracht. So häufig wie Sichelstrandläufer im südlichen Afrika überwintern, ist es sogar sehr wahrscheinlich, dass sie auf dem Rückflug ins Brutgebiet hier auf den Seychellen einen Zwischenstopp einlegten – und mir dabei etwas klarmachten, was ich beim Betrachten der Geisterkrabben nicht bedacht hatte. Diese fressen Sand. Natürlich nicht den Sand selbst, die winzigen Kalk- und Quarzteilchen, die ihn bilden, sondern die organischen Reststoffe, die das Meer angespült hat. Viel konnte darin nicht enthalten sein, denn der Strand war so weiß, so gleißend hell, dass ich entgegen meiner sonstigen Gepflogenheiten die Sonnenbrille tragen musste. So stark war die Rückstrahlung. Nahm ich den Sand mit auf, weil ich eine Muschel aufhob, um sie näher zu betrachten, rieselte er, trocken geworden, wie rein gewaschen weg und hinterließ nichts Schmutziges. Nur dort, wo die Wellen ausliefen, wurde der Sand ein wenig grauer, nicht nur, weil er nass war. Da enthielt er Reste organischer Stoffe. Die Rennkrabben suchten dort, nicht oben am Strand, wo der Sand ganz weiß war, nach Nahrung.

Dennoch war es ein ziemlich aufwendiges Verfahren, den Sand durchzukauen. Viel kam nicht heraus. Die Häufigkeit der Rennkrabben, die sogenannte Siedlungsdichte, blieb dementsprechend gering. Das ließ sich bei Ebbe leicht flächenbezogen an den Löchern abzählen, die sie bewohnten. Die Sichelstrandläufer am Strand zu erwarten wäre falsch gedacht gewesen. Was sollten sie dort finden? Zweifellos viel weniger als im Rasen unter den Kokospalmen. Aus denselben Gründen überwintern sie in Südafrika nicht an den nahrungsarmen Sandstränden der Küsten, sondern in beträchtlich größeren Mengen im Binnenland. Die auffindbare Nahrung entscheidet, wo Strandläufer hingehören. Ich entnahm meinen Zählungen, dass nach stärkeren Sommerhochwässern viel mehr Strandläufer im Herbst an den Stauseen am unteren Inn Zwischenrast machten und länger blieben als nach Sommern ohne Hochwasser. Denn die Flut hatte neue Nahrung eingeschwemmt. Für die Strandvögel ist das Wattenmeer der Nordsee in der Deutschen Bucht wegen seines immensen Nahrungsreichtums so eminent wichtig. Nur wenige andere Gebiete gleichen global dem Wattenmeer oder kommen ihm als Rast- und Überwinterungsgebiet für Limikolen nahe. Noch kämpften damals die Naturschützer um die Ausweisung der wichtigsten Teile des Wattenmeers als Nationalpark. Lokale Egoismen und die Bürokratie, die sich in kleinstaaterischer Manier die Kompetenz nicht einschränken lassen wollte, waren die Gegner. Jedes Küstenbundesland machte dann schließlich einen eigenen Nationalpark Wattenmeer. Wenigstens das ist nach langem zähen Ringen mehr schlecht als recht gelungen. Naturschutz auf den Seychellen, das war schon etwas anderes; im Vergleich zu Deutschland ein Unterschied von mehreren Klassen. Doch der Reihe nach.

Die Seychellen sind einzigartig unter den ozeanischen Inseln. Das konnte ich an dem Felsblock sehen, auf dem sich die beiden Regenbrachvögel niedergelassen hatten. Und an vielen anderen Felsen auch, hier überall am Strand. Sie bestehen aus Granit. Alle 42 Inseln der zentralen Seychellen sind Granitinseln. Der höchste Berg, der Morne Seychellois, erhebt sich auf der Hauptinsel Mahé 905 Meter hoch übers Meer. 73 Koralleninseln umgeben als äußere Gruppe die inneren, die eigentlichen Seychellen. Sie ragen als Spitzen recht hoher Berge aus dem Sockel, auf dem sie in der Tiefe des Indischen Ozeans sitzen. Ihre Besonderheit ist der Granit. Dieses Gestein wäre ganz gewöhnlich, ragte es nicht so weit vom Land entfernt aus dem Meer. Die Seychellen sind der Rest eines Stücks Festland, das in ferner Vergangenheit zu Afrika, Madagaskar und Indien gehört hatte. Entstanden waren sie durch das Auseinanderbrechen jenes Großkontinents aus der Zeit des Erdmittelalters, dem die Bezeichnung Gondwana gegeben wurde. Alfred Wegener hatte die Drift der Kontinente erkannt und die verfügbaren Fakten dazu in seinem 1915 erschienenen Werk *Die Entstehung der Kontinente und Ozeane* ausführlich dargelegt. Bekannt ist seither das offensichtliche, von anderen lange vor Wegener bereits bemerkte Zusammenpassen der Küstenlinien von Afrika und Südamerika. Aber die Seychellen nehmen eine besondere Position in der Drift der Kontinente ein. Sie blieben übrig wie ein Nabel, von dem sich die ihn einst umgebenden Teile in jeweils andere Richtungen wegbewegt hatten. Sieht man sich ihre Position in Bezug auf Afrika, Madagaskar und Indien an, wird der Zusammenhang klar. Afrika war nach Westen abgewichen. Madagaskar hatte sich vom Südteil abgespalten und relativ zu Afrika nach Osten verlagert. Indien aber zog nach Norden davon, bis es im Tertiär auf Asien prallte und dabei das höchste Gebirge der Erde, den Himalaja, auffaltete und dahinter Tibet als höchstgelegene Hochebene schuf. Zurück blieben die Seychellen, nur ein wenig verzogen, als kleiner, etwas mit nach Norden geschleppter Rest.

Die Seychellen sind also kein aus dem Meer aufgetauchter Archipel wie die Galapagos und die meisten anderen typisch ozeanischen Inseln. Sie sind ein Rest Festland, zurückgelassen im Meer von den Teilen des alten Gondwana-Kontinents. Ihr Granit ist derselbe sogenannte Gondwana-Granit, den es in Afrika, Madagaskar, Indien und Sri Lanka (Ceylon) gibt und der auch in Südamerika vorkommt. Zusammen mit der Antarktis und Australien bildeten diese Kontinente und Kontinentteile im Erdmittelalter einen zusammenhängenden Großkontinent, der Gondwana genannt wurde. Als »Süderde« stand er damals der »Norderde« gegenüber, die aus Nordamerika, Teilen Europas und Asiens (ohne Indien) zusammengefügt war. Das Urmittelmeer, die Tethys, trennte die beiden Großkontinente. Auf ihnen liefen recht unterschiedliche Entwicklungen in der Tier- und Pflanzenwelt ab. Genau davon zeugen Arten auf den Seychellen, die, eingeschlossen auf diesen isolierten Inseln, die Zeiten bis in die Gegenwart überdauerten. Zu ihnen gehören verschiedene Arten von Landschnecken wie *Stylodonta studeriana* und *Pachnodus ornatus*, von denen ich jeweils mehrere Exemplare fand und die ich als für nicht besonders eindrucksvoll hielt, bis ich über ihre Herkunft aus dem Erdmittelalter las. Auch der Quallenbaum *Medusagyne oppositifolia*, ein Strauch, kommt einzig auf den Seychellen vor, allerdings nur noch in wenigen Exemplaren. Er gilt als sehr ursprünglich. Doch die meisten seiner Eigenheiten harren noch der genaueren Erforschung. Die bei weitem bekannteste

Besonderheit der Seychellen ist die Meereskokosnuss, die *Coco de mer*, wissenschaftlich *Lodoicea maldivica*. Der Artname meint tatsächlich die Malediven, weil dort immer wieder einmal die riesigen Doppel-Kokosnüsse der *Coco de mer* angeschwemmt wurden. Woher sie kamen, wusste niemand. Und da die Küsten des Indischen Ozeans und alle Inseln vermeintlich bekannt waren, entstand die verwegene Annahme, diese Kokosbäume würden auf dem Meeresgrund wachsen und von Zeit zu Zeit ihre Riesenfrüchte abgeben. Wozu, fragte anscheinend niemand. Auch nicht, wie das bei einer Palme gehen sollte. Erst nach der Entdeckung der Seychellen wurde bekannt, dass die *Coco de mer* von dort stammt. Auf sie war ich sehr gespannt, weil es in ihrem einzigen Vorkommen im Vallée de Mai der Insel Praslin mehrere Vogelarten gibt, die gleichfalls nur auf den Seychellen vorkommen. Ein schmaler Pfad führt hinein in dieses Tal. Er hätte der Zugang zu einem großen Gewächshaus sein können, denn nach wenigen Schritten schloss sich ein Dach aus riesigen Blättern, das kaum noch Ausblicke nach oben frei ließ: Es waren die schier unglaublich großen Fächerblätter der *Coco de mer*. Den Angaben zufolge erreichen sie Größen von über fünf Meter Länge und dreieinhalb Meter Breite. Da reichen einige wenige, die sich übereinander ausbreiten, um einen tiefen Schatten unter der äquatorial hochstehenden Mittagssonne zu verursachen. Die alten Blätter brechen nicht ab, sondern bleiben lange an den Stämmen, die bei kerzengeradem Wuchs – ein schräger würde vielleicht die Last der Blätter und der Nüsse gar nicht tragen können – Höhen bis zu 24 Meter und Stammstärken von einem halben Meter Durchmesser erreichen. An den weiblichen Bäumen dieser Riesen entwickeln sich zu Dutzenden die Kokosnüsse, jeweils als zweiteilige Frucht angelegt. Sie reifen sehr langsam heran. Bis zu sieben Jahre dauert es, bis der Zustand der vollen Reife erreicht ist. Dann sind die spitz eiförmigen Nüsse, die ein faseriges Gewebe umhüllt, bis zu einem halben Meter lang und an die 25 Kilogramm schwer. Im Extremfall wiegen sie über vierzig Kilogramm, wenn sich drei Samen im Innern entwickeln. Die Seychellen-Kokosnüsse, wie sie richtigerweise genannt werden, sind daher die größten und schwersten Pflanzensamen. Sie eignen sich nicht dafür, wie normale Kokosnüsse vom Meer verbreitet zu werden. Was an den Malediven ankam, war längst nicht mehr lebensfähig. Dass sie früher mitunter ins

Meer gelangten, lag sicherlich an starken Regengüssen, die sie aus dem Tal schwemmten. Erst als sich ihr Inneres weitgehend zersetzt hatte, wurden sie schwimmfähig. An die näher gelegenen Strände von Ostafrika oder Madagaskar gelangten sie nicht. Die Meeresströmungen ziehen von den Seychellen weg in Richtung Osten als äquatorialer Gegenstrom, also hinaus in die Weiten des offenen Ozeans. Doch im Nordsommer, insbesondere im Juli, kann der auf Indien gerichtete Südwestmonsun das Treibgut erfassen und dann tatsächlich die Südindien und Ceylon vorgelagerte, langgezogene Reihe von Atollen, die Malediven, erreichen. Daher fand man sie dort gelegentlich. Ihre Seltenheit machte sie zu hochgeschätzten Kostbarkeiten, was die sagenhafte Herkunft »vom Meeresgrund« im Preis unterstrich. Den Wert bestimmt bekanntlich immer die Seltenheit, unabhängig vom Nutzen. Für die Palme selbst, die Seychellen-Kokospalme, steckt der Nutzen tatsächlich in der Größe der Frucht. Sie ermöglicht dem Samen eine lange Wartezeit, bis sich günstige Bedingungen einstellen. Der Keimling verfügt über Vorräte für sein Wachstum. Er muss es schaffen, durchzukommen gegen die Konkurrenz der Wurzeln bereits etablierter Bäume. Die kargen Böden würden ein erfolgreiches Keimen ohne große Vorräte ganz unmöglich machen. Die besten Chancen haben daher die größten Nüsse. Der Mangel erzwang den evolutionären Weg in die Größe. Mich faszinierte diese Besonderheit einer Palmenart, die viele Jahrmillionen lang gleichsam Gefangene der kleinen Insel war. Auf dieser überlebten ihre fernen Vorfahren vielleicht schon seit der Trennung von Madagaskar und Afrika. Das Spannende an der Größe der Seychellen-Kokosnuss ergibt sich aus dem Vergleich mit ihrem Gegenstück aus der Tierwelt, den Riesenschildkröten. Sind diese ähnlich wie die Palme Überrest einer fernen Zeit, in der es Dinosaurier gegeben hat? Oder kam es zum Riesenwuchs, zum Insel-Gigantismus, bei den Schildkröten wie bei manch anderen Tieren erst nachträglich, nachdem sie das Schicksal auf entlegene Inseln verschlagen hatte?

Dass es, wie um die Konfusion vollkommen zu machen, auch die Verzwergung auf Inseln gibt, verkomplizierte das Problem nicht wirklich. Denn für die Seychellen-Kokospalme lagen die Verhältnisse insofern einfacher, als sich die Bodenverhältnisse leicht untersuchen und deuten lassen. Zudem gibt es die gewöhnlichen

Kokospalmen. Von der Größe ihrer Nüsse hängen die Schwimmfähigkeit und die Länge des Überlebens bei der Drift im Meer ab. Die Reserven in der Nuss sind zudem die Voraussetzung dafür, dass die an den Strand gespülte Kokosnuss keimen, Wurzeln und einen ziemlich großen ersten Trieb bilden kann. Nur wenn sie groß genug ist, widersteht sie der physiologisch durch stärkere Bindung des Wassers verursachten Austrocknung des Salzes im Sandstrand der Ozeane. Die keimenden Seychellen-Kokosnüsse kämpfen nicht gegen zu viel Salz im Boden, sie müssen mit der Knappheit an Mineralstoffen zurechtkommen und die starke Beschattung durch die riesigen Blätter ihrer Mutterbäume aushalten. Bei ihrer Schwere fallen sie nicht weit vom Stamm. Der Boden unter den Palmen ist zudem in aller Regel nicht frei für ein weiteres Davonrollen. Bergwärts ginge dies ohnehin nicht. Kein Wunder also, dass die Seychellen-Kokosnüsse bis zu sieben Jahre zum Reifen brauchen. Vielleicht sollten wir sie folgendermaßen betrachten: Sie können sieben Jahre und länger durchhalten, bis vielleicht ihre Chance kommt.

Mit typischem Gekreisch flogen Zweiergruppen dunkelbrauner Papageien über das Tal zum Gegenhang: Seychellen-Vasapapageien *Coracopsis nigra barklyi*. Sie unterbrachen jäh meine Versuche, mir die erdgeschichtliche Vergangenheit der Seychellen-Kokosnuss vorzustellen. Das Bild vom Leben und Überleben dieser Palme auf den winzigen Inseln weitab von den Küsten der nächsten Landmassen, das mir gerade so schön plausibel schien, geriet durch die Papageien in die Gefahr, nur ein Wunschbild, eine schöne Theorie zu sein. Dabei war ich auf diese Vögel vorbereitet. Ich hatte sie erwartet, denn sie kommen nur im Vallée de Mai vor. Ihre Existenz scheint an die altehrwürdige Coco de mer gebunden zu sein. Das ist sie gegenwärtig tatsächlich, aber dem war nicht so von Anfang an. Die Seychellen-Vasapapageien sind nämlich eine nur wenig eigenständige Unterart von *Coracopsis nigra*, der ziemlich unpassend auch Rabenpapagei genannt wird. Sein Hauptverbreitungsgebiet ist Madagaskar. Weitere Unterarten davon gibt es auf den Komoren-Inseln, darunter die dem Seychellen-Vasapapagei wahrscheinlich Nächstverwandte, *C. n. sibilans* von Grande Comore. Nun sind aber erstens die Komoren Vulkaninseln und damit viel jünger als die Seychellen, sogar nur wenig älter als die Galapagos, und zweitens können die Vasapapageien des Vallée de Mai nicht schon lange auf den Seychellen angekommen sein, denn sie unterscheiden sich zu geringfügig von denen der Komoren. Zu einer eigenen Art haben sie sich nicht weiterentwickelt. Ebenso wenig gehören die Seychellen-Fruchttauben oder Paradies-Fruchttauben *Alectroenas pulcherrima*, die sich hier im Vallée de Mai gut beobachten und dank geringer Scheu auch fotografieren ließen, zu urtümlichen Tauben. Zwei weitere, nahe verwandte Arten der Gattung gibt es auf Madagaskar und den Komoren, also im selben Ursprungsgebiet wie die Vasapapageien. Dass sie in der Differenzierung weitergekommen sind und den Artstatus erreichten, besagt nicht allzu viel, weil es notorisch schwierig ist, gleiches Maß für alle Arten anzuwenden. Die Fruchttauben unterscheiden sich vielleicht lediglich äußerlich in Gefiedermerkmalen stärker voneinander als die Vasapapageien. Das werden molekulargenetische Untersuchungen klären können. Um einen recht ähnlichen Fall handelt es sich bei den Turmfalken der Inseln im westlichen Indischen Ozean. Unterschieden werden Madagaskar-, Mauritius- und Seychellenturmfalke. Ob ein den Webervögeln zugehöriger und sich ähnlich wie Spatzen verhaltender Sperlingsvogel, der Seychellenweber *Foudia sechellarum*, verwandtschaftlich dem madagassischen, allerdings im männlichen Geschlecht intensiv rotgefiederten Madagaskarweber entsprechend nahe verwandt ist, werden ebenfalls molekulargenetische Untersuchungen klären. Doch ganz unabhängig davon, welcher taxonomische Status sich für die genannten Arten und weitere mit ähnlichen Verbreitungsverhältnissen ergibt, ist davon auszugehen, dass all diese Vögel erdgeschichtlich junge Besiedler des sehr alten Kontinentalrestes sind. Mit den Seychellen-Kokospalmen und der fernen Zeit, in der Afrika, Madagaskar und Indien auseinanderbrachen, haben sie nichts zu tun.

Aber die Riesenschildkröten? An die 180 000 lebten in den 1980er Jahren auf dem Aldabra-Atoll westlich der Seychellen. Zu diesem Traumatoll zu kommen gelang mir leider nicht. Es ist nur per Schiff zu erreichen. Eine Lizenz zum Landgang muss eingeholt werden. Einzelne Riesenschildkröten hielt man aber auch auf den zentralen Seychellen der Besucher wegen. Ursprünglich kamen sie hier vor, waren aber rasch ausgerottet worden. Die Inseln sind zu klein, als dass sich die großen Schildkröten hätten verbergen können wie auf Galapagos, und leicht begehbar. Es gibt keine schroffen Lavafelsen, steilen Abstürze oder sonst unzugänglichen Stellen als sichere Rückzugsgebiete. Aldabra, ein herausgehobenes Atoll, dessen zentrale Lagune schwierig zu befahren ist und das aus schroffen, praktisch süßwasserlosen Korallenfelsen besteht, schützt die natürliche Unzugänglichkeit. Die Riesenschildkröten überlebten darauf nicht nur, sondern sie schufen ein einmaliges Ökosystem, in dem sie die zentrale Art in der Nutzung der Vegetation sind. Ist das ein Naturzustand, vergleichbar den Verhältnissen im Erdmittelalter zur Zeit der großen Reptilien auf den Kontinenten? So reizvoll eine derartige Vorstellung auch sein mag, so falsch ist sie dennoch. Kleine Inseln setzen andere Rahmenbedingungen für das Leben als große Landflächen. Aldabra entspricht eher einem großen Freilandterrarium, in dem viele (zu viele?) Schildkröten eingesperrt sind. Aber auch dieser bildhafte Vergleich hat seine Schwäche. Denn die großen Schildkröten können schwimmen; sehr gut sogar und sehr lange. Der Meeresbiologe Hans Fricke traf und fotografierte eine im Meer schwimmende Riesenschildkröte in der Nähe des Aldabra-Atolls. Das Foto drückt Wichtiges aus: Riesenschildkröten sind allein aufgrund ihrer Größe gut dafür geeignet, entfernte Inseln schwimmend oder sich einfach im Meer treiben lassend zu erreichen. Dass sie dabei sehr lange durchhalten können, mussten Abertausende von ihnen in den Laderäumen von Seeräuberschiffen und anderer Seefahrer erleiden, bis man sie schlachtete, um sie zu essen. Monatelang bildeten sie die Reserve an Frischfleisch, als die Segelschiffe zu den Entdeckungsfahrten und Räubereien im Indischen Ozean unterwegs waren. Die Galapagos-Riesenschildkröten überlebten diese schlimme Zeit dank der Größe und Unzugänglichkeit vieler Inseln. Die Seychellen-Riesenschildkröten wären sicher ausgerottet, hätten sie nicht den Zufluchtsort des Aldabra-Atolls gehabt. Erst Motoren und präzise Navigation machten die Einfahrt in die Innenlagune und damit auch das Anlanden an bestimmten Stellen von Aldabra möglich. Da war die Ausrottung der Riesenschildkröten aber nicht mehr zu befürchten.

Riesenschildkröten auf den jungen Galapagosinseln und den uralten Seychellen – wie reimt sich das zusammen? Als ich mich in den 1980er Jahren mit dieser Besonderheit in der Tiergeographie näher befasste, um das Beispiel in meiner Vorlesung an der Universität München zu behandeln, nahm ich an, beide Arten von

Riesenschildkröten seien nahe miteinander verwandt. Dies legt zumindest der Augenschein nahe. Sie sind ähnlich groß und massig. Die Galapagos-Riesenschildkröten werden bis zu 280 Kilogramm schwer und im Stockmaß bis zu 130 Zentimeter lang. Für die Aldabra-Riesenschildkröten liegen die Angaben nur wenig niedriger mit 120 Zentimeter Länge und 250 Kilogramm Gewicht. Bei beiden Arten bleiben die Weibchen deutlich kleiner und leichter. Der Geschlechterunterschied macht im Gewicht zwischen einem Drittel und einem Viertel aus, je nachdem, wie groß (alt) die Männchen unter den gegebenen Lebensbedingungen werden. Sie erreichen ein Alter von hundert Jahren und mehr. Fossile Reste von Riesenschildkröten hatte man auf mehreren Inseln im Indischen Ozean und auch in der Karibik gefunden. Also schien eine Verdriftung mit den Meeresströmungen aus der Karibik durch den Pazifik bis in den Indischen Ozean durchaus wahrscheinlich als Hintergrund für die gegenwärtig so extrem voneinander getrennten Vorkommen zweier Arten von Riesenschildkröten.

Doch inzwischen liegen neuere Befunde vor, insbesondere zur genetischen Ähnlichkeit. Wie das so oft der Fall ist, passen sie nicht mehr zu der schönen und einfachen Vorstellung des einst großen äquatorialen Meeresstromes, der aus dem tropischen Atlantik zwischen den voneinander noch getrennten Kontinenten Süd- und Nordamerika in den Pazifik floss, diesen durchquerte und sich schließlich in den Indischen Ozean ergoss. Den neuen Befunden zufolge sind die nächsten Verwandten der Galapagos-Riesenschildkröten aber die im südlichen Südamerika lebenden Patagonischen Landschildkröten *Chelonoidis chilensis*, während die Seychellen-Riesenschildkröten von Vorfahren aus Madagaskar abstammen, die auch die Maskarenen-Inseln besiedelt hatten. Auf Madagaskar lebten Riesenschildkröten sogar vor tausend Jahren noch. Auf kleineren Inseln im westlichen Indischen Ozean starben sie erst im 17. und 18. Jahrhundert aus; d. h., sie wurden von Seefahrern ausgerottet. Der Zustand, so wie wir ihn in unserer Zeit vorfinden, kann daher sehr trügerisch sein und zu Schlussfolgerungen führen, die sich alsbald als haltlos erweisen. Aber genauso erweist sich manches Umschreiben aufgrund neuer Befunde als voreilig, weil die Methoden nicht immer gleich von Anfang an der kritischen Überprüfung standhalten. So sind etwa die Annahmen konstanter

Änderungsraten im Erbgut (Mutationen) zwar hilfreich, jedoch nicht bewiesen. Genetische Abstände von soundso viel Prozent können viel oder wenig besagen. Von den Schimpansen unterscheiden wir Menschen uns genetisch nur in gut einem Prozent. Der geringe Unterschied berechtigt aber zweifelsohne nicht dazu, die Schimpansen als Menschen oder uns als Schimpansen einzustufen. Für die Riesenschildkröten ergeben die neuen genetischen Befunde vorerst ein ganz plausibles Bild ihrer Herkunft. Beide Riesen sind zwar nicht so nahe miteinander verwandt, wie es aussieht. Aber ihre genetischen Nächstverwandten leben dort, wo auch zahlreiche andere Arten herkommen, welche die Galapagosinseln bzw. die Seychellen besiedelt haben. Von der chilenischen Südküste gelangten die Vorfahren der Galapagos-Riesenschildkröten während des Eiszeitalters mit den Meeresströmungen zu den Galapagosinseln. Sie waren sehr wahrscheinlich gar nicht so alt, wie man dies bei ihrer Größe anzunehmen geneigt ist. Ähnlich sieht es mit den Seychellen-Riesenschildkröten aus. Ihrem urtümlichen Äußeren zum Trotz erreichten sie die Seychellen auch erst etwa zu der Zeit, als die Vorfahren der Vasapapageien, Seychellen-Fruchttauben und Seychellen-Weber dort ankamen. Zugegeben, es fällt schwer, sich mit dieser Vorstellung vertraut zu machen, wenn man einer Riesenschildkröte ins so uralt scheinende Gesicht schaut. Aber das hat eben mehr mit unseren physiognomischen Empfindungen zu tun als mit wirklichen Anzeichen für erdgeschichtliches Alter.

Die Riesenschildkröten, auf denen kleine Kinder reiten können, drücken mit ihrer Größe aus, dass Riesenwuchs das Überleben auf Inseln begünstigt. Sie überbrücken mit ihrer Körpermasse ungünstige Zeiten des Jahres oder längere Zeiträume, bis nach besonders ergiebigen Regenfällen reichlich Pflanzenwuchs die Fortpflanzung wieder ermöglicht. In Dürre- und Hungerzeiten warten sie ab. Je kleiner die Inseln, desto größer fallen die Schwankungen der Witterung aus. Und je dürftiger die Böden, desto weniger produktiv ist die Vegetation. Der Vergleich zwischen Galapagos und den Seychellen verdeutlicht, dass es letztlich auf einen Faktor ankommt, der den Engpass setzt, und dass dieser nicht überall der gleiche sein muss. Dies hatte Justus von Liebig bereits im ausgehenden 19. Jahrhundert erkannt. Seither gilt es als das Liebig'sche Gesetz vom Minimum, das vor allem in der Landwirtschaft Berücksichtigung findet, wenn es um die Düngung geht. Auf den zentralen Seychellen sind die Niederschlagsverhältnisse ausgeglichen genug, um das ganze Jahr über unter tropisch warmen Bedingungen Wachstum zu ermöglichen. Doch dieses vermeintliche Tropenparadies produziert wenig, weil die Böden schwach entwickelt und arm an Pflanzennährstoffen sind. Darin ähneln sie den amazonischen Böden. Auf Aldabra ist Wasser knapp. Es begrenzt das Wachstum so stark, dass es oft mehrere Jahre in Folge gibt, in denen die Riesenschildkröten keinen Nachwuchs zustande bringen. So ist es auch im trockenen Küstenbereich der Galapagos, wo es nur in den unregelmäßigen Abständen der *El Niño*-Jahre plötzlich reichlich regnet. Schildkröten kommen von allen größeren Wirbeltieren mit solchen Unwägbarkeiten der Natur am besten zurecht. Bildhaft ausgedrückt, ziehen sie sich in ihr gepanzertes Haus zurück, wenn es draußen zu ungünstig für sie aussieht. Sie können sehr lange hungern und viel Durst ertragen. Ihre Langsamkeit ist ihre Stärke; ganz allgemein gilt dies für die Landschildkröten.

Deshalb finden wir sie in Europa dort, wo Sommerhitze herrscht und die Böden karg sind. Aber auf den trockenheißen Sommer folgen die Winterregen. Der Witterungsablauf ist klar. Der Jahreszeitenwechsel lässt sich erwarten. Wo in den Tropen ähnlich klare Wechsel zwischen Regen- und Trockenzeiten auftreten, bleiben die dort lebenden Schildkröten im normalen Rahmen ihrer Körpergrößen. Die großen Arten findet man in den schwierigen Lebensräumen.

Dass solche Gegebenheiten auch für die Menschen bedeutsam sind, fiel mir erst auf, als ich der Schildkröten wegen intensiver darüber nachgedacht hatte. Auf den Seychellen gab es keine größeren Felder! Die Menschen bewirtschafteten eher unauffällige kleine Flächen und Gärten. Sie hatten keine Terrassenkulturen mit Reis angelegt oder größere Maisfelder. Wesentliche Lebensgrundlage bildete die Fischerei. Für den Tourismus musste damals schon nahezu alles eingeflogen werden, was in den Hotels angeboten wurde. Sogar ortsheimische Bananen waren knapp. Die Bevölkerung ist, ökologisch ausgedrückt, fremdernährt vom Meer und vom Tourismus. Nicht einmal die Kokospalmen liefern so viel Frucht, dass sich ihr Anbau für den Export in größeren Plantagen gelohnt hätte. Menschen können nun aber nicht annähernd so sparsam leben wie

Schildkröten. Ohne den Ferntourismus würde die Bevölkerung der Seychellen in der heutigen Größe nicht überlebensfähig sein. Die Touristen sind die Ernährer der heimischen Bevölkerung geworden. Wie auch für viele Tiere.

Richtig nett zu sehen war dies beim Frühstück auf der Hotelterrasse. Daran beteiligten sich kleine Gäste, die schon seit vielen Jahren auf den Seychellen leben: Madagaskarweber *Foudia madagascariensis*, die Männchen knallig rot gefiedert, die Weibchen sperlingsartig unauffällig, Sperbertäubchen *Geopelia striata*, kleine Tauben mit feiner Wellenzeichnung auf dem Gefieder, die am Boden herumtrippelnd nachschauten, ob irgendwelche Krümel für sie herabgefallen waren, und die Neugierigsten und Aufmerksamsten von allen, die Hirtenstare *Acridotheres tristis*. Ganz im Gegensatz zu ihrem Artnamen sind sie alles andere als »trist«; eine Bezeichnung, die eher zu unserem Star passen würde als zu diesen ihnen an Größe gleichenden Staren mit dem gelben Schnabel und dem Halbmond unter dem Auge, dem weißen Spiegel im Flügel und ihrer nimmermüden Neugier. Was diese drei Vogelarten verbindet, ist der Mensch. Sie kamen erst nach der Besiedlung der Seychellen auf diese Inseln. Wo sich Menschen niedergelassen haben, trifft man sie nun an. Die Hirtenstare, auch als Hirtenmainas bekannt, stammen aus Indien, die Sperbertäubchen aus Südostasien, und die Herkunft der Madagaskarweber verrät ihr Name. Hirtenmainas und Sperbertäubchen sind typische Kulturfolger und seit langem weit verbreitet in den Tropen und Subtropen des indomalaischen Raumes. Auf vielen Inseln kommen sie vor; nicht selten zusammen, ohne nähere Beziehungen zueinander einzugehen. Die Madagaskarweber gehören auf Madagaskar zu den häufigsten Kleinvögeln. Sie wurden auf den meisten Inseln der Maskarenen angesiedelt. Auf die Sperbertäubchen und Hirtenstare bezogen, ersetzen sie auf den Seychellen die sonst fast überall anwesenden Haussperlinge. Formal gehören sie daher zu den fremden Arten, die, so die Ansicht vieler Naturschützer, nicht auf diese Inseln gehören! Ob sie auf den Seychellen einheimische Arten verdrängen, war bei einem Kurzbesuch natürlich nicht festzustellen. Möglich erschiene dies nur beim Madagaskarweber, weil dieser, vom roten Gefieder der erwachsenen Männchen abgesehen, dem heimischen Seychellenweber stark ähnelt und in gerupftem Zustand von diesem äußerlich nicht mehr zu unterscheiden wäre. Eine entsprechend ähnliche bis weitgehend gleiche Lebensweise konnte man daher annehmen. Wo aber zwei Arten das Gleiche tun, muss eine weichen, besagt die ökologische Theorie. Da der Seychellenweber *Foudia sechellarum* tatsächlich nur noch auf einigen kleinen Inseln, wie Cousin, vorkommt, wo ich ihn auch zu sehen bekam, nicht jedoch auf den größeren Zentralinseln Mahé und Praslin, die vom Madagaskarweber besiedelt sind, sah es ganz nach einer Verdrängung aus. Der Madagaskarweber wurde um 1860 auf den Seychellen eingeführt, und zwar auf der Hauptinsel Mahé. Von dort aus breiteten sich die Nachkommen ziemlich rasch und erfolgreich nach Praslin und auf andere Inseln aus. Also schien alles klar. Die ökologische Theorie, dass zwei einander fast gleiche, zudem sehr nahe miteinander verwandte Arten denselben Lebensraum auf Dauer nicht bewohnen können, ohne dass es zur Verdrängung einer der beiden Arten durch die andere kommt, hatte hier mit dem Seychellen- und Madagaskarweber ein überzeugendes Beispiel gefunden. Wo immer ich auf den Seychellen die »Roten« vorfand, gab es die im männlichen Geschlecht »Gelbgrünen« nicht. Die Alteingesessenen, die ursprünglichen Seychellen-Foudies, waren offensichtlich abgedrängt auf kleine und/oder weiter entfernte Inseln der Seychellengruppe. Man sieht, was man weiß, und nicht das, was man wirklich sieht, heißt es aus guten Gründen. Tatsächlich sah ich nicht, was ich hätte leicht sehen können, ja sehen müssen, nämlich dass die Roten nur auf besiedeltem und kultiviertem Land vorkamen, während die Seychellenweber in den mit natürlicher Vegetation bewachsenen, von Menschen nicht genutzten Restgebieten lebten, die auf den kleinen und entlegenen Inseln übrig geblieben waren. Bei der Durcharbeitung meines Materials fand ich heraus, dass bereits gut zwanzig Jahre vor meinem ersten Aufenthalt auf den Seychellen J. H. Crook (1961) eine umfassende Studie über die beiden nahe verwandten Webervögel in der renommierten britischen Fachzeitschrift *Ibis* veröffentlicht hatte und seine Feststellungen die Verdrängung überhaupt nicht belegten. Die rund tausend Seychellenweber lebten auf der nur 27 Hektar kleinen, für den Artenschutz auf den Seychellen jedoch besonders bedeutsamen Insel Cousin im natürlichen Buschwald, während die etwa 50 Madagaskarweber ausschließlich von Menschen veränderte Teile (*disturbed habitats*) davon nutzten. Die beiden Arten hatten sich offenbar in den knapp hundert Jahren ihres Zusammenseins auf den Inseln arrangiert. Dass sich dieses Arrangement stark zugunsten der Madagaskarweber weiterentwickelte, lag nicht an den Vögeln selbst, sondern an den Menschen, weil diese die Natur der Seychellen zunehmend stärker kultivierten. Den Neuankömmlingen aus Madagaskar war also gar keine Verdrängung ihrer Gattungsgenossen auf den Seychellen anzulasten. Verursacher der Veränderungen waren die Menschen. Das hatte ich vorher in Australien gesehen, das in vielerlei Hinsicht eher einer großen Insel als einem Kontinent entspricht. Denn der sogenannte fünfte Kontinent driftete viele Millionen Jahre lang wirklich als Insel unmerklich langsam nach Nordosten bis in den randtropischen Klimabereich. Die Entfernungen zwischen dem noch bis zum Ende der Eiszeit mit Australien verbundenen Neuguinea und Südostasien waren Jahrmillionen lang ungleich größer als die zwischen Nord- und Südamerika. In dieser extremen Isolation erhielt sich in Australien eine ganz eigene Tier- und Pflanzenwelt mit insgesamt sehr viel größerer Unterschiedlichkeit zum großen Rest der Erde als in Südamerika, das vor zweieinhalb- bis drei Millionen Jahren die Landverbindung zu Nordamerika bekam. Australien fehlte eine solche, bis Menschen lernten zur See zu fahren und zum Hauptverbreiter von anderen Lebewesen avancierten.

Dieser kurze Blick hinüber auf die andere Seite des Indischen Ozeans war für mich ebenso aufschluss- wie hilfreich. Die Hirtenstare, die nun, von meiner Harmlosigkeit überzeugt, auf den Tisch gehüpft kamen und mich, so mein Gefühl, Futter heischend anschauten, und die Täubchen an meinen Füßen, die das Urvertrauen von Galapagos wiederentdeckt zu haben schienen, bedeuteten, dass ich mich in einer Menschenwelt befand. Und nicht auf einer Insel, auch wenn sich dies physisch-geographisch so verhielt. Die Menschenwelt hatte längst von dieser winzigen, sehr abgelegenen Inselgruppe Besitz ergriffen und sie umgestaltet. Sollte ich, durfte man deshalb den Vögelchen fremder Herkunft böse sein? Sie taten das, was Zigtausende anderer Organismen auch tun, seit sich Menschen in großem Stil über die Erde bewegen. Sie wanderten mit. Sie nutzen die Vorteile, die ihnen die Menschen bieten. Sie waren sogar echte Mitbringsel, die gewollt eingeführt worden waren, keine teuflisch-heimlichen blinden Passagiere und auf keinen Fall ihrer Natur nach böse, selbst wenn sie andere Arten verdrängt hätten, die vor ihnen da waren. Das war mir jedoch erst Jahre nach meinen Inselbesuchen klargeworden, nachdem ich in heimischen Gefilden intensive Untersuchungen über neu aufgetretene, gebietsfremde und sich invasiv verhaltende Arten durchgeführt hatte. Die Erlebnisse auf den Seychellen, auf Galapagos, den Malediven und insbesondere in Australien bereiteten mit zunächst nur bruchstückhaften Befunden vor, was sich dann nach und nach zusammenfügen ließ. Das Verhalten der Menschen dem Unbekannten, Fremden gegenüber in der Doppelsinnigkeit dieses Wortes eingeschlossen. Ohne dieses Vorurteil lässt sich nicht verstehen, warum fremde Tier- und Pflanzenarten für die größte und gefährlichste Bedrohung des heimischen Artenspektrums gehalten werden und nicht die Menschen, die invasivste aller invasiven Spezies, die sich selbst aber nur allzu gerne von jeder Schuld freispricht, wenn diese den fremden Arten so geschickt angelastet werden kann.

Viel sah ich auf den Seychellen; zu viel, um alles aufzunehmen. Die kurzen Tropentage mit ihren lediglich zwölf Stunden Tageslicht vergingen zu schnell. Die herrlichen Abende währten zu kurz, weil die Nacht kam, kaum dass sich die Dämmerung bemerkbar gemacht hatte. Da flogen, geisterhaft und gruselig für viele Touristen, die Flughunde aus, um wie Riesenfledermäuse nach Fruchtbäumen zu suchen. Es kamen auch die Moskitos, denen man damals jedoch weniger Aufmerksamkeit schenken musste, wenn eine Gelbfieberimpfung vorhanden war, weil es keine Malaria gab. Selbstverständlich schlug ich dennoch alle Moskitos tot, deren Landung ich auf meiner Haut bemerkte. Sie ist so dünn, reich durchblutet und von keinem dichten Fell geschützt, dass wir die Mückenabwehr nötig haben.

Ich genoss, Mücken hin oder her, die so paradiesischen Seychellen. Zu den ganz unvergesslichen Erlebnissen gehörten die Besuche der kleinen Inseln. Leicht zu erreichen, aber nur mit Genehmigung per Boot anzufahren war Cousin Island. Das Inselchen liegt etwa vier Kilometer südwestlich der zweitgrößten Seychelleninsel Praslin. Sie war früher großenteils eine Kokosplantage.

1968 kaufte sie der Internationale Rat für Vogelschutz, inzwischen umbenannt in BirdLife International, um die letzten dort lebenden Seychellen-Rohrsänger *Bebrornis sechellensis* und weitere sehr seltene Vogelarten zu schützen. Die Insel wurde als Schutzgebiet umfassend mit einheimischen Gehölzen renaturiert und fortan streng kontrolliert. Die Vorkommen der verschiedenen Arten, von den unscheinbaren, aber vom Aussterben bedrohten Rohrsängern bis zu den sieben Arten von Seevögeln, von denen schließlich mehr als 300 000 nisteten, erholten sich nachhaltig und machten Cousin zu einer unter Ornithologen und Vogelschützern weltbekannten Insel der Vögel – und der Meeresschildkröten, sollte hinzugefügt werden, denn auch für die Echte Karettschildkröte wurden ihre Strände zu einem der wichtigsten Eiablageplätze im westlichen Indischen Ozean.

Die Landung mit einem kleinen Motorboot verlief nass. Es gab keinen Anlegesteg. Man musste günstige Wellen abwarten, um aus dem Boot zu springen. Mitsamt der Fotoausrüstung! Diese war damals noch schwer und unhandlich. Manche Landung mag aus einiger Entfernung ausgesehen haben wie ein Herausstürmen von Soldaten, die ihre Maschinenpistolen in die Luft reckten, während sie den Strand hochliefen oder halb stolperten. Nasse Hosen und Hemden kühlten die tropischen Temperaturen von 30 Grad und 27 Grad warmem Meer. Gleich im Ufergebüsch saßen die Sensationen: Kleine, rein weiß gefiederte Seeschwalben mit dunklem, zum Kopf hin blaugrauem Schnabel und »verträumtem« Blick, der aus ihren schwarzen Augen zu kommen schien. Näherten wir uns auf Armreichweite, beachteten sie die Menschen dennoch nicht. Sie waren entweder als Paar miteinander beschäftigt oder saßen einzeln und scheinbar gänzlich abwesend auf einem dicken Ast. Die schlichte Schönheit der Feenseeschwalben *Gygis alba*, wie diese Vögel so treffend genannt werden, verschlug mir die Sprache. Selbst wenn sie angeflogen kamen und landeten, geschah dies so, dass man den Eindruck von Würde bekam. Und von überlegener Ruhe. *Fairy terns* heißen sie auf Englisch. Wie aus einem Märchen, einem *fairy tale*, gekommen, sehen sie aus.

Nach dem ersten Staunen plapperten die Besucher drauf los. Die kleinen weißen Feen störte dies offenbar nicht. Sie schienen unberührt von der Welt und den Objektiven der Fotoapparate, die sie umgaben. Dass dies keine Gewöhnung an die regelmäßig kommenden Touristen war, ließ sich an anderen Feenseeschwalben überall auf der Insel beobachten. Und das genoss ich jetzt, nachdem ich vorher fast nur durch den Sucher der Kamera geschaut hatte. Erst beim ruhigen Betrachten, das nicht von der möglichen Bildwirkung gelenkt wird, werden Details deutlich. So das abgespreizte Brustgefieder mancher fast senkrecht sitzender Feen. Auch die kleine Echse, die sich vorsichtig an die viel größere Seeschwalbe heranschob, deren langen spitzen Schnabel nicht achtend. Größere, massigere Echsen, die an zu stumpf geratene Zauneidechsen erinnerten, liefen auf dem Boden unter den Büschen herum und suchten intensiv. Wonach, das war bald klar. Nach heruntergefallenen Eiern. Schalenreste lagen da und dort; nicht viele, aber auffällig genug. Die dicklichen Echsen, Mabuyen im zoologischen Sinne aus der formenreichen Familie der Skinke (Glattechsen), beleckten sie, fingen die eine oder andere Fliege, die auch an den Schalen herumsuchte, und machten sich dann weiter auf ihrem ziellosen Weg. Das waren die Wrights-Mabuyen *Mabuya wrighti*, während die schlanken, bronzefarbenen Seychellenmabuyen *Mabuya sechellensis* heißen. Raritäten für Terrarianer wären dies, hier aber hatten die kleinen Feenseeschwalben mit ihnen zu tun. Denn die schlanke, sehr geschickt kletternde Seychellen-Mabuye versuchte, an das abgespreizte Brustgefieder der wie träumend dasitzenden Seeschwalbe zu kommen.

Als sie dabei ein paar Federchen beiseiteschob, erkannte ich, worum es ging. Die Seeschwalbe saß auf einem Ei und brütete. Und die Mabuye versuchte, es ihr vorsichtig wegzuschieben. Wäre ihr das gelungen, wäre das Ei zu Boden gefallen und sicherlich zerbrochen. Die größere, dicke Mabuye hätte sich sogleich daraufgestürzt. Die kleinere, flinkere wäre durchs Geäst hinabhüpfend nachgekommen, um die Beute zu verzehren. Unwillkürlich sympathisierte ich mit der Seeschwalbe und freute mich, dass sie in ihrem Dösen die Gefahr doch rechtzeitig bemerkt und die zudringliche Mabuye vertrieben hatte. Das Ei war wieder vollständig im Bauchgefieder verschwunden. Jetzt erst bekam ich den Blick dafür. Die brütenden Feen ließen sich leicht an ihrer Haltung erkennen. In aller Regel saßen sie an Stellen, an denen die Äste ziemlich waagerecht verlaufen und über die Abzweigung eines Seitenastes oder eines abgebrochenen Aststücks eine kleine flache Vertiefung bilden. In dieser ruht ganz ohne Nistmaterial als Untergrund das Ei. Die Ruhe der brütenden Feenseeschwalben hatte also einen triftigen Grund. Sie befanden sich in prekärer, schwierig die Balance zu haltender Lage. Daher mussten sie schnelle Bewegungen oder Erschütterungen des Astes vermeiden. Mit den gekrümmten Nägeln ihrer durch Schwimmhäute verbundenen Zehen krallten sie sich auf dem Ast fest, so gut es ging. Das tun dann auch die Jungen. Als braune, unbewegte Federbällchen, später fleckig mit schon weißem Grundgefieder bleiben sie genau an der Stelle sitzen, an der sie unter Obhut ihrer Mutter aus dem Ei geschlüpft sind. In dieser Position halten sie den Böen des Passatwindes stand, der durch die äußeren Büsche sehr wohl dringt, die die Insel umgeben. Genau dort nisten die meisten Feenseeschwalben, da sie einigermaßen freien Abflug brauchen, bei dem sie ihr weißes Gefieder nicht beschädigen. Weiß bedeutet schwache Federn. Schwarze oder (dunkel)braune Pigmente verstärken sie. Wer als Seevogel im Flug mit starkem Wind zu kämpfen hat, braucht zumindest schwarze Flügelspitzen. Die Feenseeschwalben haben nichts dergleichen. Das macht sie für uns so zauberhaft. Sie meiden weite Flüge hinaus aufs offene Meer. Ihre Nahrungsgründe sind die ruhigeren Wasser in der Nähe der Inseln oder Korallenrifflagunen. Dort suchen sie in den Dämmerstunden und in mondhellen Nächten die Meeresoberfläche nach Kleingetier ab. Darin gleichen sie den Gabelschwanzmöwen von Galapagos, die am Tag auch so »verträumt« herumsitzen. Munter werden sie, wenn ihre Brutzeit naht oder wenn sie ein Ei, ihr Gelege hat immer nur eines, verloren haben. Die Mabuyen verursachen die meisten Verluste. Die Bestände der Feenseeschwalben gefährden sie dennoch nicht. Deren größeres Problem ist die Versorgung des einzigen Kükens mit ausreichend Nahrung. Sie brauchen dazu rund dreimal so lange wie unsere Flussseeschwalben *Sterna hirundo*, die zudem nicht nur eines, sondern zwei oder drei Junge pro Brut aufziehen. Was hatte ich von den Rennkrabben gelernt? Diese Flitzer auf dem weißen Korallensand drücken die Nahrungsarmut aus. Wo im Sand, am Spülsaum der Wellen, kaum etwas zu finden ist und Muschelschalen rar sind, kann es auch im Meer davor nicht allzu viel geben.

Blau ist die Wüstenfarbe des Meeres! Wiederum bestätigte sich diese Erkenntnis der Biologen des 19. Jahrhunderts, als die Ökologie noch gar keine eigenständige Wissenschaft war. Sie hatten gut beobachtet. Ohne komplizierte Messungen erkannten sie den entscheidenden Zusammenhang. Was sind die alten Bücher doch für Fundgruben, dachte ich, und nahm mir vor, nach der Rückkehr das Werk von Alfred Russel Wallace über die malaiische Inselwelt zu lesen; im englischen Original. Seine Schilderungen lassen viel besser als bei Darwin erkennen, warum er zu dem Schluss eines umfassenden Wirkens der natürlichen Selektion gekommen war. Wallace forschte weitaus gründlicher und länger in den Tropen als Darwin, der viel umfangreicher von Briefen und Material profitierte, das ihm andere zugetragen hatten. Und auch von Wallaces Entwurf zur natürlichen Evolution, dem sogenannten Ternate-Manuskript, weil es Wallace von der Molukkeninsel Ternate an Darwin geschickt hatte. Mir ging, in groben Zügen vorerst nur, weil ich die genauen Angaben zur Dauer des Nestlingsstadiums der Feenseeschwalben in der Fachliteratur nachschlagen musste, der enorme Unterschied zu unseren Flussseeschwalben immer wieder durch den Kopf. Die kleine Brutkolonie am unteren Inn, deren Junge wir in den letzten Jahren beringt hatten und von denen wir daher genau wussten, dass sie bis an die Küsten von Westafrika zum Überwintern ziehen, vielleicht noch (viel) weiter, war gerade im letzten Frühsommer aufgegeben worden. Als Grund nahm ich Mangel an Kleinfischen an, weil die Altvögel nach der Rückkehr im April Mühe hatten, Fischchen zu fangen, die als Balzgeschenk überreicht werden. Wenn das Paar drei Küken in gut einem Monat zum Flüggewerden zu versorgen hat, muss ausreichender Fangerfolg an Kleinfischen garantiert sein. Ich nahm an, und halte die Erklärung noch immer für plausibel, dass die Fischchen, die das Männchen bei der Balz übergibt, nicht nur unmittelbar Nahrung für das Weibchen ist, das in der Zeit, in der Eier gebildet werden müssen, besonders hohen Bedarf an Proteinen hat, sondern auch Anzeiger für die Qualität des Gewässers, an dem die Flussseeschwalben nisten. Von einer Ergiebigkeit, wie sie die Flussseeschwalben voraussetzen müssen, sind die Feenseeschwalben an den Tropeninseln weit entfernt. Wäre ihr Bedarf gleich hoch, würden sie nicht überleben. Nicht einmal größere Flugstrecken könnten sie sich leisten, denn diese kosten vorab zu viel Energie. Bringen sie weniger ein als an

Aufwand nötig war, fällt so ein Verhalten der Unerbittlichkeit der natürlichen Selektion zum Opfer. Allmählich verstand ich, was das so Bezaubernde an den Feenseeschwalben wirklich bedeutete. Sie mussten sparen, Energie sparen, wo immer es ging. Nicht das Vermeiden von Feinden war das Entscheidende, das sie zur Tagesruhe und zur abendlich-nächtlichen Nahrungssuche zwang, wie bei den Gabelschwanzmöwen von Galapagos, sondern der Nahrungsmangel selbst. Tatsächlich kommen nachts mehr Fischchen und andere kleinere Meerestiere, das Plankton eingeschlossen, als am Tag an die Oberfläche. Sicher sind die großen dunklen Augen der Feenseeschwalben besonders leistungsfähig bei schwachem Licht, zumal wenn das Meeresleuchten hilfreiche Lichtspuren setzt. Je mehr ich mich hineindachte in ihre Lebensweise, desto zauberhafter kamen sie mir vor, die kleinen »verträumten« Feen.

Der Führer, mit dem man auf Cousin unterwegs sein muss, wies auf Nischen hin, in denen viel größere Seevögel mit einer langen weißen Schwanzfeder saßen. Mitunter bewegte sich nur diese von außen sichtbar im Wind. Tropicvögel sind es, hier der Weißschwanz-Tropicvogel *Phaeton lepturus*, eine gleichfalls sagenhafte Art, die wie eine große Taube mit schnellen Flügelschlägen fliegt und die lange weiße Schwanzfeder wehen lässt. Diese ist beim nahe verwandten Rotschwanz-Tropicvogel rot. Die englische Bezeichnung *tropicbird* führt sehr häufig zu falscher Übersetzung ins Deutsche. »Tropischer Vogel« gibt aber überhaupt keinen Sinn. Solche Fehler offenbaren mangelnde Kenntnis oder Sorgfalt der Übersetzer. Biologisch sind diese Vögel eine ganz eigene Version unter den Hochseevögeln. Im Lauf der Entwicklungsgeschichte ihrer Gattung verbesserte sich der Langstreckenflug, der sie von ihren Brutplätzen auf kleinen Inseln zu weit entfernten Nahrungsgründen führt. Wie sie diese finden, ist immer noch ziemlich rätselhaft. Vielleicht beobachten sie andere Seevögel, die zu den Spezialisten für Nahrungssuche fern der Küsten gehören. Tropicvögel sind *offshore feeder*, teilte der Guide mit, wie auch die beiden Sturmtaucherarten, die zu Tausenden auf Cousin brüten. Sie fliegen nachts aufs weite Meer hinaus. Moderne, mit Satelliten verbundene Telemetrie wird das Geheimnis ihrer nächtlichen Flüge entschleiern und auch das Wissen über die Tropicvögel mehren. Davon wagten die Telemetrie-Forscher in der Zeit meines ersten Seychellenbesuchs noch nicht zu träumen. Ein Kollege, Dr. Jochen Esser, war damals nachts in einer Ortschaft im Münchner Westen mit großer Empfangsantenne und starker Taschenlampe hinter seinen mit kleinen Radiosendern versehenen Igeln her. Was dazu führte, dass regelmäßig die Polizei kam, um den vermeintlichen Einbrecher zu verhaften. Sie kannten ihn, taten aber ihre Pflicht, den besorgten Anrufern nachzukommen und nachzusehen. Es hätte ja sein können, dass anderes als Igel gesucht wurde. Rückblickend kommt mir das Wunder der Minisender, die mit Satelliten am Himmel in Verbindung stehen, noch wundersamer vor, weil ich die Anfänge der Telemetrie bei freilebenden Tieren miterlebt hatte. Hier stand ich aber, noch in der Frühzeit dieser technischen Fortschritte, auf Cousin Island in den Seychellen und konnte mir vorstellen, dass im Boden unter meinen Füßen gerade ein Sturmtaucher brütete oder sein kleines Junges wärmte. Große Teile der Insel mussten ja unterhöhlt sein von den Bauen dieser höhlenbrütenden Seevögel. Beim Versuch, auch darüber nachzusinnen, wie diese Kombination von Hochseevogel, der weit draußen auf dem Meer nach Nahrung sucht, und auf Inseln oder auf unzugänglichen Küsten Höhlen gräbt, um darin zu brüten, zustande gekommen sein könnte, gab ich auf. Über die Sturmtaucher und andere Meeresvögel wusste ich einfach zu wenig. Mit meiner Binnenland-Ornithologie war ich den Irrgästen unter den Vögeln vergleichbar, die gelegentlich vom Meer her an den unteren Inn verschlagen wurden. Diese Erkenntnis schmälerte jedoch die Faszination des Neuen nicht wirklich. Eher im Gegenteil. Umso mehr freute ich mich darauf, eine noch viel weiter draußen im Ozean liegende Insel kennenzulernen, die tatsächlich *Bird Island*, Vogelinsel, heißt.

Mit einem kleinen Flugzeug ging es hinaus. Bird Island liegt rund hundert Kilometer nördlich von Mahé und gehört zu den äußeren, von Korallen gebauten Inseln. Sie ist nicht einmal einen Quadratkilometer groß (82 Hektar), war 1756 entdeckt und von den Franzosen nach den um die Insel vorhandenen Seekühen »Insel der (See-)Kühe« (*Île aux Vaches*) genannt worden. Was die Insel selbst auszeichnete, führte ein Jahrzehnt lang zu einem massiven Export. Die dortigen Seevogel-Brutkolonien hatten Guano in dicken Schichten angehäuft. Dieser wurde abgebaut und nach Mauritius transportiert, wo die Zuckerrohrplantagen damit gedüngt wurden. Das geschah um die Wende vom 19. zum 20. Jahrhundert. Der Abbau soll um die 17 000 Tonnen Guano ergeben haben. 1967 erwarb ein Privatmann die Insel. Nun nisten auf ihr bis zu einer Million Rußseeschwalben *Sterna fuscata*. Ihre Brutkolonie bedeckt große Teile der Insel. Auch Feenseeschwalben gibt es auf Bird Island. Und wie das so ist: Beim zweiten Zusammentreffen waren sie nicht mehr so faszinierend wie beim ersten. Jetzt rückten die Rußseeschwalben in den Blickpunkt des Interesses. Sie sind größer als Flussseeschwalben, sehr langflügelig und oberseits rußbraun mit einer schmalen weißen Stirn. Die Unterseite ist weiß. Und natürlich sind sie auch bezaubernd. Ihr Geschrei erfüllte die Luft und übertönte das Rauschen der Wedel der Kokospalmen.

Im Hauptteil der Kolonie war der weiße Sandstrand gefleckt wie ein riesiges Schachbrett mit sehr engen Feldern. Die einzelnen Seeschwalben hielten gerade so weit Abstand voneinander, wie ihr Schnabel bei ausgestrecktem Hals reichte, wenn sie über dem Ei oder dem kleinen Jungvogel standen. Die Schnabelreichweite bestimmte die Siedlungsdichte. Und zwar so klar, dass man lediglich die Gesamtfläche der Brutkolonie ermitteln musste, um den Bestand zu errechnen. Eine Dreiviertelmillion soll es damals gewesen sein. Brutpaare! Also eineinhalb Millionen Rußseeschwalben mit vielleicht gut einer halben Million Jungen. Denn jedes Paar bebrütet nur ein Ei und hat dann im Durchschnitt weniger als ein Junges, weil viele verhungern wegen Nahrungsmangel, sterben, weil sie von Parasiten befallen sind, oder getötet werden, weil sie sich verlaufen haben und nicht rasch genug zu ihren Eltern zurückfinden. Störungen können daher zu schweren Verlusten von Jungen führen. Denjenigen, die zu weit weg gekommen sind vom Nistort, droht ein Spießrutenlaufen. Die wenigsten überleben es. Gebot war daher, genügend Distanz zu den Seeschwalben mit Jungen zu halten. Die Vertrautheit, die sie hier auf Bird Island zeigen, machte störende Annäherungen ganz und gar unnötig. Ich konnte mich an den Rand der Brutkolonie setzen, das Objektiv beliebig auf balzende, brütende oder ihr Junges fütternde Rußseeschwalben richten, ohne beachtet zu werden. Einzelne Junge der Nester, die ganz am Rand lagen, näherten sich mir sogar neugierig. Da sie auf dem Rückweg keine fremden Artgenossen zu passieren hatten, blieb ihr Interesse folgenlos. Es war ungemein beeindruckend, den Seeschwalben so zusehen zu können. Sie waren ja alle mehr oder weniger aktiv und damit ganz anders als die ruhigen Feenseeschwalben. Auf einmal flogen Zehntausende auf und wandten sich als abwechselnd schwarze oder weiße Wolke, je nachdem, ob ihre Oberseite oder ihre Unterseite von der Sonne getroffen wurde, dem Meer zu. Sie nahmen Kurs auf ein fernes Ziel und verschwanden am Horizont. Rußseeschwalben sind auch hinsichtlich der Nahrungssuche das krasse Gegenteil der Feenseeschwalben. Als typische *offshore feeder* suchen sie über dem offenen Ozean nach Schwärmen von Kleinfischen. Dass sie dabei nicht beliebig weit fliegen können, liegt auf der Hand, denn die Jungen brauchen regelmäßig Nahrung. Wie sie die Fischschwärme finden, ist wohl immer noch ihr Geheimnis. Was wir inzwischen viel besser kennen, ist das Leben der Altvögel. Jahrelang blieben die Rußseeschwalben Bird Island fern. Die Brutplätze waren verlassen. Aber plötzlich kehrten sie zurück. Gleichzeitig und zu Hunderttausenden. Dann besetzen sie ihre alten Brutplätze wieder, als ob nichts gewesen wäre.

Tatsächlich müssen sie diese immer wieder aufgeben und längere Zeit unbenutzt lassen, um zu verhindern, dass sich die Parasiten, die den Jungen Blut abzapfen oder Krankheiten auslösen, zu sehr vermehren. Die Abwesenheit der Seeschwalben hungert die Parasiten aus. Sie selbst aber, diese leichtbeschwingten, eleganten Flieger und Stoßtaucher, sie ziehen unablässig über dem Ozean umher. Jahrelang. Ohne auch nur ein einziges Mal zum Ausruhen auf den Wellen zu landen oder eine andere Insel aufzusuchen. Sie fliegen und fliegen. Bis sie die nötige Kondition fürs Brüten erreicht haben. Wahrscheinlich sind sie diejenigen Vögel, die am dauerhaftesten fliegen. Ist es dann so weit, dass sie wieder brüten können, bietet die Masse der Vögel den besten Schutz. Sollten auch Tausende ihrer Küken in den riesigen Kolonien umkommen, bei Hunderttausenden, die Junge großziehen, bleibt der Verlust unerheblich.

Was sind die Vögel doch für Könner! So oder ähnlich dachte ich über sie, als ich dann, wie es sich auf Bird Island gehört, Esmeralda besuchte. Sie galt als die größte und älteste der Seychellen-Riesenschildkröten. Ihr Gewicht, fast dreihundert Kilogramm, ließ sich vergleichsweise leicht feststellen, weil Esmeralda seit vielen Jahren bei den Besitzern der Insel lebt und von den jeweiligen Betreuern der Gäste versorgt wird. Sie kam herbei, sichtlich interessiert, wenn Menschen sich ihr näherten, machte einen langen Hals und schaute, ob es eine Banane oder eine andere schmackhafte Frucht für sie gab. Ihr Alter wurde auf etwa 140 Jahre geschätzt; damals. Falls sie noch lebt, was durchaus möglich ist, sollte sie jetzt um die 175 Jahre alt sein. Alt sah sie immer aus; wahrscheinlich schon, als sie noch so jung war, dass man sie nicht für eine Riesenschildkröte gehalten hätte. Große Schildkröten erreichen ein Alter, das weit über die Lebenserwartungen der Menschen hinausgeht. Diese hier, die vielleicht sogar ihren Namen *Esmeralda* erkennen gelernt hatte, übertraf ein durchschnittliches Menschenalter bereits um das Doppelte oder mehr. Dabei sind wir Menschen, verglichen mit allen anderen Säugetieren, sogar ganz außergewöhnlich langlebig. Wir werden etwa doppelt so alt wie unsere Nächstverwandten unter den Primaten, die Schimpansen, und übertreffen die größten Landsäugetiere, die Elefanten. Unserer Körpergröße nach sollten wir im Durchschnitt nicht einmal 30 Jahre erreichen. So ein Alter gehört schon zur Obergrenze der viel größeren Pferde. Unser Energieumsatz im Körper, der Stoffwechsel, läuft zwar tropisch niedrig, aber dennoch um ein Vielfaches intensiver als bei den Schildkröten. Den bei weitem größten Teil des Umsatzes von Energie nehmen bei uns Menschen Gehirn und Verdauung in Anspruch. An beidem spart die Schildkröte – und erreicht ein langes Leben. Da wird Biologie richtig spannend, meinte ich und schaute Esmeralda in die Augen. Den Eindruck, dass sie meinen Blick erwidert, bekam ich nicht. Auch die Rußseeschwalben schauen mich nicht an, obgleich sie auf mich wie auf andere Menschen achten. Sie loten dabei wohl lediglich aus, ob diese merkwürdigen Lebewesen zu nahe kommen. Mehr interessiert sie nicht. Ihre Leistung liegt im ganz anderen Bereich, nicht in dem von Hirn und Verdauung. Vermutlich macht ihnen das Fliegen sogar irgendwie Spaß, denke ich, etwa in der Art, wie Jogger oder Marathonläufer Endorphine als Belohnung für ihr Laufen bekommen. Bei den Seeschwalben wird die Brustmuskulatur belohnt werden. Ihre Beinchen sind dünn und klein. Sie taugen zum Stehen und für ein trippelndes Laufen über kurze Strecken. (Fast) alles an ihnen ist auf Fliegen eingestellt, auf Dauerflug.

Während des Rückflugs von Bird Island fasste ich beim Ausblick aus den kleinen Fenstern der Propellermaschine den Entschluss, selbst einen »Flug« über die Seychellen zu machen, einen kleinen nur, einen Schwebeflug in dreißig oder vierzig Meter Höhe. Mit einem Fallschirm, der vom Motorboot aus hochgezogen und über dem Meer ausgeklinkt wird. Ich hatte eine Nikonos, eine kleine wasserdichte Nikon-Kamera, und mit dieser wollte ich mein Hinabgleiten aufs Meer fotografieren und für einige Minuten das Gefühl genießen, einem Vogel ähnlich im Wind zu schweben. Ob ich gut genug schwimmen könne mit der Kamera, wurde ich gefragt. Ich hätte sogar länger schwimmen wollen nach dem Schweben und der geradezu sanften Landung im warmen Meer. Das Motorboot holte mich viel zu schnell heraus. – Fliegen! Die Vögel können es. Was wir als Fliegen bezeichnen, ist Ersatz für das nie zu erreichende wirkliche Fliegen. Dennoch ist auch diese andere, die technische Lösung schön, traumhaft schön!

Malediven

Im Anflug sahen sie aus wie eine zerfallene Kette aus großen Ringen, deren Teile dabei sind auseinanderzudriften. Im Innern waren sie türkisgrün gefüllt. Außen umgab sie das blaue Meer. Der Horizont verlor sich ohne erkennbare Grenze im Dunst. Welche Insel das Ziel sein könnte in dieser Abfolge von Atollen, ließ sich nicht ausmachen. Damals gab es weder GPS noch Google Earth, um Hudhuveli zu lokalisieren. »Weißer Strand« bedeutet ihr Name. Ein solcher umgab sie, wie sich zeigte, nachdem das Motorboot, das die am Flughafen von Malé angekommenen Gäste abholte und verteilte, diesen schmalen Streifen erreichte, der eine Miniinsel war. So winzig war sie, dass alle Kokospalmen zu zählen das Erste war, was mir in den Sinn kam. Ein paar Tage später tat ich es (ich konnte das Zählen nicht lassen, es war mir von Jugend an irgendwie in Fleisch und Blut übergegangen). Und kam auf 51 Palmen mit Gebüsch darunter, das aus den an Tropenstränden im Indopazifik weitverbreiteten und häufigen Naupaka *Scaevola sericea* und Samtblatt *Heliotropium foertherianum* sowie aus einigen stelzbeinigen Schraubenpalmen (Gattung *Pandanus*) mit spitzen Zähnchen an den Kanten der meist etwas gebogenen Blätter bestand. Zwar forschte ich nicht genauer nach, aber aus diesen beiden Straucharten und den Kokospalmen setzte sich die Vegetation zusammen. Dass an den damals recht einfachen Unterkünften Bougainvilleen wuchsen, die offensichtlich zur Verschönerung gepflanzt waren, gehörte gleichsam dazu. Es gab (und gibt) sie ja überall in den Tropen. Eine Inventur der Insel, eine Erfassung aller darauf vorkommenden Pflanzen- und Tierarten, schien mir also möglich. Dass ich mich mit der Zählung der Palmen zufriedengab und beim Buschwerk gar nicht erst versuchte, quantitativ zu werden, lag an dem, was die Insel umgab. In der Lagune schnorchelnd sich treiben zu lassen und den knapp meterlangen Weißspitzen- und Schwarzspitzenhaien zuzusehen, wie sie suchend herumschwammen, ließ die Zeit vergessen. Mit Annäherung an das Riff, an dem sich die Wellen des Ozeans weiß aufschäumend brachen, tauchte ich ein in die Lebensvielfalt dieser Gebilde, die von Korallentieren geschaffen worden waren und von einer atemberaubenden Fülle von Fischen und anderem Getier bewohnt werden.

Das Schnorcheln genügte mir. Die Fülle des zu Schauenden zu erfassen war ohnehin nicht möglich. Sie ließ sich nur staunend genießen. Es war wie Schwimmen in einem riesigen Aquarium. Und geboten war weit mehr, als beim Ausflug mit dem Glasbodenboot auf den Seychellen von der tropischen Unterwasserwelt zu sehen war. Dass meine Fotos mit der Nikonos flau und kontrastarm ausfielen, bemerkte ich erst, nachdem die Diafilme in Deutschland entwickelt waren. Ohne künstliches Licht vergraut im Meer die Farbenfülle, die ich zwar sah, aber nicht auf den Film bringen konnte. Das bedauerte ich gar nicht so sehr, denn mein Schnorcheln war absichtslos. Ich ließ mich auf das Neue, noch nie Geschaute zutreiben, ohne es im Bild oder mit Notizen und Untersuchungen erfassen zu wollen. Mit dem Erfassen ist ja stets auch der Versuch der Aneignung verbunden. Die Wortbildung drückt dies aus. Ich glaube, dass ich mir dessen zum ersten Mal bewusst wurde, weil ich nur schaute, alles Aktive unterdrückte und einfach auf mich zukommen ließ, was mir entgegenkam. Später, Jahre später, verstand ich diesen Zustand, in den ich geraten war, als den Wechsel in eine andere Welt. Diesem Wechsel war ich nicht gewachsen. Auf den Tropischen Regenwald war ich vorbereitet. Auch auf die Löwen und Elefanten Afrikas oder die Grauwale in der Lagune des mexikanischen Niederkalifornien. Sie waren neu, wie so vieles andere auch, aber dem bereits Bekannten anzuschließen und zuzuordnen. Bei meinen ersten Einblicken in das tropische Meeresleben ging das nicht. Es stand mir offen und blieb unzugänglich zugleich. Faszination und noch nie geschaute Fülle überschwemmten alles. Obgleich ich selbst schwamm und darauf achten musste, dass mich die Sonne nicht verbrannte, kam ich mir wie bei einem Besuch von Meeresaquarien vor. Als an den Galapagos Seelöwen um mich herum tauchten und mit ihrer Nase fast an meine Taucherbrille stießen, hatte ich ganz andere Empfindungen als hier in der Lagune, in der mich die kleinen Haie begleiteten, wie es aussah. Vielleicht kannten sie den Effekt der Schnorchler und Taucher, Kleinfische und anderes Getier aufzuscheuchen, das sie erbeuten konnten. Doch auch dies war eine Überlegung, die mir später beim Betrachten der Fotos kam, nicht während ich selbst mit schwachen Bewegungen der Schwimmflossen durchs Wasser glitt.

Dieses Bestaunen des Lebens unter Wasser in der Lagune und am Riff genoss ich in vollen Zügen. Es gehörte, wie ich in der Rückschau ganz sicher sagen kann, zu den wichtigsten Eindrücken, weil sie mir die Unterschiedlichkeit von Meer und Land näherbrachten als alle Literatur, die ich durcharbeitete. Mein wahrscheinlich ganz kindliches Schnorcheln verlieh den Büchern von Hans Fricke, Irenäus Eibl-Eibesfeldt, Hans Hass und anderen einen besonderen Reiz. Mehrmals las ich sie, vor allem *Im Reich der tausend Atolle* von Eibl-Eibesfeldt. Nicht weil ich der Faszination des Tauchens erlegen war, sondern der phantastischen Schilderungen wegen, die von der Lebensweise der Tiere in der Welt der Korallenriffe des Indischen Ozeans handelten. Das Tauchen selbst hielt ich für einen Sport. Ein solcher ist es auch. Und das Mittel zum Zweck, um sich mit der Unterwasserwelt befassen zu können. Irgendwie muss mir klar gewesen sein, dass ich an Land bleiben würde, so reizvoll das Meer war. Wiederum in der Rückschau von Jahrzehnten Distanz meine Eindrücke aktivierend und deutend, entnehme ich dies meinem weiteren Tun auf Hudhuveli. Ich widmete immer mehr Zeit den Einsiedlerkrebsen und den Krabben am Strand. Sie bevölkerten mit Heerscharen diese Miniinsel. Überall gab es Krabbenlöcher. Abends und nachts wurde der Strand, wurde die ganze Insel lebendig. Die Hitze des Tages und das grelle Sonnenlicht, das die feinen Kristalle des Korallensandes eher noch verstärkten, schufen eine Leere, die sich in der kurzen Dämmerung zu einer lebendigen Fülle wandelte. Mir kam sie vor wie ein Film vom Landgang des Lebens. Die verschiedenen Krebstiere waren unterschiedlich weit gekommen in der Entwicklung zum Landleben. Ihre Atmung war und blieb zwar auf Wasser, auf genügend Feuchte angewiesen, aber die Organe hierfür, die Kiemen, sitzen in Taschen, in denen sich Wasser lange genug hält. Die Krebse können es in den feuchten Sand der Insel mitnehmen, in den sie ihre Röhren graben, und darin, in mit Wasserdampf gesättigter Luft, unabhängig von der Flut leben und warten, bis der Abend kommt. Die Schlammspringer-Fischchen, deren Treiben ich mit großer Begeisterung auf den Seychellen zugesehen hatte, waren längst nicht so weit gekommen wie die Krabben in der Entwicklung zum Leben an Land. Nur ein paar Hüpfer weit konnten sie sich vom Wasser entfernen; von Landgang keine Rede. Die Krabben sind Landgänger. Die größte von ihnen, die ich trotz intensiver Suche auf der ganzen Insel leider nicht fand, der Palmendieb *Birgus latro*, erklettert sogar die Kokospalmen. »Was macht der Palmendieb auf der Palme?«, fragte ein Münchner Zoologieprofessor in der Prüfung die Studenten, von denen er annahm, er hätte sie in der Vorlesung nicht gesehen, als er die Krebse behandelte. Manche traf diese Frage tatsächlich auf dem falschen Fuß, weil sie aufgrund ihrer Abwesenheit gar nicht wussten, was ein Palmendieb ist. Somit konnten sie sich auch nicht vorstellen, was dieser Krebs tatsächlich tut, nachdem er eine Kokospalme erklettert hat. Er zwickt mit seinen kräftigen Scheren die Keimlöcher der Kokosnüsse auf und frisst das nahrhafte Kokosfleisch. Aber auch Feigen und andere Früchte holt sich der Palmendieb. Dieser bei weitem größte der Landkrebse kommt auf so gut wie allen Inseln des Indischen und Pazifischen Ozeans vor. Er gehört zu den Einsiedlerkrebsen, also jenen, die sich leere Häuschen von Meeresschnecken suchen und ihren Hinterleib darin verbergen. Für die Größe eines Palmendiebs von über vierzig Zentimeter Länge und bis zu vier Kilogramm Gewicht gibt es jedoch keine passenden Schneckenhäuschen. Selbst wenn es sie gäbe, wären sie viel zu schwer, um transportabel zu sein. Seine Größe zwingt dazu, sich tagsüber in Spalten oder Höhlen zurückzuziehen, die er tief in den Sand der tropischen Küsten gräbt, und erst nachts aktiv zu werden. Sein Hinterleib ist erheblich härter und damit besser geschützt als bei den echten Einsiedlerkrebsen, die gut daran tun, ihn im Schutz des Häuschens zu verbergen. Sie verschließen den Eingang mit genau passenden Scheren. Sind Häuschen knapp, streiten sie sich darum. Das sieht recht putzig aus. Für die kleinen Krebse geht es dabei aber um Sein oder Nichtsein.

Das »tjü,tjü,tjü …«, das durch das Rauschen der Brandung drang, kam wieder von einem Regenbrachvogel. Er flog die Insel an und landete an einer Stelle, an der ihr Sandstrand leicht hakenförmig in die Lagune hinaus schwenkt. Nach den Beobachtungen auf den Seychellen wunderte mich sein Vorkommen hier nicht mehr so sehr. Die Atolle der Malediven liegen viel näher zum Land, zur Südspitze Indiens und zu Ceylon. Was mich im Zusammenhang mit den Seychellen mehr beschäftigte als dieser Weltenwanderer war die Frage, wo denn die »Meereskokosnüsse« angeschwemmt worden sein könnten. Sicherlich nicht hier, am Malé-Atoll, sondern an den Außenatollen im Südwesten. Der Zufall muss groß gewesen sein, der sie in eine Lagune hineintrieb, so dass sie nicht am Außenriff zerschmettert wurden. Die Verkettung von Unwahrscheinlichkeiten kommt den Vorgängen bei manchen Parasiten nahe, von denen stets nur einige wenige dorthin kommen, wo es für die weitere Existenz nötig ist, während 99,99 Prozent aller anderen unterwegs dorthin scheitern. Der Vergleich mit einem parasitischen Wurm kommt mir zwar verwegen abseitig vor, aber was die Unwahrscheinlichkeiten betrifft, durchaus berechtigt.

Es war Abend geworden, und die Krabben wurden munter. Sie kamen zum Strand, um ähnlich wie die Rennkrabben den Sand auf Verwertbares durchzuarbeiten. Geradezu gemächlich gingen sie dabei vor. Bewegte ich mich aber ein wenig zu deutlich, flitzten sie davon. In Richtung Gebüsch zuerst und, falls ich ihnen folgte, hinein in ihre Löcher. Dieses Laufen sah nun anders als bei den Rennkrabben aus. Es ging immer mehr oder weniger gerade auf das Gebüsch zu. Erst kurz davor trennten sich die Wege, und jede Krabbe suchte ihr Schlupfloch auf. Eine Variante also, die ein zusätzliches Orientierungssystem nötig macht. Nicht schwieriger deswegen, aber eben anders. Die Krabben sind leistungsfähige Lebewesen, nicht einfach Krebse, die unnormal seitwärts laufen und mit ihren Scheren zwicken können. Die Einblicke in ihr Leben, die mir die wenigen Arten hier in ihrer Unterschiedlichkeit ermöglichten, stellten für mich die auch unter Zoologen verbreitete Abqualifizierung als niedere Tiere in Frage. Ähnlich wie die (großen) Spinnen sind sie den meisten Insekten und auch kleineren Säugetieren in vielerlei Hinsicht überlegen. Krebse sind zweifellos ein Erfolgsmodell der Evolution. Von ihrer Domäne, den kleinen Inseln im Ozean, gibt es genug. Wir sind nur nicht daran gewöhnt, solche Ferienparadiese als ihr Reich zu betrachten. Mit der Taschenlampe suchte ich die Palmen ab, in deren Nähe mir besonders große Krabbenlöcher aufgefallen waren, ob nicht doch ein Palmendieb dabei war, eine zu ersteigen. Es gab wohl keine hier auf Hudhuveli. Wie viele Kokospalmen müssen vorhanden sein, dass eine kleine Population von Palmendieben davon leben kann? Vielleicht reichten die Palmen von Hudhuveli dafür nicht. Auch ein großer Krebs kann nicht lang alleine leben. Überlebensfähig ist nur eine hinreichend große Gruppe, die »Minimalpopulation«. Zudem können Palmendiebe gar nicht schwimmen.

Diese für ein Krebstier aus dem Meer am wenigsten zu erwartende Gegebenheit wirft die Frage auf, wie die Palmendiebe dann auf die fernen Inseln kommen. »Wie die Meereskokosnuss auf die Malediven« könnte die Antwort lauten. Also durch eine Verkettung günstiger Zufälle. Sie beginnen mit floßartigen Gebilden von Kokospalmstämmen und Ufergebüsch, das Tropenstürme mit hohen Flutwellen von Inseln reißen, auf denen es diese großen Krebse gibt. Man mag kaum versuchen, sich vorzustellen, wie viele solcher Flöße unterwegs ins Ungewisse sein müssen, bis eines davon die noch nicht von Palmendieben besiedelte Insel trifft. Ein paarmal kurz nacheinander sollte dieses unwahrscheinliche Ereignis eintreten, damit es zur Fortpflanzung kommt und sich eine neue Population entwickeln kann. Die geringen Wahrscheinlichkeiten besagen, dass Zeit, sehr viel Zeit zur Verfügung stehen muss. Nur dann wird das Unwahrscheinliche wahrscheinlich genug.

Solche Überlegungen beschäftigten mich tatsächlich ziemlich intensiv während des Aufenthaltes auf den Malediven und den Seychellen. Denn diese Inseln sind klein, im Fall von Hudhuveli wahrlich winzig, und ziemlich bis sehr weit von Kontinenten entfernt. Ganz anders das vergleichsweise nahe Ceylon, Sri Lanka, von wo aus ich auf die Malediven geflogen war. Die Insel ist fast so groß wie Bayern und nur durch eine schmale, flache Wasserstraße von der Südspitze Indiens getrennt. Als während der Kaltzeiten im Eiszeitalter der Meeresspiegel um über hundert Meter tiefer als gegenwärtig lag, war Sri Lanka mit Indien verbunden. Die Trennung reicht also nicht einmal volle zehntausend Jahre zurück. In so kurzer Zeit entsteht wenig Eigenständiges in der Tier- und Pflanzenwelt, falls überhaupt, und die nur knapp sechzig Kilometer Meer zwischen der Insel und dem Festland wirken nicht allzu isolierend. Daher gibt es auf Sri Lanka eigentlich alles, was der Lage gemäß und auf Südindien bezogen zu erwarten wäre. Einzig der Tiger fehlt unter den großen Tieren. Aber Leoparden gibt es. Vielleicht waren die auf dieser ausgeprägt granitischen Insel mit dichtem Bewuchs ursprünglich lebenden Bestände an Axishirschen als Ernährungsgrundlage für die Tiger nicht groß und produktiv genug. Oder die erst vor zweieinhalb Jahrtausenden aus Nordindien eingewanderten Singhalesen, Indoarier ihrer Herkunft nach, rotteten die Tiger aus. Wie dem auch gewesen sein mochte, die Diskrepanz zwischen den alteingesessenen südindischen Tamilen und den Einwanderern aus dem Norden, die ihren Namen ›Simha‹ bezeichnenderweise auf den (nordwestindischen) Löwen bezogen, hat sich bis in die Gegenwart erhalten und wiederholt in blutigen Konflikten entladen. Immer wieder griffen fremde Mächte in das Geschehen auf Sri Lanka ein, und das nicht erst, seit Europäer ihre Kolonialreiche aufbauten und nach Holländern und Portugiesen die Briten die Insel für sich in Besitz nahmen. Bereits im Jahre 1284 versuchte eine vom Mongolenherrscher Kublai Khan von China aus gekommene Flotte die Insel tributpflichtig zu machen. So war sie zumindest die historischen Zeiten hindurch bereits den unterschiedlichsten Einflüssen ausgesetzt, auch in der Tier- und Pflanzenwelt.

Sich dies zu vergegenwärtigen ist hilfreich, wenn wieder einmal, wie in unserer Zeit, die Globalisierung von den Mächtigen angestrebt und von ihren Gegnern in Bausch und Bogen verdammt wird. Auch Tropenparadiese waren nicht unberührt, weder die Malediven, die ihren Untergang befürchten müssen, weil der Meeresspiegel steigt, noch Ceylon/Sri Lanka oder die größte aller lange Zeit isolierten Inseln, Australien. Pro Kopf tragen die Maledivier selbst mit am meisten zum Anstieg des Meeresspiegels bei, weil ihre Ökonomie vollständig vom Ferntourismus abhängt. Würde dieser eingestellt werden und dürften sie keine fossilen Treibstoffe für die Motoren ihrer Boote mehr verwenden, um kein Kohlendioxid freizusetzen, müssten die allermeisten Insulaner auswandern. Sie könnten auf ihren Atollen nicht leben. Ihre Schiffe mit den spitzdreieckigen Segeln könnten nicht genug Fische orten und fangen. Allenfalls ein Bruchteil der gegenwärtigen Bevölkerung von etwa 330 000 Einwohnern würde übrig bleiben und ein sehr eingeschränktes Leben führen müssen. Die derzeitige Siedlungsdichte von über tausend Einwohnern pro Quadratkilometer Landfläche, eine der global höchsten, ist viel zu hoch. Sie entspricht einer Großstadt, die auf weniger als der Fläche Münchens existiert. So ein Gebilde kann sich selbst nicht erhalten. Die Maledivier hielt dies aber nicht von spektakulären Aktionen ab. Sie inszenierten eine »Parlamentssitzung unter Wasser in Taucheranzügen«, um die Weltöffentlichkeit auf die Gefährdung ihrer Inseln durch den Anstieg des Meeresspiegels hinzuweisen. »Wer selbst im Glashaus sitzt ...«, kann man dazu nur sagen – bei aller Sympathie, die ich für diese Trauminseln hege. Die kleinen Echsen, die so flink an den Palmen herumkletterten und sich wie Drachen im Zwergenformat benahmen, stammten wohl aus Sri Lanka. Dort und in Südindien leben die nächsten Verwandten dieser Schönechsen, der Blutsaugeragame *Calotes versicolor*. Männchen in Fortpflanzungsstimmung haben teilweise einen roten Kopf (und Augen), eine rötliche Kehle und Brust und einen ausgeprägten Stachelkamm auf Oberkopf und Vorderrücken. Äußerlich unterscheiden sich diese Echsen von ihrer weitverbreiteten und häufigen südasiatischen Verwandtschaft so gut wie überhaupt nicht. Es gibt sie also noch nicht lange genug auf den Malediven. Eigenständige Entwicklungen kamen nicht zustande. Vielleicht erreichten sie erst mit den Menschen die Atolle.

Solche Kleinigkeiten sind ganz aufschlussreich. Betrachtet man Inseln unter allgemeinen Gesichtspunkten, lassen sich Regeln ziemlich gut erkennen. Am meisten zählen die Größe und das Alter der Insel. Schließlich kommt es auf die Entfernung zu möglichen Artenquellen an. Klein, jung und entlegen – diese Kombination bedeutet, dass sehr wenige Arten zu erwarten sind. Groß, alt und nah lässt hohen Artenreichtum mit geringen Unterschieden zum Festland erwarten. Die Tiere und Pflanzen der Inseln erklären sich nicht allein aus den Lebensbedingungen. Die Vergangenheit wirkt mit. Von ihr hängt auch die Zukunft des Lebens auf Inseln ab. Auf kleinen Inseln liegt die Rate des Aussterbens von Arten viel höher als auf großen. Die Insellage begünstigt zwar die Entstehung neuer Arten, aber auch ihr Aussterben. Unter den Bedingungen geringer Konkurrenz, unter denen Inselarten entstanden, mangelt es den Arten, die sich auf ihnen etablieren konnten, an Widerstandsfähigkeit gegen Eindringlinge aus Gebieten, in denen hohe Konkurrenz untereinander herrscht. Erreichen solche kleine Inseln, können sie zur Gefahr für die vorhandenen Arten werden. Sie »können«, aber das muss nicht so sein, wie das Beispiel der beiden Webervogelarten (Fodies) auf den Seychellen gezeigt hat. Der ausschlaggebende Wegbereiter für das vernichtende Eindringen fremder Arten ist fast immer der Mensch.

Australien und Neuseeland

Der Flug war lang und anstrengend. Er lief gegen meine Eigenzeit, da es nach Osten ging. Als die Maschine schließlich in Sydney landete, war mir, als hätte ich schon die ganze Erde umrundet. Es geht mir wie vielen. Den eigenen inneren Tagesrhythmus zu verlängern, wie es bei einem Flug nach Westen geschieht, strapaziert unvergleichlich weniger, als nach Osten gegen den Rhythmus zu fliegen. Südostaustralien lag nun extrem in dieser ungünstigen Richtung, weil der Wechsel der Jahreszeit noch hinzukam. Vom europäischen Herbst geriet ich in den Südfrühling. Das war wieder ganz hilfreich für die Neueinstellung meiner inneren Uhr, weil es sich jeweils etwa um gleich lange Tage und Nächte handelte. Die Zeitumstellung hatte mein Körper noch nicht verarbeitet, als ich am Tag nach der Ankunft auf dem Campus der Universität von Canberra eintraf. Da wollte ich meinen unausgeschlafenen Augen nicht trauen. Konnte dies Australien sein? Der Rasen war britisch grün, die Bäume und Büsche sahen aus wie in einer mittel- oder westeuropäischen Parkanlage. Was an Vögeln herumflog, war von Spatz und Amsel bis zur Lerche ebenfalls europäisch. Einzig ein Schwarm lärmender Papageien, im Flug ganz in Weiß, passte nicht so ganz ins Bild. Ihr Kreischen schon, denn das kannte ich aus den

Städten im Rhein-Main-Gebiet. Nur sind die dort herumfliegenden Papageien grün und lang, nicht weiß und kurz wie hier. Kakadus waren es, die den ersten auf Tiere bezogenen Hinweis auf Australien vermittelten, wenngleich sie in dieser Umgebung aussahen, als hätten sie sich verflogen. Erst als zwei knapp krähengroße, aber markant elsternartig schwarzweiß gezeichnete Vögel über den Rasen marschierten, musste ich mein Bestimmungsbuch zu Rate ziehen. Es war ein Paar Würgerkrähen *Gymnorhina tibicen*, wie sie sichtlich hilflos auf Deutsch genannt werden, weil sie in kein uns geläufiges Schema passen. Ihre Familie ist australisch ohne nähere Verwandte auf den anderen Kontinenten. Die Australier selbst nennen die Würgerkrähe Australische Elster. Wie so oft mussten dort europäische Vorbilder für die Namensgebung herhalten, auch wenn die Ähnlichkeiten nur sehr oberflächlich waren. Besonders ausgeprägt geschah dies bei den Beuteltieren, für die es überhaupt keine Beziehungen zu den europäischen Arten gibt. Ähnliche Lebensformen erhielten dann einfach den Zusatz »Beutel«, um die Australier vom Rest der Säugetierwelt zu unterscheiden: Beutelmaulwurf, Beutelwolf, Beutelmarder, Beuteldachs und so weiter. Gewisse Ähnlichkeiten in der Lebensweise drückten sich im Lauf von vielen Jahrmillionen isolierter Evolution auf der Insel Australien in den Körperformen aus. Konvergenz wird dieses Phänomen fachlich genannt. Die Bezeichnung besagt, dass die äußere, mehr oder weniger deutlich ausgeprägte Ähnlichkeit eine Folge ähnlicher Lebensweise ist, nicht aber auf Verwandtschaft schließen lässt. So sind eben unsere Maulwürfe überhaupt nicht mit den Beutelmaulwürfen verwandt, so wenig wie Wölfe, Dachse und Marder mit Beutelwölfen, -dachsen und Beutelmardern. Ähnlichkeiten haben sich getrennt voneinander herausgebildet. Mit Verwandtschaft haben sie nichts zu tun. Vermeintliche Ähnlichkeiten können sehr unähnlich sein, wenn es um ökologische Gleichsetzungen geht. So gleichen die großen Kängurus, das Graue und das Rote Riesenkänguru, die ich bald auch in freier Natur zu sehen bekam, den Schafen, Ziegen oder Rindern überhaupt nicht. Aber sie ernähren sich wie diese als Grasfresser und entwickelten zur Verdauung sogar den Wiederkäuermägen entfernt ähnliche Mägen. Was äußerlich im Fall der großen Kängurus völlig zu Recht für ganz eigenständig gehalten wird, bekamen die Schaffarmer aber sehr wohl als Konvergenz zu spüren, weil die Kängurus den Schafen das in Australien meist spärliche Gras wegfraßen. Kängurus kommen zudem weit besser mit den höchst unregelmäßigen Niederschlägen zurecht, mit denen die Farmer im Inland, dem *Outback*, zu kämpfen haben, als die Schafe. Als primitive Beuteltiere erwiesen sie sich als den fortschrittlichen Schafen klar überlegen. Zu Zigtausenden wurden und werden die Kängurus abgeschossen und ihr Fleisch zu Tierfutter verarbeitet, um die Schafe vor ihrer Konkurrenz zu schützen. Die Schafe! Für Australien völlig fremde, unnatürliche Tiere also. Doch sie veränderten die Natur dieses Kontinents großflächig weit mehr, als das mit den Siedlungen, Gärten und Feldern geschah, welche die europäischen Siedler anlegten und damit Australien europäisierten. Ein »Neo-Europa« ist dieser Kontinent längst, wie es Alfred W. Crosby ausdrückte. Sein 1986 erschienenes Buch *Ecological Imperialism* bezichtigt zu Recht die Europäer dieser ökologischen Version von Imperialismus und Kolonialismus. Nirgendwo wird dies deutlicher als in Australien und Neuseeland. In der kurzen Zeitspanne von nur gut zwei Jahrhunderten wurden der fünfte Kontinent und die ihm zugerechnete große Doppelinsel europäisiert. Seit rund hundert Jahren kämpfen die Australier und Neuseeländer mit dem selbstverschuldeten Problem invasiver Arten, für die sie eine so üppige und konkurrenzarme Welt geschaffen hatten.

Es war kein Wunder, dass ich mich wunderte, als der kleine Schwarm Kakadus vorüberflog. Denn nicht einmal die Eukalyptusbäume, die da und dort wuchsen und ihre schmal sichelförmigen Blätter senkrecht nach unten hängen ließen, wirkten besonders australisch. Es gibt sie ja in Südeuropa, Nordamerika und vielen anderen Orten, wohin sie als rasch wachsende Bäume eingeführt worden waren. Um Australisches in der Tier- und Pflanzenwelt zu finden, musste ich genauer schauen, ungepflegte Restbiotope finden oder aber ein Schutzgebiet aufsuchen. Wie in einem großen Landschaftszoo bekam ich dann Koalas, die niedlichen, nur von Blättern bestimmter Eukalyptusarten lebenden Teddybären, oder die prächtig saphirblauen Staffelschwänze zu sehen. Die Männchen dieser Vögelchen von der Statur eines Zaunkönigs mit zu langem Schwanz tragen ein Gefieder von kaum glaublicher Schönheit in Kobalt- und Himmelblau. Die hier im Südosten Australiens vorkommende der acht Arten dieser Staffelschwänze ist der im Englischen viel bezeichnender *Superb Fairywren* genannte *Malurus cyaneus*. Zu sehen bekam ich ihn in einer kleinen Schlucht im Botanischen Garten. Die meisten der australischen Vogelarten waren nur in einigermaßen naturnahem Gelände anzutreffen. Wie solches aussehen sollte, ist dem Besucher aus Europa nicht nachvollziehbar, bis er hinauskommt in den Outback oder in die Berge. Dann wird Australien allmählich australisch. Und eindrucksvoll. Das Opernhaus von Sydney mochte ja etwas Besonderes sein, das man als Australientourist gesehen haben muss. Aber es ist Werk der Europäer, nicht einmal typisch australisch im Sinne der Ureinwohner, der Aborigines, wie der riesige (abend)rote Felsen inmitten des Kontinents, den die Briten Ayers Rock nannten. Zunehmend kommt seine von den Aborigines benutzte Bezeichnung *Uluru* in Gebrauch. Er ist ihnen heilig, auf ähnliche Weise wie der Kilimandscharo den Massai als eine Besonderheit der nicht lebendigen Natur.

Die Neuseeländer assoziieren sich selbst gern mit einem für diese Inseln einzigartigen Vogel, dem Kiwi, und Neuguinea wird mit den Paradiesvögeln charakterisiert. Für Australien haben Koala und Känguru weit ausgeprägter touristischen Symbolcharakter als die Schafe, die diesem Kontinent das Gepräge geben. In den 1970er Jahren gab es 180 Millionen Schafe in Australien; fast zehnmal so viele wie Menschen. Als ich Anfang der 1990er Jahre den damaligen deutschen Umweltminister Klaus Töpfer auf einer Vorbereitungsreise für den »Erdgipfel von Rio 1992« begleiten durfte, versuchte ich, auf die massenhafte Freisetzung von Methan hinzuweisen, die auf diesem Kontinent der Schafe in doppelter Weise stattfindet, nämlich durch die Schafe selbst bei ihrer Verdauung und durch die Termiten, die von der Schafbeweidung begünstigt werden. Doch Methan durfte kein Thema sein. Es galt, das Kohlendioxid (CO_2) als Schuldigen für den Klimawandel festzumachen. Australien und vor allem die Dritte Welt mussten auf der Seite der Guten bleiben können, die nicht oder nur geringfügig verantwortlich sind für den Schwarzen Teufel CO_2, den die Europäer und US-Amerikaner in die Luft jagen, auch wenn sich längst abzeichnete, dass China in wenigen Jahren als Luftverschmutzer die Nummer eins werden würde und der Beitrag Indiens keineswegs am Kohlendioxid allein bemessen werden durfte. Doch bei meiner ersten Australienreise war die Hitze zwar groß, aber der Klimawandel noch nicht erfunden. Noch galt die gegenteilige Annahme von Klimaforschern einer sich abzeichnenden neuen Eiszeit. Abkühlung hätte ich mir gewünscht, als ich in Nordaustralien von einer spannenden Tour durch das Gebiet, das zum Kakadu-Nationalpark gemacht werden sollte, nach Darwin zurückkam. Darwin ist die Hauptstadt des australischen Nordterritoriums. Sie wurde nach Charles Darwin benannt. Das machte sie für mich besonders sympathisch, wenngleich der Name letztlich nichts besagt. Aber Voreingenommenheiten lassen sich bekanntlich schwer vermeiden und nicht immer als solche entdecken. Es war früher Nachmittag, als ich aus der Wildnis nach Darwin kam. Brütende Hitze lastete über dem Städtchen. Mein Taschenthermometer zeigte fast 38 Grad Celsius, aber bei sehr hoher Luftfeuchte. Am Vormittag, noch hatte ich den Fotoapparat in die pralle Sonne stellen müssen, weil er klitschnass geworden war, als ich aus der klimatisierten Kabine der Bergbaugesellschaft kam, in der wir, die Exkursionsteilnehmer der Kommission für Ökologie der IUCN, übernachtet hatten. Die zwanzig Grad kalte Kamera war sofort so stark beschlagen, dass sich Tropfen bildeten. Entsprechend groß war nun mein Durst. In der Hoffnung auf ein kühles Bier begab ich mich zum Shop an einer Tankstelle. Der Verkäufer betrachtete mich mit merkwürdigen Blicken und stellte dann höflich, aber bestimmt fest, dass ich damit bis 17 Uhr warten müsse. Erst dann gebe es Bier. Das verstand ich nicht, denn Bierdosen unterschiedlichster Sorten standen in großer Zahl in den Regalen. Mein Hinweis, dass ich Deutscher sei, aus Bayern komme und schrecklichen Durst hätte, nützte nichts. 17 Uhr, nicht früher! Ich griff mir ein Ginger Ale, das schaurig schmeckte und natürlich kein Bier enthielt, und war verstimmt. Der Taxifahrer, der mich später abholte und zum Flughafen fuhr, lachte und klärte mich auf, das sei ein Gesetz zum Schutz der Aborigines. Ob das tageszeitlich stark eingeschränkte Verkaufsverbot alkoholischer Getränke eine für die Aborigines wirkungsvolle Schutzmaßnahme war, vermochte ich nicht zu beurteilen. Dass sie umstritten ist, bekam ich anschließend wiederholt zu hören. Darum ging es mir auch nicht, nachdem ich mich vom ersten Schrecken, kein kühles Bier gegen den großen Durst zu bekommen, einigermaßen erholt hatte. Ungleich wichtiger und aufschlussreicher war der biologische Hintergrund. In Brasilien, in Zentral-Mato Grosso, war ich acht Jahre zuvor in einige Verlegenheit geraten, als ich bei den Bororó-Indianern eine prächtige Häuptlingskrone aus Schwanzfedern von Aras erwerben wollte. Doch der Indianer, der sie hatte und der, wie ich vom Missionar erfuhr, tatsächlich so etwa wie ein (Unter-)Häuptling war, ein kleiner Chefe, wollte dafür entweder hundert Dollar, damals ein kleines Vermögen, oder eine Flasche Zuckerrohrschnaps, die keine zehn Cent gekostet hätte. Alkoholismus war (und ist natürlich nach wie vor) ein Riesenproblem bei den sogenannten indigenen Völkern. Im brasilianischen Mato Grosso und im Amazonastiefland von Peru hatte ich erlebt, wie die Indios traditioneller Weise mit Alkohol umgingen. Sie erzeugten aus Maniokbrei mit dem Speichelferment aus ihrer Spucke *Chicha*. Aber nur zu bestimmten Zeiten, wenn die Maniokwurzeln geerntet und ein Fest gefeiert werden konnte. Der geringe Alkoholgehalt von nur wenigen Prozent kam durch entsprechend große Mengen von Chicha, die getrunken wurden, zur Wirkung und führte zu einem mehr oder weniger vollständigen Besäufnis aller Beteiligten. Darauf folgten aber Monate ohne Chicha oder ähnlich vergorene Palmfrüchte. Die Aborigines hatten offenbar nicht einmal solcherart Vergorenes als Quelle von Alkohol. Wie bei zahlreichen anderen Ethnien auch wirken schon kleine Mengen Alkohol bei ihnen ganz extrem. Tatsächlich lässt sich die Menschheit grob teilen in Völker und Kulturen, die verhältnismäßig alkoholtolerant sind und alkoholhaltige Getränke auf die unterschiedlichsten Weisen zum Genuss herstellen, und solche, die eine zu geringe Alkoholtoleranz dafür haben. Das Enzym, das in der Leber Alkohol abbaut und weitgehend unschädlich macht, sofern die Mengen im Rahmen bleiben, die Alkohol-Dehydrogenase, ist bei ihnen in zu geringen Mengen vorhanden.

Viel später begriff ich die Bedeutung des in Nordaustralien Erlebten. Die Aborigines sind Abkömmlinge jener Menschen, die als früheste Auswanderer aus Afrika das ferne Australien vor bereits vierzigtausend Jahren oder noch früher erreichten. Also schon Jahrtausende bevor Europa von anatomisch modernen Menschen, Angehörigen der Art *Homo sapiens*, besiedelt wurde. Die Abori-

Australien und Neuseeland 479

gines entwickelten keinen Ackerbau. Sie hatten keine Feldfrüchte, die sich für die Erzeugung von Bier geeignet hätten. Ihre Drogen waren Rauchdrogen. Die hinsichtlich Alkoholgenuss toleranteren Völker gehören ausnahmslos den Ackerbauern an oder stammen von diesen ab. Wo Getreide die Grundnahrung darstellt, ist die Alkoholtoleranz am größten. Dass mir Bier am frühen Nachmittag in der Hitze Nordaustraliens verweigert wurde, erwies sich Jahre später in anderem Zusammenhang als ein Schlüsselerlebnis. Rückblickend fällt es leicht, den Zusammenhang zu erkennen. Vielleicht konstruiere ich ihn auch nur. Wahrscheinlicher ist, dass es sich um ein allmähliches Zusammenfügen von Facetten gehandelt hat, die mit dem Spuckebier in Amazonien und dem Opfern von etwas Zuckerrohrschnaps für die Geister, bevor man aus einem Glas trinkt, begannen. Mit diesen verschütteten Tropfen aus dem Schnapsglas wurde jedes Mal der Rand beim Weiterreichen zum Nächsten mehr oder weniger gut desinfiziert. Bei Hochprozentigem geht das. Aus demselben Becher Wein zu trinken, wie beim christlichen Abendmahl, war dagegen gewiss riskanter im Hinblick auf Infektionskrankheiten. Da half auch das Abwischen mit dem dafür vorgesehenen bandartigen Tuch nichts. Den sehr wahrscheinlich gemeinsamen Hintergrund bemerkt man erst, wenn man den sozialen Aspekt des Trinkens berücksichtigt. Beim Alkoholgenuss ging es um das Verbindende; ursprünglich zumindest, auch wenn der Genuss sicherlich häufig im Rausch endete. Man trank und trinkt gemeinsam. Das verbindet. Es ist die Sucht, die isoliert. Beim Alkohol wie bei den Rauchdrogen. Mit der Entwicklung der Sucht haben sie ihre verbindende Funktion verloren. Das wussten die Schamanen und Medizinmänner früherer Zeiten in der Regel zu verhindern. Gesetze und Verordnungen sind kein Ersatz für sie. Auch keine polizeiliche Kontrolle. Den Schamanen wird vertraut, der Polizei misstraut. Die Besäufnisse, für die Studenten der schlagenden Verbindungen berüchtigt waren, führten offenbar in vergleichsweise sehr geringem Ausmaß zur Alkoholabhängigkeit. Vielleicht standen die umfangreichen Rituale dagegen, die bei den Abenden zu absolvieren waren und die mich abschreckten, als ich in meiner Studentenzeit eingeladen wurde, einer solchen Verbindung beizutreten.
Als ich am Abend in Darwin abflog nach Singapur, gab es Bier

und Wein nach Wunsch an Bord. Wie auch sonst in Indonesien, wo die gläubigen Moslems selbst zu entscheiden hatten, ob sie Alkohol trinken oder nicht. Bereits während des langen Rückfluges gingen mir andere Eindrücke durch den Kopf, die ich während dieses ersten Australienaufenthaltes aufgenommen hatte. Wie ein Film mit zahlreichen harten Schnitten zogen sie vorüber. Die seltsamen Grasbäume mit grünen Schöpfen grasartig langer Blätter, die aus schwarz verkohlten Stämmen hervorgekommen waren, die Vielzahl der Vogelarten, die zu bestimmen ich trotz ausgezeichneter Feldführer einige Mühe hatte, der Weiße Habicht, der aus einem Schwarm weißer Kakadus hervorkam, das allmähliche Verschwinden des englischen Landschaftscharakters mit zunehmender Entfernung von der Küste, die flachen Lagunen im Kakadu-Gebiet, an denen sich Tausende und Zehntausende Wasservögel angesammelt hatten, der Gang zu einer Laube des Grauen Laubenvogels, zu dem uns, Bob Ricklefs und mich, ein Aborigine durch weglosen, immer gleichen Buschwald geführt hatte, die scharfkantigen, genau nordsüdlich ausgerichteten Bauten der Kompasstermiten, die Felsbilder der Aborigines und, und, und … Australien wirkte wie eine andere Welt. In vielerlei Hinsicht ist es das auch. Die frühe Trennung vom Gondwana-Superkontinent, die lange einsame Reise über den Ozeanboden nach Nordosten bis fast an den Rand Südostasiens, der Wechsel vom feuchttemperierten Klima, das einen Großteil der Driftzeit Australiens über herrschte, hin zum trockenen der subtropischen Lage, das Australien zum ausgedörrtesten Kontinent machte, all das war noch vorhanden und lebendig, wenngleich so stark überformt von den zwei Jahrhunderten Anwesenheit von Europäern. Was mochte die erste Invasion von Menschen, die Ankunft und Ausbreitung der Aborigines, in Australiens Natur bewirkt haben? Trifft es zu, wie vielfach angenommen wird, dass ihnen die meisten Großtiere zum Opfer fielen, so wie die Moas, die Straßenvögel Neuseelands, den aus der Südsee gekommenen Maoris in historischer Zeit? Gut 40 000 Jahre Aborigines in Australien waren sicherlich nicht folgenlos geblieben. Über die etwa tausend Jahre Anwesenheit der Maoris auf Neuseeland wissen wir mehr. Die haben die Moas ausgerottet. Dass das Kommen der Europäer diese beiden früheren Invasionen um ein Vielfaches an Auswirkungen übertroffen haben musste, war unübersehbar.

In Nordaustralien, im Arnhemland, lernte ich noch ein Stück Australien kennen, das von den Europäern wenig beeinflusst und verändert worden war. Der Uranbergbau wirkte zwar riesig, verschwand aber bei den Hubschrauberflügen rasch außer Sichtweite in der schieren Unendlichkeit des nordaustralischen Buschlandes. Die geringe Scheu der Wasservögel an den Lagunen zeugte von vergleichsweise geringem Jagddruck. Die Scharen der großen, schwarzweißen Spaltfußgänse, so genannt, weil zwischen den Zehen ihrer Füße kaum Schwimmhäute ausgebildet sind, und der ziemlich normal entengroßen Pfeifgänse (*Dendrocygna*), die in zwei Arten vorhanden waren, hielten kaum Schussweite Abstand. Dass die Pfeifgänse mit dem wissenschaftlichen Gattungsnamen Baumschwan heißen, könnte Erwartungen wecken, die tatsächlich in die falsche Richtung gehen, denn mit Schwänen haben sie wirklich nichts zu tun. Sie sind aber, und darin gleichen sie durchaus den viel größeren Spaltfußgänsen, recht ausgeprägte »Fußgeher«. Bei Enten nimmt man ja an, sie würden schwimmen und eventuell auch tauchen. Auf schrägen Ästen dürrer Bäume am Ufer von Lagunen oder Flüssen aufgereihte Pfeifgänse zu sehen qualifiziert sie als Baum-Enten. Sie stehen aufrecht und sicher, und sie starten zum Flug direkt. Ihre Verwandtschaft lebt in Südamerika, Afrika und lokal in Süd- und Südostasien. Das ist der Gondwana-Typ der Verbreitung. Australien gehörte diesem Urkontinent an. Immer wieder bekräftigen Befunde aus der Tier- und Pflanzenwelt diese uralten Zusammenhänge. Und werfen dabei Fragen auf, die unsere eurozentrische Sicht herausfordern. Wie etwa, ob eigentlich unser Teichhuhn *Gallinula chloropus* »unseres« im Sinne der Herkunft dieser weitverbreiteten Schwimmralle ist oder das größere, fein purpurblaue und rotschnäbelige Purpurhuhn *Porphyrio porphyrio* »heimischer« Südeuropäer? Es kommt auch in Australien weitverbreitet vor. Vom Teichhuhn leben dort gleich drei nahe Verwandte. Also wäre es vorstellbar, dass europäische Vogelarten einst in Australien entstanden und sich von dort nach Eurasien ausgebreitet hatten. Weitere Vogelarten kämen für einen australischen Ursprung in Frage. Nicht nur »weitere«, sondern sogar die Vögel, die wir am meisten schätzen, die Singvögel. Ihre Entstehung in Australien wird immer wahrscheinlicher.

Ist das nicht eine faszinierende Vorstellung? Der Antipodenkontinent entließ seine Kinder bereits vor vielen Millionen Jahren. Lange bevor sich Menschen entwickelten, bereicherten sie die Alte Welt mit Spitzenprodukten der Evolution. Australien hat zwar nicht die artenreichste Vogelwelt, verglichen mit den anderen Kontinenten, aber bei zu Europa vergleichbarer Fläche mehr als doppelt so viele Arten. Bei den Kriechtieren nimmt es die Spitzenposition ein. So spricht viel dafür, dass die Beuteltiere, Känguru, Koala & Co., was den Einsatz für die Fortpflanzung und die Verwertung von wenig ergiebiger Nahrung betrifft, den Säugetieren mit Gebärmutter (Plazentatiere) durchaus gleichwertig und nicht unterlegen sind. Die Plazentatiere moderne Säuger zu nennen, weil wir dazu gehören, drückt eben auch ein Vorurteil aus. Es kommt nicht von ungefähr, dass die Australier die Klimaerwärmung fürchten; für sich und ihr Vieh. Um die allermeisten der urheimischen Tiere Australiens braucht ihnen nicht bange zu sein. Diese haben längst gelernt, mit Hitze und Trockenheit zurechtzukommen. Ihr Kontinent hatte sich auf solche Klimaverhältnisse hin entwickelt. Es sind die Abkömmlinge Europas, die sich europäisches Klima wünschen, um als Europäer in Australien leben zu können und keine Aborigines werden zu müssen.

Wie gut diese mit der Natur Australiens umzugehen verstanden, darüber wurde viel berichtet. Mich hatte das 1987 im englischen Original erschienene Buch *Songlines* von Bruce Chatwin (deutsch: *Traumpfade*) besonders beeindruckt, weil es mir die Einordnung der eigenen Eindrücke aus einem der letzten Winkel Australiens ermöglichte, die noch Welt der Aborigines waren. Fast zwei Jahrzehnte lang hatte ich einige meiner Erlebnisse nicht verstanden. Wie konnte der Aborigine so zielsicher die Liebeslaube eines Grauen Laubenvogels *Chlamydera nuchalis* im so gleichförmigen Buschwald am South Alligator River von Arnhemland finden, nachdem wir mit dem Boot an irgendeiner Stelle angelandet waren, um Rast in der Mittagshitze zu machen? Es gab keinen Pfad, dem zu folgen gewesen wäre, nur krummwüchsige, niedrige Bäume mit einem bleiernen Himmel darüber, an dem die hochstehende Sonne im Dunst kaum sichtbar wurde. Der Aborigine lief in leichtem Laufschritt vor uns her, mehr oder weniger geradlinig, wie es schien, und wies dann urplötzlich auf die Laube hin; senkrecht aufgestellte und oben leicht nach innen gekrümmte Hölzchen in dichter Dop-

Australien und Neuseeland 483

pelreihe, so dass ein freier Durchschlupf dazwischen übrig blieb. Davor und dahinter waren grauweiße Schneckenhäuschen wie ein Rundpflaster am Eingang zu einem Gebäude ausgelegt. Kommt ein Weibchen, balzt das Männchen, das diese Laube erbaut hat, und versucht, es zur Paarung hineinzulocken. Die Laube und die nächste Umgebung hält es peinlich sauber und attraktiv. Wie findet man so ein Gebilde, das erst zu erkennen ist, wenn man fast schon direkt davor steht? Und, schwieriger noch, wie ordnet man es ein in die Gleichförmigkeit der Umgebung, die über Kilometer und Kilometer nur aus den krummwüchsigen Bäumchen besteht, zwischen denen sich nicht einmal Felsen in nennenswerter Zahl und Verteilung zeigen? Folge ich Bruce Chatwin, dann hatte sich der Aborigine, der unserer Besuchergruppe als Führer mitgegeben worden war, eine *Songline*, einen *Traumpfad*, zu dieser Laube angelegt – im Kopf, nicht in der Natur selbst! Er fand sie zielsicher und brachte uns mit der gleichen Sicherheit auch wieder zurück zum Boot der Ökologengruppe.

Am Tag davor hatten wir Felszeichnungen der Aborigines gezeigt bekommen. Die Bilder waren im sogenannten Röntgenstil gemacht, der es zeichnerisch gleichsam erlaubte, durch alle dargestellten Objekte, gleich ob Tiere oder Menschen, auch durch solche, bei denen es sich vermutlich um Zaubererfiguren handelte, hindurchzublicken. Die Darstellungen wirken sehr fremdartig, weil Naturnähe in der Form mit hoher Abstraktion des Inhalts verknüpft ist. Unwillkürlich ergibt sich daraus die Frage, wie so ein Stil der Darstellung zustande gekommen sein konnte. Die Tierbilder von Chauvet, Lascaux oder Altamira, auch die Zeichnungen der San im südlichen Afrika, sie alle bilden das Äußere, das Offensichtliche und daher Augenfällige ab. Die Präzision der Tierdarstellungen ist oft so ausgezeichnet, dass Zoologen kaum Mühe haben festzustellen, welche Tierart, sogar welches Geschlecht oder welcher Alterszustand der betreffenden Art gezeichnet worden war. Warum wandten die Aborigines einen davon so verschiedenen Stil an? Ist er ihre eigene Entwicklung, und beherrschten sie solche Fertigkeiten noch nicht, wie sie in den Eiszeithöhlen Europas zum Ausdruck kamen? Als diese Höhlenzeichnungen entstanden, lebten die Aborigines schon Jahrhunderte oder Jahrtausende in Australien. Die Bilder an den Abris von Arnhemland wurden noch geheimnisvoller, als ich von

Geschichten der Aborigines hörte, in denen es um jenen Berg ging, den die Minengesellschaft gerade abtrug. Er sollte für die Stämme der weiteren Umgebung tabu gewesen sein. Die Begründung: Wer das Tabu bricht und sich auf den Berg begibt, wird unfruchtbar sein oder Missgeburten zur Welt bringen. Als Atomkraftgegner und Naturschützer im bayerischen Wackersdorf (Oberpfalz) gegen die Wiederaufbereitungsanlage abgebrannter Uranstäbe aus Kernkraftwerken protestierten, musste ich an die Geschichte von den Uranbergen Nordaustraliens denken. War sie authentisch? Oder stellte sie die Aborigines, für die viele Berge tabu oder heilig waren, nicht nur Ayers Rock (Uluru) im Zentrum des Kontinents, bereits in den Dienst von Anti-Atomkraft-Bewegungen? Immerhin griff der Uranabbau nicht nur sichtlich massiv in eine der letzten Wildnislandschaften Nordaustraliens ein, sondern er betraf auch die Beschneidung der Rechte der Aborigines an ihrem Land. Denn die Region war so etwas wie ein Großreservat für die Arnhemland-Stämme. Immer wieder musste ich ja erleben, dass Tiere, Pflanzen oder indigene Völker für Zwecke instrumentalisiert wurden, auch unter Mitwirkung von Naturschützern, die auf ganz anderes gerichtet waren als auf die Erhaltung der Natur. Vierblättrige Kleeblätter galten genauso als Zeichen für die allgegenwärtige Gefährdung durch Radioaktivität wie alle möglichen Missbildungen bei Menschen und Tieren. Dass es davon in früheren, voratomaren Zeiten viel mehr als seit den Atombomben von Hiroshima und Nagasaki und den Atombombenversuchen in den Jahrzehnten danach gegeben hatte, blieb unberücksichtigt.

Die Australier hatten aus naheliegenden (!) Gründen besondere Angst vor atomarer Verseuchung, lagen doch die Südseeinseln, auf denen viele Atombombenversuche gemacht wurden, uns fern, aber in ihrer Nähe. Entsprechend gespalten war die australische Gesellschaft, was den Uranabbau betraf. Wie konnte man an diesem festhalten und sogar neue Konzessionen erteilen, wenn die atomare Verstrahlung doch Australien mehr bedrohte als viele andere Gebiete der Erde? Dass große Geschäfte damit gemacht wurden, war natürlich klar. Doch wer hatte die Folgen zu tragen?! Ich bin daher höchst unsicher, ob die den Aborigines zugeschriebene Geschichte von der Unfruchtbarkeit tatsächlich von ihnen stammt. Sie wirkt zu modern, zu kenntnisreich. Schäden durch radioaktive Bestrahlung machen sich nur bei extrem hohen Dosen (Atombomben oder Super-GAU) sofort oder mit geringer Zeitverzögerung bemerkbar. Ob es von niedrigen Dosen ausgehende Langzeitschäden gibt, ist bis heute höchst umstritten. Wir wissen inzwischen viel über körpereigene Mechanismen zur Reparatur von Schäden im Erbgut. Doch ungleich verbreiteter sind die beiden tief gespaltenen Glaubensrichtungen derer, für die es keiner weiteren Forschung bedarf, weil ohnehin völlig klar ist, dass auch die friedliche Nutzung der Kernenergie unkalkulierbare Schäden verursacht, und jener, die von der Unbedenklichkeit ausgehen, wenn gewisse Schwellenwerte nicht überschritten werden. Weil es auch in der Natur Radioaktivität in sehr unterschiedlicher geographischer Verteilung und Strahlungsstärke gibt. Wie etwa im Bayerischen Wald und im Erzgebirge. Die Abermillionen Menschen, die mit modernen Düsenflugzeugen in Höhen um zehn Kilometer unterwegs sind, nehmen sie ohnehin bewusst oder nichts darüber wissend in Kauf. Mehr Wissen, das zweifellos in den letzten dreieinhalb Jahrzehnten hinzugekommen ist, änderte an der tiefen Spaltung beider Lager nichts, wie ich in der Rückschau feststellen muss. Nicht einmal der makabre Befund, dass ausgerechnet das Sperrgebiet um den explodierten Kernreaktor von Tschernobyl inzwischen das global beste Naturschutzgebiet geworden ist, in dem kein Mensch mehr eingreift in das Naturgeschehen und Wölfe die Spitzenposition als Regulatoren eingenommen haben. Die Befürworter der Kernenergienutzung wagen offenbar nicht, zumindest nicht hier in Deutschland, wo man ja aufgrund des politischen Drucks einer mit den Medien bestens verbundenen Minderheit aus der Kernenergie ausgestiegen ist bzw. sich im Prozess des Aussteigens befindet, die Natur um Tschernobyl gründlich zu untersuchen, um bessere Schlüsse ziehen zu können, als sie bisher möglich gewesen sind. Noch weniger sind die Kernkraftgegner an den tatsächlichen Folgen des Super-GAUs interessiert. So bleibt es beim höchst unzureichenden Wissen mit Verharmlosung und Übertreibung. Der Glaubenskrieg darf weiter toben und seine Auswüchse auf alle ausladen, vor allem auf die daran gar nicht direkt Beteiligten. Sie haben, wie immer, die Kosten zu tragen. Nicht die Gegner und auch nicht die Befürworter werden zur Kasse gebeten. Das macht es beiden so leicht, sich als Gutmenschen darzustellen.

Als solche waren wir ein Dutzend Jahre nach meiner ersten Australienreise mit Klaus Töpfer unterwegs. Es ging darum, die Regierungen Indonesiens, Australiens und Neuseelands für die Ziele des bevorstehenden Umweltgipfels von Rio zu gewinnen, der für 1992 vorgesehen war und auch stattgefunden hat. Fünf Jahre nach Tschernobyl war die Krise der Atomwirtschaft nicht nur nicht überwunden. Sie hatte sich verschärft, weil immer neue mehr oder weniger wichtige und richtige Details zu den Folgen des Reaktorunglücks publiziert wurden. Transporte von Kernbrennstäben zu Zwischenlagern wie Gorleben ließen sich immer schwieriger durchführen. Die Kosten stiegen; wiederum zahlte die Gesellschaft insgesamt dafür, nicht die zunehmend militanteren Kernkraftgegner. Die deutsche Wiedervereinigung war vollzogen, die DDR Geschichte, und das gewachsene Deutschland hatte größeres politisches Gewicht erhalten. Vielleicht gab es vonseiten der Russen auch deshalb so überraschend wenig Widerstand gegen die Wiedervereinigung, weil Moskau auf Uran aus der ostdeutschen Wismut AG nicht mehr angewiesen war. Kakadu, das ›Gagadju‹ der Aborigines von Arnhemland, war unter Aussparung der Konzessionsgebiete für die Minen Nationalpark geworden. Er stand nicht auf dem Besuchsprogramm, in dem es fast nur um politische Gespräche und kaum um irgendwelche Inaugenscheinnahme im Gelände ging. Klaus Töpfer erwies sich als ein schier übermenschliches Phänomen, so wenig Schlaf brauchte er und so gut kam er mit dem raschen Wechsel der Zeitzonen zurecht. Wenn wir, die Wissenschaftler und Journalisten, die er mitgenommen hatte, wie Schlafwandler daherkamen, sah er frisch und munter aus. Die Reise wurde denn auch ein großer politischer Erfolg. Mir bescherte sie zusätzlich zu den vielfältigen Einblicken in die Vorgehensweisen der hohen Politik ein paar Tage Neuseeland und einige kleinere Begebenheiten, von denen zu erzählen sich später lohnte. Neuseeland war stark. Es wirkte auf mich noch europäischer als der Südosten Australiens. Grüne Hügel, Berge, Häuschen wie in Schottland oder Österreich, Schafherden, Großgehege mit Rotwild, Straßen in gutem Zustand und überhaupt alles so britisch, dass es ganz folgerichtig war, einige einheimische Vögel in eingezäunten Reservaten im Miniformat zu sehen. Sehr gut schmeckte der Wein, nicht zuletzt auch, weil der Delegation, mit der der deutsche Umweltminister angeflogen gekommen war, das Beste serviert wurde. Trotz der Kürze des Besuchs und mancher Konzentrationsschwierigkeiten, die sich aus der durcheinandergekommenen inneren Uhr ergeben hatten, war klar, und dies gewiss nicht nur mir, sondern auch den anderen Wissenschaftlern, dass ursprüngliche neuseeländische Natur allenfalls in abgelegenen Randgebieten zu finden wäre. Danach zu suchen erlaubte die Zeit nicht. Insofern ist das Bild Neuseelands, das ich mitnahm, gewiss recht einseitig. Dass diese uralten Inseln, die wohl noch länger als Australien ein isoliertes Dasein im Ozean zu führen und ursprünglich nahezu keine Säugetiere abbekommen hatten, europäisiert worden sind, und zwar sehr umfassend, ist dennoch eine zutreffende Feststellung. Ebenso klar ist, ohne dass wir die Beschuldigten zu sehen bekamen, dass die von den Europäern eingeführten Säugetiere, wie etwa die Hermeline, für die so massiv zurückgedrängte Restnatur der Inseln ein todbringendes Problem geworden waren. Wenn die Landesnatur so extrem verändert und auf Bedürfnisse von Menschen der gegenüberliegenden Seite des Globus zurechtgemacht wurde, wäre das Überleben vieler urheimischer Arten auch ohne eingeschleppte oder absichtlich ausgesetzte Fremdlinge in höchster Gefahr. Neuseeland bestätigte den ökologischen Imperialismus im Sinne von Alfred Crosby auf das nachdrücklichste. Dieses Neo-Europa war europäischer geworden als das alte Europa. Da half die Größe der Insel auch nicht mehr viel.

Auf dem Rückflug von Neuseeland, bei dem wir in Brisbane zwischenlandeten, gelang es mir im Transitbereich, einige Krawatten mit typisch australischen Tiermotiven (Känguru, Koala) zu erwerben. Beim Hinflug hatte sich der Verkäufer in einem Laden neben dem Hotel, in dem Töpfers Gruppe untergebracht war, geweigert, mir solche zu verkaufen. Verständlicherweise, wie ich im Nachhinein zugeben muss, denn das Gespräch, bei dem es um die von mir gewählten Krawatten ging, war zu absurd. Ich sollte mein Ticket vorweisen, da man anscheinend nur mit einem solchen in diesem Geschäft, wahrscheinlich zollfrei, einkaufen konnte. Ein solches hatte ich nicht, denn wir waren ja im Tross Klaus Töpfers, für den seitens der Behörden alles organisiert wurde. Auf die Frage, wie ich denn nach Australien gekommen sei, antwortete ich wahrheitsgemäß mit *German Air Force*. So stand es zu lesen auf dem Flugzeug, das uns transportierte. Daraufhin ignorierte man mich, bis ich freiwillig den Laden verließ; sehr betrübt, weil ich Krawatten mit guten Tiermotiven sammelte und die Gefundenen sehr schön waren. Zu meiner Beruhigung erfuhr ich beim Weiterflug nach Neuseeland, dass es anderen aus der Gruppe bei ihren Einkaufsversuchen ähnlich ergangen war. Da waren doch die Gepflogenheiten mehr als ein Jahrzehnt vorher noch sehr viel lockerer. Beim Zusteigen in das Flugzeug von Sydney nach Darwin hatte es überhaupt keine Sicherheitskontrolle gegeben. Aber bei der Ankunft in Sydney war mir der australische Apfel abgenommen worden, den ich an Bord der Quantas bekommen, jedoch nicht gegessen hatte. In den zwölf Jahren, die vergangen waren, hatte sich vieles verändert. Wenige Jahre nach der Südostasienreise mit Klaus Töpfer entfielen in der Europäischen Union 1995 die Grenzkontrollen, während sich Australien stärker abschottete und sich auch die USA zur Insel zu machen versuchten.

Inseln bereiste ich immer wieder. Große wie Borneo und kleinere wie Kreta, die Kanaren oder Mallorca. Inseln faszinierten mich. Mit dem Artenreichtum und dem Überleben von Arten auf Inseln befasste ich mich wissenschaftlich seit meinem Studium. Robert H. MacArthur und Edward O. Wilson hatten 1967 eine erste analytische Untersuchung zur Biogeographie von Inseln veröffentlicht. Ich hatte diese Studie, die zu den bekanntesten Publikationen zu Themen der Ökologie und Biogeographie gehört, stets im Sinn, wenn ich mich auf Inseln aufhielt und versuchte, wenigstens die Grundstrukturen ihrer Tier- und Pflanzenwelt zu erfassen. Die mathematischen Modelle, die insbesondere Robert H. MacArthur dazu entwickelt hatte, erwiesen sich als hilfreich, wenn es sich um kleine, einander sehr ähnliche Inseln handelte. Da hängen die Raten der selbständig zuwandernden und wieder aussterbenden Arten tatsächlich sehr stark von der Größe der Insel ab. Sobald aber die Zeit, die Erdgeschichte, einbezogen werden muss, weil die Inseln unterschiedlich alt sind, wird aus jeder Insel eine Einmaligkeit. Und je weiter wir zurückzuschauen versuchen in die Vergangenheit der Erde, desto weniger bleibt übrig von den Kontinenten, wie wir sie kennen. Sie alle waren einst Inseln oder Teile von Inseln mit eigener Geschichte. Ohne Geschichte ist die Vielfalt des Lebens nicht zu verstehen. Auf Inseln entstand Neues. An jedem Ort der Erde vermittelt uns die Gegenwart nichts weiter als einen kurzen Blick auf den Fluss des Geschehens. Dieser Prozess, die Evolution, ist viel mehr als nur die Bildung neuer Arten und die Abspaltung von Stammeslinien. Evolution durchzieht die gesamte Geschichte der Erde. Sie spiegelt sich in allem, was wir vorfinden. Auf vielen Bühnen läuft ihr Spiel und zu allen Zeiten. Experimentell studieren können wir die Geschichte nur in Form von Kurzgeschichten, die wir aus kleinen Fallbeispielen gewinnen. Etwa wenn Wälder teilweise abgeholzt und zu Waldinseln werden, die unterschiedlich klein und voneinander entfernt sind. In solchen Fällen – deren es viele gibt, weil Tropenwälder in unserer Zeit in großem Stil abgeholzt und in Waldinseln aufgesplittert werden, aber auch weil bei uns und anderswo Waldinseln von früheren, vielleicht Jahrhunderte zurückliegenden Nutzungen übrig geblieben sind –, bei derartigen Waldinseln oder Habitatinseln, funktionieren die Gleichungen, die MacArthur und Wilson entwickelt hatten. Leider tun sie das, muss man als Naturschützer fast hinzufügen, weil sie vorhersagen, dass mit zunehmender Schrumpfung der Waldinseln die darin lebenden, noch überlebenden Arten immer schneller abnehmen. Unser westdeutsch-bundesrepublikanischer Flickenteppich kleiner und kleinster Naturschutzgebiete kann daher die Arten, die damit geschützt und erhalten bleiben sollen, nicht sichern. Die Flächen sind zu klein. Hätten wir nicht über die Wiedervereinigung viel größere und bessere, weil weniger durch anderweitige Nutzungen beeinträchtigte Schutzgebiete in Ostdeutschland dazubekommen, stünde es noch erheblich schlechter um die Artenerhaltung in Deutschland. Global aber sind Arten, die auf kleinen und abgelegenen Inseln vorkommen, am stärksten vom Aussterben bedroht. Vom Menschen, nicht vom Klimawandel, wie oft vorgeschoben wird. Das Beispiel der winzigen Insel Cousin der Seychellen beweist nachprüfbar, dass das Überleben hochgradig bedrohter Arten auch auf kleinen Inseln möglich ist, wenn sich der Mensch zurückzieht und nur als friedlicher Gast kommt. Vielleicht, sogar sehr wahrscheinlich stünde es um unsere Naturschutzgebiete auch erheblich besser, wenn es gelänge, die Beeinträchtigungen durch die privilegierten Nutzer Jagd und Fischerei, Land- und Forstwirtschaft sowie die kommerziellen Formen des Erholungsbetriebes zu beseitigen. Wo Naturschutzgebiete wirkliche Schutzgebiete ohne Nutzungen sind, werden sie wirksam. Am besten zeigen dies die vielen Privatgärten, die sich als Naturgärten entwickeln dürfen und nichts zu produzieren haben außer Freude für die Besitzer und die Gäste, die kommen dürfen. Unsere Städte wären gewiss nicht annähernd so artenreich, wie sie dies sind, genössen sie nicht den Schutz des Privateigentums und das Wohlwollen vieler Gartenbesitzer. Die Vögel pfeifen es im Frühjahr und Frühsommer von den Dächern und aus den Büschen, während es auf dem Land, draußen in der Natur immer stiller wird. Wo kein Vogel mehr singt, hat die Ausnutzung das Höchstmaß erreicht. Und die größte Gefährlichkeit.

5. Kapitel

Ökologie und Naturschutz

Vom Herumstreunen am Inn zur Forschung

Es waren die Vögel, die mein Interesse an der Natur weckten. Die Meisen und Spatzen, die ans Futterhaus kamen, die Lerchen, deren Gesang mich begleitete, wenn ich im April und Mai frühmorgens mit dem Fahrrad zur Haltestelle der Bahn fuhr, und die Bussarde, die ich auf dem Schulweg das ganze Jahr sehen konnte. Auch vom Zug aus, mit dem ich die ersten sechs Jahre der Gymnasialzeit nach Pocking und dann die letzten drei bis zum Abitur nach Simbach am Inn fuhr, ließ sich viel beobachten. Auf den Fluren lebten Vögel und andere Tiere noch in einer Fülle, wie man sie heute allenfalls in entlegenen Gegenden im Osten Europas findet. Bei jeder Treibjagd im Herbst erlegten die Jäger Wagenladungen voller Fasane. Von Stöberjagden auf Rebhühner kam jeder Jäger mit Dutzenden erlegter Vögel zurück; an einem Nachmittag und nur von einem Hund begleitet. Das sind keine von Nostalgie verklärten Erinnerungen an eine »gute alte Zeit«. Meine Notizbücher enthalten die Aufzeichnungen darüber. Seit 1958 führe ich sie. Damals war ich 13 Jahre alt. Wie nützlich sie später werden würden, ahnte ich nicht. Es gab für mich keine Vorbilder. Die Anregung, so viel wie möglich so genau wie möglich aufzuzeichnen, verdanke ich einem Biologielehrer, Alfred Brundobler, der mich nicht nur für Biologie, sondern auch für Chemie und allgemein für die Naturwissenschaften begeisterte. Mit 15 bekam ich Kontakt zur Ornithologischen Gesellschaft in Bayern. Besuche Münchner Ornithologen folgten alsbald. Sie fanden mein Gebiet, die Stauseen am unteren Inn, sehr attraktiv. Ihre Erfahrungen und die Veröffentlichungen, die ich in der Zeitschrift dieser Gesellschaft las, ermöglichten mir die Einordnung meiner Beobachtungen. Die Notwendigkeit genauer Notizen, vor allem auch der Zählungen, fand ich bekräftigt. Meine Befunde wurden umso genauer, je besser die Geräte waren, die ich benutzen konnte. Saß ich am Fernrohr, betätigten meine Finger ganz automatisch die Zähluhren. Die Mengen und die Vielfalt der Arten erforderten oft stundenlanges Zählen. Es wurde mir nie langweilig, obgleich ich mit den Zahlen noch nichts anfangen konnte. Erst nach Jahren ergaben sie Muster zu Vorkommen und Häufigkeit der Wasservögel. Vier Jahre lang zählte ich in Abständen von wenigen Tagen, zu den Zugzeiten im Frühjahr und Herbst fast täglich. Jeder Tag konnte etwas Neues bringen. Im Sommersemester 1965 begann ich mein Studium an der Ludwig-Maximilians-Universität München. Da galt ich schon als Ornithologe und war in der Ornithologischen Gesellschaft anerkannt. Während des Sommersemesters 1966 erschien meine umfangreiche erste Auswertung der Zählungen als »Untersuchungen zur Ökologie der Wasservögel der Stauseen am Unteren Inn« im *Anzeiger der Ornithologischen Gesellschaft in Bayern* (Band 7: 536–604). Sie trug ganz wesentlich dazu bei, dass ich ab dem dritten Semester Hilfsassistent bei verschiedenen zoologischen Praktika wurde. Auch die Aufnahme in die Studienstiftung des Deutschen Volkes begünstigte diese Veröffentlichung mit den vielfältigen Befunden aus insgesamt fünf Jahren Vogelzählungen. Die Ergebnisse forderten geradezu eine erweiterte und vertiefte wissenschaftliche Bearbeitung der Ökologie dieser Flussstauseen. Nach der Rückkehr aus Südamerika erhielt ich ein dreijähriges Forschungsstipendium der Deutschen Forschungsgemeinschaft für diese Untersuchungen.

In meiner Doktorarbeit hatte ich ein ganz anderes Thema bearbeitet, die Biologie des Wasserschmetterlings *Nymphula nymphaeata*. Vorkommen davon fand ich in den damals noch häufigen kleinen Kiesgruben in der Umgebung meines Heimatortes. Sauberes Grundwasser hatte sich darin gesammelt. Mit Fischen waren sie nicht besetzt worden. Daher boten diese Kiesgruben vielen Wassertieren einen sehr gut geeigneten Lebensraum. Solche Kleingewässer verlanden jedoch recht schnell; je nach Größe dauert es nur ein bis zwei Jahrzehnte, bis sie zugewachsen sind. Naturschützer bezeichneten sie als »Wunden in der Landschaft«. Unter ihrem in den 1970er Jahren stark zunehmenden Einfluss entstanden keine neuen

Kleinkiesgruben mehr. Behördlich verfügte Kiesabbaupläne kamen den großen Kiesunternehmen und dem Naherholungsbetrieb zugute. Die großen Baggerseen wurden Badeseen. Frösche, Kröten, Molche, Libellen, Wasserschmetterlinge und viele andere Tierarten, selbstverständlich auch solche Pflanzen, die speziell an und in Kleingewässern gedeihen, verloren ihre wichtigsten Lebensräume. Genauso erging es den Arten, die auf offenes, kiesig-sandiges Gelände angewiesen sind. Die trockenen Kiesgruben waren bester Lebensraum für sie. Diese wasserlosen Gruben wurden nun bepflanzt, aufgeforstet oder aufgefüllt, um diese auffälligen Wunden in der Landschaft verschwinden zu lassen. Die von diesen Naturschutz- und Landschaftspflegemaßnahmen betroffenen Arten füllten daraufhin die ›Roten Listen der gefährdeten Arten‹. Da wurde es schwer, den Naturschutz zu verstehen. Worum ging es ihm, dieser ja so notwendigen und so stark gewordenen Bewegung, aus der die politische Partei der Grünen hervorging?

Die Haltung von Naturschützern und ihren Verbänden, deren Grundeinstellung sich in den Naturschutzbehörden spiegelte, beunruhigte mich in jener Frühzeit des modernen Naturschutzes und machte mich skeptisch. Die Stauseen am Unteren Inn waren dieser dominant gewordenen Richtung im Naturschutz nicht wert genug, unter Schutz gestellt zu werden, weil es sich um Stauseen handelte. Die kleinen Kies- und Sandgruben, voller Lebensvielfalt, ob mit oder ohne Wasser, betrachteten sie als Wunden, nicht als Wunder, die sie waren, wenn man das Leben betrachtete, von dem es darin so wimmelte. Die entscheidende Unterstützung für meine Bemühungen, die Stauseen am unteren Inn unter Naturschutz gestellt zu bekommen, erhielt ich von den beiden Betreibergesellschaften der Innkraftwerke, der Innwerk AG und der Österreichisch-Bayerischen Kraftwerks AG. Um die bereits vorhandenen Kiesgruben kümmerte sich die Gemeindeverwaltung, soweit ihr dies im Rahmen der neuen Bestimmungen zum Kiesabbau möglich war. Es reichte nicht. Eine wurde in einen Fischteich umgewandelt, die andere mit Bauschutt verfüllt und mit einer Laubholzbepflanzung darüber renaturiert. Übrig blieb von meinen drei Hauptuntersuchungsgebieten zur Doktorarbeit nur die Kiesgrube im Auwald, weil dieser unter Landschaftsschutz gestellt werden konnte. Daran war der Kurbetrieb von Bad Füssing interessiert. Das Bad war auf dem Weg, sich zum größten Kurbad Europas zu entwickeln. Dass für die Kurgäste Spaziergänge zwischen Maisfeldern nicht gerade attraktiv sein würden, begriff die Gemeindeverwaltung rechtzeitig zu Beginn der vom niederbayerischen Inntal ausgehenden »Maiszeit« und sorgte für die weitgehende Erhaltung der noch vorhandenen Auwälder am Inn. Der größere Teil war allerdings, ungenehmigt, aber folgenlos, gerodet und in Maisfelder umgewandelt worden.

Die Ideologie, die sich in der Haltung von Naturschutzverbänden und -behörden äußerte, war mir unbegreiflich. Wie konnte es sein, dass vorgefasste Meinungen die Einstellung bestimmten, nicht Vorkommen und Häufigkeit der Tiere und Pflanzen? Nicht einmal die als besonders schützenswert eingestuften Arten konnten das festgefügte Vorurteil ändern, dass Stauseen das Ende der Flussnatur sind. Führende Naturschutzverbände vertreten diese Position immer noch. Forschungsergebnisse, die nicht zu diesem Vorurteil passen, werden einfach nicht zur Kenntnis genommen. Nicht einmal nachgedacht werden darf offenbar über die Entwicklung von Natur in Stauseen. Man schweigt sie tot, mögen auch Seeadler und Seidenreiher, Kolbenente und Rohrdommel mit ihrer Wahl anderes ausdrücken. Eine offizielle Bezeichnung »Naturschutzgebiet Stauseen am unteren Inn« enthält das Unwort Stausee und passt daher nicht in die naturschutzpolitischen Argumentationen. Der Schwund der Kleingewässer wird inzwischen wenigstens bedauert. Warum es dazu kam, bleibt Tabuthema. Der Naturschutz braucht die grundsätzliche Negativbewertung sämtlicher Eingriffe in Natur und Landschaft, um Ausgleichsmaßnahmen finanziert zu bekommen. Deshalb muss jeder Eingriff schlecht sein, weil Gutes ja nicht ausgleichspflichtig zu machen wäre. Getragen von Begeisterung für die Natur und von der Überzeugung, dass Tiere und Pflanzen die besten Anzeiger dafür sind, ob und wo es ihnen gut oder schlecht geht, nahm ich fest an, die Wissenschaft würde objektiver Maßstab werden. Und die Veränderungen schaffen, die nötig sind, um festgefahrene Haltungen und zur grünen Religion gewordene Ideologien zu überwinden.

In diesem Sinne verstand ich auch meinen Forschungsauftrag am unteren Inn, denn zwei der vier Stauseen waren 1972 tatsächlich unter Naturschutz gestellt worden; dank des Engagements der beiden Kraftwerksgesellschaften, wie schon betont. Also meinte ich, auch die von der Naturschutzverordnung ausgesparte Problematik von Angelsport und Jagd mit den erarbeiteten Untersuchungsergebnissen lösen zu können. Das war mehr als naiv. Notwendigkeit und Durchsetzbarkeit klaffen politisch hoffnungslos auseinander. Den Unterschied zwischen Fakten und Wählerstimmen lernt man in der Naturschutzforschung auf die harte Art. Viele, zu viele, geben daher zutiefst enttäuscht auf und wenden sich Forschungsbereichen zu, in die sie sich vertiefen können, ohne Genehmigungen einholen zu müssen. Mich bewahrte die Zusammenarbeit mit den beiden Kraftwerksgesellschaften vor der Isolierung. Sie wurde rasch wichtiger und ergiebiger. Zudem war ich vor Ort nicht allein. In der kleinen Zoologischen Gesellschaft, die sich in Braunau am Inn gebildet hatte, gab es die Freunde und Mitstreiter, die man braucht, um den Mut nicht zu verlieren. Wir alle wollten uns mit dem Anfang der 1970er Jahre für den Naturschutz am unteren Inn Erreichten nicht zufriedengeben. Über die örtliche Bevölkerung und mit den lokalen Naturschutzgruppierungen, die genauso wie wir der direkten Konfrontation mit den Gegnern des Naturschutzes ausgesetzt waren, schien mehr möglich. Die Verhandlungen mit den Jägern bestätigten dies. Auch ohne Festschreibung in der Naturschutzverordnung wurde die Jagd auf Wasserwild eingestellt. Da fasste ich wieder Vertrauen zu meinen ökologischen Untersuchungen. Davon mehr ab Seite 507.

Die Zoologische Staatssammlung

Eine für mich ganz entscheidende Wende trat ein, als ich am 1. Februar 1974 mit der Stelle des Ornithologen in der Zoologischen Staatssammlung in München die wissenschaftliche Traumposition erhielt. Sie bot die ideale Kombination von freier Forschung und Engagement im Naturschutz. Denn der Generaldirektor der Staatlichen Naturwissenschaftlichen Sammlungen Bayerns, Professor Dr. Wolfgang Engelhardt, war Präsident des Deutschen Naturschutzrings. Die Zoologische Staatssammlung, ein Forschungsmuseum ohne Schausammlung und ohne öffentliche Zugänglichkeit, gehörte zu seinem Amtsbereich. Dort gab es mehrere Südamerikakenner, die mir sehr halfen bei den Auswertungen meiner Befunde. Dank der Spezialisten, die für alle heimischen Tiergruppen vorhanden waren, musste ich mich nicht mit Bestimmungsproblemen herumschlagen, die auftraten, je mehr ich mich in ökologische Freilandforschungen vertiefte. Spezialistenkenntnisse sind für die genaue Bestimmung bei vielen Tierarten notwendig. Waren solche in der Zoologischen Staatssammlung tatsächlich nicht vorhanden, kontaktierten die Kollegen die entsprechenden Spezialisten in anderen Forschungsmuseen. Unter derart günstigen Verhältnissen musste Südamerika keine Episode bleiben, die mit der Zeit verblassen würde. Es konnten weitere Reisen folgen, auch solche nach Afrika, Asien, Australien ... Auf den ersten Direktor, Dr. Walter Forster, einen Schmetterlingsspezialisten, der mich sogleich sehr herzlich in seinen Kreis der Entomologen aufgenommen hatte, folgte der damals sicherlich beste Kenner der Natur des tropischen Südamerikas, Prof. Dr. Ernst Josef Fittkau, als Leiter der Sammlung. Mit ihm entwickelte sich über die Jahre eine Zusammenarbeit und persönliche Freundschaft. Eine der ergiebigsten Südamerikareisen verdanke ich ihm. Da sich Ernst Josef Fittkau ganz besonders für die Erhaltung des Tropischen Regenwaldes engagierte und Wolfgang Engelhardt als Präsident des Deutschen Naturschutzrings im internationalen Naturschutz aktiv war, wuchs sich die anfänglich für mich schlicht erfreuliche Kombination von Forschung und Naturschutz zu einer zentralen Aufgabe meiner Tätigkeiten aus. 1977 kam die theoretisch-praktische Anwendung mit den Vorlesungen über »Naturschutz« und »Gewässerökologie« an der Technischen Universität München dazu. Diese Lehrtätigkeit dauerte dreißig Jahre, die zweite, an der Ludwig-Maximilians-Universität München über »Ornithologie: Evolutionsbiologie der Vögel« und »Allgemeine und Terrestrische Tiergeographie«, lief parallel dazu über zwei volle Jahrzehnte. Vorlesungen zu »Stadtökologie« und »Landschaftsökologie« kamen in der Fakultät für Architektur der Technischen Universität München dazu. Sie ließen sich nur ein knappes Jahrzehnt durchhalten, denn mit drei Doppelstunden unterschiedlicher Vorlesung pro Woche in drei verschiedenen Fakultäten war mein Zeitbudget während der Semester einfach überfüllt. Die Arbeit dehnte sich häufig bis tief in die Nacht hinein aus, was mitunter zu skurrilen Ereignissen führte.

Bis 1985 ein Neubau bezogen werden konnte, waren die Zoologischen Sammlungen des Bayerischen Staates seit Ende des Zweiten Weltkriegs höchst notdürftig im Nordflügel von Schloss Nymphenburg untergebracht. Die alten Gebäude wirkten nachts wie Gruselkabinette. An den Wänden hingen riesige Hörner von Wasser- und Kaffernbüffel, so gewaltig, dass deren lebende Träger wohl einen ganzen Stier hätten ausheben können. Galerien von Hirschgeweihen schlossen sich an; jedes für sich rekordverdächtig gemäß jagdlicher Begutachtung. Jagdtrophäen des einstigen Reichsjägermeisters Hermann Göring waren dabei. Dann kamen Häute und Felle, manche wie Teppiche in dicken Lagern aufgestapelt. Die Hufe ihrer einstigen Träger hingen seitlich heraus. Kistenstapel reihten sich und grenzten an dunkle Schränke, die schmale Gänge offen ließen, gerade breit genug, dass die Türen einer Seite geöffnet werden konnten. Geruch nach Mottenschutzmitteln und alten Tierhäuten erfüllte die Räume. Er setzte sich in der Kleidung fest, wenn man länger dort arbeiten musste. Lichtschalter waren schwer zu finden, und noch schwieriger war das Licht wieder auszuschalten, wenn man sich in der Dunkelheit durch mehrere dieser Räume bewegte. Da ich mein kleines Arbeitszimmer in einem der entlegensten Winkel hatte, glich mein Weg zum Ausgang dem Gang durch ein Labyrinth, in dem man die richtigen, zumeist in rechten Winkeln angelegten Abzweigungen nicht verpassen durfte. Am Tag kam genug Licht durch die hohen Fenster des Schlossgebäudes; zu viel, so dass die Felle und die präparierten Köpfe der Geweih- oder Gehörnträger ausbleichten. Nachts hingegen gab es in der ganzen Umgebung kein Licht. Nicht einmal der Schein einer Straßenbeleuchtung erreichte die Räume. Doch wenn sich die Augen gut genug daran gewöhnt hatte, hoben sich die Schränke und Kistenstapel als noch dunklere Strukturen vom Dunkel ab. Ein wenig Restlicht wurde ja stets von der Dunstschicht über München oder der häufig vorhandenen Wolkendecke in derart lichtlose Räume gestreut. Nach wenigen Wochen Tätigkeit in der alten Zoologischen Staatssammlung hatte ich in vermutlich ganz ähnlicher Weise, wie es Ratten lernen, sich durch ein Labyrinth zu bewegen, den Weg so sicher einprogrammiert, dass ich kein Licht mehr zu machen brauchte, um nach draußen zu kommen. Auch die Schlüssellöcher fand ich im Dunkeln. An dieser Automatisierung von Bewegungsabläufen ist nichts Geheimnisvolles. Wir wenden sie beim Autofahren an, ohne mit- oder nachdenken zu müssen. Je automatischer wir fahren, desto sicherer ist das Fahren. Nach einiger Zeit verzichtete ich also darauf, auf komplizierte Weise Licht an- und abzuschalten. Ich konnte meinem kinästhetischen Gang durchs Gruselkabinett vertrauen. Dass es mich selbst irgendwie faszinierte, mich sicher in derart fast völliger Dunkelheit bewegen zu können, gebe ich gern zu. Bis ich einmal spät in der Nacht auf den Nachtwächter traf. Ich hörte ihn frühzeitig genug über die Gänge schlurfen. Der Strahl seiner Taschenlampe wurde mehrfach an Glasflächen reflektiert. Zitternd näherte sich dieser Lichtkegel. Wahrscheinlich hatte der Nachtwächter wieder, wie nicht selten, zu viel Schnaps getrunken, bevor er seinen Rundgang begann. Dieses Mal war er früher dran als üblich. Um einem längeren Gespräch zu entgehen, das er beim Zusammentreffen sicherlich mit mir zu führen versucht hätte, weil es ihm die Einsamkeit und die Langeweile seines Nachtwächterdaseins unterbrochen hätte, wollte ich ihn vorbeigehen lassen. Doch ausgerechnet in den blind endenden Seitengang, in den ich mich zurückgezogen hatte, geriet er, weil er vom richtigen Weg abkam. Im selben Moment, in dem ich ihn zur Beruhigung ansprach, traf mich das Licht seiner Taschenlampe. Er stieß einen Schrei aus und kippte um. Zum Glück fing ein Regal seinen Sturz auf, so dass er daran nur etwas unsanft zu Boden sank, von wo aus er mich mit entsetztem Blick anstarrte. Nun bekam ich den großen Schreck, weil ich fürchtete, er hätte einen Herzinfarkt bekommen. Das verhinderte wohl der Alkohol, den er intus hatte und nun, schweratmend, verströmte. Ein wenig Schulterklopfen reichte, um ihn wieder munter zu machen. Die beruhigenden Worte meiner ihm ja vertrauten Stimme taten ein Übriges. Ich griff mir seine Taschenlampe und führte ihn zurück in seine Kammer, wo er, wieder nüchtern genug, meinte, jetzt brauche er einen Schluck zur Beruhigung. Um das längere Gespräch in alkoholschwangerer Atmosphäre kam ich nun doch nicht mehr herum. Beim Abschied, es war fast Mitternacht, versprach ich ihm, zukünftig immer rechtzeitig »Laut zu geben«. Dass man im Dunkeln so gehen kann, verstand er als Nachtwächter nicht. Zur Erholung legte er sich schlafen, als ich ging.

Ein Schrecken anderer Art widerfuhr einmal frühmorgens einer der Putzfrauen, die vergeblich versuchten, die alten, hoffnungslos überfüllten, staubigen und stellenweise auch feuchten Räume, in denen der Putz von den Wänden bröselte, einigermaßen sauber zu halten. Wo Tiere, durchaus auch größere, in dafür ganz und gar nicht geeigneten Räumlichkeiten präpariert werden, ohne dass die nötigen Luftabzüge und Waschbecken verfügbar waren, ließen sich Schmutz und üble Gerüche nicht vermeiden. Die Putzfrauen nahmen diese Gegebenheiten hin. Eines Morgens machte ich einen sehr frühen Gang in den noch völlig menschenleeren Nymphenburger Park, der um diese Tageszeit noch geschlossen war. Von der Zoologischen Staatssammlung aus konnten wir über einen Nebenausgang in den Park gelangen. Es ging mir darum, bevor die Besucher kamen, zu zählen, welche Enten und Gänse wie viele Junge führten. Denn mit dem Füttern der Wasservögel entstand ein unübersichtliches Gewimmel. Als ich zurückkam, waren gerade die Putzfrauen eingetroffen. Da hörte ich einen gellenden Schrei. Ich eilte hin und fand eine von ihnen der Ohnmacht nahe und am ganzen Körper heftig zitternd. Sie wies auf einen abgeschnittenen Gummistiefel, den sie als Überschuh benutzte, wenn im vom eindringenden Grundwasser etwas überfluteten Keller zu putzen war. Einen Überschuh hatte sie bereits angezogen. Der andere musste der Grund ihres Schreckens gewesen sein. »Eine Schlange, eine Schlange«, stieß sie hervor. Ich sah keine. Aber sie hatte sich dank meiner Anwesenheit wieder etwas gefasst und präzisierte: »Im Schuh, im Schuh!« Das kam mir zwar sonderbar vor, aber die Dame war ja immer ganz normal und munter gewesen, so dass ich keinen hysterischen Anfall annahm. Tatsächlich war im Überschuh eine kleine, ganz dünne Schlange. Da ich nur das Schwanzende gut genug sehen konnte, stülpte ich einen Plastikeimer über den Schuh mit der Schlange, beschwerte ihn mit ein paar Büchern und wartete ab, bis der Kollege kam, von dem sie stammen musste.

Sie war, wie vermutet, eine ganz harmlose Natter; ein Jungtier, das es geschafft hatte, irgendwie aus dem sicheren Terrarium zu entkommen. Sie muss daraufhin durch den sehr schmalen unteren Türspalt hindurchgekommen sein, hatte sich in die Kammer mit den Gerätschaften für das Reinigungspersonal geschlängelt und schließlich in den vielleicht noch etwas feuchten Gummiüberschuh zurückgezogen. Die Putzfrau hatte die Schlange kaum verletzt, als sie in den Überschuh schlüpfte. So erholten sich beide rasch wieder. Der für die Schlangen, Echsen, Frösche, Kröten etc., also für die Herpetologie zuständige Kollege war bei den Putzfrauen recht beliebt. Dieses Missgeschick wurde ihm nachgesehen. Die Betroffene klopfte danach die Überschuhe jedes Mal gründlich aus, bevor sie hineinschlüpfte. Die Tapferkeit, mit der sie den Schlangenschreck überstanden hatte, trug ihr eine besondere Anerkennung ein.

Ähnliche Vorkommnisse ließen sich viele erzählen. Sie gehörten, wie so manch andere Begebenheit auch, zu den Begleiterscheinungen, die damals mit den Zoologischen Sammlungen und ihrer provisorischen Unterbringung verbunden waren. Das Provisorium hatte vierzig Jahre gedauert, bis die Sammlungen 1985 endlich in einen funktionsgerecht unterirdisch angelegten Neubau gebracht werden konnten. Unmittelbar davor, als noch gebaut wurde, während des Umzugs und danach berichteten die Medien über die reichlich unbekannt gebliebenen, weil nicht öffentlich zugänglichen Sammlungen. Die in gelblich gewordenem Alkohol eingelegten Schlangen, die in ihrer Präparierflüssigkeit abstrus geschrumpften Frösche, die Seesterne und Seeigel, insbesondere aber die hohen Gläser mit Würmern der Sorten, die nach allgemeinem Verständnis zu den Scheußlichkeiten der Natur gehören, wurden süffisant als prägende Bestandteile dieses tierischen Gruselkabinetts dargestellt. Sogar die Vogelbälge empfanden junge Journalistinnen, die für Boulevardzeitungen schrieben, als »grauslich«. Eine Besucherin drückte am Tag der offenen Tür ihre Empfindungen dazu sehr prägnant aus: »Schön sind sie schon, aber so tot!« Was solche Sammlungen eigentlich sollen, wozu sie gut sind oder ob man derartigen Schrott nicht besser zum Sondermüll bringen sollte, waren Standardfragen im Vorfeld des Neubaus. Dass dieser dann Anfang der 1980er Jahre in einer supermodernen, für zoologische Sammlungen geradezu revolutionären Weise realisiert wurde, ließ das Unverständnis weiter steigen. Da wurde im Münchner Westen, nicht weit vom Nymphenburger Park entfernt, ein Bauwerk drei Stockwerke tief in die Erde gesetzt, das zweifellos bunkerähnliche Züge aufwies. Das nährte den Verdacht, dort würden unterirdische Geheimversuche unter dem Deckmantel harmloser Käfer- und Schmetterlingssammlungen angestellt. Für die durch ihre Schönheit bestechenden

Schmetterlinge mochte eine moderne Unterbringung angemessen sein, aber dass für Kisten alter, mehr oder weniger gebleichter und wieder vergilbter Knochen, von Motten zerfressener Felle und in Alkohol eingelegter Schlangen, Echsen, Fische, Schnecken so ein Bauwerk nötig war, überstieg das Vorstellungsvermögen. München hatte ja kein zoologisches Museum mit attraktiven Ausstellungen, die auch die Bedeutung und Schönheit der Sammlungen in den Magazinen zur Geltung gebracht hätten. Erst als einige Jahre nach dem Umzug in den Neubau das »Museum Mensch und Natur« in den vorherigen Räumen der Zoologischen Staatssammlung eröffnet werden konnte, änderte sich die Lage. Diese wiederum vorläufige kleine Lösung des seit Jahrzehnten geplanten großen Bayerischen Naturkundemuseums erwies sich als so attraktiv, dass es die Münchner Kunstmuseen übertraf. Der Zweck des Neubaus für die Zoologische Staatssammlung wurde nicht mehr in Frage gestellt. Im Gegenteil: An den Tagen der offenen Tür, die einmal im Jahr am mittleren Samstag im November stattfinden, überschwemmt eine Flut Interessierter diese Sammlung, die zu den zehn größten und wichtigsten zoologischen Sammlungen der Welt zählt.

Elf Jahre verbrachte ich in der alten Unterbringung in Schloss Nymphenburg. Dort herrschte in jeder Hinsicht der Zustand eines Naturalienkabinetts des 18. und 19. Jahrhunderts. Dieser hatte zweifellos einen eigen(artig)en Charme. Wir Museumswissenschaftler waren irgendwie Teil des Museums. Man hätte uns darin vergessen können. Bei der Grundversorgung mit Betriebsmitteln hatte es des Öfteren den Anschein, dass dem so war. Im Winter lief die uralte Heizung, die im Keller genau unter meinem Arbeitszimmer untergebracht war, so auf Hochtouren, dass der Fußboden heiß wurde und so zitterte, als ob die Anlage demnächst explodieren würde. Am schlimmsten aber war der Gestank, den die Mazeration verbreitete, denn sie entlüftete zum Teil in die Schlossräume hinein. Dennoch entstanden unter diesen Arbeitsbedingungen viele wissenschaftliche Veröffentlichungen und auch grundlegende Hand- und Bestimmungsbücher. Wir erhielten Besuch von international führenden Wissenschaftlern wie dem berühmtesten Evolutionsbiologen des 20. Jahrhunderts, Ernst Mayr aus Harvard, gelegentlich auch von einem bayerischen Kultusoder Wissenschaftsminister, je nachdem, wie die Ressortaufteilung gerade gestaltet war. Solche Besuche und für Politiker attraktive Veranstaltungen häuften sich nach dem Umzug der Sammlungen in das neue Gebäude, weil dieses architektonisch etwas so Besonderes, in Europa sogar Einmaliges geworden war. Studierende der Architektur kamen mit Bussen angefahren, um dieses Wunderwerk zu bestaunen, das in nahezu perfekter Weise die unterirdische Unterbringung der Sammlungen in Magazinen, in denen Temperatur und Luftfeuchte ganz nach Bedarf geregelt sind, mit den Bedürfnissen der Wissenschaftler und Techniker vereinten. Deren Arbeitsräume und Labors sind um zwei halbrund offene Lichthöfe gruppiert. Unterirdisch ist auch die Bibliothek untergebracht. Das war sie nun, die neue Welt von Museumsforschung mit ihren neuen Möglichkeiten und Problemstellungen. Indessen fing die Natur selbst an, sich oben auf der Abdeckung der unterirdischen Anlage zu entwickeln. Eine Blumenwiese entstand. Schafe wurden hingebracht, sie zu beweiden, und im Wäldchen, einem kleinen Rest von ehedem ausgedehnten Lohwäldern, die es im nordwestlichen Stadtgebiet Münchens noch gab, in diesem Wäldchen entwickelte sich ganz selbst überlassen ein Stück Natur. Es wurde ein richtiges kleines Reservat ohne Nutzung oder verändernde Eingriffe. Führte nicht außen vor dem Zaun eine Münchner S-Bahn-Linie vorbei, wäre es ein Ort zum Träumen gewesen. Doch die im 20-Minuten-Takt vorbeidonnernde Bahn stört die Menschen mehr als die Vögel, denen die Harmlosigkeit des Geräusches offenbar schnell klar war. Die Mönchsgrasmücken sangen weiter, die Buchfinken und Amseln oder die Singdrosseln auch. Vom Hügel aus, der als stumpfer Kegel dem Gebäude angefügt war und um dessen Fuß sich ein künstlich angelegter Teich nierenförmig schmiegt, ließ sich die Umgebung gut überblicken. Denn dieser Stadtteil ist nur mit niedrigen, einstöckigen Wohnhäusern bebaut, die meistens von Gärten umgeben sind. Zu den Höhepunkten des Vogelzugs, etwa wenn die Buchfinken in kleinen Schwärmen nach Süden flogen, setzte ich mich auf den Hügel zum Beobachten, von Buschwerk ausreichend getarnt. Von dort aus gab es Falken zu sehen, anfangs zwar nur die in der Stadt verbreiteten Turmfalken, ab den 1990er Jahren aber vermehrt auch Wanderfalken. Vogelschützer hatten Nistkästen für die großen Falken an Heizkraftwerken angebracht. Bald jagten sie über der Stadt nach Tauben, so wie sie dies in entlegenen Felsschluchten tun würden, ließe man sie dort ungestört nisten. In der Stadt sind sie sicher vor Nesträubern, die ihnen die Jungfalken stehlen, und die Nistkästen halten Unwettern stand.

War es in der alten Unterbringung im Nordflügel von Schloss Nymphenburg vor allem der Park, der zum Beobachten anregte, bevor sich die tägliche Flut der Besucher hinein ergoss, so bot nun das große, umzäunte Gelände der neuen Zoologischen Staatssammlung eine Fülle von Möglichkeiten, die Museumsforschung im engeren Sinne mit Freilandforschung zu ergänzen. Meine Vorlesungen zur »Stadtökologie« erhielten Substanz. Nahezu täglich gab es neue interessante Befunde zum Leben von Tieren und Pflanzen in der Stadt. Hatte ich das erste Jahrzehnt dieser beruflichen Tätigkeit über noch gedacht, mir bliebe nur das Wochenende für die Arbeit draußen in der Natur, so stellte ich nun fest, dass die Stadtnatur viel mehr bot, als man ihr zugetraut hatte. Mitte der 1980er Jahre folgte man dem unter Naturschützern verbreiteten Vorurteil, dass die Stadt das Ende von Natur sei und ihr weiteres Wachsen dementsprechend mit allen Mitteln bekämpft und eingedämmt werden müsse. Alexander Mitscherlich hatte 1965 das falsche Bild von der »Unwirtlichkeit der Städte« geprägt, aber dies in seiner gleichnamigen Schrift auf die sozialen Verhältnisse bezogen, nicht auf das Tier- und Pflanzenleben in den Städten. Die Stadt, insbesondere die Großstadt, halten seither viele Naturschützern für schlecht, weil nicht grün (genug), das Land hingegen für gut, weil grün.

Undeutsche Biber

Grün wurde denn auch die Leit- und Erkennungsfarbe der neuen Partei, die in jenen Jahren antrat, die Gesellschaft zu ökologisieren. Mir war die sich immer deutlicher äußernde Ideologie zuerst zuwider, dann unheimlich geworden, so dass ich mich aus den mit den Grünen verbundenen Naturschutzverbänden zurückzog. Was ich in diesen zu hören bekommen hatte, klang mit der Verteufelung der fremden Tier- und Pflanzenarten, auch in der Wortwahl (»die müssen ausgemerzt werden, bevor sie unser Land überfremden«; »sie breiten sich aus wie ein Krebsgeschwür, infiltrierend, metastasierend«…), geradezu rassistisch. Diktatorische Forderungen aus diesem Komplex von Verbänden und Partei, wie die Welt verbessert, wenigstens aber vom Unheil der westlichen Zivilisation gerettet werden müsse, verstärkten mein Unbehagen. Ich wandte mich der Umweltstiftung WWF Deutschland zu, deren Einbindung in die globale WWF-Familie ein hinreichend weites und offenes Denken frei von nationalem oder gar nationalistischem Kleinkram erwarten ließ. Dem Naturschutz vor Ort blieb ich weiterhin verbunden, weil in diesem Bereich die eigentliche Naturschutzarbeit geleistet wird. Die Beteiligten kennen die Probleme und Positionen, die sich den Naturschutzzielen entgegenstellen. Hier geht es um die Praxis, nicht um die Theorie und zumeist auch weniger um Ideologie. Es macht doch einen erheblichen Unterschied, ob es darum geht, dem Besitzer einer Eiche, die Biber gefällt haben, klarzumachen, dass ein einfaches Schutzgitter die anderen Eichen am Bach vor den Bibern schützen wird und dass der/die Übeltäter deshalb nicht gleich gefangen und vernichtet werden müssen. Oder ob auf sehr abgehobener Ebene darüber diskutiert wird, ob die zur Wiedereinbürgerung aus Schweden bezogenen Biber weiterhin in Bayern leben dürfen, obgleich es sich nicht um »deutsche Biber«, nämlich Elbebiber, handelt, sondern nur um »germanische« aus Skandinavien. Zur Wiedereinbürgerung der Biber in Bayern waren solche rein deutschen aus der DDR nicht zu bekommen gewesen. Die dortigen Restbestände waren durch die extreme Wasserverschmutzung von Mulde und Elbe nicht produktiv genug, um Tiere für den Export entnehmen zu können. Dass natürliche Selektion ganz von selbst mit der Zeit aus den skandinavischen Bibern wieder Mitteleuropäer machen wird, durfte nicht wahr sein, denn die Elbebiber hätten speziell elbische Gene enthalten können. Dass derartige Forderungen nach Rassereinheit besonders aus Regionen kamen, in denen die Familiennamen die starke Durchmischung mit slawischer Bevölkerung ausdrückten, machte so ein Ansinnen geradezu pikant. Die Biber kümmerten sich, wie nicht anders zu erwarten war, überhaupt nicht um die ihnen zugeschriebene Rassezugehörigkeit. Sie merkten aber nach wenigen Jahren, dass die Winter in Bayern nicht annähernd so lang und hart sind wie in Schweden. Und reduzierten die Wintervorräte an Astwerk von im Spätherbst gefällten Bäumen. Mochte man anfänglich befürchten, die Biber würden in wenigen Jahren große Teile des Auwaldes entlang des Flusses umgelegt und abgeholzt haben, so sah das bald anders aus. Die Biber verminderten ihre anstrengende Fälltätigkeit auf ein Drittel bis ein Fünftel. Nur wenn der Winter ungewöhnlich lang dauerte, nagten sie im Vorfrühling ein paar Stämme mehr um, bis es wieder Uferpflanzen gab. An der unteren Rhône in Südfrankreich ersparen sie sich das Baumfällen so gut wie ganz. Die milden mediterranen Winter machen solche Vorleistungen zum Überwintern unnötig. Dass sich bei uns die Biber als so flexibel erwiesen, bekräftigte meine bei einem DDR-Besuch gewonnene Ansicht, die Biber können bei uns überall leben, wenn sie an so furchtbar verschmutzten, chemisch belasteten Gewässern wie denen in der Mulde/Elbe-Region überlebten. Man muss sie nur leben lassen. Insofern wurden die Biber und ihre Wiedereinbürgerung für mich zu einem weiteren Schlüsselerlebnis: Die in der Fachliteratur verbreiteten Ansichten über ökologische Einnischung und Umweltansprüche waren offensichtlich zu starr, zu eng gefasst und zu wenig getragen von Erfahrungen in der Natur. Die Stadtnatur und die Biber forderten zu einer kritisch-distanzierteren Betrachtung heraus.

Kritische Vorlesungen

Kritische Distanz war nötig, auch was den Naturschutz, seine Positionen und Ziele betrifft. In meinen Naturschutzvorlesungen an der Technischen Universität München regte ich die Studierenden mit einigem Erfolg dazu an, über die vorgetragenen Konzepte zu diskutieren. Oder auch aus ihrer Sicht Stellung zu meinen Ausführungen zu nehmen. Zahlreiche, eigentlich alle Kernpositionen des Naturschutzes sollten auf den Prüfstand: Tiere und Pflanzen in der Stadt, wie auch die Regulation von Tierbeständen durch die Jagd, Störungen empfindlicher Arten und warum diese »empfindlich« sind oder worum es sich (nicht) handelt, wenn es um Eingriffe in den Naturhaushalt geht. Meistens erwiesen sich die gängigen Positionen schon nach kurzer Diskussion als nicht haltbar. Gewiss verunsicherte ich damit manche der Studierenden. In den Verbänden zusammengeschlossene und in Behörden etablierte

Naturschützer reagierten irritiert auf meine Äußerungen. Meine kritischen Vorlesungen blieben dennoch attraktiv, wie ich an der Zahl der Teilnehmenden sehen konnte, die fast ausnahmslos bis zum Semesterende blieben und zur Anschlussvorlesung im nächsten Semester wiederkamen. Die aktive Mitarbeit der Studierenden spiegelte sich auch in den Ergebnissen der Prüfungsarbeiten. Das Engagement der jungen Leute empfand ich als besten Lohn für den enormen Aufwand an Zeit, den die Vorlesungen erforderten. Mit den Semestergebühren wurden nicht einmal meine Fahrkosten abgedeckt. Doch das waren die jungen Leute wert. Drei Jahrzehnte lang hielt ich die Naturschutzvorlesungen. Zusammen mit den Vorlesungen an der Ludwig-Maximilians-Universität München ergänzte die Lehrtätigkeit meine Forschungen an der Zoologischen Staatssammlung und die Freilandarbeiten in idealer Weise. Viele Diplom- und eine ganze Reihe Doktorarbeiten entstanden auf diese Weise. Möglich war die Lehre, weil mich formale Verwaltungsarbeit nicht nennenswert belastete. Meine Zeit konnte ich nahezu vollständig für Forschung und Lehre einsetzen. Das machte beide Tätigkeiten so befriedigend. Auf die mir mitunter gestellte Frage, wie ich diese Doppelbelastung aushielte und dennoch für Veröffentlichungen Zeit fände, gab es nur eine Antwort: »Weil mir beides sehr viel Freude macht!« Das galt gleichermaßen für die vielen Vorträge an Universitäten, in Fachgesellschaften und bei diversen anderen Anlässen. Zunehmend unangenehm wurden nur die Zugfahrten wegen der Unpünktlichkeit der Deutschen Bahn oder den Handytelefonaten, denen man dabei ausgesetzt ist – oft hätte ich mir Kindergeschrei gewünscht; es wäre eine angenehmere Alternative gewesen. Danach genoss ich umso mehr die Ruhe bei der Arbeit in der Zoologischen Staatssammlung, wo durch die gekippten Fenster Vogelgesang zu hören war. An den Wochenenden war es darin so ruhig, dass im Mai und Juni die oben auf dem Dach singenden Grillen einen zarten akustischen Rahmen bildeten. Im Juli sirrten die Mauersegler im Tiefflug und fingen Insekten, deren es sehr viele auf der Zoologischen Staatssammlung gab. Häufig kamen Krähen. Eine hatte keine Schwanzfedern, lebte aber dennoch über sieben Jahre. Gelegentlich dachte ich, wir haben es hier doch besser als Darwin in seinem Privatgelehrtendasein vor 150 Jahren.

Entenjagd und Wasserqualität

Nach der Rückkehr aus Brasilien konnte ich meine Stauseen mit einem Stipendium der Deutschen Forschungsgemeinschaft in genau der Weise untersuchen, wie ich mir das bei der Fertigung der Zulassungsarbeit über die Ökologie der Wasservögel der Stauseen am unteren Inn vorgestellt hatte. Es ging um die Frage, inwieweit die Verfügbarkeit von Nahrung die Häufigkeit und die Artenzusammensetzung der Wasservögel bestimmt. Da zwei der für die Wasservögel attraktivsten Stauseen 1972 unter Naturschutz gestellt worden waren, schloss sich danach die Frage an, wie sich der Schutz auswirkt. Wir Naturschützer und Ornithologen erwarteten eine entsprechende Zunahme, zumal es mir gelungen war zu erreichen, dass die Jäger auf der bayerischen Seite die Jagd auf Enten und andere Wasservögel ruhen ließen. Jagdruhe erreichte ich auch für das Delta der noch nicht unter Schutz gestellten Salzachmündung, und zwar auf ganzer Fläche. Damit war für die ökologischen Untersuchungen in den Stauseen eine quasiexperimentelle Situation gegeben. Gänzlich nichtbejagte, teilweise und auf ganzer Fläche bejagte Gebiete ließen sich abgrenzen und klar unterscheiden. Mit Hilfe des Freundeskreises organisierte ich Wasservogelzählungen, die von September bis April an allen Teilgebieten gleichzeitig durchgeführt wurden, so dass kurzfristige Verschiebungen der Wasservogelmengen, hervorgerufen durch die Bejagung, die Ergebnisse nicht verfälschen konnten. Diese fielen sehr klar aus. Auf dem nicht bejagten Teil hielten sich während der Monate mit Jagdzeit auf Wasserwild im Durchschnitt etwa zehntausend Schwimmvögel pro Quadratkilometer auf. Beim zu etwa der Hälfte bejagten Stausee fiel die Menge auf knapp sechstausend und auf rund eineinhalbtausend Enten, wo auf ganzer Fläche gejagt wurde. Das bedeutete, dass über die etwa tausend von den Jägern erlegten Enten hinaus mindestens die zehnfache Menge durch die Bejagung vertrieben wurde. Die Bejagung während der Zugzeit, in der die Wasservögel physiologisch in Zugbereitschaft sind, schickte die meisten Enten vorzeitig in den Süden, wo sie ein noch schlimmeres Trommelfeuer erwartete. Das erlebte ich zusammen mit Freunden im Herbst am Skutarisee in Montenegro. Man hätte meinen können, ein Krieg sei dort ausgebrochen, so sehr wurde aus allen Rohren geschossen, und zwar auf alles, was flog, gleichgültig ob es Enten, Seeschwalben oder seltene Rallenreiher waren. Wir wünschten die Jäger aus Italien zur Hölle. Ich konnte mir also gut vorstellen, was die Enten erwartet, die bei uns bejagt und zum verfrühten Abzug in die Überwinterungsgebiete gezwungen wurden. Dort erlischt ihr Zugtrieb. Sie weichen aus, fliegen Runde um Runde, um schließlich doch dem Schrotkugelhagel zum Opfer zu fallen. Dieser verfrühte Vertreibungseffekt ließ sich über die Forschungen an den Innstauseen nicht nur beweisen, sondern zudem in ganz unerwarteten ökologischen Auswirkungen darstellen. Denn es ist ökologisch keineswegs gleichgültig, ob sich tausend oder zehntausend Wasservögel pro Quadratkilometer Wasserfläche im Herbst und Frühwinter auf den Stauseen ernähren. Sie greifen mit ihrer Nutzung der pflanzlichen Produktion und der Kleintierbestände im Bodenschlamm höchst wirksam in Stoffkreisläufe ein, mit denen die Qualität des Wassers zusammenhängt. Anfang der 1970er Jahre entwickelten sich in den Seitenbuchten dichte Wiesen von Unterwasserpflanzen, wenn in sie das von Schwebstoffen aus dem alpinen Gletscherwasser stark getrübte Innwasser im Sommer nicht eindrang. Sie bestanden in den tiefen Zonen aus Armleuchteralgen *Chara sp.*, aus Laichkräutern *Potamogeton sp.* in mittleren Tiefen zwischen eineinhalb und einem halben Meter Wasserstand sowie unterschiedlichem Bewuchs in der ganz flach überfluteten Uferzone. Die Messungen ergaben einige hundert Gramm bis über zwei Kilogramm Frischgewicht Wasserpflanzen pro Quadratmeter. In größeren Buchten bedeutete dies eine Gesamtmasse von mehr als dreihundert Tonnen. Gab es Sommerhochwässer, fiel die Produktion von Wasserpflanzen aufgrund der Trübung, die sie brachten, je nach Stärke, Dauer und Zeitpunkt ihres Auftretens stark vermindert aus. Die Ermittlung der Wasserpflanzenmasse pro Quadratmeter war einfach. Aufwendiger gestaltete sich die entsprechende Untersuchung der Kleintiere im Bodenschlamm. Überraschend für mich kamen ähnliche Größenordnungen bis zu mehreren Kilogramm Frischgewicht pro Quadratmeter zustande. Sie umfassten insbesondere Larven von nicht stechenden Zuckmücken (Chironomiden), Schlammröhrenwürmer (Gattung *Tubifex* und andere, nicht rot gefärbte Arten), Kleinmuscheln und Kleinkrebse. Der Fachausdruck dafür ist *Makrozoobenthos*. Zudem lebten Dutzende Großmuscheln, Teich-

Anodonta anatina und Malermuscheln *Unio pictorum* in den flachen Buchten. Insgesamt kam pro Stausee eine gewaltige Menge zustande, wobei die Kleintiere des Bodenschlamms mit einem bis drei Kilogramm pro Quadratmeter den größten Teil stellten. Sie ergaben für einen der drei Stauseen allein mehr als dreitausendzweihundert Tonnen. Über die durchschnittliche tägliche Verwertung dieser Nahrung durch die Wasservögel, getrennt für Pflanzen- und Kleintierverwerter, konnte ich errechnen, wie hoch der Grad der Nutzung des im Herbst vorhandenen Bestandes an Nahrung ausgefallen sein sollte, wenn die Enten ungestört die Nahrungsgründe beweiden konnten. Aus dem tatsächlichen Nutzungsgrad ergab sich die Bilanz. Wo keine Bejagung stattfand, erzielten die Wasservögel gut neunzig Prozent Nutzung, bei Bejagung der ganzen Fläche aber nur zwölf bis fünfzehn Prozent. Die teilbejagten Flächen lagen dazwischen. Also beeinflusste die Bejagung nicht allein die Größe der Entenbestände durch Abschuss und durch vorzeitige Vertreibung, sondern sie wirkte sich auch auf die ökologischen Kreisläufe aus. Denn wo die großen Mengen an Wasserpflanzen und Kleintieren des Bodenschlamms, also an organischem Material, nicht effizient genug genutzt wurden, bildete sich Faulschlamm. Im Winter, wenn Eis das Flachwasser bedeckt und bei niedrigen Wassertemperaturen knapp über dem Gefrierpunkt die Pflanzen und Kleintiere absterben, entsteht ein starkes Defizit an Sauerstoff. Da ich die Sauerstoffgehalte ebenfalls maß, ließ sich die Verknappung nachweisen. Zu wenig Sauerstoff schädigte auch die Fische. Es kam wiederholt zu Fischsterben, als sich im Frühjahr bei steigenden Wassertemperaturen die Sauerstoffzehrung noch verstärkte und die O_2-Sättigung unter vier Milligramm pro Liter Wasser sank. Die Faulschlammbildung beeinträchtigte die weitere Entwicklung der Kleintiere im Bodenschlamm und ihre Wirkung als Reiniger der Abwässer, die den Fluss mit ihren organischen Reststoffen noch stark belasteten. Die Entenjagd war Wasserverschmutzung!

Zu meiner großen Freude und Überraschung zeigten diese Befunde Wirkung. Auch die Jäger, die noch nicht bereit gewesen waren, auf die Jagd auf Wasserwild zu verzichten, taten dies nun. Ein Großteil der Stauseen war mit diesem freiwilligen Verzicht jagdlich befriedet. Nur österreichischerseits weigerten sich einige Revierinhaber. Die Enten lernten aber schnell, wo sie sicher waren, und lösten so das Problem auf ihre Weise. Ich konnte höchst zufrieden sein. Die Forschungsergebnisse waren sogleich akzeptiert und die Forderungen, die sich daraus ergaben, weitgehend umgesetzt worden. Die ökologische Wirkung, die Nutzungseffizienz der Wasservögel, nahm zu. Die Faulschlammbildung ging zurück. Bald war sie Geschichte, dokumentiert in den Schlamm- und Sandschichten, die in den Stauseen abgelagert und von Jahr zu Jahr heller wurden. Was augenfällig ausdrückte, dass sich die ökologischen Verhältnisse besserten. Die Sauerstoffgehalte stiegen. Anfang der 1980er Jahre hatten sie mit zehn bis elf Milligramm pro Liter im kalten Innwasser bereits sehr gute Werte erreicht. Aber entgegen allen Erwartungen nahmen gleichzeitig mit der Verbesserung der Sauerstoffkonzentration die Mengen der Wasservögel ab. Sehr stark sogar. Ein Jahrzehnt nach Einstellung der Jagd gab es weit weniger Enten pro Quadratkilometer Stauseefläche als in der Zeit, in der uneingeschränkt gejagt worden war.

Die Förderung der Forschungen zur Ökologie der Wasservögel auf den Stauseen am unteren Inn hatte drei Jahre gedauert. Das war schon recht lange für ein einzelnes DFG-Forschungsvorhaben. Es hatte in dieser Zeit kein starkes, alles durcheinanderwirbelndes Hochwasser gegeben. Die Wasservogelmengen fielen zwar in jedem Herbst unterschiedlich hoch aus, was auch mit den großräumigen Verhältnissen zusammenhing, denn die meisten kamen aus Skandinavien und Russland, aber eine Tendenz war nicht zu erkennen. Bei nur drei Jahren ist das allerdings so gut wie unmöglich, wenn die Zeitspanne nicht bereits Teil einer stark ab- oder zunehmenden Bestandsentwicklung ist. Drei Jahre sind für ökologische Freilandforschungen viel zu kurz. Ein Projekt wie meines am unteren Inn hätte viel länger laufen sollen; ein Jahrzehnt oder mehr. Das damals noch junge bayerische Umweltministerium erkannte die Möglichkeiten, die in diesen Untersuchungen im Naturschutzgebiet Vogelfreistätte unterer Inn steckten, zumal es zu den Ramsar-Gebieten zählte, und finanzierte im nötigen Umfang die Forschungen für weitere drei Jahre. Das war, wie sich zeigte, immer noch zu wenig, aber die sechs Jahre waren lang genug, um den Grund für die Abnahme der Wasservögel zu erkennen. Den Rückgang verursachte die stark verbesserte Wasserqualität. Dank der inzwischen gebauten Kläranlagen für die häuslichen Abwässer kamen immer weniger und schließlich keine organischen Reststoffe aus dieser Quelle in den Inn. Die Wasserqualität, die anfangs noch mit III–IV (= sehr stark belastet) ausgewiesen war, stieg auf Güteklasse II. Besser wird ein großer Fluss nicht. Der Inn wurde nahrungsarm. Die Mengen der Fische und Wasservögel, der Muscheln und der Wasserinsekten sanken und sanken. Die Angler wollten den Rückgang ihrer Fangerträge den Kormoranen anlasten. Manche Jäger meinten, das mit der Jagd auf Wasservögel sei doch nicht so schlimm gewesen. Jede Gruppierung legte sich eine zu ihren Interessen passende Erklärung zurecht. Dass die stark verdreckte Salzach und der kaum weniger mit Abwässern belastete, nur erheblich wasserreichere Inn sauberer werden sollten, stand als übergeordnetes Ziel natürlich nicht zur Disposition. Auch gegenwärtig nicht, obwohl von den Bodenseefischern massiv gefordert wird, den See wieder angemessen zu düngen, damit ihre Erträge steigen.

Jedenfalls machte die rasche Entwicklung des Inns vom stark belasteten zum sauberen Fluss zweierlei deutlich, nämlich wie schnell Änderungen wirksam werden können, zumal in Fließgewässern, und wie sehr die jeweiligen Ziele von menschlichen Interessen bestimmt sind. Denn mit dem neuen, nahrungsarmen Zustand war nicht etwa der Naturzustand erreicht, sondern einer, den es so auch noch nie gegeben hatte. Ursprünglich, als Inn und Salzach noch unreguliert waren, lieferten die flussbegleitenden Auen reichlich organisches Material, das beide Flüsse düngte. Der vollständig regulierten, zum Kanal gemachten Salzach fehlen Auen, die mit dem Fluss direkt in Verbindung stehen, fast auf ganzer Strecke ab Salzburg. Beim Inn hingegen konnten sich innerhalb der Stauseen auf den Inseln und Anlandungen neue Auwälder entwickeln. Im ältesten der Stauseen am unteren Inn bedecken diese sogar etwa achtzig Prozent des gesamten Stauraums. Abfallende Blätter, das Herbstlaub und andere organische Stoffe, auch Schwemmholz von Hochwässern, gelangen als organische Nahrung in den Stausee. Daher entwickelten sich dort wie auch in kleinerem Umfang in anderen Stauräumen am Inn Nährstoffverhältnisse, die der tatsächlich unbekannten natürlichen Produktivität unserer Flussauen vielleicht nahe kommen. Entsprechend vielfältig wurde das Tierleben. Die abnehmenden Mengen Wasservögel bedeuteten nicht, dass damit viele Arten verschwanden; im Gegenteil. Es siedelten sich neue an, die seit Jahrzehnten oder Jahrhunderten nicht mehr vorgekommen waren. Als Brutgebiete für Wasservögel sind die Stauseen am unteren Inn reichhaltiger und in Bezug auf den Artenschutz wichtiger geworden als in den vergangenen Zeiten mit sehr hohen Herbst- und Winterbeständen von Enten. Raritäten wie die Seidenreiher *Egretta garzetta* siedelten sich an. Seit fast einem Jahrzehnt brütet alljährlich ein Paar Seeadler *Haliaeetus albicilla* im Gebiet.

Angeln im Wasservogelschutzgebiet

Unverändert blieb allerdings das Risiko von Hochwassern, die zur Brutzeit kommen und die Gelege der Wasservögel vernichten. Dieses Risiko besteht auch an unregulierten Flüssen. Die davon betroffenen Vögel und Säugetiere wie die Biber, wenn sie bei Hochwasser gerade kleine Junge im Bau haben, kommen damit zurecht, weil es nicht alle Jahre Fluten gibt. Viel problematischer sind dagegen für Enten und andere Wasservögel die Angler, die zur Brutzeit gerade dann die Ufer bevölkern und die Bruten massiv stören, wenn es kein Hochwasser gibt. In der Hagenauer Bucht bei Braunau am Inn, dem ersten Naturschutzgebiet am unteren Inn, das schon 1965 als solches ausgewiesen worden war, stellten wir in mehrjährigen Untersuchungen fest, wie groß die von Anglern verursachten Nestverluste sind. Das Angeln war mit der Unterschutzstellung nicht eingeschränkt worden. Die Befunde fielen krasser als erwartet aus. An allen Uferstrecken, an denen geangelt wurde, gab es außer Nestern der halbzahmen, störungstoleranten Stockenten und Blesshühner fast keine Bruten von Wasservögeln, während an den nicht gestörten Uferstrecken etwa dreißig Nester pro Kilometer zu finden waren. An der Verfügbarkeit von Nahrung lag das nicht. Das bewiesen die Untersuchungen zur Kleintierwelt im Bodenschlamm an den Ufern. Von Krähen ausgefressene Eier in den beangelten Bereichen belegten hingegen eindeutig, woran es lag. In den auf diese erste Untersuchung folgenden Jahren erweiterten wir die Bearbeitung der Brutvorkommen im 1972 zur Vogelfreistätte erklärten Schutzgebiet auf der bayerischen Seite und in der Reichersberger Au österreichischerseits. Dort wurde von der Naturschutzbehörde

Oberösterreichs das Angeln in der Brutzeit der Wasservögel untersagt, so dass ein Vorher-Nachher-Vergleich möglich wurde. Alle drei Untersuchungen ergaben übereinstimmend, dass die bloße Anwesenheit der Angler an den Ufern viele Wasservögel, natürlich vor allem die auf Störungen empfindlich reagierenden Arten, am Brüten hinderte. Anstelle der gut dreißig Nester pro Kilometer Ufer gab es weniger als zehn, wenn nur ein bis zwei Angler zur Hauptbrutzeit dort tätig waren, und zwei bis drei, wo sich die Angler häuften. Deren Zahl spielte dann keine Rolle mehr, weil ohnehin nur Stockenten, Blesshühner und einzelne Paare von Höckerschwänen als Brutvögel übrig geblieben waren. Nachdem die Reichersberger Au zur Brutzeit gesperrt und entsprechend überwacht wurde, stieg der dortige Brutbestand stark an; dieser Teil des Europareservats Unterer Inn wurde dank der Beschränkung des Angelns zum weitaus wichtigsten Brutgebiet für Wasservögel am ganzen unteren Inn und eines der bedeutendsten für Österreich. Deutscherseits kam nichts dergleichen zustande. Die politische Macht der Angler war und ist zu groß. Mit der Zeit arbeitete die Natur gegen sie. Durch Verlandung wurden immer größere Bereiche des für alle sonstigen Interessenten gesperrten Naturschutzgebietes auch für die nach wie vor uneingeschränkt privilegierten Angler schwer bis unzugänglich. Sie konnten mit ihren Holzkähnen nicht mehr fahren. Und so stiegen auch hier die erfolgreichen Bruten der Wasservögel allmählich an, wenngleich nicht annähernd auf das Niveau, das ohne Störungen durch die Angler sicherlich erreicht werden würde. Die vom Druck der Angler befreiten Gebiete auf der österreichischen Seite lieferten den Beweis.

Warum sich der Naturschutz bayerischerseits nicht durchsetzen konnte, geht aus dem Zahlenverhältnis Angler zu Naturschützern hervor. Die Angler übertreffen die Mitglieder des örtlichen Naturschutzes um das Zehnfache. Es reichte daher nicht, dass sich an die neunzig Prozent der Angler positiv zu den Naturschutzzielen einstellten und Störungen vermieden. Die Uneinsichtigen entsprachen der Menge nach der Zahl der Naturschützer. Das war und ist ein viel zu hohes Ausmaß an Störungen im Naturschutzgebiet, in dem ansonsten fast alles verboten ist und die Naturschützer selbst nur von außen mit Fernrohren beobachten dürfen. Sie sind von den Verboten und Beschränkungen am stärksten betroffen!

Es war nicht leicht, die Auseinandersetzungen mit den Anglern durchzustehen. Die Naturschutzbehörden waren, da selbst massiv dem politischen Druck ausgesetzt, wenig hilfreich. Anfangs half noch Bernhard Grzimek mit seiner Sendung *Ein Platz für Tiere*. Als die Angler in den 1970er Jahren verlangten, dass die am unteren Inn wieder eingebürgerten Biber entfernt werden, weil die von ihnen gefällten Bäume die Ausübung des Angelsports behindern, machte Grzimek unmissverständlich klar, dass er den Fall öffentlich in seinen Sendungen behandeln würde. Denn seine Frankfurter Zoologische Gesellschaft von 1858 e. V. hatte den Transport von Bibern aus Schweden mitfinanziert. Dieses Engagement konnte dennoch nicht verhindern, dass Biberburgen im Naturschutzgebiet zerstört wurden. Die Täter wussten sich sicher, weil das Betreten des Naturschutzgebietes und das Befahren der Gewässer mit Booten aller Art nur ihnen gestattet war. Die Innwerke als Betreiber und Rechteträger der Stauanlagen stellten umgehend klar, dass die von Bibern gefällten und bei Hochwasser ausgeschwemmten Bäume keine Gefahr für die Kraftwerke darstellten. In den Mengen an Treibholz, die der Inn bei Hochwasser führt, spielen die »Biberbäume« keine Rolle.

Gespinstmotten

Mit den Bibern und ihrer so erfolgreichen Wiedereinbürgerung verbanden sich geradezu zwangsläufig weitere Forschungen im Auwald. An den Auen am Inn war ich aufgewachsen. Ich hatte nur ein paar hundert Meter über Wiesen zu laufen und dabei über drei kleine Bäche zu springen, dann war ich in der Au. Die Bauern, denen Parzellen gemäß ihres Anteils an Grund und Boden in der Gemeinde zugeteilt worden waren, nachdem mit Fertigstellung des zweiten Stausees am unteren Inn, der Stufe Egglfing-Obernberg, der Auwald und das Wiesengelände davor hochwasserfrei geworden waren, bewirtschafteten die Auen als Niederwald. Man schlug im Winter kleinere Waldflächen, um Brennholz zu gewinnen. Dabei handelte es sich hauptsächlich um Grauerlen *Alnus incana* und Traubenkirschen *Prunus padus*, die dabei auf Stock gesetzt wurden und wieder austrieben. So kam im Lauf der Jahre ein Mosaik aus unterschiedlich alten Auwaldstücken zustande, das hohe Schwarzpappeln überragten. Im Sommer waren die Auen ein undurchdringlicher Dschungel. Im Frühling blühten Schlüsselblumen und Veilchen in großen Mengen. Jahraus jahrein gab es Vögel. Auwälder gleichen im Sommer tropischen Regenwäldern im Miniaturformat; Feuchte und Wärme bestimmen ihr Innenklima. Die Artenvielfalt ist groß, größer als in den meisten anderen Waldtypen. Von Kindesbeinen an waren die Auwälder für mich unwiderstehlich. Dass ich einen Beruf ergreifen konnte, der es mir gestattete, in den Auwäldern und am Wasser zu forschen, betrachtete ich als Glücksfall. Noch immer erfasst mich ein schwer beschreibbares Gefühl, wenn ich in einen Auwald komme. Es müssen nicht die Auen am unteren Inn sein. Diese wirken lediglich am stärksten auf mich, obwohl oder weil ich sie am besten kenne.

Das erste Forschungsthema im Auwald wurde Ende Mai 1968 an mich herangetragen. Ein Bauer aus dem nahen Nachbardorf kam mit dem Fahrrad bei mir zu Hause an und fragte nach mir. Ich war gerade zum Wochenende vom laufenden Sommersemester aus München heimgekommen. Wir kannten uns, wie man sich im Dorf kennt.»Du studierst doch!«, fing er wortkarg an,»schau, wie meine Au ausschaut!« Mit ein paar weiteren Erläuterungen schilderte er, dass in seiner Au viele der Bäume von einem silberweißen Gespinst überzogen und völlig kahlgefressen waren. Er wollte wissen, was er nun tun sollte. Und zeigen wollte er es mir auch. Also fuhren wir zur Au, und dort sah ich, was den Bauer irritierte. Dutzende Bäume standen als silberweiß glänzende Skelette am Rand einer kleinen Lichtung, deren Baumbestand wahrscheinlich im vorvorigen Winter geschlagen und zu Brennholz verarbeitet worden war. Die Stöcke hatten etwa kniehoch ausgetrieben. Ihr junges, saftig grünes Blattwerk kontrastierte zu den völlig kahlen, wie aus Blei gegossen erscheinenden Bäumen. Es waren, wie ich an ihrer Wuchsform leicht feststellen konnte, die sich von der der überhaupt nicht betroffenen Grauerlen daneben klar unterschied, alles Traubenkirschen. Die Raupen von Kleinschmetterlingen, von Gespinstmotten, hatten das gesamte Blattwerk dieser Bäume gefressen und sie vollständig mit silberweißem Gespinst überzogen. Sogar einen Hochsitz, den der Jäger in einem der Bäume aufgestellt hatte, war mit eingesponnen. Ich kannte diese Gespinstmotten aus früheren Jahren. Sie erzeugten zumeist zahlreiche, gut faustgroße Gespinste an den Enden der Traubenkirschenzweige, wurden aber nicht sonderlich auffällig. Besonders günstige Umstände musste es in diesem Frühjahr für die Raupen gegeben haben. Sie hatten tatsächlich jede Traubenkirsche im Auwald kahlgefressen und eingesponnen. Ich fand keine einzige, die nicht entlaubt war.

Ob mir der Bauer so recht traute, als ich ihm sagte, diese Motten würden die Erlen ganz gewiss nicht befressen? Sie sind auf Traubenkirschen spezialisiert. Außerdem hatten sich alle Raupen schon zur Verpuppung zusammengeballt. Zu Tausenden bildeten sie Klumpen in Nischen und unter den Sprossen des Hochsitzes. Die meisten bestanden bereits aus dichtgedrängten Massen der schmalen, länglichen, gleichfalls silberweißen Schiffchen der Puppenkokons. Aber noch überzogen viele der gelblichen, schwarz gepunkteten Raupen die Puppenklumpen außen mit ihrer Spinnseide. Ich betonte nochmals, dass er sich keine Sorgen um seine Au machen müsse. Es würden keine weiteren Bäume mehr angegriffen. Die betroffenen Traubenkirschen, die ohnehin wenig geschätzt waren, würden wieder austreiben und sich vom Verlust ihrer Blätter erholen. Ein wenig bange war mir dennoch, ob meine Kenntnisse tatsächlich ausreichten. Noch hatte ich mich kaum mit den Gespinstmotten befasst. Würde sich mein Lehrbuchwissen in der Praxis bestätigen? Wie auch immer, ich beschloss, mich zusätzlich zu den Freilandarbeiten zu meiner Doktorarbeit über Wasserschmetterlinge auch mit den Gespinstmotten etwas näher zu befassen, und nahm ein Paket von ein paar hundert Puppen mit nach Hause. Bei Massenvermehrungen von Insekten kommt es verstärkt zu Parasitierung. Ob das bei diesen Gespinstmotten auch so ist, ließ sich leicht ermitteln. Puppen von Schmetterlingen muss man nicht mehr ernähren; sie brauchen lediglich eine geeignete Unterbringung. Nicht zu warm und zu trocken und auch nicht zu hell sollte diese sein. Große, oben mit breiten Mullbinden luftdurchlässig abgeschlossene Einweckgläser erfüllten vorläufig diesen Zweck. Der Bauer sah, dass ich den Fall ernst nahm, und verlangte, dass ich ihm von den Ergebnissen berichte.

Zwei Wochen später war es so weit. Die Gespinstmotten schlüpften zu Hunderten. Fünf Reihen feiner schwarzer Punkte, die sich längs über ihre silberweißen Vorderflügel erstreckten, wiesen sie als Traubenkirschen-Gespinstmotten aus. Leider lautet aufgrund einer Verwechslung ihr wissenschaftlicher Name *Yponomeuta evonymellus* und bezieht sich auf eine andere Futterpflanze, das Pfaffenhütchen *Euonymus europaeus*. Die darauf vorkommende Gespinstmotte ist aber *Y. cagnagella*. Aus dieser Verwechslung geht hervor, dass sich die Spezialisten früher schon schwergetan hatten, die verschiedenen, einander sehr ähnlichen Arten von Gespinstmotten auseinanderzuhalten. Die Regeln der wissenschaftlichen Namensgebung legen jedoch fest, dass bei den Artnamen der erste, der gegeben worden war, beibehalten werden muss, auch wenn er etwas nicht Zutreffendes ausdrückt. Wenn man es weiß, spielen solche Fehler bei der Benennung keine Rolle. Wichtig war damals, dass ich die richtige Auskunft gegeben hatte. Die Traubenkirschen-Gespinstmotte kommt nur auf der Traubenkirsche *Prunus padus* und auf sonst keiner anderen Baumart vor, nicht einmal auf den mit ihr nahe verwandten Wildkirschbäumen. Für die Erlen bestand keine Gefahr. Mit diesen bekam ich ein paar Jahre später zu tun, weil sie von einem Blattkäfer stark befallen worden waren. Die eine Probe, die ich von den Puppenmassen mitgenommen hatte, ergab, was die Parasitierung betrifft, einen gänzlich unerwarteten Befund. Über neunzig Prozent der Puppen schlüpften erfolgreich. Von Parasiten wie Schlupf- und Brackwespen waren nicht einmal fünf Prozent befallen. Es gab sogar mehr Puppen, die nicht schlüpften, weil sie verhärtet und vertrocknet waren, als parasitierte. Zweiundneunzig Prozent erfolgreich geschlüpfter Schmetterlinge aus fast tausend Puppen, so viele waren es genau, entsprachen jedoch ganz und gar nicht der Annahme, dass die Raupenmassen auch viele parasitische Insekten angezogen hätten und entsprechend hohe Verluste entstanden wären. Ein besseres Schlüpfergebnis hätte man kaum erwarten können. Nun hatten sie mich »eingesponnen«, diese kleinen Gespinstmotten, die in geradezu lustiger Weise davonhüpften, wenn man sie mit der Fingerspitze vorsichtig berührte. Im Flug wirkten sie viel weniger elegant, eher träge. Sicherlich wären sie ein leichtes Fressen für Vögel, doch diese tun ihnen nichts. Die Raupen enthalten giftige, zumindest schlecht schmeckende Inhaltsstoffe der Traubenkirschen, deren Blätter eigenartig riechen, wenn man sie zerreibt. Diese halten Fressfeinde ab.

Fraßschutz vor Vögeln sollte eine günstige Voraussetzung sein für Massenvermehrungen. Doch zu solchen kommt es eher selten. Warum, das beschäftigte mich nun. Wie reagieren die kahlgefressenen Traubenkirschen? Welche besonderen Umstände müssen gegeben sein, dass es zur Massenvermehrung kommt? Warum bleiben andere Arten von Gespinstmotten, von denen es fünf bis sechs verschiedene in den Innauen und der Umgebung gab, eher unauffällig? Am häufigsten kamen die Pfaffenhütchen-Gespinstmotten vor. Von Obstbäumen kannte ich die darauf spezialisierte, aber nicht ausschließlich an Apfelbäumen lebende *Yponomeuta malinellus*, von Silberweiden *Salix alba* die wiederum eng an sie gebundene, aber ganz unregelmäßig auftretende *Yponomeuta rorellus*. Hinzu kam zu den häufigen Arten von Gespinstmotten die an einem dunklen Wisch über die mit drei Reihen schwarzer Punkte besetzten Vorderflügel zu erkennende *Yponomeuta padellus*. Ihre Raupen fressen hauptsächlich an Weißdorn, Schlehen und Vogelkirschen; also passt auch ihr wissenschaftlicher Name wieder nicht. Eine sechste Art schmuggelt sich gleichsam in die Raupennester der Pfaffenhütchen-Gespinstmotten und frisst, nach einem Anfangsstadium, in dem die Räupchen in den Spitzentrieben des Strauchs minieren, diese außen ab, bleibt aber meistens im Schutz der Gespinste der anderen, viel zahlreicheren Art. Diese Gespinstmotte *Yponomeuta plumbellus* trägt einen markanten dunklen Fleck inmitten der Vorderflügel und lässt sich daran leicht von den Faltern aller anderen Arten unterscheiden. Stets kommt sie nur einzeln oder in geringer Zahl vor. In Mitteleuropa leben weitere Arten der Gespinstmotten. Mir reichten die in den Auen am unteren Inn vorhandenen. Ihre Lebensweise und ihre stark wechselnden Häufigkeiten waren schwierig genug zu durchschauen. Auch nach Jahrzehnten der Beschäftigung mit ihrer Biologie ist manches Detail unklar geblieben. Jung, wie ich war, als mich der Bauer auf die silbrigen Baumskelette aufmerksam machte, und begeistert von den Möglichkeiten, die sich in meinen heimatlichen niederbayerischen Innauen boten, fing ich sogleich damit an, die Lebensläufe dieser Gespinstmotten zu erforschen. Die Fachliteratur enthielt viel über sie, aber auch recht Widersprüchliches. Die großen Ähnlichkeiten dieser kleinen, mit angelegten Flügeln nur gut einen Zentimeter langen Motten verursachten offenbar häufig

Fehlbestimmungen und Verwechslungen, wie das ihre Artnamen ja ausdrückten.

Im ersten Jahr kam ich mit den Traubenkirschen-Gespinstmotten nicht viel weiter als zur Feststellung, dass die Puppen fast nicht parasitiert waren. Die Wasserschmetterlinge standen im Vordergrund. Diese kleinen Wassermotten hatten den Vorteil zweier Generationen pro Sommer. Bei den Gespinstmotten gab es nur eine. Wenn diese im Frühling, bereits wenige Tage nach dem Austreiben, mit dem Fressen an den Knospen der Traubenkirschen beginnen, ruhen die Raupen der Wasserschmetterlinge noch in Überwinterungshaltung in den Stängeln von Unterwasserpflanzen. Ihre Aktivität fängt an, wenn die Gespinstmottenraupen ihre Hauptfresswochen durchmachen. Die Wasserschmetterlinge fliegen in der ersten Generation vornehmlich in der Zeit, in der sich die Puppen der Gespinstmotten entwickeln. Wenn diese Ende Juni bis Mitte Juli schlüpfen, startet bei den Wasserschmetterlingen bereits die zweite Generation. Nach dem Schlüpfen der Gespinstmotten und deren Eiablage an den Knospen, die zum Austrieb im nächsten Frühjahr angelegt werden, ist bei ihnen nichts mehr los. Bei den Wasserschmetterlingen kommt aber die zweite, meist ausgeprägtere Flugzeit, weil sich mit Beginn des Sommers Wasserpflanzen mit Schwimmblättern gut entwickelt haben. Für mich ergab sich daraus, dass sich die unterschiedlichen Lebenszyklen von Wasserschmetterlingen und Gespinstmotten im Verlauf des Sommerhalbjahres ergänzten und nicht allzu stark überschnitten. Für die beiden Jahre 1968 und 1969 ging das auch gut. Die Lebensweise der Wasserschmetterlinge war weitaus ergiebiger und für die Doktorarbeit geeignet. Nach dem Sommer 1969, meinem neunten Semester, konnte ich sie abschließen und einreichen, obgleich, wie immer bei Freilandforschungen, manche Fragen offengeblieben waren. Ich nahm mir vor, sie in den kommenden Jahren weiterzubehandeln, was ich auch tat. Bei den Gespinstmotten lagen die Dinge komplizierter. Es handelte sich eben nicht nur um eine, noch dazu sehr eigenständige Art, wie beim Seerosenzünsler *Nymphula nymphaeata*, dem Star meiner Doktorarbeit, sondern, wie oben ausgeführt, um ein schwer durchschau- und noch schwieriger abgrenzbares Bündel extrem ähnlicher und nahe miteinander verwandter Arten. Manche Spezialisten hielten die Obstbaumgespinstmotte nur für eine Ökoform, und auch der Status einiger weiterer Arten galt als ungelöst. In der Folgezeit konzentriere ich mich daher auf die eindeutige, in der Nahrungswahl ihrer Raupen klar auf die Traubenkirsche spezialisierte Gespinstmotte. Sie fiel in den frühen 1970er Jahren bereits wieder mit Massenvermehrungen und total kahlgefressenen, eingesponnenen Bäumen auf. Der Befall war Anfang der 1970er Jahre sogar noch ausgeprägter und verbreiteter, denn es waren offenbar alle Traubenkirschen im niederbayerischen Inntal betroffen. Auf die Massenvermehrung folgten Jahre, in denen diese Gespinstmotten unauffällig blieben. Meine Zuchten ergaben, dass die Puppen und die verpuppungsbereiten Raupen umso weniger von Parasiten befallen waren, je häufiger es sie gab. Aus kleinen Gespinsten schlüpften anteilsmäßig weniger Schmetterlinge und mehr Schlupf- und Brackwespen oder Raupenfliegen als aus großen, dichten Puppenmassen. Diese Befunde wiesen darauf hin, dass die Gespinste selbst von Bedeutung sein mussten. Ich verglich nun gezielt Raupen und Puppen aus Vorkommen mit geringem Befall und solchen mit stärkerem und starkem sowie die Schlüpfergebnisse anderer Arten von Gespinstmotten. Denn diese machen allesamt sehr viel weniger dichte, mitunter kaum auffällige Gespinste. Nach gut einem Jahrzehnt, so lange dauerte es, bis genügend Befunde vorhanden waren, hatte ich die Erklärung für die anfänglich so überraschend geringe Parasitierung. Es liegt an den Gespinsten. Sie halten die Parasiten umso besser ab, je dichter sie sind. Bei Massenvermehrungen werden sie besonders dicht. Arten mit dünnen Gespinsten bleiben selten, weil sie stärker parasitiert werden. Da Reste der von den Raupen gefertigten Gespinste oft bis zum nächsten Jahr an den Bäumen hielten, war dieser Befund in sich schlüssig; aber keine Erklärung dafür, dass Massenvermehrungen nur zwischendurch auftreten. Wenn die Gespinste so gut schützen, sollten sie doch Jahr für Jahr diesen Schutz bieten und den Traubenkirschen-Gespinstmotten anhaltend hohe Häufigkeit ermöglichen. Mit meinem Ergebnis war ich also noch weit entfernt von einer Erklärung der Bestandsdynamik dieser Gespinstmotten.

Aber ich hatte ein Verhalten von Raupen dieser Gespinstmotte bemerkt, das richtig überraschend war. In Jahren mit geringer Häufigkeit verpuppen sich die Raupen in kleinen, eher lockeren Gruppen im letzten Gespinst, in dem sie die Traubenkirschen befressen hatten. Nur wenn es eine Massenvermehrung gegeben hat, ballen sich die Raupen zu Tausenden zusammen und bilden dichte Knäuel. In diesen verpuppen sie sich. Nach wenigen Tagen liegt Puppe an Puppe in mehreren Schichten übereinander. Wie kommen diese Puppenmassen aber zu einem schützenden Gespinst, das sie außen umgibt und so dicht ist, dass normale Frühsommerregen nicht durchdringen? Ich beobachtete genauer und fand schnell heraus, wie das umhüllende Außengespinst zustande kommt. Raupen spinnen es, die sich nicht verpuppten. Sie erzeugten den Schutz und gingen zugrunde. Manche wurden bei dieser Tätigkeit auch noch von Schlupfwespen angestochen und parasitiert. Sie starben damit gleichsam einen doppelten Tod. Die Larven der Parasiten fraßen sie innerlich aus, aber auch ohne diese langsame Tötung wären sie verhungert und vertrocknet. Zum Verpuppen hätte es für sie nicht gereicht. Warum, das zeigte sich im Verhältnis zwischen der Größe der Kopfkapsel und der Dicke des Körpers der Raupen. Ihre Köpfe schienen zu groß bzw. ihre Körper zu dünn. Sie waren Hungerraupen. Beim Kahlfraß der Bäume war für sie nicht mehr genügend übrig geblieben. Dass sie die Rinde an den dünnen Ästen zu fressen versuchten, reichte für viele nicht, um die Reserven im Körper anzulegen, die für die Verpuppung und die Verwandlung zum Schmetterling nötig sind. Was sie noch an Reserven hatten, investierten sie zum Schutz ihrer Artgenossen, indem sie deren Kokons mit einem dichten Außengespinst überzogen.

Bei geringem Befall ohne Nahrungsmangel gab es solche Hungerraupen nicht. Dementsprechend blieb der Schutz für die Puppen dürftig, den die einfachen Raupengespinste boten. Die Parasiten hatten somit ausgerechnet im Zustand geringer Bestandsgrößen den besseren Zugang zu den Raupen und Puppen. Das war ein unerwartetes, weil vom Üblichen, in den Lehrbüchern Beschriebenen abweichendes Ergebnis. Lag es also an der Parasitierung, dass in der Mehrzahl der Jahre die Gespinstmotten an den Traubenkirschen unauffällig blieben? Setzte die Regulierung durch die Parasiten nicht beim Massenvorkommen an, sondern bereits in der Phase der Seltenheit? Wenn ja, wie kamen dann die Traubenkirschen-Gespinstmotten doch immer wieder aus ihren Bestandstiefs zur Massenvermehrung? Der abgegriffene, gleichwohl oft so zutreffende Satz »Die Natur ist eben viel komplizierter!« durchzog meine Forschungen an den Gespinstmotten; mit den Jahren wuchs sein Gewicht. Mit kurzfristigen Untersuchungen in einem Jahr oder einigen wenigen war das Leben der Gespinstmotten nicht zu verstehen. Denn nun entdeckte ich einen anderen Mechanismus, der gar nicht so überraschend erschien, nachdem ich ihn erkannt hatte. Die aus den Puppenmassen geschlüpften Weibchen der Traubenkirschen-Gespinstmotten waren, wie genaue Messungen ergaben, beträchtlich kleiner als solche aus Zuchten mit geringer Raupenhäufigkeit. Nach eingehenden Untersuchungen stellte sich heraus, dass sie nur wenige oder gar keine Eier entwickelten. Beim Massenbefall der Traubenkirschen mit Kahlfraß hatten sie sich offenbar nicht ausreichend ernähren können. Zur Verpuppung reichte es, danach aber nur zu kleinen Gelegen oder zu gar keinen mehr. Die Verknappung der Nahrung wirkte ungleich stärker auf die nächste Generation als die Feinde.

Nun verstand ich, warum auf ein Jahr mit Kahlfraß im nächsten zumeist nur geringer Befall folgte, auch wenn die Frühjahrswitterung günstig verlief. Er blieb ähnlich schwach, wie nach Jahren mit sehr geringem Befall. War dieser aber gerade so stark, dass die allermeisten Raupen satt geworden waren, als es Zeit für die Verpuppung war und nur wenige Hungerraupen übrig blieben, kam es im nächsten Jahr tatsächlich wieder zu starkem Befall. Die Nahrung wirkte somit nicht nur absolut begrenzend, sondern auch relativ über die Fruchtbarkeit der Weibchen. Und noch immer war das komplexe Netzwerk nicht durchschaut. Es wurde komplizierter und komplizierter, so dass ich meine Untersuchungen beinahe aufgeben wollte, weil sich immer wieder neue Verwicklungen ergaben. Die weitere Bestandsentwicklung hing auch davon ab, wann genau im Frühjahr die Hauptmenge der Räupchen aus den Eiern schlüpft. Sie entwickeln sich darin gleich nach der Eiablage im Juli, bleiben aber bis zum nächsten Frühjahr in den Eihüllen. Die Zeit für das Schlüpfen gibt die Frühjahrswitterung vor. Sie bewirkt in Verbindung mit der zunehmenden Tageslänge, dass zwischen Ende März und Mitte April die Traubenkirschen austreiben. Die kurz nach dem Austrieb geschlüpften Räupchen fangen an, die weichen, erst ein bis zwei Zentimeter groß gewordenen Blättchen zu befressen. Nach wenigen Tagen bilden sie erste Gespinste. Solche haben sie in der Wechselhaftigkeit der Frühjahrswitterung bitter nötig. Sie schützen vor Regen und Graupelschauern sowie vor spätem Nachtfrost, sofern dieser nicht zu stark ausfällt. Wiederum war dies ein in sich schlüssiger Befund, aber kein ausreichender. Denn die Gespinstmotten setzen nicht allein auf das optimale Timing zum Austrieb der Traubenkirschen. Manche Räupchen schlüpfen später im April. Diese Verteilung über mehrere Wochen bewirkt, dass immer dann, wenn der mit dem Blattaustrieb synchron geschlüpfte Hauptbestand der Ungunst der Witterung zum Opfer fällt, eine Reserve da ist. Sie bleibt meistens unauffällig, garantiert aber langfristig das Überleben. Verläuft das Frühjahr ohne Schnee und Kälte im April günstig, hat die Reserve das Nachsehen. Sie wird durch ihre Verspätung dazu gezwungen, das Einspinnen der Puppen vorzunehmen, ohne sich selbst noch verpuppen und weiter fortpflanzen zu können. Zwischen den »frühen« und den »späten« Raupen gibt es zudem welche, die weder der einen noch der anderen Gruppe zuzurechnen sind. Je nach allgemeiner Häufigkeit und Verlauf der Frühjahrswitterung führen sie dazu, dass bei weitem nicht alle Gespinstmotten gleichzeitig schlüpfen. Es bleibt eine Schwankungsbreite von einigen Wochen erhalten. So kommen die Traubenkirschen-Gespinstmotten mit der Wechselhaftigkeit der Witterung zurecht. Nur wenn alles bestens passt, kommt es zur scheinbaren Massenvermehrung. Scheinbar deswegen, weil sich die Raupen selbst ja nicht mehr vermehren. Lediglich ihre Überlebenschancen sind durch die Gunst der Umweltverhältnisse gestiegen. Dann stehen in der zweiten Maihälfte oder Anfang Juni die Traubenkirschen als silbrig glänzende Skelette im Auwald – oder im Stadtpark, wo sogleich der Einsatz von Gift erwogen wird. Ganz unnötig, wie man alsbald sieht, wenn man nur ein paar Wochen wartet. Die kahlgefressenen Bäume treiben wieder aus. Die neue, im Juni kommende Blattgeneration fällt dann so makellos und leistungsfähig aus, dass sich später in den Jahresringen praktisch kein Unterschied mehr zwischen einem Normaljahr und einem mit Kahlfraß durch die Gespinstmottenraupen erkennen lässt.

Insektenforschung und Artenschutz

Verwundert es, dass mich diese Motten nicht mehr losließen? Ich wollte nun auch dahinterkommen, warum sich die anderen Arten so unterschiedlich verhalten. Die Pfaffenhütchen-Gespinstmotten entwickelten eine andere Form von relativ wirksamem Schutz gegen Parasitierung der Puppen. Die zur Verpuppung bereiten Raupen spinnen eine dünne, längliche Seidenblase, in die hinein sie sich, nur an zwei Fäden befestigt, einzeln hängen und im spindelförmigen Kokon verpuppen. Der Abstand zwischen der luftballonartigen äußeren Hülle und der Puppe ist etwas größer als der Legestachel der Schlupfwespen lang ist. Ein Wunderwerk, muss man feststellen, wenn man sich so eine Puppenwiege im Detail ansieht.

Alle Jahre wieder schaute ich nach den Gespinstmotten, vergab auch eine Diplomarbeit darüber und wunderte mich, der ich dies eigentlich nebenbei machte, warum so wenig Interesse an der Biologie heimischer Insekten unter meinen Kolleginnen und Kollegen an der Universität bestand. Lag es daran, wie ich stark vermute, dass man heutzutage einfach nicht genügend Zeit hat? Auf die Schnelle lässt sich das Leben der allermeisten Tiere nicht erforschen. Die neun Monate, die einer Diplomarbeit zugebilligt werden, reichen allenfalls dazu aus, einen ersten Einblick zu gewinnen. Es muss schon sehr viel vorab bekannt sein, dass mit einem halben Jahr Freilandarbeit nennenswert Neues gefunden wird. Auch eine zwei oder drei Jahre dauernde, mit einem Doktorandenstipendium ausgestattete Doktorarbeit würde nur wenig tiefer eindringen können in die Lebensweise von Insekten. Die große Zeit der Freilandforschung ist längst vorüber. Die grundlegenden Arbeiten waren, offenbar ohne Beschränkung durch knappe oder vorgeschriebene Zeit, bereits im 19. Jahrhundert durchgeführt worden. Davon zehren wir bis heute. Nur bei Schädlingen ist es anders. An ihrer Biologie arbeitet moderne Forschung, in der es freilich fast immer um die chemische oder bakteriologische Bekämpfung geht. Von wenigen Universitäten abgesehen ist Insektenbiologie weitgehend Domäne privater Forschung von Amateuren, neuerdings Citizen Science genannt. Ohne staatliche oder institutionelle Forschungsmittel, aber mit größtem Engagement und eigener Finanzierung arbeiten diese Amateure. Allzu oft werden sie von den Natur-

Insektenforschung und Artenschutz 525

schutzbehörden dabei massivst behindert, wenn die Arten formal geschützt sind. Die »Roten Listen der gefährdeten Arten« schweben wie ein Damoklesschwert über den Amateuren. Ihre Kenntnisse hatten die Einschätzung von Verbreitung und Häufigkeit oder Seltenheit ermöglicht, deren sich die Naturschutzbehörden bedienen. Die Einschränkungen und Verbote des Naturschutzes treffen nun genau diese Amateure am allermeisten; oft sogar nur sie, weil Land- und Forstwirtschaft, Kommunen und öffentliche Tätigkeiten oder Einrichtungen wie die Straßen- und Gebäudebeleuchtung, die im Sommer Millionen von Insekten Nacht für Nacht das Leben kostet, von den Schutzbestimmungen ausgenommen sind. Der Artenschutz trifft im Bereich der Insektenkunde, der Entomologie, genau diejenigen, die am Schutz der Insekten am stärksten interessiert sind und die Grundkenntnisse dafür liefern. Der behördliche Naturschutz will sie nur dann haben, wenn es ihm um eigene Probleme geht, etwa um irgendwelche Baumaßnahmen zu verhindern. Willkommen sind und öffentlich verbreitet werden hingegen Computermodelle, aus denen angeblich hervorgeht, wie sich Verbreitung und Häufigkeit von Insekten bei Erwärmung des Klimas um zwei Grad Celsius verändern, obwohl für keine Art eine direkte Temperaturabhängigkeit nachgewiesen ist. Man nimmt einfach die gegenwärtig bekannte Verbreitung und tut so, als ob diese nur von der Temperatur bestimmt wäre. Und als ob es die ungleich stärkere Variabilität der Witterung gar nicht gäbe.

Auf die vielfach vorgetragenen Klagen der Amateure reagieren die großen Naturschutzverbände kaum, allenfalls lustlos oder mit der Alternative, Naturspaziergänge für Kinder und Jugendliche anzubieten. Die Naturschutzbehörden sehen keine Notwendigkeit, den groben Unfug, der angerichtet worden ist, zu beseitigen; im Gegenteil. Ein Vertreter des bayerischen Umweltministeriums erklärte im Mai 2015 bei einer Veranstaltung zu diesen Naturschutzfragen in der Bayerischen Akademie der Wissenschaften: »Den Professoren fällt doch kein Zacken aus der Krone, wenn sie Ausnahmegenehmigungen beantragen müssen!« Als ob es um die wenigen Professoren ginge, die sich überhaupt noch mit der heimischen Fauna befassen. Die maßlos überzogenen und zudem völlig unwirksamen Artenschutzbestimmungen treffen die Kinder und Jugendlichen, wenn sie anfangen, sich für die Natur zu interessieren, und die vielen Amateure ohne Forschungsinstitut mit entsprechender Reputation im Hintergrund. Mit ihren Forschungen in der Natur müssen sie sich sehr häufig in der Grauzone zwischen noch Erlaubtem und Verbotenem bewegen. Wie aber sollen Insekten genau bestimmt und damit auch in ihrer Verbreitung und Häufigkeit erfasst und über die Jahre mitverfolgt werden, wenn man sie ohne Ausnahmegenehmigung der Naturschutzbehörde nicht einmal zur genaueren Betrachtung fangen und danach wieder freilassen darf? Für die Untersuchung mit Giften der Landwirtschaft bereits totgespritzte Insekten oder solchen, die an der Straßenbeleuchtung zugrunde gingen, sind Ausnahmegenehmigung nötig, so es sich um Arten der »Roten Listen« handelt. Was man häufig erst weiß, wenn bereits genau bestimmt wurde. Dass ausgerechnet die an der Natur Interessierten dem Anfangsverdacht der Naturschädigung ausgesetzt sind, obgleich dies bisher niemals nachgewiesen wurde, während die von den Artenschutzbestimmungen freigestellten Nutzer uneingeschränkt und unkontrolliert töten und vernichten können, ist einfach ein verrückter, ein gesellschaftspolitisch untragbarer Zustand. Je mehr ich mich mit den Insekten und ihrer Biologie befasste, desto deutlicher wurde dieser von den Naturschützern selbst herbeigeführte Irrwitz. Die von ihnen angestrebten Schutzbemühungen richteten sich gegen sie selbst und, was noch viel schlimmer ist, gegen die kommenden Generationen. Zugang zur Natur aus reinem Interesse ist nur noch über Ausnahmegenehmigungen zu bekommen, Naturentdeckung, Freude an Tieren und Pflanzen sind genehmigungspflichtig. Natur soll Fassade bleiben. Der böse Mensch muss von ihr ferngehalten werden. Kinder und Jugendliche sind allemal schlechter dran als jene Professoren, denen kein Zacken aus der Krone fallen sollte, wenn sie sich für ihre Forschungen die Genehmigungen erteilen lassen (müssen). Nicht für solche an Affen oder Labortieren mit Krankheits- oder Todesfolge der Experimente, sondern für die in aller Regel gänzlich harmlose, jedenfalls minimalinvasive ökologische und biologische Freilandforschung, welche doch die unabdingbare Voraussetzung für den Naturschutz ist. Verhältnismäßig gut haben es allein die Ornithologen, weil sie mit Ferngläsern aus der Distanz beobachten und zählen. Die Fernglasornithologie reicht aber nicht mehr aus, wenn es um Bruterfolg geht, also braucht es Nestkontrollen, auch der Nistkästen im eigenen Garten, denn Kohlmeisen sind Singvögel und fallen wie auch die Amseln und Spatzen unter die europäische Vogelschutzrichtlinie, oder um die Feststellung vom Befall mit Parasiten oder Erkrankungen von Vögeln. Die Naturschutzbehörden müssen genehmigen. Damit verhindert der behördliche Naturschutz, dass bekannt wird, was tatsächlich mit der bedrohten Natur geschieht.

Die Entwicklung im Naturschutz gehört zu meinen frustrierendsten Erfahrungen. Die anfängliche Euphorie, dass sich mit dem europäischen Naturschutzjahr 1970 und den neuen Gesetzen und Verordnungen die Verhältnisse nachhaltig verbessern würden, musste der Ernüchterung darüber weichen, dass dem nicht nur nicht so war, sondern – von Tierarten abgesehen, die bejagt worden waren – der neue Schutz letztlich nur die Naturfreunde traf, nicht die Verursacher des Artenschwundes. Was hätte ich als Kind und Jugendlicher alles nicht machen können, hätten damals bereits die heutigen Bestimmungen gegolten! Nie und nimmer wären einem Schüler die jetzt nötigen Ausnahmegenehmigungen erteilt worden. Wäre ich überhaupt Zoologe geworden? In welchem Verhältnis steht der Frosch, dem ich in der späten Kindheit den Kopf abgeschnitten hatte, um ganz nach Lehrbuch bei geöffnetem Körper das schlagende Herz und den Blutkreislauf zu sehen, zu den Zigtausenden in der Folgezeit von den Autos auf den Straßen überfahrenen und von der Landwirtschaft in und mit den Laichgewässern vernichteten Fröschen und Kröten? Der eine von mir selbst getötete Frosch prägte eine lebenslange Haltung zum Tierexperiment und hielt mich dazu an, nach Möglichkeit alles zu vermeiden, was die Lebewesen, deren Leben mich interessierte, schädigte oder tötete. Dass ich mit dem eigenen Auto bei aller Vorsicht, weil ich die Stellen kannte, doch gelegentlich Frösche und Kröten überfuhr, ließ sich nicht vermeiden. Dass aber Laichgewässer einfach zugeschüttet wurden, weil solche »Wunden in der Landschaft« entfernt werden mussten, oder die Anlage neuer in geeigneter Lage mit genau dieser Begründung abgelehnt wurde, hätten Naturschützer verhindern können, auf jeden Fall aber bekämpfen müssen. Der große Niedergang der Amphibien fand bereits in den 1970er Jahren mit den Flurbereinigungen statt, in deren Folge die neuen Bewirtschaftungsformen der Fluren eingeführt worden waren. Auch die kleinen Kiesgruben, in denen ich die Wasserschmetterlinge untersucht hatte, fielen diesen Entwicklungen zum Opfer. Tausende Erdkröten, Hunderte Grasfrösche, viele Molche aller drei Arten, Kamm-, Berg- und Teichmolch, hatten sich darin fortgepflanzt, aber es galt, diese »Wunden in der Landschaft« zu schließen und zu begrünen anstatt sie als Wunder in der Landschaft zu erhalten. Neue Kleinkiesgruben durfte es nicht mehr geben. Nicht nur die Frösche, Kröten und Molche, sondern auch viele Libellen und andere Wasserinsekten landeten in den »Roten Listen der gefährdeten Arten«.

Das wurde mir allerdings erst allmählich bewusst; in den 1970er Jahren war ich noch glühender Naturschützer. Mit so viel eigener Forschung wie möglich wollte ich zum Schutz der Natur beitragen. Das will ich auch weiterhin. An meiner Einstellung hat sich nichts geändert, auch wenn wir, die Naturschützer der Sturm-und-Drang-Zeit der 1970er Jahre, die Geister nicht mehr loswurden, die wir riefen. Im Faust'schen Sinne wandten sie sich gegen uns, weil es all jene, die wirklich vernichtend wirken in der Natur, höchst elegant schafften, sich von den Beschränkungen und Verboten befreien zu lassen. Und so richtet sich der Naturschutz gegen uns Naturschützer, die jedes Käferchen schonen und bereits bei der Stechmücke zögern, ob sie zuschlagen sollen.

Wildkaninchen

In den Auwäldern am unteren Inn zogen neben den Gespinstmotten auch die Wildkaninchen für ein paar Jahre mein Interesse auf sich. Im Frühsommer 1968 fielen sie mir erstmals auf. Das war etwa zur Zeit der Gespinstmotten und auch nicht weit von deren Befallsgebieten entfernt. Kaninchen sehen reizend aus. Ihr Verhalten wirkt fast immer irgendwie spielerisch. Gern schaute ich ihnen zu. Als fortgeschrittener Student mit starken Interessen an der Ökologie betrachtete ich sie zudem ganz neutral als Verbesserung der Nahrungsbasis für die so selten gewordenen Greifvögel wie den Habicht. Auch Füchse, die von den Jägern extrem verfolgt wurden, würden von den Kaninchen profitieren. Davon ging ich aus. Dass sie sich rasch vermehrten, empfand ich als Bestätigung meines Wissens über Ausbreitung und explosive Zunahme der Kaninchen in Australien, nachdem sie aus Europa dort eingeführt worden waren – und bei uns ein Lehrbuchbeispiel dafür ergaben, was fremde Arten anrichten. Es war ganz spannend, mit meinen Fahrradexkursionen zu verfolgen, wie und wo sich die Kaninchen im Auwald vermehrten und neu ansiedelten. Für ihre unterirdischen Baue eigneten sich nur wenige Stellen, weil fast überall das Grundwasser sehr hoch stand. Attraktiv waren die Dämme und das Aushubmaterial von Kiesgruben in der Au. Die Bestandsentwicklung verlief in den ersten Jahren tatsächlich wie nach Lehrbuch. Ein örtlicher Bestand, der sich um ein paar neue Baue herum entwickelte, die zugewanderte Kaninchen gegraben hatten, wuchs und wuchs. Stellenweise traf ich bis zu hundert Kaninchen gleichzeitig an. Große und kleine, vor allem viele kleine. Ein paar Monate später waren die Kaninchen aber verschwunden. Davor hatte ich wiederholt welche gesehen, die mit geschwollenen Köpfen herumtorkelten und nicht mehr aus den Augen schauen konnten. Die berüchtigte Kaninchenseuche, die Myxomatose, hatte die Kolonie erfasst und dahingerafft. Aber rechtzeitig vorher waren Kaninchen abgewandert. Die Kolonie hatte Ableger, Tochterkolonien, gegründet. Etwa fünf Jahre ging das so. Die Kaninchenvorkommen breiteten sich dabei in den Auen entlang des Inns über eine Strecke von etwa fünfundzwanzig Kilometer aus. Tochterkolonie um Tochterkolonie entstand, während die Mutterkolonien von der Myxomatose dezimiert oder ganz vernichtet wurden. Mitte der 1970er Jahre waren die Kaninchen jedoch wieder selten geworden. Anfang der 1980er Jahre gab es sie nicht mehr. Sie waren weg, als hätte es sie nie gegeben. Kein ökologisches Modell sagte so ein Verschwinden voraus. Auf überzeugende Gründe kam ich trotz meiner guten Ortskenntnisse nicht. Hatte ich bei der Ankunft der Kaninchen geglaubt, der Bau eines Stausees wenige Jahre vorher sei die Ursache für ihr Kommen gewesen, so stand ich nach ihrem Verschwinden vor einem Rätsel. Ihre Ansiedlung lag wohl doch nicht an den Veränderungen im Grundwasserstand, wie ich angenommen hatte. Bis heute habe ich nicht den Schimmer einer Ahnung, was ihr Kommen und ihren Untergang verursacht haben könnte.

Rehe

Manch anderes lief in den Auen auch nicht so, wie angenommen oder gewünscht. Der Auwald war Niederwald, Jungwuchs eigentlich, weil die Nutzungsabstände, die Umtriebszeiten zur Gewinnung von Brennholz, nur fünfzehn bis höchstens dreißig Jahre betrugen. Dementsprechend gab es lediglich einige wenige alte Schwarzpappeln in den Auen im niederbayerischen Inntal. Eichen wuchsen in eindrucksvollen Einzelstücken draußen auf den Fluren oder bei den Gehöften. In deren Schatten ließen sich früher die Bauersleute und ihre Erntehelfer zu den Brotzeiten gern nieder. Im Herbst kamen die Rehe, um von den Eicheln zu fressen. Sie schätzten den Auwald weit weniger als die offenen Felder. Das war für mich überraschend, als ich diesen Befund meinen Zählungen zur Häufigkeit und jahreszeitlichen Verteilung der Rehe entnahm, weil ich den Auwald für das Attraktivste überhaupt in unserer Natur hielt. Doch auf den offenen Fluren scharten sich die Rehe im Herbst zu Gruppen zusammen. Mancherorts bildeten sie Rudel mit über siebzig Stück. Sie wirkten auf Distanz wie eine afrikanische Gazellengruppe. Kam eine Störung, etwa ein Traktor, der auf die Felder hinausfuhr, flüchteten die Rehe nicht etwa in den Auwald oder in den Forst, sondern wichen im Bogen aus und blieben auf der Flur. So verhielten sie sich den ganzen Winter über bis ins Frühjahr hinein. Danach verteilten sie sich die Fortpflanzungszeit über unauffällig. Viele blieben an den Feldhecken. Die Flur sagte ihnen offenbar zu; mehr als der Auwald, wie ich immer deutlicher erkennen musste. Ich fing an oder versuchte es zumindest, den Auwald nicht mehr mit dem angelesenen Vorurteil zu betrachten, dass er der artenreichste und produktivste Waldtyp der klimatisch gemäßigten Breiten sei. An den Fakten musste ich mich offensichtlich orientieren. Die Rehe, die sich im Auwald tagsüber aufhielten, kamen abends heraus und ästen auf Wiesen und Feldern. Die Jäger hatten ihre Hochsitze deshalb fast all am Aurand mit Richtung auf die Flur aufgestellt. Wenn die Rehe abends herauskamen, zogen sich die Fasane gerade von den Feldern zurück. Mit lautem Geschrei und polterndem Flug baumten sie auf, wie die Jäger das Anfliegen der Baumkronen nennen, auf denen die Fasane übernachten. Im Winter flogen die Fasane meistens weiter hinein in den

Auwald zu dichteren Buschgruppen, weil im blattlos kahlen Zustand die Bäume am Rand zu wenig Schutz boten. Um Deckung, um Schutz vor Störungen, um die Scheu und die Bejagung ging es offenbar beim Wild in erster Linie. Wer nicht scheu sein musste, konnte ein anderes, besser auf die natürlichen Gegebenheiten bezogenes Verhalten zeigen. Ich vertiefte mich zunehmend in das tages- und jahreszeitliche Leben von Rehen und das von Bibern, deren Wiedereinbürgerung in Bayern ich wissenschaftlich mit betreut hatte. Rehe waren scheu, sehr scheu. Von der von den Jägern so genannten Bockzeit im Frühsommer bis in den Januar waren sie rund drei Viertel des Jahres dem Druck der Bejagung ausgesetzt. Die Biber wurden nicht bejagt; auch ihre Verwandten in Schweden waren geschont. Sie hatten keinen besonderen Grund, den Menschen gegenüber scheu zu sein wie die Rehe. Beide sind etwa gleich schwer. Alte Biber übertreffen die mitteleuropäischen Rehe jedoch sogar beträchtlich an Gewicht. Die langen, sehr dünnen Beine lassen die Rehe größer erscheinen, als sie das ihrer Körpermasse nach tatsächlich sind. Beide Arten ernähren sich ausschließlich von Pflanzen. Die Rehe nehmen gern Knospen und schälen insbesondere im Winter Baumrinde. Diese ist für die Biber im Winterhalbjahr sogar die alleinige Nahrung. Rehe sind Wiederkäuer mit kleinem Magen (Pansen) und benötigen wiederholte Nahrungsaufnahme pro Tag. Biber sind Nagetiere mit besonderen Blinddärmen, in denen Bakterien einen Großteil der Zersetzung und Verwertung von pflanzlicher Nahrung leisten. Rehe haben mit ihrem grazilen Körper eine auf ihr Gewicht bezogen sehr große Oberfläche mit entsprechend starkem Wärmeverlust. Biber hingegen sind so kompakt gebaut und in ein so dichtes Fell gehüllt, dass von ganz extremen Fällen abgesehen nicht Auskühlung ihr Problem ist, sondern der Wärmestau im Körper. Kurz, es handelt sich um zwei Pflanzenesser mit höchst unterschiedlichem Körperbau und Verhalten. Die genauere Betrachtung der einen Art schärft den Blick auf die andere. Und auf die Umweltbedingungen, unter denen sie insbesondere im Auwald leben.

Warum die Rehe im Winter lieber draußen auf der freien Flur blieben, als den zweifellos besseren Schutz des Auwaldes vor den Unbilden der Witterung aufzusuchen, wurde schnell klar: Sie ernährten sich von den Wintersaaten, von Winterweizen und Roggen, die im Herbst bereits gesät worden waren, gekeimt hatten und viele große wintergrüne Flächen auf den Fluren bildeten. In der Au hingegen herrschte winterliche Dürre in der Vegetation. Das einzige für Rehe erreichbare frische Grün steckt in der Rinde der Bäume und Sträucher sowie in den Knospen, so weit ihre Mäuler in die Höhe reichen. Fraßen sie davon, erzeugten sie aus der Sicht der Förster und Waldbesitzer Schäden. Die großen Felder mit grünen Wintersaaten vertrugen hingegen den Verbiss. Das Wintergetreide gehört auch zu den Gräsern, und wie diese ganz allgemein hält es ziemlich viel Wildverbiss aus. Zudem ist es nahrhafter als das in den Auen in großem Umfang vorhandene dürre Zeug abgestorbener Blätter und Halme der Vegetation des vergangenen Jahres. Von dieser wollen auch die Biber nichts wissen. Sie fällen sich vielmehr mit erheblichem Kraft-, also Energieaufwand Bäume, um an die nahrhafte Rinde oben an den Ästen und Zweigen zu kommen. Davon ernähren sie sich im Winter ausschließlich, wie oben betont. Da die bevorzugten Baumarten zu den forstlich wenig geschätzten Weichhölzern gehören, die meisten von selbst aufwachsen und nicht angepflanzt worden sind, wird der Verbiss durch die Biber in aller Regel hingenommen. Dass es Ausnahmen gibt, verwundert kaum. Denn vordem nutzlose Weiden und Pappeln werden bekanntlich plötzlich wertvoll, wenn Schadenersatz winkt, etwa aus dem staatlichen Biberfonds. Bei den Rehen zahlen die Jäger den Wildschaden; im Prinzip zumindest. Rehe und Biber entschieden sich also, so der Befund, für die jeweils ergiebigste Nahrung in der Zeit der Knappheit. Dass für beide der Winter gar kein so großer Engpass sein muss, keine Notzeit für das Wild, wie nicht nur in Jägerkreisen angenommen wird, brachten die ökologischen Befunde für den Auwald zutage. Er enthielt zwar tatsächlich weit weniger frisches grünes Pflanzenmaterial pro Fläche als die Flur mit den Wintersaaten. Aber am dürftigsten war der Hochwald im Forst. Wurden die Rehe durch starke Bejagung scheu gemacht und dorthin abgedrängt, verursachten sie in den Schonungen Schälschäden. Solange die Auen nach der parzellenförmigen Niederwaldnutzung ohne Nachpflanzen von Bäumen selbst wieder aufwuchsen, gab es darin keine Wildschäden, aber wegen des geringeren Nahrungsangebotes auch beträchtlich weniger Rehe als auf der so nahrhaften Flur. Dort, auf weithin offenem Feld, hatten sie Übersicht und konnten auf für sie noch sichere Distanz abschätzen, ob das, was sich näherte, gefährlich war oder nicht. Sie mussten kaum unnötige Fluchten machen, die im Winter bei Schneelage erhöhte Energiekosten bedeuten. Sie fraßen am Tag, wann sie Hunger hatten, und mussten nicht auf den Schutz der Dunkelheit warten. Das waren die guten Jahre für die Rehe. Sie währten nicht lange, nur etwa zwei Jahrzehnte. Denn die Maiszeit war angebrochen und mit ihr der winterliche Vollwüstenzustand der Fluren. Vom niederbayerischen Inntal aus startete der mit vielen Millionen Steuermittel subventionierte Siegeszug des Maisanbaus. Zuerst ging es um Schweinemast mit Körnermais und Silage, dann zunehmend um Biogas als grüne Energie. Die Rehe drängte diese Entwicklung in die Auwälder und Forste ab, wo sie immer stärkerer Bejagung ausgesetzt und in manchen Staatsforsten fast bis zur Ausrottung dezimiert wurden. Da sich die Ernährungsverhältnisse im Forst aber nicht nur nicht verbesserten, sondern in dem Maße verschlechterten, in dem die Bewirtschaftung auf Rückegassen mit Einzelstammnutzung umgestellt wurde, verringerte sich der Verbiss kaum. In diesen schmalen, den Kronenschluss kaum öffnenden, aber langen, tief in die Forste hineinführenden Schneisen wuchert nun zwar im Sommer und Herbst das Drüsige Springkraut *Impatiens glandulifera* massenhaft, aber die Rehe mögen es nicht, und im Winter finden sie in einem so genutzten Forst fast nichts an geeigneter Nahrung. Daher müssen sie in der Nacht sehr viel mehr als zu der Zeit, in der sie in großen Rudeln auf den Feldern überwinterten, kreuz und quer herumziehen auf der Suche nach Nahrung. Das steigert die Häufigkeit der Wildunfälle. Die Jäger reagieren darauf mit Winterfütterungen und Anlockung mit Salzsteinen, um ihr Wild im Revier zu halten. Gefüttert wird auch, wenn milde Winter überhaupt keine Fütterung rechtfertigen. Ähnliches gilt in neuerer Zeit in noch krasserer Weise für die Wildschweine. Sie profitierten vom Maisanbau. Und gelten nunmehr seit Jahren als großes Problem. Doch trotz Verzehnfachung der Abschusszahlen wachsen die Bestände der Wildschweine weiter. Die Landwirtschaft hat ihnen großflächig Schweinefutter auf den Fluren angebaut.

Veränderungen im Auwald

Zurück zu den Bibern. Die ersten waren Anfang der 1970er Jahre aus Schweden geholt und an den unteren Inn verfrachtet worden. Bis die Bestandsentwicklung langsam in Schwung kam, waren rund fünfzig weitere Biber nötig. Mit ihren Baumfällungen schufen sie Lichtungen in den neuen Auwäldern, die auf den Inseln und Anlandungen in den Stauseen heranwuchsen. Anders als die Auen außerhalb unterlag der neue Auwald keiner forstlichen oder sonstigen Nutzung. Einzig Biber und Hochwässer wirkten auf ihn ein. Echte Urwälder entstanden. Die Bezeichnung »Urwald« trifft auf sie ganz uneingeschränkt zu, weil nichts gepflanzt oder durch Nutzungsinteressen verändert wurde. Der neue Wald konnte wachsen, wie er wuchs. In den ältesten Stauräumen von 1942/43 läuft die Urwaldentwicklung seit einem Dreivierteljahrhundert. Das ist jetzt gut die doppelte bis dreifache Zeitspanne, die den als Niederwald genutzten Auwaldflächen außerhalb der Dämme im Schlagrhythmus von fünfzehn bis dreißig Jahren zur Verfügung stand. Vergleiche lassen sich nunmehr ziehen. In den 1970er Jahren, als die Biber tätig wurden, war dies noch verfrüht bzw. mit zu wenig Kenntnissen zu so einer Auwaldentwicklung verbunden. Die neuen Weiden- und Erlenwälder entsprachen im Alter damals etwa den Schlägen im Auwald des nicht mehr vom Hochwasser beeinflussten Dammvorlandes, die gerade wieder hiebreif geworden waren. So ähnlich sie einander äußerlich auch gewesen sein mochten, die Vogelwelt zeigte deutliche Unterschiede an. So sangen etwa 180 der rund 200 Schlagschwirle *Locustella fluviatilis*, die es damals am unteren Inn gab, in den als Niederwald bewirtschafteten Auen außerhalb der Dämme und nur die restlichen zwanzig innerhalb auf den neuen Anlandungen. Der Schlagschwirl war eine Besonderheit. Zwar ließ er sich kaum jemals anschauen, so verborgen pflegten die Männchen im Jungwuchs der Grauerlen zu singen, aber der wetzende, nähmaschinenartige und mehr an ein Insekt als an einen Vogel erinnernde Gesang war unverkennbar. Dass Schlagschwirle in den Innauen zu hören waren, zog viele Ornithologen an, die wenigstens seinen Gesang einmal gehört haben wollten. Ich konnte den Gästen, die bis aus Nord- und Westdeutschland angereist waren, an bestimmten Stellen sogar alle drei Arten der

Schwirle vorführen: das Wetzen der Schlagschwirle, die anhaltend klirrenden Strophen des Feldschwirls *Locustella naevia* und die trocken hölzern, schier endlos vorgetragenen des Rohrschwirls *Locustella luscinoides*. Für »Ornis« waren solche Schwirlabende Sternstunden. Wie sehr ich den Schwirlen zwei Jahrzehnte später nachtrauern würde, hatte ich nicht ahnen können. Denn zunächst stand es sehr gut um sie. Die Innauen wurden unter Landschaftsschutz gestellt. Die illegalen Rodungen der Auwälder zum Zweck des Maisanbaus nahmen ab und hörten schließlich ganz auf. Ob es wirklich am Schutzstatus lag, bezweifelten wir, die wir die Verhältnisse kannten und über die Jahre hinweg mitverfolgten, denn es war weder kontrolliert noch bei illegalen Rodungen eine Wiederaufforstung behördlich verfügt worden. Die Landwirtschaft war und blieb privilegiert und stand dem Status von Diplomaten vergleichbar unter Immunitätsschutz. Es lag wohl mehr am unmittelbaren Interesse von Bad Füssing, dass die Auen erhalten blieben. Denn dass die Kurgäste nicht unter Maisfeldern wandeln sollten, sahen auch jene Bauern ein, die noch gern gerodet hätten, aber bereits ihr Geld mit Hotels oder der Zimmervermietung verdienten. Die Stärke der Wirtschaft und die Schwäche des Staates kamen hier lokal geradezu exemplarisch zum Ausdruck. Gegen die Angler und die Schäden an den Wasservogelbruten, die sie anrichteten, halfen die Kurgäste allerdings nicht. Sie waren damit zufrieden, dass sie Schwäne und zahme Stockenten füttern konnten. Sie wünschten dabei den Anglern nebenan guten Fang. Kurgäste brauchen Kulissen, das war klar und wurde entsprechend umgesetzt. Es gab auch Beobachtungsstellen auf den Dämmen, von denen aus man hinausschauen konnte zu den mehrere hundert Meter entfernten Inseln, über denen Lachmöwen lärmten oder Reiher und andere große Vögel flogen. Was sich dort an Vögeln tatsächlich aufhielt, ließ sich nur mit dem Fernrohr erkennen. Selbst für normale Ferngläser waren die Entfernungen zu groß. Vogelschutzgebiete in Westdeutschland, zumal im Binnenland, waren eben keine Schutzgebiete wie in Amerika, Afrika, Indien oder sogar schon in Italien. Für nicht mit guten Ferngläsern ausgestattete Besucher gab und gibt es wenig zu sehen. Das warf denn auch immer wieder Fragen danach auf, wozu so ein Schutzgebiet nötig sei, wenn man doch auf dem Wasser so schön segeln, surfen oder wenigstens, wie die Angler, mit dem Boot herumfahren konnte. Derartige Ansinnen zurückzudrängen wurde zunehmend schwieriger. Die Angler gaben ein zu schlechtes Vorbild ab, wenn sie, weil es ihnen erlaubt blieb, am Wochenende mit ihren Booten umherfuhren und nicht unbedingt mit großem Eifer angelten, sondern ihr Privileg sichtlich genossen. Ohne die Standfestigkeit der beiden Kraftwerksgesellschaften, in deren Bereichen die Schutzgebiete bayerischer- und österreichischerseits lagen, hätte sich der erreichte Schutzstatus nicht halten lassen. Da nützten offizielle Auszeichnungen wie »Europareservat« und »Feuchtgebiet von internationaler Bedeutung« kaum etwas. Tatsächlich musste »Europa« kommen und mit europäischen Naturschutzbestimmungen mehr Sicherheit gegen die Begehrlichkeiten bringen. Die Republik Österreich ließ denn auch bald einen großen Bericht über ihren Anteil am »Ramsar-Gebiet Unterer Inn« erstellen. Einen solchen hält man offensichtlich für die flächenmäßig größere deutsche Seite nicht für nötig.

Immerhin war den noch verbliebenen Auwäldern außerhalb der Stauräume durch den Landschaftsschutz und das Interesse von Bad Füssing eine Zukunft gegeben, die zu einigem Optimismus Anlass gab. Endlich, stellte ich zufrieden fest, dürfen die Auwälder weiter wachsen, weil sich die Brennholznutzung nicht mehr lohnt. Man hatte in den 1970er Jahren umfassend auf Ölheizung umgestellt. Gerodet durften oder sollten sie nicht mehr werden. Die Umwandlung zu Edellaubholzwäldern mit Eschen, Ahorn und Ulmen war kostspielig und ohne kurzzeitige Gewinnaussichten. Also blieben sie sich größtenteils selbst überlassen. Wunderbar! Meinte ich. Vielleicht richtigerweise, wenn ich ein ganzes Jahrhundert vor mir hätte, um die Entwicklung mitzuverfolgen. Was sich in den nächsten beiden Jahrzehnten tatsächlich abspielte, traf mich und meine Annahmen hart. Die Schlagschwirle verschwanden nahezu vollständig. Die Pirole, die vorher die Stimme der Tropen in den ja tatsächlich sommerlich tropischen Auen gewesen waren, wurden rar. Kuckucke riefen kaum noch. Manche Kleinvögel fehlten ganz in den Bestandsaufnahmen, die in den 1970er Jahren wenn nicht häufig, so doch noch reichlich vorhanden waren. Wie die Feldschwirle, Baumpieper und Dorngrasmücken. Schmetterlinge nahmen an Häufigkeit geradezu dramatisch ab, ebenso die Frühlingsblumen, über die ich mich seit Kindertagen gefreut hatte. Sie zu pflücken war zwar inzwischen verboten oder stark eingeschränkt, was ihnen aber offenbar nichts nützte. Die Befunde wurden erdrückend, die Einsicht schwer, aber nicht zu vermeiden. Der Hauptgrund war, dass die Auwälder einfach zuwuchsen, weil sie nicht mehr genutzt wurden. Die Niederwaldbewirtschaftung hatte jahrzehntelang ein Mosaik aus unterschiedlich alten Parzellen erzeugt. Frische Schläge vom vorausgegangenen Winter waren offen, sonnig und stellenweise sogar trocken. Wo nun der Wald aus Grauerlen und Weiden wucherte, entstand ein dichtes Einheitsgrün, an den feuchten Stellen durchsetzt von Schilf und Rohrglanzgras. In diesem Stadium der Entwicklung konnten viel weniger Arten leben als in der Zeit davor, als der Auwald genutzt worden war. Wie sich das kleinräumig auswirkte, ließ sich auf den Biberlichtungen sehen. Doch sie lagen hauptsächlich innerhalb der Stauräume und damit im Naturschutzgebiet. Die Angler, die freien Zutritt hatten, erzählten, was sie dort mitunter sahen. Zum Beispiel Fischotter, die sich offenbar anzusiedeln versuchten. Ich erfuhr von ihnen auch die Standorte von Biberburgen und die frühesten Hinweise darauf, dass sich Wildschweine auf den Inseln im Schutzgebiet aufhielten. Der Vergleich innen–außen, geschützter Auwald auf den Inseln und Anlandungen, der sich von Anfang an selbst entwickelte, und Auwälder außerhalb, bei denen die Niederwaldbewirtschaftung eingestellt worden war, ließ sich damit nur höchst unvollständig durchführen. Bei der Größe des Gebietes, die Stauseen am unteren Inn erstrecken sich über 50 Flusskilometer, hätten viele Naturbeobachter die naturschutzrechtlichen Ausnahmegenehmigungen nötig gehabt, um die Veränderungen hinreichend genau zu dokumentieren.

Im Landschaftsschutzgebiet außerhalb der Dämme gab es wenigstens keine Beschränkungen des Betretens. Es gelang mir, befreundete Ornithologen dazu zu gewinnen, auf bestimmten Strecken von Mitte April bis Ende Juni/Anfang Juli in etwa zehn- bis vierzehntägigem Abstand Singvogelzählungen frühmorgens durchzuführen, um meine Befunde aus den 1960er und frühen 1970er Jahren mit denen Mitte/Ende der 1980er vergleichen zu können. Und zwei Jahrzehnte später tat ich das nochmals. Mit verblüffendem Ergebnis. Die Zeit des intensiven Wachstums der Auwälder nach dem Ende der Nutzung hatte starke Rückgänge in der Häufigkeit der meisten Singvogelarten verursacht. Doch ein Vierteljahrhundert danach gab es mehr Vögel als zu Beginn meiner Untersuchungen, als der Auwald noch regelmäßig bewirtschaftet worden war. Es hing von der gewählten Zeitspanne ab, wie die Ergebnisse ausfielen. Vorherzusehen waren weder die Abnahme noch die Wiedererholung der Bestände gewesen. Damals zumindest; inzwischen weiß ich mehr, vor allem was die Verlässlichkeit von Prognosen betrifft. Es ergaben sich immer wieder neue Entwicklungen, unvorhergesehene Veränderungen, und sicherlich kamen auch nicht kontrollierbare Einflüsse hinzu. Beispielsweise was im Winterquartier der Zugvögel geschieht. So gab es in den letzten eineinhalb Jahrzehnten in der Sahelzone südlich der Sahara mehr und ausgiebigere Regenfälle als in den 1970er und 1980er Jahren. Vogelarten, die dort überwintern und bereits sehr selten bei uns geworden waren, nahmen daraufhin wieder merklich zu oder kamen wieder nach vielen Jahren völligen Fehlens. Längst nicht alles, was sich ändert, muss die Ursachen vor Ort haben, zumal wenn es sich um Zugvögel oder um Insekten handelt, die sich rasch und weiträumig ausbreiten. Genauso falsch wäre es, alle Verluste an Vögeln auf die Witterung während des Zuges und im Winterquartier beziehen zu wollen. Gegenwärtig lautet die Zauberformel für jegliche Veränderung »Klimawandel«. Eine wissenschaftliche Überprüfung, ob tatsächlich Zusammenhänge mit den Temperaturveränderungen (von welchen, wo?) gegeben sind, scheint gar nicht mehr benötigt zu werden, so »klar« ist der Klimawandel als Verursacher. Dabei sind, wie für Insekten, bislang für keine Vogelart die Toleranzgrenzen und Schwankungsbreiten der Außentemperaturen bekannt. Doch wozu sie untersuchen, wenn dies höchst aufwendig wäre und die allgemein akzeptierte Erklärung Klimawandel doch längst wohlfeil ist?! Man bekommt sogar viel leichter Forschungsmittel dafür als für kritische Forschungen, da diese politisch nicht opportun sind. Dank der Klimaerwärmung bleibt den tatsächlichen Verursachern der Veränderungen erspart, mit den Folgen massiv öffentlich in den Medien konfrontiert zu werden. Land- und Forstwirtschaft hätten sich keine bessere Stimmung in der Gegenwart als die in ferner Zukunft drohende Klimaerwärmung wünschen können, der jetzt alles untergeordnet und geopfert werden muss. So bleiben sie auf der Seite der Guten. Und die Naturschutzverbände arbeiten der Naturzerstörung durch die Landwirtschaft zu. Sie fördern diese mit dem von ihnen politisch erzwungenen Umstieg auf erneuerbare Energien.

Zeitströmungen

Forschungen in der Natur sind nicht frei von Zeitströmungen. Das musste ich lernen zu akzeptieren und die Anfeindungen zu ertragen, denen man ausgesetzt ist, wenn man sich die kritische Distanz bewahrt und nicht mit dem Strom schwimmt. Es ist allemal angenehmer, kontroverse Ansichten nur im engsten Fachkreis zu diskutieren, als sich gegen die längst festgefügten Meinungen stemmen zu wollen. Verebbt so ein Hype wie das »Waldsterben«, der nach zwei Jahrzehnten größter Aufregung einen sehr stillen Tod starb, war nachher niemand mit dabei gewesen. Wie immer und überall, wo etwas schiefgegangen ist. Diejenigen, die vor den maßlosen Übertreibungen gewarnt und recht behalten hatten, werden dennoch nicht rehabilitiert. Beim »Waldsterben« widerfuhr dies wissenschaftlich höchst angesehenen Professoren wie Hubert Ziegler und Otto Kandler in München. Dass ihr Urteil zutraf, spielte keine Rolle mehr, als entgegen den so sicheren Prognosen der deutsche Wald zur Jahrtausendwende nicht gestorben war. Seine Rettung war weder der Rauchgasentschwefelung noch den Autokatalysatoren zu verdanken, denn gemäß den offiziellen Waldschadenkartierungen hat sich bis in die Gegenwart am Gesundheitszustand des Waldes nichts wirklich verändert. Der Medienhype war einfach maßlos übertrieben. Aber Forschungsgelder flossen reichlich. Eine Bilanzierung ihrer Wirksamkeit steht noch aus, falls sie jemals vorgenommen werden wird. Allmählich sickert durch, dass der Wald in Wirklichkeit sehr gut gewachsen war, weil ihn diverse Abgasquellen mit Stickstoffverbindungen nährten. Was nicht nur auf die Wälder, sondern aufs ganze Land, auf ganz Mitteleuropa Jahr für Jahr davon niedergeht, entspricht der früher angestrebten Vollwertdüngung in der Landwirtschaft mit 30 bis 60 Kilogramm Reinstickstoff pro Hektar und Jahr. Entsprechend nahm der Holzvorrat in unseren Wäldern stark zu. Und dass manche Bäume zu schnell wuchsen und anfällig wurden für Sturmwurf oder Pilzbefall, war und ist nichts Neues. Wer zu gut düngt, erzeugt bekanntlich nicht das Beste. Beim »Waldsterben« hatte man einen großen Fehler gemacht: Mit der Jahrtausendwende war der Zeitpunkt des Todes zu früh angesetzt. Das machte die Prognose nachprüfbar. In den entsprechenden Kreisen schwieg man danach lieber, als eine Rechtfertigung zu versuchen. Wurde dennoch eine solche versucht, so hieß es, die Öffentlichkeit sei doch aufgerüttelt worden, und das sei gut so.

In meinem 1990 erschienenen Buch über den Tropischen Regenwald hatte auch ich mich den damaligen Prognosen angeschlossen und sein Ende bis zur Jahrtausendwende befürchtet. Dass es 25 Jahre nach dieser vom internationalen Naturschutz stammenden Prognose immer noch etwa die Hälfte des zu Beginn der 1970er Jahre vorhandenen Bestandes gibt, betrachte ich mit widerstreitenden Gefühlen. Einerseits erfreut, weil damit doch mehr zu retten ist oder sein könnte, als ich zu hoffen gewagt hatte, andererseits aber auch beschämt, dass ich leichtgläubig übernommen hatte, was als Schreckensszenario verbreitet worden war. Ich könnte es mir auch leichtmachen und argumentieren, die Übertreibung sei nötig gewesen, um überhaupt etwas zu erreichen. Das ist tatsächlich die Haltung vieler im Naturschutz. Ich will aber ehrlich sein und zugeben, dass ich selbst geglaubt hatte, was ich mit verbreitete. Zu übertreiben lag mir fern. Wahrscheinlich geht es den meisten Menschen so, die sich im Natur- und Umweltschutz engagieren. Sie glauben fest an die Befürchtungen. Sie müssen es, weil sie so gut wie nie selbst nachprüfen können, wie es sich tatsächlich verhält oder verhalten hat. Die Primärdaten sind ihnen nicht zugänglich, aus denen die Szenarien entwickelt werden. Und selbst wenn sie die Daten hätten, wüssten sie nicht, wie diese zustande gekommen sind. Wie wurden sie erhoben? Wie verlässlich sind sie? Jeder Schritt, jede Nutzung von Information ist mit Glauben verbunden. Und mit der Hoffnung, dass von Anfang an alles seriös ablief, nichts manipuliert wurde und alle weiteren Schlussfolgerungen ihre Richtigkeit haben. Bei Angaben, die von Naturschutzverbänden verbreitet werden, empfiehlt es sich, davon auszugehen, dass solche ausgewählt wurden, die das Anliegen der Naturschützer bekräftigen. Was nicht zu den Ansichten passt, wird nicht verwendet. Aber so ist es gewiss nicht nur bei den Naturschützern. Jede andere Gruppierung geht genauso vor. Die Industrie wie auch die staatlichen Behörden. Sie alle folgen dem »Rote-Autos-Prinzip«, das besagt, dass alle Autos rot sind: Schon wieder eines, wieder eines etc. ... Ausgeblendet wird, was nicht zur vorgefassten Meinung oder zur Erwartung passt. So muss jeder milde Winter schlimme Folgen haben, einfach weil er vom Durchschnitt oder von der Erwartung abweicht. Irgendetwas wird sich immer zur Bestätigung dieser Befürchtung finden lassen. Und wenn nicht, gibt es genug, die dennoch bereit sind, diese Meinung mit Nachdruck zu vertreten. Umso kräftiger, je weniger sie wissen.

Sicher trug die allgemein zunehmende Verdüsterung des Zukunftsbildes dazu bei, dass ich mich ab der zweiten Hälfte der 1980er Jahre verstärkt anderen Themen zuwandte, die mit Naturschutz und Zukunft der Erde nichts zu tun hatten. Im WWF Deutschland, wo viel pragmatischer und weniger dogmatisch gearbeitet wurde als in anderen NGOs, zeichnete sich zwar auch die Tendenz ab, sich an die globalen Strömungen anzuhängen und ein entsprechend gewichtiges Wort mitzureden. Aber Tiger, Elefanten, Nashörner, Seeadler, Schutz des Wattenmeers und ähnliche Themen schienen mir hinreichend konkret, umsetzbar und nachprüfbar. Die Reaktorkatastrophe von Tschernobyl hatte 1986 das ohnehin in Deutschland nie richtig aufgekommene Vertrauen in die Atomkraft als unerschöpfliche Energiequelle schwer erschüttert. Was die Messwerte bedeuteten, wusste und weiß nach wie vor niemand so recht. Dass gegenwärtig das Sperrgebiet um Tschernobyl das wohl beste Naturschutzgebiet in ganz Eurasien ist, wagen nicht einmal die Sympathisanten der Wölfe zu sagen. Weil nicht sein kann, was nicht sein darf. Nachdem der Kalte Krieg mit dem Zusammenbruch der Sowjetunion beendet war und die Bedrohung durch die Atomwaffen damit stark zurückging, verlagerte sich das Interesse an vorstellbaren Katastrophen auf das Klima. Und damit auf Jahrzehnte ins Unverbindliche, weil fortan alle Menschen an den Kapriolen des Wetter schuld sind, vor allem die anderen. Jede Änderung hat ihre Ursache, gleichgültig ob schlechtes oder schönes Wetter, kalter oder warmer Winter, schwerer Sturm oder gar kein Sturm, wie im so schönen Sommer 2003, ob viele Mücken oder wenige Vögel.

In den 1980er Jahren machte ich zahlreiche Reisen nach Südamerika, Afrika und zu tropischen Inseln. Dabei vertiefte ich meine Beschäftigung mit den Ursachen von Biodiversität und Evolution. Vorausgegangen waren mehrere kleinere Balkanreisen. Am meisten beeindruckte mich der Skutarisee in Montenegro, durch dessen Südteil damals eine Grenze verlief, die jener durch den Neusiedler See vergleichbar war und mit dem zugehörigen, beiderseitigen Sperrgebiet unbeabsichtigt eines der besten Naturschutzgebiete geschaffen hatte. Die Verhältnisse an solchen Grenzen in Europa bildeten mit ihrer praktisch kompletten Aussperrung der Menschen den extremsten Kontrast zu Naturschutzgebieten, wie ich sie in Indien kennenlernte. Im berühmten Wasservogelschutzgebiet *Keoladeo Ghana* von Bharatpur in Rajastan wurden die Menschen nicht ausgeschlossen. Dennoch gab es ungleich mehr Wasservögel als am Neusiedler See oder am Skutarisee. Und sie waren völlig vertraut. Man konnte sich mit Booten bis direkt an die Brutkolonien der Reiher und Störche fahren lassen, ohne diese zu stören. Meistens schauten die Vögel nicht einmal auf die Menschen, die wenige Meter unter ihnen aus allen Rohren ihrer Teleobjektive Bilder schossen. Wiedehopfe trippelten wenige Schritte vor den Menschen umher und wichen ihnen nicht anders aus als grasenden Rindern. Was die Briten im 19. Jahrhundert zusammen mit den Maharadschas in solchen inzwischen zu Naturschutzgebieten oder Nationalparks ausgewiesenen einstigen Jagdrevieren für Gemetzel angerichtet hatten, ließ sich Informationstafeln entnehmen. Das schien beim jetzigen Zustand aber kaum glaubhaft. Dass in Indien mit einer Bevölkerung, die sich gerade der Milliarde näherte, eine solche Fülle von Tierleben, einschließlich Tiger, Leoparden und Elefanten, existieren konnte, widerlegt unabweisbar die bei uns so verbreitete Ansicht, dass Menschen und Natur einander ausschließen. Die in Indien und Ceylon, auch schon in Äthiopien gesammelten Erfahrungen verwiesen auf den Kern, auf das Verhältnis der Menschen zu den Tieren. Sie brachten mich dazu, mich ernsthaft mit der Stadtnatur zu befassen. Denn in den Großstädten ist ein vielfältiges Tierleben vorhanden, das sich zumindest ein wenig den Verhältnissen in Indien nähert. Große und draußen sehr scheue Tiere drängten in die Städte. Im Naturschutz, in den Verbänden wie in den Behörden, nahm man das nicht so gern zur Kenntnis.

Was sollte man anfangen mit dem Befund, dass auf großen Verkehrsflughäfen mehr Lerchen singen als auf den doch so grünen Fluren?! Oder dass Bruten von Wanderfalken am Roten Rathaus in Berlin und den Türmen des Kölner Doms sicherer sind und mehr Jungfalken ergeben als solche an einsamen naturgeschützten, aber vielfach gestörten Felsen in der freien Natur? Ins Vertrauen gezogen, erfuhr man von Bruten von Fischadlern und Schwarzstörchen, damals ganz große Raritäten, auf Truppenübungsplätzen, wo wie in Grafenwöhr in Nordbayern Krieg gespielt wurde. Nicht weitersagen sollte man es. Dass dort die stärksten Rothirsche vorkommen, wussten Jägerkreise, und mancher mit guten Beziehungen ausgestatte Nimrod hoffte, dorthin zu besonderen Abschüssen eingeladen zu werden. Je mehr die Ökologie öffentlich und die sie angeblich vertretenden »Grünen« als Partei eine von den etablierten Parteien nicht mehr zu umgehende Kraft wurden, desto klarer zeigte sich allerdings auch, dass es sich bei der Ökologiebewegung um eine Weltanschauung handelte. Mit wissenschaftlicher Ökologie hatte sie nur noch wenig zu tun. Aber getragen wurde sie von den Naturschützern, die sich von der Partei der Grünen endlich den Durchbruch für ihre Ziele erhofften. Dieser kam tatsächlich, aber nur bei der Atomkraftnutzung. Die Wirkung der Grünen für den Naturschutz blieb so gut wie bedeutungslos. Der Niedergang der Natur wurde inzwischen behördlich verwaltet. Die Zahl der Naturschutzgebiete stieg steil an, aber die geschützte Gesamtfläche blieb dabei fast unverändert: weil nur noch kleine und kleinste Flächen zu Schutzgebieten ausgewiesen wurden. Die große Wende brachte die Wiedervereinigung mit den ausgedehnten Schutzgebieten der ehemaligen DDR bzw. solchen, die in deren Endzeit gerade noch geschaffen worden waren. Mit großer Begeisterung wirkte ich in diesen Jahren im WWF Deutschland daran mit, dass aus ostdeutschen Großschutzgebieten Nationalparks gemacht wurden. Und staunte bei diversen Besichtigungstouren, was es im Osten tatsächlich noch gab. Der Eindruck, bei uns im Westen unablässig Natur zu verlieren, erhielt mit der Wiedervereinigung Deutschlands umfassende Bestätigung. Was ich in der Kindheit und frühen Jugendzeit in meiner niederbayerischen Heimat erlebt hatte, gab es noch in Ostdeutschland. Durch Studium, häufige Abwesenheit auf anderen Kontinenten und die Fixierung auf die eigene Forschungsarbeit war mir zu wenig aufgefallen, wie sehr sich in den drei Jahrzehnten zwischen 1960 und 1990 die Einstellung und das Denken der Menschen in Westdeutschland verändert hatten. Und wie stark die Einflussnahme durch den Staat gestiegen war. Die Freiheit von Kindheit und Jugend war dahin. Die frühere Selbständigkeit und Eigenverantwortlichkeit, die es in der Nachkriegszeit noch bis in die 1970er Jahre hinein gegeben hatte, war von staatlicher Bevormundung abgelöst. Den Menschen wurde zunehmend mehr vorgeschrieben und Freiheiten genommen. Der mündige Bürger war ein Wunschbild; die staatliche Lenkung näherte sich zunehmend den einst für den Osten typischen Verhältnissen. Auch in der Wirtschaft, die insbesondere in der Landwirtschaft zur Planwirtschaft gemacht wurde.

Unsoziale Schwäne

Im Rückblick ist es leicht, Entwicklungslinien nachzuzeichnen. Wir kennen den gegenwärtigen Stand und suchen Begründung dafür. Auch im eigenen Leben. Vieles sieht dann wie geplant und zwangsläufig aus, was tatsächlich offen und keineswegs so folgerichtig gewesen war, wie es nachher den Anschein erweckt. So hatte mir das DFG-Stipendium 1971 zwar die Möglichkeit gegeben, drei Jahre lang über die Ökologie der Wasservögel an den Stauseen am unteren Inn zu arbeiten, aber mit der Bewilligung war nicht festgelegt, um welche speziellen Fragen es dabei gehen sollte. Aus heutiger Sicht wahrscheinlich unerhört, weil durch diese Offenheit sehr viel (zu viel) Freiraum gegeben war. Diese Freiheit kam mir zugute. Denn erst mit der vertieften Arbeit an der Nahrungsökologie der Wasservögel stieß ich auf Themen, die richtig ergiebig wurden. Bei der Antragstellung hätte ich das nicht vorhersehen können. Die Gutachter hatten vermieden, mich auf eine genau umrissene Arbeitsrichtung festzulegen. Die Forschungsarbeiten musste ich allein durchführen, ohne Anbindung an ein entsprechendes Forschungsinstitut. Und so entstand ein ganz unerwarteter und zunächst scheinbar unergiebiger Schwerpunkt bei den Höckerschwänen. Da sie von verwilderten Parkschwänen abstammen, interessierten sich die Ornithologen kaum für sie. Bei den Fischern waren sie unbeliebt, weil sie angeblich Fische und Fischlaich fraßen – was sie nicht tun. Manchen Spaziergängern missfiel ihre Aggressivität zur Brutzeit. Im Winter wurden die Schwäne jedoch ziemlich intensiv gefüttert. Sie sollten gut durch die schlechte Zeit kommen. Bereits vor der Vereisung der Gewässer, auf denen sie sich das Sommerhalbjahr über aufhielten, verließen sie die Buchten und Lagunen und flogen zu vier direkt am Fluss gelegenen Städten, wo sie an bestimmten Stellen blieben und die Menschen um Futter anbettelten. Es waren dies Mühldorf, Braunau und Schärding am Inn sowie Burghausen an der unteren Salzach. Eine weitere Winteransammlung von Schwänen gab es auch in Passau. Die an den Stauseen am unteren Inn lebenden Höckerschwäne blieben, wie die genauen Zählungen ergaben, in Burghausen, Braunau und Schärding. Die Mühldorfer und die Passauer Schwäne gehörten zu anderen Teilpopulationen des Schwanenbestandes im an Gewässern reichen nördlichen Alpenvorland. Die Futterzahmheit hatte große Vorteile. Ich konnte den Schwänen nahe kommen, ohne sie zu stören oder in ihrem Verhalten nennenswert zu beeinflussen. Das änderte sich zwar in bestimmten Fällen, davon später mehr. Zunächst irritierten mich nämlich zwei Befunde, die ich mir nicht erklären konnte. Der erste war die Feststellung, dass alle drei Wintergruppen kaum Jungschwäne enthielten; zumeist nur wenige Prozent. Junge Schwäne von der letzten Brutzeit sind aber unverkennbar, denn sie tragen ein graues Gefieder. Die seltene Mutante *immutabilis* ist zwar von Anfang an weiß gefiedert wie die Altschwäne, tritt aber nur vereinzelt auf und kann aufgrund des graurosafarbenen, nicht roten Schnabels leicht von diesen unterschieden werden. Schwäne fressen ja bereitwillig aus der Hand, wenn man sich ihnen entsprechend nähert. Nun haben aber Brutpaare im Sommer durchschnittlich etwa fünf Junge, die sie vehement verteidigen, auch gegen Menschen. Im Winterbestand sollten daher viele, vielleicht gut doppelt so viele Jung- wie Altschwäne vorhanden gewesen sein. Doch unter den damals rund vierhundert Schwänen an den Futterstellen waren kaum mehr als zwei Dutzend Junge. Das war viel zu wenig. Nun werden die Jungschwäne aber erst nach etwa drei Jahren geschlechtsreif. Da tragen sie schon ein oder zwei Jahre das weiße Gefieder. Ich musste mir also auch die Schnäbel ansehen, ob sie rot genug waren, damit die betreffenden Schwäne als Erwachsene gezählt werden konnten. Nachdem ich dies getan hatte, verringerte sich die erwartete Zahl der Jungschwäne beträchtlich, lag aber immer noch weit höher als der Befund. Selbst wenn ich nur hundert Brutpaare annahm, hätten diese etwa so viele Junge mitbringen müssen, wie es Schwäne im Winter gab, nämlich ungefähr fünfhundert.

Paare mit nur einem Jungen hatte ich aber im Sommer bei der Erfassung der Brutbestände der Wasservögel nicht angetroffen. Wohl gab es solche mit nur drei Jungen, dafür aber auch welche mit sieben, acht oder neun großen, kräftigen Jungen. Daraufhin stellte ich alle Daten zu Brutpaaren von Höckerschwänen am unteren Inn zusammen und kam für das betreffende Jahr auf 48. Diese sollten zusammen knapp 200 Junge gehabt haben, von denen aber zu Beginn des Winters nur noch 50 existierten. Auch diese Zahl halbierte sich bis gegen Ende des Winters am Beginn der neuen Brutzeit. Was ging hier vor? Der Höckerschwan ist der größte und kräftigste unter den Wasservögeln. Schwäne erwehren sich der Füchse. Andere natürliche Feinde hatten sie nicht, und gejagt wurden sie damals auch noch nicht. Dennoch wuchs ihr Bestand nicht weiter an, wie ich anhand der Wasservogelzählungen aus den vorausgegangenen Jahren sah, sondern blieb unter 500, was offenbar die obere Grenze des Bestandes war. Wie konnte ein wehrhafter Vogel ohne Feinde, bei dem die Weibchen pro Brut ein halbes Dutzend Eier oder mehr legen, den Bestand auf diesem Niveau halten, ohne dass von Menschen reguliert wurde? Die Fütterung im Winter hielt den Bestand der Schwäne vielleicht sogar höher, und ohne diese würden es deutlich weniger sein. So war es zu vermuten.

Nunmehr studierte ich den Jahreslauf der Schwäne genauer. Da wurde es richtig spannend. Im Februar, wenn starker Föhn die Wasserführung des Inns durch schmelzenden Schnee in den Bergen anschwellen ließ und das Eis in den Seitenbuchten und Lagunen sprengte, bezogen die Schwäne wieder ihre Brutreviere. Aber nicht »die Schwäne«, sondern der Brutbestand. Diesen bildete nur ein Teil der erwachsenen, brutreifen Schwäne; der kleinere Teil sogar. Die Mehrzahl der weißen Schwäne schloss sich in Gruppen von Nichtbrütern zusammen und zog sich von den Futterstellen auf ein oder zwei große, offene Buchten zurück. Ohne Aggressivität gegeneinander zu entwickeln, blieben sie dort beisammen und fingen an, ihr Gefieder zu mausern, als die anderen Schwäne des Brutbestandes ihre Jungen führten. Für die noch nicht brutreifen, weil zu jungen Schwäne musste so ein Verhalten normal sein. Nicht aber für die Erwachsenen, die gegenüber den zum Brüten zu jungen Schwänen sogar in der Überzahl waren. Ihre Schnäbel zeigten das mit leuchtendem Rot an. Zudem waren sie, wie sich bei genauem Beobachten erkennen ließ, bereits mit einem Partner verpaart. Es war ihnen lediglich nicht gelungen, ein Brutrevier im Frühjahr zu erkämpfen. Damit blieben ihnen nur zwei Möglichkeiten: Wegfliegen und nach einem Gewässer suchen, das sich zum Brüten eignet, oder als Nichtbrüter hierzubleiben, bis sich die Chance auf ein Brutrevier bietet. Offenbar nutzten die meisten Schwäne, die kein Revier hatten, die Möglichkeit des Zuwartens. Höckerschwäne sind sehr schwere Vögel. Mit über zehn Kilogramm Gewicht, sehr große alte Männchen erreichen sogar über zwanzig Kilogramm, kostet sie der Flug sehr viel Kraft. Man sieht es ihnen an, wie schwer sie sich tun abzuheben. Sie laufen mit aller Kraft eine größere Strecke über die Wasseroberfläche und peitschen diese mit ihren Schwingen. Im Flug erzeugen ihre Flügel ein bezeichnend hell sausendes Geräusch. Höckerschwäne gehören zu den schwersten Vögeln, die aktiven Kraftflug schaffen. Sie vermeiden ihn, so gut das geht. Ein zielloses Herumsuchen kommt für sie kaum in Frage, außer es ist die letzte Möglichkeit zu überleben, wenn das Gewässer, auf dem sie sich aufhalten, zuzufrieren anfängt. Am unteren Inn gingen sie mitunter mehrere Kilometer übers Eis, bis sie den eisfreien Fluss erreichten. Zumeist hatten sich aber alle an den Futterstellen längst eingefunden, bevor die Kälte kam. So weit, so zufriedenstellend – meinte ich. Doch ich hatte noch nicht einmal die Hälfte der Erklärung.

Meine nahrungsökologischen Befunde ergaben, dass die Brutreviere der Höckerschwäne um ein Mehrfaches größer waren, als sie hätten sein müssen, um mit den vorhandenen Wasserpflanzen die Jungen zu ernähren. Die Revierbesitzer beanspruchten und verteidigten ein »Super-Territorium«. Höchst unsozial. Dass es so etwas Ungerechtes auch in der Natur, bei Schwänen gibt! Dass solche moralisierenden Reaktionen unangebracht sind und auf die Natur bezogen vermieden werden müssen, war natürlich klar. Nicht aber, warum sich die Höckerschwäne, die ein Revier besitzen, so verhalten. Dafür musste es Gründe geben; gute Gründe, denn die Revierverteidigung kostete die Männchen sichtlich Kraft. Ich sah mir meine Befunde an und kam nicht darauf, wo ich hätte ansetzen können. Selbst die im Hinblick auf Wasser- und leicht erreichbare Uferpflanzen am wenigsten ergiebigen Schwanenreviere hätten gut und gern die dreifache Zahl an Jungschwänen, also mindestens zwei weitere Brutpaare ernähren können. Im Durchschnitt war das Schwanenrevier viermal so groß wie nötig. Die Schwäne gehören zur Familie der Enten. Doch keine der am unteren Inn brütenden Entenarten beanspruchte ein Revier zum Nisten. Bei ihnen ging es um einen sicheren Brutplatz. Auf kleinen, gut geschützten und von Anglern nicht gestörten Inseln bildeten die Enten verschiedener Arten regelrecht kleine Brutkolonien.

Nun dachte ich an die Singvogelreviere. Auch sie werden verteidigt; zumeist sogar ziemlich heftig von den Männchen. Was der Schwanenmann mit drohend angehobenen Flügeln ausdrückt, nämlich dass er bereit ist, jeden Eindringling anzugreifen, schleudert das Singvogelmännchen den möglichen Konkurrenten als Gesang entgegen. Mit viel Krafteinsatz. Und wenn das nicht reicht, mit Angriffen, die so heftig werden können, dass zarte Rotkehlchen sogar Attrappen ausgestopfter Artgenossen zerpflücken, als ob sie das Präparat umbringen wollten. Entspricht die Reviergröße der Singvögel der Nahrung, die darin enthalten ist und für die Versorgung der Jungen benötigt wird? Die verfügbaren Angaben dazu sind vage bis nichts besagend, weil nicht quantifiziert. Klar waren jedoch zwei Aspekte der Territorialität der Singvögel, nämlich dass auch die besten Reviere bei Schlechtwetter das Überleben der Brut nicht garantieren und dass beim Verschwinden auch nur eines Partners des Paares, das ein Revier besetzt hält, in kürzester Zeit dafür Ersatz da ist. Zwischen den Brutrevieren und in minderwertigem Niemandsland gibt es einen zweiten, über die Revierzählungen anhand singender Männchen nicht erfassten Bestand. Die zugehörigen Vögel werden *floater* genannt; zu Deutsch recht umständlich Populationsreserve. Floater sind da, wenn sie gebraucht werden oder sich Chancen bieten, ein mehr oder weniger freies Revier zu erobern. Wie groß die Floater-Bestände sind, ist äußerst schwer zu ermitteln, weil hierfür alle Individuen der betreffenden Singvogelart in einem hinreichend großen Gebiet individuell markiert sein müssten. Plausiblen Schätzungen zufolge können sie das Doppelte bis Dreifache des örtlichen Brutbestandes ausmachen, wenn es sich um eine häufige Singvogelart handelt. So viel mehr! Das machte mich stutzig. Denn ungefähr so verhielt es sich ja bei den Höckerschwänen. Auf mein Schwanenproblem ließen sich diese Befunde leider nicht ganz so direkt übertragen, wie ich zunächst gedacht hatte. Viel zu selten kommt es zu einem Ausfall bei einem Schwanenpaar mit Brutrevier. Revierbesitzende Schwäne sind kräftig, gesund und kampfbereit. Sie fallen kaum jemals einem natürlichen Feind zum Opfer. Die einzige Bedrohung für sie waren und sind Angelhaken mit Schnurresten, die Fischer hinterlassen haben. An schlammigen Ufern mit gutem Bewuchs an Wasserpflanzen nehmen die Schwäne das beim Angeln verlorengegangene oder von Jägern verschossene Blei auf. Ist der Haken noch dabei, bleibt dieser zumeist im Schnabel oder im oberen Hals stecken und der betroffene Schwan verhungert oder stranguliert sich mit dem Rest der Anglerschnur. Noch schlimmer wirkt Bleischrot, denn die Kügelchen werden als Ersatz für Steinchen aktiv aufgenommen und verschluckt. Im Magen würden sie, wenn es sich um natürliche Kiesel handelt, dabei mitwirken, die pflanzliche Nahrung zu zerreiben. Vögel haben ja keine Zähne zum Kauen. Solche, die sich von pflanzlichem Material ernähren, nehmen Steinchen als Verdauungshilfe auf. Das im Magen zerriebene Blei gerät über den Darm in den Blutkreislauf und ruft eine langsame Bleivergiftung hervor. Dafür gibt es sogar eine eigene medizinische Bezeichnung, *Saturnismus*, nach dem alten alchemistischen *Saturnium* für Blei. Wo Stahlschrot statt Bleischrot von den Jägern verwendet wird, bleibt verlorenes oder mitsamt dem Haken aufgenommenes Senkblei der Angler das einzige bedrohliche Gift für Schwäne und andere Wasservögel, besonders auch für Seeadler und Menschen, falls sie damit vergiftetes Flugwild essen sollten. Als in den frühen 1970er Jahren am unteren Inn die Jagd auf Wasservögel noch gebietsweise intensiv betrieben wurde, zeigten Schwäne mehrfach die Zeichen von Bleivergiftung mit steif gehaltenem Hals und deutlichen Schwierigkeiten, die Bewegungen zu kontrollieren. Vergiftungen mit Blei verursachten im Brutbestand der Schwäne zu selten Ausfälle vorher gesunder, kräftiger Paare. Besetzte Reviere werden frei, wenn die bisherigen Besitzer zu schwach oder alt geworden sind. Der Blick auf die Singvögel ergab wichtige Hinweise auf die Funktion des Reviers. Für das Super-Territorium der Höckerschwäne ließ sich daraus keine Erklärung ableiten. Die Schwäne selbst lieferten diese in einem Jahr, das auf eine Serie von Sommern ohne Hochwasser folgte, in denen alle Wasservögel am unteren Inn sehr gute Bruterfolge hatten. Da begann nämlich eine Gruppe von etwa dreißig erwachsenen Schwänen, im Frühjahr eine Brutkolonie zu bilden. Sie bauten Nester in wenigen Metern Abstand zueinander und zeigten, abgesehen vom unmittelbaren Nahbereich, keine Aggressivität den Artgenossen gegenüber. Zu meiner Verblüffung schickten sich diese Schwäne an zu brüten, ohne Reviere abzugrenzen. Sie stammten aus einer großen, auf über hundert Schwäne angewachsenen Nichtbrütergruppe mit hohem Anteil voll erwachsener, also rotschnäbeliger Vögel. Doch mit nur einem bis drei Eiern pro Gelege und im Herbst durchschnittlich weniger als einem überlebenden Jungen pro Paar (genau: 0,8 Junge/Paar) fiel der Bruterfolg in der Schwanenkolonie sehr gering aus. Das Koloniebrüten war also keine gute Fortpflanzungsstrategie. Es wurde nur im nächsten Jahr, dann nicht mehr wiederholt.

Nun erkannte ich, worum es im Sozialverhalten der Höckerschwäne geht. Weder Gelegegröße noch die daraus hervorgehende Jungenzahl sind für sich allein ausschlaggebend. Entscheidend ist die Bilanz zwischen Aufwand und Erfolg. Die Schwäne sind größer und viel schwerer als Adler. Doch anders als diese haben sie nicht ein Ei pro Brut oder höchstens zwei, sondern fünf bis sieben und mehr. Für die Schwänin macht das Gelege einen beträchtlichen Teil ihrer eigenen Körpermasse und damit ihrer Kondition aus. Zwanzig Prozent und mehr können es sein, je nach Größe des Geleges. Der Schwanenmann investiert gut ein halbes Jahr lang sehr viel Kraft in die Verteidigung von Revier und Jungen. Er wendet ähnlich viel Energie dafür auf wie das Weibchen für die Erzeugung des Geleges. Beide führen die Jungen gemeinsam. Diese sind Nestflüchter. Sie suchen sich die Nahrung selbst. Aber sie brauchen Wärme und Schutz, zumindest solange sie klein sind. Für die Schwaneneltern muss sich der Aufwand über ihre Lebenszeit hinweg lohnen. Da zählt nicht das eine Jahr, sondern die Leistung

Unsoziale Schwäne 551

eines Jahrzehnts und mehr, denn Schwäne können bis über 30 Jahre alt werden. Doch aus ihrer Nahrung, den Wasser- und Uferpflanzen, lässt sich nicht viel Protein herausholen. Dieses benötigt aber die Schwänin für die Bildung der Eier. Beide, Schwan und Schwänin, können erst dann erfolgreich brüten, wenn sie körperlich dafür fit sind, also die entsprechenden Reserven an Proteinen und Energie angesammelt haben. Mehrere Jahre, bis über sieben, wie ich errechnete, zuzuwarten, bis ein gutes Brutrevier frei wird, ist bei der Lebenserwartung erwachsener Schwäne durchaus keine schlechte Option. Und ein Super-Territorium zu verteidigen sogar eine noch bessere. Denn damit wird die Zahl der im regionalen Bestand in einer Brutzeit erzeugten Jungschwäne stark vermindert. Das ist dann höchst bedeutsam, wenn es eine obere Bestandsgrenze gibt, die festlegt, wie viele Jungschwäne durch den ersten Winter kommen können. In diesem, in der nahrungsknappen Zeit, sind sie der vollen Konkurrenz mit den Altschwänen ausgesetzt, selbst aber noch beträchtlich kleiner und schwächer. Legte ich die etwa 500 Schwäne für die Population am unteren Inn zugrunde, die sich über Jahrzehnte als Grenzwert abgezeichnet hatten, so stimmten Befund und Erwartung bestens überein. Pro Paar und Super-Territorium würden im Durchschnitt etwa 1,2 Junge überleben und die Verluste der Altschwäne, ihre Mortalität, pro Jahr ersetzen. Aufwand, die Verteidigung des Super-Territoriums mit Ausschluss von Konkurrenten, und Überlebenserfolg lagen dabei im günstigsten Verhältnis zueinander. Das Koloniebrüten war die zweitbeste Strategie. Mit erheblich geringerem physischen Aufwand wurden dabei allerdings um ein Drittel weniger Junge erzielt. Am schlechtesten hätte ein Verhalten abgeschnitten, bei dem alle brutfähigen Paare gebrütet und gemäß der vorhandenen Nahrung Junge großgezogen hätten. Von den vielen Jungschwänen hätte kaum einer überlebt; im rechnerischen Mittel noch nicht einmal ein Junges nach drei Brutversuchen (= drei Jahren). Diese soziale Regulation der Reproduktion war das unerwartete Ergebnis. Sie erwies sich als gar nicht so unsozial, wie es anfänglich schien. Wer abwartete, bekam seine Chance, auch wenn es Jahre dauerte. Zudem gab es die Option des Abwanderns. Das taten erwachsen gewordene Jungschwäne immer wieder. Sie vernetzten damit, wie die Beringungen zeigten, den Bestand am unteren Inn mit dem in Tschechien und im Chiemseebereich. Bei der Beringung musste ich auch akzeptieren, dass Schwäne zwar in Bezug auf ihre Körpermasse einen sehr kleinen Kopf haben, aber ihr Gehirn dennoch leistungsfähig genug ist, sich Menschen wie mich einzuprägen. Sie vergaßen mich über Jahre nicht, auch wenn ich die Kleidung gewechselt und mein Verhalten geändert zu haben meinte. Um die Schwäne und ihre Ortswechsel individuell verfolgen zu können, war es notwendig, einige durch Beringung zu markieren. Ich tat dies zunächst bei Brutpaaren, da ich davon ausgehen konnte, sie würden an ihr Revier und die Jungen gebunden bleiben, auch wenn ich sie einmal gepackt, aus dem Wasser gezogen und beringt hatte. Was auch ausnahmslos stimmte. Die so behandelten Schwäne fauchen nur, schüttelten sich und drohten aus sicherer Entfernung zurück, wenn ich vorbeikam, blieben aber wie erwartet im Revier. Allerdings hielten sie ihre Jungen auch von mir fern. Nur von mir, nicht von anderen Menschen, die kamen und sie fütterten. Mir wichen sie aus, auch wenn ich ihnen Leckerbissen anbot. Bei Schwänen aus Nichtbrütergruppen war die Beringung schwieriger und nach wenigen erfolgreichen Versuchen unergiebig. Denn da bekamen die anderen mit, was geschah. Danach half kein Locken, kein noch so attraktives Futter, um sie in Griffnähe zu bekommen. Der Griff selbst ist einfach, zur Nachahmung jedoch nur auf eigene Gefahr zu empfehlen. Man fasst den sich nach dem Futter reckenden Schwan am Hals, ohne diesen dabei zu drücken. Das löst sofort Flügelschläge aus. Entscheidend ist nun, gleich beim ersten Schlagversuch einen Flügel ein Stück körpereinwärts vom Handgelenk der Schwinge zu fassen zu bekommen. Danach ist es leicht, den Schwan an Land zu ziehen und auch den anderen Flügel unter Kontrolle zu bekommen. Die Beringung ist nun nur noch Formsache; die nachfolgende Reinigung von grünlichem, ziemlich kräftig riechendem Schwanenkot meistens nicht zu vermeiden. Unangenehmer waren für mich die Folgen. Die Schwäne mieden mich. Sie drehten ab, sobald sie mich sahen. Ich war ihr Intimfeind geworden. Beruhigend war nur, dass sie auf andere Menschen mein böses Tun nicht übertrugen, sondern ihr vertrautes Verhalten beibehielten. Dem kleinen Schwanenhirn, das im Verhältnis zur Masse des Körpers noch beträchtlich kleiner als bei einem Spatzen ist, hatte ich nicht zugetraut, dass ich persönlich gespeichert werden könnte. Jahrelang!

Unsoziale Schwäne 553

Jahrelang ... – An der Lebenserwartung hing es! Bei den Kleinvögeln ist sie gering. Sie erleben eine Brutsaison, seltener zwei und kaum noch eine dritte. Bei vielen kleinen Singvögeln geht es schon im ersten Jahr als Erwachsene um alles oder nichts. Sie müssen präsent sein, auch zwischen etablierten Territorien, für den für sie günstigen Fall der Fälle. Die langlebigen Schwäne können warten. Und ihre Kondition dabei verbessern. Haben sie die ersten beiden kritischen Winter überstanden, in denen sie als Jungschwäne den alten unterlegen sind, wenn Nahrung knapp wird, können sie mehr als ein Jahrzehnt Lebenszeit erwarten. Selbst wenn sie nur zehn Jahre alt würden, aber im siebten Jahr ein Brutterritorium erobern, ersetzt sich das Paar mit mehr als drei überlebenden Jungen in drei Brutzeiten und ist damit erfolgreich. Viele Kleinvögel hingegen müssen in der ersten Brutzeit ihres Lebens noch einen zweiten Brutversuch starten, weil Nestverluste und Jungensterblichkeit so hoch sind. Schwänen bleiben Nestverluste in aller Regel erspart, wenn nicht Menschen meinen, sie müssten regulatorisch eingreifen und die Eier zerstören. Allenfalls vernichten sehr starke Frühsommerhochwässer späte Gelege und kleine Jungschwäne, denen die Eltern nicht mehr helfen können, wenn die Strömung zu stark wird. An Seen, wo die meisten Schwäne brüten, treten nicht einmal solche Verluste auf. Die Verminderung der jährlichen Nachwuchsproduktion über die scheinbar unsozial großen Brutterritorien hält hingegen die anderen Schwäne davon ab, sich für Bruten zu verausgaben, deren Nachwuchs keine Überlebenschancen hat.

Nach diesen Ergebnissen wagte ich in der von den Anglern ausgelösten Diskussion über den »über alle Maßen angewachsenen Schwanenbestand und seine Schädlichkeit« die Prognose, dass die Zahl der Schwäne am unteren Inn nicht mehr zunehmen, sondern in den nächsten Jahren deutlich abnehmen würde – ganz ohne regulierende Eingriffe! Meine Untersuchungen an der Entwicklung der Wasserpflanzen in den Buchten und Lagunen der Stauseen hatten mich zu dieser Vorhersage geführt. Und sie traf zu. Der Schwanenbestand nahm langsam und kontinuierlich ab. Er pendelte sich auf etwa der Hälfte der 1970er Jahre bei 200 bis 250 Schwänen im Winter ein. Hochwässer verursachten Schwankungen. Einen Trend in der Bestandsentwicklung gibt es nicht mehr. Den Grund bzw. die beiden Gründe kannte ich bereits, als ich meine Untersuchungen zur Brutökologie der Höckerschwäne abschloss. Dank der Abwasserreinigung war der Eintrag von Phosphaten in die Gewässer stark vermindert worden. Die meisten Wasserpflanzenbestände in den Buchten und Lagunen dünnten aus. Phosphat, ihr Hauptdünger, war zu knapp. Zudem verlandeten größere Buchten. Je flacher das Wasser darin wurde, desto geringere Mengen an Wasserpflanzen wuchsen im Lauf des Sommers darin heran. Die Schwäne mussten sich vermehrt auf die Nutzung von Uferpflanzen umstellen. Für die kleinen Jungschwäne sind diese zu hart. Beide Prozesse senkten die vordem bei etwa 500 Schwänen gelegene Kapazität auf die Hälfte oder etwas weniger. Der Schwanenbestand brauchte keine Regulierung, weder durch Jäger noch durch wohlmeinende Naturschützer und schon gar nicht durch die Angler. Für diese waren die mit Menschen vertrauten Höckerschwäne ein Menetekel, wenn wieder einmal, und das nicht selten, ein Angelhaken in ihrem Schnabel hing und der Tierschutz diesen entfernen musste. Den Jägern bekam der Versuch einer jagdlichen Regulierung gar nicht gut, die auf der österreichischen Seite nach Klagen der Angler versuchsweise durchgeführt worden war. Ein angeschossener Schwan, dem Schrote den Brustmuskel durchschlagen hatten, die aber vom darunterliegenden, starken Brustbein wieder nach außen abgelenkt worden waren, tat das Beste, was ein dummer Schwan tun konnte. Er watschelte nach Schwanenart langsam, aber zielstrebig auf die Uferpromenade vor dem Stadtplatz in Braunau – mit blutender Brust. Die Empörung der Bevölkerung wurde daraufhin so groß, dass das Regulierungsexperiment abgebrochen wurde.

Kormorane, Fischerei und Fischotter

So erwiesen sich die Untersuchungen wenigstens für die Schwäne, an denen sie gewonnen wurde, als positiv. Eine Jagdzeit bekamen sie dennoch verpasst; der politische Druck der Angler und der an der Schwanenjagd interessierten Jäger war zu groß. Forschungsergebnisse, die nicht passen, bleiben unberücksichtigt oder werden in boshafter Weise zerpflückt. Bloße Meinungen zählen mehr als sachliche Befunde, wenn sie politischen Rückhalt haben. So wird manche Freilandforschung zur Farce, weil von vornherein feststeht, dass die Ergebnisse missachtet werden, wenn sie nicht gefallen. Wir, die Forscher, dürfen schon froh sein, wenn die laufenden Arbeiten wenigstens die Entscheidung hinauszögern. Wie beim bayerischen Kormoran-Gutachten. Es hatte die Ende der 1980er Jahre stark zunehmenden Kormorane entlarven sollen als das, was sie für die große Mehrheit der Fischer sind, nämlich Unterwasser-Terroristen. Die umfangreichen und nicht billigen Untersuchungen, die von der Bayerischen Landesanstalt für Fischerei gemeinsam mit einem Ornithologen, der bei mir seine Diplom- und Doktorarbeit darüber machte, durchgeführt wurden, brachten allerdings nicht das gewünschte Ergebnis. Ein größerer Einfluss der Kormorane auf die Fischbestände in Flüssen und Seen ließ sich nicht nachweisen. Die Kormorane schützte dies dennoch nicht vor der Bejagung. Vor der Veröffentlichung des Gutachtens wurden schnell noch die Abschussgenehmigungen erteilt. Der Nebeneffekt der Bejagung interessierte dabei nicht, obgleich er im Interesse der Fischerei wichtig gewesen wäre: Seit sie bejagt werden, fliegen die Kormorane weit mehr als nötig. Die Verfolgung machte sie wieder scheuer. Im Flug verbrauchen sie zusätzlich Energie. Der erhebliche Mehraufwand muss durch mehr Nahrung, mehr Fische, ausgeglichen werden. Für die Fischbestände wäre es gleichgültig, ob weniger Kormorane mehr Fische fangen oder mehr Kormorane mit weniger Fisch zurechtkommen. In den Brutkolonien in Holland, Dänemark und Norddeutschland glichen die Kormorane die von der Bejagung an den Gewässern im Binnenland, auf denen sie überwintern, verursachten Verluste ohnehin in der nächsten Brutzeit wieder aus. Aber die Angler waren einigermaßen beruhigt, auch wenn der Abschuss nichts nützte. Die weitaus bessere Lösung des Kormoranproblems ließ noch auf sich warten, war aber im Kommen, nämlich die Ausbreitung der Seeadler. Sie sind die natürlichen Feinde der Kormorane. Sie greifen dort ein, wo es am wirkungsvollsten ist, nämlich in den Brutkolonien und bei den gerade flügge gewordenen Jungkormoranen. Wo sich Seeadler ansiedeln, gehen die Kormoranbestände zurück. Wo Seeadler überwintern, können sich auch nur geringe Winterbestände der Kormorane halten. Aber die Jäger hatten die Seeadler in jahrhundertelanger Bekämpfung großflächig vernichtet. Sie waren abgeschossen worden, erlagen der Bleivergiftung (Saturnismus; siehe oben), wenn sie die Kadaver erschossener Enten fraßen, oder wurden absichtlich mit Ködern vergiftet, wie noch in unserer Zeit in Niederösterreich. Die Wende kam für Deutschland mit der Wiedervereinigung und der allmählichen Ausbreitung der ostdeutschen Seeadler. Auch am unteren Inn, wo die Entwicklung der Winterbestände der Kormorane von Anfang an besonders gründlich dokumentiert worden war. Hier hatte ich zu Beginn der 1990er Jahre, noch ohne zu ahnen, dass sich in eineinhalb Jahrzehnten Seeadler ansiedeln würden, eine ähnliche Prognose erstellt wie bei den Schwänen: Die Häufigkeit der Kormorane wird zurückgehen, weil durch die nachhaltige Verbesserung der Wasserqualität des Inns die Fischbestände abnehmen. So kam es, wiederum ohne Bejagung oder sonstige lenkende Eingriffe; beide euphemistisch mit »letaler« oder »nicht letaler Vergrämung« umschrieben. Die Angler neiden den Kormoranen und den Gänsesägern trotzdem jeden Fisch und akzeptieren den durch die Unterschutzstellung als Europareservat und FFH-Gebiet gegebenen besonderen Schutzstatus in der überwiegenden Mehrheit nur zähneknirschend. Es wird an den Vogelschützern liegen, ob sich der Schutz aufrechterhalten lässt. Das wird nur möglich sein, wenn sie sich wieder intensiv auf den Schutz der Vögel und der Natur konzentrieren, wie das noch in den 1970er und frühen 1980er Jahren der Fall gewesen war, und nicht in erster Linie das Klima und die Welt retten wollen.

Lag es damals am erfolgreich durchstartenden Naturschutz, dass die Kormorane wieder häufiger wurden? Abgesehen von den Küsten der Nordsee, an denen die atlantische Rasse der Kormorane vorkommt, die zur Brutzeit keinen silberweißen Kopf entwickelt, hatten nur noch kleine Restkolonien in Holland, Polen und der damaligen DDR überlebt. Dass diese »Festlandsrasse« die Unterartbezeichnung *sinensis* trägt, veranlasste Fischereivertreter zu der Behauptung, der Kormoran sei gar kein heimischer Vogel, sondern aus dem Osten importiert worden. Merkwürdig ist sein Name in der Tat. Kormoran kommt wahrscheinlich vom Lateinischen *corvus marinus*, was Meerrabe bedeutet. Dieser Ausdruck hatte sich im Französischen und Englischen erhalten, während im Deutschen bis zu Beginn des 20. Jahrhunderts für die Kormorane die Bezeichnung Scharbe üblich war. Sie wurde dann mit den neuen Bestimmungsbüchern nach dem Zweiten Weltkrieg von Kormoran abgelöst. Dass es Kormorane in früheren Jahrhunderten auch auf Binnenseen im Alpenvorland gegeben hatte, beweisen alte Bilder (Holzschnitte). Verfolgt hat man ihn aber immer, weil er von Fischen lebt. Ausgerottet wurden Kormorane in weiten Teilen Europas jedoch erst nach dem Zweiten Weltkrieg. War die Bejagung allein daran schuld? Sicher gehörte sie, zumal wenn Brutkolonien beschossen wurden, zu den wichtigsten Verursachern des Niedergangs der Bestände. Wahrscheinlich wirkte sie aber nicht allein. Brutvorkommen blieben in einem weiten Kreis um Mitteleuropa erhalten. An der Donau in Oberösterreich sogar noch bis in die 1950er Jahre hinein. Und die nicht minder als Fischräuber verfolgten, heftig bejagten Graureiher schafften es in ganz Mitteleuropa, in zersplitterten Gruppen oder mit Einzelbruten zu überleben. Woran unterscheiden sich beide Vogelarten von ähnlicher Körpermasse und Ernährung? Graureiher fischen vom Ufer aus oder im Flachwasser stehend. Sie schwimmen nicht. Kormorane hingegen sind Unterwasserjäger. Sie erbeuten ihre Nahrung tauchend. Dabei wird ihr Gefieder großenteils nass. Ein Nachteil ist dies normalerweise nicht. Das hatte ich bereits beim Galapagos-Kormoran beschrieben. Die wichtigsten Konsequenzen seien hier nochmals wiederholt, um den Vergleich mit anderen Fischjägern unter Wasser zu erleichtern. Dadurch, dass Wasser ins Gefieder eindringt, wird der Auftrieb des Körpers beim Tauchen stark vermindert. Der Kormoran kann seine Kräfte weitestgehend für den Vortrieb unter Wasser, für möglichst schnelles und wendiges Schwimmen, einsetzen. Ein mit Luft gefülltes, gut isolierendes Gefieder erzeugt aber Auftrieb. Dieser wird umso bedeutsamer, je tiefer der Wasservogel taucht. Haubentaucher *Podiceps cristatus* und Gänsesäger *Mergus merganser* kommen damit besser zurecht, weil sie mehr in flachem Wasser fischen. Die Durchnässung des Gefieders bringt dem Kormoran also beträchtliche Vorteile bei der Jagd nach Fischen unter Wasser. Sie darf aber nicht zu stark und zu lange wirken, sonst kühlt der Vogelkörper unweigerlich aus. Der über dem Wasser bleibende Reiher hat solche Probleme nicht. Er muss dafür umso länger (geduldiger) warten, bis ein Fisch passender Größe in Reichweite von Hals und Schnabel vorüberkommt. Die Fischjäger unter den Wasservögeln nutzen also unterschiedliche Vorgehensweisen. Das ermöglicht ihnen die gemeinsame Existenz an den Gewässern.

Mit diesen geschah aber in den 1950er Jahren etwas, das es davor noch nie gegeben hatte. Mit den häuslichen Abwässern gelangten auch Rückstände von Waschmitteln in die Bäche, Flüsse und Seen, sogenannte Detergenzien oder, passender, Tenside, weil sie die Spannung des Wassers stark vermindern. Auf den meisten Flüssen bildeten sich Schaumberge, zumal wenn Großstädte ihr Abwasser mehr oder weniger ungeklärt einleiteten. Die Reiher waren davon so gut wie nicht betroffen. Es störte sie nicht, dass ihre langen, dünnen Beine intensiver als früher gewaschen wurden. Starben Fische, so holten sie sich auch diese; anscheinend ohne allzu schlimme Folgen für sie. Wie aber ging es den Kormoranen? Was bedeutete es für ihr Gefieder, dass es nun viel stärker und anhaltender durchnässt wurde? Als ein Bekannter einmal einen jungen Haubentaucher bekam und diesen dank guter Fütterung mit kleinen Fischen, wie es aussah, ganz erfolgreich großzog, war die Bestürzung groß, als der heranwachsende Taucher beim ersten Versuch zu schwimmen einfach unterging. Sein Gefieder wurde nass. Es war nicht, wie es bei den jungen Haubentauchern über das Gefieder der Eltern geschieht, mit dem wasserabweisenden Fett der Bürzeldrüse eingerieben und wasserdicht gemacht worden. Erst als seine eigene Bürzeldrüse gut genug Fett absonderte und er sich intensiv putzte, wurde der Kleine schwimm- und tauchfähig. Kormorane sind auf so eine Intensivbehandlung des Gefieders nicht eingerichtet. Denn großenteils nass zu werden gibt ihnen, wie oben ausgeführt, einen entscheidenden Vorteil beim Tauchen. Dennoch müssen sie auch immer wieder trocken werden, und zwar im Winter schneller als im Sommer. Es ist daher durchaus möglich, dass die Verschmutzung der Gewässer mit Tensiden den entscheidenden Niedergang der Kormoran-Brutvorkommen und auch ihrer Überwinterung an den Flüssen, Stauseen und Seen des mitteleuropäischen Binnenlandes verursacht hatte. Denn als die Abwässer entsprechend geklärt und die Tenside weitestgehend verschwunden waren, ging es aufwärts mit den Kormoranen. An den Küsten hatten ihre Artgenossen überlebt, weil das Meer so wirkungsvoll verdünnte. Und auch an jenen Gewässern, die vom Wirtschaftswunder der Nachkriegszeit und ihrer Wasserverschmutzung nicht erreicht worden waren. Für diesen Zusammenhang gibt es eine weitere Stütze. Auch der Fischotter fing erst an, sich wieder zu vermehren und auszubreiten, als es keine Schaumberge mehr auf den Flüssen und keine nennenswerten Tensidbelastungen der Gewässer mehr gab. Der große, schlanke Wassermarder ist ganz besonders darauf angewiesen, sein Fell wasserdicht zu halten. Ansonsten würde er bei seiner Unterwasserjagd nach Fischen in kalten Bächen und Flüssen zu schnell zu viel Wärme verlieren. Überlebt hatten Fischotter in Mitteleuropa an solchen (Wald-)Bächen, die nicht von Abwässern belastet waren, obgleich diese kleinen Flüsse sehr arm an Nahrung waren. An den großen, fischreichen Flüssen gab es ein halbes Jahrhundert lang keine Fischotter mehr. Nach und nach werden diese nun wieder besiedelt. Dass Fischotter sehr stark verfolgt und vielerorts mit voller Absicht ausgerottet wurden, spricht nicht gegen die Mitwirkung der Tenside. Dass ihn diese an Kleingewässer und zu Fischteichanlagen abdrängten, erleichterte seine Vernichtung. Es war die Rückkehr der Fischotter an die Stauseen am unteren Inn, die mich dazu brachte, über den Energiehaushalt der nach Fischen tauchenden Arten nachzudenken und die Verbindung mit den Reihern und Kormoranen herzustellen. Dass sie die starke Verfolgung, der sie alle ausgesetzt waren, so unterschiedlich überlebten, erklärt sich über diesen Zusammenhang. Untersucht wurde die Wirkung der Tenside auf Fischotter, Kormorane, Taucher und andere Wasservögel nicht. Natur- und Umweltschutz blieben von Anfang an zu sehr voneinander getrennt. Sie waren nicht nur in unterschiedlichen Ämtern angesiedelt, sondern lange Zeit auf drei Ministerien verteilt. Doch sicherlich nicht nur deswegen blieben bis heute die Umweltwirkungen von Gülle weitgehend unerforscht.

Gülle und Botulismus

Mit der Gülle hat möglicherweise ein Massensterben von Vögeln zu tun, das für sich genommen alarmierend genug hätte sein sollen, aber da es nur Wasservögel waren, kümmerten sich die Behörden nicht besonders darum. An der Klärung seiner Verursachung bestand offenbar kein hinreichend öffentliches Interesse, denn die Maßnahmen, so überhaupt welche durchgeführt wurden, beschränkten sich auf das, zumeist halb private, Einsammeln und

Vernichten der Kadaver. Wie es zum Massensterben von Wasservögeln kam, verfolgte ich in den 1980er Jahren an den Stauseen am unteren Inn und versuchte mit meinen höchst bescheidenen Möglichkeiten, den Vorgang zu untersuchen. Bereits zehn Jahre vorher, Anfang der 1970er Jahre, hatte es mehrere Massensterben von Enten am Ismaninger Speichersee bei München gegeben. Nach anfänglichem ratlosen Vermuten wurde festgestellt, dass es sich um Ausbrüche von Enten-Botulismus handelte. Erreger ist ein Bakterium namens *Clostridium botulinum*, und zwar vom Typ »C«, dem »Ententyp«. Typ »A« ist die für Menschen sehr gefährliche Wurstvergiftung; daher Botulismus (die Wurst heißt lateinisch *botulus*). So weit, so klar, dachte man, als die Diagnose Botulismus erstellt und gesichert war. Doch wie bei jeder bakteriellen Erkrankung sagt die Diagnose nichts darüber aus, woher sie kam. Denn die Clostridien gehören zu den Bakterien, die nur aktiv werden und sich vermehren können, wenn es in ihrer Umgebung keinen Sauerstoff gibt. Diesen vertragen sie nicht; er ist für solche Anaerobier, so die zusammenfassende Gruppenbezeichnung für Bakterien, die nur im sauerstofffreien Milieu gedeihen, tödlich. Im Speichersee, auch im Flachwasser, wo die Enten zu Zehntausenden starben, gab es aber Sauerstoff. Nicht besonders viel zwar, denn damals war er noch die große Nachkläranlage der städtischen Abwässer Münchens, doch auf jeden Fall genug, denn es lebten dicke fette Karpfen darin. Solche wurden in den Fischteichen gleich nebenan auf der Südseite des Speichersees sogar mit verdünntem Münchner Abwasser genährt und dann in passender Größe auf dem Fischmarkt verkauft. Wo Fische noch leben können, sollte für Clostridien zu viel Sauerstoff im Wasser sein. Doch die Enten starben und starben; Tausende in wenigen Tagen, die nicht einmal besonders heißes Wetter gebracht hatten. Daher wurden auch Algengifte als Todesursache oder als Vorschädigung in Betracht gezogen. Verschiedene Algen vermehrten sich jedoch alle Jahre wieder im extrem nährstoffreichen Wasser des Speichersees und der zugehörigen Fischteiche.

Als nun ein Jahrzehnt später auch an den Stauseen am unteren Inn Botulismus auftrat und Tausende Enten das Leben kostete, war die Ansicht, die Clostridien hätten sich im warmen, sauerstofffreien Wasser so sehr vermehrt, dass sich die Enten bei ihrer Nahrungssuche im Bodenschlamm der Flachwasserzonen damit infizierten, nicht mehr zu halten. Denn der Inn führt auch im Hochsommer kaltes und sauerstoffreiches Wasser. Wo die Enten starben, maß ich 15 °C und fast zehn Milligramm Sauerstoff pro Liter. Dennoch wurde nicht weiter untersucht. Die Diagnose Botulismus war da, und sie stimmte. Und da dieser Typ für die Menschen keine Gefahr darstellte, ergab sich keine Notwendigkeit, nach den Ursachen zu forschen, die zu den Ausbrüchen der Seuche geführt hatten. Dazu wären intensive bakteriologische Forschungen nötig gewesen, vor allem draußen im Gelände, nicht nur in den Labors.

Was draußen geschah, zeigte aber zweifelsfrei, dass die Seuche importiert wurde. Nicht Enten, sondern Lachmöwen erkrankten als Erste. Mit hängenden Flügeln und Schwierigkeiten, ihren Kopf beim Schwimmen richtig zu halten, trieben sie auf dem Fluss. Das Auffliegen fiel ihnen sichtlich schwer. Noch waren die Enten völlig in Ordnung. Mit letzter Kraft retteten sich die erkrankten Möwen auf die Inseln mit ihren flachen Buchten, wo sich Hunderte von Stockenten, Krickenten und anderen Wasservögeln aufhielten. Dort starben sie. Anfangs einzeln, dann zu Dutzenden. Nun ging alles sehr schnell. Lähmungen erfassten auch die Enten. Sie konnten den Hals nicht mehr halten oder auf den Beinen stehen. Nach wenigen Tagen lagen überall tote Vögel im Flachwasser. Die kleinen Krickenten, die sich dort fast ausschließlich aufhalten, traf es zuerst. Ihnen folgten die größeren Schnatter- und Stockenten, die mit längerem Hals in etwas tieferem Wasser nach Nahrung suchen. Zuletzt gab es tote Tauch-, Tafel- und Reiherenten. Sie hatten sich, nachdem sie erkrankten, auch zu den Ruheplätzen der Stock- und Krickenten gesellt. Der Verlauf war eindeutig: Möwen, Enten des Flachwassers und schließlich Tauchenten sowie diverse andere Wasservögel in geringen Anzahlen, darunter auch eine Rohrweihe *Circus aeruginosus*. Dass ein Greifvogel an Botulismus starb, war neu. Die Magensäfte der Weihe reichten offenbar nicht aus, die Erreger zu töten und das Botulinus-Toxin zu entgiften. An den Aberhunderten Vogelkadavern geschah indessen Merkwürdiges. Es bildeten sich um sie herum orangefarbene Ränder, die immer breiter wurden. Aus ihren Schnäbeln rann eine rötlichbraune Brühe, die lebendig aussah. Tatsächlich wimmelte es darin vor Kleinkrebschen. Wegen ihrer zweilappigen Schalen, die ihren Körper schützen, heißen sie Muschelkrebschen. Die Bestimmung durch einen Spezialisten ergab, dass es die Art *Heterocypris incongruens* war. Das Gift der Botulismuserreger wirkt bei ihnen nicht, ebenso nicht bei allen wirbellosen Kleintieren des Wassers und den Fischen. Nur warmblütige Wirbeltiere, also Vögel und Säugetiere, sind betroffen. Warum das so ist, weiß ich nach wie vor nicht. Vielleicht gibt es inzwischen eine Erklärung. Anfang der 1980er Jahre hatte man keine. Die Muschelkrebschen waren, wie die nähere Untersuchung ergab, die Verursacher der rotbraunen Ränder an den Kadavern, denn das waren ihre Eier. In dichten Massen waren sie gelegt und festgeklebt worden; auch an Treibholz neben den toten Vögeln oder an großen Federn, die im Flachwasser lagen. In diesem wimmelte es vor Muschelkrebschen. Sie bildeten regelrecht eine rötliche Suppe. Enten und andere Wasservögel, die solche Kleintiere als Nahrung nutzen, stellten die meisten Toten. Von Spezialisten, die wie die Löffelente *Anas clypeata* mit einem feinen, reusenartigen Schnabelrand derartiges Kleingetier aus dem flachsten Wasser sieben, überlebte kein Exemplar im Gebiet des Botulismusausbruchs. Die Tauchenten, die fern der Lagune im tieferen Wasser des Inns in der Strömung nach Nahrung suchten, wurden dagegen wenig betroffen. Das unterschied die Verhältnisse am Inn stark von denen am Ismaninger Speichersee. Aber dort gab es in weiten Teilen des flachen Hauptbeckens keine Strömung und in den Fischteichen ohnehin nicht. Die Tauchenten suchten ihre Nahrung im Flachwasser. Sie waren zumeist flugunfähig, weil sie dort, im Hochsommer, ihr Großgefieder mauserten. Dabei können sie etwa drei Wochen lang nicht fliegen. In dieser für sie besonders kritischen Zeit brauchen sie nahrungsreiche Gewässer ohne Störungen durch Bade- und Erholungsbetrieb. Die große Nachkläranlage der städtischen Abwässer erfüllt beide Voraussetzungen. Sie ist unzugänglich abgesperrt und sehr nahrungsreich.

Auch Angler haben keinen Zutritt. Deshalb sammelten sich von Mitte Juli bis Ende August im Speicherseegebiet Zehntausende Tauchenten aus weiten Teilen Europas zur Gefiedermauser. Bis aus Westsibirien kamen sie, wie Beringungen zeigten. An natürlichen Seen fanden sie kein störungsfreies Mausergebiet. Im Hochsommer werden so gut wie alle Gewässer vom Erholungsbetrieb in Anspruch genommen – also genau zu der Zeit, in der es die großen Ausbrüche von Botulismus gab. Diese jahreszeitliche Einschränkung konzentrierte die Suche nach den Gründen für den Ausbruch der Seuche auf die hohen Wassertemperaturen. Über 20 °C seien die Voraussetzung, so die seuchenhygienische Beurteilung. Doch das kann so nicht stimmen. Denn auch im zeitigen Frühjahr und im Spätherbst, bei niedrigen Wassertemperaturen, kam es zu Ausbrüchen von Botulismus. Hohe Hochsommertemperaturen begünstigten sie zwar, verursachten aber die Seuche nicht. Die Möwen wiesen auf den weitaus wahrscheinlicheren Zusammenhang hin. Auslöser war vermutlich die Gülle, die auf die Fluren ausgebracht wurde. Das geschieht seit der Umstellung der Viehhaltung von der Weide auf die Ställe dreimal im Jahr stark gehäuft, nämlich gegen Ende des Winters, weil die Gülledepots voll sind, im Hochsommer, wenn es frischgeerntete Getreidefelder gibt, und wieder im Spätherbst, weil die Depots für den Winter leer sein müssen. Die Ausbrüche von Botulismus folgten genau diesem Güllemuster. Dass sie im Hochsommer besonders hohe Verluste unter den Enten verursachten, lag einfach daran, dass sich diese auf einige wenige Schutzgebiete konzentrierten, vor allem auf das störungsfreie Ismaninger Speichersee-Gebiet. Das Verhaltensmuster der Möwen, speziell der Lachmöwen, gehörte dazu. Zur Zeit der Ausbrüche von Frühjahrsbotulismus findet ihr Frühjahrszug statt; im Herbst/Spätherbst der Herbstzug. Dazwischen haben sie im Sommer eine weitere Zugphase, Zwischenzug genannt. Die flüggen Jungmöwen und bald auch die Altmöwen verlassen die Brutkolonien und fliegen in mehr oder minder großen, lockeren Scharen westwärts. Gebiete wie der Ismaninger Speichersee und die Stauseen am unteren Inn sind wichtige Rast- und Schlafplätze für die Lachmöwen. Wohlbekannt ist zudem, dass die Möwen nicht nur dem Pflug folgen, wenn die Felder umgebrochen und dabei Regenwürmer und Larven von Bodeninsekten freigelegt werden, sondern dass sie auch hinkommen, wo Gülle ausgebracht wird. Diese enthielt, wie ich oft sah, ziemlich viel Totes; erkennbar an den Stücken, die die Möwen aufnahmen und zu schlucken versuchten. Offenbar landete so manches tote Tier von Bauernhöfen in der Gülle. Die stinkende dunkelbraune Soße veranlasst auf Wiesen und Feldern auch das Hervorkommen von Regenwürmern und Insektenlarven. Die Möwen verzehren sie. Dabei infizieren sie sich aller Wahrscheinlichkeit nach mit den Botulismuserregern. Denn in der Gülle herrschen genau die Bedingungen, die diese brauchen: kein Sauerstoff und große Mengen organischer Stoffe für die Massenvermehrung der Clostridien. Falls diese Deutung zutrifft, und die Fakten sprechen dafür, erklärt sie auch, weshalb es in den frühen 1970er Jahren zu den ersten großen Botulismusausbrüchen gekommen war und solche früher hierzulande unbekannt waren. Das war genau die Zeit des Beginns der Güllewirtschaft. Was Gülle wirklich enthält, wird offenbar nicht näher ökologisch untersucht. Obwohl bekannt ist, dass sie Antibiotika aus der Tierhaltung enthält, gilt sie einfach als Wertstoff. Als solcher darf sie zum Himmel stinken und das Landleben schwerstens beeinträchtigen. Prüfverfahren, wie sie für die Zulassung neuer Pestizide oder Medikamente vorgeschrieben sind, wurde Gülle nicht unterzogen. Vielfach wird sie nun zum oder direkt am Wochenende ausgefahren, besonders auffällig zur Ferienzeit im Hochsommer. Die gute Landluft ist ein Klischee von früher. Stadtluft ist in vielerlei Hinsicht besser. Die so geschmähten Feinstäube sind gewiss nicht stadtspezifisch. Auf dem Land, in den Intensivgebieten der Landwirtschaft, wird einfach nicht überprüft, wie hoch die Feinstaubbelastung ist, wie viel vom Kunstdünger und sonstigen Agrochemikalien in unsere Nasen und Wohnungen hinein verweht wird. Für die Landwirtschaft gelten andere Gesetze und Regeln als für die Industrie und die übrige Bevölkerung.

An die ungeklärte Verursachung von Botulismus musste ich immer wieder denken, als in den letzten Jahren die Vogelgrippe Schlagzeilen machte und politische Hyperaktivität auslöste. Die abstrusesten Erklärungen, wie die Erreger ins Land gekommen sein konnten, wurden verbreitet, wohl um vom nächstliegenden, der Geflügel-Massenhaltung selbst, abzulenken. Mit Übersetzungsfehlern fing es an. *Wildfowl* meint im Englischen die Enten. Die Übersetzung Wildvögel ist falsch. Den Panikmachern in den Medien war dies offenbar egal. Der Fehler wurde nie korrigiert. Mit dem Ergebnis, dass Meise & Co. wie alle anderen Wildvögel, also die freilebenden Vögel, verdächtigt wurden, den gefährlichen Erreger zu verbreiten. Die wenigen noch freilaufenden Hühner mussten eingesperrt werden, damit sie nicht mit Wildvögeln in Kontakt kommen. Ob jemals eine Ente – noch dazu eine kranke – auf einem Hühnerhof notgelandet war, spielte im politischen Aktionismus keine Rolle. Zahlreiche besorgte Anfragen erreichten mich, in denen es darum ging, ob man jetzt noch Vögel füttern dürfe/solle und ob die Viren auch durchs Fenster kommen könnten. Grippeimpfstoffe wurden weltweit ausverkauft und für ihre Bevorratung sehr viel Geld (Steuermittel) ausgegeben, angeblich um die Bevölkerung zu schützen. Politiker stellten sich als Seuchenbekämpfer in Raumanzügen vor. Das Mittelalter feierte fröhliche Urständ. Die Lösung des Problems der Herkunft und Übertragung der Vogelgrippe in die Ställe mit Massengeflügelhaltung wurde nicht gefunden. Es blieb bei den Verdächtigungen der (Wild-)Vögel; Ursachenforschung, die in den Ställen hätte ansetzten und die Verflechtungen verfolgen sollen, die globale Verbindungen herstellen, unterblieb. Man gab sich mit den Diagnosen zufrieden. Und so wird es immer wieder Vogelgrippeausbrüche geben, weil die eigentlichen Verursacher und ihre Machenschaften nicht aufgedeckt wurden.

Brutkolonien der Lachmöwen

Dabei ist es ganz klar, dass überall dort, wo es zu Massenansammlungen von Tieren kommt, Seuchen drohen. Das geschieht auch in der Natur ganz ohne Zutun von Menschen. Die Lachmöwen boten mir hierzu ein sehr eindrucksvolles Beispiel. Als ich Ende der 1950er Jahre anfing, mich ernsthaft mit der Vogelwelt am unteren Inn zu befassen, gab es nur eine kleine Brutkolonie an einem der vier Stauseen. Sie hatte etwa zweihundert Brutpaare. Ich erinnere mich noch gut, als ich, damals gerade fünfzehn Jahre alt, mit dem Fahrrad nach über einstündiger Fahrt auf ungeteerten, von Wagenspuren tief zerfurchten Straßen an jenes Innufer kam, von dem aus die Kolonie zu sehen war. Das Gekreisch der Möwen hörte ich schon eine ganze Weile vorher. Als eine Krähe zur Kolonie flog, ging eine wild wirbelnde Wolke aus weißen Möwen mit schokoladenbraunen Köpfen in die Höhe, griff sie kreischend an und vertrieb sie. Die Nester waren auf einer langgezogenen, wenig bewachsenen Sandbank angelegt, die sich wahrscheinlich im Jahr davor gebildet hatte. Wie ich erfuhr, hatte es eine ähnliche Brutkolonie von Lachmöwen mehrere Jahre vorher bereits auf der österreichischen Seite gegeben. Sie war von dort über den

Inn in die Nähe des bayerischen Ufers gewechselt. Ein paar Jahre später nisteten die Möwen zwanzig Kilometer weiter flussabwärts beiderseits des Hauptflusses in zwei Teilkolonien, die zusammen an die tausend Brutpaare umfassten. Die eine davon wuchs weiter, die andere wurde aufgegeben. Dann verlagerten sich alle um gut zehn Kilometer flussaufwärts auf eine neue, von beiden Ufern weit entfernte Insel, die fortan von den Ornithologen »Vogelinsel« genannt wurde. Das blieb sie der vielen verschiedenen Vögel wegen, aber nicht für die Lachmöwen, denn diese verlagerten nach einigen Jahren immer wieder ihre Brutkolonie im Gesamtbereich von mehr als fünfzig Flusskilometer Länge. Schwerpunkte bildeten zwar das Mündungsdelta der Salzach in den Inn, die schon genannte »Vogelinsel« und einige weitere Inseln. Diese Verlagerungen und die Veränderungen in der Größe der Brutkolonien versuchte ich mitzuverfolgen, so gut dies ging. Nicht alle Brutplätze waren von außen mit dem Fernrohr einsehbar. Genaue Zählungen der Nester nahmen wir nur in manchen Jahren vor, wenn Junge vorhanden waren, die gerade die richtige Größe für die Beringung hatten, hauptsächlich aber nach der Brutzeit, wenn die Nester leer und, ohne Störungen zu verursachen, leicht zu zählen waren. Dabei ließ sich feststellen, ob es viele tote Jungmöwen gegeben hatte und in welchem Zustand diese waren. Zudem fanden sich jede Menge Speiballen, aus deren Zusammensetzung sich die Nahrung feststellen ließ, mit der die Jungen versorgt worden waren. In manchen Jahren enthielt sie sehr viele Kirschkerne, weil die Möwen zur Zeit des größten Nahrungsbedarfes ihrer Jungen reife Kirschen im Rüttelflug von den Bäumen gepflückt und verfüttert hatten.

Das Beringen gehörte zu den besonderen Herausforderungen. Die Möwen beschwerten sich nicht nur mit ohrenbetäubendem Geschrei über das Eindringen in ihre Kolonie, sondern sie entleerten über uns ihren Darm unangenehm zielgenau, so dass wir danach nicht mehr gesellschaftsfähig waren. Die benutzten Anoraks hätten sich für Sondermüll qualifiziert, wurden aber wieder gewaschen, um für die nächste Beringungsaktion verfügbar zu bleiben. Dass mir der Direktor des Gymnasiums, in dem ich in den Jahren vor dem Abitur zur Schule ging, für solche Beringungen ganz großzügig schulfrei gegeben hatte, gehört zu den zahlreichen sehr angenehmen Erinnerungen an eine noch nicht von extremem

Leistungsdruck belastete Schulzeit. Die Wiederfunde und Rückmeldungen beringter Lachmöwen rechtfertigten den Einsatz. Die wissenschaftliche Vogelberingung war damals das einzige verfügbare Mittel, genauere Kenntnisse zu Vogelzug, Rastgebieten und Winterquartieren sowie zur Lebenserwartung der Vögel zu gewinnen. In Gemeinschaftsaktionen, die die Zeit der Störung stark verkürzten, versuchten wir, möglichst wirkungsvoll zu beringen. Die Unruhe, die wir in die Brutkolonien brachten, und die Verluste von Jungmöwen, die sicherlich nicht völlig zu vermeiden waren, fielen jedoch gewiss nicht stärker aus als das, was Greifvögel wie die Rohrweihen oder gar Wildschweine verursachten. Jedenfalls gab es nicht mehr tote Jungmöwen in Jahren mit Beringungsaktionen als in solchen ohne, wenn wir nach Ende der Brutzeit in den Kolonien Bilanz machten. Nach Ablauf des ersten Jahrzehnts, in dem ich das Schicksal der Lachmöwenkolonien am unteren Inn verfolgte, zeichnete sich bereits ganz deutlich ab, dass erstens der Gesamtbestand geradezu modellgemäß angewachsen war, und zwar in der sogenannten sigmoiden (= flach s-förmigen) Wachstumskurve mit rascher Bestandszunahme nach anfänglich langsamem Anstieg und dann nur noch geringen Änderungen des Gesamtbestandes. Zweitens wurde deutlich, dass jede einzelne Kolonie sehr starke Schwankungen der Häufigkeit durchmachte. Meist fing sie gleich mit mehreren hundert bis einigen tausend Möwen an, die sich von anderer Stelle auf den neuen Platz verlagert hatten. An diesem wuchs der Bestand in den nächsten Jahren steil an, um dann geradezu schlagartig zusammenzubrechen und zu verschwinden. Die Spitzenwerte einzelner Kolonien überstiegen in den folgenden Jahrzehnten die Grenze von zehntausend Brutpaaren. In diesem Maximalzustand lebten gegen Ende der Brutzeit im Juni/Juli über zwanzigtausend Altvögel mit dem etwa Eineinhalbfachen davon an Jungmöwen, also um die fünfzigtausend Möwen. Das Geschrei dieser Massierung von Lachmöwen war über einen Kilometer weit zu hören. Die Kontrollen nach der Brutzeit ergaben jedes Mal wieder, dass eine hohe Jungensterblichkeit vorausgegangen war, wenn die Kolonie verlassen und andernorts neu gegründet wurde. Krankheiten, nicht diagnostiziert, denn dafür gab es keine Forschungsmittel, führten offenbar in Abständen von etwa fünf bis acht Jahren den Bestandszusammenbruch herbei, ohne dass sich dies auf die Größe des gesamten Lachmöwenbestandes in Südbayern auswirkte. Wurden aber die Kolonien durch Einsammeln der frischgelegten Eier mehr oder weniger intensiv genutzt, blieben sie beständiger und auf größerer Bestandshöhe. Das wollte mir anfangs niemand glauben. Doch es war so. Nicht die verfügbare Nahrung begrenzte offensichtlich Größe und Dauerhaftigkeit der Lachmöwenkolonien, zumindest damals nicht, als nicht annähernd so viel Agrochemikalien eingesetzt wurden wie gegenwärtig, sondern die Seuchen, zu denen es bei der hohen Brutdichte zwangsläufig kam. Mitunter versuchte ich, meine Begründung mit dem Verweis auf gemähte Wiesen besser verständlich zu machen. Werden auf guten Böden vorhandene Wiesen mehrfach im Jahr gemäht, fällt der Ertrag höher aus und hält sich längerfristig auf produktivem Niveau als ohne Mahd. Das Wachstum erstickt sich großenteils selbst, und die Wiese wird sich verändern; zumeist rasch zu einem Wald entwickeln.

Die Lachmöwen legen ihre Brutkolonien an der Grenze zwischen Wasser und Land an. Das ist ein amphibischer Bereich. Steigt das Wasser langsam, bauen sie an den Nestern nach, so dass Eier und kleine Junge über Wasser bleiben. Kommt aber ein schnelles Hochwasser, gehen viele Nester und Gelege verloren. Dabei bestätigt sich der oben ausgeführte Zusammenhang in doppelter Weise. Die starke Verminderung des Bruterfolgs erhält die Kolonie an Ort und Stelle und bewahrt sie vor dem plötzlichen Zusammenbruch, weil das Hochwasser zudem reinigend wirkt. Auf frischem Sand und Schlick kann eine bessere neue Brutzeit beginnen als auf altem, nicht durchgespültem Untergrund. Es dauerte über dreißig Jahre, bis sich diese Zusammenhänge klar genug erkennen ließen. Untersuchungen von wenigen Jahren Dauer hätten hierzu so gut wie nichts ergeben. Sie wären viel zu kurz angesetzt gewesen. Möwen können recht lange leben. Ein Jahrzehnt sicher, wahrscheinlich länger, wenn sie nicht getötet werden. Der Verlauf einer Brutsaison ist daher kein repräsentativer Ausschnitt aus ihrem Leben. Die noch älter werdenden Schwäne hatten mich bereits dazu gebracht, die Zeit stärker zu berücksichtigen. Wir neigen dazu, zu schnell zu urteilen. Die Schuldigen suchen wir wie im Fall von Vogelgrippe und Botulismus lieber in der bösen Natur als dort, wo gesucht werden sollte. Das ist das Kainsmal der Ökologie: Fast immer soll sie ermitteln, was sein soll. Fallen ihre Ergebnisse anders als erwartet aus, werden sie nicht zur Kenntnis genommen oder in infamer Verdrehung der Ausgangslage als voreingenommen abgetan. Oft wird ihnen ein künstliches Korsett aus Zahlen und Messgrößen übergestülpt, deren Sinnhaftigkeit keineswegs ausreichend überprüft worden ist. Denn alles, was sich in Formeln und Maßzahlen ausdrücken lässt, erweckt den Anschein von größerer Wissenschaftlichkeit. In der Ökologie hatte in den 1970er Jahren der Übergang von der beschreibenden Forschung zur Entwicklung von Modellen eingesetzt, die quantitative Vorhersagen ermöglichen sollten. Ihre Berechnung war noch sehr aufwendig, weil damals keine leistungsfähigen Computer zur Verfügung standen. Die Annahmen, auf denen die Modelle beruhten, fielen entsprechend (zu) stark vereinfacht aus. Die Ergebnisse der Modellrechnungen entsprachen den intuitiven Annahmen, weil sie diesen entsprechen mussten. Die verwendeten Algorithmen wurden so eingestellt. Aber wir jungen Ökologen stießen uns nicht daran, denn die Modelle und die ihnen zugrunde liegende Mathematik werteten die Ökologie auf. Sie hatte damit Eingang gefunden in den gehobenen Kreis der quantitativen Naturwissenschaften. Mich beschäftigten in dieser Entwicklung vor allem drei Themenbereiche der Ökologie, die zu ihren zentralen Konzepten gehören: die Dynamik von Populationen, die Rolle der Vielfalt (Diversität) und die Abhängigkeit des Artenreichtums von der Flächengröße.

Ökologische Modellvorstellungen ...

Alle drei hängen eng zusammen. Vorkommen und Häufigkeit der Lebewesen, die Dynamik ihrer Populationen, sind abhängig von der Größe der Lebensräume. Die Veränderungen werden aber auch beeinflusst von anderen Arten, die als Konkurrenten wirken oder als Feinde. Die Artenvielfalt ist kein festgelegter Bestand der verschiedenen Arten, die auf einer bestimmten Fläche vorkommen. Vielmehr ist sie in mehr oder minder starker Veränderung begriffen. Ohne die gemeinsame Betrachtung dieser drei Kernbereiche der Ökologie lässt sich weder das Geschehen vor Ort verstehen noch abschätzen, wie sich Eingriffe in die Populationen auswirken. Um die »Eingriffe« seitens der Menschen geht es aber hauptsächlich im Naturschutz. Gäbe es sie nicht, wäre dieser überflüssig. Alle Veränderungen würden dann von der Natur selbst verursacht; vom Wetter, von kleineren oder größeren Katastrophen wie Hochwasser und anderen Naturereignissen oder dem Weiterwachsen und Altern etwa von Wäldern. Das in neuerer Zeit im Naturschutz verstärkt geforderte Zulassen von naturgegebenen Entwicklungen, Prozessschutz genannt, entspricht diesem Sich-selbst-Überlassen der Natur. Dass dieses nicht wirklich naturgemäß sein kann, ergibt sich aus der simplen Tatsache, dass das menschliche Wirken längst alles verändert hat auf der Erde, auch das Eis der Antarktis, die menschenleeren Weiten des hohen Nordens, die Wüsten und die Ozeane. Dieses globale Wirkung der Menschen war bereits in den 1960er und 1970er Jahren bekanntgeworden, als Rückstände des als Insektenvernichtungsmittel eingesetzten DDT in der Muttermilch von Menschen und in Pinguinen des Südpolarmeeres gefunden wurden. Trotz lokaler Anwendung hatte es sich global verbreitet und Schäden verursacht. Besonders betroffen waren Vögel, insbesondere Falken. Trotz heftigster Widerstände seitens der Hersteller und Anwender musste DDT verboten werden. Wie auch weitere in der Landwirtschaft eingesetzte Mittel, denen anfänglich die Unschädlichkeit bescheinigt worden war. Die chemische Verseuchung von Boden, Wasser und Luft ging weiter. Immer wieder kam Verdacht auf, wurde bestätigt, und die jeweiligen Wundermittel mussten vom Markt genommen werden. Gegenwärtig geht es erneut um Pflanzenschutzmittel wie das Herbizid Glyphosat und die Neonicotinoide. Ihre umfassende Anwendung in der Landwirtschaft ist ein Milliardengeschäft.

Dennoch entwickelte sich die schon aus der Zeit der Romantik stammende Vorstellung von unberührter, jungfräulicher Wildnis in den 1970er Jahren weiter in den Köpfen vieler Naturschützer. Es galt, sie zu erhalten, wo es sie noch gibt, oder wiederherzustellen. Das Wirken der Menschen wird generell als Eingriff angesehen, den es zu vermeiden gilt oder der, wenn das nicht ging oder politisch sich nicht durchsetzen ließ, in geeigneter Weise ausgeglichen werden muss. Hierfür brauchte man Konzepte, die es erlaubten, die Eingriffe in ihrer Schwere zu beurteilen. Denn nur wenn sie hinreichend quantifiziert sind, lassen sich entsprechende Gegenmaßnahmen zum Ausgleich fordern. Kaum bemerkt, am wenigsten von den Naturschützern selbst, wurde damit die Spaltung von Natur und Mensch vorangetrieben. Die wissenschaftliche Ökologie machte mit, indem sie in ihre neuen Modelle den Menschen als Störfaktor einführte und den Spezialzweig der Störungsökologie entwickelte. Daran war ich auch mit meinen Forschungen beteiligt, als ich die Auswirkungen der Jagd auf Wasservögel und die Störungen der Angler, die diese von ihren Brutplätzen vertrieben, sowie die Wirkung der Bootsfahrer und Spaziergänger untersuchte und sie als »Störfaktoren« einstufte. Konsequenterweise wurden bei der Ausweisung von Naturschutzgebieten zunächst grundsätzlich alle Menschen als störend eingestuft. Sofern ihnen überhaupt noch irgendwie Zugang zu den Schutzgebieten eingeräumt blieb, mussten sie sich an strikte Wegegebote halten. Eine lange Liste von Ge- und Verboten in den Schutzverordnungen sollte sicherstellen, dass sich der »Störfaktor Mensch« möglichst wenig auswirkte. Bei Großschutzgebieten wie Nationalparks wurden Kernzonen als strikte Schutzzonen ausgewiesen. Auf dem Papier der Schutzgebietsverordnungen sah dies nach wirklich umfassendem Schutz aus. Doch dem war und ist nicht so. Denn Land- und Forstwirtschaft, Jagd und Fischerei, Energieversorgung, Hochwasserschutz, Waldbrandbekämpfung und so weiter sind davon ausgenommen. Als Störfaktoren gemäß den Naturschutzverordnungen blieben die Naturfreunde übrig, die nichts weiter als ihr Interesse an der Natur vorzubringen hatten. Darauf haben sie aber keinen Rechtsanspruch. Die Einschränkungen trafen sie in voller Härte.

Das deutsche Naturschutzgesetz und die zugehörigen Gesetze der Bundesländer – entsprechende Verhältnisse herrschen in Österreich – führten eine zweite Spaltung ein. Seit sie gültig sind, gibt es nicht allein die Trennung von Natur und Mensch, sondern auch die Aufteilung in gute Menschen, die Natur mehr oder weniger intensiv nutzen und damit Vorkommen und Häufigkeit der Arten sowie die Abläufe im sogenannten Naturhaushalt bestimmen, und solche, die das nicht tun, aber vom Gesetz erfasst sind als die faktisch bösen Menschen. Das müssten sie sein, wie sonst könnten sie ausgesperrt oder eingeschränkt werden? Als sich diese Umwertung der Werte in der politischen Entwicklung abzeichnete, hätte man wohl erwarten können, dass die Naturschutzverbände vehementesten Widerstand gegen einen derart pervertierten Naturschutz leisteten. Sie taten es nicht. Sie zogen den Leidensweg vor, der sie klagen und jammern ließ, während sie zu Zuschauern an die Peripherie des Geschehens abgedrängt wurden. Und eine dritte Spaltung setzte ein. Ein politischer Ökologismus löste sich ab von der Ökologie als seriös wissenschaftlicher Naturforschung und vereinnahmte die Ökologiebewegung. Ihr zentrales Credo lautet: Der Mensch ist missraten und böse. Er belastet die gute Mutter Erde. Sie leidet unter seinen ökologischen Fußabdrücken und droht zugrunde zu gehen. Die »Fünf vor Zwölf«-Warnungen häuften sich. Allerdings mit merkwürdiger Beständigkeit, denn die nächsten Jahrzehnte blieben die Zeiger dieser Uhr anscheinend stehen. Seit den 1970er Jahren befinden wir uns wenige Minuten vor der endgültigen Katastrophe. Wer es nicht hatte einsehen wollen, erhielt nun definitiv die Bestätigung. Aus der Ökologie war eine Religion geworden. Sie erhob den Anspruch, Menschheit und Mutter Erde zu retten, koste es an Freiheit und Geld, was es wolle. Die neue Öko-Religion ist keine personenbezogene Erlöser-Religion, obgleich Gurus zuhauf auftauchten, die das neue Heil versprachen. Sie gebärdet sich als Erlösungs-Religion, die das böse und schlechte Tun der Menschen wieder auf den rechten Weg führen will. Die wissenschaftlich betriebene Ökologie wurde nach und nach trotz gestiegener Bedeutung innerhalb der Naturwissenschaften eine in zahlreiche Teilbereiche aufgesplittete Nischenwissenschaft mit viel Detailforschung. Zunehmend benutzte man sie als Alibi (»Wir lassen das gründlich untersuchen!«) über den Einsatz externer, politisch motivierter Forschungsgelder. »Eingriff«, »Naturhaushalt« und »Störung des Gleichgewichts in der Natur« wurden Schlagworte und Programm für solcherart motivierte Untersuchungen. Ergebnisse, die sich entsprechend interpretieren lassen, waren von vornherein garantiert, weil es immer irgendwelche Änderungen in der Natur gibt. Und da es nur unter besonderen Umständen möglich ist, zwei oder mehrere wirklich vergleichbare Untersuchungen parallel durchzuführen, um sie wie kontrollierte Experimente auswerten zu können, fing die große Zeit der Modelle an. Sie boten Ersatz für die Unmöglichkeit reproduzierbarer Experimente.

Meine eigenen ökologischen Arbeiten folgten diesem generellen Muster von Aufstieg und Wandel der Ökologie. Die bereits beschriebenen Studien zur Ökologie und Bestandsentwicklung der Höckerschwäne, Lachmöwen und Gespinstmotten illustrierten beispielhaft die Populationsdynamik, aber auch die Grenzen der Vorhersagekraft der zugrunde gelegten mathematischen Modelle. Bei den Höckerschwänen ging es darum, die verfügbare Nahrung wenigstens ungefähr zu bestimmen. Wie ausgeführt, hätte es weit mehr Brutpaare geben können/sollen, wäre die im Brutrevier der Schwäne vorhandene bzw. sich den Sommer über entwickelnde pflanzliche Nahrung (allein) entscheidend gewesen. Die Territorialität der kräftigen Paare, die viele an sich brutfähige Artgenossen vom Brüten ausschloss, nahm jedoch in vorher oder über Populationsmodelle nicht absehbarer Weise Einfluss auf die Vermehrungsrate der Schwäne. Sie beschränkte die Geburtenrate b, die Natalität, ganz erheblich und verringerte damit die Rate der Sterblichkeit m, die Mortalität, vor allem bei den Jungen. Dass Zu- und Abwanderungen, Immigration I und Emigration E, über die Jahre hinweg bedeutsam sein oder werden können, ließ sich erst über längere Zeitreihen und insbesondere durch die Beringung der Schwäne erkennen und nachweisen. Solange der Abschuss von Schwänen keine Rolle spielte und die Mortalität durch Blei und Haken von Anglern gering blieb, ergab sich eine einfache Abhängigkeit der dauerhaft existenzfähigen Schwanenpopulation von der Entwicklung der Wasser- und Uferpflanzen, also von der Nahrungsbasis. Wie bedeutsam der winterliche Nahrungsengpass von Natur aus gewesen wäre, wenn die Schwäne nicht an mehreren Orten an Inn und Salzach gefüttert worden wären, ließ sich kaum abschätzen. Die Fütterung war jedoch zweifellos ein vom Menschen zusätzlich eingeführter Faktor. Ob er mehr Schwänen das Brüten und die Aufzucht von Jungen ermöglichte oder die Abwanderung verringerte, kann ich auch nach Jahrzehnten nicht wirklich schlüssig beantworten. Denn nachdem die Winterfütterungen weitgehend eingestellt worden waren, kam dennoch weder eine Abnahme der Größe der Jahresbestände der Höckerschwäne am unteren Inn zustande noch eine Veränderung im Revierverhalten zur Brutzeit. Möglicherweise bremste die aufgrund der verbesserten Wasserqualität weit geringere Wasserpflanzenentwicklung in den Seitenbuchten der Stauseen die Konditionszunahme der Nichtbrüter, denn ihre Gruppen sind kleiner und lockerer geworden, und sie verteilen sich stärker im gesamten Flussgebiet. Letztlich war mit der so einfachen und überzeugend klaren Gleichung zur Bestandsentwicklung N = b − m + I − E (Anzahl der Schwäne N = Geburten- minus Sterberate plus Zuwanderung minus Abwanderung) wenig anzufangen. Dass sich keine Veränderung ergibt, wenn sich die Zuwächse (Nachwuchs und Zuwanderung) und die Verluste (Todesfälle und Abwanderung) genau ausgleichen, ist eine Selbstverständlichkeit, die keiner Mathematik bedarf. Wie stark aber der Schwanenbestand von Jahr zu Jahr schwankte, ließ sich erst im Nachhinein erklären, wenn lange Winter mit viel Eis oder starke Frühsommer-Hochwässer die Verluste erhöht oder günstige Witterung mit sehr guter Produktion von Unterwasserpflanzen die Lebensbedingungen verbessert hatten. Keiner dieser förderlichen oder nachteiligen Faktoren konnte vorhergesagt werden. Auch die Bildung einer Brutkolonie der Schwäne war unerwartet. Somit entzog sich die Bestandsentwicklung dieser Population des Höckerschwans einer detaillierten Modellierung. Denn um alle Faktoren, deren Wirkung auf die Schwäne wir kennen, genau genug zu quantifizieren, hätten diese über Jahrzehnte gleichsam Schwan für Schwan mitverfolgt werden müssen. Bei der Vielzahl möglicher, einander verstärkender oder abschwächender Wirkungen hätte sich ein hochkomplexes Modell ergeben, dessen Vorhersagen aber einer so großen Bandbreite von Möglichkeiten unterworfen gewesen wären, dass sich daraus nichts wesentlich Neues ergeben hätte. Meine Vorhersage, der Schwanenbestand am unteren Inn würde in den nächsten Jahren und Jahrzehnten nicht ansteigen, sondern auf etwa die Hälfte abnehmen, traf zu, weil die Abhängigkeit von der verfügbaren Nahrung offensichtlich war. Den richtigen Schluss zu ziehen bedurfte keiner großen Modellrechnungen, die ja auch nicht besser hätten sein können als die ihnen zugrunde gelegten Annahmen.

... und ihre Anwendung

So weit so gut so wenig ergiebig. Auf diese Kurzform kann man die Befunde zur Populationsdynamik der Schwäne zusammenfassen. Erheblich anders sieht es bereits mit jener der Lachmöwen aus, deren Kolonien ich im selben Gebiet, den Stauseen am unteren Inn, untersucht hatte. Wie ebenfalls bereits ausgeführt, kennzeichnet sie ein sehr starkes Auf und Ab, verursacht von Verlagerungen großer Kolonien an neue Plätze und plötzlichen Bestandszusammenbrüchen. Die einzig brauchbare Vorhersage war, dass keine Brutkolonie auf längere Zeit an Ort und Stelle bleiben und schon gar nicht in der Größe konstant sein würde. Es war unmöglich, die Mengen der nutzbaren Nahrung auch nur annähernd abzuschätzen. Die Lachmöwen schwärmten weit ins Umland der Stauseen aus. Manche flogen bis zwanzig Kilometer weit, um auf Äckern oder frischgemähten Wiesen nach Würmern und Insekten zu suchen. Die Problematik der Heuverschmutzung, die über zwei Jahrzehnte lang Konflikte mit der Landwirtschaft verursacht hatte, ging stark zurück bis fast zur Bedeutungslosigkeit, als die Grünlandbewirtschaftung auf Grassilage in großen Plastikballen umgestellt wurde. Die Möwen kamen nunmehr zwar leicht an die beim Mähen vielleicht noch zu findenden Insekten und Insektenlarven, verschmutzten aber kein entstehendes Heu mehr, weil gemähtes Gras nicht mehr zum Trocknen liegen bleiben musste. Dieser Wechsel in der Form der Bewirtschaftung fand gleichsam außerhalb der Ökologie der Lachmöwen statt, verminderte aber massiv den Druck der Landwirte, die die Möwenkolonien am liebsten vernichtet sehen wollten. Zur Populationsdynamik der Möwen trug das nichts bei, wohl aber zu ihrer Akzeptanz. Denn ohne verschmutztes Heu spielten nun auch die scheinheilig beklagten Verluste von Regenwürmern keine Rolle mehr. Um diese kümmert sich die konventionelle, durch und durch technisierte Landwirtschaft ohnehin nicht mehr. Dass das Auf und Ab der Möwenkolonien als Metapopulationsdynamik zu verstehen sei, belegte das altbekannte Phänomen lediglich mit einem neuen, sehr wissenschaftlich klingenden Namen. Eine Erklärung für die Abläufe gibt der Zusatz »Meta« nicht. Er besagt lediglich, dass das Geschehen an einem Ort mit den Vorgängen an mehreren bis vielen anderen Orten, an denen die betreffende Art vorkommt, in Verbindung steht. Das ist der Normalzustand, abgesehen von kleinen Inseln, auch sogenannter Habitat-Inseln. Die örtlichen Populationen können sich ähnlich verhalten, wenn die Außenbedingungen wie die Witterung maßgeblich Einfluss auf die Bestandsentwicklung nehmen oder sehr unterschiedlich verlaufen, wenn es sich, wie bei den Lachmöwenkolonien, um innere Vorgänge in den Kolonien selbst handelt. Geringe oder ausgefallene Erzeugung von Nachwuchs in der einen Lokalpopulation kann von Überschuss aus anderen ausgeglichen werden. Solch produktive Teilpopulationen erhalten oft kleine randliche Vorkommen, die für sich allein nicht überlebensfähig wären, mit ihren Überschüssen. Häufig sind die Randvorkommen, die nur durch anhaltenden Zustrom aus den Kernbereichen des Areals der betreffenden Art existieren können, aber kaum mehr als eine Verschleißzone – und damit eine besondere, allerdings oft auch höchst enttäuschende Herausforderung für den Naturschutz.

So verhielt es sich mit den kleinen Brutvorkommen der seltenen Schwarzkopfmöwen *Larus melanocephalus* in den großen Brutkolonien der Lachmöwen am unteren Inn. Auch nach einem Vierteljahrhundert Existenz weniger Brutpaare im Schutz der Möwenkolonien ist es dieser pontisch-mediterranen Möwenart nicht gelungen, sich unabhängig von den Lachmöwen zu etablieren. Sie lebt hier in der Verschleißzone abseits des Kerngebietes, wo die Schwarzkopfmöwen selbst große Brutkolonien bilden. Und so ist auch klar, dass das weitere Schicksal dieser Möwenart mit der schwarzen, nicht wie bei den Lachmöwen braunen Kopfmaske und dem blutroten Schnabel auf absehbare Zeit in Mitteleuropa auf Gedeih und Verderb mit dem der Lachmöwenkolonien verbunden ist. Spezieller Artenschutz für die Schwarzkopfmöwe müsste daher die Lachmöwen fördern und sie dazu anregen, möglichst viele Brutkolonien zu bilden. Solche Verknüpfungen sind kein Sonderfall. Auch die Schwarzhalstaucher *Podiceps nigricollis* brauchen bei uns den Schutz von Möwenkolonien, weil die kleinen schwarzen Taucher mit ihren zur Brutzeit goldgelben Federbüscheln an den »Ohren« und den granatroten Augen ihren vielfältigen Feinden in der Kulturlandschaft hilflos ausgeliefert sind. Mehrere, zumeist seltene Arten von Enten nisten gleichfalls im Schutz der Lachmöwenkolonien. Diese wehren sehr wirkungsvoll Krähen ab und bei hinreichender Größe von mehreren hundert oder tausend Brutpaaren auch Greifvögel wie Rohrweihen. Derartige Beziehungen, die die Wirkungen von Feinden betreffen, zeigen sich oft erst nach langjährigen Untersuchungen. Im Populationsmodell, das auf eine Art bezogen ist, lassen sie sich zumeist nicht berücksichtigen. Häufig sind sie einfach unbekannt.

Die hier nur angedeutete Komplexität der Dynamik einfacher Populationen übersteigt sehr rasch auch die heutigen Möglichkeiten der Modellierung, wenn nicht nur einige wenige Arten berücksichtigt werden sollen, sondern möglichst die ganze Vielfalt des Artenspektrums eines Gebietes, die Artendiversität. Allein ihre Beschreibung bereitet bereits ganz erhebliche Schwierigkeiten. Ist es ökologisch zulässig, die Diversität der Wasservögel gesondert von jener viel größeren aller Vögel im Gebiet zu behandeln? Dürfen die Säugetiere ausgegrenzt und für sich betrachtet werden? Wie steht es mit den Amphibien, den Fischen, den Muscheln, den Wasserinsekten, den Mikroorganismen, der Vegetation? Wie und wo sind die Grenzen der Erfassung zu ziehen? Beliebig? An der Natur orientiert? An welcher? Ist der Ökosystem-Begriff hilfreich? Wo beginnt und endet ein Ökosystem? In den Dschungel solcher Fragen geriet ich, als ich versuchte, meine Forschungen an der Ökologie der Wasservögel einzuordnen und für die Praxis verwertbare Folgerungen aus ihnen zu ziehen.

Im Lauf der Jahrzehnte stellten wir, die Ornithologen, die am unteren Inn seit Ende der 1950er Jahre tätig sind, fast 300 verschiedene Vogelarten fest. Wie viele davon den Wasservögeln zugerechnet werden können, ist bereits fraglich und hängt davon ab, was damit verbunden werden soll. So sind die Enten zweifellos Wasservögel. Aber sind es auch die Gänse? Sie ernähren sich, zumindest an den Stauseen am unteren Inn, nahezu ausschließlich von dem, was draußen auf den Fluren wächst und was sie an den Ufern abbeißen können. Zur Ernährung würden nicht einmal die am unteren Inn brütenden Graugänse Wasserpflanzen brauchen. Dass sie wie viele andere Tiere trinken müssen und Wasser zum Baden schätzen, qualifiziert sie noch nicht als Wasservögel im ökologischen Sinne. Sonst wären auch Krähen Wasservögel, denn sie suchen regelmäßig die Schlickbänke auf, suchen dort auch Nahrung, so sie etwas finden, trinken und baden im Flachwasser. Gänse haben Schwimmhäute zwischen den Zehen, Krähen nicht. Schwimmen zu können bietet den Gänsen nachts Sicherheit vor Füchsen, wenn sie auf Gewässern nächtigen. Tagsüber bei der Nahrungssuche an Land sehen sie zumeist rechtzeitig einen möglicherweise kommenden Fuchs oder Seeadler.

Die See- und Fischadler, Letztere sogar ausschließlich, hängen in ihrer Existenz davon ab, an Gewässern Beute machen zu können. Gehören sie als Greifvögel nun zu den Wasservögeln? Und wie steht es mit Wildschweinen? Sie besiedelten in den letzten Jahrzehnten die ausgedehnten, als Lebensräume amphibischen Inseln in den Stauseen, wo sie vor Verfolgung geschützt sind, sich jederzeit im Wasser kühlen und im Schlamm laben können, Gelege von Möwen und Enten verzehren und zudem sehr gut schwimmen können. Man wird sie sicher weniger als den Fischotter zu aquatischen Säugetieren rechnen, oder gar nicht, weil die allermeisten Wildschweine fern von Gewässern an Land und sogar in Großstädten leben. Beim Nerz *Mustela lutreola* ist die Bindung an Gewässer groß, beim Iltis *Mustela putorius* weniger stark, gleichwohl deutlich, und Biber brauchen Gewässer. Sie sind eigentlich Uferbewohner, jedoch auf ganz andere Weise als die Rohrsänger, die im Röhricht am Gewässerufer nisten und ihre Brut mit Insekten füttern, deren Larven im Wasser gelebt hatten. Rohrsänger meiden den direkten Kontakt mit Wasser und sind in dieser Hinsicht weniger Wasservögel als etwa die an Bächen lebenden Wasseramseln *Cinclus cinclus* und Gebirgsstelzen *Motacilla cinerea*. Wasseramseln tauchen sogar ins Wasser, schwimmen darin mit Ruderbewegungen ihrer Flügel oder laufen auf dem Grund bei der Suche nach Insektenlarven. Diese wenigen Beispiele mögen genügen, um zu verdeutlichen, wie schwierig es ist, ökologische Gruppen zu bilden. Für die einzelne Art ist die Zuteilung kein Problem. Sich mit ihrer Lebensweise, ihrer spezifischen Ökologie, zu befassen erfordert keine tiefschürfenden Überlegungen. Doch wer zu ihrem ökologischen Umfeld gehört, ist bereits ziemlich willkürlichen Ab- und Ausgrenzungen unterworfen. Die Populationsökologie der Lachmöwen kann man ohne Berücksichtigung der anderen mit ihren Brutkolonien verbundenen Vogelarten und vielen anderen Tieren, die darin leben, untersuchen. Nicht aber, wie wir inzwischen wissen, unter Ausschluss der Wildschweine, so welche dort vorkommen, wo die Möwen ihre Kolonien anlegen.

Artendiversität

Dabei lässt sich all dies Angedeutete noch vergleichsweise gut fassen. Viel schwieriger wird es bei den Pflanzen. Die Artenvielfalt in Feld und Flur, Stadt und Wald ist nicht nur bei so groben Zuteilungen höchst unterschiedlich, sondern vor Ort noch schwerer zu fassen. Die Wissenschaft der Pflanzensoziologie behilft sich mit einem hierarchisch gegliederten System, das Ähnlichkeiten mit den Stammbäumen in der Systematik von Tieren und Pflanzen aufweist. Doch wo genau, wenn überhaupt, endet eine bestimmte und als solche mit einem Namen gekennzeichnete Assoziation, ein Verband, eine Klasse? Die Pflanzensoziologen wissen das oder gehen davon aus, dass ihre Vorstellungen davon in der Vegetation selbst irgendwie vorhanden sind. Viele Botaniker halten gleichwohl wenig von solchen der Natur übergestülpten und nie wirklich passenden Systemen. Die Tiere und mit ihnen die Zoologen kümmern sich ohnehin nicht darum. Die Konzepte der Pflanzensoziologen erschweren es den auf die Tierwelt ausgerichteten Ökologen, den Begriff der ökologischen Nische anzuwenden. Wie und wo findet man sie? Die ökologische Nische ist eine hilfreiche, aber nicht unbedingt aussagekräftige Konstruktion, die das Zusammenleben der verschiedenen Organismen verständlich machen soll. Ob Tier- und Pflanzenarten tatsächlich ihnen zugehörige ökologische Nischen haben, beweist die bloße Anwendung dieses Begriffs selbstverständlich nicht. Vielfach halten sich diese nicht daran und leben an Orten, an denen sie ihrer Nische gemäß nicht vorkommen sollten, zum Beispiel in Städten, oder wechseln die Nische, weil sie sich einen anderen Lebensraum erschließen.

Welchen Sinn haben dann Maßzahlen für die Diversität, begann ich mich zu fragen, nachdem ich solche mit etwas Aufwand und einem Taschenrechner für Wasservögel an Stauseen und Seen, für Greifvögel in Südamerika und für Schmetterlinge unterschiedlichster Biotope berechnet hatte. Die einzelnen Arten werden dabei als Informationsträger behandelt. Das sind sie im Hinblick auf ihre Genetik zweifellos. Aber ist diese bedeutsam für andere Arten? Was heißt es für Wasservögel, wenn die Gänse ihnen zu- oder nicht zugerechnet werden? Spielt es eine Rolle für Grasmücken und Rohrsänger, beides Singvogelgruppen, die sich und ihre Jungen zur Brutzeit von Kleininsekten ernähren, ob in der Artendiversität des Auwaldes am unteren Inn neben dem Zilpzalp *Phylloscopus collybita* auch der ihm sehr ähnliche, jedoch ganz anders singende Fitis *Phylloscopus trochilus* vorkommt? Da beide Laubsängerarten bei den mäßig häufigen Arten im Diversitätsspektrum zu platzieren sind, nehmen sie und weitere Arten ihrer mittleren Häufigkeitsgruppe mehr Einfluss auf den errechneten Wert der Diversität als ganz seltene oder der mit seinen Flötenrufen so auffällige, aber nicht häufige Pirol. In den Auen am mittleren Inn (Oberbayern) konnte ich nichts ausfindig machen, was sich im Muster der Diversität der Singvögel vom unteren Inn (Niederbayern/Oberösterreich) auswirkt, weil der Fitis fehlt bzw. vorhanden ist. Oder bei Garten- und Dorngrasmücke *Sylvia borin* und *S. communis* in den Jahrzehnten ihrer Seltenheit, die wohl eine Folge der Saheldürre und der Veränderungen der Lebensbedingungen hierzulande war, nachdem sie vorher häufig gewesen waren, wie dies der Artname der Dorngrasmücke *communis* ausdrückt. Wir sind immer noch weit davon entfernt, die Funktion der Biodiversität zu verstehen, wissen aber, dass sehr viel in diese hineininterpretiert wurde, etwa zum Zusammenhang mit der Stabilität von Natur. Hochdiverse Systeme können, wie neuere Modellrechnungen in für viele Naturschützer unangenehmer Weise ergaben, anfälliger und weniger stabil sein als weniger diverse. Wenn überhaupt eine Verbindung mit Stabilität, Dauerhaftigkeit oder Widerstandsfähigkeit gegen äußere Einflüsse gegeben sein sollte, zeichnet sich ab, dass eine mäßige Diversität die größte Beständigkeit aufweist, worauf aber vielleicht falsch herum geschlossen wurde. Denn wo recht stabile Lebensbedingungen herrschen, die von einer geringen Anzahl unterschiedlicher Arten genutzt werden, gibt es eben auch aufgrund dieser Verhältnisse kaum Änderung.

Die Arbeit an den Innstauseen mit ihrer hohen, von Hochwässern und Nährstoffreichtum verursachten Dynamik führte mir in aller Deutlichkeit vor Augen, wie wichtig zudem die Zeitspanne ist, die betrachtet wird. Auf die Dauer des Lebens verschiedener Organismen bezogen, kann eine periodisch mit Wasser gefüllte und wieder austrocknende Lagune ähnlich lange halten wie der Auwald auf den Inseln. Denn während in der Lagune Dutzende Generationen einer Kleintierart aufeinanderfolgen, bis sie austrocknet, können Biber im Auwald kaum jemals ebenso viele Generationen lang am selben Ort leben. Stabilität müsste daher, um Bedeutung zu erlagen, auf Generationsfolgen von Organismen bezogen werden und nicht auf Ensembles höchst unterschiedlicher Arten. Oder eben, wie es zumeist geschieht, auf die Menschenzeit. Dann hat zweifellos ein Eichenmischwald größere Stabilität als eine Pappelplantage, weil Eichen viel älter werden als Kulturpappeln. Nicht an Eichen, die am unteren Inn nur einzeln oder in kleinen Gruppen, nicht aber als Wälder vorkommen, sondern an Buchen und Weichholzauen erlebte ich die Abhängigkeit von Geschwindigkeit des Wachstums, Altern und Dynamik von Baumbeständen im Verlauf von gut einem halben Jahrhundert. Der weitaus artenreichere war der instabile Auwald und nicht der stabile Buchenhochwald. Waldkenner und Forstleute wundert dies ganz und gar nicht. Seit langem ist bekannt, dass Wälder in ihrer Entwicklung unterschiedliche Stadien von Biodiversität durchlaufen. Sie ist hoch zu Beginn, steigert sich noch in der Zeit des stürmischen Aufwachsens und nimmt dann kontinuierlich ab, wenn der Wald den reifenden Hochwaldzustand erreicht hat. In hundertjährigen Buchenaltholzbeständen gibt es ungleich weniger Tier- und Pflanzenarten als in den ersten Jahrzehnten des Aufwachsens. Je nach Ergiebigkeit des Bodens und Wüchsigkeit des Waldes ändert sich dies. Mit Einsetzen der Zerfallsphase, wenn die Bäume altern, sehr viel Totholz anfällt und schon mäßige Stürme den einen oder anderen Baum entwurzeln, steigt die Biodiversität wieder an. Erst in diesem, dem äußeren Eindruck nach einem Urwaldzustand entsprechenden Stadium wird die Diversität besonders groß oder maximal. Vielfalt, Diversität ist also kein Dauerzustand, sondern stets Begleiterscheinung eines Prozesses, den nicht nur Wälder, sondern alle Lebensräume durchlaufen. Ein zusammenbrechender Wald mit sehr hoher Biodiversität ist nun offensichtlich nicht stabiler als der hiebreife Hochwald mit viel geringerer Vielfalt. Was mich anfänglich bei der Entwicklung der nicht mehr als Niederwald genutzten Innauen erschreckte, war, wie sich später herausstellte, Teil eines sich über Jahrzehnte erstreckenden Prozesses, bei dem der früher in seiner genutzten Form sehr diverse Auwald einförmiger und damit auch artenärmer wurde, bis sich mit zunehmendem Altern die Diversität wieder vergrößerte. Dreißig Jahre Geduld brauchte ich, diese Entwicklung bestätigt zu bekommen. Legislaturperioden sind einfach hoffnungslos zu kurz für derartige Entwicklungen in der Natur.

Daher habe ich den Eindruck, dass die Flächenabhängigkeit des Artenreichtums bislang auch zu statisch gesehen und überbewertet worden ist. Die Befunde dazu bilden Momentaufnahmen, deren Durchgangscharakter meist nicht erkannt oder im Hinblick auf die zu erreichende Zielsetzung ausgeblendet wurde. Für Deutschland, ja für ganz Mitteleuropa besagen die Befunde, dass in der Verbreitung der Vögel normale kontinentale Verhältnisse herrschen. Die Zahl der vorkommenden, auf der betrachteten Landfläche brütenden Vogel a r t e n nimmt mit der Flächengröße zu. Die Befunde folgen der Formel:

$$S = C \times A^z$$

S = Artenzahl, A = Flächengröße, C = durchschnittliche Artenzahl der betreffenden Gruppe pro Flächeneinheit (km^2), z = Exponent.

Das entspricht der Erwartung. Mit 0,12 oder 0,14 ergab der Exponent z den für flächig-kontinentale Verbreitung der Arten typischen Wert. Für Inseln und inselähnliche Verhältnisse wurde er doppelt so hoch liegen, etwa bei 0,28.

Dass aber weit mehr als die Hälfte der in Mitteleuropa lebenden Vogelarten selten bis sehr selten geworden ist, zumal in den letzten Jahrzehnten, weil ihnen die moderne Landwirtschaft Existenzmöglichkeiten nimmt, geht aus den Ergebnissen nicht hervor. Eine Art gilt darin als Brutvogel, ob sie in nur einem einzigen Brutpaar oder in Dutzenden auf der Bezugsfläche vorhanden ist. Zwanzig Brutvogelarten in ein paar Hektar Auwald können eine reichhaltige Vogelwelt darstellen, die jedoch nach einer Reihe von Jahren auf eine Handvoll schrumpft, wenn der junge Auwald in einen älteren, fast nur noch aus Weiden und Erlen bestehenden übergeht. In diesen nimmt dann möglicherweise die Artenzahl der Schmetterlinge und Käfer zu. Für die Kleintiere gelten ohnehin andere Beziehungen zur Fläche als für die großen Arten. Ein Refugial- oder Schutzgebiet von einem Hektar kann für sie bereits eine bedeutende Insel für ihr Überleben sein. Den meisten Vogelarten wird so eine kleine Fläche, abgesehen von einigen wenigen sehr häufigen Arten, kaum etwas

Artendiversität 583

bringen. Für Schmetterlingsschützer können die Vorstellungen von Vogelschützern unannehmbar sein. Wer Brachvogel und Kiebitz fördern möchte, muss gegen Hecken sein, die andere Vogelschützer für die Heckenvögel haben möchten. Und wenn gar noch die Wünsche von Pflanzenschützern mit dazu kommen, entsteht genau das, was die wissenschaftliche Ökologie in hochgradig diverser Natur auch mit modernen Methoden nicht bearbeiten kann: ein komplexes Durcheinander. Jede Gruppierung baut sich dann folgerichtig ihre eigene, zu den Zielen passende Ökologie auf. Diversität ist für den speziellen Artenschutz unerwünscht bis nicht akzeptabel, die Bevorrechtung jagdlicher oder fischereilicher Interessen für den Naturschutz ebenfalls nicht. Dass alle bei ihren Forderungen und Vorstellungen von ausgesprochen selbstbezogenen Leitbildern ausgehen, wird jeweils nur den anderen unterstellt. Und so scheitert der Versuch einer komplexen, nicht reduktionistischen Betrachtung natürlicher oder vom Menschen mit verursachter Diversität und ihrer starken Beeinträchtigung an der Komplexität der Ziele der Menschen. Nicht die Wissenschaft, die Emotionen geben den Antrieb für ihr Tun und bestimmen die Zielsetzungen. Deshalb sind sachliche Auseinandersetzungen zwischen den verschiedenen Interessen- und Nutzergruppen in aller Regel unergiebig bis frustrierend, weil sich die einander entgegengerichteten Ziele nicht zur Deckung bringen lassen. Sachargumente helfen kaum. Sie fördern auch nicht die Qualität des Diskurses. Denn wenn Kompromisse eingegangen werden, die diese Bezeichnung verdienen, gibt es unweigerlich zwei oder mehr Verlierer, keine Gewinner. Abstriche machen zu müssen ist ein Euphemismus für das Eingestehen von Niederlagen. Der Naturschutz muss mit Abstand die meisten Niederlagen ertragen, seit er sich zum Träger öffentlicher Interessen gemacht hat. Wahrscheinlich wäre mehr zu erreichen gewesen, hätte man die Ziele persönlicher, egoistischer formuliert. Dass wir etwas wollen oder nicht wollen, wird als Argument eher akzeptiert, weil es der Sichtweise der anderen Seite/n entspricht, als mit dem Artentod (schwächste Fassung) oder gleich mit der Apokalypse (stärkste Version) zu drohen. Mag beides auch noch so gut ökologisch-wissenschaftlich begründet erscheinen. Erfolgreicher Naturschutz braucht nicht mehr Ökologie oder sonstige Wissenschaft, sondern viel mehr Emotion. Er muss seine eigenen

Wünsche vertreten, die Freude am Schönen, am Genuss von Natur. Man wird den Naturschützern dann eher glauben als ihren vorgeblichen Notwendigkeiten oder dem Drohen mit Gefahren und Zusammenbrüchen. Gefahren, wie sie auch den fremden Arten zugeschrieben werden.

Die Invasion der Türkentauben

Am 23. Februar 1959 sah ich fünf Tauben am Bahnhof von Pocking, Niederbayern, wo ich in die Schule ging. Zwar hatte ich bereits einige Bücher über Vögel, darunter Heinrich Frielings *Was fliegt denn da?*, aber nur eines enthielt eine Abbildung, die mir irgendwie passend vorkam. Das war *Knaurs Vogelbuch*; allerdings eines für Vogelhalter und -züchter, kein Bestimmungsbuch. In *Was fliegt denn da?* war die Taube, die ich bestimmen wollte, nicht vorhanden. Die ähnlich kleinen Turteltauben ließen sich ausschließen. Zudem kannte ich sie bereits, da Turteltauben *Streptopelia turtur* in jenen Jahren noch verbreitet in den Innauen vorkamen. In *Knaurs Vogelbuch* fand ich die tatsächlich recht ähnliche Lachtaube. Und so notierte ich dazu, dass die Vögel wohl einem Taubenzüchter gehörten. Ein paar Monate später korrigierte ich den Eintrag, denn ich hatte von der Ausbreitung der Türkentaube *Streptopelia decaocto* gelesen und sie dann auch im neuen Bestimmungsbuch über die Vögel Europas gefunden, das damals *das* Buch für Ornithologen war: *der Peterson*. Bereits im nächsten Winter gab es Türkentauben auch in meinem Heimatdorf. Zu meiner Überraschung kamen sie sogar zum Futterhaus und suchten dort am Boden, was die Spatzen und Grünfinken, die Meisen und die anderen Kleinvögel, die das Häuschen in großer Zahl besuchten und fast jeden Tag leerfutterten, hinabgeworfen hatten, wenn sie miteinander stritten. Noch wusste ich nicht, dass das niederbayerische Inntal zu den ersten von den Türkentauben besiedelten Gebieten Deutschlands gehörte. In Österreich gab es sie schon früher; verständlicherweise, weil ihre Ausbreitung ziemlich gut der uralten Route der Ackerbauer folgte, die diese bei der frühgeschichtlichen Invasion Mittel- und Westeuropas genommen hatten: das Donautal aufwärts. Seit Ende der letzten Eiszeit war dies der Hauptweg der Wiederausbreitung von Arten, die im großen südöstlichen Refugium die Zeit der Vereisung überlebt hatten. Der Donau war die Donauzivilisation gefolgt, getragen von den frühen Ackerbauern, den Indoeuropäern. Die Donau benutzten die Römer über einen Großteil ihres Laufes zur Abgrenzung gegen die Barbarenvölker nördlich und östlich davon. Mit den Indoeuropäern vielleicht schon, gewiss aber auf demselben Hauptweg hatte sich lange vor der Türkentaube der Haussperling nordwestwärts ausgebreitet und Europa besiedelt. Wegen seiner engen Verbindung mit den Menschen und ihren Gebäuden gab ihm 1758 der Schwede Carl von Linné den wissenschaftlichen Namen *Passer domesticus*, weil es so gut wie keine reinen Freilandvorkommen dieser Sperlingsart in Europa gab, als Linné alle damals bekannten Tier- und Pflanzenarten benannte. Aus dem ähnlichem Kernareal wie der Haussperling, aus Vorderasien, machte sich im späten 19. Jahrhundert die Türkentaube auf den Weg nach (Nord-)Westen. In einem ersten Ausbreitungsschub erreichte sie die westlichen Grenzen des Osmanischen Reiches. Doch Anfang des 20. Jahrhunderts, in der Zeit der beiden Weltkriege, kam die Ausbreitung kaum voran. Erst in den 1960ern ging es richtig los. Wie eine sich beschleunigende Welle fluteten die Türkentauben Deutschland und die angrenzenden Länder. Nicht einmal an den Küsten machten sie halt. Die Invasion erreichte England, ja sogar Island. Dreißig Jahre nach meiner eigenen Erstbeobachtung in Pocking war die Türkentaube wenn nicht die häufigste Taube Europas geworden, so doch knapp hinter der viel größeren Ringeltaube *Columba palumbus* die zweithäufigste.

Es gab durchaus besorgte Äußerungen die Invasion der Türkentaube betreffend, aber diese blieben vereinzelt und ohne nennenswerte Resonanz. Besorgte gibt es immer und in allen Gesellschaften der Menschen. Das sind Warner, die sich dazu berufen fühlen, ihre schwarzseherische Stimmung auf andere Menschen zu übertragen. Kassandra ist die diesbezüglich bekannteste historisch-mythische Figur. Kassandrisch betätigen sich zunehmend junge Forscher, wenn sie in die »Glaskugeln« ihrer Computer blicken. Diesem Einblick entnehmen sie, dass solche nunmehr präziser als biologische Invasionen bezeichneten Ausbreitungen von *Neozoen* oder *Neophyten* mit besonderer Sorgfalt, also Besorgnis, betrachtet, verfolgt und bewertet werden müssen, weil man zwar nie weiß, was die Neuen tatsächlich anrichten werden, aber umso sicherer davon ausgeht, dass es nichts Gutes sein wird. Der Türkentaube blieben diese Besorgnis und vor allem die jetzt gegen invasive Arten geforderten Wiederausrottungsmaßnahmen erspart. Noch hatte man nach der Mitte des 20. Jahrhunderts anderes zu tun, auch in der Forschung, als zu versuchen, Arten einzudämmen, die dabei sind, sich auszubreiten, und andere zu beklagen, die zurückgehen oder gar verschwinden, auch wenn das die Neuen früherer Zeiten waren. Die Ausbreitung der Türkentaube wurde daher einfach von Ornithologen und Vogelschützern als interessantes Phänomen betrachtet und leidlich gut dokumentiert. Dass manche Jäger in ihr einen Ersatz für die schwindenden Turteltaubenbestände sahen oder sich das erhofften, blieb ohne Folgen für die kleine Taube. Denn sie beschränkte sich selbst mit ihren Brutvorkommen auf den nicht bejagten Siedlungsbereich der Menschen. Daher hatte sie auch keine Veranlassung, scheu wie Wildtauben zu werden. Eine davon, die bereits angeführte Ringeltaube, war zudem im Begriff zu verstädtern, wobei sie ganz entsprechend und den tierfreundlichen Lebensbedingungen in den Städten gemäß ihre Scheu als Wildtaube verminderte. Die Verstädterung der Ringeltauben breitete sich von Westen und Nordwesten her in Richtung Südosten aus. Aus dieser Richtung kam die Türkentaube. Das war ein spannendes Naturereignis, wie man es sich als Experiment zu ökologischen Grundfragen nicht besser hätte wünschen können. Schon während dieses Naturexperiment lief, ließen sich wichtige Fragen formulieren und mit Untersuchungen gezielt begleiten. So etwa, ob sich die Ausbreitung dieser fremden Taubenart auf andere, heimische Tauben auswirkt. Wie groß die Häufigkeit werden wird. Ob Regulierungen nötig sein werden, und wenn ja, wie man sie durchführen müsste, wenn diese Taube in den nicht bejagbaren Siedlungsräumen der Menschen bleibt. Schließlich auch, weshalb sie sich ausbreitet. Sagte ihr eine Mutation gleichsam »go west«? Die genetischen Kenntnisse waren in den 1970ern noch geringer als gegenwärtig, wo dennoch von so vielen über gentechnisch veränderte Organismen geurteilt wird. Und warum breitete sich die Türkentaube bereits vor Beginn der Klimaerwärmung aus, obwohl es sich doch um eine Taube aus einer klimatisch beträchtlich wärmeren Region handelt, der es vielleicht in den Jahrhunderten vorher bei uns hätte zu kalt sein können? Ein besonders großer Ausbreitungsschub setzte sogar in den frühen 1960er Jahren ein, als es mit dem Winter 1962/63 den kältesten des 20. Jahrhunderts gegeben hatte. Die inzwischen wohlfeile und so gut wie immer wissenschaftlich ungeprüft verbreitete Erklärung von Veränderungen durch die Klimaerwärmung kam daher, auch rückblickend, für die Türkentaube nicht in Frage. Gründe musste es aber gegeben haben, denn wir sollten davon ausgehen dürfen, dass es in der Natur nicht grundlos zu Massenvermehrung und Arealexpansion kommt.

Meine frühe Beobachtung von Türkentauben im niederbayerischen Inntal war kein Zufall. Aufgrund des Schulbesuchs war ich zur rechten Zeit genau dort, wo sich ein Schwerpunkt der Ausbreitung der Türkentaube entwickelte. Sie hatte mein Interesse geweckt, weil sie damals etwas Besonderes war. Die Ersten werden immer genauer registriert als bereits vorhandene Arten, zumal wenn sie häufig sind. Daher lässt sich die Geschwindigkeit der Ausbreitung später anhand von Erstbeobachtungen zumeist recht gut rekonstruieren. Die tatsächliche Häufigkeit wird hingegen, wenn überhaupt, kaum noch beachtet. Nur aus kleineren Gebieten Europas wissen wir, wie sich die Bestände der Türkentauben entwickelten. So gab es in Holland bereits 1950 die erste Brut. Fünf Jahre später waren 100 bis 130 Brutpaare vorhanden. 1963 dann schon um die 5000 und in den 1970er Jahren zwischen 60 000 und 100 000. Die Entwicklung lief weiter, aber die Zunahme verlief nicht mehr so stark. In ähnlicher Weise, nur etwas schneller, wuchs im klimatisch kontinentaleren Debrecen in Ungarn der Bestand der Türkentauben heran und schwankte danach offenbar um die natürliche Umweltkapazität. Lokal und regional wiederholten sich die Muster; auch im niederbayerischen Inntal, in dem ich die Entwicklung seit meiner Erstbeobachtung 1959 mitverfolgte. Dabei stellte ich fest, dass es sich nicht um ein einfaches Anwachsen der örtlichen Bestände in den Dörfern und Kleinstädten handelte, sondern um eine Art von Pulsieren im Bestand. Nach dem Nisten, das im Verlauf des Sommerhalbjahrs mehrere Bruten umfassen konnte, sammelten sich die Türkentauben in Schwärmen vor allem dort, wo Körnermais produziert, geerntet und in Trocknungsanlagen gebracht worden war. Nach Jahren mit gutem Bruterfolg zweigten aus diesen Herbst- und Wintergruppen größere Gruppen Türkentauben ab und verschwanden. Im nächsten Frühjahr gab es im Inntal einen nahezu unveränderten Brutbestand, dessen Überschuss aus der neuen Brutperiode, wenn ein solcher zustande gekommen war, in ähnlicher Weise wieder abwanderte. Ob gerichtet nach (Nord-)Westen oder ungerichtet, konnte ich ohne die Möglichkeit, die Tauben in großer Zahl zu markieren, natürlich nicht feststellen. Dennoch ist klar, dass Rückflüge in bereits besiedelte Gebiete wenig oder keinen Erfolg bringen, während solche, die in die noch nicht besiedelten Regionen geraten, neue Tochterkolonien zur Folge haben. Türkentauben sind wie fast alle Tauben recht gute und ausdauernde Flieger. Distanzen von Dutzenden oder gleich über hundert Kilometer zu überbrücken ist für sie kein Problem. Entsprechend schnell kann die Ausbreitung verlaufen.

Überschüsse produzierte der Brutbestand der Türkentauben zumindest im niederbayerischen Inntal. Dort hingen sie mit der Entwicklung des Maisanbaus zusammen. Dieser fing auf Deutschland bezogen im niederbayerischen Inntal an. Er kam, wie auch die Türkentaube, vom Osten Österreichs die Donau hoch. Dort hieß er noch Kukuruz oder Türkenkorn. Die Bezeichnung drückt bereits aus, dass in der Bevölkerung ein gewisses Gefühl für geographische Herkunft und Ausbreitung vorhanden war. Und wie der Maisanbau flächenmäßig anstieg, so nahm auch der Gesamtbestand der Türkentaube in Mitteleuropa bis in die späten 1980er oder 1990er Jahre hinein kontinuierlich zu. Die Ausbreitung, die als Welle von Südosten her über Europa lief, folgte mit der üblichen Zeitverzögerung von Naturvorgängen der Zunahme der Maisanbaufläche und deren Ausweitung über witterungsbeständigere Sorten nach Nordwesten. Eine nahrungsökologische Erklärung war also gegeben; zumindest als Teil der Erklärung des Türkentauben-Phänomens. Eine besondere Mutation war weder vonnöten, noch ist bisher eine solche gefunden worden. Dennoch zwingt mich meine eigene und dementsprechend favorisierte Erklärung zur Skepsis. Reicht der Maisanbau aus, den immensen Erfolg der Türkentaube zu genau dieser Zeit plausibel zu machen? Immerhin kann hinzugefügt werden, dass der Mais selbst kein Europäer oder gar »Türke« ist (Türkenkorn), sondern Amerikaner, den es in seiner Nutzpflanzenform in der Natur auch dort nicht gibt. Bevor der Mais in die Alte Welt gebracht wurde, hätte sich die Türkentaube nicht nach Europa hinein ausbreiten können, wenn die Verbindung tatsächlich so eng ist wie von mir angenommen. Solange dieser im Anbau auf die Türkei und weiter östlich gelegene Gebiete beschränkt war, auch noch nicht. Mais gab es im späten 19. Jahrhundert auf dem Balkan nahezu ausschließlich im türkisch-osmanischen Herrschaftsbereich. Die Grenze des Vorkommens der Türkentaube zu Beginn des 20. Jahrhunderts deckte sich damit ganz gut.

Die Faktenlage wird zwar dünner, je weiter wir zurückzublicken versuchen, aber zumindest sprechen die Verhältnisse vom Beginn der Neuzeit bis zum Anfang des 20. Jahrhunderts nicht substantiell gegen eine Mitwirkung des Maisanbaus bei Ausbreitung der Türkentaube. Beim Maiszünsler *Ostrinia nubilalis*, einem Kleinschmetterling und potentiellen Schädling, sind wir von Anfang an sicher, dass seine Vorkommen und Häufigkeiten sehr eng mit dem Mais verbunden sind; auch beim Befall mit dem große, bizarre Beulen verursachenden Maisbeulenbrand *Ustilago maydis*. Bei Vögeln wie den Tauben zögern wir aus guten Gründen, eine allzu direkte Verbindung anzunehmen. Zwei dieser guten Gründe verdienen auf jeden Fall Beachtung, auch wenn sich ihr Wirken nicht mehr so leicht, jedenfalls nach den Jahrzehnten, die inzwischen vergangen sind, überhaupt noch nachweisen lässt. Es sind dies Gift und frühere Formen der Bekämpfung von Tieren. Tatsache ist, dass zur Zeit der Hauptausbreitung der Türkentaube beide für sie besonders gefährlichen Greifvogelarten, der Habicht *Accipiter gentilis* und der kleinere Sperber *Accipiter nisus*, sehr stark dezimiert und vor allem in ortsnahen Bereichen auf dem Land so gut wie ausgerottet waren. Zur Brutzeit bekam ich in den 1960er und 1970er Jahren im niederbayerischen Inntal kaum Sperber und Habichte zu Gesicht. Sie überlebten in Restbeständen dort, wohin die Türkentauben nicht kamen, nämlich in ausgedehnten Wäldern, besonders im Bergland. Zum Niedergang dieser Greifvögel bis an die Grenzen der Ausrottung hatte das Zusammenwirken von starker Verfolgung durch die Jagd mit allen Mitteln, auch den Fang mit Habichtskorb (und Locktauben darin) sowie das Ausschießen der Horste und die Anhäufung von Rückständen aus dem Wundermittel der Nachkriegszeit, dem DDT, in den Eiern geführt. Verfolgung und Vergiftung traf Habichte und Sperber fast überall in

Europa. Direkte Vergiftung von Tauben kam dazu, wenn Saatgut, das mit hochgradig giftigen, organischen Quecksilberverbindungen (Methylquecksilber) behandelt worden war, nicht tief genug in den Boden eingesät wurde. Die Tauben, die die so behandelten »gebeizten« Körner fraßen, enthielten dann das für die Greifvögel vernichtende Quecksilber. In dieser Zeit kam es zu Bestandszusammenbrüchen bei Elstern, Saatkrähen und Fasanen auf den Fluren. Weitergehende Wirkungen über die Nahrungskette waren anzunehmen, wurden aber offenbar in Deutschland kaum oder gar nicht untersucht. Im Bereich der Dörfer und Städte ging jedoch das früher verbreitete Auslegen von »Giftweizen« zur Bekämpfung von Sperlingen, Ratten und Mäusen stark zurück oder wurde gesetzlich verboten. In diese Verhältnisse hinein geriet die Ausbreitung der Türkentaube. Die heimischen Taubenarten lebten damals auch nicht gerade unter für sie ökologisch idealen Bedingungen. Doch wo ist das schon der Fall? Die Stadttauben wurden und werden bekämpft, mit erlaubten oder unerlaubten Mitteln. Die Haustaubenhaltung ging zurück, da sie keinen Beitrag zur Ernährung in der Zeit des Überflusses im Wirtschaftswunder mehr leistete. Den stets gut und passend gefütterten Brieftauben oder anderen Rassetauben der Züchter wurden die kleinen neuen Tauben keine Konkurrenz. Die Ringeltauben standen außerhalb der Städte und Dörfer unter sehr hohem Jagddruck. Die Jahresjagdstrecke belief sich in der alten Bundesrepublik Deutschland auf fast eine Million Ringeltauben. Die Einführung einer Jagdzeit auf Türkentauben änderte an dieser Lage recht wenig, weil sich diese im Siedlungsbereich halten, in dem sie vor der jagdlichen Verfolgung geschützt sind.

Und es gibt einen weiteren Grund, der in der Betrachtung der Ausbreitung der Türkentauben aber anscheinend unberücksichtigt blieb. Er hat zu tun mit den Nestverlusten. Diese sind bei den Türkentauben recht hoch. Hauptverursacher sind Krähen und Elstern. Erst zwei Jahrzehnte nach Beginn der großen Ausbreitung der Türkentauben wurden 1979 die Rabenvögel durch eine EG-Verordnung unter Schutz gestellt. Das ist die sogenannte Vogelschutzrichtlinie, die alle Singvögel im Bereich der EG bzw. später der EU schützt. Krähen und Elstern sind Singvögel. Damit galt auch für sie die Vogelschutzrichtlinie. Bereits in den Jahrzehnten vorher waren das Auslegen von Gifteiern oder andere Vergiftungsaktionen verboten und die Benutzung von besonderen Fallen zum Massenfang von Krähen stark eingeschränkt worden. Da Zahlen zum Elstern- und Krähenabschuss in den Jagdstatistiken aus der Zeit vor der Vogelschutzrichtlinie fehlen, ist es kaum möglich abzuschätzen, wie groß die Bestände an Raben- und/oder Nebelkrähen sowie Elstern in Deutschland vor und während der Einwanderung der Türkentaube waren. Beträchtlich niedriger wahrscheinlich. Vielleicht bremste der Anstieg der Krähen- und Elsternvorkommen in den Städten und Dörfern in den 1980er und 1990er Jahren die weitere Zunahme der Türkentauben. Ihre Brutverluste sind sehr hoch. Auch nach drei bis vier Bruten pro Jahr explodieren ihre Bestände nicht. Zudem erholten sich die Sperber nach Verbot der Anwendung von DDT deutlich. Auch den Habichten ginge es besser, würden sie nicht weiterhin so sehr bejagt, obwohl sie wie alle Greifvögel formal unter Schutz stehen. Denn es werden Ausnahmegenehmigungen auch für den Habichtsabschuss erteilt, und zwar zusammen mit solchen für Abschüsse von Bussarden. Das eröffnet reichlich Gelegenheit zu versehentlichen Abschüssen, weil es um die häufigen und in aller Regel harmlosen Bussarde ging, wenn tatsächlich Habichte geschossen werden. Deren deutlich größere Häufigkeit in Großstädten als draußen auf dem Land beruht wohl zum Teil auf dieser immer noch stattfindenden jagdlichen Bekämpfung.

Die Türkentauben kamen also nicht einfach in eine für sie freie Umwelt. Welche Faktoren in diesem recht komplexen Wirkgefüge letztlich ihre Ausbreitung am meisten begünstigten, ist nach wie vor unklar. Sie haben eine freie ökologische Nische gefunden, heißt es. Das ist sicher so richtig wie nichtssagend. Denn das Ergebnis wird dabei mit sich selbst begründet. Es sind einfach zu wenige Fakten zu den Lebensmöglichkeiten der Tauben in den Städten und Dörfern vorhanden. Die Tendenz der Ringeltaube, von ihr noch nicht besiedelte Städte und Dörfer in ihr Brutgebiet einzubeziehen, geht weiter. Dass ihnen die Überwinterung im Siedlungsbereich ganz ohne Mithilfe von Klimaerwärmung mehr Sicherheit vor jagdlicher Verfolgung bringt, liegt auf der Hand. Wäre die Türkentaube so besonders konkurrenzstark, wie man aufgrund von Geschwindigkeit und Erfolg ihrer Ausbreitung annehmen könnte, müssten sich die Ringeltauben schwerer tun mit der Verstädterung.

Für die freilebenden und in aller Regel allein schon deswegen für besonders problematisch gehaltenen Stadt- oder Straßentauben sollte von beiden anderen Taubenarten ein Verdrängungsdruck ausgehen. Aber einen solchen gibt es offenbar nicht, denn die Regulierung der Stadttauben bleibt weiterhin Ziel und ein offenes Problem für die Stadtverwaltungen; zumindest so lange, bis sich in den Großstädten mit ihren Tausenden Stadttauben entsprechend große Brutbestände von Wanderfalken entwickelt haben. Sie sind im Kommen, die wilden Falken, die über dem Großstadtdschungel Tauben jagen. Dank der künstlichen Beleuchtung jagen sie sogar nachts. Aber es dauert noch und erfordert weitere Geduld, bis die Falken das Taubenproblem im Griff haben. Mittlerweile gelten die Türkentauben ohnehin nicht mehr als so fremd wie in den ersten Jahrzehnten ihrer Ausbreitung. Sie haben weder Heimisches verdrängt noch Naturkatastrophen gebracht oder einer Regulierung durch den Menschen bedurft. Längst fehlen sie in keinem Buch über die Vögel Europas mehr. Ihre letztlich problemlose Integration nehmen all die Eiferer nicht zur Kenntnis, die gegenwärtig gegen die neuen invasiven Arten zum Kreuzzug aufrufen. Und sich dabei selbst Pfründe zu sichern trachten. Als Gutmensch, der gegen das Böse kämpft, das da kommen könnte, hat man das wohl verdient!? Ausrotten wird man die Neuen nicht; das tun gute Parasiten den Wirten, von denen sie leben, auch nicht an. Wir gehen sogar noch weiter und fördern die Rettung der Invasiven früherer Zeiten mit Millionenbeträgen aus EU-Mitteln. In Streifen an Feldrändern sollen sie, ebenfalls subventioniert, wieder eingesät werden, damit wir die Unkräuter von früher, die Ernteerträge in Zeiten des Mangels schmälerten, in unserer Zeit des Überflusses bloß nicht verlieren. Hamster können jetzt schon mal millionenschwere Bauvorhaben vereiteln oder stark hinauszögern. Die Hausratte wartet gerade auf ein ihr speziell gewidmetes Erhaltungsprogramm. Die Türkentaube werden wir ganz sicher nicht mehr aufgeben. Ihr frühmorgendliches »guh-guh-guckh« ersetzt das Krähen der Hähne, die auch im Dorf kaum noch zu hören sind. Die Hähne, sie sind übrigens auch nicht von hier, sondern stammen aus Südasien.

Schmetterlingswanderungen

Ende Oktober 1975 fuhr ich vom Skutarisee in Montenegro die dalmatinische Küstenstraße nordwärts nach Istrien. Das Wetter war spätsommerhaft schön. Immer wieder flogen Admirale *Vanessa atalanta* vorüber. Ihr Kurs war nach Süden gerichtet, der Sonne entgegen. Sie waren einzeln unterwegs; die ganze Küstenstraße. Admiräle wandern ohne Bezugnahme zum Flug von Artgenossen. Ihr Flug ist schnell, zielgerichtet. Hindernisse wie Autos überfliegen sie, ohne die Richtung zu ändern. Dennoch zerschellten einige an der Frontscheibe des Autos. Dies geschah vor allem auf einigermaßen geraden Strecken, wenn ich mit größerer Geschwindigkeit fuhr. In den kurvenreichen Abschnitten der Küstenstraße konnten die Falter ausweichen. Da in den Tagen davor schon über den Skutarisee Admiräle geflogen waren, zählte und notierte ich von Beginn der Rückfahrt ab die Falter. Sie flogen, wie sich zeigte, ziemlich gleichmäßig verteilt entlang der Küste. Ich kam auf zwei bis zehn pro Kilometer. Das war also keine besonders starke Wanderung, wohl aber eine der selten zu beobachtenden, ausgeprägten Rückwanderungen der Falter nach Afrika. Die Überraschung gab es nach etwa halber Strecke der Küstenstraße, als der Raum zwischen Gebirge und Meer eng geworden war. Denn plötzlich wirbelten mir große weiße Schmetterlinge wie Schneetreiben entgegen. Hunderte, Tausende flogen als Wolke die Küste entlang nach Süden. Immer wieder klatschten welche gegen die Autoscheibe. So ließ sich aus der Fahrt heraus erkennen, dass es Große Kohlweißlinge *Pieris brassicae* waren, die auf derselben Route wie die Admiräle südwärts wanderten, aber in ganz anderer Formation, im Schwarm. Wie viele Tausende es gewesen sein mochten, war vom fahrenden Auto aus nicht abschätzbar; schon gar nicht auf dieser engen, kurvenreichen und gefährlichen Strecke. Nach wenigen Kilometern war der Schwarm durchquert. Von nun an gab es nur noch Einzelne entlang der Straße. Sie verhielten sich unauffällig; eben wie Kohlweißlinge, die man sieht, weil sie sich nicht zu verbergen versuchen, aber nicht weiter beachtet, da sie, zumal die kleinere Verwandtschaft, der Kleine Kohlweißling *Pieris rapae*, im Sommer und Herbst allgegenwärtig sind.

Warum machten die Kohlweißlinge diesen Wanderflug die so

verkarstete Küste entlang? Bei den Admirälen war nachvollziehbar, dass die Herbstgeneration, die sich im Sommer nördlich der Alpen entwickelt hatte, in den wintermilden Süden wandern muss. Denn frostige Winter überstehen die Falter nicht. Meine Schmetterlingsbibel (Manfred Koch, *Wir bestimmen Schmetterlinge*) merkte zum Admiral ganz präzise an: »Falter überwintert nur ausnahmsweise nördlich der Alpen und geht dabei meist zugrunde. Im Frühjahr wandern die Falter zahlreich über die Alpen nach Mitteleuropa.« Genauso kannte ich es. Im Mai oder Juni kamen Admiräle in recht unterschiedlichen Mengen, aber fast alle Jahre wieder aus dem Süden, paarten sich und legten Eier an die Brennnesseln. In den meisten Sommern blieben die Falter unauffällig bis zum Herbst, wenn sie zu am Boden liegenden faulenden Äpfeln oder Zwetschgen kamen. Manchmal deutete sich ein Rückflug an. Die Admiräle überquerten dann die Buchten der Stauseen am unteren Inn mit ziemlich geradlinigem Süd- bis Südwestkurs. Was ich bei der Fahrt an der dalmatinischen Küste sah, bildete einen Teil des gesamten spätsommerlichen und herbstlichen Rückflugs in den Mittelmeerraum und nach Nordafrika. Dort, in den Winterregengebieten, kommt eine neue Generation zustande; vielleicht auch deren zwei, wenn der Rückflug frühzeitig erfolgte. Die Nachkommen können im Frühjahr wieder nordwärts wandern und den Lebenskreis schließen. Der Admiral ist ein großer, auffälliger Tagfalter. Das bei ausgebreiteten Flügeln fast ringförmige, ziegel- bis blutrote Band macht ihn unverkennbar. Möglicherweise wirkt es wie ein riesiges Auge, das Vögel einen Moment lang erschreckt. Das Zögern oder Zurückschrecken rettet den Falter, der sich wie wenige andere Tagfalter besonders lang frei exponiert im Flug den möglichen Angriffen aussetzen muss. Denn als Tagfalter kann er nicht wie Schwärmer und andere Nachtfalter im Schutz der Dunkelheit wandern. Wäre da nicht die Wolke von Kohlweißlingen gewesen, hätte ich die Wanderung der Admiräle entlang der dalmatinischen Küste einfach meinen Notizen zu Schmetterlingswanderungen hinzugefügt und damit vorerst ad acta gelegt. Mit den Kohlweißlingen musste es sich aber anders verhalten haben. Warum wanderten sie, und wohin? Sie leben nicht nur nördlich der Alpen fast überall, außer in dicht geschlossenen Hochwäldern. Sie sind fast immer die häufigsten Tagfalter; allerdings zumeist die Kleinen, nicht die Großen Kohlweißlinge. Die

Überwinterung bereitet beiden Arten im Stadium der Puppe keine Schwierigkeiten. Hauptfeinde sind nicht die Vögel. Ihr gelbliches Weiß signalisiert diesen, dass Kohlweißlinge durch Gift- und Geschmacksstoffe geschützt sind, die aus den Kreuzblütlern stammen, den Futterpflanzen ihrer Raupen. Insbesondere Senfölglykoside der Kohlgewächse stoßen die Vögel ab. Die Kohlweißlinge können sich daher ihren verhältnismäßig langsamen, offenen Flug leisten, weil allenfalls junge, unerfahrene Vögel ihre Genießbarkeit testen. Der Bildung von lockeren Schwärmen steht daher kein gesteigerter Feinddruck entgegen. Die eigentlichen Feinde der Kohlweißlinge sind parasitische Insekten (Schlupfwespen, Kohlweißlingsbrackwespe *Cotesia glomerata*; früher als *Apanteles glomeratus* bekannt!). Der Grad der Parasitierung kann sehr hoch sein bzw. werden, wenn die Kohlweißlinge häufiger werden. Dann sind die kennzeichnenden »Raupeneier« an den Raupen zu finden; kleine gelbliche, längliche Kokons, in denen sich die Parasiten zur fertigen Brackwespe entwickeln. Der Große Kohlweißling wird besonders stark davon befallen. Wahrscheinlich liegt es an diesen Parasiten, dass er mitunter jahrelang selten oder gar nicht zu sehen ist.

Die wandernden Kohlweißlinge an der Adria hätten also aus einem Bestand stammen können, der wenig bis gar nicht von den Parasiten befallen war. Warum sollten die Falter aber dann die Küste entlangwandern? Der Sommer 1975 war im nördlichen Alpenvorland kühl verlaufen. Es hatte viel geregnet und im Mai Hochwässer in den Alpentälern gegeben. Auch im Juni und Juli gab es unwetterartige Niederschläge, auf die dann ein sehr heißer August folgte. Bei diesem Verlauf der Witterung herrschten günstige Bedingungen für die Entwicklung der Kohlweißlingsraupen der Sommergeneration und vielleicht ungünstige für die Parasiten. Die Massenvermehrung kann also den Besonderheiten des Wetters zugeordnet werden. Kann! Wir analysieren rückblickend! Und suchen nach Plausibilitäten. Weil wir Erklärungen für das Geschehen haben wollen. Löste also eine außergewöhnliche Häufigkeit die Abwanderung der Großen Kohlweißlinge in Richtung Süden aus? Mag sein. Es war jedenfalls im Oktober an der südlichen Adria weniger heiß und trocken als im August und September nördlich der Alpen. Dennoch musste wohl mehr mitgewirkt haben als nur feuchte Witterung zur Fraßzeit der Raupen und trockene und heiße während der Entwicklung der Falter in den Puppen und nach dem Ausschlüpfen. Auf die Parasiten fiel mein Verdacht. Vielleicht lag es aber auch mit daran, dass der Anbau von Weißkohl rückläufig geworden war. Aus den 1960er Jahren kannte ich die Allgegenwart von Krautäckern auf den landwirtschaftlich genutzten Fluren. Weißkraut kaufte man nicht im Laden. Es wurde auf der Flur oder im Gemüsegarten erzeugt, wie auch Kohlrabi und andere Kohlgewächse. Aus der Distanz von Jahrzehnten fällt die große Umstellung auf, die seit den 1970er Jahren stattgefunden hat. Weithin. Aber regional unterschiedlich. Aus vielen, aus den meisten der früheren Gemüsegärten wurden in Stadt und Land Blumengärten. Wo Kraut und Karotten wuchsen, wurden die Beete durch Rasenflächen ersetzt. Und in immer kürzeren Abständen mit Rasenmähern gepflegt, so dass sie aus geringer Distanz kaum von Plastikrasen zu unterscheiden sind. Parallel dazu schwanden draußen auf den Fluren die Kleefelder. Die Blüten von Rotklee und anderen Futterkleesorten der Zeit vor dem Massenimport von Sojaschrot und anderen Futtermitteln aus Übersee lockten und ernährten nicht nur Hummeln in Massen, sondern auch Kohlweißlinge und andere Tagfalter. In gut einem Jahrzehnt war die Umstrukturierung der Fluren vollzogen. Ab Anfang, spätestens ab Mitte der 1980er Jahre herrschten in Feld und Flur andere, ziemlich neuartige Verhältnisse. Die Gründe für die Massenwanderung der Kohlweißlinge werde ich daher nicht mehr ermitteln können. Die geänderten Verhältnisse lassen keine Vergleiche mehr zu. Doch als ob ich geahnt hätte, was da kommen wird, versuchte ich bereits seit den 1960er Jahren bei den Exkursionen, auch wandernde Schmetterlinge so genau wie möglich zu erfassen und zu notieren. So hatte ich am 29. August 1975 notiert: »Überall starker Kohlweißlingszug im Inngebiet. Der Hauptdurchzug fand zwischen 17. August und 6. September statt. Um die Mittagsstunden herrschte der stärkste Flug übers Wasser nach Süden. In fünf Minuten überquerten mehr als dreißig eine gut überschaubare Bucht.« Ganz grobe Hochrechnungen, die ich versuchte, ergaben Hunderttausende. Konnte es sein, dass die Kohlweißlinge Ende Oktober an der dalmatinischen Küste von nördlich der Alpen stammten? Zwei Jahre vorher, am 29. August 1973, hatte ich »viele«, so die Notiz, an den Krimmeler Wasserfällen in den österreichischen Zentralalpen gesehen. Sie warteten in der Nähe der in zahlreichen Stufen abstürzenden Wasserfälle, bis die Wolken wieder Sonne freigaben, um daraufhin weiterzufliegen, bergwärts. Ich sah sie auch, als sie wie übergroße Schneeflocken über Alpenpässe taumelten. Den Umständen gemäß war an ein genaueres Zählen nicht zu denken. Möglich wäre es also gewesen, dass die Wolke Großer Kohlweißlinge an der Adria bereits die Überquerung der Alpen hinter sich hatte, als ich auf sie Ende Oktober 1975 an der dalmatinischen Küste traf. Denn Kohlweißlinge fliegen langsam und rasten viel.

Zumeist sammelten sie sich in großer Zahl auf Kleefeldern in der Nähe der Stauseen, bevor sie anfingen, die weiten Wasserflächen mit Kurs nach Süden zu überfliegen. Offensichtlich tankten sie auf an den nektarreichen Kleeblüten. Kohlweißlinge sind keine echten, regelmäßigen Fernwanderer, sondern der begrifflichen Zuordnung der Wanderfalterforscher gemäß »Binnenwanderer«. An ihnen ließ sich leicht erkennen, dass den mehr oder minder weit führenden Wanderungen örtliche Massenvermehrungen vorausgegangen waren. Für die richtigen Fernwanderer wie die Admirale und Distelfalter spielte die Häufigkeit der Sommergeneration keine Rolle. Sie wurden bei der Rückwanderung in den Süden nur dann auffällig, wenn es viele waren, weil sie als Einzelwanderer keine Schwärme bilden. Ihr Wanderverhalten gehört zum festen Lebensrhythmus wie bei unseren Zugvögeln. Sie folgen als Schmetterlinge ähnlichen Zeitgebern und lassen sich auf vergleichbare ökologische Gegebenheiten beziehen. Die trockene Hitze des mediterranen Sommerklimas müssen die Schmetterlinge grundsätzlich genauso überbrücken wie die Zugvögel die Unwirtlichkeit des Winters. Der wichtigste Unterschied besteht darin, dass es bei den Schmetterlingen um die Raupen, das Fressstadium geht, und das findet günstigere Verhältnisse während der Winterregen, wenn die Pflanzen wachsen, bei den Vögeln aber um die kleinen, ungiftigen Insekten, die der Sommer der klimatisch gemäßigten und nördlichen Breiten in besonderer Fülle bringt.

Bei Binnenwanderern wie den Kohlweißlingen gleicht die Wanderung hingegen Überschussproduktion durch Abwanderung aus. Sie ist ein Vorgang, der die örtliche Häufigkeit, die Siedlungsdichte, senkt und Verlustgebiete wieder auffüllt. Schmetterlinge, die meisten Insekten ganz allgemein, finden auf diese Weise sehr schnell neue, für sie geeignete Gebiete. Zeitweise geeignete zumindest. Permanent tauglich als Lebensraum müssen sie nicht sein. Die Insekten verfügen über die Ausbreitungs- und Abwanderungsmöglichkeiten. Es ist daher kaum möglich, einer bestimmten Fläche die Insekten zuzuordnen, die »dorthin gehören« oder auch nicht. Veränderung, Dynamik kennzeichnet das Insektenleben. Wie vieles in der Natur. Festlegungen sind menschentypisch und meistens von geringer Dauer. Vielleicht drückt sich im deutschen Begriff der Festlegung dies bereits aus, dass ein bloßes, der Wirklichkeit besser entsprechendes Zurechtlegen nicht reicht, sondern das Legen auch noch festgemacht werden muss. Das mag zu Absichten der Menschen passen und zum gesellschaftlichen oder juristischen Umgang damit, aber nicht für die Natur und ihre Vorgänge. Bei der Betrachtung der Schmetterlingswanderungen fiel mir auf, dass eigentlich solche Phänomene wie die Massenvermehrung der Gespinstmotten, die an Ort und Stelle stattfinden, und die auffällig gewordene Häufigkeit von Kohlweißlingen, die sich nun auf die Wanderschaft begeben, durchaus nicht grundsätzlich verschieden voneinander sind und in eigene Schablonen gehören, sondern Äußerungen natürlicher Dynamik, die uns umgibt und die wir nicht wahrhaben wollen, weil wir selbst so sehr nach Stabilität, nach dem Kalkulierbaren streben.

Und ich bekam bald mit weiteren Fällen zu tun, die auch die Kluft zwischen den Binnenwanderern, die Wanderflüge gelegentlich nach Massenvermehrungen machen, und den echten Wanderfaltern überbrücken. Man braucht dafür kein Schmetterlingsspezialist zu sein, um die beiden Arten und ihr Wanderverhalten zu erkennen, denn sie sind allgemein bekannte Tagfalter: Tagpfauenauge *Inachis io* und Kleiner Fuchs *Aglais urticae*. Die unterschiedlichen wissenschaftlichen Gattungsnamen sollten wenigstens bei ihnen keine Verwirrung stiften, weil die deutschen Namen eindeutig sind. In früheren Veröffentlichungen werden sie noch unter der gemeinsamen Gattung *Vanessa* geführt. Es lag wohl an ihrer Schönheit, dass Vanessa ein Mädchenname geworden ist; vielleicht besonders verbreitet in Kreisen von Schmetterlingsfreunden. Verwandtschaftlich gehören die Schmetterlings-Vanessen jedenfalls in die Gruppe der Edelfalter und damit in die Nähe der beiden ausgeprägtesten Wanderfalter unter unseren Tagfaltern, Admiral und Distelfalter.

Man könnt daher ganz salopp feststellen, dass ihnen allen das Wanderverhalten im Blut liegt. Es fällt uns nur schwer zu akzeptieren, dass so zarte Schmetterlinge, die wir unter den Insekten zu den eher zerbrechlich gebauten und empfindlich reagierenden Formen einzuordnen pflegen, über Hunderte und Tausende Kilometer Wanderflüge machen und dabei Hochgebirge und Meere überqueren. Aktiv; nicht vom Wind verweht! Deshalb fiel anscheinend lange nicht auf, dass unsere beiden Gartenfalter, die Kleinen Füchse und die Tagpfauenaugen, im Frühjahr in größerer Zahl von den Alpen her nach Norden fliegen, wenn die Witterungsverhältnisse diese Wanderung zulassen. Sie bilden keine Wolken von Schmetterlingen, sondern fliegen einzeln wie die Admiräle. Aber sie eilen dahin, ohne auf erblühte Frühlingsblumen zu achten, und halten dabei klar Richtung nach Norden oder Nordosten. Die Kleinen Füchse kommen zuerst. Ihr Zuflug von Süden her beginnt bereits in warmen Februartagen, erreicht aber in der ersten Märzhälfte die größte Intensität. Dann kann man beobachten, wie sie manchmal sogar zu mehreren pro Minute die Täler von Isar und Salzach, die mit ihrer Richtung am besten dafür passen, entlangfliegen. Allein die Breite beider Täler bedeutet, dass Tausende unterwegs sein müssen. Kleine Füchse fliegen ähnlich schnell wie die Admiräle oder die ihnen farblich näher kommenden, deutlich größeren Distelfalter. Und recht geradlinig. Weniger deutlich ist der Wanderflug der Tagpfauenaugen. Sie segeln größere Strecken und lassen sich auch leichter seitlich ablenken. Dennoch wird nach einiger Zeit geduldiger Beobachtung deutlich, dass sie auf der Wanderung sind. Ihr Einflug im Frühjahr findet etwa zwei Wochen nach dem der Kleinen Füchse statt. Es gibt außerdem viel mehr Pfauenaugen, die erfolgreich nördlich der Alpen überwintern. Oft findet man sie in Geräteschuppen und Hütten, die den Winter über nicht benutzt wurden. In diesen haben sie sich im Frühjahr an den Fenstern totgeflattert. Die erfolgreichen Überwinterer reichen jedoch der Zahl nach nicht aus, um die weitere Entwicklung der Pfauenaugen-Häufigkeit im Sommer verständlich zu machen. Denn in Jahren ohne Einflüge aus dem Süden, weil anhaltend ungünstige Frühjahrswitterung solche unmöglich gemacht hat, fehlen Pfauenaugen auch im Sommer weitgehend, während sie nach guten Einflügen Ende März bis Mitte April in der oder den Sommergeneration/en dann richtig häufig vorkommen. Im Herbst sind beide Arten wieder dabei, nach Süden zu wandern; gemächlicher jedoch und mit viel Rast dazwischen an faulendem Obst oder an Blüten in den Gärten. Weiter nach Norden und Westen zu, wo die atlantische milde Winterwitterung die Überwinterung dieser Tagfalter begünstigt, nimmt der Anteil der Zuwanderer im Frühjahr ab und wird, etwa in Südengland, unbedeutend. Jahrzehnte brauchte ich, um genügend Befunde gesammelt zu haben, die diesen Übergang von dauerhaft bodenständigen Populationen zu mehr oder weniger ganz von Zuwanderungen aus dem Süden abhängigen abgesichert zu haben. Die Wanderfalterforschung befand sich noch im Anfangsstadium, vergleichbar der wissenschaftlichen Vogelberingung vor hundert Jahren. Umso spannender wurden aber die neuen Ergebnisse, weil Schmetterlinge viel stärker von Witterung und Nahrungsverhältnissen sowie deren räumlichen und zeitlichen Veränderungen abhängen als die Vögel. Markierungen halten zudem nur kurzzeitig. Inzwischen eröffnet modernste Mikrotechnik den großen Einblick in das Leben der Wanderfalter, zu dem im ausgehenden 20. Jahrhundert erst kleine Fenster aufgestoßen werden konnten. Das ganz große Wanderfalter-Erlebnis kam mit dem Jahrhundertsommer 2003.

Distelfalter *Pyrameis cardui* wandern in den meisten Jahren in geringer Menge von Nordafrika nach Europa, wo sie eine Sommergeneration bilden. Im nördlichen Alpenvorland hatte es größere Einflüge 1985, 1988 und 1996 gegeben. Dazwischen lagen Jahre, in denen sie kaum oder regional gar nicht gesehen wurden. Erste Zuwanderer ließen sich mitunter schon im April, vor allem aber im Mai beobachten. Sie wecken dann bei den kundigen Beobachtern die Hoffnung, dass ein starker Einflug folgen wird. Denn es ist immer ein besonderes Erlebnis, Schmetterlinge zu sehen, die das schier Unglaubliche, die Überquerung der Sahara, des Mittelmeeres und der Alpen, bereits hinter sich haben und nun hier, in der Region der Sommerregen, anfangen, eine neue Generation zu begründen, die wieder zurückfliegen wird ins mehrere tausend Kilometer entfernte Ursprungsgebiet. Der große Einflug kam dann ganz unvermittelt. Ende Mai 2003 fing er an. Distelfalter, die wie von einer unsichtbaren Schnur gezogen dahineilten, waren plötzlich überall zu sehen, auch in den Städten, die sie wie jedes andere Hindernis durch- und deren Gebäude sie überflogen. Am Nachmittag des 1. Juni erreichte der Einflug im Raum München den Höhepunkt. Am Spätnachmittag zählte ich bis zu 175 Distelfalter in vier Minuten auf einer Erfassungsbreite von lediglich fünf Metern quer zur Anflugrichtung aus dem Süden. Das Isartal wirkte zwar im Großen und Ganzen verstärkt als Leitlinie, doch der Einflug verlief auf ganzer Breite aus dem Süden vom Bodenseeraum im Westen (und darüber hinaus) bis zum Bayerischen Wald und dem östlichen Oberösterreich im Osten. Die Falter flogen so dicht und fast immer in einer Höhe von einem bis zwei Meter über dem Boden, dass sie manchmal mit einer Flügelspitze die Wange streiften, so knapp wichen sie aus. Tausende gerieten in die Haupthalle des Münchner Hauptbahnhofs, aus der zu entkommen ihnen sichtlich große Mühe machte, weil sie dabei von ihrem Nord-Nordost-Kurs abweichen mussten. Am späten Vormittag begann der Flug und verdichtete sich zum Spätnachmittag hin. Bei zwanzig bis dreißig Kilometer pro Stunde Fluggeschwindigkeit und Abflug nach Aufwärmung aus der Nachtruhe am frühen Vormittag ließen sich acht bis zehn Flugstunden und damit ein Start am Südrand der Alpen kalkulieren. Dank vieler genauer Zählungen ergab die Durchrechnung der Befunde eine Größenordnung von mehr als zwanzig Millionen Distelfalter, die vom 1. bis 4. Juni 2003 nach Norden geflogen waren. Damit erreichte dieser Einflug wohl die zehnfache Stärke des letzten von 1996 und die fünf- bis sechsfache von 1988. Von dieser hatte ich nicht allzu viel mitbekommen – abwesenheitsbedingt. Mein Freund Walter Sage hatte sie im Bereich von Salzach und Inn aber genauer beobachten können und damit den Vergleich ermöglicht. Keine der Distelfalter-Wanderungen entgeht den Beobachtern. Der besondere Einflug von 2003 wurde von Frankreich und England bis Österreich an vielen Stellen mitverfolgt. Es können daher mehr als fünfzig Millionen Schmetterlinge gewesen sein, die Anfang Juni 2003 nach West-, Mittel- und Nordosteuropa einflogen. Der Rückflug im Spätsommer und Herbst fiel jedoch enttäuschend schwach, weithin sogar ganz unauffällig aus. Das mag am Verlauf der Witterung in diesem Ausnahmesommer gelegen haben, denn ab Juni gab es bis in den September hinein nördlich der Alpen regelrecht mediterrane Verhältnisse mit sehr hohen Tagestemperaturen und kaum Niederschlägen. Anders als sonst entgingen die Zuwanderer damit genau jenen Lebensbedingungen nicht, die sie zwingen, den mediterranen Sommer durch die Wanderung in den Norden zu überbrücken. Vielleicht fanden die Falter aber viel weiter im Nordosten die für sie passenden Lebensbedingungen und reichlich Nahrung für ihre Raupen. Herbstbeobachtungen in der Ägäis deuteten diese Möglichkeit an. Sie schlossen möglicherweise auch das bis dahin fehlende Stück im großen Kreis, den die Distelfalter im Jahreslauf ziehen: Mit den südwärts gerichteten (Höhen-) Winden im Herbst zurück nach Afrika und hin zu den Winterregen in der Sahel-Zone südlich der Sahara. Von dort nach Westen bis zum Frühjahr, wo sie, günstige Winde abwartend, nach Spanien, Südfrankreich und Italien fliegen und, wenn es die Witterung erlaubt, weiter nordwärts. Bis nach Island und ins nördliche Skandinavien geraten Distelfalter auf dieser Nordwanderung im Frühsommer. Auf dem Rückflug wählen sie in größerer Höhe günstige Winde und werden daher kaum noch gesichtet. Es ist möglich, dass der Hauptrückflug sogar regelmäßig auf der Ostroute erfolgt, die ja auch die Störche und viele Adler zum Zug nach Afrika benutzen. Aufwinde und südwärts gerichtete Luftströmungen erlauben ihnen lange, kräfteschonende Strecken von Gleit- und Segelflügen. Schon sechs Jahre später, 2009, fand wieder ein Masseneinflug von Distelfaltern nördlich der Alpen statt. Dieses Mal kamen die meisten Schmetterlinge durchs Salzachtal und über die Ostalpen, so dass die Wanderung in Österreich beträchtlich stärker als 2003 ausfiel. In der Größenordnung der beteiligten Schmetterlinge mag sie halb so groß gewesen sein. Die inzwischen weiter verbesserte Vernetzung der an Schmetterlingswanderungen Interessierten ergab eine noch detailliertere Kenntnis des Verlaufs sowie dieses Mal auch ausgeprägte Rückflüge im Hochsommer. Der Sommer 2009 war auch weit weniger trocken und heiß als jener nunmehr schon historische und legendäre von 2003.

Diesem vorausgegangen waren besonders ergiebige Niederschläge in der Sahelzone und in anderen Regionen Nordafrikas. Sie hatten nicht nur die winterliche Fortpflanzung der harmlosen Distelfalter begünstigt, sondern auch eine Massenvermehrung von Wanderheuschrecken ausgelöst. Diese richteten in der Landwirtschaft der nordafrikanischen Dürre- und Hungergebiete große Schäden an. Vom Passat erfasst, gerieten Schwärme davon sogar hinaus in den Atlantik bis zu den Kanarischen Inseln und von dort, von den Strömungen eines Azorenhochs erfasst, in weitem Bogen nach Südwesteuropa, wo sie gegen Weihnachten Portugal erreichten und dort dem Winter zum Opfer fielen. Damit war wiederum die transkontinentale Verbindung hergestellt, die das lokal erlebte Geschehen einband in die größeren und großen Zusammenhänge.

Und so kamen in diesen Jahren nicht nur die Distelfalter in Massen, sondern es nahmen auch wieder Vögel zu, die in der Sahelzone überwintern und in den vergangenen Jahrzehnten wegen der dort herrschenden Dürre so selten geworden waren. Zwergrohrdommeln und Dorngrasmücken, Gartenrotschwänze und auch nachts ziehende Wanderfalter wie die als Schmetterlinge gewaltig großen Totenkopfschwärmer *Acherontia atropos* und die ihnen an Körpermasse und Flugkraft kaum nachstehenden Windenschwärmer *Herse convolvuli*. Und zahlreiche andere Arten dazu. In den Jahren dazwischen waren all diese von den Verhältnissen in der Sahelzone stark beeinflussten Arten selten oder gar nicht mehr gekommen. Alles also nur ein unregelhaftes Wechselspiel von Witterung in weit voneinander entfernt liegenden Regionen? Oder Vorboten der Klimaerwärmung, wie manche Naturschützer gleich argwöhnten, denen die Massen fremder Schmetterlinge höchst verdächtig vorkamen? Warum aber kamen Wanderfalter aus dem tropisch-subtropischen Afrika früher viel regelmäßiger und häufiger als in den vergangenen zwei bis drei Jahrzehnten? Und weshalb erholten sich die Vogelbestände nicht ähnlich wie die Distelfalter, als es in ihren Überwinterungsgebieten wieder mehr regnete?

Wir sind noch immer weit davon entfernt, über das örtliche Geschehen hinaus zu einer Gesamtschau zu kommen. Und sei es nur für eine einzige Art wie den Distelfalter. Niemand hat für einen größeren Bereich auch nur annähernd festgehalten, wie häufig Disteln waren, bevor die Landwirtschaft so intensiviert und auf Mais und Raps als Biomassepflanzen umgestellt wurde und mit Glyphosat das Unkraut vernichtete. Nicht einmal über die Änderungen der Häufigkeit von Brennnesseln wissen wir Bescheid. Wie will man aber ohne Kenntnis der Nahrungsgrundlage der Raupen über Änderungen der Häufigkeit von Wanderfaltern und anderen Schmetterlingen befinden?! Modellrechnungen zum angenommenen Zusammenhang mit Temperaturen (mit welchen?) können kein brauchbares Ergebnis liefern, wenn die Konstanz der wirklich lebensentscheidenden Faktoren nicht gewährleistet, ja nicht einmal annähernd bekannt ist. Nach fünf bis zehn Jahren intensiver Beschäftigung mit den Kohlweißlingen hätte ich Anfang der 1980er Jahre Vorhersagen wagen können, wann wieder mit einer größeren Wanderung zu rechnen ist, weil der Grad der Parasitierung von Raupen und Puppen entsprechend gering geworden war und die Winterwitterung günstig verlief. Doch da gab es bereits viel weniger Krautäcker als früher, kaum noch Kleewiesen im Hochsommer, und neue Pflanzenschutzmittel kamen zum Einsatz, deren großflächige Wirkungen in der Natur bei weitem nicht gut genug bekannt waren, wie die derzeitige Diskussion darüber zeigt. Vielleicht befinden wir uns schon längst wieder in einer der DDT-Zeit vergleichbaren Phase. Noch begreifen wir die vielfältigen Nebenwirkungen der neuen Pflanzenschutzmittel nicht. Die Fluren sind in den vergangenen fünfzig Jahren durch Flurbereinigung, Überdüngung und chemische Pflanzenschutzmittel sowie den Wechsel von freier Viehweide zu Güllewirtschaft mit Stallviehhaltung stärker als jemals zuvor verändert worden, seit Landwirtschaft betrieben wird. Dass dabei Schmetterlinge wie der große Kohlweißling selten wurden, fiel viele Jahre lang kaum auf. Er galt ja als Schädling, wie die Maikäfer. Dabei hätte der starke Rückgang der Häufigkeit solcher Schädlinge ein Alarmzeichen sein sollen. Sind häufige Arten aber erst einmal selten geworden, sind die Gründe dafür, wenn überhaupt, im Nachhinein nur noch schwer zu ermitteln. Das Interesse der Naturschützer und Ökologen gilt den außergewöhnlichen Ereignissen und den Seltenheiten. Das Normale muss erst unnormal werden, bis es Beachtung findet. Rückgänge erwecken Besorgnis, auch wenn es sich oft nur um starke Fluktuationen handelt. Zunahmen auch, denn eine »gute« Art hat abzunehmen oder gefährdet zu sein. Wird sie häufiger oder breitet sie sich gar aus, macht sie das verdächtig. Sich ausbreitende Arten gelten inzwischen automatisch als Vorboten des Klimawandels; verschwindende auch. Denn wäre das Klima weiterhin stabil, würde sich nichts ändern, so die weitverbreitete, zum Glaubenssatz gewordene Überzeugung vieler Naturschützer. Was im Hintergrund tatsächlich höchst wirkmächtig geschieht, verdeckt der blinde Glaube, dass alles am Klimawandel hängt. Dieser lässt sich beklagen. Zu konkreten Konsequenzen führt das Lamentieren nicht. Der Freispruch für die

Landwirtschaft, demzufolge sie keinen Eingriff in den Naturhaushalt darstellt, bleibt unangefochten. Sie darf ihre Gifte weiterhin massenhaft ausbringen, das Land mit Gülle überfluten und ihren Viehbestand großenteils mit Futtermitteln versorgen, für deren Erzeugung riesige Flächen von Tropenwäldern vernichtet wurden. Das *(Agro-)Business as usual* läuft bestens als *big business*, an dem von sehr wenigen immens viel verdient wird – auf Kosten der Allgemeinheit und der Natur.

Es mag befremdlich wirken, im Rückgang der Kohlweißlingshäufigkeit ein Signal erblicken zu wollen, das Änderungen im Zustand der Kulturlandschaft anzeigt. Kohlweißlinge erfreuen sich in aller Regel kaum mehr als distanzierter Toleranz, wenn der Fraß ihrer Raupen nicht allzu unangenehm auffällt. Sie stehen nicht einmal, wie die meisten Tagfalter, unter Artenschutz. Muss man ihre Wanderflüge erleben, um Interesse an ihnen zu bekommen? Oder sollte ich einfach der allgemeinen Meinung folgen, dass es doch gut ist, wenn solche Schädlinge seltener werden?! Mag sein, und im Hinblick auf den eigenen Garten tue ich das in voreingenommener Weise auch. Das Lamentieren galt eigentlich auch nicht den Kohlweißlingen, sondern dem Verhalten der großen Naturschutzverbände. Es ist unverzeihlich, dass sie sich nicht mit aller Kraft gegen Entwicklungen in der Landwirtschaft gestellt haben, deren Ergebnis die Vernichtung von Artenvielfalt ist. Mit Steuermitteln! Mit Subventionen, die die Gesellschaft nie leisten würde, dürfte sie direkt darüber entscheiden. Es geht wirklich nicht um die Kohlweißlinge. Sie sind nur die Anzeiger, die Bioindikatoren; wie Thermometer die Instrumente zum Nachweis von Temperaturveränderungen sind. Sie sind die Spatzen unter den Schmetterlingen; einst häufig und schädlich, nunmehr – im Fall des Haussperlings – ein Fall für den Artenschutz: *Ein Platz für den Spatz!* muss gefordert werden. Für die Feldlerche ist es zu spät. Wo sie verschwunden ist, helfen ihr kein Artenschutz und keine Nisthilfen. Wo es noch Lerchen gibt, schwebt in ihren Gesängen die Frage mit »Wie lange noch?«. Mir geht es bei den Kohlweißlingen zudem um eine weitere Betrachtungsweise. Sie gilt nicht allein dem Niedergang und dem (vorläufigen) Ende ihrer Wanderungen, sondern auch ihrer Entstehung. Dass Kohlweißlinge, insbesondere die beiden Arten Großer und Kleiner Kohlweißling, in weiten Teilen Europas die häufigsten Tagfalter sind, ist kein Naturzustand. Ursprünglich waren sie verhältnismäßig selten. Sie sind das immer noch in größeren, einigermaßen geschlossenen Buchenwäldern. Solche würden Europa weithin bedecken, befände es sich im Zustand ohne Landwirtschaft. Kohlweißlinge wurden erst häufig, nachdem die Wälder gerodet und in Ackerland umgewandelt worden waren. Kohlweißlinge sind die Gewinner des Anbaus von Nutzpflanzen. Von Natur aus gab es keine Kraut- und Rapsfelder. Solche waren in früheren Zeiten auch nicht so häufig wie in den letzten zwei bis drei Jahrhunderten, insbesondere was den Raps betrifft. Die verschiedenen Kohlsorten wurden in unterschiedlichen Mengen und kleinräumig verteilt angebaut. Die Fluren bildeten vor den Flurbereinigungen kleinteilige, häufig schmal streifenförmige Mosaike, die sich nicht für Bearbeitung mit Maschinen eigneten, sondern in Handarbeit bewirtschaftet wurden. Von der Menge an Kohlsorten und der Größe der Anbauflächen hing es aber ab, in welcher Weise sich die Kohlweißlingsbestände entwickeln konnten. Massenvermehrungen setzen Massen von Nahrung voraus. Die Vereinheitlichung der Fluren und die Vergrößerung der Einzelflächen schufen die Voraussetzungen dafür. Vielleicht gab es früher kaum Massenflüge? Wir wissen zu wenig. Ein paar Jahrhunderte Rückschau zeigen uns die Grenzen auf.

Wahrscheinlich waren die Spatzen früher auch nicht wesentlich häufiger als gegenwärtig, da ihr Rückgang beklagt wird und Spatzenwohnungen in Form von Nisthilfen angeboten werden. Der Historiker Bernd Herrmann hat die Quellen zu den früheren Verhältnissen gründlich erforscht und ist zu dem Schluss gekommen, dass erst die gesellschaftlichen und agrarischen Entwicklungen des 18. und frühen 19. Jahrhunderts das Zustandekommen großer Spatzenschwärme ermöglicht hatten, die abseits der Dörfer umherzogen und Schäden in der Getreideernte verursachten. Es entstanden so große Verluste, dass »Spatzenprämien« für die Vernichtung der Sperlinge bezahlt wurden. Nun leben Spatzen nicht von Kohl wie die Kohlweißlinge, so dass so ein Querblick (zu) weit hergeholt erscheinen mag. Betrachten wir daher einen geographisch noch ferner liegenden, aber unmittelbar vergleichbaren Fall: die Wanderung des Monarchfalters in Nordamerika. Sie gilt als das größte Naturschauspiel der Schmetterlingswelt. Hunderte Millionen Monarchen *Danaus plexippus* sind daran beteiligt. Anders als beim Distelfalter hat der südwärts gerichtete Flug im Spätsommer und Herbst klare Ziele, nämlich Orte, an denen die auffällig gelbbraunen, schwarz geaderten Falter gemeinsam überwintern. Beim Monarchen gibt es im Unterschied zum Distelfalter keine Wintergeneration, sondern eine Winterruhe, so dass dieselben Schmetterlinge, die Tausende Kilometer zu diesen Plätzen geflogen waren, im Frühling wieder zurückwandern zu ihren Herkunftsgebieten. Im Spätwinter 1982 hatte ich die Möglichkeit, so einen Ruheplatz der Monarchen in Kalifornien zu besuchen; einen von dreien der westlichen Population. Die viel größere östliche, die ostwärts der Rocky Mountains bis zum Atlantik und nordwärts bis ins südliche Kanada vorkommt, sammelt sich ganz spektakulär in Mexiko in der Sierra Madre Oriental. Dorthin, in ein bestimmtes Hochtal, wandern die Monarchen. Sie sammeln sich auf den Bäumen, deren Äste sie in solchen Massen bedecken, dass manche unter ihrer Last abbrechen und zu Boden fallen. Millionen und Abermillionen Schmetterlinge drängeln sich auf engstem Raum zusammen. In diesem Hochtal der Schmetterlinge herrscht den Winter über gleichmäßig kühles, frostfreies Wetter ohne stärkere Temperaturschwankungen. Die Falter ruhen. Ihr Stoffwechsel kommt fast zum Erliegen. Nur so viel Energie wird umgesetzt, wie zum Überdauern dieses Ruhezustandes nötig ist. Die Reserven an Fett, die den Treibstoff für den Rückflug bilden, müssen geschont werden. Die Falter sind unterschiedlich stark giftig und lösen bei den meisten Vögeln Ekel aus, die sie aus Unkenntnis probieren. Das Gift stammt aus den Futterpflanzen der Raupen. Es sind dies Seidenpflanzen (Asclepiadaceen), die als Unkräuter gelten und wegen ihrer giftigen bzw. unangenehm schmeckenden Inhaltsstoffe von den meisten Tieren, die von Pflanzen leben, gemieden werden. Das gemeinsame Überwintern der Falter schützt durch die große Zahl. Nur wenige werden von Vögeln probiert oder verzehrt. Die Schwierigkeit bestand für die Monarchen darin, einen geeigneten Platz zu finden, an dem es den Winter über gleichmäßig kühl und frostfrei bleibt. In Kalifornien gibt es solche Zonen an der Küste. Dort, bei Santa Barbara, erlebte ich so eine Winteransammlung von Monarchen.

Sie umfasste nur ein paar zehntausend Schmetterlinge. Unter ihrer Last brachen keine Äste der Eukalyptusbäume. Es war Februar, sonniges Wetter, und die Falter fingen gerade an, munter zu werden. Der Abflug stand bevor. Er führt nicht sehr weit, denn die westliche Population besiedelt die im Sommer kühleren Höhenlagen des angrenzenden Gebirges und die nördlichere, regenreiche Küstenzone bis zum US-Bundesstaat Washington. Eukalyptus gab es in Kalifornien ursprünglich nicht. Er stammt aus Australien. An den hängenden Blättern der Eukalyptusbäume können die Falter gut hängen. Der Baum, mit dem sie nie zu tun hatten, passt zu ihnen. Das ist nur eine Kleinigkeit. Aber eine, die zum Nachdenken anregt. Denn sie bedeutet, dass dieser und auch die beiden anderen Überwinterungsplätze in der Nähe nicht schon seit sehr langer Zeit von den Monarchfaltern aufgesucht werden, denn die Eukalypten erreichten erst seit einigen Jahrzehnten die geeignete Größe. Wo waren die Falter vorher? Die Schmetterlingsfeste, die in der Nähe der drei Überwinterungsplätze gefeiert werden, gehen auf das späte 19. Jahrhundert zurück. Gab es Mengen überwinternder Monarchen bereits, als Kalifornien noch mexikanisch-spanisch war? Seit wann existiert der ganz große Überwinterungsplatz in Zentralmexiko? Spielt das eine Rolle bei diesem Naturwunder? Ich meine schon. Denn sehr wahrscheinlich hat es die Landwirtschaft verursacht. Die Siedler aus Europa rodeten im 17. und 18. Jahrhundert über neunzig Prozent des Waldes östlich der Prärien und gestalteten das Land zu Farmen um. Das war die bislang größte Waldvernichtung überhaupt. Die Schaffung erster Nationalparks gegen Ende des 19. Jahrhunderts stellte eine Reaktion auf die anhaltende, rigorose Kultivierung der Wildnis dar. Ihr fiel auch eine der Symbolarten ausgerotteter Tiere zum Opfer, die Wandertaube *Ectopistes migratorius*. Anfänglich, vielleicht ein gutes Jahrhundert lang, hatte diese sicherlich häufigste Taube, die es je gegeben hat, von den Waldrodungen profitiert. Sie begünstigten das Fruchten der immer stärker frei gestellten Bäume, speziell der Eichen, die Mastjahr auf Mastjahr folgen ließen. Doch mit der rasant fortschreitenden Schrumpfung der Wälder nahm die verfügbare Nahrung entsprechend ab. Die Abermillionen Tauben wurden zu immer weiteren Suchflügen gezwungen, und dies bei zunehmender Nahrungsverknappung. Parallel dazu nahm der Abschuss in einer Weise zu, die das heutzutage Vorstellbare übersteigt. Nach wenigen Jahren konvergierten Nahrungsverknappung mit immer geringeren

Bruterfolgen und extremen Verlusten durch Abschuss in der Ausrottung.

Das über die Wandertaube Ausgeführte stellt nun die direkte Verbindung zu den Monarchen her. Vor der Erschließung Nordamerikas durch die Europäer muss dieser Schmetterling verhältnismäßig selten gewesen sein. Die Futterpflanzen seiner Raupen wachsen in den Randbereichen von landwirtschaftlich genutzten Flächen. Wie alles Unkraut nahmen sie mit der sich ausbreitenden Landwirtschaft zu. Und mit ihnen die Schmetterlinge, denen in wenigen Jahrzehnten neue Lebensräume bis hinauf nach Nordostkanada geschaffen wurden. Auf einer Fläche so groß wie Europa. Was ursprünglich ähnlich wie beim Admiral bei uns eine wohl nicht sonderlich auffällige Wanderung einzelner Falter in den Süden und im Frühjahr wieder zurück gewesen sein mochte, steigerte sich zum Massenflug, zum größten, der zumindest in historischen Zeiten stattgefunden hat. Die Monarchen sind giftig. Wie auch die Kohlweißlinge. Sie bilden mehrere Generationen im Sommerhalbjahr. Wie ebenfalls die Kohlweißlinge. Sie sind Kulturfolger wie diese. Aber weder ihre Raupen noch die Puppen überstehen den Winter. Das haben sie mit den Distelfaltern gemeinsam. Wie diese leben sie von Unkraut, das nicht als Futter für Haustiere verwertet wird und stehen bleibt, wo die Landwirtschaft nicht voll mechanisiert und chemisiert ist. Brachflächen, hervorgegangen aus aufgelassenen, nicht mehr hinreichend Ertrag liefernden Farmen, erhöhten in der wirtschaftlich aufstrebenden Phase nach dem Zweiten Weltkrieg das Potential an Nahrungspflanzen für die Monarch-Raupen. Also ist es nicht nur möglich, sondern sehr wahrscheinlich, dass die Ansammlung von mehr als hundert Millionen Faltern eine direkte Folge der Landwirtschaft war.»War«, denn in den letzten Jahren hat die Menge im Hochtal in Mexiko stark abgenommen. Auch ein Effekt der Landwirtschaft? Jedenfalls sollten derartige Veränderungen nicht einfach dem Klimawandel zugeschoben werden. Das verstellt den Blick auf die Ursachen, auf die unmittelbaren wie auch auf die weiter zurückliegenden, die dazu geführt hatten, dass die Verhältnisse so waren, wie sie zu Beginn der umweltbewussteren Ära vorgefunden wurden. Das machte sie nicht von selbst naturgemäß oder gar richtig. Zugegeben, es fiel und fällt mir nicht leicht, hinnehmen zu müssen, dass die so eindrucksvollen

Erlebnisse, die ich zwischen den 1960er und 1980er Jahren mit Schmetterlingswanderungen hatte, der Vergangenheit angehören, weil sich die Rahmenbedingungen in der Landwirtschaft geändert haben. All diese und auch die früheren Massenflüge hingen von der Art der Bewirtschaftung des Landes ab, gleichgültig ob es sich um Distelfalter und Admiral bei uns oder um den Monarchen in Nordamerika handelte. Auch solche weniger beachteten oder mythenumrankten wie die Einflüge von Totenkopfschwärmern, Gammaeulen, und Taubenschwänzchen, die am Tag wie winzige Kolibris die Blüten besuchen, begünstigten oder hemmten Formen der Landwirtschaft. Wie auch Fliegen, Bremsen, Stechmücken und anderes, von den Betroffenen als Ungeziefer eingestuftes Leben davon profitierte oder vernichtet wurde. Feldmäuse konnten erst zu Massenvermehrungen kommen, als die Menschen Feldflächen bereitet und mit für die Mäuse ergiebiger Nahrung bepflanzt hatten. Es gäbe, so sie sich überhaupt bis Mittel- und Nordeuropa ausgebreitet hätten, ungleich weniger Rauchschwalben, Feldlerchen, Rebhühner und Hasen draußen in der unkultivierten Naturlandschaft. Die Pflanzenwelt wäre weit weniger bunt, als sie das wenigstens in den Dorfgärten und in den Städten noch ist. Der gesamte Artenreichtum Mitteleuropas würde sich bei kompletter Renaturierung auf weniger als die Hälfte des noch vorhandenen verringern. Wenn nicht auf noch weniger, weil dann auch Eingriffe in die Wälder und Fließgewässer abnähmen oder aufgehört hätten. Die Kulturlandschaft hatte auch in der Vergangenheit keinen festen Zustand. Sie war stets in Veränderung begriffen, den sich ergebenden Notwendigkeiten unterworfen und Spiegel der Entwicklungen in den Gesellschaften, mit denen sie verbunden war. Dass die höhere Artenvielfalt früherer Zeiten, so unterschiedlich sie jeweils auch ausgefallen war, nicht schlecht gewesen ist, steht bei so einer längerfristigen Betrachtung nicht zur Debatte. Landschaft war stets mehr als nur Produktionsstätte. Für uns Menschen zumindest, die wir gemäß dem Bibelspruch »nicht vom Brot allein leben« sondern auch Lebensqualität suchen und beanspruchen. Dass die Vielfältigkeit der Menschen zwangsläufig unterschiedliche Vorstellungen von Lebensqualität hervorbringt, versteht sich von selbst. Nicht selbstverständlich ist hingegen, dass über die Qualität von Landschaft und Natur gegenwärtig nur noch einige wenige Menschen bestimmen, die daraus maximalen Profit ziehen wollen. Und dass ihnen willfährige Politiker gegen das Interesse der Allgemeinheit, das sie vertreten und berücksichtigen sollten, dazu verhelfen. Ob Schmetterlinge, auch Kohlweißlinge und Monarchen, weiterhin fliegen werden, ob es ihre großen Wanderflüge noch geben soll oder nicht mehr, ist keine Frage der Ökologie. Die Entscheidung für Schmetterlinge und Lerchen, Hasen und bunte Blumen bedarf keiner ökologischen Begründung. Sie gehören zur Lebensqualität vieler Menschen, der großen Mehrheit, wenn sie dazu befragt würde, und nicht in die Entscheidungskompetenz politischer Handlanger im Dienst kleiner Interessengruppen. Schon gar nicht, wenn diese in so gewaltigem Umfang Subventionen von der Gesellschaft beziehen, die sich nicht dazu äußern darf, was sie möchte oder nicht.

Die inhärente Schwäche des Naturschutzes

Mich lehrten die Schwäche der wissenschaftlichen Argumente in ihrer Außenwirkung und die damit verbundene Anhäufung von Niederlagen, dass das größte Manko der ökologischen Naturschutzbewegung tatsächlich der Mangel an Freude und Lust, die Vielfalt des Lebens zu erleben, gewesen ist. Nicht an guten, wissenschaftlich abgesicherten Argumenten hat es gefehlt, sondern an der Vermittlung von Natur. Wer kaum noch etwas darf, weil gerade das verboten ist, was am meisten Freude bereiten könnte, wird keine große Lust entwickeln, das Verbotene, Versperrte zu verteidigen gegen andere Interessenten. Da ist es doch allemal besser, die Fronten zu wechseln und etwa Angler zu werden, wenn die Angelkarte ungleich mehr Naturgenuss ermöglicht, als den Naturschützern zugebilligt wird. Als Angler darf man Wasserinsekten ohne naturschutzrechtliche Ausnahmegenehmigung untersuchen, sogar fangen, um sie als Köder zu verwenden. Als Angler hat man Zugang zu den schönsten, ruhigsten Gewässerufern und braucht zumeist auch keine Genehmigung, ein Boot benutzen zu dürfen. Als Angler darf man mit ruhigem Gewissen in der Natur stören, weil das Angeln im naturschutzrechtlichen Sinne keine Störung und kein Eingriff in den Naturhaushalt ist. Ob mit dem Angelhaken dem daran hängenden Fisch Schmerzen, bei Herausziehen aus dem Wasser Todesangst zugefügt wird, bleibt zu beurteilen jedem selbst überlassen. Denn es ist rechtens. Wie das Töten von Tieren, das Jäger mit einer Zuckung des Fingers auslösen, ohne dass eine ökologische Notwendigkeit oder sonst irgendeine Rechtfertigung vonnöten wäre. Es reicht, dass es ihre Emotionen befriedigt und im Rahmen des gültigen Jagdgesetzes geschieht; Moral hin oder her.

So ist der ökologisch begründete Naturschutz überall dort geradezu zwangsläufig gescheitert, wo es nicht um private Vorteile, persönliche Erlebnisqualität oder Eigentumsrechte ging. Die Ökologie tatsächlich als Ökologie zu akzeptieren und sich danach zu richten kann letztlich nur auf Privatgrund stattfinden, auf dessen Nutzung niemand sonst Zugriff hat. Dass dies funktioniert, beweisen Pracht und Vielfalt der Gärten, die Vertrautheit vieler Tiere, die diese Gärten besuchen oder darin leben, und ihre nicht selten überraschend raschen Vermehrungstendenzen. Womit sogleich auch wieder Probleme mit »der Ökologie« beginnen: Eingreifen? Folgen? Sind eventuell geschützte Arten betroffen? Das Leben mit der Natur hat mit dem Ökologismus unserer Zeit seine Unschuld verloren. Für die wahren Naturfreunde ist die Natur nun voller Fragezeichen. Was darf ich? Was soll ich? Was nicht? Die reine Freude am direkten Kontakt mit der Natur ging verloren. Erlebt werden darf sie ohne einschränkende Vorschriften nur noch bei der Fernbetrachtung von Naturkulissen, wobei sich dennoch beim Blick ins Abendrot über See oder Meer das Schuldbewusstsein hervordrängt. Was hat man ihr, der schönen Natur, alles angetan. Auch ich bin schuld, wie wir alle, mit unserer Lebensweise! Denn allein dadurch, dass es uns gibt, dass wir hier oder dort stehen, hinterlassen wir einen schweren ökologischen Fußabdruck. Aber vielleicht geht sie ja rechtzeitig vorüber, die Zeit des Menschen, bevor allzu viel Natur vernichtet ist. Dann erholt sie sich wieder. Leider haben wir, habe ich nichts mehr davon.

So hat uns die auf Natur- und Umweltschutz angewandte Ökologie das Fürchten gelehrt. Die Sünde ist zurück, die Kollektivsünde, die einst Erbsünde genannt worden war. Wie seit dem biblischen Sündenfall erben nun die Töchter und Söhne diese Sünde von uns. Was tun wir dagegen? Wir versuchen, uns freizukaufen mit Ablasszahlungen, genannt Ökosteuern. Wer kein schlechtes Gewissen hat, den ärgern sie, zumal tatsächlich damit sehr viel Geld völlig nutzlos vergeudet wird, um angeblich die Natur, die Menschen und die ganze Welt zu retten. Zugute kommt der Ablass, wie in alten Zeiten, den Kassandren und den Stellvertretern des rechten Weges und Lebens. Garantiert sind ihnen sichere Einkünfte, weil schlechtes Gewissen zahlungsbereit bleibt. Je mehr die Träger dieses Gewissens altern, desto bereitwilliger bezahlen sie die Retter, auch wenn deren Prognosen noch so falsch, so vordergründig egoistisch und so töricht sind. Die Menschen brauchen schlechtes Gewissen. Worum es sich bei der Verursachung handelt und ob das Gewissen deswegen tatsächlich so schlecht zu sein hat, ist von nachrangiger Bedeutung. Nur wer sich schlecht genug gefühlt hat, kann sich nach einer guten Bußtat zufrieden auf die Brust klopfen und sich für einen Gutmenschen halten.

In Nordamerika, der Heimstatt der unterschiedlichsten Sekten, war diese Mutation der Ökologie zum Ökologismus und zur neuen Globalreligion zuerst erkannt worden. Doch anders als sonst üblich übernahm das alte Europa diese Einsicht nicht in vorauseilendem Gehorsam, sondern wehrte sich mit verschärftem Dogmatismus dagegen. Die Ökologie wurde zur geistigen Waffe in einem globale Dimensionen annehmenden Glaubenskrieg. Die Forderung nach einer Weltregierung wurde erhoben, die der neuen Ökologie, insbesondere aber der Rettung des Klimas, zum für alle zwingend verbindlichen Durchbruch verhelfen sollte. Dass dies nach Kreuzzugsmentalität roch, stieß nun doch manchen auf. Auch dass Modellrechnungen an Globalszenarien und der damit verbundene Megakongress-Tourismus immense Mengen Energie umsetzen, wirft Fragen nach der Moral auf. Doch wie auch immer, die Modellarbeit an den Computern hat längst das Faktische verlassen und ist ins Normative übergewechselt. Die Computer haben zu liefern, was sein soll. Darüber zu befinden ist nicht mehr unsere Sache. Wir haben die Moral zu akzeptieren, die in die Berechnungen auf höchst geheimnisvolle Weise mit eingeflossen ist. Diese Spaltung von Feststellungen und Schlussfolgerungen, von den Moralphilosophen naturalistischer Fehlschluss genannt, weil dabei das So-Sein zum Imperativ, zum So-sein-Sollen gemacht wird, bahnte sich in den späten 1970er Jahren bereits an, als in Deutschland aus der noch naturschutzorientierten Ökologie eine politische Bewegung wurde und sich daraus eine Partei bildete. Fortan wurde es immer schwieriger, ökologische Befunde vorzubringen, weil ökologistisch längst feststand, was nicht sein darf. Eigentlich war es damals schon überflüssig geworden zu klären, auf welch unterschiedliche Weisen Populationen reguliert werden können, weil jeder Eingriff bedenklich und nicht mehr zulässig war. Die Diversität galt als Ziel, ihre Verknüpfung mit der Stabilität als gesichert; und dass der Artenreichtum von der Flächengröße abhängt, war so klar, dass die täglichen Flächenverluste in Größe mehrere Fußballfelder als Hauptursache für den Artenschwund identifiziert wurden. Dass es auf den nicht verbauten Flächen, den Maisfeldern und anderen intensivst bewirtschafteten Kulturen, weit weniger, eigentlich gar keine Biodiversität mehr gab, während diese in den Städten immer größere Werte erreichte, musste folglich ausgeblendet werden. Denn Biodiversität in der Stadt war nun einfach künstlich. Auf dem nicht minder künstlichen Land aber musste das extrem artenarme Hochleistungsgrün natürlich bleiben, denn sonst hätten sich Maisfeld & Co. nicht länger gegen das Wuchern der bösen Städte verteidigen lassen. Hätten die Naturschutzverbände Jahr um Jahr nach besten Kräften und unter Einsatz eines Großteils ihrer Mittel Land, auch Maisfelder, aufgekauft und der Renaturierung überlassen, wären die Widerstände gegen dessen Inanspruchnahme gerechtfertig gewesen. So aber beschleunigte der Naturschutz mit seiner Haltung den Zusammenbruch der Biodiversität auf dem Land und seine Verminderung in den Städten, wo diese zur Nachverdichtung politisch gezwungen wurden. Dieser Nachverdichtung durch Bebauung sind bereits viele vordem offene, artenreiche Flächen preisgegeben worden. Die wissenschaftliche, ergebnisoffene Ökologie wurde zunehmend dorthin zurückgedrängt, von wo sie gekommen war, in den Elfenbeinturm der Wissenschaft. Was sie an qualitativ hochwertigen Ergebnissen erarbeitet, wird kaum wahrgenommen und umzusetzen versucht. Allerdings trug die wissenschaftliche Ökologie ihren Teil dazu bei, als sie anfing, überwiegend oder ausschließlich auf Englisch und in kompliziertem Fachjargon zu publizieren. Das steigerte zwar universitätsintern das Ansehen der Veröffentlichungen, jedoch kaum ihre Wirksamkeit. Denn auch in erstrangigen internationalen Journalen erschienene Forschungsergebnisse, denen deshalb ein hoher Impact-Faktor zukommt, erfreuen sich nicht gerade erstklassiger Wirksamkeit in der Praxis. Eher im Gegenteil: Die Veröffentlichung auf Englisch garantiert, dass sie dort nicht wahrgenommen werden, wohin die Forschungsergebnisse kommen sollten. Auch im Interesse der Steuerzahler, die mit ihren Mitteln solche Forschungen finanzieren, die nicht von vornherein Auftragsforschung sind. Dem Impact-Faktor kommt daher zunehmend größere Bedeutung für die weitere Einwerbung von Drittmitteln zu und weniger Wirkung in Bezug auf die öffentliche Resonanz. Kein Wunder, dass besonders in der ökologischen Freilandforschung die nicht universitäre oder an andere Forschungsinstitute gebundene Forschung zunehmend von privaten Studien abgelöst wurde, die im universitären Bereich abwertend Amateurforschung genannt wird und die sich als Gegenreaktion in die besser, weil amerikanisch klingende *Citizen Science* umbenannte. Viele, sehr viele dieser Citizen Scientists sind weitaus bessere Kenner der Arten und der Vorgänge in der freien Natur als die im universitären Bereich damit befassten oder nur noch Computermodelle als Naturersatz entwerfenden Forschungskreise.

Damit diese Amateurforscher nicht zu gute und möglicherweise von der festgelegten Position zu stark abweichende Befunde liefern, werden sie von den Schutzgesetzen und Verordnungen stark eingeschränkt in ihren Möglichkeiten. So wird sehr viel in der Grauzone geforscht, weil Genehmigungen schwierig zu bekommen sind, zumal wenn die Interessierten als hochgradig motivierte Jugendliche und unbeschriebene Blätter noch keine Ergebnisse vorlegen können, die sie entsprechend qualifizieren würden, für deren Erarbeitung sie aber bereits die Ausnahmegenehmigungen gebraucht hätten. Arrivierten Universitätsforschern oder Freiberuflern, die für die Behörden Auftragsuntersuchungen durchführen, können die Genehmigungen natürlich nicht vorenthalten werden. Doch Nachwuchs kommt kaum nach. Das beklagen die privaten naturforschenden Gesellschaften seit langem; wie sollten auch junge Leute oder Spätberufene anfangen, vertiefte Artenkenntnisse zu gewinnen, wenn die Schutzbestimmungen dagegenstehen?! Nur die Ornithologen mit Fernglas sind besser dran. Doch auch ihnen sind zu viele und unnötige Beschränkungen auferlegt. Im Endeffekt steuern diese Entwicklungen darauf zu, dass behördlich getroffene Feststellungen unangefochtene Gültigkeit bekommen und behalten, weil keine widersprechenden Forschungen mehr möglich sind. Es war und ist mir ein Rätsel, dass ausgerechnet die Naturschützer selbst diese Entwicklung vorantrieben. Sie ließen zu, dass sie und ihre Kinder ausgesperrt und der Natur entfremdet wurden. Parallel dazu wurde die Ökologie immer stärker von einer fakten- und wissensbasierten Forschung zur Arbeit an Computermodellen reduziert. Man mag mir vorwerfen, dass dies eine extreme Sicht sei, die es in Wirklichkeit so nicht gibt und dass doch alles bestens läuft. Höchst bereitwillig nehme ich diese Kritik an, sollte ich mit meiner Einschätzung tatsächlich falschliegen. Das wäre ein Irrtum, über den ich mich nur freuen könnte.

Mein Leben für die Natur – ein Resümee

Jeder Rückblick wird zwangsläufig so etwas wie eine Rechtfertigung. Warum hat man das gemacht, was man gemacht hat? Zu antworten: »Weil es sich so ergeben hat«, klingt banal, obgleich es sicherlich häufig so war. Die Zeit und die Umstände hatten gepasst. Was sich tatsächlich ergeben hat, wird dann im Nachhinein mit Möglichkeiten oder Zwängen begründet. Es hätte auch anders laufen können. Echte Entscheidungen sind selten, zumindest in so guten Zeiten wie den vergangenen siebzig Jahren. Mit meinem Lebensweg verhält es sich so. Er war weder geplant noch an besonderen Zielen ausgerichtet; auch nicht in den Themen, mit denen ich mich intensiv befasste. Deshalb spiegelt ihre facetten- oder mosaikartige Schilderung in diesem Buch tatsächlich die Wirklichkeit wider. Vorgenommen habe ich eine Auswahl. Sie drückt persönliche Vorlieben aus. Was mir wichtig erschien, hatte ich aus der Fülle des Erlebten und den viel umfangreicheren Untersuchungen in der Natur herausgegriffen. Das Persönliche wurde daher nochmals einer persönlichen Auswahl unterworfen. Es ist gesiebt für den Zweck, den dieses Buch erfüllen soll. Worin besteht er? Was möchte ich damit vermitteln?

Hauptzweck ist das Persönliche, das Erleben von Natur. Für mich war und ist dies das Wichtigste. Wer sich versenkt hat in die Vielfalt der Natur, wird zum Entdecker, der nicht mehr aufhören kann. Unablässig gibt es Neues, Spannendes, Überraschendes. Je mehr man weiß, desto mehr will man wissen und kennenlernen. Die bei allen Kindern vorhandene, allgemeine und noch nicht in bestimmte Richtungen gelenkte Neugier entwickelt sich schnell zu einer Gier nach Neuem. Zu einer Gier, die hinaustreibt in die Natur; in die Nähe, die man bald sehr gut kennt, und die doch immer wieder überrascht, und in die Ferne mit ihrer unfassbaren

Fülle des Neuen. Millionen und Abermillionen Menschen machen Reisen, um ihr Bedürfnis nach Neuem, nach Veränderung zu befriedigen, wenn die sozialen und wirtschaftlichen Umstände dies ermöglichen. Hat sich das Interesse auf Tiere und Pflanzen, auf die ohne besondere Technik erlebbaren Lebewesen konzentriert, wird deren Fülle zum unerschöpflichen Quell neuer Eindrücke, sich vertiefender Kenntnisse und sich erneuernder Begeisterung. Gerade weil die Natur lebt, stellt sie sich in ihrer Vielfalt immer wieder neu dar. Kunstwerke der Menschen sind tot. Mögen sie noch so schön, so einzigartig sein wie das Tadsch Mahal als Bauwerk, der David von Michelangelo als Skulptur oder ein Bild von Dürer, Renoir oder Picasso, sie sind und bleiben ihrem So-Sein verhaftet. Nichtlebendiges zerfällt, vergeht. Irgendwann. Es fehlt ihm die Möglichkeit zur Selbsterneuerung, zur Weiterentwicklung. Das unterscheidet unbelebte Natur und Menschenwerk grundsätzlich vom Lebendigen. Deshalb sind Naturbeobachtungen, auch die ganz unwissenschaftlich betriebenen, die nur aus Freude an der Natur gemacht werden, immer mit Neuem, mit Überraschendem verbunden. Aber auch mit Enttäuschungen, Wehmut oder Ärger, wenn wir miterleben müssen, wie brutal Natur ausgebeutet und vernichtet wird. Dies ist der andere Aspekt des Lebendigen. Es wird vielfach bedrängt, vor allem von Menschen, die Natur zu ihrem Vorteil nutzen wollen, zurückgedrängt, verändert oder örtlich ganz zerstört. Was im kulturellen Bereich selten geschieht und als barbarisch eingestuft wird, wenn religiöse oder politisch motivierte Eiferer Bauwerke und Kunstschätze vernichten, geschieht in der Natur unablässig, meistens legal, vielfach aber auch illegal. Das Zerstörte lässt sich jedoch, anders als im kulturellen Bereich, nicht mehr »naturidentisch« wiederherstellen. Da dies so ist, allen guten Schutzgesetzen und Verordnungen zum Trotz, überlagern die entsprechenden dunklen Gefühle zwangsläufig die Freuden, die wir in der Natur genießen. Diesem emotionalen Wechselbad von Lust und Leiden sind alle Naturfreunde ausgesetzt. Und je mehr man erleben muss, wie mit der Natur umgegangen wird, desto schwerer wiegt dann auch die negative Seite. Aus kurzfristigem Ärger und mittelfristiger Frustration entsteht Hoffnungslosigkeit. Sie ist der Nährboden für Endzeitstimmungen, wie sie unter Naturschützern so verbreitet sind.

Aus guten Gründen stelle ich das Emotionale an die erste Stelle. Es gehört dorthin; es muss wieder das Wichtigste werden für alle Menschen, die sich mit der Natur befassen und aus ihr Freude schöpfen. Die zweite, damit jedoch eng verbundene Antwort auf den Zweck dieses Buches betrifft die Forschung in der Natur, also auch mein eigenes Tun. Die ausgewählten Themen und Beispiele mögen vermitteln, dass es nicht nur in der Ferne, im Tropischen Regenwald, unter Löwen in Afrika oder auf paradiesischen Inseln Interessantes zu erforschen gibt, sondern sehr wohl auch hierzulande in unserer Natur. Gerade die Unvollständigkeit, die so manche meiner Beispiele kennzeichnet, mag bei Spezialisten ein Naserümpfen verursachen. Mehr zu wissen oder glauben zu wissen ist das Privileg der Spezialisten. Dass dem Spezialistentum sehr viel entgeht, ist der Preis der Vertiefung. Begeisterung bei Naturfreunden lässt sich aber viel besser an dem entwickeln, das sie selber, mit wenig Mühe und mit dem ihnen möglichen Engagement beobachten und erleben können. Daher verzichtete ich auf die Ausbreitung meiner Forschungen an der Evolution der Vogelfeder, zum Prachtgefieder der Vögel, zur Feinstruktur der Raupenhaut von Wasserschmetterlingen als Anpassungen an das Leben im Wasser, zur Ökologie des Tierlebens in Städten und anderer wissenschaftlicher Forschungen. Was mir dazu einem breiteren Publikum vermittelbar erschien, lässt sich in einigen meiner Bücher nachlesen. Diese enthalten auch themenbezogene Fachliteratur. Ein jewils konkretes Leitthema durchzieht sie, das zu Schlussfolgerungen führt. Darum sollte es in diesem Buch nicht gehen; zumindest nicht, was den Großteil der Ausführungen betrifft. Dass sich Folgerungen ergeben, ist kein Widerspruch zum Vorhaben, sondern die notwendige Ergänzung. Denn im Titel steht »für die Natur«. Für sie, für die Tiere und Pflanzen und ihre Lebensräume, aus denen ich so viel Freude geschöpft habe, und für all die vielen Menschen, die sich daran beteiligten, die ähnliche Begeisterung empfinden, und für die Kinder und Jugendlichen, denen diese Möglichkeiten nicht verschlossen sein, sondern offenstehen sollen, ergeben sich sogar höchst zwingende Schlussfolgerungen. Diese will ich hier abschließend herausarbeiten. Im Zusammenhang damit geht es aber noch um einen anderen, ganz wesentlichen Aspekt. Er betrifft Ökologie und Evolution als Teile der biologischen Wissenschaften und die

Umsetzung der Ökologie in das Leben in unserer Zeit. Zahlreiche kritische Anmerkungen hierzu enthalten die vorausgegangenen Kapitel bereits. Ich möchte sie hier in griffiger Form zusammenfassen. Beginnen wir mit der Ökologie. Als Wissenschaft entstand sie zu Darwins Zeit. Den Begriff prägte und erläuterte, wie ausgeführt, der deutsche Biologe Ernst Haeckel. Dass er mit der Wahl des *oikos* die Vorstellung eines Hauses mit der Ökologie verband, hat dazu geführt, dass sie von Anfang an viel zu statisch betrachtet und betrieben wurde. Das Leitbild vom Haus der Natur ließ sich mit so selbsterklärenden Bildern wie Nischen (ökologische Nische), Ebenen, Betriebskosten und Stabilität füllen. Fast alle zentralen Begriffe der wissenschaftlichen Ökologie beziehen sich auf mehr oder weniger festgefügte Verhältnisse, die damit der Vorstellung Vorschub leisteten, dass sie auch so sein müssen. Daraus ergab sich, wie gleichfalls mehrfach betont, die verbreitete Meinung, Ökosysteme könnten belastet, geschädigt, gestört, vernichtet werden. Der Naturhaushalt wurde zum Idealbild eines ordentlichen Haushaltes der Menschen gemacht. Natürlich bedurfte es sodann des Hausvaters, der die Verpflichtung wahrnimmt, dafür zu sorgen, dass der Haushalt in Ordnung bleibt; auch in der Natur. Die Naturschützer bemächtigten sich dieser Aufgabe, die vordem aus ihrer jeweils durchaus unterschiedlichen Sicht die Naturnutzer wahrgenommen hatten. Diese hielten sich für die Pfleger und Bewahrer der Kulturlandschaft, der Gewässer, des Wildbestandes. Sie hatten ihre festen Vorstellungen davon, wie der Haushalt der Natur auszusehen habe, die sie nutzen. Zwangsläufig kam der Konflikt mit den Naturschützern zustande, als diese ab den 1970er Jahren zu einer gesellschaftlichen und politischen Kraft wurden. Völlig zu Recht stellten sie klar, wie sehr die Jagd die Wildbestände verändert. Die jagdlich erwünschten Arten werden massiv gefördert, die meisten anderen als jagdbar eingestuften – was schlicht bedeutete, dass sie abgeschossen, kurzgehalten werden durften – wurden auf Restbestände dezimiert oder großflächig ausgerottet. Das Nutzwild aber blieb scheu oder wurde noch scheuer und gezwungen, weitgehend ein Nachtleben zu führen. In zähem Ringen gelang es dem Naturschutz, einige der vordem intensiv verfolgten, nicht dem Nutzwild zugehörigen Arten unter Schutz zu bekommen. Die meisten der nunmehr vom Jagddruck weitgehend befreiten Tiere verminderten daraufhin ihre Scheu, nahmen an Häufigkeit zu und breiteten sich wieder aus. Was zu der Konsequenz führte, dass die jagdlichen Nachstellungen noch weiter eingeschränkt und auch beim Nutzwild so gestaltet werden sollten, dass dieses die Scheu stark vermindert. Im Interesse der Bevölkerung und der Jäger selbst! Schwieriger ist die Lage in Bezug auf die Fischerei. Was im Wasser geschieht, entzieht sich zumeist der direkten Beobachtung. Das hatte ich bei der ausführlichen Behandlung meiner Untersuchungen zur Ökologie der Wasservögel, dem Zusammenhang mit der Wasserverschmutzung und den Brutverlusten durch die Anwesenheit von Anglern in den Brutgebieten der Wasservögel dargelegt. Nicht berücksichtigt wurde dabei die massive Veränderung von Zusammensetzung des Artenspektrums und Häufigkeit der Fische durch das Angeln, die Besatzmaßnahmen und die Einführung zahlreicher fremder Fisch- und Krebsarten. Es sind keineswegs nur die neuen Kanäle, die unterschiedliche Flusssysteme miteinander verbinden, die zum verstärkten Austausch von Wasserorganismen führen. Die große Vorarbeit hat die Fischerei, vor allem die Angelfischerei, dazu bereits geleistet. Das Angeln ist aber eine Freizeitbeschäftigung, keine Erwerbstätigkeit. Es kann nicht sein, dass die Angler nur deshalb privilegiert werden, weil sich ihr Sport von Erwerbsfischerei ableitet. Angeln ist Freizeitvergnügen und damit nichts Gewichtigeres als die Beobachtungen der Naturfreunde. Dass diese anders als die Angler behandelt und massiv in ihren Möglichkeiten zum Naturgenuss benachteiligt werden, ist ein ebenso ungerechter wie unhaltbarer Zustand. Es gibt keine Naturfreunde erster und zweiter Klasse. Die Gesellschaft darf sich nicht länger bieten lassen, dass ihre Interessen so geringgeschätzt und missachtet werden.

Das gilt in noch stärkerem Maße für Land- und Forstwirtschaft. Wer seit Jahrzehnten so hochgradig von der Allgemeinheit subventioniert wird wie die Landwirtschaft, muss weitaus mehr als bisher auf die Belange der Bevölkerung Rücksicht nehmen. Es kann nicht angehen, dass einfach Milliardenbeträge ohne entsprechende Verpflichtung vergeben werden. Die Gesellschaft hat ein Recht darauf, mitzubestimmen, wie die Mittel eingesetzt werden, die sie bereitstellt. Sie sollte nicht länger hinnehmen, dass die Güllemengen das Land zum Himmel stinken lassen, dass das Grundwasser so stark belastet und als Trinkwasser unbrauchbar gemacht wird, dass die

Massentierhaltung dem Tierschutzgesetz Hohn spottet und dass von ihr gesundheitliche Gefahren für die Bevölkerung ausgehen. Sie sollte nicht länger akzeptieren, dass ihr das riesige, aus Steuermitteln erbaute landwirtschaftliche Wegenetz zum Befahren versperrt ist, während die Traktoren, Mähdrescher und sonstige landwirtschaftliche Großgeräte sehr wohl Bundesstraßen befahren und den Verkehr behindern. Und auch im Staatswald sollte die Bevölkerung darüber befinden können, wie dieser genutzt wird oder auch nicht. Er gehört der Bevölkerung, nicht den Staatsforsten oder Staatsforstverwaltungen.

Der Naturschutz aber darf sich nicht länger zum Handlanger dieser Interessenträger machen lassen. Dies gilt für die Naturschutzbehörden wie auch für die Naturschutzverbände. Es ist unerträglich, dass die Beschränkungen und Verbote des Naturschutzes nahezu ausschließlich die Naturfreunde treffen. Ihnen ist es nicht gestattet, die Schutzgebiete zu betreten oder darin ein wenig vom Weg abzuweichen, während Jäger, Angler, Landwirte und Waldbesitzer freien Zugang haben. Der Artenschutz gilt de facto nur für die ordentlichen Naturfreunde. Sie sind gehalten, sich für fast jede intensivere Betätigung in der Natur, für das Bestimmen von Tieren und Pflanzen und für das Studium ihrer Lebensweise Ausnahmegenehmigungen einzuholen. Wer hingegen die geschützten Arten gleich massenhaft vernichtet, braucht keine Genehmigungen. Gleiches Recht gilt eben nicht für alle; es gibt (zu) viele, die über dem Gesetz stehen. Der Artenschutz hat sich gegen die Naturschützer gewendet, sonst gegen so gut wie niemanden. Diesen Zustand so rasch wie möglich durch entsprechende politische Initiativen zu ändern ist die Pflicht und Schuldigkeit der Naturschutzverbände. Sie können die Änderung herbeiführen. Die Behörden tun dies von sich aus nicht. Sie klagen allenfalls über ihre Überlastung und personelle Unterbesetzung. Die Naturfreunde, nicht die Behörden sind es, die genau das permanent und großflächig leisten, was ein wirkungsvoller Naturschutz braucht, nämlich die Erfassung von Vorkommen, Häufigkeit und Bestandsveränderungen der Arten.

Die Naturschutzverbände müssen auch unbedingt wegkommen von der Verbreitung nur schlechter Nachrichten und düsterer Zukunftsaussichten. In ihrem ureigensten Interesse sollten sie mindestens ebenso das Erfreuliche und Schöne vermitteln, die Freude

Mein Leben für die Natur – ein Resümee 623

an der Natur und ihre Erlebbarkeit fördern. Nur so werden die nachrückenden Generationen für das Anliegen gewonnen werden können. Es ist unerträglich, wie in unserer Zeit die Zukunft für die Jugend dargestellt wird. Alles wird schlechter, »geht den Bach runter«, so eine der Standardformulierungen, und der Klimawandel sei nun auch nicht mehr aufzuhalten. Welche moralische Schuld sich die Naturschutzverbände damit aufladen, ist ihnen offenbar nicht bewusst. Die Konsequenz, dass sich Kinder und Jugendliche der virtuellen Welt zuwenden, liegt auf der Hand, wenn sie keinen Käfer und Schmetterling mehr fangen, keine Kaulquappen im Glas halten und keine Federn aufheben dürfen, die Vögel bei der Mauser verloren haben. Die zugrundeliegende Haltung des Naturschutzes, die diesen Zustand herbeigeführt hat, brachte den »geschützten Arten« nur Verschlechterungen, weil sich immer weniger Menschen für sie interessieren und einsetzen. Den Vorkommen und Häufigkeiten geschützter Arten nützten die Bestimmungen nichts. Sie degradierten Natur zur Kulisse, deren Berührung verboten ist, als ob es sich um Kunstschätze oder Räumlichkeiten historischer Gebäude handelte. Aus bloßer Anschauung kommt aber kein Erlebnis zustande. Der Besuch von Schloss Neuschwanstein, der Neuen Pinakothek in München oder des Bundestags in Berlin lässt sich abhaken als »auch gesehen«. Der Nationalpark Berchtesgaden mit einer Bootsfahrt auf dem Königssee und Blick auf den Watzmann geradeso wie eine Rundfahrt im Hamburger Hafen oder eine Schiffspassage der Loreley am Rhein. Das ist sicher alles auch wünschenswert, aber es geht kaum jemals so in die Tiefe wie richtige Erlebnisse in der Natur.

Was wird uns denn hierzulande Vergleichbares zu dem geboten, was wir in afrikanischen, indischen oder amerikanischen Nationalparks erwarten dürfen? Tierbeobachtungen, hautnah? Ganz gewiss nicht; und wenn doch, ist ein Zaun davor. Nach wie vor sind wir in unseren Naturschutzgebieten weit von dem Zustand entfernt, den schon der geographisch so nahe Gran-Paradiso-Nationalpark in Oberitalien bietet. Warum können wir an der Nordsee nicht auch so etwas erleben mit Seehunden wie in Namibia mit Seebären, wo sie bei Fahrten auf der Walfischbai bei Swapokmund zum Schiff kommen und sich aufs Boot schwingen, um sich von den staunenden Menschen kraulen zu lassen? Als meine Frau und ich dies vor einigen Jahren erlebten, kamen wir uns vor wie in einer Zirkusnummer. Die ganz nah am Schiff segelnden Pelikane, die man beinahe an den Spitzen der Schwingen hätte fassen können, verstärkten diesen schier unglaublichen Eindruck des freiwilligen Kommens von Tieren, von denen man ansonsten annimmt, sie müssten scheu sein, weil sie so sehr verfolgt werden. Wir spielten Kurzstrecken-Wettlauf mit einer dreibeinigen Gepardin, die das trotz ihrer Behinderung sichtlich genoss, und teilten den Kuchen zum Kaffee mit Webervögeln, die an den Tisch kamen und mitaßen. Es muss nicht Galapagos sein, und Nationalparkverhältnisse sind ebenfalls nicht nötig, in denen Menschen und Tiere strikt voneinander getrennt bleiben. Auch unter weitgehend freien Bedingungen können Tiere so hautnah erlebt werden. Umso bedauerlicher ist es, dass sich immer wieder auch Naturschutzverbände gegen das Füttern von Vögeln im Sommerhalbjahr aussprechen, obwohl durch wissenschaftliche Untersuchungen nachgewiesen ist, dass die zusätzliche Nahrung den zu den Fütterungen kommenden Arten nicht nur nicht schadet, sondern ihre Bruterfolge verbessert. Damit machen sie anderen Arten keine Konkurrenz, wie immer wieder behauptet wird. Sogar die gewöhnliche Fütterung im Winter wird in Kreisen von Natur- und Vogelschützern eher skeptisch betrachtet, weil sie nur einigen Arten zugutekommt. Immerhin! Besser als keiner! So kommt leider sogar in diesem Bereich zum Ausdruck, dass die Grundtendenz im Naturschutz die Trennung von Mensch und Natur ist. Diese Haltung bedarf ganz dringend einer grundlegenden Korrektur. Denn bei der emotionalen Bezugnahme von Menschen zu Tieren geht es in aller Regel nicht um Ökologie, schon gar nicht um den Naturhaushalt. Es geht um Menschen, um Kinder, Jugendliche, Alte. Es geht um uns alle, die wir den Kontakt zum Lebendigen nötiger haben denn je. Dass wir uns dabei so verhalten sollten, dass die Tiere nicht gefährdet werden, versteht sich von selbst. Der richtige Umgang mit ihnen lässt sich aber ebenso wenig vorab theoretisch oder über Verbote erlernen wie der Umgang mit Pferden oder Haushunden. Nur die Praxis schafft die Vertrautheit, die beide Seiten brauchen, um Partner sein zu können.

Genau das Gegenteil wird aber häufig in unserem Verhinderungsnaturschutz praktiziert. Mit Berufung auf Ökologie und Naturhaushalt werden Eingriffe abgelehnt mit Begründungen, die von den allermeisten Menschen nicht verstanden werden. Weil sie nicht nachvollziehbar sind. Naturschützer, zumal manche Verbände, machen sich dabei zu Hilfstruppen für Bürgerinitiativen, die ganz anderes im Sinn haben als den Artenschutz, den sie für ihre Zwecke instrumentalisieren. Davon Abstand zu halten gehörte eigentlich zur moralischen Verpflichtung, denn mit Naturschutz wird und sollte allemal zuallererst Schutz der Natur verbunden sein, nicht Unterstützung von Privatinteressen der von Baumaßnahmen betroffenen Bürger. Der damit verbundene Verhinderungsnaturschutz ist die denkbar schlechteste Werbung für das Anliegen des Naturschutzes.

Natürlich heißt das nicht, dass sich Naturschützer nicht engagieren sollen. Sie müssen das, wenn nennenswerte Reste von Natur und einigermaßen überlebensfähige Bestände von Tieren und Pflanzen erhalten bleiben sollen. Wo es darum geht, ist der Einsatz selbstverständlich notwendig. Doch wäre auch da längst viel mehr erreicht, hätten die Naturschutzverbände substantielle Teile der Mittel, die sie aus Mitgliedsbeiträgen und Spenden erhalten, direkt für den Naturschutz eingesetzt. Direkt, das meint den Kauf von Flächen, auf denen sich Tiere und Pflanzen ohne Nutzungseingriffe entwickeln können. Was nötige Pflegemaßnahmen nicht ausschließt, weil keine Fläche eine glückselige Insel ohne Einflüsse von außen, insbesondere von Giften aus der Landwirtschaft und Düngung aus der Luft mehr sein kann. Wäre nur die Hälfte der seit Jahrzehnten verfügbaren Mittel ausgegeben worden, hätten die Naturschutzverbände alljährlich um die fünfzig Millionen Euro dafür zur Verfügung gehabt. Damit hätte sich ein Netzwerk von privaten Schutzgebieten aufbauen lassen, wie dies etwa in Großbritannien, aber auch in anderen Ländern geschehen ist. In diesen ließe sich öffentlich vorführen, wie Naturschutz aussehen kann, wenn er ernst genommen und unter Ausschluss der beeinträchtigenden Nutzungen praktiziert wird. Die staatlichen Naturschutzgebiete, so wichtig sie sind, haben die Konkurrenz solcher privater nötig. Das würde auch ihnen zugutekommen. Beispiele hierfür gibt es international zu Hauf. In unserer Gesellschaft ist es viel wichtiger, Rechte zu erwerben als auf Recht und Gesetz zu pochen. Das Privatrecht ist das am besten funktionierende in unserem Rechtssystem. Es lässt sich schon bei Kleinigkeiten durchsetzen, die öffentlich als belanglos abgetan würden, wie so manche Verstöße gegen das Jagd- oder Fischereigesetz. Wer bei uns einen Wolf erschießt, muss nicht mit lebenslangem Entzug des Jagdscheins rechnen. Und wer einen raren, streng geschützten Fisch aus dem Wasser zieht, hat gar nichts zu befürchten.

Damit sich der Naturschutz besser durchsetzen kann, braucht er mehr Freiheit. Den Naturschutzbehörden muss es ein besonderes Anliegen sein, die draußen in der Natur forschenden Amateure nach besten Kräften zu fördern, ihnen keine Hemmnisse aufzuerlegen, sondern sie zu ermuntern in ihrem Tun. Sie sind es, die den Zustand der Natur kontinuierlich feststellen. Sie wissen, was natürliche Fluktuation oder echte Veränderung ist. Sie lassen sich nicht täuschen von den billigen Argumenten mit dem Klimawandel, wenn es sehr greifbare Gründe dafür gibt, warum so viele Arten so schnell immer seltener werden, verschwinden oder andere sich ausbreiten. Durch die Förderung dieser Bürgerwissenschaftler gewinnt auch die wissenschaftliche Ökologie. Ganz enorm sogar, denn es ist keinem mit noch so umfangreichen Mitteln ausgestatteten Forschungsinstitut möglich, die Leistungen der Abertausenden Bürgerwissenschaftler selbst zu erbringen. Zur Förderung der Amateure bedürfte es nicht einmal geänderter Gesetze. Die Bereitschaft der Behörden reicht, das zu tun. Im Ausmaß der Behinderung der Bürgerwissenschaft wird hingegen umgekehrt deutlich, inwieweit die Behörden im Sinne des öffentlichen Auftrags arbeiten, und dieser stammt von der Gesellschaft!

So weit die praktischen Konsequenzen. Sie dürften von einer großen Zahl von Kolleginnen und Kollegen und von den allermeisten Bürgerwissenschaftlern geteilt und befürwortet werden. Aus der Naturschutzarbeit vor Ort weiß ich, dass die meisten Naturschützer selbst dies so sehen, weil ihre Arbeit und ihr Engagement zu denselben Schlussfolgerungen führen. Vielfach bewegen sie sich nicht nur am Rande der offiziellen Legalität, sondern müssen diese überschreiten, wenn sie draußen in der Natur aktiv werden. Weil es gar nicht anders geht. Wie aber steht es um die fachliche Seite, um Ökologie und Evolution als Wissenschaften? Wie bereits betont, trägt die Ökologie schwer an der Erblast ihres Zustandekommens als weitgehend statische Betrachtung der Vorgänge in der Natur. Im rein wissenschaftlichen Bereich, also in der Forschung, macht sich diese Bindung an alte Konzepte weniger bemerkbar, weil die Messungen und Befunde zwangsläufig bestimmte Interpretationen vorgeben und andere ausschließen. Das ist jedoch nicht immer und automatisch der Fall. Am deutlichsten zeigt sich das Vorherrschen der statischen Sicht in den Forschungen über fremde Arten. Nur wenn von einem festen Ausgangszustand ausgegangen wird, sind die Neuen zwangsläufig problematisch, weil sich mit ihrem Kommen auf jeden Fall Veränderungen ergeben. Doch auch mit dem Schwinden heimischer Arten, mit oder ohne Beteiligung von Fremden. Die Neigung, Änderungen gleich als Beeinträchtigung, als Schaden einzustufen, wird bei statischer Betrachtung viel größer als bei dynamischer Sicht, die von vornherein nicht davon ausgeht, dass ein bestimmter Zustand der Natur der einzig richtige ist oder gewesen ist. Die gleiche Problematik steckt in der zu starren Anwendung des Begriffs von der ökologischen Nische. Die vielen Arten, Tausende sind es längst, die sich auf das Leben in Städten eingestellt haben, haben hinlänglich bewiesen, dass das Konzept zu eng gefasst wird, obgleich es ursprünglich theoretisch viel offener angelegt war. Doch nicht erst die sogenannte Verstädterung von Arten drückt die große Flexibilität aus. Seit Jahrhunderten läuft Entsprechendes im Agrarland. Fast alle Tier- und Pflanzenarten, die auf den Fluren vorkommen, stammen natürlicherweise aus anderen Lebensräumen. Und so, wie einige wenige Arten auf den Feldern von Anfang an Schäden verursachten, wenn sie sich an der Nutzung der Feldfrüchte beteiligten und Wildpflanzen, Unkräuter, das Wachstum der Nutzpflanzen beeinträchtigten, so ist es nichts Neues, wenn die Neuen unserer Zeit, die Neozoen und Neophyten, in einer geringen Anzahl von Fällen dies auch tun. Der Naturschutz sollte aufhören, Schäden im land- oder forstwirtschaftlichen Bereich als seine Angelegenheit zu betrachten, und mit seinen bescheidenen Mitteln die Bekämpfung vorzunehmen. Nicht der Naturschutz hat die Neuen gebracht und ihnen den Nährboden bereitet, sondern die Agrarwirtschaft.

Ökologie ist von Natur aus, buchstäblich, eine historische Wissenschaft. Was immer sie irgendwo vorfindet, ist Gewordenes, nicht von Anfang an und auf Dauer Vorhandenes oder Geschaffenes. Ökologie vollzieht sich, um dies nochmals nachdrücklichst zu betonen, als Spiel des Lebens auf den Bühnen der Zeit, wie es einst der amerikanische Ökologie G. Evelyn Hutchinson sehr treffend ausgedrückt hatte. Die im wissenschaftlichen Bereich verbreitete und allgemein auch akzeptierte evolutionäre Ökologie geht davon aus. Alles Existierende hat Geschichte, Lebensgeschichte. Die Biologie, modern und in merkwürdiger Umkehr der üblichen Vorgehensweise sogar wieder deutsch Lebenswissenschaft genannt, ist Träger der Evolution. Leben und Werden vollziehen sich aus dem Spannungsverhältnis von Überfluss und Mangel. Diese Feststellung gilt für die Evolution wie auch in der Ökologie. Beständigkeit bringt nicht voran. Sie ist riskant, weil sie bedeuten kann, dass die auf Beständigkeit setzenden Organismen zurückfallen und auf der Strecke bleiben. Nur ganz wenige Lebensräume weisen Umweltverhältnisse auf, die über viele Jahrmillionen hinweg unverändert anhalten. Darin überleben die wenigen lebende Fossilien genannten Arten als Zeugen früherer Zustände und Zeiten. Sie sind in der Natur nicht nur in der Minderheit; sie sind Raritäten.

Genauso rar sind Zustände der Stabilität in der aktuellen Natur, wenn nicht anhaltend akuter Mangel dazu zwingt. Wo keine Möglichkeiten für Veränderungen geboten sind, kann sich auch nichts ändern. Ein Beispiel mag dies verdeutlichen. Nach dem Zweiten Weltkrieg nahm die Verschmutzung der Flüsse und Seen sehr stark zu. Gegenmaßnahmen zur Gewässerreinhaltung mussten ergriffen werden. Dazu baute man Kläranlagen mit guter, im Lauf der Jahrzehnte weiter verbesserter Reinigungswirkung. Die Wasserqualität nahm wieder zu. Auch dies beschrieb ich bereits ausführlicher. Hier geht es nun um einen Zustand, der der eigentlich wünschenswerte gewesen wäre, nämlich der Zustand der Ausgeglichenheit. In diesem hätten sich Produktion und Abbau die Waage gehalten, gerade so wie in der Wunschvorstellung vom Gleichgewicht im Naturhaushalt. Dieser Zustand wird *mesotroph* genannt, was ausdrücken soll, dass er sich etwa in der Mitte zwischen dem überdüngten, belasteten *eutrophen* und dem nährstoffarmen *oligotrophen* befindet. In diesem mesotrophen Zustand wären die Seen sauber, aber auch hinsichtlich der Fische produktiv genug. Die Fischerei müsste keine Düngung fordern, wie gegenwärtig am Bodensee. Sie könnte mit anhaltend guten Erträgen rechnen. Könnte – kann aber nicht, denn der mesotrophe Zustand ist nicht stabil. Er ist ein Übergangs-, ein Durchgangszustand. Stabil sind die beiden Endformen, der nahrungs- bzw. nährstoffarme und sein Gegenstück, der nährstoffreiche. Genauso verhält es sich mit den Böden, aber auch mit der Wirtschaft ganz allgemein. Jegliche Produktion verdankt ihr Zustandekommen einem Ungleichgewicht. Die Vorstellung einer Gleichgewichtswirtschaft, apostrophiert mit Nullwachstum, ist unrealistisch. Es gibt nur Wachsen oder Schrumpfen. Beständigkeit kann lediglich auf dem Niveau des akut gewordenen, gewiss nicht gewünschten Mangels zustande kommen. Dieses Prinzip kennzeichnet das Leben selbst. Es lebt fern vom Gleichgewicht. Wird dieses erreicht, endet das Leben. Jeder Organismus braucht für seine Existenz Ungleichgewichte. Wenn möglich, schafft und vergrößert er solche. Sie machen den Fluss von Energie und Stoffen möglich wie in einer Batterie die aufgebaute Spannung. Ohne Spannung taugt sie nichts mehr.

Diese Grundeigenschaft des Lebens wirkt auf der Ebene der Ökologie; ja, sie kommt dort erst richtig zur Wirkung. Alles, was an Ökosystem-Strukturen ermittelt wird, stellt nichts anderes dar als Aufbauten von Ungleichgewichten. Nur über sie entstehen Nahrungsketten, in denen Stoffe umgesetzt werden, die »fließen«, der Energie vergleichbar, die den Vorgang antreibt. Ökosysteme sind daher von Natur aus erstens offene und zweitens fern vom Gleichgewicht arbeitende Systeme. Sie haben keine feste Struktur, auch wenn sie sich unter Umständen lange Zeit nicht erkennbar ändern. Und wenn sie sich verändern, ist dies weder eine Belastung noch eine Schädigung. Zu solchen werden Eingriffe nur im Hinblick auf die Ansprüche der Menschen, die diese Systeme, die Natur, nutzen (wollen). Deshalb bildet die Erforschung der Zustände fern vom Gleichgewicht die große wissenschaftliche Herausforderung für die moderne wissenschaftliche Ökologie. Sie hat längst eine Bezeichnung für die Praxis, die aber bislang weitestgehend inhaltsleer geblieben ist: nachhaltige Entwicklung. Sie meint Veränderung, die hinreichend beständig verläuft und nicht etwa unkalkulierbare Turbulenzen auslöst. Nachhaltige Entwicklung erfordert Ungleichgewichte. Wie die Evolution auch. Neues kann nur entstehen, wenn sich Möglichkeiten dazu auftun. Alle evolutionären Veränderungen gründen sich auf dem Spannungsverhältnis von Überfluss und Mangel. Wo Mangel herrscht, kann Selektion in Darwins Sinne nichts Neues hervorbringen, sondern das Vorhandene lediglich stabilisieren. Was dabei geschieht, nennen wir Anpassung. Sie gibt den Organismen gleichsam den Feinschliff für ihre Umwelt. Wo Neues entsteht, fehlt zunächst der Anpassungsdruck. Die Organismen haben Freiheiten, Freiräume. Erst wenn diese vollends genutzt sind, setzt die natürliche Auslese mit voller Härte ein. Ohne die Freiheiten, die ich schilderte, hätte sich der Mensch nicht zum Menschen entwickeln können. Es reicht daher nicht, nur die Seite der Anpassung zu betonen. Sie würde Evolution letztlich unmöglich machen. Neues braucht Freiheiten, Möglichkeiten. Wie in der menschlichen Gesellschaft und ihrer Geschichte auch. Evolution ist ein historischer Prozess und als solcher nur rückblickend zu betrachten und zu verstehen. Vorhersagbar ist sie nicht. Kein Modell für die Zukunft kann Unvorhersehbares angemessen berücksichtigen. Statistische Schwankungen reichen dafür nicht aus. Sie bilden nur die mögliche oder denkbare Bandbreite von vorgegebenen Entwicklungen ab. Nicht das Neue, das Unbekannte, geht daraus hervor. Vor nur hundert Jahren hätte niemand unser elektronisches Zeitalter mit dem Internet vorhersagen können. Wie überheblich ist es doch, dass wir uns anmaßen, die nächsten hundert Jahre vorhersagen zu können. Je schneller die Evolutionsprozesse laufen, desto mehr schrumpfen die Zeitspannen für realistische Prognosen.

Wir Menschen haben die Prozesse so stark beschleunigt, dass sie die Geschwindigkeit natürlicher Änderungen um ein Vielfaches übersteigen. Die Prognosen in Szenarien umzubenennen wechselt nur den Namen, nicht das Prinzip. So ernüchternd dies klingen mag, so sehr drückt eine offene Zukunft doch auch Freiheiten aus. Sie ist uns nicht vorbestimmt, sie lässt sich allenfalls kurze Zeit im Voraus steuern, und sie wird niemals in einen dauerhaft stabilen Endzustand übergehen. Denn auch wir sind Natur, auch wenn wir uns über sie erhaben dünken. Mahnt uns die Ökologie, so sie seriös betrieben wird, zu Vorsicht und Behutsamkeit im Umgang mit der Natur, so konfrontiert uns die Evolution mit unserer Winzigkeit im Strom der Zeit. Und vor allem damit, dass wir weder das Ziel noch das Ende der Evolution sind. Bescheidenheit stünde uns gut an. Wir sind in unserem Machbarkeitswahn viel zu überheblich geworden, besonders was die Zukunft betrifft. Dabei bewältigen wir die gegebenen Probleme der Gegenwart nicht. Ausgerechnet

Deutschland wollte sich zum Vorreiter zur Rettung des Weltklimas machen, obwohl es im eigenen Land kläglich gescheitert ist. Oder deswegen! Außenpolitik wird bekanntlich umso bedeutungsvoller, je schlechter die innenpolitischen Zustände geworden sind. Wir sind kein Vorbild, am wenigsten was Natur und Umwelt betrifft. Wir lassen zu, dass in kolonialistischer Weise Ressourcen anderer Regionen für unsere Zwecke ausgebeutet werden, dass unser Stallvieh tropische Regenwälder auffrisst und dass mit unserem Umstieg auf die erneuerbaren Energien eine Naturvernichtung beispiellosen Ausmaßes in Gang gekommen ist. Als Ökologe bin ich entsetzt darüber, wie Ökologie missbraucht worden ist.

Vielleicht ist dies eine halbwegs passende Zusammenfassung dessen, was ich in gut einem halben Jahrhundert intensiver Beschäftigung mit der Natur gelernt habe. Ich mag falschliegen bei manchen meiner Einschätzungen. Das gehört zur Wissenschaft. Bessere Befunde, neue Erkenntnisse zwingen zu Änderungen. Solche nehme ich gern an, wenn sie zeigen, dass es doch nicht so schlimm kommt, wie es gegenwärtig aussieht. Ich muss Fehleinschätzungen aber auch in jenen Bereichen annehmen, in denen ich zu optimistisch war. Optimistisch bleibe ich dennoch, weil das Leben selbst Optimist ist. Würde es auch nur annähernd so schwarzseherisch wie manche Zeitgenossen sein, hätte es sich gar nicht erst entwickelt. Davon abgesehen bewegt mich natürlich auch die Frage, was ich denn nun erreicht habe. Für die Natur, von der ich so viel profitierte, und für mich. Inwieweit sich persönliches Wirken messbar darstellt, muss offenbleiben. Anführen kann ich, dass die großen Naturschutzgebiete am unteren Inn bayerischerseits auf mein Engagement zurückgehen. Wenn ich vom österreichischen Hochufer über das Delta der Salzachmündung blicke oder an der Eglseer Bucht stehe und den Seeadlern zusehe, erfüllt mich dies mit der Befriedigung, wenigstens für eine gewisse Zeit etwas vollbracht zu haben, das nachweislich der Natur nützt und vielen Naturfreunden Freude macht. Ein paar weitere persönliche Leistungen dieser Art ließen sich anführen. Noch immer gehören wohl mehrere Stücke Auwald dem Bund Naturschutz in Bayern, die ich Anfang der 1970er Jahre zu kaufen angeregt hatte. Diese Auwaldstücke gibt es; sie wurden nicht irgendwie verändert oder gar gerodet. Auch die

Beteiligung an der Wiedereinbürgerung der Biber erfüllt mich mit Freude, wenn ich an einer ihrer Burgen stehe oder einen Dammbau Naturinteressierten vorführe. Der Biber ist eine der großen Erfolgsgeschichten des Naturschutzes. Wie meine Naturschutzvorlesungen wirkten, ob überhaupt, vermag ich nicht zu beurteilen. Das Zusammentreffen mit Studierenden, die mich daraufhin ansprachen, nährt die Hoffnung, dass sie nicht vergeblich waren. Wie auch die Vorlesungen über Ornithologie und Tiergeographie an der Universität München. Und die vielen Vorträge. Manche Position, die mir vor zwanzig oder auch noch vor zehn Jahren heftige Kritik, ganz direkt oder im Verborgenen, eingetragen hatte, gehört nun zum Mainstream. Darauf stolz zu sein ziemt sich nicht, weil ich nur zu gut weiß, wie sehr Änderungen von den Zeitströmungen und wie wenig von konkreten Forschungsergebnissen abhängig sind.

Die bei weitem größte Befriedigung lösen Menschen aus, die von Kontakten zur Natur, die ich ihnen vermittelte, sichtlich begeistert sind. Freude an der Natur zu vermitteln hielt und halte ich für meine wichtigste Aufgabe. Sich dabei harscher Kritik anderer auszusetzen war es allemal wert. Meine Bücher und die vielen Einzelveröffentlichungen waren und sind die Helfer, die eigene Begeisterung hinauszutragen. Ein wichtiger Zweck dieser Rückschau liegt deshalb auch darin, deutlich zu machen, was uns bereits verlorenging und verwehrt wurde. Das Schlimme ist ja, dass niemand den Gesang der Lerchen frühmorgens über den Fluren vermisst, der ihn nicht mehr erlebt hat. Oder die bunten Blumen auf den Wiesen und die Schmetterlinge darüber. Allzu rasch und leichtfertig wird die Erinnerung daran als romantische Naturschwärmerei abgetan. Dabei wäre es doch nötig, dass viel mehr geschwärmt würde von der Natur. Dann stünde es besser um sie.

Ein kleiner Dank für große Unterstützung

Dieser gilt zuallererst dem S. Fischer Verlag für die Veröffentlichung dieses Buches. Es betrifft ja nicht gerade die gängigen Themen unserer Zeit. Peter Sillem hatte die vor Jahren noch sehr vage Idee dazu aufgegriffen und lange zugewartet, bis ich mich in der Lage sah, die Ausarbeitung dieser Rückschau vorzunehmen. Ulrike Holler betreute dann den Text in für mich so angenehmer Weise. Herzlichen Dank!

Mein Leben für die Natur lebte ich nicht allein. Das wäre nicht möglich gewesen, denn wer sich so sehr hineinvertiefen kann in das Leben von Tieren und Pflanzen, braucht das tragende Gerüst von Familie, Freunden und Mitarbeitern. Und immer wieder auch viel Toleranz, denn es war nicht gerade leicht, meine Lebensweise zu akzeptieren und zu unterstützen. Deshalb schulde ich allen, die im engeren und weiteren Sinne mit meinem Lebensweg verbunden waren und das immer noch sind, ganz tiefen Dank. Ich statte ihn allgemein ab, weil jede Benennung eine Bevorzugung darstellte. Das will ich aus guten Gründen vermeiden. Niemand, der beteiligt war oder sich als beteiligt empfinden darf, soll zurückgesetzt sein, gleichgültig wie groß oder klein der Beitrag war. Das gilt auch für die vielen Kolleginnen und Kollegen, die es mir beruflich leicht- und angenehm gemacht hatten, meinen Weg zu gehen, was nichts anderes bedeutete, als dass ich meinen Neigungen folgen konnte. Diese kamen nicht selten ganz plötzlich aus einer besonderen Situation heraus zustande, während andere Vorhaben langfristig kontinuierlich weiterliefen. Dass ein breitgefächertes Interesse, das zudem in einer großen Zahl von Veröffentlichungen sichtbar wurde, nicht immer nur kollegiale Begeisterung auslöste, versteht sich von selbst. Aber auch die Anfeindungen seitens der Gegner hielten sich im Rahmen. Nur in wenigen Fällen wurde die Grenze von Anstand klar überschritten und die Kritik persönlich. Für mich war das kein Nachteil. Eher geriet es mir zum Vorteil, weil Verleumdungen viel mehr Aufmerksamkeit erregten als das ansonsten zumeist praktizierte Nichtbeachten. Insofern stärkte mich sogar solche Kritik, die ins Persönliche hineingetragen worden war. Unabhängig von Geldgebern zu sein war dabei der entscheidende Vorteil. Die Rahmenbedingungen hierzu hatten beruflicherseits die Zoologische Staatssammlung und die beiden Münchner Universitäten geboten. Dafür bin ich sehr dankbar. Ich betrachte es als einen großen Glücksfall. Außerberuflich waren es Verbände wie die Ornithologische Gesellschaft in Bayern, deren langjähriger Generalsekretär ich war, und Naturschutzorganisationen wie der Landesbund für Vogelschutz in Bayern, der Bund Naturschutz in Bayern und der WWF Deutschland. In über dreißig Jahren Insidertätigkeit im Naturschutz weiß ich, dass die Verbände in der Lage wären, den gegenwärtigen, für die Naturfreunde so unzumutbar repressiven Zustand im deutschen Naturschutz zu ändern. Es läge in ihrem ureigensten Interesse. Ganz besonderer Dank gebührt schließlich einer kleinen, aber feinen Gesellschaft, mit der ich aufwuchs und der ich gegenwärtig mehr denn je verbunden bin, der Zoologischen Gesellschaft Braunau. In ihr sind all die Freunde zusammengeschlossen, die als Amateure draußen in der Natur am unteren Inn forschen. Mit ihnen hatte ich Anfang der 1960er Jahre meine eigenen Freilandforschungen am Inn angefangen. Seit fünf Jahren arbeiten sie nun wieder verstärkt mit mir, um die alten Untersuchungen zu überprüfen, nachdem ein halbes Jahrhundert vergangen ist. Manche sind neu dazugekommen. Sie machen aber genauso bereitwillig mit. Denn was sie eint, sind ihre Interessen. In ihnen sehe ich das gespiegelt, was mich immer noch in unverminderter Intensität erfasst, wenn ich draußen bin »auf Exkursion«: Begeisterung für die Natur. Meine Frau versteht das, und dafür bin ich ihr zutiefst dankbar.

Literaturhinweise

Ein umfassendes Literaturverzeichnis würde nicht zur Art dieses Buches passen. Ich erzähle und berichte darin, fasse zusammen, was ich in der Ferne erlebte oder was eigene Untersuchungen ergeben haben. Die Befunde sind dargestellt als das, was sie in diesem Rahmen sein sollen: persönliche Einschätzungen. Eine angemessen wissenschaftliche Diskussion wäre hier unpassend, weil sie auch den gegebenen Rahmen sprengte. Sie ist, meine ich, nicht nötig, denn ergänzend liegen Bücher vor, in denen ich die Themen ausführlich behandelt und mit entsprechender Fachliteratur unterfüttert habe. Diese Bücher stelle ich nachfolgend zusammen. Die zahlreichen, in Fachzeitschriften erschienenen Originalveröffentlichungen lassen sich mit wenig Mühe via Internet ausfindig machen. Sie alle hier auflisten zu wollen halte ich für unnötig. Ein viele Seiten langes persönliches Literaturverzeichnis würde gewiss übertrieben wirken. Dafür gebe ich bei den Büchern jeweils kurz an, worum es in ihnen geht. Die Zuordnung zu den entsprechenden Teilen des Textes ergibt sich daraus.

Und noch ein Hinweis: Das Buch enthält viele wissenschaftliche Namen von Tieren und Pflanzen. Der Grund ist, dass mit Hilfe dieser genauen Bezeichnung jederzeit Bilder im Internet angesehen werden können, wenn man eine genauere Vorstellung davon bekommen möchte, wie die betreffenden Lebewesen tatsächlich aussehen. Viele meiner Dias sind inzwischen so alt, dass sie allenfalls dokumentarischen Charakter haben, mit der inzwischen gewohnten Qualität von Buchillustrationen aber nicht mithalten könnten. Die besonderen Verhältnisse, unter denen die Fotos entstanden, kommen damit ohnehin nicht zum Ausdruck.

Eine kurze Naturgeschichte des letzten Jahrtausends – S. Fischer, Frankfurt/M. 2007 – *schildert die historischen Veränderungen und Entwicklungen im 2. Jahrtausend unserer Zeitrechnung und was sie für den gegenwärtigen Zustand besagen. Geschichte läuft nicht unabhängig vom Naturgeschehen, und dieses wird maßgeblich auch von humanhistorischen Entwicklungen beeinflusst. Unsere Zeit ist ein Produkt dieser Vergangenheit. Auch in der Natur, die für die Menschen im 19. Jahrhundert sehr hart gewesen war. Aber auch verklärt vom romantischen Denken. Auf dieses stützt sich der Naturschutz von heute.*

Warum die Menschen sesshaft wurden. Das größte Rätsel unserer Geschichte – S. Fischer, Frankfurt/M. 2008 – *behandelt die Ursprünge von Ackerbau und Viehzucht und wie diese das Leben der Menschen und die Natur veränderten. Beispielhaft geht daraus hervor, dass am Beginn neuer Entwicklungen in aller Regel nicht die Not steht, sondern der Überfluss. In der Kultur wie auch in der Natur, in der Evolution.*

Ende der Artenvielfalt. Gefährdung und Vernichtung der Biodiversität – Fischer Taschenbuch, Frankfurt/M. 2008 – *behandelt im Rahmen der Reihe des ›Forums für Verantwortung‹ die gegenwärtige Vernichtung der Biodiversität, deren Ursachen und Folgen.*

Warum wir siegen wollen. Der sportliche Ehrgeiz als Triebkraft in der Evolution des Menschen – Neuausgabe Fischer Taschenbuch, Frankfurt/M. 2009 – *gehört zum Wesen des Menschen, der in seiner Entstehung und in seinen besonderen Leistungen nur als Läufer und Nomade zu verstehen ist. Unser Körper ist im Verlauf unserer Evolution auf intensive, anhaltende (Fort-)Bewegung getrimmt worden und passt nicht zu unserer inzwischen weitgehend sitzenden Lebensweise.*

Der Tropische Regenwald. Die Ökobiologie des artenreichsten Lebensraums der Erde. – Neuausgabe Fischer Taschenbuch. Frankfurt/M. 2010 – *erschien bereits 1990 als Zusammenfassung meiner eigenen Befunde im Tropischen Regenwald und sollte eine Übersicht zur Problematik der Regenwaldvernichtung bieten, die in den 1980er Jahren massiv eingesetzt hatte. Zentrales Thema war (und ist) der Mangel an Pflanzennährstoffen in den Böden, die »ökologische Benachteiligung der Tropen«.*

Das Rätsel der Menschwerdung. Die Entstehung des Menschen im Wechselspiel mit der Natur – DVA & dtv, München 1990/2015 – *betrachtet die Evolution des Menschen, wie im Untertitel angegeben, als Wechselwirkung mit der Umwelt, und zwar mit den besonderen Verhältnissen in (Ost-)Afrika. Das Buch erschien bereits 1990 und ist nach zahlreichen Auflagen immer noch lieferbar.*

Der schöpferische Impuls. Eine neue Sicht der Evolution – DVA, dtv München 1992, 1994 – *entwickelt erstmals das Konzept, dass auch Evolution aus Ungleichgewichten hervorgeht und Neuerungen spezielle Überschüsse brauchen, die verwertet werden können. Darwin'sche Selektion betrifft hauptsächlich die Feinanpassung der Organismen. Größere Änderungen entstehen aus dem inneren Gefüge der Körper heraus und sind nicht direkt von der Umwelt ausgelöst.*

Evolution. Die wichtigsten Antworten – Herder Spektrum, Feiburg 2007 – *bietet eine kurze Übersicht über die wichtigsten Begriffe und Themen der Evolution; etwas für »Einsteiger«.*

Stadtnatur. Eine neue Heimat für Tiere und Pflanzen – oekom, München 2007 – *fasst die umfangreichen Untersuchungen zur Natur in München und anderen Großstädten zusammen, behandelt die Ursachen für die Attraktivität der Städte und spiegelbildlich dazu für den Schwund der Artenvielfalt auf dem Land. Für viele Arten von Tieren und Pflanzen lebt es sich längst besser in der Stadt als auf dem Land.*

Das Rätsel der grünen Rose und andere Überraschungen aus dem Leben der Pflanzen und Tiere – oekom, München 2011 – *bietet einen lockeren Gang durch die verschiedenen mitteleuropäischen Wälder und welche Tierarten mit den Bäumen enger verbunden sind. Viele eigene Untersuchungen in Auwäldern sind in dieses erzählende Buch eingeflossen.*
Comeback der Biber. Ökologische Überraschungen – C. H. Beck, München 1993 – *fasste bereits Anfang der 1990er Jahre einige meiner Untersuchungen im niederbayerischen Inntal zusammen, zog Zwischenbilanz und wies auf die sich vertiefenden Diskrepanzen bei Vorstellungen vom Naturschutz hin.*
Die Zukunft der Arten. Neue ökologische Überraschungen – C. H. Beck/dtv München 2005/2011 – *folgten dem ›Comeback der Biber‹ eineinhalb Jahrzehnte später mit vielen weiteren Befunden, die in der Tat überraschend waren, weil sie nicht den Erwartungen entsprachen.*
Der Ursprung der Schönheit. Darwins größtes Dilemma – C. H. Beck, München 2011 – *greift die andere Form von Selektion auf, die Darwin brauchte, um die offensichtliche Schönheit in der Natur erklären zu können, die sexuelle Selektion. Doch diese erzeugt keine Handicaps, wie auch von vielen (Evolutions-)Biologen angenommen wird, sondern Signale, die verlässlich zeigen, in welcher Kondition sich die Männchen befinden, die sich mit ihrer Schönheit zur Schau und zur Wahl stellen. Was sich die Männchen an Prachtgefieder oder energetischem Aufwand bei der Werbung leisten, entspricht dem, was die Weibchen auf ihre geschlechtsspezifische Weise in den Nachwuchs investieren. Die luxurierende Schönheit drückt zudem aus, über wie viel Freiheit von der Härte der natürlichen Selektion die Organismen verfügen. Die Folge ist, dass sie nicht extrem einheitlich, sondern vielfältig werden (können). Auch unsere so geschätzte, besondere Individualität ist direkte Folge dieser Emanzipation vom Diktat der Umwelt.*
Ornis. Das Leben der Vögel – C. H. Beck, München 2014 – *vertieft den Einblick in das Leben der fortschrittlichsten, d. h. am wenigsten von den Umweltbedingungen abhängigen Organismen, macht anhand ihrer Leistungsfähigkeit verständlich, warum viele wirklich Weltenwanderer sein können und was sie den Säugetieren und damit auch uns Menschen voraushaben. Ornis meint aber auch die Ornithologen, die begeisterten Vogelbeobachter, die mehr als jede andere Form von Umweltforschung dazu beigetragen haben, dass wir die Veränderungen in der Natur immer schneller erfassen und besser verstehen.*
Rabenschwarze Intelligenz – Herbig/Piper, München 2009/2014 – *dreht sich um die intelligentesten der Vögel, die Rabenvögel. Ihre Fähigkeiten sind phänomenal. Sie gelten ebenso als Vögel der Weisheit wie der Hexen, und Jäger schießen sie zu Zigtausenden in der falschen Hoffnung, damit dem Niederwild und den Singvögeln Gutes zu tun. Die Fehleinschätzungen seitens der Jäger kommen nirgends so deutlich zum Ausdruck wie bei der Bekämpfung der Rabenvögel. Das Buch ist in vielen Auflagen erschienen und löste heftige Kontroversen aus.*

Der Tanz um das goldene Kalb. Der Ökokolonialismus Europas – Wagenbach, Berlin 2004/2011 – *fasst zusammen, wie die als konventionell bezeichnete, industrialisierte Landwirtschaft Luft, Boden und Gewässer belastet, die Arten- und Biotopvielfalt vernichtet und Hauptverursacher der Abholzung von Regenwäldern ist, weil auf diesen Flächen Futtermittel für die Stallviehhaltung bei uns erzeugt werden. Diese Landwirtschaft trägt stärker zur Zunahme der Treibhausgase in der Atmosphäre bei als der Kraftfahrzeugverkehr. Die Politik in Deutschland, in der EU und auch in Amerika ist bemüht, die privilegierte Sonderstellung der Landwirtschaft weiter aufrechtzuerhalten – zum Schaden für die Dritte Welt und unsere Natur.*

Die falschen Propheten. Unsere Lust an Katastrophen – Wagenbach, Berlin 2002 – *Kassandra ist durch Computerszenarien ersetzt worden, die in althergebrachter Weise neue Schreckensmeldungen verbreiten und den herrschenden Zukunftspessimismus verursachen. Doch nicht die Ersteller der Prognosen sind allein schuld, sie bedienen die merkwürdige Lust an Katastrophen, die uns auszeichnet und die dazu führt, dass gute Nachrichten keine Nachrichten sind. Alle bisherigen Zukunftsprognosen waren falsch – nur dass die jetzigen stimmen, sollen wir glauben.*

Naturschutz – Krise und Zukunft – edition unseld, Suhrkamp, Frankfurt/M. 2010 – *setzt sich essayartig kritisch mit den Konzepten und (Wunsch-)Vorstellungen des Naturschutzes auseinander und plädiert für einen Neuanfang, der sich wirklich an der Ökologie orientiert, und nicht an einem zur grünen Religion gewordenen Ökologismus.*

Stabile Ungleichgewichte – edition unseld, Suhrkamp, Frankfurt/M. 2010 – *müssten wir finden, wenn nachhaltige Entwicklung im Sinne des Erdgipfels von Rio gelingen sollte. Doch nach wie vor gilt die Sorge der Aufrecherhaltung von fiktiven Gleichgewichten im Haushalt der Natur, die in Wirklichkeit aus Ungleichgewichten heraus funktioniert.*

Begeistert vom Lebendigen. Facetten des Wandels in der Natur – Die Graue Edition, Zug, 2013 – *enthält neben diversen Essays zu verschiedenen Naturthemen auch eine kurze Übersicht zu den Anfängen meiner naturkundlichen Betätigung in der späten Kindheit und Jugendzeit. Daraus lässt sich entnehmen, wie Elternhaus und Umgebung die frühen Interessen an der Natur förderten. Zustande kam gleichsam eine Vorschau auf ›Mein Leben für die Natur‹.*

Josef H. Reichholf
Einhorn, Phönix, Drache
Woher unsere Fabeltiere kommen
Band 18722

Wie wirklich sind unsere Fabelwesen? Woher kommen sie und welche Mythen wurden um sie gestrickt? Anhand altüberlieferter Sagen und Märchen unterschiedlichster Kulturen und mit einem verblüffend großen zoologischen Fachwissen geht Josef H. Reichholf der Sache anhand der drei geheimnisvollsten Fabeltiere auf den Grund: Das Einhorn, sagenhaftes Tier der Antike mit der wundersamen Kraft im Horn, ist zoologischen Diagnosen zufolge ein reales Tier, dem später mythische Eigenschaften angedichtet wurden. Der Phönix, auferstanden in Herrlichkeit aus der Asche, hat seinen Ursprung im Flamingo. Und der feuerspeiende Drache im Schuppenkleid, das rätselhafteste der Rätseltiere, war niemals ein Tier, sondern Mensch!

Eine faszinierende Reise durch die Zeit, Mythologie und Naturgeschichte.

Das gesamte Programm gibt es unter
www.fischerverlage.de

Josef H. Reichholf
Eine kurze Naturgeschichte
des letzten Jahrtausends
Band 17439

Bei unserem sorgenvollen Blick in die Zukunft sollten wir gründlicher als bisher die Vergangenheit betrachten. Die Natur und mit ihr das Klima waren nie stabil, wie es Naturschützer gerne behaupten. Reichholf liest in den Archiven der Natur und erläutert die Zusammenhänge zwischen der Lebensweise der Menschen und dem Klimaverlauf. Fern von apokalyptischen Szenarien nimmt er Stellung zu der gegenwärtigen Klimadiskussion und zieht Lehren aus der Vergangenheit für die Zukunft.

»Eine Jahrtausendbilanz des globalen Klimas.«
Die Welt

Fischer Taschenbuch Verlag